普通高等教育"十三五"规划教材　风景园林与园林系列

园林树木学

闫双喜　谢　磊　主编

化学工业出版社

·北京·

《园林树木学》教材内容分为绪论、总论和各论三部分。绪论主要介绍了园林树木学的的概念、研究内容和我国丰富的园林树木种质资源概况。总论着重阐述园林树木的分类与命名方法、植物拉丁文的读音规则、园林树木检索表的编制与应用及园林树木的生态学习性。各论部分重点介绍了蕨类植物门、裸子植物门和被子植物门的园林树木种类，包括园林中应用较多的乡土树种和具有应用前景的新优园林树种的中文名、拉丁名、英文名、形态特征、生物学和生态学习性及其在景观园林中的应用，重点突出使用检索表来鉴定园林树木的方法。本教材树木种类丰富，各地区树木代表性突出，力求反映园林树木学学科领域近代的发展和最新成果，共收集了园林树木2106种（其中含3亚种、118变种和235品种），隶属于142科、646属，附图620余幅，是目前国内园林树木学教材中树木种类最为齐全的教材。

《园林树木学》可作为园林、风景园林和城市规划等专业"园林树木学"课程教材，也可作为园林专业自学考试、网络教育等相关课程培训教材，也是园林绿化、林业工作者及广大植物爱好者的参考用书。

图书在版编目(CIP)数据

园林树木学 / 闫双喜，谢 磊主编. -- 北京：化学工业出版社，2016.6

普通高等教育"十三五"规划教材·风景园林与园林系列

ISBN 978-7-122-26944-7

Ⅰ. ①园… Ⅱ. ①闫… ②谢… Ⅲ. ①园林树木 – 高等学校 – 教材 Ⅳ. ①S68

中国版本图书馆CIP数据核字(2016)第090235号

责任编辑：尤彩霞　　　　　　　　　　　　装帧设计：关　飞

责任校对：宋　夏

出版发行：化学工业出版社（北京市东城区青年湖南街13号　邮政编码100011）
印　　刷：北京永鑫印刷有限责任公司
装　　订：三河市宇新装订厂
880 mm×1230mm　1/16　印张 25　字数 1198千字　2016年11月北京第1版第1次印刷

购书咨询：010-64518888（传真：010-64519686）　　售后服务：010-64518899
网　址：http://www.cip.com.cn

凡购买本书，如有缺损质量问题，本社销售中心负责调换。

定　价：75.00元　　　　　　　　　　　　　　　　　　　　　版权所有　违者必究

普通高等教育"十三五"规划教材·风景园林与园林系列

《园林树木学》编写人员名单

主　编　闫双喜
　　　　　谢　磊

副主编　吉文丽
　　　　　李　永
　　　　　于晓楠

编写人员
　　　　　冯　鸿　　成都师范学院
　　　　　何云核　　浙江农林科技大学
　　　　　和凤美　　云南农业大学
　　　　　吉文丽　　西北农林科技大学
　　　　　李　永　　河南农业大学
　　　　　刘艳芬　　河北工程大学
　　　　　刘艺平　　河南农业大学
　　　　　孙青丽　　河南工业大学
　　　　　王　政　　河南农业大学
　　　　　谢　磊　　北京林业大学
　　　　　闫双喜　　河南农业大学
　　　　　叶美金　　成都师范学院
　　　　　尤　杨　　河南科技学院
　　　　　于晓楠　　北京林业大学
　　　　　张　曼　　河南农业大学
　　　　　孙龙飞　　河南农业职业学院

前言

园林是指由建筑、山水、花木等组成的供人们游览观赏和休息的风景区。树木是木本植物的总称,包括乔木、灌木和木质藤本。园林树木是指适合于各种风景名胜区、休养疗养胜地和城乡各类园林绿地应用的木本植物。园林树木学是指以园林建设为宗旨,对园林树木的分类、习性、繁殖(归园林苗圃学),栽培管理(园林树木栽培学)及应用等方面进行系统研究的学科。从宏观上讲,园林植物是园林绿化的主体,而园林植物又以园林树木所占的比重最大。从园林建设的趋势来讲,植物造园或造景将是造景的主流。因此,园林树木学对园林规划设计、绿化施工以及园林的养护管理等实践工作都具有重大的意义。学习园林树木学的目的,就是要学会应用树木来建设园林的能力,并具有使树木能较长期地和充分地发挥其园林功能的能力。园林树木学教学时,要求学生重点掌握树木的识别特点,掌握其生态习性、观赏特性及园林用途等。

本教材的特色及创新之外在于:(1)增加了检索表的内容,可以让学生独立完成树种的鉴定工作。(2)园林树木种类丰富。目前高等院校园林专业园林树木学的参考教材虽然能满足教学需要,但仍有待完善。虽然其总论及各论的内容编排各有千秋,但在教材各论部分树种普遍偏少或缺乏新树种。本教材根据当前国内园林绿化情况,对园林中常见的主要树种和代表性树种,编写内容全面,适当照顾相近树种和地区性树种,同时增加了园林绿化中新的树种特别是彩叶树种的种类。本教材不但能满足学生在学校的学习,也能满足毕业之后在工作中对树木的学习和应用。(3)重点突出了学生对拉丁文的了解。

园林专业除开设园林树木学外,还开设园林苗圃学、园林生态学、园林树木栽培养护、园林植物造景或园林植物种植设计,园林树木学是这些课程的基础,但要防止与这些课程的内容重复。为加强学生的实际操作能力,教材编写中注重在识别的基础上,强调应用的重要性。教材在注重本学科系统性、科学性同时,突出了教材的应用性和实用性。本教材力求做到基本概念和基本理论阐述清楚,力争反映本学科的发展趋势,注重本学科的系统性及与后续课程的联系。园林树木学教材可以满足相关专业学习的要求,每个属选择2~3个代表种,详细介绍了其中文名、拉丁文名、英文名、形态、地理分布、习性、观赏特性、繁殖方法及园林用途等。其它种类以检索表的形式强调了它们之间的形态区别。在植物分类系统排列方面,裸子植物采用《中国植物志》第七卷郑万钧分类系统,被子植物采用克朗奎斯特Cronquist系统。

《园林树木学》教材内容分为绪论、总论和各论三部分。绪论主要介绍了园林树木学的的概念、研究内容和园林树木种质资源概况。总论着重阐述园林树木的分类与命名方法、植物拉丁文的读音规则、园林树木检索表的编制与应用及园林树木的生态学习性。各论部分重点介绍了蕨类植物门、裸子植物门和被子植物门的园林树木种类,包括应用较多的乡土树种和具有应用前景的新优园林树种的中文名、拉丁名、英文名、形态特征、习性及其在景观园林中的应用,重点突出使用检索表来鉴定园林树木。本书可作为园林、风景园林和城市规划等专业"园林树木学"课程教材,也可作为园林专业自学考试、网络教育等相关课程培训教材,也是园林绿化、林业工作者及广大植物爱好者的参考用书。

本教材树木种类丰富,各地区树木代表性突出,力求反映园林树木学学科领域近代的发展和最新成果,共收集了园林树木2106种(其中含3亚种、118变种和235品种),隶属于142科、646属和1800余种,是目前国内园林树木学教材中树木种类最为齐全的教材。本教材附带黑白图621幅,主要引自《中国植物志》、《中国高等植物图鉴》、《中国树木志》等。

本教材编写分工如下:闫双喜(绪论,桫椤科,苏铁科,泽米铁科,银杏科,南洋杉科,金松科,松科,杉科,柏科,罗汉松科,三尖杉科,红豆杉科,麻黄科,买麻藤科,蜡梅科,八角科,五味子科,杜仲科,杨梅科,木麻黄科,柿树科,野茉莉科,山矾科,紫金牛科,含羞草科,云实科,蝶形花科,樟科,槭树科,千屈菜科,瑞香科,鼠刺科,红树科,桃叶珊瑚科,青荚叶科,铁青树科,檀香科,夹竹桃科),谢磊(桃金娘科,山榄科,棕榈科,露兜树科,禾本科,菝葜科,假叶树科,龙舌兰科,旅人蕉科,冬青科,黄杨科,蓼科,杜英科,椴树科,梧桐科,锦葵科,大风子科,萝藦科,紫草科,唇形科,紫茉莉科,白花丹科,五桠果科,芍药科,金莲木科,木棉科,胭脂树科,柽柳科,白花菜科,辣木科),吉文丽(第2章,蔷薇科),李永(石榴科,野牡丹科,使君子科,八角枫科,卫矛科,蓝果树科,火筒树科,亚麻科,金虎尾科,省沽油科,伯乐树科,七叶树科,橄榄科,苦木科,马桑科,旋花科,醉鱼草科,玄参科,菊科,毛茛科,清风藤科,荨麻科,马尾树科,时钟花科,番木瓜科,茶藨子科),于晓南(大血藤科,防己科,水青树科,昆栏树科,连香树科,领春木科,悬铃木科,交让木科),叶美金(榆科,杨柳科,山茱萸科,鼠李科,葡萄科,芸香科,茄科,小檗科),刘艳芬(桑科,胡桃科,壳斗科,五加科,桦木科,榛科,木通科,猕猴桃科,藤黄科,无患子科),何云核(番荔枝科,金缕梅科,爵床科,紫葳科,茜草科,忍冬科,夹竹桃科),和凤美(木兰科,山茶科,大戟科,马鞭草科,木犀科,越桔科),孙青丽(胡颓子科,八仙花科,楝科,马钱科,漆树科,酢浆草科),冯鸿(海桐花科,山龙眼科,海桑科,杜鹃花科),尤杨(第1章)。张曼提供了来自《中国高等植物图鉴》、《中国植物志》等处的电子版黑白图。王政博士、刘艺平博士和孙龙飞老师通览了全书。本书分属检索表和分种检索表由闫双喜审定整理。

由于时间仓促,编者水平有限,书中疏漏之处再所难免,敬请广大读者指正。

编者

2016年8月

目录

绪论(001)
第1章 园林树木的分类与命名(003)
1.1 植物学分类方法(003)
1.1.1 园林植物分类的单位(003)
1.1.2 园林植物分类的意义(003)
1.1.3 园林植物分类的方法(003)
1.1.3.1 自然分类系统(003)
1.1.3.2 人为分类系统(003)
1.2 植物的命名与拉丁文读音规则(004)
1.2.1 植物的命名(004)
1.2.2 拉丁文读音规则(004)
1.2.2.1 拉丁文字母名称和发音表(004)
1.2.2.2 一元音一辅音(005)
1.2.2.3 两个辅音一个元音的拼音(005)
1.2.3 C,ti和q的发音和拼音(005)
1.2.3.1 C的发音和拼音(005)
1.2.3.2 q的发音和拼音(005)
1.2.3.3 ti的发音和拼音(005)
1.2.4 双元音和双辅音(005)
1.2.4.1 双元音(005)
1.2.4.2 双辅音(005)
1.2.4.3 双辅音的拼音(005)
1.2.4.4 C和双元音拼读时的发音(005)
1.2.5 音节、音量、重音(005)
1.2.5.1 音节(005)
1.2.5.2 音量(005)
1.2.5.3 音量规则(006)
1.2.5.4 重音规则(006)
1.3 园林树木检索表的编制与应用(006)
1.3.1 园林植物检索表的编制(006)
1.3.1.1 定距式检索表(006)
1.3.1.2 平行式检索表(006)
1.3.2 园林植物检索表的应用(007)
1.3.3 鉴定植物的方法步骤(007)
1.3.3.1 观察(007)
1.3.3.1.1 观察的用品用具(007)
1.3.3.1.2 观察项目(007)
1.3.3.1.3 观察注意事项(007)
1.3.3.2 检索(007)
1.3.3.2.1 检索的方法(008)
1.3.3.2.2 检索时的注意事项(008)
1.3.3.2.3 核对(008)
1.4 风景园林建设中的分类法(008)
1.4.1 按生长习性分类(008)
1.4.1.1 乔木类(008)
1.4.1.2 灌木类(008)
1.4.1.3 藤木类(008)
1.4.1.4 匍地类(008)
1.4.2 按观赏特性分类(008)
1.4.2.1 观叶树木(008)
1.4.2.2 观形树木(008)
1.4.2.3 观花树木(008)
1.4.2.4 观果树木(008)
1.4.2.5 观枝树木(008)
1.4.2.6 观根树木(008)
1.4.3 按园林用途分类(009)
1.4.3.1 风景林木(009)
1.4.3.2 防护林(009)
1.4.3.3 行道树(009)
1.4.3.4 独赏树(孤散植)(009)
1.4.3.5 垂直绿化植物(藤木)(009)
1.4.3.6 绿篱植物(009)
1.4.3.7 造型植物及树桩盆景植物、盆栽植物(桩景)(009)
1.4.3.8 木本地被植物(009)
1.4.4 依对环境因子的适应能力分类(009)
1.4.4.1 按照热量因子(009)
1.4.4.2 按照水分因子(010)
1.4.4.3 按照光照因子(010)
1.4.4.4 按照土壤因子(010)
1.4.4.5 按照空气因子(010)
1.4.5 按形态分类和按经济用途分类(010)
1.5 植物分类系统(011)
1.5.1 哈钦松系统(011)
1.5.2 恩格勒系统(011)
1.5.3 克朗奎斯特系统(011)
1.5.4 塔赫他间系统(011)

第2章 园林树木的生态习性(012)
2.1 气候因素(012)
2.1.1 温度因子(012)
2.1.1.1 温度三基点(012)
2.1.1.2 季节性变温(012)
2.1.1.3 昼夜变温(012)
2.1.1.4 突变温度(012)
2.1.1.4.1 突然低温(012)
2.1.1.4.2 突然高温(013)
2.1.1.5 温度与树木分布(013)
2.1.2 水分因子(013)
2.1.2.1 旱生树种(013)
2.1.2.2 中生树种(013)
2.1.2.3 湿生树种(014)
2.1.3 光照因子(014)
2.1.3.1 光照强度对树木的影响(014)
2.1.3.2 判断树木耐阴性的鉴别标准(014)
2.1.3.3 影响耐阴性的因素(014)
2.1.4 空气因子(014)
2.1.4.1 空气主要成分对树木的影响(015)
2.1.4.2 风对树木的影响与抗风树种(015)
2.1.4.3 抗大气污染树种(015)
2.2 土壤因子(015)
2.2.1 依土壤酸碱度而分的植物类型(015)
2.2.2 盐碱土树种(016)
2.2.3 依对土壤肥力的要求而分的植物类型(016)
2.2.4 沙生植物(016)
2.3 地形地势因子(016)
2.4 生物因子(016)
2.4.1 直接关系(016)
2.4.2 间接关系(017)

第3章 各论(018)
3.1 蕨类植物门(018)

桫椤科(018)
3.1.1 桫椤属(018)
3.1.2 笔筒树属(019)
3.2 裸子植物门(019)
3.2.1 苏铁科(019)
苏铁属(019)
3.2.2 银杏科(020)
银杏属(020)
3.2.3 南洋杉科(021)
3.2.3.1 南洋杉属(021)
3.2.3.2 贝壳杉属(021)
3.2.4 松科(022)
3.2.4.1 冷杉亚科(022)
3.2.4.1.1 油杉属(022)
3.2.4.1.2 冷杉属(023)
3.2.4.1.3 黄杉属(024)
3.2.4.1.4 铁杉属(024)
3.2.4.1.5 云杉属(025)
3.2.4.1.6 银杉属(026)
3.2.4.2 落叶松亚科(026)
3.2.4.2.1 落叶松属(026)
3.2.4.2.2 金钱松属(027)
3.2.4.2.3 雪松属(027)
3.2.4.3 松亚科(028)
松属(028)
3.2.5 杉科(029)
3.2.5.1 杉木属(030)
3.2.5.2 柳杉属(030)
3.2.5.3 水松属(031)
3.2.5.4 秃杉属(台湾杉属)(031)
3.2.5.5 落羽杉属(032)
3.2.5.6 水杉属(032)
3.2.5.7 北美红杉属(032)
3.2.5.8 巨杉属(033)
3.2.6 柏科(033)
3.2.6.1 侧柏亚科(033)
3.2.6.1.1 罗汉柏属(033)
3.2.6.1.2 翠柏属(033)
3.2.6.1.3 崖柏属(034)
3.2.6.1.4 侧柏属(035)
3.2.6.2 柏木亚科(035)
3.2.6.2.1 福建柏属(035)
3.2.6.2.2 柏木属(035)
3.2.6.2.3 扁柏属(036)
3.2.6.3 圆柏亚科(037)
3.2.6.3.1 圆柏属(037)

3.2.6.3.2 刺柏属(038)
3.2.7 罗汉松科(039)
3.2.7.1 罗汉松属(039)
3.2.7.2 陆均松属(040)
3.2.8 三尖杉科(040)
三尖杉属(041)
3.2.9 红豆杉科(041)
3.2.9.1 榧树属(041)
3.2.9.2 穗花杉属(042)
3.2.9.3 红豆杉属(042)
3.2.9.4 白豆杉属(043)
3.2.10 麻黄科(044)
麻黄属(044)
3.2.11 买麻藤科(044)
买麻藤属(044)
3.3 被子植物门(045)
3.3.1 木兰科(045)
3.3.1.1 木兰属(045)
3.3.1.2 木莲属(047)
3.3.1.3 含笑属(048)
3.3.1.4 观光木属(049)
3.3.1.5 合果木属(049)
3.3.1.6 拟单性木兰属(049)
3.3.1.7 鹅掌楸属(050)
3.3.2 番荔枝科(050)
3.3.2.1 紫玉盘属(050)
3.3.2.2 假鹰爪属(051)
3.3.2.3 暗罗属(051)
3.3.2.4 依兰属(052)
3.3.2.5 鹰爪花属(052)
3.3.2.6 瓜馥木属(053)
3.3.2.7 番荔枝属(053)
3.3.2.8 泡泡属(054)
3.3.3 蜡梅科(054)
3.3.3.1 蜡梅属(054)
3.3.3.2 夏蜡梅属(055)
3.3.4 樟科(055)
3.3.4.1 樟属(056)
3.3.4.2 月桂属(057)
3.3.4.3 楠属(057)
3.3.4.4 润楠属(058)
3.3.4.5 鳄梨属(058)
3.3.4.6 檫木属(059)
3.3.4.7 木姜子属(059)
3.3.4.8 新木姜子属(060)
3.3.4.9 山胡椒属(060)

3.3.5 金粟兰科(061)
3.3.5.1 金粟兰属(061)
3.3.5.2 草珊瑚属(061)
3.3.5.3 雪香兰属(062)
3.3.6 八角科(062)
八角属(062)
3.3.7 五味子科(063)
3.3.7.1 五味子属(063)
3.3.7.2 南五味子属(064)
3.3.8 毛茛科(064)
铁线莲属(064)
3.3.9 小檗科(065)
3.3.9.1 小檗属(065)
3.3.9.2 十大功劳属(066)
3.3.9.3 南天竹属(067)
3.3.10 大血藤科(067)
大血藤属(067)
3.3.11 木通科(068)
3.3.11.1 木通属(068)
3.3.11.2 野木瓜属(069)
3.3.11.3 串果藤属(069)
3.3.11.4 猫儿屎属(069)
3.3.11.5 八月瓜属(070)
3.3.12 防己科(070)
3.3.12.1 木防己属(070)
3.3.12.2 千金藤属(071)
3.3.12.3 蝙蝠葛属(071)
3.3.13 马桑科(072)
马桑属(072)
3.3.14 清风藤科(072)
3.3.14.1 清风藤属(072)
3.3.14.2 泡花树属(073)
3.3.15 水青树科(073)
水青树属(073)
3.3.16 昆栏树科(074)
昆栏树属(074)
3.3.17 连香树科(074)
连香树属(074)
3.3.18 领春木科(075)
领春木属(075)
3.3.19 悬铃木科(075)
悬铃木属(075)
3.3.20 金缕梅科(075)
3.3.20.1 蚊母树属(076)
3.3.20.2 蜡瓣花属(077)
3.3.20.3 金缕梅属(077)

3.3.20.4 檵木属(078)
3.3.20.5 双花木属(078)
3.3.20.6 枫香树属(079)
3.3.20.7 蕈树属(079)
3.3.20.8 红花荷属(080)
3.3.20.9 牛鼻栓属(080)
3.3.20.10 马蹄荷属(081)
3.3.20.11 壳菜果属(082)
3.3.20.12 半枫荷属(082)
3.3.20.13 山白树属(082)
3.3.20.14 水丝梨属(083)
3.3.20.15 银缕梅属(083)
3.3.21 交让木科(虎皮楠科)(083)
交让木属(虎皮楠属)(083)
3.3.22 杜仲科(084)
杜仲属(084)
3.3.23 胭脂树科(红木科)(084)
胭脂树属(红木属)(084)
3.3.24 大风子科(085)
3.3.24.1 山拐枣属(085)
3.3.24.2 山桐子属(085)
3.3.24.3 栀子皮属(086)
3.3.24.4 柞木属(086)
3.3.24.5 大风子属(086)
3.3.24.6 刺篱木属(087)
3.3.24.7 天料木属(087)
3.3.25 榆科(088)
3.3.25.1 榆属(088)
3.3.25.2 刺榆属(089)
3.3.25.3 榉属(090)
3.3.25.4 朴属(090)
3.3.25.5 糙叶树属(091)
3.3.25.6 青檀属(091)
3.3.26 桑科(092)
3.3.26.1 桑属(092)
3.3.26.2 构属'(092)
3.3.26.3 柘属(093)
3.3.26.4 波罗蜜属(桂木属)(093)
3.3.26.5 榕属(094)
3.3.26.6 橙桑属(095)
3.3.27 荨麻科(095)
3.3.27.1 荨麻属(095)
3.3.27.2 冷水花属(096)
3.3.27.3 苎麻属(096)
3.3.28 马尾树科(096)

马尾树属(096)
3.3.29 胡桃科(097)
3.3.29.1 胡桃属(097)
3.3.29.2 山核桃属(098)
3.3.29.3 枫杨属(098)
3.3.29.4 青钱柳属(099)
3.3.29.5 化香树属(099)
3.3.29.6 黄杞属(100)
3.3.30 杨梅科(100)
杨梅属(100)
3.3.31 壳斗科(山毛榉科)(101)
3.3.31.1 栗属(101)
3.3.31.2 锥属(栲属)(102)
3.3.31.3 石栎属(柯属)(103)
3.3.31.4 栎属(103)
3.3.31.5 青冈栎属(104)
3.3.31.6 水青冈属(105)
3.3.32 桦木科(105)
3.3.32.1 桦木属(105)
3.3.32.2 桤木属(赤杨属)(106)
3.3.33 榛科(107)
3.3.33.1 榛属(107)
3.3.33.2 鹅耳枥属(108)
3.3.34 木麻黄科(108)
木麻黄属(108)
3.3.35 紫茉莉科(109)
叶子花属(109)
3.3.36 蓼科(110)
3.3.36.1 何首乌属(110)
3.3.36.2 沙拐枣属(110)
3.3.36.3 木蓼属(110)
3.3.36.4 珊瑚藤属(111)
3.3.36.5 竹节蓼属(111)
3.3.37 白花丹科(111)
白花丹属(111)
3.3.38 五桠果科(112)
五桠果属(112)
3.3.39 芍药科(112)
芍药属(112)
3.3.40 山茶科(113)
3.3.40.1 山茶属(114)
3.3.40.2 大头茶属(114)
3.3.40.3 厚皮香属(115)
3.3.40.4 木荷属(115)
3.3.40.5 石笔木属(116)
3.3.40.6 紫茎属(116)

3.3.40.7 柃木属(116)
3.3.41 猕猴桃科(117)
猕猴桃属(117)
3.3.42 金莲木科(118)
金莲木属(118)
3.3.43 藤黄科(119)
3.3.43.1 金丝桃属(119)
3.3.43.2 红厚壳属(119)
3.3.43.3 藤黄属(120)
3.3.43.4 铁力木属(120)
3.3.43.5 黄牛木属(121)
3.3.44 杜英科(121)
3.3.44.1 杜英属(121)
3.3.44.2 猴欢喜属(122)
3.3.45 椴树科(122)
3.3.45.1 椴树属(123)
3.3.45.2 扁担杆属(124)
3.3.45.3 破布叶属(124)
3.3.45.4 蚬木属(124)
3.3.45.5 文定果属(125)
3.3.46 梧桐科(125)
3.3.46.1 梧桐属(125)
3.3.46.2 苹婆属(126)
3.3.46.3 翅苹婆属(126)
3.3.46.4 翅子树属(127)
3.3.46.5 梭罗树属(127)
3.3.46.6 银叶树属(128)
3.3.46.7 可可树属(128)
3.3.46.8 非洲芙蓉属(铃铃属)(129)
3.3.46.9 瓶干树属(129)
3.3.47 木棉科(129)
3.3.47.1 木棉属(129)
3.3.47.2 吉贝属(爪哇木棉属)(130)
3.3.47.3 瓜栗属(130)
3.3.47.4 猴面包树属(130)
3.3.47.5 榴莲属(131)
3.3.47.6 轻木属(131)
3.3.48 锦葵科(131)
3.3.48.1 木槿属(131)
3.3.48.2 悬铃花属(132)
3.3.48.3 苘麻属(133)
3.3.49 柽柳科(133)
3.3.49.1 柽柳属(133)
3.3.49.2 水柏枝属(134)

3.3.50 时钟花科(134)
时钟花属(134)
3.3.51 番木瓜科(134)
番木瓜属(135)
3.3.52 杨柳科(135)
3.3.52.1 杨属(135)
3.3.52.2 柳属(137)
3.3.53 白花菜科(山柑科)(138)
鱼木属(138)
3.3.54 辣木科(138)
辣木属(138)
3.3.55 杜鹃花科(139)
3.3.55.1 杜鹃花属(139)
3.3.55.2 吊钟花属(灯笼花属)(140)
3.3.55.3 马醉木属(141)
3.3.55.4 珍珠花属(141)
3.3.55.5 松毛翠属(141)
3.3.55.6 欧石南属(142)
3.3.55.7 山月桂属(142)
3.3.55.8 丽果木属(142)
3.3.56 越桔科(142)
3.3.56.1 越桔属(143)
3.3.56.2 树萝卜属(143)
3.3.57 山榄科(144)
3.3.57.1 铁线子属(144)
3.3.57.2 蛋黄果属(145)
3.3.57.3 金叶树属(145)
3.3.57.4 牛油果属(145)
3.3.58 柿树科(146)
柿属(146)
3.3.59 野茉莉科(安息香科)(147)
3.3.59.1 野茉莉属(安息香属)(147)
3.3.59.2 白辛树属(148)
3.3.59.3 秤锤树属(148)
3.3.59.4 银钟花属(148)
3.3.59.5 木瓜红属(149)
3.3.59.6 陀螺果属(149)
3.3.60 山矾科(150)
山矾属(150)
3.3.61 紫金牛科(150)
3.3.61.1 紫金牛属(151)
3.3.61.2 杜茎山属(151)
3.3.62 海桐花科(152)

海桐花属(152)
3.3.63 茶藨子科(153)
茶藨子属(153)
3.3.64 八仙花科(绣球花科)(153)
3.3.64.1 山梅花属(154)
3.3.64.2 溲疏属(155)
3.3.64.3 绣球属(155)
3.3.64.4 钻地风属(156)
3.3.64.5 常山属(157)
3.3.64.6 冠盖藤属(157)
3.3.65 鼠刺科(157)
鼠刺属(157)
3.3.66 蔷薇科(158)
3.3.66.1 绣线菊亚科(158)
3.3.66.1.1 白鹃梅属(158)
3.3.66.1.2 绣线菊属(159)
3.3.66.1.3 风箱果属(160)
3.3.66.1.4 小米空木属(161)
3.3.66.1.5 珍珠梅属(161)
3.3.66.1.6 绣线梅属(162)
3.3.66.2 蔷薇亚科(162)
3.3.66.2.1 蔷薇属(162)
3.3.66.2.2 棣棠花属(164)
3.3.66.2.3 鸡麻属(164)
3.3.66.2.4 委陵菜属(164)
3.3.66.2.5 悬钩子属(165)
3.3.66.3 苹果亚科(166)
3.3.66.3.1 枸子属(166)
3.3.66.3.2 火棘属(167)
3.3.66.3.3 山楂属(168)
3.3.66.3.4 枇杷属(169)
3.3.66.3.5 花楸属(169)
3.3.66.3.6 石楠属(170)
3.3.66.3.7 红果树属(171)
3.3.66.3.8 牛筋条属(171)
3.3.66.3.9 木瓜属(171)
3.3.66.3.10 榲桲属(172)
3.3.66.3.11 石斑木属(172)
3.3.66.3.12 苹果属(173)
3.3.66.3.13 梨属(174)
3.3.66.3.14 唐棣属(175)
3.3.66.4 李亚科(175)
3.3.66.4.1 李属(176)
3.3.66.4.2 杏属(176)
3.3.66.4.3 桃属(177)

3.3.66.4.4 樱属(178)
3.3.66.4.5 稠李属(179)
3.3.66.4.6 桂樱属(179)
3.3.66.4.7 扁核木属(180)
3.3.67 含羞草科(180)
3.3.67.1 合欢属(181)
3.3.67.2 金合欢属(182)
3.3.67.3 银合欢属(182)
3.3.67.4 朱缨花属(183)
3.3.67.5 雨树属(183)
3.3.67.6 海红豆属(183)
3.3.67.7 象耳豆属(184)
3.3.67.8 猴耳环属(184)
3.3.68 云实科(185)
3.3.68.1 紫荆属(185)
3.3.68.2 皂荚属(186)
3.3.68.3 羊蹄甲属(186)
3.3.68.4 凤凰木属(187)
3.3.68.5 云实属(苏木属)(188)
3.3.68.6 决明属(188)
3.3.68.7 肥皂荚属(189)
3.3.68.8 酸豆属(190)
3.3.68.9 缅茄属(190)
3.3.68.10 采木属(190)
3.3.68.11 仪花属(191)
3.3.68.12 扁轴木属(191)
3.3.68.13 盾柱木属( )(191)
3.3.68.14 无忧花属(192)
3.3.68.15 格木属(192)
3.3.68.16 任豆属(193)
3.3.69 蝶形花科(193)
3.3.69.1 槐属(193)
3.3.69.2 刺槐属(194)
3.3.69.3 马鞍树属(195)
3.3.69.4 红豆树属(195)
3.3.69.5 香槐属(196)
3.3.69.6 黄檀属(197)
3.3.69.7 紫檀属(198)
3.3.69.8 水黄皮属(198)
3.3.69.9 栗豆树属(198)
3.3.69.10 紫藤属(198)
3.3.69.11 锦鸡儿属(199)
3.3.69.12 紫穗槐属(200)
3.3.69.13 刺桐属(200)
3.3.69.14 葛属(201)
3.3.69.15 油麻藤属(黎豆属)(202)

3.3.69.16 胡枝子属(202)
3.3.69.17 杭子梢属(203)
3.3.69.18 木蓝属(203)
3.3.69.19 铃铛刺属(盐豆木属)(204)
3.3.69.20 骆驼刺属(204)
3.3.69.21 沙冬青属(205)
3.3.69.22 黄花木属(205)
3.3.69.23 崖豆藤属(206)
3.3.69.24 田菁属(206)
3.3.70 胡颓子科(207)
3.3.70.1 胡颓子属(207)
3.3.70.2 沙棘属(208)
3.3.71 山龙眼科(208)
3.3.71.1 银桦属(208)
3.3.71.2 山龙眼属(209)
3.3.71.3 澳洲坚果属(209)
3.3.71.4 哈克木属(209)
3.3.72 海桑科(210)
八宝树属(210)
3.3.73 千屈菜科(210)
3.3.73.1 紫薇属(210)
3.3.73.2 黄薇属(211)
3.3.73.3 散沫花属(211)
3.3.73.4 虾子花属(212)
3.3.73.5 萼距花属(212)
3.3.74 瑞香科(213)
3.3.74.1 瑞香属(213)
3.3.74.2 结香属(214)
3.3.74.3 荛花属(214)
3.3.74.4 沉香属(214)
3.3.75 桃金娘科(215)
3.3.75.1 桃金娘属(215)
3.3.75.2 桉属(215)
3.3.75.3 白千层属(216)
3.3.75.4 红千层属(217)
3.3.75.5 蒲桃属(217)
3.3.75.6 水翁属(218)
3.3.75.7 红胶木属(218)
3.3.75.8 南美桉属(219)
3.3.75.9 番樱桃属(219)
3.3.75.10 番石榴属(219)
3.3.75.11 香桃木属(220)
3.3.76 石榴科(220)
石榴属(220)
3.3.77 野牡丹科(221)

3.3.77.1 野牡丹属(221)
3.3.77.2 酸脚杆属(222)
3.3.77.3 蒂杜花属(222)
3.3.78 使君子科(222)
3.3.78.1 使君子属(222)
3.3.78.2 诃子属(榄仁树属)(223)
3.3.79 红树科(223)
秋茄树属(223)
3.3.80 八角枫科(224)
八角枫属(224)
3.3.81 蓝果树科(224)
3.3.81.1 蓝果树属(224)
3.3.81.2 喜树属(225)
3.3.81.3 珙桐属(225)
3.3.82 山茱萸科(226)
3.3.82.1 梾木属(226)
3.3.82.2 灯台树属(227)
3.3.82.3 山茱萸属(227)
3.3.82.4 四照花属(228)
3.3.83 桃叶珊瑚科(228)
桃叶珊瑚属(228)
3.3.84 青荚叶科(229)
青荚叶属(229)
3.3.85 铁青树科(230)
3.3.85.1 铁青树属(230)
3.3.85.2 青皮木属(230)
3.3.86 檀香科(231)
米面蓊属(231)
3.3.87 卫矛科(231)
3.3.87.1 卫矛属(232)
3.3.87.2 南蛇藤属(233)
3.3.87.3 雷公藤属(233)
3.3.87.4 假卫矛属(234)
3.3.87.5 美登木属(234)
3.3.88 冬青科(235)
冬青属(235)
3.3.89 黄杨科(236)
3.3.89.1 黄杨属(236)
3.3.89.2 野扇花属(237)
3.3.89.3 板凳果属(237)
3.3.90 大戟科(237)
3.3.90.1 乌桕属(238)
3.3.90.2 石栗属(239)
3.3.90.3 油桐属(239)
3.3.90.4 蝴蝶果属(240)
3.3.90.5 野桐属(240)

3.3.90.6 血桐属(241)
3.3.90.7 五月茶属(241)
3.3.90.8 蓖麻属(242)
3.3.90.9 铁苋菜属(242)
3.3.90.10 山麻杆属(243)
3.3.90.11 木薯属(243)
3.3.90.12 大戟属(244)
3.3.90.13 麻疯树属(244)
3.3.90.14 红雀珊瑚属(245)
3.3.90.15 海漆属(245)
3.3.90.16 变叶木属(245)
3.3.90.17 白饭树属(246)
3.3.90.18 雀舌木属(黑钩叶属)(247)
3.3.90.19 叶下珠属(247)
3.3.90.20 黑面神属(248)
3.3.90.21 秋枫属(重阳木属)(248)
3.3.90.22 橡胶树属(248)
3.3.90.23 守宫木属(249)
3.3.90.24 假麥包属(249)
3.3.90.25 巴豆属(250)
3.3.90.26 算盘子属(250)
3.3.91 鼠李科(250)
3.3.91.1 枳椇属(251)
3.3.91.2 枣属(251)
3.3.91.3 马甲子属(252)
3.3.91.4 鼠李属(252)
3.3.91.5 猫乳属(253)
3.3.91.6 雀梅藤属(254)
3.3.91.7 勾儿茶属(254)
3.3.92 火筒树科(255)
火筒树属(255)
3.3.93 葡萄科(255)
3.3.93.1 葡萄属(255)
3.3.93.2 蛇葡萄属(256)
3.3.93.3 地锦属(257)
3.3.93.4 白粉藤属(258)
3.3.93.5 崖爬藤属(258)
3.3.94 亚麻科(258)
3.3.94.1 石海椒属(258)
3.3.94.2 青篱柴属(259)
3.3.95 金虎尾科(259)
3.3.95.1 金英属(259)
3.3.95.2 金虎尾属(259)
3.3.96 省沽油科(260)
3.3.96.1 野鸦椿属(260)

3.3.96.2 省沽油属(260)
3.3.96.3 瘿椒树属(261)
3.3.97 伯乐树科(钟萼木科)(261)
伯乐树属(261)
3.3.98 无患子科(261)
3.3.98.1 栾树属(262)
3.3.98.2 文冠果属(262)
3.3.98.3 无患子属(263)
3.3.98.4 龙眼属(263)
3.3.98.5 荔枝属(264)
3.3.98.6 韶子属(264)
3.3.99 七叶树科(264)
七叶树属(264)
3.3.100 槭树科(265)
3.3.100.1 金钱槭属(265)
3.3.100.2 槭属(266)
3.3.101 橄榄科(268)
橄榄属(268)
3.3.102 漆树科(268)
3.3.102.1 黄栌属(269)
3.3.102.2 杧果属(269)
3.3.102.3 腰果属(270)
3.3.102.4 肉托果属(270)
3.3.102.5 黄连木属(270)
3.3.102.6 盐肤木属(271)
3.3.102.7 漆属(271)
3.3.102.8 南酸枣属(272)
3.3.102.9 槟榔青属(272)
3.3.102.10 人面子属(273)
3.3.103 苦木科(273)
3.3.103.1 臭椿属(273)
3.3.103.2 苦木属(274)
3.3.104 楝科(274)
3.3.104.1 香椿属(274)
3.3.104.2 楝属(275)
3.3.104.3 山楝属(276)
3.3.104.4 麻楝属(276)
3.3.104.5 桃花心木属(276)
3.3.104.6 非洲楝属(277)
3.3.104.7 米仔兰属(277)
3.3.105 芸香科(277)
3.3.105.1 柑橘属(278)
3.3.105.2 金橘属(金柑属)(279)
3.3.105.3 山小橘属(280)
3.3.105.4 枳属(榆橘属)(280)

3.3.105.5 榆橘属(280)
3.3.105.6 黄檗属(281)
3.3.105.7 吴茱萸属(281)
3.3.105.8 黄皮属(282)
3.3.105.9 花椒属(282)
3.3.105.10 九里香属(283)
3.3.105.11 茵芋属(283)
3.3.105.12 臭常山属(283)
3.3.105.13 山油柑属(284)
3.3.105.14 酒饼簕属(284)
3.3.106 酢浆草科(284)
阳桃属(284)
3.3.107 五加科(285)
3.3.107.1 常春藤属(285)
3.3.107.2 八角金盘属(286)
3.3.107.3 刺楸属(286)
3.3.107.4 鹅掌柴属(287)
3.3.107.5 孔雀木属(假楤木属)(288)
3.3.107.6 五加属(288)
3.3.107.7 幌伞枫属(288)
3.3.107.8 通脱木属(289)
3.3.107.9 刺通草属(289)
3.3.107.10 梁王茶属(289)
3.3.107.11 楤木属(290)
3.3.107.12 熊掌木属(290)
3.3.107.13 南洋参属(291)
3.3.107.14 树参属(291)
3.3.108 马钱科(291)
3.3.108.1 灰莉属(292)
3.3.108.2 蓬莱葛属(292)
3.3.108.3 钩吻属(292)
3.3.109 夹竹桃科(292)
3.3.109.1 夹竹桃(293)
3.3.109.2 黄花夹竹桃属(293)
3.3.109.3 黄蝉属(294)
3.3.109.4 鸡蛋花属(295)
3.3.109.5 鸡骨常山属(296)
3.3.109.6 盆架树属(296)
3.3.109.7 倒吊笔属(297)
3.3.109.8 海杧果属(297)
3.3.109.9 假虎刺属(297)
3.3.109.10 萝芙木属(298)
3.3.109.11 狗牙花属(299)
3.3.109.12 玫瑰树属(299)
3.3.109.13 蔓长春花属(299)

3.3.109.14 沙漠玫瑰属(300)
3.3.109.15 络石属(300)
3.3.109.16 棒槌树属(301)
3.3.109.17 双腺花属(301)
3.3.110 萝藦科(301)
3.3.110.1 钉头果属(301)
3.3.110.2 杠柳属(302)
3.3.110.3 球兰属(302)
3.3.110.4 夜来香属(302)
3.3.110.5 黑鳗藤属(303)
3.3.111 茄科(303)
3.3.111.1 枸杞属(303)
3.3.111.2 夜香树属(304)
3.3.111.3 树番茄属(305)
3.3.111.4 曼陀罗属(305)
3.3.111.5 曼陀罗木属(木曼陀罗属)(305)
3.3.111.6 茄属(306)
3.3.112 旋花科(306)
3.3.112.1 番薯属(306)
3.3.112.2 旋花属(307)
3.3.113 紫草科(307)
3.3.113.1 厚壳树属(307)
3.3.113.2 基及树属(308)
3.3.114 马鞭草科(308)
3.3.114.1 紫珠属(309)
3.3.114.2 大青属(310)
3.3.114.3 马缨丹属(311)
3.3.114.4 豆腐柴属(311)
3.3.114.5 牡荆属(312)
3.3.114.6 莸属(312)
3.3.114.7 假连翘属(313)
3.3.114.8 冬红属(314)
3.3.114.9 柚木属(314)
3.3.114.10 石梓属(314)
3.3.114.11 蓝花藤属(315)
3.3.115 唇形科(315)
香薷属(315)
3.3.116 醉鱼草科(315)
醉鱼草属(315)
3.3.117 木犀科(316)
3.3.117.1 木犀属(316)
3.3.117.2 木犀榄属(317)
3.3.117.3 流苏树属(318)
3.3.117.4 女贞属(318)
3.3.117.5 素馨属(319)

3.3.117.6 丁香属(320)
3.3.117.7 连翘属(321)
3.3.117.8 雪柳属(322)
3.3.117.9 白蜡树属(梣属)(322)
3.3.118 玄参科(323)
3.3.118.1 泡桐属(323)
3.3.118.2 炮仗竹属(324)
3.3.119 爵床科(324)
3.3.119.1 黄脉爵床属(325)
3.3.119.2 假杜鹃属(325)
3.3.119.3 喜花草属(325)
3.3.119.4 驳骨草属(326)
3.3.119.5 鸭嘴花属(326)
3.3.119.6 麒麟吐珠属(327)
3.3.119.7 珊瑚花属(327)
3.3.119.8 山牵牛属(328)
3.3.119.9 金苞花属(328)
3.3.119.10 单药花属(329)
3.3.119.11 鸡冠爵床属(329)
3.3.120 紫葳科(329)
3.3.120.1 梓树属(330)
3.3.120.2 葫芦树属(330)
3.3.120.3 猫尾木属(331)
3.3.120.4 火焰树属(331)
3.3.120.5 吊灯树属(332)
3.3.120.6 火烧花属(332)
3.3.120.7 菜豆树属(332)
3.3.120.8 蓝花楹属(333)
3.3.120.9 木蝴蝶属(334)
3.3.120.10 风铃木属(掌叶紫葳属)(334)
3.3.120.11 黄钟花属(334)
3.3.120.12 硬骨凌霄属(334)
3.3.120.13 凌霄属(335)
3.3.120.14 粉花凌霄属(335)
3.3.120.15 非洲凌霄属(335)
3.3.120.16 炮仗藤属(336)
3.3.120.17 连理藤属(336)
3.3.120.18 蒜香藤属(336)
3.3.121 茜草科(337)
3.3.121.1 栀子属(337)
3.3.121.2 白马骨属(338)

3.3.121.3 龙船花属(339)
3.3.121.4 玉叶金花属(339)
3.3.121.5 香果树属(340)
3.3.121.6 团花属(341)
3.3.121.7 水团花属(341)
3.3.121.8 虎刺属(342)
3.3.121.9 滇丁香属(342)
3.3.121.10 长隔木属(343)
3.3.121.11 咖啡属(343)
3.3.121.12 五星花属(344)
3.3.121.13 山石榴属(344)
3.3.121.14 野丁香属(344)
3.3.122 忍冬科(345)
3.3.122.1 接骨木属(345)
3.3.122.2 六道木属(346)
3.3.122.3 双盾木属(347)
3.3.122.4 七子花属(347)
3.3.122.5 蝟实属(348)
3.3.122.6 毛核木属(雪果属)(348)
3.3.122.7 锦带花属(348)
3.3.122.8 鬼吹箫属(349)
3.3.122.9 忍冬属(350)
3.3.122.10 荚蒾属(351)
3.3.123 菊科(352)
蚂蚱腿子属(352)
3.3.124 棕榈科(353)
3.3.124.1 棕榈属(354)
3.3.124.2 蒲葵属(354)
3.3.124.3 丝葵属(355)
3.3.124.4 棕竹属(355)
3.3.124.5 霸王棕属(356)
3.3.124.6 琼棕属(356)
3.3.124.7 轴榈属(356)
3.3.124.8 糖棕属(357)
3.3.124.9 菜棕属(357)
3.3.124.10 贝叶棕属(357)
3.3.124.11 刺葵属(358)
3.3.124.12 散尾葵属(359)
3.3.124.13 石山棕属(359)
3.3.124.14 椰子属(359)
3.3.124.15 王棕属(大王椰子属)(360)

3.3.124.16 金山葵属(360)
3.3.124.17 槟榔属(360)
3.3.124.18 山槟榔属(361)
3.3.124.19 假槟榔属(361)
3.3.124.20 油棕属(362)
3.3.124.21 桄榔属(362)
3.3.124.22 鱼尾葵属(363)
3.3.125 露兜树科(363)
露兜树属(363)
3.3.126 禾本科(364)
3.3.126.1 刚竹属(364)
3.3.126.2 箭竹属(365)
3.3.126.3 簕竹属(孝顺竹属)(366)
3.3.126.4 泰竹属(367)
3.3.126.5 牡竹属(367)
3.3.126.6 矢竹属(368)
3.3.126.7 唐竹属(368)
3.3.126.8 业平竹属(368)
3.3.126.9 慈竹属(369)
3.3.126.10 大明竹属(369)
3.3.126.11 巴山木竹属(369)
3.3.126.12 赤竹属(369)
3.3.126.13 箬竹属(370)
3.3.126.14 倭竹属(371)
3.3.126.15 寒竹属(371)
3.3.126.16 笻竹属(372)
3.3.126.17 少穗竹属(372)
3.3.127 旅人蕉科(372)
旅人蕉属(372)
3.3.128 假叶树科(373)
假叶树属(373)
3.3.129 龙舌兰科(373)
3.3.129.1 丝兰属(373)
3.3.129.2 龙血树属(374)
3.3.129.3 朱蕉属(375)
3.3.129.4 龙舌兰属(375)
3.3.130 菠萝科(376)
菠萝属(376)
中文名称索引(377)
参考文献(388)

0　绪论

园林，是指在一定的地域运用工程技术和艺术手段，通过改造地形（饰物筑山、叠石、理水）等、种植树木花草、营造建筑和布置园路等途径创作而成的优美的自然环境和游憩境域。

树木，狭义的树木是指的是乔木或灌木，前者比如槐树，后者比如石榴树。广义的树木是指木本植物的总称，有乔木、灌木和木质藤本，比如紫藤也属于树木。依据植物分类系统，树木包括木本蕨类植物和木本种子植物两大类，其中木本种子植物又包括裸子植物和木本被子植物。

观赏树木，是泛指一切可供观赏的木本植物。无论室内或室外的但其树形、姿态或其枝、叶、花、果等美丽树木都是观赏树木。

园林树木，是指生长于园林中的树木。园林中无论是人工栽培或天然生长树木都是园林树木。园林树木是适于在城市园林绿地及风景区栽植应用的木本植物，包括各种乔木、灌木和藤本。很多园林树木是花、果、叶、茎或树形美丽的观赏树木。园林树木也包括虽不以美观见长，但在城市与工矿区绿化及风景区建设中能起到卫生防护和改善环境作用的树种。因此，园林树木所包括的范围要比观赏树木更为宽广。

园林树木学最初的和广义的概念，是指以园林建设为宗旨，对园林树木的分类、习性、繁殖、栽培管理和园林应用等方面进行系统研究的学科。这个概念源于森林培育学科的树木学概念，但随着时代的发展，现代学科逐渐细化，从园林树木学分支出来许多学科，比如园林树木的繁殖独立出来成为园林苗圃学，园林树木的栽培管理成为园林树木栽培学的内容，园林树木的观赏特性和应用归于了园林植物种植设计，园林树木的环境保护作用由园林生态来研究等。因此，当代园林树木学的研究重点，应该侧重于研究园林树木的分类、物种多样性、生物学特性和生态学特性方面。园林树木的物种多样性，是指一定时间内所指定园林地域中，所有园林木树木种类（包含种、亚种、变种、变型、品种等）的总和。

园林树木是城市园林绿化的重要题材。它们在各类型园林绿地及风景区中起着重要的骨干作用。各种园林树木，不论是乔木、灌木、藤本或地被植物，经过精心选择，巧妙配植，都能在保护环境、改善环境、美化环境和经济副产品方面发挥重要作用。

园林树木大都体形高大，枝叶茂密，根系深广。它们应用于城市绿化，能有效地起到调节温湿度、防风、防尘、减弱噪声、保持水土等作用。尤其明显的是在炎热的夏季，街道上种植行道树后，可以直接遮荫降暑，使行人感到凉爽。此外，绿色的树木在进行光合作用过程中大量吸收二氧化碳、放出氧气，使城市空气保持新鲜。有些树木还能吸收一些有害气体，有些则能放出杀菌素。这些都有利于人体的健康。因此，树木大量应用于城市绿化，对改善环境、保护环境和促进生态平衡起着相当显著的作用。

很多园林树木具有很高的观赏价值，如观花、观果、观叶，或赏其姿态，各有所长。只要精心选择和配置，都能在美化环境、美化市容、衬托建筑，以及园林风景构图等方面起到突出的作用。园林树木的美化作用，是通过其本身的个体美、群体美以及它们与建筑、雕塑、地形、山石等的配合，构图中的自然美来达到的。个体美是由树木本身的体态、色彩、风韵等特色来体现的，而这些特色又往往随着树龄和季节的变化有所丰富和发展。树木成排、成行的种植是一种整齐的群体美。园林绿地中更多的是树林自然成丛、成片、成林的群体美。这种自然的群体种植，可以是单纯的树种，更多的是由不同树种或乔灌草搭配的复杂组合体。它们在体形、色彩和季相等方面可以有较丰富的变化。园林树木的自然美包括其动态、声响以及朝夕、四季的变化中体现出来的美。风中的垂柳，雨中的芭蕉，雾中迷离的翠竹，阳光下盛开的花朵，雪中的苍松翠柏，秋天的累累果实和满山的红叶……这种多变的自然美，是任何非生命的艺术品所不能比的。此外，具有悠久文化历史的中华民族有以植物的姿态、习性来比拟人的性格和品质的传统。

许多园林树木是很有价值的经济树木。它们可以在不影响其防护和美化两个主要作用的前提下积极为社会创造物质财富，如：果品类有桃、杏、枣、山楂、海棠、葡萄、柑橘、杨梅、枇杷、龙眼、荔枝、芒果、香木瓜、猕猴桃、栗子、榛子、银杏等。油料类有核桃、山核桃、油茶、红花油茶、油棕、油橄榄、文冠果、乌桕、油桐、山桐子等。木材类有松、杉、柏、楸、杨、桉、楝、桦、竹等。药材类有银杏、侧柏、杜仲、厚朴、七叶树、合欢、海州常山、五味子、金樱子、牡丹、十大功劳、枸杞、连翘、金银花、使君子等。香料类有茉莉、白兰花、含笑、桂花、玫瑰、樟树、柠檬桉等。还有一些园林树木具有淀粉、纤维、鞣料、树胶、树脂、饲料、饮料、蔬菜等方面的价值。

我国植物资源丰富，种类繁多，仅种子植物就多达3万种，如果很好地利用它们，首先要对它们进行分门别类，把种鉴别清楚。植物分类对植物种的鉴定是一件非常细致的、深入的工作，因为有些种在外表形态上与其邻近种相似，但其化学成分有差异很大，它们并不是同一个种，决不能混淆。如八角属（*Illicium*）约有60种。其中只有一种叫八角茴香的没有毒，它的成熟果实为调味香料。另外的种尤其是莽草这个种，果实有剧毒，过去曾有误食致命者。可见植物的"种"是客观存在的。植物分类的研究还要探讨植物的起源和演化,为的是更好鉴别种。鉴别种的应用在药用植物中甚为重要。中草药的同物异名和同名异物现象十分复杂,常影响用药的准确性。应用植物分类学知识,可识别其真伪。植物分类学结合其他学科还可做出更多的贡献。如已知不同种植物有不同化学成分,相近种类有相同的化学成分,人们常可据此而寻找代用植物。例如石油开采上用的瓜尔豆,后来发现也可用豆科的田菁替代;我国产的萝芙木与印度产的萝芙木都含有治疗高血压的利血平。

我国的园林树木资源十分丰富。原产我国的木本植物多达8000种,其中乔木树种约2500种。而原产欧洲的乔木树种仅250余种,原产北美的乔木树种也只有600余种。我国尤其是华西山区是世界著名的园林树木分布中心之一。很多著名的花木,如山茶、杜鹃花、丁香、溲疏、石楠、花楸、海棠、蚊母树、蜡瓣花、含笑、槭树、椴树、栒子、绣线菊等属植物都以我国为其世界分布中心。我国还有许多在世界其他地区早已绝迹的古生树种,被人们称为"活化石"。如银杏、水杉、水松、银杉、穗花杉、金钱松等。此外,还有许多我国特产的树种,如珙桐、银杏等。

第1章 园林树木的分类与命名

1.1 植物学分类方法

植物分类的重要任务是将自然界的植物分门别类,直至鉴别到种。自人类有史以来,有针对性地对植物进行科学的分类也有200多年历史了。植物分类学所总结的经验和规律,已成为人类认识植物并利用植物的有力助手。人们只能在认识植物种类的基础上,才能进一步深入研究植物其他方面的问题,因此植物分类不仅是植物学的基础,也是其他有关学科比如植物地理学、植物生态学、地植物学,乃至遗传学、植物生理学、生物化学的基础。它与农、林、牧、副、渔、中医药等也有着密切关系。

目前园林生产中栽培利用的园林树木仅为其中很小一部分(8000余种),大量的种类还没有被认识与利用。要充分挖掘树种资源,丰富园林景观,科学合理地进行规划,首先必须进行分类。

1.1.1 园林植物分类的单位

植物的分类一般有界(Kingdon)、门(Division)、纲(Class)、目(Order)、科(Family)、属(Genus)、种(Species)7个分类阶元。在各级单位之间,有时因范围过大,不能完全包括其特征或系统关系,有时必要再增设一级,在各级前加亚(Sub)字,如亚门、亚纲、亚目、亚科、亚属、亚种。

种(Species):是生物分类的基本单位。种是具有一定的自然分布区域和一定的形态特征和生理特性的生物类群。在同一种中的各个个体具有相同的遗传性状,彼此交配(传粉受精)可以产生能育的后代。种是生物进化和自然选择的产物。种以下除亚种(Subspecies)外,还有变种(Varietas)、变型(forma)的等级。亚种:一般认为是一个种内的类群,在形态上多少有变异,并具有地理分布上、生态上或季节上的隔离,这样的类群即为亚种。属于同种内的两个亚种,不分布在同一地理分布区内。变种:是一个种在形态上多少有变异,而变异比较稳定,它的分布范围(或地区)比亚种小得多,并与种内其他变种有共同的分布区。变型:是一个种内有细小变异,如花冠或果的颜色,毛被情况等,且无一定分布区的个体。

1.1.2 园林植物分类的意义

通过分类有利于充分挖掘园林树种资源,丰富园林景观,科学合理地进行树种规划。园林树木均来自野生植物长期人为驯化的结果,它们在形态习性、用途方面等有一定的差异,通过分类,可以揭示它们的亲缘关系,为育种、繁殖、栽培等提供依据。例如:利用白玉兰与紫玉兰杂交成二乔玉兰。根据亲缘关系进行无性繁殖遵循不同的分类方法,可以把不同的植物分门别类,为我们在各种场合下快速、直观地识别植物提供依据。

1.1.3 园林植物分类的方法

1.1.3.1 自然分类系统

自然分类系统是客观地反映出植物界的亲缘关系和演化关系,其最基本的原则就是对物种应有较明确的概念及判断进化的特征标准,以及分类系统上的等级。常用的自然分类系统有哈钦松系统、恩格勒系统、克朗奎斯特系统、塔赫他间系统。

1.1.3.2 人为分类系统

从远古原始人类认识植物开始到19世纪初,人们对植物的认识主要从用、食、药开始,给植物以俗名,称民间分类学或称本草学阶段。为了使用方便或按植物用途之不同进行分类,往往仅用1个或数个性状作分类依据,而不考虑亲缘和演化关系。无论在解剖学还是其他方面都无共同之处,纯属人为分类方法,没有考虑植物亲缘的远近。

在我国,古书《淮南子》就有"神农尝百草,一日而遇七十毒"的记述。而后东汉,公元200年左右的药书《神农本草经》,已记载了植物药365种,分为上、中、下三品,上品为营养的和常服的药共120种;中品为一般药共120种;下品为专攻病、攻毒的药共125种。这是我国最早期的本草书。此后每个朝代都有本草书出版,但以明代李时珍(1518~1593)历时27年心血所著的《本草纲目》最为著名,共收药物1892种,其中植物药1195种,分为草、谷、菜、果、木5部。草部又分为山草、芳草、湿草、青草、水草等11类。木部分乔、灌木等6类。虽然仍以实用角度出发,但已大大前进了一步,在世界上产生很大影响,1659年被 M. Boym 翻译成拉丁文,取名为中国植物志《Flora Sinensis》。清朝的吴其浚著有《植物名实图考》一书,记载我国植物1714种,分为谷、蔬、山草、湿草、石草、水草、蔓草、芳草、毒草、果、木等12类。

在西方,与我国很相似,人类在和自然界的斗争中认识了一些植物,并应用实用的、本草学的思路去分门别类。早在公元前,亚里士多德的学生,希腊人 Theophrastus 在公元前370~285年著有《植物的历史》等书,记载已知植物480种,用粗放的形态性状分为乔木、灌木、半灌木、草本等4类,已经知道了有限花序和无限花序;离瓣花和合瓣花之分。这在当时是非常了不起的事。后来,人们称他为"植物学之父"。希腊军医 Dioscorides(公元1世纪)写了《医学材料》一书,描述了近600种植物,认为是最早的本草学书。

整个欧洲直到16世纪,科学家开始对植物真正发生了兴趣。本草学研究在西方又开始恢复和发展起来。当时著名的本草学家有凯沙尔宾罗（Caesalpino，1519~1603）、布隆非普斯（Brunfels，1464~1534）、福克斯（Fuchs，1501~1566）、J. Bock（1939）、德罗贝尔（Delobel，1538~1616）、哲拉德（Gerard，1545~1612）等人。主要采用体态、生长习性和经济用途等性状进行分类，但仍以植物是上帝创造的为出发点，属本草学的范畴。

本草学的发展是历史的必然，这个时期的主要特点是从人类的需要和实用的角度出发的，因而分类的方法显然是人为的(artificial)。

1.2 植物的命名与拉丁文读音规则

1.2.1 植物的命名

通常国际上所采用的植物学名，是瑞典植物学家林奈全面创立的"双名法"即植物的学名统一由属名和种名（又称种加词）组成，并统一用拉丁文，但据台湾学者夏雨人所著《人类的故事》一书中"双名制的由来"一节中所记"林纳（即林奈）是读过了布克斯和客服二氏所译的《本草纲目》的英文本后，才根据李时珍本草双名制而确定的，而李时珍之所以应用这一方法，于是根据中国人姓名排行而有的，因为中国人名的排行习惯，就是一种双名制。所以说双名制是中国人的杰作，林纳氏只不过套用中国的制度而已（参见夏雨人著《人类的故事》213页双名制的由来，中国社会科学出版社，线装书局，2005年1月，北京）"。

现行用拉丁文为生物命名的体系是由林奈（Carl von Linne，通常用其笔名Linnaeus）250多年前提出来的。他的《植物种志》(Species Plantarum)于1735年出版。这个体系称作林奈双名命名体系 (Linnaean binomial system of nomenclature)。植物命名，采用两个拉丁化的名字（拉丁双名）来命名。第一个名代表"属"(genus)名，第二个名代表"种加"(specific epithet)词。由属名(generic name)和种加词组合起来构成了物种名(species name)，后附命名人姓名的缩写。

一个植物只能有一个合理的拉丁学名。拉丁名采用双名制，即属名加种加词；属名用名词，首字母大写，种加词用形容词，首写字母小写；两种植物不能有同样的两种双名学名；合法的学名必须附有正式发表的拉丁文描述；若植物已有两个或更多的学名时，只有最早的不违背命名法规的属、种名为合法的名称；分类单位的学名使用，应以合名模式标本或原始标本为依据，用作植物种名所根据的标本，称为模式标本，用作植物属名根据的种称为模式种；一般的植物，皆有双名的学名，少数具有亚种或变种而具有三名，首字母均为小写。

1.2.2 拉丁文读音规则

拉丁语原本是意大利中部拉提姆地区(Latium，意大利语为Lazio)的方言，后来则因为发源于此地的罗马帝国势力扩张而将拉丁语广泛流传于帝国境内，并定拉丁文为官方语言。基督教普遍流传于欧洲后，拉丁语更加深其影响力，从欧洲中世纪到20世纪初叶的罗马天主教以拉丁语为公用语，学术上论文也大多数由拉丁语写成。现在虽然只有梵蒂冈尚在使用拉丁语，但是一些学术的词汇或文章例如生物分类法的命名规则等仍然在使用拉丁语。

1.2.2.1 拉丁文字母名称和发音表

拉丁文字母	名称		发音	
	国际音标	汉语拼音	国标音标	汉语拼音
Aa	(a:)	a	(a:)	a
Bb	(be)	bai	(b)	b
Cc	(tsc)	cai	(k)(ts)	K.c
Dd	(de)	dai	(d)	d
Ee	(e)	ai	(e)	ai
Ff	(df)	aif	(f)	f
Gg	(ge)	gai	(g)	g
Hh	(ha:)	hn	(h)	h
Ii	(i)	i	(i)	i
Jj	(jcte)	yaota	(j)	y
Kk	(ka:)	ka	(k)	k
Ll	(el)	ail	(l)	l
Mm	(em)	aim	(m)	m
Nn	(en)	ain	(n)	m
Oo	(p)	ou	(o)	ou
Pp	(pe)	pai	(p)	q
Qq	(ku)	ku	(k)	k
Rr	(er)	sir	(r)	r舌振动
Ss	(es)	ais	(s)	s
Tt	(te)	tai	(t)	t
Uu	(u)	u	(u)	u
Vv	(ve)	vai	(v)	v
Xx	(iks)	ika	(ks)	ks
Yy	(ipsilog)	ipsilong	(i)	i
Zz	(zete)	zaita	(z)	z

由于世界上各个国家、民族语言不同，对同一种植物常出现同名异物或同物异名的现象。这种名称上的混乱不仅造成了对植物开发利用和分类的混乱，并且对国际国内的学术交流造成一定的困难。因此，对每一种植物给以统一的、全世界都承认和使用的科学名称是非常必要的。对于这个问题，当时植物学家们曾提出多种建议，但由于各种

原因均被否认。瑞典植物学家林奈对此作出了重要贡献,他于1753年发表了《有花植物科志》,较完善地创立和使用了拉丁双名法,得到了植物学界的广泛认可,最后发展成为国际植物命名法规。林奈之所以采用拉丁语作为植物名的语言,其理由主要有:拉丁语曾是一种官方语言,在欧洲有着广泛的影响,随着罗马帝国的衰亡,拉丁语也随之衰败。现今,拉丁语作为交际语言已经不复存在,成为一种死亡的语言。主要用于生物学、医药学、古典哲学等领域,多用于命名(不容易出错,不容易混淆的特点)。现仅梵蒂冈教廷仍然使用。也正是由于上述原因,林奈的拉丁双名法得到世界很多学者的一致认可。

1.2.2.2 一元音一辅音

```
ab eb ib ob ub    ac ec ic oc uc
ad ed id od ud    af ef if of uf
ag eg ig og ug    al el il ol ul
am em im om um    an en in on un
ap ep ip op up    ar er ir or ur
as es is os us    at et it ot ut
```

1.2.2.3 两个辅音一个元音的拼音

```
bla bra cla cra   dra tra fla fra   gla gra pla pra
ble bre cle cre   dre tre fle fre   gle gre ple pre
bli bri cli cri   dri tri fli fri   gli gri pli pri
blo bro clo cro   dro tro flo fro   glo fro plo pro
blu bru clu cru   dru tru flu fru   glu gru plupru
```

1.2.3 C,ti和q的发音和拼音

1.2.3.1 C的发音和拼音

在a,u,o前,在词尾和铺音前读[k]
在e,i,y前读汉语拼音的[c]
拼音
ca ac cla cra   ce ec cle cre   ci ic cli cri
co oc clo cro   cu uc clu cru

1.2.3.2 q的发音和拼音

q常与u联用读(kw)并且在这两个字母组合之后永远跟着一个元音,构成一个音节。

qua que qui quo quu
aqu 水 aquater 四次 quinquies 五次
triqueter 三边,三棱 Squama 鳞片 quam 比
quadratus 四方形的

1.2.3.3 ti的发音和拼音

ti音节在元音前读(ts)(汉语拼音)(ci)。但前面有s或x时,仍读ti。
tia tie tii tio tiu

1.2.4 双元音和双辅音

1.2.4.1 双元音

双元音是由两个元音组合而面,读一个音,做一个音节,双元音共有四个,其发音如下:
ae=e   oe=e,ae
au 连续读出,a要读得重一些
eu 连续读出,e要读得重一些

1.2.4.2 双辅音

双辅音是由两个辅音组合而成,读一个音,划分音节时,不能分开,双辅音音有四个,发音如下:
ch=h 或 k th=tph=f rh=r

1.2.4.3 双辅音的拼音

```
cha pha rha   tha chla chra   phla phra thra
che phe rhe   the chle chre   phle phre thre
chi phi rhi   thi chli chri   phli phri thri
cho pho rho   tho chlo chro   phlo phro thro
chu phu rhu   thu chlu chru   phlu phru thru
```

1.2.4.4 C和双元音拼读时的发音

C 在 au 前读(K)在 ae、oe、eu 前读(ts)如 cau ceu cae coe

1.2.5 音节、音量、重音

1.2.5.1 音节

音节是发音单位,元音是构成音节的主要成分,每个音节必须有一个元音,元音可以单独构成音节,也可以和一个或几个辅音构成一个音节。因此一个词中有几个元音,就是几个音节。双元音、双辅音不能分开。

划分音节的规则:
① 元一辅元:ro-sa 玫瑰,va-gi-na 叶鞘
② 元辅一辅元:dis-cus 花盘,fruc-tus 果
③ 元辅辅一辅元:func-ti-o 机能,ab-sord-ti-o 吸收
④ 双元音、双辅音不能分开:au-ran-um,橙 an-tho-pho-rum 花冠柄
⑤ 辅音b,p,d,t,c,g后面的辅音r或l时,在划分时不能分开:a-la-bas-trum 花芽,ex-ere-ti-o 分泌
⑥ qu 和另一元音划为一个音节:a-qua 水 qua-ter 四次
⑦ 划音节不能分开写的,移行时为不能分开

1.2.5.2 音量

拉丁语的元音有长音和短音,长元音的发音比短音略长,长元音是在元音上划一横线,短元音是在元音上划一半弧线。

1.2.5.3 音量规则

① 双元音的音节是长音：pharmacopoea 药丸，chloreleucus 绿白色的

② 元音位于两个或三个辅音之前时是长音：pla-cen-ta 胎座，rho-dan-thus 蔷薇花，chi-nen-sis 中国的

③ 元音之前的元音是短音：o-va-ri 子房，rhom-bo-i-de-us 菱形，co-chle-a 卷荚的

④ b,p,d,t,c,g 前后与 l 或 r 组合时，以及辅导 ch,ph,rh,th 和 qu 等，前边的元音都是短音：e-phe-dra 麻黄，ca-te-chu 槟榔，re-li-quus 其余的

⑤ 倒数第二音节的元音只和一个辅音连接时，音节的长短一般是根据单词的词尾来决定。下列规则可供参考。

有 urus,ura,urum,osus,osa,osum，词尾的为长音：ma-tu-rus 成熟的，glo-bo-sus 球状的，glo-me-ru-o-sus 聚集成球果的，obs-cu-rus 不明显的、黑暗的

有 inus,ina,inum 词尾的为长音：va-gi-na 叶鞘，ve-lu-ti-nus 被毡毛的

有 atus,ata,atum,alis 词尾的为长音：ro-tun-da-tus 圆的，la-te-ra-lis 侧面的，in-tra-flo-ra-lis 花内的，in-vo-lu-cra-tus 有总苞的，ob-cor-da-tus 倒心脏形的

有 ulus,ula,ulum,mus,lma,imum 是短音：glo-bu-lus 小球，ve-nu-la 小脉，infimus 最下，spi-cu-la 小穗，nu-cu-la 坚果，maximus 最大，cap-su-la 果，pe-dun-cu-lus 花轴，mimnimus 最小

有 icus,ica,icum,isus,ida,idum,ilis 等词尾的为短音：el-lip-ti-cus 椭圆形的，he-mo-cy-cli-cus 半轮生的，in-vi-si-bi-lis 看不见的，o-li-dus 有臭味的，ma-di-dus 湿的

1.2.5.4 重音规则

① 重音总不在最后一个音节上。

② 重音总不超过倒数第三音节，因此重音不在倒数第二，即在倒数第三音节上。

③ 以倒数第二音节的长短来决定重音的位置，如果倒数第二音节是长音，重音就在这个音节上，如果是短音，就移在倒数第三音节上，不管这个音节是长音还是短音。

1.3 园林树木检索表的编制与应用

检索表是植物分类中识别和鉴定植物不可缺少的工具，是根据法国人拉马克(Lamarck)二歧分类原则，把原来一群动植物相对的特征、特性分成对应的两个分支。再把每个分支中相对的性状又分成相对应的两个分支，依次下去直到编制到科、属或种检索表的终点为止。为了便于使用，各分支按其出现先后顺序，前边加上一定的顺序数字，相对应的两个分支前的数字或符号应是相同的。

检索表的定义：用归纳与二歧分类法把许多植物编成一个表，将它们区分开来，这种表就是植物检索表。植物检索表的编写，首先必须将所采到的地区植物标本进行有关习性、形态上的记载，将根、茎、叶、花、果和种子的各种特点进行详细的描述和绘图，在深入了解各种植物特征之后，再按照各种特征的异同来进行汇同辨异，找出相互差异和相互显著对立的主要特征，依主、次要特征进行排列，将全部植物编制成不同的门、纲、目、科、属、种等分类单位的检索表。其中，植物界主要是分科、分属、分种三种检索表。

1.3.1 园林植物检索表的编制

常见的植物分类检索表有定距式检索表和平行式检索表两种。

1.3.1.1 定距式检索表

这是最常用的一种，每对特征写在左边一定的距离处，前有号码为1,2,…，与之相对立的特征写在同样距离处，如此下去每行字数减少，距离越来越短，逐级向右收缩，使用上较为方便，每组对应性状一目了然，便于查找核对。只是如果种类较多时，行次偏斜，左空而右挤，行次变短，是其不足。例如：

1 植物体构造简单，无根、茎、叶的分化，无胚(低等植物)
  2 植物体为藻类和菌类所组成的共生体……地衣类植物
  2 植物体不为藻类和菌类所组成的共生体。
    3 植物体内含叶绿素或其它光合色素，自养生活方式…
    …………………………………………………藻类植物
    3 植物体内无叶绿素或其它光合色素，寄生或腐生……
    …………………………………………………菌类植物
1 植物体构造复杂，有根、茎、叶的分化，有胚(高等植物)
  4 植物体有茎和叶及根……………………苔藓植物门
  4 植物体有茎、叶和根。
    5 植物以孢子繁殖……………………………蕨类植物门
    5 植物以种子繁殖……………………………种子植物门

1.3.1.2 平行式检索表

与内缩式检索表不同处在于每一对特征(相反的)紧紧相连，易于比较，在一行叙述之后为一数字或为名称。例如：

1 植物体构造简单，无根、茎、叶的分化，无胚(低等植物)(2)
1 植物体构造复杂，有根、茎、叶的分化，有胚(高等植物)(4)
2 植物体为菌类和藻类所组成的共生体………地衣类植物
2 植物体不为菌类和藻类所组成的共生体(3)
3 植物体含有叶绿素或其它光合色素，自养生活方式………
…………………………………………………藻类植物
3 植物体不含叶绿素或其它光合色素，营寄生或腐生………
…………………………………………………菌类植物

4 植物体有茎、叶和假根 ·················· 苔藓植物门
4 植物体有根、茎和叶(5)
5 植物以孢子繁殖 ························ 蕨类植物门
5 植物以种子繁殖 ························ 种子植物门

1.3.2 园林植物检索表的应用

检索表有两种常见的形式,即定距(二歧)检索表和平行检索表。在定距检索表中,相对应的特征编为同样号码,并书写在距书页左边同样距离处,每个次一项特征比上一项特征向右缩进一定距离,如此下去,每行字数减少,直到出现科,属,种。在平行检索表中,每一对相对的特征紧紧相接,便于比较,每一行描述之后为一学名或数字,如是数字,则另起一行。

查用检索表时,根据标本的特征与检索表上所记载的特征进行比较,如标本特征与记载相符合,则按项号逐次查阅,如其特征与检索表记载的某项号内容不符,则应查阅与该项相对应的一项,如此继续查对,便可检索出该标本的分类等级名称。使用检索表时,首先应全面观察标本,然后才进行查阅检索表,当查阅到某一分类等级名称时,必须将标本特征与该分类等级的特征进行全面的核对,若两者相符合,则表示所查阅的结果就是准确的。

使用检索表应该首先注意到待鉴定植物要尽可能完整,不仅要有茎、叶部分,最好还有花和果实。特别是花的特征对准确鉴定尤其重要。其次在鉴定时,要根据看到的特征,从头按次序逐项检索,不允许跳过某一项而去查另一项,并且在确定待查标本属于某个特征两个对应状态中的哪一类时,最好把两个对应状态的描述都看一看,然后再根据待查标本的特点,确定属于哪一类,以免发生错误。

1.3.3 鉴定植物的方法步骤

使用检索表鉴定植物时,要经过观察、检索和核对三个步骤。

1.3.3.1 观察

观察是鉴定植物的前提。当我们鉴定一个植物,首先必须对它的各个器官的形态(尤其是花和叶的形态),进行细致的观察,然后才有可能根据观察结果进行检索和核对。

1.3.3.1.1 观察的用品用具

用尖镊子和解剖针来夹持花朵和拨开花的各个部分。用小刀来切开花的子房和果实。

用放大镜来观察细小形态。记录本和笔用来记载观察结果。地方植物志(或植物图鉴、植物检索表)用来检索植物和检证检索的结果。

1.3.3.1.2 观察项目

①生活型,是指乔木、灌木、藤木、草木等。如果是乔木,还要观察是常绿还是落叶。如果是草本,还要观察是一年生、二年生还是多年生。②根,主要指草本植物根的类型、变态根的有无及其类型。至于木本植物的根,通常不必观察。③茎,观察茎的生长习性(直立、匍匐、攀援、缠绕等),茎的高度,分枝特点,树冠形状,变态茎的有无及其类型。④叶,观察单叶或复叶,叶序类型,托叶有无,乳汁及有色浆液的有无,叶的长度,叶序形状大小和质地,叶片各部分的形态(包括叶基、叶尖、叶缘、叶脉、毛的有无和类型等)。⑤花,花序类型,花的性别(两性花或单性花、同株或异株),花的对称性(辐射对称或两侧对称),花的各部分是轮生或螺旋生,萼片形态(数目、形状、大小、离生或合生),花瓣形态(数目、颜色、离生、合生、花冠类型),雄蕊形态(数目、类型、与花瓣对生或互生),雌蕊形态(心皮数目、心皮离生或合生、花柱柱头特点、子房室数、胎座类型、胚珠数目、子房位置)。⑥果实,类型,大小,形状,颜色。⑦种子,数目,形状,颜色,胚乳有无。⑧花期和果期。⑨生活环境及其类型。

1.3.3.1.3 观察注意事项

首先要选择正常而完整的植株进行观察,用来观察的植株,应该是发育正常、没有病虫危害。这样的植株,它的形态特征是正常的。只有根据正常的形态特征,才能识别出一个植物。另外,用来观察的植株,必须是根、茎、叶、花俱全的(最好还有果实)。因为检索表是根据植物全部形态特征来编制的,如果缺少了某个特征,往往会使检索工作半途而废。要按照形态学术语的要求进行观察 只有按照形态学术语的要求去观察植物,才能观察得确切,也只有这样,才能根据观察结果顺利地进行检索。因为检索表都是运用形态学术语编制的。

要按照植物体的一定顺序进行观察,观察时,要从植物整体到各个器官;对各个器官,要从下到上,即从根、茎到叶,再到花、果实和种子;对每个器官,要从外向里,例如花,要按照萼片、花瓣、雄蕊、雌蕊的次序进行观察。这样观察,所得到的结论就不会是杂乱无章的了。对高低、宽窄和长短的概念要用具体数字来衡量,例如株高8.5cm,叶宽1.5cm等,而不能用"较高"、"较小"等词句来表示,要边观察边记录,特别对一些数字要及时记录,以免因遗忘而重新观察。

1.3.3.2 检索

检索是识别植物的关键步骤。对一个不认识

的植物,可以根据观察的结果,选择一定的检索表,逐项进行检索,最后就会确定该种植物的名称和分类地位。

1.3.3.2.1 检索的方法

检索时,先用分科检索表,检索出所属的科;再用该科的检索到属,最后则用该属的检索到种。检索表是根据二歧分类的原理编制的,也就是说,是把植物一对对彼此相反的特征,按照一定次序编制起来,组成了检索表。因此,在检索时,要根据"非此即彼"的道理,从一对相反的特征中,选择其中一个与被检索植物相符合的特征,放弃另一个不符合的特征。然后,在选中的特征项下,再从下一对相反特征中,继续进行选择。如此继续进行下去,直至检索到种为止。

1.3.3.2.2 检索时的注意事项

在核对两项相对的特征时,即使第一项已符合于被检索的植物,也应该继续读完第二项特征,以免查错。如果查到某一项,而该项特征没有观察,应补行观察后,再进行检索。不要越过去检索下项,否则容易错查下去。

1.3.3.2.3 核对

核对是防止检索有误的保证。为了避免有误,应该在检索后进行核对。核对的方法是把植物的特征与植物志或图鉴中的有关形态描述的内容进行对比。植物志中有科、属、种的文字描述,而且附有插图,在核对时,不仅要与文字描述进行核对,还要核对插图。在核对插图时,除了应注意在外形上是否相似外,尤其应该重视解剖图的特征,因为后者往往是该种植物的关键。

1.4 风景园林建设中的分类法

园林树木的园林建设分类方法多种多样,各国学者、专家之间既有相同之处又有差异,但都有一个总的原则那就是有利于园林建设工作。

1.4.1 按生长习性分类

1.4.1.1 乔木类

在原产地树体高大具有明显的主干者称为乔木。(1)依主干高度分:伟乔31m以上,大乔21~30m,中乔11~20m,小乔6~10m。(2)依生长速度分:速生树、中速树、缓生树。(3)按叶片大小形状分:①针叶乔木:为单叶,叶片细小,呈针状、鳞片状或线形、条形、钻形、披针形。如松、杉、柏、裸子植物等。②阔叶乔木:叶片宽阔,大小差异悬殊,叶形各异,有单复。(4)按叶片是否脱落可分为常绿类和落叶类。常绿类如香樟、广玉兰、枇杷、杜英、深山含笑、红花木莲、金合欢、棕榈、雪松、柳杉、龙柏等。落叶类如枫杨、鹅掌楸、枫香、元宝枫、鸡爪槭、杜仲、悬铃木、泡桐、喜树、栾树、榉树、七叶树、乌桕、合欢、银杏、落羽杉、水杉等。

1.4.1.2 灌木类

灌木是指那些没有明显的主干、呈丛生状的树木,一般可分为观花、观果、观枝干等几类,多指矮小而丛生的木本植物。常见落叶灌木类如蜡梅、月季、紫荆、木槿、海棠等。常见常绿灌木类如南天竹、山茶、火棘、黄杨、夹竹桃、栀子花、金叶女贞、黄杨、海桐、十大功劳、金丝桃等。

1.4.1.3 藤木类

指能缠绕或攀附它物而向上生长的木本植物。依生长特点可分为:绞杀类(如桑科榕属的一些种类)、吸附类(爬山虎、凌霄)、卷须类(葡萄)、蔓条类(蔷薇)。落叶藤本类:紫藤、葡萄、爬山虎、南蛇藤等。常绿藤本类:常春藤、金银花等。

1.4.1.4 匍地类

干枝均匍地而生,如铺地柏、沙地柏等。

1.4.2 按观赏特性分类

1.4.2.1 观叶树木

指叶色、叶片的形、大小和着生方式等有独特表现的树木。如银杏、红枫、鹅掌楸、鸡爪槭等。

1.4.2.2 观形树木

主要指树冠的形态和姿态有较高观赏价值的树木。如苏铁、南洋杉、雪松、圆柏、榕树、棕竹。

1.4.2.3 观花树木

指花色、花形、花香等有突出表现的树木。如玉兰、米兰、牡丹、蜡梅、月季等。

1.4.2.4 观果树木

指果实显著、挂果丰满、宿存时间长的一类树木。如南天竹、火棘、金橘、石榴等。

1.4.2.5 观枝树木

指枝干具独特的风姿或奇特的色泽、附属物等的一类树木。如白皮松、龙爪槐、悬铃木、红瑞木、垂柳等。

1.4.2.6 观根树木

观根树木中比较常见的如榕树,气生根非常发达,能下垂数米,在空中飘荡,优美可观赏。高山榕、人面子、木棉等具有板根现象。

1.4.3 按园林用途分类

1.4.3.1 风景林木

指多用丛植、群植、林植等方式,配植在建筑物、广场、草地周围,也可用于湖泊、山野来营造风景林或开辟森林公园、疗养院、度假村、乡村花园的一类乔木树种。风景园林树木应具备的条件:适应性强、耐粗放、栽植成活率高、苗源充足、病虫害少、生长快、寿命长,对区域的环境改善、保护效果显著。风景园林的观赏特性:风景园林对单株的观赏特性要求不十分严格,主要是观赏树木的平面、立面、层次、外形、轮廓、色彩、季相变化等群体美。

1.4.3.2 防护林

指的是能从空气中吸收有害气体、阻滞尘埃、减弱噪声、防风固沙、保持水土的一类林木。具体可分为:防有毒物质类:苏铁、银杏;无花果、刺槐等。防尘类:松类、悬铃木。防噪声类:以叶片大坚硬,呈鳞片状重叠排列密集的常绿树如雪松、圆柏。防火类:含树脂少,水分多,叶皮厚,枝干木栓层发达,萌芽能力强,枝叶稠密,着火不发生烟雾,燃烧蔓延缓慢的树木。防风类:生长快,生长期长,根系发达,抗倒伏,木质坚硬,枝干柔软。水土保持类:根系发达,侧根多,耐干旱、瘠薄,萌蘖性强,枝叶茂盛,生长快,固土作用大的树种。其它类:防雾类、防沙类、防浪类、防盐类、防辐射类。

1.4.3.3 行道树

栽植树在道路两侧,排列整齐,以遮阴美化为目的的乔木树种。要求树冠整齐,冠幅大,树姿优美,树干下部及根蘖苗少,抗逆性强,对环境保护作用大,根系发达,抗倒伏,生长迅速寿命长,耐修剪,落叶整齐,无恶臭或其它凋落物污染环境,大苗栽植易成活。

1.4.3.4 独赏树(孤散植)

以单株方式,栽植树在园林景区中,起主景、局部点缀或遮阴作用的树木。要求孤散树类表现的主题是个体美。故选择姿态优美、开花披果茂盛、四季常绿、叶色秀丽、抗逆性强的阳性树种。如苏铁、雪松。

1.4.3.5 垂直绿化植物(藤木)

选择有吸盘、不定根的藤蔓性树种来绿化垂直面。如爬墙虎、常春藤、蛇葡萄等。

1.4.3.6 绿篱植物

以耐密植、耐修剪、养护管理简便,有一定观赏价值的树种。高绿篱一般在2m左右,起围墙用。中绿篱一般在1m左右,起联系与分割作用。矮绿篱一般在0.5m左右,多在花坛、水池边缘起装饰用。

1.4.3.7 造型植物及树桩盆景植物、盆栽植物(桩景)

造型类指的是指人工整形制成的各种物像单株或绿篱。树桩盆景类指的是指在盆中再现大自然风貌或表达特定意境的艺术品。

1.4.3.8 木本地被植物

指的是那些低矮、高度在50cm以下的铺展力强、处于园林绿地底层的一类树木。其作用主要是避免地面裸露,防止尘土飞扬和水土流失,调节小气候,丰富园林景观。多选择耐阴、耐践踏、适应性强的常绿树种。如铺地柏、厚皮香、地瓜藤等。

1.4.4 依对环境因子的适应能力分类

1.4.4.1 按照热量因子

通常各地园林建设部门为了实际应用的目的,常依据树木的耐寒性而分为耐寒树种、不耐寒树种、半耐寒树种三类。

(1)耐寒树种:大部分原产寒带或温带的园林树木大都属于此类。该类树木一般可以在$-5℃\sim10℃$的低温下不会发生冻害,甚至在更低的温度下也能安全越冬。因此该类树木大部分在北方寒冷的冬季不需要保护可以露地安全越冬。如侧柏、白皮松、桃树、龙柏、榆叶梅、紫藤、凌霄、白蜡、丁香、红松、白桦、毛白杨、榆、油松、连翘、金银花等。

(2)半耐寒树种:大部分原产地在温带南缘或亚热带北缘的园林树木属于此类。该类树木耐寒力介耐寒树种和不耐寒树种之间,一般可以忍受轻微的霜冻,在$-5℃$以上的低温条件下能露地安全越冬而不发生冻害。该类树木有:香樟、广玉兰、鸡爪槭、梅花、桂花、夹竹桃、结香、木槿、冬青、南天竹、枸骨等。

(3)不耐寒树种:该类树木一般原产于热带和亚热带的南缘,在生长期要求温度较高,不能忍受0℃以下的低温,甚至5℃以下或者更高的温度。因此该类园林树木在我国北方必须在温室中越冬,根据温度要求不同又可以分为:

①低温温室园林树木:要求室温高于0℃,最好不低于5℃。如桃叶珊瑚、山茶、杜鹃、含笑、柑橘、苏铁等。

②中温温室园林树木:要求室温不低于5℃。如秋海棠、天竺葵、扶桑、橡皮树、龟背竹、棕竹、白兰花、五色梅、一品红等。

③高温温室园林树木:要求室温高于10℃,低于该温度则生长发育不良甚至落叶死亡。如变叶木、热带兰、龙血树、朱蕉等。

1.4.4.2 按照水分因子

通常可以分为耐旱树种、耐湿树种、中性树种三种类型。

耐旱树种是指能长期忍受天气干旱和土壤干旱，并能维持正常的生长发育的树种称为耐旱树种。如马尾松、侧柏、圆柏、栓皮栎、柽柳等。该类树种的原生质具有忍受严重失水的适应能力，在面临大气干旱时或保持从土壤中吸收水分的能力，或及时关闭气孔减少蒸腾面积以减少水分的损耗；或体内贮存水分和提高输水能力以度过逆境。因此耐旱树种具有下列形态和生理适应特征：根系发达；高渗透压：耐旱树种根细胞的渗透压一般高达53～92Pa，有的甚至高达133Pa，因而提高了根的吸水能力，同时细胞内有亲水胶体和多种糖类，提高了抗脱水能力。具有控制蒸腾作用的结构或机能：如叶很小甚至退化成鳞片状、毛状(木麻黄、柽柳等)；有的退化为刺；有的在干旱时落枝、落叶；有的叶片表面有厚的角质层、蜡质层或茸毛；有的树种气孔数目少或气孔下陷等，均有利于降低蒸腾作用，尤其适应干旱。但是低蒸腾作用并不一定是耐旱的标志，有一些耐旱树的蒸腾作用在水分充足时是相当高的，同时也并非所有耐旱树种均有以上特征。

湿生树种指的是在土壤含水量过多、甚至地表积水的条件下能正常生长的树种，它们要求有足够多的水分，不能忍受干旱。如池杉、枫杨、赤杨等。该类树种没有任何避免蒸腾的结构，相反却具有对水分过多的适应性。如根系不发达、分生侧根少、根毛也少、根系的渗透压低，约为800～1200kPa；叶片大而薄，气孔多而常开放，因此它们的枝叶摘下后很快萎蔫，为了适应缺氧的环境，有些湿生树种的茎组织疏松，有利于气体的交换。

多数树种为中性树种，不能长期忍受过干和过湿的环境，根细胞的渗透压为100～500kPa。

1.4.4.3 按照光照因子

可以分为喜光树种、中性树种、耐阴树种，其中每类又可分为数级。

(1)喜光树种 光饱和点高，即当光照强度达到全部太阳光强时，光合作用才停止升高。光补偿点也高，当光强达到自然光强的3%～5%时才能达到光补偿点。因此，此类树木常不能在林下正常生长和完成更新。如桃、桦木、松树、刺槐、杨树、悬铃木等。

(2)耐阴树种 光饱和点低，一般当光强达到自然光强的10%时便能进行正常的光合作用，光强过大则导致光合作用降低。适宜保持50%～80%左右的遮阴度，同时光补偿点也较低，仅为自然光强的1%以下。阴生树木的细胞壁薄而细胞体积较大，木质化程度差，机械组织不发达，维管束数目少，叶子表皮薄无角质层，栅栏组织不发达，而海绵组织发达。叶绿素A少，叶绿素B较多，更有利于利用林下散射光中蓝紫光，气孔数目较少，细胞液浓度低，叶片的含水量较高。严格来说园林树木很少有典型的阴性树木，而多数为耐性树木。真正的阴性植物为人参、三七、秋海棠属植物。

(3)中性树种 对光照强度的反应界于上面二者之间，同样能够满足在强光和弱光条件下的生长。即表现为在强光下生长最好，但同时也有一定的耐阴能力，但在高温干旱全光照条件下生长受抑制。中性树木细分可分为偏阳性的和偏阴性的中性树木。如榆属、朴属、榉属、樱花、枫杨等为中性偏阳；槐、圆柏、珍珠梅属、七叶树、元宝枫、五角枫为中性稍耐阴；冷杉属、云杉属、珊瑚树、红豆杉属、杜鹃、常春藤、竹柏、六道木、枸骨、海桐、罗汉松等为耐阴性较强的树木，有些著作中也将其列入阴性树木。中性树木如果温度湿度条件合适仍然以阳光充足的条件下比林荫下生长健壮。中性树木在同一株上，外部阳光充足部位的叶片解剖结构倾向于阳性树木，而处于阴暗部位的枝叶结构倾向于阴性树木。

1.4.4.4 按照土壤因子

园林树木种类不同、原产地不同所要求的酸碱度也不相同，有些树木要求酸性环境，如栀子花、杜鹃、银杉等；有些树木有一定的耐碱性，如刺槐、沙枣、胡杨、梨等。不同的土壤pH值影响园林树木对养分的吸收，在酸性环境条件下有利于对硝态氮的吸收；微碱性环境条件有利于铵态氮吸收，硝化细菌在pH值6.5条件下发育最好，固氮菌在pH值7.5时最好。在碱性条件下园林树木易发生缺绿症，这是因为土壤中的钙中和了园林树木根系分泌物而妨碍了对铁锰的吸收。而强酸性土壤，由于铁、铝与磷酸根离子结合形成难溶的磷酸盐导致土壤缺磷元素。

可以分为喜酸性树种、耐碱性树种、耐瘠薄树种、海岸树种等几级。每类中可再分几级。

1.4.4.5 按照空气因子

可以分为抗风树种、抗烟和有毒气体树种、抗粉尘树种以及卫生保健树种等4大类。每类又可分为若干级。

1.4.5 按形态分类和按经济用途分类

按形态分类可以分为针叶类、棕榈类、竹类、阔叶类。阔叶类又可以分为：常绿灌木、落叶乔木、常绿乔木、落叶灌木、藤蔓树类等。按经济用途分可以分为果树类树木、芳香类树木。

1.5 植物分类系统

1.5.1 哈钦松系统

多用于专业杂志。真花说:认为被子植物的花是由原始裸子植物两性孢子叶球演化而来,因而设想被子植物是来自裸子植物中早已灭绝的本内苏铁目,特别是拟苏铁(Cycadeoidea),其孢子叶球上的苞片演变为花被,小孢子叶演变为雄蕊,大孢子叶演变为雌蕊(心皮),其孢子叶球轴则缩短为花轴。

1.5.2 恩格勒系统

多用于教科书。假花说:依据假花学说的理论,被子植物的花是由裸子植物的花序变成的;原始被子植物的花是具有单性花和具有柔荑花序的。现代的柔荑花序类多为木本,风媒为主,缺少花被,胚珠的珠被一层,单被花里有些类群授精时间较长、合点授精等,与裸子植物相似。据此,假花学派认为,具有单性花和柔荑花序的被子植物是比较原始的。只含小孢子叶球和大孢子叶球分别演化为雄的或雌的柔荑花序,进而演化成花,因此,花是由花序演化来的,不是一朵真花。

1.5.3 克朗奎斯特系统

其分类系统亦采用真花学说及单元起源的观点,认为有花植物起源于一类已经绝灭的种子蕨,现代所有生活的被子植物亚纲,都不可能是从现存的其他亚纲的植物进化来的,木兰亚纲是有花植物基础的复合群,木兰目是被子植物的原始类型,柔荑花序类各目起源于金缕梅目,单子叶植物来源,类似现代睡莲目的祖先,并认为泽泻亚纲是百合亚纲进化线上近基部的一个侧支。

1.5.4 塔赫他间系统

塔赫他间系统是1954年公布的。认为被子植物起源于种子蕨,并通过幼态成熟演化而成的;草本植物是由木本植物演化而来的;单子叶植物起源于原始的水生双子叶植物睡莲目莼菜科。发表的被子植物亲缘系统图,主张被子植物单元起源说,认为木兰目是最原始的被子植物代表,由木兰目发展出毛茛目及睡莲目;所有的单子叶植物来自狭义的睡莲目;柔荑花序各自起源于金缕梅目,而金缕梅目又和昆兰树目等发生联系,共同组成金缕梅超目(Hamamelidanae),隶属于金缕梅亚纲(Hamamelidae)。

自1959年起,塔赫他间分类系统进行过多次的修订。首先打破了传统的把双子叶植物纲分成离瓣花亚纲和合瓣花亚纲的概念,增加了亚纲的数目,使各目的安排更为合理;其次,在分类等级方面,于"亚纲"和"目"之间增设了"超目"一级分类单元,对某些分类单元,特别是目与科的安排作了重要的更动,如把连香树科独立成连香树目,把原属毛茛科的芍药属独立成芍药科等,都和当今植物解剖学,染色体分类学的发展相吻合的;再次,在处理柔荑花序问题时,亦比原来的系统前进了一步。但不足的是,增设了"超目"一级分类单元,科的数目多达410科,似乎太过繁杂了些。

第2章 园林树木的生态习性

园林树木学的生态习性是指园林树木对环境条件的要求和适应能力。环境是指植物所生活的空间。任何物质都不能脱离环境而单独存在。植物的环境主要包括气候因子(温度、水分、光照、空气)、土壤因子、地形地势因子、生物因子及人类活动等方面。环境中所包含的各种因子中,对树木生长的影响是不一样的。对树木生长发育有影响的因素称为生态因子(因素),其中树木生长发育必不可少的因子称为生存因子,如光、水分、氧、二氧化碳、热及无机盐类。在生态因子中,有的并不直接影响植物而是以间接地关系起作用,如地形地势是通过其变化影响了热量、水分、光照、土壤等产生变化从而影响到植物的,对这些因子称为间接因子。在园林绿化建设工作中,应根据园林树木与环境的关系采取具体措施。

2.1 气候因素

2.1.1 温度因子

温度因子对于树木的生理活动和生化反应是极其重要的。温度因子在树木的生长发育及地理分布等方面起着十分重要的作用。常见许多南方树木北移后,受到冻害或冻死的现象;北方树种南移后,生长不良或不开花结实等现象,或因不能适应南方长期的高温而受到灼伤,严重者可致死亡。这些现象的发生是因为各种园林树木的遗传性不同,其生命活动的范围及所能忍受的最高、最低温度极限不同,以及温度变化与树木本身生长发育的状况时期等不相适应而引起。

2.1.1.1 温度三基点

温度对园林树木生长发育的影响主要是通过对植物体内各种生理活动的影响而实现的。植物的各种生理活动都有最低、最高和最适温度,称为温度三基点。树木生长的温度范围一般为4~36℃,但因植物种类和发育阶段不同而不同。热带植物要求日均气温18℃以上才开始生长。亚热带植物一般在15℃开始生长,温带植物在10℃开始生长,而寒温带植物在5℃甚至更低的温度时就开始生长。

树木生命活动的最高极限温度大抵不超过50~60℃,其中包括原产于热带干燥地区者较耐高温。原产于温带的树木则常在35℃左右的气温下,其生命活动就减退或发生不正常的现象,而在50℃左右就常常死亡。树木对低温的忍耐力差别更大,有些热带植物如椰子、橡胶在0℃以上就受害,而有些原产北方的树木,却可耐-50℃低温如樟子松等。

2.1.1.2 季节性变温

地球上除了南北回归线之间和极圈地区以外,根据一年中温度因子的变化,可分为四季。四季的划分是根据每五天为一候的平均温度为标准。候均温度小于10℃为冬季,大于22℃为夏季,10~22℃之间属于春季和秋季。不同地区的四季长短差别很大,与所处的纬度、地形、海拔、季风等因子有关。树木由于长期适应于这种季节性的温度变化,就形成一定的生长发育节奏,即物候期。在园林建设中,必须对当地的气候变化以及树木的物候期有充分的了解,才能发挥树木的最佳园林功能以及进行合理的栽培管理措施。

2.1.1.3 昼夜变温

气温的日变化中,在接近日出时有最低值。在下午13:00~14:00时有最高值。一日中的最高值与最低值之差称为"日较差"或"气温昼夜变幅"。树木对昼夜温度变化的适应性称为"温周期"。总体上,昼夜变温对树木生长发育是有利的。一般而言,在一定的日较差情况下,种子发芽、树木生长和开花结实均比恒温情况下为好。这主要是由于树木长期适应了这种昼夜温度的变化。树木的温周期特性与其遗传性和原产地日温变化有关。原产于大陆性气候地区的植物适于较大的日较差,在日变幅为10~15℃条件下生长发育最好,原产于海洋性气候区的树种在日变幅为5~10℃条件下生长发育最好,而一些热带树种能在日变幅很小的条件下生长发育良好。

2.1.1.4 突变温度

温度在生长期中如遇到温度的突然变化,会打乱树木生理进程的程序而造成伤害,严重的会造成死亡。突变温度对树木的伤害,除了由于超过树木所能忍受范围的情况外,在树木本身能忍受的温度范围之内,也会由于温度发生急剧变化而使树木受害甚至死亡。高温对树木的危害主要是使细胞内蛋白质凝固从而失去活性,而低温主要使细胞内外结冰,尤其是细胞内的结冰常造成严重的质壁分离,破坏了原生质的理化结构和机能所致。温度的突变可分为突然低温和突然高温两种情况。

2.1.1.4.1 突然低温

突然低温可由强大寒潮南下引起,对树木的伤害常表现为寒害、霜害、冻害、冻拔、冻裂等。

(1)寒害 是指气温在0℃以上时使植物受害甚至死亡的情况。受害的树种常为热带植物,如轻木、榴莲在5℃时就会严重受害而死亡。

(2)霜害 指当气温降至0℃时,空气中过饱和水汽凝结成霜使树木受害。如果霜害持续的时间短,而且气温缓慢回升,许多植物可以复原,如果霜害持续时间长而且气温回升迅速,树木受害部位不易恢复。

(3)冻害 是由气温降至0℃以下、细胞间隙出现结冰现象引起,严重时导致质壁分离。树木抵抗突然低温的能力以休眠期最强,营养生长期次之,生殖期抗性最弱。同一树种的不同器官或组织的抗低温能力亦不相同,以茎干的抗性最强,叶片次之,果及嫩叶又次之,雌蕊以外的花器又次之,心皮再次之,胚珠最弱。但是以具体的茎干部位而言,则以根颈即茎与根交接处的抗寒能力最弱。这些知识,对园林工作者在树木的防寒养护管理措施方面是很重要的。

(4)冻拔 常出现于高纬度的寒冷地带以及高山地区,当土壤含水量过高时,由于土壤结冰而膨胀升起,连带将植物抬起,至春季解冻时土壤下沉而植物留在原位造成根部裸露死亡。这种现象多发生于苗期和草本植物。

(5)冻裂,在北方高纬度地区,不少树皮薄和木射线较宽的树种如合欢、毛白杨、山杨、七叶树等的茎干向阳面越冬时常会发生冻裂。这是由于树干组织白天被阳光很快晒热,而日落后温度急剧变低,树干内部和表面温差很大所致。因此,冬季常对抗寒性弱的树种进行树干包扎、缚草或涂白等措施,在早春或晚秋亦常在园林中浇水以调节温度的变化。在夏季干旱时期,土壤表面的温度有时可达到60～65℃左右,常使幼苗的茎干灼伤死亡,对于自山林中新引种的苗木,更易发生灼伤,故应搭荫棚保护。

2.1.1.4.2 突然高温

突然高温主要是指短期的高温而言。树木生活中,其温度范围有最高点、最低点和最适点。当温度高于最高点就会对植物造成伤害直至死亡。

2.1.1.5 温度与树木分布

对于树木的自然分布,温度也起着重要作用。在全年最低平均气温达16℃以上的热带,就形成了热带雨林和热带草原植被区;在全年平均气温在16℃以下0℃以上的温带,则主要为夏绿树种的分布区;在全年平均气温低于0℃,但夏季温度可达10～20℃的亚寒带,则主要为针叶树的分布区;而7月份平均气温低于10℃的寒带,则基本上没有树木生长,只有苔藓及地衣之类了。各树种的遗传性不同,对温度的适应力有很大差异。有些种对温度变化幅度的适应能力特别强,因而能在广阔的地域生长、分布,对这类植物称为"广温树种"或"广布树种";对一些适应能力小,只能生活在很狭小温度变化范围的种类称为"狭温树种"。

当判别一种树木能否在某一地区生长时,从温度因子考虑,过去常看当地的平均温度。这种做法只能作为粗略的参考。可靠办法是查看无霜期的长短、生长期中日平均温度、某些日平均温度范围时期的长短、当地积温量、当地最热月、最冷月的月平均温度及极端温度值和此值的持续长短,这种极值对树种分布有着极大的影响。园林绿化中,常突破树种的自然分布范围而引种许多当地没有的奇花异木。当然在具体实践中不应只考虑温度因子本身而且需全面考虑所有因子的综合影响,才能获得成功。

2.1.2 水分因子

水是生命之源,没有水就没有生命的存在基础。对于园林树木而言,由于不同的种类长期生活在不同的水分条件环境中,形成了对水分需求关系上不同的生态习性和适应性。根据树木对水分需求的不同,可以将树木分为以下三个类型。

2.1.2.1 旱生树种

本类具有极强的抗旱能力,能长期生长在干旱地带而正常生长发育的植物类型。它们在长期的系统生长发育过程中形成适应干旱的特性,各树种适应干旱方式不完全相同。可分以下几类:

(1)浆树种或硬叶旱生树种 是指体内的含水量很少,而且在丧失一半含水量时仍不会死亡。它们的形态和生理特点是:叶硬、革质有光泽,角质层厚、表皮细胞数层,叶子失水不易凋萎,深根性,如夹竹桃、冬青等;叶面积小,多退化成鳞片状或针状或刺毛状,如:柽柳、沙拐枣等;叶表具有厚的蜡质、角质层或毛茸,防止水分的蒸腾,如驼绒藜。

(2)多浆树种或多肉树种 是指多浆多肉树种体内由薄壁组织形成的储水组织,所以体内含有大量水分,因此能适应干旱的环境条件。如仙人掌科、百合科、龙舌兰科等树种。

(3)冷生树种或干矮树种 是指具有旱生少浆植物的特征,但又有自己的特点。一般体形矮小,常呈团丛或匍匐状。其生长环境根据水分条件可分两种。一种是干冷生树种:环境干燥而寒冷,常见高山地带;另一种是湿冷生树种:土壤湿润甚至多湿而寒冷,但由于气候寒冷而造成生理上干旱,常见寒带、亚寒带地区。

2.1.2.2 中生树种

绝大多数树种属于此类。但其中也有略耐水湿和略耐干旱的种类。耐旱树种具有很强的耐旱性,但在干湿适中的条件下生长最佳,如油松、侧柏、酸枣、牡荆、构树等;耐水湿树种具有很强的耐湿性,但在干湿适中条件下生长最佳,如桑树、旱柳、紫穗槐、白蜡、丝绵木、柘树等。

2.1.2.3 湿生树种

湿生树种需在潮湿环境中生长,在干燥或中生环境下,常死亡或生长不良。如:水松、落羽杉、水松、红树类等。

2.1.3 光照因子

光是植物生长发育的必要条件,只有在光照下,树木才能正常生长、开花和结实。树木在自然界中所接受的光分两类:直线光和散射光。散射光对光合作用有利。直线光含有抑制生长的紫外线,若为了使植物避免徒长,促进茎枝老化起见,则可使之充分接受直线光。影响树木生长的光照因子主要是光照强度,而光质和光照时间对树木的影响相对较小。

2.1.3.1 光照强度对树木的影响

按照树种的喜光程度,园林树木可分为三类。

(1)阳性树种 是指在全日照下生长良好而不能忍受荫蔽的树种。如:马尾松、樟子松、落叶松属、水杉、桦木属、桉树属、杨属、柳属、相思属、刺槐、楝树、金钱松、落羽松、银杏、板栗、漆树、泡桐属、刺楸、臭椿、悬铃木、核桃、乌桕、黄连木等。

(2)阴性树种 是指具有较高耐阴能力。在较弱的光照条件比在全日照条件下生长良好。严格地说,木本植物中很少有典型的阴性植物而多为耐阴植物。

(3)中性树种 是指在充足的阳光下生长最好,但也有不同程度的耐阴力。本类植物的耐阴程度因种类不同而有很大差别,过去习惯于将耐阴力强的树木称为阴性树,但从形态解剖和习性上将有不具典型性,故归于中性植物为宜,在中性植物中包括有偏阳性的与偏阴性的种类。如榆树属、朴属、榉属、樱花、枫杨等为中性偏阳;槐、圆柏、珍珠梅、七叶树、元宝枫、五角枫等为中性稍耐阴;冷杉属、云杉属、八角金盘、八仙花、桃叶珊瑚、常春藤、红豆杉、海桐、棣棠、荚蒾、罗汉松等均为中性而耐阴力较强的种类,因为这类树在温、湿适宜条件下仍以光线充足处比在林下阴暗处为健壮。这类植物在城市绿化过程中非常有用。

2.1.3.2 判断树木耐阴性的鉴别标准

(1)生理指标法 是指树木的光合作用在一定的光照强度范围内是与光强有密切关系的,当光强减弱到一定的程度时,树木由光合作用所合成的物质质量恰好与呼吸作用所消耗的量相等,此时的光照强度称为光补偿点。随着光照强度的增加光合作用的强度也提高因而产生的有机物质的积累,但是当光强增加到一定程度后光合作用就达到最大值而不再增加,此时的光着强度称为光饱和点。耐阴性强的树种其光补偿点较低,有的仅为100~300 lux,而不耐阴的阳性树则为1000 lux。耐阴性强的树种其光饱和点较低,有的为5000~10000 lux,而一些阳性树光饱和点可达50000 lux。因此,从测定树种光补偿点和饱和点上可以判断其对光照的需求程度。但树木的光补偿点和饱和点是随生境条件的其它因子以及植物本身的生长发育状况和不同部位而改变的。因此判断树木的耐阴性需要综合考虑各方面的影响因素。

(2)形态指标法 是指根据外部形态推断树木耐阴性,方便迅速,其标准有以下几个方面:

①冠呈伞形者多为阳性树种,树冠呈圆锥形而枝条紧密者多为耐阴树。②树干下部侧枝早枯落的多为阳性树,下枝不易枯落而且繁茂的多为耐阴树。③树冠的叶幕区稀疏透光,叶片色淡而质薄,如果是常绿树,其叶片寿命较短的为阳性树。叶幕区浓密,叶色浓而且质地厚的,如果是常绿树,则叶可在树上存活多年的为耐阴树。④常绿性针叶树的叶呈针状的多为阳性树,叶呈扁平或呈鳞片状而表、背区别明显的为耐阴树。⑤阔叶树中的常绿树多为耐阴树,而落叶树种多为阳性树或中性树。

2.1.3.3 影响耐阴性的因素

不同树种的耐阴性除受其遗传性影响外,还受年龄、气候、土壤条件、二氧化碳的浓度等因素的影响。一般趋势是树木在幼龄时,特别是幼苗阶段比较耐阴,随着年龄的增加,耐阴性逐渐减弱,特别是在壮龄以后,耐阴性逐渐降低,需要更强的光照。树木在气候适宜的情况下,例如在湿润、温暖的条件下,耐阴能力表现较强,而在干旱瘠和寒冷条件下,则趋向喜光。所以同一树种在不同气候条件下,耐阴有差异。在低纬度地区和湿润地区,往往比较耐阴,而在高纬度地区或干旱地区,往往趋向阳性。同一树种在土壤水分充足与肥沃时,树木耐阴性强,而在干旱瘠薄土壤上耐阴性差。当二氧化碳浓度高时树木耐阴性较强,当二氧化碳浓度低时,树木耐阴降低。在园林建设中了解树木的耐阴力是很重要的。在进行树木配植时,注意树木对光的要求,必须搭配得当。

2.1.4 空气因子

空气的成分很复杂,其中主要成分为氮气(约占78%)和氧气(约占21%),还有一定数量的二氧化碳(约占0.03%)和氩(约占1%)。同时还有一些不固定的成分,包括二氧化硫、一氧化碳、氟化氢、氮、氯化氢、氯气、臭氧、碳氢化合物(如乙醚)、氮氧化合物(如二氧化氮)、粉尘等多种污染物质。空气对树木的作用是多方面的。在各种污染物质中,对树木危害最大的二氧化硫、臭氧和过氧乙酰硝酸酯

(由碳氢化合物经光照形成)。

2.1.4.1 空气主要成分对树木的影响

氧气是树木呼吸作用必不可少。如果氧气缺乏,树木根系的正常呼吸作用就会受到抑制,不能萌发新根,严重时嫌气性有害细菌就会大量滋生,引起根系腐烂,造成全株死亡。因此,在栽培上经常要耕松土壤中的空气,在黏土中多施有机质或换土以改善土壤物理性质等主要是增加树木根系的氧气。二氧化碳是树木进行光合作用的必需原料,空气中二氧化碳的平均浓度320mg/L对树木进行光合作用来说仍然是个限制因子。科学试验已经证明,若将二氧化碳浓度提高到0.1%,树木光合作用的强度将提高3倍。但若二氧化碳不足或过量,树木的生长发育就会受到抑制。空气中的氮气虽约占78%,但树木一般不能从空气中直接吸收氮气,而是根瘤菌与树木共生的一类固氮微生物,可将空气中的分子氮吸收固定。许多豆科植物可以用根瘤固氮。

2.1.4.2 风对树木的影响与抗风树种

空气流动形成风。从大气环流而言,有季风、海陆分、焚风、台风,在局部地区因地形影响而有地形风或称山谷风。风依其速度常分12级,低速风对树木有利,高速风则会使树木受到危害。风对树木有利方面,包括对风媒花树木,如银杏雄株的花粉可借风传播到5km以外。风可传播树木的果实和种子,尤其是翅果类和带毛的种子。风对树木不利方面,包括风可加速树木的蒸腾作用,特别是春夏干旱季节的旱风,常引起树木抽条。焚风(气流沿山坡下降而形成的热风)一般发生在沟谷,易发生森林火灾。强风可使树木生长量减少一半,特别是定向风,使树木发生畸形。台风可将树木摧残致死,常连根拔起。在海边地区常夹杂大量盐分的海潮风,使树枝被覆一层盐霜,使树叶及嫩梢枯萎甚至全株死亡。

各树种的抗风能力差别很大。抗风树种大多根系发达深广,材质坚韧,如马尾松、黑松、圆柏、柠檬桉、厚皮香、假槟榔、椰子、蒲葵、木麻黄、竹类、池杉、榉树、枣树、麻栎、白榆、胡桃、国槐等,而红皮云杉、番石榴、榕树、木棉、刺槐、桃树、雪松、悬铃木、加拿大杨、苹果、垂柳等的抗风能力较弱。

2.1.4.3 抗大气污染树种

树木种类不同,抗污染的能力不同,针叶树种的抗性大多不如阔叶树。部分树木对多种大气污染物有较强的抗性,如大叶黄杨、海桐、蚊母树、山茶、日本女贞、凤尾兰、构树、无花果、丝棉木、木槿、苦楝、龙柏、广玉兰、黄杨、白蜡、泡桐、楸树、小叶女贞、悬铃木、臭椿、国槐、山楂、银杏、丁香、白榆等。

就各种污染物而言,抗二氧化硫的树种主要有龙柏、铅笔柏、柳杉、杉木、女贞、日本女贞、樟树、广玉兰、棕榈、高山榕、木麻黄、桂花、珊瑚树、枸骨、大叶黄杨、黄杨、雀舌黄杨、海桐、蚊母树、山茶、栀子、蒲桃、夹竹桃、丝兰、凤尾兰、桑树、苦楝、刺槐、加拿大杨、旱柳、白蜡、垂柳、构树、白榆、朴树、栾树、悬铃木、臭椿、国槐、山楂、银杏、杜梨、枫杨、山桃、泡桐、楸树、梧桐、紫薇、海州常山、无花果、石榴、黄栌、丁香、丝棉木、火炬树、木槿、小叶女贞、枸橘、紫穗槐、连翘、紫藤、五叶地锦等,而雪松、羊蹄甲、杨桃、白兰花、合欢、枫香、杜仲、梅花、落叶松、油松、白桦、美国凌霄等。

抗氯气和氯化氢的有大叶黄杨、海桐、蚊母树、日本女贞、凤尾兰、夹竹桃、龙柏、侧柏、构树、白榆、苦楝、国槐、臭椿、合欢、木槿、接骨木、无花果、丝棉木、紫荆、紫藤、紫穗槐、杠柳、五叶地锦等。抗氟化氢有龙柏、罗汉松、夹竹桃、日本女贞、广玉兰、棕榈、大叶黄杨、雀舌黄杨、海桐、蚊母树、山茶、凤尾兰、构树、木槿、刺槐、梧桐、无花果、小叶女贞、白蜡、桑树等。

抗汞污染的有夹竹桃、棕榈、桑树、大叶黄杨、紫荆、绣球、桂花、珊瑚树、蜡梅等。

抗光化学烟雾(由汽车排出的尾气经紫外光照射后形成,主要成分为臭氧)的有银杏、黑松、柳杉、悬铃木、连翘、海桐、海州常山、日本女贞、扁柏、夹竹桃、樟树、青冈等。

2.2 土壤因子

土壤是树木生长的基础,不同的土壤在一定程度上会影响到树木的分布及其生长发育。没有土壤树木就不能站立,更谈不上生长发育。土壤通过水分、肥力以及酸碱度等来影响树木的生长,其中土壤酸碱度对树木的影响很大。自然界中的土壤酸碱度是气候、母岩、土壤中的无机和有机成分、地下水等多个因素综合作用的结果。

2.2.1 依土壤酸碱度而分的植物类型

根据土壤的酸碱度,可分为强酸性土(pH值<5.0)、酸性土(pH值5.0~6.5)、中性土(pH值6.5~7.5)、碱性土(pH值7.5~8.5)和强碱性土(pH值>8.5)几类。而根据树木对土壤酸碱度的适应,可分为三类树种。

(1)酸性土树种 是指在呈或轻或重的酸性土壤上生长最好、最多的种类。即pH<6.5的土壤中生长最好,而在碱性土或钙质土中生长不良。酸性土树种主要分布于暖热多雨或寒冷潮湿地区,如马尾松、山茶、油茶、池杉、红松、白桦、杜鹃、含笑、桉树、栀子花、吊钟花、美丽马醉木、印度橡皮树、木

荷、红千层等。

(2) 中性土树种 是指在中性土(6.5<pH<7.5)上生长最佳的种类。大多数树木属于这类。如水松、桑树、苹果、樱花等。有些树种适应于钙质土，常被称为"喜钙树种"，如侧柏、柏木、青檀、榉树、椰榆、花椒、蚬木、黄连木、南天竹、柘树等。

(3) 碱性土树种 是指在或轻或重的碱性土(pH>7.5)上生长最佳的树种。碱性土树种大多数是大陆性气候条件下的产物，多分布于炎热干燥的气候条件下，如柽柳、杠柳、沙棘、沙枣、紫穗槐等。

2.2.2 盐碱土树种

我国在沿海地区有大面积的盐碱地区，在西北内陆干旱地区中在内陆湖附近以及地下水位过高处也有相当面积的盐碱化土壤，这些盐土、碱土以及各种盐化、碱化的土壤均称盐碱土。其中大部分是盐土，真正的碱土面积较小。了解耐盐碱树种尤其是耐盐树种对于园林造景是极为重要的。一般而言，土壤中主要含有 $NaCl$ 和 Na_2SO_4 等盐分时多呈中性，含有 Na_2CO_3、$NaHCO_3$ 和 K_2CO_3 较多时则往往呈现碱性。真正的喜盐树种很少，如黑果枸子、梭梭等，但有不少树种耐盐碱能力强，可在盐碱地区用于园林绿化，如适于黄河流域应用的耐盐碱树种有侧柏、龙柏、白榆、椰榆、银白杨、苦楝、白蜡、绒毛白蜡、桑树、旱柳、臭椿、刺槐、泡桐、梓树、榉树、君迁子、杜梨、白梨、皂荚、杏树、国槐、合欢、枣树、香茶藨子、白刺花、迎春、毛樱桃、紫穗槐、文冠果、枸杞、火炬树、柽柳、沙枣、沙棘等。

2.2.3 依对土壤肥力要求而分的植物类型

绝大多数植物均喜生于深厚而适当湿润的土壤，但从绿化类考虑需选择出耐瘠薄土地的树种，特称为瘠土树种，如马尾松、油松、构树、木麻黄、牡荆、酸枣、小檗、锦鸡儿等。肥土树种是指比较严格地栽在肥沃土壤中才可生长好，如核桃、梧桐、栎、樟树等。

2.2.4 沙生植物

能适应沙漠、半沙漠地带的植物，具有耐干旱、耐瘠薄、耐沙埋、抗日晒、抗寒、耐热、易生不定根、不定芽的特点。如沙竹、沙柳、黄柳、骆驼刺、沙冬青等。

2.3 地形地势因子

随着海拔高度的增加温度渐低、相对湿度渐高，光照渐强，紫外光线含量增加，这些现象以山地地区更为明显，因而会影响树木的生长与分布。山地的土壤随着海拔的增高温度渐低、湿度增加，有机质分解渐缓，林溶和灰化作用加强，pH 值渐低。由于各方面因子的变化，生长在高海拔的树木高度变低、节间变短、叶的排列变密。海拔高度不同，树种不同。

不同方位山坡，气候因子差别很大。如山南坡，光照强度大、土温、气温高、土壤较干；北坡相反。在北方，由于降雨量小，土壤水分状况对植物生长影响极大，因而北坡可生长乔木，植被繁茂甚至一些阳性树也生于阴坡或半阴坡。南坡水分状况差，仅能生长一些耐旱的灌木和草本。在南方，雨量充足，阳坡植被非常繁茂。

地势陡峭起伏，坡度的缓急，不但会形成小气候变化，而且对水土的流失和积聚都有影响，因此可直接或间接影响树木的生长分布。陡峭地形土层薄，植物少；平缓地形土层深厚，植物多。

2.4 生物因子

在植物生存的环境中，尚存在许多其它生物，如各种低等、高等动物，它们与植物间是有各种或大或小的、直接或间接的相互影响，而在植物与植物间也存在着错综复杂的相互影响。动物方面，达尔文早在 1837 和 1881 年发表的论文中指出有关蚯蚓活动的影响，他指出在当地一年中，每公顷面积上由于蚯蚓的活动所运到地表的土壤平均达 15 吨。这就显著地改善了土壤的肥力，增加了钙质，从而影响着植物的生长。土壤的其他无脊椎动物以及地面上的昆虫等均对植物的生长有一定的影响。例如：有些象鼻虫等可使豆科植物的种子几乎全部毁坏而无法萌芽，从而影响该植物的繁衍。许多高等动物，如鸟类、单食性的兽类等亦可对树木的生长起很大影响。例如，很多鸟类对散布种子有利，但有的鸟却因可以吃掉大量的嫩芽而损害树木的生长。松鼠可吃掉大量的种子；兔子、野猪等每年可吃掉大量的幼苗或嫩枝。松毛虫在短期内能将成片的松林针叶吃光。当然，有益动物亦为植物带来许多有利的作用，如传授粉、传播种子以及起到害虫天敌的生物防治作用。

在植物方面，植物间的相互关系对共同生长的植物来说，可能对一方或相互有利，也可能对一方或相互有害。这些相互关系有的发生在同种植物之间，有的发生在不同种之间。发生在同种之间的关系，称种内关系；发生在不同种之间的关系，称种间关系。根据作用方式、机制的不同分为直接关系和间接关系。

2.4.1 直接关系

植物之间直接通过接触来实现的相互关系，在林内的表现有：

树冠摩擦，是指当针阔叶树处于同一林地，由于阔叶树枝较长又具有弹性,受风作用便对针叶树冠产生摩擦,使针叶、芽、幼枝等受到损害。林下更新的针叶幼树经过幼年缓慢生长阶段后,穿过阔叶林冠层时,树冠摩擦是比较普遍的现象。故常造成树种更替过程的推迟。

树干机械挤压,是指林内两个树干部分地或大部分地紧密接触互相挤压的现象。天然林内有这种现象,人工林内多在树木受风和畜、兽类的机械作用产生倾斜时出现。树干挤压能造成摩擦、损害形成层。随着林木双方的进一步发育,便互相连接,长成一体。如,通常所说的连理枝。

附生关系,是指某些苔藓、地衣、蕨类和高等植物,借助吸根着生于树干、枝、茎以及树叶上,进行特殊方式的生活,生理关系上与依附的林木没有联系或很少联系。温带、寒带林内附生植物主要是苔藓、地衣和蕨类;热带林内附生植物种类繁多,以蕨类、兰科植物为主。它们主要依赖于积存在树皮裂缝内和枝杈内大气灰尘和植物残体生活,大气降水从树体上淋下许多营养物质,也是附生植物的营养来源。由于它们得来的水分来源于大气,晴朗干燥天气里失去水分后便处于假死状态。对附主影响不大,但热带森林中的绞杀榕、鸭脚木等,却可缠绕附主树干,限制生长,最后将附主绞杀致死。

攀缘植物利用树干作为它的机械支柱,从而获得更多的光照。藤本植物与所攀缘的树木间没有营养关系,但对树木有如下影响:

机械缠绕会使树干输导营养物质受阻、或使树干变形;由于树冠受藤本植物缠绕,削弱林木的同化过程,影响林木正常生长。

植物共生现象对双方都有利。例如:豆科植物与根瘤菌的共生现象。

2.4.2 间接关系

间接关系是指相互分离的个体通过与生态环境的关系所产生的互相影响。竞争是指植物间为利用环境的能量和食物资源而发生的相互关系,这种关系主要发生在营养空间不足时。植物间通过改变环境因子,如小气候、土壤肥力、水分条件等发生的间接相互关系。如大树为小树遮阴。植物根、茎、叶等排放出的化学物质对其它植物的生长和发育产生抑制和对抗作用或者某些有益作用,这种现象叫做它感或异株克生。

第3章 各论

木本植物包括种子植物(Spermatophyte, Seed Plants)与木本蕨类植物(Woody Pteridophyte, Tree Fern)两大类。种子植物(Spermatophyte)具有胚珠,由胚珠发育成种子,靠种子繁衍后代。种子植物又根据胚珠有无子房包被或种子有无果皮包被,分为裸子植物(Gymnosperms)与被子植物(Angiosperms)两类。

3.1 蕨类植物门 Pteridophyta

蕨类植物是植物中主要的一类,是高等植物中比较低级的一门,也是最原始的维管植物。大都为草本,少数为木本。蕨类植物孢子体发达,有根、茎、叶之分,不具花,以孢子繁殖,世代交替明显,无性世代占优势。通常可分为水韭、松叶蕨、石松、木贼和真蕨五纲,大多分布于长江以南各省区。现存的蕨类植物约有12000种,广泛分布于世界各地,尤其是热带和亚热带最为丰富。中国有61科223属,约2600种,主要分布在华南及西南地区。其中木本蕨类植物有1科3属约500种。我国有1科2属,14种2变种。

桫椤科 Cyatheaceae

陆生蕨类植物,通常为树状,乔木状或灌木状,茎粗壮,圆柱形,高耸,直立,通常不分枝,被鳞片,有复杂的网状中柱,髓部有硬化的维管束,茎干下部密生交织包裹的不定根。叶大型,多数,簇生于茎干顶端,成对称的树冠;叶柄宿存或早落,被鳞片或有毛,两侧具有淡白色气囊体,条纹状,排成1~2行;叶片通常为二至三回羽状,或四回羽状,被多细胞的毛,或有鳞片混生。叶脉通常分离。孢子囊群圆形,生于隆起的囊托上,生于小脉背上;囊群盖形状不一;孢子囊卵形;孢子囊柄细瘦。孢子四面体形,辐射对称,具周壁,外壁表面光滑。原叶体成熟时为心脏形,具有鳞片状的毛,较老时可见到明显的中脉。约500种。分布中心在马来西亚。我国有2属,14种2变种。

分属检索表

1 叶柄、叶轴及羽轴乌木色、红棕色或深禾秆色;叶柄基部的鳞片坚硬,中部黑棕色,由狭长的厚壁细胞密集组成,边缘由短的薄壁细胞形成淡棕色的特化窄边,易擦落而呈啮蚀状;叶下面绿色或灰绿色,裂片的侧脉通常单1或2叉;囊群盖有或无 ················ 桫椤属 *Alsophila*
1 叶柄、叶轴及羽轴禾秆色、深禾秆色或淡紫色,常被白粉;叶柄基部的鳞片柔软,通体均匀,苍白色,由窄长的薄壁细胞组成,无特化窄边,边缘有黑色斜上的刺毛;叶下面通常灰白色,裂片的侧脉2~3叉;无囊群盖 ········
 ················ 笔筒树属 *Sphaeropteris*

3.1.1 桫椤属 *Alsophila* R. Br.

叶大型,叶柄平滑或有刺及疣突,基部的鳞片坚硬;叶片一回羽状至多回羽裂;羽轴上通常背柔毛,偶无毛。孢子囊群圆形,背生于叶脉上,囊托凸出,半圆形或圆柱形;囊无群盖,或囊群盖圆球形,仅孢生于孢子囊群的靠近末回小羽片的主脉的一侧,全部或部分包被着孢子囊群;隔丝丝状;孢子囊柄短。孢子钝三角形。约230种,产热带潮湿地区。我国分布有12种2变种,产浙江、福建、江西、广东、海南、广西、湖南、四川、贵州、云南和西藏。

分种检索表

1 叶柄、叶轴和羽轴通常绿色,有刺或小疣;能育和不育小羽片几同大,小脉常2叉;有囊群盖;每个孢子囊产生16个孢子 ················ 桫椤 *Alsophila spinulosa*
1 叶柄、叶轴和羽轴乌木色或红棕色,通常无刺,微粗糙;能育小羽片常较不育小羽片狭,小脉单一;无囊群盖;每个孢子囊产生64个孢子 ········ 黑桫椤 *Alsophila podophylla*

桫椤 *Alsophila spinulosa* (Wall. ex Hook.) R. M. Tryon [Spiny Tree-fern]

茎干高达6m,径10~20cm。叶螺旋状排列于茎顶端;茎段端和拳卷叶以及叶柄的基部密被鳞片和糠秕状鳞毛;叶柄长达30~50cm;叶片大,长矩圆形,长1~2m,三回羽状深裂;羽片17~20对,互生,长约30cm,中部羽片长40~50cm,宽14~18cm,长矩圆形,二回羽状深裂;小羽片18~20对,基部小羽片稍缩短,中部的长9~12cm,宽1.2~1.6cm,披针形,先端渐尖而有长尾,基部宽楔形,羽状深裂;裂片18~20对;叶脉在裂片上羽状分裂;羽轴、小羽轴和中脉上面被糙硬毛。孢子囊群孢生于侧脉分叉处;囊群盖球形。产福建、台湾、广东、海南、香港、广西、贵州、云南、四川、重庆、江西。也分布于日本、越南、柬埔寨、泰国北部、缅甸、孟加拉国、锡金、不丹、尼泊尔和印度。为半阴性树种,喜温暖潮湿气候,喜生长在冲积土中或山谷溪边林下。孢子繁殖。桫椤树形美观,树冠犹如巨伞,茎苍叶秀,高大挺拔,称得上是一件艺术品,园艺观赏价值极高。

3.1.2 笔筒树属 Sphaeropteris Bernh.

树状,茎干粗壮,直立。叶大型,叶柄平滑、有疣突或皮刺,有时被毛,基部鳞片的细胞一式,即鳞片质薄,淡棕色,除边生刚毛外,由大小大致相同和形状、颜色以及排列方向相同的细胞组成。叶下面灰白色,羽轴上面通常被柔毛;叶脉分离,2~3叉。无囊群盖。约120种,大部分产旧热带,热带美洲仅2~3种,我国2种,分布于台湾、海南、云南、西藏。

分种检索表

1 叶轴及羽轴光滑;主脉下面通常光滑或有时略被黄白色毛··················白桫椤 Sphaeropteris brunoniana

1 叶轴及羽轴密被疣突;主脉下面被卵状平展的鳞片和粗而开展的灰白色粗长毛······笔筒树 Sphaeropteris lepifera

笔筒树 Sphaeropteris lepifera (Hook.) R. M. Tryon [Scaly Tree-fern]

茎干高 6m 多,胸径约 15cm。叶柄长约 16cm,通常上面绿色,下面淡紫色,无刺,密被鳞片,有疣突;鳞片苍白色;叶轴和羽轴禾秆色,密被显著的疣突,突头亮黑色,近 1mm 高;最下部的羽片略缩短,最长的羽片达 80cm;最大的小羽片长 10~15cm,宽 1.5~2.2cm,先端尾渐尖,无柄,基部少数裂片分离,其余几乎裂至小羽轴;主脉间隔约 3~3.5mm,侧脉 10~12 对,2~3 叉,裂片纸质;羽轴下面多少被鳞片,基部的鳞片狭长,灰白色,边缘具棕色刚毛。孢子囊群近主脉着生,无囊群盖;隔丝长过于孢子囊。产台湾。菲律宾北部、日本琉球群岛也有分布。在厦门、广州、深圳、香港有引种栽培。喜光,喜温暖,喜土壤湿润、肥沃,含沙量大,喜空气湿度大。孢子繁殖。树干修长,叶痕大而密,异常美观。极适作室内盆栽的观叶植物,长江流域及北方温室栽培。

3.2 裸子植物门 Gymnospermae

乔木、灌木稀藤本;花不具花被,单性;风媒传粉,花粉自珠孔直达珠心,苏铁、银杏具游动精子;不具子房,胚珠裸露;无双受精现象;球果或核果状种子;子叶 2~18;木质部具管胞,只有麻黄目、买麻藤目具导管。现代裸子植物的种类分属于 4 纲 9 目 12 科 71 属近 800 种。我国有 4 纲 8 目 11 科 41 属 236 种 47 变种,其中引种栽培 1 科 7 属 51 种 2 变种。

3.2.1 苏铁科 Cycadaceae

常绿木本植物,树干粗壮,圆柱形,髓部大,木质部及韧皮部较窄;叶螺旋状排列,有鳞叶及营养叶,二者相互成环着生;鳞叶小,密被褐色毡毛,营养叶大,深裂成羽状,稀二回羽状深裂,集生于干顶或块状茎上;雌雄异株,小孢子叶球顶生,小孢子叶鳞片状或盾状,螺旋排列,腹面生有多数小孢子囊;大孢子叶扁平,上部羽状分裂或几不分裂,生于干顶羽状叶与鳞状叶之间,胚珠 2~10;种子核果状,有三层种皮,胚乳丰富。10 属,约 110 种,分布于热带和亚热带地区,我国 1 属。

苏铁属 Cycas L.

树干圆柱形,直立,常密被宿存的木质叶基。叶有鳞叶与营养叶两种;鳞叶小,褐色;营养叶大,羽状深裂,革质,集生于树干上部,呈棕榈状;羽状裂片窄长,条形或条状披针形,中脉显著,基部下延,叶轴基部的小叶变成刺状;幼叶的叶轴及小叶呈拳卷状。雌雄异株,雄球花长卵圆形或圆柱形,小孢子叶扁平,楔形,下面着生多数单室的花药;大孢子叶中下部狭窄成柄状,两侧着生 2~10 枚胚珠。种子常具 2 棱。约 17 种,分布于亚洲东部及东南部、大洋洲及马达加斯加等热带及亚热带地区。我国有 8 种,产台湾、福建、广东、广西、云南及四川等省区。

分种检索表

1 大孢子叶上部的顶片微扩大,三角状窄匙形,边缘具细短的三角状齿················华南苏铁 Cycas rumphii

1 大孢子叶上部的顶片显著扩大,长卵形至宽圆形,边缘深条裂。

 2 叶呈二叉状二回羽状深裂,中部的羽状裂片宽 2~2.5 cm ··················叉叶苏铁 Cycas micholitzii

 2 叶的羽状裂片不再分裂,中部的羽状裂片宽不过 2cm。

  3 大孢子叶上部的顶片宽较长为大,斜方状宽圆形或宽圆形;叶脉两面显著隆起,在上面叶脉的中央常有一条凹槽··················篦齿苏铁 Cycas pectinata

  3 大孢子叶上部的顶片长较宽为大或近相等,长卵形至斜方状卵圆形;叶脉两面隆起或只在其中一面显著隆起,但在上面叶脉的中央无凹槽。

   4 大孢子叶上部的顶片边缘有 5~7 对裂片,顶生裂片显著增大,呈矩圆形,长 3.5~4cm,宽 1.5~2 cm ··················海南苏铁 Cycas hainanensis

   4 大孢子叶上部的顶片边缘有 10~20 对裂片,顶生裂片不增大或略增大,常呈条形钻形。

    5 树干甚矮小,高 30~180cm,基部显著膨大;叶柄较长,约为羽叶长度的 1/3,长 40~100cm,羽状裂片薄革质,基部两侧收缩常对称,下仅不延下生长;种子的外种皮质硬而光滑······云南苏铁 Cycas siamensis

    5 树干较高,基部不膨大;叶柄长度不超过羽叶的 1/4,羽状裂片厚革质或革质,基部两侧收缩常不对称,下侧多少延下生长。

     6 叶的羽状裂片较大,长 18~40cm,宽 12~14mm,中脉两面显著隆起;大孢子叶上部顶片的顶端呈圆形的轮廓,在大孢子叶柄的中上部着生 6~10 枚胚珠,在上部的 1~3 枚胚珠的外侧常有钻形的裂片······四川苏铁 Cycas szechuanensis

     6 叶的羽状裂片较小,长 10~25cm,宽 4~12mm,中脉只在下面显著隆起,在上面平或稍隆起;大孢子叶上部顶片的顶端骤尖或锐尖，在大孢子叶柄的中上部着生、胚珠2~6枚，在其外侧无裂片。

7叶的羽状裂片之边缘向下反卷，上面中央微凹，有微隆起的中脉，下面中脉显著隆起；大孢子叶成熟后绒毛宿存，上部顶片的顶生裂片钻形，其形与侧裂相似·················苏铁 Cycas revoluta

7叶的羽状裂片之边缘不反卷，两面中脉隆起或微隆起，通常上面中脉隆起更显著；大孢子叶成熟后绒毛常脱落，上部顶片的顶生裂片较宽大，具锯齿或呈钻形再分裂······台湾苏铁 Cycas taiwaniana

(1) 苏铁（铁树，避火蕉）Cycas revoluta Thunb. [Sago, Cycas]

常绿树，不分枝，高1~4m。羽状叶长0.5~2m；羽片达100对以上，条形，质坚硬，长9~18 cm，宽4~6 mm，先端锐尖，边缘向下卷曲，有光泽。雄球花圆柱形，长30~70cm，径10~15cm，小孢子叶长方状楔形，长3~7cm，有黄褐色绒毛；大孢子叶扁平，长14~22cm，密生黄褐色长绒毛，羽状分裂。种子卵圆形，长2~4cm，熟时朱红色。花期6~7月，种子10月成熟。产于福建、台湾、广东。日本、菲律宾和印度尼西亚也有分布。喜暖热湿润的环境，不耐寒冷，生长甚慢，寿命约200年。播种繁，分蘖或树干切移繁殖。苏铁为优美的观赏树种，栽培极为普遍，长江流域栽植于庭园，江苏、浙江及华北各省区多栽于盆中，冬季置于温室越冬。在我国南方热带及亚热带南部10年生以上的树木几乎每年开花结实，而北方各地栽培的苏铁常终生不开花或偶尔开花。

(2) 华南苏铁（龙尾苏铁，刺叶苏铁）Cycas rumphii Miq. [South China Cycas]

常绿树，高1~8(15)m，分枝或不分枝，有明显的叶基与叶痕。羽状叶长1~2m，先端羽片常突然缩短，或渐短，叶柄两侧有短刺；羽片50~100对，长披针状条形，厚革质，长8~38cm，宽5~10mm，直或微弯，边缘平或微反曲。雄球花椭圆状长卵形，长10~20cm；大孢子叶长15~20cm，有绒毛（后脱落），下部长柄状，四棱形，上部顶片披针形或菱形，先端有长尖，两侧有短裂齿，其下方两侧常有3枚（稀4~8）胚珠。种子卵圆形，顶端常凹陷，直径3~4.5cm。分布于广东、广西和云南南部，华南各地栽于庭园，其他省区盆栽而冬季须置于温室过冬；越南、老挝、缅甸也有。

3.2.2 银杏科 Ginkgoaceae

落叶乔木，树干高大，分枝繁茂；枝分长枝与短枝。叶扇形，有长柄，具多数叉状并列细脉，在长枝上螺旋状排列散生，在短枝上成簇生状。球花单性，雌雄异株，生于短枝顶部的鳞片状叶的腋内，呈簇生状，雄球花具梗，菜荑花序状，雄蕊多数，螺旋状着生，排列较疏，具短梗，花药2，药室纵裂，药隔不发达；雌球花具长梗，梗端常分2叉，稀不分叉或分成3~5叉，叉顶生珠座，各具1枚直立胚珠。种子核果状，具长梗，下垂，外种皮肉质，中种皮骨质，内种皮膜质，胚乳丰富。1属1种。

银杏属 Ginkgo L.

1种，产浙江天目山，我国各地栽培。

银杏 Ginkgo biloba L. [Maidenhairtree, Ginkgo]

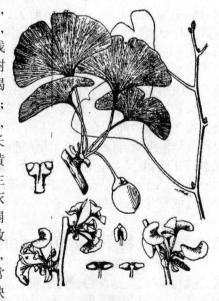

乔木，高30余米，幼树树皮浅纵裂，大树之皮呈灰褐色，深纵裂；枝近轮生，一年生的长枝淡褐黄色，二年生以上变为灰色。叶扇形，有多数叉状细脉，在短枝上常具波状缺刻，在长枝上常2裂，柄长3~10cm。雄球花菜荑花序状，下垂，花药常2个，药室纵裂；雌球花具长梗，梗端常分两叉，每叉顶生一盘状珠座，胚珠着生其上，通常仅一个叉端的胚珠发育成种子。种子常为椭圆形，外被白粉，有臭味；中种皮白色，骨质，内种皮膜质，淡红褐色；胚乳肉质。花期3~4月，种子9~10月成熟。喜光，稍耐旱，颇耐寒，不宜盐碱土及黏重土。播种或嫁接繁殖为主。银杏可孤植，丛植或列植于园林中。宜于与枫、槭等树木混栽，至深秋形成黄叶与红叶交织似锦的美景。品种：蝴蝶叶银杏（酒杯叶银杏）'Hudieye'，叶片基部呈圆筒状，盛水滴水不漏,顶端叉开,似展翅欲飞的蝴蝶,十分奇特;垂枝银杏'Pehdula',小枝下垂;裂叶银杏'Lanciniata',叶形大有深裂;金叶银杏'Aurea',叶黄色。

3.2.3 南洋杉科 Araucariaceae

常绿乔木;叶锥形、鳞形、宽卵形或披针形,螺旋状排列或交叉对生;球花雌雄异株,稀同株;雄球花圆柱形,有雄蕊多数,每雄蕊有4~20个悬垂的花药,排成内外两列,花粉无气囊;雌球花椭圆形或近球形,由多数螺旋状排列的苞鳞组成,苞鳞上面有一与其合生的珠鳞;胚珠与珠鳞合生或珠鳞不发育,胚珠离生;球果熟时苞鳞木质或革质;种子扁平无翅或两侧有翅或顶端具翅。2属,约40种,分布于南半球的热带及亚热带地区。我国引入栽培2属4种。

分属检索表
1 种子同苞鳞合生,无翅或两侧有与苞鳞合生的翅;叶鳞形、钻形、针状镰形、披针形或卵状三角形···南洋杉属 Araucaria
1 种子同苞鳞离生,仅一侧具翅;叶矩圆状披针形或椭圆形···贝壳杉属 Agathis

3.2.3.1 南洋杉属 *Araucaria* Juss.

常绿乔木,有树脂;枝轮生;叶鳞形、锥形或阔卵形,螺旋状互生;球花单性异株,稀同株;雄球花大而球果状,有雄蕊多数和多室的花药;雌球花椭圆形或近球形,单生枝顶,有多数螺旋状着生的苞鳞及珠鳞组成,二者基部合生,先端离生,珠鳞舌状,每珠鳞上有1胚珠,珠鳞与胚珠合生;球果成熟时苞鳞木质化并脱落;种子无翅或有与苞鳞结合而生的翅;子叶2,稀4枚。约18种,分布于南美洲、大洋洲及太平洋群岛。我国引入3种,栽植于广州、福州、厦门及台湾等地,作庭园树,生长良好;北方各大城市则栽于盆中,冬天须置于温室内越冬。

分种检索表
1 叶形大,扁平,披针形或卵状披针形,具多数平列细脉;雄球花生于叶腋;球果的苞鳞先端具急尖的三角状尖头,尖头向外反曲,两侧边缘厚;舌状种鳞的先端肥大而外露;种子无翅·············大叶南洋杉 Araucaria bidwillii
1 叶形小,钻形、鳞形、卵形或三角状,具明显或不明显的中脉,无平列细脉;雄球花生于枝顶;球果的苞鳞两侧具薄翅;种子,具结合而生的翅。
　2 叶卵形、三角状卵形或三角状钻形,上下扁或背部具纵脊;球果椭圆形;苞鳞的先端有急尖的长尾状尖头,尖头显著地向后反曲···南洋杉 Araucaria cunninghamii
　2 叶钻形,通常两侧扁,四菱状;球果较大,近球形;苞鳞的先端具急尖的三角状尖头,尖头向上弯···异叶南洋杉 Araucaria heterophylla

(1) 南洋杉 *Araucaria cunninghamii* Sweet [Hoop Pine, Moreton Bay Pine]

常绿乔木,高达60~70m;大枝轮生,侧生小枝羽状排列并下垂。老树之叶卵形、三角状卵形或三角形;幼树之叶锥形,通常上下扁,上面无明显棱脊。球果大,果鳞木质。每果鳞仅有一粒种子。原产地花期4~5月,果成熟于7月。原产大洋洲东南沿海地区,澳大利亚北部、新南威尔士及昆士兰等洲。我国华南地区有引种栽培。北方多盆栽观赏。喜暖热气候而空气湿润处,不耐干燥及寒冷。南洋杉树形高大,姿态优美,形体壮观。最宜独植为园景树或纪念树,亦可作行道树。也是珍贵的室内盆栽树种。

(2) 异叶南洋杉 *Araucaria heterophylla* (Salisb.) Franco [Differentleaf Araucaria]

常绿乔木,高达50m以上,树冠塔形;大枝轮生而平展,侧生小枝羽状密生而略下垂。叶锥形,4棱,通常两侧扁,螺旋状互生。原产大洋洲诺和克岛。喜暖热气候,很不耐寒。树姿优美,其轮生的大枝形成层层叠翠的美丽树形。我国福州、厦门、广州等地有栽培,作庭园观赏树及行道树;长江流域及北方城市常于温室盆栽观赏。本种远比南洋杉栽培普遍。

3.2.3.2 贝壳杉属 *Agathis* Salisb.

乔木有树脂;叶螺旋状互生或对生;球花雌雄圆柱形,腋生,雄蕊多数,排列紧密;雌球花顶生,圆球形或宽卵圆形,苞鳞排列紧密,苞鳞脱落;种子一侧有翅;子叶2枚。20余种,分布于菲律宾、越南、马来半岛和大洋洲。我国引入1种。

贝壳杉 *Agathis dammara* (Lamb.) Rich. et A. Rich [Dammar]

常绿大乔木,多树脂;幼树时枝条常轮生,在成年树上则不规则着生,小枝脱落后留有圆形枝痕;冬芽小,圆球形。叶在干枝上螺旋状着生,在侧枝上对生或互生,幼时玫瑰色或带红色,后变深绿色,革质,上面具多数不明显的并列细脉,叶形及其大小在同一树上和同一枝条上有较大的变异,叶柄短而扁平,叶脱落后枝上面留有枕状叶痕。通常雌雄同株,雄球花硬直,雄蕊排列紧密,圆柱形,单生叶腋。球果单生枝顶,圆球形或宽卵圆形;苞鳞排列紧密,扇形,顶端增厚,熟时脱落;种子生于苞鳞的下部。作庭园树。

3.2.4 松科 Pinaceae

乔木,稀为灌木,有树脂;叶螺旋排列,单生或簇生,线形或针状,大多数宿存,有时脱落;球花通常单性同株,结成一球状体,基部围绕以穿鳞;雄球花有雄蕊多数,每雄蕊有花药2枚;雌球花由多数螺旋状排列的珠鳞(大孢子叶)与苞鳞组成,花期珠鳞小于苞鳞,稀珠鳞较大,二者离生,每珠鳞内有胚珠2颗,花后珠鳞增大成种鳞,球果成熟时种鳞木质或革质;每种鳞内有种子2粒,常有翅.稀无翅。10属,230种以上,分布极广,我国10属均产,约97种(其中引种栽培的24种),各省区均产之。

分亚科检索表

1 叶针形,通常2、3、5针一束,稀多至7~8针一束,生于苞片状鳞叶的腋部,着生于极度退化的短枝顶端,基部包有叶鞘(脱落或宿存),常绿性;球果第二年成熟,种鳞宿存,背面上方具鳞盾与鳞脐……………松亚科 Pinoideae
1 叶条形或针形,条形叶扁平或具四棱,螺旋状착生,或在短枝上端成簇生状,均不成束。
 2 叶条形扁平或具四棱,质硬;枝仅一种类型;球果当年成熟……………………………冷杉亚科 Abietoideae
 2 叶条形扁平、柔软,或针状、坚硬;枝分长枝与短枝,叶在长枝上螺旋状散生,在短枝上端成簇生状;球果当年成熟或第二年成熟………落叶松亚科 Laricoideae

3.2.4.1 冷杉亚科 Abietoideae Pilger

常绿乔木,枝仅一种类型;叶在枝条上螺旋状着生;球果当年成熟。6属,130余种,我国产6属55种16变种,引入栽培5种。

分属检索表

1 球果成熟后或干后种鳞自宿存的中轴上脱落,生叶腋,直立;叶扁平,上面中脉凹下,稀隆起,横切面呈四棱形(国产种均凹下);枝上无隆起的叶枕,具圆形、微凹的叶痕…………………………………………………冷杉属 Abies
1 球果成熟后或干后种鳞宿存。
 2 球果生于叶腋,初直立后下垂,苞鳞短,不露出;小枝节间的上端生长缓慢、较粗,叶在枝节间的上端排列紧密,呈簇生状,在其之下则排列疏散;叶条形扁平,上面中脉凹下………………………………银杉属 Cathaya
 2 球果生于枝顶;小枝节间生长均匀,上下等粗,叶在枝节间均匀着生。
  3 球果直立,形大;种子连同种翅几与种鳞等长;叶扁平,上面中脉隆起;雄球花簇生枝顶…油杉属 Keteleeria
  3 球果通常下垂,稀直立,形小;种子连同种翅较种鳞为短;叶扁平,上面中脉凹下或微凹,稀或微隆起,间或四棱状条形或扁菱状条形;雄花单生叶腋。
   4 小枝有显著隆起的叶枕;叶四棱状或扁棱状条形,或条形扁平,无柄,四面有气孔线,或仅上面有气孔线……………………………………………云杉属 Picea
   4 小枝有微隆起的叶枕或叶枕不明显;叶扁平,有短柄,上面中脉凹下或微凹,稀平或微隆起,仅下面有气孔线,稀上面有气孔线。
    5 果较大,苞鳞伸出种鳞之外,先端3裂;叶内具两个边生树脂道;小枝不具或微具叶枕………………………………………………………黄杉属 Pseudotsuga
    5 球果较小,苞鳞不露出,稀微露出,先端不裂或2裂;叶内维管束鞘下有一树脂道;小枝有隆起或微隆起的叶枕………………………………铁杉属 Tsuga

3.2.4.1.1 油杉属 Keteleeria Carr.

常绿乔木;树皮粗糙,有不规则的沟纹;芽卵形或球形,芽鳞常宿存于新枝的基部;叶线形,扁平,革质,因基部扭转而成2列,中脉在表面凸起,叶脱落后留有圆形叶痕;球花单性同株;雄球花4~8个簇生。雄蕊多数,花药2枚;花粉有气囊;雌球花由无数螺旋排列的珠鳞与苞鳞组成,花期苞鳞大,先端3裂,珠鳞生于苞鳞之上,二者基部合生,每苞鳞有胚珠2枚,花后珠鳞增大成种鳞,球果直立,一年成熟,种鳞木质,宿存;种子有翅。11种,除2种产越南外,其余均为我国特有,产秦岭以南、西南、中南至东部。

分种检索表

1 叶较窄长,长达6.5cm,宽2~3mm,较厚,边缘不向下反曲,稀微反曲,先端常有凸起的钝尖头,上面沿中脉两侧各有2~10条气孔线,稀无气孔线;种鳞卵状斜方形,上部渐窄,向外反曲,边缘常有明显的细缺齿……………………………………………………………云南油杉 Keteleeria evelyniana
1 叶较短,长1.2~4(5)cm,宽2~4.5mm,通常较薄或窄而稍厚,边缘多少向下反曲,稀不反曲,先端尖、钝或微凹,上面无气孔线,或沿中脉两侧各有1~5条气孔线,或中上部或近先端有少数气孔线。
 2 种鳞卵形或近斜方状卵形,上部圆或窄而反曲,边缘向外反曲……………………铁坚油杉 Keteleeria davidiana
 2 种鳞宽圆形、斜方形或斜方状圆形,上部边缘微向内曲。
  3 种鳞宽圆形,上部宽圆或中央微凹或上部下部宽楔形;一年生枝常有疏毛或无毛,干后呈橘红色、浅粉红色或淡褐色;叶窄而稍厚,边缘不向下反曲,或宽而向下反曲,上面无气孔线,先端钝圆,种翅中上部较宽……………………………………………油杉 Keteleeria fortunei
  3 种鳞斜方形或斜方状圆形,上部通常宽圆而窄,稀宽圆形;一年生枝有或多或少之毛,稀无毛,干后呈红褐色、褐色或紫褐色;叶较宽薄,边缘常向下反曲,上面通常无气孔线,或沿中脉两侧有1~5条气孔线,或仅先端或中上部有少数气孔线,先端圆或微凹;种翅通常中部或中下部较宽………江南油杉 Keteleeria cyclolepis

(1) 油杉(松梧、杜松)

Keteleeria fortunei (Murr.) Carr.

[Fortune Keteleeria]

常绿乔木;一年生枝淡红褐色或红褐色,无毛或有毛。叶在侧枝上排成二列,条形,长1.6~3cm,宽3mm,先端钝或钝尖,两面中脉隆起,上面常无气孔线,下面有两条微有白粉的气孔带。球果直立,圆柱形,长8~18cm;种鳞近圆形或宽圆形,上部宽圆或截圆形,边缘内曲,鳞背露出部分无毛;苞鳞中部窄缩,上部三裂,中裂锐尖;种子有宽阔的翅,与种鳞几相等长。为我国特有树种,产于浙江、福建、广东、广西南部沿海山地。阳性树种,喜暖湿气候,在酸性红壤或黄壤中生长良好,对土壤适应性广,也能钙质土上生长,耐干旱瘠薄;在深厚肥润,阳光充足的环境生长迅速。播种繁殖。树形优雅美观,可作庭园绿化树种。

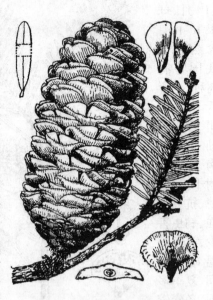

(2) 铁坚油杉 Keteleeria davidiana (Bertr.) Beissn [David Keteleeria]

常绿乔木;顶芽卵圆形;一年生枝淡黄灰色或灰色,常有毛。叶在侧枝上排成二列,条形,长2~5cm,宽3~4mm,先端钝或微凹(幼树的叶锐尖),两面中脉隆起,上面无气孔线或上部有极少的气孔线,下面有两条灰白色气孔带。球果直立,圆柱形,长8~21cm;种鳞卵形或斜方状卵形,边缘有细缺齿,先端反曲,鳞背露出部分无毛或有毛,腹面有2粒有翅的种子;苞鳞先端三裂;种子连翅几乎与种鳞等长。分布于陕西南部、四川、湖北西部和贵州北部。

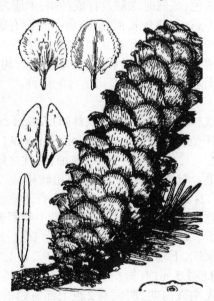

3.2.4.1.2 冷杉属 Abies Mill.

常绿乔木,树冠尖塔形;树皮老时常厚而有沟纹;叶线形至线状披针形,全缘,无柄,背有白色气孔带2条,叶脱落后留有圆形或近圆形的叶痕;球花腋生,春初开放;雄球花倒垂,基部围以鳞片,雄蕊多数,螺旋状着生,花药2枚,黄色或大红色;花粉有气囊;雌球花直立,由多数覆瓦状珠鳞(大孢子叶)与苞鳞组成,苞鳞大于珠鳞,每珠鳞有2胚珠,花后珠鳞发育为种鳞;球果直立,成熟时种鳞木质、脱落;种子有翅。约50种,主产欧、亚、北美,少数到中美及北非高山地带,我国有19种,主产东北、华北、西北和西南的高海拔地带,少数种产浙江、台湾山区,为耐寒、耐阴的树种。

分种检索表

1 叶的树脂道边生,或近边生…………………冷杉 Abies fabri
1 叶的树脂道中生或幼树之叶的树脂道近边生(日本冷杉),或兼有中生及边生树脂道(日本冷杉)。
　2 球果的苞鳞不露出;一年生枝呈淡黄灰色、淡黄褐色或淡灰褐色…………辽东冷杉 Abies holophylla
　2 球果的苞鳞上端露出或仅先端的尖头露出。
　　3 一年生枝有密毛,或主枝无毛、侧枝有密毛;果枝之叶的树脂道2个;球果熟时紫黑色或紫褐色…………………………………………臭冷杉 Abies nephrolepis
　　3 一年生枝毛较少,通常仅叶枕之间的凹槽内有毛,稀无毛………………………………日本冷杉 Abies firma

(1) 辽东冷杉(杉松、白松) Abies holophylla Maxim. [Manchurian Fir]

常绿乔木;一年生枝黄灰色或淡黄褐色,无毛,有光泽。叶排列紧密,枝条下面的叶向上伸展,条形,长2~4cm,宽1.5~2.5mm,先端突尖或渐尖,上面中脉凹下,果枝的叶上面近先端或中上部常有2~5条不完整的气孔线,下面沿中脉两侧有白色气孔带;树脂管中生。雄球花单生叶腋,下垂;雌球花单独腋生,直立,由多数螺旋状排列的苞鳞和珠鳞所组成。球果圆柱形,长5.8~12cm,熟时淡黄褐色或淡褐色,几无柄;种鳞扇状横椭圆形;苞鳞短,长不到种鳞之

半,先端有急尖的刺状尖头;种子上端有宽大的膜质翅。花期4~5月,球果10月成熟。产于我国东北牡丹江流域山区、长白山区及辽河东部山区。耐阴,喜冷湿气候,耐寒。自然生长在土层肥厚的阴坡,干燥的阳坡极少见。喜深厚湿润、排水良好的酸性土。播种或扦插繁殖。适于风景区、公园、庭园及街路等的栽植。

(2)日本冷杉 *Abies firma* Sieb et Zucc.
[Japan Fir, Momi Fir]

常绿乔木,在原产地高达50m,胸径达2m;树皮暗灰色或暗灰黑色,粗糙,成鳞片状开裂;大枝通常平展,树冠塔形;一年生枝淡灰黄色,凹槽中有细毛或无毛,二、三年生枝淡灰色或淡黄灰色;冬芽卵圆形,有少量树脂。叶条形,直或微弯,长2~3.5cm,稀达5cm,宽3~4mm,近于辐射伸展,或枝条上面的叶向上直伸或斜展,枝条两侧及下面之叶列成两列,先端钝而微凹,上面光绿色,下面有2条灰白色气孔带。球果圆柱形,长12~15cm,基部较宽,成熟前绿色,熟时黄褐色或灰褐色。花期4~5月,球果10月成熟。原产日本。耐阴,喜凉爽、湿润气候,对烟害抗性弱,生长速度中等。播种繁殖。树形优美,秀丽可观。树冠参差挺拔。适于公园、陵园、广场甬道之旁或建筑物附近成行配植,或在园林中的草坪、林缘及疏林空地中成群栽植,极为葱郁优美,如在其老树之下点缀山石和观叶灌木,则更收到形、色俱佳之景。

3.2.4.1.3 黄杉属 *Pseudotsuga* Carr.

常绿乔木;冬芽短尖;叶线形,扁平,多少2列,上面有槽,背面有白色的气孔带,叶落后有圆形叶痕;球花单生;雄球花腋生,圆柱状;雄蕊多数,各有2花药,药隔顶有短距;雌球花顶生,由多数螺旋排列的苞鳞与珠鳞组成,苞鳞显著,先端3裂,珠鳞小,生于苞鳞基部,其上有2胚珠;球果卵状长椭圆形,下垂,成熟时珠鳞发育为种鳞,宿存;种子有翅。18种,分布于美洲西北部和东亚,我国有5种,产西南、中南、东南至台湾。

黄杉(短片花旗松) *Pseudotsuga sinensis* Dode
[China Douglas Fir]

常绿乔木;一年生主枝通常无毛,侧枝有毛。叶排成二列,条形,扁平,有短柄,长1.5~2cm,先端有凹缺,上面中脉凹陷,下面中脉隆起,有两条白色气孔带。雌雄同株;雄球花单生叶腋;雌球花单生侧枝顶端。球果矩圆状卵形或椭圆状卵形,下垂,长5.5~8cm,熟时褐色;种鳞木质,坚硬,蚌壳状斜方圆形或斜方状宽卵形,背面露出部分密生短毛;苞鳞明显外露,上部向外或向后反伸,先端三裂,中裂片长渐尖,侧裂片钝圆;种子上端有膜质翅。花期4月,球果10~11月成熟。为我国特有树种,产于云南、四川,贵州、湖北、湖南。喜光耐干旱、瘠薄、抗风力强、病虫害少,喜气候温暖、湿润、夏季多雨、冬春较干,黄壤或棕色森林土地带。播种繁殖。可作园林绿化树种。

3.2.4.1.4 铁杉属 *Tsuga* Carr.

常绿乔木,有树脂;树皮淡红色;枝纤弱,平伸或下垂,因有宿存的叶基而粗糙;叶线形,扁平或有角,2列,背面有气孔线;球花单生;雄球花生于叶腋内,由无数的雄蕊组成,每雄蕊有2花药,药隔节状;花粉有气囊或气囊退化;雌球花顶生,直立,珠鳞圆形,覆瓦状,约与苞鳞等长,基部有胚珠2颗;球果小,长椭圆状卵形,近无梗,下垂,淡绿色或淡紫色,成熟时珠鲜发育成种鳞,木质,褐色,苞鳞小,不露出,稀较长而露出;种子上面有膜质翅。约14种,分布于北美和亚洲东部,我国约5种,产秦岭以南及长江以南各省区,为珍贵用材树种,可作产区山地森林更新或荒山造林的树种。

铁杉(假花板, 仙柏, 铁林刺) *Tsuga chinensis* (Franch.) Pritz.   [China Hemlock]

常绿乔木;一年生枝细,叶枕之间的凹槽内有毛。叶螺旋状着生,基部扭转排成二列,条形,长1.2~2.7cm,宽2~2.5mm,先端有凹缺,全缘,上面中脉凹下,下面中脉无条槽,沿中脉两侧有白色气孔带。雄球花单生叶腋,花粉无气囊。球果单生侧枝顶端,下垂,卵圆形或长卵圆形,长1.5~2.7cm,直径0.8~1.5cm,有短柄;种鳞近五角状圆形或近圆形,先端微内曲,腹面有2粒上部有翅的种子;苞鳞短小,不露出;种子连翅长7~9mm。花期4月,球果10月成熟。为我国特有树种,产于甘肃白龙江流域,陕西南部、河南西部、湖北、四川东北部及岷江流域上游、大小金川流域、大渡河流域、青衣江流域、金沙江流域下游和贵州西北部。喜生于雨量高、云雾多、相对湿度大、气候凉润、土壤酸性及排水良好的山区。播种或杆插繁殖。铁杉树姿古朴,枝叶扶疏,形若雪松,适于园林中孤植或丛植,亦宜用于营造山地风景林或水源涵养林。铁杉分枝多,耐修剪,还适于作绿篱。此外,因其生长缓慢,也宜盆栽观赏。

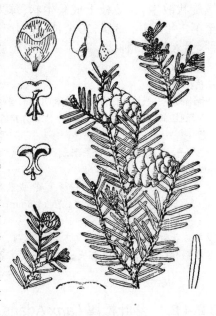

3.2.4.1.5 云杉属 *Picea* A. Dietr.

常绿乔木;树皮薄,鳞片状;枝通常轮生;叶线形,螺旋排列,通常四角形,每一面有一气孔线,或有时扁平,仅在上面有白色的气孔线,着生于有角、宿存、木质、柄状凸起的叶枕上;球花顶生或腋生;雄球花黄色或红色,由无数、螺旋排列的雄花组成,花药2,药隔阔,鳞片状,花粉粒有气囊;雌花绿色或紫色,由无数、螺旋排列的珠鳞组成,每一珠鳞下有一小的苞鳞,珠鳞内面基部有胚珠2颗;球果下垂,成熟时原珠鳞发育为种鳞,木质、宿存;种子有翅。约40种,分布于北温带,我国有19种,另引种栽培2种。产于东北、华北、西北、西南及台湾等省区。

分种检索表
1 一年生枝颜色较浅;冬芽卵圆形、长卵圆形、纺锤形或锥状卵圆形,稀圆锥形;小枝基部宿存的芽鳞不反曲,或顶端的芽鳞向外伸或微反曲…………青杆 *Picea wilsonii*
1 一年生枝颜色通常较深;冬芽圆锥形或圆锥状卵圆形,稀圆球形;小枝基部的宿存芽鳞或多或少向外反曲,或仅先端的芽鳞向外伸或微反曲。
  2 叶先端尖或锐尖,或有急尖的尖头。
    3 一年生枝有或多或少的白粉;球果长5~16cm;种鳞的露出部分通常有纵纹…………云杉 *Picea asperata*
    3 一年生枝无白粉;球果较小,长5~8cm;种鳞露出部分通常平滑…………红皮云杉 *Picea koraiensis*
  2 叶先端微钝或钝。
    4 果成熟前绿色;二年生枝黄褐色或褐色…………白杆 *Picea meyeri*
    4 果成熟前种鳞上部边缘红色,背部绿色;二年生枝淡粉红色…………青海云杉 *Picea crassifolia*

(1)云杉(异鳞云杉,大果云杉,白松)
Picea asperata Mast.
[China Spruce, Dragon Spruce]

常绿乔木;小枝有木钉状叶枕,有疏或密生毛,或几无毛,基部有先端反曲的宿存芽鳞;一年生枝淡褐黄色或淡黄褐色;芽三角状圆锥形。叶螺旋状排列,辐射伸展,侧枝下面及两侧的叶向上弯伸,锥形,长1~2cm,先端尖或凸尖,横切面菱状四方形,上面有气孔线5~8条,下面有4~6条。雌雄同株;雄球花单生叶腋,下垂。球果单生侧枝顶端,下垂,柱状矩圆形或圆柱形,熟前绿色,熟时淡褐色或栗色,长6~10cm;种鳞薄木质,宿存,倒卵状,先端圆至圆截形,或呈钝三角形,腹面有2粒种子,背面露出部分常有明显纵纹;种子上端有膜质长翅。花期4~5月,球果9~10月成熟。为我国特有树种,产于陕西、甘肃、四川。系浅根性树种,稍耐阴,能耐干燥及寒冷的环境条件,在气候凉润,土层深厚,排水良好的微酸性棕色森林土地带生长迅速,发育良好。播种繁殖。盆栽可作为室内的观赏树种,多用在庄重肃穆的场合,冬季圣诞节前后,多置放在饭店、宾馆和一些家庭中作圣诞树装饰。

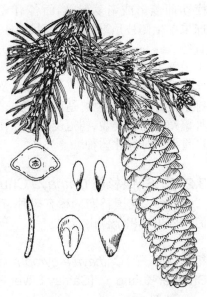

(2)青杆(黑杆松,方叶杉)*Picea wilsonii* Mast.
[Wilson Spruce]

常绿乔木;树冠绿色;树皮灰色或暗灰色,裂成不规则小块片脱落;小枝上有木钉状叶枕,基部宿存芽鳞紧贴小枝;芽卵圆形;一年生枝淡黄色或淡黄灰色,无毛,稀被毛,二年生枝呈淡灰

色或灰色。叶在主枝上辐射状斜展，侧枝两侧和下面的叶向上伸展，锥形，长 0.8~1.5cm，先端尖，横切面菱形或扁菱形，四面各有气孔线 4~6 条。球果单生侧枝顶端，下垂，卵状圆柱形，长 4~7cm，直径 2.5~4cm。花期 4 月，球果 10 月成熟。广布于内蒙古、河北、山西、陕西、甘肃、青海、四川及湖北等省区高山。耐阴，喜温凉气候及湿润、深厚而排水良好的酸性土壤，适应性较强；生长缓慢。播种繁殖。树姿美观，树冠茂密翠绿，已成为北方地区重要园林绿化树种。

3.2.4.1.6 银杉属 *Cathaya* Chun et Kuang

1 种。我国特产的稀有树种，产于广西龙胜海与四川南川金佛山。

银杉（杉公子）*Cathaya argyrophylla* Chun et Kuang [Cathay Silver Fir]

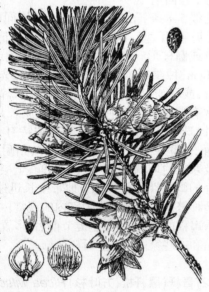

常绿乔木；枝有长枝与生长缓慢极度萎缩的距状短枝，当年生枝后期生长慢，初密生短毛，后变无毛，具微隆起的叶枕。叶条形，常多少镰状弯曲，稀直，螺旋状排列呈辐射状伸展，在长枝上疏散生长，近顶端则排列较密，多数长 4~5cm，边缘微反卷；在短枝上密集，近轮状簇生，通常长不超过 2.5cm；先端圆，上面中脉凹下，下面有 2 条苍白色气孔带。雌雄同株；雄球花单生于 2~4 年生枝或更老枝上的叶腋，往往 2~3 穗邻近而成假轮生；雌球花单生新枝的下部或基部叶腋。球果当年成熟，卵圆形，下垂；种鳞蚌壳状，近圆形，不脱落，腹面有 2 粒上端有翅的种子；苞鳞短小。喜光、喜雾、耐寒性较强、耐旱、耐土壤瘠薄和抗风等特性，幼苗需庇荫。播种繁殖。主干高大通直，挺拔秀丽，枝叶茂密，尤其是在其碧绿的线形叶背面有两条银白色的气孔带，每当微风吹拂，便银光闪闪，更加诱人，银杉的美称便由此而来。

3.2.4.2 落叶松亚科 Laricoideae Melchior et Werd.

落叶或常绿乔木，有长枝和短枝；叶在长枝上螺旋状散生，在短枝上成簇生状；球果当年或第二至第三年成熟。3 属，20 余种，我国产 3 属 12 种 1 变种，引入栽培 3 种。

分属检索表

1 叶针状、坚硬，常具三棱，或背腹明显而呈四棱状针形，常绿性；球果第二年成熟，熟后种鳞自宿存的中轴上脱落································雪松属 *Cedrus*
1 叶扁平、柔软，倒披针状条形或条形，落叶性；球果当年成熟。
　2 雄球花单生于短枝顶端；种鳞革质，成熟后（或干后）不脱落；芽鳞先端钝；叶较窄，宽约 1.8mm ································落叶松属 *Larix*
　2 雄球花数个簇生于短枝顶端；种鳞木质，成熟后（或干后）种鳞脱落；芽鳞先端尖；叶较宽，通常 2~4mm ································金钱松属 *Pseudolarix*

3.2.4.2.1 落叶松属 *Larix* Adans.

落叶乔木，有树脂；树皮厚，有沟纹；枝下垂或不，有长枝及短枝 2 种；叶线形，扁平或四棱形，有气孔线，螺旋排列于主枝上或簇生于距状的短枝上；球花单性同株，单生短枝顶；雄球花黄色，球形或长椭圆形，由无数螺旋排列的雄蕊组成，每雄蕊有 2 花药，药隔小，鳞片状，花粉无气囊；雌球花长椭圆形，由多数珠鳞组成，每一珠鳞生于一红色、远长于它的苞鳞的腋内，内有胚珠 2 颗；球果近球形或卵状长椭圆形，具短梗，成熟时珠鳞发育成种鳞，革质；种子有长翅；子叶 6~8 枚。约 18 种，分布于北温带、寒带地区，我国有 10 种，另引入 2 种，产东北、华北、西北及西南部山区。

分种检索表

1 苞鳞较种鳞为长，显著露出；小枝下垂··红杉 *Larix potaninii*
1 苞鳞较种鳞为短；小枝不下垂。
　2 一年生长枝有白粉············日本落叶松 *Larix kaempferi*
　2 一年生长枝无白粉。
　　3 一年生长枝较细，径约 1mm；短枝径粗 2~3mm；球果成熟时上端的种鳞张开············落叶松 *Larix gmelinii*
　　3 一年生长枝较粗，径 1.4~2.5mm；短枝径粗 3~4mm；球果成熟时上端的种鳞微张开或不张开································华北落叶松 *Larix principis-rupprechtii*

(1) 落叶松（兴安落叶松）*Larix gmelinii* (Rupr.) Rupr. [Dahurian Larch]

落叶乔木；小枝下垂；一年生长枝淡褐黄色至淡褐色，无毛或多少有毛，基部常有毛，有光泽，间或被白粉；短枝顶端叶枕之间有黄白色毛。叶在长枝上疏散生，在短枝上簇生，倒披针状条形，长 1.5~3cm，上面平，常无气孔线，下面沿中脉两侧各有 2~3 条气孔线。球花单生短枝顶端。球果卵圆形，长 1.2~3cm，幼时红紫色，后变绿，熟时黄褐色至紫褐色，顶端的种鳞开展或斜展；种鳞 14~30，五角状卵形,长1~1.5cm,先端截形或微圆,常微凹,背面和边缘无毛,有光泽;苞鳞不外露,或球果基部的苞鳞露出。花期5~6月,球果成熟期9月。为我国东北林区的主要森林树种,分布于大、小兴安岭。喜光性强,对水分要求较高,在各种不同环境均能生长。播种繁殖。树势高大挺拔,冠形美观,根系十分发达,抗烟能力强,是一个优良的园林绿化树种。

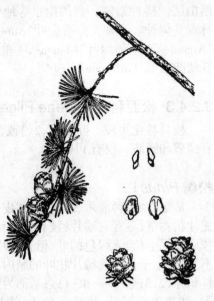

(2) 日本落叶松 Larix kaempferi (Lamb.) Carr. [Japan Larch]

乔木,高达30m,胸径1m;树皮暗褐色,纵裂粗糙,成鳞片状脱落;枝平展,树冠塔形;幼枝有淡褐色柔毛,后渐脱落,一年生长枝淡黄色或淡红褐色,有白粉,直径约1.5mm,二、三年生枝灰褐色或黑褐色;短枝上历年叶枕形成的环痕特别明显,直径2~5mm,顶端叶枕之间有疏生柔毛;冬芽紫褐色,顶芽近球形,基部芽鳞三角形,先端具长尖头,边缘有睫毛。叶倒披针状条形,长1.5~3.5cm,宽1~2mm,先端微尖或钝,上面稍平,下面中脉隆起,两面均有气孔线,尤以下面多而明显,通常5~8条。雄球花淡褐黄色,卵圆形,长6~8mm,径约5mm;雌球花紫红色,苞鳞反曲,有白粉,先端三裂,中裂急尖。球果卵圆形或圆柱状卵形,熟时黄褐色。花期4~5月,球果10月成熟。原产日本。喜光树种。浅根系,抗风力差。对气候的适应性强,在气候凉爽、空气湿度大、降水量多的地方,生长速度变快。喜肥沃、湿润、排水良好的沙壤土或壤土。播种繁殖。日本落叶松树干端直,姿态优美,叶色翠绿,适应范围广,生长初期较快,抗病性较强,是优良的园林树种,应用十分广泛。品种:金斑叶 'Aureo-variegata',垂枝 'Pendula'、矮生 'Minor'、平卧 'Pros-trata'。

3.2.4.2.2 金钱松属 Pseudolarix Gord.

1种。为我国的特有树种,产于江苏、浙江、安徽、福建、江西、湖南、湖北利川至四川万县交界地区。

金钱松(金松,水树) Pseudolarix kaempferi Gord. [Golden Larch, China Golden Larch]

落叶乔木,有树脂;叶线形、柔软,生于长枝上的螺旋排列而散生,生于短枝上的簇生并呈辐射状平展;球花单性同株,顶生;雄球花黄色,穗状,聚生于小枝之顶,雄蕊多数,花丝极短,花药2,药隔三角形;花粉有气囊;雌球花单生,由多数、螺旋排列的珠鳞与苞鳞组成,苞鳞较珠鳞大,基部与珠鳞合生,珠鳞内面有2胚珠;球果大,当年成熟,成熟时珠鳞发育为种鳞,木质并由中轴上脱落。花期4月,球果10月成熟。喜生于温暖、多雨、土层深厚、肥沃、排水良好的酸性土山区。扦插或播种繁殖。树姿优美,生长较快,可作庭园树栽培,叶在短枝上簇生,辐射平展成圆盘状,似铜钱,深秋叶色金黄,极具观赏性,可孤植、丛植、列植或用做风景林。品种:矮金钱松 'Nana',更适于盆栽观赏。

3.2.4.2.3 雪松属 Cedrus Trew,

常绿乔木;树皮裂成不规则的鳞状块片;枝平展或微斜展或下垂;树冠尖塔形;叶生于幼枝上的单生,互生,生于老枝或短枝上的丛生,针状,常为8棱形或4棱形;球花单性同株或异株;雄球花直立,圆柱形,长约5cm,由多数螺旋状着生的雄蕊组成,每雄蕊有2花药,药隔鳞片状,花粉无气囊;雌球花卵圆形,淡紫色,长1~1.3cm,由无数珠鳞与苞鳞组成,苞鳞小,二者基部合生,每珠鳞内有2胚珠;球果直立,卵圆形至卵状长椭圆形,成熟时珠鳞发育为种鳞,增大,木质,并从中轴上脱落;种子有翅。4种,产亚洲西部、喜马拉雅山西部和非洲,我国有1种,产西藏,华东和中部城市常栽培作庭园观赏树,树形极为优美;此外还引入1种北非雪松。

分种检索表

1 叶暗绿到蓝绿色,长8~25cm ············ 黎巴嫩雪松 Cedrus libani
1 叶绿绿色,长5cm以下。
　2 大枝顶部与小枝通常微下垂;叶长2.5~5cm,横切面常三角形;球果较大,长7~12cm,径5~9cm ······················
　　······················ 雪松 Cedrus deodara
　2 大枝顶部硬直,向上伸展,小枝常不下垂;叶长1.5~.5cm,横切面常四方形;球果较小,长约7cm,径约4cm ··········
　　···················· 北非雪松 Cedrus atlantica

(1) 雪松（香柏）*Cedrus deodara*(Roxb.)G. Don
[Deodar Cedar, India Cedar, Himalayan Cedar]

常绿乔木；大枝不规则轮生，平展；小枝微下垂，有长枝与短枝，一年生长枝有毛。叶在长枝上螺旋状散生，在短枝上簇生，斜展，针形，坚硬，横切面三角形，长2.5~5cm，每面有数条灰白色气孔线。雌雄同株；雌雄球花单生于不同长枝上的短枝顶端，直立；雄球花近黄色；雌球花初为紫红色，后呈淡绿色，微被白粉，珠鳞背面基部托1短小苞鳞，腹面基部有2胚珠。球果翌年成熟，直立，近卵球形至椭圆状卵圆形，长7~10cm，熟时种鳞与种子脱落；种鳞木质，倒三角形，顶端宽平，长2.8~3.2cm，宽3.7~4.3cm，背面密生锈色毛；苞鳞极小；种子上端具倒三角形翅。花期为10~11月份，雄球花比雌球花花期早10天左右。球果翌年10月份成熟。原产喜马拉雅山脉西部。喜光，稍耐阴，喜温和凉润气候，有一定的耐寒性，对过于湿热的气候适应能力较差；不耐水湿，较耐干旱瘠薄，但以深厚、肥沃、排水良好的酸性土壤生长最好。播种繁殖。树姿优美，树体高大，树形优美，终年苍翠，是世界著名的观赏树，也是珍贵的庭园观赏及城市绿化树种。变种和品种：①垂枝雪松'Pendula'，大枝散展，明显下垂。②金叶雪松'Aurea'，针叶春季金黄色，入秋变黄绿色，至冬季转为粉绿黄色。③银梢雪松'Albospica'，小枝顶端呈绿白色。④银叶雪松'Argentea'，叶较长，银灰蓝色。

(2) 北非雪松 *Cedrus atlantica*(Endlicher) Manetti ex Carriere
[Atlantic Cedar, Atlas Cedar]

乔木，在原产地高达30m，胸径达1.5m；枝平展或斜展，具多数分枝，树冠幼时尖塔形；小枝不等长，排成二列，互生或对生，常下垂，大枝顶部通常硬，向上伸展，一年生长枝淡黄褐色，被短柔毛，二、三年生枝呈深灰色。冬芽球状圆锥形，长约6mm。叶在长枝上辐射伸展，短枝之叶成簇生状，针形，具短尖头，深绿色，横切面常呈四方形，各面有2~5条气孔线，多少被白粉，长1.5~3.5cm，宽约1mm。雄球花生于5~7年生的短枝上，圆柱形，长2.5~4cm，具卵状披针形的苞片；雌球花阔卵圆状，受精前带紫色。球果次年成熟，淡褐色，卵状圆柱形或近圆柱形。原产非州西北部的阿特拉斯山区。播种繁殖。我国南京等地引种栽培作园林观赏树种。品种：①有金叶'Aurea'，②银白叶'Argentea'，③粉绿叶'Glauca'，④垂枝'Pendula'，⑤狭圆锥形'Fastigiata'。

3.2.4.3 松亚科 Pinoideae Pilger

枝具特化短枝。叶针形，2、3或5针一束；种鳞有鳞盾和鳞脐。仅有1属。

松属 *Pinus* L.

常绿乔木，稀灌木，有树脂；树皮平滑或纵裂或成片状剥落；冬芽有鳞片；枝有长枝和短枝之分，长枝可无限生长，无绿色的叶，但有鳞片状叶，小枝极不发达，生于长枝的鳞片状叶的腋内，顶着生绿色、针状叶，2、3或5针一束，每束基部为芽鳞的鞘所包围；球花单性同株；雄球花腋生，簇生于幼枝的基部，多数成穗状花序状，由无数、螺旋排列的雄蕊组成，每雄蕊具2花药，药隔扩大而呈鳞片状，花粉有气囊；雌球花侧生或近顶生，单生或成束，由无数螺旋排列的珠鳞和苞鳞所组成，珠鳞生于苞鳞的腋内，有胚珠2颗；球果的形状种种，对称或偏斜，有梗或无梗，第3年成熟，成熟时珠鳞发育成种鳞；种子有翅或无翅。80余种，分布于北半球，从北极附近至北非、中美及南亚直到赤道以南地方；我国22种，分布极广。

分种检索表

1 叶鞘早落，针叶基部的鳞叶不下延，叶内具1条维管束。
　2 种鳞的鳞脐背生，种子具有关节的短翅；针叶3针一束，叶内树脂道边生，边缘均有细齿，背腹面均有气孔线；树皮白色、平滑，裂成不规则的薄片剥落·················
　··················白皮松 *Pinus bungeana*
　2 种鳞的鳞脐顶生，无刺状突头；针叶常5针一束。
　　3 种子无翅或具极短之翅。
　　　4 球果成熟时种鳞不张开或张开，种子不脱落；小枝有密毛··················红松 *Pinus koraiensis*
　　　4 球果成熟时种鳞张开，种子脱落；小枝无毛··················华山松 *Pinus armandii*
　　3 种子具结合而生的长翅。
　　　5 针叶细长，长7~20cm；球果圆柱形或窄圆柱形，长8~25cm。
　　　　6 小枝无毛，微披白粉；针叶长10~20cm，下垂··················乔松 *Pinus griffithii*
　　　　6 幼枝被毛，后即脱落，无白粉；针叶长7~14cm，不下垂··················北美乔松 *Pinus strobus*
　　　5 针叶长不及8cm；球果较小，长9cm以内。
　　　　7 针叶细，径不及1mm······日本五针松 *Pinus parviflora*
　　　　7 针叶较粗，径1~1.5mm，球果具明显的果梗··················华南五针松 *Pinus kwangtungensis*
1 叶鞘宿存，稀脱落，针叶基部的鳞叶下延，叶内具2条维管束；种鳞的鳞脐背生，种子上部具长翅。

8 枝条每年生一轮,一年生小球果生于近枝顶。
  9 针叶2针一束,稀3针一束。
    10 叶内树脂道边生。
      11 一年生枝微披白粉⋯⋯⋯⋯赤松 Pinus densiflora
      11 一年生枝无白粉。
        12 鳞盾显著隆起,有锐脊,上部凸尖;针叶短4~10 cm⋯⋯⋯⋯樟子松 Pinus sylvestris var. mongolica
        12 鳞盾肥厚隆起或微隆起,横脊较钝,钝圆不成隆起或仅微隆起。
          13 针叶粗硬,径1~1.5mm;鳞盾肥厚隆起,鳞脐有短刺⋯⋯⋯⋯油松 Pinus tabulaeformis
          13 针叶细柔,径1mm或不足1mm;鳞盾平或微隆起,鳞脐无刺⋯⋯⋯⋯马尾松 Pinus massoniana
    10 针叶内树脂道中生。
      14 冬芽银白色;针叶粗硬;球果长4~cm⋯⋯⋯⋯黑松 Pinus thunbergii
      14 冬芽褐色、红褐色或栗褐色⋯⋯⋯⋯黄山松 Pinus taiwanensis
  9 针叶3针一束,稀3、2针并存。
    15 球果较大,长8~20cm;种鳞强隆起成锥状三角形,先端具尖刺⋯⋯⋯⋯长叶松 Pinus palustris
    15 球果较小,长8cm以内,最长不超过11cm;鳞盾隆起或微隆起,鳞脐具短刺或无刺。
      16 鳞脐无刺,鳞盾平或微隆起;针叶细柔,径约1mm⋯⋯⋯⋯马尾松 Pinus massoniana
      16 鳞脐具短刺⋯⋯⋯⋯云南松 Pinus yunnanensis
8 枝条每年生长2至数轮,一年生小球果生于小枝侧面。
  17 针叶2针一束⋯⋯⋯⋯马尾松 Pinus massoniana
  17 针叶3针一束,或3、2针并存,稀2针或4~5针一束。
    18 针叶3针一束,稀2针一束,径0.7~1.5mm;球果熟后种鳞张开迟缓⋯⋯⋯⋯火炬松 Pinus taeda
    18 针叶3、2针并存或3针一束,稀4~5针或2针一束,径1.5~2mm;球果熟时种鳞张开⋯⋯⋯⋯湿地松 Pinus elliottii

(1) 白皮松(白果松、蛇皮松、虎皮松)
Pinus bungeana Zucc.
[Lacebark Pine, Bunge Pine]

常绿乔木;树皮灰绿色或灰褐色,内皮白色,裂成不规则薄片脱落;一年生枝灰绿色,无毛;冬芽红褐色,无树脂。针叶3针一束,粗硬,长5~10cm,宽1.5~2mm,叶的背面与腹面两侧均有气孔线;树脂管4~7个,通常边生或兼有边生与中生;叶鞘早落。球果常单生,卵圆形,长5~7cm,成熟后淡黄褐色;种鳞先端厚,鳞

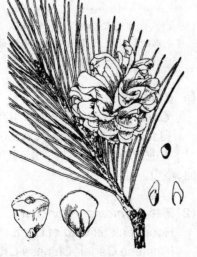

盾多为菱形,有横脊;鳞脐生于鳞盾的中央,具刺尖;种子倒卵圆形,长约1cm,种翅长5mm,有关节,易脱落。花期4~5月,球果第二年10~11月成熟。为我国特有树种,产于山西、河南西部、陕西秦岭、甘肃及天水麦积山、四川江油观雾山及湖北等地。喜光树种,耐瘠薄土壤及较干冷的气候;在气候温凉、土层深厚、肥润的钙质土和黄土上生长良好。播种或嫁接繁殖。树皮白色或褐白相间、极为美观,为优良的庭园树种。

(2) 油松(红皮松、短叶松)
Pinus tabulaeformis Carr.
[Oil Pine, China Pine, Tabularformed Pine]

常绿乔木;大树的枝条平展或微向下伸,树冠近平顶状;一年生枝淡红褐色或淡灰黄色,无毛;二、三年生枝上的苞片宿存;冬芽红褐色。针叶2针一束,粗硬,长10~15cm;树脂管约10个,边生;叶鞘宿存。球果卵圆形,长4~10cm,成熟后宿存,暗褐色;种鳞的鳞盾肥厚,横脊显著,鳞脐凸起有刺尖;种子长6~8mm,种翅长约10mm。花期4~5月,球果第二年10月成熟。为我国特有树种,产吉林南部、辽宁、河北、河南、山东、山西、内蒙古、陕西、甘肃、宁夏、青海及四川等省区。喜光、深根性树种,喜干冷气候,在土层深厚、排水良好的酸性、中性

或钙质黄土上均能生长良好。播种繁殖。松树树干挺直、挺拔苍劲,分枝弯曲多姿,四季常春,树色变化多,不畏风雪严寒,可作行道树,在园林配植中,除了适于作独植、丛植、纯林群植外,亦宜行混交种植。变种:①黑皮油松 var. *mukdensis* Uyeki,树皮黑灰色。产河北承德以东至辽宁沈阳、鞍山等地。②扫帚油松 var. *umbraculifera* Liou et Wang,小乔木,大枝斜上形成扫帚形树冠。产辽宁千山。

3.2.5 杉科 Taxodiaceae

常绿或落叶乔木;树皮长条状开裂。叶螺旋状互生,稀交叉对生(水杉属),同型或异型,叶基常下延。球花单性,雌雄同株,雄蕊和珠鳞螺旋状排列,稀交叉对生(水杉属),每雄蕊具2~9个花药,花粉无气囊;珠鳞和苞鳞半合生(顶端分离)或完全合生,或珠鳞甚小(杉木属),或苞鳞退化(台湾杉属),

每珠鳞具2~9直立或倒生胚珠。球果当年(稀翌年)成熟,熟时种鳞张开;种鳞(或苞鳞)扁平或盾形,木质或革质,宿存或脱落,发育种鳞的腹面有2~9粒种子;种子周围或两侧有窄翅,或下部具长翅。10属16种,主要分布于亚热带。中国产5属,另引入栽培4属。

分属检索表
1叶由二叶合生而成,两面中央有一条纵槽,长5~15cm,生于鳞状叶的腋部,着生于不发育的短枝顶端,辐射开展,在枝端呈伞形;球果的种鳞木质,种子5~9粒
  ························金松属 Sciadopitys
1叶为单生,在枝上螺旋状散生,稀对生。
  2叶和种鳞均对生;叶条形,排列成两列,侧生小枝连叶于冬季脱落;球果的种鳞盾形,木质,能育种鳞有5~9粒种子;种子扁平,周围有翅·········水杉属 Metasequoia
  2叶和种鳞均为螺旋状着生。
    3球果的种鳞(或苞鳞)扁平。
      4半常绿,有条形叶的侧生小枝冬季脱落,有鳞形叶的小枝不脱落;叶鳞形、条形或条状钻形;种鳞木质,先端有6~10裂齿,能育种鳞有2粒种子;种子下端有长翅···········水松属 Glyptostrobus
      4常绿;种鳞或苞鳞革质;种子两侧有翅。
        5叶条状披针形,有锯齿;球果的苞鳞大,有锯齿,种鳞小,生于苞鳞腹面下部,能育种鳞有3粒种子···
          ························杉木属 Cunninghamia
        5叶鳞状钻形或钻形,全缘;球果的苞鳞退化,种鳞近全缘,能育种鳞有2粒种子······台湾杉属 Taiwania
    3球果的种鳞盾形,木质。
      6落叶或半常绿,侧生小枝冬季脱落;叶条形或钻形;雄球花排列成圆锥花序状;能育种鳞有2粒种子,种子三棱形,棱脊上有厚翅········落羽杉属 Taxodium
      6常绿;雄球花单生或集生枝顶;能育种鳞有2~9粒种子;种子扁平,周围有翅或仅两侧有翅。
        7叶钻形;球果近于无柄,直立,种鳞上部有3~7裂齿
          ························柳杉属 Cryptomeria
        7叶条形或鳞状钻形;球果有柄,下垂;种鳞无裂齿,顶部有横凹槽。
          8叶鳞状钻形,辐射伸展;冬芽裸露;球果有种鳞25~40,翌年成熟··········巨杉属 Sequoiadendron
          8叶条形,在侧枝上排列成二列;冬芽有芽鳞;球果有种鳞15~20,当年成熟······北美红杉属 Sequoia

3.2.5.1 杉木属 *Cunninghamia* R. Br

常绿乔木。叶条状披针形,扁平,叶缘有细齿。雄球花簇生于枝顶,每雄蕊具3花药;雌球花1~3生于枝顶;珠鳞小,苞鳞大;苞鳞与珠鳞下部合生,每珠鳞具3枚胚珠;球果近球形,苞鳞革质,扁平;种子扁平,两侧有窄翅。东亚特有属。共2种,杉木和台湾杉木。分布于我国秦岭、长江流域以南温暖地区及台湾山区。

杉木 *Cunninghamia lanceolata*(Lamb.)Hook
[Chinese Fir,China fir]

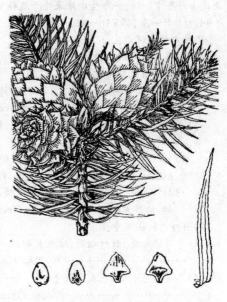

乔木,高30 m。广圆锥形树冠,树皮褐色,裂成长条状脱落。叶披针形或条状披针形,边缘有锯齿,革质,坚硬,深绿色而有光泽。卵形或球形球果2~3个簇生于枝顶,熟时棕黄色。花期4月,果10月成熟。分布于北至淮海,南至雷州半岛,东至浙江、福建沿海,西至青藏高原。阳性树,喜温暖湿润气候,不耐寒,喜肥沃排水良好的酸性土壤。播种繁殖、扦插繁殖。主干端直,最适于列植于道旁,亦可在园林中山谷、溪边、村缘群植,在建筑物附近成丛点缀或山岩、亭台之后片植。

3.2.5.2 柳杉属 *Cryptomeria* D. Don

常绿乔木。叶钻形,螺旋状排列。雄球花集生于枝顶或单生叶腋,每雄蕊具3~6个花药;雌球花单生于枝顶,每珠鳞具2~5个胚珠,苞鳞与珠鳞半合生,顶端分离。球果近球形,种鳞木质,顶端具3~6分叉;每种鳞具2~5粒种子。种子扁平,两侧具极窄翅。2种,1种产中国,分布秦岭及长江以南温暖地区;另1种产日本,中国引入栽培。

分种检索表
1叶先端向内弯曲;种鳞较少,20片左右,苞鳞的尖头和种鳞先端的裂齿较短,裂齿长2~4mm,每种鳞有2粒种子···
  ························柳杉 *Cryptomeria fortunei*
1叶直伸,先端通常不内曲;种鳞20~30片,苞鳞的尖头和种鳞先端的裂齿较长,裂齿长6~7mm,每种鳞有2~5粒种子
  ························日本柳杉 *Cryptomeria japonica*

(1)**日本柳杉**
Cryiomeria japonica (L.f.)D.Don
[Japan Cedar,Japan Cryptomeria]

与柳杉区别在于:叶锥形,其叶直伸,先端不内曲,略短。原产日本。

(2)**柳杉** *Cryptomeria fortunei*
Hooibrenk ex Otto et Dietr.
[Chinese Cedar,Chinese Cryptomeria]

乔木,高达40 m。树冠塔圆锥形,树皮赤棕

色,纤维状裂成长片状剥落,大枝斜展或平展,小枝下垂。叶螺旋状互生,钻形,微向内曲。球花黄色或淡绿色,球果熟时深褐色。花期4月,果期10月。主要分布于长江流域以南至广东、广西、云南、贵州、四川等地。为中等的阳性树,略耐阴,略耐寒,喜温暖湿润的气候和湿润肥厚的酸性土壤。播种繁殖及扦插繁殖。柳杉树形圆

整而高大,树干粗壮,最适宜独植、对植,且纤枝略垂,群植也极为美观。

3.2.5.3 水松属 Glyptostrobus Endl.

落叶或半常绿乔木,常生于沼泽地区,根部常有木质的瘤状体(呼吸根)伸出地面;小枝2型:一种多年生而多少宿存,一种一年生而脱落;叶下延,三种类型:或浅状而扁平,或针状而稍弯或为鳞片状,鳞叶宿存,其余叶于秋后与侧生短枝同脱落;球花单性同株,生于有鳞形叶的小枝顶;雄球花椭圆形;雄蕊15~20枚,螺旋状互生,每雄蕊有(2~)5~7(~9)花药,药隔椭圆形;雌球花近球形或卵状椭圆形,由多枚螺旋排列的珠鳞与苞鳞组成,珠鳞小,内有胚珠2枚,苞鳞大,与珠鳞近合生,仅先端分离,三角状,向外反曲;球果直立,顶生,卵形或长椭圆形,珠鳞发育为木质的种鳞;种子2颗,有翅;子叶4~5枚。1种。

水松 Glyptostrobus pensilis (Staunt.) Koch [Waterpine, China cypress]

半常绿乔木,基部通常膨大,具膝状呼吸根。叶二型:鳞叶较小,贴近小枝,排列紧密,冬季宿存;条形叶大,冬季与小枝一同脱落。花期1~2月,球果秋后成熟。中国特有种。分布于福建、广东、广西和云南。喜光、喜温暖、喜水湿。具呼吸根,能生于水边,可做固堤、

护岸、防风和观赏树种。

3.2.5.4 秃杉属(台湾杉属) Taiwania Hayata

常绿大乔木。叶二型,钻形(幼枝)和鳞形(老枝),螺旋状互生。雄球花集生于枝顶;雌球花单生枝顶,每珠鳞具2个胚珠,苞鳞与珠鳞完全合生。球果小,种鳞宿存,扁平;种子2,扁平,两侧具翅。我国特有属。2种。

分种检索表
1球果枝之叶较窄,横切面四棱形,高约等于宽,斜上伸展,先端微内曲或直;球果种鳞21~39片·············
·················秃杉 Taiwania flousiana
1球果枝之叶较宽,横切面近三角形,高小于宽,向上展,先端内曲;球果种鳞通常较少,15~21片··············
·················台湾杉 Taiwania cryptomerioides

(1) 台湾杉(台湾松,台杉)
Taiwania cryptomerioides Hayata [Taiwania]

常绿大乔木,高达75m;树皮裂成不规则长条片,内皮红褐色。叶螺旋状互生,基部下延。大树及果枝之叶鳞状锥形,横切面四棱形或三角形,长3.5~6mm;幼树或萌芽枝之叶锥形,两侧扁,长6~14mm。球果长1.5~2.2cm,果鳞15~39,背面上部有明显腺点。种子长而扁,两侧有翅。球果10~11月成熟。为我国特有树种,产台湾中央山脉、云南、贵州东南部及湖北山地,星散分布。喜夏热冬凉,雨量充沛、雨日及云雾较多,光照较少,相对湿度较大。幼树耐阴,大树喜光。播种或扦插繁殖。树冠成锥形,为亚洲能长的最高的树种,可高达90m,直径达3m的。杭州植物园有栽培。寿命长达千年。

(2) 秃杉 Taiwania flousiana Gaussen [Flous Taiwania]

乔木。大树的叶鳞状钻形,长3.5~6 mm,下方平直或微弯,背腹面均有气孔线;幼树或萌生枝的叶钻形,长6~14mm,稍向上弯曲。雌雄同株,雄球花簇生枝顶;雌球花单生枝顶,直立,每一珠鳞具2胚珠,无苞鳞。球果椭圆

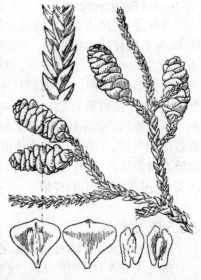

形或短圆柱形,直立,长1~2cm;珠鳞通常30左右,三角状宽倒卵形,革质,扁平,长6~8mm,先端宽圆

具短尖,尖头的下方具明显的腺点;种子矩圆状卵形,扁平,长5~7mm,两侧具窄翅。分布于云南(怒江至金沙江流域)、湖北西部和贵州南部。

3.2.5.5 落羽杉属 Taxodium Rich.

原产北美及墨西哥。中国均引种栽培,主要为落羽杉和池杉。喜光、喜温暖、喜水湿,具呼吸根,也具一定耐旱力,适生于海岸、沼泽和潮湿地。现存3种。

分种检索表
1 叶钻形,不成二列;大枝向上伸展……………
……………………池杉 Taxodium ascendens
1 叶条形,扁平,排列成二列,呈羽状;大枝水平开展。
  2 落叶性;叶长1~1.5cm,排列较疏,生小枝排列成二列
  ……………………落羽杉 Taxodium distichum
  2 半常绿性或常绿性;叶长约1cm,排列紧密,侧生小枝螺旋状散生,不为二列
  ……………………墨西哥落羽杉 Taxodium mucronatum

(1)落羽杉(落羽松) *Taxodium distichum* (L.) Rich. [Common Baldcypress]

落叶乔木,原产地高达50m,树干基部常膨大,具膝状呼吸根。一年生小枝褐色;着生叶片的侧生小枝排成2列,冬季与叶俱落。叶条形,长1~1.5cm,扁平,螺旋状着生,基部扭转成羽状,排列较疏。球果圆球形,径约2.5cm。花期3月;球果10月成熟。原产北美东南部。强阳性,不耐庇阴;喜温暖湿润气候,极耐水湿,能生长于短期积水地区。播种和扦插繁殖。树形美丽,性好水湿,常有奇特的屈膝状呼吸根伸出地面,新叶嫩绿,入秋变为红褐色,是世界著名的园林树种。适于水边、湿地造景,可列植、丛植或群植成林。

(2)池杉 *Taxodium ascendens* Brongn. [Pond Baldcypress]

落叶乔木,高达25m。树冠尖塔形,树干基部膨大,常有屈膝状的吐吸根。树皮褐色,纵裂成长条片脱落。一年生小枝绿色,多年生小枝红褐色。叶钻形,略内曲,枝上螺旋状伸展。球果圆球形,有短梗,熟时褐黄色。花期4月;果10月成熟。原产美国。强阳性,不耐阴,耐涝,较耐旱,喜温暖湿润气候,不宜在盐碱地种植。播种和扦插繁殖。树姿优美,秋叶棕褐色,适宜于公园、水滨、桥头、低湿草坪上列植、群植。

3.2.5.6 水杉属

Metasequoia Miki ex Hu et Cheng

落叶大乔木;叶对生,2列,线形,背面每侧有气孔4~6列;球花单性同株;雌球花对生,排列于穗状花序式或圆锥花序式的花枝上;雄蕊交互对生,约20枚,每雄蕊有花药3枚,花粉粒无翅;雌球花单生于具叶小枝之顶;珠鳞14~16,交互对生,每珠鳞有胚珠5~9枚,苞鳞退化;球果下垂,当年成熟,成熟时珠鳞发育成种鳞,木质,交互对生,盾状,有种子5~9颗;种子压扁,全边有翅;子叶2。1种。为中国特有种。天然分布于四川、湖北、湖南等地。

水杉 *Metasequoia glyptostroboides* Hu et Cheng [Dawn Redwood, Water Larch]

落叶乔木,高达35m。幼树冠尖塔形,老树则为广圆头形。主干高耸通直,大枝轮生,小枝对生。叶交互对生,叶基扭转排列成2列,呈羽状,条形,扁平。雄球花为总状或圆锥状花序。珠鳞、种鳞交叉对生。球果近球形,熟时深褐色,下垂。花期2月下旬,球果11月成熟。阳性树,喜温暖湿润气候,喜湿润肥厚的酸性土壤,不耐涝。扦插或播种繁殖。树干通直挺拔,入秋后叶色金黄,可在公园、庭院、草坪、绿地中孤植、列植或群植。还可栽于建筑物前或用作行道树。生长迅速,是郊区、风景区绿化的重要树种。树姿优美,叶色嫩绿宜人,秋叶呈淡紫褐色,为著名的庭园观赏树。

3.2.5.7 北美红杉属 Sequoia Endl.,

1种。原产美国加利福尼亚州海岸,中国上海、南京、杭州有引种栽培。

北美红杉 *Sequoia sempervirens* (Lamb.) Endl. [Redwood, Mammoth Tree]

常绿大乔木;冬芽尖,鳞片多数,覆瓦状排列。叶二型,螺旋状着生,鳞状叶贴生或微开展,上面有气孔线;条形叶基部扭转列成二列,无柄,上面有少数断续的气孔线或无,下面有2条白色气孔带。雌雄同株,雄球花单生枝顶或叶腋,有短梗,雄蕊多数,螺旋状排列;雌球花生于短枝顶端,下有多数螺旋状着生的鳞状叶,珠鳞15~20,每珠鳞有3~7枚直立胚珠。球果下垂,当年成熟;卵状椭圆形或卵圆形;种鳞木质,盾形,发育种鳞有2~5粒种子;种子两侧有翅。喜温暖湿润和阳光充足的环境,不耐寒,耐半阴,不耐干旱,耐水湿。播种、扦插和分株

法繁殖。树姿雄伟,枝叶密生,生长迅速。适用于湖畔、水边、草坪中孤植或群植,景观秀丽,也可沿园路两边列植,气势非凡。

3.2.5.8 巨杉属 *Sequoiadendron* Buchholz

特大乔木,原产地高达100m,胸径达10m,常绿性,冬芽裸露;叶鳞片状钻形,螺旋状着生;球花雌雄同株;雄球花单生短枝顶;雌球花亦顶生;珠鳞多数,25~40枚,螺旋状排列,每珠鳞内有3~12枚胚珠,二列;苞鳞与珠鳞合生;球果椭圆状,下垂,翌年成熟,成熟时珠鳞发育成种鳞,木质,盾形,顶部有凹槽,发育种子3~9粒,有翅;子叶4(3~5)枚。1种,产美国加利福尼亚州。

巨杉 *Sequoiadendron gigantea* (Lindl.) Buchholz　[Big Tree, Giant Tree]

常绿大乔木;冬芽裸露。叶鳞状钻形,螺旋状着生,贴生小枝或微伸展,两面有气孔线。雌雄同株,雄球花单生短枝枝顶,无梗;雌球花顶生,珠鳞25~40,每珠鳞有3~12枚直立胚珠,排列二行。球果椭圆状,下垂,第二年成熟,宿存树上多年;种鳞木质,盾形,顶部有凹槽,发育种鳞有3~9粒种子,排成一行或二行;种子两侧有宽翅。杭州栽培。阳性树,喜酸性、肥沃、疏松土壤,亦适应石灰土壤,在排水不良的低湿地生长不良。播种繁殖。为所有树木中最粗大的一种,可作园景树应用,为世界著名树种之一。

3.2.6 柏科 Cupressaceae

常绿乔木或灌木;树皮常成较窄的长条片脱落叶鳞形或刺形,或同一树上兼有鳞叶或刺叶;鳞叶交叉对生,叶基下延;刺叶3~4轮生。球花单性,雌雄同株或异株;雄蕊和珠鳞交叉对生或3枚轮生;雄球花具3~8对雄蕊,每雄蕊具2~6花药;雌球花具3~16交叉对生或轮生珠鳞,珠鳞的腹面基部有1至多数胚珠,苞鳞与珠鳞完全合生,仅苞鳞尖头分离。球果当年或翌年成熟,种鳞木质张开,或肉质合生呈浆果状,发育种鳞具1至多粒种子;种子周围具窄翅或无翅,或上端具一长一短的翅。22属,约150种,分布于南北两半球。我国产8属29种7变种,分布几遍全国,多为优良的用材树种及园林绿化树种。另引入栽培1属15种。不少种类的树形优美,叶色翠绿或浓绿,常被栽培作庭园树。

分亚科检索表

1 球果肉质,球形或卵圆形,由3~8片种鳞结合而成,熟时不张开,或仅顶端微张开,国产种每球果具1~6粒无翅的种子················圆柏亚科 Juniperoideae
1 球果的种鳞木质或近革质,熟时张开,种子通常有翅,稀无翅。
　2 种鳞扁平或鳞背隆起,薄或较厚,但不为盾形;球果当年成熟··············侧柏亚科 Thujoideae
　2 种鳞盾形;球果第二年或当年成熟··············柏木亚科 Cupressoideae

3.2.6.1 侧柏亚科 Thujoideae Pilger

球果的种鳞扁平、薄或鳞背隆起、肥厚,熟时张开;球果当年成熟,长卵圆形、卵状矩圆形、卵圆形或近球形;生鳞叶的小枝扁平,鳞叶二型。15属近50种,分布于北半球。我国产3属4种1变种,另引种栽培1属4种。

分属检索表

1 鳞叶较大,两侧的鳞叶长4~7mm,下面有明显的宽白粉带;球果近球形,发育的种鳞各具3~5粒种子;种子两侧具翅················罗汉柏属 *Thujopsis*
1 鳞叶较小,长4mm以内,下面无明显的白粉带;球果卵圆形或卵状矩圆形,发育的种鳞各具2粒种子。
　2 鳞叶长2~4mm;球果仅中间1对种鳞有种子;种子上部具两个不等长的翅················翠柏属 *Calocedrus*
　2 鳞叶长1~2mm;球果中间2~4对种鳞有种子
　　3 生鳞叶的小枝平展或近平展;种鳞4~6对,薄,鳞背无尖头;种子两侧有窄翅················崖柏属 *Thuja*
　　3 生鳞叶的小枝直展或斜展;种鳞4对,厚,鳞背有一尖头;种子无翅················侧柏属 *Platycladus*

3.2.6.1.1 罗汉柏属 *Thujopsis* Sieb. et Zucc.

常绿乔木;小枝着生鳞叶部分扁平;鳞叶交互对生,侧边叶对折呈船形;球花雌雄同株,单生枝顶;雄球花椭圆形,雄蕊6~8对,交互对生;雌球花有3~4对珠鳞,仅中间两对珠鳞内有3~5枚胚珠;球果近圆球形,成熟时珠鳞发育为种鳞,木质,扁平,顶端背面有一短尖头,开裂,中间2对种鳞内各有种子3~5粒;种子近圆形,具狭翅;子叶2枚。1种,产于日本。我国引种栽培作庭园树。

罗汉柏 *Thujopsis dolabrata* (L.f.) Sieb. et Zucc.　[Broadleaf Arborvitae]

常绿乔木,高达15m。树冠尖塔形。树皮薄,灰色或红褐色,开裂呈长条片脱落。鳞叶小枝扁平,排成一平面,上下两面异形,下面有白粉带。原产日本。我国引种栽培。耐阴性强,怕强光、高温及干燥,喜冷凉湿润气候和肥沃土壤,能抗冰冻和雪压,生长较慢。播种繁殖。树形端庄,枝叶茂密,树姿挺拔壮观,常在庭园中作孤植树或园景树。

3.2.6.1.2 翠柏属 *Calocedrus* Kurz

常绿乔木;小枝上密生交互对生的鳞叶,扁平,平展,枝背面鳞叶有脊并有白色气孔线,侧边一对鳞叶对折;球花雌雄同株,单生枝顶;雄球花有6~8对交互对生的雄蕊,每雄蕊具2~5个下垂的花药,药隔近盾形;雌球花有3对交互对生的珠鳞,仅中间1对珠鳞内面有2枚胚珠;球果长圆形,成熟时珠鳞发育为种鳞,木质,扁平,外部顶端之下有短尖头,开裂,最上1对种鳞合生,基部1对小型;种子上部具1长1短之翅;子叶2枚。1种,1变种。产于云南、贵州、广西及海南岛。越南、缅甸也有分布。

分种检索表
1 着生球果的小枝圆柱形或四棱形·················
·······················翠柏 Calocedrus macrolepis
1 着生球果的小枝扁平(产台湾)····················
···········台湾翠柏 Calocedrus macrolepis var. formosana

翠柏(大鳞肖楠,长柄翠柏)
Calocedrus macrolepis Kurz
[China Incense Cedar]

常绿乔木;生鳞叶的小枝直展、扁平,排成一平面,两面异形,下面的鳞叶微凹、有气孔点。鳞叶二型,交叉对生,明显成节,小枝上下两面中央的鳞叶扁平,两侧的鳞叶对折,瓦覆于中央之叶的侧边及下部,背部有脊。雌雄同株,球花单生枝顶,雄球花具6~8对交叉对生的雄蕊,每雄蕊具2~5个下垂的花药,药隔近盾形,顶端尖;雌球花具3对交叉对生的珠鳞,珠鳞的腹面基部具2枚胚珠。球果矩圆形、椭圆柱形或长卵状圆柱形,种鳞3对、木质、扁平、外部顶端之下有短尖头,熟时张开。喜光、耐湿、耐寒性差。播种繁殖。树冠广卵形,枝叶茂密,叶为翠绿色,是良好的园林观赏及城乡绿化树种。

3.2.6.1.3 崖柏属 *Thuja* L.

常绿乔木或灌木,生鳞叶的小枝排成平面,扁平。鳞叶二型,交叉对生,排成四列,两侧的叶成船形,中央之叶倒卵状斜方形,基部不下延生长。雌雄同株,球花生于小枝顶端;雄球花具多数雄蕊,每雄蕊具4花药;雌球花具3~5对交叉对生的珠鳞,仅下面的2~3对的腹面基部具1~2枚直生胚珠。球果矩圆形或长卵圆形,种鳞薄,革质,扁平,近顶端有突起的尖头,仅下面2~3对种鳞各具1~2粒种子;种子扁平,两侧有翅。约6种,分布于美洲北部及亚洲东部。我国产2种,分布于吉林南部及四川东北部。另引种栽培3种,作观赏树。

分种检索表
1 鳞叶先端钝,稀微尖,两侧鳞叶较中央之鳞叶为短,尖头内弯,排列紧密··············朝鲜崖柏 *Thuja koraiensis*
1 鳞叶先端急尖或尖。
  2 鳞叶先端急尖,有长尖头,中央鳞叶尖头下方有时有圆形隆起的透明腺点,或无腺点,两侧鳞叶较中央之鳞叶为长,尖头直伸,不内弯,不紧贴小枝···············
·····················北美乔柏 *Thuja plicata*
  2 鳞叶先端尖或钝尖,两侧鳞叶较中央之鳞叶稍短或等长,尖头内弯。
    3 中央鳞叶尖头下方有明显的透明腺点·············
·····················北美香柏 *Thuja occidentalis*
    3 中央鳞叶尖头下方无腺点···日本香柏 *Thuja standishii*

(1)朝鲜崖柏(长白侧柏,朝鲜柏)
Thuja koraiensis Nakai [Korea Arborvitae]

乔木,高达10m;树冠圆锥形。小枝水平排列,上面叶绿色,下面叶有白粉。鳞叶先端钝或微尖,中间鳞叶背部有腺点或不明显,两侧鳞叶较短而尖头内弯。球果椭球形,长0.9~1cm,果鳞薄;种子有翅。稍耐阴,浅根性,扦插易活。产我国吉林长白山;朝鲜也有分布。喜生于空气湿润,腐殖质多的肥沃土壤中。播种繁殖。可作为园林绿化树种栽培。

(2)北美香柏(美国香柏) *Thuja occidentalis* L.
[Eastern Arborvitae, White Cedar]

常绿乔木,高达15~20m;干皮常红褐色。大枝平展,小枝片扭旋近水平或斜向排列,上面叶暗绿色,下面叶灰绿色。鳞叶先端突尖,中间鳞叶具发香的油腺点。球果长卵形,果鳞薄,种子扁平,周围有窄翅。原产北美东部;我国南京、庐山、青岛、北京等地有栽培。播种繁殖。生长慢,寿命较短。因叶揉碎后有浓烈的苹果香气而受人们的喜爱,广泛应用于园林。

3.2.6.1.4 侧柏属 Platycladus Spach

1种。分布几遍全国。朝鲜也有分布。

侧柏 Platycladus orientalis (L.) Franco
[China Arborvitae, Oriental Arborvitae]

常绿乔木;生鳞叶的小枝直展或斜展,排成一平面,扁平,两面同型。叶鳞形,二型,交叉对生,排成四列,基部下延生长,背面有腺点。雌雄同株,球花单生于小枝顶端;雄球花有6对交叉对生的雄蕊,花药2~4;雌球花有4对交叉对生的珠鳞,仅中间2对珠鳞各生1~2枚直立胚珠,最下一对珠鳞短小,有时退化而不显著。球果当年成熟,熟时开裂;种鳞4对,木质,厚,近扁平,背部顶端的下方有一弯曲的钩状尖头,中部的种鳞发育,各有1~2粒种子;种子无翅。花期4月,种子10月成熟。有一定耐阴性。耐寒、耐旱、耐水湿,并具有抗盐碱能力。播种繁殖。树姿优美,寿命长,栽植普遍。是北方冬季园林重要绿化树种。适宜寺庙园林、纪念性园林、古典园林中应用;并常做绿篱栽培。品种:①窄冠侧柏'Columnaris',树冠窄,枝条上展,叶色光绿。②圆枝侧柏'Cyclocladus',冠圆锥形,小枝细长,圆柱形。③千头柏(子孙柏,扫帚柏)'Sieboldii',丛生灌木,高3~5m,无明显主干,枝条密集,树冠球形或卵圆形。④洒金千头柏'Aurea Nana',丛生矮小灌木,叶淡黄绿色。⑤金枝侧柏(金塔柏)'Beverleyensis',小乔木,树冠窄圆锥形,叶色金黄。⑥金球侧柏(金黄球柏,金叶千头柏)'Semper-qurescens',灌木,高达3m,树冠近球形;叶全年保持金黄色。⑦窄冠侧柏'Zhaiguan',树冠窄,枝向上伸展或微向上伸展。叶光绿色,生长旺盛。

3.2.6.2 柏木亚科 Cupressoideae Pilger

球果的种鳞盾形,木质,熟时张开;球果当年成熟或第二年成熟,球形、矩圆形或椭圆形;生鳞叶的小枝扁平、鳞叶二型,或小枝近圆柱形、鳞叶同型。4属,约30种,分布于北半球。我国产3属7种1变种,另引入栽培7种1变种。

分属检索表

1 鳞叶较大,两侧的鳞叶长3~6(~10)mm;球果具6~8对种鳞;种子上部具两个大小不等的翅···福建柏属 Fokienia
1 鳞叶小,长2mm以内;球果具4~8对种鳞;种子两侧具窄翅。
  2 生鳞叶的小枝不排列成平面,或很少排列成平面;球果第二年成熟;发育的种鳞各有5至多粒种子···············柏木属 Cupressus
  2 生鳞叶的小枝平展,排列成平面,或某些品种不排列成平面;球果当年成熟;发育种鳞各具2~5(通常3)粒种子·················扁柏属 Chamaecyparis

3.2.6.2.1 福建柏属
Fokienia Henry et Thomas

1种。分布于浙江、福建、江西、湖南、广东、贵州、云南及四川等省。越南北部也有分布。

福建柏 Fokienia hodginsii (Dunn) Henry et Thomas [Fujiancypress]

常绿乔木;小枝三出羽状分枝,并成一平面;叶小,鳞片状,交互对生,4列,侧边叫对折,背面有明显、粉白色的气孔带;球花雌雄同株,单生枝顶;雄球花卵形至长椭圆形,由5~6对交互对生的雄蕊组成,每一雄蕊有药室2~4个,药隔鳞片状;雌球花顶生,由6~8对珠鳞组成,每一珠鳞内有胚珠2颗;球果球形,种鳞盾状;种子有翅;子叶2枚。花期3~4月,种子翌年10~11月成熟。阳性树种,适生于酸性或强酸性黄壤、红黄壤和紫色土。在生境优越、水肥充足、土层深厚、排水良好的立地条件,生长迅速,喜温暖、温和、温凉地区,喜生于雨量充沛、空气湿润的地方。播种繁殖。树形优美,树干通直,是庭园绿化的优良树种。

3.2.6.2.2 柏木属 *Cupressus* L.

乔木;生鳞叶的小枝不排成平面,稀扁平而排成一平面。雌雄同株,球花单生枝顶;雄球花具多数雄蕊,各有2~6花药;雌球花具4~8对珠鳞,部分珠鳞具5至多数胚珠,排成一行或数行。球果翌年夏初成熟,熟时张开;种鳞木质,盾形,发育种鳞具5至多数种子;种子微扁,两侧具窄翅。约20种,分布北美、东亚及地中海等温暖地区。我国6种,除柏木分布广,其他5种产四川、云南、西藏。常栽为庭园观赏树。

分种检索表

1 生鳞叶的小枝扁,排成平面,下垂;球果小,径0.8~1.2cm,每种鳞具5~6粒种子··············柏木 Cupressus funebris
1 生鳞叶的小枝圆或四棱形;球果通常较大,径1~3cm;每种鳞具多数种子。
  2 生鳞叶的小枝四棱形。

3 鳞叶背部有明显的腺点,先端锐尖,蓝绿色,微被白粉;球果圆球形或矩圆球形
............绿干柏 Cupressus arizonica
3 鳞叶背部无明显的腺点。
 4 鳞叶蓝绿色或灰绿色,有蜡质白粉。
  5 球果无白粉,种鳞6对;生鳞叶的小枝粗壮或较粗,末端枝径1.5~2mm;鳞叶背部具钝脊............
   ....巨柏 Cupressus gigantea
  5 球果有白粉,种鳞3~5对;生鳞叶的小枝较细,末端枝径约1mm;鳞叶背部有明显的纵脊。
   6 生鳞叶的小枝不下垂,鳞叶先端微钝或稍尖,球果大,径1.6~3cm,种鳞4~5对............
    ....干香柏 Cupressus duclouxian
   6 生鳞叶的小枝下垂,鳞叶先端尖;球果较小,径1~1.5cm,种鳞3~4对............
    ....墨西哥柏木 Cupressus lusitanica
 4 鳞叶绿色,无白粉;球果无白粉。
  7 鳞叶先端钝或钝尖;球果较大,径2~3cm,种鳞4~7对............地中海柏木 Cupressus sempervirens
  7 鳞叶先端尖;球果较小,径1~1.5cm,种鳞3~5对............
   ....加利福尼亚柏木 Cupressus goveniana
2 生鳞叶的小枝圆柱形。
 8 生鳞叶的小枝细长,排列较疏,末端枝径略大于1mm,微下垂或下垂,鳞叶背部宽圆或平;球果径1.2~1.6cm,深灰褐色(西藏)............西藏柏木 Cupressus torulosa
 8 生鳞叶的小枝粗壮或较粗,排列较密,末端枝径1.2~2mm,不下垂,鳞叶背部拱圆;球果径1.2~2cm,红褐色或褐色。
  9 球果具4~5对种鳞,种鳞顶部中央的尖头较短小;生鳞叶的小枝无蜡粉,腺点位于鳞叶,背面的中部............
   ....岷江柏木 Cupressus chengiana
  9 球果具6对种鳞,种鳞顶部中央的尖头大而明显;生鳞叶的小枝常被蜡粉,腺点位于鳞叶背面的下部,常不明显............巨柏 Cupressus gigantea

(1)干香柏(冲天柏,干柏杉,滇柏)
Cupressus duclouxiana Hickel
[Ducloux Cypress]

乔木,树高25m;小枝细圆,径约1mm,不成片状,也不下垂。鳞叶先端微钝,微被白粉。球果较大,径1.6~3cm,有白粉。产云南西北部至东南部及四川西南部,昆明附近栽培很多。适宜气候温暖、冬春干旱、夏秋多雨的地区,酸性土及石灰性土均能生长,尤以石灰性土最为适宜,在深厚、疏松、湿润的土壤上生长较快。播种繁殖。村庄、寺庙及坟地周围常见成片栽培观赏。

(2)柏木(垂丝柏,香扁柏,柏香树)
Cupressus funebris Endl.
[China Weeping Cypress, Mourning Cypress]

常绿乔木;小枝细长,下垂,扁平,排成一平面。叶鳞形,交互对生,先端尖;小枝上下之叶的背面有纵腺体,两侧之叶折覆着上下之叶的下部;两面均为绿色。雌雄同株,球花单生于小枝顶端。球果翌年夏季成熟,球形,直径8~12mm,熟时褐色;种鳞4对,木质,楯形,顶部中央有凸尖,能育种鳞有5~6粒种子;种子长3mm,两侧具窄翅。花期3~5月,球果翌年5~6月成熟。我国特有树种,分布很广;四川、湖北、贵州栽培最多,生长旺盛;江苏南京等地有栽培。

适应性强,抗风力强,耐烟尘,能耐水。播种繁殖。栽培历史悠久,树姿端庄,常见于庙宇、殿堂、庭院。树冠浓密,枝叶下垂,树姿优美,长江流域以南各地庭园、陵园、风景区均栽为观赏树。

3.2.6.2.3 扁柏属 *Chamaecyparis* Spach

常绿乔木;生鳞叶的小枝扁平,排成一平面(一些品种例外)。叶鳞形,通常二型,交叉对生,小枝上面中央的叶卵形或菱状卵形,先端微尖或钝,下面的叶有白粉或无,侧面的叶对折呈船形。雌雄同株,球花单生于短枝顶端;雄球花黄色、暗褐色或深红色,卵圆形或矩圆形,雄蕊3~4对,交叉对生,每雄蕊有3~5花药;雌球花圆球形,有3~6对交叉对生的珠鳞。球果圆球形,当年成熟,种鳞3~6对,木质,盾形,顶部中央有小尖头,发育种鳞有种子1~5(3)粒。约6种,分布于北美、日本及我国台湾。我国1种及1变种,均产台湾,为主要森林树种。另引入栽培4种。

分种检索表
1 小枝下面之鳞叶无白粉或有很少的白粉。
 2 鳞叶先端锐尖,小枝下面之鳞叶无白粉;雄球花暗褐色;球果径约6mm,发育种鳞具1~2种子............
  ....美国尖叶柏 *Chamaecyparis thyoides*
 2 鳞叶先端钝尖或微钝,小枝下面之叶微有白粉;雄球花深红色;球果径约8mm,发育种鳞具2~4粒种子............
  ....美国扁柏 *Chamaecyparis lawsOoniana*
1 小枝下面之鳞叶有显著的白粉。
 3 鳞叶先端锐尖。
  4 球果圆球形,径约6mm,种鳞5对............
   ....日本花柏 *Chamaecyparis pisifera*
  4 球果矩圆形或矩圆状卵圆形,长10~12mm,径6~9mm,种鳞5~6对............红桧 *Chamaecyparis formosensis*

3 鳞叶先端钝或钝尖。
　　5 鳞叶先端钝，肥厚；球果径8~10mm，种鳞4对··············
　　　　·················日本扁柏 Chamaecyparis obtusa
　　5 鳞叶先端通常钝尖，较薄；球果径10~11mm，种鳞4~5
　　　　对（台湾）·············
　　　　·········台湾扁柏 Chamaecyparis obtusa var. formosana

(1) 日本花柏 Chamaecyparis pisifera (Sieb. et Zucc.) Endl. [Sawara False Cypress]

常绿乔木，在原产地高达50m；树冠圆锥形。叶表暗绿色，下面有白色线纹，鳞叶端锐尖，略开展。球果圆球形，径约6mm。种子三角状卵形，两侧有宽翅。原产日本。中等喜光，喜温暖湿润气候，不耐干旱和水湿，浅根性。原产日本。我国青岛、庐山、南京、上海、杭州等地引种栽培。中性树种，喜阳光，略耐阴。喜温凉湿润气候，不耐干旱。播种、压条、扦插或嫁接繁殖。树形端庄，枝叶多姿，在园林中孤植、列植、丛植、群植均适宜。品种：① 线柏 'Fillfera'，灌木或小乔木，树冠卵状球形或近球形，通常宽大于高；枝叶浓密，绿色或淡绿色；小枝细长下垂；鳞叶先端锐尖；原产日本。② 绒柏 'Squarrosa'，灌木或小乔木，大枝斜展，枝叶浓密，叶条状刺形，柔软，长6~8mm，先端尖，小枝下面之叶的中脉两侧有白粉带；原产日本。③ 羽叶花柏 'Plumosa'，灌木或小乔木，树冠圆锥形，枝叶浓密；鳞叶钻形，柔软，开展呈羽毛状，长3~4mm；整个植物体形态特征介于原种和绒柏之间。

(2) 日本扁柏
Chamaecyparis obtusa (Sieb. et Zucc.) Endl. [Hinoki False Cypress, Japan Cedar]

常绿乔木，高达40m，树冠尖塔形；干皮赤褐色。鳞叶尖端较钝。果球形。原产日本。现我国各地多有栽培。对阳光要求中等而略耐阴，喜凉爽而温暖湿润气候；喜生于排水良好的较干山地。播种繁殖。树形及枝叶均美丽可观，常用于庭园配植用。亚种与品种：① 台湾扁柏 var. formosana (Hayata) Rehd.，鳞叶先端通常钝尖，较薄；球果径10~11mm，种鳞4~5对。特产于台湾。② 孔雀柏 'Tetragona'，灌木，生叶小枝四棱状，在主枝上成长短不一的2或3列状。为园林绿地常见观赏树种。③ 洒金孔雀柏 'Aurea Tetragona'，鳞叶金黄色。④ 云片柏 'Breviramea'，小乔木，高约5m，树冠窄塔形。小枝片先端圆钝，片片平展如云。播种繁殖。为园林绿地常见观赏树种。⑤ 洒金云片柏 'Breviramea Aurea'，与云片柏的区别为：小枝片先端金黄色。⑥ 凤尾柏 'Filicoides'，灌木，枝条短，末端鳞叶分枝短，扁平，在主枝上排列密集，外观像凤尾蕨状，鳞叶钝，常有腺点。我国栽培供观赏。生长慢。

3.2.6.3 圆柏亚科 Juniperoideae Pilger

球果圆球形或卵圆形，熟时种鳞合生，肉质，不张开，稀顶端微张开；种子无翅；叶刺形或鳞形，刺叶基部下延生长而无关节，或不下延生长而有关节，鳞叶同型，生鳞形叶的小枝近圆形、近四棱形或四棱形。3属，约70种，分布于北半球。我国产2属18种5变种，另引入栽培3种。

分属检索表
1 全为刺叶或全为鳞叶，或同一树上二者兼有，刺叶基部
　　无关节，下延；冬芽不显著；球花单生枝顶，雌球花具3~8
　　轮生或交叉对生的珠鳞，胚珠生于珠鳞腹面的基部······
　　·····················圆柏属 Sabina
1 全为刺叶，基部有关节，不下延；冬芽显著；球花单生叶
　　腋，雌球花具3轮生的珠鳞，胚珠生于珠鳞之间·········
　　·······················刺柏属 Juniperus

3.2.6.3.1 圆柏属 Sabina Spach

乔木或灌木，直立或匍匐；有叶小枝不排成平面。叶全为刺形或鳞形或同一树上兼有刺叶及鳞叶；刺叶通常3枚交叉轮生，基部下延生长，无关节；鳞叶交对生，下（背）面常具腺体。雌雄异株或同株，球花单生枝顶；雄球花具4~8对雄蕊雌球花具4~8交叉对生或3枚轮生的珠鳞，每珠鳞具1~2胚珠。球果翌年成熟；种合生，肉质，浆果状，球形或卵球形；苞鳞与种鳞结合而生，仅顶端尖头分离；种子1~6粒，无翅。约50种，分布于北半球，北至北极圈，南至热带高山。我国产15种5变种，多数分布于西北部、西部及西南部的高山地区，能适应干旱、严寒的气候。另引入栽培2种。

分种检索表
1 叶全为刺形，三叶交叉轮生，稀交叉对生；球果具1粒种
　　子，稀2~3粒种子。
　2 小枝下部的叶较短、交叉对生或三叶交叉轮生，上部的
　　叶较长、三叶交叉轮生；球果具1~3粒种子·············
　　·····················昆明柏 Sabina gaussenii
　2 小枝上部与下部的叶近等长，叶三枚交叉轮生。
　　3 球果具2~3粒种子，匍匐灌木···············
　　　·················铺地柏 Sabina procumbens
　　3 球果具1粒种子。
　　　4 叶背面拱圆或具钝脊，沿脊有细纵槽，或中下部有细
　　　　槽。
　　　　5 小枝不下垂；叶背面具钝脊，沿脊有细纵槽，叶长5~
　　　　　10mm，常斜伸或平展················
　　　　　·········粉柏（翠柏，翠兰松）Sabina squamata 'Meyeri'
　　　　5 小枝下垂；叶背拱圆，仅中下部有细纵槽，叶长3~6
　　　　　mm（幼树之叶可达12mm），近直伸。
　　　　　6 叶上（腹）面无绿色中脉；球果长9~12mm，径8~10
　　　　　　mm；种子卵圆形，长8~9mm，径5~6mm·········
　　　　　　·················垂枝柏 Sabina recurva
　　　　　6 叶上（腹）面绿色中脉明显；球果长6~8mm，径约
　　　　　　5mm；种子常成锥状卵圆形，常具3条纵脊，长5~
　　　　　　6mm，径3~4mm················

37

·················小果垂枝柏Sabina recurva var. coxii
　　4叶背面具明显的棱脊,沿脊无纵槽;有叶的小枝常呈
　　　柱状六棱形··················香柏Sabina pingii
1叶全为鳞形或兼有鳞叶与刺叶,或仅幼龄植株全为刺
　叶。
　　7球果具1粒种子·············塔枝圆柏Sabina komarovii
　　7球果通常具2~3粒种子,稀部分球果仅有1粒或多至5
　　　粒种子。
　　　8球果常呈倒三角状或叉状球形,顶端平截,宽圆或叉
　　　　状,部分球果呈卵圆形或近圆球形;鳞叶背面的腺体
　　　　位于中部,刺叶交叉对生。
　　　　9刺叶常出现在壮龄及老龄植株上,壮龄植株的刺叶
　　　　　多于鳞叶,刺叶较窄,排列疏松,斜伸或开展;球果着
　　　　　生于向下弯曲的小枝顶端;匍匐灌木·············
　　　　　　·················兴安圆柏Sabina davurica
　　　　9刺叶仅出现在幼龄植株上,壮龄植株几乎全为鳞叶,
　　　　　刺叶较宽,近直伸或微斜展·····················
　　　　　　·················叉子圆柏Sabina vulgaris
　　　8球果卵圆形或近球形,稀倒卵圆形;刺叶三叉交叉轮
　　　　生或交叉对生,鳞叶背面的腺体位于中部、中下部或
　　　　近基部
　　　　10鳞叶先端急尖或渐尖,腺体位于叶背的中下部或近
　　　　　中部,生鳞叶的小枝常呈四棱形;幼树上的刺叶交叉
　　　　　对生,不等长;球果具1~2粒种子·········北美圆柏Sabina virginiana
　　　　10鳞叶先端钝,腺体位于叶背的中部,生鳞叶的小枝
　　　　　圆柱形或微呈四棱形;刺叶三枚交互轮生或交互
　　　　　生,等长;球果具1~4粒种子·····················
　　　　　　·····················圆柏Sabina chinensis

(1)叉子圆柏(砂地柏)Sabina vulgaris Ant.
[Savin,Savin Savin,Cover shame]

匍匐性灌木,高不及1m。刺叶常生于幼树上;鳞叶交互对生,斜方形,先端微钝或急尖,背面中部有明显腺体。多雌雄异株;球果熟时褐色、紫蓝或黑色。产于西北及内蒙古。北京、西安等地有引种栽培。耐旱性强,生于多石山坡及沙地、林下。播种繁殖。可作园林绿化中的护坡、地被。

(2)圆柏Sabina chinensis (L.) Ant.
[China Savin]

常绿乔木,高达20m。树皮长条片状。鳞叶小枝近圆形或近四棱形,直立或斜生,或略下垂。

叶二型;球果球形。分布于我国内蒙古南部、河北、山西、山东、河南、陕西等地区。喜光,有一定耐阴能力;喜温凉气候;对土壤要求不严,但以在中性、深厚且排水良好处生长最佳。播种繁殖。树形优美,老树干枝扭曲,千姿百态,自古以来多配植于庙宇陵墓作墓道树或柏林。为优良的绿篱植物。变种:偃柏var. procumbens(Sieb. et Endl.)Iwata et Kusata,匍匐灌木,大枝匍地生,小枝上升成密丛状。幼树为刺形叶,常交叉对生,长3~6mm,鲜绿色或蓝绿色;老树多为鳞形叶,蓝绿色。产我国东北张广才岭;俄罗斯、日本也有分布。耐寒性强。各地庭园常见栽培,也是制作盆景的好材料。品种:①龙柏'Kaizuka',树冠圆锥关或柱状塔形。侧枝螺旋向上直伸;小枝密,在枝端成几等长的密簇。鳞叶排列紧密,幼时淡黄色,后呈翠绿色,微被白粉。分布于长江流域及华北,各大城市均有庭园栽培有一定的耐寒能力,北京可露天栽培。作观赏树。②匍地龙柏(矮龙柏)'Kaizuca Procumbens',植株无直立主干,枝贴地平展生长。鳞叶排列紧密,幼时淡黄色,后呈翠绿色。系庐山植物园用龙柏扦插后育成。作庭园观赏。③洒金柏'Aurea'金星球桧'Aureo-globosa',丛生球形或卵形灌木,枝端绿叶中杂有金黄色枝叶。④鹿角柏'Pfitzeriana Gilauca',常绿丛生灌木,干枝自地面向四周斜上伸展。鳞片叶、银绿色,极少数针形叶呈黄绿色,是圆柏与沙地柏的杂交种的品种之一。姿态优美,多于庭园栽培观赏。⑤塔柏'Pyramidalis',树冠圆柱状塔形,枝密集;通常全为刺叶。华北和长江流域城市常见栽培。

3.2.6.3.2 刺柏属 Juniperus L.

常绿乔木或灌木。叶全为刺形,三叶轮生,基部有关节,不下延生长,上面平或凹下,有1或2条气孔带,下面隆起具纵脊。雌雄同株或异株;球花单生叶腋。雄球花具5对雄蕊;雌球花有3枚轮生的珠鳞,生于珠鳞之间。球果二年或三年成熟,肉质,浆果状,近球形;种鳞3,合生,苞鳞与种鳞结合而生,熟时不张开或仅球果顶端微张开;种子通常3。10余种,分布亚洲、欧洲及北美洲。我国3种,引入栽培1种。

分种检索表

1 叶上(腹)面中脉绿色,两侧各有一条白色、稀紫色或淡绿色的气孔带;球果圆球形或宽卵圆形,熟时淡红色或淡红褐色;乔木············刺柏 Juniperus formosana
1 叶上(腹)面有一条白粉带,无绿色中脉。
　2 叶质厚,坚硬,上面凹下成深槽,白粉带较绿色边带为窄,位于凹槽之中,横切面成"V"状;球果圆球形,淡褐黑色,有白粉;乔木或灌木········杜松 Juniperus rigida
　2 叶质较薄,微凹,不成深槽,白粉带常较绿色边带为宽,横切面扁平。
　　3 叶披针形或椭圆状披针形,长7~10mm,稍成弯镰状;球果圆球形,被白粉;匍匐灌木············
　　　　············西伯利亚刺柏 Juniperus sibirica
　　3 叶条状披针形,先端渐尖,长8~16mm,直而不弯;球果圆球形或宽卵圆形,熟时蓝黑色;乔木或直立灌木···
　　　　············欧洲刺柏 Juniperus communis

(1) 刺柏 *Juniperus formosana* Hayata
[Taiwan Juniper]

常绿乔木,高12m。树皮褐色,树冠窄塔形或窄圆锥形。小枝下垂。叶条形或条状披针形,上面中脉两侧各有1条绿色边缘宽的白粉带,在先端会合。球果近球形。分布广,我国大部分省区均产。喜光,喜温暖湿润气候,常生于干旱瘠薄处。播种繁殖。树形优美,可植于公园、建筑前、古迹等,又可作护坡林树种。

(2) 杜松 *Juniperus rigida* Sieb. et Zucc.
[Sitffleaf Juniper, Needle Juniper]

乔木,高12m。树冠圆柱形,老时圆头状。大枝直立,小枝下垂。叶全为条状刺形,坚硬,上面有深槽,内有1条白色气孔带,叶下有明显纵脊,无腺体。球果球形。产于我国黑龙江、吉林、辽宁、内蒙古乌拉山以及河北、山西北部、西北地区。强阳性,有一定耐阴性;喜冷凉气候;对土壤要求不严,但以向阳适湿的沙壤土最佳。播种繁殖。树形美观,可丛植、列植、装饰建筑,点缀广场和草坪。

3.2.7 罗汉松科 Podocarpaceae

常绿乔木或灌木。叶多型:条形、披针形、椭圆形、钻形、鳞形,或退化成叶状枝。螺旋状散生、近对生或交叉对生。球花单性,雌雄异株,稀同株;雄球花穗状,单生或簇生叶腋,或生枝顶,雄蕊多数,螺旋状排列,各具2个外向一边排列有背腹面区别的花药,药室斜向或横向开裂,花粉有气囊,稀无气囊;雌球花单生叶腋或苞腋,或生枝顶,稀穗状,具多数至少数螺旋状着生的苞片,部分或全部,或仅顶端之苞腋着生1枚倒转生或半倒转生(中国种类)、直立或近于直立的胚珠,胚珠由辐射对称或近于辐射对称的囊状或杯状的套被所包围,稀无套被,有梗或无梗。种子核果状或坚果状,全部或部分为肉质或较薄而干的假种皮所包,或苞片与轴愈合发育成肉质种托,有梗或无梗,有胚乳,子叶2枚。8属,130余种;分布于热带、亚热带及南温带地区,在南半球分布最多。我国产2属14种3变种,分布于长江以南各省区。

分属检索表

1 雌球花生于叶腋或苞腋。稀顶生,套被与珠被合生;种子核果状,全部为肉质假种皮所包,常着生于肉质肥厚或微肥厚的种托上,稀苞片不发育成肉质种托,常有梗············罗汉松属 Podocarpus
1 雌球花生于小枝顶端,套被与珠被离生;种子坚果状,仅基部为杯状肉质或较薄而干的假种皮所包(我国的陆均松),苞片不增厚成肉质种托,无梗(我国的陆均松)或有梗············陆均松属 Dacrydium

3.2.7.1 罗汉松属
Podocarpus L Her. ex Pers.

常绿乔木或灌木;叶线形至长椭圆形,全缘,稀为鳞片状,螺旋排列或交互对生或近对生;球花雌雄异株,腋生,单生或成束生于小枝之顶;雄球花有多数雄蕊,螺旋排列,花药2室,花粉有气囊;雌球花单生叶腋或枝顶,基部数枚苞片的腋内无胚珠,顶端1枚苞片发育成囊状的珠套,内有1枚胚珠,花后珠套增厚成肉质的假种皮;苞片发育成肉质的种托或不发育;种子当年成熟;核果状,全为肉质假种皮所包,生于肉质或非肉质的种托上。约100种,分布于东亚和南半球的温带、亚热带和热带地区。我国13种,产长江以南各省区。罗汉松和短叶罗汉松等在我国的庭园中普遍栽培。

分种检索表
1 种子顶生，无梗，种托稍肥厚肉质；叶小、异型，鳞形、钻形或钻状条形，往往生于同一树上，叶两面有气孔线……
………………………鸡毛松 Podocarpus imbricatus
1 种子腋生，有梗，种托肥厚肉质或不发育；叶大、同型，不为鳞形、钻形或钻状条形。
　2 叶无中脉，有多数并行的细脉，对生或近对生，树脂道多数；种托不发育或肥厚肉质。
　　3 叶厚革质，通常长8~18cm，宽2.2~4.2cm；种子径1.5~1.8cm；雄球花3~6个簇生于一短梗上……………
………………………长叶竹柏 Podocarpus fleuryi
　　3 叶革质，长不及9cm，宽通常2.5cm以下；种子径1.2~1.5cm………………竹柏 Podocarpus nagi
　2 叶有明显的中脉，螺旋状排列，稀近对生，仅下面有气孔线，树脂道1~5个；种托肉质。
　　4 叶先端渐尖或钝尖。
　　　5 叶先端具渐尖的长尖头………………
………………………百日青 Podocarpus neriifolius
　　　5 叶先端微窄成短尖头或钝尖………………
………………………罗汉松 Podocarpus macrophyllus
　　4 叶先端钝或钝圆，稀幼叶先端尖，常在枝顶集生……
………………………大理罗汉松 Podocarpus forrestii

(1) 竹柏 *Podocarpus nagi* (Thunb.) Zoll. et Mor ex Zoll. [Nagi Yaccatree]

乔木，高达20m。叶对生，卵状长椭圆形至披针状椭圆形。长3.5~9cm，宽1.5~2.5cm，厚革质，无中肋。具多数平行细脉，有光泽。种子生于干瘦木质种托上。产我国东南部及两广、四川等地。喜温暖湿润气候及深厚疏松土壤，常生于沟谷两旁，耐阴性强，不耐寒。材质优良，种子可榨油，树形优美；为南方用材、油料及园林观赏树种，也可栽作行道树。

(2) 罗汉松 *Podocarpus macrophyllus* (Thunb.) D. Don. [Yaccatree]

乔木，高达20m。树冠广卵形；树皮灰色，浅裂，呈薄鳞片状脱落。叶条状披针形，两面中脉明显。雄球花穗状腋生，近无柄；雌球花单生于叶腋。种子卵圆形，未熟绿色，熟时紫色，被白粉，种托肉质红色。花期5月，种子8~9月成熟。产于江苏、浙

江、安徽、湖南、广东等地。较耐阴，为半荫性树，喜排水良好湿润的沙质土壤，不耐寒。播种或扦插繁殖。树形独特优美，种子与种托红绿相映，颇富奇趣，适宜孤植做庭荫树，或对植、散植于厅、堂之前；耐剪整姿，可做景观树或绿篱。

3.2.7.2 陆均松属
Dacrydium Soland. ex Forst.

常绿乔木或灌木；叶鳞片状而为4列的覆瓦状排列，或锥形、线形、披针形，散生、2列，有时2种叶生于同一枝上；球花雌雄异株；雄球花长圆形，生于近枝顶的叶腋，花药紧挤，药室2，球形，药隔盾状；花粉有3气囊；雌球花顶生，单生或排成穗状，基部有少数苞片，最上1苞片发育成珠套，内有胚珠1枚；珠套与珠被离生，种子坚果状，成熟时通常横生或斜生，由珠套发育的假种皮杯状，肉质或近膜质，基部由苞片发育的种托肉质或非肉质。约20种，分布于热带地区，多产南半球。我国仅有陆均松1种，产广东海南岛。

陆均松 *Dacrydium pierrei* Hickel [Pierre Dacrydium]

常绿乔木；枝条轮生，小枝下垂。叶二型：幼树与大树下部枝条的叶钻形，常微弯，长1.5~2cm，先端渐尖；大树上部枝条与老树的叶较短，鳞状钻形，内弯，长3~5mm，背部有纵脊，先端钝尖。雌雄异株；雄球花圆柱形或矩圆形，生于上部之叶的叶腋；雌球花单生枝顶或近枝顶，基部有数枚苞片，胚珠生于套被之上。种子坚果状，卵圆形，横卧于杯状肉质套被之上，长4~5mm，熟时红色或褐红色，无柄。分布于广东海南岛五指山、尖峰岭、吊罗山的中上部，为天然林中的主要乔木树种；越南，柬埔寨，泰国也有。树干挺直，可观赏。

3.2.8 三尖杉科 Cephalotaxaceae

常绿乔木或灌木；叶线形或线状披针形，交互对生或近对生，在侧枝上基部扭转而排成2列，背面有白粉带2条，中脉上面凸起；球花单性异株或

同株;雄球花6~11聚成头状,腋生,有多数螺旋状排列的苞片,每一花生于一膜质的苞腋内,有雄蕊4~16,每一雄蕊有2~4花药,药隔三角形,花粉无气囊;雌球花有多对交互对生的大孢子叶组成,顶端数对苞片腋内有2枚胚珠,基部苞片成珠托,花后胚珠1枚发育成种子,珠托发育成肉质假种皮,包围种子;种子核果状,圆球形或长圆球形。仅有1属。

三尖杉属
Cephalotaxus Sieb. et Zucc. ex Endl.

9种,产亚洲,我国有7种,产秦岭及黄河以南各省区。

分种检索表
1 叶长4~13cm,先端渐尖成长尖头⋯⋯⋯⋯⋯⋯⋯⋯⋯⋯⋯⋯⋯三尖杉 *Cephalotaxus fortunei*
1 叶较短,长1.5~5cm,先端微急尖、急尖或渐尖。
　2 叶上面拱圆、中脉稍隆起或仅中下部明显,先端急尖,基部截形或微呈心形,排列紧密⋯⋯⋯⋯⋯⋯⋯⋯⋯⋯篦子三尖杉 *Cephalotaxus oliveri*
　2 叶上面平、中脉明显,排列较疏或稍密⋯⋯⋯⋯⋯⋯⋯⋯⋯⋯粗榧 *Cephalotaxus sinensis*

(1) 三尖杉 *Cephalotaxus fortunei* Hooker [Fortune Plumyew]

常绿乔木;小枝对生,基部有宿存芽鳞。叶螺旋状着生,排成两列,披针状条形,常微弯,长4~13cm,宽3~4.5mm,上部渐窄,基部楔形或宽楔形,上面中脉隆起,深绿色,下面中脉两侧有白色气孔带。雄球花8~10聚生成头状,单

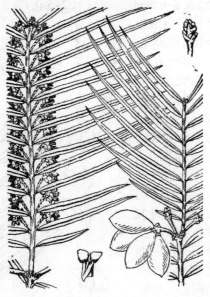

生叶腋,直径约1cm,梗较粗,长6~8mm,每雄球花有6~16雄蕊,基部有一苞片;雌球花由数对交互对生、各有2胚珠的苞片所组成,生于小枝基部的苞片腋部,稀生枝顶,有梗,胚珠常4~8个发育成种子。种子生柄端,常椭圆状卵形,长约2.5cm,熟时外种皮紫色或紫红色,柄长1.5~2cm。分布于安徽南部、浙江、福建、江西、湖南、湖北、陕西、甘肃、四川、云南、贵州、广西和广东北部。

(2) 粗榧 *Cephalotaxus sinensis* (Rehd. et Wils.)Li [China Plumyew]

常绿乔木,高达12m。树冠广圆形,树皮灰色或灰褐色,成薄片状脱落。叶条形,对生,通常直,端渐尖,基部近圆形,上面绿色,下面气孔带白色,绿色边带不明显。种子椭圆状卵形,熟时紫色。花期4月,种子翌年10月成熟。分布在长江流域及其以南地区。喜光,耐寒,病虫害少,生长慢,耐修剪,不耐移植。层积处理后春季播种繁殖。宜与他树配植,作基础种植用,或在草坪边缘植于大乔木之下。

3.2.9 红豆杉科 Taxaceae

常绿灌木或乔木;树皮红褐色,有树脂管;叶互生,稀交互对生,常2列,针形、线形或鳞片状;球花单性异株,很少同株;雄球花单生叶腋或为小的穗状花序或头状花序集生枝顶;雄蕊多数,有3~9个花药,辐射状或偏向一侧,花粉无气囊;雌球花腋生,单生或成对着生,具多数覆瓦状排列或交互对生的苞片(大孢子叶),基部苞片退化,腋内无胚珠,顶部苞片发育为杯状、盘状或囊状的珠托,内有胚珠1枚,花后珠托发育成假种皮,全包或半包着种子;种子核果状或坚果状。5属,约23种,我国4属,13种,广西南部、西北部、中部至东部。

分属检索表
1 叶上面中脉不明显或微明显,叶内有树脂道;雄球花单生叶腋,雄蕊的花药向外一边排列有背腹面区别;雌球花两个成对生于叶腋,无梗;种子全部包于肉质假种皮中⋯⋯⋯⋯⋯⋯⋯⋯⋯⋯⋯⋯⋯⋯榧树 *Torreya*
1 叶上面有明显的中脉;雌球花单生叶腋或苞腋;种子生于杯状或囊状假种皮中,上部或顶端尖头露出。
　2 叶交叉对生,叶内有树脂道;雄球花多数,组成穗状花序,2~6序集生于枝顶,雄蕊的花药辐射排列或向外一边排列有背腹面区别;雌球花生于新枝上的苞腋或叶腋,有长梗;种子包于囊状肉质假种皮中,仅顶端尖头露出⋯⋯⋯⋯⋯⋯⋯⋯⋯⋯穗花杉属 *Amentotaxus*
　2 叶螺旋状着生,叶内无树脂道;雄球花单生叶腋,不组成穗状球花序,雄蕊的花药辐射排列;雌球花单生叶腋,有短梗或几无梗;种子生于杯状假种皮中,上部露出。
　　3 小枝不规则互生;叶下面有两条淡黄色或淡灰绿色的气孔带;种子成熟时肉质假种皮红色⋯⋯⋯⋯⋯⋯⋯⋯⋯⋯⋯⋯⋯⋯⋯⋯⋯⋯红豆杉属 *Taxus*
　　3 小枝近对生或近轮生;叶下面有两条白粉气孔带,种子成熟时肉质假种皮白色⋯⋯白豆杉属 *Pseudotaxus*

3.2.9.1 榧树属 *Torreya* Arn. T

常绿乔木;树皮有裂纹;枝轮生,小枝近对生;冬芽有鳞片数枚,交互对生;叶线形,2列,交互对生或近对生,锐尖,背面有粉白色的气孔线2条,中脉上面不明显;球花单性异株,稀同株;雄球花卵形或长椭圆形,由4~8轮雄蕊组成,每轮有雄蕊4枚,各有4稀3枝花药,花药侧向排列,药隔明显;雄球

花的基部为数对鳞片所围绕；雌球花成对着生叶腋，无梗，有一单生的胚珠，基部为一杯状珠托和数对鳞片所围绕，成熟时种子核果状并全为珠托所发育的肉质假种皮所包裹。7种，分布于北半球；北美产2种，日本1种，我国产4种，另引入栽培1种。

分种检索表

1 叶长3.5~9cm，宽3~4mm；种子的胚乳周围向内深皱……
………………………………长叶榧树 Torreya jackii
1 叶长1.1~3.5cm，宽2.5~3.5mm；种子的胚乳周围向内微皱。
 2 叶先端有凸起的刺状短尖头，基部圆或微圆，长1.1~2.5cm；二、三年生枝暗绿黄色或灰褐色，稀微带紫色……
………………………………榧树 Torreya grandis
 2 叶先端具有较长的刺状尖头，基部微圆或楔形，长2~3cm；二、三年生枝渐变成淡红褐色或微带紫色………
………………………………日本榧树 Torreya nucifera

(1) 日本榧树
Torreya nucifera (L.) Sieb. et Zucc.
[Nutbearing Torreya, Japana Torreya]

常绿乔木，在原产地树高达25m；2年生枝渐变红褐色。叶稍镰形，长2~3cm，基部微圆或楔形，先端刺尖较长，背面2条气孔带微凹。中肋微隆起；叶折碎后很香。原产日本；我国华东一些城市有少量栽培。阴性。喜酸性、肥沃土壤，也耐微碱性土壤；生长慢。是优良的园林绿化及庭园观赏树种。

(2) 榧树 *Torreya grandis* Fort. ex Lindl.
[Grand Torreya, China Torreya, Tall Torreya]

常绿乔木，高25~30m；2年生枝黄绿色。叶长1~2.5cm，基部圆形，先端突尖，成刺状短尖头。产长江以南地区，浙江西天目山有野生大树。阴性，不耐寒，抗烟尘。品种：香榧'Merrillii'小枝下垂；叶深绿色，质较软。嫁接繁殖。主产浙江诸暨、东阳等地。

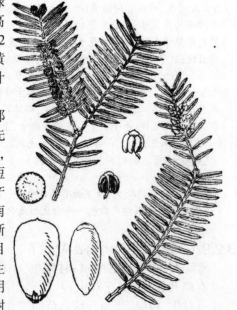

3.2.9.2 穗花杉属 *Amentotaxus* Pilger

常绿小乔木或灌木，冬芽鳞片3~5轮，每轮4枚，交互对生，背部有纵脊；小枝对生，叶对生，线形至线状披针形，中脉明显，背面有白色的气孔带2条；球花单性异株，生于当年生的枝上；雄球花2~4个，簇生于枝顶，细长而下垂，雄蕊多数，盾形或近盾形；每雄蕊有花药2~8枚；雌球花单生于苞腋内，具梗，胚珠单生，基部有一杯状珠托，珠托下部有6~10对交互对生的苞片，花后珠托发育成囊状的假种皮；种子核果状，椭圆形，为红黄色的假种皮所包围，但顶端开口。3种，分布于我国南部、中部、西部及台湾南部。

分种检索表

1 叶下面白色气孔带通常与绿色边带等宽或较窄，雄球花穗通常2穗，长5~6.5cm，雄蕊有3~5个花药；种子椭圆形，长2~2.5cm………………穗花杉 *Ametotaxus argotaenia*
1 叶下面气孔带较绿色边带宽1倍或稍宽……………………
……………………云南穗花杉 *Amentotaxus yunnanensis*

穗花杉（华西穗花杉） *Ametotaxus argotaenia* (Hance) Pilger [Common Amentotaxus]

常绿小乔木或灌木状；小枝对生或近对生。叶交互对生，二列，厚革质，条状披针形，直或微弯，长3~11cm，宽6~11mm，上面有隆起的中脉，下面中脉两侧的白粉气孔带与绿色边带等宽或近等宽。雌雄异株；雄球花排成穗状，1~3序生于近枝顶的苞腋，长5~6.5cm，每雄蕊有2~5花药；雌球花单生于新枝的苞腋或叶腋，胚珠单生，基部有6~10对交互对生的苞片，花梗较长，扁四棱形。种子椭圆形或卵圆形，下垂，长2~2.5cm，直径约1.3cm，熟时假种皮鲜红色。分布于江西西北部、湖北及西南部、湖南、四川、贵州和两广。叶较长，深绿色，种子大，假种皮成熟时鲜红色，垂于绿叶之间，极为美观，可作庭园树种，种植于林内荫湿地方、沿溪两旁、沟谷或岩缝之间。

3.2.9.3 红豆杉属 *Taxus* L.

常绿乔木或灌木；树皮鳞片状，褐红色；冬芽有覆瓦状排列的鳞片；叶线形，2列，背面淡绿色或淡黄色,无树脂管;球花小,单生于叶腋内,早春开放;雄球花为具柄、基部有鳞片的头状花序,有雄蕊6~14,盾状,每一雄蕊有花药4~9个;雌球花有一个顶生的胚珠,基部托以盘状珠托,下部有苞片数枚;花后珠托发育成杯状、肉质的假种皮,半包围着种子或为盘状膜质的种托承托着种子;种子坚果状,当年成熟;子叶2枚。约11种,分布于北半球。我国4种1变种。

分种检索表

1叶排列较密,不规则两列,常呈'Y'形开展,条形,通常较直或微呈镰状,上下几等宽,先端急尖,基部两侧对称或微歪斜;小枝基部常有宿存芽鳞··东北红豆杉 Taxus cuspidata

1叶排列较疏,排成二列,常呈条形、披针形或条状披针形,多呈镰形,稀较直,上部通常渐窄或微渐窄,先端渐尖或微急尖,基部两侧歪斜;芽鳞脱落或部分宿存于小枝基部。

2叶质地薄,披针状条形或条状披针形,常呈弯镰状,中上部渐窄,先端渐尖,干后边缘向下卷曲或微卷曲,下面中脉带上有密生均匀而微小的圆形角质乳头状突起点,长1.5~4.7cm,宽2~3mm,干后通常色泽变深···云南红豆杉 Taxus yunnanensis

2叶质地稍厚,边缘不卷曲或微卷曲。

3叶较短,条形,微呈镰状或较直,通常长1.5~3.2cm,宽2~4mm,上部微渐窄,先端具微凸尖或急尖,边缘微卷曲或不卷曲,下面中脉带上密生均匀而微小圆形角质乳头状突起点,其色泽常与气孔带相同;种子多呈卵圆形,稀倒卵圆形·············红豆杉 Taxus chinensis

3叶较宽长,披针状条形或条形,常呈弯镰状,通常长2~3.5cm,宽3~4.5mm,上部渐窄或微窄,先端通常渐尖,边缘不卷曲,下面中脉带的色泽与气孔带不同,其上无角质乳头状突起点,或与气孔带相邻的中脉带两边有1至数行或成片状分布的角质乳头状突起点;种子多呈倒卵圆形,稀柱状矩圆形·······························南方红豆杉 Taxus chinensis var. mairei

(1)红豆杉 Taxus chinensis (Pilger) Rehd. [Chinese Yew]

乔木,高达30m。叶条形,略弯曲,长1~3.2cm,叶缘微反曲,背面有2条宽的黄绿色或灰绿色气孔带,绿色边带极狭窄;中脉上密生细小凸点。种子多呈卵圆形,有2棱,假种皮杯状,红色。喜温暖湿润气候。播种

或扦插繁殖。树形端庄,在园林中可孤植、丛植和群植。

(2)矮紫杉 Taxus cuspidate 'Nana' [Dwarf Japan Yew]

半球状密纵灌木,树形矮小,树姿秀美,终年常绿;叶螺旋状着生,呈不规则两列,与小枝约成45°角斜展,条形,基部窄,有短柄,先端且凸尖,上面绿色有光泽,下面有两条灰绿色气孔线。花期5~6月,种子9~10月成熟。原产日本。中国北京地区,吉林省,辽宁的丹东、大连、沈阳,以及北京、青岛、上海、杭州等地有栽培。极耐寒,又有极强的耐阴性,耐修剪,怕涝;喜生富含有机质之湿润土壤中;在空气湿度较高处生长良好。矮紫杉是东北红豆杉(紫杉)培育出来的一个具有很高观赏价值的品种,其树形端庄,假种皮鲜红色,异常亮丽,可孤植或群植,又可植为绿篱用,适合整剪为各种雕塑物式样。浅根性,侧根发达,生长缓慢,枝叶繁多而不易枯疏,剪后可较长期保持一定形状,在园林上广为应用。

3.2.9.4 白豆杉属 Pseudotaxus Cheng

常绿灌木或小乔木,高2~4m;枝通常轮生;冬芽鳞片背部有明显的棱脊;叶线形,螺旋排列而成假2列,背面有白色的气孔带2条;球花单性异株,腋生;雄球花基部有交互对生的苞片;雄蕊6~12枚,盾状,交互对生,花药4~6枚,花丝短;雌球花单生于叶腋内,基部有交互对生的苞片14~16枚,排成4列;胚珠单生,顶生,直立;假种皮杯状,白色,肉质,顶端张开,露出种子的上部;种子阔卵形,微扁压,长约5mm,宽约4mm,有不明显的棱角2。1种,为我国特产。

白豆杉 Pseudotaxus chienii (W. C. Cheng) W. C. Cheng [Whitearil Yew]

常绿灌木或小乔木,高达4m。大枝轮生,小枝对生;小枝基部有宿存芽鳞。叶扁线形,螺旋状互生,基部扭成二列状,长1.5~2.6cm,两面中肋隆起,背面有2条白色气孔带。雌雄异株,球花单生叶腋。种子卵

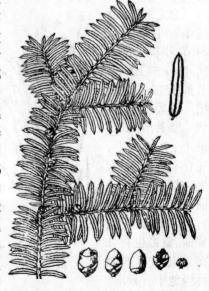

圆形，长5~8mm，生于肉质杯状白色假种皮内。产我国南部，常生于山顶矮林和石缝中。耐阴，喜温暖湿润气候及酸性土壤。扦插繁殖，易成活。树形秀丽，假种皮白色，颇为奇特，可栽培观赏。

3.2.10 麻黄科 Ephedraceae

灌木或亚灌木，多分枝，小枝对生或轮生，绿色，圆筒形，具节，节间有多条细纵纹；叶对生或轮生，基部多合生，通常退化为膜质的鞘；球花单性异株，很少同株；雄球花生于苞腋内，排成近球形或长椭圆形的穗状花序；具2~8对交互对生或2~8轮苞片，每苞片内有1雄花，雄花有2~4裂的假花被；雄蕊2~8枚，花丝合生成1~2束，花药1~3室；雌球花具2~8对交互对生或2~8轮轮生的苞片，仅顶端1~3苞片内面有雌花，每雌花具1顶端开口的囊状假花被，并包裹一胚珠，胚珠有一层珠被，珠被上部延长成珠被管，伸出假花被管外，花后苞片增厚成肉质，红色，稀干膜质而为褐色，而假花被发育成革质假种皮；种子1~3粒。1属。

麻黄属 Ephedra Tourn. ex L.

约40种，分布于亚洲、美洲、东南欧及北非等干旱荒漠地区，我国12种，产西北、华北、东北及西南部，以西北及云南、四川最多，生干旱山地与荒漠中。

分种检索表
1叶3裂和2裂并存；球花的苞片2片对生或3片轮生，苞片的膜质边缘较明显；雌花的胚珠具长而曲折的珠被管
..........................中麻黄 Ephedra intermedia
1叶2裂，稀在个别的枝上呈3裂；球花的苞片全为2片对生；雌花胚珠的珠被管一般较短而较直，稀长而稍曲...
..........................木贼麻黄 Ephedra equisetina

(1)木贼麻黄 Ephedra equisetina Bunge [Mongol Ephedra]

直立灌木，高达1m；小枝绿色有节，小枝中部节间长1.5~2.5cm，节间有多条细纵槽。叶膜质，鳞片状。2片包于茎节上，大部合生，先端钝。球花腋生，成熟时红色美丽。产华北、内蒙古及西北地区；俄罗斯、蒙古也有分布。北京等地园林绿地中有栽培。

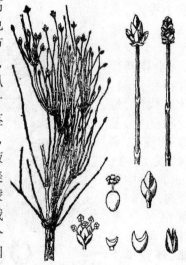

(2)中麻黄 Ephedra intermedia Schrenk ex Mey. [Middle Ephedra]

高达1m；小枝较粗，径2~3mm，节间较长，3~6cm；鳞片状叶3枚轮生。产吉林、辽宁、河北等地。极耐干旱，常生于沙漠、沙滩及干旱山坡。

3.2.11 买麻藤科 Gnetaceae

常为常绿木质大藤本，茎节膨大，呈关节状，由上下两部接合而成。单叶对生，有叶柄，无托叶；叶片革质，平展，羽状叶脉，小脉极细密呈纤维状，极似双子叶植物。花单性，常雌雄异株；球花细长穗状，具多轮合生环状总苞；雄球花穗单生或数穗组成顶生及腋生聚伞花序，每轮总苞有雄花20~80，紧密排列成2~4轮，雄花具杯状肉质假花被，雄蕊通常2，花丝合生；雌球花穗单生或数穗组成聚伞圆锥花序，每轮总苞有雌花4~12，雌花的假花被囊状，紧包于胚珠之外，外珠被的肉质外层与假花被合生并发育成假种皮。种子核果状，包于红色或橘红色肉质假种皮中。1属，共30余种，分布于亚洲、非洲及南美洲等的热带及亚热带地区，以亚洲大陆南部，经马来群岛至菲律宾群岛为分布中心。我国1属7种。

买麻藤属 Gnetum L.

木质藤本，很少乔木或灌木，枝有膨大关节；叶对生，全缘，羽状脉；球花单性同株或异株，穗状，单穗或数穗组成顶生或腋生的聚伞花序式；雄球花紧密排成2~4轮，花序顶端常有一轮不育雄花，雄花，假草被杯状，雄蕊通常2稀1，花丝合生或半合生，花药1室；雌球花侧生于老枝上；雌花有囊状假花被包于胚珠外，珠被2层，花后珠被与假花被合生成肉质的假种皮；种子核果状。35种，分布于亚洲、非洲及南美洲等热带及亚热带地区，但主要分布于亚洲南部与东南部，我国7种。

买麻藤 Gnetum montanum Markgr. [Jointfir]

常绿木质藤本；枝茎圆或扁圆，有宿存苞片。叶革质，矩圆状椭圆形、卵状椭圆形或矩圆状披针形，长10~20cm，宽4.5~11cm。雌雄异株；球花排成穗状花序；雄球花序一至二回三出分枝，每分枝有环状总苞13~17轮，

每轮总苞内有雄花20~40；雄花基部有毛；雌球花序单生或簇生，有3~4对分枝，每环总苞内常有5~8朵雌花。种子核果状，矩圆状椭圆形或长卵圆形，长1.4~2cm，熟时假种皮黄褐色、红褐色或被银色鳞斑。分布于云南南部、广西南部和广东南部；越南、缅甸、泰国、老挝、印度也有。喜半阴，喜温暖多湿气候，不耐寒，忌烈日曝晒。可作垂直绿化用。

3.3 被子植物门 Angiospermae

乔木、灌木、藤本、草本；花具花被（或简化而无花被）两性或单性；虫媒、风媒、鸟媒传粉，花粉先落在柱头上，然后由花粉管进入珠心，无游动精子；具子房，包着胚珠；有双受精现象，形成胚及胚乳；形成多种类型果实；子叶1、2稀3；木质部通常具导管，仅少数原始类型树木不具导管。被子植物全世界约有25万种；中国约有25000种，其中木本植物8000余种。

3.3.1 木兰科 Magnoliaceae

木本；叶互生、簇生或近轮生，单叶不分裂，罕分裂。花顶生、腋生、罕成为2~3朵的聚伞花序。花被片通常花瓣状；雄蕊多数，子房上位，心皮多数，离生，罕合生，虫媒传粉，胚珠着生于腹缝线，胚小、胚乳丰富。18属，约335种，主要分布于亚洲东南部、南部，北部较少；北美东南部、中美、南美北部及中部较少。我国14属，约165种，主要分布于我国东南部至西南部，向东北及西北而渐少。

分属检索表
1 叶4~10裂，先端近截平形或成宽阔的缺；药室外向开裂；聚合果纺锤状；成熟心皮翅果状，不开裂，全部脱落，果轴宿存；种皮附着于内果皮⋯⋯鹅掌楸属 Liriodendron
1 叶全缘，很少先端2裂；药室内向或侧向开裂；聚合果为各种形状的球形、卵形、长圆形或圆柱形，常因部分心皮不育而扭曲变形；成熟心皮为蓇葖，沿背缝线或腹缝线开裂或周裂；很少连合成厚木质或肉质，不规则开裂；外种皮肉质与蓇葖果瓣分离。
　2 花顶生；雌蕊群无柄或具柄。
　　3 每心皮3~12胚珠，每蓇葖具3~12种子；叶草质，常绿乔木⋯⋯⋯⋯⋯⋯⋯⋯⋯⋯木莲属 Manglietia
　　3 每心皮具2胚珠；每蓇葖具1~2种子；叶纸质至厚革质，常绿至落叶乔木或灌木⋯⋯⋯木兰属 Magnolia
　2 花腋生；雌蕊群具显著的柄。
　　4 部分心皮不发育，心皮各分离，形成狭长柱状，疏离的聚合果，成熟心皮沿背缝线或同时沿腹缝线2瓣开裂⋯⋯⋯⋯⋯⋯⋯⋯含笑属 Michelia
　　4 全部心皮发育，心皮合生或部分合生，果时完全合生，形成带肉质或厚木质的聚合果。
　　　5 花被片18~21片；心皮多数，结果时合生形成带肉质的聚合果；成熟时与肉质外果皮不规则脱落，中轴及背面的中肋宿存⋯⋯⋯合果木属 Paramichelia
　　　5 花被片9片；心皮9~13枚，结果时完全合生成厚木质、表面呈弯拱起伏的聚合果；成熟时每蓇葖裂为2个厚木质的果瓣，干后单独或数个自中轴脱落；种子悬垂于宿存中轴上⋯⋯⋯观光木属 Tsoongiodendron

3.3.1.1 木兰属 Magnolia L.

大灌木或乔木；叶常绿或脱落，通常全缘；花常大而美丽，白色，顶生；花被片9~21，有时外轮3片萼状；**雄蕊多数**；心皮多数，卵形，聚生于一无柄、延长的花托上，结果时多少合生成一球果状体，蓇葖果，有种子2颗；种子有一个时期悬挂于丝状的种柄上。约90种，产亚洲东南部温带及热带。印度东北部、马来群岛、日本、北美洲东南部、美洲中部及大、小安的列斯群岛。我国约31种，分布于西南部、秦岭以南至华东、东北。

分种检索表
1 花药内向开裂，先出叶后开花；花被片近相似，外轮花被片不退化为萼片状；叶为落叶或常绿。
　2 托叶与叶柄离生，叶柄上无托叶痕；花大，直径15~20cm；聚合果大，圆柱状长圆体形或卵圆形，径4~5cm；种子近卵圆形，两侧不压扁。常绿大乔木⋯⋯⋯⋯⋯⋯⋯⋯⋯⋯荷花玉兰 Magnolia grandiflora
　2 托叶与叶柄连生；叶柄上留有托叶痕；种子长圆体形或心形，侧向压扁。
　　3 叶为常绿；托叶痕几达叶柄全长。
　　　4 叶柄长4~11cm。
　　　　5 花梗粗壮，长约8cm，向下弯曲；叶倒卵状长圆形，长20~65cm，基部阔楔形⋯⋯大叶玉兰 Magnolia henryi
　　　　5 花梗较细，短于7cm，花直立；叶卵形或长圆状卵形，长17~32cm，基部宽圆，有时心形⋯⋯⋯⋯⋯⋯⋯⋯⋯⋯⋯⋯⋯⋯⋯⋯山玉兰 Magnolia delavayi
　　　4 叶柄长0.5~2.5cm。
　　　　6 全株各部无毛；雄蕊长4~6mm；叶椭圆形、窄椭圆形或倒卵状椭圆形，叶面波皱起伏⋯⋯⋯⋯⋯⋯⋯⋯⋯⋯⋯⋯⋯⋯⋯⋯夜香木兰 Magnolia coco
　　　　6 花梗及心皮被毛⋯⋯馨香玉兰 Magnolia odoratissima
　　3 叶为落叶，托叶痕为叶柄长的1/3~2/3，花蕾具1枚佛焰苞状苞片，开花后脱落，留有1环状苞片脱落痕。
　　　7 叶假轮生，集生于枝端，互生于新枝；花直立，药隔伸出成凸尖。
　　　　8 花盛开时内轮花被片展开不直立，外轮花被片平展不反卷；聚合果基部蓇葖沿果轴下延而基部尖⋯⋯日本厚朴 Magnolia hypoleuca
　　　　8 花盛开时内轮花被片直立，外轮花被片反卷；聚合果的基部蓇葖不沿果轴下延而基部圆⋯⋯⋯⋯⋯⋯⋯⋯⋯⋯⋯⋯⋯厚朴 Magnolia officinalis
　　　7 叶不呈假轮生集生于枝端；叶均互生于枝上；花俯垂、下垂或平展，药隔顶端钝圆或微凹。
　　　　9 小枝紫红色或紫褐色；叶中部以下最宽；托叶痕几达叶柄全长⋯⋯⋯西康玉兰 Magnolia wilsonii
　　　　9 小枝淡灰黄色或灰褐色；叶中部以上最宽；托叶痕长达叶柄长的1/2~2/3⋯⋯天女木兰 Magnolia sieboldii
1 花药内侧向开裂或侧向开裂；花先于叶开放或花叶近同时开放；外轮与内轮花被片形态近相似，大小近相等或外轮花被片极退化成萼片状；叶为落叶性。

10 花被片大小近相等不分化为外轮萼片状和内轮为花瓣状,花先叶开放。
11 叶椭圆形,长圆状卵形,或宽倒卵形基部通常圆,侧脉每边12~16条;花直径达25cm;花被片倒卵状匙形或长圆状卵形,基部收狭成爪,最内轮直立靠合,包围着雌雄蕊群,外轮花被近平展
·················滇藏木兰 Magnolia campbellii
11 叶倒卵形或椭圆状倒卵形,基部通常楔形,侧脉每边5~12条;花直径15~22cm,花被片狭倒卵形或匙形或狭长圆形,基部通常不成爪,最内轮花被片不直立靠合不包围雌雄蕊群。
12 叶先端通常圆或具凹缺;叶背密被细柔毛或仅中脉被毛;花在枝上近平展··········
·················凹叶木兰 Magnolia sargentiana
12 叶先端急尖或急短渐尖;花在枝上直立。
13 花被片12~14········武当木兰 Magnolia sprengeri
13 花被片9~12。
14 一年生小枝径4~5mm,多少被毛;花被片长圆状倒卵形。
15 乔木,花被片纯白色,有时基部外面带红色,外轮内轮近等长;花凋谢后出叶··········
·················玉兰 Magnolia denudata
15 小乔木,花被片浅红色至深红色,外轮花被片稍短或为内轮长的2/3,但不成萼片状;花期延至出叶·······二乔木兰 Magnolia soulangeana
14 一年生小枝径3~4mm,无毛;花被片近匙形或倒披针形。
16 叶倒卵状长圆形,先端宽圆,具渐尖头。侧脉每边8~10条;花被片外面中部以下淡紫红色,长7~8cm·······宝华玉兰 Magnolia zenii
16 叶宽倒披针形、倒披针状椭圆形,先端渐尖或骤狭尾状尖,尖头长5~20mm,侧脉每边10~13条;花被片红色或淡红色,长5~6.5cm·······
·················天目木兰 Magnolia amoena
10 花被片外轮与内轮不相等,外轮退化变小而呈萼片状,常早落。
17 花与叶同时或稍后于叶开放;瓣状花被片紫色或紫红色;叶片基部明显下延;叶背沿脉被柔毛,托叶痕达叶柄长的1/2·······紫玉兰 Magnolia liliflora
17 花先于叶开放,瓣状花被片白色、淡红色或紫色;叶片基部不下延;托叶痕不及叶柄长的1/2。
18 聚合果的成熟蓇葖排列紧贴,互相结合不弯曲,具白色皮孔·········黄山木兰 Magnolia cylindrica
18 聚合果的成熟蓇葖互相分离,通常部分心皮不发育而成弯曲;蓇葖二瓣裂,背面具瘤点突起。
19 叶最宽处在中部以上或以下,椭圆状披针形、卵状披针形、狭倒卵形或卵形;侧脉每边10~15条······
·················望春玉兰 Magnolia biondii
19 叶最宽处在中部以上,倒卵形、椭圆状倒卵形、倒披针形。
20 瓣状花被片(5)6~7,匙形或狭倒卵形,基部常狭窄成爪;小枝无毛,揉碎具松脂气味··········
·················皱叶木兰 Magnolia praecocissima
20 瓣状花被片12~45,狭长圆状倒卵形;小枝密被白色绢状毛,揉碎无松脂气味··········
·················星花木兰 Magnolia stellata

(1) 紫玉兰(木兰,辛夷,木笔)
Magnolia liliflora Desr.　　[Lily Magnolia]

落叶灌木,高3m。小枝紫褐色;顶芽卵形;叶先端渐尖,基部楔形,背面脉上有毛。花大,叶前开放,花瓣6枚,外面紫色,内面近白色;萼片3枚,黄绿色,披针形,较花瓣短。聚合果深紫褐色,变褐色,圆柱形。花期3~4月,果期9~10月。产于我国湖北、四川、云南西北部。喜光,不耐严寒,喜肥沃、湿润的土壤,在过于干燥及碱土、黏土上生长不良。扦插、压条、分株或播种繁殖。花大色艳,可配植于庭院室前,或丛植于草地边缘,园路转角处,草坪或针叶树丛之前。

(2) 玉兰(白玉兰) **Magnolia denudata** Desr.
[Yulan Magnolia]

落叶乔木,高15m;树形圆锥形或卵圆形。单叶互生,倒卵形至倒卵状矩圆形,长10~18cm,宽6~10cm,先端短突尖,基部楔形或宽楔形,全缘,上面有光泽,下面生柔毛;叶柄长2~2.5cm。花单生枝顶,白色,有芳香,呈钟状,直径12~15cm;花萼、花瓣相似,共9枚,矩圆状倒卵形,每3片排成1轮;雄蕊多数,在伸长的花托上部。花先叶开放。聚合果圆筒形,长8~12cm,红褐色;成熟后开裂,种子红色。花期4月,果期9~10月。产安徽、浙江、江西、湖南、广东北部等地。栽培分布较广。喜光,较耐寒;肉质根,忌低湿积水;喜肥沃、排水良好而带微酸性的沙质土壤;抗一定大气污染。树体挺拔,树形整齐,早春

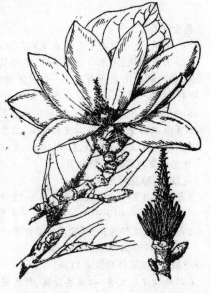

白花满树,洁白无瑕,亭亭玉立。适宜在建筑前对植,或在草坪孤植、丛植,体现庄重素雅之美。

(3)荷花玉兰(广玉兰,洋玉兰)
Magnolia grandiflora L. [Lotus Magnolia]

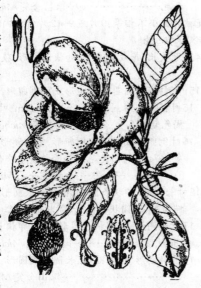

常绿大乔木,高30m。树冠阔圆锥形。芽及小枝有锈色柔毛。叶倒卵状长椭圆形,革质,叶端钝,叶基楔形,表面有光泽,背面有铁锈色短柔毛,叶缘微波状。花杯形,白色,极大,花瓣通常6枚,萼片花瓣状,3枚。聚合果圆柱形,密被灰黄色绒毛。花期5~8月;果期9~10月。原产北美东部。喜光,颇耐阴。喜温暖湿润气候,耐寒,喜肥沃湿润,富含腐殖质的沙壤土。常用播种法繁殖,扦插、压条、嫁接法亦可。叶厚有光泽,花大而芳香,树姿雄伟壮丽,宜列植道路两侧,孤植在宽广开阔的草坪上,配置成观花的树丛或作背景树。

3.3.1.2 木莲属 *Manglietia* Bl.

常绿乔木;叶互生,全缘;花两性,中等大,顶生;花被片9~13,3片1轮;雄蕊多数,花药内向开裂;雌蕊群无柄;心皮多数,螺旋排列于一延长的花托上,每一心皮有胚珠4~14颗,成熟时背裂为2果瓣。30余种,分布于亚洲热带和亚热带,以亚热带种类最多。我国22种,产于长江流域以南。

分种检索表
1 花梗或果梗长3.5~10cm,花直立或花后果下垂。
  2 果梗粗壮,长1~5cm。
    3 叶上面或下面被毛,或叶两面均被毛⋯⋯⋯⋯⋯⋯⋯⋯⋯⋯⋯⋯⋯⋯⋯⋯大叶木莲 *Manglietia megaphylla*
    3 叶两面无毛⋯⋯⋯⋯大果木莲 *Manglietia grandis*
  2 果梗纤细,长4~10cm。
    4 小枝、芽鳞、叶下面、叶柄和花梗均被锈褐色绒毛;叶革质,倒卵状椭圆形或倒披针形,长12~25cm,宽4~8cm。聚合果卵圆形,长5~7cm,径3.5~6cm⋯⋯⋯⋯⋯⋯⋯⋯⋯⋯毛桃木莲 *Manglietia moto*
    4 小枝、芽鳞、叶下面、叶柄和花梗均被稀疏平伏短毛或无毛⋯⋯⋯⋯桂南木莲 *Manglietia chingii*
1 花梗或果梗长3.5cm以下;花后果直立。
  5 花蕾长圆状椭圆体形;雌蕊群圆柱形,花被片基部1/3以下渐狭成爪⋯⋯⋯⋯红色木莲 *Manglietia insignis*
  5 花蕾球形或椭圆体形;雌蕊群卵圆形或长圆状卵圆形。
    6 叶两面无毛⋯⋯⋯⋯乳源木莲 *Manglietia yuyuanensis*
    6 叶两面多少被毛。
      7 叶革质,边缘无波状起伏;外轮花被片长圆状椭圆形;基部心皮长5~6mm,花柱长约1mm,每心皮有胚珠8~10粒⋯⋯⋯⋯木莲 *Manglietia fordiana*
      7 叶薄革质,边缘波状起伏;外轮花被片宽卵形或倒卵形;基部心皮长7~10mm,花柱不明显,每心皮有胚珠5~8粒⋯⋯⋯⋯海南木莲 *Manglietia hainanensis*

(1)木莲(黄心树,木莲果) *Manglietia fordiana* (Hemsl.) Oliv. [Ford Woodlotus]

乔木,高20m。干通直,树皮灰色,平滑。老枝灰褐色,小枝绿色,枝上有白色皮孔和环状条纹。单叶互生,叶革质,长椭圆状披针形,叶端渐尖,顶部常钝,基部楔形,叶尖端向叶背部弯曲。叶全缘,弧形平行脉,叶面绿色有光泽,叶背灰绿色有白粉,叶背主脉突出,叶柄稍呈红褐色。花白色,单生于枝顶,花被片长4~5cm,花梗长0.6~1.1cm。聚合果卵形,蓇葖肉质、深红色,成熟后木质、紫色,表面有疣点。花期3~4月。果熟期9~10月。亚热带树种,分布于长江中下游地区,为常绿阔叶林中常见的树种。幼年耐阴,成长后喜光。喜温暖湿润气候及深厚肥沃的酸性土。在干旱炎热之地生长不良。根系发达,但侧根少,初期生长较缓慢,3年后生长较快。有一定的耐寒性,在绝对低温-7.6~6.8℃下,顶部略有枯萎现象。不耐酷暑。播种繁殖。木莲树冠浑圆,枝叶并茂,绿荫如盖,典雅清秀,初夏盛开玉色花朵,秀丽动人。常于草坪、庭园或名胜古迹处孤植、群植,能起到绿荫庇夏,寒冬如春的功效。

(2)灰木莲 *Manglietia glauca* Bl. [Grey Manglietia]

常绿乔木,高达30m。叶狭倒卵形至倒披针形,长10~20cm,先端急尖,基部楔形,侧脉(10)14~17对,两面网脉明显,薄革质,叶柄长1.5~3cm。花大,乳白至绿白色,清香,花被片9。2~3月开花,9~10月种子成熟,果实由浅绿色变为黄绿色。原产中南半岛。喜光,幼树稍耐阴,喜暖热气候及深厚、湿润土壤，不耐干旱，能耐-2℃的低温。树形整齐美观，树冠广卵形，树干通直，枝叶茂盛，花大而繁多，是很好庭园观赏树和行道树种。

3.3.1.3 含笑属 *Michelia* L.

常绿灌木或乔木，和木兰属不同之处为花腋生，雌蕊群有明显的柄，胚珠在每一子房室内通常为2颗以上。50余种，分布于亚洲热带、亚热带及温带的中国、印度、斯里兰卡、中南半岛、马来群岛、日本南部。我国约41种，主产西南部至东部，以西南部较多。

分种检索表
1 托叶与叶柄连生，在叶柄上留有托叶痕；花被近同形。
  2 叶柄比较长，长在5mm以上；花被片外轮较大，3~4轮，9~13片。
    3 叶薄革质，网脉稀疏。
      4 花黄色；托叶痕长于叶柄的一半……………………………………黄兰 *Michelia champaca*
      4 花白色；托叶痕短于叶柄的一半…白兰 *Michelia alba*
    3 叶革质；网脉纤细，密致，干时两面凸起。
      5 叶倒卵形、狭倒卵形、倒披针形，长10~15cm，宽3.5~7cm；先端短尖或短渐尖…峨眉含笑 *Michelia wilsonii*
      5 叶椭圆形、长圆形、长圆状或狭倒状椭圆形、披针形、狭椭圆形，先端渐尖、尾状渐尖、短尖或长急尖。
        6 托叶痕长为叶柄之半或过半，花被片白色，匙形或倒披针形，长2.5~3.5cm，宽0.4~0.7cm……
        …………………多花含笑 *Michelia floribunda*
        6 托叶痕长达叶柄顶部，花被片黄色，倒卵形，长2~2.2cm，宽0.9~1cm………西藏含笑 *Michelia kisopa*
  2 叶柄较短，长在5mm以下；花被片外轮较小，常2轮，很少3~4轮，6片（很少12~17片）。
    7 雌蕊群及聚合果均无毛；花被片质厚，带肉质，淡黄色，边缘常染有紫色…………含笑花 *Michelia figo*
    7 雌蕊群被毛，聚合果残留有毛；花被片薄。
      8 花白色，雌蕊群超出雄蕊群，聚合果通常仅5~9枚菁荚………………云南含笑 *Michelia yunnanensis*
      8 花深紫色，雌蕊群不超出雄蕊群，聚合果有10枚以上菁荚……………紫花含笑 *Michelia crassipes*
1 托叶与叶柄离生，在叶柄上无托叶痕。花被片同形或不同形。
  9 花被片大小近相等，6片，排成2轮。
    10 小枝被毛；叶厚革质；宽5~10(~12)cm；菁荚长2~6cm
    ………………………苦梓含笑 *Michelia balansae*
    10 小枝无毛；叶革质或薄革质；菁荚长在2cm以下。
      11 芽、花梗、密被淡黄色竖起毛；叶两面无毛。
        12 花淡黄色，外轮花被片倒卵状长圆形，长4~4.5cm，雄蕊长1.3~1.8cm；花梗粗短，长约7mm，密被黄褐色绒毛；叶倒披针形或狭倒卵状椭圆形，长12~18cm……………黄心夜合 *Michelia martinii*
        12 花白色，外轮花被片倒卵形，长6~7cm；雄蕊长3~4cm；花梗较细，长达14mm，具2~3苞片痕；叶卵状椭圆形、椭圆形或倒卵状椭圆形，长7~14cm
        ………………长蕊含笑 *Michelia longistamina*
      11 芽、花梗无毛或被平伏微柔毛或长柔毛，叶两面无

毛或叶下面被柔毛。
  13 花白色；小枝黑色；叶狭长圆形，长6.5~10cm，宽1.5~2.5cm；叶下面被柔毛
  ………………狭叶含笑 *Michelia angustioblonga*
  13 花淡黄色或黄色；小枝褐色或灰黄色；叶倒卵形或长圆状倒卵形，长6.5~17cm，宽3.5~7.5cm，叶两面无毛
  ………………乐昌含笑 *Michelia chapensis*
9 花被片大小不相等，9片或9~12片，很少15片，排成3~4轮，很少5轮。
  14 花冠狭长，花被片扁平，匙状倒卵形、狭倒卵形或匙形。
    15 叶倒卵形、椭圆状倒卵形或狭倒卵形，很少菱形。
      16 叶狭倒卵形，长9~15cm，宽3~6cm，叶背面散生红褐色竖起毛……………川含笑 *Michelia szechuanica*
      16 叶倒卵形或椭圆状倒卵形，很少菱形，长7~14cm，宽5~7cm，两面无毛或背面被灰色平伏短绒毛
      ………………醉香含笑 *Michelia macclurei*
    15 叶长圆形、卵状长圆形、椭圆状长圆形、椭圆形、狭椭圆形、长圆状椭圆形、菱状椭圆形。
      17 叶长圆形、椭圆状长圆形、很少卵状长圆形，长11~18cm，宽4~6cm……阔瓣含笑 *Michelia platypetala*
      17 叶椭圆形、狭椭圆形、长圆状椭圆形、菱状椭圆形
      ………………深山含笑 *Michelia maudiae*
  14 花冠杯状，花被片倒卵形、宽倒卵形、倒卵状长圆形，内凹。
    18 叶倒卵状长圆形、很少长圆形，叶背无毛或被短柔毛……………石碌含笑 *Michelia shiluensis*
    18 叶披针形、阔披针形、狭椭圆状卵形、长圆状椭圆形，叶背面被短绒毛。
      19 叶厚革质，长圆状椭圆形、椭圆状椭圆形或阔披针形，叶下面被红铜色短绒毛；花被片阔卵形、倒卵形，长6~7cm……………金叶含笑 *Michelia foveolata*
      19 叶革质，狭卵形或披针形，基部有时稍偏斜，叶下面被紧贴的银灰色及红褐色的短绒毛；花被片椭圆形、倒卵状椭圆形，长约3cm……………
      ………………亮叶含笑 *Michelia fulgens*

(1) 含笑花(含笑梅，笑梅，香蕉花) *Michelia figo* (Lour.) Spreng. [Figo Michelia, Banana Shrub]

灌木，高2~3m；树皮灰褐色；分枝密；芽、幼枝、花梗和叶柄均密生黄褐色绒毛。叶革质，狭椭圆形或倒卵状椭圆形，长4~10cm，宽1.8~4cm，先端渐尖或尾状渐尖，基部楔形，全缘，上面有光泽，针

毛,下面中脉上有黄褐色毛;叶柄长2~4mm;托叶痕长达叶柄顶端。花单生于叶腋,直径约12mm,淡黄色而边缘有时红色或紫色,芳香;花被片6,长椭圆形,长12~20mm。聚合果长2~3.5cm;果卵圆形或圆形,顶端有短喙。花期3~4月,9月果熟。原产我国广东、福建及广西。喜暖热湿润、阳光充足、不耐寒、适半阴,长江以南背风向阳处能露地越冬。种子繁殖。适于在小游园、花园、公园或街道上成丛种植,可配植于草坪边缘或稀疏林丛之下,使游人在休息之中常得芳香气味的享受。

(2)深山含笑(光叶白兰,莫氏含笑)

Michelia maudiae Dunn [Maudia Michelia]

乔木,高20m。树皮浅灰或灰褐色,平滑不裂。芽、幼枝、叶背均被白粉。叶互生,革质,全缘,深绿色,叶背淡绿色,长椭圆形,先端急尖。花单生于枝梢叶腋,花白色,有芳香,直径10~12 cm。聚合果7~15cm,种子红色。花期2~3月,果期9~10月。产湖南、广东、广西、福建、江西、贵州及浙江南部。喜温暖、湿润环境,有一定耐寒能力。喜光,幼时较耐阴。自然更新能力强,生长快,适应性广,4~5年生即可开花。抗干热,对二氧化硫的抗性较强。喜土层深厚、疏松、肥沃而湿润的酸性沙质土。播种、扦插、压条繁殖或以木兰为砧木嫁接繁殖。枝叶茂密,冬季翠绿不凋,树形美观,是早春优良芳香观花树种,也是优良的园林和四旁绿化树种。

3.3.1.4 观光木属 *Tsoongiodendron* Chun

1种。分布于广西、广东等地。

观光木 *Tsoongiodendron odorum* Chun [Guangguangtree]

大乔木,托叶与叶柄贴生;花两性,单朵腋生,极芳香;花被片9(~10)枚,3轮排列;雄蕊多数,螺旋排列,长达雌蕊群的顶端且完全把后者包围,花丝短,花药线形,侧面开裂,药隔顶端短突出;雌蕊群约比粗短的柄长3倍;心皮9个,排列松弛,胚珠12~16,排成2列;果长椭圆形,长10~12cm,直径7~8cm,表面是波状起伏,由7~8个原来分离而受精后才完全愈合的心皮组成,成熟时开裂;成熟心皮木质,彼此分离而且从中轴上脱落,在宿存的中轴上留下长形的浅穴,在这里悬挂着种子数颗(5~9)。产我国长江以南。喜光,喜温暖、湿润。可作为庭园观赏树。

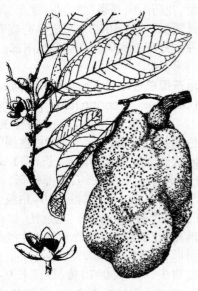

3.3.1.5 合果木属 *Paramichelia* Hu

常绿乔木,托叶与叶柄贴生;在叶柄上具托叶痕,幼叶在芽中平展,紧贴幼芽。花单生于叶腋,两性;花被片18~21,排成4~6轮,大小近相等;花药侧向或近侧向开裂;药隔伸出成短或伸长的凸尖;雌蕊群具柄,心皮多数,全部互相粘合,每心皮有胚珠2~6颗;结果时成熟心皮完全合生,形成带肉质的聚合果;横裂或与肉质外果皮不规则脱落,聚合果果托及木质化的钩状心皮,中脉均宿存。约3种,分布于亚洲东南部的热带及亚热带,从我国西南部、印度北部,经中南半岛、马来半岛至苏门答腊。我国1种。

合果木 *Paramichelia baillonii* (Pierre) Hu [Paramichelia]

大乔木,高可达3.5m,胸径1m,嫩枝、叶柄、叶背,被淡褐色平伏长毛。叶椭圆形,卵状椭圆形或披针形,长6~22(~25)cm,宽4~7cm,先端渐尖,基部楔形,阔楔形,上面初被褐色平伏长毛,中脉凹入,残留有长毛,侧脉每边9~15条,网脉细密,干时两面凸起;叶柄长1.5~3cm,托叶痕为叶柄长的1/3或1/2以上。花芳香,黄色,花被片18~21,6片1轮,外2轮倒披针形,长2.5~2.7cm,宽约0.5cm,向内渐狭小,内轮披针形,长约2cm,宽约2mm,雄蕊长6~7mm;雌蕊群狭卵圆形,长约5mm,心皮完全合生,密被淡黄色柔毛,花柱红色。聚合果肉质,倒卵圆形,椭圆状圆柱形,长6~10cm,宽约4cm。花期3~5月,果期8~10月。产云南。

3.3.1.6 拟单性木兰属 *Parakmeria* Hu et Cheng

常绿乔木;叶全缘;托叶离生;花杂性(雄花、两性花异株),单生于枝顶;花被片12,内轮的稍小,雄花：雄蕊约30，着生于圆锥状的短轴上，花丝短，花药内向开裂；两性花：雄蕊与雄花同；雌蕊群具短柄，心皮10~20枚，成熟心皮背缝开裂。约5种。分布于我国西南部至东南部。

乐东拟单性木兰 Parakmeria lotungensis (Chun et C.Tsoong) Law [Ledong Parakmeria]

常绿乔木，高达30m，胸径30cm，树皮灰白色；当年生枝绿色。叶革质，狭倒卵状椭圆形、倒卵状椭圆形或狭椭圆形，长6~11cm，宽2~3.5(~5)cm，先端尖而尖头钝，基部楔形，或狭楔形；上面深绿色，有光泽，侧脉每边9~13条，干时两面明显凸起，叶柄长1~2cm。花杂性，雄花两性花异株；雄花：花被片9~14，外轮3~4片浅黄色，倒卵状长圆形，长2.5~3.5cm，宽1.2~2.5cm，内2~3轮白色，较狭少；雄蕊30~70枚，雄蕊长9~11mm，花药长8~10mm，花丝长1~2mm，药隔伸出成短尖，花丝及药隔紫红色；有时具1~5心皮的两性花、雄花花托顶端长锐尖，有时具雌蕊群柄，两性花：花被片与雄花同形而较小，雄蕊10~35枚，雌蕊群卵圆形，绿色，具雌蕊10~20枚。聚合果卵状长圆形体或椭圆状卵圆形，长3~6cm；种子圆形或椭圆状卵圆形，外种皮红色。花期4~5月，果期8~9月。产我国南方地区。喜光，喜温暖和湿润气候。

3.3.1.7 鹅掌楸属 Liriodendron L.

落叶乔木；托叶和叶柄分离，叶互生，具柄，4~10裂，先端近截平形；花大，单生于枝顶；花被片9~17，近相等；雄蕊多数，花药外向，药隔延伸成短附属体；心皮多数，离生，有胚珠2颗；成熟心皮翅果状，木质，结成一球果状体，不开裂，脱落；种皮附着于内果皮。2种。我国1种，北美1种。

(1) 鹅掌楸（马褂木）Liriodendron chinense (Hemsl.) Sargent. [Chinese Tuliptree]

乔木，高40m；干皮灰白光滑。小枝具环状托叶痕。单叶互生，有长柄，叶端常截形，两侧各具一凹裂，全形如马褂，叶背密生白粉状突起，无毛。花黄绿色，杯状，花被片9，长2~4cm，单生枝端；4~5月开花。聚合果由具翅小坚果组成。花期5月。果熟期9~10月。我国特有树种，产于长江以南各省区。性喜温凉湿润气候，喜光，耐寒。

种子、扦插繁殖。树形端正，秋叶呈黄色，叶形奇特，是优美的庭阴树和行道树种；花淡黄绿色，美而不艳，宜植于园林中休息区的草坪上。

(2) 杂种鹅掌楸 Lilriodendron tulipifera × L. chinense [Hybrid Tuliptree]

落叶乔木；树皮紫褐色，皮孔明显；叶形介于鹅掌楸与美国鹅掌楸之间；花被外轮3片黄绿色，内两轮黄色。花单生于枝顶，绿黄色，环状，形似郁金香。花大而美丽。聚合翅果。花期5~6月，果实成熟期10月。较耐寒，各地有栽培。

3.3.2 番荔枝科 Annonaceae

乔木或灌木；木质部常有香气。单叶互生，全缘，羽状脉；有叶柄；无托叶。花通常两性，稀单性，辐射对称，绿色、黄色或红色，单生或组成团伞花序、圆锥花序、聚伞花序或簇生，顶生、与叶对生、腋生或腋外生；通常有苞片或小苞片；下位花；萼片3枚，稀2，离生或基部合生，宿存或凋落；花瓣6枚，2轮，每轮3枚，稀4枚，覆瓦状或镊合状排列，少数为外轮镊合状排列，内轮为覆瓦状排列；雄蕊多数，长圆形、卵圆形或楔形，螺旋状着生，药隔凸出成长圆形、三角形、线状披针形或偏斜，顶端截形、尖或圆形，花药2室，纵裂，药室毗连，外向，常有横隔膜，花丝短；心皮1~多数，常离生。聚合浆果，由成熟心皮离生。种子通常有假种皮。约120余属2100余种，广布于世界热带和亚热带地区，尤以东半球为多；中国24属103种6变种，分布于华南、西南至台湾，少数分布于华东。

分属检索表
1 花瓣6片，排成2轮，每轮3片，内外轮或仅内轮为覆瓦状排列；叶片被星状毛或被鳞片…………紫玉盘属 Uvaria
1 花瓣6片，少数4片或3片，排成2轮，少数为1轮，如3片则为1轮，全部为镊合状排列；叶片被柔毛、绒毛或无毛。
 2 成熟心皮合生成一肉质的聚合浆果…番荔枝属 Annona
 2 成熟心皮离生。
  3 果细长，呈念珠状……………………假鹰爪属 Desmos
  3 果粗厚，不呈念珠状。
   4 乔木或直立灌木。
    5 药隔顶端截形或宽三角形，几乎将药室隐藏………
     …………………………………………暗罗属 Polyalthia
    5 药隔顶端尖…………………………依兰属 Cananga
   4 攀援灌木。
    6 总花梗和总果柄均弯曲呈钩状………………………
     …………………………………………鹰爪花属 Artabotrys
    6 总花梗和总果柄均升直……瓜馥木属 Fissistigma

3.3.2.1 紫玉盘属 Uvaria L.

攀援状灌木，常被星状毛；花通常较大，两性，黄色或赤紫色，顶生或与叶对生，少有腋生；萼片

3；花瓣6，2轮，覆瓦状排列，花托凹陷；雄蕊极多数，药隔顶截平形或卵状长椭圆形；心皮极多数，线状长椭圆形，有胚珠多颗，成熟时浆果状或干燥。约150种，分布于世界热带及亚热带地区；中国10种1变种，分布于西南及华南地区。

紫玉盘 *Uvaria microcarpa* Champ. ex Benth. [Uvaria]

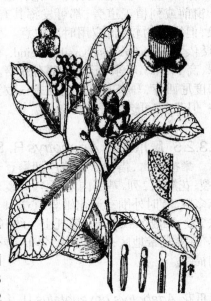

直立灌木，高约2m，枝条蔓延性；幼时被黄色星状柔毛，老渐脱落或几无毛。叶革质，长倒卵形或长椭圆形，长10~23cm，宽5~11cm，顶端急尖或钝，基部近心形或圆形，侧脉每边约13条。花1~2朵，与叶对生，暗紫红色，径2.5~3.5cm；花梗短于2cm；萼片阔卵形；花瓣内外轮相似，卵圆形，顶端圆或钝；雄蕊线形，药隔卵圆形，无毛，最外面的雄蕊常退化为假雄蕊；心皮长圆形或线形，柱头马蹄形，顶端2裂而内卷。果卵圆形或短圆柱形，长1~2cm，径1cm，暗紫褐色，顶端有短尖头。种子圆球形，径6.5~7.5mm。花期3~8月，果期7月~翌年3月。分布于广西、广东和台湾等地；越南和老挝也有分布。喜光，耐旱，耐瘠薄。播种繁殖。花色美丽，果实紫色，花果期长达半年以上，适宜栽于庭园周围或作盆景。

3.3.2.2 假鹰爪属 *Desmos* Lour.

直立或攀援状灌木或小乔木；花单生于叶腋内或与叶对生，或2~4朵簇生；萼片3；花瓣6，2列；雄蕊多数，药隔截形或球形；心皮多数，离生；成熟心皮细长，通常于种子间缢缩成念珠状。约30种，分布于亚洲热带、亚热带地区和大洋洲；中国4种，分布于南部和西南部。

(1) 假鹰爪 *Desmos chinensis* Lour. [China Desmos]

直立或攀援灌木，除花外，全株无毛；枝皮粗糙，有纵条纹，皮孔灰白色。叶薄纸质或膜质，长圆形或椭圆形，稀阔卵形，长4~13cm，宽2~5cm，顶端钝或急尖，基部圆形或稍偏斜，上面有光泽，下面粉绿色。花黄白色，单朵与叶对生或互生；总花梗长2~5.5cm，无毛；萼片卵圆形，外面被微柔毛；花瓣长圆形或披针形，顶端钝，两面被微柔毛；花托凸起，顶端平坦或略凹陷；雄蕊多数，长圆形，药室线形，外向，药隔顶端截形，花丝粗大，肉质；心皮长圆形，被长柔毛，柱头近头状，外弯，顶端2裂。果念珠状，有柄，长2~5cm。种子球状，径约5mm。花期夏至冬季，果期6月至翌年春季。分布于广东、广西、云南和贵州；印度、老挝、柬埔寨、越南、马来西亚、新加坡、菲律宾和印度尼西亚也有分布。适应性强，喜温暖湿润气候，生长快，开花早，不耐寒。播种繁殖。树型美观，枝叶常年浓绿，花果俱佳，花期集中，花香持久，果序如串珠，似鹰爪。可作观赏花卉和庭园绿化苗木，宜孤植或丛植于庭院周围。

(2) 云南假鹰爪 *Desmos yunnanensis* (Hu) P. T. Li [Yunnan Desmos]

灌木或小乔木，高约3m；幼枝、叶、花梗、萼片、花瓣和花丝均被微毛。叶膜质，长圆形、倒卵状长圆形至狭长圆形，长10~16cm，宽3.5~6.8cm，顶端渐尖，基部圆形，叶背苍白色，侧脉每边10~14条。花单朵与叶对生；总花梗长达2.5cm；萼片宽卵形；外轮花瓣小，卵圆形，内轮花瓣大，倒卵形或宽卵形；花托凸起，顶端平坦；雄蕊长圆形，药隔顶端截形；心皮13枚，长圆形，密被柔毛，每心皮有胚珠2~5枚，柱头圆球状。果念珠状，小果圆柱状或椭圆形，长约2cm，径约6mm，外面密被短柔毛，种子1~2颗。花期10月，果期翌年8月。分布于云南西南部。喜温暖湿润气候，耐阴，适应肥沃的土壤。播种繁殖。良好的庭院树种，栽培较少。

3.3.2.3 暗罗属 *Polyalthia* Bl.

乔木或灌木；叶常革质；花两性，少数单性，单生或数朵丛生；萼片3，镊合状或近覆瓦状排列；花瓣6，2列，近相等，长椭圆形或卵形，内轮花瓣在开花时全部展开；雄蕊极多数，楔形；药隔突出于药室外，扩大而呈截平形；心皮多数，有胚珠1~2颗，基生或近基生，成熟时浆果状。约120种，分布于东半球的热带及亚热带地区；中国17种，分布于西南、华南及台湾。

(1) 暗罗 *Polyalthia suberosa* (Roxb.) Thw. [Suberous Greenstar]

小乔木，高达5m；树皮老时栓皮状，灰色，深纵裂；小枝纤细，皮孔白色凸起，被微柔毛。叶纸质，椭圆状长圆形，长6~10cm，宽2~3.5cm，顶端略钝或短渐尖，基部略钝而稍偏斜，上面无毛，下面被疏柔毛，老渐无毛；侧脉每边8~10条；叶柄长2~3mm，被微柔毛。花淡黄色，1~2朵与叶对生；总花梗长1.2~2cm，被紧贴的疏柔毛，小苞片1枚；萼片卵状三角形，外面被疏柔毛；外轮花瓣与萼片同形，内轮花瓣长于外轮花瓣约1~2倍,外面被柔毛,内面无毛;雄蕊卵状楔形,药隔顶端截形;心皮卵状长圆形,被柔毛,柱头卵圆形,被柔毛。果近圆球状,径4~5mm,被短柔毛,熟时红色;果柄长5mm,被短柔毛。花期几乎全年,果期6月至翌年春季。分布于广东南部和广西南部;印度、斯里兰卡、缅甸、泰国、越南、老挝、马来西亚、新加坡和菲律宾等也有分布。喜温暖湿润气候,喜光,能耐半阴,幼苗尤较耐阴;在肥沃、湿润且排水良好的微酸性土壤上生长良好。播种繁殖。可作庭院树或花灌木。

(2)长叶暗罗 *Polyalthia lingifolia* (Sonn.) Thw. [Indian Willow]

常绿乔木,高达18m;枝条稍下垂。单叶互生,条状披针形,长10~18cm,边缘波状,亮绿色。花腋生或与叶对生,淡黄绿色,花瓣6,2轮,雄蕊多数。聚合浆果。原产印度、巴基斯坦和斯里兰卡;我国华南地区有栽培。品种:垂枝暗罗'Pendala'高2~8m,主干挺直,枝叶密集而明显下垂。

3.3.2.4 依兰属
Cananga (DC.) Hook. f. et Thoms.

乔木或灌木;叶大;花大,黄色,单生或簇生于腋生的花序柄上;萼片3;花瓣6,2列,近相等或内面的较小,镊合状排列;雄蕊多数,线形,药隔延伸成一披针形的尖头;心皮多数,有胚珠多颗,成熟时浆果状。约4种,分布于亚洲热带地区至大洋洲;中国栽培1种1变种。

依兰 *Cananga odorata* (Lamk.) Hook. f. et Thoms. [Fragrant Cananga]

常绿乔木,高10~20多米,胸径达60cm,树干通直,小枝无毛。叶薄纸质,卵状矩圆形或长椭圆形,长10~23cm,宽4~14cm,仅叶背脉上被疏短柔毛;侧脉每边9~12条,上面扁平,下面凸起。花大,长约8cm,黄绿色,芳香,倒垂;萼片卵圆

形,绿色,两面被短柔毛;内外轮花瓣近等大,条形或条状披针形,长5~8cm,宽8~16cm;雄蕊条状倒披针形,药隔顶端被短柔毛;心皮矩圆形,被微毛;柱头近头状羽裂。果近圆球状或卵状,长1.5cm,直径1cm。花期4~8月,果期12月-翌年3月。我国栽培于台湾、福建、广东、广西、云南、四川。原产缅甸、印度尼西亚、菲律宾、马来西亚;现广栽培于世界热带地区。喜高温湿润气候,稍耐阴,宜深厚肥沃、排水良好、质地疏松的土壤,少有病虫害。播种和扦插繁殖。花有浓郁的香气,可提制高级香精油,称"依兰"油。在园林中不论种植于草坪、孤植于窗前或列植于道旁,都可发挥其有香有姿的特长,但抗风力较弱,应用时应注意。变种:小依兰(矮依兰) var. *fruticosa* (Craib) J. Sind.,植株矮小,灌木,高1~2m。广东、云南南部有栽培。原产泰国、印度尼西亚、马来西亚。花的香气较淡,精油品质差,但花多,可选作育种材料。

3.3.2.5 鹰爪花属 *Artabotrys* R. Br. ex Ker

攀援灌木,借钩状的花序柄攀登于它物上;萼3裂;花瓣6,2列,基部内陷,且于雄蕊之上收缩;雄蕊多数,有时外围有退化雄蕊;心皮4至多数,有胚珠2颗;果数个群集于一花托上。约100种,分布于热带、亚热带地区;中国4种,分布于西南部至台湾和福建。

鹰爪花 *Artabotrys hexapetalus* (L. f.) Bhandari [Sixpetal Eagleclaw]

攀援灌木,无毛或近无毛,高3~4m。叶纸质,矩圆形或宽披针形,长6~16cm,宽2.5~6cm,先端渐尖或急尖,基部楔形。花1~2朵,生在木质钩状的总花梗上,淡绿色至淡黄色,芳香,直径2.5~3cm;萼片3,卵形,长约8mm,下部合生;花瓣6,2轮,镊合状排列,外轮比内轮大,矩圆形至卵状披针形,长3~4.5cm,宽约1cm,近基部收缩;药隔三角形。果卵形,长2.5~4cm,直径约2.5cm,顶端尖,数个聚生于花托上。花期5~8月,果期6~12月。分布于浙江、台湾、福建、江西、广东、广西和云南等省区,多为栽培;印度、泰国、越南、柬埔寨、菲律宾、马来西亚、印度尼西亚、斯里兰卡等国也有栽培或野生。喜温暖湿润气候,喜光,耐阴,不耐寒,喜较肥沃的排水良好的土壤。播种、压条或扦插繁殖。性强健,枝叶四季青

翠,花极香,耐修剪,常栽培于公园和屋旁,用于庭园花架、花墙栽植,也可与假山石配植,以增加山林野趣,或作绿篱,或修剪成独赏树。

3.3.2.6 瓜馥木属 Fissistigma Griff.

攀援灌木;叶互生,花单生或簇生或为复总状花序;萼片小,3枚,镊合状排列;花瓣6,2列,镊合状排列,外轮稍大于内轮;雄蕊多数,药隔顶端三角形或卵形;心皮多数,离生,有胚珠2颗或更多,成熟时浆果状。约75种,分布热带非洲、大洋洲和亚洲热带、亚热带地区;中国22种1变种,分布于西南部至南部。

瓜馥木 Fissistigma oldhamii (Hemsl.) Merr.
[Oldham Fissistigma]

攀援灌木,长8m。叶革质,倒卵状椭圆形或矩圆形,长6~12.5cm,宽2~4.8cm,无毛或近无毛;叶脉明显;叶柄长1cm。花径1~1.7cm,1~3朵排列成密伞花序;萼片3,宽三角形,长约3mm;花瓣6,2轮,镊合状排列,外轮稍大于内轮,卵圆状矩圆形,长2.1cm,宽1.2cm,内轮的宽三角形,长2cm,宽0.6cm;雄蕊多数。果球形,直径约1.8cm;果柄短为2.5cm。花期4~9月,果期7月至翌年2月。分布于长江以南各省区。喜光,耐阴,喜温暖湿润环境,要求疏松肥沃、排水良好土壤。扦插为主,播种亦可。花香,花期长。在园林可中栽植于墙篱边,任其攀援,颇有野趣。

3.3.2.7 番荔枝属 Annona L.

灌木或乔木;叶脱落或宿存,无托叶;花单生或成束,与叶对生或生于叶腋之上;萼3裂;花瓣6,2列,内列的有时鳞片状或缺;雄蕊多数,聚生;心皮多数,近合生,结果时与花托融合而成一肉质的聚合浆果。约120种,多分布于美洲热带地区,少数分布于热带非洲;中国引入栽培5种,见于东南部至西南部。

分种检索表

1 侧脉两面凸起;花蕾卵圆形或近球形,内轮花瓣存在。
　2 果牛心状,无刺⋯⋯⋯⋯⋯⋯圆滑番荔枝 Annona glabra
　2 果近圆球状,幼时有下弯的刺,后逐渐脱落⋯⋯
　　⋯⋯⋯⋯⋯⋯⋯⋯⋯⋯⋯⋯刺果番荔枝 Annona muricata
1 侧脉在叶面扁平,在叶背凸起,花蕾披针形,内轮花瓣退化成鳞片状。
　3 叶背苍白绿毛;总花梗有花1~4朵,与叶对生或顶生;成熟心皮稍相连,易于分开⋯番荔枝 Annona squamosa
　3 叶背绿色;总花梗有花2~10朵,与叶对生或互生;成熟心皮连合成一个整体,不分开⋯⋯⋯⋯
　　⋯⋯⋯⋯⋯⋯⋯⋯⋯⋯⋯⋯牛心番荔枝 Annona reticulata

(1) 番荔枝 Anona squamosa L.
[Custardapple, Sugarapple, Sweetsop]

落叶或半常绿小乔木,高达5m,多分枝;树皮灰白色。叶排成2列;叶片薄纸质,椭圆状披针形,长6~18cm,宽4~8cm,全缘,先端短尖至圆钝;侧脉8~15对,在上面平。蕾蕾披针形;花单生或2~4朵簇生,青黄色或绿色,下垂,长约2cm;外轮花瓣肉质,长圆形,内轮退化。聚合浆果球形,径5~10cm,有多数瘤状突起,外被白粉,成熟时黄绿色。花期5~6月;果期6~11月。原产西印度群岛,现热带地区广植。喜暖热湿润气候,耐寒力弱;对土壤适应能力较强,但宜排水良好、土质肥沃。播种繁殖。番荔枝为小乔木,分枝多,枝条细软而下垂;果实具瘤状突起,颇似佛像头部之瘤,故有"佛头果"或"释迦头果"之称,味道甘美芳香,是热带佳果之一。园林中适于庭院孤植、丛植。

(2) 圆滑番荔枝 Annona glabra L.
[Glabrous Custardapple]

常绿乔木,高10m;枝条有皮孔。叶纸质,卵圆形至长圆形或椭圆形,长6~15cm,宽4~8cm,顶端急尖至钝,基部圆形,无毛,叶面有光泽,侧脉每边7~9条,两面凸起,网脉明显。花有香气,腋生;外轮花瓣黄白色,顶端钝,无毛,内面近基部有红斑,内轮花瓣较外轮花瓣短而狭,顶端急尖,内面基部红色。果牛心状,长8~10cm,直径6~7.5cm,平滑无毛,淡黄色。花期5~6月,果期8月。分布于热带美洲,亚洲热带地区有栽培;中国云南、广西、广东、浙江和台湾等省区有栽培。生性强健,喜光,喜高温高湿,生长适温为22~32℃。不择土壤,但以排水良好的壤土或沙壤土为宜。播种或压条繁殖。适合作园景树、行道树。

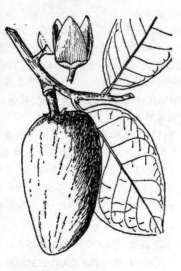

3.3.2.8 泡泡属 *Asimina* Adans.

小乔木或灌木。原产北美。约13种。

巴婆树(泡泡,巴西玫瑰木) *Asimina triloba* (L.) Dundl. [Pawpaw, Common Pawpaw]

落叶乔木或灌木。高达12m,叶下垂,先端尖,阔长圆形,长达30cm。果可食,形似香蕉而较短,熟后果皮变为黑色。花具恶臭,紫色,春季开放,先花后叶。原产北美东部和中西部。喜温暖气候和湿润土壤。播种繁殖。可作园林观赏用。

3.3.3 蜡梅科 Calycanthaceae

落叶或常绿灌木;皮部有油细胞。鳞芽或叶柄内芽。单叶对生,全缘,羽状脉;无托叶。花两性,单生;花被片多数,螺旋状着生于杯状花托外围,内轮的呈花瓣状;能育雄蕊5~20,生于花托顶端,花丝短,花药2室,退化雄蕊5~25;离生单心皮雌蕊,5~35个,胚珠2枚,聚合瘦果,果托坛状;瘦果具1种子。2属9种,分布于东亚和北美。我国2属7种,产于东部和南部,另引入2种。

分属检索表
1 柄上芽,有鳞,花单生叶腋,黄色或黄白色,冬春开花,花径约2.5cm···············蜡梅属 *Chimonanthus*
1 柄下芽,无鳞,包被于叶柄基部内,花单生枝顶,晚春至夏季开花,花径5~7cm···········夏蜡梅属 *Calycanthus*

3.3.3.1 蜡梅属 *Chimonanthus* Lindl.

常绿或落叶灌木;鳞芽。叶纸质或近革质。花单生叶腋,芳香;花被片10~27,黄色或淡黄色;能育雄蕊5~6,稀4~7,退化雄蕊5~6,钻形;离心皮雌蕊5~15。约6种,我国特产。

分种检索表
1 叶线状披针形或长圆状披针形,叶背被短柔毛···········
··············柳叶蜡梅 *Chimonanthus salicifolius*
1 叶卵圆形、卵状披针形、椭圆形或宽椭圆形,无毛或仅叶背脉上被微毛。
 2 叶椭圆形至宽椭圆形或卵圆形,落叶;花直径2~4mm;花被片外面无毛,内部花被片的基部有爪;花丝比花药长或等长············蜡梅 *Chimonanthus praecox*
 2 叶卵状披针形,常绿;花直径7~10mm;花被片外面被微毛,内部花被片的基部无爪;花丝比花药短············
··············山蜡梅 *Chimonanthus nitens*

(1) 蜡梅(腊梅) *Chimonanthus praecox* (L.) Link [Wintersweet]

落叶灌木,高达3~4m;小枝淡灰色,有纵条纹和椭圆形皮孔。叶近革质,单叶对生,卵状椭圆形至卵状披针形,长7~15cm,全缘,上面粗糙,有硬毛,下面光滑无毛。花鲜黄色,芳香,径1.5~2.5cm,内层花被片有紫褐

色条纹。瘦果长圆形,微弯,长1~1.3cm,栗褐色,生于壶形果托中。花期1~3月,先叶开放;果9~10月成熟。产我国中部,现湖北、湖南等省仍有野生;各地普遍栽培。其中以河南鄢陵的蜡梅最为著名。喜光,稍耐阴;耐寒。喜深厚而排水良好的轻壤土,在黏性土和盐碱地生长不良。耐干旱,忌水湿。萌芽力强,耐修剪。对二氧化硫有一定抗性,能吸收汞蒸汽。分株、压条、扦插、播种或嫁接繁殖均可。以嫁接为主,分株为次。蜡梅是我国特有的珍贵冬季花木,花开于隆冬,凌寒怒放,花香四溢。适于孤植或丛植于窗前、墙角、阶下、山坡等处,可与苍松翠柏相配置,也可布置于入口的花台、花池中。在江南,可与南天竹等常绿观果树种配植,则红果、绿叶、黄花相映成趣。也可盆栽观赏,适于造型。品种:栽培历史悠久,有上百个品种。变种:①素心蜡梅 var. *concolor* Makino,花被纯黄,有浓香。蜡梅中最名贵的品种。②磬口蜡梅 var. *grandiflorus* Makino,叶及花均较大外轮花被黄色,内轮黄色上有紫色条纹,香味浓,为名贵品种。③小花蜡梅 var. *parviflorus* Turrill,花朵特小,外层花被黄白色,内层有红紫色条纹。香气浓郁。④狗爪蜡梅 var. *intermedius* Makino,也叫狗牙蜡梅或红心蜡梅、狗蝇梅、狗英梅。花小,香淡,花瓣狭长而尖,外轮黄色,内轮有紫斑,淡香。抗性强。原产中国中部秦岭、大巴区等地区,以陕西及湖北为分布中心。

(2) 山蜡梅（亮叶蜡梅，秋蜡梅）
Chimonanthus nitens Oliv.
[Shining Wintersweet]

常绿灌木，高1~3m。叶纸质至近革质，椭圆形至卵状披针形，少数为长圆状披针形，长2~13cm，宽1.5~5.5cm，顶端渐尖，基部钝至急尖。花小，直径7~10mm，黄色或黄白色；花被片圆形、卵形、倒卵形、卵状披针形或长圆形。果托坛状，长2~5cm，直径1~2.5cm，口部收缩，成熟时灰褐色，被短绒毛，内藏聚合瘦果。果期4~7月。中国的特有植物。分布于长江以南多个省份。花期10月至翌年1月。喜温暖、湿润和阳光充足环境。耐寒，耐干旱和耐阴，怕积水和干风，宜肥沃、疏松和排水良好的微酸性沙壤土。播种繁殖。夏季采种后即播。梅雨季节用高空压条繁殖。花黄色美丽，叶常绿，是良好的园林绿化植物，适用于小庭园的窗前屋后、墙隅、坡地、池畔、林中及岩石上栽植，花时阵阵清香扑鼻，使人赏心悦目，若在公园或风景区成片群植，景观十分诱人。

3.3.3.2 夏蜡梅属 Calycanthus L.

落叶灌木。叶柄内芽或鳞芽。叶全缘或具稀疏浅锯齿。花单生枝顶；花被片15~30，红褐、紫褐或黄白色，具紫红色边晕或散生紫红色斑纹；雄蕊10~20，花丝被毛；心皮11~35，离生。瘦果暗褐色，椭圆形。3种，产东亚和北美。我国1种，引入栽培2种。

分种检索表
1 叶较大，宽8~16cm；花白色，花被片宽1.1~2.6mm ············
 ························· 夏蜡梅 Calycanthus chinensis
1 叶较小，宽2~6cm；花红褐色，花被片宽3~8mm ···············
 ························· 美国蜡梅 Calycanthus floridus

(1) 夏蜡梅 Calycanthus chinensis
Cheng et S. Y. Chang [China Allspice]

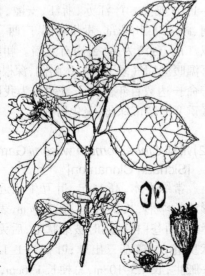

灌木。高达3m；树皮灰白色。小枝对生；冬芽为叶柄基部所包被。叶阔卵状椭圆形至卵圆形，长13~29cm，宽8~16cm。花径约4.5~7cm；花被片二型；外围大而薄，白色，边缘具红晕，9~14片；内面9~12片乳黄色，腹面基部散生淡紫色斑纹，呈副花冠状。果托钟形，瘦果褐色，基部密被灰白色绒毛。花期5~6月；果期9~10月。特产华东，分布于浙江临安县、天台县和安徽歙县等地。喜凉爽湿润气候和富含腐殖质的微酸性土壤；耐阴，在强光下生长不良；不耐干旱瘠薄。播种繁殖，也可扦插、压条或分株。还可嫁接繁殖。花形奇特，色彩鲜艳，栽植于园林绿地或林下供人们欣赏。

(2) 美国蜡梅（洋蜡梅，美国夏蜡梅）
Calycanthus floridus L.
[Carolina Allspice, Common Sweetshrub]

高1~4m；幼枝、叶两面和叶柄均密被短柔毛。叶椭圆形、宽楔圆形、长圆形或卵圆形，长5~15cm，宽2~6cm，叶面粗糙，叶背苍绿色；中脉和侧脉在叶面扁平，在叶背凸起。果托长圆状圆筒形至梨形。花红褐色，直径4~7cm，有香气；花被片线形至长圆状线形、线状倒卵形至椭圆形，长2~4cm，宽3~8mm，两面被短柔毛，内面的花被片通常较短小；雄蕊10~15。花期5~7月。原产于北美。喜光。播种繁殖。花美丽有香气，我国南京、上海、庐山及北京等地有引种栽培观赏。变种：光叶红 var. *laevigatus* 叶、叶柄及幼枝均无毛或近无毛。

3.3.4 樟科 Lauraceae

常绿或落叶，乔木，灌木，稀藤本，具油细胞，有香气。单叶，全缘稀有裂片，羽状脉或三出脉。花序各种：总状花序、圆锥花序、伞形花序。花被片每3片一轮，有2~3轮；雄蕊9~12，排成3~4轮，第三轮雄蕊的花丝具腺体，花药2~4室，瓣裂；子房上位，1室1枚胚珠。核果或浆果。45属2000余种，主产热带至亚热带。中国有20属420多种，主产秦岭、淮河以南地区，少数种类可分布至辽宁南部，多为组成常绿阔叶林树种。

分属检索表
1 花序成假伞形或簇状，稀为单生或总状至圆锥状，其下承有总苞，总苞片大而常为交互对生，常宿存。
 2 花2基数，即花各部为2数或为2的倍数 ·····················
 ························· 新木姜子 Neolitsea
 2 花3基数，即花各部为3数或为3的倍数。
 3 花药4室 ························· 木姜子属 Litsea
 3 花药2室 ························· 山胡椒属 Lindera
1 花序通常圆锥状，疏松，具梗，但亦有成簇状的，均无明显的总苞。
 4 果着生于由花被筒发育而成的或浅或深的果托上，果托只部分地包被果。
 5 花序在开花前有大而非交互对生的迟落的苞片 ···········
 ························· 檫木属 Sassafras
 5 花序在开花前有小而早落的苞片 ·······················
 ························· 樟属 Cinnamomum
 4 果着生于无宿存花被的果梗上，若花被宿存时，则绝不成果托。
6 果时花被直立而坚硬,紧抱果上·············楠属 Phoebe
6 果时花被脱落,若宿存则绝不紧抱果上。
 7 花被裂片果时宿存,反卷或展开·········润楠属 Machilus
 7 花被裂片花后早落··················鳄梨属 Persea

3.3.4.1 樟属 Cinnamomum Trew

常绿乔木或灌木。叶互生或对生,革质,全缘,三出脉、离基三出脉或羽状脉。圆锥花序腋生或近顶生;花两性;花被片6,花后脱落;花药4室;排成二列。果着生于盘状、杯状或倒圆锥状的果托上。约250种,产亚洲大陆至我国台湾、太平洋群岛至大洋洲。我国46种,产于西南部至东部。

分种检索表
1 果时花被片完全脱落;芽鳞明显,覆瓦状;叶互生,羽状脉、近离基三出脉或稀为离基兰出脉,侧脉脉腋通常在下面有腺窝上面有明显或不明显的泡状隆起。
 2 叶老时两面或下面明显被毛。
  3 圆锥花序密被毛,毛被各式··········
   ··················银木 Cinnamomum septentrionale
  3 圆锥花序无毛或近无毛············
   ··················猴樟 Cinnamomum bodinieri
 2 叶老时两面无毛或近无毛。
  4 叶干时上面黄绿色,下面黄褐色;圆锥花序顶生或间有腋生,短促,长仅(2)3~5cm,少花,干时呈茶褐色,近无毛或仅序轴基部被短柔毛············
   ··················沉水樟 Cinnamomum micranthum
  4 叶干时上面不为黄绿色,下面不为黄褐色;圆锥花序腋生或腋生及顶生,多少伸长,多花,不呈茶褐色。
   5 叶卵状椭圆形,下面干时常带白色,离基三出脉,侧脉及支脉脉腋下面有明显的腺窝·········
    ··················樟树 Cinnamomum camphora
   5 叶形多变,但下面干时不或不明显带白色,通常羽状脉,仅侧脉脉腋下面有明显的腺窝或无腺窝。
    6 叶下面侧脉脉腋腺窝不明显,上面相应处也不明显呈泡状隆起·········黄樟 Cinnamomum porrectum
    6 叶下面侧脉脉腋腺窝十分明显,上面相应处也有明显呈泡状的隆起···········
     ··················云南樟 Cinnamomum glanduliferum
1 果时花被片宿存,或上部脱落下部留存在花被筒的边缘上;芽裸露或芽鳞不明显;叶对生或近对生,三出脉或离基三出脉,侧脉脉腋下面无腺窝上面无明显泡状隆起。
 7 叶两面尤其是下面幼时明显被毛,毛被各式,老时全然不脱落或渐变稀薄,极稀最后变无毛·········
  ··················肉桂 Cinnamomum cassia
 7 叶两面尤其是下面幼时无毛或略被毛老时明显无毛或变无毛,后种情况如土肉桂和假桂皮树,此时老叶下面仅疏被微柔毛或短柔毛。
  8 果托边缘截平,波状或不规则的齿裂··········
   ··················天竺桂 Cinnamomum japonicum
  8 果托具整齐6齿裂,齿端截平、圆或锐尖。
   9 圆锥花序短小,长(2)3~6cm,比叶短很多,被灰白微柔毛;叶卵圆形、长圆形、披针形至线状披针形或线形;果卵球形,长约8mm,宽约5mm·········
    ··················阴香 Cinnamomum burmanni
   9 圆锥花序均较长大,常与叶等长,被灰白短柔毛或微柔毛;叶卵圆形,卵状披针形至椭圆状长圆形;果椭圆形或卵球形,长在13mm以上。
    10 叶革质,卵圆形或长圆状卵形,长8~11(14)cm,宽4~5.5(9)cm,先端锐尖,基部圆形,基生侧脉达叶片长3/4处消失,下面具明显而密集浅蜂巢状脉网;圆锥花序顶生;果托具齿裂,齿短而圆;野生植物,枝、叶、树皮干时不具香气···········
     ··················兰屿肉桂 Cinnamomum kotoense
    10 叶质地和叶形多变,革质或近革质至坚纸质,卵圆形或卵状披针形,长11~16cm,宽4.5~5.5cm,先端渐尖,基部锐尖,基生侧脉近叶端处消失,横脉和小脉在叶下面常稍为显著但不明显呈浅蜂巢状脉网;圆锥花序腋生及顶生;果托具齿裂,齿先端截形或锐尖;栽培植物,枝、叶、树皮干时具浓烈香气·········
     ··················锡兰肉桂 Cinnamomum zeylanicum

(1)樟树(香樟,乌樟,芳樟)
***Cinnamomum camphoa* Presl.**
[Camphortree]

乔木,高达50m,胸径5m;树冠广卵形;树皮黄褐色或灰褐色,不规则纵裂;枝、叶及木材均有樟脑味,无毛。叶互生,薄革质,卵形或卵状缩圆形,先端急尖或近尾尖,基部宽楔形至近圆形,全缘,微波状,两面无毛,离基三出脉,脉腋有明显的腺窝。果卵形或近球形,紫黑色,果托杯状,顶端平截。花期4~5月,果8~11月成熟。产江苏、浙江、安徽、福建、江西、湖南、湖北、四川东部、贵州东部、广西、广东、台湾,尤以江西、台湾为多,云南有栽培。朝鲜、日本亦产。喜温暖湿润气候,喜光,稍耐阴,深根性,萌芽性强,寿命长达数百年。种子繁殖。为我国长江流域地区重要的城市绿化、美化树种。

(2)川桂 *Cinnamomum wilsonii* Gamble
[Sichuan Cinnamon]

常绿乔木,高16m。叶互生或近对生,革质卵形或长卵形,长8~18cm,宽3~5cm,表面绿色,有光泽,背面苍白色,幼时被绢状毛,后无毛,边缘软骨状反卷,具离基三出脉;叶柄长1~1.5cm。圆锥花序腋生,长4.5~10cm,总梗长1~6cm,花梗细,长6~

20mm;花白色,花被裂片两面疏生绢状毛.果具宿存全缘花被片。花期6~7月,果熟期9~10月。产广东、广西、湖北、湖南、四川、贵州和云南等。

3.3.4.2 月桂属 *Laurus* L.

常绿小乔木。叶互生,革质,羽状脉。花为雌雄异株或两性,组成具梗的伞形花序;伞形花序在开花前由4枚交互对生的总苞片所包裹,呈球形,腋生,通常成对,偶有1或3个呈簇状或短总状排列。花被筒短,花被裂片4,近等大。雄花有雄蕊8~14,通常为12,排列成三轮,第一轮花丝无腺体,第二、三轮花丝中部有一对无柄的肾形腺体,花丝2室,室内向;子房不育。雌花有退化雄蕊4,与花被片互生。果卵球形;花被筒不或稍增大,完整或撕裂。2种,产大西洋的加那利群岛、马德拉群岛及地中海沿岸地区。我国引种1种。

月桂 *Laurus nobilis* L. [Grecian Laurel]

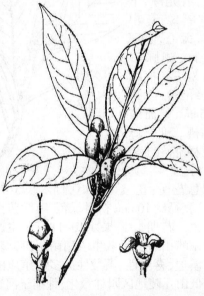

常绿小乔木,高达12m。小枝绿色,叶矩圆形,叶全缘,边缘呈波状,革质,两面无毛,羽状脉,表面暗绿色,有光泽,背面淡绿色。花雌雄异株,花黄色,成聚伞房花序簇生于叶腋,花被片倒卵形。果实椭圆状卵形,熟时暗紫色。花期4月;果期9~10月。原产地中海地区。我国南方有栽培。喜温湿气候,喜光,较耐阴,稍耐寒。以扦插,播种繁殖为主。月桂四季常青,树姿优美,有浓郁香气,适于在庭院、建筑物前栽植,其斑叶者,尤为美观。住宅前院用作绿墙分隔空间,隐蔽遮挡,效果也好。

3.3.4.3 楠属 *Phoebe* Nees

常绿乔木或灌木。叶通常聚生枝顶,互生,多为倒卵形,羽状脉;花两性;圆锥或总状花序,花后花被片宿存,紧抱于果实基部,果椭圆形。约94种,分布东南亚及美洲热带。我国34种。长江流域以南地区,以西南最多。

分种检索表
1 侧脉极纤细,在下面明显或略明显,横脉及小脉在下面近于消失或完全消失;叶下面被紧贴灰白色柔毛;叶椭圆形或椭圆状披针形,长5~8(10)cm,宽1.5~3cm;圆锥花序长4~8cm;果椭圆形,长1~1.4cm,直径6~9mm···细叶楠 *Phoebe hui*
1 侧脉较粗,与横脉及小脉在下面明显或十分明显,小脉绝不近于消失,叶下面毛不紧贴。
 2 果较小,长1cm以下,卵形;宿存花被片多少松散或明显松散,有时先端外倾·················紫楠 *Phoebe sheareri*
 2 果较大,长1.1~1.5cm,椭圆状卵形、椭圆形至近长圆形;宿存花被片紧贴于果的基部。
  3 叶倒卵状椭圆形或倒卵状披针形,少为披针形,长7~17cm,宽3~7cm;种子多胚性,子叶不等大···浙江楠 *Phoebe chekiangensis*
  3 叶椭圆形、披针形或倒披针形,较狭小;种子单胚性,子叶等大。
   4 叶革质,披针形或倒披针形,长7~13(15)cm,宽2~3(4)cm,横脉及小脉在下面十分明显,结成小网格状,叶柄长5~11(20)mm;花序长3~7(10)cm,通常3~4条,为紧缩不开展的圆锥花序,最下部分枝长2~2.5cm;小枝被毛或有时近于无毛···闽楠 *Phoebe bournei*
   4 叶多为薄革质,椭圆形,少为披针形,长7~11(13)cm,宽2.5~4cm,横脉及小脉在下面不明显或略明显,不构成小网格状,叶柄长1~2.2cm;花序长(6)7.5~12cm,多分枝,为十分开展的聚伞状圆锥花序,最下部分枝通常长2.5~4cm;小枝始终密被黄褐色或灰褐色柔毛··楠木 *Phoebe zhennan*

(1)紫楠(紫金楠,金心楠,金丝楠)
Phoebes heareri (Hemsl.) Gamble [Purple Nanmu]

乔木,高16m;幼枝和幼叶密被锈色绒毛,后渐脱落。叶互生,革质,倒卵形至倒披针形,长8~22cm,宽4~8cm,上面近光滑,仅两面中脉上仍有稀疏锈色绒毛,具羽状脉,上面凹下,下面隆起。果肉质,卵形,长约9mm,基部包围以带有宿存直立裂片的杯状花被管;果梗有绒毛。腋生圆锥花序,密被锈色绒毛;花被片6,相等,卵形,约长3mm,两面有毛;能育雄蕊9,花药4室,第三轮雄蕊外向瓣裂,各有2腺体,腺体几无柄。在我国长江以南和西南广泛分布;中南半岛也有。喜光,稍耐阴湿。播种繁殖。可作庭园观赏或作行道树。

(2) 楠木 *Phoebe zhenna* S. Lee et F. N. Wei [Zhennan]

常绿乔木,高达30m。小枝被灰黄色或灰褐色柔毛。叶互生,革质,倒披针形、倒卵状披针形或椭圆形,长7~13cm,宽2~4.5cm,先端渐尖,基部楔形,上面沿中脉下部有毛,下面密被灰白色或淡黄色短柔毛,脉上被长柔毛,侧脉8~13对;叶柄长1~2cm,被柔毛。花序长6~12cm,最下部分枝长2.5~4cm。果长卵形或椭圆形,蓝黑色;长1.1~1.4cm,直径6~7mm,宿存的花被片较厚而短,直立紧抱于果实基部。花期5月,果熟期9月。产贵州北部、西部及四川盆地西部、湖北、湖南、河南鸡公山、商城黄柏山、西峡黑烟镇。树干通直,适合于在公园、庙宇附近常见栽植。

3.3.4.4 润楠属 *Machilus* Nees

与楠属相似,区别为宿存的花被片果后向外反曲或平展,果球形。约100种,东南亚及日本。中国70多种。产南方、西南。

分种检索表
```
1 花被裂片外面无毛。
  2 果椭圆形·················滇润楠 Machilus yunnanensis
  2 果球形或近球形··········红楠 Machilus thunbergii
1 花被裂片外面有绒毛或有小柔毛、绢毛。
  3 圆锥花序顶生或近顶生·······柳叶润楠 Machilus salicina
  3 圆锥花序通常生当年生枝下端。
    4 叶干后常变黑色;顶芽芽鳞外面被棕或黄棕色小柔
      毛;叶椭圆形,狭椭圆形或倒披针形;木材薄片浸水有
      黏液··························刨花润楠 Machilus pauhoi
    4 叶干后不变黑色;芽鳞外面被毛不为棕或黄棕色·····
      ··························薄叶润楠 Machilus leptophylla
```

(1) 柳叶润楠(柳楠) *Machilus salicina* Hance [Willowleaf Machilus]

灌木,通常3~5m。枝条无毛,褐色。叶线状披针形,长7~12cm,宽约1.3~2.5cm,革质,上面无毛,但不甚光亮,下面暗粉绿色,无毛或嫩时有时有贴伏微柔毛,中脉上面平坦,下面明显,侧脉每边10~12条,小脉密网状,两面形成蜂巢状浅窝穴;叶柄长7~15mm。果球形,直径约7~10mm;果梗红色。圆锥花序多数生于新枝上端,少分枝,长3~8cm,无毛或多少被绢状微柔毛;花被裂片长圆形。花期2~3月,果期4~6月。分布于广东、广西、贵州南部及云南南部;中南半岛的越南、老挝、柬埔寨也有。喜光,耐水湿。播种繁殖。枝茂叶密,可作为护岸防堤树种,可种植于低海拔地区的溪畔、河边。

(2) 红楠(红润楠) *Machilus thunbergii* Sieb. et Zucc. [Red Nanmu]

常绿乔木,高达16m。树干粗短,周围可达2~4m。树冠平顶或扁圆。叶革质、倒卵形或长椭圆形,长6~10cm,宽2~5cm,上面深绿色,有光泽,下面带绿苍白色,无毛,具羽状脉,侧脉7~10对;叶柄比较纤细,长1~2.5cm,上面有浅槽,和中脉一样带红色。花序腋生,具长总花梗;花被裂片狭矩圆形,长5~7mm。果扁球形,直径约10mm,初时绿色,熟时蓝黑色。果梗鲜红色。花期4月,果期10~11月。主产华东、华南;山东崂山有少量散生。稍耐阴,喜湿润阴坡、山谷和溪边、喜中性、微酸性而多腐殖质的土壤。可用于低山丘陵地区园林绿化,种植于河边等地。

3.3.4.5 鳄梨属 *Persea* Mill.

常绿乔木或灌木;叶坚纸质至硬革质,羽状脉;花两性,排成腋生或近顶生的聚伞状圆锥花序;花被筒短,花被裂片6,近相等或外轮3枚略小,被毛,花后增厚,早落或宿存;能有雄蕊9,排成三轮,第一、二轮无腺体而药室内向,第三轮基部有2个腺体;果为肉质核果,小而球形,或硕大至卵球形或梨形;果梗多少增粗而呈肉质或为圆柱形。约150种,大部分产美洲。

鳄梨(油梨,樟梨,牛油果)
Persea americana Mill. [America Avocado]

乔木,高约10m。叶互生,革质,矩圆形、椭圆形至卵形或倒卵形,长8~20cm,先端急尖,下面稍苍白色,有羽状脉;叶柄长约4cm。圆锥花序顶生;花有短梗,多数密集,小,淡绿色;花被片6,长4~

5mm,外轮3片略小,微被毛或近无毛;能育雄蕊9,花药4室,排成一排,第三轮雄蕊花药外向瓣裂并有2腺体;子房顶端渐狭,柱头盘状。果实大,肉质,通常梨形,有时卵形或球形,长8~18cm,黄绿色或红棕色。原产热带美洲,我国广东、福建、台湾、四川、云南等地有栽培。喜光,喜温暖湿润气候,不耐寒对土壤适应性较强。播种繁殖。既是果树也是生态绿化树种,具有很高的园林种植价值。

3.3.4.6 檫木属 *Sassafras* Trew

落叶乔木。顶芽大,具鳞片,鳞片近圆形,外面密被绢毛。叶互生,聚集于枝顶,坚纸质,具羽状脉或离基三出脉,异型,不分裂或2-3浅裂。花单性异株或两性,总状花序腋生或近顶生。两性花,花药4室,第三轮花药外向;单性花:花药2室,全部内向。果实球形,果梗纺锤形,红色。3种,东亚北美间断分布,我国2种。

檫木(檫树,南树,山檫,青檫檄)
Sassafras tzumu Hemsl.　　[Sassafras]

乔木,高达35m,胸径2.5m。喜温暖湿润、雨量充沛的气候条件及土层深厚肥沃、排水良好的酸性土壤。树皮幼时黄绿色,平滑,老时灰褐色,不规则纵裂。小枝无毛。叶于枝顶互生,卵形或倒卵形,长10~20cm,宽5~12cm,全缘或1~3浅裂,具羽状脉或三出脉。短圆锥花序顶生,先于叶发出。花两性,稀单性,黄色;花梗长4.5~6mm,密被棕褐色柔毛;花被裂片披针形,长约3.5mm,外面疏被柔毛;雄蕊花药四室。果近球形,径8mm,蓝黑色,被白粉;果托浅杯状,红色;果梗长1.5~2cm,上端渐增粗,无毛,红色。花期3~4月;果期5~9月。产于长江流域以南各地。喜温暖湿润气候。喜光,不耐阴。萌芽更新或分根繁殖。播种繁殖或分蘖、分根繁殖。春天黄花,先叶开放,叶形奇特,嫩叶和秋叶红色,具有较高的观赏价值,可用于庭园、公园栽植或用作行道树。

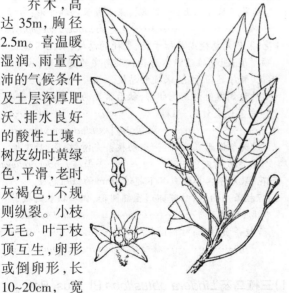

3.3.4.7 木姜子属 *Litsea* Lam.

落叶或常绿,乔木或灌木。叶互生,很少对生或轮生,羽状脉。花单性,雌雄异株;伞形花序或为伞形花序式的聚伞花序或圆锥花序,单生或簇生于叶腋;苞片4~6,交互对生,开花时尚宿存,迟落,花被筒长或短;花药4室,内向瓣裂;退化雌蕊有或无;子房上位,花柱显著。果着生于多少增大的浅盘状或深杯状果托(即花被筒)上,也有花被筒在结果时不增大,故无盘状或杯状果托。约200种,除不见于非洲与欧洲外,分布于亚洲热带和亚热带,以至北美和亚热带的南美洲。我国约72种18变种和3变型,是我国樟科中种类较多、分布较广的属之一,自广东海南岛至长江以北的河南省北均有分布,但主产南方和西南温暖地区。

分种检索表
1 落叶,叶片纸质或膜质;花被裂片6;花被筒在果时不增大,无杯状果托(仅天目木姜子有杯状果托)。
　2 叶柄长2~8cm;叶片从圆形、圆状椭圆形至宽卵圆形……
　　　　　……………………天目木姜子 *Litsea auriculata*
　2 叶柄长在2cm以下…………………山鸡椒 *Litsea cubeba*
1 常绿,叶片革质或薄革质。
　3 果梗顶端宿存有花被裂片;果球形或近球形……………
　　　　　……………………朝鲜木姜子 *Litsea coreana*
　3 果梗顶端上面不宿存花被裂片;果长椭圆形、长卵形或球形………………假柿木姜子 *Litsea monopetala*

(1)山鸡椒(山苍子,木姜子,山姜子)
Litsea cubeba(Lour.)Pers
[Mountain Spicy Tree]

落叶灌木或小乔木,高8~10m;树皮幼时黄绿色,光滑,老时灰褐色;小枝细瘦,无毛。叶互生,纸质,有香气,矩圆形或披针形,长7~11cm,宽1.4~2.4cm,上面深绿色,下面带绿苍白色,两面无毛,具羽状脉,侧脉6~7对;叶柄长6~

12mm。雌雄异株；伞形花序先叶而出，总花梗纤细，有花4~6朵；花小；花被片6，椭圆形，约长2mm；能育雄蕊9，药4室，皆内向瓣裂。果实近球形，有不明显小尖头，直径4~5mm，无毛，幼时绿色，熟时黑色；果梗约长4mm。花期2~3月，果期7~8月。广布于我国长江以南各省区；也产于东南亚及印度。喜湿润气候。喜光，适生于上层深厚、排水良好的酸性红壤、黄壤以及山地棕壤，低洼积水处则不宜栽种。播种繁殖。可作园林观赏树种，种植于向阳的山地、疏林下或路旁、水边。

(2) 天目木姜子 *Litsea auriculata* Chien et Cheng [Tianmu Mountain Litse]

落叶乔木，高10~20m，径40~60cm。叶互生，纸质，近心形、倒卵形或椭圆形，长9.5~17cm，宽5.5~13.5cm，基部具耳，上面暗绿色，具光泽，下面苍白色，两面脉上均被短柔毛，具羽状脉，侧脉7~8对；叶柄长3~11cm。雌雄异株；伞形花序，有6~8朵花；总苞片8，开花时尚存；花先于叶开放；花被片6，稀8，黄色，矩圆形或矩圆状倒卵形；能育雄蕊9。果实卵形，长13mm，直径11mm，无毛；宿存的花被杯状，肥厚，直径15mm；果梗粗，长13~15mm。产于浙江天目山，河南鸡公山和伏牛山。

3.3.4.8 新木姜子属 *Neolitsea* Merr.

常绿乔木或灌木；叶常互生，常聚集于枝梢，常具离基三出脉；花单性，雌雄异株，为单生或簇生的伞形花序；花被裂片4，2轮；雄花：雄蕊6，3轮；雌花：退化雄蕊6；果为浆果状核果。约85种8变种，分布印度、马来西亚至日本。我国45种和8变种，产西南、南部至东部。多为灌木，少数为中乔木。

新木姜子(新木姜) *Neolitsea aurata* (Hay.) Koidz. [Newlitse]

乔木，高达14m。叶互生或聚生枝顶呈轮生状，长8~14cm，宽2.5~4cm，先端镰刀状渐尖或渐尖，基部楔形或近圆形，革质，上面绿色，无毛，下面密被金黄色绢毛，离基三出脉，侧脉每边3~4条，叶柄长8~12mm。伞形花序3~5个簇生于枝顶或节间；总梗短；苞片圆形；每花序有花5朵；花梗长2mm；花被裂片4，椭圆形，长约3mm；能育雄蕊6。果椭圆形，长8mm；果梗长5~7mm。花期2~3月，果期9~10月。产台湾、福建、江苏、江西、湖南、湖北、广东、广西、四川、贵州及云南。日本也有分布。

3.3.4.9 山胡椒属 *Lindera* Thunb.

常绿或落叶乔、灌木，具香气。叶互生，全缘或三裂，羽状脉、三出脉或离基三出脉。花单性，雌雄异株，黄色或绿黄色；伞形花序在叶腋单生或在腋生缩短短枝上2至多数簇生；果圆形或椭圆形，浆果或核果，幼果绿色，熟时红色，后变紫黑色，内有种子一枚。约100种，主产亚洲热带。我国49种，主产长江流域以南。

分种检索表

1 叶具三出脉或离基三出脉。
  2 果椭圆形；花序单生于当年生枝上部叶腋及下部苞片腋内，或为1至多个着生于大多不发育成正常枝条的短枝常绿 ································ 乌药 *Lindera aggregata*
  2 果圆球形，叶腋着生花序的短枝通常发育成正常枝条；落叶 ····················· 三桠乌药 *Lindera obtusiloba*
1 叶羽状脉。
  3 花序在叶腋簇状，即叶腋着生的短枝(通常仅长2~3mm)顶芽下着生多数伞形花序，发育或不发育成正常枝条；常绿 ······························ 香叶树 *Lindera communis*
  3 伞形花序着生于顶芽或腋芽之下(即缩短枝)两侧各一，或为混合芽(如 *Lindera glauca* Bl.)，花后此短枝发育成正常枝条。
    4 花、果序明显具总梗；果托扩展成杯状或浅杯状，至少包被果实基部以上；能育雄蕊腺体成长柄漏斗形；常绿 ····························· 黑壳楠 *Lindera megaphylla*
    4 花、果序无总梗或具短于花、果梗的总梗；果托不如上项扩展；能育雄蕊腺体为具柄及角突的宽肾形；落叶。
      5 花、果序具短于花、果梗的总梗。
        6 叶为倒披针形或倒卵形，秋后常变为红色；幼枝条灰白色或灰黄色，粗糙 ···························· 红果山胡椒 *Lindera erythrocarpa*
        6 叶为椭圆形或宽椭圆形，幼枝条光滑、绿色，后变棕黄色或青灰色 ············ 山橿 *Lindera reflexa*
      5 花、果序不具总梗或具不超过3mm的极短总梗。
        7 枝条灰白色；叶宽卵形至椭圆形，偶有狭长近披针形；芽鳞无脊 ··············· 山胡椒 *Lindera glauca*
        7 枝条黄绿色；叶椭圆状披针形；芽鳞具脊 ······························ 狭叶山胡椒 *Lindera angustifolia*

(1) 三桠乌药 *Lindera obtusiloba* Bl. Mus. Bot. [Japan Spicebush]

落叶乔木或灌木。叶纸质卵圆形至近圆形，长6.5~12cm，宽5.5~10cm，全缘或先端3裂，上面绿色，有光泽，下面绿苍白色，密生棕黄色绢毛，基部三出脉；叶柄长1~2.5cm，稍被柔毛.花先叶开放，伞形花序腋生,几乎无总梗,花梗长3~4mm,被柔毛。果球形,长7~10mm,鲜时红色,果梗长2cm,先端稍膨大。产辽宁南部、山东东南部、山西南部、苏北、安徽、河南南部、陕西南部、甘肃、四川、西藏、湖南、湖北、江西、浙江。

(2) 山胡椒 *Lindera glauca*(Sieb. et Zucc.)Bl.
[Greyblue Spicebush]

落叶灌木或小乔木,高6~8m。叶近革质,宽椭圆形或倒卵形,长4~9cm,宽2~4cm,先端宽急尖,基部圆形或渐尖,上面暗绿色,无毛,下面苍白色或灰色,稍有白粉,具灰色柔毛,羽状脉;叶柄长3~6mm,冬季

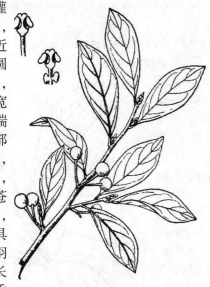

叶枯而不落。伞形花序腋生,近无总梗,有花3~8朵,花绿黄色,先叶或与叶同时开放,花梗长1.5cm,有柔毛。果球形,黑色,直径5~7mm,有香气。花期3~4月,果实成熟期7~9月。产山西中条山、山东泰山、昆仑山、崂山、河南伏牛山、大别山、桐柏山;长江流域及以南各省区也有。

3.3.5 金粟兰科 Cloranthaceae

草本、灌木或小乔木。单叶对生,具羽状叶脉,边缘有锯齿;叶柄基部常合生;托叶小。花小,两性或单性,排成穗状花序、头状花序或圆锥花序,无花被或在雌花中有浅杯状3齿裂的花被(萼管);两性花具雄蕊1枚或3枚,着生于子房的一侧,花丝不明显,药隔发达,有3枚雄蕊时,药隔下部互相结合或仅基部结合或分离,花药2室或1室,纵裂;雌蕊1枚,由1心皮所组成,子房下位,1室,含1颗下垂的直生胚珠,无花柱或有短花柱;单性花其雄花多数,雄蕊1枚;雌花少数,有与子房贴生的3齿萼状花被。核果卵形或球形,外果皮多少肉质,内果皮硬5属,约70种,分布于热带和亚热带。我国有3属,16种和5变种。

分属检索表
1 花单性,雌花中有与子房贴生的3齿裂萼状花被;雄花具雄蕊1枚················雪香兰属 *Hedyosmum*
1 花两性,无花被;雄蕊3枚或1枚,着生于子房的一侧。
　2 雄蕊3枚(稀1枚),下部或基部多少结合,中央1枚花药2室,侧生的为1室;通常为多年生草本················
　　····················金粟兰属 *Chloranthus*
　2 雄蕊1枚,棒状或卵圆状,花药2室;灌木····················
　　····················草珊瑚属 *Sarcandra*

3.3.5.1 金粟兰属 *Chloranthus* Sw.

多年生草本或灌木;叶对生;花小,排成顶生或腋生的穗状花序或圆锥花序,雌雄花合生成对,生于极小的苞腋内;雄蕊通常3枚合生成一片状体,3裂,中央裂片的花药2室,两侧的花药1室,如为单枚雄蕊时,则花药2室;子房1室,有直生胚珠1颗,柱头截平或分裂;核果球形、倒卵形或梨形。约17种,分布于亚洲的温带和热带。我国约有13种和5变种,产西南至东北。

金粟兰(鸡爪兰,珠兰,米子兰)
Chloranthus spicatus (Thunb.) Makino
[Chu-lan Tree]

半灌木,直立或稍伏地,高30~60cm。叶对生,倒卵状椭圆形,长4~10cm,宽2~5cm,边缘有钝齿,齿尖有一腺体;叶柄长1~2cm,基部多少合生;托叶微小。穗状花序通常顶生,少有腋生,成圆锥花序式排列;花小,两性,无花被,黄绿色,极香;苞片近三角形;雄蕊3,下部合生成一体,中间1个卵形,较大,长约1mm,有一个2室花药,侧生的2个各有一个1室的花药;子房倒卵形。分布在我国南部,但野生者较少见,多为栽培观赏。

3.3.5.2 草珊瑚属 *Sarcandra* Gardn.

半灌木,无毛,木质部无导管。叶对生,常多对,椭圆形、卵状椭圆形或椭圆状披针形,边缘具锯齿,齿尖有一腺体;叶柄短,基部合生;托叶小。穗状花序顶生,通常分枝,多少成圆锥花序状;花两性,无花被亦无花梗;苞片1枚,三角形,宿存;雄蕊1枚,肉质,棒状至背腹压扁,花药2室(稀3室),药室侧向至内向,纵裂;子房卵形,含1颗下垂的直生胚珠,无花柱,柱头近头状。核果球形或卵形;种子含丰富胚乳,胚微小。3种,分布于亚洲东部至印度。我国有2种,产于西南部至东南部。

草珊瑚(九节茶,满山香) *Sarcandra glabra* (Thunb.) Nakai [Glabrous Herbcoral]

半灌木,高50~120cm。茎与枝条均有膨大的节。叶对生,近革质,卵状披针形至卵状椭圆形,长5~15cm,宽3~7cm,边缘有粗锯齿,齿尖有一腺体;叶柄长约1cm,基部合生成鞘状;托叶微小。穗状花序顶生,通常分枝,多少成圆锥花序,长1~3cm;花两性,无花被,黄绿色;雄蕊1,部分贴生于心皮的远轴一侧,肥厚,棒状或扁棒状;花药2室,生于侧上方,侧向或有时内向;雌蕊球形,柱头近头状。核果球形,红色,直径3~4mm。分布在长江以南各省区;越南、朝鲜、日本、马来半岛和印度也有。耐阴。可栽培观赏。

3.3.5.3 雪香兰属 *Hedyosmum* Swartz

乔木或直立亚灌木(国产种)有香味;枝有结节。叶对生,常有锯齿,叶柄基部合生成一鞘;花单性同株或异株,为腋生或假顶生、稠密的花序,雄花穗状,无苞片,花药1枚,近无柄,药隔伸出药室外成一短附属体;雌花头状或疏离;花被管与子房合生,顶端有极小的3齿裂;花柱极短;核果小,球形或卵形;有时有3棱;外果皮肉质,内果皮坚硬。约41种,分布于热带美洲。我国有1种,产广东南部。

雪香兰 *Hedyosmum orientale* Merr. et Chun [Oriental Hedyosmum]

草本或半灌木,高0.8~2m;茎直立,无毛。叶膜质或纸质,狭披针形,长10~23cm,宽1.5~4cm,顶端渐狭成长尾尖,基部楔形,边缘具细密锯齿,齿尖有一腺体,干后腹面榄绿色,背面淡黄色;中脉腹面凹入,背面凸起,侧脉15~22对;叶柄长约0.5~2cm,基部合生成一膜质的鞘,鞘杯状或筒状,顶端截形,长8~10mm,宽6~15mm。花单性,雌雄异株;雄花序成密穗状,具总花梗,3~5个聚生于枝顶,开花时不连总花梗长1.5~3.5cm;苞片长8~12mm,雄蕊1枚,无花丝;雌花序顶生或腋生,少分枝;苞片大,长8~12mm。核果近椭圆状三棱形,绿色,长约4mm,紧贴于果上的苞片上部延伸成一长喙。花期12月至翌年3月,果期2~6月。产于广东南部。耐阴、耐水湿。可栽培观赏。

3.3.6 八角科 Illiciaceae

常绿乔木或灌木,全株无毛,具油细胞,有香气。单叶互生或集生枝顶,常革质,全缘,羽状脉,无托叶。两性花,单生或2~3朵集生叶腋,花被片9~15(39),每轮3片,雄蕊10至多数,花丝短而粗壮;心皮通常7~15,分离,单轮排列,1室,1胚珠;花托扁平。聚合蓇葖果,沿腹缝线开裂;种子椭圆形或卵形,种皮坚硬、光滑,胚乳油质。1属。

八角属 *Illicium* L.

常绿灌木或乔木;叶互生,但通常聚生或假轮生于小枝的顶部,无托叶;花两性,辐射对称,单生或有时2~3朵聚生于叶腋或叶腋之上;花被片多数(7~33)数列,常有腺体,无花萼和花瓣之分,最外的最小,有时苞片状;雄蕊7~21,彼此分离,有胚珠1颗,轮状排列于一隆起的花托上,成熟时变为木质的蓇葖。约50种,分布于亚洲东南部和美洲。我国约30种,产于西南、南部至东部。

分种检索表

1 心皮10~14。
  2 雄蕊6~11枚;花梗长15~50mm················
    ···········红毒茴 *Illicium lanceolatum*
  2 雄蕊12~21枚········厚皮香八角 *Illicium ternstroemioides*
1 心皮7~9枚。
  3 花柱较短,在花期其长度比子房长度短些或相等,长1~2mm;在花期心皮常较短,很少超过3mm···············
    ···········八角 *Illicium verum*
  3 花柱长,钻形,在花期其长度明显超过子房长度,通常长2~3mm;心皮在花期通常长3~4mm或更长···············
    ···········红茴香 *Illicium henryi*

(1) 八角 *Illicium verum* Hook. f. [True Eightangle]

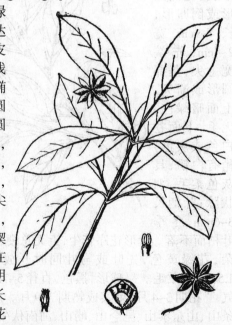

常绿乔木,高达15m;树皮不规则浅裂。叶椭圆状长圆形或椭圆状倒卵形,长5~14cm,宽2~5cm,先端钝尖或短渐尖,基部狭楔形,侧脉在两面不明显,叶柄长约1cm。花被片6~12,粉红色至深红色;雄蕊11~20;心皮常为8。聚合蓇葖果常为8,不整齐,红褐色,先端较钝,果梗长3~5cm。1年两次开花,以春季开花最多,秋季较少。2~3月开花,8~10月果熟;8~9月开花,翌年2~3月果熟。主产于广西和广东,以广西南部为栽培中心。耐阴,尤其幼树需庇荫;喜温暖;要求土层深厚疏松、排水良好、腐殖质丰富的酸性沙壤土,不适于干燥瘠薄、低洼积水处或石灰岩山地。播种繁殖。树冠塔形,叶色翠绿,树姿优美,全株散发幽香,花色艳丽,或作庭园观赏植物。宜栽于广场、草坪、花园,可孤植或丛植或片植。八角也是珍贵的经济树种,果皮、种子和叶均含芳香油,为优良的调味香料和医药原料。

(2)红毒茴(披针叶茴香,莽草)
Illicium lanceolatum A. C. Smith
[Lanceleaf Anisetree, Poisonous Eightangle]

常绿灌木或小乔木,高3~10m;树皮灰褐色。单叶互生或偶有聚生于节部,倒披针形或披针形,长6~15cm,宽2~4.5cm,叶端渐尖或短尾状。聚合果10~13,顶端有长而弯曲的尖头。花单生或2~3朵簇生叶腋;花被片10~15枚。蓇葖果瘦长,木质,先端有长而弯曲的尖头。花期5月,果期9~10月。产于长江下游、中游及长江以南各省区。喜阴湿环境。播种或扦插繁殖。庭园观赏植物,可在水岸、湖石、建筑物旁群植或丛植。

3.3.7 五味子科 Schisandraceae

木质藤本;单叶互生,常有透明腺点;叶柄细长,无托叶。花单性,雌雄异株,通常单生于叶腋,有时数朵聚生于叶腋或短枝上;花被片6~24,排成2至多轮。雄花:雄蕊120枚,少有4或5枚;花药小,2室,纵裂;雌花:雌蕊12~300枚,离生,数至多轮排成球形或椭圆形的雌蕊群,每心皮有倒生的胚珠2~5颗,很少11颗,开花时聚生于短的肉质花托上,果期时聚生于不伸长的花托上而成球状聚合果,或散生于伸长的花托上而成穗状的聚合果。种子1~5颗。2属,约60种,分布于亚洲东南部和北美东南部。我国2属,约29种,产于中南部和西南部,北部及东北部较少见。

分属检索表
1 雌蕊群的花托倒卵形圆或椭圆体形,发育时不伸长;聚合果球状或椭圆体状················南五味子属 *Kadsura*
1 雌蕊群的花托圆柱形或圆锥形,发育时明显伸长;聚合果长穗状················五味子属 *Schisandra*

3.3.7.1 五味子属 *Schisandra* Michx.

木质藤本或披散灌木;叶生于长枝上的互生,生于短枝上的密集,边缘常有小齿;花单性同株或异株,单生于苞腋内或叶腋,有时数朵聚生;花被片5~20,2~3轮,大致相似;雄蕊4~60,离生于雄蕊柱上或结成一扁平的五角状体,有些结成一肉质的球状体;心皮12~120,彼此分离,每心皮有胚珠2~3颗,花时心皮密聚成一头状体;结果时成熟心皮排列于一极延长的花托上;果皮肉质,有种子2颗。约25种,分布于亚洲东南部和美国东南部,我国约19种,产西南部至东部,北达东北部。

分种检索表
1 雄花托顶端不伸长,无附属物················五味子 *Schisandra chinensis*
1 雄花托顶端伸长,形成不规则头状或盾状的附属体;雄蕊螺旋状排列成球形或扁球形的雄蕊群················华中五味子 *Schisandra sphenanthera*

(1)五味子 *Schisandra chinensis* (Turcz.) Baill.
[China Magnoliavine]

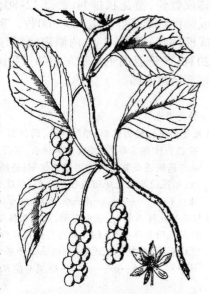

落叶藤本,除幼叶下面被短柔毛外,余无毛。幼枝红褐色,老枝灰褐色,枝皮片状剥落。叶膜质,宽椭圆形、卵形或倒卵形,长5~10cm,宽3~5cm,疏生短腺齿,基部全缘;侧脉5~7对,网脉纤细而不明显;叶柄长1~4cm,花白色或粉红色,花被片6~9,长圆形或椭圆状长圆形;雄蕊5;心皮17~40,子房卵形,柱头鸡冠状。聚合果长1.5~8.5cm;小浆果红色,近球形,径约6~8mm。花期5~7月,果期7~10月。产东北亚地区,我国主产东北和华北,华东和华中也有分布。喜湿润庇荫环境,耐阴性强,耐寒,喜肥沃湿润、排水良好的土壤。压条、分株、播种或扦插繁殖。叶色翠绿,秋季藤上挂满串串红果,晶莹圆润,十分惹人喜爱,为观叶、观果的树种。在园林中可作棚架的垂直绿化材料。

(2)华中五味子(南五味子,香苏,红铃子)
Schisandra sphenanthera Rehd. et Wils
[Orange Magnoliavine]

落叶木质藤本。枝细长,红褐色,有皮孔。叶椭圆形、倒卵形或卵状披针形,长5~11cm,宽3~

7cm,先端短尖,基部楔形或近圆形,边缘有疏锯齿。花单性,异株,单生或1~2朵生于叶腋,橙黄色;花梗纤细,长2~4cm;花被片5~9;雄蕊10~15,雄蕊柱倒卵形;紫蕊群近球形,心皮30~50。聚合果长6~9cm;浆果近球形,长6~9mm,红色,肉质。花期4~7月,果期7~9月。分布于山西、陕西、甘肃、山东、江苏、安徽、浙江、江西、福建、河南、湖北、湖南、四川、贵州、云南东北部。喜阴凉湿润气候,耐寒,不耐水浸,需适度荫蔽,幼苗期尤忌烈日照射。以选疏松、肥沃、富含腐殖质的壤土栽培为宜。用种子、压条和扦插繁殖,以种子繁殖为主。枝叶繁茂,夏有香花、秋有红果,是庭园和公园垂直绿化的良好树种。

3.3.7.2 南五味子属
Kadsura Kaempf. ex Juss.

藤本,无毛。叶革质或纸质,全缘或有锯齿,常有透明腺点。花单生,花梗细长;花被片7~24,排成数轮,覆瓦状排列;雄蕊12~80,合生成头状或圆锥状雄蕊群;雌蕊20~300枚。聚合浆果球状或椭圆状。种子2~5,两侧扁,肾形或卵状心形。20种,产于亚洲东部和东南部。我国10种,产于东部至西南部。

分种检索表
1 雄花的花托椭圆体形,顶端伸长,圆柱形,圆锥状凸出或不凸出于雄蕊群外,或顶端不伸长,不凸出;雄蕊的花丝与药隔连成宽扁四方形或倒梯形;药隔顶端横长圆形;雌花的花托近球形或椭圆体形;胚珠叠生于腹缝线上················南五味子 *Kadsura longipedunculata*
1 雄花的花托圆柱形、狭卵圆形,或椭圆体形,顶端具附属体或无附属体;雄蕊的花丝与药隔连成细棍棒状,药隔顶端圆钝;雌花花托近球形;胚珠自子房顶端下垂······
··················黑老虎 *Kadsura coccinea*

南五味子 *Kadsura longipedunculata* Finet et Gagnep. [Common Kadsura]

常绿藤本,茎枝长达6m。叶长圆状披针形、倒卵状披针形或卵状长圆形,长5~13cm,宽2~6cm,先端渐尖,基部楔形,叶缘有疏锯齿;侧脉5~7对;柄长0.6~2.5cm。雌雄异株,花单生叶腋,雄花花被片8~17,椭圆形,白色或淡黄色,雄蕊群球形;雌花花被片与雄

花相似,心皮多数。聚合浆果球形,径约2~3.5cm,深红色。花期6~8月;果期9~11月。产长江流域以南各地。喜温暖湿润气候,不耐寒;适生于排水良好的酸性至中性土壤。播种和扦插繁殖。枝叶扶疏,聚合果因成熟期不同而有绿、黄、红等多种色彩变化,可作垂直绿化。

3.3.8 毛茛科 Ranunculaceae

多年生或一年生草本,稀灌木或木质藤本。叶互生或基生,稀对生,单叶或复叶;无托叶;花两性,稀单性,雌雄同株或异株,辐射对称,稀两侧对称,单生或组成各种聚伞花序或总状花序。雄蕊、雌蕊常多数而离生,螺旋状排列。果实为蓇葖或瘦果,稀为蒴果或浆果。种子有小的胚和丰富胚乳。约50属,2000余种,主产北温带。我国42属,约720种,在全国广布。

铁线莲属 *Clematis* L.

多年生草本或木本藤本,少直立。叶对生,三出或羽状复叶,少单叶。聚伞花序或圆锥状花序,稀单生;多为两性花;无花瓣;萼片呈花瓣状,大而有各种颜色,常4~8枚,花蕾时呈镊合状排列;雄蕊和心皮多数;分离,每心皮有1枚下垂胚珠。聚合瘦果,先端有伸长的呈羽毛状的花柱。约300种,广布于全球,主产北温带。我国147种,广布全国,以西南地区最多。

分种检索表
1 雄蕊有毛;萼片直立或斜上展,花萼管状或钟状。
 2 退化雄蕊存在,花瓣状;藤本··················
 ·············大瓣铁线莲 *Clematis macropetala*
 2 退化雄蕊不存在。
  3 雄蕊花丝疏生柔毛;萼片较大,顶端渐尖;叶为一或二回羽状复叶,小叶较小····甘青铁线莲 *Clematis tangutica*
  3 雄蕊密被柔毛,若疏被柔毛,则为直立灌木;萼片顶端常钝圆;叶为单叶、三出复叶或羽状复叶··················
  ············大叶铁线莲 *Clematis heracleifolia*
1 雄蕊无毛;萼片开展,少数斜上展而花萼呈钟状。
 4 花通常单生而与叶簇生,基部有宿存芽鳞,极少序有1~3花;小叶片或裂片有齿,少数全缘。
  5 复叶;草质或木质藤本········绣球藤 *Clematis montana*
  5 单叶,不等掌状5浅裂而呈五角形;直立小灌木。
   6 叶掌状分裂(北京)·····槭叶铁线莲 *Clematis acerifolia*
   6 叶不分裂(河南)········双喜铁线莲 *Clematis elobata*
 4 花或花序腋生或顶生。
  7 花常单生,较大,直径4~16cm,花梗上有一对叶状苞片,宽1.5~4.5cm;小叶片或裂片全缘。
   8 小叶片卵状披针形,宽仅1~2cm;花较小,直径2~5cm;瘦果宿存花柱喙状而不为羽状··················
   ··················铁线莲 *Clematis florida*
   8 小叶片卵圆形,宽3~5cm;花大,直径(5~)8~14cm,单生;瘦果宿存花柱成羽毛状,长3cm以上··················
   ··················转子莲 *Clematis patens*

7 常为聚伞花序或圆锥花序，3至多花，花直径常在4cm内，若花大，或单生，则花梗上苞片一般宽不过1cm，花直径一般不超过7cm；花柱伸长。
9 直立草本；叶为一至二回羽状深裂，裂片全缘⋯⋯⋯⋯
⋯⋯⋯⋯⋯⋯⋯⋯⋯⋯棉团铁线莲 Clematis hexapetala
9 藤本；三出复叶，或一至二回羽状复叶。
10 花药长，长椭圆形至长圆状线形，长2～6mm；小叶片或裂片全缘，偶尔边缘有齿⋯⋯⋯⋯⋯⋯⋯⋯⋯
⋯⋯⋯⋯⋯⋯⋯⋯⋯⋯圆锥铁线莲 Clematis terniflora
10 花药短，椭圆形至狭长圆形，长1～2.5mm，极少长2.5～5mm(*C. pinnata, C. parviloba* var. *tenuipes*)；小叶片或裂片有齿，少数全缘。
11 除茎上部有三出叶外，通常为5～21小叶，为一至二回羽状复叶或二回三出复叶⋯⋯⋯⋯⋯⋯⋯⋯
⋯⋯⋯⋯⋯⋯⋯⋯⋯短尾铁线莲 Clematis brevicaudata
11 除茎上部有三出叶外，通常为5小叶，为一回羽状复叶，很少基部一对为2～3小叶⋯⋯⋯⋯⋯⋯
⋯⋯⋯⋯⋯⋯⋯⋯⋯⋯钝萼铁线莲 Clematis peterae

(1) 铁线莲 *Clematis florida* Thunb.
[Cream Clematis]

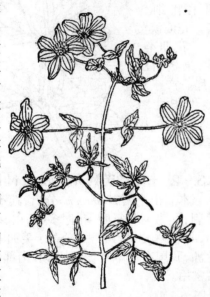

藤本，落叶或半常绿；茎下部木质化。二回三出复叶，小叶卵形或卵状披针形，长2～5cm，全缘或有少数浅缺刻，网脉明显。花梗细长，近中部有2枚对生的叶状苞片；花单生叶腋，直径5～8cm；花瓣状萼片6枚，乳白色，长达3cm，宽1.5cm，背有绿色条纹；雄蕊紫红色。瘦果倒卵形，扁平，下部有开展的短柔毛。品种：①重瓣铁线莲 'Plena'，退化雄蕊呈花瓣状，绿白色或白色。②蕊瓣铁线莲 'Sieboldii'，雄蕊部分变为紫色花瓣状。花期5～6月；果期9～10月。产长江中下游至华南地区，多生于低山丘陵。早年传入日本及欧洲，很受重视，多有栽培。喜光，但侧方庇荫生长更好；喜疏松而排水良好的石灰质土壤；耐寒性较差。华北地区须盆栽温室越冬。播种、压条、分株、扦插、嫁接繁殖。铁线莲花大而美丽，叶色油绿，而且花期长，是优美的垂直绿化材料，适于点缀园墙、棚架、凉亭、门廊、假山置石，均优雅别致。

(2) 大瓣铁线莲（长瓣铁线莲）
***Clematis macropetala* Ledeb**

[Bigpetal Clematis]

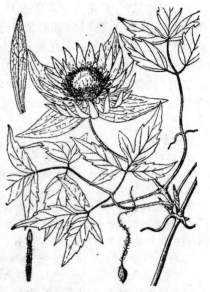

藤本。二回三出复叶，小叶9，纸质，卵状披针形或菱状椭圆形，长2～4.5cm。花萼钟状，单朵顶生，直径3～6cm；花瓣状萼片4枚，蓝色或淡紫色，狭卵形或卵状披针形，长3～4cm；雄蕊退化呈花瓣状，与萼片近等长。瘦果倒卵形，长5mm，被灰白色长柔毛。花期7月；果期8月。产青海、甘肃、陕西、宁夏、山西、河北、辽宁等地。俄罗斯远东、西伯利亚和蒙古东部也有分布。性强健，对土壤要求不严，耐寒性强。自然界常见于山地、草坡或林缘。播种、分株繁殖。花朵大而呈蓝紫色，花期正值盛夏的少花季节，是优美的垂直绿化材料，适于点缀棚架、门廊、篱垣。

3.3.9 小檗科 Berberidaceae

灌木或多年生草本，稀小乔木，常绿或落叶，有时具根状茎或块茎。茎具刺或无。叶互生，稀对生或基生，单叶或一至三回羽状复叶；托叶存在或缺；叶脉羽状或掌状。花序顶生或腋生，花单生，簇生或组成总状花序，穗状花序，伞形花序，聚伞花序或圆锥花序；花两性，辐射对称，小苞片存在或缺如，花被通常3基数，偶2基数，稀缺如；花瓣6，扁平，盔状或呈距状，或变为蜜腺状，基部有蜜腺或缺；雄蕊与花瓣同数而对生。浆果，蒴果，蓇葖果或瘦果。种子1至多数，有时具假种皮。17属，约650种，主产北温带和亚热带高山地区。中国有11属，约320种。全国各地均有分布，但以四川、云南、西藏种类最多。

分属检索表
1 叶为二至三回羽状复叶；小叶全缘；花药纵裂；侧膜胎座
⋯⋯⋯⋯⋯⋯⋯⋯⋯⋯⋯⋯⋯⋯南天竹属 Nandina
1 叶为单叶或羽状复叶；小叶通常具齿；花药瓣裂，外卷，基生胎座。
2 单叶；枝通常具刺⋯⋯⋯⋯⋯⋯⋯⋯小檗属 Berberis
2 羽状复叶；枝通常无刺⋯⋯⋯⋯⋯十大功劳属 Mahonia

3.3.9.1 小檗属 Berberis L.

灌木；木材和内皮黄色；枝有刺，刺为一种变态叶所变成;叶为单叶,叶片与叶柄接连处有节;花黄色,单生或丛生或为下垂的总状花序;萼片6,下有小苞片2~3;花瓣6,基部常有腺体2;雄蕊6,有敏感,触之则向上弹出花粉;花药活板状开裂;果为浆果,有种子1至数颗。约500种,主产北温带,中国约250多种,主产西部和西南部。常被培养为园艺观叶品种,或作为矮篱笆墙。

分种检索表
1花单生或2至多朵簇生。
　2落叶灌木⋯⋯⋯⋯秦岭小檗 Berberis circumserrata
　2常绿灌木。
　　3叶全缘或兼具1~4刺齿⋯金花小檗 Berberis wilsonae
　　3叶缘具刺齿或刺锯齿,偶兼有全缘。
　　　4叶披针形、椭圆状披针形或倒披针形。
　　　　5萼片3轮⋯⋯⋯⋯⋯昆明小檗 Berberis kunmingensis
　　　　5萼片2轮⋯⋯⋯⋯⋯豪猪刺 Berberis julianae
　　　4叶椭圆形、矩圆形、卵形或倒卵形。
　　　　6花瓣先端锐裂⋯⋯⋯粉叶小檗 Berberis pruinosa
　　　　6花瓣先端缺裂⋯⋯⋯长柱小檗 Berberis lempergiana
1花序伞形状、总状或圆锥状。
　7伞形花序⋯⋯⋯⋯⋯⋯日本小檗 Berberis thunbergi
　7总状花序或圆锥花序。
　　8穗状总状花序⋯⋯⋯⋯细叶小檗 Berberis poiretii
　　8近伞形状总状花序或总状花序。
　　　9叶全缘⋯⋯⋯⋯⋯庐山小檗 Berberis virgetorum
　　　9叶具刺齿或兼具全缘。
　　　　10叶近圆形,至宽椭圆形⋯⋯⋯⋯⋯⋯⋯⋯⋯⋯⋯⋯⋯⋯⋯直穗小檗 Berberis dasystachya
　　　　10叶长圆形,椭圆形,卵形或倒卵形⋯⋯⋯⋯⋯⋯⋯⋯⋯⋯⋯⋯黄芦木 Berberis amurensis

(1) 日本小檗(小檗) Berberis thunbergii DC.
[Japanese Berberry]

落叶灌木,多分枝。小枝红紫色,老枝灰褐色,有槽,刺单一,少分叉;叶倒卵形或匙形,长0.5~1.8cm,叶全缘。果长椭圆形,红色。果期9月。花小,黄色。花期5月,原产日本,我国各地有栽培。喜光,稍耐阴,耐寒,喜肥沃且排水良好的沙壤土上生长最好。播种繁殖。枝叶细密,花黄果红,宜作花灌木丛植、孤植于草坪,

也可作刺篱。品种:①紫叶小檗'Atropurpurea',叶片常年紫红色,落叶后枝仍为紫色,适于与金叶女贞、龟甲冬青、小蜡等作模纹图案材料,是城市园林中常见的彩叶树种;②矮紫叶小檗'Atropurpurea Nana',植枝低矮,叶常年紫色;③金边紫叶小檗'Golden Ring',叶紫红色并有金黄色的边缘;④桃叶小檗'Rose Glow',叶桃红色,有时有黄、红色的斑纹镶嵌;⑤金叶小檗'Aurea',在阳光充足下,叶常年保持黄色。

(2) 黄芦木(大叶小檗,阿穆尔小檗,刺黄柏)
Berberis amurensis Rupr. [Amur Barberry]

落叶灌木。小枝灰黄色,刺常为3叉。叶纸质,矩圆形、卵形或椭圆形,长5~10cm,缘有刺毛状细锯齿。花瓣淡黄色。花期4~5月,果熟期8~9月。产于东北及华北各地,俄罗斯、朝鲜、日本亦产。

3.3.9.2 十大功劳属 Mahonia Nuttall

本属由小檗属 Berberis 分出,其不同之处为枝无刺,叶为羽状复叶,花序多花,由芽鳞的腋内抽出,萼片9枚。约100种,分布于美洲中部和北部及亚洲,我国有55种,产西南部和南部,大部供庭园观赏用。

分种检索表
1叶柄长2.5~9cm⋯⋯⋯⋯十大功劳 Mahonia fortunei
1叶柄长2cm以下或近无柄。
　2小叶背面被白粉;浆果直径10~12mm
　　⋯⋯⋯⋯⋯⋯⋯⋯阔叶十大功劳 Mahonia bealei
　2小叶背面黄绿色,不被白粉;浆果直径10mm以下。
　　3浆果梨形,无宿存花柱;花瓣基部腺体不显⋯⋯⋯⋯⋯⋯⋯⋯⋯⋯⋯⋯小果十大功劳 Mahonia bodinieri
　　3浆果球形或卵形,具短宿存花柱;花瓣基部腺体显著⋯⋯⋯⋯⋯⋯⋯⋯⋯⋯⋯台湾十大功劳 Mahonia japonica

(1) 十大功劳 Mahonia fortunei (Lindl.) Fedde
[Chinese Mahonia]

常绿灌木,高达2m,全体无毛。一回羽状复叶互生;小叶缘具刺齿,狭长披针形,革质而有光泽,无叶柄;顶生小叶较大,无柄,先端渐尖,基部楔形,叶缘具刺状锐齿,背部灰绿色。花黄色,总状花

序。浆果近球形，蓝黑色，被白粉。产四川、湖北、浙江等省。耐阴，喜温暖气候及肥沃、湿润、排水良好的土壤，耐寒性不强。播种、扦插、根插及分株等法繁殖。枝叶苍劲，黄花成簇，常丛植、孤植于庭院、林缘、草地等地或点缀于花境、岩石、墙隅等处，或作绿篱及基础种植。

(2) 阔叶十大功劳 Mabonia bealei(Fort.)Carr.
[Broadleaf Mahonia]

常绿灌木，高达4m，全体无毛。单数羽状复叶，长25~40cm，有叶柄；小叶7~15个，厚革质，侧生小叶无柄，卵形，大小不一，长4~12cm，宽2.5~4.5cm，顶生小叶较大，有柄，顶端渐尖，基

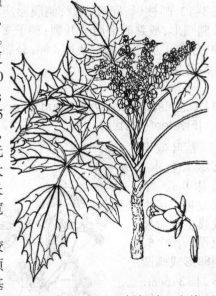

部阔楔形或近圆形，每边有2~8刺锯齿，边缘反卷，上面蓝绿色，下面黄绿色。浆果卵形，有白粉，长约10mm，直径6mm，暗蓝色。果期10~11月。总状花序直立，长5~10cm，6~9个簇生；花褐黄色；花梗长4~6mm；小苞片1，长约4mm；萼片9，排成3轮，花瓣状；花瓣6，较内轮萼片为小；雄蕊6。花期3~4月，分布于我国南岭、西藏东部至秦岭、淮河以南各省区。适生于温暖湿润气候，喜光，亦耐半阴。其性强健，对土壤要求不严，但以排水良好的沙壤土或冲积土生长为好。播种、插枝、插根或分株繁殖。四季常绿，树形雅致，枝叶奇特，花色秀丽，很适宜用绿化观赏树种。可用于布置庭院、水榭等，常与山石配置。

3.3.9.3 南天竹属 Nandina Thunb

常绿灌木；叶为二至三回羽状复叶，小叶全缘；花小，白色，为顶生的圆锥花序；萼片和花瓣多数；雄蕊6，离生；子房1室，有胚珠2颗；果为浆果，成熟时红色。1种，分布于中国和日本。

南天竹 Nandina domestica Thunb.
[Common Nandina, Heavenly Bamboo]

常绿灌木，高达2m。丛生而少分枝。二至三回羽状复叶，互生，中轴有关节，小叶先端渐尖，基部楔形，全缘。花小而白色，呈顶状圆锥花序。浆果球形，鲜红色。花期5~7月；果期

9~10月。长江流域及浙江、福建、广西、陕西、山东、河北等分布。喜半荫、温暖湿润及通风良好的环境，较耐寒，喜钙质土，对中性、微酸性土均适应，不耐积水。分株、播种繁殖。茎干丛生，秋叶红色，累累红果，是观叶观果品种，宜植于庭院房前，假山石旁，草地边缘或园路转角处、漏窗前后。品种：①玉果南天竹'Leucocarpa'，叶翠绿色，果黄绿色。②五彩南天竹'Porphyrocarpa'，叶狭长而密，叶色多变，常呈紫色；果紫色。③丝叶南天竹'Capillaries'，叶细如丝。

3.3.10 大血藤科 Sargentodoxaceae

木质藤本，稀直立灌木。掌状复叶互生，稀羽状复叶；无托叶。花单性，少杂性，单生或总状花序、伞房花序。萼片6，花瓣状，2轮，有时3；无花瓣或小而呈蜜腺状；雄蕊6，花丝分离或连合成管，花药突出；子房上位，心皮3至多数，分离，1室，胚珠1至多数。果实为肉质的蓇葖果或浆果，成熟时多汁，沿腹缝开裂或不开裂；种子有胚乳，胚细小。9属50余种，大部分产亚洲东部，少数产南美洲。我国9属，约40种，主产于黄河流域以南各省区。

大血藤属 Sargentodoxa Rehd. et Wils.

落叶、木质藤本；叶为三出复叶，互生，无托叶；花单性异株，辐射对称，排成腋生、下垂的总状花序；雄花：萼片6，花瓣状，2轮，覆瓦状排列；花瓣6，极小，蜜腺状；雄蕊6，与花瓣对生；雌花：萼片与花瓣和雄花的相似；退化雄蕊6；心皮极多数，分离，螺旋状着生于一卵形的花托上，每心皮有胚珠1

颗;果为聚合果,由多个近球形、肉质、具柄的小浆果(成熟心皮)着生于一卵形的花托上所组成。1种,分布于我国,中南半岛北部也有分布。

大血藤 *Sargentodoxa cuneata* (Oliv.) Rehd. et Wils [Bloodvine]

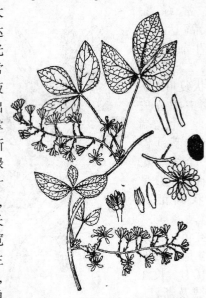

落叶大藤本,长达7m,小枝光滑;茎折断常有红色汁液流出。三出复叶排成掌状,先端渐尖,背面淡绿色;顶生小叶为菱状卵形,基部楔形,长7~12cm,宽3.5~7cm;生小叶斜卵形,较小。花单性,雌雄同株,总状花序腋生、下垂;花钟状,黄绿色,有芳香,萼片和花瓣均6枚,花瓣小而呈蜜腺状;雄蕊6,与花瓣对生;心皮极多数,分离,螺旋状着生于膨大的花托上,胚珠1枚。聚合果,由多个近球形的肉质小浆果着生于一卵形的花托上所组成。花期5月;果期9~10月。产华东、华中、华南和西南各地,北达陕西;老挝和越南北部也有分布。较喜光,喜湿润和富含腐殖质的酸性土壤。播种或压条繁殖。花芳香美丽,可于庭园或公园的通道上搭设花篱、花廊等;也可用于棚架、墙壁、拱门、枯枝等处作为垂直绿化植物观赏;还可作地被栽植。

3.3.11 木通科 Lardizabalaceae

木质藤本,稀直立灌木。掌状复叶,互生,稀羽状复叶;无托叶。花单性,少杂性,单生或总状花序、伞房花序。萼片6,花瓣状,2轮,有时3;无花瓣或小而呈密腺状;雄蕊6,花丝分离或连合成管,花药突出;子房上位,心皮3至多数,分离,1室,胚珠1至多数。果实为肉质的蓇葖果或浆果,成熟时多汁,沿腹缝开裂或不开裂;种子有胚乳,胚细小。9属50余种,大部分产亚洲东部,南美洲有2个单型属。我国7属37种,主产于黄河流域以南各省区。

分属检索表
1 茎直立;奇数羽状复叶有小叶13片以上;花杂性,无花瓣,组成总状花序再复合为圆锥花序;冬芽大,只有外鳞片2枚·················猫儿屎属 *Decaisnea*
1 茎攀缘;掌状复叶或三出复叶;花单性,有或无花瓣,组成腋生的总状花序;冬芽具多枚覆瓦状排列的外鳞片。
 2 掌状复叶有小叶3~9片;小叶两侧对称;果较大,椭圆形、长圆形至圆柱形,长3cm以上。
 2 三出复叶;侧小叶两侧不对称;花有6枚蜜腺状花瓣;果较小,卵形,长2cm以下·········串果藤属 *Sinofranchetia*
  3 小叶边缘浅波状或全缘,顶凹入、圆或钝;肉质骨葖果沿腹缝线开裂;花丝分离,很短或近于无花丝,花药内弯·················木通属 *Akebia*
  3 小叶全缘,顶部通常渐尖或尾尖;萼片6;雄蕊分离或合生,具花丝,花药直;心皮3。
   4 内、外两轮萼片形状通常近似且顶端钝;蜜腺状花瓣6枚,小;雄蕊分离·········八月瓜属 *Holboellia*
   4 外轮萼片披针形,渐尖,内轮的通常线形,有6枚蜜腺状花瓣或无花瓣;雄蕊花丝合生为管状或上部分离···············野木瓜属 *Stauntonia*

3.3.11.1 木通属 *Akebia* Decne

落叶或半常绿木质藤本,光滑无毛。掌状复叶有长柄;小叶3~5,有短柄。雌雄同株,腋生总状花序,雌花在下,雄花在上。萼片3,雄蕊6,离生;心皮3~12,圆柱形,胚珠多数,侧膜胎座。肉质蓇葖长椭圆形,成熟时沿腹缝开裂;种子多数,黑色。5种,分布于亚洲东部。我国4种,分布于黄河流域以南各地。

(1) 木通 *Akebia quinata* (Houtt.) Decne. [Fiveleaf Akebia]

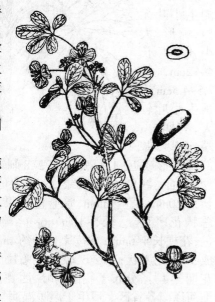

落叶或半常绿大藤本,长达9m。掌状复叶,互生或簇生于短枝顶端;小叶5,倒卵形或椭圆形,长3~6cm,全缘,先端钝或微凹。花序中上部为多数雄花,下部为1~2朵雌花;花淡紫色,芳香,雌花径2.5~3cm,雄花径1.2~1.6cm。蓇葖果常仅1个发育,长6~8cm,呈肉质浆果状,成熟时紫色、开裂。花期4~5月;果期9~10月。产东亚,我国分布于黄河以南各省区。喜光,稍耐阴;喜温暖湿润环境,在北京以南可露地越冬;适生于肥沃湿润而排水良好的土壤。通常见于山坡疏林或水田畦畔。播种、压条或分株繁殖。叶形秀丽,花朵淡紫而芳香,果实初为翠绿,后变紫红,是垂直绿化的良好材料,可用于篱垣、花架、凉廊的绿化,或令其缠绕树木、点缀山石。

(2)三叶木通 *Akebia trifoliata* (Thunb.) Koidz.
[Threeleaf Akebia]

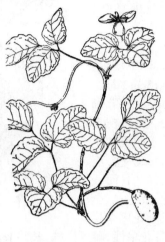

落叶藤本,小叶3,卵圆形、宽卵圆形或长卵形,长4~7cm,基部圆形或宽楔形,边缘具明显波状浅圆齿。雄花淡紫色,雌花红褐色,果实长达10cm,成熟时略带紫色。花期4~6月;果期7~9月。产华北至长江流域地区。喜阴湿,较耐寒,北京可露地栽培;在微酸性、多腐殖质的黄壤中生长良好,也能适应中性土壤。播种或压条繁殖。园林应用同木通。

3.3.11.2 野木瓜属 *Stauntonia* DC.

常绿木质藤本;冬芽具排成数层的芽鳞片多枚;叶互生,掌状复叶,有全缘的小叶3~9片;花单性同株或异株,排成腋生的伞房式总状花序;雄花:萼片6,花瓣状,2列,外列的长圆状披针形,下部镊合状排列,内列的线形,相等;花瓣缺,或仅有6枚极小的蜜腺状花瓣;雄蕊6,花丝多少合生成管,花药顶具药隔延伸成三角状或凸头状附属体;退化心皮3,肉质;雌花萼一如雄花的;退化雄蕊6,极细小;心皮3,分离,有胚珠多数,生于有毛或纤维质的侧膜胎座上,成熟时浆果状,不开裂或腹缝开裂;种子多数,排成多列藏于果肉内。25种以上,分布于东亚,我国有22种,产于长江以南各地区。

野木瓜 *Stauntonia chinensis* DC.
[Wild quince, False Lychee]

常绿木质藤本;茎、枝无毛。叶为掌状复叶;小叶3~7,近革质,大小和形状变异很大,顶端渐尖,具长1.5~3cm小叶柄。复总状花序,每个总状花序上具花3~4朵;花雌雄异株,同型,具异臭;萼片6个,长可达1.6cm,二轮,内轮3个较小,绿色带紫;雄花的雄蕊甚短于萼片,花丝全部合生,无蜜腺;雌花心皮3,胚珠多数。果实浆果状,近球形。分布于广东、福建、浙江、湖南等省。喜湿润。园林中可种植于路边及溪流旁。

3.3.11.3 串果藤属
Sinofranchetia (Diels) Hemsl.

落叶大藤本;冬芽具覆瓦状排列的鳞片多枚;叶具长柄,有小叶3枚,侧生小叶偏斜;花单性(可能异株),具短柄,白色而有赤色的线条,排成总状花序;萼片6,1列,倒卵形;蜜腺状花瓣6;雄蕊6,分离,花药顶无突出的药隔;心皮3,每心皮有胚珠多数,排成2纵列生于侧膜胎座上;浆果椭圆状,有种子多颗。1种,产我国西南部、经中南部至西北。

串果藤 *Sinofranchetia chinensis* (Franch.) Hemsl.
[China Sinofranchetia]

木质藤本,长可达10m。叶为三出复叶;中央小叶菱状倒卵形,长7~14cm,预端渐尖,基部楔形,侧生小叶较小,叶上面暗绿色,叶柄短。总状花序腋生,下垂;总花梗长;花单性,雌雄同株或异株;萼片6,白色,有紫色条纹;蜜腺6个与萼片对生;雄花具6个分离雄蕊,有退化心皮;雌花具不育雄蕊;心皮3。浆果矩圆形,蓝色,长1~2cm,成串垂悬;种子多数。为我国特产,分布于云南、四川、湖北以及甘肃和陕西的南部。可用于垂直绿化。

3.3.11.4 猫儿屎属
Decaisnea Hook. f. et Thoms.

落叶灌木。分枝少;冬芽大,卵形,有外鳞片2枚。奇数羽状复叶,无托叶;叶柄基部具关节;小叶对生,全缘,具短的小叶柄。花杂性,组成总状花序或再复合为顶生的圆锥花序;萼片6,花瓣状,2轮,近覆瓦状排列,披针形,先端长尾状渐尖;花瓣不存在。雄花:雄蕊6枚,合生为单体,花药长圆形,两缝开裂,先端具药隔伸出所成之附属体;退化心皮小,通常藏于花丝管内。雌花:退化雄蕊6枚,离生或基部合生;心皮3,离生,直立,无花柱,柱头倒卵状长圆形,胚珠多数,2行排列于心皮腹缝线两侧,胚珠间无毛状体。肉质蓇葖果圆柱形,最后沿腹缝开裂;种子多数,藏于白色果肉中,倒卵形或长圆形,压扁,外种皮骨质,黑色或深褐色。1种,分布于我国西南部和中部;东喜马拉雅山脉地区的尼泊尔、不丹、锡金、印度东北部和缅甸北部也有分布。

猫儿屎 *Decaisnea insignis* (Griff.) Hook. f. et Thoms. [Farges Decaisnea]

灌木,高5m。羽状复叶,长50~80cm,有小叶13~25片;叶柄长为10~20cm;小叶膜质,卵形至卵状长圆形,长6~14cm,宽3~7cm,先端渐尖或尾状渐尖,基部圆或阔楔形,上面无毛,下面青白色。总状花序腋生,或数个再复合为疏松、下垂顶生的圆锥花序,长2.5~3cm;花梗长1~2cm;萼片卵状披针形至狭披针形。雄花,雄蕊长8~10mm。雌花,退化雄蕊花丝短;心皮3。果下垂,圆柱形,蓝色,长5~10cm,直径约2cm;种子倒卵形。花期4~6月,果期7~8月。产于我国西南部至中部地区。喜马拉雅山脉地区均有分布。喜阴湿环境。

3.3.11.5 八月瓜属 *Holboellia* Wall.

常绿、缠绕性木质藤本;冬芽具排成数层的多数鳞片;掌状复叶或具3小叶的羽状复叶,互生;小叶全缘;花单性同株,组成伞房花序式的总状花序,很少为腋生的花束;萼片6,2列,稍厚,肉质,花瓣状,绿白色或紫色,外列的镊合状排列;花瓣6,微小,蜜腺状,近圆形;雄蕊6,分离;雌花有退化雄蕊6;心皮3,离生,圆柱形,每心皮有胚珠多数;肉质蓇葖果长圆形或椭圆形;种子多数,排成数列藏于果肉内。约12种,分布于我国和印度及越南,我国有11种,产秦岭以南各省区。

鹰爪枫 *Holboellia coriacea* Diels [Leathery Holboellia]

木质藤本,长3~5m;幼枝细柔,紫色,无毛。叶为三出复叶;小叶矩圆状倒卵形或卵圆形,厚革质,长5~15cm,宽2~6cm,顶端渐尖,基部楔形或近圆形,上面深绿色,有光泽,下面浅黄绿色,全缘。花序伞房状;花单性,雌雄同株,长约1cm;雄花萼片6,白色,长椭圆形,顶端钝圆,雄蕊6;雌花紫色。果实矩圆形,肉质,紫色,长4~6cm或更长;种子多数。分布于四川、湖北、贵州、湖南、江西、安徽、江苏和浙江。可作垂直绿化植物。

3.3.12 防己科 Menispermaceae

攀援或缠绕藤本。叶螺旋状排列,无托叶,单叶,常具掌状脉;叶柄两端肿胀。聚伞花序,苞片通常小。花通常小而不鲜艳,单性,雌雄异株,通常两被;萼片通常轮生,每轮3片;花瓣通常2轮,通常分离,覆瓦状排列或镊合状排列;雄蕊2至多数,通常6~8;心皮3~6,分离,子房上位,1室,常一侧肿胀,内有胚珠2颗,其中1颗早期退化,花柱顶生。核果,外果皮革质或膜质,中果皮通常肉质,内果皮骨质或有时木质;胎座迹半球状、球状、隔膜状或片状;种子通常弯,种皮薄,有或无胚乳;胚通常弯,胚根小。约65属350余种,分布全世界的热带和亚热带地区,温带很少。我国有19属78种1亚种5变种1变型,主产长江流域及其以南各省区,尤以南部和西南部各省区为多,北部很少。

分属检索表
1 心皮1;雄蕊合生成盾状;雌花有1轮萼片,或其中部分萼片退化消失··········千金藤属 Stephania
1 心皮3~6;雄蕊离生,如合生则不呈盾状;雌花有2轮萼片。
　2 胎座迹非双片状··········木防己属 Cocculus
　2 胎座迹双片状··········蝙蝠葛属 Menispermum

3.3.12.1 木防己属 *Cocculus* DC.

藤本或直立灌木;叶互生,全缘或分裂;花单性异株,排成聚伞花序、总状花序或圆锥花序;萼片和花瓣6;雄蕊6~9;退化雄蕊如存在时6枚;雌蕊3~6,分离;核果近球形。约8种,分布于热带和亚热带地区,我国有2种,产西南、东南至东北。

(1) 木防己 Cocculus orbiculatus (L.) DC.
[Snailseed]

木质藤本；小枝被绒毛至疏柔毛，有条纹。叶片纸质至近革质，形状变异极大；掌状脉3(~5)条，在下面微凸起；叶柄长1~3cm，很少超过5cm，被稍密的白色柔毛。聚伞花序少花，腋生，狭窄聚伞圆锥花序，长可达10cm，被柔毛；雄花小苞片2或1，萼片6，花瓣6，雄蕊6；雌花萼片和花瓣与雄花相同；退化雄蕊6，心皮6，无毛。核果近球形，红色至紫红色，径通常7~8mm。我国大部分地区都有分布（西北部和西藏尚未见过），以长江流域中下游及其以南各省区常见。广布于亚洲东南部和东部以及夏威夷群岛。喜冷凉、湿润至高温、高湿的气候。对土壤要求不严，但以疏松、肥沃的沙壤土及黏壤土为佳。播种繁殖。枝繁叶茂，叶形多变，果实艳丽夺目，茎的攀缘能力强。适合作矮篱或围篱等的垂直绿化；也可盆栽观赏。

(2) 樟叶木防己（衡州乌药）
Cocculus laurifolius DC. [Laurelleaf Cocculus]

直立常绿灌木，高达约3m，有时枝条下垂攀援于其它树上；枝有条纹。叶薄革质，椭圆状矩圆形或矩圆状披针形，长4~10cm，宽2~4cm，顶端渐尖，基部渐狭，干时边缘呈微波状，亮绿色，基出脉3条；叶柄长5~10mm。花单性，雌雄异株；聚伞状圆锥花序生叶腋，少单生；雄花萼片6，外轮3片，长约1mm，内轮3片，长约1.3mm；花瓣6，宽倒三角形，长约0.5mm，顶端2深裂，有时裂片再2浅裂；雄蕊6，长约1mm；雌花萼片和花瓣与雄花的相似；退化雄蕊6，微小；心皮3。花期春夏。核果圆形，长约5mm。果期秋季。分布于湖南、福建、台湾、广东、贵州、云南；越南、老挝、缅甸、印度、日本也有。耐阴。播种繁殖。可作园林观赏灌木，种植于遮阴处。

3.3.12.2 千金藤属 *Stephania* Lour.

攀援状灌木；叶常盾状；伞形聚伞花序腋生或生于老枝上；雄花通常有2轮萼片和1轮花瓣，均3~4数；聚药雄蕊通常有2~6个横裂的花药；雌花有1轮萼片和1轮花瓣，3~4数，或退化至仅存1萼片和2花瓣；心皮1个。核果倒卵状球形，内果皮骨质，背部有柱状或小横肋状雕纹。50种，分布于东半球热带地，我国有约30种，产西南部至台湾。

千金藤 *Stephania japonica* (Thunb.) Miers
[Japan Stephania]

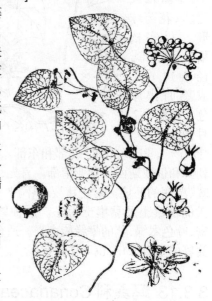

木质藤本，长4~5m，全体无毛；块茎粗壮；小枝有细纵条纹。叶草质或近纸质，互生，宽卵形或卵形，长4~8cm，宽3~7.5cm，顶端钝，基部圆形、近截形或微心形，全缘，下面通常粉白色，两面无毛，掌状脉7~9条；叶柄盾状着生，长5~8cm。花单性，雌雄异株；花序伞状至聚伞状，腋生，总花梗长2.5~4cm，分枝4~8，无毛；花小，淡绿色，有梗；雄花萼片6~8，卵形或倒卵形；花瓣3~5；雄蕊花丝愈合成柱状体；雌花萼片3~5；花瓣与萼片同数；无退化雄蕊；花柱3~6裂，外弯。核果近球形，直径约6mm，红色。产我国河南南部、四川、湖北、湖南、江苏、浙江、安徽、江西、福建。日本、朝鲜、菲律宾、汤加群岛、印度尼西亚、印度和斯里兰卡均等地区也有分布。枝叶茂密，攀援能力强，是很好的观叶赏果藤木，在园林中宜作垂直绿化材料。

3.3.12.3 蝙蝠葛属 *Menispermum* L.

多年生、攀援植物；叶脱落，盾状，常浅裂；花为具柄的总状花序或圆锥花序；萼片4~10，近螺旋状着生；花瓣6~8，短于萼片；雄蕊12~24，心皮2~4，退化的雄蕊6~12；球形或卵圆形的核果。3或4种分布北美、亚洲东北和东部；我国1或2种。

蝙蝠葛 *Menispermum dauricum* DC.
[Daur Batkudze, Daur Moonseed]

缠绕性落叶木质藤本，长达13m；小枝带绿色，有细纵条纹。叶圆肾形或卵圆形，长宽均7~10cm，顶端急尖或渐尖，基部浅心形或近于截形，边缘近全缘或3~7浅裂，无毛，下面苍白色，掌状脉5~7条；叶柄盾状着生，长6~12cm。花单性，雌雄异株；

71

花序圆锥状,腋生;雄花序总花梗长3cm,花梗长约5mm;花黄绿色;雄花萼片6枚左右,覆瓦状排列;花瓣6~8,卵形,边缘稍内卷,较萼片小;雄蕊12或更多,花药球形。果实核果状,圆肾形,径8~10 mm,成熟时黑紫色。花期6~7月,果期8~9月。

产于我国东北部、北部和东部。分布于日本、朝鲜和俄罗斯西伯利亚南部。喜光,稍耐阴;喜温暖、湿润的环境。对土壤要求不严,但以疏松、肥沃的沙壤土及黏壤土为好。播种繁殖。枝叶茂密,叶色翠绿,茎的攀缘能力强。适合作矮篱或围篱等的垂直绿化;也可作盆栽观赏。

3.3.13 马桑科 Coriariaceae

1属,约10种,分布于我国、日本、尼泊尔、新西兰及南美洲。我国有4种,分布于西北、西南及台湾。

马桑属 *Coriaria* L.

灌木;叶对生或轮生,无托叶;花两性或单性,小,绿色,单生或排成总状花序;萼片和花瓣均5枚;雄蕊10;心皮5~10,离生,有胚珠1颗,成熟时为肉质花瓣所包围而成一假核果。

马桑(千年红,马鞍子,水马桑)
Coriaria nepalensis Wall. [Nepal Coriaria]

落叶灌木或小乔木,高达6m;小枝有棱,红褐色。单叶对生,椭圆形或卵形,长3~10cm,三出脉,全缘,背面有白粉。花小,腋生总状花序下垂。聚合瘦果,外被宿存肉质花瓣,呈浆果状,熟时黑色。产我国中部及西南

部地区。喜光,耐干旱瘠薄;根系发达,生长快,繁殖力强。作山地水土保持树种。

3.3.14 清风藤科 Sabiaceae

乔木、灌木或攀援木质藤本,落叶或常绿。叶互生,单叶或奇数羽状复叶;无托叶。花两性或杂性异株,辐射对称或两侧对称。通常排成腋生或顶生的聚伞花序或圆锥花序,有时单生;萼片5片,很少3或4片,分离或基部合生,覆瓦状排列,大小相等或不相等;花瓣5片,很少4片,覆瓦状排列,大小相等,或内面2片远比外面的3片小;雄蕊5枚,稀4枚,与花瓣对生。核果;种子单生。3属,约100余种。分布于亚洲和美洲的热带地区,有些种广布于亚洲东部温带地区。我国有2属、45种、5亚种、9变种,分布于西南部经中南部至台湾。

分属检索表
1 雄蕊全部发育;花辐射对称,排列成聚伞花序,有时再呈圆锥花序式,有时单生;单叶;攀援木质藤本……
………………………………………清风藤属 *Sabia*
1 雄蕊仅有2枚发育;花两侧对称,排列成圆锥花序;单叶或具近对生小叶的奇数羽状复叶;直立乔木或灌木……
………………………………………泡花树属 *Meliosma*

3.3.14.1 清风藤属 *Sabia* Colebr.

落叶或常绿、藤状灌木或大藤本;叶互生,单叶,全缘,无托叶;花排成总状花序式或圆锥花序式的聚伞花序;萼片5~4;花瓣通常5~4,与萼片对生,稀6;雄蕊与花瓣同数且与彼等对生;子房上位,2室,每室有胚珠2颗,基部为一杯状的花盘所围绕;核果。约63种,广布于印度、马来西亚至日本,南至伊里安岛,我国有25种,大部产西南部,云南尤盛,西北和东部亦有少数分布。

清风藤(寻风藤,云石) *Sabia japonica* Maxim. [Japan Sabia]

落叶缠绕藤本。单叶互生,纸质,卵状椭圆形或长卵形,长3.5~6.5cm,宽2.2~3.5cm,顶端短尖,全缘,两面近无毛,下面灰绿色。花单生或数朵排列成聚伞花序,腋生,黄绿色,下垂,先叶开放,直径7~8mm;花梗长4.5~9mm;花瓣5,倒卵状椭圆形,较萼长很多;雄蕊5。核果由一个心皮成熟,或2个心皮成熟而成双生状,扁倒卵形,基部偏斜,有皱纹,碧蓝色,果柄长1.5~2.5mm。花期2~3月,果期4~7月。分布于华东、华南、陕西;日本也有。喜阴凉湿润的气候。在雨量充沛、云雾多、土壤和空气湿度大的条件下,植株生长涟壮。要求含腐殖质多而肥沃的沙壤土栽培为宜。扦插或用种子繁殖。可植于庭园亭廊或花架。

3.3.14.2 泡花树属 *Meliosma* Bl.

灌木或乔木；叶为单叶或奇数羽状复叶而有对生的小叶；花两性，稀杂性，排成顶生或腋生的圆锥花序；萼片5(4)，稍等大；花瓣5，极不相等，外面3枚圆形，覆瓦状排列，内面2枚遥小或为鳞片状；雄蕊5，外面3枚退化雄蕊与外面花瓣对生；子房2(3)室，基部为花盘所围绕；胚珠每室2颗；核果。约90种，分布于温带亚洲和美洲，我国有29种，产西部至台湾，西南最盛。

分种检索表

1 叶为羽状复叶，叶轴顶端的一片小叶(少有2片)的小叶柄具节；萼片通常4片；外轮3片花瓣的最大1片宽肾形，宽甚超过于长，其较小的1片，形状多少不同，亦宽稍过于长。
  2 小叶背面侧脉腋有髯毛；圆锥花序长12~30cm，花序总轴的皮孔不明显；内面2片花瓣2尖裂核果直径6~7mm
    ··珂楠树 *Meliosma beaniana*
  2 小叶背面侧脉腋无髯毛；圆锥花序长40~45(60)cm，花序总轴和分枝有明显的皮孔；内面2片花瓣2钝裂；核果直径10~12mm············暖木 *Meliosma veitchiorum*
1 叶为单叶或羽状复叶，如为羽状叶，叶轴顶端的3片小叶的小叶柄无节；萼片通常5片；外轮花瓣近圆形或阔椭圆形，宽不超过长。
  3 叶为羽状复叶，叶轴顶端具小叶3片，小叶柄均无节···
    ··红柴枝 *Meliosma oldhamii*
  3 叶为单叶。
    4 叶基部楔形或狭楔形，叶倒卵形，狭倒卵形或狭倒卵状椭圆形；内面2片花瓣2裂，或有时在两裂间具中小裂，短于发育雄蕊。
    4 叶基部圆或钝圆；叶长椭圆形或倒卵状长椭圆形；内面2片花瓣狭披针形，不分裂，长于发育雄蕊········
      ··多花泡花树 *Meliosma myriantha*
      5 圆锥花序向下弯垂，主轴及侧枝具明显的之字形曲折，侧枝向下弯垂；内面2片花瓣2裂或有时具中小裂，裂片仅顶端有缘毛··········
        ··垂枝泡花树 *Meliosma flexuosa*
      5 圆锥花序直立，主轴及侧枝劲直，或稍呈之字形曲折，但侧枝不向下弯垂···泡花树 *Meliosma cuneifolia*

(1) 多花泡花树 (柔毛泡花树)
Meliosma myriantha Sieb. et Zucc.
[Manyflower Meliosma]

落叶乔木，高达20m；嫩枝有锈色长柔毛。单叶，膜质或薄纸质，倒卵状长椭圆形或长椭圆形，长8~30cm，宽3.5~12cm，基部近圆形至楔形，顶端短渐尖，边缘具刺状锯齿，上面近无毛，下面沿脉有疏柔毛，侧脉20对以上，平行，直达齿端；叶柄长1.5~4cm，有长柔毛。圆锥花序顶生，大，有短柔毛；花小；苞片条状披针形，约1mm，有毛；萼片4，卵形，约1mm，有细睫毛；花瓣5，外面3片近圆形，长约1.5mm，内面2片条状钻形；雄蕊5。果球形或倒卵形，直径4~5mm，熟时红色。产江苏、浙江、福建、江西、湖南、湖北、陕西西南部、四川南部、贵州。喜光。播种繁殖。作庭荫树或行道树。

(2) 泡花树 (山漆槁, 黑黑木)
Meliosma cuneifolia Franch.
[Cuneateleaf Meliosma]

落叶灌木至小乔木，高约3~8m；小枝近无毛。单叶，纸质，倒卵形或椭圆形，长8~20cm，宽3~8cm，基部狭楔形，顶端短渐尖或锐尖，边缘除基部外几乎全部有粗而锐尖的锯齿，上面稍粗糙，下面密生短茸毛和脉腋内有髯毛，侧脉约18~20对，稍伸直，直达齿端，并在下面突起；叶柄长约1cm。圆锥花序顶生或生于上部叶腋内，长宽约20cm，分枝广展，被锈色的短柔毛；小苞片极小，三角形；花柄长约2mm；萼片4，卵圆形，有睫毛；花瓣无毛，外面3片近圆形，内面2片微小，深2裂；雄蕊5；花盘膜质，短齿裂。核果球形，直径4~5mm，熟时黑色。分布于长江流域各省及山东、河南、陕西、甘肃、云南。生于林中。

3.3.15 水青树科 Tetracentraceae

落叶乔木。具长短枝。芽细长，具尖头。单叶，单生于短枝顶端，掌状脉；托叶与叶柄合生。花小，两性，穗状花序，生于短枝顶端，下垂，花多数，苞片小，萼片4，覆瓦状排列；无花瓣；雄蕊4，与萼片对生；心皮4，沿腹缝合生，子房上位，4室，每室具4~10胚珠，生于腹缝上，花柱4。蒴果，4深裂，宿存花柱位于果基部，下弯。种子小，种子条状长圆形，有棱脊；胚小，胚乳丰富，油质。1属。

水青树属 *Tetracentron* Oliv.

落叶乔木；叶互生，卵状椭圆形，掌状5~9脉，边缘有腺齿；穗状花序多花，和一单生叶同生于短侧枝之顶；花两性，淡黄色；花被片4；雄蕊4；心皮4，沿腹缝合生；花柱4，最初外弯，后因心皮腹面增长向外弯，最后形成基生；胚珠通常4颗；蒴果4深裂，基部有宿存的花柱4。1种。产滇西北、滇东北、龙陵、凤庆、景东、文山、金平等；甘肃、陕西、湖北、湖南、四川、贵州等省亦有。尼泊尔、缅甸、越南亦有。

水青树 *Tetracentron sinense* Oliv.
[Tetracentron]

乔木,高30m,胸径达1.5m,全株无毛;树皮灰褐色或灰棕色而略带红色,片状脱落;长枝顶生,细长,幼时暗红褐色,短枝侧生,距状,基部有叠生环状的叶痕及芽鳞痕。叶片卵状心形,长7~15cm,宽4~11cm,顶端渐尖,基部心形,边缘具细锯齿,齿端具腺点,两面无毛,背面略被白霜,掌状脉5~7,近缘边形成不明显的网络;叶柄长2~3.5cm。花小,呈穗状花序,花序下垂,着生于短枝顶端;花直径1~2mm,淡绿色或黄绿色;雄蕊与花被片对生,花药卵珠形,纵裂;果长圆形,长3~5mm,棕色,沿背缝线开裂;种子条形,长2~3mm。花期6~7月,果期9~10月。喜光,幼苗较耐阴,成年植株喜阳光充足;喜温暖、湿润的环境,耐寒。喜肥沃、疏松和排水良好的壤土。播种繁殖。为我国稀有植物。树形高大优美,可作观赏树及行道树。

3.3.16 昆栏树科 Trochodendraceae

常绿灌木或小乔木;小枝具显明伪轮生叶痕,其上有芽鳞片痕;芽顶生,大,卵形,芽鳞多数,覆瓦状排列。叶革质,互生,常6~12个在枝端成伪轮生状,边缘有锯齿,具羽状脉;有叶柄,无托叶。花小,两性,成顶生短多歧聚伞花序;有苞片及小苞片;无花被;花托凸出,倒圆锥形;雄蕊多数,成3或4轮排列;心皮5~10个成一轮,展开,受粉后在侧面连合,基部和花托合生,子房1室,有多数倒生胚珠,在腹缝成2行排列,花柱短,向外弯曲,腹面有深沟。菁葖轮由数个侧面合生菁葖果而成,腹面开裂;种子多数,2行,外珠被在珠孔端变成海绵组织,内珠被薄,膜质,胚乳油质。1属。

昆栏树属 *Trochodendron* Sieb. et Zucc.

1种。产我国台湾。分布日本及朝鲜南部。

昆栏树 *Trochodendron aralioides* Sieb. et Zucc. [Wheelstamentree]

常绿灌木或小乔木,全体无毛;小枝褐色或灰色,节处具叶痕和芽鳞痕。叶密集,革质,宽卵形、

椭圆形至宽倒披针形,长5~12cm,宽3~7cm,顶端尾状,基部近圆形,下延于叶柄,边缘上部有锯齿,下部全缘,侧脉5~7对。多歧聚伞花序顶生,直立,有10~20花;花两性,直径约1cm,无花被;雄蕊多数,花丝长,常铺开;心皮约10个,离生,花柱顶端反转。菁葖果约5~10个,排成1轮,背裂,有多数黑色细长种子。花期5~6月,果期10~11月。喜半荫,喜温暖爽朗气候及深厚肥沃的微酸性土壤。播种繁殖。枝叶光洁苍翠;可作庭荫树和观赏树。

3.3.17 连香树科 Cercidiphyllaceae

落叶乔木。假二叉分枝,有长枝和距状短枝;无顶芽,芽鳞2。单叶对生,托叶与叶柄相连,早落。花单性,雌雄异株,每花有1苞片,无花被;雄花常4朵簇生,近无梗,花丝细长,花药2室,纵裂;雌花4~8朵簇生,单心皮,胚珠多数,2列。聚合菁葖果,小果2~6个,沿腹线开裂,花柱细长宿存;种子多数,形小具翅,胚乳丰富。1属。

连香树属 *Cercidiphyllum* Sieb. et Zucc.

1种1变种。产山西西南部、河南、陕西、甘肃、安徽、浙江、江西、湖北及四川。日本有分布。

连香树 *Cercidiphyllum japonicum* Sieb. et Zucc. [China Katsuratree]

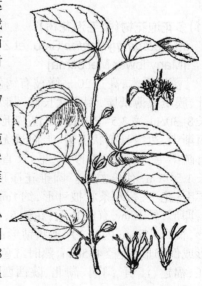

乔木,高达30~40m,但栽培者常较小而多干。单叶对生,广卵圆形,长4~7cm,5~7掌状脉,基部心形,缘有细钝齿。花单性异株,无花被,簇生叶腋。聚合菁葖果;种子小而有翅。花期4月,果期8月。喜光;喜温

暖、湿润的环境,不耐干旱。对土壤适应性较强,但以疏松且排水良好、富含有机质的壤土为佳。播种繁殖。萌蘖性强,树姿优雅,树形优美,枝叶婆娑,幼叶紫色,秋叶黄色、橙色、红色或紫色,是优美的观赏树种,可作山林风景树及庭荫树。

3.3.18 领春木科 Eupteliaceae

落叶灌木或小乔木,芽常侧生,为近鞘状的叶柄基部所包裹;叶互生,单叶,圆形或近卵形,有齿缺;花先叶开放,两性,为腋生的花束,无花被;雄蕊多数,花药比花丝长,侧缝开裂,药隔延长成附属物;心皮6~18,离生,有1~3个侧生胚珠;果为聚合翅果,每果有种子1~4颗。1属。

领春木属 *Euptelea* Sieb. et Zucc.

2种1变型。分布我国、日本及印度。

领春木 *Euptelea pleiospermum* Hook. f. et Thoms. [Manyseeded Euptelea]

落叶乔木,高15m。单叶互生,卵形,长5~13cm,先端突尖或尾状尖,基部广楔形且全缘,中部及中部以上有细尖锯齿,羽状脉。花两性,无花被,离生心皮,雌蕊6~18,轮生,具长柄;叶前开花。聚合翅果,果翅两边不对称.果长1.2~1.7(2)cm。花期4~5月,果期7~8月。产河北、山西、河南、陕西、甘肃、浙江、湖北、四川、贵州、云南、西藏。印度有分布。喜湿润、凉爽气候,喜光照充足,也可在森林内沟谷、溪边生长。播种繁殖。树姿优美,叶形美观,果形奇特,宜植于庭园观赏。

3.3.19 悬铃木科 Platanaceae

落叶乔木。有星状毛。枝无顶芽,生于帽状的叶柄基部内,芽鳞1枚。单叶互生,掌状分裂,掌状脉;托叶衣领状,脱落后在枝上留有环状托叶痕。单性花,雌雄同株,头状花序球形,1至数球生于下垂的花序轴上;花被3~8或无,绿色,不明显;雄花有雄蕊3~7,药隔盾形;雌花有3~8个离生心皮,常杂有雄蕊,胚珠1,称2。聚花果球形,小坚果倒圆锥形,具棱,基部围有长毛。1属。

悬铃木属 *Platanus* L.

10种,分布美洲、欧洲、亚洲南部。中国引入3种,北自辽宁的大连,南至华中、西南广泛栽培,供观赏用和作行道树。

分种检索表

1 果枝有球状果序3个以上,叶深裂,中央裂片长度大于宽度,托叶小于1cm,花4数,坚果之间有突出的绒毛……
…………………………三球悬铃木 *Platanus orientalis*
1 果枝有球状果序1~2个,稀3个,叶深裂或浅裂,具离基三出脉,托叶长于1cm,花4~6数,坚果之间的毛不突出。
  2 托叶长约1.5cm,叶5~7掌状深裂,花4数,果序常为2,稀1或3个…………二球悬铃木 *Platanus acerifolia*
  2 托叶长于2cm,喇叭形,叶多为3浅裂,花4~6数,果序常单生,稀2个…………一球悬铃木 *Platanus occidentalis*

二球悬铃木 *Platanus acerifolia* Willd.
[London Planetree]

落叶大乔木,高35m,树皮光滑,大片块状脱落,白色;幼枝被淡褐色星状毛。叶掌状3~5裂,长10~24cm,宽12~25cm,顶端渐尖,基部截形至心形,中央裂片长略大于宽,全缘或有粗齿;叶柄长3~10cm。果序球形,常2个串生,花柱宿存,长2~3mm,刺状。花期4~5月,果实成熟期10~11月。是三球悬铃木与一球悬铃木的杂交种。喜光、喜温暖湿润气候,不耐严寒,较耐旱,耐烟尘,适深厚排水良好土壤。播种或扦插繁殖。常用作行道树和林荫树。

3.3.20 金缕梅科 Hamamelidaceae

常绿或落叶,乔木或灌木。单叶互生,稀对生,全缘,具锯齿,或掌状分裂;具柄,托叶线形或苞片状,稀缺。头状、穗状或总状花序,花两性或单性同株,稀异株,有时杂性;多为双被花,辐射对称。萼片与子房分离或合生,萼4~5裂;花瓣4~5,线形、匙形或鳞片状;雄蕊4~5或更多,花药2室,纵裂或瓣裂,具退化雄蕊或缺;子房半下位或下位,稀上位,2室,胚珠多数或1个,花柱2。蒴果室间或室背4瓣裂。种子多数或1个。28属140种,主产亚洲,北美、中美、非洲及大洋洲有少数分布。我国18属,约80种。

分属检索表

1 胚珠及种子多个,花序呈头状或肉质穗状,叶常具掌状脉,偶为羽状脉。
  2 花的各部分为5数,头状花序只有2朵花……………
  …………………………………………双花木属 *Disanthus*
  2 花的各部分多于5数,头状花序或肉质穗状花序有多朵花。
    3 花常为两性,偶为杂性,常有花瓣,或为缺花瓣的单性花,并有革质的大形托叶,叶具掌状脉,或具羽状脉而无托叶,蒴果突出头状果序外。
      4 花及果排成肉质穗状花序,叶具掌状脉…………

　　　　　……………………壳菜果属 Mytilaria
　　4 花及果排成头状花序,叶具掌状脉或羽状脉。
　　　　5 花两性或杂性,花瓣线形,白色,或不存在;叶具掌
　　　　　状脉,托叶大,革质……………马蹄荷属 Exbucklandia
　　　　5 花两性,花瓣匙形,红色,叶具羽状脉,无托叶……
　　　　　……………………………红花荷属 Rhodoleia
　　3 花单性,无花瓣,托叶线形,叶掌状裂或具羽状脉,蒴
　　　果全部藏在头状果序内。
　　　　6 花柱脱落,无宿存萼齿,叶不分裂,具羽状脉,无离基
　　　　　三出脉……………………枫树属 Altingia
　　　　6 花柱宿存,常有宿存萼齿,叶有裂片,至少具离基三
　　　　　出脉。
　　　　　7 叶掌状3~5裂,基部心形,两侧裂片平展,花柱常直
　　　　　　立,果序为真正的圆球形
　　　　　　……………………………枫香树属 Liquidambar
　　　　　7 叶异形,掌状3裂或单侧裂,或不分裂但有离基三
　　　　　　出脉,基部楔形,头状果序半球形,基底平截………
　　　　　　……………………半枫荷属 Semiliquidambar
1 胚珠及种子1个,具总状或穗状花序,叶具羽状脉,不分
　裂。
　　8 花有花瓣,两性花,萼筒倒圆锥形,雄蕊有定数,子房半
　　　下位,稀为上位。
　　　　9 花瓣长线形,4或5数,退化雄蕊常呈鳞片状,花序短
　　　　　穗状,果序近于头状。
　　　　　10 花药有2个花粉囊,单瓣裂开,叶有明显锯齿,第一
　　　　　　对侧脉常有第二次分支侧脉…金缕梅属 Hamamelis
　　　　　10 花药有4个花粉囊,2瓣裂开,叶全缘,第一对侧脉
　　　　　　无第二次分支侧脉……………檵木属 Loropetalum
　　　　9 花瓣倒卵形,或退化为鳞片状,5数,退化雄蕊有或无,
　　　　　花序总状或穗状,常伸长。
　　　　　11 花瓣匙形,有退化雄蕊,蒴果近无柄,宿存花柱向外
　　　　　　弯……………………蜡瓣花属 Corylopsis
　　　　　11 花瓣鳞片状,无退化雄蕊,蒴果有柄,先端伸直,尖
　　　　　　锐……………………牛鼻栓属 Fortunearia
　　8 花无花瓣,两性花或单性花,萼筒壶形,雄蕊定数或不
　　　定数,子房上位或近于上位二。
　　　　12 穗状花序长,萼筒长,萼齿及雄蕊为整齐5数,叶的第
　　　　　一对侧脉有第二次分支侧脉…山白树属 Sinowilsonia
　　　　12 穗状花序短,萼筒短,萼0~6个,不整正,雄蕊1~10
　　　　　个,不定数,第一对侧脉无第二次分支侧脉。
　　　　　13 下位花,萼筒极短,花后脱落,蒴果无宿存萼筒包着
　　　　　　……………………………蚊母树属 Distylium
　　　　　13 周位花,萼筒较大,花后增大,包住蒴果…………
　　　　　　……………………水丝梨属 Sycopsis

3.3.20.1 蚊母树属 Distylium Sieb. et Zucc.

常绿灌木或小乔木;叶互生,革质,全缘,偶有小齿,羽状脉;花单性或杂性,雄花常与两性花同株,排成腋生的穗状花序;萼管极短,裂齿2~6,卵形或披针形,不等长;花瓣缺;雄蕊4~8,花药2室,纵裂,药隔突出;雌花及两性花的子房上位,2室,每室有胚珠1颗;花柱2,锥尖;蒴果木质,卵圆形,被星状绒毛,上半部2瓣裂,每瓣复2裂,基部无宿存萼管;种子长卵形。18种,产于东亚和印度、马来西亚;中国12种3变种,产于西南部至东南部。

分种检索表
1 芽、幼枝及叶柄有褐色鳞垢。
　2 叶片椭圆形或倒卵状椭圆形,长度不及宽度的2倍……
　　……………………蚊母树 Distylium racemosum
　2 叶片长圆形或倒卵状披针形,长度超过宽度的2倍……
　　……………………杨梅叶蚊母树 Distylium myricoides
1 芽、幼枝及叶柄被褐色星状绒毛。
　3 叶片长5~9cm,宽2.5~4cm
　　……………………闽粤蚊母树 Distylium chungii
　3 叶片长2~5cm,宽1~2.5cm。
　　4 叶片倒卵状长圆形,长度超过宽度的2倍……………
　　　……………………小叶蚊母树 Distylium buxifolium
　　4 叶片宽椭圆形,长度不及宽度的2倍………………
　　　……………………台湾蚊母树 Distylium gracile

(1) 蚊母树
Distylium racemosum Sieb. et Zucc.
[Racemose Mosquitomam]

常绿乔木或灌木,高可达25m;栽培时常呈灌木状,树冠开展,呈球形。单叶互生,厚革质,椭圆形或倒卵形,先端钝或略尖,全缘,光滑无毛,侧脉5~6对,表面不明显,在被面略隆起,常有虫瘿。总状花序,花药红色。蒴果卵形,密生星状毛,顶端有2宿存花柱。花期4月,果期9月。产华南、华东等地区,长江流域城市园林中常有栽培,日本亦有分布。喜光,稍耐阴;喜温暖湿润气候,耐寒性不强;对土壤要求不严,酸性、中性土壤均能适应;耐修剪,可做绿篱或盆景。四季常青,枝叶细密,适宜性强,适合在园林中作为绿篱,或工厂绿化树。

(2) 杨梅叶蚊母树 *Distylium myricoides* Hemsl.
[Myrica-like Mosquitomam]

常绿灌木或小乔木。叶长圆形或倒卵状披针形,长5~11cm,宽2~4cm,先端锐尖,基部楔形,边缘上半部有细齿,两面无毛,侧脉约6对,在上面下陷;叶柄长5~8mm,有鳞垢;托叶早落。总状花序腋生,长1~3cm,雄花与两性花同在1个花序上,两性花位于花序顶端,花序轴有鳞垢;萼筒极短;雄蕊

3~8枚，花药红色。蒴果卵球形，长1~1.2cm，被黄褐色星状毛，2瓣裂。花期4月，果期7~8月。分布于安徽、浙江、江西、福建、湖南、广东、广西、四川、贵州。喜温暖湿润气候，喜光，稍耐阴，耐寒性不强。播种或扦插繁殖。可栽培作绿篱及作庭园观赏树。

3.3.20.2 蜡瓣花属
Corylopsis Sieb. et Zucc.

落叶灌木或小乔木；叶互生，革质，羽状脉，边缘有锯齿；托叶叶状，脱落；花两性，先叶开放，组成弯垂的总状花序；苞片大，鞘状；萼管与子房合生或稍分离，裂齿5，卵状三角形；花瓣通常5，黄色，倒卵形，具瓣柄；雄蕊5，有互生的退化雄蕊；子房半下位，2室；花柱2，胚珠每室1颗，垂生；蒴果木质，卵圆形，室间及室背4瓣裂，具宿存花柱；种子2，长圆形。29种，分布于中国、日本、朝鲜及印度；中国20种6变种，主要分布于长江流域及其南部各省。

(1)蜡瓣花 *Corylopsis sinensis* Hemsl. [China Waxpetal]

灌木或小乔木；小枝有柔毛。叶卵形或倒卵形，长为5~9cm，宽3~6cm，顶端短尖或稍钝，基部斜心形，边缘有锐锯齿，下面有星状毛，侧脉7~9对；叶柄长1~1.5cm。总状花序长3~5cm，下垂；苞片卵形；花两性；萼筒有星状毛，萼齿5，无毛；

花瓣5，黄色，匙形，长5~6mm；雄蕊5，长4.5~5mm；退化雄蕊2深裂；子房有星状毛，2室，每室生1下垂胚珠，花柱2，长6~7mm。蒴果卵圆形，宽7~8mm，有毛，两瓣开裂。花期4~5月，果期8~9月。分布在广东、广西、贵州、湖北、湖南、江西、福建、浙江、安徽。喜阳光，也耐阴，较耐寒，喜温暖湿润、富含腐殖质的酸性或微酸性土壤。播种为主，亦可分株和压条，萌蘖力强，能天然下种繁殖。枝叶繁茂，春日先叶开花，花序累累下垂，光泽如蜜蜡，色黄而具芳香，清丽宜人。适于庭园内配植于角隅，或与紫荆、碧桃混植相互衬托共显春色，亦可盆栽观赏。

(2)瑞木（大果蜡瓣花）*Corylopsis multiflora* Hance [Manyflower Waxpetal]

灌木或小乔木；小枝有星状毛；芽有灰白色柔毛。叶薄革质，倒卵形或倒卵状圆形，长7~15cm，宽4~8cm，顶端尖锐，基部稍心形，背面至少在脉上有毛，或带粉白色，侧脉7~9对，第一对侧脉分枝不强烈；托叶长

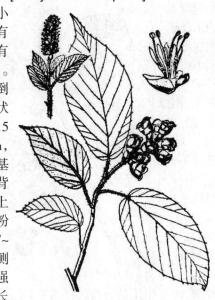

2cm，有毛。总状花序长2~4cm，苞片有灰白色毛，有花约20朵；花两性；萼筒无毛；花瓣5，长4~5mm；雄蕊5，比花冠长。蒴果木质，长达2cm，宽1.4cm。花期2~4月，果期5~7月。分布在广东、广西、云南、贵州、湖南、湖北。喜温暖湿润气候，极耐寒，耐旱，喜光，耐半阴，喜较深厚湿润但肥沃疏松的酸性土壤。播种、扦插和分株压条繁殖。秋叶美丽，树干光洁，耐修剪，园林中多丛植草坪上或与常绿乔木相间种植作园景树或风景林树种，也是良好的切枝材料。

3.3.20.3 金缕梅属
Hamamelis Gronov. ex L.

落叶灌木或小乔木；叶薄革质或纸质，阔卵形，不等侧，羽状脉，全缘或有波状齿缺；托叶早落；花两性，4数，聚成头状或短穗状花序；萼管与子房多少合生，裂齿卵形；花瓣4，狭带状，黄色或淡红色；雄蕊4，与4枚鳞片状的退化雄蕊互生；子房近上位或半下位，2室，胚珠1颗，垂生于室内上角；蒴果木质，卵圆形，上半部2瓣裂，每瓣复2浅裂；种子长圆形。6种，分布北美和东亚；中国2种，分布于中部。

分种检索表

1 叶阔倒卵圆形,侧脉6~8对,第1对侧脉有第二次分支侧脉,基部心形,蒴果长1.2cm…金缕梅 Hamamelis mollis
1 叶倒卵形,侧脉4~5对,第1对侧脉不再分支,基部圆形,蒴果长不到1cm……小叶金缕梅 Hamamelis subaequalis

(1) 金缕梅 Hamamelis mollis Oliver
[China Witchazel]

落叶灌木或小乔木,高达10m;小枝幼时密被星状绒毛,裸芽有柄。单叶互生,倒广卵形,长8~15cm,基部歪心形,缘有波状齿,侧脉6~8对,背面有绒毛。花瓣4,狭长如带,长1.5~2cm,黄色。基部常带红色,花萼深红色,芳香;花簇生,于早春叶前开放。蒴果卵球形,长约1.2cm。花期3~5月,果期10月。产长江流域。喜光,但幼年阶段较耐阴。对土壤要求不严,酸性、中性土壤中均能生长,喜肥沃、湿润、疏松、排水好的沙质土壤。播种

育苗,也可用压条、嫁接、扦插等方法。花色金黄,花瓣如缕,迎雪怒放,状似蜡梅,故名。花期早而长,从冬季到早春,正是一年中少花的时期。花瓣纤细、轻柔,花形婀娜多姿,别具风韵;花色鲜艳、明亮,从淡黄到橙红,深浅不同;先花后叶,香气宜人。宜孤植或作树桩盆景,或再配以景石花草,更添观赏效果。亦可丛植或群植,花开时节,满树金黄,灿若云霞,蔚为壮观。品种:橙花金缕梅'Brevipetala',花橙色,叶较长。

(2) 北美金缕梅(美国金缕梅)
Hamamelis virginiana L.
[America Witchaze]

落叶灌木或小乔木,株高6~10m。叶阔椭圆形,长3.7~16.7cm,宽2.5~13cm,基部偏斜,尖端锐尖或圆形,边缘具波状齿或浅圆裂,秋天叶面上有红褐色斑点,中脉粗且有毛,侧脉6~7对;叶柄粗短,长0.6~1.5cm;托叶披针形,早落。花淡黄色至亮黄色,稀为橙色或红色;花萼4裂;花瓣4枚;雄蕊短,4枚。蒴果长1~1.4cm,顶裂。种子2粒,亮黑色。花期秋季中期、晚秋。喜温暖,耐寒力强,喜光,对土壤要求不严。分布于北美洲东部。多为播种繁殖。可作花灌木、树桩盆景或切花材料,是北方难得的晚秋开花而美丽的观花树种。

3.3.20.4 檵木属 Loropetalum R. Brown

常绿或半落叶灌木至小乔木,芽体无鳞苞。叶互生,革质,卵形,全缘,稍偏斜,有短柄,托叶膜质。花4~8朵排成头状或短穗状花序,两性,4数;萼筒倒锥形,与子房合生,外侧被星毛,萼齿卵形,脱落性;花瓣带状,白色,在花芽时向内卷曲;雄蕊周位着生,花丝极短,花药有4个花粉囊,瓣裂,药隔突出;退化雄蕊鳞片状,与雄蕊互生;子房半下位,2室,被星毛,花柱2个;胚珠每室1个,垂生。蒴果木质,卵圆形,被星毛,上半部2片裂开,每片2浅裂,下半部被宿存萼筒所包裹,并完全合生,果梗极短或不存在。种子1个,长卵形,黑色,有光泽,种脐白色;种皮角质,胚乳肉质。4种及1变种,分布于亚洲东部的亚热带地区。我国有3种及1变种,另1种在印度。

檵木 Loropetalum chinense (R. Br.) Oliver
[China Loropetal]

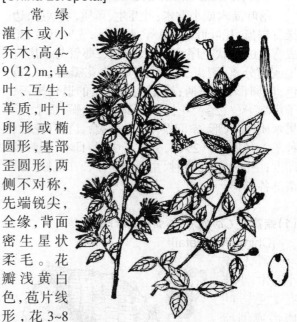

常绿灌木或小乔木,高4~9(12)m;单叶、互生、革质,叶片卵形或椭圆形,基部歪圆形,两侧不对称,先端锐尖,全缘,背面密生星状柔毛。花瓣浅黄白色,苞片线形,花3~8朵簇生于小枝端。蒴果褐色,近卵形,有星状毛,顶端有2宿存花柱。花期5月,果期8月。耐半阴,喜湿暖气候及酸性土壤,适应性强。分布在长江中下游及其以南、北回归线以北地区、印度北部亦有分布,多生于山野和丘陵灌木丛。花繁密而显著,初夏花如覆雪,颇为美丽。丛植于草地、林缘或与石山相配合。变种:红花檵木 var. rubrum Yieh,叶和花红色。

3.3.20.5 双花木属 Disanthus Maxim.

落叶灌木;叶互生,心形或卵圆形,具长柄,全缘,掌状脉;花两性,无花梗,2朵组成腋生的头状花序;萼5裂,萼管短杯状;花瓣5,线状披针形或狭

带形,广展;雄蕊5,花丝短,花药内向,纵裂;子房上位,2室,每室有胚珠5~6,花柱2,短而粗;蒴果木质,室间开裂,每室有黑色、光亮的种子数颗。1种1变种。

双花木 *Disanthus cercidifolius* Maxim.
[Coupleflower]

落叶灌木。叶膜质,阔卵圆形,长6~10cm,宽5~9cm,先端略尖,基部心形,全缘,下面灰白色,无毛,掌状脉5~7条;叶柄长3~5cm,无毛;托叶线形,早落。头状花序腋生,花序柄长5~7mm;苞片成短筒状,围绕花的基部,外面有褐色柔毛;萼筒长1mm,萼齿卵形,开放时反卷;花瓣红色,狭长带形;雄蕊短,花药卵形,2室,2瓣裂;子房无毛,花柱2枚。蒴果倒卵形;果序柄长约1cm。种子黑色,有光泽。花期10月下旬,果实翌年9~10月成熟。分布于中国及日本(南部山地)。喜湿润凉爽的山地气候和空气湿度较大的森林环境。喜肥沃疏松的土壤。怕积水烂根,怕日灼干旱。种子育苗,或用嫩枝扦插。树姿优美,枝条扭曲,秋叶红艳,圆叶红花,十分秀丽,适宜公园、庭院观赏或作盆景栽培。

3.3.20.6 枫香树属 *Liquidambar* L.

落叶乔木。叶互生,掌状3~5裂,裂片平展,边缘有腺锯齿,掌状脉;有长柄;托叶线形,与叶柄基部连生,早落。花单性,雌雄同株,无花瓣。雄花多数,头状或穗状花序排成总状花序;每一雄头状花序有苞片4枚,无萼片;雄蕊多而密集,花丝与花药等长,花药卵形,先端圆而凹入,2室,纵裂。雌花多数,聚生成头状花序,有苞片1枚;萼筒与子房合生,萼齿针状,宿存,有时或缺;退化雄蕊有或无。头状果序圆球形,由多数蒴果集生而成;蒴果木质,室间2瓣开裂,果皮薄,有宿存花柱或萼齿。种子多数,有窄翅,种皮坚硬,胚乳薄。约5种,分布于美洲和亚洲;中国2种1变种,分布于西南部至台湾。

分种检索表
1雌花及蒴果无萼齿,或有极短的钻状萼齿;头状花序有雌花15~26朵;小枝无毛,干后通常黑褐色⋯⋯⋯⋯⋯⋯⋯⋯⋯⋯⋯⋯⋯⋯⋯⋯缺萼枫香 *Liquidambar acalycina*
1雌花及蒴果有刺针状的萼齿;头状花序有雌花24~43朵;小枝被柔毛,干后通常灰色。
2叶3裂⋯⋯⋯⋯⋯⋯⋯枫香 *Liquidambar formosana*
2叶5~7裂⋯⋯⋯⋯北美枫香 *Liquidambar styraciflua*

(1)枫香树(枫树,枫香)
Liquidambar formosana Hance
[Formosam Gum, Beautiful Sweetgum]

落叶乔木,高达40m。树皮灰色,树冠广卵形;叶常为掌状3裂,基部心形至截形,裂片先端尖,缘有锯齿;花单性,雌雄同株,雄花组成柔荑花序,雌花组成头状花序,无花瓣,萼齿5,钻形。花期3~4月。果序较大,种子多数,褐色多角形或有窄翅;果熟期9~10月。

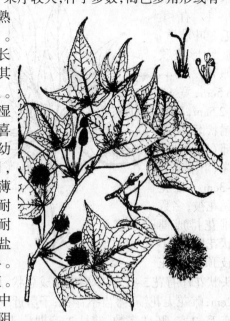

原产中国长江流域及其以南地区。喜温暖、湿润气候,喜光,抗风,幼树稍耐阴,耐干旱瘠薄土壤,不耐水涝,不耐寒,不耐盐碱及干旱。播种繁殖。可在园林中栽作庭阴树,秋季日夜温差变大后叶变红、紫、橙红等色,增添园中秋色,也可植于草地孤植、丛植,或于山坡、池畔与其他树木混植。

(2)北美枫香(胶皮枫香树)
Liquidambar styraciflua L.
[Benzoin Sweetgum]

落叶乔木,高达30m。小枝红褐色,通常有木栓质翅。叶5~7掌状裂,互生,长10~18cm,背面主脉有明显白簇毛。叶柄长6.5~10cm。原产北美。并有许多栽培变种;我国南京、杭州等地有引种。喜光、喜深厚、湿润、酸性及中性土壤,不耐污染,全日照,耐部分遮荫,根深抗风,耐火烧,萌发力强。树形优美,春、夏叶色暗绿,秋季叶色变为黄色、紫色或红色,落叶晚,在部分地区叶片挂树直到次年二月,因其生长迅速,外观有吸引力,花型独特,是非常好的园林观赏树种,可在在大型园林中作为观赏树或作行道树种。

3.3.20.7 蕈树属 *Altingia* Noronha

常绿乔木;叶革质,卵形至披针形,不分裂或少有1~2浅裂,羽状脉;花单性同株,无花瓣,组成头状花序或再呈总状花序式排列;雄花有雄蕊极多数,花丝极短,花药2室,纵裂;雌花萼管与子房合生;子房下位,2室,每室有胚珠多数;头状果序近球形,基部截平,由多数蒴果组成;蒴果木质,室间开裂为2瓣,每瓣2浅裂,无宿存萼齿及花柱;种子多数,多角形或略有翅。13种,分布于中国、印度、中南半岛、马来西亚及印度尼西亚;中国9种,分布于东南部至西南部。

细柄蕈树 Altingia gracilipes Hemsl.
[Slenderstalk Fungustree]

常绿乔木，高20m；小枝有柔毛。叶革质，披针形或狭卵形，长4~6.5cm，宽1.5~2.5cm，顶端尾状渐尖，基部宽楔形，全缘；叶柄长2~3cm。雄花无花被，多数雄花排成穗状花序，生于枝顶。雌花头状花序有花5~6朵，单生或聚成总状；总花梗长2cm；雌花无花瓣，萼齿不存在；子房近下位，上部有毛，2室，胚珠多数，花柱2，弯曲。头状果序直径不超过2cm；蒴果5~6，木质。花期3~4月，果期9~10月。分布于广东、江西、浙江、福建。喜温暖湿润环境，幼树耐阴。对土壤要求不严。播种或扦插繁殖。树形优美，叶色翠绿，可植于庭院、路旁观赏，或作风景林树种。变型：独花蕈树 f. *uniflora* H. T. Chang，雌花序只有1花；特产福建。变种：齿叶蕈树 var. *serrulata* Tutcher 的叶边缘有小锯齿；分布于广东和福建。

3.3.20.8 红花荷属
Rhodoleia Champ. ex Hook. f.

常绿灌木至小乔木；叶互生，革质，卵形至长圆形，羽状脉，无托叶；花两性，数朵聚合成一紧密、腋生的头状花序；总苞片卵圆形，覆瓦状排列。萼管极短，包围子房基部，齿不明显；花瓣2~5，红色，匙形至倒披针形，常生于头状花序外侧，使整个花序形如单花；雄蕊4~10枚，花丝长；子房半下位，由2心皮组成，基部1室，上部多少分离而广歧；花柱2；胚珠每室12~18，2列于中轴胎座上；蒴果自顶部室间及室背开裂为4果瓣；种子扁平。花期3~5月。9种；我国南部有6种，其中2种同时见于中南半岛；其它3个种分布于马来西亚及苏门答腊。

分种检索表

1 叶卵形，花序柄长2~3cm，有鳞状苞片数个，花瓣宽6~8mm··············红花荷 *Rhodoleia championii*
1 叶矩圆形至卵状椭圆形，花序柄长1~1.5cm，无鳞片，花瓣宽5~6mm··············小花红花荷 *Rhodoleia parvipetala*

(1) 红花荷（红苞木）*Rhodoleia championii* Hook. f. [Champion Rhodoleia]

常绿乔木，高12m。叶厚革质，卵形，长7~13cm，宽4.5~6.5cm，顶端钝或锐尖，基部宽楔形，下面粉白色，全缘，无毛，侧脉7~9对，干后在两面均隆起；叶柄长3~5.5cm。头状花序长3~4cm，形如单花，有花5~6朵，下垂；总花梗长2~3cm，具5~6鳞片状苞片；苞片圆卵形；花两性；萼筒短；花瓣3~4，红色，匙形，长2.5~3.5cm，宽6~8mm；雄蕊与花瓣等长。头状果序宽2.5~3.5cm。蒴果长1.2cm。花期3~4月，果期9~10月。分布在广东、广西。中性偏阳树种，幼树耐阴，成年后较喜光。喜生于近水、阳光充足而有遮蔽的地方。对土壤要求不严，喜土层深厚肥沃的沙质酸性至微酸性壤土，忌黏重土壤与积水。播种繁殖。种子无休眠期，摘后即播。花红色，开花时满树红艳，美丽的观花树种，可植为行道树和庭院观赏树。

(2) 小花红花荷 *Rhodoleia parvipetala* Tong [Littleflower Rhodoleia]

常绿乔木，高20m。叶革质，矩圆状椭圆形，长4~10cm，宽2~4cm，顶端锐尖，基部宽楔形，全缘，下面粉白色，无毛，侧脉7~9对，上面不显著，下面隐约可见；叶柄长2~4.5cm。头状花序长2~2.5cm；总花梗长约1cm；总苞由覆瓦状的苞片组成，外面有暗褐色的短柔毛；花两性；萼筒短，裂片不明显；花瓣2~4，匙形，有爪；雄蕊6~8，与花瓣等长，花药条形，长3.5mm；子房无毛，2室，胚珠多数，花柱与雄蕊等长，长约2cm。花期4月。分布在云南；越南北部也有。喜阳光充足，幼树耐阴。喜酸性土壤，忌黏重土壤。播种繁殖。可植为行道树、庭院观赏树和风景林树。

3.3.20.9 牛鼻栓属
Fortunearia Rehd. et Wils.

落叶灌木或小乔木，被星状柔毛；叶具柄，互生，倒卵形，有锯齿；花单性或杂性，与叶同时开放，两性花排成顶生、基部具叶的总状花序；萼5齿裂；花瓣5，锥尖，与萼片等长；雄蕊5，花丝极短，花药2室，侧面开裂；子房半下位，2室，每室有倒垂的胚珠1颗;花柱2,分离,线形,外弯;雄蕊排成葇荑花序,花序基部无叶及总苞;雄蕊具短花丝,有退化子房;蒴果木质,半上位,室间及室背开裂为2果瓣;种子长卵形。1种,分布于中国中部各省。

牛鼻栓 *Fortunearia sinensis* Rehd. et Wils. [China Fortunearia]

灌木,高3m。叶倒卵形,长7~16cm,宽4~10cm,顶端渐尖,基部圆形或平截,稍偏斜,边缘有波状齿突,下面只在脉上有较密的长毛,侧脉6~10对;柄长4~10mm。两性花和雄花同株;两性花的总状花序长4~8cm;苞片披针形,长约2mm,萼筒长1mm,无毛,萼齿5,卵形,顶端有毛;花瓣5,钻形,比萼齿短;雄蕊5,与萼齿等长,花丝极短。雄花排列成葇荑花序,具退化雌蕊。蒴果木质,卵圆形。花期3~4月,果期7~8月。分布在浙江、江苏、安徽、湖北、河南。喜温暖湿润气候,喜阳,耐阴,较耐寒,耐干旱和瘠薄,对土壤要求不严。播种、扦插繁殖。生长快,耐修剪,可作绿篱或观赏树,丛植或孤植于庭院、草坪、路边、坡地。

3.3.20.10 马蹄荷属
Exbucklandia R. W. Brown

常绿乔木;叶厚革质,具长柄,卵状圆形,掌状脉;托叶大,椭圆形,包藏着幼芽;花两性或杂性同株,排成头状花序;萼与子房合生;在两性花中花瓣白色,2~5片,雌花无花瓣;雄蕊10~14,花药基着,纵裂;子房半下位在室,每室有胚珠6颗,花柱2,稍长;头状果序有蒴果7~16个,仅基部藏于花序轴内;蒴果木质,空间及室背开裂为4果瓣;种子有翅。4种,分布于印度、马来西亚至中国;中国3种,分布于西南部至南部。

分种检索表
1 叶基部心形,偶为短的阔楔形,蒴果长7~9mm,表面平滑
　　　　　　　　　　　　　　马蹄荷 *Exbucklandia populnea*
1 叶基部阔楔形,蒴果长10~15mm,表面常有瘤状突起
　　　　　　　　　　　　大果马蹄荷 *Exbucklandia tonkinensis*

(1) 马蹄荷 *Exbucklandia populnea* (R. Br.) R.W.Brown [Common Exbucklandia]

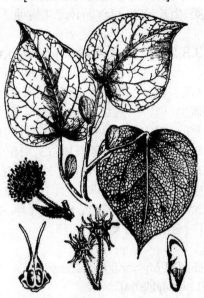

常绿乔木,高20m。叶革质,阔卵圆形,长10~17cm,宽9~13cm,先端尖,基部心形或阔楔形,全缘或掌状3浅裂,上面亮丽,下面无毛,掌状脉5~7条;叶柄长3~6cm,无毛;有托叶。头状花序单生或数枚排成总状花序,有花8~12朵,花序柄长1~2cm,被柔毛;花两性或单性。头状果序径约2cm,有蒴果8~12枚,果序柄长1.5~2cm;蒴果椭圆形。种子具窄翅。花期4~8月。分布于西藏、云南、贵州及广西等省区;亦分布于缅甸、泰国及印度。喜温暖湿润的气候,喜光,稍耐阴。喜土层深厚、排水良好、微酸性的红黄土壤,对中性土壤也能适应。根系发达,生长快。播种繁殖。树干通直,树形优美,叶大而有光泽,适作庭荫树,孤植、丛植、群植均宜。

(2) 大果马蹄荷 *Exbucklandia tonkinensis* (Lec.) Steenis [Bigfruit Exbucklandia]

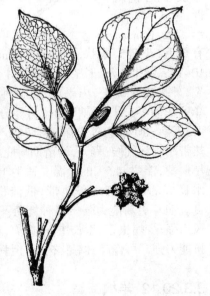

乔木,高30m。叶革质,阔卵形,长8~13cm,宽5~9cm,先端渐尖,基部阔楔形,全缘或掌状3浅裂,上面发亮,下面无毛,常有细小瘤状突起,掌状脉3~5条,两面显著;叶柄长3~5cm;托叶被柔毛,早落。头状花序单生或数个排成总状花序,有花7~9朵,花序柄长1~1.5cm;花两性;无花瓣;雄蕊约13枚。头状果序宽3~4cm,有蒴果7~9枚;蒴果卵圆形。种子6枚。花期4~8月。分布于广西、广东、海南、福建西部、江西南部、湖南南部和贵州东南部;越南也

有分布。喜温暖湿润的气候,喜光。喜土层深厚、排水良好、微酸性的红黄壤。播种繁殖。树形优美,生长迅速,可作园林绿化树种。

3.3.20.11 壳菜果属 *Mytilaria* Lec.

常绿乔木;叶互生,革质,阔卵圆形,嫩叶先端3浅裂,老叶全缘,掌状脉;花两性,组成顶生或近顶生、稠密的穗状花序;萼管与子房合生,藏于肉质的花序轴内,萼片5~6,卵形,覆瓦状排列;花瓣5,舌状,稍肉质;雄蕊10~13,周位,花丝短而粗,花药内向,4室;子房下位,每室有胚珠6颗,生于中轴胎座上;蒴果卵圆形,上半部2瓣裂。每瓣复2浅裂;种子椭圆形,无翅。1种,分布于中国两广、云南、老挝及越南北部。

壳菜果 *Mytilaria laosensis* Lec.
[Lao Mytilaria]

乔木,高30m。叶革质,卵圆形,长10~13cm,宽7~10cm,顶端短渐尖,基部心脏形或圆截形,掌状3浅裂,全缘,掌状脉5条,小脉不明显;叶柄长8~9cm,圆柱形,无毛。穗状花序长6cm;花两性;萼片5~6,卵形,长1.5mm,有柔毛;花瓣5,条状舌形,长4~7mm,肉质;雄蕊10~13。蒴果卵形,长1.5~2cm,2片裂开,每片又2裂,外果皮较疏松,内果皮木质;种子褐色,有光泽。花期4~5月,果期10~11月。分布在广东、广西、云南;越南、老挝也有。喜暖热、干湿季分明的热带季雨林气候,喜光,幼苗期耐庇荫,抗热、耐干旱瘠薄,能耐-4.5℃的低温。适生于深厚湿润、排水良好的山腰与山谷地带,低洼积水地生长不良。萌芽更新能力强。播种繁殖。根系发达,抗风力强;少病虫害,生长快,耐修剪,对不良气候抵抗能力强。可作园林绿化树种,但栽培较少。

3.3.20.12 半枫荷属 *Semiliquidambar* Chang

乔木;叶互生,革质,叶片异型,不分裂、叉状3裂或有时叉状单侧分裂,边缘有锯齿,齿顶具腺状凸尖;花单性同株;雌花多朵组成具2~3枚苞片的头状花序,无花瓣;萼齿与子房合生,子房半下位,2室,胚珠多数,花柱2,偏斜,常卷曲;雄花组成短的穗状花序,复再排成总状花序式;萼片与花瓣均缺;雄蕊多数,花药2室;头状果序半球形,基部截平,由多数蒴果组成;蒴果木质,沿隔膜开裂为2瓣,每瓣再2浅裂;种子多数,具棱。3种3变种,分布于中国东南部及南部,从浙江南部经福建、江西南部,到达广东及广西。

半枫荷 *Semiliquidambar cathayensis* Chang
[Banfenghe]

常绿或半常绿乔木。叶革质,多型,常为卵状椭圆形,长8~13cm,宽4~6cm,顶端渐尖,基部宽楔形,稍不等侧,偶为掌状3裂,两侧裂片向上举,两面均无毛,边缘有具腺细锯齿,基出脉3条,中央的主脉有侧脉4~5对,叶柄长2.5~4cm。花雌雄同株,聚成头状花序;雄花多数,无花被,雄蕊簇生,花药2室,花丝极短;雌花多数。头状果序近球形,木质;种子多数。花期3~4月,果期8~9月。分布在广东、江西、湖南。中性树种,幼年期较耐阴。喜生于土层深厚、肥沃、疏松、湿润排水良好的酸性土壤。天然更新力差,萌生能力弱。播种繁殖。适于种植作行道树、孤植树或庭荫树,也可作造林树种。

3.3.20.13 山白树属 *Sinowilsonia* Hemsl.

落叶灌木或小乔木,披星状毛;叶互生,倒卵形至椭圆形,具短柄,羽状脉,边缘有齿缺;托叶线形,早落;花单性同株,很少为两性,5数,无花瓣,组成穗状花序或总状花序;雄花萼管壶形,被星状毛,裂齿狭匙形,无退化雌蕊;雌花萼1,长圆形,退化雄蕊5,子房近上位,2室,每室有垂生胚珠1颗;花柱2,伸出萼管外;蒴果木质,阔卵形,被星状毛,下半部为宿萼所包,2瓣裂;种子1,长圆形,黑色。1种。

山白树 *Sinowilsonia henryi* Hemsl.
[Henry Wilsontree]

落叶小乔木。叶倒卵形或椭圆形,长10~18cm,宽6~10cm,顶端锐尖,基部圆形或浅心形,边缘生小锯齿，下面密生柔毛；托叶条形。花单性，雌雄同株，无花瓣；雄花排列呈荑黄花序状；萼筒壶形；雄蕊5，与萼齿对生，雌花组成的总状花序，退化雄蕊5；子房上位，有毛，2室。果序长达20cm，有灰黄色毛；蒴果卵圆形。花期5月，果期8~9月。分布于湖北西北部、陕西、甘肃、四川等。河南郑州引种为园林观赏树种。

3.3.20.14 水丝梨属 *Sycopsis* Oliv.

常绿灌木或小乔木；叶互生，革质，羽状脉或三出脉；托叶小，脱落；花杂性，通常雄花和两性花同株，组成腋生的穗状花序或总状花序；两性花或雌花的萼管壶形，萼齿1~5，不规则，小；花瓣缺；雄蕊4~10，生于萼管边缘；子房上位，由2心皮所成，2室，被疏长毛，与萼管分离，每室有垂生胚珠1颗；花柱2；雄花的萼管极短，无花瓣；雄蕊7~11，花药2室，药隔突出；蒴果木质，披绒毛，2瓣裂，每瓣复2浅裂；种子长卵形。约9种，分布于印度至伊里安，我国有7种，产西南部、中部至东部。

水丝梨 *Sycopsis sinensis* Oliv. [Fighazel]

常绿乔木，高达14m；小枝有鳞毛。叶革质，矩圆状卵形，长7~14cm，宽3~5.5cm，顶端渐尖，基部圆或钝，全缘或中部以上有数个小齿，下面无毛，侧脉约6对；叶柄长1~1.8cm。雄花组成的短穗状花序近无梗，长约1.5cm；萼筒壶形，花后增大；雄蕊8~10，花药红色，药隔突出；退化子房具有短花柱。雌花6~14朵排列成头状花序；总花梗短；花瓣不存在；子房上位，密生长柔毛，2室，每室具1下垂胚珠，花柱2。果序头状；蒴果近圆球形。花期4~5月，果期7~8月。分布在广东、广西、贵州、四川、湖北、湖南、江西、福建、台湾、浙江、安徽。喜温暖湿润气候，喜光，稍耐阴，不耐寒。播种和扦插繁殖。可作绿篱及庭园树。

3.3.20.15 银缕梅属 *Shaniodendron* M.B.Deng, H.T.Wei et X.Q.Wang

落叶灌木或小乔木；树干凹凸不平，树皮豹皮状；嫩枝初时有星状柔毛，后变秃净，干后暗褐色，无皮孔，常有虫瘿；裸芽细小，被褐色绒毛。单叶互生，薄革质，两侧稍不对称，边缘中部以上有钝锯齿，两面有星状毛，脉上尤密，侧脉4~5对，在上面稍下陷，第1对侧脉无第二次分支侧脉；叶柄有星状毛；托叶早落。头状花序生于当年枝的叶腋内或顶生，有花4~5朵；花序柄有星状毛；花小，两性，先叶开放，花瓣缺，无花梗；萼筒浅杯状，外侧有灰褐色星状毛，萼齿卵圆形；花丝细长下垂，银白色；子房近于上位，基部与萼筒合生，有星状毛，花柱先端尖。蒴果近圆形，密被星状毛。种子纺锤形。1种，中国特有，分布于华东地区。

银缕梅 *Shaniodendron subaequale* (H.T.Cang) M.B.Deng, H.T.Wei et X.Q.Wang [Shaniodendron]

落叶灌木或小乔木。叶倒卵形，长4~6.5cm，宽2~4.5cm，先端钝，基部圆形或微心形，两侧稍不对称，中部以上有钝齿，上面脉上有疏星状毛，下面有星状柔毛，侧脉约4~5对；叶柄长5~7mm，有星状毛；托叶早落。头状花序生于当年枝的叶腋或顶生；花序柄长约1cm；花先叶开放，花瓣缺，无花梗；花丝银白色；子房基部与萼筒合生，有星状毛；花柱先端尖。蒴果近圆形。花期3~4月，果期9~10月。中国特有，分布于浙江、江苏、安徽。喜光，耐旱，耐瘠薄，萌蘖性强。喜凉爽、湿润气候和深厚肥沃、排水良好的酸性土壤。播种与扦插繁殖。树态婆娑，树姿古朴苍劲，枝叶繁茂，叶片入秋变黄色，先花后叶，花淡绿，绿后转白，花药黄色带红，花朵先朝上，盛花后下垂，远看满树银丝缕缕，春观花、秋观叶。可作为公园、庭院配置的优良珍稀景观树，也是优良的盆景树种。

3.3.21 交让木科（虎皮楠科）Daphniphyllaceae

常绿或落叶，乔木或灌木。单叶，互生，常簇生枝顶，全缘，叶下面常被白粉或乳点，无托叶。总状花序腋生，花小，单性，雌雄异株，苞片早落；有或无花萼，萼裂片覆瓦排列，无花瓣；雄蕊5~14，花丝短，花药2室，纵裂，有时具退化雄蕊，无退化雌蕊；雌花子房上位，2室，每室具2(1)个悬垂倒生胚珠，有时具退化雄蕊，花柱1~2(4)，短于子房，柱头2裂，反曲或盘旋状。核果，花柱宿存。种子1(2)，胚乳丰富，胚小，顶生。1属。

交让木属（虎皮楠属）
Daphniphyllum Bl.

约30种，分布于亚洲东南部。我国有13种，分布于长江流域以南。

交让木（水红朴，豆腐头，山黄树）
Daphniphyllum macropodum Miq.
[Macropodous Tigernanmu]

灌木或小乔木，高3~10m；小枝粗壮，暗褐色，具圆形大叶痕。叶革质，长圆形至倒披针形，长14~25cm，宽3~6.5cm，背面淡绿色，被白粉；叶柄紫红色，粗壮。雄花序长5~7cm，无花萼，雄蕊8~10枚；雌花序长4.5~8cm；花萼缺，退化雄蕊10枚，子房卵形，被白粉。果椭圆形，长约10mm，径5~6mm，表面有不明显的瘤状凸体，被白粉。花期3~5月，果期8~10月。产于中国广西、广东、湖南、湖北、江西、福建、台湾、浙江、安徽、云南、四川、贵州；日本和朝鲜亦有分布。喜光，耐半阴；喜温暖、湿润的环境，较耐寒。喜生于富含腐殖质和排水良好的壤土中。播种繁殖。叶色青翠亮绿，树姿优美，适合作景观树和庭园观赏树。可孤植、丛植或列植美化庭园。

3.3.22 杜仲科 Eucommiaceae

落叶乔木，树体内有弹性胶丝。枝有片状髓心，无顶芽。单叶互生，羽状脉，无托叶。雌雄异株，无花被；雄花簇生于苞腋内，具短柄，雄蕊6~10，花药条形，花丝极短；雌花单生于苞腋；子房上位，2心皮，1室，胚珠2。翅果扁平，长椭圆形，周围有翅，顶端微凹。1属。

杜仲属 Eucommia Oliver

乔木；枝有片状髓心；叶脱落，互生，单叶，无托叶，有锯齿；花单性异株，无花被，先叶开放；雄花疏散，具苞片，密集成头状花序状，生于短梗上，由3(6~10)个雄蕊组成；雌花单生于每一苞腋内，雌蕊由2个合生心皮所组成，子房扁，长椭圆形，1室，有胚珠2颗；小坚果扁，周围被一卵状长椭圆形的薄革质翅所包围。1种，为中国特产。

杜仲 Eucommia ulmoides Oliver [Eucommia]

落叶乔木，高达20m；树皮灰褐色，粗糙，内含橡胶，折断拉开有白色弹性胶丝。叶片椭圆形至椭圆状卵形，长6~18cm，宽3~7.5cm；叶缘有锯齿，表面网脉下陷，有皱纹。翅果长3~4cm，宽1~1.3cm，顶端2裂。花期3~4月，先叶或与叶同放；

果期10月。我国特产，分布于华东、中南、西北及西南，黄河流域以南有栽培。喜光，喜温暖湿润气候。在土层深厚疏松、肥沃湿润而排水良好的土壤生长良好。播种繁殖，也可扦插、压条或分蘖。树形整齐，枝叶茂密，可作庭荫树和行道树，也可在草地、池畔等处孤植或丛植。也是著名的经济树种。

3.3.23 胭脂树科(红木科)Bixaceae

灌木或小乔木。单叶，互生，具掌状脉；托叶小，早落。花两性，辐射对称，排列为圆锥花序；萼片5枚，分离，覆瓦状排列，脱落；花瓣5枚，大而显著，覆瓦状排列；雄蕊多数，分离或基部稍连合，花药顶裂；子房上位，1室，胚珠多数，生于侧膜胎座上；花柱细弱，柱头2浅裂。果为蒴果，外被软刺，2瓣裂。种子多数，种皮稍肉质，红色；胚乳丰富，胚大，子叶宽阔，顶端内曲。3属，约6种，广布于热带地区。我国产1属。

胭脂树属(红木属) Bixa L.

灌木至小乔木；叶心状卵形；花白色或粉红色，两性，辐射对称，排成顶生的圆锥花序；萼片4~5，分离，覆瓦状排列；花瓣4~5，芽时覆瓦状排列；雄蕊多数；子房上位，1室或由于侧膜胎座突入中部而成假数室；胚珠多数；蒴果有软刺，开裂为2果瓣。1种。

胭脂树(红木) Bixa orellana L. [Anatto]

常绿灌木或小乔木，高3~7m；小枝和花序有短腺毛。叶卵形，长8~20cm，宽5~13cm，无毛，基出脉5条；叶柄长2.5~8cm。圆锥花序顶生，长5~10cm；花粉红色，直径4~5cm；萼片5，圆卵形，长约1cm，外面密生褐黄色鳞片；花瓣5，长约2cm；

雄蕊多数，花药顶孔开裂；子房1室，胚珠多数，生于2个侧膜胎座上。蒴果卵形或近球形，长2.5~4cm，密生长刺，极像栗子的壳斗，2瓣裂；种子红色。原产于美洲热带地区。热带地区均有栽培，在我国台湾、华南、云南有栽培。可作园林观赏树种。

3.3.24 大风子科 Flacourtiaceae

乔木或灌木。单叶互生,常排成2列,全缘或具腺齿;托叶早落或无。花小,两性或单性异株,有时杂性;花簇生或成聚伞、总状、圆锥花序,稀单生;萼片4~6(2~15),常宿存;花瓣常与萼片同数,或无花瓣;有花盘或腺体;雄蕊多数,稀与花瓣同数而对生;子房上位,1室,侧膜胎座2~6个,每个胎座上有胚珠多数,花柱或柱头常与胎座同数。浆果、核果或蒴果。种子常具假种皮,胚乳丰富,子叶宽。约93属,1300余种,主要分布于热带和亚热带一些地区。我国有13属40余种,主产西南、华南、台湾、部分属种可分布至秦岭、华中及华东地区,另有2栽培属:鼻烟盒树属 Oncoba Forssk. 和锡兰莓属 Dovyalis E. Mey ex Arm.。

分属检索表
1 花两性,下位或周位················天料木属 Homalium
1 花常单性,下位。
　2 花有花瓣与萼片之分;浆果状蒴果;花瓣数目与萼片同数或为其倍数··········大风子属 Hydnocarpus
　2 花无花瓣。
　　3 果实为浆果;种子无翅。
　　　4 叶大型;掌状叶脉;叶柄有腺体;圆锥花序长而下垂
　　　　　···山桐子属 Idesia
　　　4 叶小型,羽脉,稀3~5条基出脉;叶柄无腺体;花少数,呈总状或聚伞状,稀为短圆锥状。
　　　　5 子房1室,具2个稀可达6个侧膜胎座;花少数腋生,总状或聚伞状较短;果实较小,直径在5mm以下···柞木属 Xylosma
　　　　5 子房为不完全的2~6室;总状或团伞花序或再形成圆锥状;果实较大,直径在5mm以上·················刺篱木属 Flacourtia
　　3 果为蒴果;种子有翅。
　　　6 柱头6~8裂,花柱短而厚;雄花呈多花圆锥花序,雌花常单个顶生或少数腋生;果较大,长可达8cm,种子周边有翅·······························柞子皮属 Itoa
　　　6 柱头2~3裂,有花柱;果较小,长不超过6cm;掌状脉·····························山拐枣属 Poliothyrsis

3.3.24.1 山拐枣属 Poliothyrsis Oliv.

1种和1变种,特产中国秦岭以南的各省区。

山拐枣 Poliothyrsis sinensis Oliv. [Wild Turnjujube]

乔木,高可达15m。叶卵形至卵状矩圆形,顶端渐尖,基部心形,长7~18cm,宽5~10cm,边缘有钝锯齿,下面有短柔毛,掌状基出脉5;叶柄长3~7cm。花雌雄同株;圆锥花序顶生,生白色短柔毛,分枝顶端的花多为雌花;萼片5;无花瓣;雄花雄蕊多数,离生而长短不等,退化子房极小;雌花的退化雄蕊多数,花柱3。蒴果,3(~4)裂瓣开裂;外果皮革质,生毡状毛;内果皮木质;种子多数,周围生翅。分布于云南、贵州、四川、陕西、河南、湖北、湖南、广东、江苏和浙江。喜温暖湿润和土层深厚肥沃的环境。播种繁殖。树姿优美,为优美的庭园观赏树。

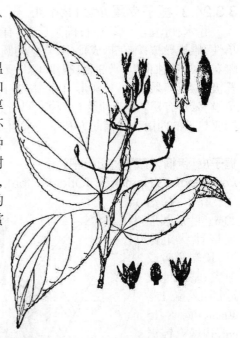

3.3.24.2 山桐子属 Idesia Maxim.

落叶乔木;叶互生,基部5脉,多少心形,有锯齿;叶柄和叶基常有腺体;花单性异株,排成顶生的圆锥花序;萼片5,有时3~6;无花瓣;雄花有雄蕊极多数;雌花的子房球形,1室,有胚珠极多数,生于5(3~6)个侧膜胎座上,花柱5,很少3~6;浆果,成熟时红色;种子无翅。仅1种。分布于中国、日本和朝鲜。

山桐子(水冬瓜,椅桐,斗霜红) Idesia polycarpa Maxim. [Manyfruit Idesia]

落叶乔木,高8~21m。树皮光滑,灰白色;叶互生,广卵形,先端锐尖至短渐尖,边缘有锯齿,表面无毛,背面被白粉,托叶小,早落。大型顶生圆锥花序,花单性,无花瓣,黄绿色,密生细毛。果实为浆果,红色;果9~10月成熟。花期5~6月。产于河南、浙江、江西、台湾、陕西、湖北、华南、西南等地。适应性强,喜光;喜温暖、湿润环境,耐寒、抗旱。播种繁殖。树形开展,春季繁花满树,芬芳扑鼻,入秋红果串串,挂满枝头,入冬不落,是优良的观赏果木,而且秋叶经霜也变为黄色,十分美观。宜丛植于庭园房前、草地,也可列植于道路两侧。变种:毛叶山桐子(var. versicolor Diels.),叶片上面散生黄褐色毛,下面密生白色短柔毛。耐寒性强。

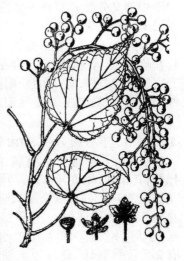

3.3.24.3 柞子皮属 Itoa Hemsl.

乔木；叶互生，革质，长椭圆形，边有锯齿；花单性，雌雄异株；雄花排成顶生、直立的圆锥花序；雌花通常单独顶生；萼3裂，很少4裂；无花瓣；雄蕊极多数；蒴果木质，狭卵形，1室，长9~10，cm；种子极多数，有翅。约2种及1变种。间断分布于中国亚热带的西南至越南北方和东马来西亚。

柞子皮（伊桐，野厚朴，山枇杷）
Itoa orientalis Hemsl. [Oriental Itoa]

乔木，高达20m。叶矩圆形至披针状矩圆形，顶端锐尖或渐尖，基部钝或近圆形，长15~30cm，宽8~15cm，边缘有钝锯齿，下面无毛至密生短柔毛，侧脉12~20对，有长达6cm的柄。花雌雄异株；雄花成顶生长达8cm的圆锥花序；花瓣不存在，雄蕊多数；雌花较大，单个顶生。蒴果大，椭圆形，长可达9cm，外果皮革质，被毡状毛，4~6瓣开裂而脱落，内果皮木质，自顶端向下至中部4~6瓣开裂，各裂瓣沿胎座自基部向上至中部又分裂成2；种子多数，周围有翅。分布于云南、四川、贵州、广西；越南也有。喜温暖湿润气候，好阳光但又不能经受强烈阳光照射，适宜生长在疏松、肥沃、排水良好、轻黏性酸性土壤中，抗有害气体能力强，萌芽力强，耐修剪。是典型的酸性土植物，可栽培观赏，是岳阳市的市花。

3.3.24.4 柞木属 Xylosma G. Forst.

常绿乔木或灌木，常有刺；叶互生，有齿缺，无托叶；花单性，雌雄异株，稀两性，无花瓣；雄花的花盘通常4~8裂，很少全缘；雄蕊多数，花丝丝状，花药基着，无附属物，退化子房缺；雌花的花盘环状；子房1室，有侧膜胎座2，少有8~6，每胎座上有2至数颗胚珠，花柱短或缺，柱头头状或2~6裂；浆果；种子少数，倒卵形，光滑。约40~50种，分布于热带和亚热带地区，少数种达暖温带南沿。我国有4种和3个变种、变型，分布于秦岭以南、北回归线以北地区及横断山脉以东各省区。

分种检索表

1 老树的树皮剥裂而反卷；新枝条有疏柔毛，叶形变异较大，长4~7cm，宽2~4cm；花序梗有棕色密毛…………
………………………………柞木 Xylosma racemosum
1 老树的树皮不裂；枝条无毛；叶长圆形或披针状长圆形，长8~16cm，宽4~6cm；花序梗有白色疏毛到近无毛………
………………………………长叶柞木 Xylosma longifolium

（1）柞木（红心刺、葫芦刺、蒙子树、凿子树）
Xylosma racemosum (Sieb. et Zucc.) Miq. [Xylosma]

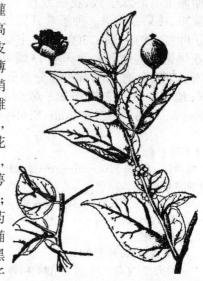

常绿大灌木或小乔木，高可达15m。树皮棕灰色。叶薄革质，雌雄株稍有区别，通常雌株的叶有变化，叶柄短，总状花序腋生，花小，花梗极短，花萼卵形，花瓣缺，花丝细长，花药椭圆形，子房椭圆形，浆果黑色，球形，种子2~3粒，卵形，花期春季，果期冬季。产于秦岭以南和长江以南各省区。朝鲜、日本也有分布。喜光，耐寒，喜凉爽气候；耐干旱、耐瘠薄、喜中性至酸性土壤。可作园林观赏树种。

（2）长叶柞木 **Xylosma longifolium** Clos [Longleaf Xylosma]

常绿灌木或小乔木，高达7m。叶矩圆形、矩圆状披针形至披针形，长5~15cm，宽3~5cm，顶端渐尖，基部钝或楔形，边缘有粗锯齿，侧脉8~12对。花雌雄异株；总状花序生于当年枝叶腋内，有密生的花，长5~15mm；萼片4(~5)；无花瓣；雄花有多数雄蕊，花盘由多数腺体组成，位于雄蕊外围；雌花花盘圆盘状，子房1室，有2侧膜胎座，花柱短，柱头通常2裂。浆果球形，直径4~6mm，成熟时黑色，有2~4种子。分布于广东、广西、云南；越南至印度也有分布。

3.3.24.5 大风子属 Hydnocarpus Gaertn.

乔木。单叶，互生，革质，全缘或有齿，羽状叶脉；托叶小，早落。圆锥花序、聚伞花序或簇生状，稀为单花；花单性，雌雄异株；雄花的萼片4~5片，覆瓦状排列；花瓣4~5片，分离，基部内侧有厚的及有毛的鳞片1片；雄蕊5枚至多数，花丝短，分离，花药肾形，纵裂，有退化子房或无；雌花的退化雄蕊5枚至多数，子房1室，有侧膜胎座3~6个，每个胎座上有胚珠数颗，花柱短或近无，柱头3~6浅裂。浆果圆形或卵圆形，果皮坚脆；种子数粒，种皮有条纹,胚乳油质,子叶宽大,叶状,扁平或折叠。约40种,分布于热带亚洲,东至菲律宾。我国有4种,产云南、广西、广东和海南等地。

海南大风子 *Hydnocarpus hainanensis* (Merr.) Sleum. [Hainan Chaulmoogratree]

乔木,高6~9m。叶纸质或薄革质,矩圆形,长9~13cm,宽3~5cm,全缘或有不规则的浅波状疏锯齿;侧脉7~8对;叶柄长约1.5cm。总状花序腋生,长1~1.5cm;雄花密集;萼片4,椭圆形;花瓣4,肾状卵形,边缘有睫毛,内面基部有肥厚而生长柔毛的鳞片;雄蕊极多,花丝基部粗壮,疏生短柔毛;雌花花被与雄花相似而略大,有多数退化雄蕊;子房密生黄色茸毛,柱头3。浆果球形,直径4~5cm,有多数种子。分布于广东、广西。喜温暖,耐水湿。播种繁殖。可作园林观赏树种。

3.3.24.6 刺篱木属 *Flacourtia* Comm. exL'Herit.

乔木或灌木,通常有刺。单叶,互生,有短柄,边缘有锯齿稀全缘;托叶通常缺。花小,单性,雌雄异株稀杂性,总状花序或团伞花序,顶生或腋生;萼片小,4~7片,覆瓦状排列;花瓣缺;花盘肉质,全缘或有分离的腺体;雄花的雄蕊多数,花药丁字着生,2室,纵裂;退化子房缺;雌花的子房基部有围绕的花盘,为不完全的2~8室,每个侧膜胎座上有叠生的胚珠2颗,花柱和胎座同数,分离或基部稍联合,柱头稍缺或为2裂。浆果球形;种子椭圆形,压扁,种皮软骨质,子叶圆形。约15~17种;主产热带亚洲和非洲,东达澳大利亚北部、美拉尼西亚至斐济;我国有5种,产福建、广东、海南、广西、贵州和云南等省区,以云南为多。

刺篱木 *Flacourtia indica* (Burm. f.) Merr. [Governorsplum, India Ramontchi]

灌木或小乔木,高2~4m;有分枝的或不分枝的刺。叶倒卵形至矩圆状倒卵形或倒心形,顶端圆或截平状,或有时微凹缺,基部楔形,叶缘在中部以上有锯齿,长2~5cm,宽1.5~3cm;侧脉5~7对。总状花序微生短柔毛,有1至数花,花直径5mm;萼片常5~6;无花瓣;雄花花盘由多数圆齿状腺体组成;雄蕊多数;雌花花盘近全缘或具圆齿;子房球形,花柱5~6,各有略2浅裂的柱头。核果浆果状,球形至椭圆形,直径8~12mm,常有6~8个纵槽,有5~8种子。产广东、

广西;亚洲热带其他地区和非洲也有。播种繁殖。可作园林观赏树种。

3.3.24.7 天料木属 *Homalium* Jacq.

乔木或灌木;叶互生;边缘有具腺体的钝齿,很少全缘;花排成腋生或顶生的总状花序或顶生的圆锥花序,很少单生,有时数朵簇生;花柄在中部以上或以下有节;萼管陀螺形,与子房的基部合生,裂片4~12,宿存;花瓣与萼片同数;雄蕊1枚或成束与每一花瓣对生,且有一腺体与每一萼片对生;子房1室,半下位;花柱5~7;胎座与花柱同数,仅生于子房分离部的侧壁上,每一个胎座有胚珠数至多颗;蒴果略扩大,中部为宿存的萼片和花瓣所围绕,顶部2~5,很少6~8瓣裂;种子有棱,种皮硬而脆,有丰富的胚乳。约180~200种,广布于两半球的热带地区。中国有12种和3个变种,主产海南、广东、广西和云南等省、区,少数种类分布湖南、江西、福建和台湾。

红花天料木 *Homalium hainanense* Gagnep. [Hainan Homalium]

乔木,高8~15m;树皮灰褐色。叶椭圆状矩圆形至宽矩圆形,长6~9cm,宽2.5~4.5cm,顶端短渐尖,基部宽楔形,边缘浅波状或近全缘;叶柄长8~10mm。总状花序腋生,长5~15cm;花粉红色,萼筒长1mm,贴生于子房,生短柔毛,裂

片4~6,矩圆形,长1.5mm,两面生短柔毛;花瓣4~6,宽匙形,长约2mm,两面生短柔毛;雄蕊4~6,花丝无毛,长于花瓣;子房生短柔毛,花柱4~6产海南;越南也有。喜光,幼树梢耐庇荫。根系发达,具抗风能力。喜肥沃、疏松、排水良好的土壤,在干旱、瘠薄的土壤生长不良。播种繁殖。可作园林观赏树种。

3.3.25 榆科 Ulmaceae

乔木或灌木;单叶互生,稀对生,常二列,羽状脉或基部三出脉,稀基部5出脉或掌状三出脉,有柄;托叶常呈膜质,侧生或柄内生,早落。单被花两性、单性或杂性,雌雄异株或同株,少数或多数排成聚伞花序,或因序轴短缩而呈簇生状,或单生,生叶腋或近新枝下部或近基部的苞腋;花被裂片4~8,雄蕊常与花被裂片同数而对生,雌蕊由2心皮连合而成,子房上位,通常1室,具1枚倒生胚珠。果为核果或小坚果,有时小坚果具翅。约有16属230余种,主要产于北半球,分布于热带至寒温带。

分属检索表

1 果为周围有翅的翅果,或为周围具翅或上半部具鸡头状窄翅的小坚果。
 2 叶基部三出脉,基出的1对侧脉近直、伸达叶的上部,侧脉先端在未达叶缘前弧曲,不伸入锯齿;花单性同株,雄花数朵生于当年生枝的下部叶腋,花药先端有毛,雌花单生于当年生枝的上部叶腋;小坚果周围有翅,具长梗················青檀属 Pteroceltis
 2 叶具羽状脉,侧脉直,脉端伸入锯齿;花两性或杂性,花药先端无毛。
  3 翅果周围有翅;花两性,常多数在去年生枝(稀当年生枝)上的叶腋排成簇状聚伞花序,或花序轴短缩而成簇生状,稀为短聚伞花序或总状花序,或散生于当年生枝的基部或近基部,花通常先叶开放,稀与叶同时开放或秋冬季开放;小枝无刺;叶的基部常多少偏斜,边缘具重锯齿或单锯齿················
 ··············榆属 Ulmus
  3 小坚果偏斜,在上半部具鸡头状的窄翅;花杂性,单生或2~4朵簇生于当年生枝的叶腋,与叶同时开放;小枝具坚硬的棘刺;叶的基部不偏斜,边缘具单锯齿······
 ·················刺榆属 Hemiptelea
1 果为核果。
 4 叶具羽状脉················榉属 Zelkova
 4 叶基部三出脉(即疏生羽状脉之基生的1对侧脉比较强壮),稀基部5出脉、掌状三出脉或羽状脉。
  5 叶的侧脉直,先端伸入锯齿;花单性,雄花成密集的聚伞花序,腋生,雌花单生叶腋;果端宿存柱头2,条形,弯曲················糙叶树属 Aphananthe
  5 叶的侧脉先端在未达叶缘前弧曲,不伸入锯齿················
 ··················朴属 Celtis

3.3.25.1 榆属 Ulmus L.

乔木;芽有多数、覆瓦状排列的鳞片;叶2列,互生,有锯齿,羽状脉,基部常偏斜;花小,无花瓣,两性,稀杂性,排成腋生的总状花序或花束;萼钟形,宿存,4~9裂;雄蕊与萼片同数;子房1室,无柄或具柄;扁平、圆形或卵形的翅果。约40种,分布于欧洲、亚洲和美洲,我国有21种和4变种,南北均产之。

分种检索表

1 花秋季或冬季开放,自花芽抽出,排成簇状聚伞花序或簇生状,生于当年生枝的叶腋;花被上部杯状,下部急缩成管状,花被片裂至杯状花被的基部或中下部;叶质地厚,边缘具单锯齿;翅果无毛,果核部分位于翅果的中上部,上端接近缺口,小枝无木栓翅及膨大的木栓层················
 ··············榔榆 Ulmus parvifolia
1 花春季开放,花自花芽抽出,排成簇状聚伞花序、短聚伞花序或总状聚伞花序,生于去年生枝或当年生枝上的叶腋,或花自混合芽抽出,散生(稀少数簇生)于新枝的基部或近基部;花被钟形,浅裂,稀花被上部杯状,下部急缩成管状,花被片裂至杯状花的近中部。
 2 花排成总状聚伞花序或短聚伞花序,花序轴明显伸长或微伸长,花(果)梗不等长,较花被长2~4倍,下垂。
  3 叶中部或中下部较宽,先端渐尖,叶背常有疏生毛,脉腋处有簇生毛;冬芽卵圆形;花序常有花10余朵;花被筒圆;花梗长4~10mm;果梗长达15mm················
 ··············美国榆 Ulmus americana
  3 叶中上部较宽,先端短急尖,叶面有毛或仅主侧脉的近基部有疏毛;冬芽纺锤形,花序常有花20~30余朵;花被筒扁;花梗长6~20mm;果梗长达10~30mm················
 ··············欧洲白榆 Ulmus laevis
 2 花排成簇状聚伞花序或呈簇生状,花序轴极短,花(果)梗近等长,常较花被为短或近等长,不下垂,稀较花被为长而多少下垂;翅果无毛或仅果核部分有毛,或两面及边缘多少被毛。
  4 果核部分位于翅果的中部或近中部,上端不接近缺口(榆树有时果核部分的上端接近缺口)。
   5 翅果两面及边缘有毛。
    6 当年生枝被伸展的腺状毛,小枝无木栓翅,仅有时在萌发枝的下部有周围膨大的木栓层;花几乎全部自混合芽抽出,散生于新枝的基部或近基部;树皮裂成不规则薄片脱落,灰色,内皮淡黄绿色················
 ··············脱皮榆 Ulmus lamellosa
    6 当年生枝密被柔毛,或疏毛或无毛,小枝有时两侧具扁平的木栓翅;花通常自花芽抽出,排成簇状聚伞花序,生于去年生枝的叶腋;树皮纵裂,粗糙,暗灰色或灰黑色················大果榆 Ulmus macrocarpa
   5 翅果除顶端缺口柱头面被毛外,余处无毛。
    7 叶先端通常3~7裂,叶面密生硬毛,粗糙,叶背密被柔毛,基部明显偏斜;叶柄长2~5mm;翅果椭圆形或长圆状椭圆形,果梗无毛················裂叶榆 Ulmus laciniata
    7 叶先端不裂;花(果)梗被短柔毛···榆树 Ulmus pumila
  4 果核部分位于翅果的上部、中上部或中部,上端接近缺口(旱榆果核部分的上端有时稍接近缺口)。
   8 翅果两面及边缘多少有毛,或果核部分被毛而果翅无毛或有疏毛················黑榆 Ulmus davidiana
   8 翅果除顶端缺口柱头面被毛外,余处无毛。
    9 叶下面及叶柄密被柔毛,基部常明显偏斜,侧脉每边

24~35条(萌发枝的叶背毛较少,侧脉常少至16~23条);一、二年生枝密被柔毛;芽鳞被密毛;翅果倒三角状倒卵形、长圆状倒卵形或倒卵形,长1.5~3.3cm··········多脉榆 Ulmus castaneifolia

9叶背无毛或有疏毛,或脉上有毛或脉腋处有簇生毛,但绝不密被柔毛(毛枝榆萌发枝上的叶背密被柔毛,但叶面密生硬毛、粗糙,侧脉少,可与多脉榆区别)··········圆冠榆 Ulmus densa

(1) 榆树(白榆,家榆) Ulmus pumila L.
[Siberian Elm]

落叶乔木,树冠宽卵形或圆球形。单叶互生,叶椭圆形或长卵形,侧脉9~16对,薄革质;叶缘单锯齿,叶基部常稍偏斜。花两性,簇生;单被花,花药紫色。花先叶开放。翅果近圆球,熟时黄白色,无毛。春季成熟。花期3~4月,果期4~6月。分布于东北、华北、西北及华东地区,为中国北方习见树种之一。喜光,耐寒,抗旱;耐干旱瘠薄和盐碱土,也稍耐水湿。生长较快,寿命长。萌芽力强,耐修剪。根性深广,抗风、保土力强。对烟尘及氟化氢等有毒气体的抗性较强。树干通直,树形高大,绿荫较浓,适应性强,生长快,适宜作行道树、庭荫树。在严寒干旱之地常呈灌木状,可作绿篱。又因其老茎残根萌芽力强,可自野外掘取制作盆景。在林业上也是营造防风林、水土保持林和盐碱地造林的主要树种之一。品种:①龙爪榆 'Pendula',小枝卷曲或扭曲而下垂。②垂枝榆 'Tenue',树干上部的主干不明显,分枝较多,树冠伞形;树皮灰白色,较光滑;一至三年生枝下垂而不卷曲或扭曲。内蒙古、河南、河北、辽宁及北京等地栽培观赏。

(2) 榔榆 Ulmus parvifolia Jacq.
[Chinese Elm, Langyu Elm]

落叶或半常绿乔木,高达15m;树冠开展,扁球形至卵圆形。树皮绿褐色或黄褐色,平滑,老则呈不规则薄片状剥落;当年生枝密被短柔毛,深褐色。叶较小而质厚,长椭圆形至卵状椭圆形,先端尖,基部楔形,不对称,缘具单锯齿(萌芽枝之叶常有重锯齿)。花3~6朵簇生于叶腋或排成簇状聚

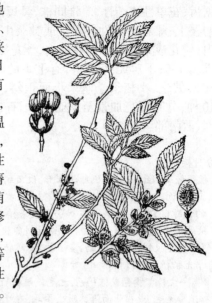

伞花序;先叶开放。翅果长椭圆形,种子位于翅果中央,无毛。花期8~9月,果期10月。主产长江流域及其以南地区,北至山东、河南、山西、陕西等省。日本、朝鲜也有分布。喜光,稍耐阴,喜温暖潮湿气候,对土壤适应性强,耐干旱瘠薄,耐湿。萌芽力强,耐修剪。耐烟尘,对二氧化硫等有害气体抗性强。寿命长。榔榆树皮斑驳,枝细叶密,秋叶转红,具较高的观干和观叶价值。宜在公园和庭院、水池边、草坪一角孤植,亦作庭荫树、列植作行道树或园路树。

3.3.25.2 刺榆属 Hemiptelea Planch.

落叶乔木;枝有刺;叶互生,具短柄,卵形,边缘有钝锯齿;托叶脱落;花杂性,具柄,1~4朵聚生于当年生的枝上;花萼杯状,4~5裂;雄蕊通常4,与萼裂片对生;果为一有半翅的小核果,基部为宿存的花被所包围。1种,分布于我国及朝鲜。

刺榆 Hemiptelea davidii (Hance) Planch.
[Spine-elm]

落叶小乔木,或灌木状;小枝通常有坚实的枝刺。叶椭圆形或椭圆状矩圆形,稀倒卵状椭圆形,长1.5~6.5cm,宽1.5~3cm,侧脉8~15对,边缘具桃尖形单锯齿;叶柄长知3~5mm。花叶同放,杂性,1~4朵生于小枝的苞腋和下部的叶腋;花被4~5裂,宿存;雄蕊4(~5),雌蕊歪生。坚果扁,上半边有偏斜之翅,长5~7mm。分布在东北、华北、华东、华中和西北;朝鲜也有。多散生于山坡和路旁或宅旁。

3.3.25.3 榉属 *Zelkova* Spach

落叶灌木或小乔木；叶互生，具短柄，单叶，有锯齿；花单性或杂性，雌雄同株，具短柄，生于幼小的枝上；雌花或两性花单生或数朵生于上部叶腋内；雄花成束生于下部叶腋内，无花瓣；萼片4~5；雄蕊4~5；子房无柄，1室，有下垂的胚珠1颗，花柱2，偏生，小核果。坚果小而歪斜，无翅膀。约10种，分布于高加索至东亚，我国有3种，产西北部、西南部至台湾。

分种检索表
1 核果较大，径4~7mm，倒卵状球形，仅顶端微偏斜，几不凹陷，近光滑无毛，网肋几乎不隆起，果梗长2~3mm；叶的侧脉6~10对 ·························· 大果榉 *Zelkova sinica*
1 核果较小，直径2.5~4mm，不规则的斜卵状圆锥形，顶端偏斜，其腹侧面极度凹陷，多少被毛，网肋明显隆起，几乎无果梗；叶的侧脉7~15对。
 2 当年生枝紫褐色或棕褐色，无毛或疏被短柔毛；叶两面光滑无毛，或在背面沿脉疏生柔毛，在叶面疏生短糙毛 ·························· 榉树 *Zelkova serrata*
 2 当年生枝灰色或灰褐色，密生灰白色柔毛；叶背密生柔毛，叶面被糙毛 ······ 大叶榉树 *Zelkova schneideriana*

(1) 榉树 *Zelkova schneideriana* Hand.-Mazz.
[Schneider Zelkova]

落叶乔木，高达25m。树冠倒卵状伞形，树皮深褐色，光滑。一年生小枝有毛。单叶互生，叶椭圆状卵形，先端渐尖，基部宽楔形，边缘锯齿近桃形，表面粗糙，被密生柔毛。坚果上部歪斜。花期3~4月；果期10~11月。产淮河及秦岭以南，长江中下游至华南、西南各省区。喜光略耐阴。喜温暖湿润气候，在酸性、中性及石灰性土壤上均可生长，不耐干瘠。播种繁殖。树姿雄伟，枝细叶美，秋叶红艳，最宜作为庭院观赏树，列植人行道、公路旁作行道树，也可林植群植为风景林，三五株点缀于亭台池边饶有风趣。

(2) 大果榉(小叶榉) *Zelkova sinica* Schneid.
[Bigfruit Waterelm]

落叶乔木。树皮成块状剥落。叶卵形或卵状矩圆形，长2~7cm，宽1~2.5cm，先端尖，基部圆形，边缘锯齿钝尖，下面脉腋有簇毛，侧脉7~10对；叶柄长2~4mm，密生柔毛。核果较大，径4~7mm，斜三角状，无毛，无突起的网肋。花期3~4月，果期10月。分布于山西、陕西、甘肃、河南、湖北、四川、贵州、江苏、浙江、安徽等省。可用于园林绿化。

3.3.25.4 朴属 *Celtis* L

落叶乔木或灌木；树皮粗糙或具有木栓质突起；芽具鳞片或裸露；单叶叶互生，常绿或落叶，也革质或纸质，有锯齿或全缘，基部通常不对称，具三出脉或3~5对羽状脉，有柄；托叶厚纸质或膜质，早落或顶生者晚落而包着冬芽，冬芽小；花杂性同株，稀异株，花小，集成小聚伞花序或圆锥花序，或因退化而花序仅具一两性花或雌花，或因总梗短缩而化成簇状，两性或单性，有柄；花序生于当年生小枝上，早春开花，雄花为聚伞花序，雄花序多生于小枝下部的叶腋或无叶处；在杂性花序中，两性花或雌花多生于上部叶腋；花被片4~5；果为核果，球形或卵球形，内果皮骨质，平滑或有花纹；种子充满核内，胚乳少量或无，胚弯，子叶宽。约60种，广布于全世界热带和温带地区。我国有11种2变种，产辽东半岛以南广大地区。

分种检索表
1 冬芽的内层芽鳞密被较长的柔毛。
 2 果较小，直径约5mm，幼时有疏或密的柔毛，成熟后脱净；总梗常短缩，因此很像果梗双生于叶腋，总梗连同果梗共长1~2cm ·························· 紫弹树 *Celtis biondii*
 2 果较大，长10~17mm，幼时无毛；果梗常单生叶腋，长1.5~3.5cm ·························· 珊瑚朴 *Celtis julianae*
1 冬芽的内层芽鳞无毛或仅被微毛。
 3 叶先端近平截而具粗锯齿，中间的齿常呈尾状长尖 ····················· 大叶朴 *Celtis koraiensis*
 3 叶的先端非上述情况。
  4 果梗(1.5)2~4倍长于其邻近的叶柄 ·························· 黑弹树 *Celtis bungeana*
  4 果梗短于至1.5(~2)倍长于其邻近的叶柄。
   5 叶基部明显偏斜，先端渐尖至短尾状渐尖。果较大，直径7~8mm ·························· 四蕊朴 *Celtis kunmingensis*
   5 叶基部不偏斜或稍偏斜，先端尖至渐尖。果较小，直径5~7mm ·························· 朴树 *Celtis sinensis*

(1) 朴树(沙朴，朴子树) *Celtis sinensis* Pers.
[China Nettletree]

落叶乔木，树冠扁球形。树皮灰褐色，平滑。叶近革质，宽卵形或卵状椭圆形，基部不对称，中部以上疏生不规则浅齿，三出脉。花1~3朵生于当年生枝叶腋。核果熟时橙红色或暗红色，果柄与叶柄近等长，果核表面有凹点及棱脊。花期

4~5月,果期9~10月。分布于华南、西南、黄河流域以南、长江流域中下游各地。散生于平原及低山区,村落附近习见。喜光,稍耐阴,喜肥厚湿润疏松的土壤,耐干旱瘠薄,耐轻度盐碱,耐水湿;适应性强,深根性,萌芽力强,抗风。播种繁殖。树冠圆满宽广,树阴浓郁,最适合公园、庭院作庭荫树;也可以供街道、公路列植作行道树。

(2)珊瑚朴 *Celtis julianae* Schneid.
[Coral Nettletree]

乔木,高达20m。树冠圆球形。树皮灰色,平滑;小枝、叶背、叶柄密被黄褐色绒毛。叶厚,较宽大,广卵形、卵状椭圆形或倒卵状椭圆形,先端渐尖或尾尖,基部楔形或近圆形,中部以上有钝齿,三出脉。花序红褐色,状如珊瑚。核果大,熟时橙红色,味甜可食。花期4月,果期10月。分布于长江流域及河南、陕西等地。适应性强。喜光,略耐阴。耐寒、耐旱、耐水湿和瘠薄。深根性,抗风力强。生长速度中等,寿命长。树体高大,浓荫蔽日,红花红果,蔚为壮观,是优良的观赏树种,适宜作庭荫树、园景树、行道树及工厂绿化树种。

3.3.25.5 糙叶树属 *Aphananthe* Planch.

乔木或灌木,无刺;叶互生,有锯齿,有明显的羽状脉和基出3脉;托叶侧生,分离;花单性同株;雄花排成稠密的聚伞花序;雌花单生于叶腋内或少有混生雄花序中,具柄;雄花被5~4深裂,裂片钝头,凹陷,多少覆瓦状;雄蕊5~4枚,花丝直立;雌花被裂片较狭,覆瓦状;子房无柄,花柱2,内侧具柱头面;核果卵状或近球形,内果皮坚硬;种子无胚乳或有很薄的胚乳;胚弯曲或内卷;子叶狭窄,外面大的一枚包藏较小的一枚。8种,分布于东亚和澳大利亚,我国有1种及1变种,主要产长江流域及其以南各省区。

糙叶树 *Aphananthe aspera* (Thunb.) Planch.
[Roughleaftree]

乔木。叶卵形或狭卵形,长5~13cm,宽2.5~5.8cm,先端渐尖或长渐尖,基部圆形或宽楔形,对称或斜,具三出脉,基部以上有单锯齿,两面均有糙伏毛,上面粗糙,侧脉直伸至锯齿先端;叶柄长5~15mm。花单性,雌雄同株;雄花成伞房花序,生于新枝基部的叶腋;雌花单生新枝上部的叶腋,有梗;花被5(~4)裂,

宿存;雄蕊与花被片同数;子房被毛,1室,柱头2。核果近球形或卵球形,长8~13mm,被平伏硬毛;果柄较叶柄短,稀近等长,被毛。花期3~5月,果期8~10月。分布于华东、华中、华南、西南和山西;朝鲜和日本也有。喜光也耐阴,喜温暖湿润的气候和深厚肥沃沙壤土。播种繁殖。

3.3.25.6 青檀属 *Pteroceltis* Maxim.

落叶乔木。叶互生,有锯齿,基部三出脉,侧脉先端在未达叶缘前弧曲,不伸入锯齿;托叶早落。花单性、同株,雄花数朵簇生于当年生枝的下部叶腋,花被5深裂,裂片覆瓦状排列,雄蕊5,花丝直立,花药顶端有毛,退化子房缺;雌花单生于当年生枝的上部叶腋,花被4深裂,裂片披针形,子房侧向压扁,花柱短,柱头2,条形,胚珠倒垂。坚果具长梗,近球状,围绕以宽的翅,内果皮骨质;种子具很少胚乳,胚弯曲,子叶宽。1种,为中国特产。

青檀 *Pteroceltis tatarinowii* Maxim.
[Wingceltis]

落叶乔木,高达20m。树干暗灰色,薄片状脱落,树干常凹凸不圆。叶卵形,纸质,单叶互生,先端渐尖或尾尖,基部全缘、不对称。背面叶脉有簇毛。花腋生,小坚果周围有薄翅。花期4月;果期8~9月。主产黄河及长江流域,南至两广及西南。喜光,稍耐阴,耐干旱贫瘠,喜石灰岩山地。播种繁殖。树体高大,树冠开阔,宜作庭荫树、行道树,可孤植、丛植

于溪边,适合在石灰岩山地绿化造林。

3.3.26 桑科 Moraceae

常绿或落叶,乔木,灌木或藤本,稀草本。通常具乳汁。单叶互生,稀对生,全缘,具锯齿或缺裂,羽状脉或掌状脉;脱叶早落。花小,单性,同株或异株,组成头状、柔荑、穗状或隐头花序;单被花,花被片4(1~6),分离或合生,雄蕊与花被片同数且对生;子房上位,稀下位雌蕊具2心皮,通常1室,1枚悬垂胚珠。小瘦果或核果,被肉质花被所包,形成聚花果或隐花果。约70属,1800种,主产热带和亚热带地区。我国有17属,约160种,主要分布于长江以南各省区。

分属检索表
1 乔木、灌木、草本,具乳液;雄蕊在花芽时内折,花药外向。
　2 雌雄花序均为假穗状或柔荑花序············桑属 Morus
　2 雄花序假穗状或总状,雌花序为球形头状花序·········
　　··构属 Broussonetia
1 乔木,灌木,攀援性或直立草本,有或无乳液(但有乳液导管存在);雄蕊在芽时直立稀内折,花药内向稀外向。
　3 花生于壶形花序托内壁,雄蕊1~3枚或更多···········
　　··榕属 Ficus
　3 花序托盘状或为圆柱状或头状。
　　4 雌雄花序均为圆柱状或头状;雌花被管状,顶齿裂;雄蕊1枚·······················波罗蜜属 Artocarpus
　　4 雌花序为球形头状花序,雄花序为头状花序或穗状;花4数;植物体具刺。
　　　5 乔木,具长枝和短枝;雄花序穗状;雄蕊在芽时内折;聚花果直径7~14cm············橙桑属 Maclura
　　　5 乔木或灌木(攀援性),无长短枝之分;雌雄花序均为球形头状花序;雄蕊在芽时直立;聚花果直径1.5~4 cm·······························柘属 Cudrania

3.3.26.1 桑属 *Morus* L.

落叶乔木或灌木。枝无顶芽。芽鳞3~6。叶互生,基部3~5出脉,有锯齿或缺裂;托叶披针形,早落。花单性,同株或异株,柔荑花序;花被和雄蕊4。小瘦果包藏于肉质的花被内,集成聚花果。约16种,主产北温带。我国11种,各地均有分布。

(1) 桑树(家桑) *Morus alba* L.
[White Mulberry]

落叶乔木,高达15m;树冠倒广卵形。树皮、小枝黄褐色。叶卵形或卵圆形,长6~15cm,宽4~12cm,基部圆形或心形,稍偏斜,锯齿粗钝,幼树之叶有时分裂,表面无毛有光泽,背面沿脉有疏毛,脉腋有簇生毛。花雌雄异株,柔荑花序,花柱极短或无,柱头2,宿存。聚花果(桑葚)圆柱形,长1~2.5cm,熟时紫黑色、红色、近白色,汁多味甜。花期4月,果期5~6月。原产我国中部,现东北至华南均有分布,以长江流域及黄河中下游地区为多。喜光,喜温暖湿润气候。适应性强,耐寒,耐干旱瘠薄和水湿,在微酸、中性、石灰性及轻度盐碱土壤均能生长。

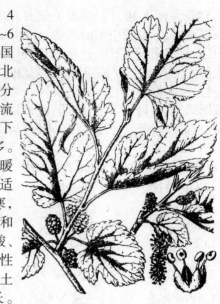

根系深广,萌蘖力强。耐修剪,易更新。生长较快,寿命中等。压条、扦插、播种等方法繁殖。树冠宽广,枝叶茂密,秋季叶色变黄,冬季苍劲入画,是优良的庭荫树,也可用于城市及工矿区绿化。自古以来桑树与梓树均常栽培于庭院,故"桑梓"常用于代表家乡、故土。品种:①龙桑 'Tortuosa':枝条扭曲,状如龙游。②垂枝桑 'Pendula':枝细长下垂。

(2) 华桑 *Morus cathayana* Hemsl.
[China Mulberry]

乔木,叶质薄,卵形至广卵形,长宽均为4~10cm,表面粗糙,背面密生柔毛。成熟果实白、红或紫色。分布于我国黄河流域和长江流域。喜生于向阳山坡及沟谷,耐干旱和盐碱。用于园林观赏或山地绿化。

3.3.26.2 构属 *Broussonetia* L'Her. ex Vent.

落叶灌木或乔木。枝无顶芽。叶有锯齿,不裂或3~5裂,雌雄异株,稀同株;花序腋生或生于小枝无叶的节上;雄花组成柔荑花序,稀头状花序,雄蕊4;雌蕊组成头状花序,花柱线状。聚花果球形,肉质,由很多橙红色小核果组成。4种,分布于亚洲东部及太平洋岛屿。我国4种,南北均有分布。

构树(楮树) *Broussonetia papyrifera* (L.) L'Hér. ex Vent. [Papermulberry]

乔木。高达20m。树冠卵形至广卵形。树皮浅灰或灰褐色，不易裂。小枝、叶柄、花序梗密被丝状刚毛。叶卵形至宽卵形，长7~20cm，先端渐尖，基部略偏斜，不裂或不规则2~5裂，两面密生硬毛，下面更密。聚花果球形，成熟时橙红色。花期4~5月，果期8~9月。我国分布很广，北自华北、西北，南到华南、西南各地区均有栽培。喜光，适应性强，能耐北方的干冷和南方的湿热气候。耐干旱瘠薄，也耐水湿。喜钙质土，也可在酸性、中性土上生长，耐盐碱。生长快，萌芽力和萌蘖力均强。病虫害少。播种繁殖，也可扦插或分蘖繁殖。枝叶茂密，质感粗糙，聚花果鲜红艳丽，抗逆性强，可用作工矿区、荒山坡地等城乡，也可用作庭荫树及防护林树种。

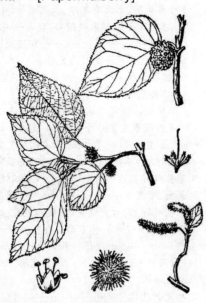

3.3.26.3 柘属 *Cudrania* Trec.

落叶乔木或灌木，有时攀缘状，常具枝刺，无顶芽。有乳汁。叶全缘，不裂或3裂，羽状脉；托叶小，早落。花雌雄异株，雌、雄花均为腋生球形头状花序，聚花果，球形肉质。约6种，分布于东亚及澳大利亚。我国5种，主产我国西南及东南地区。

分种检索表

1 直立小乔木或为灌木状；叶全缘或为三裂，卵形或为菱卵形，有或无毛，侧脉4~6对；聚花果直径2~2.5cm或更大·················柘 *Cudrania tricuspidata*
1 攀援藤状灌木，叶全缘；聚花果直径2~5cm···葨芝 *Cudrania cochinchinensis*

(1) 柘 *Cudrania tricuspidata* (Carr.) Bur. ex Lavallee [Tricuspid Cudrania]

小乔木或灌木，高达10m。树皮薄片状剥落。小枝无毛，常有枝刺。刺长0.5~2cm，叶卵圆形或卵状披针形，长5~11cm，宽3~6cm，先端渐尖，全缘或3裂；侧脉4~6对；背面灰绿色。花序具短柄，单生或成对腋生；雄花序径约0.5cm，雌花序径约1~1.5cm。聚花果近球形，肉质，红色径约2.5cm。花期5~6月，果期9~10月。产于我国河北南部、华东、华中及西南各地，多生于低山、丘陵灌丛。朝鲜日本也有分布。喜光，耐干旱瘠薄，较耐寒；喜石灰性钙质土壤；适应性强，生长缓慢。播种或扦插繁殖。可作为绿篱、荒山绿化及水土保持树种。

(2) 葨芝(构棘,山荔子,穿破石) *Cudrania cochinchinensis* (Lour.) Kudo et Masam [Vietnam Cudrania]

常绿直立或攀援状灌木，高2~4m；枝有粗壮、伸直或略弯的棘刺，刺长5~10(~20)mm。叶革质，倒卵状椭圆形或椭圆形，长3~8cm，先端钝或短渐尖，基部楔形，无毛；叶柄长5~10mm。花单性，雌雄异株；头状花序单生或成对腋生，有短柄，有柔毛；雄花序直径6mm，花被片3~5，有毛；雌花序结果时增大，直径约1.8cm。聚花果球形，肉质，直径约5cm，有毛。花期4~5月；果期6~7月。分布在我国西南和东南部；热带亚洲，非洲东部，澳大利亚也有。喜光；喜温暖、湿润的环境。喜肥沃、疏松土壤。扦插繁殖。在庭园中宜植于棚架、花廊、围墙边或花门等处，既可观花又有垂直绿化的效果。

3.3.26.4 波罗蜜属(桂木属) *Artocarpus* J. R. et G. Forst.

常绿乔木，有顶芽。叶互生，羽状脉；全缘或羽状分裂；托叶形状大小不一；小枝有或无环状托叶痕。雌雄同株，花生于一肉质的总轴上。雄花序长圆形，雄蕊1；雌花序球形，花被管状，下部陷于花序轴中。子房1室。聚花果椭球形或球形，瘦果外被肉质宿存花被。约50种，分布于热带及亚热带至太平洋岛屿。我国约14种，分布于华南地区。

(1) 波罗蜜(木波罗) *Artocarpus heterophyllus* Lam. [Diversileaf Artocarpus]

常绿乔木，高达15m，老树常有板根。小枝有环状托叶痕。叶厚革质，背面粗糙，椭圆形至倒卵形，长7~15cm，宽3~7cm，全缘，幼树常有裂。侧脉

6~8对。单性花同株,具芳香,雌、雄花序生于树干或大枝上。聚花果椭球形,长30~100cm,味甜可食,成熟后黄色,外皮具坚硬六角形瘤体和粗毛。花期2~3月,果期7~8月。原产印度、马来西亚,现广泛栽培于热带各地。我国华南有栽

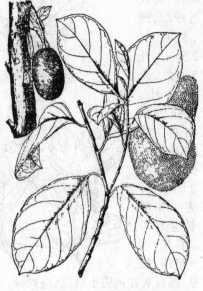

培。喜暖热湿润的热带气候。强阳性树,非常喜光,在酸性至轻碱性土均能生长,忌积水。播种、嫁接扦插或压条繁殖。树姿端正,老茎开花结果,果实硕大,富有特色,为热带地区优美的庭院观赏树种,也是热带著名水果。

(2)面包树 Artocarpus communis Forest.
[Common Artocarpus]

叶片卵形或卵状椭圆形,长10~50cm,常3~8羽状分裂,裂片披针形;花序单生叶腋,雄花序长约15cm;聚花果倒卵形或近球形,长15~30cm,具圆形瘤状突起。原产太平洋群岛,华南有栽培,北方温室也常栽培观赏。

3.3.26.5 榕属 Ficus L.

常绿,稀落叶。乔木、灌木或藤本,常具气根。具乳液,叶互生,稀对生,全缘,有锯齿或分裂;托叶合生,包被顶芽,脱落后在枝上留下环状托叶痕。花雌雄同株,花小,生于中空的肉质花序托内,形成隐头花序,生于老茎上或腋生。隐花果肉质,内具小瘦果。约1000种,分布于热带和亚热带地区。我国约97种,分布于长江以南各地,主产华南和西南。另引入多个品种。

分种检索表
1 榕果生于树干或老枝············对叶榕 Ficus hispida
1 榕果成对或单生叶腋或生于落叶小枝叶腋。
　2 大乔木,多具不定根及气生根;叶多革质,无毛,稀被毛。
　　3 落叶大乔木;托叶长5~10cm;榕果球形,径0.7~1.2cm···············绿黄葛树 Ficus virens
　　3 常绿乔木。
　　　4 叶柄具关节············菩提树 Ficus religiosa
　　　4 叶柄无关节。
　　　　5 侧脉细密,初生侧脉与次生侧脉难分。两面凸起···
　　　　　···············垂枝榕 Ficus benjamana
　　　　5 侧脉疏离,初生侧脉与次生侧脉明显易分。
　　　　　6 叶厚革质,上面有光泽,长椭圆形,先端钝,托叶红色,长达15cm;榕果椭圆形,稍扁············
　　　　　　···············印度胶榕 Ficus elastica
　　　　　6 叶革质,无光泽或稍有光泽。
　　　　　　7 榕果具柄············环纹榕 Ficus annulata
　　　　　　7 榕果无柄。
　　　　　　　8 榕果基生苞片风帽状······高山榕 Ficus altissima
　　　　　　　8 榕果基生苞片分离········榕树 Ficus microcarpa
　2 中乔木或灌木,攀援灌木;无不定根及气生根。
　　9 攀援灌木;叶革质,全缘,下面网眼呈蜂窝状。
　　　10 基生叶脉长达叶片1/2~2/3,叶先端钝或稍渐尖;榕果大,多单生············薜荔 Ficus pumila
　　　10 基生叶脉短,叶先端尖、渐尖或尾尖;榕果较小。
　　　　11 榕果径6~7mm;叶下面灰白色············
　　　　　···············爬藤榕 Ficus sarmentosa var. impressa
　　　　11 榕果径1~2cm············匐茎榕 Ficus sarmentosa
　　9 乔木或灌木。
　　　12 叶无钟乳体············斜叶榕 Ficus tinctoria
　　　12 叶有钟乳体。
　　　　13 榕果梨形,径4~6cm;叶掌状分裂,下面密被短粗毛,具锯齿;叶柄长2~5cm······无花果 Ficus carica
　　　　13 榕果径不及2cm。
　　　　　14 叶粗糙,上面被短粗毛,下面被柔毛及瘤点······
　　　　　　···············天仙果 Ficus erecta var. beecheyana
　　　　　14 叶上面无毛,稀被微柔毛。
　　　　　　15 叶柄长············异叶天仙果 Ficus heteromorpha
　　　　　　15 叶柄短。
　　　　　　　16 叶条状披针形,侧脉1~17对············
　　　　　　　　···············竹叶榕 Ficus stenophylla
　　　　　　　16 叶琴形或倒卵形,侧脉较少;榕果单生,椭圆形
　　　　　　　　···············琴叶榕 Ficus pandurata

(1)榕树(小叶榕) Ficus microcarpa L. f.
[Fig, Smallfruit Fig]

常绿大乔木,高达25m,树冠开展,阔伞形。须状气生根悬垂,或入土成干,形似支柱。叶革质,倒卵至椭圆形,长4~8cm,全缘或略波状,羽状脉3~10对。聚花果腋生,近扁球形,径0.6~10mm,无梗,熟时紫红色。花期5~6月,果期10月。亚洲热带地区,华南和西南有分布,园林常见栽培。喜光也耐阴,喜暖热多雨的气候及酸性土壤。萌芽力强,生长快,寿命长。扦

插繁殖,极易生根。也可播种繁殖。树冠宽广而圆整,枝叶浓密,是华南重要的行道树和庭荫树。由于树体庞大,气生根多而下垂,交错盘绕,入土即成支柱根,形成"独木成林"的景观,奇特而壮丽,华南各地常营造以榕树为主景的植物景观。品种:①黄斑榕('Yellow-stripe'),叶缘黄色而具绿色条带。②黄金榕'Golden-leaves',新叶乳黄色至金黄色,后变为绿色。华南和台湾栽培颇多。③垂枝银边榕'Milky Stripe',小枝下垂,叶狭倒卵形或椭圆形,叶缘呈乳白色或略呈乳黄色而混有绿色条带,背面具多数腺体。

(2) 无花果 *Ficus carica* L.　　[Fig]

落叶灌木或小乔木,高达10m。小枝粗壮。叶广卵形或近圆形,长10~20cm,常3~5掌状裂,边缘波状或成粗齿,表面粗糙,背面有柔毛。隐花果梨形,长5~8cm,绿黄色或紫红色。花果期甚长且不集中,果实6~10月陆续成熟。原产地中海沿岸,现温带和亚热带地区常见栽培。我国长江流域及以南地区露地栽培,北方常温室盆栽。新疆、山东、江苏等现为果用主要栽培地。喜光,喜温暖湿润气候,不耐寒,冬季-12℃时小枝受冻。对土壤要求不严,较耐旱,不耐涝。侧根发达,根系浅,生长较快。抗二氧化硫和硫化氢等有毒气体。扦插繁殖,也可分株或压条繁殖,成活容易。叶色深绿,叶裂如花,果实黄色或紫红色,既是有名的果树,也是优良的园林绿化树种。园林中可结合生产栽培,配植庭院房前、角隅、石旁、阶下等处。

3.3.26.6 橙桑属 *Maclura* Nutt.

小乔木或灌木,具长枝与短枝,长枝有枝刺。叶互生,全缘,叶脉羽状;托叶2枚,侧生。花雌雄异株,雄花序为圆锥花序,雌花序为扁球形;雄花花被片4,覆瓦状排列,雄蕊4枚,花芽时内折,退化子房有或无;雌花花被片4,每花被片具2黄色腺体,子房不陷入花序托内,苞片附着于花被片。聚花果球形,肉质,核果外果皮坚硬,子叶扁平,胚根内弯。1种,原产美洲,我国有引种。

橙桑 *Maclura pomifera*(Raf.)Schneid. [Osage orange]

落叶乔木或小乔木,高达8m(原产区可达20m);树冠疏展,树皮黄褐色,具深沟槽;皮孔近圆形,明显,浅黄色;枝绿色,幼嫩时被白色柔毛;长枝具刺,短枝上的刺生于无叶枝腋。叶厚纸质,幼嫩时被柔毛,后脱落,卵形或卵状椭圆形,长5~12cm,宽4~8cm,全缘,两面绿色,无钟乳体,先端渐尖,基部宽楔形至圆形,基生侧脉短,侧脉5~6对;叶柄长1.5~5cm。雄花多数,组成圆锥花序,长2.5~3.5cm;雄花具梗,花被片分离,花丝短,花芽时内折,无退化雌蕊;雌花序扁球形头状,雌花花被片4,苞片附着于花被片,子房不陷入花序轴内,花柱分枝或不分枝,长9~20mm。聚花果肉质,近球形,直径8~14cm,顶部微压扁,表面成块状,成熟时黄色,有香味;核果卵圆形。原产于美国中部。我国大连市及河北秦皇岛海滨有栽培,河北平山县也有。速生,耐寒。多棘刺,适宜作绿篱或栽培观赏。

3.3.27 荨麻科 Urticaceae

草本、灌木或乔木,有时有刺毛;叶互生或对生,单叶;花两性或单性;小而不明显,排成聚伞花序、穗状花序或圆锥花序,稀生于肉质的花序托上;雄花被4~5裂,裂片有时有附属体;雄蕊与花被片同数,且与彼等对生,花丝通常管状或3~5裂,结果时常扩大;退化雄蕊鳞片状或缺;子房与花被离生或合生,1室,有胚珠1颗;瘦果,多少被包于扩大、干燥或肉质的花被内。46属以上,550种,分布于热带和温带地区,我国有22属,252种,全国皆产。

分属检索表

1 植物有刺毛;雌花无退化雄蕊……………荨麻属 *Boehmeria*
1 植物无刺毛;雌花常有退化雄蕊或无。
　2 叶对生;叶片两侧对称或近对称………冷水花属 *Pilea*
　2 叶互生,二列,如为对生则同对的叶极不等大,其中小的一枚常退化成托叶状或消失;叶片两侧常偏斜,狭侧面在上,宽侧面在下……………苎麻属 *Boehmeria*

3.3.27.1 荨麻属 *Urtica* L.

草本或亚灌木,常被刺毛,触之觉奇痛;叶对生,有托叶;花单性,排成穗状花序或圆锥花序;花被片4;雄蕊4,与花被片对生,芽时内弯,成熟时向上和向外弯曲将花粉弹出;子房1室,有胚珠1颗;柱头大,毛帚状;瘦果包藏于宿存的花被内。约50种,主要分布于温带地区,我国有15种,产西南部至东北部。

赤麻(线麻)*Boehmeria silvestrii* (Pamp.) W. T. Wang　　[Red Ramie]

多年生草本或亚灌木;茎高60~100cm,数茎丛生,不分枝,红褐色,具钝4棱,基部光滑,上部疏被短伏毛。叶对生,有柄,叶质薄,卵形或广卵形,长7~14cm,宽3~10cm,基部广楔形至截形,先端3裂,两面被稀疏伏毛,基出脉3;柄长4~8mm,通常带红色。花单性,雌雄异株或雌雄同株;花序穗状,腋生,细长,同株者雄花序生于下部,雌花序生于上部;雄花细小,直径约1.5mm,淡黄白色;雌花簇

生于上部叶腋,花淡红色,集成小球状。瘦果倒卵形,光滑。花期6~8月;果期8~9月。我国华北地区分布较多。喜光;稍耐寒,耐旱,适于生长在温暖、湿润的环境中。播种或扦插繁殖。可单植或丛植于沟谷、水边、假山旁作为观赏植物。

3.3.27.2 冷水花属 *Pilea* Lindl.

一年生或多年生草本或亚灌木;叶对生,通常为三出脉,有托叶;花单性异株或同株,排成腋生的小聚伞花序或有时排成圆锥花序;雄花被2~4裂;雄蕊2~4;雌花被3裂,裂片不相等;退化雄蕊小或缺;子房劲直,柱头无柄,画笔状;果为瘦果,压扁,膜质或硬壳质。约400种,分布于亚热带地区,我国有70余种,主产西南至华东地区。

花叶冷水花(冷水丹,百斑海棠)
Pilea cadierei Gagnep.
[Spotleaf Coldwaterflower]

多年生草本或半灌木,高15~40m。全株无毛。具匍匐根茎,茎肉质。叶多汁,对生;托叶草质,淡绿色,长圆形,早落;叶片倒卵形,长2.5~6cm,宽1.5~3cm,先端骤凸,基部楔形或钝圆,中央有2条(有时在边缘也有2条)间断的白斑。花雌雄异株;雄花序头状,常成对生于叶腋;雄蕊4;退化雌蕊圆锥形,不明显。花期9~11月。原产越南,我国南方多有栽培。喜阴、耐肥、耐湿、喜温暖、喜排水良好的沙壤土、生长健壮、抗病虫能力强。扦插或分株繁殖。盆栽或吊盆栽培,点缀几架、桌案,显得翠绿光润,清新秀丽。又可在室内花园作带状或片状地栽布置。南方常作为地被植物,展现出青翠光亮的天然野趣。

3.3.27.3 苎麻属 *Boehmeria* Jacq.

灌木或小乔木;叶对生或互生,三出脉,有锯齿;花单性异株,排成团伞花序或再排成穗状花序或圆锥花序式;雄花被3~5裂;雄蕊3~5,退化雌蕊球形或梨形;雌花被管状,2~4齿裂;果时有时有角、有翅或膨胀,子房内藏,1室,花柱柔弱,宿存;瘦果为花萼所紧包,最后分离。100种,分布于热带和亚热带地区,我国有35种,分布极广,西南和中南最盛。

苎麻(苎根,野苎麻,苎麻茹) *Boehmeria nivea* (L.) Gaud. [Ramie]

灌木。茎高达2m,分枝,生短或长毛。叶互生;叶片卵形或近圆形,长5~16cm,宽3.5~13cm,先端渐尖,边缘密生牙齿,上面粗糙,下面密生交织的白色柔毛,具3条基生脉;叶柄长2~11cm。雌雄通常同株;

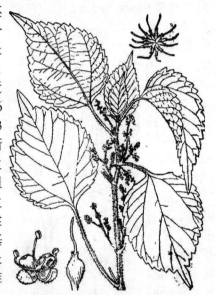

花序圆锥状;雄花序通常位于雌花序之下;雄花小,花被片4,雄蕊4,有退化雌蕊;雌花簇球形,直径约2mm,花被管状。瘦果小。我国山东、河南和陕西以南各省区栽培甚广,也有野生的。喜光。播种繁殖。可作园林地被植物。

3.3.28 马尾树科 Rhoipteleaceae

乔木;叶为奇数羽状复叶,有腺点,小叶有锯齿;花杂性,无柄,为下垂、圆锥花序式的穗状花序,有苞片和小苞片;萼片4,覆瓦状排列;花瓣缺;雄蕊6,分离;子房上位,2室,每室有胚珠1颗;柱头2;膜质的翅果,顶端2裂。1属。

马尾树属 *Rhoiptelea* Diels et Hand.-Mazz.

1种,产越南和我国西南部。

马尾树 *Rhoiptelea chiliantha* Diels et Hand.-Mazz. [Horsetailtree]

落叶乔木;幼嫩部分密被星形盾状腺鳞和短柔毛。单数羽状复叶互生,长15~30cm;小叶9~17,互生,厚纸质,披针形或斜长椭圆状披针形,长5~14cm,先端渐尖,基部歪斜,边缘有锯齿;托叶叶状,

早落。复圆锥花序大而偏向一侧,下垂,长达30cm;花杂性同株,常3朵形成二歧聚伞花序,中间为两性花,两侧为雌花;花被片4,宿存;雄蕊6;雌蕊柱头2,薄片伏。小坚

果倒梨形,略扁,其外围以外果皮形成的圆翅。分布在广西北部、云南东南部、贵州南部。

3.3.29 胡桃科 Juglandaceae

落叶乔木,稀常绿。奇数羽状复叶,互生,无托叶。花单性同株,雄花组成葇荑花序,生于去生枝叶腋或新枝基部,花被不规则,与苞片合生;雌花组成穗状花序,生于枝顶,花被与苞片和子房合生,子房下位,2心皮合生,1胚珠。核果状或翅果状坚果,种子无胚乳。9属,约60种,主于北半球温带及亚热带地区。我国7属20种,南北均产。

分属检索表
1 雄花序及两性花序常形成顶生而直立的伞房状花序束,两性花序上端为雄花序(花后脱落),下端为雌花序;果序球果状;果实小形,坚果状,两侧具狭翅,单个生于覆瓦状排列成球果状的各个苞片腋内;枝条髓部不成薄片状分隔而为实心………………化香树属 Platycarya
1 雄花序下垂,雌花序直立或下垂;果序不成球果状。
　2 雌花及雄的苞片3裂;果实具由苞片形成的显著3裂的膜质果翅;雄花序数条位于顶生的雌花序下方而共同形成一下垂的圆锥式花序束,或雌花序单独生于自叶痕腋内生出的、无叶的侧生小枝上;常为偶数羽状复叶;枝条髓部不成薄片状分隔而成实心…………………………………黄杞属 Engelhardtia
　2 雌花及雄花的苞片不分裂;果翅不分裂或不具果翅。
　　3 枝条髓部不成薄片状分隔而为实心…山核桃属 Carya
　　3 枝条髓部成薄片状分隔。
　　　4 果实核果状,无翅;外果皮肉质,干后成纤维质,通常成不规则的4瓣破裂…………胡桃属 Juglans
　　　4 果实坚果状,具革质的果翅。
　　　　5 果实具由1水平向的圆形或近圆形的果翅所围绕;雄花序数条成一束,自叶痕腋内生出…………青钱柳属 Cyclocarya
　　　　5 果实具2展开的果翅;雄花序单独生,自芽鳞腋内或叶痕腋内生出…………枫杨属 Pterocarya

3.3.29.1 胡桃属 Juglans L.

落叶乔木。枝有片状髓心。鳞芽,芽鳞少数。叶揉之有香味,小叶全缘或有疏齿。雄花被片1~4,雌花花被4裂,柱头羽毛状。核果状坚果,果核有不规则皱脊,基部2~4室。约20种,主要分布于北半球温带和亚热带地区,并延伸至南美洲。我国3种,引入栽培2种,东北至西南均有分布。

分种检索表
1 叶通常具5~11枚小叶;小叶全缘,除下面侧脉腋内具簇毛外其余近于无毛;花药无毛;雌花序具1~4雌花……………………………………………………胡桃 Juglans regia
1 叶具7~25枚小叶;小叶有锯齿,下面有毛或成长后变近无毛;花药有毛;雌花序具5~10雌花。
　2 小叶长成后常变成无毛;果序短,俯垂,通常具4~5个果实……………………胡桃楸 Juglans mandshurica
　2 小叶长成后下面密被短柔毛及星芒状毛;果序长而下垂,通常具6~10个果实………野核桃 Juglans cathayensis

(1) 胡桃 Juglans regia L.
[English Walnut, Persia Walnut]

乔木,高达30m,胸径1m;树冠广卵形至扁球形;树皮灰白色。一年生枝绿色,无毛或近无毛。小叶5~9(11)枚,近椭圆形,长6~14cm,先端钝圆或微尖,基部钝圆或偏斜,全缘或幼树及萌生枝之叶有锯齿,背面脉腋有簇毛。雌花1~3(5)朵成穗状花序。果球形,径4~5cm,果核近球形,有不规则浅刻纹和2纵脊。花期4~5月,果期9~10月。原产于我国新疆及阿富汗、伊朗一带。据传为汉朝张骞带入内地,现辽宁南部以南至华南、西均有栽培。喜光,喜温凉气候,较耐干冷,不耐湿热。喜深厚、肥沃、湿润而排水良好的微酸性至弱碱性土壤,不耐盐碱;深根性,有粗大的肉质直根,耐干旱而怕水湿,不耐移植。播种、嫁接繁殖。嫁接繁殖可用芽接和枝接,以核桃楸、枫杨或化香作砧木。树冠开展,树皮灰白、洁净,是优良的庭荫树或行道树。园林中可孤植或丛植,也适于成片种植。由于树冠宽大,成片栽植时不可过密。

(2) 胡桃楸 *Juglans mandshurica* Maxim.
[Manchurian Walnut]

乔木，高达25m，树冠宽卵形，有时呈灌木状。小枝幼时密被毛。复叶长40~90cm，叶柄及叶轴被或疏或密的腺毛；小叶(7)9~19枚，侧生者无柄，顶生者柄长1~5cm，椭圆形至长椭圆状披针形，长6~16cm，宽2~7.5cm，背面被绒毛或柔毛；基部偏斜，叶缘具细锯齿。雄花序长9~40cm；果球形、卵球形至椭球形，密被腺毛，4~5(7)个集成短总状；果核顶端尖，具6~8条纵脊。花期4~5月，果期8~10月。产东北、华北、长江流域至西南。朝鲜、俄罗斯等地也有分布。强阳性，耐寒性强。喜湿润、深厚、肥沃而排水良好的土壤，不耐干旱瘠薄。深根性，抗风力强。材质坚硬致密，纹理美，是军工、家具的优良用材。播种繁殖。东北、华北地区珍贵用材树种，园林中可栽作庭荫树及行道树。

3.3.29.2 山核桃属 *Carya* Nutt.

落叶乔木。枝髓充实。裸芽或鳞芽。小叶有锯齿。无花被，雄花柔荑花序3个生于一总梗上，下垂，雌花2~10朵排成穗状。核果状坚果，外果皮木质，4瓣裂，果核圆滑或有纵脊。约17种，分布于东亚和北美。我国4种，分布于华东至广西、贵州、云南等地。引入栽培1种。

分种检索表
1 鳞芽，被黄色短柔毛；小叶11~17，下面脉腋有簇生毛……
………………………美国山核桃 *Carya illinoensis*
1 裸芽，密生黄褐色腺鳞；小叶5~7，背面密生黄褐色腺鳞
…………………………山核桃 *Carya cathayensis*

(1) 美国山核桃（薄壳山核桃）
Carya illinoensis (Wangenheim) K. Koch
[Pecan]

原产地高达55m；树冠初为圆锥形，后变为长圆形至广卵形。鳞芽，被黄色短柔毛。小叶11~17对，呈不对称的卵状披针形，常镰状弯曲，长9~13cm，下面脉腋簇生毛。果3~10集生，长圆形，长4~5cm，有4纵脊，果壳薄，种仁大。花期5月，果期10~11月。原产北美洲，我国于20世纪初引种，北自北京，南至海南岛都有栽培，以长江中下游地区较多。喜光，喜温暖湿润气候。适生于深厚肥沃的沙壤土，较耐水湿，不耐干瘠，对土壤酸碱度适应性较强，在pH值4~8之间均可。深根性，根系发达，生长速度中等，寿命长。播种繁殖，一些果用的优良品种则采用嫁接繁殖，砧木为本砧实生苗。树体高大，根深叶茂，树姿雄伟壮丽。是优良的行道树和庭荫树，还可用于风景林、河流沿岸及平原地区"四旁"绿化。材质优，供军工或雕刻用。也是重要的干果、油料树种。

(2) 山核桃 *Carya cathayensis* Sarg.
[Cathay Hickory]

乔木，高达30m，树冠开展，扁球形。裸芽，密生黄褐色腺鳞。小叶5~7枚，披针形或倒披针形，长7~22cm，背面密生黄褐色腺鳞；缘有细锯齿。雌花1~3朵生枝顶。果实卵圆形或倒卵形，长2~2.5cm，果壳较厚。我国特产，分布于长江流域，以浙江和安徽为主产地。喜光，喜温暖多雨及湿润肥沃土壤。适生于凉爽湿润的山地环境，引种平原生长缓慢，不易结果。播种繁殖。为重要的木本油料和干果树种。可用于生态防护林建设，是山区城镇绿化的优良树种。

3.3.29.3 枫杨属 *Pterocarya* Kunth

落叶乔木，枝髓片状，鳞芽或裸芽。小叶有细锯齿。花序下垂，雄花序单生叶腋，雄蕊6~18；雌花序单生新枝上部，雌花单生苞腋，具2小苞片，花被4裂。果序下垂，约6种，分布于亚洲东部和西南部。我国5种2变种，南北方均有分布。

分种检索表
1 果翅狭，条形、阔条形或矩圆状条形，伸向果实斜上方，因而两翅之间构成一夹角；叶由于顶生小叶不育多为偶数羽状复叶，叶轴显著有翅或无翅……………………
…………………………枫杨 *Pterocarya stenoptera*
1 果翅宽阔，椭圆状卵形，伸向果实两侧；叶为奇数羽状复

叶,叶轴无翅………………湖北枫杨 Pterocarya hupehensis

(1)枫杨 Pterocarya stenoptera C. DC.
[China Wingnut]

乔木,高高达30m,胸径1m。裸芽,密生锈褐褐色腺鳞。小枝、叶柄及叶轴有柔毛。羽状复叶长14~45cm,叶轴有窄翅;小叶10~28枚,长椭圆形至长椭圆状披针形,长4~11cm,有细锯齿,顶生小叶常不发育。果具2椭圆状披针形果翅;果序长20~40cm,成串下垂。花期4~5月,果期8~9月。广布于华北、华东、华中至华南、西南省区,在长江流域和淮河流域

最为常见。朝鲜也有分布。喜光,喜温暖湿润,也耐寒。耐低湿强,对土壤要求不严,酸性至微碱性土壤上均可生长。根系深广,侧根发达。生长快,萌蘖性强。抗烟尘和二氧化硫等有毒气体。播种繁殖。枫杨树冠宽广,枝叶茂密,夏秋季节成串翅果随风而动,颇具野趣。江淮流域多用作庭荫树和行道树。由于根系发达,较耐水湿,也可用于池畔、河边、堤岸等低湿处及防风林树种。又生长较快,适应性强,也适于工矿区绿化。

(2)湖北枫杨 Pterocarya hupehensis Skan
[Hubei Wingnut]

乔木,高10~20m;枝条髓部片状;芽裸出,有柄。单数羽状复叶,长约20~25cm;叶柄长5~7cm,无毛;小叶5~11,薄革质,长椭圆形至卵状椭圆形,长6~12cm,宽3~5cm,上面有细小疣状凸起及稀疏盾状腺体,中脉有稀疏星状短毛,下面有极小灰色鳞片,侧脉腋内有一束星状毛。花单性,雌雄同株;雄葇荑花序长8~10cm,出自芽鳞腋内或叶痕腋内,单生,下垂。雌葇荑花序顶生,俯垂,长20~40cm,果序长30~45cm,下垂,果序轴近无毛;果实坚果状,果翅半圆形,革质,长10~15mm,宽12~15mm。分布在湖北、四川西部、陕西南部、贵州北部。喜光,耐水湿,耐轻度盐碱,枝繁叶茂。生长迅速。可作行道树、庭荫树使用,也可作固堤护岸、防风沙固沙树种使用。

3.3.29.4 青钱柳属 Cyclocarya Iljinsk.

落叶乔木;芽裸秃;叶互生,奇数羽状复叶,无托叶,叶轴无翅;花单性同株,排成下垂的葇荑花序;雄花序2~4个腋生;花被辐射对称,有鳞片;雄蕊20~30枚,2~4束;雄花序单生于枝顶;花被4裂,下承托以小苞片2个;子房1室,花柱短,柱头2;坚果有盘状的圆翅。1种,我国特产。

青钱柳(摇钱树) Cyclocarya paliurus (Batal.) Iljinsk. [Cyclocarya]

乔木,高达30m,胸径80cm。裸芽具柄,被褐色腺鳞。枝具片状髓;幼枝密被褐色毛,后渐脱落。奇数羽状复叶,小叶7~9(13)枚,椭圆形或长椭圆状披针形,长3~14cm,具细锯

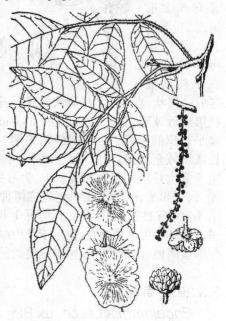

齿,上面中脉密被淡褐色毛及腺鳞,下面被灰色腺鳞,叶脉及脉腋被白色毛。雌雄同株,雌、雄花均为下垂的柔荑花序,雄花序长7~17cm,2~4集生于去年生枝叶腋,雄花具2小苞片及2花被片,雄蕊20~30;雌花序长20~26cm,单生枝顶,具花7~10,雌花具2小苞片及4花被片,柱头2裂。坚果,果翅圆形,径2.5~6cm。花期5~6月,果期9月。产于安徽、江苏、浙江、江西、福建、台湾、广东、广西、陕西南部、湖南、湖北、四川、贵州、云南。喜光,在混交林中多为上层林木。要求深厚、肥沃土壤;稍耐旱。萌芽性强。抗病虫害。播种繁殖。种子易随采随播或春播。树形优美,果实奇特,可作庭荫树。

3.3.29.5 化香树属
Platycarya Sieb. et Zucc.

落叶乔木。小枝髓心充实。鳞芽。羽状复叶,小叶有锯齿。葇荑花序直立,雄花序3~15个集生,雌花序单生或2~3个集生,有时雌花序位于雄花序下部;无花被。果序球果状,果苞革质,宿存;坚果扁,两侧有窄翅。2种,产中国、日本、朝鲜和越南。

化香树 Platycarya strobilacea Sieb. et Zucc.
[Dyetree]

高15m,树皮灰色浅纵裂。羽状复叶,长8~30cm,小叶7~19(23)枚,卵状披针形或长椭圆状披针形,长3~14cm,宽1.5~3.5cm,缘有细尖重锯齿,基部歪斜。两性花序和雄花序在小枝顶端排成伞房状,直立。果序卵状椭球形、长椭球状圆柱形或近球形,长2.5~5cm,径1.2~3cm;果苞内生扁平有翅的小坚果。花期5~7,果期7~10月。产长江流域至西南、华南,北达山东、河南、陕西,常生于低山丘陵的疏林和灌丛中,为习见树种。喜光,耐干旱瘠薄,为荒山绿化先锋树种;对土壤要求不严,酸性土至钙质土上均可生长。播种繁殖。园林中可丛植观赏,也用于荒山绿化,还可用作嫁接胡桃、山核桃和美国山核桃的砧木。

3.3.29.6 黄杞属
***Engelhardtia* Lesch. ex Bl.**

乔木或灌木;叶互生,羽状复叶;花单性同株;雄花为直立或下垂的穗状花序,由4~12枚雄蕊生于一全缘或不等的4裂的苞片上组成;雌花为下垂的穗状花序,花无柄,生于一个3~4裂的苞片上;萼4裂,与子房合生;花柱2;球形的坚果,与极扩大、膜质、3裂、具网纹的苞片合生,苞片的中裂片最大。约15种,产亚洲东部热带及亚热带地区以及中美洲。我国6种。

黄杞 *Engelhardia roxburghiana* Wall.
[Roxburgh Engelhardtia]

半常绿乔木,高达10m。偶数羽状复叶,长12~25cm,叶柄长3~8cm,小叶3~5对,稀同一枝条上亦有少数2对,近于对生,小叶柄长0.6~1.5cm,叶片革质,长6~14cm,宽2~5cm,长椭圆状披针形至长椭圆形,全缘,顶端渐尖或短渐尖,基部歪斜,两面具光泽,侧脉10~13对。雌雄同株或稀异株。雌花序1条及雄花序数条长而俯垂,生疏散的花,常形成一顶生的圆锥状花序束,顶端为雌花序,下方为雄花序,或雌雄花序分开则雌花序单独顶生。雄花无柄或近无柄,花被片4枚,兜状,雄

蕊10~12枚。雌花苞片3裂而不贴于子房,花被片4枚。果序长达15~25cm。果实坚果状,球形,直径约4mm。5~6月开花,8~9月果实成熟。产于台湾、广东、广西、湖南、贵州、四川和云南。分布于印度、缅甸、泰国、越南。喜光,不耐阴,适生于温暖湿润的气候,对土壤要求不严,耐干旱瘠薄,但以在深厚肥沃的酸性土壤上生长较好。播种繁殖。黄杞枝叶茂密,树体高大,适宜在园林绿地中栽植。

3.3.30 杨梅科 Myricaceae

常绿或落叶,乔木或灌木,具芳香,被有圆形而盾状着生的树脂质腺体;芽小,具芽鳞。单叶互生,具叶柄;常无托叶。花单性,无花被,雌雄异株或同株,葇荑花序;雄蕊4~8;雌蕊由2枚心皮合成,子房上位,1室,1胚珠,柱头2。核果,外被蜡质瘤点及油腺点。2属,约50余种,主要分布于两半球的热带、亚热带和温带地区;我国1属4种。

杨梅属 *Myrica* L.

常绿灌木或乔木,叶全缘或具锯齿,常集生枝顶;无托叶。雌雄异株。核果,外果皮薄或稍肉质,被肉质乳头突起或树脂腺体。约50种,广泛分布于热带至温带。我国产4种。

分种检索表
1 乔木,高达4~15m以上;叶较大,长6~16cm;雄花具2~4枚小苞片,雌花具4枚小苞片············杨梅 *Myrica rubra*
1 灌木,高0.5~2m;叶较小,长2.5~8cm;雄花无小苞片,雌花具2小苞片············云南杨梅 *Myrica nana*

(1) 杨梅 *Myrica rubra* (Lour.) Sieb. et Zucc.
[China Waxmyrtle, China Bayberry]

常绿乔木,高可达15m以上;树皮灰色,老时纵向浅裂;树冠圆球形。幼枝和叶背面有黄色树脂腺体。叶长椭圆状倒卵形或倒披针形,长6~16cm,先端圆钝,基部狭楔形,两面无毛,全缘或先端有浅齿,幼树和萌枝之叶中部以上有锯齿。雄花序单生

或簇生叶腋,长1~3cm,带紫红色;雌花序常单生于叶腋,长0.5~1.5cm,红色。核果球形,径约1~1.5cm,深红色,或紫色、白色,多汁。花期3~4月;果期6~7月。长江以南各省区均有分布和栽培;日本、朝鲜和菲律宾也有。中性树,较耐阴,不耐烈日;喜温暖湿润气候和排水良好的酸性土壤,但在中性和微碱性土壤中也可生长。深根性,萌芽力强。播种、压条或嫁接繁殖。树冠圆整,树姿幽雅,枝叶繁茂,在园林造景中,既可结合生产、于山坡大面积种植,果熟之时,景色壮观,也可于庭院房前、假山旁边、草坪等处孤植、丛植均可。杨梅为雌雄异株植物,栽种时要注意配植雄株,以保证结果良好。

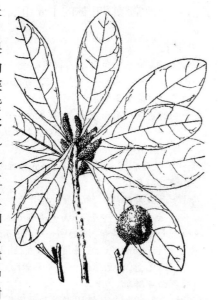

(2)云南杨梅 *Myrica nana* A. Cheval.
[Dwarf Waxmyrtle, Dwarf Bayberry]

常绿灌木,高达2m。叶互生,革质,长椭圆状倒卵形至短楔状倒卵形,长2.5~8cm,宽1~3.5cm,上面有腺体脱落后的凹点,下面有腺体,叶柄长1~4mm。雌雄异株;穗状花序单生叶腋,基部有不显著分枝;雄花序长1~1.5mm,极缩短分枝有1~3雄花;雄花无小苞片,有1~3雄蕊;雌花序长1.5cm,上倾,极缩短分枝有2~4不孕苞片和2雌花。核果球形,直径约1.5cm,红色,味极酸。分布在云南、贵州西部。

3.3.31 壳斗科(山毛榉科)Fagaceae

常绿或落叶乔木,稀灌木。芽鳞覆瓦状排列。单叶,互生,羽状脉;托叶早落。花单性,雌雄同株;单被花,花被4~7裂;雄花多为柔荑花序,雄蕊与花被片同数或为其倍数,花丝细长;雌花1~3(5)生于总苞内,总苞单生、簇生或集生成穗状,子房下位,3~6室,2胚珠,仅1个发育成种子,花柱与子房室同数,宿存。坚果,1~3(5)个生于由总苞木质化形成的壳斗内,壳斗全部或部分包围坚果,小苞片鳞形、刺形、披针形或粗糙突起;种子无胚乳。8属,约900~1000种,分布于温带、亚热带和热带。我国7属294种,落叶树类主产东北、华北,常绿树类主产长江以南,在华南、西南地区最多,是亚热带常绿阔叶林的主要树种。

分属检索表

1 雄花序球状或头状,下垂;花药长1.5~2mm;雌花(1)2朵,偶有3朵;坚果有3脊棱;冬季落叶乔木·················水青冈属 *Fagus*
1 雄花序穗状或圆锥状,直立或下垂;雌花单朵或多朵聚生成簇,分散于花序轴上。
 2 雄花序直立,雄花有退化雌蕊;花药长约0.25mm;雌花的柱头细窝点状,颜色几与花被相同。
 2 雄花序下垂,雄花无退化雌蕊;花药长0.5~1mm;雌花的柱头面长过于宽,颜色与花柱不同。
  3 冬季落叶;子房6室;无顶芽·················栗属 *Castanea*
  3 常绿;子房3室;有顶芽。
   4 叶通常二列;壳斗常有刺,大部全包坚果,若壳斗杯状,则其小苞片呈鱼鳞片状或多少横向连生成圆环·················锥属 *Castanopsis*
   4 叶非二列;壳斗无刺,通常杯状,若全包坚果,则壳斗有刺或线状体或有环状肋纹·················柯属 *Lithocarpus*
  5 壳斗的小苞片鱼鳞片状,或线状而近于木质,或狭披针形,膜或纸质,常绿或冬季落叶···栎属 *Quercus*
  5 壳斗的小苞片连生成圆环;坚果的顶部通常有环圈;常绿乔木·················青冈属 *Cyclobalanopsis*

3.3.31.1 栗属 *Castanea* Mill.

落叶乔木,稀灌木。无顶芽,芽鳞3~4。叶2列状互生,有锯齿,侧脉直达齿端呈芒状。雄柔花序直立,腋生,花被6裂,雄蕊10~12;雌花1~3(7)朵生于多刺的总苞内,着生于雄花序下或单独成花序,子房6室。壳斗球形,密被分枝长刺,全包坚果;坚果1~3个。约12种,分布于北半球温带和亚热带。中国4种,分布广泛。果实富含淀粉和糖类,是优良的干果种。

分种检索表

1 小枝无毛,紫褐色;叶背略有星状毛或无毛;壳斗径2.5~3.5cm,内有坚果1粒·················锥栗 *Castanea henryi*
1 小枝有灰色绒毛;壳斗有坚果1~3粒,稀更多。
 2 叶背面被灰白色短柔毛,壳斗大,直径6~9cm,果径1~3cm·················板栗 *Castanea mollissima*
 2 叶背面具黄褐色腺鳞,壳斗小,直径3~4cm,果径不及1.5cm·················茅栗 *Castanea seguinii*

(1)板栗 *Castanea mollissima* Bl. [Chestnut]

乔木,高达15m;树冠扁球形。小枝有灰色绒毛。叶矩圆状椭圆形至卵状披针形,长8~18cm,基部圆或宽楔形,叶缘有芒状齿,正面亮绿色,背面被灰白色星状短柔毛。花序直立,多数雄花生于上部,数朵雌花生于基部。壳斗球形,密被长针刺,直径6~9cm,内含1~3个坚果。花期4~6月,果期9~10月。我国特产,各地有栽培,以华北及长江流域最为集中,相应形成了华北、长江流域两个品种群。喜光,光照不足会引起内堂小枝衰枯,华北品种群耐寒,耐旱,喜空气干燥,长江流域品种群喜温暖,耐热;对土壤要求不严,最适于深厚湿润、排水良好的酸性至中性土壤;深根性,根系发达,萌蘖性强;对有毒气体如二氧化硫、氯气的抵抗力较强;寿命较长,可达200~300年。播种为主,也可嫁接繁殖。树冠宽广,枝叶茂密,园林中可孤植、丛植或群植用于草坪、坡地。也可用于山地绿化造林和防护水土保持树种。板栗是我国栽培最早的干果树种之一,果实营养丰富,甜糯味美,品质优良,目前主要作干果栽培,是园林结合生产的优良树种。

(2) 锥栗 Castanea henryi (Skan) Rehd. et Wils. [Henry Chestnut]

乔木,高达30m;小枝光滑无毛,常紫褐色。叶披针形或卵状长椭圆形,长10~17cm,先端长渐尖,具芒状锯齿。雌花序单生于小枝上部。壳斗直径2.5~3.5cm,内仅含1个坚果。产长江流域及以南地区。喜温暖湿润气候及山地酸性土壤。树干通直,树形美观,园林观赏,也是主要的果材兼用树种。

3.3.31.2 锥属(栲属) Castanopsis (D. Don) Spach

常绿乔木。有顶芽,芽鳞多数。叶常两列状互生,全缘或有齿,革质。雄花序细长而直立,花被5~6裂,雄蕊10~12;雌花1~5朵生于总苞内,子房3室,花柱3。壳斗近球形,稀杯状,外壁具刺,稀为瘤状或鳞状。坚果1~3,翌年或当年成熟。约120种,以亚洲热带和亚热带为分布中心;中国约产70种,主要分布于长江以南各地,尤其云南和两广,是当地常绿阔叶林的主要组成树种。

分种检索表
1 壳斗被鳞片,鳞片三角形或瘤状突起………………
  …………………………苦槠 Castanopsis sclerophylla
1 壳斗被锐刺,果翌年成熟。
 2 壳斗连刺的直径4cm以上,四瓣裂…………………
  ………………………………钩锥 Castanopsis tibetana
 2 壳斗连刺的直径4cm以下,不规则开裂。
  3 壳斗刺被瘤状突起或长不及5mm的短刺,壳斗连刺的直径不及1.5cm。
   4 叶下面被紧贴鳞秕,红棕色、棕黄色…………
    …………………………米槠 Castanopsis carlesii
   4 叶下面被松散鳞秕,淡褐色……栲 Castanopsis fargesii
  3 壳斗刺长5mm以上,壳斗连刺的直径1.5cm以上。
   5 叶下面无毛,也无鳞秕…………甜槠 Castanopsis eyrei
   5 叶下面被鳞秕。
    6 叶倒卵形,倒卵状椭圆形或宽椭圆形,长为宽的1.5~2.5倍…………高山锥 Castanopsis delavayi
    6 叶窄长椭圆形或卵状长椭圆形,长为宽的3~6倍
     ………………………………栲 Castanopsis fargesii

(1) 苦槠 Castanopsis sclerophylla (Lindl.) Schott. [Hardleaf Oatchestnut]

乔木,高15~20m,树冠球形。树皮暗褐色,纵裂。小枝有棱沟,绿色,无毛。叶厚革质,长椭圆形,长7~14cm,宽3~6cm,中上部有锐锯齿,背面灰白或具浅褐色蜡层。果实成串着生于枝上,果序长8~15cm;坚果单生于球形或半球形总苞内,总苞表面有环状排列的疣状苞片;坚果近球形,径1~1.4cm。花期4~5月;果期9~11月。产长江中下游以南地区。喜光,稍耐阴,喜雨量充沛和温暖的气候,也较耐寒。喜湿润肥沃的酸性和中性土,也耐干旱瘠薄。深根性,萌芽性强,生长速度中等偏慢,寿命长;对二氧化硫等有毒气体抗性强,也有较好的防尘、隔音及防火性能。播种繁殖。树冠浑圆,枝叶茂密,终年常绿,颇为美观,可在草坪上孤植、丛植,或群植作其他花木的背景树。也可片植于山麓坡地,构成以常绿阔叶树为主基调的风景林。由于抗污染,防火性好,可用于工矿区绿化及防护林带。

(2) 栲 *Castanopsis fargesii* Franch. [Farges Oatchestnut]

乔木,高达30m,树皮浅灰,不裂或浅裂。幼枝、叶柄密被红棕色粉状鳞秕。叶长椭圆或卵状长椭圆形,长12~18cm,全缘或近端偶有浅钝齿,背面有褐色粉状鳞秕。总苞具短粗针刺,坚果卵球形,单生。花期4~5月;果期翌年8~10月。产长江以南各地,西至西南、东至台湾,南至华南,是锥属分布最广的种。耐阴,喜湿润肥沃土壤,山谷阴坡生长好,可形成纯林,是常绿阔叶林的重要组成树种。播种繁殖。树形端正,枝叶茂密,可做庭荫树或风景林。

3.3.31.3 石栎属(柯属) *Lithocarpus* Bl.

常绿乔木,具顶芽。叶螺旋状互生,不为2列;全缘,稀有齿。花序直立,雄花常3朵聚成一簇,雄蕊10~12,雄花序单生或多个排成圆锥状;雌花在雄花序之下或单独形成花序,子房3室。壳斗碗状或杯状,稀球状,部分或全部包被坚果,壳斗外壁小苞片鳞状、锥状,覆瓦状或同心圆状排列;坚果1枚,翌年成熟。约300种,主产亚洲热带和亚热带,1种产北美洲。我国约123种,产秦岭南坡以南,主产云南和两广。

分种检索表
1 当年生枝、花序轴及叶背均被毛,叶背的毛常早落⋯⋯
⋯⋯⋯⋯⋯⋯⋯⋯⋯⋯⋯⋯柯 *Lithocarpus glaber*
1 当年生枝及叶背均无毛⋯⋯⋯港柯 *Lithocarpus harlandii*

柯(石栎) *Lithocarpus glaber* (Thunb.) Nakai [Tanoak Tanoak]

乔木,高达20m;树冠半球形。树皮青灰色,不裂;小枝密生灰黄色绒毛。叶厚革质,背面有灰白色蜡质鳞秕,长椭圆形或倒卵状椭圆形,长6~14cm,宽2.5~5cm,先端突尖至尾尖,全缘或端部略有钝齿。壳斗浅碗状,高0.5~1.0cm,部分包坚果,鳞片三角形;坚果长椭圆形,长1.5~2.5cm,具白粉。花期7~11月;果翌年7~11月成熟。产秦岭南坡以南各地。日本也有分布。喜光,也较耐

阴,喜温暖湿润气候和深厚土壤,也耐干旱瘠薄。萌芽力强。是本属较耐寒的树种。播种繁殖。树冠宽广,枝叶繁茂,绿荫浓密,可于空旷处孤植或丛植,用作庭荫树、或作为花灌木和秋色叶树种的背景。或植为高篱,也适宜风景区大面积造林。

3.3.31.4 栎属 *Quercus* L.

常绿、半常绿或落叶乔木,稀灌木;有顶芽,芽鳞多数。叶螺旋状互生。雄花序下垂,花被4~7裂,雄蕊6(4~12);雌花序穗状,直立,雌花单生总苞内,子房3(2~5)室。壳斗杯状、碟状、半球形或近钟形,包围坚果1/3~3/4;小苞片鳞形、线形或钻形,覆瓦状排列,紧贴、开展或反曲。坚果1,当年或翌年成熟。约300种,主要分布于北半球温带和亚热带。我国35种,分布广泛,多为温带阔叶林的主要成分。

分种检索表
1 常绿小乔木或灌木,叶倒卵形或狭椭圆形,中部以上疏生锯齿⋯⋯⋯⋯⋯⋯⋯⋯⋯乌冈栎 *Quercus phillyraeoides*
1 落叶乔木。
 2 叶卵状披针形至长椭圆形,边缘有刺芒状尖锯齿;果两年熟。
  3 叶下面有灰白色星状毛;树皮木栓层发达⋯⋯⋯⋯
  ⋯⋯⋯⋯⋯⋯⋯⋯⋯⋯⋯⋯栓皮栎 *Quercus variabilis*
  3 叶下面无毛,淡绿色;树皮木栓层不发达⋯⋯⋯⋯
  ⋯⋯⋯⋯⋯⋯⋯⋯⋯⋯⋯⋯麻栎 *Quercus acutissima*
 2 叶倒卵形,边缘波状或分裂,叶缘有波状齿,齿端无刺芒;果当年熟。
  4 壳斗苞片披针形,柔软反卷,红棕色;小枝、叶背密被绒毛;叶柄极短⋯⋯⋯⋯⋯⋯槲树 *Quercus dentata*
  4 壳斗苞片鳞片状,或背部呈瘤状突起,排列紧密,不反卷。
   5 叶背面有灰白色或灰黄色星状绒毛。
    6 小枝、叶柄、叶背面密生灰褐色绒毛;叶柄长3~5mm⋯⋯⋯⋯⋯⋯⋯⋯⋯⋯白栎 *Quercus fabri*
    6 小枝、叶柄无毛,叶背面密生灰白色星状绒毛;叶柄长1~3cm⋯⋯⋯⋯⋯⋯⋯槲栎 *Quercus aliena*

5 叶背无毛，或仅沿脉有疏毛。
　7 叶柄长2~3cm,叶缘5~7深裂,裂片再尖裂⋯⋯⋯⋯
　　⋯⋯⋯⋯⋯⋯⋯⋯⋯⋯沼生栎 Quercus palustris
　7 叶柄长2~5mm,叶缘具波状圆钝裂齿。
　　8 壳斗苞片背面呈瘤状突起；圆钝齿及侧脉各7~11
　　　对⋯⋯⋯⋯⋯⋯⋯⋯⋯蒙古栎 Quercus mongolica
　　8 壳斗苞片背部无瘤状突起；圆钝齿及侧脉各5~7
　　　(10)对⋯⋯⋯⋯⋯⋯辽东栎 Quercus wutaishanica

(1) 栓皮栎 *Quercus variabilis* Bl. [Cork Oak]

落叶乔木，高25m,胸径1m;树冠广卵形，树皮深纵裂，木栓层特别发达。叶长椭圆形至椭圆状披针形，长8~15cm,先端渐尖，基部楔形，缘有芒状锯齿，背面背灰白色星状毛。壳斗杯状，包围坚果2/3,果近球形或卵形，顶端平圆。苞片钻形，反曲，有毛；坚果球形或椭球形。花期5月；果期翌年9~10月。分布广，华北、华东、中南及西南各地。鄂西、秦岭、大别山区为其分布中心。朝鲜、日本也有分布。喜光，幼树耐侧方庇荫。对气候、土壤的适应性强，在pH值为4~8的酸性、中性及石灰性土壤中均能生长。耐干旱瘠薄能力强，不耐积水。深根性，主根明显，抗风力强，不耐移植。萌芽力强，生长速度中等偏慢。寿命长。播种繁殖。树干通直，浓荫如盖，秋叶黄褐色，是优良的观赏树种和工矿区绿化树。由于根系发达，适应性强，是营造防风林、水源涵养林及防火林带的优良树种。另外栓皮栎为优良用材树种和特用经济树种，其栓皮为国防及工业重要材料。

(2) 麻栎 *Quercus acutissima* Carruth. [Sawtooth Oak]

落叶乔木，高达30m;树冠广卵形；树皮交错深纵裂。叶长椭圆状披针形，长8~18cm,宽3~5cm,先端渐尖，基部近圆形，叶缘有刺芒状锐锯齿，背面淡绿色，无毛或近无毛；侧脉13~18对。总苞碗状，包围坚果1/2,苞片木质刺状，反曲；坚果卵球形或卵状椭球形，高2cm,径1.5~2cm。花期4~5月；果期翌年10月。麻栎是我国分布最广的栎类之一，最北界达东北南部，南界为两广、海南。日本、朝鲜、越南、印度、缅甸、尼泊尔、泰国、

柬埔寨等国也有分布。喜光，喜湿润气候。耐寒，耐旱；对土壤要求不严，不耐盐碱。以深厚、肥沃、湿润而排水良好的中性至微酸性土的山沟、山麓地带生长最为适宜。深根性，抗风力强；萌芽力强，生长速度中等，寿命可达500~600年。树冠雄伟，冠大荫浓，秋叶金黄或黄褐色，是优良的观赏树种和工矿区绿化树种。

3.3.31.5 青冈栎属 *Cyclobalanopsis* Oerst.

常绿乔木。树皮光滑，稀深裂。具顶芽，侧芽常集生于近端处。叶全缘或有锯齿。花被5~6深裂；雄花序多簇生新枝基部，下垂；雌花序穗状，顶生，直立，雌花单生于总苞内，子房常3室。壳斗杯状、碟形、钟形，稀全包，鳞片愈合成同心环带，环带全缘或具齿裂；每壳斗1坚果，当年或翌年成熟。约150种，主要分布于亚洲热带和亚热带。我国69种，分布极广，在秦岭和淮河流域以南山地。

分种检索表
1 叶片卵形、倒卵形、宽椭圆形，长为宽的2倍以下，至多不
　超过2.5倍⋯⋯⋯⋯⋯⋯滇青冈 *Cyclobalanopsis glaucoides*
1 叶片披针形、倒披针形或窄长椭圆形，长约为宽的3倍以
　上。
　2 叶缘有锯齿，至少叶缘1/3以上有锯齿⋯⋯⋯⋯⋯⋯⋯
　　⋯⋯⋯⋯⋯⋯⋯⋯⋯青冈 *Cyclobalanopsis glauca*
　2 叶缘中部以上或近顶端有锯齿⋯⋯⋯⋯⋯⋯⋯⋯⋯
　　⋯⋯⋯⋯⋯⋯小叶青冈 *Cyclobalanopsis myrsinifolia*

青冈栎 *Cyclobalanopsis glauca* (Thunb.)Oerst. [Qinggang]

高达20m,胸径1m。树皮平滑不裂；小枝青褐色，幼时有毛，后脱落。叶长椭圆形或倒卵状长椭圆形，长6~13cm,先端渐尖，边缘上半部有疏齿，背面被灰白色平伏单毛。壳斗杯状，包围坚果1/3~1/2,苞片结合成5~8条同心圆环。坚果卵形或椭圆形，无毛。花期4~5月；果10~11月成熟。产于长江流域及其以南地区，北达河南、陕西、青海、甘肃；日本和朝鲜也有分布。喜温暖多雨气候及肥沃土壤，在酸性、弱碱性和石灰岩土壤上均可生长良

好。较耐阴。萌芽力强,耐修剪;深根性。抗有毒气体能力较强。播种繁殖。树冠宽椭圆形,枝叶茂密,树姿优美,四季常青,是淮河流域以南地区良好的绿化树种。可供大型公园、风景区内群植成林,也可用作背景树。由于萌芽力强、具隔声和防火能力,还可植为高篱。

3.3.31.6 水青冈属 *Fagus* L.

乔木或灌木;芽有鳞片,长形而尖;叶脱落,互生,有锯齿;花先叶开放;雄花排成具柄、下垂的头状花序;花被钟状,5~7裂;雄蕊8~16;雌花通常成对,生于腋生、具柄的总苞内;花被5~6裂而与子房合生;子房下位,3室,花柱3,果有坚果2个,包藏于一木质、具刺或具瘤凸的总苞内,成熟时整齐的4(很少3)瓣开裂;坚果卵状三角形,栗褐色,有3条脊状棱,顶端尖。约10种,分布于北半球的温带地区,我国有5种。产西南至东部。

(1)水青冈 *Fagus longipetiolata* Seem.
[Beech]

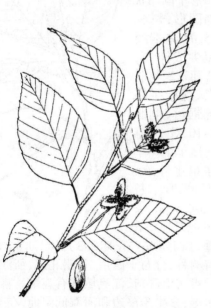

落叶乔木,高25m。叶卵形或卵状披针形,长6~15cm,宽3~6.5cm,先端渐尖或短渐尖,基部宽楔形或近圆形,略偏斜,边缘疏有锯齿,上面无毛,下面幼时有近伏贴的绒毛,老时几无毛,侧脉9~14对,直达齿端;叶柄长1~2.5cm。雄花序头状,下垂。壳斗4瓣裂,长1.8~3cm,密被褐色绒毛;苞片钻形,长4~7mm,下弯或呈S形;总梗细,长1.5~7cm,无毛;坚果具3棱,有黄褐色微柔毛。分布于湖北、湖南、四川、贵州、云南、广西、广东、福建、江西、浙江、安徽和陕西南部。喜光,喜温暖气候。对土壤适应性强,喜水湿,多生于河滩低湿地。可作园林观赏树种。

(2)欧洲山毛榉 *Fagus sylvatica* L.
[European Beech]

落叶乔木,高达49m。叶卵形,5~10cm,缘有锯齿,侧脉5~9对。原产英国、法国德国等欧洲多国。喜光,耐寒,不耐炎热,喜湿润、排水良好的土壤。栽培品种多。树体雄壮,秋叶黄色或红褐红,经久不落。世界著名观赏树,可作园景树、庭荫树和行道树。

3.3.32 桦木科 Betulaceae

落叶乔木或灌木;无顶芽。单叶,互生,羽状脉,有锯齿;托叶早落。花单性同株;雄花排成下垂的柔荑花序,花1~3朵生于苞腋,花被4裂或无,雄蕊2~14;雌花排成圆锥形、球果状、穗状或近于头状花序式的柔荑花序,每苞腋内有2~3朵雌花,花被与子房合生或无花被;子房下位,2室,胚珠1,花柱2。坚果,有翅或无翅,外具总苞。2属,主要分布于北温带,桤木属在南美洲沿安第斯山分布至阿根廷。我国2属均有分布,约30余种。

分属检索表
1 果苞薄,3裂,脱落;冬芽无柄················桦木属 *Betula*
1 果苞厚,5裂,宿存;冬芽有柄·················桤木属 *Alnus*

3.3.32.1 桦木属 *Betula* L.

乔木或灌木,树皮多光滑,常多层纸状剥落,皮孔线形横生。幼枝常具树脂点。冬芽无柄,芽鳞多数。雄花序球果状长柱形,于当年秋季形成,翌春开放,开放后呈典型柔荑花序特征,雄蕊2;雌花序球果状短圆柱形或长圆柱形;果苞革质,3裂,熟后脱落,每苞3坚果。坚果扁平,两侧具膜质翅。约50~60种,主要分布于北半球寒温带和温带,少数种类分布至北极圈和亚热带山地。我国32种,分布于东北、华北、西北、西南以及南方高山地区。

分种检索表
1 叶脉5~8对。
　2 坚果宽于果翅;树皮灰褐色;叶多为菱状卵形············
　　··························黑桦 *Betula davurica*
　2 果翅宽于果实或与果实等宽。
　　3 果翅与果实等宽或稍宽;树皮白色;叶三角状卵形······
　　　························白桦 *Betula platyphylla*
　　3 果翅宽达果实的2倍;树皮白色;枝条细长下·········
　　　························垂枝桦 *Betula Pendula*
1 侧脉8~16对。
　4 树皮橘红或肉红色,层裂;冬芽通常无毛,果翅与坚果等宽·······················红桦 *Betula albosinensis*
　4 树皮暗灰色,不层裂;冬芽密被细毛,果翅极窄·········
　　··························坚桦 *Betula chinensis*

(1)白桦 *Betula platyphylla* Suk.
[Asia White Birch]

乔木;高达27m;树皮白色,多层纸状剥离;小枝红褐色。叶三角状卵形、菱状卵形或三角形,背面面密被树脂点,长3~7cm,先端尾尖或渐尖,缘有不规则重锯齿;侧脉5~8对。果序圆柱形,下垂,长2~5cm;果苞长3~6mm,中裂片三角形;坚果小而扁,两侧具宽翅。花期4~5月;果期8~9月。产东北、华北高山地带。俄罗斯、蒙古、朝鲜北部和日本也有。强阳性树，耐严寒，喜酸性土，耐贫瘠。在沼泽地、干燥阳坡和湿润阴坡均能生长，平原及低海拔地区生长不良。生长速度较快，寿命较短；萌芽性强，天然更新良好。播种繁殖。树姿

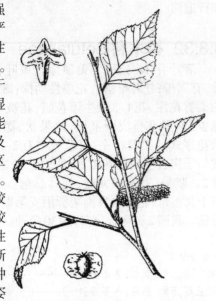

挺拔，树皮洁白，枝叶扶疏，秋叶金黄，是中高海拔地区优美的山地风景林树种。在适宜地区也是优良的园林绿化树种，常以云杉、冷杉等常绿针叶树为背景，丛植于草坪、坡地、林缘、水边，或列植于道路两侧，可产生独特的观赏效果。

(2) 红桦 *Betula albosinensis* Burk.
[Chinapaper Birch]

乔木；高达30m；树皮暗橘红色，纸质薄片状剥落，横生白色皮孔。小枝无毛。叶卵形或椭圆状卵形，基部圆形或阔楔形，长4~9cm，有不规则重锯齿；侧脉10~14对。果序直立，单生，稀2个并生，

长2~5.5cm；果苞中裂片显著长于侧裂片。花期4~5月；果期6~7月。产我国华北至西南地区。较耐阴，喜湿润，耐寒性强。野生常见于高山的阴坡或半阴坡。播种繁殖。树皮橘红色，光洁亮丽，宜片植为风景林，在草坪上散植、丛植均佳。

3.3.32.2 桤木属（赤杨属）*Alnus* Mill.

乔木或灌木。冬芽有柄，芽鳞2，稀3~6。雄花序圆柱形，秋季形成，翌春开放，下垂，每苞3花，雄蕊4；雌花序短，每苞2花。果序球果状，果苞木质，先端5裂，宿存。坚果扁平，两侧具膜质翅。根有根瘤或菌根，可增加土壤肥力。约40种，主产北半球温带至亚热带。我国10种，分布于东北、华北至西南和华南，为喜光、速生树种，常具有根瘤。

分种检索表

1 果序单生，果序梗纤细，长4~7cm；叶椭圆状至倒卵形，侧脉8~16对 ············ 桤木 *Alnus cremastogyne*
1 果序具短梗，2~8个集生。
  2 叶卵圆形或近圆形，先端圆，具不规则粗锯齿和缺刻，侧脉5~6对 ············ 辽东桤木 *Alnus sibirica*
  2 叶倒卵状椭圆形或长椭圆形，先端尖，有细锯齿，侧脉7~10对 ············ 日本桤木 *Alnus japonica*

(1) 桤木 *Alnus cremastogyne* Burk.
[Longpeduncled Alder]

高40m。小枝无毛，无树脂点。叶倒卵形至倒卵状椭圆形，长6~15cm，先端突短尖或钝尖，背面密被树脂点，缘疏生细钝锯齿；侧脉8~10对。雄花序单生。果序单生叶腋，矩圆形，长1.5~3.5cm，果序梗纤细、下

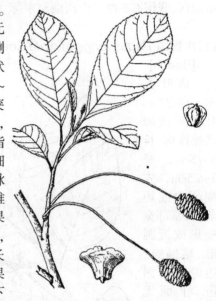

垂，长4~8cm。花期2~3月；果期8~10月。我国特有树种，分布于四川、贵州北部、浙江、陕西南部和甘肃东南部，长江流域常有栽培。喜温湿气候，喜水湿，多生于溪边和河滩低湿地，在干瘠山地也能生长；对土壤要求不严，酸性、中性和微碱性土均可。根系发达并具根瘤，生长迅速。播种繁殖。是重要的速生用材树种，也是护岸固堤、改良土壤、涵养水源的优良树种。园林中水滨种植，野趣自然。

(2) 江南桤木 *Alnus trabeculosa* Hand.-Mazz.
[Trabeculate Alder]

乔木，高约10m。短枝和长枝上的叶大多数均为倒卵状矩圆形、倒披针状矩圆形或矩圆形，有时长枝上的叶为披针形或椭圆形，长6~16cm，宽2.5~7cm，顶端锐尖、渐尖至尾状，基部近圆形或近心形，很少楔形，边缘具不规则疏细齿，侧脉6~13对；叶柄细瘦，长2~3cm。果序矩圆形，长1~2.5cm，直径1~1.5cm，2~4枚呈总状排列；序梗长1~2cm；果苞木质，长5~7mm，基部楔形，顶端圆楔形，具5枚

浅裂片。小坚果宽卵形，长3~4mm，宽2~3cm。产于安徽、江苏、浙江、江西、福建、广东、湖南、湖北、河南南部。日本也有。可作观赏树种，种植于河谷、岸边或村落附近。

3.3.33 榛科 Corylaceae

灌木或乔木。雄花序冬季裸露或不裸露；雄花无花被；雄蕊2~20枚。雌花序为总状或头状；苞鳞（果期称果苞）多排列疏松或呈覆瓦状或聚成头状，每个苞鳞内有2朵雌花；雌花具花被，花被顶端不规则浅裂，常与子房贴生；子房下位；花柱2枚，分离。果序总状或头状；果苞叶状、囊状、钟状或管状，少数种类的裂片硬化为针刺状，革质、厚纸质或膜质，与果同时脱落。果为坚果或小坚果，包藏或不完全包藏于花后增大的果苞内。种子1枚。4属，主要分布于北温带，中美洲亦有分布。4属，我国均产，为较集中的分布区，共约30余种。

分属检索表
1 果序簇生呈头状；花粉粒之孔不显著突出，外壁较厚……
　　……………………………………榛属 Corylus
1 果序为总状；花粉粒之孔显明突出，外壁较薄……
　　……………………………………鹅耳枥属 Carpinus

3.3.33.1 榛属 Corylus L.

灌木或乔木。叶有不规则重锯齿或缺裂。雄花序圆柱状，每苞片内有2叉状的雄蕊4~8枚。果单生或簇生成头状，坚果球形或卵形，包藏于钟状、管状或刺状的果苞内。约20种，分布于北半球温带。我国8种，产东北至西南各地。

分种检索表
1 果苞钟状，与果近等长或稍长于果，但长不超过果的1倍
　　……………………………………榛 Corylus heterophylla
1 果苞管状，长于果1~3倍。
　2 灌木；果苞外面密被黄色刚毛、叶的边缘具粗锯齿，中部以上具浅裂，基部的两侧近于对称…………
　　……………………………………毛榛 Corylus mandshurica
　2 乔木；果苞外面疏被短柔毛或密被绒毛，很少无毛；叶的边缘具重锯齿，基部的两侧不对称……………
　　……………………………………华榛 Corylus chinensis

(1) 榛（平榛）Corylus heterophylla Fisch.
[Siberia Filbert]

灌木或小乔木，高2~7m，常丛生；小枝具腺毛。叶形多变异，圆卵形至宽倒卵形，长4~13cm，宽3~8cm，先端突尖，近截形或有凹缺及缺裂，基部心形，边缘有不规则重锯齿，背面有毛。雄花序2~7条排成总状，腋生、下垂。雌花无梗，1~6朵簇生枝端。坚果常3枚簇生；总苞钟状，端部6~9裂。花期4~5月；果期9月。产东北、华北和西北等地；俄罗斯、朝鲜和日本也产。多生于向阳山坡或林缘。喜光；极耐寒，可耐-45℃低温；耐干旱，喜肥沃、排水良好的中性和微酸性土，但在轻度盐碱及干燥瘠薄之地也能生长。萌芽力强，萌蘖性强，根系浅而广。抗烟尘，少病虫害。播种繁殖或分株繁殖。榛子是北方著名的油料和干果和木本粮食树种。也是北方山区重要的绿化和水土保持灌木。树体丛生自然，叶形奇特，可配植于自然式园林的山坡、山石旁或疏林下，也可植为绿篱。变种：川榛 var. sutchuenensis Franch.，叶椭圆形、宽卵形或几圆形，顶端尾状；果苞裂片的边缘具疏齿，很少全缘；花药红色。产于贵州、四川东部、陕西、甘肃中部和东南部、河南、山东、江苏、安徽、浙江、江西。

(2) 华榛（山白果）Corylus chinensis Franch.
[China Filbert]

大乔木，高达30~40m，胸径2m；树干端直，树冠广卵形。幼枝密被毛及腺毛。叶广卵形至卵状椭圆形，8~18cm，先端渐尖，基部心形，叶基歪斜，缘具不规则钝齿，背面密生淡黄色短柔毛。坚果常3枚聚生，总苞瓶状，上部深裂。花期4月，果期5~6月。我国特有树种，主要分布于云南、四川、湖北、湖南、甘肃等省山地。喜光，稍耐阴；喜温暖、湿润的气候及深厚、肥沃、排水良好的中性或酸性土壤。适应性广。萌蘖力强，耐修剪。对多种有害气体的抗性强。种子、压条或分根繁殖。树体高大，树干通直，深受欧美园林青睐，园林中可植于池畔、

溪边、草坪、坡地，用作园景树、庭荫树及风景林等。也可用于污染严重的厂区绿化。另木材致密坚韧，坚果味美可食，是产区的重要造林与干果树种。

3.3.33.2 鹅耳枥属 Carpinus L.

乔木或灌木。叶缘常具细尖重锯齿，羽状脉整齐。雄花序生于短侧枝之顶，花单生苞腋，无花被，雄蕊3~13，花丝叉状；雌花序生于具叶的长枝之顶，每苞2花。果序下垂；果苞叶状，有锯齿。坚果卵圆形或椭圆状。约50种，产北半球温带至热带地区，主产东亚。我国33种，广布南北各省。

(1) 鹅耳枥 Carpinus turczaninowii Hance

小乔木，高5~10m。树冠紧密而不整齐。树皮灰褐色，平滑，老时浅裂。小枝细，冬芽褐色。叶卵形、卵状椭圆形，长2~6cm，先端渐尖，基部楔形或圆形，表面光亮，缘有重锯齿，侧脉10~12对，背脉有长毛。果序长3~6cm，果苞阔卵形至卵形，有缺刻；小坚果阔卵形，长约3mm。花期4~5月；果期9~10月。产东北南部、华北、至西南各省等地。稍耐阴，喜生于背阴的山坡及沟谷，喜肥沃湿润的中性至石灰性土壤，也耐干旱瘠薄，在干旱阳坡、湿润沟谷和林下均能生长。萌芽力强，移栽易成活。播种或分株繁殖。枝叶茂密，叶形秀丽，幼叶亮红可爱，秋季果穗婉垂。虽然树体不甚高大，但孤植或丛植于草坪、水边或石阶、亭旁，均疏影横斜，具自然野趣。也是北方常见的树桩盆景的良好材料。

(2) 千金榆（穗子榆）Carpinus cordata Bl. [Heartleaf Hornbeam]

高达18m；树皮灰褐色，幼树具明显菱形皮孔，幼枝浅褐色，有长毛，老枝灰褐色，无毛。冬芽褐黄色。叶卵形或倒卵状椭圆形，长8~15cm，基部心形，侧脉15~20对，细密而整齐，叶缘重锯齿具刺毛状尖头。果序长达5~12cm；果苞膜质，卵状长圆形，长1.5~2.5cm。花期5月；果期9~10月。产东北、华北、西北等地。朝鲜、日本也有分布。中性树种，稍耐阴耐寒，较耐瘠薄。野生常见于阴坡、半阴坡杂木林中。在土层深厚、湿润、排水良好的森林土上生长良好。播种繁殖，移栽易成活。树形紧凑，冬芽早春变褐红色，长达1cm，幼叶嫩绿，折叠展开，可用于庭院绿化或作风景林。

3.3.34 木麻黄科 Casuarinaceae

常绿乔木；小枝纤细，多节，酷似麻黄或木贼。叶退化为鳞片状，每节4~12枚，基部合生成鞘状。花单性，雌雄同株或异株，无花被，有小苞片；雄花序穗状，雄蕊1枚；雌花序头状，生枝顶，雌蕊由2心皮组成，子房上位，1室，2胚珠。果序球果状，苞片木质。小坚果上端具膜质薄翅。1属，约65种，主产大洋洲，伸展至亚洲东南部热带地区、太平洋岛屿和非洲东部。我国引入栽培9种。

木麻黄属 Casuarina Adans.

形态特征同科。

分种检索表
1 鳞片状叶每轮12~16枚，上部褐色，不透明；小枝直径1.3~1.7mm，节韧难抽离，折曲时呈白蜡色；树皮内皮淡黄色；枝嫩梢具明显的环列、外卷的鳞片状叶
 ············粗枝木麻黄 Casuarina glauca
1 鳞片状叶每轮10枚以下；小枝直径1mm以下；树皮内皮红色；枝嫩梢的鳞片状叶直或稍开展，但不反卷。
 2 鳞片状叶每轮通常7枚，较少为6或8枚，淡绿色，近透明；小枝柔软，易抽离断节；果序长15~25mm；树皮内皮鲜红色或深红色··········木麻黄 Casuarina equisetifolia
 2 鳞片状叶每轮通常8枚，较少为9或10枚，上部褐色，不透明；小枝稍硬，不易抽离断节；果序长7~12mm；树皮内皮淡红色··········细枝木麻黄 Casuarina cunninghamiana

(1) 木麻黄 Casuarina equisetifolia Forst. [Horsetail Beefwood]

常绿乔木，高10~20m；树皮暗褐色，狭长条片状脱落。枝淡褐色，纤细，有密生的节，下垂；小枝灰绿色，约纵棱7条。叶鳞片状，淡褐色，多枚轮生。花单性，雌雄同株，无花被；雄花序穗状，生于小枝顶端或有时亦侧生于枝上，长8~10mm，宽约

1.5~3mm；雄花有1个雄蕊和4个小苞片；雌花序近头状，侧生于枝上，较雄花序略短而宽；花柱有长的线伏分枝。果序近球形或宽椭圆状，直径约1~1.2cm，有短梗；木质的宿存小苞片背面有微柔毛，内有一有薄翅的小坚果。原产澳大利亚东北部和太平洋岛屿。我国南部和东南沿海地区引种栽培。喜暖热湿润气候；幼苗不耐旱，但大树耐干旱；耐盐碱、抗沙压和海潮。播种或扦插繁殖。园林中适于列植，是优良的行道树，也可群植成林。

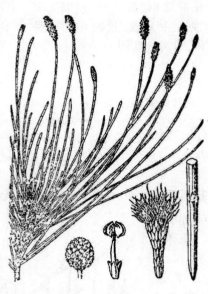

(2) 千头木麻黄 *Casuarina nana* Sieb. ex Spreng. [Dwarf Beefwood]

常绿灌木，高1~2m；小枝绿色，具7~9纵棱。叶退化为鳞片状，膜质，7~9片轮生。雄花序穗状，顶生；雌花序近球形，侧生，花柱有长线状分枝，红色。果序球果状，近球形，径约1cm。原产澳大利亚；我国南方有栽培。

3.3.35 紫茉莉科 Nyctaginaceae

草本、乔木、灌木或藤状灌木。单叶，全缘；无托叶。多为聚伞花序；花序基部常有萼状总苞，有的苞片颜色鲜明；单被花，两性，稀单性或杂性，辐射对称；花被筒状、钟状或漏斗状，3~5(10)裂，常呈花瓣状；雄蕊1~30；子房上位，1室，胚珠1，花柱细长。瘦果，外被宿存花被片。种子有胚乳。30属，约290种，主产热带、亚热带。我国2属7种，引入2属4种。多栽培供观赏。

叶子花属 *Bougainvillea* Comm. ex Juss.

灌木或小乔木，有时攀援。枝有刺。叶互生，具柄。花两性，通常3朵簇生枝端，外包3枚鲜艳的叶状苞片，红色、紫色或橘色，具网脉；花梗贴生苞片中脉上；花被合生成管状，通常绿色，顶端5~6裂，裂片短，玫瑰色或黄色；雄蕊5~10，内藏，花丝基部合生；子房纺锤形，具柄，1室，具1粒胚珠，花柱侧生，短线形，柱头尖。瘦果圆柱形或棍棒状，具5棱；种皮薄，胚弯，子叶席卷，围绕胚乳。约18种。产南美洲。我国引入栽培2种。

分种检索表

1 叶密生柔毛；苞片椭圆状卵形，长成时较花长；花被管密生柔毛……………………………叶子花 *Bougainvillea spectabilis*
1 叶无毛或疏生柔毛；苞片长圆形或椭圆形，长成时与花几等长；花被管疏生柔毛…光叶子花 *Bougainvillea glabra*

(1) 三角花（叶子花）*Bougainvillea spectabilis* Willd. [Mary Palmer, Leafyflower]

常绿藤本，长达10m以上，枝条密生柔毛，有腋生枝刺。叶椭圆形或卵状椭圆形，长5~10cm，有光泽。花生于新枝顶端，3朵组成聚伞花序，为3枚大苞片包围，大苞片紫红色、鲜红色或玫瑰红色，偶白色。花期甚长，若温度适宜，可长年开花。原产巴西。我国华南、西南地区常见栽培。性强健，喜温暖湿润，要求强光和富含腐殖质的土壤，忌水涝。较耐炎热；不耐寒，北方盆栽冬季宜保持7℃以上。萌芽力强，耐修剪。扦插繁殖，也可采用嫁接或压条繁殖。枝蔓袅娜，终年常绿；苞片大而华丽，常为紫红色、鲜红色或玫瑰红色；偶白色或黄绿色，也有重瓣品种，可全年开花。是优良的棚架、围墙、屋顶和各种栅栏的绿化材料，柔条拂地，红花满架，观赏效果甚佳。

(2) 光叶子花（宝巾、光三角花）*Bougainvillea glabra* Choisy. [Naked Leafyflower]

常绿攀援灌木；枝有利刺。枝条常拱形下垂，无毛或稍有柔毛。单叶互生，卵形或卵状椭圆形，长5~10cm，先端渐尖，基部圆形至广楔形，全缘，表面无毛，背面幼时疏生短柔毛；叶柄长1~3cm。花顶生，常3朵簇生，各

具1枚叶状大苞片，紫红色，椭圆形，长3~3.5cm；花被管长1.5~2cm，淡绿色，疏生柔毛，顶端5裂。瘦果有5棱。原产巴西；我国各地有栽培。喜光，喜温暖气候，不耐寒；不择土壤，干湿都可以，但适当干些可以加深花色。生长健壮，扦插容易成活。华南及西南暖地多植于庭园、宅旁，常设立棚架或让其攀援山石、园墙、廊柱而上；花期极长（冬春间开花），极为美丽。长江流域及其以北地区多盆栽观赏，温室越冬，花期在6~12月。

3.3.36 蓼科 Polygonaceae

草本。稀灌木；茎直立、平卧、攀援或缠绕，茎节常膨大，具沟槽或条棱，有时中空。单叶互生。稀对生或轮生，全缘，稀分裂；托叶鞘膜质，筒状。花单生或簇生，穗状、总状、头状或圆锥花序。花两性，稀单性，雌雄异株或同株，辐射对称；花梗常具关节；花被3~6深裂，常花瓣状，覆瓦状排列或成2轮，宿存，内花被片有时增大，背部具翅、刺或小瘤；雄蕊6~9，稀较少或较多，花丝离生或基部贴生，花药背着，2室，纵裂；花盘环状、腺体状或无；子房上位，3心皮，1室，胚珠1。瘦果，具3棱或双凸镜形，稀具4棱，有时具翅或刺。种子富含粉质胚乳；胚偏位，弯曲或直伸。40属，800余种，广布全世界，主产北温带，少数至热带。我国13属，230余种。

分属检索表
1 叶退化，鳞片状；雄蕊12~18；花柱4························
　··沙拐枣属 Calligonum
1 叶发育正常，不为鳞片状；雄蕊6~8；花柱2~3。
　2 茎缠绕··何首乌属 Fallopia
　2 茎直立··木蓼属 Atraphaxis

3.3.36.1 何首乌属 Fallopia Adans.

一年生或多年生草本，稀半灌木。茎缠绕；叶互生、卵形或心形，具叶柄；托叶鞘筒状，顶端截形或偏斜。花序总状或圆锥状，顶生或腋生；花两性，花被5深裂，外面3片具翅或龙骨状突起，果时增大，稀无翅无龙骨状突起；雄蕊通常8，花丝丝状，花药卵形；子房药卵形，具3棱，花柱3，较短，柱头头状。瘦果卵形，具3棱，包于宿存花被内。约20种，主要分布于北半球的温带。我国有7种，2变种，产于东北到西北、西南的各省区。

木藤蓼(山荞麦，花蓼) Fallopia aubertii (L. Henry) Holub [China Fleece Vine]

落叶半木质藤木，披散或缠绕。地下具粗大根状茎；地上茎实心，长达10~15m，褐色无毛，具分枝，下部木质。单叶簇生或互生，卵形至卵状长椭圆形；两面无毛；托叶鞘筒状，褐色。花小，白色或绿白色，成细长侧生圆锥花序，花序轴稍有鳞状柔毛；花梗细，长约4mm，下部具关节。瘦果卵状三棱形，长约3mm，黑褐色，包于花被内。花期8~9月。产中国秦岭至青海、西藏等地。喜光，耐寒，耐旱，生长快。枝蔓层叠，悬垂扶疏，夏季白花满树，轻盈秀气，宜作垂直绿化及地面覆盖材料。

3.3.36.2 沙拐枣属 Calligonum L.

刚硬、多分枝灌木；叶互生、线状、锥状或退废；鞘状托叶短；花两性，单生或数朵排成疏散的花束；花被片5，扁平；雄蕊12~18；子房4角形；坚果突出，4角形，角有翅、刺毛或有鸡冠状凸起；种子长椭圆形、圆柱状或四棱形。80种，分布于北非、西亚和南欧，我国有20余种，产内蒙古、宁夏、甘肃、青海和新疆。

分种检索表
1 果(包括刺)较小，径通常小于15mm············
　··沙拐枣 Calligonum mongolicum
1 果(包括刺)大，径通常15~30mm············
　··头状沙拐枣 Calligonum caput-medusae

沙拐枣 Calligonum mongolicum Turcz. [Kneejujube]

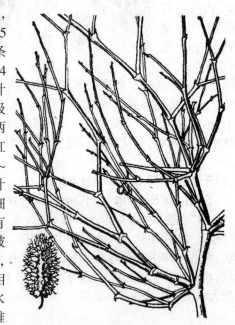

灌木，高达1~1.5m。叶条形，长2~4mm；托叶鞘膜质，极小。花两性，淡红色，通常2~3朵簇生叶腋；花梗细弱，下部有关节；花被片5，卵形，大小不相等，果期水平伸展；雄蕊12~16，与花被近等长；子房椭圆形，有4棱，花柱4，较短，柱头头状。瘦果宽椭圆形，不扭转或稍扭转，顶端急尖，基部狭窄，连刺毛直径约10mm；肋状突起不明显，每1肋状突起有3行刺毛；刺毛稀疏，有分枝，细弱而脆，易折断。分布于内蒙古、甘肃、新疆。可栽培观赏，种植于沙丘、沙地。

3.3.36.3 木蓼属 Atraphaxis L.

灌木，多分枝。木质枝通常具刺或无刺；当年生枝具条纹或肋棱。叶互生，稀簇生，革质，通常灰绿色，稀绿色，近无柄，具叶褥；托叶鞘基部褐色，通常具2条脉纹，顶端膜质，2裂。花序由腋生花簇组成紧密或疏松的总状花序，总状花序顶生及侧生；花梗纤细，具关节，果时下垂；单被花，两性，花被片4~5，排为两轮，花冠状，开展，内轮花被片2~3，直立，通常具网脉，果时增大，包被果实，外轮花被片2，较小，果时反折；雄蕊6或8。瘦果卵形，双凸镜状或具3棱。种皮薄膜质。25种，分布于北非、欧洲西南部至喜马拉雅山、俄罗斯(西伯利亚东部)。我国有11种，1变种，主产新疆。

沙木蓼 *Atraphaxis bracteata* A. Los.
[Sandy Knotwood]

直立灌木,高 1~1.5m。托叶鞘圆筒状,长6~8cm,膜质,上部斜形,顶端具2个尖锐牙齿;叶革质,长圆形或椭圆形,当年生枝上者披针形,长1.5~3.5cm,宽0.8~2cm,顶端钝,具小尖,基部圆形或宽楔形,边缘微波状,下卷,两面均无毛,侧脉明显;叶柄长1.5~3mm,无毛。总状花序,顶生,长2.5~6cm;苞片披针形,长约4mm,上部者钻形,膜质,具1条褐色中脉,每苞内具2~3花;花梗长约4mm,关节位于上部;花被片5,绿白色或粉红色。瘦果卵形。花果期6~8月。产内蒙古、宁夏、甘肃、青海及陕西。生于流动沙丘低地及半固定沙丘。蒙古也有。耐旱、抗寒,尤抗风蚀、沙埋,凡沙质地、流动沙丘以及河床上均见生长。用种子或扦插繁殖。沙木蓼花初开时鲜红,形若荞麦花。

3.3.36.4 珊瑚藤属 *Antigonon* Endl.

约8种,产热带美洲;中国引种栽培1种。

珊瑚藤（紫苞藤,朝日蔓,旭日藤）
Antigonon leptopus Hook. & Arn.　　[Coralvine]

半落叶性藤本植物,地下根为块状,茎先端呈卷须状。单叶互生,呈卵状心形,叶端锐,基部为心形,叶全缘但略有波浪状起伏。叶纸质,具叶鞘。圆锥花序与叶对生,花有五个似花瓣的苞片组成。果褐色,呈三菱形,藏于宿存之萼中。原产于墨西哥及中美洲。春末至秋季均能开花。喜高温,栽培土质以肥沃之壤土或腐植质壤土为佳,排水、日照需良好。播种或扦插繁殖。花谢花开,花期极长;花密成串,桃红色,异常美丽,适合花架,绿荫棚架栽植,可作棚架植物,垂直绿化的好材料

3.3.36.5 竹节蓼属
Homalocladium L.H Bailey

1种。形态特征同种。产于南太平洋所罗门群岛。我国引种栽培。

竹节蓼 *Homalocadium platycladum* L. H. Bailey
[Centipedaplant, Ribbonbush]

常绿灌木。多分枝,叶状扁平多节。老枝圆柱形,有节,暗褐色,上有纵线条;幼枝扁平,多节,绿色,形似叶片。叶退化,全缺或有数枚披针形小叶片,基部三角楔形,托叶退化为线条。总状花序簇生在新枝条的节上,花小,淡红色或绿白色。果为红色或淡紫色的浆果。不耐寒,较耐阴,不宜直射光照。不耐湿,需排水良好的土壤。要求空气湿度大的环境。以嫩茎扦插繁殖为主。株丛繁茂,嫩茎扁平,外形奇特,可以供观赏,多栽培于庭园、温室。

3.3.37 白花丹科 Plumbaginaceae

小灌木、半灌木或多年生草本。茎、枝有明显的节。单叶,互生或基生,全缘;通常无托叶。花两性,整齐,花的各部均为5;花瓣或多或少联合;萼宿存而常有色彩;花冠在花后卷缩于萼筒内;雄蕊下位,与花冠裂片对生;柱头与萼的裂片对生;子房上位,1室;胚珠1枚,基生;蒴果包藏于萼筒内;种子有薄层粉质胚乳。21属,约580种,世界广布。我国7属,约40种,分布于西南、西北、河南、华北、东北和临海各省区。

3.3.37.1 白花丹属 *Plumbago* L.

叶互生,基部常具耳,半抱茎。穗状花序;每小穗含1花,有1枚显然较萼短的苞片和2枚小苞;苞和小苞均为草质,带绿色;花大,具极短宿存花梗;花萼管状,具5条脉棱,沿脉两侧为草质,沿萼的草质部着生具柄的腺,花后不形成鸡冠状突起;花冠高脚碟状,花冠筒细,远较萼长,裂片5,先端圆或尖,外展成辐状冠檐,雄蕊下位。约17种,主要分布于热带。我国有2~3种,分布于华南和西南各省区南部;另引进1种;许多地区有栽培。

分种检索表
1 花轴密被短绒毛;萼下半部或2/5无腺;花冠淡蓝色或白色;半灌木·················· 蓝花丹 *Plumbago auriculata*
1 花轴无绒毛;萼几沿全长(除了近基部的1/7~1/6)着生具柄的腺。
　2 花轴上或疏或密有头状腺体;花冠白色或微带蓝色;花柱无毛;半灌木··············白花丹 *Plumbago zeylanica*
　2 花轴上无大型的腺;花冠红色或紫红色;花柱下部有毛;多年生草本················紫花丹 *Plumbago indica*

蓝花丹 *Plumbago auriculata* Lam.
[Blue Leadwort]

多年生常绿亚灌木,植株高 20~60 cm。茎细长,枝条伸长后呈半蔓性,易下垂。叶互生,单叶全缘,倒披针形或长椭圆形,长3~6cm,具短柄,叶端钝,渐尖略凹,叶基渐狭,中肋明显。花序呈穗状顶生;花萼管状,外面有腺体,5棱;花冠高碟状,冠管长3.2~3.4cm,浅蓝

或白色。果实为膜质蒴果，内藏种子。花期极长，5~10月间，开花持续不断；果期秋季。原产南非南部。我国华南、华东、西南和北京常有栽培。较耐阴，怕强光暴晒；喜温暖、湿润和阳光充足的环境，不耐寒，冬季生长温度不低于10℃。宜在肥沃的微酸性土壤中生长。扦插繁殖。夏季开花，淡蓝色花朵，给人以清凉感觉。可盆栽点缀窗台、阳台和居室，也可在公共场所摆放。

3.3.38 五桠果科 Dilleniaceae

乔木、灌木、藤本，稀草本。单叶互生，稀对生，全缘或有锯齿，稀羽状分裂，侧脉直伸而密，托叶翼状与叶柄合生或无。花两性或单性，辐射对称；萼片5，覆瓦状排列，宿存，花瓣5，或少于5，覆瓦状排列；雄蕊多数，稀少数，离生或连合成束，花药纵裂；心皮多数，分离或多少合生，稀1心皮；胚珠多数至1，基生胎座。聚合浆果、聚合蓇葖或蓇葖。种子常有假种皮，胚乳丰富，胚细小。约16属，约400种，分布于热带及亚热带地区。我国2属5种，产于云南、广西、广东、海南。

五桠果属 *Dillenia* L.

常绿或落叶乔木或灌木。单叶大，互生，具羽状脉，侧脉多而密，边缘有锯齿或波状齿；花单生或数朵排成总状花序，生于枝顶叶腋内，或生于老枝的短侧枝上；萼片通常5个，覆瓦状排列，宿存；花瓣5，白色或黄色，早落；雄蕊多数，离生，2轮；心皮5~20个，以腹面贴生于隆起成圆锥状的花托上，离生或部分结合；胚珠数个至多个。果实圆球形，外有宿存的肥厚萼片包着。约60种，分布于亚洲热带地区，少数到达印度洋西部的马达加斯加。我国有3种，产广东、广西及云南。

分种检索表
1 花序生于无叶老枝上，花及果实直径小于2cm，花药侧面裂开，心皮5个，侧脉最多达80对··················
···················小花五桠果 *Dillenia pentagyna*
1 花或花序生于枝顶叶腋内，花及果实直径大于4cm，花药顶孔裂开，心皮8~20个，侧脉20~50对。
  2 叶矩圆形，老叶秃净或仅背脉上有毛，侧脉25~50对，花单生，心皮约20个，果实直径10~13cm···········
  ·······················五桠果 *Dillenia indica*
  2 叶倒卵形，老叶背面被褐毛，侧脉15~25对，花数朵排成总状花序，心皮8~9个，花及果实直径4~5cm········
  ···················大花五桠果 *Dillenia turbinata*

五桠果 *Dillenia indica* L.
[Hondapara, India Dillenia]

常绿乔木，高25m，树皮红褐色，平滑，大块薄片状脱落；嫩枝粗壮，有褐色柔毛，老枝秃净，有明显的叶柄痕迹。叶薄革质，长圆形或倒卵状长圆

形，长15~40cm，宽7~14cm，先端渐尖，基部楔形，侧脉25~56对，缘有尖锯齿，叶背面脉上有毛。花单生枝顶，径15~20cm，花瓣白色，倒卵形，长7~9cm，雄蕊黄色。果实圆球形，直径10~15cm。

花期7月。产南亚及东南亚，我国海南、云南南部有分布；广州等华南城市有栽培。喜温暖湿润气候，在土层深厚、腐殖质丰富的山地黄壤生长好，耐阴。播种繁殖。树冠开展，花大美丽，宜作行道树及庭荫树。

3.3.39 芍药科 Paeoniaceae

多年生草本或亚灌木，地下部块状或粗厚；叶基生或茎生，大，互生，羽状或三出复叶或深裂；花大而美丽，单生于枝顶或有时成束，红色、黄色、白色或紫色；萼片5，宿存；花瓣5~10，但在栽培种中的常为重瓣；雄蕊多数；花盘环状或杯状；心皮2~5，离心发育，结果时变为蓇葖，每个有种子数颗。仅1属。

芍药属 *Paeonia* L.

多年生草本或亚灌木，地下部块状或粗厚；叶基生或茎生，大，互生，羽状或三出复叶或深裂；花大而美丽，单生于枝顶或有时成束，红色、黄色、白色或紫色；萼片5，宿存；花瓣5~10，但在栽培种中的常为重瓣；雄蕊多数；花盘环状或杯状；心皮2~5，离心发育，结果时变为蓇葖，每个有种子数颗。约35种，分布于欧、亚大陆温带地区。我国有11种，主要分布在西南、西北地区。

分种检索表
1 单花着生于当年生枝的顶端；花盘革质，包裹心皮达1/2以上。
  2 心皮无毛，革质花盘包裹心皮1/2~2/3；小叶片长2.5~4.5cm，宽1.2~2cm，分裂、裂片细··············
  ·······················四川牡丹 *Paeonia decomposita*
  2 心皮密生淡黄色柔毛，革质花盘全包住心皮；小叶片长4.5~8cm，宽2.5~7cm，不裂或分裂。
    3 花瓣内面基部具深紫色斑块；顶生小叶通常不裂，稀3裂··············紫斑牡丹 *Paeonia papaveracea*

3 花瓣内面基部无紫色斑块；顶生小叶3裂，侧生小叶不裂或3~4浅裂。
　　4 叶轴和叶柄均无毛；顶生小叶3裂至中部，侧生小叶不裂或3~4浅裂……牡丹 Paeonia suffruticosa
　　4 叶轴和叶柄均生短柔毛；顶生小叶3深裂，裂片再浅裂……矮牡丹 Paeonia suffruticosa var. spontanea
1 当年生枝生有几朵花；花盘肉质，仅包裹心皮下部。
　5 花黄色，有时基部紫红色或边缘紫红色…………………………………………黄牡丹 Paeonia lutea
　5 花紫色、红色。
　　6 叶的小裂片披针形至长圆状披针形，宽0.7~2cm………滇牡丹 Paeonia delavayi
　　6 叶的裂片线状披针形或狭披针形，宽4~7mm………狭叶牡丹 Paeonia delavayi var. angustiloba

(1) 牡丹 Paeonia suffruticosa Andr.
[Subshrubby Peony]

落叶灌木。茎高达2m；分枝短而粗。二回三出复叶，小叶广卵形至卵状长椭圆形，先端3~5裂，基部全缘，背面有白粉，平滑无毛。花单生枝顶，大型，径10~30cm，有单瓣和重瓣，花色丰富，有紫、深红、粉红、白、黄、绿等色。蓇葖果长圆形，密生黄褐色硬毛。花期5月；果期9月。原产我国西北部，栽培历史悠久，以山东菏泽和河南洛阳最为著名。喜光，稍耐阴；喜温凉气候，较耐寒，畏炎热，忌夏季曝晒。喜深厚肥沃而排水良好之沙壤土。播种、分株和嫁接繁殖。牡丹花大而美，姿、色、香兼备，是我国传统名花，素有"花王"之称。牡丹品种繁多，花色丰富，群体观赏效果好，最适于成片栽植，建立牡丹专类园。也适于孤植、或丛植。变种：矮牡丹 var. spontanea Rehd.，高达1m。叶全为3深裂，裂片再浅裂。花期4~5月，果期8~9月。特产于陕西延安一带山坡疏林中。

(2) 凤丹牡丹（杨山牡丹）
Paeonia ostii T. Hong et J. X. Zhang
[Fengdan Peony, Yangshan Peony]

落叶灌木，高约1.5m。枝皮褐灰色，有纵纹，具根蘖。一年生枝长达20cm，浅黄绿色，具浅纵槽。二回羽状5小叶复叶，小叶多达15片，小叶窄卵状披针形、窄长卵形，长5~10cm，宽2~4cm，先端渐尖，基部楔形、圆或近平截，全缘，通常不裂，顶生小叶有时1~8裂，上面近基部沿中脉疏被粗毛，下面无毛，侧脉4~7对，侧生小叶近无柄，稀具柄，小叶柄长达6mm。花单生枝顶，花径12.5~13cm，苞片卵状披针形、椭圆状披针形或窄长卵形，长3~5.5cm，宽0.5~1.5cm，下面无毛；萼片三角状卵圆形或宽椭圆形，长2.7~3.1cm，宽1.4~1.8cm，先端尾尖；花瓣11片，白色倒卵形，长5.5~6.5cm，宽3.8~5cm，先端凹缺，基部楔形，内面下部及基部有淡紫红色晕；雄蕊多数，花药黄色。花丝暗紫红色；花盘暗紫红色；心皮5，密被粗丝毛，柱头暗紫红色。蓇葖果5，长2~3.2cm，密被褐灰色粗硬丝毛。种子长0.8~1cm，黑色，有光泽，无毛。花期4月中下旬。分布于河南（嵩县杨山）、湖南（龙山）、陕西（眉县太白山）。河南（郑州航院）、甘肃（两当县林业局）有栽培。野生居群极少，现已广泛栽培，以安徽铜陵的凤丹最为著名。

3.3.40 山茶科 Theaceae

多为常绿木本。单叶，互生，革质，无托叶。花两性，少数单性。苞片2至多数，脱落或宿存，常具有分类的价值。萼片多数或5数，有时与苞片分不开，二者逐渐过渡，组成苞被片。花瓣多数至5数，白色、红色或黄色；多少合生。雄蕊通常多数，子房上位，少数半下位。3~5室，胚珠通常多个。蒴果，或不开裂的核果和浆果。约30属750种，主要分布亚洲的亚热带和热带。中国有15属500种。

分属检索表
1 花两性，直径2~12cm；雄蕊多轮，花药短，常为背部着生，花丝长；子房上位。具蒴果，稀为核果状，种子大。
　2 萼片常多于5片，宿存或脱落，花瓣5~14片，种子大，无翅。
　　3 蒴果从上部分裂，中轴脱落，苞片十萼片及花瓣不定数，常多于5……………………………………山茶属 Camellia
　　3 蒴果从下部开裂，中轴宿存，苞片2，萼片10，花瓣5，花柱多连生………………………………石笔木属 Tutcheria
　2 萼片5数，宿存，花瓣3片，种子较小，有翅或无翅。
　　4 蒴果无中轴，蒴果先端长尖，宿萼大，包着或托住果实，种子有翅或缺…………………………紫茎属 Stewartia
　　4 蒴果有宿存中轴，蒴果先端圆或钝，宿萼不苞着蒴果，种子有翅或无翅。
　　　5 蒴果长筒形，种子上端有长翅，萼片半宿存…………………………………………………………大头茶属 Gordonia
　　　5 蒴果球形，种子周围有翅，宿存萼片细小…………………………………………………………木荷属 Schima
1 花两性稀单性，直径小于2cm，如大于2cm，则子房下位或半下位，雄蕊1~2轮，5~20个，花药长圆形，有尖头，基部着生，花丝短，果为浆果或闭果。
　6 花单生于叶腋，胚珠3~10个，浆果及种子较大，叶排成

多列 …………………… 厚皮香属 Ternstroemia
6 花数朵腋生,胚珠8~100个,浆果及种子细小,叶排成2列,稀多列 …………………… 柃木属 Eurya

3.3.40.1 山茶属 Camellia L.

常绿木本。花两性,单生或数朵腋生,苞片2~8。萼片5至多数,宿存或脱落。花冠白色、红色或黄色,花瓣5~14,基部少连生;雄蕊多数,与花瓣基部连生,多轮。外轮雄蕊分离或连合成短管;子房上位,3~5室,胚珠1~6;蒴果,3~5室,有时只有1室发育,果皮木质或木栓质,3~5片自上向下开裂。约280种,分布于东亚北回归线两侧,我国有238种,以云南、广西、广东及四川最多。其余产中南半岛及日本。

分种检索表
1 苞片与萼片区分明显,常宿存;有花梗;花瓣近离生,稀连合;花丝多离生,稀连成短管。
 2 花金黄色,雄蕊4轮 ………… 金花茶 Camellia nitidissima
 2 花白色,雄蕊2轮 ………………… 茶 Camellia sinensis
1 苞片脱落;无花梗。
 3 花丝分离,或基部稍连生;花瓣白色 …………………
  ………………………………… 油茶 Camellia oleifera
 3 花丝连成花丝管;花瓣基部合生。
  4 子房无毛。
   5 苞被片9~12(13) …………… 山茶 Camellia japonica
   5 苞被片14~16;叶长于10cm ………………………
    …………………… 浙江红山茶 Camellia chekiangoleosa
  4 子房被毛。
   6 叶椭圆形,长为宽的2倍。
    7 叶上半部有锯齿;苞片被10 ………………………
     …………………… 南山茶 Camellia semiserrata
    7 叶缘均有锯齿 …………… 滇山茶 Camellia reticulata
   6 叶长圆形或披针形,长为宽的3~4倍。
    8 叶先端长尾状,具尖齿 ……………………………
     …………………… 西南红山茶 Camellia pitardii
    8 叶先端尖或渐尖,具钝齿 …………………………
     …………………… 怒江红山茶 Camellia saluenensis

(1) 山茶花 Camellia japonica L.
[Japan Camellia]

灌木或小乔木,高至15m。叶倒卵形或椭圆形,长5~10.5cm,宽2.5~6cm,短钝渐尖,基部楔形,有细锯齿,叶干后带黄色;叶柄长8~15mm。花单生或对生于叶腋或枝顶,大红色,花瓣5~6个,顶端有凹缺。蒴果近球形,直径2.2~3.2cm。花期1~4月;果期9~10月。我国各地常有栽培,北方可达山东青岛;朝鲜,日本也有。喜温暖。喜阳光充足。喜微酸性且排水良好的黄壤土。播种或嫁接繁殖。花大,色红,宜栽于庭园中供观赏。花多重瓣,有红、白、淡红等色,品种繁多。

(2) 滇山茶(南山茶,云南山茶花)
Camellia reticulata Lindl.
[Reticulate Camellia, Yunnan Camellia]

常绿灌木至小乔木,有时高达15m,嫩枝无毛。叶大,长7~12cm,阔椭圆形,基部楔形或圆形,深绿色,发亮,下面深褐色,无毛,侧脉6~7对,在上面能见,在下面突起,边缘有细锯齿。花大,顶生,径10~18cm,无柄;杯状苞被;花瓣红色等;雄蕊长约3.5cm,外轮花丝基部1.5~2cm连接成花丝管,游离花丝无毛;子房有黄白色长毛,花柱无毛或基部有白色。蒴果扁球形,种子卵球形。花期较长,一般从10月份始花,翌年5月份终花,盛花期1~3月份。产云南。喜侧方庇荫,喜温暖湿润气候,既怕冷又怕热,要求酸性土壤,可在pH3~6的范围内正常生长,而以pH 5左右最好;生长缓慢,但寿命很长。播种或嫁接繁殖。每到开花时节,如火烧云霞,十分壮观,是优良和著名的观赏树种,可孤植、群植于公园、庭院及风景区。早在明代就有云南茶花奇甲天下的美称。品种多,多为重瓣。野生变型:腾冲红花油茶 f. *simplex* Sealy,花单瓣,红色。产于云南南部。在原产地当花盛开时,会出现十丈锦屏开绿野的壮丽景观。

3.3.40.2 大头茶属 Gordonia Ellis

常绿乔木。叶革质,长圆形,叶有柄。花大,白色,腋生,有短柄;苞片早落;萼片5,干膜质或革质,宿存或半存;花瓣5~6片,基部略连生;雄蕊多数,着生于花瓣基部,排成多轮,花丝离生,花柱连合,先端3~5浅裂或深裂;胚珠每室4~8个。蒴果长筒形,种子扁平,上端有长翅,胚乳缺。约40种,主产亚洲热带及亚热带,1种分布于北美。我国有6种,分布于华南及西南各种。

分种检索表
1 叶厚革质,先端圆,有时凹入,全缘,花直径6~10cm,萼片卵形,长1.5cm,苞片4~5片 ……… 大头茶 Gordonia axillaris
1 叶薄革质,倒卵形,先端钝,边缘大部分有锯齿,花直径5~8cm,萼片圆形,长1cm,苞片6片 ………………
 …………………… 黄药大头茶 Gordonia chrysandra

大头茶 Gordonia axillaris (Roxb.) Dietr.
[Hongkong Gordontea]

乔木,高9m,嫩枝粗大,无毛或有微毛。叶厚革质,倒披针形,长6~14cm,宽2.5~4cm,先端圆形或钝,基部狭窄而下延,侧脉在上下两面均不明显,无毛,全缘,或近先端有少数齿刻,叶柄长1~1.5cm,粗大,无毛。花生于枝顶叶腋,径7~10cm,白色,花柄极短;苞片4~5片,早落;萼片卵圆形,长1~1.5cm;花瓣5片,最外1片较短,外面有毛,其余4片阔倒卵形或心形,先端凹入,长3.5~5cm,雄蕊长1.5~2cm。蒴果长2.5~3.5cm;5片裂开,种子长1.5~2cm。花期10月至翌年1月。喜温暖湿润气候及富含腐殖质的酸性壤土。播种或扦插繁殖。主要分布亚洲的亚热带和热带,产广东、海南、广西、台湾。花大而洁白,花期正值冬季少花季节,可于园林中丛植观赏,可供做庭园树、行道树、公园、造林等用途。

3.3.40.3 厚皮香属
Ternstroemia Mutis ex L. f.

灌木至乔木;叶螺旋排列,常簇生枝顶,全缘;花两性,单生于叶腋内;萼片和花瓣均5枚,稀6枚;雄蕊多数,2轮排列,花丝合生;子房2~3室,每室有胚珠2或多颗;花柱1,全缘;不开裂的蒴果。约100种,分布于亚洲、非洲和南美,我国约20种,产西南部至台湾。

分种检索表
1 果实圆球形或扁球形⋯厚皮香 *Ternstroemia gymnanthera*
1 果实卵形、长卵形或椭圆形⋯⋯⋯⋯⋯⋯⋯⋯⋯
⋯⋯⋯⋯⋯⋯⋯日本厚皮香 *Ternstroemia japonica*

厚皮香 *Ternstroemia gymnanthera* (Wight et Arn.)Beddome　[Ternstroemia]

小乔木或灌木,高3~8m;小枝粗壮,圆柱形,无毛。叶革质,矩圆状倒卵形,长5~10 cm,宽2.5~5cm,基部渐窄而下延,全缘,两面无毛,中脉在叶上面下陷,侧脉不显;叶柄长1.5cm。花淡黄色,直径1.8cm,单独腋生或簇生小枝顶端,花梗长1~1.5cm;萼片和花瓣各5,基部合生;雄蕊多数;子房2~3室,柱头顶端3浅裂。果为干燥的浆果状,直径1.2~1.5cm,萼片宿存。花期5~7月,果期8~10月。喜温暖、湿润气候,耐庇荫。根系发达,在酸性、中性及微碱性土壤中均能生长。广布长江以南各省区,多数种类产广东、广西及云南等及越南、老挝、泰国、柬埔寨、尼泊尔、不丹及印度。播种和扦插繁殖。适宜配置门厅两侧,道路角隅,草坪边缘。在林缘,树丛下成片种植,尤其能达到丰富色彩,增加层次的效果。

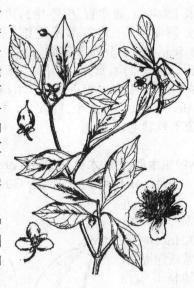

3.3.40.4 木荷属 *Schima* Reinw.

乔木,树皮有不整齐的块状裂纹。叶常绿,全缘或有锯齿,有柄。花大,两性,单生于枝顶叶腋,白色,有长柄;苞片2~7,早落;萼片5,宿存;花瓣5,雄蕊多数,花丝扁平,离生,子房5室,被毛,花柱连合,柱头头状或5裂;胚珠每室2~6个。蒴果球形,木质,室背裂开;中轴宿存,顶端增大,五角形。种子扁平,肾形,周围有薄翅。约30种,我国有21种,其余散见于东南亚各地。

分种检索表
1 叶边缘有锯齿⋯⋯⋯⋯⋯⋯⋯⋯木荷 *Schima superba*
1 叶全缘。
　2 萼片圆形,长2~6mm,叶厚革质,长圆形或倒卵形,无毛
　⋯⋯⋯⋯⋯⋯⋯⋯⋯⋯⋯银木荷 *Schima argentea*
　2 萼片半圆形,长2~3cm,叶薄革质,椭圆形或长圆形⋯⋯
　⋯⋯⋯⋯⋯⋯⋯⋯⋯⋯⋯西南木荷 *Schima wallichii*

(1)木荷 *Schima superba* Gardn. et Champ.

乔木,高8~18m;幼小枝无毛,或近顶端有细毛。叶革质,卵状椭圆形至矩圆形,长10~12cm,宽2.5~5cm,两面无毛;叶柄长1.4~1.8cm。花白色,单独腋生或顶生成短总状花序;花梗

长1.2~4cm,通常直立;萼片5,边缘有细毛;花瓣5,倒卵形;子房基部密生细毛。蒴果直径约1.5cm,5裂。分布于安徽、浙江、福建、江西、湖南、广东、台湾、贵州、四川。生于海拔150~1500m的山谷、林地。相近种:华木荷 Schima sinense Airy-Shaw,小枝无毛,叶较大,宽4~6cm,萼片背部有丝状毛;产四川。

(2)银木荷(竹叶木荷)Schima argentea Pritz. ex Diels [Silvery Gugertree]

常绿乔木,高20~30m;小枝深紫或深褐色,幼枝有银白色绒毛。叶纸质或近革质,椭圆形,长7~14cm,宽2.5~5cm,全缘,下面有白色柔毛或后脱毛。花白色,通常4~6朵的伞状或总状花序,腋生或簇生小枝顶端,花梗上部稍下弯;萼片5,近圆形,外面及边缘有丝状毛;花瓣5,1片白色,兜形,其余4片下部略带红色,有丝状毛;雄蕊多数。蒴果球形,木质,直径约1.5cm,5裂;种子长5~6mm,周围有宽翅。花期7~9月。分布于湖南、广西和西南各地。缅甸北部也有分布。喜温暖、湿润的环境。播种繁殖。是优良的庭园绿化观赏树种,可种植于山坡或林地。

3.3.40.5 石笔木属 Tutcheria Dunn

常绿乔木。叶革质,互生,边缘有锯齿,具柄。花两性,白色或淡黄色,单生于枝顶叶腋内,有短柄,苞片2,与萼片同形,萼片5~10片,革质,通常被毛,半宿存;花瓣5,外面常被毛;雄蕊多数,花丝分离;花药2室,背部着生;子房3~6室,花柱连生,柱头3~6裂;胚珠每室2~5个。蒴果木质,种皮骨质,无胚乳。有26种,其中21种主要分布在我国华南各省,集中于两广,台湾及云南地区,另5种分布于越南、马来西亚、菲律宾。

石笔木 Tutcheria championi Nakai [Champion Slatepenciltree]

常绿乔木,树皮灰褐色,嫩枝略有微毛,不久变秃。叶革质,椭圆形或长圆形,长12~16cm,宽4~7cm,先端尖锐,基部楔形,上面干后黄绿色,稍

发亮,下面无毛,侧脉10~14对,与网脉在两面均稍明显,边缘有小锯齿,叶柄长6~15mm。花单生于枝顶叶腋,白色,直径5~7cm,花柄长6~8mm;苞片2,卵形,长8~12mm;萼片9~11片,圆形,厚革质,长1.5~2.5cm,外面有灰毛;花瓣5片,倒卵圆形,长2.5~3.5cm,先端凹入。蒴果球形,直径5~7cm。花期6月。喜温暖湿润环境。播种繁殖为主。产于中国云南、四川、广西、湖南、广东、浙江和台湾。树形优美,叶色翠绿,花大美丽,适合园林观赏。

3.3.40.6 紫茎属 Stewartia L.

灌木或小乔木植物。花单生于叶腋,有短柄;苞片2,宿存;萼片5,宿存;花瓣5片,白色,基部连生;雄蕊多数,花丝下半部连生,花丝管上端常有毛,花药背部着生;子房5室,每室有胚珠2个,基底着生,花柱合生,柱头5裂。蒴果阔卵圆形,先端尖,略有棱,室背裂开为5片,果片木质,每室有种子1~2个;种子扁平,周围有狭翅;无中轴;宿萼大,常包着蒴果。该属共有15种,分布于东亚和北美

紫茎 Stewartia sinensis Rehd. et Wils. [Chinese Purplestem]

落叶乔木,高6~10m。树皮薄,灰黄色。小枝红褐色或褐色,平滑。叶纸质,卵形或长圆状卵形,边缘有锯齿,背面疏被平伏的长柔毛。花单生叶腋或近顶腋生,白色。蒴果圆锥形或长圆锥形,外密被黄褐色柔毛。花期5~6月;果9~10月成熟。分布于河南、湖南、湖北、江西等。播种繁殖。为中生性喜光的深根性树种,适宜生长于土层深厚和疏松肥沃的酸性红黄壤土或黄壤土。为国家保护树种,树皮光滑美丽,花大白色、秀丽,可作庭荫树观赏。花白瓣黄蕊,清秀淡雅,宜与常绿树配植于厅堂之前,或草坪一角。

3.3.40.7 柃木属 Eurya Thunb.

常绿灌木或小乔木,稀为大乔木;冬芽裸露;嫩枝圆柱形或具2~4棱,被披散柔毛、短柔毛、微毛或无毛。叶革质至几膜质,互生,排成二列,边缘具齿,稀全缘;通常具柄。花较小,1至数朵簇生于叶腋或生于无叶小枝的叶痕腋,具短梗;单性,雌雄异

株。雄花：小苞片2，紧接于萼片之下，互生；萼片5，覆瓦状排列，常不等大，膜质、革质或坚革质，宿存；花瓣5，膜质，基部合生；雄蕊5~35枚，排成一轮，花丝无毛。雌花无退化雄蕊；子房上位。浆果圆球形至卵形；种子黑褐色。约130种，分布于亚洲热带和亚热带地区及西南太平洋各岛屿。我国有81种，13变种，4变型，分布于长江以南各省区，个别种类可达秦岭南坡，多数种类分布于广东、广西及云南等省区。

分种检索表
1 花药具分格；子房被柔毛或无毛…滨柃 *Eurya emarginata*
1 花药不具分格；子房无毛。
　2 叶革质或薄革质，侧脉在上面明显或不明显，但绝不凹下……………………………细齿叶柃 *Eurya nitida*
　2 叶厚革质，侧脉在上面凹下，有时网脉也下凹…………
　　………………………………柃木 *Eurya japonica*

柃木 *Eurya japonica* Thunb.
[Japan Eurya]

灌木，高1~3m；嫩枝有棱，无毛或有疏毛。叶革质，椭圆形至矩圆披针形，长3~6cm，宽1.5~2cm，急尖，顶端钝，微凹，边缘具钝齿；叶柄长约3mm。花白色，1~2朵腋生，萼片卵圆形，长约1.5

mm；雄花有雄蕊12~15；雌花花柱长1.5mm。果实圆球形，直径约3~4mm。花期2~3月，果期9~10月。播种繁殖。耐阴，喜温暖气候及酸性土，耐旱，萌芽力强，生长慢。产我国浙江、安徽和台湾，朝鲜及日本也有分布。枝叶终年青翠，在暖地可作为绿篱、修剪造型及园景树。

3.3.41 猕猴桃科 Actinidiaceae

木质藤本。单叶，互生，无托叶。花两性，有时杂性或单性异株，常成腋生聚伞花序；萼片、花瓣离生，5数，雄蕊10至多数；雌蕊5至多心皮；子房上位，5至多室，花柱离生或合生。浆果或不开裂蒴果。2属80余种，分布于东亚。我国2属70余种，南北均有，主要集中于秦岭以南、横断山脉以东地区。

猕猴桃属 *Actinidia* Lindl.

落叶藤本；冬芽小，包于膨大的叶柄内。叶互生，具长柄，缘有齿或偶全缘。花杂性或单性异株，单生或聚伞花序，雄蕊多数，离生；子房多室，胚珠多数，花柱多为放射状。浆果，种子多而细小。55种，分布于东亚，个别种类至东南亚。我国有52种和多个变种，各地均产。

分种检索表
1 植物体毛被发达，小枝、芽体、叶片、叶柄、花萼、子房、幼果等部多数被毛，至少小枝必定稠密被毛……………………
　…………………………中华猕猴桃 *Actinidia chinensis*
1 植物体完全洁净无毛或仅萼片和子房被毛，极少数叶的腹面散生少量小糙伏毛或背面脉腋上有髯毛，仅个别叶背薄被尘埃状柔毛的。
　2 髓片层状，白色或褐色；花淡绿色、白色或红色，萼片4~6片，花瓣5片；叶片有或没有白斑。
　　3 髓白色；花乳白色或淡绿色，子房瓶状；果实顶端有喙；叶片没有白斑，背面粉绿色或非粉绿………………
　　　…………………………软枣猕猴桃 *Actinidia arguta*
　　3 髓茶褐色；花白色或红色，子房圆柱状；果实顶端无喙；叶片有白斑，背面非粉绿色……………………
　　　…………………………狗枣猕猴桃 *Actinidia kolomikta*
　2 髓实心，白色；花白色，萼片2~5片，花瓣5~12片；叶片间有白斑的。
　　4 花瓣5片，萼片大多5片，少见4片；叶腹面散生糙伏毛
　　　…………………………葛枣猕猴桃 *Actinidia polygama*
　　4 花瓣5~12片，萼片2~3片；叶腹面无糙伏毛
　　　…………………………大籽猕猴桃 *Actinidia macrosperma*

(1) 中华猕猴桃 *Actinidia chinensis* Planch.
[Yangtao Kiwifruit]

落叶缠绕藤本。幼枝密生灰棕色柔毛；髓白色，片隔状。叶近圆、卵圆或倒卵形，长6~17cm，先端圆钝或微凹，缘有刺毛状细齿，表面暗绿色，背面密生灰白色星状绒毛。雌雄异株，花3~6朵成聚伞花序；

花乳白色，后变黄色，直径3.5~5cm。浆果椭球形或近圆形，密被棕色茸毛。花期4~6月；果期8~10月。广布于长江流域及其以南各省区，北达陕西、河南。常生于山地林内或灌丛中。喜光，稍耐阴。喜温暖湿润气候，有一定耐寒力，喜深厚湿润肥沃

土壤。肉质根,不耐涝,也不耐旱,主侧根发达,萌芽力强,耐修剪。扦插、嫁接、播种繁殖。花朵乳白,渐变为黄色,美丽而芳香,果实大而多,是优良的庭院观赏植物和果树。也有观红色花的品种。园林中可用作攀缘棚架、篱垣等垂直绿化。亦可植于疏林,让其自然攀附树木,模仿再现其自然界的生长状态。

(2) 狗枣猕猴桃(深山木天蓼) *Actinidia kolomikta* (Maxim. & Rupr.) Maxim. [Kolomikta Kiwifruit]

落叶缠绕藤本。枝髓褐色,片状,叶近卵形,5~13cm,部分叶有白斑或红斑,背脉疏生灰褐色短毛,脉腋密生柔毛。花白色,芳香,花萼宿存。浆果卵状椭球形,长2~2.5cm。产我国东北、华北、西北及西南等。俄罗斯、朝鲜等也有。耐寒性强。园林中可用作垂直绿化材料,以观赏其斑彩的叶色。

3.3.42 金莲木科 Ochnaceae

乔木或灌木,稀草本。单叶互生,稀复叶,羽状脉;有托叶。花两性,辐射对称;萼片4~5(10),分离;花瓣5(4~10);雄蕊4~10或多数,花丝宿存,花药线形,基着,纵裂或顶孔开裂,有时具退化雄蕊;子房不裂或深裂,1~12室,每室胚珠1至多数,花柱单生,稀顶部分裂。成熟心皮常分离成核果状,或为蒴果,室间开裂。种子1至多数。约40属600种,分布于热带亚热带地区。我国3属4种,产广东、广西、海南。

金莲木属 *Ochna* L.

乔木或灌木;叶互生,单叶,有小齿;托叶脱落;花黄色,排成伞形花序或圆锥花序;萼片5,有颜色,宿存;花瓣5~10,脱落;花盘厚,分裂;雄蕊、心皮多数,3轮排列;心皮3~10;胚珠每裂1颗,着生于中轴胎座上;花柱合生,柱头盘状,浅裂;成熟心皮3~10个,呈核果状环列于花托的周围。约85种,大部分分布于非洲热带地区,少数产亚洲热带。我国有1种,产广东、广西。

分种检索表

1 落叶灌木或小乔木;叶长8~19cm·················
···················金莲木 *Ochna integerrima*
1 常绿灌木;叶长约8cm··········桂叶黄梅 *Ochna kirkii*

(1) 金莲木 *Ochna integerrima* (Lour.) Merr. [Enire Ochna]

落叶灌木或小乔木,高2~4m;小枝灰褐色,无毛,常有明显的环纹。叶纸质,椭圆形、倒卵状长圆形或倒卵状披针形,长8~19cm,顶端急尖或钝,基部阔楔形,边缘有小锯齿,中脉两面均隆起。花黄色,径达3cm,萼片5,长圆形,宿存,结果时呈暗红色;花瓣5~7片,倒卵形,顶端钝或圆;雄蕊多数,子房深裂成10~12室;花序近伞房状,生于短枝的顶部;小核果黑色,2~12枚环列于扩大的花托上。花期3~4月,果期5~6月。产东南亚及中南半岛,华南有分布。喜光、喜温暖湿润的环境,不耐寒冷。喜排水良好的土壤。播种或扦插繁殖。花大,黄色,美丽,状如金丝桃,可于园林绿地栽培观观赏。

(2) 桂叶黄梅(米老鼠树) *Ochna kirkii* Oliv. [Krirk Ochna]

常绿灌木,高1~3m。叶互生,长椭圆形,长,先端渐尖,基部圆形,缘有刺状疏齿,革质;近无柄。萼片5,绿色,后变为红色并宿存,花瓣5,黄色;心皮3~10,受粉后每心皮发育成一小核果,环列于花托上,熟时黑色。花期夏至秋季,花冠鲜黄色;果期秋至初冬。桂叶黄梅之雄蕊及萼片不脱落,还渐渐转成鲜红色。果实成熟也由绿转乌黑,造型酷似卡通米老鼠头部,所以又名"米老鼠树"。原产热带非洲;世界热带地区多有栽培。我国台湾、广东等地有引种,生长良好。喜光,耐半阴,不耐干旱和寒冷。花色金黄,花多而花期长,花谢后留下渐渐变红的花萼和环列于花托的小果,十分美丽奇特。是优良的观花赏果树种,适于庭园布置及盆栽观赏。

3.3.43 藤黄科 Clusiaceae

乔木或灌木，稀为草本，在裂生的空隙或小管道内含有树脂或油。单叶，对生或轮生，全缘；一般无托叶。花序聚伞状或伞状，或为单花。花两性或单性；花萼和花瓣常(2)4~5(6)；雄蕊多数，基部离生或成4~5(10)束；子房上位，3~5或多个心皮合生，1~12室，胚珠1至多数。蒴果、浆果或核果。种子无胚乳。40属1200种，广布于热带地区，少数属种产于温带。我国8属94种，主要分布于西南至华东、华南各地。

分属检索表
1果为蒴果，开裂。
　4蒴果室背开裂；种子有翅·········黄牛木属 Cratoxylum
　4蒴果室间或沿胎座开裂；种子无翅
　　·····································金丝桃属 Hypericum
1果不开裂，或在铁力木属 Mesua L. 中果在顶端2~4裂但不为蒴果而介于木质和肉质之间。
　2花两性·····························铁力木属 Mesua
　2花杂性。
　　3子房1室；果为核果；种子有假种皮；叶侧脉极多而近平行·······················红厚壳属 Calophyllum
　　3子房2至多室；果有厚果皮；种子有肉质假种皮；叶侧脉较少，疏而斜举·········藤黄属 Garcinia

3.3.43.1 金丝桃属 Hypericum L.

多年生草本或灌木。叶对生或轮生，有透明或黑色腺点，无柄或具短柄。花两性，单生或聚伞花序，黄色；萼片、花瓣各(4)5；雄蕊分离或基部合生成3~5束；子房上位，1室，有3~5个侧膜胎座，或3~5室而有中轴胎座，花柱3~5；胚珠极多数。蒴果，室间开裂，少为浆果。约400种，分布于北半球温带和亚热带地区。我国55种，广布于全国，主产西南。

分种检索表
1花丝近等于或长于花瓣；花柱连合，仅先端5裂，无叶柄
　·····································金丝桃 Hypericum monogynum
1花丝短于花瓣；花柱5枚，离生，有短叶柄·············
　·····································金丝梅 Hypericum patulum

(1)金丝桃 Hypericum monogynum L. [China St. John´s wort]

半常绿或落叶灌木，高约1m。全株光滑无毛；小枝红褐色；叶无柄，椭圆形或长椭圆形，长4~8cm，基部渐狭略抱茎，表面绿色，背面粉绿色，网脉明显。花鲜黄色，径4~5cm，单生枝顶或3~7朵成聚伞花序；花丝较花瓣长，基部合生成5束；花柱合生，长1.5~2cm，仅顶端5裂。蒴果卵圆形，约1cm，萼片宿存。花期(5)6~7月；果期8~9月。产我国黄河流域及以南地区，日本也有。喜光，略耐阴，喜生于湿润的河谷或半阴坡。耐寒性不强，最忌干冷，忌积水。萌芽力强，耐修剪。分株、扦插、播种繁殖。株形丰满，圆整而自然，花叶秀丽，花开夏季，花色金黄，是南方常见的夏季观花灌木。常丛植于草地、路旁、石间、庭院；或列植于路旁、草坪边缘、花坛边缘、门庭两侧，也可植为花篱。

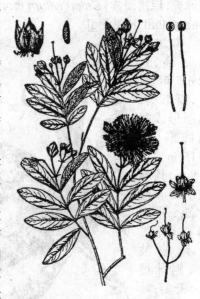

(2)金丝梅 Hypericum patulum Thunb. ex Murray [Splaying St. John´s wort]

半常绿或常绿灌木，高约1m。小枝红色或暗褐色，拱曲，有2棱。叶卵状长圆形至广披针形，有短叶柄，基部近圆，表面绿色，背面粉绿色。花鲜黄色，径4~5cm，花丝短于花瓣，花柱离生，长不及8mm。花期5~7月；果期8~9月。主产长江流域以南地区。多见于山坡、山谷林下或灌丛。喜光，不耐寒。宜生于湿润排水良好的土壤，忌积水。萌芽力强。多分株繁殖，也可扦插或播种繁殖。园林应用同金丝桃。

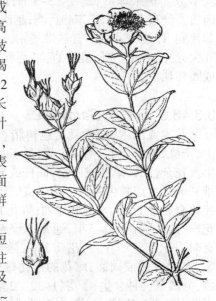

3.3.43.2 红厚壳属 Calophyllum L.

灌木或乔木；叶对生，有多数平行的侧脉且与中脉垂直；花杂性，排成腋生或顶生的总状花序；萼片2~4；花瓣通常4(2~8)；雄蕊多数，花丝蜿蜒状，基部合生成数束或分离；子房上位，1室，有胚珠1颗，花柱细，蜿蜒状，柱头常盾状；核果，外果皮薄，种子无假种皮，有丰富的油分。约180余种，主要分布于亚洲热带地区，其次是南美洲和大洋洲。我国有4种，产云南、广西南部、海南及台湾。

红厚壳（琼崖海棠）*Calophyllum inophyllum* L. [Beautyleaf, Kathing]

常绿乔木，高5~12m。叶对生，厚革质，椭圆形或宽椭圆形，长8~15cm，宽4~8cm，顶端钝，圆形或微缺，两面都有光泽，全缘或波状，侧脉细密，极多；叶柄粗壮，长1~2.5cm。

总状花序，有时为圆锥花序；花两性，白色，有香味，径2~2.5cm；花梗长3~4cm；萼片4；花瓣4；雄蕊多数。核果球形，直径2.5~3cm，成熟时黄色，肉质。分布于广西、广东和台湾；越南、马来西亚、菲律宾、印度至非洲。喜热带气候，耐干旱瘠薄。叶大光亮，春季白花，花序直立，可作海岸防护林或园林观赏。

3.3.43.3 藤黄属 *Garcinia* L.

乔木或灌木，通常具黄色树脂。叶革质，对生，全缘，通常无毛，侧脉少数，稀多数，疏展或密集。花杂性，稀单性或两性；同株或异株；单生或排列成顶生或腋生的聚伞花序或圆锥花序；萼片和花瓣通常4或5，覆瓦状排列；雄花的雄蕊多数，花丝分离或合生，1~5束，通常围绕着退化雌蕊，有时退化雌蕊不存在；花药2室，稀4室，通常纵裂，有时孔裂或周裂；雌花的退化雄蕊（4~）8~多数，分离或种种合生；子房（1~）2~12室，花柱短或无花柱，柱头盾形，全缘或分裂；胚珠每室1个。浆果，外果皮革质，光滑或有棱。种子具多汁瓢状的假种皮。子叶微小或缺。约450种，产热带亚洲、非洲南部及波利尼西亚西部。我国有21种，产台湾南部、福建、广东、海南、广西南部、云南、西南部至西部、西藏、贵州南部及湖南西南部。

分种检索表

1 花两性或杂性或同株；萼片和花瓣5················
················ 菲岛福木 *Garcinia subelliptica*
1 花杂性，异株或同株；萼片和花瓣4。
　2 能育雄蕊的柱头或果实宿存的柱头具乳突或小瘤突···
················ 岭南山竹子 *Garcinia oblongifolia*
　2 能育雄蕊的柱头或果实宿存的柱头光滑。
　　3 花序顶生或腋生的圆锥状聚伞花序。
　　　4 花直径2~3cm；萼片2大2小；子房2室··········
················ 木竹子 *Garcinia multiflora*
　　　4 花直径0.8~1cm；萼片等大；子房4室··········
················ 云南藤黄 *Garcinia yunnanensis*
　　3 花序顶生或腋生的聚伞花序或有时成簇。
　　　5 能育雄蕊合生成1束，子房1室··············
················ 金丝李 *Garcinia paucinervis*
　　　5 能育雄蕊合生成4束，子房1~10室············
················ 莽吉柿 *Garcinia mangostana*

(1) 木竹子（多花山竹子）*Garcinia multiflora* Champ. ex Benth. [Manyflower Garcinia]

常绿乔木，高5~17m。叶对生，革质，倒卵状矩圆形或矩圆状倒卵形，长7~15cm，宽2~5cm，顶端短渐尖或急尖，基部楔形，全缘，两面无毛，中脉在上面微凸起，侧脉在近叶缘处网结，不达叶缘；叶柄长1~2cm。花数朵组成聚伞花序再排成总状或圆锥花序；花橙黄色，单性，少杂性，基数4。浆果近球形，长约3~4cm，青黄色，顶端有宿存的柱头。分布于云南、广西、广东、福建、江西。不耐寒，喜湿润肥沃的酸性土。枝叶茂密，树形美观，可用于园林观赏。

(2) 福木 *Garcinia spicata* Hook. f. [Spike Garcinia]

小乔木，高3~5m；树冠开展。叶广椭圆形至卵状椭圆形，长8~12(20)cm，先端圆、微凹或急尖，基部广楔形，硬革质，深绿色，有光泽。花淡黄色，萼、瓣各4；雄花成穗状花序，长约15cm，雄蕊多数，成5束；雌花簇生，具退化雄蕊。果球形，径2.5~3cm，光滑，熟时黄色，内含1~3种子。花期5~8月；果期7~9月。原产印度及斯里兰卡；现热带地区多有栽培。我国南方栽培观赏。

3.3.43.4 铁力木属 *Mesua* L.

乔木；叶对生，硬革质，常有透明的斑点，侧脉极多数，纤细；花两性，大，单生于叶腋内；萼片和花瓣4，覆瓦状排列；雄蕊极多，分离或短连合，花药纵裂；子房2室，每室有胚珠2颗；花柱长，柱头盾状；果介于木质和肉质间，顶端2对裂，有种子1~4颗。3种，分布于热带亚洲。我国引入1种。

铁力木 *Mesua ferrea* L.
[Common Mesua]

常绿乔木；叶对生，硬革质，常有透明的斑点，侧脉极多数，纤细；花大，两性，白色，单生于叶腋内；萼片和花瓣4，覆瓦状排列；雄蕊极多，花药纵裂；子房2室，每室有胚珠2颗；花柱长，柱头盾状；果介于木质和肉质间，顶端2对裂，有种子1~4颗。花期5~6月；果期9~11月。产云南。亚洲东南部和南部地区也有。播种繁殖。性喜光和高温多湿气候及排水良好的沃土。因其树冠广卵形，新发嫩叶呈红色有花丛效果。常作观赏。

3.3.43.5 黄牛木属 *Cratoxylum* Bl.

灌木至小乔木；叶对生，全缘；花排成顶生或腋生的聚伞花序；萼片与花瓣均5枚，革质，宿存；花瓣基部有时有鳞片；雄蕊3~5束，有肉质、下位的腺体与雄蕊束互生；子房3室，每室有胚珠数至多颗，花柱3，分离，柱头头状；蒴果，成熟时室背开裂，种子有翅。约6种，分布于印度、缅甸、泰国、经中南半岛及我国南部至马来西亚、印度尼西亚及菲律宾。我国有2种1亚种，产广东、广西及云南。

黄牛木 *Cratoxylum cochinchinense* (Lour.) Bl.
[Common Oxwood]

落叶灌木至小乔木；叶对生，全缘；花直径1~1.5cm，粉红、深红至红黄色，排成顶生或腋生的聚伞花序；萼片与花瓣均5枚，革质，宿存；花瓣基部有时有鳞片；雄蕊3~5束，有肉质、下位的腺体与雄蕊束互生；子房3室，花柱3，分离，柱头头状；蒴果，成熟时室背开裂，种子有翅。产广东、广西及云南南部，多生于丘陵或山地干燥阳坡上的次生林或灌丛。

3.3.44 杜英科 Elaeocarpaceae

常绿或半落叶木本。叶为单叶，互生或对生，具柄，托叶存在或缺。花单生或排成总状或圆锥花序，两性或杂性；苞片有或无；萼片4~5片，分离或连合，通常镊合状排列；花瓣4~5片，镊合状或覆瓦状排列，有时不存在，先端撕裂或全缘；雄蕊多数，分离，生于花盘上或花盘外；花盘环形或分裂成腺体状；子房上位。果为核果或蒴果，有时果皮外侧有针刺；种子椭圆形。12属，约400种，分布于东西两半球的热带和亚热带地区，未见于非洲。我国有2属，51种，分布于我国南方和西藏。

分属检索表

1 花排成总状花序；花瓣常撕裂；药隔突出呈芒状；果为核果
··杜英属 *Elaeocarpus*
1 花单生或数朵腋生；花瓣先端全缘或齿状裂；药隔突出呈喙状；果为具刺蒴果················猴欢喜属 *Sloanea*

3.3.44.1 杜英属 *Elaeocarpus* L

乔木；叶互生，单叶；花通常两性，排成腋生的总状花序；萼片4~5；花瓣4~5，顶端常撕裂状，很少全缘；雄蕊极多数，着生于环状花盘内，花药线状，顶孔开裂；子房2~5室，每室有胚珠多颗；核果，3~5室或有时仅1室发育；种子每室1颗，悬垂，种皮硬，有肉质的胚乳和薄而平坦的子叶。约200种，分布于东亚，东南亚及西南太平洋和大洋洲。我国产38种，6变种，主要分布于华南及西南地区。

分种检索表

1 药顶端突出成芒刺状，长1~4mm····················
··水石榕 *Elaeocarpus hainanensis*
1 药顶端无芒刺，偶有刚毛丛。
 2 花瓣全缘或先端仅有2~5个浅齿裂，绝无撕裂成流苏状；核果小，长1~2cm，宽约1cm。
  3 叶椭圆形、卵形、倒卵形或倒披针形················
··日本杜英 *Elaeocarpus japonicus*
  3 叶披针形或狭窄长圆形，稀为卵状披针形或卵状长圆形················中华杜英 *Elaeocarpus chinensis*
 2 花瓣先端撕裂成流苏状；核果大或小。
  4 核果大，长2~4cm，宽1.5~3cm，内果皮厚3~5mm······
··杜英 *Elaeocarpus decipiens*
  4 核果小，长1~2cm，宽1cm，内果皮薄，厚不超过1mm，通常无网状沟纹。
   5 叶小，长约5~9cm；雄蕊约13~16枚
··山杜英 *Elaeocarpus sylvestris*
   5 叶常长于10cm；雄蕊15~30枚
··秀瓣杜英 *Elaeocarpus glabripetalus*

(1) 杜英 *Elaeocarpus decipiens* Hemsl.
[Common Elaeocarpus]

常绿乔木;小枝几无毛或有短毛。叶薄革质,披针形或矩圆状披针形,长7~12cm,宽1.6~3cm,顶端渐尖,基部渐狭,边缘有浅锯齿,几无毛或下面脉上有短毛;叶柄0.6~1.2cm。总状花序腋生或生叶痕的腋部,长3~5cm;花白色,下垂;萼片披针形;花瓣与萼片近等长,细裂到中部,裂片丝形;雄蕊多数。核果椭圆形,长2~3cm。花期6~7月。分布于广西、广东、江西、福建、台湾、浙江;越南、日本也有。喜温暖潮湿环境,耐寒性稍差。稍耐阴,根系发达,萌芽力强,耐修剪。喜排水良好、湿润、肥沃的酸性土壤。播种或扦插繁殖。叶片在掉落前,高挂树梢的红叶,随风徐徐飘摇,像小鱼群钻动般的动感,是观叶赏树时值得驻足停留欣赏的植物。

(2) 日本杜英(薯豆) *Elaeocarpus japonicus* Sieb. et Zucc. [Japan Elaeocarpus]

常绿乔木,高达8m;嫩枝无毛。叶卵形至椭圆形,长6~12cm,先端钝尖,缘具浅锯齿,两面老时无毛,侧脉5~6对,背面有黑腺点,革质;叶柄长3~6cm。总状花序腋生,长3~6cm;花杂性,绿白色,下垂,有香味;萼片披针形,外面生微柔毛;花瓣与萼片近等长,矩圆形,顶部有数个浅圆齿,疏生短毛;花药顶孔开裂;子房密生白色伏毛。核果椭圆形,蓝绿色,1~1.5cm。花期4~5月。产我国长江以南各省区,东起台湾;西至四川及云南最西部,南至海南。日本、越南也有分布。喜光。播种繁殖。在南方可用作园林绿化及行道树。

3.3.44.2 猴欢喜属 *Sloanea* L.

乔木;叶互生或近对生,羽状脉;花单生或成簇腋生,或组成顶生的圆锥花序;萼片4~5,覆瓦状或镊合状排列;花瓣4~5或有时缺,撕裂状或全缘;雄蕊极多数,分离,着生于肥厚的花盘上;花药线形,顶孔开裂或短纵裂;子房3~4室,每室有胚珠多颗;花柱锥尖;蒴果革质或木质,有刺或有刺毛,室背开裂为3~5个果瓣;种子数颗或单生,悬垂,有时具假种皮。120种,分布于东西两半球的热带和亚热带。我国有13种。

猴欢喜 *Sloanea sinensis* (Hance) Hemsl.
[China Monkeyjoy]

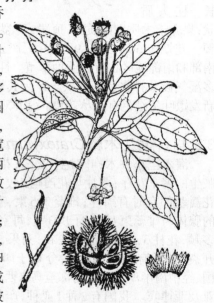

常绿乔木,高20m。嫩枝无毛。叶互生,薄革质,形状及大小多变,常为长圆形或倒卵形,长6~12cm,宽3~5cm。花两性,单生或数朵生于枝顶叶腋,花有长梗;花瓣4~5枚,白色,倒卵形。果球形或卵圆形,外被锐尖的针刺,熟时开裂,极似猴子开颜大笑,故名"猴欢喜"。花期秋季。果期翌年夏季。产于中国广东、广西、福建、台湾、浙江、江西、湖南、贵州。越南也有分布。喜光全日照、半日照均可;喜温暖、湿润的环境,不耐干旱。不耐府薄,土质肥沃、湿润、富含有机质方可生长茂盛和快速。深根性,抗风力强。播种繁殖。盛花期总状花序轻柔洁白,散发阵阵幽香;盛夏以后,又是硕果累累,为优良的观赏树种,可作园林风景树和行道树。

3.3.45 椴树科 Tiliaceae

乔木、灌木或草本。单叶互生,稀对生,具基出脉,全缘或有锯齿,有时浅裂。花两性或单性雌雄异株,辐射对称,排成聚伞花序或再组成圆锥花序;苞片早落,有时大而宿存;萼片通常5数,有时4片,分离或多少连生,镊合状排列;花瓣与萼片同数,分离,有时或缺;内侧常有腺体,或有花瓣状退化雄蕊,与花瓣对生;雌雄蕊柄存在或缺;雄蕊常多数;子房上位。果为核果、蒴果、裂果,有时浆果状或翅果状。约52属500种,主要分布于热带及亚热带地区。我国有13属85种。

分属检索表
1 花单性;无雌雄蕊柄,或仅有子房柄;萼片内侧偶有腺体;花瓣内侧无腺体;具室间开裂的翅果 ············
·· 蚬木属 *Excentrodendron*
1 花多为两性;常有雌雄蕊柄;花瓣内侧基部或有腺体;具核果或蒴果。
　2 花瓣内侧基部无腺体;有或无雌雄蕊柄 ···············
·· 椴树属 *Tilia*
　2 花瓣基部有腺体;有雌雄蕊柄。
　　3 核果无沟;柱头钻形,不增大;顶生圆锥花序 ·······
·· 破布叶属 *Microcos*
　　3 核果有纵沟;柱头扩大成盾状;腋生聚伞花序 ·······
·· 扁担杆属 *Grewia*

3.3.45.1 椴树属 *Tilia* L.

落叶乔木;叶互生,具长柄,基部常心形或截平形而偏斜,有锯齿;花小,排成具长柄、下垂的聚伞花序;花序柄约一半与膜质、舌状的大苞片合生;萼片5;花瓣5,覆瓦状排列,基部常有一小鳞片;雄蕊极多数,分离或合生成5束,有时有花瓣状的退化雄蕊与花瓣对生;子房5室,每室有胚珠2颗;果为核果,不开裂,内果皮含有丰富的油分,有种子1~3颗。约80种,主要分布子亚热带和北温带。我国有32种,主产黄河流域以南,五岭以北广大亚热带地区,只少数种类到达北回归线以南,华北及东北。

分种检索表
1 果实表面有5条突起的棱,或具不明显的棱,先端尖或钝。
　2 老叶下面多毛;嫩枝有毛或无毛。
　　3 嫩枝无毛;苞片有柄或无柄 ············ 粉椴 *Tilia oliveri*
　　3 嫩枝有毛;苞片有柄。
　　　4 枝及叶被灰色星状茸毛;叶卵圆形,锯齿三角形 ······
·· 辽椴 *Tilia mandshurica*
　　　4 枝及叶被黄色星伏茸毛;叶圆形,锯齿有长芒状齿突
············ 毛糯米椴 *Tilia henryana var. subglabra*
　2 老叶下面无毛,或仅在脉腋间有毛丛;嫩枝秃净,稀在幼嫩时有毛。
　　5 叶片近圆形,宽6~10cm,锯齿有长3~5mm的芒刺 ···
·· 糯米椴 *Tilia henryana*
　　5 叶阔卵形或卵圆形,宽3.5~7cm,锯齿不具芒状刺。
　　　6 叶偶呈3裂;雄蕊30~40枚,有假雄蕊;果实倒卵形 ···
·· 蒙椴 *Tilia mongolica*
　　　6 叶不呈3裂;雄蕊20枚,无假雄蕊;果实卵圆形 ······
·· 紫椴 *Tilia amurensis*
1 果实表面无棱,先端圆。
　7 叶下面有毛 ······················ 南京椴 *Tilia miqueliana*
　7 叶下面无毛或仅在脉腋有毛丛。
　　8 叶圆形或短圆形,干后暗褐色,革质;果实卵圆形;萼片有稀疏星状柔毛 ············ 华东椴 *Tilia japonica*
　　8 叶卵形或三角卵形,干后绿色,薄革质;果实倒卵形;萼片外无星状柔毛 ············ 少脉椴 *Tilia paucicostata*

(1) 糯米椴
Tilia henryana Szyszyl var. ***subglabra*** V. Engl
[Glabrate Henry Linden]

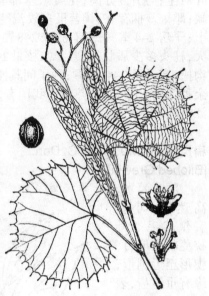

落叶乔木。幼枝及芽均无毛或近于无毛。叶近圆形,先端宽圆,叶背面脉腋有簇毛,边缘具芒刺。聚伞花序有花30朵以上;苞片窄倒披针形。果实倒卵形。花期6月;果熟期8月。产于河南、江苏、浙江、江西、安徽等地。喜光,耐阴,喜温暖湿润气候及深厚、肥沃而湿润的土壤。播种或分株繁殖。可作庭院绿化树种,孤植栽培等。

(2) 南京椴 ***Tilia miqueliana*** Maxim.
[Nanjing Linden]

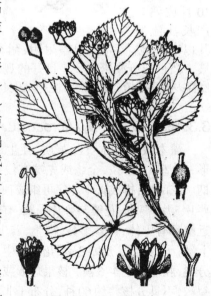

乔木,高达15m;小枝密生星状毛。叶三角状卵形或卵形,长4~11cm,宽3.5~9cm,先端短渐尖,基部偏斜,心形或截形,边缘有短尖锯齿,上面无毛,下面密生星状毛;叶柄长2.5~7cm,有星状毛。聚伞花序长7~9cm,花序轴有星状毛;苞片长5.5~13cm,上面脉腋有星状毛,下面密生星状毛;萼片5,长4mm,外面有星状毛,内面有长柔毛;花瓣无毛。果近球形,直径9mm,外面有星状绒毛。花期七月。分布于江苏、浙江、安徽、江西;日本也有。生长在山坡、山沟

阴湿处。枝和树皮纤维可制人造棉,为优良的造纸原料。

3.3.45.2 扁担杆属 Grewia L.

灌木或乔木,直立或攀援状,多少被星状柔毛;叶互生,基部3脉或脉常极多数;花两性或单性异株,腋生,丛生或排成伞形花序或有时花序与叶对生;萼片5分离;花瓣5,基部有腺体或有时缺;雌雄蕊柄存在;雄蕊极多数,着生于短的花托上;子房2~4室,每室有胚珠2~8颗;花柱顶部扩大,柱头多少盾状或裂片阔;核果2~4裂,通常有沟槽,有种子2~4(8)颗;种子间具假隔膜。约90余种,分布于东半球热带。我国有26种,主产长江流域以南各地。

扁担杆 *Grewia biloba* G. Don.
[Bilobed Grewia]

落叶灌木,高达3m;小枝有星状毛。叶狭菱状卵形,广楔形至近圆形,缘有重锯齿,表面几无毛,背面疏生星状毛。聚伞花序与叶对生;花淡黄绿色。核果橙黄至橙红色。花期6~7月;果9~10月成熟。主产长江流域及其以南各地。喜光,也略耐阴;耐贫瘠,不择土壤。播种或分蘖繁殖。是良好的观果树种,宜于庭院丛植、篱植,或与山石配植,颇具野趣。

3.3.45.3 破布叶属 *Microcos* L.

灌木或小乔木。叶革质,互生,卵形或长卵形,有基出脉3条,全缘或先端有浅裂,具短的叶柄。花两性,排成聚伞花序再组成顶生圆锥花序;萼片5片,离生;花瓣与萼片同数,有时或缺,内面近基部有腺体;雄蕊多数,离生,着生于雌雄蕊柄上部;子房上位,通常3室,花柱单生,柱头尖细或分裂;胚珠每室4~6颗。核果球形或梨形,表面无裂沟,不具分核。约60种,分布于非洲至印度、马来西亚及中南半岛等地。我国有3种,产南部及西南部。

破布叶 *Microcos paniculata* L.
[Paniculate Microcos]

灌木或小乔木,高3~12m,树皮粗糙;嫩枝有毛。叶薄革质,卵状长圆形,长8~18cm,宽4~8cm,先端渐尖,基部圆形,两面初时有极稀疏星状柔毛,以后变秃净,三出脉的两侧脉从基部发出,向上行超过叶片中部,边缘有细钝齿;叶柄长1~1.5cm,被毛;托叶线状披针形,长5~7mm。顶生圆锥花序长4~10cm,被星状柔毛;苞片披针形;花柄短小;外面有毛;花瓣长圆形;腺体长约2mm;雄蕊多数,比萼片短;子房球形,无毛,柱头锥形。核果近球形或倒卵形,长约1cm;果柄短。花期6~7月。产于广东、广西、云南。中南半岛、印度及印度尼西亚有分布。喜光,耐半阴,喜温暖温润气候。

3.3.45.4 蚬木属 Excentrodendron H.T.Chang et R.H.Miau

常绿乔木;叶革质,基出脉3条,脉腋内有囊状腺体,全缘;花两性,排成腋生圆锥花序,花柄常有节;萼5~6,内面无腺体或内方2~3片各有2个近球形的腺体;花瓣5或3~9,基部多少具柄;雄蕊24~40,分成3组,花药2室,纵裂,无退化雄蕊;子房无柄,5室,每室有胚珠2颗,着生于中轴胎座上,花柱5,极短;蒴果长圆形,有5条薄翅,室间开裂;每室有种子1颗;种子倒卵状长圆形。4种,全部产中国南部的广西及云南,其中1种分布至越南北部。

蚬木 *Excentrodendron hsienmu* (Chun et How) H. T. Chang et R. H. Miau   [Hsienmu]

常绿乔木,高达20m。叶革质,卵圆形或椭圆状卵形,长8~14cm,宽5~8cm,先端渐尖或尾状渐尖,基部圆形,上面绿色,发亮,脉腋有囊状腺体,下面黄褐色,除脉腋有毛丛外其余秃净,基出脉3条,两条侧脉上升过半,离边缘有1~1.5cm,有

第二次分枝小脉4~5条,另两条边脉靠近叶缘,全缘;叶柄长3.5~6.5cm。圆锥花序长5~9cm,有花7~13朵;花柄无节,有短柔毛;两性花,花瓣阔倒卵形;雄蕊26~35枚。翅果有5条薄翅。产广西。喜光,不耐寒,不耐水湿。播种繁殖。

3.3.45.5 文定果属 Muntingia L.

1种。原产热带美洲。我国广州、海南、台湾及福建等地有栽培。

文定果 Muntingia colabura L. [Muntingia]

常绿小乔木,高达6~12m。树皮光滑较薄。单叶互生,长圆状卵形,长5~9cm,先端渐尖,基部斜心形,3~5主脉,叶缘中上部有疏齿,两面有星状绒毛。花两性,单生或成对着生于上部小枝的叶腋,花萼合生,深5裂。花期长,花瓣白色,具有瓣柄,全缘。花盘杯状。果实多汁浆果,圆形,成熟时为红色,内含种子。种子椭圆形,极细小。盛花期3~4月,周年有果成熟,6~8月为果熟期。阳性树种,喜温暖湿润气候,对土壤要求不严,抗风能力强。耐寒能力差,温度降至0°,容易受冻害。播种繁殖。花果可观赏。

3.3.46 梧桐科 Sterculiaceae

乔木或灌木,稀为草本或藤本,幼嫩部分常有星状毛,树皮常有黏液和富于纤维。叶互生,单叶,稀为掌状复叶,全缘、具齿或深裂,通常有托叶。花序腋生,稀顶生,排成圆锥花序、聚伞花序、总状花序或伞房花序,稀为单生花;花单性、两性或杂性;萼片5枚,稀为3~4枚,或多或少合生,稀完全分离,镊合状排列;花瓣5片或无花瓣,分离或基部与雌雄蕊柄合生,排成旋转的复瓦状排列;通常有雌雄蕊柄;雄蕊的花丝常合生成管状;雌蕊常由2~5个多少合生的心皮或单心皮所组成,子房上位,室数与心皮数相同。果通常为蒴果或膏葖果,开裂或不开裂,极少为浆果或核果。68属,约1100种,分布在东、西两半球的热带和亚热带地区,只有个别种可分布到温带地区。

分属检索表
1花无花瓣,单性或杂性。
  2果不裂,有翅或有龙骨状突起,每果内有种子1个;叶的背面密被银白色或黄褐色鳞秕…银叶树属 Heritiera
  2果开裂,无翅也无龙骨状突起,每果内有种子1个或多个;叶的背面无鳞秕。
    3种子有明显的长翅;果木质………翅苹婆属 Pterygota
    3种子无翅;果革质或膜质,稀为木质。
      4果革质,稀为木质,成熟时始开裂…苹婆属 Sterculia
      4果膜质,成熟前早开裂如叶状………梧桐属 Firmiana
1花有花瓣,两性。
  5子房着生于长的雌雄蕊柄的顶端,柄长为子房的2倍以上…………………………梭罗树属 Reevesia

  5子房无柄或有很短的雌雄蕊柄(翅子树属)。
    6花生在小枝上;果为蒴果,开裂;种子有翅或无翅………………………………翅子树属 Pterospermum
    6花簇生在树干上或粗枝上,果为核果,不开裂;种子无翅………………………………可可属 Theobroma

3.3.46.1 梧桐属 Firmiana Marsili

落叶乔木;树皮淡绿色;叶大,掌状分裂;花小,杂性,排成顶生的圆锥花序;萼5深裂几至基部;花瓣缺;雄蕊合生成一柱,柱顶有花药10~15;子房圆球形,5室;果膜质,成熟前开裂为数个叶状的果瓣,有2~4个种子着生于果瓣的边缘。15种,分布于亚洲,我国有3种。

分属检索表
1花紫红色,萼片长约12mm;嫩叶的毛被带褐色,叶的宽度常比长度大……………………云南梧桐 Firmiana major
1花淡黄绿色或黄白色,萼片长7~9mm,嫩叶被淡黄白色的毛。
  2叶心形,掌状3~5裂,叶的基部深心形,有基生脉7条;树皮青绿色…………………………梧桐 Firmiana platanifolia
  2叶卵形,全缘,基部截形或浅心形,有基生脉5条;树皮灰白色…………………………海南梧桐 Firmiana hainanensis

(1)梧桐(青桐,桐麻)Firmiana platanifolia (L. f.) Marsili [Phoenix-tree]

落叶乔木,树干端直。叶3~5掌状裂,长15~20cm,裂片全缘,基部心形,先端渐尖。顶生圆锥花序,花单性同株;花萼裂片条形,反曲,淡黄绿色。膏葖果远在成熟前即开裂呈叶状,匙形,网脉显著。花期6~7月,果期9~10月。喜光,喜温暖湿润气候,耐寒性不强,喜肥沃、湿润、深厚而排水良好的土壤。分布于我国黄河流域以南至台湾、海南,尤以长江流域为多。日本也有分布。播种繁殖。树干通直,树冠圆形,干枝青翠,叶大而美,秋叶金黄,最适宜在庭院、草地孤植或丛植,是优良的庭荫树和行道树。

(2)云南梧桐 Firmiana major (W. W. Smith) Hand.-Mazz. [Yunnan Phoenix Tree]

落叶乔木,高达15m;树干直,树皮青带灰黑色,略粗糙;小枝粗壮,被短柔毛。叶掌状3裂,长17~30cm,宽19~40cm,宽度常比长度大,顶端急尖或渐尖,基部心形,叶柄粗壮。圆锥花序顶生或腋生,花紫红色;萼5深裂几至基部,萼片条形或矩圆状条形,被毛;雄花的雌雄蕊柄长管状,花药集生在雌雄蕊柄顶端成头状;雌花的子房具长柄,子房5室,外被茸毛,胚珠多数,有不发育的雄蕊。蓇葖果膜质,长约7cm,宽4.5cm,几无毛;种子圆球形,黄褐色,表面有皱纹,着生在心皮边缘的近基部。花期6~7月,果熟期10月。产云南以及四川西昌地区。生长迅速,喜光,移植后易成活。因其枝叶茂盛,为优良的庭园树和行道树。

3.3.46.2 苹婆属 Sterculia L.

乔木;叶为单叶,全缘或分裂,或为指状复叶;花杂性,排成腋生的圆锥花序;萼管状,4~5裂;花瓣缺;雄蕊柱与子房柄合生,顶有15(稀10)个花药聚合而成一头状体;雌蕊由4~5个心皮合成;胚珠2至多颗;花柱合生;蓇葖果,大或小、肿胀、革质或木质的,成熟时始开裂,有种子数颗;种子无翅。300种,产于东西两半球的热带和亚热带地区,而于亚洲热带最多。我国有23种1变种,产云南、贵州、四川、广西、广东、福建和台湾,并于云南南部种类最多。

分种检索表
1 有明显的萼筒;萼的裂片与粤筒等长或几等长,稀比萼筒短·················· 苹婆 Sterculia nobilis
1 无明显的萼筒,萼分裂几至基部或萼的裂片长达短萼筒的2倍以上·················· 假苹婆 Sterculia lanceolata

(1)苹婆(凤眼果、七姐果)Sterculia nobilis Smith. [Sterculia]

常绿乔木,高达10~15m。树冠卵圆形;树皮褐黑色。幼枝疏生星状毛,后变无毛。单叶互生,倒卵状椭圆形或矩圆状椭圆形,长10~25cm,先端突尖或钝尖,基部近圆形,全缘,无毛,侧脉8~10对;叶柄长2~5cm,两端均膨大呈关节状。花杂性,无花冠,花序长8~28cm,下垂;花萼粉红色,萼筒与裂片等长。蓇葖果,椭圆状短矩形,长4~8cm,被短绒毛,顶端有喙,果皮革质,熟时暗红色;种子1~4,近球形,红褐色,长约2cm,径1.5cm。花期5月,果期8~9月。原产我国南部,有近千年的栽培史,以珠江三角洲栽培较多,广西、福建、台湾、海南也有栽培。印度、越南、印尼、马来西亚、斯里兰卡和日本等国均有分布。喜温耐湿,喜光,耐半阴,速生,开花期干旱易引起落花落果,秋冬季干旱常引起落叶,雨水充足则生长和开花结果良好。播种、扦插、高压和嫁接繁殖均可,以扦插为主。树形美观,树冠卵圆形,枝叶浓密,遮荫性能好,适于用作庭荫树、风景树及行道树。

(2)假苹婆 Sterculia lanceolata Cav. [Fake Sterculia]

常绿乔木,高10 m。幼枝被毛。叶长椭圆形至披针形,长9~20cm,宽3.5~8cm,顶端急尖,基部钝形或近圆形,叶面无毛,背面几无毛,叶柄长2.5~3.5 cm,侧脉7~9对。圆锥花序长4~10cm,花萼淡红色,5深裂至基部,向外开展如星状。蓇葖果鲜红色,长椭圆形,长5~7cm,宽2~2.5cm,密被毛。种子2~7,黑色光亮,椭圆状卵形,径约1cm。花期4~5月,果期8~9月。产于华南至西南;缅甸、老挝、泰国及越南也有分布。喜光,耐半阴,稍耐湿,喜深厚的土壤。生长较快。播种、扦插、高压和嫁接繁殖均可。树冠开阔,树姿优美。秋季红果累累,色彩鲜艳,具有很高的观赏价值。

3.3.46.3 翅苹婆属 Pterygota Schott

乔木;叶心形,通常全缘,但幼苗期常有浅裂;花单性,排成腋生的总状花序或圆锥花序;萼钟状,5深裂几至基部;花瓣缺;雄花的雄蕊柱圆柱形,被萼包围,顶端扩展成杯状,花药集成5束,通常有退化雄蕊;雌花的子房柄很短,有5束不发育的雄蕊,心皮近分离,每心皮有胚珠多个;柱头膨大,辐射状;蓇葖果木质,近圆球形,内有多数种子;种子的顶端有1个长而阔的翅。20种,分布于亚洲热带和非洲热带。我国海南产1种。

翅苹婆（海南苹婆）
Pterygota alata(Roxb.)R. Br.　　[Pterygota]

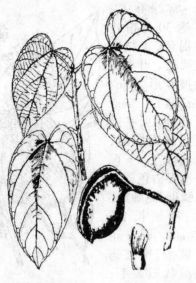

大乔木,高达30m;树皮灰色或褐灰色;小枝幼时密被金黄色短柔毛。叶大,心形或广卵形,长13~35cm,宽10~17cm,两面均无毛;叶柄5~15cm。圆锥花序腋生,花红色,几无花梗,萼钟状,长17~20mm,5深裂,密被短柔毛;雄花的花药约20个,每3~5个聚合成群,集生于雌雄蕊柄顶端,有明显的退化雌蕊;雌花的子房圆球形且被短柔毛;花柱5个,弯曲。蓇葖果木质,扁球形,直径约12cm,外面被粉状短柔毛。种子多数,长圆形,有翅,连翅长约7cm。果期12月。产广东海南南部;越南、印度、菲律宾也有分布。喜光,耐半阴,不耐寒冷和干瘠,喜高温多湿气候。可用园林观赏树种。

3.3.46.4 翅子树属
Pterospermum Schreber

乔木;叶大,互生,革质,常偏斜,分裂或不分裂;花大,腋生或顶生;小苞片全缘或撕裂状;萼5裂或更多;花瓣5,雄蕊柱短,有5个舌状的退化雄蕊与花瓣互生,每2个退化雄蕊间有花药3个;子房5室;蓇葖果木质,大,5瓣裂;种子顶端有翅。40种,分布于亚洲热带和亚热带。我国有9种,主要产于云南、广西、广东和台湾。

分种检索表
1 萼片长9cm,蓇葖果大,矩圆状圆筒形,长10~15cm;叶长24~34cm…………翅子树 *Pterospermum acerifolium*
1 萼片长小于6.5cm;蓇葖果较小,长不超过12cm;叶较短,长不超过20cm…翻白叶树 *Pterospermum heterophyllum*

(1)翻白叶树 *Pterospermum heterophyllum* Hance　　[Heterophyllous Wingseedtree]

常绿乔木,高达20m;小枝密被黄褐色短柔毛。叶革质,幼树或萌发枝上之叶盾形,长约20cm,掌状3~5裂,成长树的叶狭倒卵形或矩圆形,长7~15cm,宽3~8cm,先端渐尖或钝,基部斜圆形或斜心形,下面被短绒毛。花序腋生,具1~4朵花;萼片5,长约2.5cm,外面密被短绒毛;花瓣5,白色;雄雌蕊柱长约2.5mm;发育雄蕊15,每3个成1组并与5个退化雄蕊互生。蓇葖果木质,狭卵形,长6cm,密被星状柔毛;种子顶端具膜质翅。分布于广西、广东和福建。喜光,喜肥沃和湿润土壤。

(2)翅子树 *Pterospermum acerifolium* Benth.
　　[Mapleleaf Wingseedtree]

大乔木,树皮光滑,小枝的幼嫩部分密被茸毛。叶大,革质,近圆形或矩圆形,全缘、浅裂或有粗齿,长24~34cm,宽14~29cm,顶端截形或近圆形,并有浅裂或突尖,基部心形,上面被稀疏的毛或几无毛,下面密被星状茸毛,基生脉7~12条,叶脉在下面凸出;叶柄粗壮,有条纹;托叶条裂,早落;小苞片条裂或掌状深裂。花单生,白色,芳香;萼片5枚;花瓣5片,条状矩圆形;雄蕊15枚。蓇葖果木质,矩圆状圆筒形。产于云南南部勐海、勐仑等地。福建厦门和台湾台北植物园有栽培。老挝、泰国、印度、缅甸也有分布。喜光,喜高温和多湿气候。

3.3.46.5 梭罗树属 *Reevesia* Lindley

乔木;叶全缘;花排成顶生的伞房花序;萼3~5短裂;花瓣5,具柄;雄蕊管延长,顶端5裂,每一裂片外面有花药3枚;子房具柄,包藏于雄蕊管内,5室,每室有胚珠2颗;蓇葖果木质,5瓣裂;种子靠果柄一端有翅。18种,主要分布在我国南部、西南部和喜马拉雅山东部。我国有14种2变种,产广东、广西、云南、贵州、四川、湖南、福建、江西和台湾。

分种检索表
1 叶无毛或仅在幼时略有毛…两广梭罗 *Reevesia thyrsoidea*
1 叶有毛,尤于下面更密…………梭罗树 *Reevesia pubescens*

(1)梭罗树 *Reevesia pubescens* Mast.
　　[Common Suoluo]

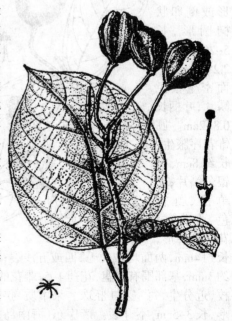

常绿乔木,高达20m;幼枝密生黄褐色星状柔毛,后变无毛。叶革质,椭圆形或矩圆状椭圆形,长3~12cm,宽1.5~7cm,先端渐尖或微尖,基部圆形或圆截形,上面近无毛,下面密生星状短柔毛;叶柄长0.8~3.5cm。圆锥花序伞房状,长3~9cm,分枝和花梗有星状柔毛;花萼钟状,长6~8mm,5浅裂;花瓣5,白色,长约1cm,外面被短柔毛;雄雌蕊柱长2~3.5mm;雄蕊15。蒴果木质,梨形,长2.5~3.5cm,密生褐色短柔毛。分布于广东、广西、云南、四川、贵州;亚洲南部也有。枝叶茂密,可作行道树或庭荫树。

(2) 两广梭罗 *Reevesia thyrsoidea* Lindl.
[Bunchlike Suoluo]

常绿乔木,高4~7m;小枝无毛。叶近革质,狭卵形或卵状椭圆形,长4~7.5cm,宽1.6~3.5cm,先端渐尖或急尖,基部圆形,两面无毛,侧脉约7对;叶柄长1~2cm。圆锥花序伞房状,生小枝顶端,长3~4cm,分枝和花梗被星状短柔毛;花萼长约6mm,5浅裂,外面有星状柔毛;花瓣5,白色,长约8mm;雄雌蕊柱长达2cm;雄蕊15,花药聚集成头状。蒴果木质,梨形,长达3.5cm,密生星状毛;种子每室2个,具翅,连翅长1.5~2cm。分布于广东和广西。枝叶茂密,可作行道树或庭荫树。

3.3.46.6 银叶树属 *Heritiera* Dryand.

乔木;叶互生,革质,全缘,背面密被银灰色的鳞片;花小,单性,排成腋生的圆锥花序;萼4~6齿裂;花瓣缺;花药聚集于雄蕊柱的顶部而成一环;心皮5或6,几分离;胚珠单生;果木质,不开裂,有棱或有翅。35种,分布于非洲、亚洲和大洋洲的热带地区。我国有3种,产于广东、台湾和云南。

(1) 银叶树 *Heritiera littoralis* Dryand.
[Coastal Silvertree]

常绿乔木,高10m。叶革质,椭圆形或倒卵状椭圆形,长5~20cm,宽2.2~8cm,下面密生银色鳞片;叶柄长0.8~2cm。圆锥花序腋生,长约8cm,被银色鳞片;花单性,红褐色,无花瓣;花萼近钟形,长约4mm,两面均被短毛,四或五浅裂;雄蕊柱长约3mm,基部围有花盘,花药4~5;雌花的心皮4~5枚,近分生,每室具1胚珠。果木质,狭椭圆状球形,长3~5cm,不开裂。产广东(海南岛)和台湾。为热带海岸红树林树种之一。

(2) 蝴蝶树 *Heritiera parifolia* Merr.
[Smallleaf Silvertree, Butterflytree]

常绿乔木;高达30m,树皮灰褐色,小枝密被鳞秕。叶椭圆状披针形,长6~8cm,宽1.5~3cm,顶端渐尖,基部短尖或近圆形,上面无毛,下面密被银白色或褐色鳞秕,侧脉约6对;叶柄长1~1.5cm。圆锥花序腋生,密被锈色星状短柔毛;花小,白色,萼长约4mm,5~6裂,两面均有星状短柔毛,裂片矩圆状卵形,长1.5~2mm;雄花的雌雄蕊柄长约1mm,花盘厚,直径约0.8mm,围绕在雌雄蕊柄的基部,花药8~10个,排成1环。果有长翅,长4~6cm。花期5~6月。产广东海南岛,为海南岛特产。广州、深圳等地有栽培,是优良的园林风景树和绿荫树。

3.3.46.7 可可树属 *Theobroma* L.

乔木;叶互生,大而全缘;花两性,小而整齐,单生或排成聚伞花序,常生在树干上或粗枝上;萼5深裂;花瓣5片,上部匙形,中部变窄,下部凹陷成盔状;退化雄蕊5枚,伸长;雄蕊1~3枚聚成一组并与退化雄蕊互生,花丝的基部合生成筒状;子房无柄,5室,每室有胚珠多个;柱头5裂;果为大核果;种子多数,埋藏在果肉中。约30种,分布于热带美洲,我国海南、云南南部栽培1种。

可可树(可可) *Theobroma cacao* L.
[Cacaodtree]

常绿乔木,高达12m;嫩枝被短柔毛。叶卵状矩圆形至倒卵状矩圆形,长20~30cm,宽7~10cm,无毛或在叶脉上略被星状毛。花序簇生树干或主枝上;花直径约18mm;萼粉红色,5深裂,裂片长披针形;花瓣5,淡黄色,略比萼长,下部凹陷成盔状,上部匙形而向外反;雄蕊的花丝基部合生成筒状,退化雄蕊5,条状,发育雄蕊1~3枚聚成一组,与退化雄蕊互生。果椭圆形或长椭圆形,长15~20cm,深黄色或近于红色,5室,每室有种子12~14颗;种子卵形,长2.5cm。原产南美洲;我国有引种栽培。喜温暖和潮湿环境,要求湿润和肥沃的土壤,忌大风和渍水。播种繁殖。花果长年生于主杆和老枝上,果长而大,红色或黄色,很有观赏价值,是热带地区的典型果树。

3.3.46.8 非洲芙蓉属（铃铃属）
Dombeya Cav.

约200种，原产非洲。

非洲芙蓉（吊芙蓉）
Dombeya calantha K. Schum.
[Pinkball, Scarlet Dombeya]

常绿灌木或小乔木，高达6m。树冠圆形，枝叶密集。叶面质感粗糙，单叶互生，基部心形，掌状3~5裂，具托叶，叶缘钝锯齿，枝及叶均被柔毛。伞形花序，花腋生，悬吊，粉红色。蒴果5室。花期12月至翌年3月。原产非洲。对低温敏感，耐最低温度5~13℃。喜光，喜肥沃、排水良好的土壤。春季播种繁殖或夏季用半成熟枝扦插繁殖。开花后可以进行修剪。枝干浓密，花形甚美而且浓密，具极高观赏价值，可作为公园栽培或盆栽观赏，华南常有栽培。

3.3.46.9 瓶干树属
Brachychiton Schott & Endl.

约30种，产澳大利亚；中国引入栽培约2种。

（1）槭叶瓶干树 *Brachychiton acerifolius*
(G. Don f.) Macarcur [Flame Kurrajong]

半常绿乔木，高达12m，树冠伞形；树干直，树皮绿色。叶互生，近半圆形，长12~16cm，掌状7~9中裂，裂片2~4羽状裂，裂片先端尖，革质。花萼钟状5裂，鲜红色，无花瓣；圆锥花序。蓇葖果舟形，木质。花期夏季。原产澳大利亚东部海滨；我国台湾、福建、广东等地有栽培。

（2）昆兰士瓶干树
Brachychiton rupestris (Lindl.) Schum.
[Queensland Bottle Tree]

常绿乔木，高达12m；树干粗壮，中部膨大，径达1m以上，灰褐色，十分壮观。原产澳大利亚昆士兰；华南一些城市引种栽培。

3.3.47 木棉科 Bombacaceae

乔木，常有板根。掌状复叶或单叶，互生；托叶早落。花两性，大而美丽，辐射对称，单生或簇生；萼杯状，顶端平截或不规则3~5裂；常有副萼；花瓣5，覆瓦状排列，有时基部与花丝管合生，或无花瓣；雄蕊5至多数，花丝分离或合生成管，花药肾形或线形，1(2)室，花粉平滑；子房上位，2~5(10~15)室，每室有倒生胚珠2至多数，中轴胎座。蒴果，室背开裂或不裂。种子常为内果皮的绵毛所包被。约20属，180种，广布于热带，主产美洲。我国1属2种，引入6属10种。

分属检索表

1 叶为掌状复叶；果不开裂或5片裂，果片从隔膜。
 2 花单生或成对，花梗长30cm以上，下垂；花瓣波波状，长12~15cm，外翻；雄蕊管高5cm以上，上部分离为极多数反折的花丝；花柱远远长于雄蕊管，柱头裂胶5~15；果长圆形棒状，不开裂，果肉粉质；种子不藏于绵毛内············猴面包树属 Adansonia
 2 花梗长不过10cm；柱头全缘或浅裂；果开裂；种子藏于长绵毛内。
  3 花丝3~15，花萼花后枯萎宿存；果隔膜无毛············吉贝属 Ceiba
  3 花丝40枚以上。
   4 雄蕊管上部花丝集为多束，每束再分离为7~10枚细长的花丝；萼截平，内面无毛；种子大，长达2.5cm···············瓜栗属 Pachira
   4 雄蕊管上部花丝集为5束或散生；萼具齿，内面被毛；种子小，长不及5mm··············木棉属 Bombax
1 叶为单叶；果5片裂；隔膜留在果片上。
 5 叶具掌状脉，有齿；雄蕊管扭转，花药无柄，生于雄蕊管上部；果无刺或疣，从基部向上开裂，果片内面密生丝状绵毛············轻木属 Ochroma
 5 叶具羽状脉，全缘；雄蕊分离或成5束；果具圆锥状粗刺；果片相互分离，内面无毛；果肉肉质···榴莲属 Durio

3.3.47.1 木棉属 *Bombax* L.

落叶大乔木；茎有圆锥形的粗刺；叶为指状复叶；花两性，大，红色；萼肉质，不规则分裂；花瓣5；雄蕊多数，5束；子房5室，每室有胚珠多颗；木质的蒴果；种子有绵毛。8种，分布于热带地区。

木棉 *Bombax malabaricum* DC. [Bombax]

落叶大乔木，高25m；幼树干或老树枝条有短粗的圆锥状刺；侧枝平展。掌状复叶，小叶5~7片，长圆形至长圆状披针形，长为10~16cm，宽4~5.5cm，无毛；叶柄长12~18cm；小叶柄长1.5~4cm，花簇生于枝端，先叶开放，直径约10cm，红色或橙红色；花萼杯状，长3~4.5cm，厚，常5浅裂；花瓣长8~10cm；雄蕊多数，合生成短管，排成3轮，最外轮的集生为5束；子房5室。蒴果长10~15cm，木质，裂为5瓣，内面有绵毛；种子倒卵形，光滑。花期3~4月，果夏季成熟。产亚洲南部至大洋洲，我国华南和西南有分布并常见栽培。喜光，喜暖热气候，较耐旱。深根性，萌芽力强，生长迅速。播种、分蘖、扦插繁殖。树形高大雄伟，早春先叶开花，花朵鲜红，华南各地常作为行道树、庭荫树及庭园观赏树。

3.3.47.2 吉贝属（爪哇木棉属）
Ceiba Mill. emend. Gaertn.

常绿、半常绿或落叶乔木，树干有刺或无刺。叶螺旋状排列，掌状复叶，小叶3~9，具短柄，无毛背面苍白色，大都全缘。花先叶开放，单1或2~15朵簇生于落叶的节上，下垂，辐射对称，稀近两侧对称；萼钟状坛状，不规则的3~12裂，厚，宿存；花瓣基部合生并贴生于雄蕊管上，与雄蕊和花柱一起脱落，淡红色或黄白色；雄蕊管短；花丝3~15，分离或分成5束，每束花丝顶端有1~3个扭曲的一室花药；子房5室；每室胚珠多数；花柱线形。蒴果木质或革质，下垂。10种。大都分布于美洲热带。我国栽培1种。

（1）吉贝（爪哇木棉）
Ceiba pentandra (L.) Gaertn.
[Kapok Ceiba, Kapok, Silk Cotton Tree]

半常绿或落叶大乔木，高达30m。干具刺。掌状复叶有小叶5~9，幼叶红色，小叶长圆状披针形，短渐尖，基部渐尖，长5~16cm，宽1.5~4.5cm，全缘或近顶端有极疏细齿，两面均无毛，背面带白霜；叶柄长7~14cm，比小叶长。花簇生，5瓣，白色、黄色或粉色，花先叶或与叶同时开放，多数簇生于上部叶腋间，花瓣倒卵状长圆形，长2.5~4cm，外面密被白色长柔毛；雄蕊管上部花丝不等高分离。蒴果木质，长圆形。花期3~4月。原产美洲热带，现广泛引种于亚洲、非洲热带地。我国南方地区有栽培。喜阳光充足，喜温暖环境，耐干旱，不耐寒冷。喜土层深厚、肥沃和排水良好的壤土。春季播种繁殖或夏季半成熟枝扦插繁殖。树干高挺，树冠开展，花大色艳，是极好的观赏植物。耐修剪，可单植、列植于园林或作行道树。

（2）美人树（美丽异木棉）
Ceiba speciosa (A.St.Hil.) Gibbs et Semir.
[Pink Floss-silk Tree]

落叶乔木，高达15m；树干绿色，有瘤状刺。掌状复叶互生，小叶5~7，椭圆形或长卵形，长5~14cm，缘有细锯齿。花瓣5，反卷，粉红或淡紫色，基部黄白色（有紫条纹），花径10~15cm；成顶生总状花序。果长椭球形。秋天落叶后开花，可一直开到年底。原产巴西至阿根廷。我国台湾产，华南有栽培观赏。

3.3.47.3 瓜栗属 *Pachira* Aubl.

常绿乔木。叶互生，掌状复叶，小叶3~9，全缘。花单生叶腋，具梗；苞片2~3枚；花萼杯状，短，截平或具不明显的浅齿，内面无毛，果期宿存；花瓣长圆形或线形，白色或淡红色，外面常被茸毛；雄蕊多数，基部合生成管，基部以上分离为多束，每束再分离为多数花丝，花药肾形；子房5室，每室胚珠多数；花柱伸长，柱头5浅裂。果近长圆形。2种。分布于美洲热带，我国引入1种。

（1）瓜栗 *Pachira macrocarpa* (Cham. et Schlecht.) Walp [Largefruit Pachira]

小乔木，高4~5m。小叶5~11，具短柄或近无柄，长圆形至倒卵状长圆形，渐尖，基部楔形，全缘，上面无毛，背面及叶柄被锈色星状茸毛；中央小叶长13~24cm，宽4.5~8cm，外侧小叶渐小；侧脉16~20对；叶柄长11~15cm。花单生枝顶叶腋；花梗粗壮，被黄色星状茸毛，脱落，萼杯状，近革质，疏被星状柔毛；雄蕊管较短，分裂为多数雄蕊束。蒴果近梨形，长9~10cm，果皮厚，木质。花期5~11月。原产墨西哥至哥斯达黎加。耐旱、忌湿；喜温暖气候，耐-2℃寒潮，但幼苗忌霜冻；耐阴性强。播种或扦插繁殖。枝叶稠密，翠绿，树冠如伞，树形优美，是近年来发展迅速的观叶植物。可用于庭园绿化，也是著名的室内盆栽观叶植物。

（2）水瓜栗 *Pachira aquatica* L. [Aquatic Pachira]

常绿乔木，高8~10m。掌状复叶互生，小叶革质，椭圆形。花单生于叶腋，花瓣带状，奶黄色，稍反卷，雌蕊细长，深红色。花期5~8月。蒴果椭圆形。果期9~10月。原产美洲热带。喜全日照，喜湿润，生长适温20~30℃，喜排水良好、肥沃的微酸性土壤。扦插或播种繁殖。株形美观奇特，适合公园、小区、校园等群植或孤植，也可作行道树。

3.3.47.4 猴面包树属 *Adansonia* L.

落叶大乔木，无刺。叶螺旋状排列，掌状复叶，小叶3~9，全缘；托叶小。花大，腋生，单1或成对，具梗，下垂；苞片2；花萼革质，于花前完全闭合，花时撕裂为5个凡相等的裂片，二面密被柔毛，果熟前脱落；花瓣5，基部合生并贴生于雄蕊管基部，雄蕊多数；合生成一高管，上部分离，花丝极多数；花药肾形，1室；子房5~10(~15)室；每室胚珠多数；花柱伸长，柱头星状分叉为5~15肢，裂肢短，展开。果木质，不开裂。10种，分布于古热带地区。我国引种1种。

猴面包树 *Adansonia digitata* L.
[Baobabtree, Monkeybread]

落叶乔木，主干短，分枝多。叶集生于枝顶，小叶通常5，长圆状倒卵形，急尖，上面暗绿色发亮，无毛或背面被稀疏的星状柔毛,长9~16cm,宽4~6cm;叶柄长10~201cm。花生近枝顶叶腋,花梗长60~100cm,密被柔毛;花萼高8~12cm;花瓣外翻,宽倒卵形,白色,长12.5~15cm,宽9~11cm;雄蕊管白色,长约7cm;花丝极多数,向外反折成绒轮状;子房密被黄色的贴生柔毛;花柱远远超出雄蕊管,粗壮,柱头分裂为7~10支。果长椭圆形,下垂,长25~35cm,粗10~16cm。原产非洲热带。我国福建、广东、云南的热带地区栽培。喜温树种。扦插、嫁接或播种繁殖。著名果树,也可作园林绿化观赏树种栽培。

3.3.47.5 榴莲属 *Durio* Adans.

乔木,单叶,互生,全缘;花排成腋生的聚伞花序;花梗有棱,有3枚小苞片,小苞片基部合生成杯状,顶部分离,脱落;花萼钟状,5裂,裂片摄合状排列;花瓣3~5,雄蕊管上部分离为4~5束,每束上部再分裂成很多花丝;花药1室;子房外面鳞片状,4~5室;花柱合生,柱头头状,胚珠多数;果球形或长椭圆形,有针刺,不开裂或室背开裂为5个果瓣;种子有假种皮。约25种,分布于马来西亚。

榴莲 *Durio zibethinus* Murr. [Durian]

常绿乔木,高可达25m,幼枝顶部有鳞片。托叶长1.5~2cm,叶片长圆形,有时倒卵状长圆形,短渐尖或急渐尖,基部圆形或钝,两面发亮,上面光滑,背面有贴生鳞片,侧脉10~12对,长10~15cm,宽3~5cm;叶柄长1.5~2.8cm,聚伞花序细长下垂,簇生于茎上或大枝上,每序有花3~30朵;花蕾球形;花梗被鳞片,长2~4cm;苞片托住花萼,比花萼短,萼筒状;花瓣黄白色,长3.5~5cm;雄蕊5束;蒴果椭圆状,淡黄色或黄绿色,长15~30cm,粗13~15cm。花果期6~12月。原产印度尼西亚。广东、海南栽培。喜温暖。扦插、嫁接或播种繁殖。著名果树,也可作园林绿化观赏树种栽培。

3.3.47.6 轻木属 *Ochroma* Swartz

乔木;单叶,互生,棱状深裂;花大型,着生于上部枝条上;花萼5深裂;花瓣5,雄蕊管上部5裂,花药1室;子房5室,每室有胚珠多颗,柱头全缘或浅裂;蒴果长圆形,室背开裂为5果瓣;种子倒卵形,有绵毛,外种皮近革质。1种,原产热带美洲和西印度群岛,我国台湾、云南有栽培。

轻木(百色木) *Ochroma lagopus* Swartz [Balsa]

常绿乔木。叶片心状卵圆形,掌状浅裂或否,背面多少被星状柔毛,长15.24~30.5cm,宽12.7~20~32cm,基出掌状脉7条,中肋两侧羽状脉5~6对,近对生;叶柄长5~20cm;托叶明显,早落。花单生近枝顶叶腋,直立,花梗长8~10cm,粗5mm;萼筒厚革质,长3.5cm;雄蕊管长9cm;花柱圆柱形。蒴果圆柱形,长12.7~17.8cm。花期3~4月。喜高温、高湿的气候和深厚、排水良好的肥沃土壤。播种繁殖。可作园林绿化观赏树种栽培。

3.3.48 锦葵科 Malvaceae

草本、灌木至乔木。叶互生,单叶或分裂,叶脉通常掌状,具托叶。花腋生或顶生,单生、簇生、聚伞花序至圆锥花序;花两性,辐射对称;萼片3~5片,分离或合生;其下面附有总苞状的小苞片(副萼)3至多数;花瓣5片,彼此分离,但与雄蕊管的基部合生;雄蕊多数,连合成一管称雄蕊柱,花药1室,花粉被刺;子房上位,2至多室,通常以5室较多,由2~5枚或较多的心皮环绕中轴而成,花柱上部分枝或者为棒状,每室被胚珠1至多枚,花柱与心皮同数或为其2倍。蒴果,常几枚果爿分裂,很少浆果状,种子肾形或倒卵形。约50属,约1000种,分布于热带至温带。我国有16属,计81种和36变种或变型,产全国各地,以热带和亚热带地区种类较多。

分属检索表

1 果为蒴果;子房由几个合生心皮组成,子房通常5室,很少10室;花柱分枝与子房室同数··········木槿属 *Hibiscus*
1 果分裂成分果,与花托或果轴脱离,子房由几个分离心皮组成。
  2 雄蕊柱上的花药着生至顶,花柱分枝与心皮同数······
  ··································苘麻属 *Abutilon*
  2 雄蕊柱上的花药仅外部着生,顶端5齿或平截;花柱分枝约为心皮的2倍··················悬铃花属 *Malvaviscus*

3.3.48.1 木槿属 *Hibiscus* L.

草本、灌木或乔木,有时有刺;叶互生,不分裂或多少掌状分裂,有托叶;花两性,大,5数,单生或排成总状花序;萼下小苞片5或多数,分离或于基部合生;萼钟状或碟状,5浅裂或5深裂,罕为筒状,2~3浅裂;花瓣5,基部与雄蕊柱合生;雄蕊柱顶端截平或5齿裂,花药多数,生于柱顶;子房5室,每室有胚珠3至多颗,花柱5;蒴果,室背开裂;种子肾形,光滑或被毛。约200余种,分布于热带和亚热带地。我国有24种和16变种或变型(包括引入栽培种)。产于全国各地。

分种检索表

1 叶全缘或近全缘;总苞杯状,具8~12齿··············
··································黄槿 *Hibiscus tiliaceus*
1 叶具锯齿或齿牙。
  2 叶卵形或卵状椭圆形,不具裂片;花下垂,花梗无毛;雄蕊柱长,伸出花外。
    3 花瓣深裂成流苏状,反折;萼管状··············
    ··························吊灯扶桑 *Hibiscus schizopetalus*
    3 花瓣不分裂或微具缺刻;萼钟状··············

　　　　　　　　………扶桑 Hibiscus rosa-sinensis
　2 叶卵形或心形，常分裂；花直立，花梗被星状柔毛或长硬毛；雄蕊柱不伸出花外。
　　4 叶基部心形、截形或圆形，有 5~11 掌状脉；花柱枝有毛。
　　　5 小苞片卵形，宽 8~12mm…………
　　　　　　　…………庐山芙蓉 Hibiscus paramutabilis
　　　5 小苞片线形或线状披针形，宽 1.5~5mm…
　　　　　　　…………木芙蓉 Hibiscus mutabilis
　　4 叶基部楔形至宽楔形，有 3~5 脉；花柱枝平滑无毛。
　　　6 叶宽楔状卵圆形；小苞片披针状长圆形，宽 3~5mm…
　　　　　　　…………华木槿 Hibiscus sinosyriacus
　　　6 叶卵圆形或菱状卵圆形；小苞片线形，宽 0.5~2mm…
　　　　　　　……………………木槿 Hibiscus syriacus

(1) 木槿（无穷花）Hibiscus syriacus L.
[Shrubalthea, Hibiscus]

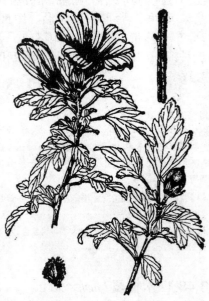

落叶灌木或小乔木，高 3~4m。小枝幼时密被黄色茸毛，后渐脱落。叶菱状卵形，端部常 3 裂，边缘有钝齿，仅背面脉上稍有毛。花冠钟形，单生叶腋，单瓣或重瓣，有淡紫色、红色、白色；花期 6~9 月。蒴果卵圆形，密生星状柔毛；果期 9~11 月。原产东亚。我国东北南部至华南各地广为栽培。喜光，耐半阴；喜温暖湿润气候，耐寒；适应性强，耐干旱及耐贫瘠土壤，不耐积水，耐修剪；对二氧化硫、氯气等抗性强。播种、扦插、压条繁殖。常用作围篱及基础种植材料，也宜丛植于草坪、路边或林缘。抗性较强，也是工厂绿化的良好树种。变型：① 白花重瓣木槿 f. *albo-plenus* Loudon；② 粉紫重瓣木槿 f. *amplissimus* Gagnep. f.。

(2) 扶桑（朱槿）Hibiscus rosa-sinensis L.
[Rose of China, China rose]

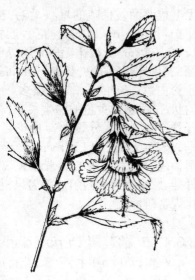

常绿灌木，高达 6m。叶宽卵形或狭卵形，长 4~9cm，宽 2~5cm，两面无毛；叶柄长 5~20mm。花单生上部叶腋间，下垂，近顶端有节；小苞片 6~7，条形，长 8~15mm，疏生星状毛，基部合生；萼钟形，长 2cm，有星状毛，裂片 5；花冠漏斗形，直径 6~10cm，玫瑰红、淡红或淡黄等色。蒴果卵形，长 2.5cm，有喙。花期全年。分布于福建、台湾、广东、广西、云南、四川；中南半岛也有。喜光，喜温暖气候，极不耐寒。喜肥沃土壤。常栽培观赏或作绿篱植物栽培。

3.3.48.2 悬铃花属
Malvaviscus Dill. ex Adans.

灌木或亚灌木；叶心形，浅裂或不分裂；花红色，美丽，生于腋生的花序柄上，略倒垂；总苞状小苞片 7~12；花瓣永不展开，但于基部有一耳钩而保持直立状态；雄蕊柱突出于花冠外，近顶端具药；子房 5 室，每室有胚珠 1 颗，花柱分枝 10 枚；果为浆果。约 6 种，产于美洲热带。我国引入栽培的有，2 变种。

分种检索表
1 叶卵状披针形，叶柄长 1~2cm；花大，长约 1~2cm，花梗长约 1.5cm…………
　　　…………垂花悬铃花 *Malvaviscus arboreus* var. *penduliflorus*
1 叶宽心形至圆心形，叶柄长 2~5cm；花较小，长约 2.5cm，花梗长 3~4mm…………
　　　…………小悬铃花 *Malvaviscus arboreus* var. *drumnondii*

(1) 垂花悬铃花 *Malvaviscus arboreus* Cav. var. *penduliflorus* (DC.) Schery
[Weeping Waxmallow, Sleeping Hibiscus]

灌木，高达 2m，小枝被长柔毛。叶卵状披针形，长 6~12cm，宽 2.5~6cm，先端长尖，基部广楔形至近圆形，边缘具钝一齿，两面近于无毛或仅脉上被星状疏柔毛，主脉 3 条；叶柄长 1~2cm，上面被长柔毛；托叶线形，长约 4mm，早落。花单生于叶腋，花梗长约 1.5cm，被长柔毛；小苞片匙形，长 1~1.5cm，边缘具长硬毛，基部合生；萼钟状，直径约 1cm，裂片 5，较小苞片略长，被长硬毛；花红色，下垂，筒状，仅于上部略开展，长约 5cm，雄蕊柱长约 7cm。原产墨西哥和哥伦比亚。我国南方有栽培。喜光，极不耐寒。扦插繁殖。花极为美丽，主供园林观赏用，枝繁叶茂，耐修剪，在南方也是极好的绿篱植物。

(2) 小悬铃花(小扶桑) *Malvaviscus arboreus* Cav.var.*drumnondii* Schery
[Small Waxmallow]

小灌木,高约1m;小枝圆柱形,被疏长柔毛。叶宽心形至圆心形,长7~10cm,先端渐尖,基部心形,边缘具不规则钝齿,通常钝3裂,有时5裂,两面均疏被星状柔毛,主脉5;叶柄长2~5cm,圆柱形,被柔毛;托叶线形,长约4mm,常早落。花单生于叶腋间,花梗长3~4mm,被柔毛;小苞片匙形,长8~10mm,宽1~1.5mm,被毛;萼钟形,裂片5,与小苞片近等长,被毛;花冠红色,长约2.5cm,管状,花冠管直径1.2~1.5cm,雄蕊柱长约5cm,突出于花冠管外。原产于古巴至墨西哥。我国南方栽培观赏。极美丽的庭园观赏植物,常作为绿篱植物栽培。

3.3.48.3 苘麻属 *Abutilon* Miller

草本或灌木;叶互生,基部心形,有时分裂;花单生于叶腋内或排成总状花序,无总苞;萼5裂;花瓣5,倒卵形,白色、黄色至淡红色;雄蕊管顶部具药;心皮5至多数,成熟时与中轴分离,有芒或无芒,每一心皮内有种子1至数颗;种子肾形,被星状毛或具乳头状突起。约150种,分布于热带和亚热带地区,我国有9种,南北均有产。

(1) 金铃花(灯笼花) *Abutilon striatum* Dickson
[Striped Abutilon]

常绿灌木,高达1m。叶掌状3~5深裂,直径5~8cm,裂片卵状渐尖形,先端长渐尖,边缘具锯齿或粗齿,两面均无毛或仅下面疏被星状柔毛;叶柄长3~6cm,无毛;托叶钻形,长约8mm,常早落。花单生于叶腋,花梗下垂,长7~10cm,无毛;花萼钟形,长约2cm,裂片5,卵状披针形,深裂达萼长的3/4,密被褐色星状短柔毛;花钟形,橘黄色,具紫色条纹,长3~5cm,直径约3cm,花瓣5,倒卵形,外面疏被柔毛;雄蕊柱长约3.5cm,花药褐黄色,多数。花期5~10月。喜半阴和温暖。原产南美洲的巴西、乌拉圭等地。我国福建、浙江、江苏、湖北、北京、辽宁等地各大城市栽培,供园林观赏用。

(2) 红萼苘麻(蔓性风铃花,红心吐金)
Abutilon megapotamicum St. Hil. et Naudin
[Trailing Abutilon]

常绿软木质藤蔓状灌木。叶互生,有细长叶柄。叶绿色,长5~10cm,心形,叶端尖,叶缘有钝锯齿,有时分裂。花生于叶腋,花梗细长,花下垂。花萼红色,约2.5cm长,半套着大约4cm长的花瓣。花瓣5,黄色。花蕊深棕色,伸出花瓣约1.3cm长。花冠状如风铃,亦似红心吐金。全年都可开花。原产巴西、阿根廷、乌拉圭,我国有栽培。喜温暖湿润和阳光充足的环境,也耐半阴,不耐寒,也不耐旱,适宜在疏松透气、含腐殖质丰富的土壤。枝条纤幼细长,分枝很多,很适合作为吊盆栽种观赏。花形似风铃,姿态娇俏,色彩鲜艳,迎风摇曳,动感飘逸,明丽而可爱,可谓"一朵风铃绿叶间,飘飘然间露芳颜"。

3.3.49 柽柳科 Tamaricaceae

灌木、半灌木或乔木。叶小,多呈鳞片状,互生,无托叶,通常无叶柄,多具泌盐腺体。花通常集成总状花序或圆锥花序,稀单生,通常两性,整齐;花萼4~5深裂,宿存;花瓣4~5,分离,花后脱落或有时宿存;雄蕊4~5或多数,常分离,着生在花盘上;雌蕊1,由2~5心皮构成,子房上位。蒴果,圆锥形,室背开裂。种子多数,全面被毛或在顶端具芒柱。3属,约110种。主要分布于旧大陆草原和荒漠地区。我国有3属32种。

分属检索表

1 雄蕊4~5,与花瓣同数,等长,花丝分离;雌蕊具短花柱3~4;种子顶端的芒柱较短,芒柱自基部被柔毛;叶鳞片状,甚小,长1~7mm·················柽柳属 *Tamarix*
1 雄蕊10,长为花瓣的一倍,不等长,花丝基部或下半部结合成筒;雌蕊无花柱;种子顶端的芒柱仅上半部有柔毛;下部常秃裸,叶扁平,长圆形或线形,长达15mm·················水柏枝属 *Myricaria*

3.3.49.1 柽柳属 *Tamarix* L.

落叶灌木或小乔木,多分枝,幼枝无毛;枝条有两种;一种是木质化的生长枝,经冬不落,一种是绿色营养小枝,冬天脱落。叶小,鳞片状,互生,无柄,抱茎或呈鞘状,无毛,稀被毛,多具泌盐腺体;无托叶。花集成总状花序或圆锥花序,侧生或顶生;花两性,雄蕊4~5,单轮,与花萼裂片对生,分离;花盘具缺裂;子房圆锥形,3~4心皮,1室,花柱3~4。蒴果圆锥形,室背三瓣裂。种子多数,细小,顶端的芒柱从基部起即具发白色的单细胞长柔毛。约90种。主要分布于亚洲大陆和北非、欧洲。我国约产18种1变种,主要分布于西北、内蒙古及华北。

分种检索表

1 春季不开花,仅夏季或秋季开花·················多枝柽柳 *Tamarix ramosissima*
1 春季开花后夏、秋季又开花二、三次。
 2 花瓣略张开,几直伸,先端常外弯,花冠不呈鼓形或圆球形·················柽柳 *Tamarix chinensis*
 2 花瓣不开展,先端内弯,彼此靠合,致花冠呈鼓形或圆球形·················多花柽柳 *Tamarix hohenackeri*

(1) 柽柳(三春柳,西湖柳,观音柳)
Tamarix chinensis Lour. [Tamarisk]

乔木或灌木,高达7m;树冠圆球形;树皮红褐色。小枝红褐色或淡棕色。叶钻形或卵状披针形,长1~3mm,先端渐尖。总状花序集生为圆锥状复花序,多柔弱下垂;花粉红或紫红色,苞片线状披针形;雄蕊5;柱头3裂。果3裂,长3~3.5mm。花期4~9月。分布广,主产东北南部、海河流域、黄河中下游至淮河流域。喜光,不耐庇荫;耐寒、耐热,耐干旱,亦耐水湿;对土壤要求不严,耐盐碱,叶能分泌盐分。扦插繁殖,也可分株、压条和播种繁殖。柽柳古干柔枝,婀娜多姿,紫穗红英,艳艳灼灼,花期甚长,略有香气;叶经秋尽红,更加可爱。是优美的园林观赏树种,适于池畔、堤岸、山坡丛植,也可植为绿篱,尤其是在盐碱和沙漠地区,更是重要的观赏花木。

(2)多枝柽柳 *Tamarix ramosissima* Ledeb.
[Branchy Tamarisk]

灌木,高1~3m;枝条细瘦,红棕色。叶披针形、短卵形或三角状心形,长2~5cm,锐尖头,常略内弯。总状花序密生在当年生枝上,长为3~5cm,宽3~5mm,组成顶生大圆锥花序;苞片卵状披针形,长1.5~2mm;花梗短于或等长于萼,萼片5,卵形,渐尖或钝头;花瓣5,倒卵形,长1~1.5mm,宿存,淡红、紫红或白色;花盘5裂;雄蕊5;花柱3,棍棒状。蒴果三角状圆锥形。分布于西北、东北、华北;蒙古、苏联、伊朗、阿富汗也有。可栽培观赏。

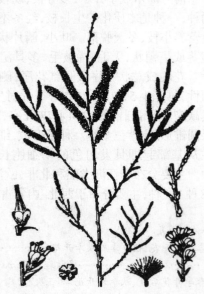

3.3.49.2 水柏枝属 *Myricaria* Desv.

落叶灌木;叶小,无柄,常密挤;花粉红色,排成腋生或顶生的总状花序;萼5裂;花瓣5;雄蕊10,很少8枚,花丝中部以下合生;子房顶部渐狭而有3个无柄的柱头;胚珠多数;蒴果3瓣裂;种子有具柄的束毛。13种,中国产10种,主产于北部。

宽叶水柏枝(心叶水柏枝)
Myricaria platyphylla Maxim.
[Broadleaf Falsetamarisk]

落叶灌木;高达2m,分枝多。叶大而疏生,卵形或心形,长7~12mm。总状花序侧生于去年枝上及顶生于当年枝上;花粉红色。蒴果圆锥形。种子顶端具芒。花期4~6月,果期7~8月。产于内蒙古、陕西北部、宁夏北部、新疆等地。喜光、喜湿润地,耐寒性略逊于柽柳。多种植于河滩水边、沙石地上、沼泽,可体现自然奇趣。

3.3.50 时钟花科 Turneraceae

7属,120种,分布于美洲及非洲,我国引入栽培1属。

时钟花属 *Turnera* L.

60种,主产美洲的热带、亚热带地区,我国栽培1种。

黄时钟花 *Turnera ulmifolia* L.
[Sage rose, Yellow Buttercups]

宿根草本或亚灌木,高30~60cm。叶互生,长卵形,边缘具锯齿,叶基有1对明显腺体。花生于近枝顶;花冠金黄色,5瓣;每朵花至午前即凋谢,花期长达数月。花期春至夏季。原产南美热带雨林。我国南方有栽培。生性强健,宜光照充足,喜高温、高湿的气候。栽培土质以疏松且排水良好的壤土或沙壤土为佳。播种或扦插繁殖。其叶和花瓣的造型很像时钟上的文字盘,所以被称为"时钟花"。时钟花的花开花谢非常有规律。早上开晚上闭,更有意思的是,它的花几乎同开同谢,奇特无比。适于庭园美化和盆栽。

3.3.51 番木瓜科 Caricaceae

乔木或灌木,稀草本;茎通常不分枝,具乳液。单叶互生,常集生于茎顶,掌状分裂,稀全缘;叶柄长,无托叶。花单性同株或异株,或两性;花萼细小,5裂;雄花:成下垂总状或圆锥花序,花冠筒细长,5裂,雄蕊10,花药基着,2室,纵裂,在花冠筒上排成2轮,内轮有时退化;雌花:单生叶腋或数朵组成伞房花序,花冠筒极短,5深裂,子房上位,1室或假5室,侧膜胎座,胚珠多数,花柱5,柱头多分枝;两性花;花冠筒极短,具5枚雄蕊,或花冠筒长,具两轮10枚雄蕊。肉质浆果。种子具肉质胚乳,胚直伸。4属,约55种,分布于美洲及非洲热带、亚热带。我国引入1属1种。

番木瓜属 *Carica* L.

常绿软木质小乔木，干直立；叶聚生于茎顶端，具长柄，近盾形，各式锐裂至浅裂或掌状深裂，稀全缘。花单性或两性；花萼细小，5裂；雄花冠长管状；雄蕊10枚，着生于花冠喉部，互生或与裂片对生，花丝短，着生于萼片上；雌花花瓣5；子房无柄，1室，胚珠多数。浆果大，肉质，种子多数，卵球形或略压扁，具假种皮。约45种，分布于美洲热带地区。我国引种栽培1种。

番木瓜 *Carica papaya* L.　　[Papaya]

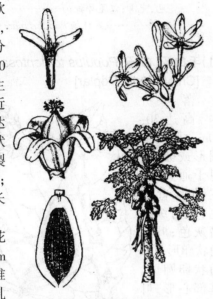

常绿软木质小乔木，干通直，不分枝，高8~10m。叶簇生于顶，大而近圆形，径达60cm，掌状5~9深裂，裂片羽裂分裂；叶柄中空，长约0.6~1m。花杂性，雄花排成长达1m的下垂圆锥花序，花冠乳黄色；雌花单生或数朵排成伞房花序，花瓣近基部合生，乳黄色或乳白色，柱头流苏状。果实簇生于干顶周围，长圆形或倒卵状球形，长10~30(50)cm，成熟时橙黄色。花果期全年。原产热带美洲，现世界热带地区广植，华南常见栽培。根系肉质，喜疏松肥沃的沙壤土，忌积水。喜炎热和光照，不耐寒，生长适宜温度26~32℃，10℃以下生长受到抑制。播种繁殖。树皮灰白色，树冠半圆形，叶片大型，果实直接着生于主干上，树姿优美奇特。特别适于小型庭园造景，可植于庭前、窗际、建筑周围，绿荫美果，是华南重要庭园观赏树木。

3.3.52 杨柳科 Salicaceae

落叶乔木或直立、垫状和匍匐灌木。树皮光滑或开裂粗糙，通常味苦，有顶芽或无顶芽；芽由1至多数鳞片所包被。单叶互生，稀对生，不分裂或浅裂，全缘，锯齿缘或齿牙缘；托叶鳞片状或叶状，早落或宿存。花单性，雌雄异株，罕有杂性；葇荑花序，直立或下垂，先叶开放，或与叶同时开放，稀叶后开放，花着生于苞片与花序轴间，苞片脱落或宿存；基部有杯状花盘或腺体，稀缺如；雄蕊2至多数，花药2室，纵裂，花丝分离至合生；雌花子房无柄或有柄，雌蕊由2~4(5)心皮合成，子房1室，侧膜胎座，胚珠多数，花柱不明显至很长，柱头2~4裂。蒴果2~4(5)瓣裂。种子微小，种皮薄，胚直立，无胚乳，或有少量胚乳，基部围有多数白色丝状长毛。3属，约620多种，分布于寒温带、温带和亚热带。我国3属均有，约320余种，各省(区)均有分布，尤以山地和北方较为普遍。

分属检索表
1 冬芽鳞片多数，多有顶芽；雌、雄花序下垂，苞片有缺裂
　………………………………………………… 杨属 *Populus*
1 冬芽鳞片一枚，无顶芽；雌花序直立或斜展，苞片全缘，无花盘。
　2 花柱2，雄花序下垂，花无腺体，花丝与苞片合生………
　　………………………………………………… 钻天柳属 *Chosenia*
　2 花柱1，雄花序直立，花有腺体，花丝与苞片离生………
　　………………………………………………… 柳属 *Salix*

3.3.52.1 杨属 *Populus* L.

乔木，材质柔软，白色；冬芽有鳞片；叶互生，常宽阔；花单性异株，无花被，排成葇荑花序，常先叶开放；雄蕊4~30或更多，生于撕裂状的鳞片下；雌蕊亦有撕裂状的鳞片；子房1室，有胚珠极多数生于2~4个侧膜胎座上，花柱2~4；全部的花的基部都有一杯状的花盘；蒴果2~4裂；种子极多数，小，有绵毛。100余种，分布于北温带，广布于欧、亚、北美大陆，我国59种。

分种检索表
1 叶两面同为灰蓝色；花盘膜质，早落；萌枝叶线状披针形或披针形，近全缘。
　2 小枝稀被毛；叶与蒴果无毛；叶上部边缘具多个齿牙…
　　………………………………………………… 胡杨 *Populus euphratica*
　2 小枝、叶与蒴果均被绒毛；叶上部边缘常有2~3个齿牙
　　………………………………………………… 灰胡杨 *Populus pruinosa*
1 叶两面不为灰蓝色；花盘不为膜质，宿存；萌枝叶分裂或为锯齿缘。
　3 叶缘具裂片、缺刻或波状齿，若为锯齿(响叶杨)时，则叶柄先端具2大腺点，而叶缘无半透明边3苞片边缘具长毛。
　　4 长枝与萌枝叶常为3~5掌状分裂，下面、叶柄与短枝叶下面密被白绒毛。
　　　5 叶基部阔楔形或圆形，稀微心形或截形，长枝叶浅裂，裂片不对称，先端钝尖；树皮灰白色；枝条斜展，树冠宽大………………………… 银白杨 *Populus alba*
　　　5 叶基部截形、长枝叶深裂，侧裂片几对称，先端尖；树皮灰绿色；枝条斜上，树冠圆柱形………………
　　　　………………… 新疆杨 *Populus alba* var. *pyramidalis*
　　4 长枝与萌枝叶不为3~5掌状分裂，上、下面、叶柄与短枝叶下面无毛或被灰色绒毛。
　　　6 叶缘为缺刻状或深波状齿；芽被毛。
　　　　7 叶先端渐尖，枝叶常为三角状卵形，较大，长7~11(18)cm，宽6.5~10.5(15)cm……………………

·················毛白杨 Populus tomentosa
 7 叶先端尖或钝尖,短枝叶常为卵圆形、卵形、卵状椭圆形或近圆形,较小,长3~8cm,宽2~7cm··············
　　　　　　　　　　　河北杨 Populus hopeiensis
 6 叶缘为浅波状齿,若为锯齿时,则叶柄先端具2腺点;芽常无毛或仅芽鳞边缘或基部具毛。
  8 叶通常近圆形,短枝叶柄先端无腺点(山杨有时具腺点)··············山杨 Populus davidiana
  8 叶通常卵形至宽卵形;短枝叶柄先端具2大腺点···
　　　　　　　　　　　响叶杨 Populus adenopoda
3 叶缘具锯齿(玉泉杨有时为全缘叶,帕米杨为浅波状齿);苞片边缘无长毛。
 9 叶缘无半透明边。
  10 叶柄先端常具腺点;叶下面淡绿色(伊犁杨除外)或灰绿色,若苍白色时,则叶下面具密绒毛或柔毛,而且蒴果密被毛;若叶柄先端有时无腺点,则叶柄长为叶片的4/5;花盘深裂或波状(短柄椅杨除外)。
   11 芽、叶柄与蒴果无毛或近无毛;叶柄长为叶片的4/5,叶宽卵形、近圆形或宽卵状长椭圆形,长8~20cm··············椅杨 Populus wilsonii
   11 芽、叶柄与蒴果被毛;叶柄长不足叶片的1/3~1/2;叶通常为卵形,叶下面通常被绒毛··············
　　　　　　　　　　　大叶杨 Populus lasiocarpa
  10 叶柄先端常无腺点(青毛杨、亚东杨除外);叶下面比上面色淡,常为苍白色,稀黄绿色或淡绿白色(伊犁杨为淡绿色);花盘不裂或浅波状;蒴果常无毛或稀有毛。
   12 叶最宽处常在中部或中上部,长枝叶与萌枝叶更明显,有时在同一枝上有少数叶最宽处在中下部。
    13 叶菱状卵形、菱状椭圆形或菱状倒卵形,叶基部楔形(圆叶小叶杨变种除外);蒴果2瓣裂·······
　　　　　　　　　　　小叶杨 Populus simonii
    13 叶近圆形、椭圆形至倒卵状椭圆形,叶基部圆形或浅心形;蒴果3~4瓣裂。
     14 小枝无毛··············香杨 Populus koreana
     14 小枝具毛,至少幼枝有毛。
      15 叶通常为椭圆形;小枝有棱,果序轴有毛,近基部更密··············大青杨 Populus ussuriensis
      15 叶通常为广椭圆形;小枝无棱;果序轴无毛···
　　　　　　　　　　　辽杨 Populus maximowiczii
   12 叶最宽处在中下部。
    16 叶菱状椭圆形,菱状卵形,稀卵状披针形,叶缘锯齿上下交错,不在一平面上··············
　　　　　　　　　　　小青杨 Populus pseudosimonii
    16 叶不为菱状椭圆形或菱状卵形,叶缘锯齿不上下交错,在一平面上,若叶有卵状披针形时,则叶仅上部有疏锯齿。
     17 叶柄有毛,若叶柄有时无毛(香杨),则叶上面具明显皱纹··············香杨 Populus koreana
     17 叶柄无毛。
      18 小枝无棱;叶上面常有3~5条明显叶脉,叶较小,长7cm以内··············青杨 Populus cathayana
      18 小枝或幼枝有棱;叶较大,长7cm以上,叶上面叶脉不为3~5条··············滇杨 Populus yunnanensis
 9 叶缘有半透明的狭边。
  19 短枝叶三角形或三角伏卵形,叶缘具毛;叶柄先端常有腺点,稀无腺点···加拿大杨 Populus canadensis

  19 短枝叶卵形、菱形、菱状卵形、稀三角形,叶缘无毛(仅北京杨有疏毛);叶柄先端无腺点。
   20 小枝灰绿色或呈红色,长枝叶广卵形或三角状广卵形,短枝叶卵形,长7~9cm···············
　　　　　　　　　　　北京杨 Populus × beijingensis
   20 小枝淡黄色;长、短枝叶同形或异形,短枝叶菱状卵圆形、菱状三角形、菱形。
    21 长短枝叶同形,菱形、菱状卵形或三角形,长5~10cm,宽4~8cm;树冠宽大·········黑杨 Populus nigra
    21 长、短枝叶异形,长枝叶扁三角形,短枝叶菱状三角形或菱状卵形;树冠圆柱形。
     22 长、短枝叶宽大于长,短枝叶基部宽楔形至近圆形;树皮暗灰色,粗糙,多雄株··············
　　　　　　　　　　　钻天杨 Populus nigra var. italica
     22 长枝叶长、宽近等,短枝叶基部楔形;树皮灰白色,光滑;仅见雌株··············
　　　　　　　　　　　箭杆杨 Populus nigra var. thevestina

(1) 毛白杨(白杨) Populus tomentosa Carr.
[China White Poplar]

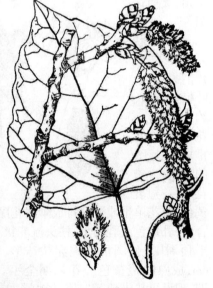

落叶乔木,高达30~40m。树冠卵圆形或卵形;树干通直,树皮幼时青白色,老时纵裂暗灰色;叶三角状卵形或三角状卵圆形,基部心形,叶缘具波状缺刻或锯齿,背面密生白茸毛,叶柄扁平。花期2~3月,果期3~4月。产河南中部、北部和山东西部等地。喜光,喜凉爽湿润气候,对土壤要求不严,喜深厚肥沃沙壤土。主要采用埋条、扦插、嫁接、留根、分蘖等法繁殖。树枝高大挺拔,常用作行道树、庭阴树,可孤植、丛植于建筑周围、草坪、广场;在广场、学校、干道、水滨两侧规则式列植、群植,气势雄伟。变种:抱头毛白杨 var. *fastigiata* Y. H. Wang。主干明显,树冠狭长,侧枝紧抱主干。生长较快。属优良的绿化树种。

(2) 加拿大杨 *Populus canadensis* Moench.
[Canada Poplar]

落叶乔木,高达30m。树冠宽卵形,树干通直,树皮灰褐色,纵裂,芽大,先端反曲。叶近三角形,先端渐尖,基部截形,锯齿钝圆,叶缘半透明,雄花序7~15cm,黄绿色。花期4月;果熟期5月。原产美洲。喜光,耐寒,喜湿润而排水良好的冲积土,抗盐碱、贫瘠、水涝,适应性强。扦插繁殖。树体高大宽阔,叶片大而具光泽,可片植成林,亦可做行道树、庭荫树。

3.3.52.2 柳属 *Salix* L.

落叶灌木或乔木,很少常绿;冬芽有鳞片一;叶互生,单叶,通常长而尖,很少卵形;羽状脉;托叶小或大;花单性异株,无花被,排成荑黄花序,每一花生于一苞片的腋内;雄蕊1~2或更多,花丝基部有腺体1~2枚;子房1室,有侧膜胎座2~4;柱头2,全缘或2裂;蒴果2裂;种子有绵毛。约520多种,主产北半球温带、亚北极、亚热带高山地区。我国257种,主产于西部山区。

分种检索表
1叶长为宽的4倍以上,条形、披针形或长圆状披针形,稍披针状长圆形。
　2叶全缘、近全缘或为波状及波状圆齿。
　　3叶下面被毛或中脉上残留簇生长柔毛················
　　··············蒿柳 *Salix viminalis*
　　3叶下面无毛或中脉上稍有毛······蓝叶柳 *Salix capusii*
　2叶缘具锯齿。
　　4叶先端钝、尖或短渐尖;稀尾尖,如叶多为渐尖,则叶缘骨质增厚并有凹缺状腺齿;灌木,稀小乔木。
　　　5嫩枝及叶被绒毛;托叶披针形,稀肾形或卵形········
　　　············红柳 *Salix sino-purpurea*
　　　5嫩枝及叶无毛;托叶条形或缺。
　　　　6枝淡黄色;枝端嫩叶下面无毛或疏被毛············
　　　　············筐柳 *Salix linearistipularis*
　　　　6枝色暗;枝端嫩叶下面被绒毛;叶柄长约5mm······
　　　　············簸箕柳 *Salix suchowensis*
　　4叶先端长渐尖或渐尖;乔木。
　　　7枝下垂;叶先端长渐尖············垂柳 *Salix babylonica*
　　　7枝不下垂或先端稍下垂。
　　　　8嫩枝被绒毛············白柳 *Salix alba*
　　　　8嫩枝近无毛或被毛,但不为绒毛;幼叶两面无毛,或被毛但不为绢毛。
　　　　　9叶柄长4~5mm············旱柳 *Salix matsudana*
　　　　　9叶柄长2~4mm············圆头柳 *Salix capitata*
1叶不及宽的4倍,椭圆形、近圆形或倒卵状长圆形,稀长圆状或长椭圆状披针形,或叶稍灰蓝色。
　10托叶不为上述形状,或早落············杞柳 *Salix integra*
　10托叶半心形、肾形或近圆形,宽大,如托叶半卵形或宽披针形,其叶为灰蓝色。
　　11叶柄上部常有腺点,如无腺点,则叶椭圆形或长圆形,下面被绢毛,或叶卵形,基部微心形下面脉上被棕色柔毛,或具细锯齿或圆齿。
　　　12叶柄上部常无腺点············紫柳 *Salix wilsonii*
　　　12叶柄上部常有腺点。
　　　　13叶下面苍白色或带白粉············
　　　　············腺柳 *Salix chaenomeloides*
　　　　13叶下面淡绿色,宽披针形,椭圆状披针形或窄卵状椭圆形············云南柳 *Salix cavaleriei*
　　11叶柄上部常无腺点。
　　　14老叶倒卵状长圆形或宽倒披针形,长3~4(5)cm,下面被绢毛,叶缘上部有齿············细柱柳 *Salix gracilistyla*
　　　14老叶较宽,不为上述形状,下面被绒毛或无毛,稀被绢毛,全缘或具不规则牙齿。
　　　　15叶上面平滑不皱············皂柳 *Salix wallichiana*
　　　　15叶上面有皱纹。
　　　　　16叶下面网脉明显············黄花柳 *Salix caprea*
　　　　　16叶下面网脉不明显············中国黄花柳 *Salix sinica*

(1) 旱柳 *Salix matsudana* Koidz.
[Dryland Willow]

落叶乔木,高达18m,树冠卵圆形至倒卵圆形。树皮灰黑色,纵裂。枝条直伸或斜展,叶互生,披针形,先端渐尖,基部楔形,缘有细齿,背面微被白粉,叶柄短。荑黄花序直立。花期3~4月;果期4~5月。中国分布甚广,东北、华北、西北及长江流域各省区均有。喜光,不耐庇荫,耐旱,耐水湿,适合在排水良好的深厚沙壤土上生长。扦插繁殖。枝条柔软,树冠丰满,最适作庭荫树、行道树。常栽植在湖、河岸边或孤植于草坪,对植于建筑、大门两旁。品种:①馒头柳 'Umbraculifera' 分枝密,端梢齐整,形成半圆形树冠,状如馒头;②绦柳 f. *pendula* Schneid 枝条柔弱光滑,黄色,无毛,下垂。③龙爪柳(龙须柳) 'Tortuosa',小乔木,枝条扭曲向上,生长势较弱,易衰老,寿命短。

(2) 垂柳 *Salix babylonica* L.
[Babylon Weeping Willow]

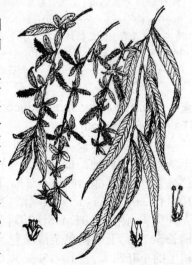

落叶乔木,高达18m,树冠倒广卵形,小枝细长下垂,叶互生,披针形或条状披针形,先端渐长尖,基部楔形,具细锯齿,背面蓝灰绿色。花期3~4月;果期5~6月,产于长江流域及其以南平原地区,华北、东北有栽培。喜光,耐水湿,较耐寒,喜肥沃湿润土壤,但亦能生于高燥地及石灰岩土壤。以扦插繁殖为主,亦可用种子繁殖。枝条细长下垂,飘洒俊逸,最宜配置在湖岸水边,若兼植桃花,桃红柳绿,别有风致。也可作庭荫树,孤植草坪、水滨、桥头,亦可列植作行道树、园路树。亦可用于工厂绿化,固堤护岸。品种:金丝垂柳'Tristis'小枝金黄色。

3.3.53 白花菜科(山柑科) Capparaceae

乔木、灌木、藤本或草本。叶互生,稀对生,单叶、三小叶或掌状复叶;托叶刺状、腺体状,或缺。花两性,有时杂性或单性,辐射对称或稍左右对称;花序总状、伞房状、近伞形或圆锥状,稀花单生;苞片常早落;萼片4(8),分离或基部连合;花瓣4(8),分离,稀缺;雄蕊4至多数,花丝分离或基部与雌蕊合生而成雌雄蕊柄,花药内向,2室,纵裂;子房具长柄或无柄,侧膜胎座,稀中轴胎座,弯生胚珠常多数。蒴果、浆果、核果状或坚果。种子胚乳少或缺,胚弯曲。约45属,近1000种,分布于热带、亚热带,少数至温带。我国5属42种,主产西南及台湾。

鱼木属 *Crateva* L.

乔木或灌木,常绿或落叶;叶为互生或掌状复叶,有小叶3枚;花大,两性或杂性,排成顶生的伞房花序或总状花序;萼片和花瓣4;雄蕊多数;子房有一纤细的长柄,1室,有胚珠多颗生于2个侧膜胎座上;肉质的浆果。约20种,产全球热带与亚热带,但不产澳大利亚与新喀里多尼亚,也不产荒漠地区,北半球延伸至日本的南部,南半球到达阿根廷的南部。我国产4种,多见于西南、华南至台湾。

分种检索表、
1 果实干后红紫褐色,表面光滑,无斑点;花期时树上无叶或叶在当时很幼嫩;花在干后呈橘褐色…………
………………………………鱼木 *Crateva formosensis*
1 果实干后灰色,表皮粗糙或有干平疮痂状斑点;花期时树上有叶;花在干后不为桔褐色……………
………………………………树头菜 *Crateva unilocalaris*

鱼木 *Crateva formosensis*(Jacobs)B.S.Sun
[Taiwan Fishwood]

灌木或乔木,高2~20m。小叶干后淡灰绿色至淡褐绿色,质地薄而坚实,不易破碎,两面稍异色,侧生小叶基部两侧很不对称,花枝上的小叶长10~11.5cm,宽3.5~5cm,顶端渐尖至长渐尖,有急尖的尖头,侧脉纤细,4~6(~7)对,干后淡红色,叶柄长5~7cm,干后褐色至浅黑色,腺体明显,营养枝上的小叶略大,长13~15cm,宽6cm,叶柄长8~13cm。花序顶生,花枝长10~15cm,花序长约3cm,有花10~15朵;花梗长2.5~4cm;雌蕊柄长3~4.5cm。果球形至椭圆形,红色。花期6~7月,果期10~11月。产台湾、广东北部、广西东北部。日本南部也有。喜光,喜温暖和湿润气候,适应性强。播种繁殖。树形美观,花姿美丽,盛花时节犹如群蝶纷飞,适合观赏,可为行道树和庭园观赏树。

3.3.54 辣木科 Moringaceae

落叶乔木。叶互生,一至三回奇数羽状复叶;小叶对生,全缘;托叶缺或退化为腺状体着生在叶柄和小叶的基部。圆锥花序腋生;花两性,两侧对称;花萼管状,不等的5裂,裂片覆瓦状排列,开花时外弯;花瓣5片,覆瓦状排列,分离,不相等,远轴的1片较大,直立,其它外弯;雄蕊2轮,着生在花盘的边缘,5枚发育的与5枚退化的互生。果为长而具喙的蒴果,有棱3~12条。1属。

辣木属 *Moringa* Adans.

落叶乔木;树皮有树脂;叶互生,二至三回羽状复叶;小叶卵形,全缘;托叶缺或有叶柄和小叶基部有腺体;花白色或红色,两性,左右对称,排成腋生的圆锥花序;萼杯状,5裂,型片不相等,花瓣状,外弯;花瓣5,不相等,下部的外弯,上部一枚直立;雄蕊2轮,发育的5枚着生于花盘的边缘,与5枚退化雄蕊互生;子房上位,具柄,1室,有胚珠多颗生于3个侧膜胎座上;长蒴果;种子常有翅。约12种,分布于非洲和亚洲的热带地区。我国引入栽培的有1种。

辣木 *Moringa oleifera* Lam.
[Horseradish]

乔木,高10m;小枝被短柔毛。根有辛辣味。叶通常为三回羽状复叶,长25~50cm;羽片4~6对;小叶椭圆形、宽椭圆形或卵形,长1~2cm,宽0.7~1.4cm,无毛。圆锥花序腋生,长约20cm;苞片小,钻形；花具梗，直径约2cm，有香味，两侧对称；萼筒盆状，裂片5，狭披针形，被短柔毛，开花时向下弯曲；花瓣5，白色，生萼筒顶部，匙形，上面1枚较小；雄蕊5，花丝下部被微柔毛，退化雄蕊无花药；子房1室，侧膜胎座3，胚珠多数。蒴果细长，长20~50cm，3片裂。花期全年，果期6~12月。原产印度，现广植于各热带地区。我国广东、台湾有栽培。喜光，耐长期干旱，适应沙土和黏土等各种土壤，在微碱性土壤中也能生长。播种繁殖。枝叶美丽，花黄白色，有香味，常作观赏树木。

3.3.55 杜鹃花科 Ericaceae

木本植物，灌木或乔木，体型小至大；地生或附生；通常常绿，少有半常绿或落叶。叶常革质，常互生，不分裂，被各式毛或鳞片，或无覆被物；不具托叶。花单生或组成总状、圆锥状或伞形总状花序，顶生或腋生，两性，辐射对称或略两侧对称；具苞片；花萼4~5裂，宿存，有时花后肉质；花瓣合生成钟状、坛状、漏斗状或高脚碟状，稀离生，花冠通常5裂，稀4、6、8裂，裂片覆瓦状排列；雄蕊为花冠裂片的2倍，少有同数，稀更多，花丝分离。蒴果或浆果，少有浆果状蒴果；种子小。约103属3350种，大多数广布于南、北半球的温带及北半球亚寒带。我国有15属，约757种，分布全国各地，主产地在西南部山区。

分属检索表
1 蒴果室间开裂；花药无附属物。
　2 花显著大，稀小；花冠整齐或略不整齐，漏斗状、钟状、稀辐状、筒状；雄蕊通常露出，稀内藏；花药顶孔开裂；叶多形，但不为线条形，边缘通常不明显反卷，全缘……………………………………杜鹃属 Rhododendron
　2 花小；花冠整齐，筒状或坛状；雄蕊内藏；叶小，常绿，条形，边缘外卷，有细锯齿………松毛翠属 Phyllodoce
1 蒴果室背开裂。
　3 花药无芒状附属物；花丝上部膝曲状，稀伸直；叶全缘……………………………………珍珠花属 Lyonia
　3 花药背部或顶部有芒状附属物；花丝伸直；叶有齿。
　　4 花药背部的芒反折下弯；花序圆锥状…马醉木属 Pieris
　　4 花药顶部的芒直立伸展；花序总状、伞形或伞房花序……………………………………吊钟花属 Enkianthus

3.3.55.1 杜鹃花属 Rhododendron L.

灌木或乔木，有时矮小成垫状，地生或附生；叶常绿或落叶、半落叶，互生，全缘，稀有不明显的小齿。花显著，总状或短总状花序，通常顶生，稀单花，少有腋生；花萼5裂，罕6~10裂；雄蕊5~10，通常10，罕更多，着生花冠基部，顶孔开裂；花盘厚；子房上位，5~10室或更多，胚珠多数。蒴果5~10瓣裂。约1000种，广泛分布于欧洲、亚洲、北美洲。我国约571种，除新疆、宁夏外，各地均有，尤以四川、云南最多。

分种检索表
1 落叶灌木或半常绿灌木。
　2 落叶灌木。
　　3 雄蕊10枚。
　　　4 叶散生；花2~6朵簇生枝顶；子房及蒴果有糙状毛或腺鳞。
　　　　5 枝有褐色扁平糙伏毛；叶、子房、蒴果被糙状毛；花蔷薇色、鲜红色、深红色…杜鹃 Rhododendron simsii
　　　　5 枝疏生鳞片；叶、子房、蒴果均有腺鳞；花淡红紫色…………迎红杜鹃 Rhododendron mucronulatum
　　　4 叶常3枚轮生枝顶；花常双生枝顶，稀3朵；子房及蒴果均密生长柔毛………满山红 Rhododendron mariesii
　　3 雄蕊6枚；花金黄色，多朵成顶生伞形总状花序；叶矩圆形，叶缘有睫毛……羊踯躅 Rhododendron molle
　2 半常绿灌木；花1~3朵顶生；花梗、幼枝和叶两面有软毛………………白花杜鹃 Rhododendron mucronatum
1 常绿灌木或小乔木。
　6 雄蕊10枚。
　　7 花单生叶腋，花冠盘状，白色或淡紫色，有粉红色斑点；叶全缘…………马银花 Rhododendron mucronatum
　　7 花2~3朵与新梢发自顶芽，花冠漏斗状，橙红至亮红色，有深红色斑点；叶有睫毛……………………………………石岩杜鹃 Rhododendron obtusum
　6 雄蕊5枚。
　　8 雄蕊14枚；花6~12朵，顶生伞形总状花序；粉红色；幼枝绿色，粗壮…………云锦 Rhododendron fortunei
　　8 雄蕊10枚。
　　　9 花小，径1cm，乳白色，密总状花序；叶厚革质，倒披针形……………照山白 Rhododendron micranthum
　　　9 花小，径4~6cm，伞形花序或仅1~3朵。
　　　　10 伞形花序，花10~20朵，径4~5cm，深红色；叶厚革质……………马缨杜鹃 Rhododendron delavayi
　　　　10 花1~3朵，径6cm，蔷薇紫色；春叶纸质………………锦绣杜鹃 Rhododendron pulchrum

(1) 杜鹃 (映山红、照山红、野山红)
Rhododendron simsii Planch.
[Sims's Azalea]

落叶或半常绿灌木，高达3m。枝条、叶两面、苞片、花柄、花萼、子房、蒴果均有棕褐色扁平糙伏毛。叶卵状椭圆形或椭圆状披针形。花2~6朵簇生枝顶，花冠宽漏斗状，鲜红或深红色，有紫

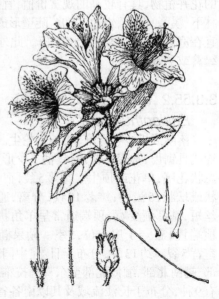

斑。花期3~5月；果期9~10月。广布于长江流域及以南各地。喜疏松肥沃、排水良好的酸性壤土，忌碱性土和黏质土；喜凉爽湿润的山地气候，耐热性差。扦插或嫁接繁殖。花叶兼美，花色丰富，盆栽、地栽均宜。常漫生丘陵，花开时满山皆红。

(2)满山红 Rhododendron mariesii Hemsl. et Wils. [Redhillall Azalea]

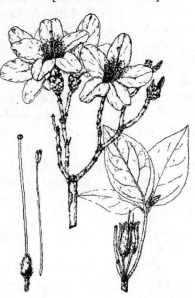

落叶灌木，高1~4m；枝轮生，幼时被淡黄棕色柔毛，成长时无毛。叶常2~3集生枝顶，椭圆形，卵状披针形或三角状卵形，长4~8cm，宽2~4cm。花通常2朵顶生，先花后叶，出自于同一顶生花芽；花梗直立，常为芽鳞所包，长7~10mm，密被黄褐色柔毛；花萼环状，5浅裂，有黄褐色柔毛；雄蕊8~10。子房卵球形，密被淡黄棕色长柔毛。蒴果椭圆状卵球形，密被亮棕褐色长柔毛。花期4~5月，果期6~11月。产长江流域各地，北达陕西，南达福建和台湾。喜凉爽、湿润气候，忌酷热干燥。要求富含腐殖质、疏松、湿润及pH值在5.5~6.5之间的酸性土壤，在黏重或通透性差的土壤上，生长不良。对光有一定要求，但不耐曝晒，夏秋应有落叶乔木或荫棚遮挡烈日。可用播种、扦插、嫁接及压条等方法繁殖。花冠鲜红色，为著名的花卉植物，具有较高的观赏价值，宜成丛配植于林下、溪旁、池畔、岩边、缓坡、陡壁形成自然美，又宜在庭院或与园林建筑相配植。此外，可栽植作绿篱或盆栽。

3.3.55.2 吊钟花属(灯笼花属) Enkianthus Lour.

落叶或极少常绿灌木，枝常轮生。叶互生，全缘或具锯齿，常聚生枝顶，具柄。伞形花序或伞形总状花序，单花或顶生。花萼5裂，宿存。花冠钟状或坛状，5浅裂；雄蕊10枚，分离，通常内藏、花丝短，基部渐变宽，顶端通常呈羊角状叉开，每室顶端具1芒。子房上位，5室。蒴果椭圆形，5棱，室背5裂。约13种，分布于日本、中国东部至西南部、越南北部、缅甸北部至东喜马拉雅地区。我国有9种，分布于长江流域及以南各省区，以西南部种类较多。

分种检索表

1 蒴果长4~5mm，果柄顶端向上弯曲；花期5~6月，伞形总状序；叶纸质 ·················· 灯笼花 Enkianthus chinensis
1 蒴果长0.8~1.2cm，果柄直立；花期冬春，伞形花序；叶革质 ·················· 吊钟花 Enkianthus quinqueflorus

(1)灯笼花 Enkianthus chinensis Franch. [China Pendent-bell]

落叶灌木或小乔木，高3~6m。叶常聚生枝顶，纸质，长圆形至长圆状椭圆形，边缘具钝锯齿，两面无毛，网脉在背面明显。花多数组成伞形花序状总状花序，花梗纤细，长2~4cm，无毛。雄蕊10枚。萼片三角形，渐尖。蒴果卵圆形，直径6~8mm。花期5月，果期6~10月。产长江以南各地。喜温暖气候，喜光，稍耐半阴；有一定的耐寒力；耐干旱和瘠薄，也耐低湿、盐碱地及短期涝害。深根性，根强健，萌蘖力强，生长中速，幼时较缓，以后渐快，适生性广，对土壤要求不严。以播种繁殖为主，也可嫩枝扦插、硬枝扦插。灯笼树不仅花果美丽，而且叶子入秋后变为浓红，胜似枫叶，是极有观赏价值的树木。适于在自然风景区中配植应用，可丛植于林下、林缘，也可盆栽观赏。

(2)吊钟花 Enkianthus quinqueflorus Lour. [Evergreen Pendent-bell]

灌木或小乔木，高1~3m，多分枝，枝圆柱状，无毛。叶常密集于枝顶，互生，革质，两面无毛，长圆形或倒卵状长圆形，长5~10cm，宽2~4cm，全缘或稀向顶部疏生细齿，中脉在两面清晰，网脉两面突起。伞形花序，花通常5~8

朵。大苞片红色,花冠宽钟状,长约1.2cm,粉红色或红色。雄蕊10枚,短于花冠。蒴果椭圆形,长0.8~1.2cm,果梗直立。花期3~5月,果期5~7月。产于华南和西南,越南亦有分布。喜光,喜暖热湿润气候,不耐炎热;适生于富含腐殖质而排水良好的酸性沙壤土,不耐积水。萌蘖力强。播种或扦插繁殖,也可分株和压条繁殖。为一美丽的观赏花卉,多作瓶花装饰用,亦可盆栽观赏。园林中适于假山、花坛、建筑附近应用,可丛植或列植成行。

3.3.55.3 马醉木属 *Pieris* D. Don

常绿灌木或小乔木。单叶,互生或假轮生,革质,无毛或近于无毛,边缘有细锯齿或圆锯齿或钝齿,稀为全缘。圆锥花序或总状花序,顶生或腋生。花冠坛状或筒状坛形,顶端5浅裂。雄蕊10,内藏,花丝劲直,花药背部有1对下弯的芒。蒴果近于球形,室背开裂为5个果瓣。种子多数,细小,纺锤形。约7种,产于亚洲东部、北美东部、西印度群岛。我国现有3种,产东部及西南部。

(1) 美丽马醉木 *Pieris formosa* (Wall.) D. Don [Himalayas Pieris]

常绿灌木或小乔木,高2~4m。叶常聚生枝顶,革质,披针形至长圆形,稀倒披针形,长4~10cm,先端渐尖或锐尖,边缘具细锯齿,基部楔形至钝圆形,表面深绿色,背面淡绿色,中脉显着。花冠白色,坛状,排成顶生圆锥花序。蒴果卵圆形,直径约4mm。花期5~6月,果期7~9月。产浙江、江西、湖北、湖南、广东、广西、四川、贵州、云南等省区。越南、缅甸、尼泊尔、不丹、印度也有。喜温暖气候和半阴地点,喜生于富含腐殖质、排水良好的沙质土壤。播种或扦插繁殖。枝条开展,树冠宽圆,花色素雅,耐半阴,是优良的园林树种,适于林下、石际应用。

(2) 马醉木 *Pieris japonica* (Thunb.) D. Don ex G. Don [Japan Pieris]

常绿丛生灌木。冠球状。叶革质,密集枝顶,椭圆状披针形,具光泽,暗绿色,幼叶古铜色。总状花序或圆锥花序顶生或腋生,下垂,花白色,坛状;蒴果近于扁球形。花期4~5月,果期7~9月。产安徽、浙江、福建、台湾等省。日本也有。喜半阴,不耐寒。花美丽,常作园林观赏。

3.3.55.4 珍珠花属 *Lyonia* Nutt.

常绿或落叶灌木,稀小乔木。单叶,互生,全缘,具短叶柄。花小,白色,组成顶生或腋生的总状花序。花萼4~5裂,裂片镊合状排列。花冠筒状或坛状,稀钟状,浅5裂;雄蕊10枚,罕8~16枚,内藏,花药无芒状附属物。子房上位,4~8室,每室胚珠多数。蒴果室背开裂,缝线通常增厚;种子细小,多数,种皮膜质。约35种,产于亚洲东部,南至马来半岛,北美至大安的列斯群岛。我国有6种、5变种,分布东部及西南部。

珍珠花 *Lyonia ovalifolia* (Wall.) Drude [Common Lyonia]

常绿灌木或小乔木,多分枝。叶卵形或椭圆形,先端渐尖,基部钝圆或心形,全缘,中背脉上稍有毛。总状花序,3~8cm,着生叶腋,近基部有2~3枚叶状苞片,小苞片早落;花梗长3~4cm,偏于下方。萼裂片长三角形,长约2mm。花冠白色,坛状,外面疏被柔毛。子房有毛。蒴果扁球形,直径约4mm。花期6月,果期10月。产台湾、福建、湖南、广东、广西、四川、贵州、云南、西藏等省区。尼泊尔、不丹也有。喜温暖气候及湿润富含腐殖质的酸性的壤土,耐旱、耐寒、耐瘠薄,生于山坡、路旁或灌丛。用扦插和播种繁殖。可供园林或盆栽观赏。

3.3.55.5 松毛翠属 *Phyllodoce* Salisb

常绿灌木,叶互生或交互对生,密集,线形,边缘常外卷,有细锯齿。花顶生,伞形花序,具苞片;花梗俯垂;花萼小,4~5裂,宿存;花冠整齐,花瓣合生,球状钟形,坛状或壶状,檐部5裂;雄蕊8~12,内藏,花药顶孔开裂;子房上位,近球形,5室,柱头不明显的5裂或头状。蒴果室间开裂,蒴果壁开裂成

1层。种子小,多数,无翅。约7种,分布于北温带至北极地区。我国有2种,分布于东北地区、内蒙古和新疆的高山草原和山地灌丛。

松毛翠 *Phyllodoce caerulea* (L.) Bab.
[Blue Needlejade]

常绿小灌木,茎平卧或斜升,多分枝,株高仅10~20cm,外形极似草本植物,当年生枝黄褐色或紫褐色,无毛。叶互生,密集,近无柄,革质,条形,顶端钝,基部近截形或宽楔形,边缘有尖而小的细锯齿,常外卷。伞形花序顶生,花梗细长,线状,稍下弯,常红色,密被长腺毛;萼卵状长圆状,被腺毛;花冠卵状壶形,红色或紫堇色;雄蕊10,内藏,花丝线状,中下部有腺毛,花药紫色,顶孔开裂;子房密被腺毛,花柱线形,柱头头状。蒴果近球形,长3~4mm。种子广椭圆形,黄色,有光泽,长约1mm。花期6~7月,果期8月。生长于阴坡和半阴坡,耐湿,也比较喜光。喜酸性土壤和寒湿温凉气候,耐寒力强。分布范围较狭,在中国仅见于吉林长白山和新疆阿尔泰山。播种繁殖。其株形矮小优美,枝叶密集,花色粉红色,色泽艳丽,具有较高的观赏价值,可驯化为假山的观赏绿化植物和制作盆景。

3.3.55.6 欧石南属 *Erica* L.

常绿灌木。约700余种,主产非洲、中东和欧洲;我国的少量栽培。

轮叶欧石南 *Erica tetralix* L.
[Cross-leaved Herth]

常绿小灌木,高30~60cm;枝匍匐状。4叶轮生,披针形至线形,长约3mm,具腺纤毛,背面发白。花冠坛形,玫瑰红色,长约6mm;成密集的顶生花簇;夏秋开花。原产欧洲;上海植物园有栽培。有白花'Alba'、红花'Rubra'等品种,宜植于庭园或盆栽观赏。

3.3.55.7 山月桂属 *Kalmia* L.

常绿灌木或小乔木。叶对生或轮生,叶片具反卷的边缘,但不为石南状。花瓣通常合生。子房上位(如果下位,则花药有芒)。花稀为4数;花冠不为干膜质;果实室间开裂;花粉通常具粘丝,花药通常具完全纵贯的裂缝。8种,主产美国东北部。

山月桂 *Kalmia latifolia* L.
[Broadleaf Kalmia, Mountain Laurel]

常绿灌木或小乔木,高1.2~3m,间有达10~12m者。从基部分枝,树冠达4.5m,新梢有微毛。叶互生、革质、椭圆形至长椭圆形,长5~12cm,宽1.8~3.7cm,表面暗绿色,背面黄绿色,常簇生枝端。5~6月间于上年生枝上部,着生圆形伞房花序多数之花,梗细长花冠皿状,通常呈玫瑰色,内部有紫色斑点,花冠裂片5枚,呈三角形,花色淡红、深玫瑰及白色。蒴果小,种子极小而多。喜半阴及湿润的酸性土壤,较耐寒性较耐寒;好湿润,但不耐干燥,忌阳光直射。种子繁殖或扦插繁殖。花期5~6月。特产北美亚热带。现我国引进种植。耐寒,花型独特、花色多变,有着极高的观赏价值。有白花'Alba'、红花'Rubra'紫花'Fuscata'、狭瓣'Polypetala'等品种。

3.3.55.8 丽果木属 *Pernettya* Kalm ex L.

约25种,产新西兰、澳大利亚的塔斯马尼亚岛、墨西哥至南美。

丽果木 *Pernettya mucronata* (L. f.) Gaud.-Beaup. ex K. Spreng.
[Mucronate Pernettya]

常绿灌木,高0.5~1m。叶互生,卵状披针形至卵形,长2.5~3cm,全缘或有细齿,革质。花单性异株,腋生,下垂,花冠壶形,长约8mm,白色或桃红色,花柄长1.5cm。浆果扁球形,径1~1.5cm,果色丰富,并能经冬不落,被誉为"观果极品"。花期5~6月。原产智利。我国有栽培。喜光,喜温暖气候。品种:①紫红'Mulberry Wine'、②桃红'Cherry Ripe'、③暗红'Rubra'、④鲜红'Coccinea'、⑤玫瑰粉'Rosea'、⑥白色'Alba'。

3.3.56 越桔科 Vacciniaceae

灌木,稀小乔木或乔木,地生或附生;叶常绿或落叶;花梗上部增粗或不增粗,或顶端扩大成杯状、浅杯状,与萼筒间以关节相连或连续不具关节;花药背着,药室背部有距,稀无距,顶部形成分离的、短或伸长的管或喙,花粉粒为四分体,聚合成球状;子房下陷于萼筒内,与萼筒的全部或大部合生;浆果,含多数种子;种子无翅。大约32~35属,我国产2属。

分属检索表
1 花冠较短,通常坛状或钟状,稀筒状;雄蕊分离不抱柱;

花梗顶端通常不增粗;通常地生,少数附生……
………………………………越桔属 Vaccinium
1 花冠通常较长,圆筒状、狭漏斗状或钟状;雄蕊微粘合抱花柱或分离;花梗向顶端常增粗,甚至成杯状;通常附生,少地生……………………树萝卜属 Agapetes

3.3.56.1 越桔属 Vaccinium L.

常绿或落叶灌木。叶互生,全缘或有锯齿。总状花序,顶生或腋生,稀单花腋生。花萼4~5裂。花冠坛状、钟状或筒状,4~5裂。雄蕊8~10,花药顶孔开裂。有花盘。子房下位,4~10室,每室有数颗胚珠。浆果球形,顶部冠以宿存萼片,种子细小。约450种,分布北半球温带、亚热带,美洲和亚洲的热带山区,而以马来西亚地区最为集中。我国有91种,主产西南、华南。

分种检索表
1 花冠未开放时筒状,开放后4裂至基部,裂片明反折;子房4室;花药无距…日本扁枝越桔 Vaccinium japonicum
1 花冠钟状、筒状或坛状,口部浅裂,有时裂至中部,裂齿短小,直立或反折;子房5室至假8~10室。
　2 叶冬季脱落;花梗与萼筒相连有或无关节……
　　…………………笃斯越桔 Vaccinium uliginosum
　2 叶常绿;花梗与萼筒相接有关节。
　　3 总状花序顶生,稀腋生和顶生同时具有,浆果5室……
　　　…………………越桔 Vaccinium vitis-idaea
　　3 单花或总状花序,腋生;浆果假8~10室。
　　　4 花序有苞片,通常宿存;花药背部通常无距;叶常具圆钝齿或锯齿,稀全缘,表面通常有光泽,叶脉稍微突起或平坦而不下陷……南烛 Vaccinium bracteatum
　　　4 花序无苞片或苞片早落;花药通常有短距,有时近于无;叶有锯齿,稀全缘……
　　　　…………………江南越桔 Vaccinium mandarinorum

(1)南烛(乌饭树,米饭树)
Vaccinium bracteatum Thunb.
[South candle, Oriental Blueberry]

常绿灌木或小乔木,高2~6m,分枝多,幼枝被短柔毛或无毛,老枝紫褐色,无毛。叶薄革质,椭圆形、菱状椭圆形、披针状椭圆形至披针形,长4~9cm,宽2~4cm,顶端锐尖、渐尖,稀长渐尖,基部

楔形、宽楔形,稀钝圆,边缘有细锯齿,背面中脉略有刺毛。叶柄长2~8mm。总状花序顶生和腋生,长4~10cm,序轴密被短柔毛稀无毛。苞片叶状,披针形。花冠白色,筒状,有时略呈坛状,长5~7mm,外面密被短柔毛。雄蕊内藏。浆果直径5~8mm,熟时紫黑色,外面通常被短柔毛,稀无毛。花期6~7月,果期8~10月。产台湾、华东、华中、华南至西南。生于丘陵地带或海拔400~1400m的山地,常见于山坡林内或灌丛中。分布朝鲜、日本(南部),南至中南半岛诸国、马来半岛、印度尼西亚。喜温暖湿润气候,喜酸性红壤和黄壤,为酸性土指示植物。播种繁殖。株丛繁茂,是南方自然风景区和园林绿地的优良造景树种。

(2)越桔(越橘,红豆) Vaccinnium vitis-idaea L.
[Cowberry]

常绿矮小灌木,地下有细长匍匐根状茎,地上茎高10cm左右,直立,有白微柔毛。叶革质,椭圆形或倒卵形,长1~2cm,宽0.8~1cm,顶端圆,常微缺,基部楔形,边缘有细睫毛,上部具微波状锯齿,下面淡绿色,散生腺

体,叶柄短,有微毛。花2~8朵成短总状花序,生于去年生的枝顶,稍下垂;小苞片2,卵形,脱落。总轴和花梗密生微毛。花萼短,钟状,4裂,无毛。花冠钟状,白色或水红色,直径5mm,4裂。雄蕊8,花丝有毛,花药不具距。子房下位。浆果球形,直径约7mm,红色。花期6~7月,果期8~9月。耐寒性强,喜湿润气候。播种、分株或压条繁殖。分布于东北、内蒙古、新疆。北寒冷温带区普遍分布。植株低矮、繁密,果实红艳,可植为地被。

3.3.56.2 树萝卜属
Agapetes D.Don ex G.Don

附生常绿灌木,或稀为陆生乔木;茎具刚毛或腺柔毛,或无毛,基部通常增大成粗肥的块茎,根亦多为纺锤状。叶互生、近对生或假轮生、散生或2列,革质,羽状脉,通常至边缘内网结。总状花序或伞房状花序,腋生,少有顶生,稀单花,或数花簇生叶腋或老枝上;花萼圆筒状、坛状、钟状或陀螺状,通常宿存;花冠圆筒形、狭漏斗形或钟形,通常伸

长,冠筒圆柱形,或具5棱,直立或稍弯,5浅裂或深裂,裂片三角形或披针形,少有线形,直立或外弯;雄蕊10枚,花丝通常极短;子房下位。浆果球形,5或10室。种子多数。约80余种,分布于亚洲热带地区。

缅甸树萝卜 Agapetes burmanica W.E.Evans
[Burma Agapetes]

附生常绿灌木,高1.5~2m;根膨大成块状或萝卜状。叶假轮生,叶片革质,长圆状披针形,长22~25cm,宽4.5~6cm,先端短锐尖或多少渐狭,基部圆形或微心状耳形,边缘稍微或明显具波状锯齿;叶柄无或长2~3mm。总状花序短,生于老枝上,总花梗长0.5~2.5cm,有花3~5朵,苞片小;花梗长2.6~3.5cm;花萼长1.5~1.7cm;花冠圆筒形,长5~6cm,直径0.7~1.1cm,中部稍宽,玫瑰红色,具暗紫色横纹,无毛,裂片狭三角形,长约1.1cm,基部宽4mm,稍锐尖,开花时平展,淡绿色;雄蕊长5.6cm,花丝短。果熟时大,花萼宿存。花期9~12月,果期12月至翌年1月。产云南、西藏。分布至缅甸。花开艳丽,观赏性高,而且它的根是优良的盆景材料,可用它来制作盆景花卉,极具观赏价值。

3.3.57 山榄科 Sapotaceae

乔木或灌木,有时具乳汁,幼嫩部分常被锈色。单叶互生,通常革质,全缘,托叶早落或无托叶。花单生或通常数朵簇生叶腋或老枝上,有时排列成聚伞花序,两性,稀单性或杂性,辐射对称。花萼4~8裂。花冠合瓣,具短管,裂片1~2轮,裂片与花萼裂片同数或为其2倍。雄蕊着生于花冠裂片基部或冠管喉部,与花冠裂片同数对生,或多数而排列成2~3轮。子房上位,1~14室,每室有胚珠1颗。浆果,罕为蒴果。约53属1100种,广布于全世界热带和亚热带地区。我国有14属28种,分布于东南和西南部。

分属检索表
1 花萼4,6或8裂,2轮排列。
　2 花萼6裂···············铁线子属 Manilkara
　2 花萼4或8裂···········牛油果属 Butyrospermum
1 花萼5裂,1轮排列。
　3 无退化雄蕊············金叶树属 Chrysophyllum
　3 具退化雄蕊············蛋黄果属 Lucuma

3.3.57.1 铁线子属 Manilkara Adans.

乔木;托叶早落;叶互生,革质,常为倒卵形;花多朵簇生于叶腋内;萼片6,2列;花冠6裂,每一裂片的背部有和它等大的附属体2;雄蕊6,着生于花冠裂片的基部或冠管的喉部,有互生的退化雄蕊6;子房6~14室,每室有胚珠1颗;浆果,有种子1~6颗;种子压扁。约70种,分布热带地区。我国产1种,引种栽培1种。

分种检索表
1 叶倒卵形或倒卵状椭圆形,先端微缺;果小,长1~1.5cm
　·······················铁线子 Manilkara hexandra
1 叶长圆形或卵状椭圆形,先端急尖或钝;果大,长4cm以上
　·······················人心果 Manilkara zapota

(1) 铁线子(铁色)
Manilkara hexandra (Roxb.) Dubard

常绿乔木或大灌木,高3~12m,全株无毛,有乳汁;小枝粗短,有时刺状,近水平叉开。叶常聚于枝顶,革质,通常宽倒卵形至倒卵形,长5~10cm,宽3~7cm,顶端圆,凹头,边常反卷,侧脉纤细,多而密,不很明

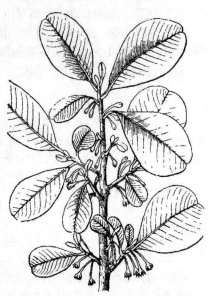

显。花稍小,常几朵簇生叶腋,有长而棒状的花梗,6数;花萼被微柔毛,干时变黑色;花冠白色,长4mm,裂片二侧各有一花瓣状附属体;退化雄蕊深2裂。浆果椭圆状或稍呈卵状,长1~1.5cm,有1~2颗种子。我国仅在海南发现;中南半岛,斯里兰卡,印度也有。我国华南有栽培。

(2) 人心果 **Manilkara zapota** (L.)van Royen
[Heart Balata,Sapodilla]

常绿乔木,高6~20m,小枝茶褐色。叶互生,革质,长圆形或卵状椭圆形,长6~19cm。先端急尖,基部楔形,全缘或稀微波状,亮绿色,叶背叶脉明显,多且相互平行;叶柄长1.5~3cm。花腋生,长约1cm,花梗长2~2.5cm,密被黄褐色或锈色绒毛;花萼裂片长圆状卵形,长约6mm,外被黄褐色绒毛;花冠白色,长约6mm,冠管短,裂片卵形,先端具不规则的细齿。子房圆锥形,密被黄褐色绒毛。浆果纺锤形、卵形或球形,长4~8cm,褐色,果肉黄褐色,种子黑色。花果期4~9月。原产美洲热带地区,我国广东、广西、西双版纳有栽培。喜暖热湿润气候,适应性较强。喜高温和肥沃的沙壤土,在肥力较低的黏质土壤也能正常生长发育。播种、高压或嫁接繁殖。枝条层状分明,树冠伞形,是优美的观赏树种,适于孤植、丛植,也可植为园路树、庭荫树。

3.3.57.2 蛋黄果属 *Lucuma* Molina

乔木或灌木，具乳汁。叶互生，通常革质，全缘，羽状脉。花通常着生于叶腋，无柄或具柄；花萼裂片4~5，稀7~8，覆瓦状排列，等大或里面的较大；花冠近钟形，冠管短，圆柱形，裂片4或5，覆瓦状排列，较冠管长；能育雄蕊4或5，着生于冠管顶部，且与花冠裂片对生，花丝极短、宽或延长，花药披针形，较花丝长，或卵形而较花丝短，基部心形，药室分离或先端汇合，通常侧向或内向（稀外向）开裂；退化雄蕊通常5，小，线形或鳞片状，着生于冠管顶部，且与花冠裂片互生；子房2~5室，密被长柔毛，稀无毛，花柱圆锥形或钻形，无毛，柱头钝或具疣状凸起，胚珠单生，长圆形。浆果近球形或卵形。100种，产于马来西亚、澳大利亚、太平洋岛屿和美洲热带。我国广东、广西、云南引种栽培1种。

蛋黄果（鸡蛋果） *Lucuma nervosa* A. DC.
[Eggfruit, Canistel]

常绿小乔木，高7~9m，树冠半圆形或圆锥形；主干、主枝灰褐色，树干坚韧，树皮纵裂，嫩枝被褐色短柔毛。叶互生，螺旋状排列，厚纸质，长椭圆形或倒披针形，长26~35cm，宽6~7cm；叶缘微浅波状，先端渐尖；中脉在叶面微突起，在叶背则突出明显。花聚生于枝顶叶腋，每叶腋有花1~2朵；花细小，约1cm，4~5月开花。肉质浆果，形状变化大，果顶突起，常偏向一侧；未熟时果绿色，成熟果黄绿色至橙黄色，光滑，皮薄，长5~8cm，果肉橙黄色，富含淀粉，质地似蛋黄，且有香气。花期春季，果期秋季。播种或分株法繁殖。原产古巴、墨西哥。我国广东、广西、云南有少量种植。喜好高温。土层深厚且排水良好的壤土或沙壤土为佳，日照需充足。作行道树、果树、诱鸟树栽植。

3.3.57.3 金叶树属 *Chrysophyllum* L.

灌木或乔木。叶互生；无托叶。花小，2至多花簇生叶腋，具花梗至无梗；花萼具5(6)裂片，里面通常无毛或被毛；花冠管状钟形，通常伸展，具(4)5~11裂片，冠管长于或短于裂片；能育雄蕊(4)5~10，1轮排列，着生于花冠喉部并与花瓣对生；无退化雄蕊；通常无花盘；子房被长柔毛或无毛，1~10室，每室1胚珠，花柱比子房长或短。果具厚至很薄的甲果皮；1~8种子，种皮厚至纸质，脆壳质，疤痕狭或宽，侧生或几乎覆盖种子的表面，胚乳无至丰富。约150种，分布美洲热带和亚热带、亚洲热带，我国产1变种，栽培1种

星苹果 *Chrysophyllum cainito* L.
[Starapple]

乔木，高达20m（栽培者通常仅5~6m）；小枝圆柱形，壳褐色至灰色，被锈色绢毛或无毛。叶散生，坚纸质，长圆形、卵形至倒卵形，基部阔楔形，中脉在下面凸起；叶柄上面具沟槽。花数朵簇生叶腋；花梗被锈色或灰色绢毛；小苞片圆形；花萼裂片5；花冠黄白色，无毛，裂片5，卵圆形；雄蕊5，生于花冠喉部，花丝三角形，花药卵球形；子房圆锥形，7~10室，柱头7~11裂。果实苹果状，熟时黄色，横剖面可见星状的白色可食果肉从果心向外放射，像星星放射出的光一样，故名星苹果。果肉未熟时有白色乳汁，似牛奶，又名牛奶果。种子4~8枚，倒卵形，种皮坚纸质，紫黑色。花期8月，果期10月。种子繁殖或嫁接繁殖。喜高温，耐潮湿，植株较不耐寒，土壤的适应性广，但仍以肥沃、排水良好，土壤pH在5.5~7.5为宜。20世纪60~70年代从东南亚引入我国，海南和广东，台湾、福建、云南等省也有分布。除作为果树栽培外，由于其具有伞形树冠和正背面不同颜色的叶片，树形美观，很适于作庭园观赏树或遮荫树。

3.3.57.4 牛油果属 *Butyrospermum* Kotschy

乔木。叶簇生枝顶，叶片薄革质，全缘，侧脉相互平行。花密集簇生于粗壮分枝顶端的叶腋；花萼裂片8，2轮排列；花冠白色，冠管短，裂片8或10，覆瓦状排列；能育雄蕊较花冠裂片短，着生于其基部，且与之对生，花丝丝状，花药线状披针形，药隔具短尖头，药室侧向开裂；退化雄蕊与雄蕊互生，花瓣状，较能育雄蕊短；子房8~10室，具长硬毛，花柱肥厚，钻形。浆果圆球形，果皮肥厚，肉质；种子1~4枚，通常仅1枚成熟，无胚乳，子叶肥厚，肉质，胚根极短。1种，广布非洲热带。云南有引种。

牛油果 *Butyrospermum parkii* Kotschy
[Buttefruit]

落叶乔木，高10~15m，胸径达1~1.5m；树冠开展，分枝多而密，茎枝粗壮，多节瘤，常有弯曲现象；树皮厚，不规则开裂，具乳汁。叶长圆形，长15~30cm，宽6~9cm，先端圆或钝，基部圆或钝，幼时上面被锈色柔毛，后两面均无毛，中脉在上面呈凹槽，下面浑圆且十分凸起，侧脉30对以上，相互平行，两面稍凸起，网脉细；叶柄圆形，长约10cm。花梗被锈色柔毛；花萼裂片披针形，外面被毛；花有香甜味，花冠裂片卵形，全缘。浆果球形，直径3~4cm；种子卵圆形，长约2~3cm，黄褐色，具光泽，疤痕侧生，长圆形。3月开花，8~9月果成熟。喜光，喜温暖湿润气候，不耐寒，对土壤适应性较强。多用种子繁殖，也可用芽接或压条方法。我国从20世纪20年代起开始引种栽培牛油果，海南、台湾、广东、广西、福建、浙江、江西、云南、四川等省（自治区）都有栽培和分布。广西已建成全国重要的牛油果生产基地。由于其树属于常绿乔木，因而常被用作生态绿化树种，具有很高的园林种植价值。

3.3.58 柿树科 Ebenaceae

乔木或灌木，无乳汁，少数种类有刺。叶为单叶，通常互生，全缘，无托叶，叶脉羽状，花通常雌雄异株，雌花常单生，花萼在结果时常增大；花冠合瓣。果常为肉质的浆果。3属，500余种，主要分布于两半球热带地区，在亚洲的温带和美洲的北部种类少。我国有1属，约57种。

柿属 *Diospyros* L.

落叶或常绿乔木或灌木；叶互生；花雌雄异株或杂性，辐射对称，单生或数朵排成聚伞花序；花萼3~6裂，在雌花或两性花中宿存，结果时常增大；花冠钟状、壶状或管状，3~5裂，脱落；雄蕊3至多数，通常16枚；雌花有退化雄蕊1~16枚或无退化雄蕊；子房上位，2~16室，每室有胚珠1~2颗；在雄花中有不发育的子房；浆果肉质；种子长圆形。约500种广布于热带地区，我国有56种，产西南部至东南部，北至辽宁。

分种检索表
1 有粗壮的枝刺。
  2 叶菱状倒卵形，长4~8.5cm，宽1.8~3.8cm，基部楔形；叶柄长2~4mm；果球形，直径约2cm，嫩时黄绿色，有毛，熟时橘红色，无毛；果柄纤细，长1.5~2.5cm ············
    ················老鸦柿 *Diospyros rhombifolia*
  2 叶形种种，但不为菱状。
    3 果柄很长，长3~4cm；叶长圆状披针形 ············
      ················乌柿 *Diospyros cathayensis*
    3 果柄较短，长1.2cm以下；叶片椭圆形或长圆形至倒卵形，或卵形 ···········瓶兰花 *Diospyros armata*
1 枝条无刺。
  4 小枝无毛，极少稍被毛。
    5 叶一面或两面被毛(粉叶柿有时两面无毛)。
      6 果有短柄，柄长2~3mm；果球形或扁球形，直径1.5~2(3)cm；叶长7.5~17.5cm，宽3.5~7.5cm，侧脉每边7~9条；叶柄长1.2~2.5cm ············
        ················粉叶柿 *Diospyros glaucifolia*
      6 果无柄或几无柄 ···········君迁子 *Diospyros lotus*
    5 叶无毛，或下面中脉上有长伏毛或嫩叶下面被伏毛。
      7 宿存萼4浅裂 ···········罗浮柿 *Diospyros morrisiana*
      7 宿存萼4深裂 ···········粉叶柿 *Diospyros glaucifolia*
  4 小枝或嫩枝通常明显被毛。
    8 果无毛 ···········柿 *Diospyros kaki*
    8 果有柔毛、粗伏毛或绒毛，或变无毛 ············
      ················油柿 *Diospyros oleifera*

(1) 柿树 *Diospyros kaki* Thunb. [Persimmon]

乔木，高达15m；树皮鳞片状开裂。叶椭圆状卵形、矩圆状卵形或倒卵形，长6~18cm，宽3~9cm，基部宽楔形或近圆形，下面淡绿色，有褐色柔毛；叶柄长1~1.5cm，有毛。花雌雄异株或同株，雄花成短聚伞花序，雌花单生叶腋；花萼4深裂，果熟时增大；花冠白色，4裂，有毛；雌花中有8个退化雄蕊，子房上位。浆果卵圆形或扁球形，直径3.5~8cm，橙黄色或鲜黄色，花萼宿存。原产我国长江流域，全国各地普遍栽培。阳性树种，喜温暖气候，充足阳光和深厚、肥沃、湿润、排水良好的土壤，适生于中性土壤，较能耐寒，但较能耐瘠薄，抗旱性强，不耐盐碱土。播种繁殖。可作园林绿化观赏树

种栽培。变种：野柿(山柿) var. *sylvestris* Makino，小枝及叶柄密生黄褐色短柔毛，叶较柿叶小，果实直径不超过5cm；中南、西南及沿海各省都有分布。

(2) 老鸦柿 *Diospyros rhombifolia* Hemsl. [Crow Persimmon]

灌木，高2~3m；枝条有刺。叶纸质，卵状菱形至倒卵形，长4~4.5cm，宽2~3cm，顶端短尖或钝，基部楔形，上面沿脉有黄褐色毛，以后脱落，下面多少有毛。花单生于叶腋，

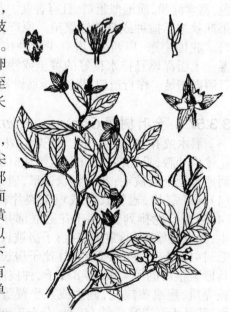

白色；花萼4裂，裂片矩圆形。果卵球形，径约2cm，有长柔毛，熟时红色；宿存花萼花后增大。花期4月，果熟期10月。分布于江苏、安徽、浙江、江西、福建等地。喜阳光充足；喜温暖、湿润的环境，宜排水良好、肥沃的壤土。播种繁殖。宜配植在亭台阶前、庭园角落、山坡灌丛或树丛边缘。

3.3.59 野茉莉科(安息香科) Styracaceae

乔木或灌木,常被星状毛或鳞片状毛。单叶,互生,无托叶。总状花序、聚伞花序或圆锥花序,很少单花或数花丛生,顶生或腋生;小苞片小或无,常早落;花两性,很少杂性,辐射对称;花萼杯状、倒圆锥状或钟状,部分至全部与子房贴生或完全离生,通常顶端4~5齿裂,稀2或6齿或近全缘;花冠合瓣,极少离瓣,裂片通常4~5,很少6~8,花蕾时镊合状或覆瓦状排列;雄蕊常为花冠裂片数的2倍。核果;种子无翅或有翅。约11属,180种,主要分布于亚洲东南部至马来西亚和美洲东南部;少数分布至地中海沿岸。我国产9属,50种,9变种,分布北起辽宁东南部南至海南岛,东自台湾,西达西藏。

分属检索表
1 果实与宿存花萼分离或仅基部稍合生;子房上位⋯⋯
⋯⋯⋯⋯⋯⋯⋯⋯⋯⋯⋯⋯⋯⋯安息香属 Styrax
1 果实的一部分或大部分与宿存花萼合生;子房下位。
  2 萼齿和花冠裂片4;雄蕊8~16枚;果有2~4宽翅⋯⋯
  ⋯⋯⋯⋯⋯⋯⋯⋯⋯⋯⋯⋯⋯⋯银钟花属 Halesia
  2 萼齿和花冠裂片5;雄蕊10枚;果平滑或有5~12棱或狭翅。
    3 落叶乔木,冬芽有鳞片围绕,先开花后出叶。
      4 花单生或双生;宿存花萼包围果实约2/3并与其合生;花丝等长⋯⋯⋯⋯⋯陀螺果属 Melliodendron
      4 圆锥花序或总状花序;宿存花萼几与果实全部合生;花丝5长5短⋯⋯⋯⋯木瓜红属 Rehderodendron
    3 常绿或落叶乔木或灌木,冬芽裸露,先出叶后开花。
      5 伞房状圆锥花序;花梗极短;果皮较薄,脆壳质⋯⋯
      ⋯⋯⋯⋯⋯⋯⋯⋯⋯⋯⋯⋯⋯⋯白辛树属 Pterostyrax
      5 总状聚伞花序,开展;花梗长;果皮厚,木质⋯⋯
      ⋯⋯⋯⋯⋯⋯⋯⋯⋯⋯⋯⋯⋯⋯秤锤树属 Sinojackia

3.3.59.1 野茉莉属(安息香属) Styrax L.

落叶或常绿灌木或乔木;叶全缘或稍有锯齿,被星状柔毛;花排成腋生或顶生的总状花序或圆锥花序;萼微5裂,宿存;花冠5(~8)深裂;雄蕊10(~16),花丝基部合生;子房上位,基部3室,每室有胚珠数颗;球形或长椭圆形的核果,不规则3瓣开裂。约80种,分布于热带和亚热带地区,我国约30种,主产长江以南各地,大部供观赏用。

分种检索表
1 花冠裂片边缘常狭内折,花蕾时作镊合状排列,有时为稍内向镊合状或稍内向覆瓦状排列。
  2 乔木;总状花序或圆锥花序,多花,下部常2至多花聚生叶腋;叶革质或近革质⋯⋯赛山梅 Styrax confusus
  2 灌木;总状花序,有花3~5朵,下部常单花腋生;叶纸质⋯⋯⋯⋯⋯⋯⋯⋯⋯⋯白花龙 Styrax faberi
1 花冠裂片边缘平坦,在花蕾时作覆瓦状排列。
  3 叶下面密被星状绒毛,少数种类在叶脉上兼有星状柔毛⋯⋯⋯⋯⋯⋯⋯⋯⋯⋯玉铃花 Styrax obassia
  3 叶下面无毛或疏被星状柔毛。
    4 花梗较长或等长于花。
      5 花梗和花萼均无毛⋯⋯野茉莉 Styrax japonicus
      5 花梗和花萼均密被星状绒毛⋯⋯
      ⋯⋯⋯⋯⋯⋯⋯大花野茉莉 Styrax grandiflorus
    4 花梗较短于花。
      6 小枝最下两叶近对生⋯⋯老鸹铃 Styrax hemsleyanus
      6 叶全为互生⋯⋯芬芳安息香 Styrax odoratissimus

(1) 野茉莉 *Styrax japonicus* Sieb. et Zucc. [Japan Snowbell]

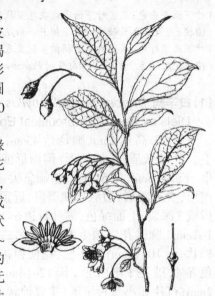

小乔木,高达8m;树皮灰褐色或黑褐色。叶椭圆形至矩圆状椭圆形,长达4~10cm,宽1.5~4(6)cm,边缘有浅锯齿。花长14~17mm,单生叶腋或2~4朵成总状花序,具长2~3cm而无毛的花梗;萼筒无毛;花冠裂片5,长12~14mm,在花蕾中作覆瓦状排列。果近球形至卵形,长8~10mm,顶具凸尖;种子表面具皱纹。花期4~7月,果期9~11月。分布北自秦岭和黄河以南,东起山东、福建,西至云南东北部和四川东部,南至广东和广西北部。朝鲜和日本也有。阳性树种,生长迅速,喜生于酸性、疏松肥沃、土层较深厚的土壤中。播种繁殖。树形优美,花朵下垂,盛开时繁花似雪。园林中用于水滨湖畔或阴坡谷地,溪流两旁,在常绿树丛边缘群植,白花映于绿叶中,饶有风趣。

(2) 白花龙(白龙条,扫酒树,棉子树) *Styrax faberi* Perk [Faber Snowbell]

灌木,高1~2m。嫩枝纤弱,具沟槽,扁圆形;老枝圆柱形,紫红色,直立或有时蜿蜒状。单叶互生,纸质,有时侧枝最下2片叶近对生且较大,长4~11cm,宽3~3.5cm,边缘具细锯齿。总状花序顶生,有花3~5朵,花白色。长1.2~2cm,下部常单花腋生。果实倒卵形或近球形,长6~8mm。花期4~6月,果期8~10月。分布于我国华南、华中及西南各省区。喜生长在丘陵避风坡面较肥沃的红壤上,较耐旱。播种或扦插繁殖。白花龙在春季、夏季开白色花朵,簇生在枝顶,不时逸出香气,色与香俱佳。宜地栽点缀庭园或成片栽在山坡。

3.3.59.2 白辛树属
Pterostyrax Sieb. et Zucc.

落叶乔木或灌木；叶互生，全缘或有齿缺；花芳香，排成圆锥花序；萼5齿裂；花冠5裂几达基部，裂片覆瓦状排列；雄蕊10，突出，离生或基部合生成一短管；子房3(~4~5)室，几乎半下位，每室有胚珠4颗，花柱长；有棱或有翅的坚果，有种子1~2颗。3种，产亚洲东部，分布于西南和华南诸省区。

分种检索表
1 叶下面灰白色，成长叶下面密被灰色星状绒毛；果有5~10棱，密被黄色长硬毛…白辛树 *Pterostyrax psilophyllus*
1 叶下面淡绿色，成长叶下面稍被星状柔毛；果有5狭翅，稍被星状绒毛………小叶白辛树 *Pterostyrax corymbosus*

(1) 白辛树 *Pterostyrax psilophyllus* Diels ex Perk [Glabrousleaf Epaulettetree]

乔木，高达15m，胸径达45cm；嫩枝被星状毛。叶硬纸质，长椭圆形、倒卵形或倒卵状长圆形，长5~15cm，宽5~9cm，顶端急尖或渐尖，基部楔形，少近圆形，边缘具细锯齿，近顶端有时具粗齿或3深裂，上面绿色，侧脉每边6~11条；叶柄长1~2cm。圆锥花序顶生或腋生，第二次分枝几成穗状，长10~15cm；花序梗、花梗和花萼均密被黄色星状绒毛；花白色，长12~14mm；花梗长约2mm；苞片和小苞片早落；花萼钟状；花瓣长椭圆形或椭圆状匙形；雄蕊10枚。果近纺锤形。花期4~5月，果期8~10月。产湖南、湖北、四川、贵州、广西和云南。阳性树种，根系十分发达，生长迅速。播种繁殖。可作园林绿化观赏树种栽培。

(2) 小叶白辛树 *Pterostyrax corymbosus* Sieb. et Zucc. [Corymbose Epaulettetree]

乔木，高达15m，胸径约45cm；嫩枝密被星状短柔毛，老枝无毛，灰褐色。叶纸质，倒卵形、宽倒卵形或椭圆形，长6~14cm，宽3~8cm，顶端急渐尖或急尖，基部楔形或宽楔形，边缘有锐尖的锯齿，嫩叶两面均被星状柔毛，尤以背面被毛较密，成长后上面无毛，下面稍被星状柔毛，侧脉每边7~9条，和网脉在两面均明显而稍隆起；叶柄长1~2cm，上面具深槽，被星状柔毛。圆锥花序伞房状，长3~8cm；花白色，长约10mm；花梗极短，长1~2mm；小苞片线形，长约3mm，密被星状柔毛；花萼钟状，高约3mm，5脉，顶端5齿；萼齿披针形，长约2mm；花冠裂片长圆形，长约1cm，宽约3.5mm，近基部合生；雄蕊10枚，5长5短，花丝宽扁。果实倒卵形，长1.2~2.2cm，5翅，密被星状绒毛，顶端具长喙。花期3~4月，果期5~9月。产江苏、浙江、江西、湖南、福建、广东。日本也有。生长迅速，可利用作为低湿河流两岸绿化树种。

3.3.59.3 秤锤树属 *Sinojackia* Hu

落叶小乔木；叶互生，有小锯齿；花白色，多朵排成下垂的聚伞花序；萼5~7短裂；花瓣5~7，基部合生；雄蕊10~14；子房半下位，3~4室；每室有胚珠8颗排成2列；果木质，干燥，不开裂，通常有种子1颗。3种，产我国江苏、四川、湖南、广东。

秤锤树 *Sinojackia xylocarpa* Hu [Weighttree]

落叶乔木，高达6m。叶椭圆形至椭圆状卵形，长3~7cm；叶柄长3~5mm。聚伞花序腋生，疏具3~5花，形似总状花序；花白色，直径约1.5cm，花梗长达3cm，顶有关节；花冠裂片6~7，长8~12mm；雄蕊12~14，长约4mm，被星状毛和短柔毛；子房高度半下位。果卵形，木质，长2~2.5cm，直径1~1.3cm，具钝或尖的圆锥状的喙，有1颗种子。花期3~4月，果期7~9月。产江苏；上海、浙江、安徽、湖北及河南等曾有栽培。喜生于深厚、肥沃、湿润、排水良好的土壤上，不耐干旱瘠薄。播种繁殖。中国特产树种，果实下垂，宿存，宛如秤锤满树，可观花观果。

3.3.59.4 银钟花属 *Halesia* Ellia ex L.

落叶灌木或乔木，多少被星状柔毛；叶具柄，有小齿；花排成腋生的总状花序或丛生花束；萼4裂；花冠4深裂；雄蕊8，花丝基部合生；子房下位，2~4室，每室有胚珠4颗；干燥的核果，有纵翅2~4条，顶冠以宿存的花柱和萼齿。4~5种,分布于北美和我国。

银钟花 Halesia macgregorii Chun
[Silverbell]

落叶乔木,高6~20m;树皮灰白色。叶椭圆状矩圆形至椭圆形,顶端渐尖,基部钝至宽楔形,边具细锯齿,长6~10cm,宽2.5~4cm,叶柄长7~15mm。花白色,5~6朵排成短缩的总状花序而似簇生于去年生小枝叶腋内,下垂而有清香;萼筒倒圆锥形,具4小齿;花冠宽钟状,裂片4,倒卵状椭圆形,长约9mm;雄蕊8,花丝下部1/5合生,同细长的花柱均伸出于花冠之外;子房下位。果为干核果,长2.5~3cm,椭圆形,具4宽翅,顶端有宿存花柱。花期4月,果期7~10月。分布于浙江、湖南、广东、广西。根系发达,抗风、耐旱,喜湿润而光照较充足的环境。播种繁殖。叶带红色,先花后叶,花白色,果形奇特,为优美观赏树。

3.3.59.5 木瓜红属 Rehderodendron Hu

灌木或乔木;叶互生;花5数,数朵排成腋生的圆锥花序或总状花序;萼5~10棱;花冠阔钟形,5深裂;雄蕊10,着生于冠管上,花丝远长于花药;子房下位,3~4室,每室有胚珠4颗;果大,外果皮硬,内果皮木质或海绵质。约8种,产越南和我国西南部和南部。

分种检索表
1 雄蕊长者稍长于花冠裂片;花与叶同时开放;花冠裂片
  长15~18mm,宽5~8mm
  ......木瓜红 Rehderodendron macrocarpum
1 雄蕊与花冠裂片等长或稍短,花开于长叶之前,花冠裂
  片长20~25mm,宽10~14mm
  ......广东木瓜红 Rehderodendron kwangtungense

木瓜红 Rehderodendron macrocarpum Hu
[Largefruit Rehdertree]

落叶乔木,高10~20m;树皮褐色。叶椭圆状矩圆形至长矩圆形,顶端急尖至渐尖,基部宽楔形至近圆形,边有细锯齿,下面沿中脉和侧脉少生星状毛,长6~12cm,宽3~6cm,中脉和叶柄带红色。花白色,有芳香,5~10朵成总状或狭的圆锥花序;萼筒长约4mm,具小齿,花冠裂片5,长12~15mm;雄蕊10,5长5短,其中长者稍长于花冠裂片,花丝在基部合生;子房下位。核果矩圆形,长6~7cm,直径2.5~3cm,具8~10条纵肋,无毛。花期3~4月,果期7~9月。产四川、云南和广西。喜温凉、湿润、雨量充沛的气候环境和肥沃、排水良好的酸性壤土。播种繁殖。树姿古雅,白花红果奇特美丽,可供庭园观赏。

3.3.59.6 陀螺果属
Melliodendron Hand.- Mazz.

落叶乔木,冬芽卵形,有数片鳞片包裹。叶互生,无托叶,边缘有锯齿。花单生或成对,生于前一年小枝的叶腋,开花于长叶之前或与叶同时开放,有长梗;花梗与花萼之间有关节;萼管倒圆锥形,与子房的大部分或2/3合生,顶端有5齿或稍波状;花冠钟状,5深裂几达基部,裂片在花蕾时呈覆瓦状排列,花冠管极短;雄蕊10枚,一列,等长,远较花冠短,花丝线形。果大,木质。1种。

陀螺果 Melliodendron xylocarpum Hand.-Mazz.
[Topfruit]

落叶乔木,高达25m;树皮灰褐色。叶矩圆形至长矩圆形,顶端渐尖,基部急尖至钝,边有细锯齿,长8~18cm,宽4~6cm,具长8~12mm的柄。花粉白色,直径5~6cm,1~2朵生于去年枝的叶腋内;萼筒长约4mm;花冠裂片5;雄蕊10,花丝下部1/3合生成筒,筒的上部里面生白毛;子房高度半下位。核果倒卵形,长4~5cm,直径2.5~3cm,外面有纵行条肋。花期4~5

月,果期7~10月。产云南、四川南部、贵州、广西、湖南、广东中部以北、江西和福建。喜光,喜温暖气候,稍耐水湿。播种繁殖。陀螺果树形美丽,分枝开展,花大而美丽、先叶开放、略带粉色,雅致洁净,果形似陀螺;是优良的观赏树种。

3.3.60 山矾科 Symplocaceae

灌木或乔木。单叶,互生,通常具锯齿、腺质锯齿或全缘,无托叶。花辐射对称,两性稀杂性,排成穗状花序、总状花序、圆锥花序或团伞花序,很少单生;花通常为1枚苞片和2枚小苞片所承托;萼3~5深裂或浅裂,通常5裂,裂片镊合状排列或覆瓦状排列,通常宿存;花冠裂片分裂至近基部或中部,裂片3~11片,通常5片,覆瓦状排列;雄蕊通常多数,很少4~5枚;子房下位或半下位。核果。1属。

山矾属 Symplocos Jacq.

灌木或乔木;叶互生,单叶,无托叶;花两性,稀单性,辐射对称,为腋生的花束或为总状花序或圆锥花序,很少单生;萼5裂,裂片覆瓦状排列;花冠5~10裂,通常分裂几达基部,一裂片覆瓦状排列;雄蕊15枚以上,稀更少,排成数轮,分离或合生成束,着生于花冠基部;子房下位或半下位,2~5室;每室有胚珠2颗。核果。约300种,广布于热带和亚热带,非洲不产。我国约77种,主要分布于西南部至东南部。

分种检索表
1片的中脉在叶面凸起或微凸起;子房顶端的花盘有毛
　………………………………棱角山矾 Symplocos tetragona
1片的中脉在叶面凹下或平坦,花盘无毛,很少有柔毛。
　2单生或集成总状花序、穗状花序、团伞花序;子房通常3室,通常常绿性…………老鼠矢 Symplocos stellaris
　2集成圆锥花序;子房2室,落叶性。
　　3枝、叶背及花序密被皱曲柔毛;花排成狭长的圆锥花序;核果被紧贴的柔毛……华山矾 Symplocos chinensis
　　3枝、叶背面及花序被疏柔毛或无毛,花排成散开的圆锥花序;核果无毛…………白檀 Symplocos paniculata

(1) 白檀 Symplocos paniculata (Thunb.) Miq.
[Sapphireberry Sweetleaf]

落叶灌木或小乔木;嫩枝、叶两面、叶柄和花序均被柔毛。叶椭圆形或倒卵形,长3~11cm,宽2~4cm,顶端急尖或渐尖,基部楔形,边缘有细尖锯齿,中脉在上面凹下。圆锥花序生于新枝顶端,长4~8cm,花均有长花梗;花萼长约2mm,裂片有睫毛;花白色,芳香,长4~5mm,5深裂,有极短的花冠筒;雄蕊约30枚,花丝基部合生成五体雄蕊;子房顶端圆锥状,无毛,2室。核果蓝色,卵形,稍偏斜,长5~8mm,宿存萼裂片直立。分布于我国东北、华北、长江以南各省区及台湾;朝鲜、日本也

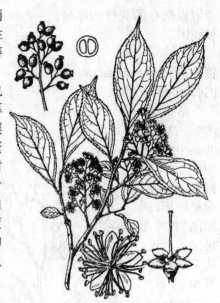

有。喜光稍耐阴,适应性强,耐干旱瘠薄,喜温暖湿润的气候,也耐寒,喜深厚肥沃的沙壤土。播种繁殖。白檀树形优美,枝叶秀丽,春日白花,秋结蓝果,是良好的园林绿化点缀树种。

(2) 华山矾(狗屎木,华灰木,土常山)
Symplocos chinensis (Lour.) Druce
[China Sweetleaf]

落叶灌木,高1~3m。幼枝、叶柄、叶下面、花序均被灰黄色皱曲柔毛。叶纸质,椭圆形或倒卵形,长4~7cm,宽2~4cm,顶端急尖或短尖,基部楔形或钝圆,边缘有细尖齿,叶上面被短柔毛,中脉在上面凹下。圆锥花序狭长似总状花序,长4~7cm;花萼长2~3mm,被柔毛;花冠白色,芳香,长约4mm,5深裂几达基部;雄蕊约45枚,花丝基部合生成不显著的五体雄蕊。核果卵形,歪斜,长5~7mm,被紧贴的柔毛,熟时蓝色。花期4~5月;果期8~9月。分布于长江流域以南各省区。生性强健。喜肥沃、富含有机质且排水良好的沙壤土。扦插或播种繁殖。为良好的园林绿化树种。

3.3.61 紫金牛科 Myrsinaceae

灌木或乔木,稀藤本。单叶互生,稀对生或近轮生,常具腺点或腺纹;无托叶。总状、伞房、伞形、聚伞花序或圆锥花序,稀花簇生;具苞片;花两性或杂性,稀单性,有时雌雄异株或杂性异株,整齐,4~5(6)数。花萼基部连合或近分离,常具腺点,宿存;

花冠常基部连合,稀近分离,裂片常具腺点或腺纹;雄蕊与花冠裂片同数,对生,着生于花冠上,分离或基部连合;子房上位,稀半下位或下位,1室,基生胎座或特立中央胎座;胚珠多数,稀少数。核果或浆果。34属,1000余种,主要分布于热带和亚热带地区。我国5属,128种,主要产于长江流域以南各省区。

分属检索表
1子房上位;花萼基部或花梗上无小苞片;种子1枚,球形或新月状圆柱形··········紫金牛属 Ardisia
1子房半下位或下位;花萼基部或花梗上具1对小苞片;种子多数,有棱角·········杜茎山属 Maesa

3.3.61.1 紫金牛属 Ardisia Swartz

常绿灌木,稀为乔木;叶通常互生,单叶,全缘或有钝齿;花通常两性,排成总状、聚伞或伞形花序,5数,稀4数;萼片分离或基部连合;花冠轮状,仅于基部合生;雄蕊着生于冠喉部;子房上位;核果,有种子1颗。400种,分布于热带和亚热带地区,我国约69种,产长江以南地区。

分种检索表
1叶缘具锯齿或啮蚀状细齿,齿间或齿尖无腺点············
···········紫金牛 Ardisia japonica
1叶缘具圆齿,齿间有腺点,无腺点者,边缘具锯齿或啮蚀状细齿。
　2花萼也花瓣近等长或较花瓣长1/2,萼片披针形;植株被长毛·······虎舌红 Ardisia mamillata
　2花萼不超过花瓣的1/2,萼片不为披针形。
　　3叶膜质·············百两金 Ardisia crispa
　　3叶草质或坚纸质······朱砂根 Ardisia crenata

(1) 紫金牛 Ardisia japonica Bl. [Japan Ardisia]

常绿低矮灌木,高仅20~30cm;根状茎长而横走,暗红色;地上茎直立,不分枝,表面带褐色,具短腺毛。叶集生于茎顶,椭圆形,长4~7cm,两面有腺点;顶端急尖,缘具尖齿,两面有腺点,叶背中脉处有微柔毛。短总状花序近伞形,通常有花2~6朵,腋生或顶生;花冠青白色,径约1cm,裂片卵形,有红色腺点。核果球形,成熟时亮红色,径约5~6mm。花期4~5月;果期9~11月。广布于长江以南各地;日本、朝鲜也有分布。耐阴性甚强,忌阳光直晒;喜温暖湿润气候,不耐寒;喜生于富含腐殖质的酸性沙壤土,忌干旱。播种繁殖,扦插和压条也容易生根。植株低矮,四季常绿,果实红艳而且挂果期极长,是优美的观花和观叶灌木,在长江流域及以南地区最适于点缀于林下、树丛、山石旁、溪边等荫蔽处作地被,可片植、丛植。

(2) 朱砂根(平地木) Ardisia crenata Sims. [Cinnabarroot]

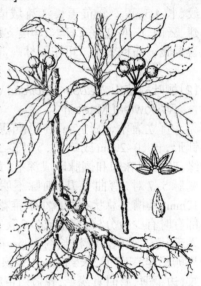

常绿灌木,高1~2m。根状茎肥壮,根断面有小血点。茎直立,有少数分枝,无毛。单叶互生,常集生枝顶,椭圆状披针形至倒针形;长为6~13 cm,顶端钝尖,叶缘波状,两面有突起的腺点。伞形或聚伞形花序;花小,淡紫白色,有深色腺点;花冠裂片披针状卵形。核果球形,径7~8mm,红色,具斑点,有宿存花萼和细长花柱。花期5~6月,果期10~12月经久不凋。产长江以南各省地区;日本、朝鲜也有分布。多生于山谷林下阴湿处,忌日光直射,喜排水良好富含腐殖质的湿润土壤,不耐寒。种子繁殖。果红叶绿,颇为美观,可作盆栽观果树种,也可植于庭园观赏,因其耐阴,尤适于林下种植。品种:有白果'Leycocarpa'、黄果'Xanthocarpa')、粉果'Pink'以及斑叶'Variegata'等。

3.3.61.2 杜茎山属 Maesa Forsk.

灌木;花小,两性或单性,5数,有小苞片1对,排成腋生、稀顶生的总状花序或圆锥花序;萼5裂;花冠5裂;雄蕊5,纤弱,与花冠裂片对生;子房半下位,1室,有胚珠多数生于特立中央胎座上;浆果多少肉质,罕为硬壳质,顶冠以宿存花萼及花柱;种子多数,具棱。约200种,分布于东半球热带地区,我国有27种,广布于长江以南各省区。

分种检索表
1叶片长为宽的2~3倍,叶面脉平整,不深凹,其余部分不隆起··············杜茎山 Maesa japonica
1叶片长为宽的5倍以上,叶面脉深凹,其余部分隆起······
···········柳叶杜茎山 Maesa salicifolia

(1)杜茎山(踏天桥,山茄子)*Maesa japonica* (Tbunb.)Moritzi　　[Japan Maesa]

灌木,有时攀援状,高1~3m。叶革质或坚纸质,椭圆形、椭圆状披针形、倒卵形或矩圆状卵形,顶端尖削状渐尖、急尖或钝,长10~14cm,宽2~5.5cm,近基部全缘或全部全缘或中部以上有远离、急尖而有短尖的锯齿,侧脉5~8对。总状花序或近基部有几个分枝,腋生,单个或2~3个在一起,长1~3cm。花长3~5mm,比花梗稍长;小苞片宽卵形至肾形,顶端圆形或极钝,有腺条纹;花冠筒状,筒长3~4mm,有腺条纹。果球形,有腺条纹,长4.5mm。分布于长江流域诸省和台湾、福建、云南、广西、广东;日本、印度支那也有。喜光,喜温暖。播种繁殖。可作园林观赏灌木。

(2)柳叶杜茎山 *Maesa salicifolia* Walker [Willowleaf Maesa]

直立灌木,高约2m。叶片革质,狭长圆状披针形,长10~20cm或略长,宽1.5~2cm或略宽,全缘,叶面中脉印和侧脉印成深痕,背面强烈隆起,侧脉5~7对,弯曲上升,细脉不明显。叶柄长5~12mm,具槽。总状花序或小圆锥花序,腋生,近基部有时有少数分枝,单生或2~3簇生,长1.5~2cm,无毛;苞片卵形;花梗长约4mm;花长3~4mm,萼片卵形至广卵形,长约1mm,具腺点或脉状腺条纹,边缘薄,有时具缘毛;花冠白色或淡黄色,管状或管状钟形,长3~4mm,具脉状腺条纹,裂片广卵形,长约1mm,顶端圆形,边缘波状,微开展。果球形或近卵圆形,直径约4mm。花期1~2月,果期9~11月。产广东。耐阴、耐水湿,喜石灰岩土壤。播种繁殖。可作园林观花观果灌木,种植于山坡、林中和荫湿的地方。

3.3.62 海桐花科 Pittosporaceae

常绿灌木、乔木或藤本。单叶互生,稀对生或近轮生,全缘,稀有锯齿;无托叶。花两性,稀杂性,辐射对称;单生或组成伞形、伞房、圆锥花序,稀簇生;花萼5;花瓣5,常有爪,分离或靠合;雄蕊5;子房上位,1室或2~5室,胚珠多数,柱头头状或2~5裂。蒴果或浆果。种子具胚乳,胚小。9属,约360种,分布于东半球热带及亚热带,主产大洋洲。我国1属,44种。

海桐花属 *Pittosporum* Banks ex Soland

常绿灌木或乔木;叶互生,全缘或有波状齿缺,在小枝上的常轮生;花为顶生的圆锥花序或伞房花序,或单生于叶腋内或顶生;萼片、花瓣和雄蕊均5枚;花瓣狭,基部粘合或几达中部;子房上位,不完全的2室,稀3~5室,有胚珠数颗生于侧膜胎座上;球形或倒卵形的蒴果,果瓣2~5,木质或革质;种子数颗,藏于胶质或油质的果肉内。约300种,广布于大洋洲,西南太平洋各岛屿,东南亚及亚洲东部的亚热带。中国有44种8变种。

分种检索表

1 胎座2个,位于果片下半部或基部,并在基部相连接;蒴果多少压扁,2片裂开;花序伞形或圆锥状,稀为总状花序………………………………崖花海桐 *Pittosporum sahnianum*
1 胎座3~5个,稀2个,位于果片中部,蒴果3~5片;花序伞形。
　2 果片木质,厚1~2.5mm,种子长2~4mm……………………………………………海桐 *Pittosporum tobira*
　2 果片薄草质,厚不及1mm,种子长3~7mm。
　　3 蒴果椭圆形、倒卵形或长筒形…………………………………光叶海桐 *Pittosporum glabratum*
　　3 蒴果圆球形,或略呈三角球形……………………………………海金子 *Pittosporum illicioides*

(1)海桐 *Pittosporum tobira*(Thunb.)Ait. [Tobira Seatung]

常绿小乔木或灌木,高2~6m;枝条近轮生。叶聚生枝端,革质,狭倒卵形,长5~12cm,宽1~4cm,顶端圆形或微凹,边缘全缘,无毛或近叶柄处疏生短柔毛;叶柄长为3~7mm。花序近伞形,多少密生短柔毛;花有香气,白色或带淡黄绿色;花梗长8~14mm;萼片5,卵形,长约5mm;花瓣5,长约1.2cm;雄蕊5;子房密生短柔毛。蒴果近球形,长约1.5cm,裂为3爿,果皮木质,厚约2mm;种子长3~7mm,暗红色。分布于长江以南滨海各省,内地多为栽培供观赏;亦见于日本及朝鲜。适应性强,喜光,也耐阴,耐寒冷,亦耐暑热。对土壤的适应性强,对有毒气体抗性强。播种繁殖。可作园林绿化观赏树种栽培。品种有银边海桐'Variegatum',叶边缘有白斑。

(2)崖花海桐(崖花子,海金子) *Pittosporum sahnianum* Gowda [Rupestrine Seatung]

灌木或乔木,高1~6m;小枝近轮生,细,无毛。

叶薄草质,倒卵形至倒披针形,长5~10cm,宽1.7~3.5cm,无毛;叶柄长5~10mm。花序伞形,有1至12朵花,无毛;花淡黄白色;花梗长1~2.5cm;萼片5,卵形,长约2.5mm;花瓣5,长8~10mm;雄蕊5。蒴果近椭圆球形,长约1.5cm,裂为3爿,果皮薄;种子暗红色。分布于福建、台湾、浙江、江苏、安徽、江西、湖北、湖南、贵州等省;日本也有。耐阴。播种繁殖。可作园林观花观果植物种植。

3.3.63 茶藨子科 Grossulariaceae

灌木或乔木,具针刺。单叶,互生或对生、轮生,具齿或掌状分裂,稀全缘;无托叶。花常退化为单性,总状、聚伞或圆锥花序,或单花,花瓣4~5,分离或合生;雄蕊4~5,生于花盘上;花柱1~6。蒴果或浆果。8属,约300种,产于热带至温带,主产于南美及澳大利亚。中国3属77种。

茶藨子属 Ribes L.

灌木,有刺或无刺;叶常绿或脱落,互生或丛生,单叶,常掌状分裂;托叶缺;花两性或有时单性,单生或排成总状花序;萼管与子房合生,裂片直立或广展;花瓣4~5,通常小或为鳞片状;雄蕊4~5,与花瓣互生;子房下位,1室,有2个侧膜胎座;胚珠多数;花柱2;浆果,顶冠以宿存的萼。约150种,主产于北温带和较寒冷地区。中国45种,产于西南、西北和东北。

分种检索表
1 花两性;苞片短小,卵形或近圆形,极稀舌形、长圆形或披针形。
　2 枝具刺·················刺果茶藨子 Ribes burejense
　2 枝无刺。
　　3 花黄色,萼筒管形,花柱不裂或仅柱头2裂;成熟叶下面、花萼、子房和果实无毛,无腺体·················
··················香茶藨子 Ribes odoratum
　　3 花绿色、黄白色或红色,萼筒盆形、杯形、钟形至短圆筒形,花柱2裂,稀不裂。
　　　4 叶下面、花萼、子房和果实无腺体,稀微具腺毛······
··················东北茶藨子 Ribes mandshuricum
　　　4 叶下面、花萼、子房和果实被黄色腺体,极稀不具腺体。
　　　　5 花萼浅红色或苍白色,具短柔毛和黄色腺体,萼筒近钟形,花柱先端2裂;子房疏生短柔毛和腺体;果实疏生腺体·············黑茶藨子 Ribes nigrum
　　　　5 花萼浅黄白色,具短柔毛,无腺体,萼筒钟状短圆筒形,花柱不裂或仅柱头2浅裂,子房和果实无毛,无腺体·············美洲茶藨子 Ribes pulchellum
1 花单性,雌雄异株;苞片狭长,舌形、长圆形、椭圆形、披针形或线形。
　6 伞形花序几无总梗,具花2~9朵或花数朵簇生,稀单生;落叶灌木,枝无刺;叶边分裂,顶生裂片稍长或几与侧生裂片近等长;花萼黄绿色;果实无毛·············
··················簇花茶藨子 Ribes fasciculatum
　6 总状花序;落叶或常绿灌木。
　　7 花序轴和花梗无毛·········长白茶藨子 Ribes komarovii
　　7 花序轴和花梗具柔毛和腺·····················
··················美丽茶藨子 Ribes pulchellum

(1) 香茶藨子(黄丁香,黄花茶藨子,黄花茶藨子)
Ribes odoratum Wendl. [Buffalo Currant]

落叶灌木,高可达2m。干皮黑褐色片状剥裂;小枝褐色,有毛。单叶互生,叶片卵圆形,长4~10cm,宽3~6cm,上部3~5深裂,裂片先端具粗齿,叶基楔形,全缘,两面无毛或仅叶背具细毛和锈斑。叶具长叶柄。总状花序有花5~10朵,两性花,具叶状苞片,花萼管状,黄色,上部5裂外翻。花瓣小,红色,与萼裂互生,花丝条片状,与花瓣互生。浆果球形,长约0.9cm,熟时黑色。花期3月中、下旬至4月上、中旬。果于7~8月成熟。原产美国中部地区。我国华北、华东地区有引进栽培,生长良好。耐阴,耐寒性强,有一定的抗干旱能力。萌芽力强,耐修剪。早春开花,花色鲜黄亮丽,香气四溢;叶子轻盈秀丽,是良好的园林观赏花木。适宜栽植与林下、林缘、草坪丛植。

(2) 美丽茶藨子 Ribes pulchellum Turcz.
[Beautiful Gooseberry]

灌木,高1~2m;小枝褐色,通常在叶基具1对小刺。叶圆形,掌状三深裂或半裂,长1~3.2cm,裂片尖或钝,基部截形或心形,上面暗绿色,有短硬毛,下面色淡,沿叶脉与叶缘有毛。雌雄异株,总状花序,有短柔毛;花带红色,萼片卵圆形,长1.5mm左右;花柱2裂。浆果红色,近圆形,直径达5~6mm,果序长3cm左右,有短柔毛。产山西、河北、甘肃、内蒙古、新疆;俄罗斯及蒙古也有分布。

3.3.64 八仙花科(绣球花科) Hydrangeaceae

灌木或草本,稀小乔木。单叶对生,稀互生或轮生。花两性或兼具不孕花,两型或一型;花萼裂片和花瓣均4~5,稀8~10;雄蕊为花瓣数的两倍至多倍;子房下位或半下位,稀上位,4~5(~10)室。蒴果,稀浆果;种子多数,细小。16属,200种;中国11属,119种。

分属检索表
1 花丝扁平,钻形,有时具齿;灌木;花序全为孕性花,花萼裂片绝不增大呈花瓣状。
　2 叶通常被星状毛;花瓣5,雄蕊10~(~12~15);蒴果3~5瓣裂 ····················· 溲疏属 Deutzia
　2 叶无星状毛;花瓣4,雄蕊20~40;蒴果4瓣裂 ························· 山梅花属 Philadelphus
1 花丝非扁平,线形,无齿;草本,直立或攀援灌木;花序全为孕性花或兼具不育花,花萼裂片增大或不增大呈花瓣状。
　3 花序全为孕性花,其花萼裂片绝不增大呈花瓣状。
　　4 直立灌木或亚灌木;花柱3~6,细长,柱头长圆形或圆形;浆果,略干燥 ··············· 常山属 Dichroa
　　4 攀援灌木,以气生根攀附于他物上;花柱1;粗短,柱头膨大呈圆锥状或盘状;蒴果 ······· 冠盖藤属 Pileostegia
　3 花序具不育花和孕性花,不育的花萼裂片增大呈花瓣状,稀不增大的。
　　5 不育花仅具增大的花萼裂片1~2片,如3~4片,则合生成盾状着生 ············· 钻地风属 Schizophragma
　　5 不育花具花瓣状的花萼裂片2~5片,分离,非盾状着生 ························ 绣球属 Hydrangea

3.3.64.1 山梅花属 Philadelphus L.

落叶灌木,直立状,稀攀援,枝髓白色;茎皮常脱落。单叶对生,全缘或具齿,离基3或5出脉。花白色,芳香,总状花序,常下部分枝呈聚伞状或圆锥状排列;萼裂片和花瓣均为4(~5),旋转覆瓦状排列;雄蕊13~90;子房下位或半下位。蒴果4(~5),瓣裂,外果皮纸质,内果皮木栓质。约70多种,产于北温带,尤以东亚较多,欧洲仅1种,北美洲延至墨西哥。我国有22种17变种,几全国均产,但主产西南部各省区。

分种检索表
1 花梗和花萼外面密被毛。
　2 叶下面密被长粗毛 ············ 山梅花 Philadelphus incanus
　2 叶下面密被柔毛 ······ 云南山梅花 Philadelphus delavayi
1 花梗和花萼外面无毛或疏被毛。
　3 花柱从先端分裂至中部以下,基部被毛,花盘被毛或无毛 ············ 东北山梅花 Philadelphus schrenkii
　3 花柱先端稍分裂,基部和花盘均无毛。
　　4 花萼外面疏被微柔毛 ············ 薄叶山梅花 Philadelphus tenuifolius
　　4 花萼外面无毛。
　　　5 叶两面均无毛或仅下面脉腋被毛;叶柄常带紫色,花淡黄白色 ········ 太平花 Philadelphus pekinensis
　　　5 叶通常两面均无毛,有时脉上有毛;花雪白 ·············· 西洋山梅花 Philadelphus coronaries

(1) 山梅花 Philadelphus incanus Koehne [Mockorange]

灌木,高1.5~3.5m;二年生小枝灰褐色,表皮呈片状脱落,当年生小枝浅褐色或紫红色。叶卵形或阔卵形,长6~12.5cm,宽8~10cm;花枝上叶较小,卵形至卵状披针形,边缘具疏锯齿,上面被刚毛,下面密被白色长粗毛,叶脉离基出3~5条。总状花序有花5~7(~11)朵,下部的分枝有时具叶;花白色,无香味;花序轴、花梗、花萼外面均被毛;花柱长约5mm,无毛,近先端稍分裂。蒴果倒卵形。花期5~6月,果期7~8月。产山西、陕西、甘肃、河南、湖北、安徽和四川。性强健。喜光,稍耐阴,较耐寒;耐旱,怕水湿,不择土壤。分株、播种、扦插、压条均可。花朵洁白如雪,花感强,花期长,且盛开于初夏,可作庭院和风景区绿化材料。宜丛植或成片种植在草地、山坡、林缘,与建筑、山石配植也适宜,还可作自然式花篱。变种:牯岭山梅花 var. sargentiana Koehne,高达3m,小枝紫褐色。叶卵状椭圆形至椭圆状披针形,缘具疏齿。花白色。产于江西庐山牯岭附近。

(2) 太平花(京山梅花) Philadelphus pekinensis Rupr. [Beijing Mockorange]

灌木,高1~2m,树皮薄片状剥落。叶卵形或阔椭圆形,长6~9cm,宽2.5~4.5cm,先端长渐尖,边缘具锯齿,两面无毛,稀仅下面脉腋被白色长柔毛;叶脉离基出3~5条。总状花序有花5~7(~9)朵;花瓣白色,但常略带乳黄色,微香。花萼外面、花梗、花柱均无毛;花柱长4~5mm,纤细,先端稍分裂。蒴果近球形或倒圆锥形,直径5~7mm。花期5~7月,果期8~10月。产内蒙古、辽宁、河北、河南、山西、陕西、湖北。喜光,耐寒,怕涝。栽培历史很久,宋仁宗时始植于宫庭,据传宋仁宗赐名"太平瑞圣花",流传至今。变种：①毛太平花 var. brachybotrys Koehne，小枝及叶两面有硬毛，叶柄绿色；②毛萼太平花 var. dascalyx Rehd. 花托及萼片外有毛。

3.3.64.2 溲疏属 Deutzia Thunb.

落叶灌木，通常被星状毛。小枝中空或具疏松髓心，表皮通常片状脱落。叶对生，具叶柄，边缘具锯齿。圆锥或聚伞花序，稀单花，顶生或腋生。萼片、花瓣各5，雄蕊10，稀12~15，常成形状和大小不等的两轮，花丝常具翅。子房下位，花柱3~5，离生。蒴果，3~5瓣裂。约60多种，分布于温带东亚、墨西哥及中美。我国53种，各省区都有分布，以西南部最多。

分种检索表
1 花瓣阔卵形、倒卵形或圆形，花蕾时覆瓦状排列；子房下位 ···················小花溲疏 Deutzia parviflora
1 花瓣长圆形或椭圆形，稀卵状长圆形或倒卵形，花蕾时内向镊合状排列，子房下位或半下位。
  2 花丝内外轮形状不同，稀相同，外轮先端具齿，齿长达到或超过花药，稀不达花药，内轮花药从花丝内侧伸出，稀从裂齿间伸出······紫花溲疏 Deutzia purpurascens
  2 花丝内外轮形状相同，先端均具齿，稀外轮无齿，齿长不达花药，如超过花药，则齿平展或下弯成钩状，花药从花丝齿间伸出，稀有内轮花药从花丝内侧近顶端伸出。
    3 叶两面被毛形状和疏密近相同，星状毛具3~5(~6)辐线，常下面的较上面的辐线数仅多1~2条·······························细梗溲疏 Deutzia gracilis
    3 叶两面被毛形状和疏密不同，星状毛有6~18辐线，下面较上面密且辐线数多一倍以上，稀下面无毛。
      4 花枝无毛；叶下面无毛，如下面被毛亦很稀疏·········黄山溲疏 Deutzia glauca
      4 花枝被毛；叶两面均被毛，下面被毛较上面密。
        5 叶下面灰白色，被极密星状毛，毛被连续覆盖······宁波溲疏 Deutzia ningpoensis
        5 叶下面绿色，疏被星状毛，毛被不连续覆盖···········齿叶溲疏 Deutzia crenata

(1) 大花溲疏 Deutzia grandiflora Bunge [Largeflower Deutzia]

灌木，高约2m；老枝紫褐色或灰褐色，无毛，表皮片状脱落；花枝开始极短，以后延长达4cm，黄褐色。叶纸质，卵状菱形或椭圆状卵形，长2~5.5cm，宽1~3.5cm，边缘具大小相间或不整齐锯齿，上面被4~6辐线星状毛，下面灰白

色，被7~11辐线星状毛。聚伞花序长和直径均1~3cm，具花(1~)2~3朵；花梗、萼筒被星状毛，裂片线状披针形，较萼筒长，被毛较稀疏；花瓣白色。蒴果半球形。花期4~6月，果期9~11月。产东北南部、华北、西北等地。喜光、稍耐阴、耐寒、耐旱，对土壤要求不严。播种、分株。花朵大而开花早，宜植于庭园观赏。

(2) 小花溲疏 Deutzia parviflora Bunge [Smallflower Deutzia]

灌木，高1~2m。老枝树皮剥落。单叶对生，卵形至椭圆形，边缘具细密锯齿，两面均有星状毛，中脉上具白色长柔毛。伞房花序具多花；萼筒杯状，花瓣5，白色，雄蕊10，花丝扁。蒴果半球形。花期5~6月，果期7~8月。

分布于东北、华北等地。朝鲜和俄罗斯亦产。喜光；耐干旱、耐瘠薄，适应性极强，对于干旱、少雨的北方城市绿化极为适宜。扦插、播种、压条、分株繁殖。叶浓绿欲坠，花形美如团云。花型多变、花朵繁密而素雅，花期长，且花期正值初夏少花季节，宜植于草坪、山坡、路旁及林缘和岩石园，也可作花篱栽植，是北方难得的绿化、美化材料，值得大力引种并繁育推广。

3.3.64.3 绣球属 Hydrangea L.

落叶灌木或小乔木。叶常2片对生或少数种类兼有3片轮生。聚伞花序排成伞形状、伞房状或圆锥状，顶生；不育花（或称放射花）存在或缺，具长柄，生于花序外侧；孕性花较小，具短柄，生于花序内侧，花瓣4~5，分离，镊合状排列；雄蕊8~25（常10）。蒴果。73种，我国有46种，广布，尤以西南部至东南部种类最多。

分种检索表
1 子房1/3~2/3上位；蒴果顶端突出。
  2 蒴果顶端突出部分非圆锥形；花瓣分离，基部通常具爪；种子具网状脉纹，通常无翅或罕有极短的翅；雄蕊近等长，较长的于花蕾时不内折。
    3 子房近半上位或半上位；蒴果顶端2/3或1/2突出于萼筒；花瓣基部具爪；种子无翅···············

……………………中国绣球Hydrangea chinensis
　3子房小半上位；蒴果近1/3或超过1/3突出于萼筒；种
　　子一端或两端具极短的翅或无翅…………………
　　…………………………绣球Hydrangea macrophylla
　2蒴果顶端突出部分圆锥形；花瓣分离，基部截平；种子
　　具纵脉纹，两端具长翅；雄蕊不等长，较长的在花蕾时
　　反折。
　　4花排成圆锥状聚伞花序；叶2~3片对生或轮生………
　　……………………………圆锥绣球Hydrangea paniculata
　　4花排成伞房状聚伞花序；叶2片对生………………
　　…………………………东陵绣球Hydrangea bretschneideri
1子房完全下位；蒴果顶端截平。
　5花瓣连合成冠盖状；种子周边具翅；攀援藤本…………
　　……………………………冠盖绣球Hydrangea anomala
　5花瓣分离，基部截平；种子两端具翅。
　　6叶下面密被灰白色、直或稍弯曲、彼此略交结的短柔
　　毛，脉上的毛稍长；花柱多数3，少有2……………
　　……………………………马桑绣球Hydrangea aspera
　　6叶下面密被灰白色糙伏毛；花柱2…………………
　　……………………………蜡莲绣球Hydrangea strigosa

(1) 绣球（八仙花） Hydrangea macrophylla (Thunb.) Ser. [Largeleaf Hydrangea]

圆形灌丛，高1~4m；枝粗壮，具少数长形皮孔。叶纸质或近革质，倒卵形或阔椭圆形，长6~15cm，宽4~11.5cm，先端骤尖。伞房状聚伞花序近球形，直径8~20cm，分枝粗壮，近等长，密被紧贴短柔毛，花密集，多数不育；不育花萼片4，粉红色、淡蓝色或白色；孕性花极少数，具2~4mm长的花梗；雄蕊10枚，近等长。蒴果。花期6~8月。北至山东，南到华南、西南。野生或栽培。日本、朝鲜有分布。喜阴，不耐寒，适生于湿润肥沃、排水良好而富含腐殖质的酸性土壤，花色因土壤酸碱度不同而变化。扦插、压条或分株繁殖。花序大而美丽，适于丛植于林下、水边、建筑物阴面、窗前、假山、山坡、草地各处，宜可列植于路边作花篱。品种：①紫阳花 'Otaksa' 高约1.5m。叶质较厚。花序中全为不育花，极美丽。②银边八仙花 'Maculata' 叶较小，边缘白色。③斑叶八仙花 'Variegata' 叶面有白色至乳黄色斑块。

(2) 圆锥绣球 Hydrangea paniculata Sieb.et Zucc. [Paniulate Hydrangea]

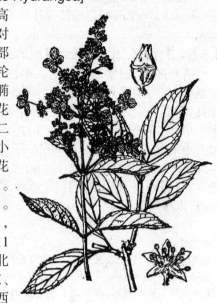

灌木，高3~4m。叶对生，在枝上部有时3叶轮生，卵形或椭圆形。圆锥花序顶生，花二型；萼瓣，大小不等；孕性花白色，芳香。蒴果近球形。花期6~7月，果期10~11月。产西北（甘肃）、华东、华中、华南、西南等地区。播种繁殖。花序大型，花色由白变浅粉红色，甚为美观，为常植于庭园观赏的优良花灌木，宜孤植。

3.3.64.4 钻地风属 Schizophragma Sieb. et Zucc.

落叶木质藤本；茎平卧或藉气生根高攀；嫩枝平滑，老枝具纵条纹，片状剥落。叶对生，具长柄。伞房状或圆锥状聚伞花序顶生，不育花存在或缺；孕性花小；花瓣分离，镊合状排列，早落；雄蕊10枚，分离。蒴果倒圆锥状或陀螺状，4~5室，具棱。10种，主产于我国和日本。其中日本只产1种，我国有9种，分布于东部、东南部至西南部。

钻地风 Schizophragma integrifolium Oliv. [China Hydrangeavine]

木质藤本或藤状灌木；小枝褐色，无毛，具细条纹。叶纸质，椭圆形或长椭圆形或阔卵形，长8~20cm，宽3.5~13cm，上面无毛，下面有时沿脉被疏短柔毛，后渐变近无毛，脉腋间常具髯毛。伞房状聚伞花序

密被褐色、紧贴短柔毛；不育花萼片单生或偶有2~3片聚生于花柄上，黄白色；孕性花萼筒陀螺状，萼齿三角形；花瓣长卵形，长2~3mm，先端钝；雄蕊近等长。蒴果钟状或陀螺状。花期6~7月，果期10~11月。产长江流域至华南、西南。喜光，耐寒。宜庭园观赏或垂直绿化用。变型：小齿钻地风 f. denticulatum (Rehd.) Chun，产浙江、安徽、江西、湖北、湖南、四川与广东，叶上部边缘有清晰而规则小锯齿。

3.3.64.5 常山属 *Dichroa* Lour.

落叶灌木。叶对生，稀上部互生。花两性，一型，无不孕花，排成伞房状圆锥花序或聚伞花序；萼筒倒圆锥形，贴生于子房上，裂片5(~6)；花瓣5(~6)，分离，雄蕊4~5或10~(~20)，花丝线形或钻形，花丝在花蕾时常有半数弯曲而使花药倒悬；子房近下位或半下位。浆果，不开裂。约12种。我国产6种，分布于西南部至东部。

常山（土常山，黄常山，白常山）
Dichroa febrifuga Lour.   [Antifebrile Dichroa]

灌木，高1~2m；小枝圆柱状或稍具四棱，常呈紫红色。叶形状大小变异大，长6~25cm，宽2~10cm，边缘具锯齿或粗齿，稀波状，两面绿色或一至两面紫色，侧脉每边8~10条，网脉稀疏。伞房状圆锥花序顶生，有时叶腋有侧生花序，直径3~20cm，花蓝色或白色。浆果直径3~7mm，蓝色，干时黑色。花期2~4月，果期5~8月。产于华北、华中至华南、西南。蓝色浆果美丽动人，适合庭园观赏。

3.3.64.6 冠盖藤属
Pileostegia Hook. f. et Thoms.

常绿、攀援状灌木，以小根攀附于他物上；叶对生。全缘或有短齿；花小，白色，簇生子顶生、具柄、伞房花序式的圆锥花序上；萼片4~5；花瓣4~5；雄蕊8~10，花丝长；陀螺形的蒴果，沿棱脊开裂；种子多数，种皮顶端膨大。2种，产亚洲东南部。我国2种均产。

冠盖藤（青棉花）*Pileostegia viburnoides* Hook. f. et Thoms.   [Common Pileostegia]

常绿木质藤本，常具小气生根；茎攀高可达15m，小枝灰褐色，无毛。叶对生，薄革质，椭圆状矩圆形至披针状椭圆形，长10~16cm，宽3~6cm，先端短尖或渐尖，无毛或背面散生极疏的星状毛，全缘或上部边缘略有浅波状疏齿；叶柄长1~3cm。圆锥花序顶生，长7~12cm，无毛或有稀疏长柔毛；花聚生，一型，两性，白色或绿白色，花芽球形，直径约3~4mm；花萼裂片4~5，覆瓦状排列；花瓣上部连合而成一冠盖花冠，早落；雄蕊8~10。蒴果陀螺状半球形，直径3~4mm，顶端近截形，具纵棱，无毛。花期7~8月，果期9~12月。分布于长江以南各省区及台湾；印度也有。稍耐水湿。播种繁殖。可作园林垂直绿化攀援植物，种植于溪旁、山谷或林下。

3.3.65 鼠刺科 Iteaceae

乔木或灌木。单叶，互生，边缘通常具腺齿或刺齿，具水平伸出的第三回脉；托叶相当小，线形，早落，花小，辐射对称，两性或杂性，形成顶生或腋生，密而长的总状花序或短的聚伞花序；萼基部合生，少离生；花瓣5，镊合状排列，常宿存；雄蕊5，与萼片对生；花盘环状；子房通常长，花柱2，合生，常最后分离。蒴果，狭或卵圆形，具2糟，室间开裂。种子多数而狭小。1属。

鼠刺属 *Itea* L.

灌木或小乔木；叶互生，单叶，无托叶；花白色，两性，小，排成顶生或腋生的总状花序或圆锥花序；萼5裂，裂片宿存；花瓣5，极狭；雄蕊5，着生于花盘上；子房上位或半下位，2~3室，有胚珠多数；狭长形的蒴果，有槽纹，通常开裂为2果瓣；种子多数。约29种，主要分布于东南亚至中国和日本，仅1种产于北美。我国17种及1变种，分布于西南、东南至南部各省区。

分种检索表
1 花序顶生，直立或略弯至下垂，子房半下位，雄蕊常短于花瓣·····································冬青叶鼠刺 *Itea ilicifolia*
1 花序腋生，直立，子房上位，或稀半下位，雄蕊常短于花瓣或长于花瓣·····························鼠刺 *Itea chinensis*

(1)鼠刺（老鼠刺）*Itea chinensis* Hook. et Arn.
  [China Sweetspire]

灌木或小乔木，高4~10m。叶薄革质，倒卵形或卵状椭圆形，长5~12cm，宽3~6cm，先端锐尖，基部楔形，边缘上部具不明显圆齿状小锯齿，呈波状或近全缘；中脉下陷，下面明显突起，侧脉4~5对，弧状上弯。腋生总状花序，常短于叶，长3~7cm，单生或稀2~3束生,直立;花多数,2~3个簇生;花梗细,长约2mm,被短毛;花瓣白色,披针形,长2.5~3mm,花时直立,顶端稍内弯,无毛。蒴果长圆状披针形。花期3~5月,果期5~12月。产福建、湖南、广东、广西、云南西北部及西藏。喜光,稍耐水湿。播种繁殖。可作园路树或观花灌木,种植于山坡、山谷、路边及河边。

(2) 冬青叶鼠刺(月月青) *Itea ilicifolia* Oliv.
[Hollyleaf Sweetspire]

常绿灌木,高2~4m。叶厚革质,阔椭圆形至椭圆状长圆形,稀近圆形,长5~9.5cm,宽3~6cm,先端锐尖或尖刺状,基部圆形或楔形,边缘具较疏而坚硬刺状锯齿,或下面仅脉腋具簇毛;侧脉5~6对;叶柄长5~10mm,无毛。顶生总状花序,下垂,长达25~30cm;花序轴被短柔毛;花多数,通常3个簇生;花梗短,长约1.5mm;花瓣黄绿色,线状披针形,长2.5mm,顶端具硬小尖,花开放后,直立。花期5~6月,果期7~11月。产陕西南部、湖北、四川东部、贵州、陕西。稍耐阴。播种繁殖。叶形奇特可供观赏,可种植于山坡、灌丛或林下、山谷、河岸和路旁。

3.3.66 蔷薇科 Rosaceae

草本、灌木或乔木,落叶或常绿,有刺或无刺。冬芽常具数个鳞片,有时仅具2个。单叶或复叶,多互生,稀对生,通常有托叶。花两性,整齐,单生或排成伞房、圆锥花序;周位花或上位花;花萼基部通常多少与花托愈合成碟状或坛状萼管,萼片和花瓣同数,通常4~5;雄蕊多数(常为5的倍数),着生于花托或萼管的边缘;心皮1至多数,离生或合生,子房上位,有时与花托合生成下位子房。果实为蓇葖果、瘦果、梨果或核果,稀蒴果;种子通常不含胚乳,子叶出土。4亚科,约120属,3400余种,广布于世界各地,尤以北温带较多,包括许多著名的花木。中国约55属,1056种。

分亚科检索表
1 果实开裂之蓇葖果或蒴果;单叶或复叶,通常无托叶⋯⋯
  ⋯⋯⋯⋯⋯⋯⋯⋯绣线菊亚科 Spiraeoideae
1 果实不开裂;叶有托叶。
  2 子房下位,萼片与花托在果实变成肉质的梨果,有时浆果状⋯⋯⋯⋯⋯⋯⋯⋯⋯⋯梨亚科 Maloideae
  2 子房上位。
    3 心皮通常多数,生于膨大之花托上,聚合瘦果或小核果;花萼宿存;常复叶⋯⋯⋯蔷薇亚科 Rosoideae
    3 心皮常为1,稀2或5;核果;萼片常脱落;单叶⋯⋯
      ⋯⋯⋯⋯⋯⋯⋯⋯李亚科 Prunoideae

3.3.66.1 绣线菊亚科 Spiraeoideae Agardh

灌木稀草本,单叶稀复叶,叶片全缘或有锯齿,常不具托叶,或稀具托叶,心皮1~5(~12),离生或基部合生,子房上位,具2至多数悬垂的胚珠;果实成熟时多为开裂的蓇葖果,稀蒴果。绣线菊亚科是蔷薇科最原始的亚科,包括常绿和落叶两大类群,前者是原始类型。22属260种,我国有8属99种,全都为落叶性。

分属检索表
1 果实为蒴果;种子有翅;花形较大,直径在2cm以上;单叶,无托叶⋯⋯⋯⋯⋯⋯⋯白鹃梅属 Exochorda
1 果实为蓇葖果,开裂;种子无翅;花形较小,直径不超过2cm。
  2 心皮1~2;单叶,有托叶,早落。
    3 花序总状或圆锥状;萼筒钟状至筒状;蓇葖果有2~10(~12)种子⋯⋯⋯⋯⋯⋯⋯绣线梅属 Neillia
    3 花序圆锥状;萼筒杯状;蓇葖果有1~2种子⋯⋯⋯
      ⋯⋯⋯⋯⋯⋯⋯⋯小米空木属 Stephanandra
  2 心皮5,稀(1)3~4。
    4 羽状复叶;大型圆锥花序⋯⋯⋯⋯珍珠梅属 Sorbaria
    4 单叶。
      5 蓇葖果膨大,沿背腹两缝线裂开;花序伞形总状;心皮基部合生;叶边有锯齿或裂片;有托叶⋯⋯
        ⋯⋯⋯⋯⋯⋯⋯⋯风箱果属 Physocarpus
      5 蓇葖果不膨大,沿腹缝线裂开;无托叶⋯⋯⋯⋯
        ⋯⋯⋯⋯⋯⋯⋯⋯绣线菊属 Spiraea

3.3.66.1.1 白鹃梅属 *Exochorda* Lindl.

落叶灌木。单叶互生,具柄,全缘或有齿;托叶无或小而早落。花白色,两性,颇大,成顶生总状花序;萼管阔陀螺形,花萼、花瓣各5;雄蕊15~30,着生于花盘的边缘;心皮5,合生,但花柱分离,子房上位,蒴果具5棱,熟时5瓣裂,每瓣具1~2粒种子,种子扁平,有翅。5种,产于亚洲中部至东部;中国产3种。

分种检索表
1 叶中部以上有锯齿;花梗长2~3mm;雄蕊25;叶柄长1~2cm⋯⋯⋯⋯⋯⋯⋯齿叶白鹃梅 Exochorda serratifolia
1 叶全缘,有时中部以上具疏钝齿。
  2 花梗长3~8mm;花瓣基部紧缩为短爪;雄蕊15~20;叶柄0.5~1.5cm⋯⋯⋯⋯⋯⋯白鹃梅 Exochorda racemosa
  2 花梗短或近无梗;花瓣基部渐狭成长爪;雄蕊25~30;叶柄长1.5~2.5cm⋯⋯⋯红柄白鹃梅 Exochorda giraldii

(1) 白鹃梅 *Exochorda racemosa* (Lindl.) Rehd.
[Common Pearlbush]

落叶灌木,高达3~5m,全株无毛;冬芽三角卵形,先端钝;叶片椭圆形或倒卵状椭圆形,长3.5~6.5cm,宽1.5~3.5cm,先端钝或具短尖,基部楔形或宽楔形,全缘或中部以上有疏齿,上下两面均无毛;叶柄短,长5~15mm,或近于无柄;不具托叶。花白色,径约4cm,顶生总状花序,有花6~10朵;苞片小,宽披针形;萼筒浅钟状,无毛,萼片宽三角形,长约2mm,黄绿色;花瓣5,倒卵形,基部有短爪,白色;雄蕊15~20,3~4枚一束着生在花盘边缘,与花瓣对生;心皮5,花柱分离。蒴果具5棱脊,果梗长3~8mm,种子有翅。花期5月,果期6~8月。产于江苏、浙江、江西、湖南、湖北等地。性强健,喜光,耐半阴;喜肥沃、深厚土壤;耐寒性颇强,在北京可露地越冬。播种及嫩枝扦插繁殖。春日开花,满树雪白,是美丽的观赏树种。宜作基础栽植,或于草地边缘、林缘路边丛植。

(2)齿叶白鹃梅 Exochorda serratifolia S. Moore [Serrateleaf Pearlbush]

落叶灌木,高达2m;小枝圆柱形,无毛,幼时红紫色,老时暗褐色;冬芽卵形,先端圆钝,无毛或近于无毛,紫红色。叶片椭圆形或长圆倒卵形,长5~9cm,宽3~5cm,先端急尖或圆钝,基部楔形或宽楔形,中部以上有锐锯齿,下面全缘,幼叶下面微被柔毛,老叶两面均无毛,羽状网脉,侧脉微呈弧形;叶柄长1~2cm,无毛,不具托叶。总状花序,有花4~7朵,无毛,花梗长2~3mm;花直径3~4cm;萼筒浅钟状,无毛;萼片三角卵形,先端急尖,全缘,无毛;花瓣长圆形至倒卵形,先端微凹,基部有长爪,白色;雄蕊25,着生在花盘边缘,花丝极短;心皮5,花柱分离。蒴果倒圆锥形,5室,无毛。花期5~6月,果期7~8月。产于辽宁、河北。朝鲜也有分布。喜光,耐半阴、耐寒、喜沃土亦耐瘠薄,忌积水。花繁茂而秀雅,色白,蒴果有5脊棱,果形较奇特可观赏。宜作基础栽植,或于草地边缘、林缘路边丛植。

3.3.66.1.2 绣线菊属 *Spiraea* L.

落叶灌木。冬芽小,具2~8外露的鳞片。单叶互生,边缘有锯齿或裂,稀全缘,通常具短叶柄,无托叶。花小,成伞形、伞形总状、复伞房或圆锥花序;萼筒钟状;萼片5,通常稍短于萼筒;花瓣5,较萼片长;心皮5,离生。蓇葖果;种子细小,无翅。约100种,广布于北温带;中国有50余种。多数种类耐寒,美丽花朵,叶片秀丽,可栽培于庭园观赏。

分种检索表

1 花序着生在当年生具叶长枝的顶端,长枝自灌木基部或老枝上发生,或自去年生的枝上发生。
  2 花序为长圆形或金字塔形的圆锥花序,花粉红色……………………………绣线菊 *Spiraea salicifolia*
  2 花序为宽广平顶的复伞房花序,花白色、粉红色或紫色。
    3 复伞房花序顶生于当年生直立的新枝上。
      4 花序无毛,花白色;蓇葖果直立,无毛或在腹缝上有毛……………华北绣线菊 *Spiraea fritschiana*
      4 花序被短柔毛,花常粉红色稀紫红色;蓇葖果成熟时略分开,无毛,稀仅沿腹缝具疏柔毛…………………………粉花绣线菊 *Spiraea japonica*
    3 复伞房花序发生在去年生枝上的侧生短枝上。
      5 叶片边缘具单锯齿、重锯齿或缺刻………………………………………………柔毛绣线菊 *Spiraea pubescens*
      5 叶片全缘或中部以上有少数锯齿………………………………………………毛果绣线菊 *Spiraea trichocarpa*
1 花序由去年生枝上的芽发生,着生在有叶或无叶的短枝顶端。
  6 花序为无总梗的伞形花序,基部无叶或具极少叶。
    7 叶片卵形至长圆披针形,下面具短柔毛………………………………………李叶绣线菊 *Spiraea prunifolia*
    7 叶片线状披针形,无毛……珍珠绣线菊 *Spiraea thunbergii*
  6 花序为有总梗的伞形或伞状总状花序,基部常有叶片。
    8 冬芽具有2个外露鳞片………………………………………………石蚕叶绣线菊 *Spiraea chamaedryfolia*
    8 冬芽具有数个外露鳞片。
      9 叶边全缘或仅先端有圆钝锯齿。
        10 叶片及花序无毛或近于无毛;蓇葖果无毛或仅腹缝有毛…………………高山绣线菊 *Spiraea alpina*
        10 叶片下面具毛;蓇葖果被毛;萼片反折。
          11 小枝近于无毛;叶片下面具稀疏柔毛;总花梗无毛,有花9~15朵;雄蕊长于花瓣………………………………欧亚绣线菊 *Spiraea media*
          11 小枝密被柔毛;叶片下面密生长绢毛…………………………………绢毛绣线菊 *Spiraea sericea*
      9 叶边有锯齿或缺刻,有时分裂。
        12 叶片、花序和蓇葖果无毛。
          13 叶片先端急尖。
            14 叶片菱状披针形至菱状长圆形,有羽状叶脉………………………麻叶绣线菊 *Spiraea cantoniensis*
            14 叶片菱状卵形至菱状倒卵形,常3~5裂,具不显著三出脉………菱叶绣线菊 *Spiraea vanhouttei*
          13 叶片先端圆钝。
            15 叶片近圆形,先端常3裂,基部圆形至亚心形,有显著3~5脉………三裂绣线菊 *Spiraea trilobata*
            15 叶片菱状卵形至倒卵形,基部楔形,具羽状叶脉或不显著三出脉………绣球绣线菊 *Spiraea blumei*
        12 叶片下面有毛。
          16 花序无毛;叶片菱状卵形至椭圆形,先端急尖,基部宽楔形;蓇葖果除腹缝外全无毛………………………土庄绣线菊 *Spiraea pubescens*
          16 花序和蓇葖果具毛。
            17 萼片卵状披针形;叶片菱状卵形至倒卵形,锯齿尖锐,下面密被黄色绒毛………………………中华绣线菊 *Spiraea chinensis*

17萼片三角形或卵状三角形;叶片锯齿较钝,下面密被白色绒毛⋯毛花绣线菊 Spiraea dasyantha

(1)麻叶绣线菊(麻叶绣球)
Spiraea cantoniensis Lour. [Hempleaf Spiraea]

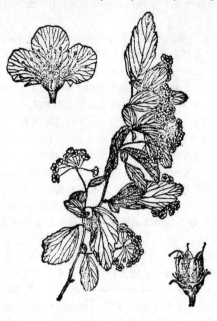

灌木,高达1.5m;小枝细长,圆柱形,呈拱形弯曲,无毛;冬芽小,卵形,有数枚外露鳞片。叶片菱状披针形至菱状长圆形,长3~5cm,先端急尖,基部楔形,有深切裂锯齿,上面深绿色,下面灰蓝色;叶柄长4~7mm。伞房花序具多数花朵;花梗长8~14mm;苞片线形;花直径5~7mm;萼筒钟状;萼片三角形;花瓣近圆形或倒卵形,白色;雄蕊20~28;子房近无毛,花柱短于雄蕊。蓇葖果直立开张。花期4~5月,果期7~9月。原产于福建、广东、江苏、浙江、云南、河南;日本亦有。喜温暖和阳光充足的环境。稍耐寒、耐阴,较耐干旱,忌湿涝。分蘖力强。生长适温15~24℃,冬季能耐-5℃低温。土壤以肥沃、疏松和排水良好的沙壤土为宜。播种、分株及软枝扦插繁殖。多作基础栽植,可丛植于池畔、山坡、路旁、崖边,或于在草坪角隅应用。

(2)华北绣线菊(蚂蝗梢,柳叶绣线菊)
Spiraea fritschiana Schneid. [Fritsch Spiraea]

落叶灌木,高1~2m。枝条具明显条棱。单叶互生,椭圆形或长圆状卵形,边缘有不整齐锯齿。复伞房花序顶生于当年生枝上,花多数,无毛,花瓣5,白色,花盘环状,雄蕊长于花瓣。蓇葖果近直立,萼片反折。花期6月,果期7~8月。分布于华北、华东、华中各省区。喜光。播种繁殖。可作园林中林缘或多石地观花灌木。

3.3.66.1.3 风箱果属
Physocarpus (Cambess.) Maxim.

落叶灌木,树皮成纵向剥裂;芽小,有5褐色鳞片。叶互生,具柄,通常3裂,叶基三出脉;叶缘有锯齿。花呈顶生伞形总状花序;花托杯形;萼片5,镊合状;花瓣开展,近圆形较萼片略长,白色,稀粉色;雄蕊20~40;雌蕊1~5,基部连和。蓇葖果通常膨大,熟时沿腹背两缝线裂开;种子2~5,带黄色。约20种,主要产于北美,1种产于东南亚;中国产1种。

分种检索表
1叶广卵形,基部心形,稀截形;伞形总状花序;花期6月⋯⋯⋯⋯⋯⋯⋯⋯风箱果 Physocarpus amurensis
1叶阔披针形,基部楔形;伞房花序;花期7月⋯⋯⋯⋯⋯⋯⋯⋯北美风箱果 Physocarpus opulifolius

(1)风箱果 *Physocarpus amurensis* (Maxim.) Maxim. [Amur Bellowsfruit]

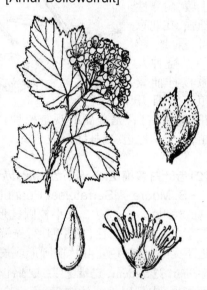

灌木,高达3m;叶互生,广卵形,长3.5~5.5cm,先端急尖或渐尖,基部心形,稀截形,3~5浅裂,边缘有复锯齿,叶背脉有毛。伞形总状花序,直径3~4cm,花梗长1~2cm,密被星状柔毛;萼筒杯状,外面被星状绒毛;萼片三角形,内外两面均被星状绒毛;花瓣倒卵形,白色;雄蕊20~30,着生在萼筒边缘,花药紫色;心皮2~4,外被星状柔毛,花柱顶生。蓇葖果膨大,熟时沿背腹两缝开裂。花期6月,果期7~8月。分布于黑龙江、河北、北京密云。朝鲜北部及苏联远东地区亦有分布。喜光,也耐半阴。耐寒性强。要求土壤湿润,但不耐水渍。播种、扦插繁殖,但以播种为多。树形开展,花色素雅、花序密集,果实初秋时呈红色,具有较高的观赏价值,可植于亭台周围、丛林边缘及假山旁边。

(2)北美风箱果 *Physocarpus opulifolius* Maxim. [America Bellowsfruit, Ninebark]

灌木。叶三角状卵形至广卵形,基部广楔形;花梗及花萼外无毛或近无毛;蓇葖果红色,无毛。原产北美。我国北方有栽培。喜光,耐寒,耐瘠薄,耐粗放管理,对环境的适应能力强。深绿色的叶丛上面呈现出团团的白花,朴素淡雅,淡红色蓇葖果也有观赏价值。可孤植、配置于街心花园、小型庭院等公共绿地;也可列植,作为绿篱,起掩遮与阻隔作用。有金叶'Luteus'、红叶'Diabolo'、矮生'Nanus'、矮生金叶'Dart's Gold'等品种。

3.3.66.1.4 小米空木属
Stephanandra Sieb.

落叶灌木;冬芽小形,常2~3芽迭生,有2~4枚外露鳞片。单叶互生,边缘有锯齿和分裂,具叶柄与托叶。顶生圆锥花序稀伞房花序;花小形,两性;萼筒杯状,萼片5;花瓣5,约与萼片等长;雄蕊10~20,花丝短;心皮1,花柱顶生。蓇葖果偏斜,近球形,熟时自基部开裂,含1~2球形光亮种子。5种,分布于东亚。中国产2种。

分种检索表

1 叶片卵形至长椭卵形,长5~7cm,边缘常浅裂;花梗与萼筒均无毛·················华空木 *Stephanandra chinensis*
1 叶片卵形至三角形,长2~4cm,边缘常深裂,花梗与萼筒常有柔毛···············小米空木 *Stephanandra incisa*

(1) 华空木 *Stephanandra chinensis* Hance
[China Stephanandra]

灌木,高达1.5m;小枝细弱,圆柱形,微具柔毛,红褐色;冬芽小,红褐色,鳞片边缘微被柔毛。叶片卵形至长椭卵形,长5~7cm,宽2~3cm,边缘常浅裂并有重锯齿,两面无毛或下面沿叶脉微具柔毛;叶柄长6~8mm;托叶线状披针形至椭圆披针形。顶生疏松的圆锥花序,长5~8cm,直径2~3cm;花梗长3~6mm,总花梗和花梗均无毛;花瓣倒卵形,白色;雄蕊10,着生在萼筒边缘,较花瓣短约一半;心皮1,子房外被柔毛,花柱顶生,直立。蓇葖果近球形;种子1,卵球形。花期5月,果期7~8月。分布于河南、安徽、江苏、浙江、江西、湖南、湖北、四川、广东、福建。播种、扦插繁殖。姿态娴娜,白花成簇,颇有情意。孤植、丛植均宜,点缀林缘、沟旁,尤为耀目。

(2) 小米空木 *Stephanandra incisa* (Thunb.) Zabel [Catleaf Stephanandra]

落叶灌木,小枝纤细而弯曲,幼时红褐老时紫灰色。单叶互生,叶三角状卵形,长2~4cm,先端尾尖,基部浅心形或截形,缘具4~5对不整齐之裂片和重锯齿,两面有毛,羽状脉,有侧脉5~7对,顶生圆锥花序,疏松,两性花,花白色,雄蕊10枚短于花瓣。蓇葖果近球形,外被毛及宿存萼片,熟时自基部开裂。花期6~7月,果期8~9月。产辽宁、山东、台湾;朝鲜、日本也有。播种繁殖。姿态娴娜,白花成簇,颇有野趣。孤植、丛植均宜,点缀林缘、沟旁、山坡。

3.3.66.1.5 珍珠梅属
Sorbaria(Ser.)A. Br. ex Aschers.

落叶灌木;小枝圆筒形;芽卵圆形,叶互生,奇数羽状复叶,具托叶;小叶边缘有锯齿;花小,白色,大圆锥花序顶生。萼片5,反卷;花瓣5枚,卵圆形至圆形,雄蕊20~50枚,与花瓣等长或长于花瓣;心皮5枚,与萼片对生,基部相连;蓇葖果沿腹缝线开裂。种子数枚。约9种,原产于东亚;中国有5种。多数为林下灌木,少数种类已广泛栽培作为观赏之用。

分种检索表

1 灌木,高达6m。花序长20~30cm,直径15~25cm···············高丛珍珠梅 *Sorbaria arborea*
1 灌木,高2~3m。花序长10~20cm,直径5~12cm
　2 小叶13~21枚,侧脉15~23对,叶轴无毛;雄蕊20,与花瓣等长或稍短于花瓣。花序长15~20cm,直径7~11cm···············华北珍珠梅 *Sorbaria kirilowii*
　2 小叶11~17枚,侧脉12~16对,叶轴微被短柔毛;雄蕊40~50,长于花瓣。花序长10~20cm,直径5~12cm···············珍珠梅 *Sorbaria sorbifolia*

(1) 珍珠梅 *Sorbaria sorbifolia* (L.) A. Br.
[Ural Falsespiraea, Mountainash Falsespiraea]

灌木,高2~3m,枝条开展;羽状复叶互生,小叶13~21枚,卵状披针形,长4~7cm,缘具重锯齿,无毛;托叶叶质,卵状披针形至三角披针形。顶生大型密集圆锥花序,长10~20cm,直径5~12cm;总花梗和花梗被星状毛或短柔毛,果期逐渐脱落;苞片卵状披针形至线状披针形;萼筒钟状;花瓣长圆形或倒卵形,白色;雄蕊40~50,着生在花盘边缘,约长于花瓣1.5~2倍;心皮5。蓇葖果长圆形,有顶生弯曲花柱。花期7~8月,果期9月。分布于河北、河南、陕西、山西、山东、甘肃、内蒙古。耐寒,耐半阴,耐修剪。在排水良好的沙壤土中生长较好。生长快,易萌蘖,是良好的夏季观花植物。播种、扦插及分株繁殖。花、叶清丽,花期很长又值夏季少花季节,在园林应用上十分常受欢迎的观赏树种,可孤植、列植,丛植效果甚佳。

(2) 华北珍珠梅(珍珠梅,吉氏珍珠梅)
Sorbaria kirilowii (Regel) Maxim. [False Spiraea]

落叶灌木,高达3m。奇数羽状复叶,小叶片13~21,光滑无毛;小叶披针形至长圆披针形,边缘有尖锐重锯齿;羽状网脉,侧脉15~23对近平行。顶生大型密集的圆锥花序,分支斜出稍直立,花白色,雄蕊20,短于或等于花瓣长度。花期6~7月,果期9~10月。产河北、河南、山东、山西、甘肃、青海、内蒙古,华北各地常见栽培。耐阴性强,抗寒力强,对土壤的要求不严,较耐干燥瘠薄。萌蘖性强,生长快速,耐修剪。播种繁殖。树姿秀丽,叶片幽雅,于夏秋少花季节开花,蕾如珍珠,花相似梅,洁白如雪,幽香清雅,花期长达3个月,是夏秋优良的观花灌木。可丛植,或列植于阴凉湿润处,具有很高的观赏价值。

3.3.66.1.6 绣线梅属 Neillia D. Don

落叶灌木;叶互生,多少分裂;托叶早落;花排成总状花序或圆锥花序;萼明显,有时长管状,裂片5,与花瓣近相等;雄蕊10~30;心皮通常2,有时1,子房1室,有侧膜胎座;花柱顶生;蓇葖果,有种子2~12颗。约12种,分布于喜马拉雅至东亚,我国约10种,产西部、西南部和东北部。

中华绣线梅 Neillia sinensis Oliv.
[China Neillia]

灌木,高达2m;小枝无毛。叶片卵形至卵状长椭圆形,长5~11cm,宽3~6cm,先端长渐尖,基部圆形至近心形,稀宽楔形,边缘具重锯齿,常不规则分裂,稀不裂,两面无毛或在下面脉腋具柔毛;叶柄长7~15mm,微被毛或近于无毛。总状花序顶生,长4~9cm,无毛,花梗长3~10mm;花淡粉色,直径6~8mm;萼筒筒状,长1~1.2cm,外面无毛,裂片5,三角形;花瓣倒卵形;雄蕊10~15。蓇葖果长椭圆形,萼裂片宿存,外被疏生长腺毛。分布在河南、甘肃、陕西、湖北、湖南、江西、广东、广西、四川、云南、贵州。喜光,稍耐水湿。播种繁殖。观花灌木,可种植于山坡、山谷、沟边或林下。

3.3.66.2 蔷薇亚科 Rosoideae Focke

灌木或草本,复叶,稀单叶,叶互生,常有发达托叶;周位花;花托凹陷或突出。心皮常多数,离生,各具1~2悬垂或直立胚珠;子房上位;聚合瘦果或小核果(若仅1~2心皮,则不为核果状),着生在花托上或在膨大肉质的花托内。35属,1500余种,我国产21属,459种。

分属检索表
1 瘦果,生在杯状或坛状花托里面……………蔷薇属 Rosa
1 瘦果或小核果,着生在扁平或隆起的花托上。
  2 托叶不与叶柄连合;雌蕊4~15,生在扁平或微凹的花托基部。
    3 叶互生;花无副萼,黄色,5出;雌蕊5~8,各含胚珠1枚……………棣棠花属 Kerria
    3 叶对生;花有副萼,白色,4出;雌蕊4,各含胚珠2枚……………鸡麻属 Rhodotypos
  2 托叶常与叶柄连合;雌蕊数枚至多数,生在球形或圆锥形花托上。
    4 小核果相互聚合成聚合果,心皮各含胚珠2枚;茎常有刺,稀无刺……………悬钩子属 Rubus
    4 瘦果相互分离;心皮各有胚珠1枚……………委陵菜属 Potentilla

3.3.66.2.1 蔷薇属 Rosa L.

落叶或常绿灌木,茎直立或攀缘,通常有皮刺。叶互生,奇数羽状复叶,具托叶,罕为单叶而无托叶。花单生呈伞房花序,生于新梢顶端;萼片及花瓣各5,罕为4;雄蕊多数,生于蕊筒的口部;雌蕊通常多数,包藏于壶状花托内。花托老熟即变为肉质之浆果状假果,特称蔷薇果,内含少数或多数骨质瘦果。200余种,主产于北半球温带及亚热带;中国90余种,加引进种达115种。

分种检索表
1 花托杯状,密被刺毛,瘦果着生花托底部;小叶9~15,椭圆形,无毛,下面沿中脉常被小皮刺;蔷薇果扁球状,密被刺毛……………缫丝花 Rosa roxburghii
1 花托壶状,平滑或被刺;瘦果着生在花托内壁及底部。
  2 柱头伸出花托口外很多,托叶与叶柄至少一半连合。
    3 小叶3~5(9);花柱分离,长约为雄蕊之半。
      4 花白色、带黄色或浅粉红色,芳香;萼片全缘;果球形或扁球形……………香水月季 Rosa odorata
      4 花紫红或粉红色,稀带白色,稍有香气;萼片近先端羽裂;果卵球形或梨形……………月季花 Rosa chinensis
    3 小叶5~9;花柱靠合成柱状,常与雄蕊近等长。
      5 花柱无毛。
        6 托叶羽裂;小叶先端急尖或圆钝,下面被柔毛……………野蔷薇 Rosa multiflora
        6 托叶具腺齿;小叶先端急尖或渐尖,下面无毛……………伞花蔷薇 Rosa maximowicziana
      5 花柱被柔毛。
        7 小叶被散生皮刺;小叶5~9,托叶具齿……………光叶蔷薇 Rosa wichuraiana
        7 托叶下具成对皮刺及散生皮刺;小叶5~7,托叶全缘……………川滇蔷薇 Rosa soulieana
  2 柱头不伸出花托口或伸出很少(山刺玫和峨眉蔷薇稍有伸出)。
    8 托叶小,钻形,分离或仅基部与叶柄连合,早落;茎攀援;花黄色或白色。
      9 小枝被毛,小叶7~9,托叶羽裂;花梗短、基部具数枚细裂的大苞片……………硕苞蔷薇 Rosa bracteata
      9 小枝无毛,小叶3~5,托叶全缘;花梗无苞片。
        10 花单生,花梗及花托被刺毛;花大,白色;托叶具细尖锯齿……………金樱子 Rosa laevigata
        10. 伞形花序,花梗及花托平滑,花小,黄色或白色;托叶钻形。
          11 小枝疏生皮刺,稀无刺;伞形花序,萼片长卵形,全缘,花白色或黄色,径约2.5cm,单瓣或重瓣……………木香花 Rosa banksiae
          11 小枝具较多皮刺,复伞房花序,萼片卵状披针形、羽裂,花白色,径约2cm,单瓣……………
……………………小果蔷薇 Rosa cymosa
8 托叶一半以上与叶柄连合;直立灌木。
　12 花枝上的复叶具3~5小叶……………
　……………………百叶蔷薇 Rosa centifolia
　12 花枝上的复叶具5~11小叶(如具3小叶、则花梗短、花托平滑)。
　　13 花序伞房状或近伞形,如花单生,则花梗具1或数枚苞片;托叶上部常扩大。
　　　14 茎被皮刺,或具腺刚毛;皮刺钩状、散生,或针状,萼片具锯齿或羽裂。
　　　　15 托叶下常有成对基部膨大弯刺………
　　　　……………………刺玫蔷薇 Rosa davuric
　　　　15 皮刺细、直伸,稀疏………………
　　　　……………………拟木香 Rosa banksiopsis
　　　14 茎基部被皮刺及刺毛,有时无刺;萼片全缘。
　　　　16 皮刺及刺毛被绒毛;小叶质地较厚,上面有皱纹…………玫瑰 Rosa rugosa
　　　　16 皮刺及刺毛无毛;小叶较薄,上面无皱纹。
　　　　　17 花序伞房状或伞形;花柱分离、被柔毛,柱头伸出花托口外……山刺玫 Rosa davidii
　　　　　17 花单生,或2~6集生呈伞房状………
　　　　　……………………美蔷薇 Rosa bella
　　13 花常单生,无苞片,有时为伞房状花序;萼片宿存。
　　　18 花瓣4(5),白色;柱头微伸出花托口外…
　　　……………………峨眉蔷薇 Rosa omeiensis
　　　18 花瓣5,黄色;柱头不能伸出花托外;皮刺散生。
　　　　19 小叶具重锯齿、齿端具腺点,下面被腺点,无毛……………樱草蔷薇 Rosa primula
　　　　19 小叶具单锯齿,下面无腺点。
　　　　　20 茎被扁刺及刺毛,小叶无毛,具尖锯齿………黄蔷薇 Rosa hugonis
　　　　　20 茎无刺毛;小叶下面微被柔毛,锯齿圆钝……黄刺玫 Rosa xanthina

(1)月季花 *Rosa chinensis* Jacq. [China Rose]

常绿或半常绿直立灌木,通常具钩状皮刺。羽状复叶,小叶3~5,广卵形至卵状长圆形,长2.5~6cm,先端渐尖,缘有锐锯齿,两面近无毛,上面暗绿色,常带光泽,下面颜色较

浅,叶柄和叶轴散生皮刺和短腺毛;托叶大部贴生于叶柄,边缘常有腺毛。花常数朵簇生,稀单生,径约5cm,红色、粉红色至白色;花梗细长;萼片常羽裂,缘有腺毛;果卵球形或梨形,红色。花期4~10月,果期6~11月。原产于湖北、四川、云南、湖南、江苏、广东等地,现各地普遍栽培,尤其以原种及月月红为多。适应性强,以富含有机质、排水良好而微酸性(pH6~6.5)土壤最好,喜光,喜温暖。多用扦插或嫁接法繁殖。花色艳丽,花期长,是园林布置的好材料。宜作花坛、花境及基础栽植用,在草坪、园路角隅、庭院、假山等处配置也很合适,又可作盆栽及切花用。变种:①月月红 var. *semperflorens* Koehne,茎纤细,带紫红晕;小叶较薄,常带紫晕;花单生,紫色至深粉红色,花梗细长而下垂。②小月季 var. *minima* Voss.,株高不及25cm;叶小而狭;花小,径约3cm,玫瑰红色,单瓣或重瓣。③绿月季 var. *vividiflora* Dipp.,花淡绿色,花瓣呈带锯齿的绿叶状。变型:变色月季 f. *mutabilis* Rehd.,花单瓣,初开时硫黄色,后变为橙色、红色,最后呈暗红色。

(2)玫瑰 *Rosa rugosa* Thunb. [Rose]

落叶直立丛生灌木,高达2m;茎枝灰褐色,密生刚毛与倒刺。小叶5~9,椭圆形至椭圆状倒卵形,长2~5cm,缘有钝齿,质厚;表面亮绿色,多皱,无毛,背面有柔毛及刺毛;托叶大部附着于叶柄上。花单生或数朵聚

生,常为紫色,芳香,径6~8cm。果扁球形,径2~2.5cm,砖红色,具宿存萼片。花期5~6月,7~8月零星开放;果9~10月成熟。原产于中国北部,现各地有栽培,以山东、江苏、浙江、广东为多,山东平阴、北京妙峰山涧沟、河南商水县周口镇及浙江吴兴等地都是著名的产地。适应性强,耐寒、耐旱,对土壤要求不严,喜光、凉爽而通风及排水良好之处,喜肥沃的中性或微酸性轻壤土。以分株、扦插繁殖为主。色艳花香,适应性强,最宜作花篱、花坛、花境及地被栽植。变种:①紫玫瑰 var. *typica* Reg.,花玫瑰紫色;②红玫瑰 var. *rosea* Rehd.,花玫瑰红色;③白玫瑰 var. *alba* W. Robins.,花白色;④重瓣紫玫瑰 var. *plena* Reg.,花重瓣,玫瑰紫色,香气浓;⑤重瓣白玫瑰 var. *albo-plena* Rehd.,花重瓣,白色。

3.3.66.2.2 棣棠花属 *Kerria* DC.

落叶灌木;单叶互生,重锯齿,有托叶,托叶不与叶柄连合;花大,单生,无副萼,黄色,两性;萼片5,短小而全缘;花瓣5,雄蕊多数;心皮5~8.瘦果干而小,着生在扁平或隆起的花托上。1种,产于中国及日本。

棣棠花 *Kerria japonica* (L.) DC.

落叶丛生无刺灌木,高1.5~2m;小枝绿色,圆柱形,光滑,常拱垂,嫩枝有棱。叶互生,卵形至卵状椭圆形,长4~8cm,先端长尖,基部楔形或近圆形,缘有尖锐重锯齿,背面略有短柔毛。托叶膜质,带状披针形,有缘毛,早落。花金黄色,径3~4.5cm,单生于侧枝顶端;瘦果倒卵形,黑褐色,生于盘状花托上,萼片卵状椭圆形,宿存。花期4~6月,果期6~8月。产于河南、湖北、湖南、江西、浙江、江苏、四川、云南、广东等地。喜温暖、半阴而略湿之地。野生状态多在山涧、岩石旁、灌丛中或乔木林下生长。南方庭园中栽培较多,华北其他城市须选背风向阳或建筑物前栽种。分株、扦插和播种繁殖。花、叶、枝俱美,丛植于篱边、墙际、水畔、坡地、林缘及草坪边缘,或栽作花径、花篱或与假山配植。变种:重瓣棣棠 var. *pleniflora* Witte,观赏价值更高,并可作切花材料,在园林、庭园中栽培更普遍。

3.3.66.2.3 鸡麻属 *Rhodotypos* Sieb. et Zucc.

灌木;单叶对生,缘具重锯齿,有托叶;花单生,白色。萼片4,卵形,有锯齿,基具4互生副萼。花瓣4,近圆形,雄蕊多数,心皮通常4;核果熟时干燥,黑色,外绕大宿存萼。1种,产于中国及日本。

鸡麻 *Rhodotypos scandens* (Thunb.) Makino [Black Jetbead]

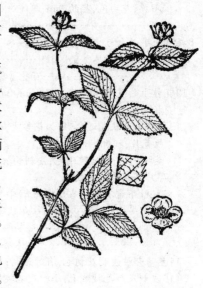

落叶灌木,高2~3m。枝开展,紫褐色,嫩枝绿色,光滑。叶对生,卵形至卵状椭圆形,长4~8cm,端锐尖,基圆形,缘有尖锐重锯齿,表面皱,上面幼时被疏柔毛,后脱落几无毛,下面绢状柔毛,老时沿脉被疏柔毛;叶柄长3~5mm。花两性,纯白色,径3~5cm,单生于新枝顶端。核果4,倒卵形,长约8mm,黑色或褐色,光滑。花期4~5月,果期6~9月。产于辽宁、山东、河南、陕西、甘肃、安徽、江苏、浙江、湖北等地。喜光,耐半阴。耐寒,怕涝,适生于疏松肥沃排水良好的土壤。分株、播种、扦插繁殖。花叶清秀美丽,适宜丛植于草地、路旁、角隅或池边,也可植山石旁。我国南北各地栽培供庭园绿化用。

3.3.66.2.4 委陵菜属 *Potentilla* L.

落叶小灌木或亚灌木,多年生或一二年生草本。羽状或掌状复叶。托叶常连于叶柄并成鞘状。花单生或顶生聚伞或聚伞圆锥花序;萼片5,基具5互生苞片;花瓣5,圆形;雄蕊10~30;雌蕊多,生于一较低的圆锥形花托上,后各变为干瘦果;花柱脱落。200余种,中国80余种。广布于北温带及亚寒带。

分种检索表
1 低矮灌木,0.2~1.5m;小叶5~9枚············
·············小叶金露梅 *Potentilla parvifolia*
1 灌木,0.5~2(3)m;小叶3~7,通常5枚。
 2 花黄色············金露梅 *Potentilla fruticosa*
 2 花白色············银露梅 *Potentilla glabra*

(1) 金露梅(金老梅) *Potentilla fruticosa* L. [Bush Cinquefoil]

落叶灌木,高0.5~2m。茎多分枝,树皮纵向剥落,小枝红褐色或灰褐色,幼时被长柔毛。羽状复叶,小叶3~7,通常5枚,长椭圆形至线状长圆形,长1~2cm,宽3~6mm,全缘,两面微有毛,上面一对小叶基部下延与叶轴合生,叶柄短,托叶薄膜质,宽大,外面被长柔毛或无毛。花单生或数朵呈聚伞序,花黄色,径2~3cm;萼片卵形,副萼片披针形;瘦果密生长柔毛。花期7~8月,果期9~10月。原种产于中国北部及西部,如河北、山东、山西、河南、四川、西藏、陕西、甘肃、云南等地。耐寒性强,可以耐-50℃低温,喜微酸性至中性、排水良好的湿润土壤，也耐干旱、瘠薄。播种繁殖。植株紧密，花色艳丽，花期长，为良好的观花树种，可配植于高山园或岩石园，亦可植成花篱，或于园路两侧、廊、亭、草坪一角成片栽植。也是制作盆景的良好材料。变种：白毛金露梅var. *albicans* Rehd. et Wils.，叶背密生银白色毛。

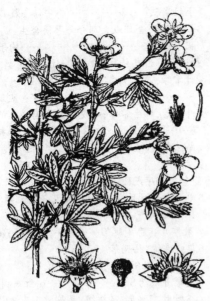

(2) 银露梅 *Potentilla glabra* Lodd
[Glabrous Cinquefoil]

灌木，高2m。叶为羽状复叶，有小叶2对，稀3小叶，上面一对小叶基部下延与轴汇合，小叶片椭圆形、倒卵椭圆形或卵状椭圆形，顶端圆钝或急尖，基部楔形或几圆形，边缘平坦或微向下反卷，全缘，两面绿色，被疏柔毛或几无毛。顶生单花或数朵，花梗细长，被疏柔毛。花瓣白色，倒卵形，顶端圆钝。花果期6~11月。产于陕西、甘肃、青海；西伯利亚、日本亦有分布。性强健，耐寒、耐干旱，常分布于高山。播种繁殖。植株紧密，花色艳丽，为良好的观花树种。可配植于高山园或岩石园。

3.3.66.2.5 悬钩子属 *Rubus* L.

落叶或常绿、半常绿，灌木、亚灌木或多年生草本。茎直立、攀附、拱曲或匍匐，常具皮刺，罕无刺。叶互生，单叶、掌状或羽状复叶；有托叶。花两性，罕单性异株，呈总状、伞房或圆锥花序，或数朵簇生或单生；花萼5(4~8)裂，宿存；花瓣5，白色或红色；雄蕊多数，宿生于花萼口部；心皮多数，分离，着生于凸起的花托上，每子房2胚珠，花柱近顶生，子房上位，果为由小核果或瘦果集生于花托而形成的聚合果，花托肉质或干燥，红色、黄色或黑色。约700种，分布于全世界，主要产地在北半球温带，中国约210种。

分种检索表
1 单叶稀掌状复叶，托叶宽，常多裂，离生。
  2 花单生叶腋，或1至数朵顶生……太平莓 *Rubus pacificus*
  2 总状或圆锥花序。
    3 圆锥花序……高粱泡 *Rubus Lambertianus*
    3 总状花序。
      4 总状花序腋生……锈毛莓 *Rubus reflexus*
      4 总状花序顶生……木莓 *Rubus swinhoei*
1 羽状复叶、3小叶复叶、稀单叶；托叶披针形或条形、与叶柄连合。
  5 单叶。
    6 花单生……山莓 *Rubus corchorifolius*
    6 花几朵集生或短伞房花序。
      7 幼枝被柔毛、腺毛和皮刺，叶卵形或卵状披针形，不裂或3浅裂，叶下面被柔毛……山莓 *Rubus corchorifolius*
      7 小枝具棱，幼枝被柔毛及钩刺；叶宽卵形或近圆形，3~5掌状分裂，下面沿脉疏被柔毛，中脉被小刺……牛叠肚 *Rubus crataegifolius*
  5 复叶。
    8 三小叶复叶。
      9 花单生或2~5顶生或腋生……白花悬钩子 *Rubus leucanthus*
      9 总状、伞房或圆锥花序。
        10 果黑色或橙红色……喜阴悬钩子 *Rubus mesogaeus*
        10 果红色。
          11 小枝具皮刺，无腺毛和柔毛；花白色……白花悬钩子 *Rubus leucanthus*
          11 小枝被腺毛或柔毛，花红色或紫色……茅莓 *Rubus parvifolius*
    8 羽状复叶。
      12 花多朵集成花序，花红色、粉红或紫红色，稀白色。
        13 小枝被柔毛及皮刺；小叶3(5)，不整齐粗锯齿和浅裂；总梗及花梗密被绒毛和腺……茅莓 *Rubus parvifolius*
        13 小枝无毛，被扁平钩刺；小叶5~7(3)，不整齐尖锯齿；总梗及花梗被柔毛……插田泡 *Rubus coreanus*
      12 花单生或1~3集生叶腋，白色稀粉红色。
        14 花1~3腋生……空心泡 *Rubus rosaefolius*
        14 花单生。
          15 茎、小枝、叶柄、叶轴及花梗被腺毛、柔毛和皮刺；花白色……蓬蘽 *Rubus hirsutus*
          15 小枝无毛，疏生皮刺……秀丽莓 *Rubus amabilis*

(1) 牛叠肚（山楂叶悬钩子）*Rubus crataegifolius* Bunge [Hawthorn Raspberry]

落叶灌木，高1~3m。小枝红褐色，有棱，幼时被细柔毛，有钩刺。单叶，宽卵形或近圆形，长5~12cm，3~5掌状分裂，叶缘有不规则缺刻状锯齿，基部具掌状5脉，叶片上面近无毛，叶背中脉有小皮刺；叶柄长2~5cm，疏生柔毛和小钩刺；托叶线形。花2~6朵集生或成短伞房

花序,常顶生;花白色,径1~1.5cm;苞片与托叶相似;萼片卵形,反曲,雄蕊直立,花丝宽扁,雌蕊多数,子房无毛。聚合果近球形,直径约1cm,成熟时红色,无毛,有光泽。花期5~7月,果期7~9月。分布于东北、内蒙古、河北、山东;日本、朝鲜亦有分布。喜光、耐寒、喜湿润之地,但不耐积水。播种、分株或扦插繁殖。可作风景区山地绿化或园林中刺篱。

(2) 空心泡(茶藨) *Rubus rosaefolius* Smith
[Salemrose, Roseleaf Raspberry, Brier Rose]

直立或攀援灌木。单数羽状复叶,小叶5~7,披针形或卵状披针形,边缘具尖重锯齿,下面散生柔毛,沿中脉有皮刺,两面均有腺点,侧脉8~10对。花1~2朵,生于叶腋;花梗长1~2.5cm,花白色,径约3cm。聚合果矩圆形,红色,有光泽。产于江西、浙江、安徽、福建、台湾、湖南等省区。喜温暖,耐阴。播种繁殖。白花红果,艳丽悦目,有芳香。可在自然式园林或自然景观较浓的庭园中作半野生状态栽植,也可作绿篱,也可孤植于草地边缘、山坡、路边、草坡或灌丛中。变种:重瓣空心泡(佛见笑)var. *coronarius* (Sims) Focke.,灌木。花重瓣,白色,芳香,直径3~5cm。花期6~7月。产于陕西秦岭南坡以及湖北、四川、贵州、云南等各省区。喜温暖向阳。播种繁殖。枝梢茂密,花重瓣,白色,花繁香浓,入秋后果色变红。通常庭园栽培供观赏。

3.3.66.3 苹果亚科 Maloideae Weber

灌木或乔木,单叶或复叶,有托叶;心皮(1~)2~5,多数与杯状花托内壁连合;子房下位、半下位,稀上位,(1~)2~5室,各具2稀1至多数直立的胚珠;果实成熟时为肉质的梨果,稀浆果状或小核果状。20属,我国产16属。

分属检索表

1 心皮在成熟时变为坚硬骨质,果实内含1~5小核。
　2 叶边全缘;枝条无刺。
　　3 心皮1,着生在萼筒基部,成熟时可与肉质萼筒分离为小核果状⋯⋯⋯⋯⋯⋯⋯⋯牛筋条属 Dichotomanthus
　　3 心皮2~5,全部或大部分与萼筒合生,成熟时为小梨果状⋯⋯⋯⋯⋯⋯⋯⋯⋯⋯栒子属 Cotoneaster
　2 叶边有锯齿或裂片,稀全缘;枝条常有刺。
　　4 叶常绿;心皮5,各有成熟的胚珠2枚⋯⋯⋯⋯⋯⋯⋯⋯⋯⋯⋯⋯⋯⋯火棘属 Pyracantha
　　4 叶凋落,稀半常绿;心皮1~5,各有成熟的胚珠1枚⋯⋯⋯⋯⋯⋯⋯⋯⋯⋯山楂属 Crataegus
1 心皮在成熟时变为革质或纸质,梨果1~5室,各室有1或多枚种子
　5 复伞房花序或圆锥花序,有花多朵。
　　6 单叶或复叶均凋落;总花梗及花梗无瘤状突起;心皮2~5,全部或一部分与萼筒合生,子房下位或半下位;果期片宿存或脱落⋯⋯⋯⋯花楸属 Sorbus
　　6 单叶常绿,稀凋落。
　　　7 心皮一部分离生,子房半下位。
　　　　8 裂开成为5瓣⋯⋯⋯⋯⋯红果树属 Stranvaesia
　　　　8 叶片有锯齿,稀全缘;总花梗及花梗常有瘤状突起;心皮在果实成熟时仅顶端与萼筒分离,不裂开⋯⋯⋯⋯⋯⋯⋯⋯⋯⋯⋯⋯⋯⋯⋯石楠属 Photinia
　　　7 心皮全部合生,子房下位。
　　　　9 果期萼片宿存;花序圆锥状稀总状;心皮(2~)3~5;叶片侧脉直出⋯⋯⋯⋯⋯⋯枇杷属 Eriobotrya
　　　　9 果期萼片脱落;花序总状稀圆锥状;心皮2(~3);叶片侧脉弯曲⋯⋯⋯⋯⋯石斑木属 Rhaphiolepis
　5 伞形或总状花序,有时花单生。
　　10 各心皮内含种子3至多数。
　　　11 花柱离生;枝条无刺;果期萼片宿存;叶边全缘;花单生⋯⋯⋯⋯⋯⋯⋯⋯⋯榅桲属 Cydonia
　　　11 花柱基部合生;枝条有时具刺⋯⋯木瓜属 Chaenomeles
　　10 各心皮内含种子1~2。
　　　12 子房和果实有不完全的6~10室,每室1胚珠;叶凋落;花序总状稀单花;萼片宿存⋯⋯⋯⋯⋯⋯⋯⋯⋯⋯⋯⋯⋯⋯⋯⋯唐棣属 Amelanchier
　　　12 子房和果实2~5室,每室2胚珠。
　　　　13 叶常绿;花序直立总状或圆锥状;果实较小,黑色,2室,萼片脱落⋯⋯⋯⋯石斑木属 Rhaphiolepis
　　　　13 叶凋落;花序伞形总状;果形较大,2~5室,萼片宿存或脱落。
　　　　　14 花柱离生;果实常有多数石细胞⋯⋯⋯⋯⋯⋯⋯⋯⋯⋯⋯⋯⋯⋯⋯⋯⋯⋯梨属 Pyrus
　　　　　14 花柱基部合生;果实多无石细胞⋯⋯⋯⋯⋯⋯⋯⋯⋯⋯⋯⋯⋯⋯⋯⋯⋯苹果属 Malus

3.3.66.3.1 栒子属 *Cotoneaster* B. Ehrhart

灌木,各部常被毛;叶互生,单叶,全缘;花白色或粉红色,单生或簇生于短侧枝之顶;萼管与子房合生,裂片5,小,宿存;花瓣5;雄蕊约20;子房下位,2~5室;花柱2~5;果小,有小核2~5颗。约90余种,分布在亚洲(日本除外)、欧洲和北非的温带地区。主要产地在中国西部和西南部,共50余种。

分种检索表

1 密集的复聚伞花序,花多数在20朵以上;花瓣白色,开花时平铺展开;叶片多大形,长2.5~12cm⋯⋯⋯⋯⋯⋯⋯⋯⋯⋯⋯⋯⋯⋯⋯⋯粉叶栒子 *Cotoneaster glaucophyllus*

1 花单生或稀疏的聚伞花序,花朵常在20以下。
　2 花多数3~15,极稀到20朵;叶片中形,长1~6(~10)cm;
　　落叶极稀半常绿灌木。
　　3 花瓣白色,在开花时平铺展开;果实红色⋯⋯⋯⋯⋯
　　　⋯⋯⋯⋯水枸子 Cotoneaster multiflorus
　　3 花瓣粉红色,开花时直立;果实红色或黑色。
　　　4 叶片下面无毛或具稀疏柔毛⋯⋯⋯⋯⋯⋯⋯⋯⋯
　　　　⋯⋯⋯灰枸子 Cotoneaster acutifolius
　　　4 叶片下面密被绒毛或短柔毛;果实红色稀黑色⋯⋯
　　　　⋯⋯⋯西北枸子 Cotoneaster zabelii
　2 花单生,稀2~3(7)朵簇生;叶片多小形,长不足2cm,先
　　端圆钝或急尖。
　　5 花瓣白色,在开花时平铺展开;果实红色,小核2~3,稀
　　　4~5;平铺或矮生常绿灌木⋯⋯⋯⋯⋯⋯⋯⋯⋯⋯
　　　⋯⋯⋯⋯小叶枸子 Cotoneaster microphyllus
　　5 花瓣红色,在开花时直立;果实红色,稀紫黑色,2~3小
　　　核,稀4或1;平铺或直立,落叶或半常绿灌木。
　　　6 直立灌木;花2~3(4)朵⋯⋯⋯⋯⋯⋯⋯⋯⋯⋯⋯
　　　　⋯⋯⋯⋯散生枸子 Cotoneaster divaricatus
　　　6 平铺矮生灌木;花1~2朵。
　　　　7 茎水平散开,呈规则地两列分枝;叶片近圆形或宽
　　　　　椭圆形,叶边平,无波状起伏;果实近球形,直径4~
　　　　　6mm,小核3稀2
　　　　　⋯⋯⋯⋯平枝枸子 Cotoneaster horizontalis
　　　　7 茎丛生地上,不规则分枝⋯⋯⋯⋯⋯⋯⋯⋯⋯
　　　　　⋯⋯⋯⋯匍匐枸子 Cotoneaster adpressus

(1) 平枝枸子 Cotoneaster horizontalis Dcne. [Rock Cotoneaster]

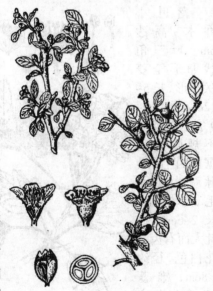

落叶或半常绿匍匐灌木;枝水平开张成整齐2列,宛如蜈蚣。叶近圆形至倒卵形,长5~14mm,宽4~9mm,先端急尖,基部广楔形,表面暗绿色,无毛,背面疏生平贴细毛。花1~2朵,近无梗,粉红色,径5~7mm,近无梗;花瓣直立,倒卵形。果近球形,径4~6mm,鲜红色,常有3小核。5~6月开花;果9~10月成熟。产于陕西、甘肃、湖北、湖南、四川、贵州、云南等地。喜光;耐干旱瘠薄。以扦插及播种繁殖为主,也可秋季压条。本种较匍匐枸子略小而结实较多,最宜作基础种植材料,红果平铺墙壁,经冬至春不落,甚为夺目;也可植于斜坡及岩石园中观赏。

(2) 水枸子(多花枸子) Cotoneaster multiflorus Bunge [Many-flowered Cotoneaster]

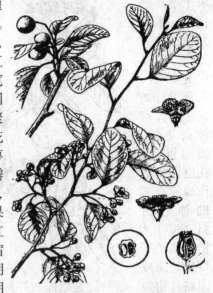

落叶灌木,高1~4m。枝条红褐色,下弯。单叶互生,卵形或宽卵形,先端圆钝,全缘。聚伞花序,具花5~20朵。萼筒钟状,花瓣5,平展,白色,雄蕊20。梨果小,近球形,红色,先端具宿存萼片。花期5~6月,果期8~9月。分布于东北、华北、西北、西南等省区。喜光,稍耐阴,耐寒;极耐干旱瘠薄;耐修剪。播种繁殖。夏季白花繁茂,秋季红果累累,是优美的观花、观果树种,适宜栽植在林下、庭院,也可作岩石园。

3.3.66.3.2 火棘属 Pyracantha Roem.

常绿灌木;枝常有棘刺。单叶互生,有短柄;托叶小,早落。花白色,小而多,成复伞房花序;雄蕊20;心皮5,腹面离生,背面有1/2连于萼筒。梨果形小,红色或橘红色,内含5小硬核。10种,分布于亚洲东部至欧洲南部;中国7种,主要分布于西南地区。

分种检索表

1 叶下面及萼外面密被绒毛;叶全缘或近全缘⋯⋯⋯⋯⋯
　⋯⋯⋯⋯窄叶火棘 Pyracantha angustifolia
1 叶下面无毛或被柔毛。
　2 叶长圆形或倒披针形,先端急尖或具短尖头,锯齿细圆
　　⋯⋯⋯⋯细圆齿火棘 Pyracantha crenulata
　2 叶倒卵形、倒卵状长圆形或椭圆形,先端圆钝或微凹。
　　3 叶具圆钝齿,中部以上最宽,下面绿色⋯⋯⋯⋯⋯
　　　⋯⋯⋯⋯火棘 Pyracantha fortuneana
　　3 叶全缘,或细锯齿不明显,中部或近中部最宽,下面微
　　　带白粉⋯⋯⋯⋯全缘火棘 Pyracantha atalantioides

(1) 火棘 Pyracantha fortuneana (Maxim.) Li [Firethorn]

常绿灌木,高约3m。枝拱形下垂,幼时有锈色短柔毛。短侧枝常成刺状。叶倒卵形至倒卵状长椭圆形,长1.5~6cm,先端圆钝微凹,有时有短尖头,基部楔形,缘有圆钝锯齿,齿尖内弯,近基部全缘,两面无毛。花白色。径约1cm,成复伞房花序。果近球形,红色,径约5mm。花期5月;果熟期9~10月。产于陕西、江苏、浙江、福建、湖北、湖南、

广西、四川、云南、贵州等地。喜光,喜高温,耐旱,不耐寒,要求土壤排水良好。播种繁殖。枝叶茂盛,初夏白花繁密,入秋果红如火,且留存枝头甚久,美丽可爱。在庭园中常作绿篱及基础种植材料,也可丛植或孤植于草地边缘或园路转角处。果枝还是瓶插的好材料,红果可经久不落。

(2)全缘火棘 *Pyracantha atalantioides* (Hance) Stapf [Entire Firethorn]

常绿灌木或小乔木。常有枝刺,稀无刺。叶椭圆形或矩圆形,长1.5~5cm,宽1~2cm,先端微尖或圆钝,基部宽楔形或圆形,全缘或有时具不明显疏细锯齿。复伞房花序,总

花梗和花梗被黄褐色柔毛;花白色,径7~9mm;花瓣卵形。梨果扁球形,鲜红色。产于陕西、湖南、湖北、四川、贵州、广西、广东。播种繁殖。花白色,果亮红色,可植于园林观赏。品种有黄果全缘火棘'Aurea',果黄色。

3.3.66.3.3 山楂属 *Crataegus* L.

落叶小乔木或灌木,通常有枝刺。叶互生,有齿或裂;托叶较大。花白色,少有红色;呈顶生伞房花序。萼片、花瓣各5,雄蕊,5~25;心皮1~5。果实梨果状,内含1~5骨质小核。约1000余种,广泛分布于北半球温带,尤以北美东部为多;中国约18种。

分种检索表
1叶片羽状深裂,侧脉有的伸到裂片先端,有的伸到裂片分裂处················山楂 *Crataegus pinnatifida*
1叶片浅裂或不分裂,侧脉伸至裂片先端,裂片分裂处无侧脉。
  2枝上常无刺;叶片卵状披针形或卵状椭圆形,具圆钝锯齿,常不分裂或仅在不孕枝上有少数叶具3~5浅裂片;花梗及总花梗无毛;果实球形,黄色或带红晕,直径1.5~2cm,小核5··············云南山楂 *Crataegus scabrifolia*
  2枝上常具刺,叶片常分裂。
    3叶边锯齿圆钝,中部以上有(1)2~4对浅裂片,基部宽楔形;花梗及总花梗无毛;果实球形,暗红色,直径2.5cm,小核5··············湖北山楂 *Crataegus hupehensis*
    3叶边锯齿尖锐,常具3~7对裂片,稀仅顶端3浅裂。
      4花梗及总花梗外被柔毛或绒毛。
        5叶片宽倒卵形至倒卵长圆形,基部楔形,顶端有缺刻或3~(7)浅裂,下面具稀疏柔毛;果实近球形或扁球形,红色或黄色;小核4~5,内面两侧平滑··············野山楂 *Crataegus cuneata*
        5叶片基部宽楔形至圆形,叶边有3~7对裂片;小核内面两侧有凹痕········毛山楂 *Crataegus maximowiczii*
      4花梗及总花梗均无毛。
        6叶片基部楔形,两面微有短柔毛;果实血红色,直径1cm,小核3,稀5········辽宁山楂 *Crataegus sanguinea*
        6叶片基部截形或宽楔形,上面无毛或近于无毛,下面被稀疏柔毛;果实直径小于1cm··············甘肃山楂 *Crataegus kansuensis*

(1)山楂 *Crataegus pinnatifida* Bunge [China Hawthorn]

落叶小乔木,高达6m。叶三角状卵形至菱状卵形,长5~12cm,羽状5~9裂,裂缘有不规则尖锐锯齿,两面沿脉疏生短柔毛,叶柄细,长2~6cm;托叶大而有齿。花白色,径约1.8cm,雄蕊20;伞房花序

有长柔毛。果近球形或梨形,径约1.5cm,红色,有白色皮孔。花期5~6月;果10月成熟。产于东北、华北等地;朝鲜及俄罗斯西伯利亚地区也有。喜光,稍耐阴,耐寒,耐干燥、贫瘠土壤,但以在湿润而排水良好之沙壤土中生长最好。根系发达,萌蘖性强。播种和分株繁殖。树冠整齐,花繁叶茂,果实鲜红可爱,是观花,观果和园林结合生产的良好绿化树种。可做庭荫树和园路树或绿篱栽培。变种:

山里红 var. *major* N. H. Br.，落叶小乔木。在东北南部、华北，南至江苏一带普遍作为果树栽培。性强健，结果多，产量稳定，山区、平地均可栽培。播种繁殖。可做庭荫树和园路树。

(2) 辽宁山楂 *Crataegus sanguinea* Pall.
[Red Hawthorn]

落叶灌木，稀小乔木，高达2~4m；刺短粗，锥形，长约1cm，亦常无刺。叶片宽卵形或菱状卵形，长5~6cm，宽3.5~4.5cm，先端急尖，基部楔形，边缘通常有3~5对浅裂片和重锯齿，裂片宽卵形，先端急尖，两面散生短柔毛，上面毛较密，下面柔毛多生在叶脉上；叶柄粗短，长1.5~2cm，近于无毛；托叶草质，镰刀形或不规则心形，边缘有粗锯齿，无毛。伞房花序，直径2~3cm，多花，密集，总花梗和花梗均无毛，或近于无毛，花梗长5~6mm；苞片膜质，线形，长5~6mm，边缘有腺齿，无毛，早落；花直径约8mm；萼筒钟状；萼片三角卵形；花瓣长圆形，白色；雄蕊20，花药淡红色或紫色。果实近球形，直径约1cm，血红色，萼片宿存，反折；小核3。花期5~6月，果期7~8月。产于内蒙古、新疆、黑龙江、辽宁、吉林。喜光；耐寒；耐旱。播种繁殖。花果美丽，植于庭园观赏或栽作绿篱。

3.3.66.3.4 枇杷属 *Eriobotrya* Lindl.

常绿小乔木或灌木。单叶互生，具短柄或近无柄，缘有齿，羽状侧脉直达齿尖。花白色，成顶生圆锥花序；花萼5裂，宿存；花瓣5，具爪；雄蕊20，心皮合生，子房下位，2~5室，每室具2胚珠。梨果含1至数枚种子。30余种，主要产于亚洲温带及亚热带；中国产13种，华中、华南、华西均有分布。

枇杷 *Eriobotrya japonica*(Thunb.)Lindl.
[Loquat]

常绿小乔木，高可达10m。小枝、叶背及花序均密被锈色绒毛。叶粗大革质，常为倒披针状椭圆形，长12~30cm，先端尖，基部楔形，锯齿粗钝，侧脉11~21对，表面多皱而有光泽。花白色，芳香。果近球形或梨形，黄色或橙黄色，径2~5cm。10~12月开花；次年初夏果熟。原产于中国，四川、湖北有野生；南方各地多作果树栽培。越南、缅甸、印度、印度尼西亚、日本也有栽培。喜光，稍耐阴，喜温暖气候及肥沃湿润而排水良好之土壤，不耐寒。以播种、嫁接繁殖为主，扦插、压条也可。优良品种多用嫁接繁殖，砧木用枇杷实生苗或石楠、榅桲苗。树形整齐美观，叶大荫浓，常绿而有光泽，冬日白花盛开，初夏黄果累累，南方暖地多于庭园内栽植，是园林结合生产的好树种。

3.3.66.3.5 花楸属 *Sorbus* L.

落叶乔木或灌木。叶互生，有托叶，单叶或奇数羽状复叶，有锯齿。花白色，罕为粉红色，成顶生复伞房花序；雄蕊15~20，心皮2~5，各含2胚珠，花柱离生或基部连合。果实为2~5室的梨果，形小，子房壁成软骨质，每室有1~2种子。100余种，广布于北半球温带；中国约66种。

分种检索表
1 单叶，叶边有锯齿或浅裂片。
　2 叶片下面无毛或微具毛………水榆花楸 *Sorbus alnifolia*
　2 叶片下面被绒毛…………石灰花楸 *Sorbus folgneri*
1 羽状复叶；果实上有宿存的萼片；心皮2~4，稀5，大部分与萼筒合生；花柱2~4(5)，通常离生。
　3 小叶片7~21对…………陕甘花楸 *Sorbus koehneana*
　3 小叶片2~7(9)对。
　　4 托叶膜质，脱落早；果实白色或红色。
　　　5 冬芽外被白色柔毛；花直径1.5~2cm；果实红色；小叶片5~7对，边缘大部分有显明锯齿…………………………………………………天山花楸 *Sorbus tianschanica*
　　　5 冬芽外面无毛；花直径不足1cm；果实白色…………………………湖北花楸 *Sorbus hupehensis*
　　4 托叶草质，脱落迟；果实红色、黄色稀白色。
　　　6 冬芽外面无毛或仅先端微具柔毛…………………………北京花楸 *Sorbus discolor*
　　　6 冬芽外面密被白色绒毛；果实红色…………………………花楸树 *Sorbus pohuashanensis*

(1) 花楸树(百华花楸，臭山槐)
Sorbus pohuashanensis(Hance)Hedl.
[Pohuashan Mountainash]

小乔木，高达8m。小枝及芽均具绒毛，托叶大，近卵形，有齿缺；奇数羽状复叶，小叶11~15枚，长椭圆形至长椭圆状披针形，长3~8cm，先端尖，通常中部以上有锯齿，背面灰绿色，常有柔毛。花序伞房状，具绒毛；花白色，径6~8mm。果红色，近球形，径6~8mm。花期5月；果熟期10月。产于东北、华北至甘肃一带。喜湿润之酸性或微酸性土壤，较耐阴。播种繁殖。花叶美丽，入秋红果累累，是优美的庭园风景树。风景林中配植若干，可使山林增色。

(2) 水榆花楸 Sorbus alnifolia (Sieb. et Zucc.) K. Koch [Densehead Mountainash]

乔木,高达20m。树皮光滑,灰色;小枝有灰白色皮孔,光滑或稍有毛。单叶卵形至椭圆状卵形,长5~10cm,先端锐尖,基部圆形,缘有不整齐尖锐重锯齿,两面无毛或稍有短柔毛。复伞房花序,有花6~25朵;花白色,径1~1.5cm,花柱常为2。果椭球形或卵形,径7~10mm,红色或黄色,不具斑点。花期5月;果熟期11月。产于长江流域、黄河流域及东北南部;朝鲜、日本也有。耐阴。耐寒。喜湿润微酸性或中性土。播种繁殖。树形高大,树冠圆锥形,秋天叶先变黄后转红,又硕果累累,颇为美观,可作园林风景树栽植。

3.3.66.3.6 石楠属 Photinia Lindl.

落叶或常绿,灌木或乔木。单叶,有短柄,边缘常有锯齿,有托叶。花小而白色,呈伞房或圆锥花序;萼片5,宿存;花瓣5,圆形;雄蕊约为20;花柱2,罕3~5,至少基部合生;子房2~4室,近半上位。梨果,含1~4粒种子,顶端圆且凹。60余种,主产于亚洲东部及南部;中国产40余种,多分布于温暖的南方。

分种检索表
1叶常绿;花序复伞房状;总花梗和花梗在果期无疣点。
　2叶片下面有黑色腺点……桃叶石楠 Photinia prunifolia
　2叶片下面无黑色腺点。
　　3花序无毛或疏生柔毛。
　　3花序有绒毛、绵毛或密生柔毛…………………………
　　　………………倒卵叶石楠 Photinia lasiogyna
　　4叶柄长2~4cm;叶片长椭圆形、长倒卵形或倒卵状椭圆形…………………………石楠 Photinia serrulata
　　4叶柄长0.5~2cm。
　　　5花瓣内面有毛;叶片椭圆形、长圆形或长圆倒卵形,先端渐尖………………光叶石楠 Photinia glabra
　　　5花瓣无毛………………椤木石楠 Photinia davidsoniae
1叶在冬季凋落;花序伞形、伞房或复伞房状,稀为聚状;总花梗和花梗在果期有显明疣点。
　6花序无毛………………中华石楠 Photinia beauverdiana
　6花序有毛………………绒毛石楠 Photinia schneideriana

(1) 石楠 Photinia serrulata Lindl. [Photinia]

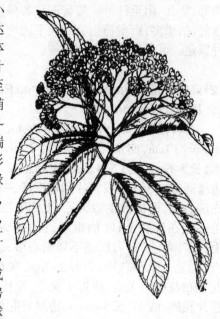

常绿小乔木,高达12m。全体几无毛。叶长椭圆形至倒卵状长椭圆形,长8~20cm,先端尖,基部圆形或广楔形,缘有细尖锯齿,革质有光泽,幼叶带红色。花白色,径6~8mm,成顶生复伞房花序。果球形,径5~6mm,红色。花期5~7月;果熟期10月。产于中国中部及南部;山东、河北、北京等地有栽培。日本、印度尼西亚也有。喜光,稍耐阴;喜温暖,尚耐寒,能耐短期的-15℃低温,在西安可露地越冬;喜排水良好的肥沃壤土,也耐干旱瘠薄,能生长在石缝中,不耐水湿。生长较慢。播种繁殖。树冠圆形,枝叶浓密,早春嫩叶鲜红,冬季又有红果,是美丽的观赏树种。园林中孤植、丛植及基础栽植都甚为合适,尤宜配植于整形式园林中。

(2) 椤木石楠 Photinia davidsoniae Rehd. et Wils. [Davidson Photinia]

常绿乔木,高6~15m,幼枝棕色,贴生短毛,后呈紫褐色,最后呈灰色无毛。树干及枝条上有刺。叶革质,长圆形至倒卵状披针形,长5~15cm,宽2~5cm,叶端渐尖而有短尖头,叶基楔形,叶缘有带腺的细锯齿;叶柄长0.8~1.5cm。花多而密,呈顶生复伞房花序;花序梗、花柄均贴生短柔毛;花白色,径1~1.2cm。梨果,黄红色,径7~10mm。花期5月;果9~10月成熟。分布于华中、华南、西南各地。越南、缅甸、泰国也有分布。喜光,喜温暖,耐干旱,在酸性土和钙质土上均能生长。播种或扦插繁殖。花、叶均美,可作刺篱用。

3.3.66.3.7 红果树属 *Stranvaesia* Lindl.

常绿乔木或灌木；冬芽小，卵形，有少数外露鳞片。单叶，互生，革质，全缘或有锯齿，有叶柄与托叶。顶生伞房花序；苞片早落；萼筒钟状，萼片5；花瓣5，白色，基部有短爪；雄蕊20；花柱5，大部分连合成束，仅顶端部分离生；子房半下位，5室，每室具2胚珠。梨果小，萼片宿存；种子长椭圆形，种皮软骨质，子叶扁平。约5种，分布于我国及印度、缅甸北部山区；我国约4种。

红果树 *Stranvaesia davidiana* Dcne.
[David Stranvaesia]

灌木或小乔木，高达1~10m，枝条密集；小枝粗壮，圆柱形，幼时密被长柔毛，逐渐脱落，当年枝条紫褐色，老枝灰褐色，有稀疏不显明皮孔；冬芽长卵形，先端短渐尖，红褐色。叶片长圆形、长圆披针形或倒披针形，长5~12cm，先端急尖或突尖，基部楔形至宽楔形，全缘，沿中脉有稀疏柔毛；复伞房花序，直径5~9cm，密具多花；总花梗和花梗均被柔毛，花梗短；苞片与小苞片均膜质，早落；花直径5~10mm；萼筒外面有稀疏柔毛；萼片外被少数柔毛；雄蕊20，花药紫红色；花柱5，大部分连合，柱头头状，比雄蕊稍短。果实近球形，橘红色；萼片宿存；种子长椭圆形。花期5~6月，果期9~10月。产云南、广西、贵州、四川、江西、陕西、甘肃。喜光，耐干旱瘠薄，喜冷凉气候。芽接繁殖。可栽培供观赏用，叶丛亮绿，果穗红黄，经久不凋，十分美丽。

3.3.66.3.8 牛筋条属 *Dichotomanthus* Kurz

常绿灌木至小乔木；叶互生，全缘，短柄；托叶细小，早落。花多数，着生在顶生复伞房花序；萼筒钟状，萼片5；花瓣白色，5片；雄蕊15~20，花药2室；心皮1，子房上位，1室，有2并生胚珠。果期心皮干燥，革质，成小核状，常具1种子，突出在肉质萼筒的顶端；种子扁。1种，产我国西南部。

牛筋条 *Dichotomanthus tristaniaecarpa* Kurz
[Common Oxmuscle]

常绿灌木至小乔木，高2~4m；枝条丛生，小枝幼时密被黄白色绒毛，老时灰褐色，无毛；树皮光滑，暗灰色，密被皮孔。叶片长圆披针形，有时倒卵形、倒披针形至椭圆形，长3~6cm，先端急尖或圆钝并有凸尖，基部楔形至圆形，全缘，上面无毛或仅在中脉上有少数柔毛，光亮，下面幼时密被白色绒毛，逐渐稀薄；叶柄粗壮，密被黄白色绒毛；托叶丝状，不久脱落。花多数，密集成顶生复伞房花序，总花梗和花梗被黄白色绒毛；苞片披针形，膜质，早落；萼筒钟状，外面密被绒毛；萼片三角形，边有腺齿，外面密被绒毛；花瓣白色，平展，近圆形或宽卵形，基部有极短爪；雄蕊20；子房外被柔毛。果期心皮干燥，革质，长圆柱状，顶端稍具短柔毛，长5~7mm，褐色至黑褐色，突出于肉质红色杯状萼筒之中。花期4~5月，果期8~11月。产云南、四川。喜光，稍耐阴，不耐寒，耐干旱瘠薄。种子繁殖。树型优美，花白色，多而密集；果鲜红色，结实量大，具有较高的观赏价值，是西南地区具有较好开发应用潜力的一种园林绿化植物。

3.3.66.3.9 木瓜属 *Chaenomeles* Lindl.

落叶或半常绿灌木或小乔木，有的具枝刺。单叶互生，缘有锯齿；托叶大。花单生或簇生；萼片5，花瓣5，雄蕊20或更多；花柱5，基部合生；子房下位，5室，各含多数胚珠。果为具多数褐色种子的大型梨果。5种，中国5种。

分种检索表
1 枝无刺；花单生，后于叶开放；萼片有齿，反折；叶边有刺芒状锯齿，齿尖、叶柄均有腺；托叶膜质，卵状披针形，边有腺齿………………………………木瓜 *Chaenomeles sinensis*
1 枝有刺；花簇生，先于叶或与叶同时开放；萼片全缘或近全缘，直立稀反折；叶边有锯齿稀全缘；托叶草质，肾形或耳形，有锯齿。
2 小枝粗糙，二年生枝有疣状突起；果实小型，直径3~4cm，成熟期较早；叶片倒卵形至匙形，下面无毛，叶边有圆钝锯齿………………日本木瓜 *Chaenomeles japonica*
2 小枝平滑，二年生枝无疣状突起；果实中型到大型，直径5~8cm，成熟期迟。
3 叶片卵形至长椭圆形，幼时下面无毛或有短柔毛，叶

边有尖锐锯齿;枝条初期直立,不久展开;花柱基部无毛或稍有毛⋯⋯⋯⋯皱皮木瓜 Chaenomeles speciosa

3 叶片椭圆形或披针形,幼时下面密被褐色绒毛,叶边有刺芒状锯齿;枝条坚硬,直立;花柱基部常被柔毛或绵毛⋯⋯⋯⋯毛叶木瓜 Chaenomeles cathayensis

(1) 木瓜 Chaenomeles sinensis (Thouin) Koehne [China Floweringquince]

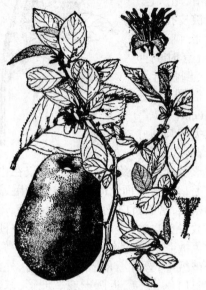

落叶小乔木,高达 5~10m。干皮成薄皮状剥落;枝无刺,但短小枝常成棘状;小枝幼时有毛。叶卵状椭圆形,长 5~8cm,先端急尖,缘具芒状锐齿,幼时背面有毛,后脱落,革质,叶柄有腺齿。花单生叶腋,粉红色,径 2.5~3cm。果椭圆形,长 10~15cm,暗黄色,木质,有香气。花期 4~5 月,叶后开放;果熟期 8~10 月。产于山东、陕西、安徽、江苏、浙江、江西、湖北、广东、广西等地。喜光,喜温暖,但有一定的耐寒性,北京在良好小气候条件下可露地越冬;要求土壤排水良好,不耐盐碱和低湿地。可用播种及嫁接法繁殖,砧木一般用海棠果。花美果香,常植于庭园观赏。

(2) 皱皮木瓜(贴梗海棠,铁角海棠,贴梗木瓜) Chaenomeles speciosa (Sweet) Nakai [Wrinkle Floweringquince]

落叶灌木,高达 2m。枝开展,无毛,有刺。叶卵形至椭圆形,长 3~8cm,先端尖,基部楔形,缘有尖锐锯齿,齿尖开展,表面无毛,有光泽,背面无毛或脉上稍有毛;托叶大,肾形或半圆形,缘有尖锐重锯齿。花 3~5 朵簇生于 2 年生老枝上,朱红、粉红或白色,径 3~5cm;萼筒钟状,无毛,萼片直立;花柱基部无毛或稍有毛;花梗粗短或近于无梗。果卵形至球形,径 4~6cm,黄色或黄绿色,芳香,萼片脱落。花期 3~4 月,先叶开放;果熟期 9~10 月。产于中国陕西、甘肃、四川、贵州、云南、广东等地,缅甸也有。喜光,有一定耐寒能力,北京小气候良好处可露地越冬;对土壤要求不严,但喜排水良好的肥厚壤土,不宜在低洼积水处栽植。分株、扦插和压条法繁殖。早春叶前开花,簇生枝间,鲜艳美丽,且有重瓣及半重瓣品种,秋天又有黄色、芳香的硕果,是一种很好的观花、观果灌木。宜于草坪、庭院或花坛内丛植或孤植,又可作为绿篱及基础种植材料,也是盆栽和切花的好材料。

3.3.66.3.10 榅桲属 Cydonia Mill.

落叶灌木或小乔木;芽小,有柔毛,有数枚芽鳞。叶互生,单叶,全缘;有托叶。花大,白色或淡粉色,单生于当年生的叶枝之顶。梨果。1种,主于土耳其及伊朗;中国有栽培。

榅桲(木梨) Cydonia oblonga Mill. [Common Quince]

灌木或小乔木,高达 8m。树皮黑色,小枝稍扭转,幼枝有绒毛。叶阔卵形至长圆形,长 5~10cm,宽 3~5cm,先端急尖,突尖或微凹,基部圆形或近心形,全缘,叶表老时无毛,叶背密生绒毛;叶柄长 1~2cm,有绒毛;具托叶。花与叶同时开放,单生于枝端,径 4~6cm,白色或淡粉红色,萼片 5,全缘,反卷有毛;花瓣 5,倒卵形;雄蕊 20;花柱 5,离生,基有柔毛;子房下位,5 室,每室含多粒胚珠。梨果黄色,有香气。花期 5 月;果 10 月成熟。喜光而能耐半阴。适应性强,耐寒。对土壤要求不严,一般排水良好之地均可栽培。可作苹果及梨的砧木,可用播种及根插法繁殖。耐修剪,宜作绿篱。

3.3.66.3.11 石斑木属 Rhaphiolepis Lindl.

常绿灌木或小乔木。单叶互生,革质,具短柄;托叶锥形,早落。花成直立总状花序、伞房花序或圆锥花序;萼筒钟状至筒状,下部与子房合生;萼片 5,直立或外折,脱落;花瓣 5,有短爪;雄蕊 15~20;子房下位,2 室,每室有 2 直立胚珠,花柱 2 或 3,离生或基部合生。梨果核果状,近球形,肉质,萼片脱落后顶端有一圆环或浅窝;种子 1~2,近球形,种皮薄,子叶肥厚,平凸或半球形。约 15 种,分布于亚洲东部,我国产 7 种。

分种检索表

1 叶片全部有稀疏锯齿⋯⋯⋯⋯石斑木 Rhaphiolepis indica

1叶片全缘或疏生钝锯齿·················
·············厚叶石斑木 Rhaphiolepis umbellata

(1) 石斑木
Rhaphiolepis indica (L.) Lindl. ex Ker
[Hongkong Hawthorn, India Hawthorn]

常绿灌木,稀小乔木,高可达4m;幼枝初被褐色绒毛,以后逐渐脱落近于无毛。叶片集生于枝顶,卵形、长圆形,稀倒卵形或长圆披针形,长4~8cm,先端圆钝、急尖、渐尖或长尾尖,基部渐狭连于叶柄,边缘具细钝锯齿,上面光亮,平滑无毛;托叶钻形,脱落。顶生圆锥花序或总状花序,总花梗和花梗被锈色绒毛;苞片及小苞片狭披针形,近无毛;萼筒筒状,边缘及内外面有褐色绒毛,或无毛;萼片5,三角披针形至线形,先端急尖,两面被疏绒毛或无毛;花瓣5,白色或淡红色,倒卵形或披针形,先端圆钝,基部具柔毛;雄蕊15,与花瓣等长或稍长;花柱2~3,基部合生,近无毛。果实球形,紫黑色,直径约5mm。花期4月,果期7~8月。产安徽、浙江、江西、湖南、贵州、云南、福建、广东、广西、台湾。日本、老挝、越南、柬埔寨、泰国和印度尼西亚也有分布。喜高温、湿润多雨和阳光充足或半阴环境。不耐干旱;适生于酸性和中性土壤,耐盐性弱;耐贫瘠,常生于裸露的风化石隙;生长速率慢,抗风力强。播种繁殖为主。在裸露风化的岩石缝中生存,像石上斑点,故名"石斑木"。枝叶密生,树冠圆形,春天花团锦簇,宜植于行道树、绿篱,或园路转角处以分割空间、阻挡视线。

(2) 厚叶石斑木 *Rhaphiolepis umbellata* (Thunb.) Makino [Yeddo Raphiolepis]

常绿灌木或小乔木。叶片厚革质,长椭圆形、卵形或倒卵形,先端圆钝至稍锐尖,基部楔形,全缘或有疏生钝锯齿,边缘稍向下方反卷,上面深绿色,稍有光泽,下面淡绿色,网脉明显。圆锥花序顶生,直立,密生褐色柔毛;花瓣白色,倒卵形。果实球形,黑紫色带白霜。产于浙江(普陀、天台)。日本广泛分布。生性强健,耐热、耐寒、耐旱、耐瘠、耐阴、耐盐、抗风、抗空气污染,适应性广。播种繁殖。枝叶繁茂,春夏开花,花朵白色,中心为淡红色或橙红色,花形奇特,秋季紫黑色球果缀满枝头,极具观赏价值。是庭院及滨海地区园林绿化不可多得的优良树种。

3.3.66.3.12 苹果属 *Malus* Mill.

落叶乔木或灌木。叶有锯齿或缺裂,有托叶。花白色、粉红色至紫红色,呈伞形总状花序;雄蕊15~50,花药通常黄色;子房下位,3~5室,花柱2~5,基部合生。梨果,无或稍有石细胞。约40种,广泛分布于北半球温带;中国25种。多数为重要果树及砧木或观赏树种。

分种检索表
1叶片常分裂,稀不分裂,在芽中呈对折状;果实内无石细胞或有少数石细胞。
 2萼片脱落················三叶海棠 *Malus sieboldii*
 2萼片宿存················滇池海棠 *Malus yunnanensis*
1叶片不分裂,在芽中呈席卷状;果实内无石细胞。
 3萼片脱落;花柱3~5;果实较小,直径多在1.5cm以下。
  4萼片三角卵形,与萼筒等长或稍短;嫩枝有短柔毛,不久脱落。
   5叶边有细锐锯齿;萼片先端渐尖或急尖;花柱3,稀为4;果实椭圆形或近球形···湖北海棠 *Malus hupehensis*
   5叶边有钝细锯齿;萼片先端圆钝;花柱4或5;果实梨形或倒卵形···············垂丝海棠 *Malus halliana*
  4萼片披针形,比萼筒长。
   6嫩枝和叶片下面常被绒毛或柔毛················
   ···················西府海棠 *Malus micromalus*
   6嫩枝无毛或被短柔毛,细弱;叶片最初有短柔毛,以后多数脱落近于无毛;花白色。
    7叶柄、叶脉、花梗和萼筒外部均光滑无毛;果实近球形················山荆子 *Malus baccata*
    7叶柄、叶脉、花梗和萼筒外部常有稀疏柔毛;果实椭圆形或倒卵形·······毛山荆子 *Malus mandshurica*
 3萼片永存;花柱(4~)5;果形较大,直径常在2cm以上。
  8萼片先端渐尖,比萼筒长。
   9叶边有钝锯齿;果实扁球形或球形,先端常有隆起,萼洼下陷················苹果 *Malus pumila*
   9叶边锯齿常较尖锐;果实卵形,先端渐狭,不或稍隆起,萼洼微突。
    10果形较大,果梗中长;叶片下面密被短柔毛········
    ···················花红 *Malus asiatica*
    10果形较小,果梗细长;叶片下面仅在叶脉具短柔毛或近无毛················楸子 *Malus prunifolia*
  8萼片先端急尖比萼筒短或等长;果梗细长。
   11叶片基部宽楔形或近圆形;叶柄长1.5~2cm;果实黄色,基部梗洼隆起,萼片宿存················
   ···················海棠花 *Malus spectabilis*
   11叶片基部渐狭成楔形;叶柄长2~3.5cm;果实红色,基部梗洼下陷,萼片宿存或脱落················
   ···················西府海棠 *Malus micromalus*

(1)西府海棠(小果海棠,海红,子母海棠)
Malus micromalus Makino
[Midget Crabapple]

落叶小乔木,高达5m,树态峭立。叶长5~10cm,宽2~5cm,基部楔形;叶柄较细长,长2~3.5cm。伞形花序有花4~7朵,花梗长2~3cm,花直径约4cm;萼筒外面密生白色柔毛。花瓣近圆形或长椭圆形,粉红色。梨果近球形,幼时疏生短柔毛,红色,直径1~1.5cm,基部柄洼下陷。花期4~5月,果期8~9月。产华北及陕西、甘肃、云南、辽宁等地。喜光耐寒,抗干旱,对土壤适应力强,较耐盐碱和水湿。嫁接或分株繁殖。本种春天观粉花,秋天可观赏红果,是良好的庭院观赏树。品种:①重瓣粉海棠'Riversii'花较大,重瓣,粉红色;叶也较宽大;②重瓣白海棠'Albiplena'花白色,重瓣。

(2)湖北海棠(泰山海棠)*Malus hupehensis*
(Pamp.)Rehd. [Hubei Crabapple]

落叶小乔木,高可达8m。单叶互生,叶片卵形,长5~10cm,宽2.5~4cm,先端渐尖,基部宽楔形,缘具细锐锯齿,羽脉5~6对,叶柄长1~3cm。伞房花序有花4~6朵,梗长2~4cm,花蕾时粉红,开后粉白,雄蕊20枚。梨果小球形,径0.6~1cm,红或黄绿带红晕,萼脱落,果柄长,为果径的5~6倍。花期4~5月,果熟期8~9月。主产湖北。云南、贵州、四川、甘肃、西藏、浙江、陕西、河南、山东均有栽培分布。喜光,耐涝,抗旱,抗寒,抗病虫灾害。能耐-21℃的低温,并有一定的抗盐

能力。播种繁殖。花蕾粉红、花开粉白,花梗细长,小果红色,为春秋两季观花、观果的良好园林树种。

3.3.66.3.13 梨属 *Pyrus* L.

落叶或半常绿乔木,罕为灌木;有时具枝刺。单叶互生,常有锯齿,罕具裂,在芽内呈席卷状,具叶柄及托叶。花先叶开放或与叶同放,呈伞形总状花序;花白色,罕粉红色;花瓣具爪,近圆形,雄蕊20~30,花药常红色;花柱2~5,离生;子房下位,2~5室,每室具2胚珠。梨果显具皮孔,果肉多汁,富石细胞,子房壁软骨质。种子黑色或黑褐色。约25种,分布亚洲、欧洲至北非,中国有14种。

分种检索表
1 果实上有萼片宿存;花柱3~5。
　2 叶边有带刺芒尖锐锯齿,刺芒或长或短·················
　　·················秋子梨 *Pyrus ussuriensis*
　2 叶边有不带刺芒的细锐锯齿或圆钝锯齿·················
　　·················西洋梨 *Pyrus communis*
1 果实上萼片多数脱落或少数部分宿存;花柱2~5。
　3 叶柄具有带刺芒的尖锐锯齿;花柱4~5。
　　4 果实黄色;叶片基部宽楔形·················
　　　·················白梨 *Pyrus bretschneideri*
　　4 果实褐色;叶片基部圆形或近心形·················
　　　·················沙梨 *Pyrus pyrifolia*
　3 叶边有不带刺芒的尖锐锯齿或圆钝锯齿;花柱2~4(5);果实褐色。
　　5 叶边有尖锐锯齿·················杜梨 *Pyrus betulifolia*
　　5 叶边有圆钝锯齿·················豆梨 *Pyrus calleryana*

(1)白梨 *Pyrus bretschneideri* Rehd.
[White Pear]

落叶乔木,高5~8m。小枝粗壮,幼时有柔毛。叶卵形至卵状椭圆形,长5~11cm,基部广楔形或近圆形,有刺芒状尖锯齿,齿端微向内曲,幼时两面有绒毛,后变光滑;叶柄长2.5~7cm。花白色,径2~3.5cm;花柱5,罕为4,无毛;花梗长1.5~7cm。果卵形或近球形,黄色或黄白色,有细密斑点,果肉软,花萼脱落。花期4月;果熟期8~9月。原产于中国北部,河北、河南、山东、山西、陕西、甘肃、青海等地皆有分布。栽培遍及华北、东北南部、西北及江苏北部、四川等地。喜干燥冷凉,抗

寒力较强,但不及秋子梨;喜光;对土壤要求不严,以深厚、疏松、地下水位较低的肥沃沙壤土为最好,开花期中忌寒冷和阴雨。嫁接繁殖。春天开花,满树雪白,树姿也美,因此在园林中是观赏结合生产的好树种。

(2)杜梨 Pyrus betulaefolia Bunge
[Birchleaf Pear]

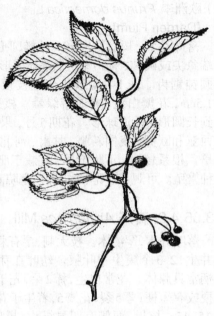

落叶乔木,高达10m。小枝常棘刺状,幼时密生灰白色绒毛。叶菱状卵形或长卵形,长4~8cm,缘有粗尖齿,幼叶两面具灰白绒毛,老则仅在背面有毛。花白色,径1.5~2cm,花柱2~3,花梗长2~2.5cm。果实小,近球形,径约1cm,褐色;萼片脱落。花期4月下旬至5月上旬;果熟期8~9。主产于中国北部,长江流域也有;辽宁南部、河北、山西、河南、陕西、甘肃、安徽、江西、湖北均有分布。喜光,稍耐阴,耐寒,极耐干旱、瘠薄及碱土,深根性、抗病虫害力强,生长较慢。播种繁殖为主,压条、分株也可。春季白花繁多而美丽,也常植于庭园观赏。

3.3.66.3.14 唐棣属 Amelanchier Medic.

落叶灌木或乔木;冬芽显著,长圆锥形,有数枚鳞片。单叶,互生,有锯齿或全缘,有叶柄和托叶。花序顶生总状,稀单生;苞片早落;萼筒钟状,萼片5,全缘;花瓣5,细长,长圆形或披针形,白色;雄蕊10~20;花柱2~5,基部合生或离生,子房下位或半下位,2~5室,每室具2胚珠,有时室背生假隔膜,子房形成4~10室,每室1胚珠。梨果近球形,浆果状,具宿存、反折的萼片和膜质的内果皮;种子4~10,直立,子叶平凸。约25种,多分布于北美,我国有2种,产华东、华中和西北等地。

分种检索表
1 叶边仅上半部有锯齿,基部全缘;花梗及总花梗无毛,嫩叶面仅在中脉附近稍具柔毛……唐棣 Amelanchier sinica
1 叶边全部有锯齿;花梗、总花梗及嫩叶下面均密被绒毛
………………东亚唐棣 Amelanchier asiatica

(1)唐棣 Amelanchier sinica (Schneid.) Chun
[China Juneberry]

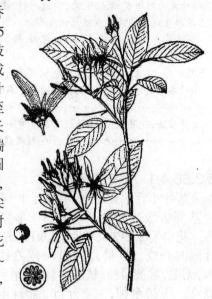

落叶小乔木,高3~15(10)m;小枝细长,紫褐或黑褐色。单叶互生,卵形至长椭圆形,长4~7cm;先端急尖,基部圆形或近心形,中上部有细尖齿,背脉幼时疏生长毛。花白色,径3~4.5cm,花瓣5,细长,雄蕊20,花柱5,基部合生,萼宿存而反折;总状花序多花,无毛。梨果近球形,径约1cm,黑色。5月开花;9~10月果熟。产河南、甘肃、陕西、湖北、四川。阳性树种,也耐半阴。喜肥沃湿润土壤。不耐水涝。播种繁殖。花穗下垂,花瓣细长,白色而有芳香,常在庭园栽培观赏。

(2)东亚唐棣 Amelanchier asiatica
(Sieb. et Zucc.) Endl. ex Walp. [Asia Juneberry]

与唐棣主要区别是:叶缘均有齿,花序总梗、花柄及叶背面密被绒毛。产于安徽黄山、浙江天目山、江西幕阜山。日本和朝鲜也有分布。喜光。播种繁殖。可种植于生山坡、溪旁或林中。

3.3.66.4 李亚科 Prunoideae Focke

乔木或灌木,有时具刺。单叶,有托叶;花单生,伞形成总状花序;花瓣常白色或粉红色,稀缺;雄蕊10至多数;心皮1,子房上位,1室,内含2悬垂胚珠;果实为核果,含1稀2种子,外果皮和中果皮肉质,内果皮骨质,成熟时多不裂开或极稀裂开。10属,中国产9属。

分属检索表
1 灌木常有刺,枝条髓部呈薄片状,花柱侧生……………
………………………………扁核木属 Prinsepia
1 乔木或灌木,枝条髓部坚实,花柱顶生。
  2 幼叶多为席卷式,少数为对折式;果实有沟,外面被毛或被蜡粉。
    3 侧芽3,两侧为花芽,具顶芽;花1~2,常无柄,稀有柄;子房和果实常被短柔毛,极稀无毛;核常有孔穴,极稀光滑;叶片为对折式;花先叶开………桃属 Amygdalus
    3 侧芽单生,顶芽缺。核常光滑或有不明显孔穴。
      4 子房和果实被短柔毛,花常无柄或有短柄,花先叶开………………………………杏属 Armeniaca

4 子房和果实均光滑无毛,常被蜡粉;花常有柄,花叶同开 ········· 李属 Prunus
2 幼叶常为对折式,果实无沟,不被蜡粉,枝有顶芽。
5 花单生或数朵着生在短总状或伞房状花序,基部常有明显苞片;子房光滑;核平滑,有沟,稀有孔穴 ········· 樱属 Cerasus
5 花小形,10朵至多朵着生在总状花序上,苞片小形。
6 叶冬季凋落,花序顶生,花序梗上常有叶片,稀无叶 ········· 稠李属 Padus
6 叶常绿,花序腋生,花序梗上无叶片 ········· 桂樱属 Laurocerasus

3.3.66.4.1 李属 Prunus L.

落叶小乔木或灌木;单叶互生,有叶柄,在叶片基部边缘或叶柄顶端常有2小腺体;托叶早落。花单生或2~3朵簇生,具短梗,先叶开放或与叶同时开放。核果,具有1个成熟种子,外面有沟,无毛,常被蜡粉,核两侧扁平,平滑,稀有沟或皱纹。约30余种,主要分布北半球温带,中国原产及习见栽培者有7种。

分种检索表
1 叶片下面被短柔毛,果红色、紫色或黄色和绿色,被蓝黑色粉,通常有明显纵沟 ········· 欧洲李 Prunus domestica
1 叶片下面无毛或多少有微柔毛或沿中脉被柔毛,果黄色或红色,不被蓝黑色果粉。
  2 花通常单生,很少混生2朵;叶片下面除中肋被毛外其余部分无毛;果核表面光滑或粗糙 ········· 樱桃李 Prunus cerasifera
  2 花通常3朵簇生,稀2;叶片下面无毛或微被柔毛;果核常有沟纹 ········· 李 Prunus salicina

(1) 李 Prunus salicina Lindl.　　[Japan Plum]

落叶乔木,高9~12m;树冠广圆形,树皮灰褐色;老枝紫褐色或红褐色,无毛;小枝黄红色,无毛;冬芽卵圆形,红紫色,通常无毛。叶片长圆倒卵形、长椭圆形,稀长圆卵形,长6~8(~12)cm,宽3~5cm,先端渐尖、急尖或短尾尖,基部楔形。

花通常3朵并生,花瓣白色,长圆倒卵形,雄蕊多数,雌蕊1。核果球形、卵球形或近圆锥形,直径3.5~5cm,栽培品种可达7cm,黄色或红色,有时为绿色或紫色,外被蜡粉;核卵圆形或长圆形,有皱纹。花期4月,果期7~8月。产于辽宁、吉林、陕西、甘肃、四川、云南、贵州、湖南、湖北、江苏、浙江、江西、福建、广东、广西和台湾。喜光,耐半阴,适应性强,酸性土至钙质土均能生长,喜肥沃湿润而排水良好的黏壤土。嫁接、扦插、分株繁殖。李树花白色,团簇而生,十分美丽,是绿化观赏性植物的典型代表。可用于庭院、宅旁或风景区等,适于清幽之处配植,或三五成丛,或数十株乃至百株片植。

(2) 欧洲李 Prunus domestica L.
[Darden Plum]

落叶乔木,树冠宽卵形。叶椭圆形或倒卵形,先端急尖或圆钝,稀短渐尖,基部楔形,边缘具稀疏圆钝锯齿。花1~3朵簇生于短枝顶端;花直径1~1.5cm,花瓣白色,有时带绿晕。核果通常卵球形到长圆形,稀近球形。花期5月,果期9月。原产西亚和欧洲,我国新疆、甘肃、河北、山东等地栽培。根系较浅,不耐干旱,宜栽于肥沃土壤中。播种繁殖。可观花、观果树,种在庭院栽植。

3.3.66.4.2 杏属 Armeniaca Mill.

落叶乔木,罕灌木。枝无刺,罕有刺;叶芽和花芽并生,2~3个簇生于叶腋。幼叶在芽中席卷状;叶柄常具腺体。花常单生,稀2朵,先于叶开放,近无梗或有短梗;萼5裂;花瓣5,着生于花萼口部;雄蕊15~45。核果,两侧有明显纵沟,果肉肉质而有汁液,熟时不开裂。约11种,分布于东亚、中亚、小亚细亚和高加索。中国有10种,淮河以北栽培渐多,尤以黄河流域各省为其分布中心。

分种检索表
1 一年生枝绿色;叶边具小锐锯齿,幼时两面具短柔毛,老时仅下面脉腋间有短柔毛;果实黄色或绿白色,具短梗或几无梗;核具蜂窝状孔穴 ········· 梅 Armeniaca mume
1 一年生枝灰褐色至红褐色。
  2 叶具具不整齐细长尖锐重锯齿,幼时两面具柔毛,老时仅下面脉腋间具毛;花梗长7~10mm,果梗稍长于花梗 ········· 东北杏 Armeniaca mandshurica
  2 叶边具细小圆钝或锐利单锯齿。
    3 乔木,高5~8(12m);叶片宽卵形或圆卵形,先端急尖至短渐尖;果实多汁,成熟时不开裂;核基部常对称 ········· 杏 Armeniaca vulgaris
    3 灌木或小乔木,高2~5m;叶片卵形或近圆形,先端长渐尖至尾尖;果实干燥,成熟时开裂;核基部常不对称 ········· 山杏 Armeniaca sibirica

(1) 杏 Armeniaca vulgaris Lam.　　[Apricot]

落叶乔木。叶互生,阔卵形或圆卵形叶子,边缘有钝锯齿;近叶柄顶端有二腺体,淡红色;花单生或2~3个同生,白色或微红色。圆、长圆或扁圆形核果,果皮多为白色、黄色至黄红色,向阳部常具红晕和斑点;暗黄色果肉,味甜多汁;核面平滑没有斑孔,核缘厚而有沟纹。花期3~4月,果期6~7月。

杏树产中国各地,多数为栽培,尤以华北、西北和华东地区种植较多。世界各地也均有栽培。阳性树种,适应性强,深根性,喜光,耐旱,抗寒,抗风,寿命可达百年以上,为低山丘陵地带的主要栽培果树。嫁接、播种繁殖。杏在早春开花,先花后叶,花繁姿娇;可与苍松、翠柏配植于池旁湖畔或植于山石崖边、庭院堂前,也适宜结合生产群植成林。

(2) 梅(乌梅,酸梅,干枝梅,春梅)
Armeniaca mume Sieb.　　[Plum]

小乔木,高 4~10m;小枝绿色,光滑无毛。叶片卵形或椭圆形,长为 4~8cm,宽 2.5~5cm,先端尾尖,基部宽楔形至圆形,叶边常具小锐锯齿,幼嫩时两面被短柔毛,后渐脱落,或仅下面脉腋间具短柔毛;叶柄长 1~2cm,常有腺体。花单生或有时2朵同生于1芽内,径 2~2.5cm,香味浓,先于叶开放;花梗短,长约 1~3mm;花萼常红褐色,稀为绿色或绿紫色;萼筒宽钟形;萼片卵形或近圆形,先端圆钝;花瓣倒卵形,白色至粉红色;雄蕊短或稍长于花瓣;子房密被柔毛,花柱短或稍长于雄蕊。果实近球形,径 2~3cm,黄色或绿白色,被柔毛,味酸。花期冬春季,果期 5~6(~8)月。我国各地栽培,长江流域以南各省最多。日本和朝鲜也有。原产我国南方,已有三千多年的栽培历史,可作观赏或果树,均有许多品种。许多品种也可盆栽花或制作梅桩。可作核果类果树的砧木。

3.3.66.4.3 桃属 *Amygdalus* L.

落叶乔木或灌木,高 3~8m;叶片长圆披针形、椭圆披针形或倒卵状披针形;花单生,先于叶开放,花瓣长圆状椭圆形至宽倒卵形,粉红色,罕为白色;雄蕊约 20~30,花药绯红色;果实形状和大小均有变异,卵形、宽椭圆形或扁圆形,色泽变化由淡绿白色至橙黄色,常在向阳面具红晕。约 40 余种,中国有 11 种,主要产于西部和西北部,栽培品种全国各地均有。

分种检索表
1 果实成熟时干燥无汁,开裂。
　2 萼筒圆筒形;叶片长圆形至披针形,无毛或仅幼时疏生柔毛;花梗长 2~4mm……………扁桃 *Amygdalus communis*
　2 萼筒宽钟形;叶片近圆形、椭圆形至倒卵形,被短柔毛;花梗长 4~8mm…………………榆叶梅 *Amygdalus triloba*
1 果实成熟时肉质多汁,不开裂,稀具干燥的果肉。
　3 叶片下面脉腋间有少数短柔毛,稀无毛;花萼外面被短柔毛;果肉厚而多汁;核两侧扁平,顶端渐尖………………………………………桃 *Amygdalus persica*
　3 叶片下面无毛;花萼外面无毛;果肉薄而干燥;核两侧通常不扁平,顶端圆钝………………………………………山桃 *Amygdalus davidiana*

(1) 桃 *Amygdalus persica* L.　　[Peach]

落叶小乔木,高 3~8m;树皮暗红褐色,小枝向阳处红色,具大量小皮孔。叶片长圆披针形、椭圆披针形或倒卵状披针形,先端渐尖,基部宽楔形,上面无毛,下面在脉腋间具少数短柔毛或无毛,叶边具细锯齿或粗锯齿。花单生,先于叶开放;花梗极短或几无梗;萼筒钟形,被短柔毛,稀几无毛;花瓣长圆状椭圆形至宽倒卵形,粉红色,罕为白色;雄蕊约 20~30。果实卵形、宽椭圆形或扁圆形,色泽变化由淡绿白色至橙黄色,常在向阳面具红晕,外面密被短柔毛,稀无毛;核大,离核或粘核。花期 3~4 月,果期 8~9 月。原产中国,各省区广泛栽培。世界各地均有栽植。喜光、耐旱、耐寒力强。不耐水湿,不耐阴。喜肥沃而排水良好的土壤,不适于碱性土和黏性土。嫁接为主,也可用播种、扦插和压条法繁殖。花繁密,盛花期烂漫芳菲,种植于山坡、水畔、石旁、墙际、庭院、草坪边观赏。常于水边桃柳间植,形成桃红柳绿之景。

(2) 榆叶梅(榆梅,小桃红,榆叶鸾枝)
Amygdalus triloba (Lindl.) Ricker　[Flowering Almond]

落叶灌木,稀小乔木,高 3m。叶宽椭圆形至倒卵形,长 2~6cm,宽 1.5~3(4)cm,先端短渐尖,常 3 裂,基部宽楔形,两面具短柔毛,具粗锯齿或重锯齿。花 1~2 朵,花瓣近圆形或宽倒卵形,粉红色,先叶开放;花径 2~3cm。核果近球形,径 1~1.8cm,先端具小尖头,熟时红色,外被短柔毛。花期 4~5 月,果实成熟期 5~7 月。原产中国北部,黑龙江、河北、山西、山东、江苏、浙江等地均有分布,华北、东北庭园多有栽培。喜光,耐寒,耐旱,不耐水涝。嫁接繁殖。北方春季园林中的重要观花灌木。常与柳树、迎春、连翘等配植,突显春色盎然。孤植、丛植或列植为花篱,景观极佳。也可盆栽或作切花。品种:①弯枝'Atropurpurea',②单瓣榆叶梅'Normalis',③复瓣榆叶梅'Multiplex',④重瓣榆叶梅'Plena'。

3.3.66.4.4 樱属 *Cerasus* Mill.

落叶乔木或灌木;幼叶在芽中为对折状,后于花开放或与花同时开放;叶有叶柄和脱落的托叶,叶边有锯齿或缺刻状锯齿。花常数朵着生在伞形、伞房状或短总状花序上;花瓣白色或粉红色,先端圆钝、微缺或深裂;核果成熟时肉质多汁,不开裂;核球形或卵球形,核面平滑或稍有皱纹。樱属有百余种,中国有40余种。分布北半球温和地带,亚洲、欧洲至北美洲均有记录,主要种类分布在我国西部和西南部以及日本和朝鲜。

分种检索表
1 腋芽三个并生,中间为叶芽,两侧为花芽。
 2 萼片直立或开展,萼筒管状长大于宽;花1~2朵,花梗较短,1.5~2.5mm;花柱全部或基部被柔毛……………………毛樱桃 *Cerasus tomentosa*
 2 萼筒反折,萼筒杯状或陀螺状,长宽近相等;花序伞形,有1~4花,花梗明显;花柱无毛或仅基部有柔毛。
  3 叶片下面被微硬毛或仅脉上被疏柔毛……………………毛叶欧李 *Cerasus dictyoneura*
  3 叶片下面无毛或仅脉腋有簇毛。
   4 叶片中部以上最宽,倒卵状长圆形或倒卵状披针形,先端急尖或短渐尖;花柱无毛……………………欧李 *Cerasus humilis*
   4 叶片中部或近中部最宽,卵状长圆形或长圆披针形,先端急尖或渐尖;花柱基部有疏柔毛或无毛……………………麦李 *Cerasus glandulosa*
1 腋芽单生;花序多伞形或伞房总状,稀单生;叶柄一般较长。
 5 萼片反折。
  6 花序上有大形绿色苞片,果期宿存,或伞形花序基部有叶。
   7 花序伞房总状有总梗…四川樱桃 *Cerasus szechuanica*
   7 花序伞形,有总梗稀无总梗。
    8 叶边锯齿急尖渐尖或骤尖,有顶生腺体……………………多毛樱桃 *Cerasus polytricha*
    8 叶边锯齿圆钝或微凹近基部有腺体,稀顶端有腺体。
     9 叶片无毛,长叶7cm,叶柄长1.5~5cm;内面芽鳞直立;花序基部有少数叶状苞片;果酸……………………欧洲酸樱桃 *Cerasus vulgaris*
     9 叶片下面多少有柔毛,长达15cm,叶柄长达7cm;内面芽鳞反折;花序基部无叶状苞片;果甜……………………欧洲甜樱桃 *Cerasus avium*
  6 花序上苞片大多为褐色,稀绿褐色,通常果期脱落,稀小形宿存。
   10 萼片较萼筒长0.5~2倍…尾叶樱桃 *Cerasus dielsiana*
   10 萼片较萼筒短稀近等长。
    ……………………樱桃 *Cerasus pseudocerasus*
 5 萼片直立或开张。
  11 花梗及萼筒被柔毛。
   12 叶片侧脉直出,几平行10~14对,下面微被柔毛;花序伞形有花2~3朵,总梗长1~2cm;萼筒管状,萼片与萼筒近等长,有疏毛…大叶早樱 *Cerasus subhirtella*
   12 叶片侧脉微弯7~10对,下面沿脉被稀疏柔毛……………………东京樱花 *Cerasus yedoensis*
  11 花梗及萼筒无毛。
   13 叶边尖锐锯齿呈芒状;花序近伞形或伞房总状,有花2~3朵,花叶同开;萼筒钟状,萼片全缘;花柱无毛;果黑色……………………山樱花 *Cerasus serrulata*
   13 叶边有尖锐锯齿但不为芒状。
    14 花序近伞形,有花2~5朵,花瓣白色至粉红色,花叶同开;叶边有重或单锯齿;果紫黑色,熟时果柄顶端常膨大……………………高盆樱桃 *Cerasus cerasoides*
    14 花序伞形,先叶开放…钟花樱 *Cerasus campanulata*

(1) 樱桃 *Cerasus pseudocerasus* (Lindl.) G. Don   [Cherry]

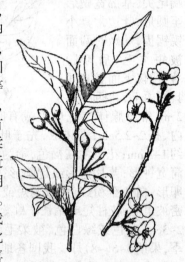

落叶小乔木,高可达8m。叶卵形至卵状椭圆形,先端锐尖,基部圆形,缘有大小不等重锯齿,齿尖有腺,上面无毛或微有毛,背面疏生柔毛。花白色,果近球形,红色。花期4月,先叶开放。果5~6月成熟。我国长江流域及华北各省皆有分布。喜日照充足、温暖而略湿润之气候及肥沃而排水良好之沙壤土,耐寒,耐旱。可用分株、扦插及压条繁殖法。花先叶开放,也颇可观,是园林中观赏及果实兼用的树种。

(2) 山樱花 *Cerasus serrulata* (Lindl.) G. Don ex London   [Oriental Cherry]

落叶乔木,高15~25m。树皮暗栗褐色,光滑;小枝无毛或有短柔毛,赤褐色。冬芽在枝端丛生数个或单生;叶卵形至卵状椭圆形,叶端尾状,叶缘具尖锐重或单锯齿,齿端短刺毛状,叶背色稍淡,两面无毛,幼叶淡绿褐色。花白色或淡红色,很少为黄绿色。核果球形。花期4月;果7月成熟。产于长江流域,东北南部也有。喜阳光,喜深厚肥沃而排水良好的土壤,有一定的耐寒力。嫁接繁殖。樱花花开满树,花繁艳丽,极为壮观,是重要的园林观赏树种。变种:毛山樱花 var. *pubescens* Wils,叶背、叶柄、花梗和花萼均明显有毛。中国、朝鲜和日本均有野生。

3.3.66.4.5 稠李属 *Padus* Mill.

落叶小乔木或灌木;叶片在芽中呈对折状,单叶互生,具齿稀全缘。花多数,成总状花序,基部有叶或无叶,生于当年生小枝顶端;萼筒钟状,裂片5,花瓣5,白色,先端通常啮蚀状,雄蕊10至多数;雌蕊1,周位花。花柱仅为雄蕊长的1/2;花梗长1~1.5cm,稀可达2.4cm。核果卵球形,外面无纵沟,中果皮骨质,成熟时具1个种子,子叶肥厚。约20余种,中国14种。

分种检索表
1 花序基部有叶;叶片下面无腺体……稠李 *Padus racemosa*
1 花序基部无叶;叶片下面有腺体………………
　　………………………斑叶稠李 *Padus maackii*

(1) 稠李 *Padus racemosa* (Lam.) Gilib
[Europe Birdcherry]

落叶乔木,高达13m;树干皮灰褐色或黑褐色,小枝紫褐色,有棱,幼枝灰绿色,近无毛;单叶互生,叶椭圆形,倒卵形或长圆状倒卵形,先端突渐尖,基部宽楔形或圆形,缘具

尖细锯齿,叶背灰绿色仅脉腋有簇毛。两性花,腋生总状花序,下垂;花瓣白色,略有异味,雄蕊多数,短于花瓣,核果近球形,黑紫红色,径约1cm。花期4~5月,果期5~10月。产黑龙江、吉林、辽宁、内蒙古、河北、山西、河南、山东等地。喜光,尚耐阴,耐寒性较强,喜湿润土壤,河岸沙壤土上生长良好。播种繁殖。花序长而美丽,花朵白色繁密,秋叶变黄红色,果成熟时亮黑色,观赏效果好。变种:毛叶稠李 var. *pubescens* (Regel et Tiling) Schneid,小枝、叶片下面、叶柄和花序基部均密被棕褐色长柔毛,叶片边缘为开展或贴生重锯齿,或为不规则近重锯齿,齿披针形相区别。花期4~6月,果期6~10月。产河北、山西、内蒙古、河南。喜湿润。播种繁殖。株型优美,花果可观,宜孤植、列植或丛植。

(2) 斑叶稠李 *Padus maackii* (Rupr.) Kom.
[Amur Chokecherry]

小乔木。树皮光滑成片状剥落。叶片椭圆形、菱状卵形,先端尾状渐尖或短渐尖,基部圆形或宽楔形,缘具不规则带腺锐锯齿。托叶膜质,线形,先端渐尖,边有腺体,早落。总状花序多花密集,基部无叶;花瓣白色,长圆状倒卵形;核果近球形,紫褐色。花期4~5月,果期6~10月。产黑龙江、吉林和辽宁,华北、西北也有。朝鲜和苏联也有分布。喜阳、喜潮湿,耐寒。播种繁殖。株形优美,花色洁白,冬季红褐色而光亮的树皮在白雪衬托下格外美丽,宜单植、列植或片植于庭院。

3.3.66.4.6 桂樱属
Laurocerasus Tourn. ex Duh.

常绿乔木或灌木,叶互生,叶边全缘或具锯齿;花常两性,有时雌蕊退化而形成雄花,排成总状花序;萼5裂,裂片内折;花瓣白色,通常比萼片长2倍以上;雄蕊10~50,排成两轮,内轮稍短;心皮1,花柱顶生,柱头盘状;胚珠2,并生。果实为核果,干燥;核骨质,核壁较薄或稍厚而坚硬,外面平滑或具皱纹,常不开裂,内含1枚下垂种子。全球约80种,主要产于热带,少数种分布到亚热带和冷温带。我国约13种,主要产于黄河流域以南,尤以华南和西南地区分布的种类较多。

分种检索表
1 叶片宽卵形至椭圆状长圆形或宽长圆形,叶边具粗锯齿;果实长圆形或卵状长圆形,长18~24mm………………
　　………………………大叶桂樱 *Laurocerasus zippeliana*
1 叶片草质至薄革质,先端渐尖至尾尖,叶边常波状,中部以上或近顶端常有少数针状锐锯齿;果实椭圆形,长8~11mm………………刺叶桂樱 *Laurocerasus spinulosa*

(1) 刺叶桂樱 *Laurocerasus spinulosa* (Sieb. et Zucc.) Schneid.
[Spinyleaf Cherrylaurel]

常绿乔木,稀为灌木。叶片草质至薄革质,长圆形或倒卵状长圆形,先端渐尖至尾尖,基部宽楔形至近圆形,一侧常偏斜,边缘不平而常呈波状,两面无毛。总状花序生于叶腋,单生;花直径3~5mm;花萼外面无毛或微被细短柔毛;萼筒钟形或杯形;花瓣圆形,直径2~3mm,白色,无毛;雄蕊约25~35,花柱稍短或几与雄蕊等长,有时雌蕊败育。果实椭圆形,褐色至黑褐色,无毛;核壁较薄,

表面光滑。花期9~10月,果期11~3月。分布在菲律宾、日本以及我国安徽、江西、浙江、广东、贵州、广西、江苏、湖南、湖北、四川、福建等地。喜阳树种,喜温暖、湿润气候,在土层深厚肥沃,排水良好的地方生长良好。叶色终年亮绿,花白色美丽,南方适合庭园观赏。

(2)大叶桂樱 Laurocerasus zippeliana (Miq.) Yü et Lu [Bigleaf Cherrylaurel]

常绿乔木。叶片革质,宽卵形至椭圆状长圆形或宽长圆形,先端急尖至短渐尖,基部宽楔形至近圆形,缘具稀疏或稍密粗锯齿,齿顶有黑色硬腺体,两面无毛,侧脉明显;托叶线形,早落。总状花序单生或2~4个簇生于叶腋,被短柔毛;花瓣近圆形,白色;果实长圆形或卵状长圆形,黑褐色。花期7~10月,果期冬季。产甘肃、陕西、湖北、湖南、江西、浙江、福建、台湾、广东、广西、贵州、四川、云南。偏阳树种,幼苗较耐阴。深根性,萌芽力较强。喜温暖、湿润气候,在土层深厚肥沃,排水良好的地方生长良好。播种繁殖。树姿优美,叶翠绿,花多,色如白雪,是极优美的庭阴树。

3.3.66.4.7 扁核木属 Prinsepia Royle

落叶直立或攀援灌木。单叶互生或簇生,叶片全缘或有细齿。花两性,排成总状花序或簇生和单生,生于叶腋或侧枝顶端;萼筒宿存,杯状,在芽中覆瓦状排列;花瓣5,白色或黄色,近圆形,有短爪,着生在萼筒的喉部;雄蕊10或多数。核果椭圆形或圆筒形,肉质;核革质,平滑或稍有纹饰;种子1个,直立,长圆筒形,种皮膜质;子叶平凹,含有油质。约5种,分布于喜马拉雅山区、不丹、锡金。我国4种,产于东北、华北、西南、台湾。

分种检索表
1 花多数排成总状花序,稀单生,白色,雄蕊多数,排成数轮;枝刺上有叶,稀无叶……扁核木 Prinsepia utilis
1 花簇生或单生,雄蕊10,成2轮排列;枝刺上无叶。
  2 花黄色,簇生稀单生;小叶片卵状披针形至披针形;花梗长1~1.8cm……东北扁核木 Prinsepia sinensis
  2 花白色,单生极稀2~3朵簇生;叶长圆披针形或狭长圆形;花梗长3~5mm……蕤核 Prinsepia uniflora

(1)扁核木 Prinsepia utilis Royle [Himalayas Prinsepia]

灌木,高1~2m;枝具棱,灰绿色,常有白色粉霜;小枝生黄褐色短柔毛;有枝刺,刺长8~20mm。叶片矩圆状卵形或矩圆形,长3~6cm,宽2~3cm,先端渐尖,基部宽楔形或近圆形,边缘有细锯齿或全缘,两面无毛;叶柄长约1cm,无毛。总状花序,腋生或生于侧枝顶端,花梗长约6mm,总花梗和花梗均无毛;花直径8~10mm;萼筒杯状,无毛,裂片三角伏卵形,全缘或有浅齿,花后反折;花瓣白色,倒卵形或矩圆状倒卵形;雄蕊多数;心皮1。核果椭圆形,暗紫红色,有粉霜,基部有花后膨大的萼片;核左右压扁的卵球形。播种繁殖。产云南、贵州、四川、西藏。巴基斯坦、尼泊尔、不丹和印度北部也有分布。喜光,耐寒,深根性,耐干旱瘠薄,忌水湿,宜在深厚肥沃的土壤上生长较好。花、果均具观赏价值,适宜在园林绿地中的草坪边缘、庭院角隅种植或与山石配植。孤植或丛植效果均好。

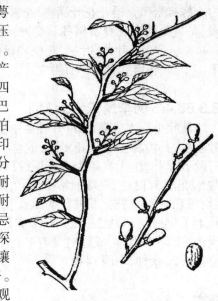

(2)蕤核 Prinsepia uniflora Batal. [Hedge Prinsepia]

落叶灌木,叶长圆披针形或窄长圆形,先端圆钝或急尖,基部楔形,全缘或有锯齿,无毛;花单生或1~4簇生叶腋,花瓣白色,倒卵形,雄蕊10;核果黑色或暗紫色,扁球形。花期5月,果期7~8月。分布于内蒙古西南部、宁夏、青海东部、甘肃、陕西北部、山西西南部、河南西部、四川。深根性、耐旱、耐寒、耐瘠薄。播种、扦插繁殖。花果均有观赏价值。

3.3.67 含羞草科 Mimosaceae

常绿或落叶的乔木或灌木,有时为藤本,很少草本。叶互生,通常为二回羽状复叶,稀为一回羽状复叶或变为叶状柄、鳞片或无;叶柄具显著叶枕;羽片通常对生;叶轴或叶柄上常有腺体;托叶存在或无,或呈刺状。花小,两性,有时单性,辐射对称,组成头状、穗状或总状花序或再排成圆锥花序；苞片小，生在总花梗的基部或上部，通常脱落；小苞片早落或无；花萼常管状，常5齿裂，裂片常镊合状排列；花瓣与萼齿同数，镊合状排列，分离或合生成管状；雄蕊5~10，通常与花冠裂片同数或为其倍数，凸露于花被之外，十分显著，分离或连合成管或与花冠相连；心皮通常1枚。果为荚果。约56属，2800种。分布于全世界热带、亚热带地区，少数分布于温带地区，以中、南美洲为最盛。我国引入栽培的有17属，约66种，主产西南部至东南部。

分属检索表
1 雄蕊10枚或较少，离生或有时仅基部合生。
　2 药隔顶端有脱落性腺体……………海红豆属 Adenanthera
　2 药隔顶端无腺体………………………银合欢属 Leucaena
1 雄蕊多数，通常在10枚以上。
　3 花丝分离……………………………………金合欢属 Acacia
　3 花丝连合呈管状。
　　4 荚果开裂为2瓣。
　　　5 荚果通常卷曲或扭转，开裂时果瓣扭曲……………
　　　　………………………………猴耳环属 Pithecellobium
　　　5 荚果劲直或微呈弯弓形………朱缨花属 Calliandra
　　4 荚果不开裂或迟裂。
　　　6 荚果扁平、劲直，种子间无横隔……合欢属 Albizia
　　　6 荚果弯曲或劲直，种子间有横隔。
　　　　7 荚果卷曲或弯作肾脏形……象耳豆属 Enterolobium
　　　　7 荚果劲直，肉质………………………雨树属 Samanea

3.3.67.1 合欢属 *Albizia* Durazz.

乔木或灌木；叶通常脱落，互生，二回羽状复叶；花5数，排成头状花序或圆柱状的穗状花序，复再排成圆锥花序；花萼钟状或漏斗状；花瓣常于中部以下合生成一狭管；雄蕊20~50枚，突出；荚果带状，通常不开裂。约100种，广布于全世界的热带和亚热带地区，我国有16种，大部产南部和西南部。

分种检索表
1 小叶比较大，长1.8~4.5cm，宽0.7~2cm。
　2 小叶两面均被短柔毛；腺体密被黄褐色或灰白色短绒毛………………………………………山槐 Albizia kalkora
　2 小叶两面无毛或下面疏被微柔毛；腺体光滑无毛……
　　…………………………………阔荚合欢 Albizia lebbeck
1 小叶比较小，长1.8cm以下，宽1cm以下。
　3 托叶较小叶小，线状披针形；花序轴短而蜿蜒状；花粉红色……………………………………合欢 Albizia julibrissin
　3 托叶较小叶大，半心形；花序轴长而直；花绿白色……
　　………………………………………楹树 Albizia chinensis

(1) 合欢（绒花树，夜合树，蓉花树）
Albizzia julibrissin Durazz.　[Silktree Siris]

乔木，高可达16m。二回羽状复叶具羽片4~12对；小叶10~30对，矩圆形至条形，两侧极偏斜，长6~12mm，宽1~4mm，先端急尖，基部圆楔形；托叶条状披针形，早落。花序头状，多数，呈伞房状排列，腋生或顶生。花淡红色，具短花梗；萼与花冠疏生短柔毛。荚果条形，扁平，长9~15cm，宽12~25mm，幼时有毛。花期6~7月，果期8~10月。产我国东北至华南及西南部各省区。非洲、中亚至东亚均有分布；北美亦有栽培。喜光，能耐沙质土、瘠薄土及干燥气候。生长迅速。播种繁殖。合欢的花红色，开花如绒簇，十分可爱，为很好的庭园观赏树；常植为城市行道树、观赏树、园景树、风景区造景树、滨水绿化树、工厂绿化树和生态保护树等。变型：矮合欢 f. *rosea* (Carr.) Rehd.，树型较矮小，花淡红色，系栽培品种。品种：紫叶合欢 'Ziye'，叶紫红色。

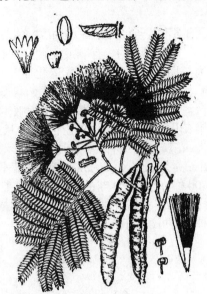

(2) 阔荚合欢（大叶合欢）*Albizzia lebbeck* (L.) Benth.　[Siris-acacia, Lebbek Siris]

乔木，高8~12m。二回羽状复叶；叶柄近基部有1枚腺体；羽片2~4对，长6~15cm；小叶4~8对，斜矩圆形，长2.5~4.5cm，宽9~17mm，顶端圆或具浅凹，基部近圆形，微偏斜，两面皆近无毛。头状花序2~4个，伞房状排列，生于上部叶腋；总花梗长约5~10cm，花梗与萼近等长；花绿黄色，连雄蕊长约32mm，花梗、花萼、花冠皆密被短柔毛。荚果扁平，条状，长10~25cm，宽2.5~5cm，黄褐色，无毛，有光泽，具种子1~12个。花期5~9月，果期10月至翌年5月。产广东、广西。喜温暖湿润气候，喜光，耐半阴，稍耐水湿，喜肥沃、排水良好的土壤。生长迅速。抗

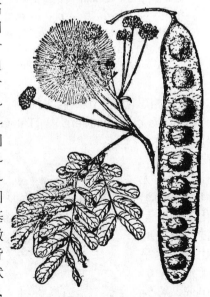

风,抗空气污染。播种繁殖。每年4~5月开出茂盛的绒球状黄花,而且拥有广阔而开展的树冠,在华南大量种植作遮荫树、观赏树或行道树。

3.3.67.2 金合欢属 *Acacia* Mill.

乔木或灌木,有刺或无刺,有时攀援状;叶常为二回羽状复叶,或叶片退化而叶柄变为扁平的叶状体,但在幼苗期仍可见原始状态的羽状叶,如台湾相思;花5数,两性,花序为腋生、单生或为圆锥花序式排列的头状花序;萼钟状或漏斗状,具齿;花瓣分离或合生,有时缺;雄蕊多数,分离,突出;荚果长圆形或线形,无节,扁平或肿胀。约700种,广布于全球的热带和亚热带地区,尤以大洋洲及非洲的种类最多,我国连引入栽培的有16种,产西南和东南部。

分种检索表
1叶退化,叶柄变成叶状柄。
　2叶状柄较大,长10~20cm,宽1.5~6cm;花组成穗状花序
　　……………………大叶相思 *Acacia auriculiformis*
　2叶状柄较小,长6~10cm,宽4~10mm;花组成圆球形的头状花序……………台湾相思 *Acacia confusa*
1叶为二回羽状复叶。
　3小枝上有托叶变成的针状刺………………………
　　………………………………金合欢 *Acacia farnesiana*
　3无刺植物。
　　4小叶长4~8mm…………线叶金合欢 *Acacia decurrens*
　　4小叶长2~4mm。
　　　5叶轴上的腺体位于羽片着生处;小叶较细长,长2.6~3.5mm,宽0.4~0.5mm;荚果宽7~10mm,无毛,被白霜
　　　　…………………………………银荆 *Acacia dealbata*
　　　5叶轴上的腺体位于羽片着生之间;小叶较宽短,长2~3mm,宽0.8~1mm;荚果宽4~5mm,被短柔毛,无白霜
　　　　…………………………………黑荆 *Acacia mearnsii*

(1) 台湾相思(大叶相思,相思树)

Acacia confusa Merr.　　[Taiwan Acacia]

乔木,高6~15m;枝无毛,无刺。小叶退化;叶柄呈披针形的叶片状,微呈镰形,长6~10cm,宽5~13mm,两端渐狭,有3~5条平行脉,革质,无毛。头状花序单生或2~3个簇生于叶

腋,直径约1cm;花黄色,有微香,萼长约为花冠之半,花冠长约2mm;雄蕊多数;子房有褐色柔毛,无子房柄。荚果条形,扁,幼时有黄褐色柔毛,长4~9cm,宽7~10mm,顶端钝,有突尖,基部楔形,干时深褐色,有光泽。种子2~8,椭圆形,压扁。产我国台湾、福建、广东、广西、云南;野生或栽培。菲律宾、印度尼西亚、斐济亦有分布。生长迅速,喜光,喜暖热气候,很不耐寒,耐干燥瘠薄土壤;深根性,抗风力强,萌芽性强。播种繁殖。树冠苍翠绿荫,为优良而低维护的遮荫树、行道树、园景树、遮荫树、防风树、护坡树,种植于庭园、校园、公园、游乐区、庙宇等,可单植、列植、群植均美观,尤适于海滨绿化。

(2) 金合欢(莉球花,鸭皂树,牛角花)

Acacia farnesiana (L.) Willd.
[Spongetree, Sweet Acacia]

有刺灌木或小乔木,高2~4m;枝条回折,有一对由托叶变成的长6~12mm锐刺。二回羽状复叶,羽片4~8对;小叶10~20对,细小,狭,矩圆形,长2~6mm,宽约1~1.5mm,无毛。头状花序单

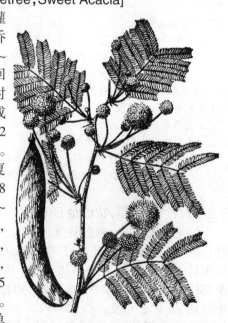

生或2~3个簇生,腋生,盛开时直径约8~12mm;花黄色,有香味,长约1mm。荚果圆筒形,膨胀,长4~10cm,直径1~2cm,直或微弯,暗棕色,无毛,表面密生斜纹。原产热带美洲,现广布于热带、亚热带地区。我国华南有栽培。喜光、喜温暖湿润的气候,耐干旱。宜种植于向阳、背风和肥沃、湿润的微酸性壤土中。要求土壤疏松肥沃、腐殖质含量高。播种繁殖。可制作直干式、斜干式、双干式、丛林式、露根式等多种风格的盆景。多枝、多刺,幼树可作绿篱。

3.3.67.3 银合欢属 *Leucaena* Benth.

灌木或小乔木;叶为二回羽状复叶;小叶小,多对;花小,5数,无柄,排成稠密的球形头状花序;萼管钟状,具短裂齿;花瓣分离;雄蕊10,长突出,分离;柱头头状;荚果扁平,草质,带状,薄,开裂,有褐色的种子多颗。40种,分布于美洲和大洋洲。

银合欢(白合欢,合欢)
Leucaena glauca (L.) Benth. [Leucaena]

小乔木,高达8m;树冠平顶状。二回偶数羽状复叶互生,羽片4~10对,小叶10~15对;小叶狭椭圆形,长6~13mm,中脉偏向上缘。花白色,花瓣分离,雄蕊10,离生;头状花序1~3个腋生;7月开花。荚果薄带状。原产热带美洲,现广植于热带地区;华南各省区有栽培。适应性强,喜光,耐干旱、瘠薄、盐碱,不择土壤;主根深,抗风力强,无病虫害,萌芽性强。播种繁殖。适宜公园和庭院栽培观赏,或、城镇绿化,或作围墙与花墙。品种:新银合欢'Salvador',羽片5~17对,小叶11~17对,小叶长约17mm,宽约5mm;果长达24cm。

3.3.67.4 朱缨花属 *Callianara* Benth.

灌木或小乔木;托叶有时变为刺状;叶为二回羽状复叶,羽片1至数对,小叶小而多对或大而少至1对;花5~6数,组成头状或总状花序;花萼钟状,浅裂;花瓣连合至中部;雄蕊多数,长而突露,下部连合成管;荚果线形,成熟时由顶部向基部沿缝线开裂。约200种,产美洲、非洲及印度的热带、亚热带地区,我国台湾及广东引种有2种,供园庭绿化布置用。

分种检索表
1 小叶片斜披针形,7~9对·····················
························朱缨花 *Calliandra haematocephala*
1 小叶片长刀形,7~12对···美蕊花 *Calliandra surinamensis*

(1) 朱缨花(美洲合欢,红绒球,红合欢)
Calliandra haematocephala Hassk.
[Red Powderpuff]

小乔木,高3m。二回羽状复叶,小叶6~8对,披针形,偏斜,长2~4cm。托叶卵状披针形,宿存。头状花序腋生,径5~6cm,花冠淡紫红色,花萼钟状,绿色。荚果线状倒披针形,长6~11cm。花期8~9月,果期10~11月。产于南美洲。中国广东、海南、云南、福建、台湾有引种栽培。播种繁殖或扦插繁殖。喜光,喜温暖、湿润环境。要求深厚肥沃而排水良好的沙质酸性土壤。树形姿态优美,叶形雅致,盛夏绒花满树,花丝细长,宛如丝络飘拂,鲜艳美丽,有色有香。适作行道树、庭荫树、四旁绿化和庭园点缀的观赏佳树,于公园、水边、建筑附近丛植。也可盆栽。有许多园艺观花品种。

(2) 美蕊花(小朱缨花,苏里南朱缨花)
Calliandra surinamensis Benth.
[Pink-and-white Powderpuff]

分枝多。小叶长圆形,端具短尖。头状花序,花瓣小,花丝多而长。荚果扁平。花期8~12月,几乎全年不断开花。产于非洲,中国华南和西南有引种栽培。阳性植物,需强光。喜温暖、湿润和阳光充足的环境,不耐寒,要求土层深厚且排水良好。播种繁殖或扦插繁殖。生长快,花期长,花美丽,而略有香味,是一种美丽的热带观花植物,为良好的观赏灌木。

3.3.67.5 雨树属 *Samanea* Merr.

乔木;叶为二回羽状复叶,羽片3~6对,小叶3至多对;花两性,排成圆球形的头状或伞形花序,具总花梗,腋生或簇生于枝顶;萼管具5短裂片;花冠漏斗状,具5裂片;雄蕊多数,突露,基部连合;荚果劲直,肉质,不开裂,缝线处增厚;种子间具隔膜,无假种皮。20种,产热带美洲及非洲,我国台湾、云南引入栽培1种。

雨树 *Samanea saman* (Jacq.) Merr.
[Raintree, Saman]

无刺大乔木;树冠极广展,干高10~25m,分枝甚低。羽片3~5(~6)对,长达15cm;总叶柄长15~40cm,羽片及叶片间常有腺体;小叶3~8对,由上往下逐渐变小,斜长圆形,长2~4cm,宽1~1.8cm,上面光亮,下面被短柔毛。花玫瑰红色,组成单生或簇生、直径5~6cm的头状花序,生于叶腋;总花梗长5~9cm;花萼长6mm;花冠长12mm;雄蕊20枚,长5cm。荚果长圆形,长10~20cm,宽1.2~2.5cm;果瓣厚,绿色,肉质,成熟时变成近木质,黑色;种子约25颗。花期8~9月。原产热带美洲,现广植于全世界热带地区。我国台湾、海南和云南(西双版纳)有引种。生长迅速,枝叶繁茂,可为园林绿化树种。

3.3.67.6 海红豆属 *Adenanthera* L.

无刺乔木;叶为二回羽状复叶;花小,5数,白色或淡黄色,排成穗状花序式的总状花序或在枝顶排成圆锥花序式;萼钟状;花瓣披针形,基部微合生或近分离;雄蕊10,分离,花药顶有腺体;荚果带状,扁平,里面有横隔膜,成熟后沿缝线开裂,果瓣旋卷。约10种,分布于热带亚洲和大洋洲,我国西南部及南部亦产之。

海红豆 Adenanthera microsperma L.
[Smallseed Coral Peatree]

落叶乔木，高5~20余米；嫩枝被微柔毛。二回羽状复叶；叶柄和叶轴被微柔毛，无腺体；羽片3~5对，小叶4~7对，互生，长圆形或卵形，长2.5=3.5cm，宽1.5~2.5cm，两端圆钝，两面均被微柔毛，具短柄。总状花序单生于叶腋或在枝顶排成圆锥花序，被短柔毛；花小，白色或黄色，有香味，具短梗；花萼长不足1mm；花瓣披针形，长2.5~3mm，无毛，基部稍合生；雄蕊10枚。荚果狭长圆形，盘旋，长10~20cm，宽1.2~1.4cm，开裂后果瓣旋卷；种子近圆形至椭圆形，鲜红色，有光泽。花期4~7月；果期7~10月。产云南、贵州、广西、广东、福建和台湾。缅甸、柬埔寨、老挝、越南、马来西亚、印度尼西亚也有分布。喜光，稍耐阴。是良好的绿化树种，可种植于溪边或庭园。

3.3.67.7 象耳豆属 Enterolobium Mart.

大乔木；叶为偶数羽状复叶；花两性，5数，结成圆球状的头状花序；萼钟状；花冠漏斗状；雄蕊多数，基部连合成管，突出；荚果卷曲或弯作肾形，厚而硬，不开裂，有种子数颗，种子间有间隔。11种，分布于热带美洲及非洲西部。

(1)象耳豆 Enterolobium cyclocarpum (Jacq.) Grieseb. [Elephant's Ear, Earpodtree]

落叶乔木，高达30m；干皮棕色，不裂，皮孔横线状。二回偶数羽状复叶互生，羽片(4)7~10对，每羽片有小叶(12)20~30对；小叶长菜刀形，长1~1.4cm，主脉明显偏向一侧；总叶轴上有腺点。花小，绿白色，头状花序。荚果弯曲成马蹄形，宽达10cm，种子间有横壁。原产热带美洲。喜光，喜暖热气候，不耐寒。为极好的荫蔽树，华南有引种栽培，生长快，树冠广展，枝叶广布，可作庭荫树及行道树。

(2)青皮象耳豆
Enterolobium contortisiliquum (Vell.) Morong
[Pacera Earpod Tree]

乔木，树冠开展，高达20m，干皮青灰色。二回羽状复叶，羽片3~7对，每羽片具小叶10~15对；小叶较大，长达1.9cm；果较窄，宽达7.5cm。原产巴西；现世界热带地区广泛栽培。华南有引种栽培，作城乡绿化树种。

3.3.67.8 猴耳环属 Pithecellobium Mart

灌木或乔木，无刺或有刺；叶为二回羽状复叶，羽片有小叶数至多对，很少仅一对；花两性，排成球形头状花序或圆柱状的穗状花序，单生于叶腋或簇生于枝顶，或再排成圆锥花序式；萼有短齿；花瓣在中部以下合生；雄蕊多数，长突出，合生成一管；荚果常旋卷，果瓣通常于开裂后扭卷；种子扁平，种柄丝状或膨大而成一肉质的假种皮。约100种。分布于热带亚洲和美洲，我国有4种，产西南部和东南部。

分种检索表
1 羽片1~2对；小叶互生……………………………………
………………亮叶猴耳环 Pithecellobium lucidum
1 羽片2~8对；小叶对生…猴耳环 Pithecellobium clypearia

(1)猴耳环
Pithecellobium clypearia (Jack) Benth.
[Common Monkey earrings]

乔木，高3~10m。二回羽状复叶，羽片4~6对；叶柄中部以下具一个腺体；在叶轴上每对羽片间具1个腺体；小叶轴上面通常在3~5对小叶间具1个腺体；小叶6~16对，对生，近不等的四边形，长1.3~8.5cm，宽7~32mm，先端渐尖或急尖，基部近截形，偏斜。头状花序排列成聚伞状或圆锥状，腋生或顶生；花具柄，白色或淡黄色，连雄蕊长约1.5cm；萼与花瓣有柔毛。荚果条形，旋卷呈环状。种子8~9个。分布于华南及浙江、福建、台湾、四川、云南；缅甸，印度尼西亚也有。可作园林绿化树种，种植于山坡、路旁及河旁。

(2)牛蹄豆 *Pithecellobium dulce* (Roxb.) Benth.
[Guamachil Monkey earrings]

常绿乔木,中等大;枝条通常下垂,小枝有由托叶变成的针状刺。羽片1对,每一羽片只有小叶1对,羽片和小叶着生处各有凸起的腺体1枚;羽片柄及总叶柄均被柔毛;小叶坚纸质,长倒卵形或椭圆形,长2~5cm,宽2~25mm,大小差异甚大,先端钝或凹入,基部略偏斜,无毛;叶脉明显,中脉偏于内侧。头状花序小,于叶腋或枝顶排列成狭圆锥花序式;花萼漏斗状,长1mm,密被长柔毛;花冠白色或淡黄,长约3mm,密被长柔毛,中部以下合生;花丝长8~10mm。荚果线形,长10~13cm,宽约1cm,膨胀,旋卷,暗红色;种子黑色,包于白色或粉红色的肉质假种皮内。花期3月;果期7月。原产中美洲,现广布于热带干旱地区。我国台湾、广东、广西、云南有栽培。

3.3.68 云实科 Caesalpiniaceae

乔禾或灌木,有时为藤本,很少草本。叶互生,常为一回或二回羽状复叶。花常两单性,常或多或少两侧对称;花为假蝶形花,或花无旗瓣、翼瓣和龙骨瓣之分;雄蕊10枚或较少。荚果开裂或不裂而呈核果状或翅果状。约180属3000种。分布于全世界热带和亚热带地区。我国连引入栽培的有21属,约113种,4亚种,12变种,主产南部和西南部。

分属检索表

1叶通常为二回羽状复叶;花托盘状。
 2花杂性或单性异株;落叶乔木…………皂荚属 Gleditsia
 2花两性。
  3植株无刺,高大乔木…………凤凰木属 Delonix
  3植株通常具刺,多为攀援灌木,亦有乔木……………
   ………………………………云实属 Caesalpinia
1叶为一回羽伏复叶或仅具单小叶,或为单叶。
 4萼片在花蕾时离生达基部;叶通常为一回羽伏复叶,有时仅具1对小叶或单小叶…………决明属 Cassia
 4萼在花蕾时不分裂;单叶,全缘或2裂,有时分裂为2片小叶。
  5荚果腹缝具狭翅;能育雄蕊10枚;花紫红色或粉红色……………………………………紫荆属 Cercis
  5荚果无翅;能育雄蕊通常3枚或5枚,偶为10枚时则花白色、淡黄色或绿色…………羊蹄甲属 Bauhinia

3.3.68.1 紫荆属 Cercis L.

乔木或灌木;叶互生,具柄,掌状脉;花稍左右对称,具柄,排成一总状花序或花束,生于老枝上;萼红色,萼管偏斜,短,陀螺形或钟状,具短而阔的5齿;花瓣红色或粉红色,不相等,上面3枚稍小;雄蕊10,分离;子房具短柄,有胚珠多数;荚果压扁,长圆形或带状,腹缝有狭翅,迟裂;种子多颗,倒卵形。约8种,分布于北美、东亚和南欧,我国有5种,产西南和中南,为美丽的庭园观赏树。

分种检索表

1大灌木至灌木,常丛生;花簇生,花梗较短,长约6~15 mm;叶两面无毛…………………紫荆 Cercis chinensis
1大灌木至小乔木;短总状花序,花梗较长,16mm以上;叶背面或多或少有毛。
 2叶下面无毛或基部脉腋间常有簇生柔毛………………
  …………………………………湖北紫荆 Cercis glabra
 2叶下面有毛或至少沿叶脉有柔毛………………………
  …………………………加拿大紫荆 Cercis canadensis

(1)紫荆(满条红,裸枝树)
Cercis chinensis Bunge   [China Redbud]

乔木,高达15m,经栽培后,通常为灌木。叶互生,近圆形,长6~14cm,宽5~14cm,先端急尖或骤尖,基部深心形,两面无毛。花先于叶开放,4~10朵簇生于老枝上;小苞片2个,阔卵形,长约2.5mm;花玫瑰红色,长约1.5~1.8cm;花梗细,长约6~15mm。荚果条形,扁平,长5~14cm,宽约1.3~1.5cm,沿腹缝线有狭翅;种子2~8粒,扁,近圆形,长约4mm。产我国东南部,北至河北,南至广东、广西,西至云南、四川,西北至陕西,东至浙江、江苏和山东等省区。喜光照,有一定的耐寒性。喜肥沃、排水良好的土壤,不耐淹。萌蘖性强,耐修剪。播种、分株、扦插或嫁接繁殖。宜栽庭院、草坪、屋旁、街边、岩石及建筑物前,用于小区的园林绿化,具有较好的观赏效果。变型:①白花紫荆f. *alba* Hsu,花白色。上海、北京、河南等地偶见栽培。②短毛紫荆f. *pubescens* Wei枝、叶柄及叶背脉上均被短柔毛。

(2) **垂丝紫荆** *Cercis racemosa* Oliv.

乔木，高达12m。叶互生，阔卵形，长5~11cm，宽4.5~9cm，先端急尖或骤尖，基部截形或心形，上面无毛，下面疏生短柔毛或近无毛，叶柄长2~3cm。总状花序下垂，长2.5~10cm；花先开或与叶同时开；总花梗长约1~2cm，有毛；萼杯形，倾斜，最下面一枚裂片显著突出；花冠玫瑰红色，旗瓣具深红色斑点。荚果条形或披针形，沿腹缝线有狭翅，长6~12cm，宽1.2~1.7cm，扁平，有种子2~4个。分布于湖北、四川、贵州、云南。

3.3.68.2 皂荚属 *Gleditsis* L.

落叶乔木或灌木；干和枝有单生或分枝的粗刺；叶互生，一回或二回羽状复叶，托叶早落；小叶多数，近对生或互生，常有不规则的钝齿或细齿；花杂性或单性异株，组成侧生的总状花序或穗状花序，很少为圆锥花序；萼片和花瓣8~5；雄蕊6~10，伸出，花药丁字着生；子房有胚珠2至多颗，柱头大2荚果扁平，大而不开裂或迟裂，有种子1至多颗。约16种，分布于热带和温带地区，我国有6种，广布于南北各省区。

分种检索表

1 小叶11~18对，椭圆状披针形，顶端急尖；子房被灰白色绒毛 ················美国皂荚 *Gleditsia triacanthos*
1 小叶3~10对，卵形或椭圆形，顶端钝或锏凹；子房无毛或仅缝线处和基部被柔毛。
2 叶为一回羽状复叶棘刺圆柱形；小叶上面网脉明显凸起，边缘具细密锯齿；子房于缝线处和基部被柔毛；荚果肥厚，不扭转，劲直或指状稍呈猪牙状···皂荚 *Gleditsia sinensis*
2 叶为一回或二回羽状复叶；棘刺扁，至少基部如此；小叶上面网脉不明显，全缘或具疏浅钝齿；子房无毛；荚果扁，不规则扭转或弯曲作镰刀状·····································山皂荚 *Gleditsia japonica*

(1) **皂荚(皂角)** *Gleditsia sinensis* Lam. [China Honeylocust]

乔木，高达15m；刺粗壮，通常有分枝，长可达16cm，圆柱形。羽状复叶簇生，具小叶6~14枚；小叶长卵形，长椭圆形至卵状披针形，长3~8cm，宽1.5~3.5cm，先端钝或渐尖，基部斜圆形或斜楔形，边缘有细锯齿，无毛。花杂性，排成总状花序，腋生；萼钟状，有4枚披针形裂片；花瓣4，白色；雄蕊6~8；子房条形，沿缝线有毛。荚果条形，不扭转，长12~30cm，宽2~4cm，微厚，黑棕色，被白色粉霜。产河北、山东、河南、山西、陕西、甘肃、江苏、安徽、浙江、江西、湖南、湖北、福建、广东、广西、四川、贵州、云南等省区。喜光而稍耐阴，耐热、耐寒，喜温暖湿润的气候及深厚肥沃适当的湿润土壤，但对土壤要求不严，在石灰质及盐碱甚至黏土或沙土均能正常生长。播种繁殖。可用于城乡景观林、道路绿化，密植而加修剪为一很好的防风树和绿篱。

(2) **美国皂荚(三刺皂荚)** *Gleditsia triacanthos* L. [Common Honeylocust]

落叶乔木，在原产地高达30~45m；枝干有单刺或分枝刺，基部略扁。一至二回羽状复叶，常簇生，小叶5~16对，长椭圆状披针形，长2~3.5cm，缘疏生细圆齿，表面暗绿而有光泽，背面中脉有白毛。荚果镰形或扭曲，长30~45cm，褐色，疏生灰黄色柔毛。原产美国。喜光而稍耐阴、耐旱、耐寒，喜温暖湿润气候及深厚肥沃土壤，在石灰质及轻度盐碱土上也能生长，适应性较广。嫁接繁殖，砧木为皂荚。生长较快，枝条舒展，株型美丽，叶形秀丽，秋叶色金黄，为园林观赏树种、庭荫树及四旁绿化树种。有金叶皂荚'Sunburst'，无刺皂荚'Inermis'，垂枝皂荚'Pendula'，紫叶皂荚'Pubylace'等品种。

3.3.68.3 羊蹄甲属 *Bauhinia* L.

乔木、灌木或藤本，有时有卷须；叶常2裂，稀全缘或分裂至基部；花通常美丽，有时小，组成总状花序，常呈伞房花序式；萼管长而呈圆柱状或短而为陀螺形或钟形；萼檐全缘，呈佛焰状或分裂为2或5齿；花瓣5，稍不相等，通常具瓣柄；雄蕊10，有时退化为5~3或1枚，花丝分离，花药纵裂；子房具柄，有胚多颗；荚果线形或长圆形，扁平，有种子数颗，开裂或不开裂，果瓣革质或木质，很少膜质，内部通常无隔膜。约570种，分布于热带和亚热带地区，我国有35种，大部分布于南部和西南部，长江以北绝少。

分种检索表
1 能育雄蕊3枚；花瓣较狭，具长柄·················
··················羊蹄甲 Bauhinia purpurea
1 能育雄蕊5枚；花瓣较阔，具短柄·················
··················红花羊蹄甲 Bauhinia blakeana

(1) 羊蹄甲（紫羊蹄甲、白紫荆、紫花羊蹄甲）
Bauhinia purpurea L. [Purple Bauhinia]

乔木，高4~8m。叶阔椭圆形至圆形，长5~11.5cm，宽5~11cm，先端圆，二裂，裂片及全叶片的1/3~1/2，两面无毛，脉9~13条。伞房花序顶生；花玫瑰红色，有时白色；萼筒倒圆锥形，长约6mm，裂片

2个，长为筒的2倍，前一裂片具2个小齿，后一裂片具3个小齿，外面密生短柔毛；花瓣倒披针形，外面疏生长柔毛；发育雄蕊3~4。荚果条形，扁平，长15~30cm，宽2~3cm；种子12~15粒。产我国南部。中南半岛、印度、斯里兰卡有分布。喜暖热气候，耐干旱；生长快。播种繁殖。美丽的庭园观赏树，树冠开展，枝桠低垂，花大而美丽，秋冬时开放，叶片很有特色。在广州及其它华南城市常做行道树及庭院风景树。

(2) 龙须藤 *Bauhinia championii*(Benth.)Benth.
[Champion Bauhinia]

藤本；小枝密生褐色短柔毛，卷须1个或2个对生。叶卵形、长卵形或椭圆形，先端二裂至叶片1/3或微裂或不裂，裂片先端长渐尖，基部心形或近圆形，下面密生短柔毛，具5~7条脉。总状花序1个与

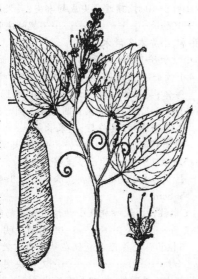

叶对生或数个生于枝条上部；花梗长约10~15mm；萼钟状，全长约6mm，具5枚长约4mm的披针形裂片；花冠白色；发育雄蕊3个；子房有毛，有子房柄。荚果扁平，长约5~8cm，宽约2~2.5cm，密生皱纹，有毛或无毛，有种子2~6粒。分布于我国亚热带地区；越南、印度尼西亚、印度也有。

3.3.68.4 凤凰木属 *Delonix* Raf.

落叶大乔木，无刺；二回偶数羽状复叶，羽片多对，小叶小而极多；花大，红色，非常美丽，组成顶生或腋生、伞房状的总状花序；萼厚，5深裂，裂片倒卵形，镊合状排列；花瓣已近圆形，边缘皱波状，具瓣柄；雄蕊10，分离；子房无柄，胚珠多数；荚果扁平，长带状，果瓣厚，木质，开裂；种子多颗，横长圆形。2~3种，分布于非洲和热带亚洲，我国引入栽培1种。

凤凰木（凤凰花，红花楹，火树）
Delonix regia(Bojea)Raf.
[Bflamboyanttree, Royal Poinciana]

落叶乔木，高达20m或更高。二回羽状复叶长20~60cm，羽片30~40个，每羽片有小叶40~80枚；小叶长椭圆形，长7~8mm，宽2.5~3mm，两端圆，上面绿色，下面淡绿色，两面疏生短柔毛。花排成顶生或腋生

的总状花序；萼长约2.5~2.9cm，基部合生成短筒1萼齿5，长椭圆形，先端骤急尖；花瓣红色，有黄及白色花斑，近圆形，有长爪，连爪长约3.5~5.5cm，宽约3cm；雄蕊10，分离，红色；子房近无柄，有多数胚珠。荚果条形，长可达50cm，宽约5cm，下垂，木质，具多数种子。原产马达加斯加，世界热带地区常栽种。我国云南、广西、广东、福建、台湾等省栽培。喜高温、喜光，须在阳光充足处方能繁茂生长。播种繁殖。在我国南方城市的植物园和公园栽种颇盛，开花时灿烂夺目，是一种很好的庭园观赏树，也可作为行道树。树冠扁圆而开展，枝叶茂密，花大而色泽鲜艳，盛开时红花与绿叶相映，色彩夺目，特别艳丽，故名凤凰木。凤凰木因鲜红或橙色的花朵配合鲜绿色的羽状复叶，被誉为世上最色彩鲜艳的树木之一。

3.3.68.5 云实属(苏木属)Caesalpinia L.

乔木、灌木或藤本,常有刺;叶为二回羽状复叶;花通常美丽,组成顶生或腋生的总状花序或圆锥花序;萼片5,覆瓦状排列;花瓣5,黄色或橙黄色,稍不相等,常具瓣柄;雄蕊10,分离,2轮排列,花药背着;子房1室,有胚珠1~7颗;荚果扁平或肿胀,平滑或有刺;种子1至数颗,卵圆形或球形。约100种,分布于热带和亚热带地区,我国约13种,主产西南至南部,少数种分布较广。

分种检索表
1 荚果长圆舌状,有6~9颗种子或更多,果柄长3.5~7cm……
…………………………………………云实 Caesalpinia decapetala
1 荚果近长圆形或长圆状倒卵形,先端截形或斜截形,有3~4颗种子,果柄长15~20mm………………………………………
…………………………………………苏木 Caesalpinia sappan

(1)云实(药王子、牛王刺)
Caesalpinia decapetala (Roth.)Alston.
[Decapetalous Caesalpinia]

落叶攀援灌木,树皮暗红色。茎、枝、叶轴上均有倒钩刺。羽片3~10对;小叶7~15对,长圆形,长为1~2(3.2)cm,两端钝圆,表面绿色,背面有白粉。总状花序顶生,长15~35cm;花瓣黄色,盛开时反卷,最下一瓣有红色条纹。荚果长椭圆形,肿胀,略弯曲,先端圆,有喙。花期4~5月,果期9~10月。原产亚洲热带和亚热带,我国秦岭以南至华南广布。适应性强。喜光,不择土壤,常生于山岩石缝,耐干旱瘠薄。播种或压条繁殖。花色优美,花序宛垂,是优良的垂直绿化材料,可用作棚架和矮墙绿化,也可植为刺篱,花开时一片金黄,极为美观,在黄河以南各地园林中常见栽培。

(2)金凤花(洋金凤)
Caesalpinia pulcherrima (L.) Sw.

灌木或小乔木,疏生刺。二回羽状复叶有羽片8~20枚;小叶10~24枚,矩圆形,偏斜,长10~27mm,宽7~14mm,先端圆,微缺,基部圆形,无毛。伞房状的总状花序顶生或腋生,大,长可达40cm;花梗细长,在花序下部的长可达10cm;萼长10~12mm,无毛,萼筒短,倒圆锥形;花瓣圆形,长1~2.5cm,黄色或橙黄色,边缘呈波状皱折;花丝基部有毛,高出于花2~3倍。荚果近条形,无翅,长5~10.5cm,宽1.5~1.8cm,扁平,无毛,有种子6~9粒。原产美洲热带;现热带地区广为栽培。我国南方各地庭园常栽培观赏。

3.3.68.6 决明属 *Cassia* L.

草本、灌木或乔木;叶为偶数羽状复叶;叶柄和叶轴上常有腺体;花两性,近辐射对称,单生或排成总状花序或圆锥花序;萼管短,裂片5,覆瓦状排列;花瓣5枚,黄色,近相等或下面的较大,具柄;雄蕊5~10,常不等长,有些无花药,能育的花药常顶裂或顶孔开裂;子房无柄或有柄,有胚珠多数;荚果圆柱形或扁平,通常2瓣裂,有时不开裂,有四棱或翅,果瓣木质、革质或膜质。约600种,分布于热带、亚热带和温带地区,我国原产约10余种,广布于各地。引入栽培以供观赏的约在10种左右。

分种检索表
1 亚灌木或草本。
　2 小叶4~5对,长4~9cm,宽2~3.5cm,顶端渐尖;荚果带状镰形,压扁,长10~13cm………望江南 Cassia occidentalis
　2 小叶5~10对,顶端急尖或短渐尖;荚果近圆筒形,长仅5~10cm………………………………槐叶决明 Cassia sophera
1 乔木、小乔木或灌木。
　3 小叶长8~15cm,两面几同色或有的背面带白色。
　　4 小叶4~8对,阔卵形、卵形或长圆形;叶轴和叶柄上无腺体;荚果圆柱形,长30~60cm…腊肠树 Cassia fistula
　　4 小叶6~12对,倒卵状长圆形或长圆形;叶轴和叶柄上有二条纵棱,具狭翅;荚果长带状,长10~20cm,果瓣中间具翅……………………………翅荚决明 Cassia alata
　3 小叶长2.5~8cm,背面多呈粉白色。
　　5 小叶顶端渐尖或短渐尖,除少数长3~4cm外,通常长5~8cm。
　　　6 嫩枝、叶轴、叶柄及小叶片均被黄褐色长毛或绒毛…
　　　………………………………美丽决明 Cassia spectabilis
　　　6 植物体全株无毛或仅在叶两面被微柔毛;荚果圆柱形……………………………光叶决明 Cassia floribunda
　　5 小叶顶端圆钝,微凹或有短尖头,长通常不超过5cm。

7 叶柄和叶轴上有腺体1至多枚。

8 叶柄和叶轴上仅在第一对小叶间有腺体1枚……
……………………………双荚决明 Cassia bicapsularis

8 叶柄和叶轴上有腺体2至多枚。

9 叶有小叶7~9对；小叶长2~5cm，宽1~1.5cm；荚果长7~10cm，宽8~12mm，果颈长约5mm，有种子10~12颗………………黄槐决明 Cassia surattensis

9 叶有小叶4~6对；小叶长3.5~10cm，宽2.5~4cm；荚果长15~20cm，宽12~18mm，果颈长约15mm，有种子20~30颗…………粉叶决明 Cassia glauca

7 叶柄和叶轴上没有腺体。

10 小叶顶端圆钝，微凹，无短尖头；能育雄蕊10枚，3枚较长，7枚较短；荚果圆筒形，有明显的环状节，长30~45cm……………节果决明 Cassia nodosa

10 小叶顶端圆钝，微凹或不微凹，有短尖头；能育雄蕊7~10枚。

11 小叶顶端常微凹；能育雄蕊7枚；荚果扁平，长15~30cm，边缘加厚…………铁刀木 Cassia siamea

11 小叶顶端不微凹；能育雄蕊10枚，其中2枚特大；荚果扁平，长8~10cm
…………………………长穗决明 Cassia didymobotrya

(1) 腊肠树（阿勃勒，牛角树，波斯皂荚）
Cassia fistula L.　　[Goldenshower Senna]

乔木，高达15m。羽状复叶具小叶8~16个；小叶大，卵形至长卵形，长6~15cm，宽3.5~8cm，先端渐尖而钝，基部骤尖，两面都有微细柔毛。总状花序疏松，下垂，长可达30cm或更长；花梗细瘦，长达6~8cm，下垂；萼片5，分离，卵形，外面密生短柔毛；花冠黄色，直径达4cm；雄蕊10，下面2~3枚雄蕊的花药较大。荚果大，圆柱状，不开裂，黑褐色，有3槽纹，长30~60cm，直径约2cm，种子间有横隔。原产印度、缅甸和斯里兰卡。我国南部和西南部各省区均有栽培。喜温树种，喜光，也能耐一定荫蔽；能耐干旱，亦能耐水湿，但忌积水地；对土壤的适应性颇强，以沙壤土为最佳，在干燥瘠薄的土壤上也能生长。播种繁殖。中国南方地区可栽培为庭院、公园作观赏树木。

(2) 黄槐决明 *Cassia surattensis* Burm.
[Largeanther Senna, surat Senna]

灌木或小乔木。偶数羽状复叶；小叶5~10对，卵形或长椭圆形，在叶轴的最下部2或3对小叶间有2~3枚棒状腺体，先端钝，基部圆，背面粉白色，被疏柔毛。总状花序生枝条上部叶腋，花鲜黄色或深黄色。荚果带状扁平，先端具细长的喙，无毛。花果期全年不断。分布于我国广东、广西、福建、台湾、海南以及印度、斯里兰卡、印度尼西亚、菲律宾、澳大利亚和波利尼西亚。喜高温、耐旱、耐热，生长快速，浅根性。播种繁殖。常被作为行道树、庭院绿荫树、大型盆栽，是非常优美的速生美化树。

3.3.68.7 肥皂荚属 Gymnocladus Lam.

落叶乔木，无刺；叶互生，二回羽状复叶；托叶大，早落；小叶卵形，全缘；花两性或单性，辐射对称，排成总状花序；萼管状，5裂，有一腺状的花盘；花瓣4~5，分离，绿白至淡紫色，长圆形，覆瓦状排列；雄蕊10，离生；子房有胚珠4~8颗；荚果略扁，厚而有瓤，2片裂；种子大，外种皮硬而革质。约3~4种。分布于亚洲的中国、缅甸和美洲北部。我国产1种。

(1) 美国肥皂荚 *Gymnocladus dioicus* K. Koch
Kentucky [Kentucky Coffee Tree, Soap Tree]

乔木，高达30m。树皮粗糙灰色，老树呈薄片状开裂；小枝红褐色，粗壮，疏生皮孔，无棘刺。二回偶数羽状复叶互生；托叶大，早落；羽片3~7对，上部羽片具小叶3~7对，最下部常减少成一片小叶，小叶卵形或卵状椭圆形，先端锐尖，基部偏斜，全缘。总状花序，花绿白至淡紫色，长圆形，覆瓦状排列。荚果肥厚，长圆状变镰形，无毛，种子扁圆形。花期4~5月，果期8~10月。原产加拿大东南部及美国东北部至中部；我国杭州、南京、北京、青岛、泰安等地有引种栽培。喜光，喜温暖湿润的气候和深厚肥沃的沙壤土，深根性、抗旱力强。树干通直，树冠广阔，羽叶庞大，花色清秀，是良好的庭荫树种，宜植于草坪、河边、池畔、假山、路边等处。品种：斑叶美国肥皂荚 'Variegata' 叶有浅黄色斑。

(2)肥皂荚 *Gymnocladus chinensis* Baill. [Soappod]

落叶乔木。树皮灰褐色,具明显的白色皮孔。二回偶数羽状复叶,互生,有羽片3~6对,每羽片有小叶20~30枚,小叶短小,仅长1.5~3.6cm,先端钝圆而微凹;幼叶两面被锈色柔毛,老叶两面被平伏毛;总状花序顶生,被短柔毛;花杂性,花冠淡蓝色;荚果,褐紫色。原产中国,主产江苏、浙江、江西、福建及西南各省。喜光,喜温暖气候及肥沃土壤。生长较快,可作庭荫树栽培。

3.3.68.8 酸豆属 *Tamarindus* L.

乔木;叶互生,偶数羽状复叶,小叶小,极多数;花排成生于枝顶的总状花序;萼管狭;裂片4,膜质,覆瓦状排列;花瓣淡黄色,上面3枚发育,下面2枚退化为针刺状或鳞片状,藏于雄蕊管的基部;雄蕊1束,仅3枚发育,其它的退化为毛状体,生于管的顶部;子房具柄,胚珠多数;荚果长圆形或线形,内弯,不开裂,外果皮薄,中果皮肉质,内果皮革质,里面于种子间有隔膜;种子倒卵状圆形,略扁平。1种。

酸豆 *Tamarindus indica* L. [Sourbean]

乔木;叶互生,偶数羽状复叶;小叶小,极多数;花排成生于枝顶的总状花序;萼管狭;裂片4,膜质,覆瓦状排列;花瓣淡黄色,上面3枚发育,下面2枚退化为针刺状或鳞片状,藏于雄蕊管的基部;雄蕊1束,仅3枚发育,其他的退化为毛状体,生于管的顶部;子房具柄,胚珠多数;荚果长圆形或线形,内弯,不开裂,外果皮薄,中果皮肉质,内果皮革质,里面于种子间有隔膜;种子倒卵状圆形,略扁平。原产亚洲南部,早年传入热带非洲。现热带地区广为栽培。我国南方常栽培观赏。

3.3.68.9 缅茄属 *Afzelia* Smith

乔木;偶数羽状复叶,小叶数对,革质;花稍大,组成顶生的圆锥花序;萼管长,裂片4,略不等,覆瓦状排列;花瓣1,圆形或肾形,具瓣柄,其它的退化或缺;雄蕊8~3,花丝多少合生或分离;退化雄蕊2,小;子房具柄,胚珠多数;荚果长圆形至菱形,厚,木质,2瓣裂,种子间有隔膜;种子横卵形或圆形,基部有角质的假种皮。约14种。分布于非洲和亚洲热带地区。我国只有缅茄1种。

缅茄 *Afzelia xylocarpa* (Kurz) Craib [Makamong, Woodyfruit Afzelia]

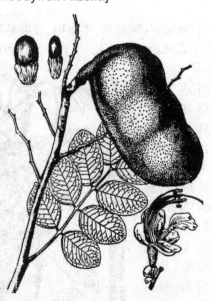

乔木,高15~25m。小叶3~5对,对生,卵形、阔椭圆形至近圆形,长约4~40cm,宽3~6cm,纸质,先端圆钝或微凹,基部圆而略偏斜。花序各部密被灰黄绿色或灰白色短柔毛;苞片和小苞片卵形或三角状卵形,长约6mm,宿存;花萼管长1~1.3cm,裂片椭圆形,长1~1.5cm,先端圆钝;花瓣淡紫色,倒卵形至近圆形,其柄被白色细长柔毛;能育雄蕊7枚。荚果扁长圆形,长11~17cm,宽7~8.5cm;种子2~5颗。花期4~5月;果期11~12月。广东、海南、广西、云南等地作观赏树种栽培。

3.3.68.10 采木属 *Haematoxylon* L.

无刺乔木;一回或二回偶数羽状复叶;小叶倒卵形至倒心形,无小托叶;花小,组成短而疏花的总状花序;萼5深裂,坛状,裂片早落;花瓣5,黄色,不等,长圆形;雄蕊10,分离,花丝基部被毛;子房具短柄,有胚珠2~3;荚果扁平,刀形,不裂,果瓣膜质;种子横长圆形。1种。产印度、墨西哥和中美、南美北部热带地区。

采木 *Haematoxylon campechianum* L.
[Logwood]

小乔木,高可达8m,有时具广展的枝条而呈灌木状;树干具深槽纹;树皮浅灰色;小枝纤细。叶长5~10cm,具短柄;小叶2~4对,纸质,倒卵形至倒心形,长1~3cm,先端圆或深凹入,基部楔形,上面有光泽,下面淡绿色,具细脉。总状花序长2~5cm,具数至多花;总花梗短;花梗纤细,长4~6mm;花萼长3~4mm,裂片长圆状披针形,先端急尖;花瓣黄色,狭倒卵形,长5~6mm,先端钝;雄蕊约与花瓣等长。荚果披针状长圆形,长2~5cm,宽8~12mm,果瓣薄,具细脉纹。产西印度群岛和中美。我国台湾、广东和云南等省有引种为观赏树种栽培。

3.3.68.11 仪花属 *Lysidice* Hance

乔木;叶为偶数羽状复叶;小叶对生;花组成腋生或顶生的圆锥花序;苞片绯红色;萼管状,肉质,裂片4,覆瓦状排列,开花时反曲;花瓣5,紫红色,上面3枚倒卵形,具长柄,下面2枚很小;发育雄蕊3枚,余者为退化雄蕊;子房具柄,有胚珠9~12;花柱长,丝状,在花蕾时旋卷;荚果长倒卵形,扁平,革质至木质,2瓣裂,种子间有隔膜;种子扁平,横长圆形。2种。产我国南部至西南部。越南也有分布。

分种检索表
1 苞片、小苞片粉红色;萼管长1.2~1.5cm,比萼裂片长;种子边缘不增厚成狭边,种皮薄,里面无胶质层;灌木或小乔木 ················仪花 *Lysidice rhodostegia*
1 苞片、小苞片白色;萼管长5~9mm,比萼裂片短;种子边缘明显增厚成一圈狭边,种皮较厚,里面紧粘着一层胶质层;乔木 ················短萼仪花 *Lysidice brevicalyx*

(1) 仪花 *Lysidice rhodostegia* Hance
[Redbracted Lysidice]

乔木或灌木,高3~20m。羽状复叶具小叶6~8枚,有时达12枚;小叶长椭圆形,微偏斜,长4~10cm,宽2.5~4cm,先端急尖或骤尖,基部圆形或楔形,无毛。花排列为顶生或腋生的总状或圆锥花序;苞片椭圆形,长约10mm,粉红色;萼管状,管部长约7~12mm,裂片4,矩圆形,长约8~10mm,宽3~5mm;花冠紫红色,花瓣5,上面3个发达,有长爪;发育雄蕊2。分布于台湾、广东、广西、贵州、云南。花美丽,可为庭园的观赏树。

(2) 短萼仪花 *Lysidice brevicalyx* Wei
[Shortcalyx Lysidice]

乔木。小叶3~4对,近革质,长圆形、倒卵状长圆形或卵状披针形,先端钝或尾状渐尖,基部楔形或钝。圆锥花序长13~20cm,披散,苞片、小苞片白色;萼管长5~9mm,比萼裂片短;花瓣倒卵形,紫色;荚果长圆形或倒卵状长圆形,种子边缘明显增厚成一圈狭边,种皮较厚,里面紧粘着一层胶质层;花期4~5月,果期8~9月。产广东、广西、贵州及云南等地。

3.3.68.12 扁轴木属 *Parkinsonia* L.

乔木或灌木;叶互生或丛生,二回偶数羽复叶,叶轴短,顶有一刺;羽片通常2~4片;羽轴扁平而长似小枝;小叶小,极多数,脱落;花组成总状花序或伞房花序;萼片5,膜质;花瓣5,黄色或近白色,广展,略不等,上面一片较宽,其瓣柄长而有毛,里面有一腺体;雄蕊10,分离,花丝基部有长柔毛;子房具短柄,花柱丝状,柱头截平;荚果扁平,线形,薄革质,不开裂;种子数颗,长圆形。约4种,产南美、非洲和大洋洲。

扁轴木 *Parkinsonia aculeata* L.
[Jerusalemthorn]

小乔木,有刺。二回羽状复叶,羽片2~4,簇生在刺状叶轴的基部,长可达30cm或更长,羽片柄和羽片轴扁而长,当小叶脱落或不发育时很像小枝,具多数小叶;小叶长椭圆形,长2~8mm,宽3mm,先端圆,有时微缺,基部楔形,全缘,无毛,早落。花排列成稀疏、腋生的总状花序;花梗细瘦,长约15mm;萼片5,长约6mm,基部合生呈短筒状;花瓣5,黄色,芳香,分离,长约10mm,宽约6mm;雄蕊10,分离。荚果呈串珠状,长8~15cm,宽约6~8mm,膨胀。热带各地广为栽培,并常见野生,我国海南有栽培观赏。

3.3.68.13 盾柱木属 *Peltophorum* (Vogel) Benth.

落叶乔木,无刺;叶为大型偶数羽状复叶;花美丽,组成顶生和腋生的圆锥花序;萼5深裂;花瓣5,黄色,长椭圆形或近圆形,与萼片均覆瓦状排列;雄蕊10,分离,花丝基部有束毛;子房无柄,有胚珠3~6颗,花柱长,柱头大,盾状、盘状或头状;荚果长椭圆形，扁平，不开裂，沿背、腹两荚缝均有翅；果瓣薄而硬；种子2~6颗。约8种，分布于热带地区，我国海南产1种，另有引种1种。

分种检索表

1 花梗与花蕾几乎等长；托叶全缘；圆锥花序；柱头3裂；荚果成熟后全部有条纹···盾柱木 Peltophorum pterocarpum
1 花梗为花蕾1~2倍长；托叶分裂；总状花序；柱头不分裂；荚果成熟后在中部无条纹············
·········银珠 Peltophorum tonkinense

盾柱木（双翼豆） *Peltophorum pterocarpum* (DC.)Baker ex K. Heyne. [Wingfruit Peltostyle]

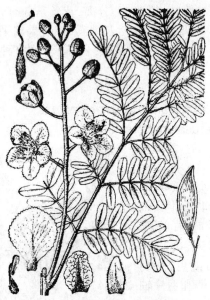

乔木，高18m。二回羽状复叶，具羽片6~16；叶柄、叶轴、小叶轴密生红棕色绒毛；小叶10~24，矩圆形，长8~24mm，宽5~8 mm，先端圆而有细尖，基部斜楔形，两面沿中脉有红棕色绒毛。花排列成顶生的圆锥花序或腋生的总状花序；萼片5，基部合生，长约8~10mm，密生红棕色绒毛；花瓣5，黄色，倒卵形，长约14~17mm，宽约10~12mm；雄蕊10，分离，花丝下部密生红棕色毛。荚果狭矩圆形，扁而薄，长约10cm，宽约3.5cm；种子2~4粒。分布于广东（海南）、越南、泰国、印度尼西亚、菲律宾也有。广州有栽培，供庭园观赏。

3.3.68.14 无忧花属 *Saraca* L.

乔木；叶革质，偶数羽状复叶；小叶通常数对，革质；花组成无柄的伞房花序或圆锥花序，有花瓣状、红色的小苞片；萼管圆柱状，裂片4枚，花瓣状，卵形，近等大，覆瓦状排列；花冠缺；雄蕊9~3，分离，突出，有长花丝；子房具柄，有胚珠多数，花柱长；荚果长圆形或带状，扁平或略肿胀，2瓣裂，果瓣革质至木质。约25种，分布于热带亚洲，我国有2种，产云南和两广南部。

分种检索表

1 雄蕊4枚，全发育；苞片和小苞片小，且大小相若，长不超过5mm，宿存；花梗具关节············
·········云南无忧花 Saraca griffithiana
1 雄蕊8~10枚，其中1~2枚退化；苞片和小苞片较大，通常长1mm以上，而且苞片远较小苞片为大，脱落或近宿存；花梗无关节············中国无忧花 Saraca dives

(1) 中国无忧花 *Saraca dives* Pierre [China Saraca]

常绿乔木，高达25m。偶数羽状复叶互生，小叶4~7对，长椭圆形，全缘，硬革质；嫩叶柔软下垂，先红色后渐变正常的绿色。花无花瓣，花萼管状，端4裂，花瓣状，橘红色至黄色；小苞片花瓣状，红色；由伞房花序组成顶生圆锥花序。荚果长圆形，扁平或略肿胀。花大而美丽，是良好的庭园绿化和观赏树种，可种植于河流或溪谷两旁，广州华南植物园有少量栽培。

(2) 云南无忧花 *Saraca griffithiana* Prain.

乔木，高达18m。小叶4~6对，纸质，长圆形或倒卵状长圆形，先端圆钝，基部圆或楔形；花序腋生，有密而短小的分枝，开放时略呈圆球形，总花梗和总轴均被黄绿色短柔毛；花多数，密集，具长梗。产云南西部盈江（拉邦坝）。缅甸也有。可种植于山谷或溪边。

3.3.68.15 格木属 *Erythrophleum* R. Br.

乔木；二回羽状复叶；小叶卵形，互生，渐尖；花小，对称，组成密集的穗状花序；萼钟状，基部合生成管，上部5齿裂；花瓣5，近等大；雄蕊10，分离；子房有柄，被毛，有胚珠多颗；荚果扁平，长圆形，开裂，果瓣革质；种子卵形，扁平。

17种，分布于非洲、亚洲东部和大洋洲北部的热带、亚热带地区，我国有1种，产两广。

格木 *Erythrophleum fordii* Oliv. [Ford Checkwood]

常绿乔木，高达25m；树皮不裂至微纵裂；小枝被锈色毛。二回羽状复叶互生，羽片2~3对，每羽片具小叶9~13；小叶互生，卵形，长3.5~9cm。全缘，革质，无毛。花小而密，白色；成狭圆柱形复总状花序。荚果带状,扁平,长10~18cm。产我国东南及华南地区;越南也有分布。喜光,喜温暖湿润气候,不耐寒,在肥沃、深厚而湿润土壤上生长迅速。树冠苍绿浓荫,为优良观赏树种。

3.3.68.16 任豆属 *Zenia* Chun

1种。分布于广东和广西。

任豆(翅荚木) *Zenia insignis* Chun [Zenbean]

落叶乔木。芽具少数鳞片。叶为奇数羽状复叶,无托叶;小叶互生,全缘,无小托叶。花两性,近辐射对称,红色;组成顶生的圆锥花序,萼片5,覆瓦状排列;花瓣5,覆瓦状排列稍不等大;发育雄蕊通常4枚,有时5枚,生于花盘的周边;花盘小,深波状分裂;子房压扁,有数颗胚珠,具短的子房柄,花柱短,钻状,稍稍弯曲,柱头小。荚果膜质,压扁,不开裂,有网状脉纹,靠腹缝一侧有阔翅。生长快,比桉树耐寒。树形、叶、花、果独特,可作为园林绿化树种。

3.3.69 蝶形花科 Fabaceae

花两侧对称,花冠蝶形,最外的或最上的为旗瓣,侧面一对为翼瓣,最内一对为龙骨瓣,雄蕊10,全部分离或其中1枚分离而其它9枚合生或全部合生,或有时少于10枚。分为32族,约440属,12000种,遍布全世界。中国原产103属,引种有11属,共有1000余种。

分属检索表

1 单叶或单小叶·················红豆树属 *Ormosia*
1 复叶或兼有单小叶。
  2 偶数羽状复叶···············锦鸡儿属 *Caragana*
  2 奇数羽状或掌状复叶,或3小叶复叶。
    3 有皮刺,托叶刺或枝刺;小叶对生。
      4 羽状3小叶,小托叶腺体状;枝有皮刺;旗瓣最大···刺桐属 *Erythrina*
      4 羽状复叶具5~19小叶,有小托叶。
        5 托叶刺状或枝被刺毛·········刺槐属 *Robinia*
        5 托叶不为刺状,早落,有枝刺···槐属 *Sophora*
    3 无刺或叶轴具刺。
      6 小叶互生,羽状复叶···········黄檀属 *Dalbergia*
      6 羽状复叶、小叶对生,或为掌状复叶,小叶3至多枚。
        7 无托叶;雄蕊花丝离生或基部合生。
          8 无顶芽,鳞芽;果扁平,腹缝线有翅··········马鞍树属 *Maackia*
          8 有顶芽,裸芽或鳞芽,果无翅······红豆树属 *Ormosia*
        7 有托叶,托叶痕明显。
          9 有小托叶。
            10 小叶基出脉3,侧生小叶基部常不对称。
              11 花药二型,雄蕊两体;旗瓣长为龙骨瓣一半·········油麻藤属 *Mucuna*
              11 花药同型,雄蕊单体;旗瓣与龙骨瓣等长·········葛属 *Pueraria*
            10 小叶具羽状脉。
              12 雄蕊花丝分离或基部稍合生。
                13 果于种子间缢缩成念珠状·········槐属 *Sophora*
                13 果不为念珠状;种皮红色或黄色·········红豆树属 *Ormosia*
              12 雄蕊单体或两体。
                14 叶柄下芽;花序生于老枝上;羽状复叶·········刺槐属 *Robinia*
                14 不为叶柄下芽;花序生于一年生枝上·········紫藤属 *Wisteria*
          9 无小托叶。
            15 小叶有透明油点;具旗瓣,无翼瓣及龙骨瓣·········紫穗槐属 *Amorpha*
            15 小叶无透明油点;花瓣5。
              16 果具荚节,种子1;3小叶,先端芒状·········胡枝子属 *Lespedeza*
              16 果不具荚节,种子2至多数。
                17 无顶芽·········槐属 *Sophora*
                17 有顶芽,如为藤本有时无顶芽。
                  18 雄蕊花丝丝分离·········红豆树属 *Ormosia*
                18 雄蕊单体或两体·········胡枝子属 *Lespedeza*

3.3.69.1 槐属 *Sophora* L.

灌木或小乔木,很少为草本;奇数羽状复叶,小叶对生,全缘;花排成顶生的总状花序或圆锥花序;萼5齿裂;花冠白色或黄色,少为蓝紫色,旗瓣圆形或阔倒卵形,通常比龙骨瓣短,翼瓣斜长圆形,龙骨瓣近于直立;雄蕊10,分离或很少于基部合生为环状;子房具短柄,有胚珠多数,花柱内弯,荚果具短柄,圆柱形、念珠状或稍扁,肉质至木质,不开裂或迟开裂;种子倒卵形或球形。约80种,分布于温带和亚热带地区,我国约23种,南北均产之。

分种检索表

1 乔木;叶柄基部膨大,包藏着芽;圆锥花序·········槐 *Sophora japonica*
1 灌木或小乔木;叶柄基部不膨大;芽外露;总状花序·········白刺花 *Sophora davidii*

(1) 槐(国槐,槐树,槐花树) Sophora japonica L.
[Japan Pagodatree]

乔木,高可达15~25m。羽状复叶长15~25cm;叶轴有毛,基部膨大;小叶9~15,卵状矩圆形,长2.5~7.5cm,宽1.5~3cm,先端渐尖而具细突尖,基部阔楔形,下面灰白色,疏生短柔毛。圆锥花序顶生;萼钟状,具5小齿,疏被毛;花冠乳白色,旗瓣阔心形,具短爪,有紫脉;雄蕊10,不等长。荚果肉质,串珠状,长2.5~5cm,无毛,不裂;种子1~6个,肾形。原产中国,现南北各省区广泛栽培,华北和黄土高原地区尤为多见。日本、越南也有分布,朝鲜并见有野生,欧洲、美洲各国均有引种。喜光而稍耐阴。能适应较冷气候。根深而发达。对土壤要求不严,在酸性至石灰性及轻度盐碱土,甚至含盐量在0.15%左右的条件下都能正常生长。抗风,也耐干旱、瘠薄,尤其能适应城市土壤板结等不良环境条件。扦插或播种繁殖。国槐是庭院常用的特色树种,其枝叶茂密,绿荫如盖,适作庭荫树,在中国北方多用作行道树。配植于公园、建筑四周、街坊住宅区及草坪上,也极相宜。龙爪槐则宜门前对植或列植,或孤植于亭台山石旁。也可作工矿区绿化之用。变种与品种:①堇花槐 var. violacea Carr.;②毛叶槐 var. pubescens(Tausch.)Bosse.;③宜昌槐 var. vestita Rehd.;④早开槐 var. praecox Schwer.,⑤金枝国槐'Golden Stem'等。

(2) 白刺花(狼牙刺,铁马胡烧,狼牙槐) Sophora davidii(Franch.)Skeels
[Whitepine Pagodatree]

灌木,高1~2.5m;枝条棕色,近于无毛,具锐刺。羽状复叶长4~6cm,具小叶11~21;小叶椭圆形或长卵形,长10~15mm,先端圆,微凹而具小尖,上面无毛,下面疏生毛;托叶细小,呈针刺状。总状花序生于小枝的顶端,有6~12朵花;萼钟伏,长约3~4mm,紫蓝色,密生短柔毛;花冠白色或蓝白色,长约15mm,旗瓣匙形,反曲。荚果长2.5~6cm,粗约5mm,串珠状,密生白色平伏长柔毛。花期3~8月,果期6~10月。产华北、陕西、甘肃、河南、江苏、浙江、湖北、湖南、广西、四川、贵州、云南、西藏。耐旱性强。播种繁殖。可作园林观花灌木,种植于河谷、沙丘和山坡。变种:①川西白刺花 var. chuansiensis C. Y. Ma;②凉山白刺花 var. liangshanensis C. Y. Ma。

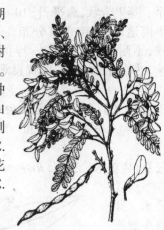

3.3.69.2 刺槐属 Robinia L.

落叶乔木或灌木;叶互生,奇数羽状复叶,常有刺状的托叶;小叶全缘,有小托叶;花组成腋生、弯垂的总状花序,有时部分花为闭花受精;萼钟状,5齿裂,稍2唇形;花冠白色或紫红色,各瓣具柄,旗瓣圆形,外反,无附属体,翼瓣镰状长圆形,龙骨瓣钝,内弯;雄蕊10,二体(9+1),花药同型或互生的5枚略小;子房具柄,有胚珠多颗,花柱内弯,先端有毛;荚果线形,扁平,沿腹缝有狭翅,2瓣裂,果瓣薄,有时密布刚毛;种子数颗,长圆形或肾形,偏斜,无种阜。约20种,分布于美洲。

分种检索表

1 小枝、花序轴、花梗被平伏细柔毛;具托叶刺;小叶长椭圆形;花冠白色;荚果平滑……刺槐 Robinia pseudoacacia
1 小枝、花序轴、花梗密被刺毛及腺毛;无托叶刺;小叶长圆形至近圆形;花冠玫瑰红色;荚果具糙硬腺毛………………………………………………毛刺槐 Robinia hispida

(1) 刺槐(洋槐,槐树,刺儿槐) Robinia pseudoacacia L. [Black Locust]

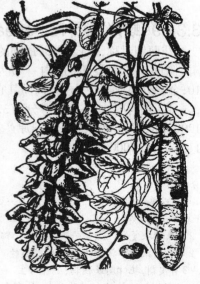

乔木,高10~25m,树皮褐色。羽状复叶;小叶7~25,互生,椭圆形、矩圆形或卵形,长2~6 cm,宽1~2cm,先端圆或微凹,有小尖,基部圆形,无毛或幼时疏生短毛。总状花序腋生,序轴及花梗有柔毛;花萼杯状,浅裂,有柔毛;花冠白色,旗瓣有爪,基部有黄色斑点;子房无毛。荚果扁,长矩圆形,长3~10cm,宽约

1.5cm,赤褐色;种子1~13,肾形,黑色。花期4~6月,果期8~9月。原产美国东部。全国各地广泛栽植。喜光,喜温暖湿润气候。对土壤要求不严,适应性很强。播种繁殖。树冠高大,叶色鲜绿,适应性强,每当开花季节绿白相映,素雅而芳香。可作为行道树,庭荫树。工矿区绿化及荒山荒地绿化的先锋树种。对二氧化硫、氯气、光化学烟雾等的抗性都较强,还有较强的吸收铅蒸气的能力。变种与品种:①直杆刺槐'Bessouiana',树干笔直挺拔,黄白色花朵;②金叶刺槐'Frisia',中等高的乔木,叶片金黄色;③曲枝刺槐'Tortuosa',枝条扭曲生长,亦称疙瘩刺槐;④柱状刺槐'Pyramidalis',侧枝细,树冠呈圆柱状,花白色;⑤球冠刺槐'Umbraculifera',树冠呈圆球状,老年呈伞状;⑥龟甲皮刺槐'Stricta',树皮呈龟甲状剥落,黄褐色;⑦红花刺槐'Decaisneana',花冠蝶形,紫红色。南京、北京、大连、沈阳有栽培;⑧无刺刺槐 var. inermis DC.,树冠开张,树形扫帚,枝条硬挺而无托叶刺。青岛、北京、大连有栽培,扦插繁殖,多用于行道树;⑨小叶刺槐 var. microphylla,小叶长1~3cm,宽0.5~1.5cm。复叶自顶部至基部逐渐变小,荚果长2.5~4.5cm,宽不及1cm,山东枣庄市有栽培;⑩箭杆刺槐'Upright',树干挺直,分枝细而稀疏,在青岛市胶南县有栽植;⑪黄叶刺槐'Yellow'L.,在山东东营市广饶县选出,叶常年呈黄绿色。用分株或嫁接繁殖;⑫球刺槐'Globe',树冠呈球状至卵圆形,分支细密,近于无刺或刺极小而软,小乔木。不开花或开花极少;⑬粉花刺槐'Decaisneana',花略晕粉红;⑭伞形洋槐 var. umbraculifera DC.,枝稠密无刺,树冠近球形,很少开花结果,在大连、青岛一带有栽植;⑮塔形洋槐 var. pyramidalis(Pepin)Schneid.,枝挺直,无刺,树冠圆柱形;⑯香花槐'Idaho',槐叶繁枝茂,树冠开阔,树干笔直,树景壮观,全株树形自然开张,树态苍劲挺拔,观赏价值高。

(2)毛刺槐(毛洋槐,红花槐,江南槐)
Robinia hispida L.　　[Hardhair Locust]
　　落叶乔木或灌木,高达2~4m;枝及花梗密被红色刺毛。奇数羽状复叶,小叶7~15个,近圆或长圆形,先端钝而有小尖头。总状花序,具花3~7朵,蝶形花冠玫瑰红或淡紫色。荚果线形,扁平。花期5~6月,果期7~10月。原产北美,我国有引种。播种繁殖。喜光,耐寒、耐旱能力强,生长快,耐修剪,萌蘖力强,对烟尘及有毒气体如氟化氢等有较强的抗性。花大而美丽,花色浓艳,孤植、列植、丛植均佳,是小游园、公园不可多得的观赏树种。

3.3.69.3 马鞍树属 *Maackia* Rupr.

落叶乔木或灌木;叶互生,奇数羽状复叶;小叶对生,全缘,无小托叶;花多而密集,排成顶生、直立的总状花序或圆锥花序;萼钟状,4~5齿裂;花冠伸出萼外,旗瓣外反,翼瓣斜长圆形,龙骨瓣背部稍连合;雄蕊10,仅于基部销合生;子房近无柄,密被毛;荚果扁平,沿腹缝有翅,很少开裂;种子1~5颗,长圆形,稍扁。12种,分布于东亚,我国产6种。

朝鲜槐(怀槐,山槐,高丽槐)
Maackia amurensis Rupr. et Maxim.
[Amur Saddletree]

乔木,高达13m。芽单生叶腋,具芽鳞,不为叶柄基部所覆盖。羽状复叶;小叶7~11,对生,卵形或倒卵状矩圆形,长3.5~8cm,宽2~5cm,先端急尖,基部阔楔形或圆形,幼时下面密生长柔毛。复总状花序长9~15cm;花密;萼钟状,长约4mm,密生红棕色绒毛;花冠白色,长约8mm。荚果扁平,长椭圆形至条形,长3~7cm,宽1~1.2cm,疏生短柔毛,沿腹缝线具宽约1mm的狭翅。花期6~7月,果期9~10月。分布于东北、内蒙古、河北、山东;朝鲜也有。喜光,稍耐阴,耐寒,喜生于肥沃、湿润土壤。萌芽力强。播种繁殖。在园林绿化中宜作为园景树或行道树,种植于山坡、林中和林边。

3.3.69.4 红豆树属 *Ormosia* Jacks.

乔木;奇数羽状复叶,很少单小叶;小叶对生;花通常排成顶生或腋生的总状花序或圆锥花序;萼钟形,裂齿5,近相等或上面2齿连合而成二唇形;花瓣白色或紫色,伸出萼管外;雄蕊10,彼此分离,很少仅有5枚;子房无柄或具柄,有胚珠1~3(~10)颗,花柱长,末端拳卷;荚果的形状和质地种种,基部有宿萼,果瓣脆壳质至木质,光滑或被毛,通常可分为外、中、内3层果皮;种子1~10颗,形状和大小不一,种皮通常红色。100种,产热带美洲、东南亚和澳大利亚西北部。我国有35种,2变种,2变型,大多分布于五岭以南,以广东、广西、云南为主要分布区。

分种检索表
1 果瓣内壁不形成横隔…………红豆树 *Ormosia hosiei*

1 果瓣内壁具横隔,如为单粒种子时,果瓣内壁两端有突起横隔状组织。
2 小枝、叶柄、叶轴无毛或疏被短柔毛,如老枝被毛,则疏生而绝不密生·················海南红豆 Ormosia pinnata
2 小枝、叶柄、叶轴密被褐色或锈褐色茸毛。
3 果瓣薄木质,种子处隆起;小叶革质,上面有光泽,干后不为灰绿色,叶柄脱落后叶痕不隆起·················花榈木 Ormosia henryi
3 果瓣厚木质,平或微凸;小叶纸质或硬纸质,上面无光泽,干后灰绿色,叶柄脱落后叶痕隆起·················
·················橄绿红豆 Ormosia olivacea

(1) 花榈木 Ormosia henryi Prain
[Henry Ormosia]

常绿乔木,高达13m,树冠圆球形;树皮青灰色,平滑。小枝、芽及叶背均密生褐色绒毛;裸芽叠生。羽状复叶互生,小叶5~9,倒卵状长椭圆形,长6~10cm,革质。花黄白色,成圆锥或总状花序;

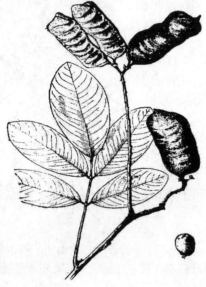

6~7月开花。荚果扁平,长7~11cm;种子鲜红色。产我国长江以南各省区和越南。木材花纹美丽,是上等家具用材;种子红色美丽,可作装饰品。也可栽作庭园观赏树。

(2) 红豆树 Ormosia hosiei Hemsl. et Wils.
[Hosie Ormosia]

常绿乔木,高达20m,树皮光滑,灰色。奇数羽状复叶,小叶7~9枚,叶端尖,叶表无毛。圆锥花序顶生或腋生,萼钟状,密生黄棕色毛,花白色或淡红色,芳香。荚果木质,扁平。花期4月;果期10~11

月。分布于陕西、江苏、湖北、广西、四川、浙江、福建等省。喜光,但幼树耐阴,喜肥沃湿润土壤。播种繁殖。为珍贵用材树种,其树冠呈伞状开展,故在园林中可植为片林或作园中林荫道树种。

3.3.69.5 香槐属 Cladrastis Rafin

落叶乔木;叶互生,奇数羽状复叶;小叶互生;花美丽,稀疏,排成顶生、通常长而下垂的圆锥花序;萼钟状,5齿裂;花冠白色,旗瓣圆,外反,翼瓣具两耳,龙骨瓣稍内弯;雄蕊10,分离;子房具柄,有胚珠数颗;荚果狭长圆形,扁平,两荚缝具膜质翅或无翅而边缘稍增厚;种子3~6颗,长圆形,扁平。约7种,分布于亚洲东南部和北美洲东部的温带和亚热带地区。我国有5种,分布于华东、华南和西南等省区。

分种检索表

1 小叶两面同色,具小托叶;花具小苞片,常脱落;荚果两侧具翅·················翅荚香槐 Cladrastis platycarpa
1 小叶上面绿色,下面稍呈苍白色,无小托叶;花无小苞片;荚果两侧无翅(小花香槐 C. sinensis 偶见极狭的翅)。
2 小叶卵状披针形或长圆状披针形;花序长达30cm,花小,长15mm 以内,子房疏被柔毛;荚果具2~3mm果颈······
·················小花香槐 Cladrastis sinensis
2 小叶卵形或长圆状卵形;花序长15cm 以内,花长2cm,子房密被黄白色绢毛;荚果具4~6mm的果颈·················
·················香槐 Cladrastis wilsonii

(1) 小花香槐 Cladrastis sinensis Hemsl.
[China Yellowwood]

落叶乔木。羽状复叶,小叶9~13,互生,长椭圆状披针形,长4~9cm,宽2~3cm,先端渐尖,基部圆形,背面沿中脉有柔毛。圆锥花序顶生,长可达25cm;萼钟状,长约4mm,萼齿5,半圆形或短三角形,密生短

柔毛;花冠白色或粉红色。子房条形,无柄或有短柄,疏生柔毛。荚果长椭圆形至条形,扁平,无翅,长3~8cm,宽1~1.4cm。花期6~8月,果熟期10月。产河南、陕西、甘肃、湖北、四川、云南、贵州等地。喜光,在酸性、中性及石灰岩山地均能生长。花芳香,树冠优美,常作庭园观赏树种。

(2) 香槐 *Cladrastis wilsonii* Takeda
[Wilson Yellowwood]

落叶乔木，高达16m；叶柄下裸芽。小叶9~11，互生，矩圆形或椭圆状卵形，长4~12cm。先端尖，基部稍歪斜，背面苍白色，近无毛；无小托叶。圆锥花序疏松，顶生或腋生；花冠白色，长1.5~2cm；荚果密被黄色短柔毛。花期5~7月，果期8~9月。产浙江、安徽、江西、湖北、四川东部、陕西南部。喜较阴湿环境，是亚热带酸土树种。可作园林观赏树种。

3.3.69.6 黄檀属 *Dalbergia* L. f.

乔木、灌木或木质藤本。奇数羽状复叶；托叶通常小且早落；小叶互生。花小，通常多数，组成顶生或腋生圆锥花序。分枝有时呈二歧聚伞状；苞片和小苞片通常小，脱落，稀宿存；花萼钟状，裂齿5；花冠白色、淡绿色或紫色，花瓣具柄，旗瓣卵形、长圆形或圆形，先端常凹缺，翼瓣长圆形，瓣片基部楔形、截形或箭头状，龙骨瓣钝头，前喙先端多少合生；雄蕊10或9枚。荚果不开裂，长圆形或带状。约100种，分布于亚洲、非洲和美洲的热带和亚热带地区。我国有28种，1变种，产西南部、南部至中部。

分种检索表
1 雄蕊10枚，基部合生，基部以上花丝管不规则分裂而成不完全的三至五体雄蕊；小叶通常9片，有时3或5~6对，卵形至卵状披针形，长1.5~4cm，宽8~16mm。
　2 小叶1~2对……………印度黄檀 *Dalbergia sissoo*
　2 小叶2~7对……………降香 *Dalbergia odorifera*
1 雄蕊10枚，成5+5的二体雄蕊。
　3 小叶3~5对，较阔，宽2.5~4cm；花萼上部2枚裂齿阔而圆，侧面2枚卵形；旗瓣基部无附属体；荚果较狭，宽1.3~1.5cm……………黄檀 *Dalbergia hupeana*
　3 小叶6~7对，较狭，宽约2cm；花萼上部与侧面裂齿均为三角形；旗瓣基部有2枚小附属体；荚果较阔，宽2~2.5cm……………南岭黄檀 *Dalbergia balansae*

(1) 黄檀（望水檀，不知春，白檀）
Dalbergia hupeana Hance　　[Dalbergia]

落叶乔木，高10~17m；树皮灰色。羽状复叶；小叶9~11，矩圆形或宽椭圆形，长3~6cm，宽1.5~3cm，先端钝，微缺，基部圆形；叶轴及小叶柄有白色疏柔毛；托叶早落。圆锥花序顶生或生在上部叶腋间；花梗有锈色疏毛；萼钟状，萼齿，不等，最下面1个披针形，较长，上面2个宽卵形，连合，两侧2个卵形，较短，有锈色柔毛；花冠淡紫色或白色；雄蕊(5+5)二组。荚果矩圆形，扁平，长3~7cm，有种子1~3粒。花期5~7月。分布于安徽、江苏、浙江、江西、福建、湖北、湖南、广东、广西、贵州、四川。喜光，耐干旱瘠薄，不择土壤，但以在深厚湿润排水良好的土壤生长较好，忌盐碱地；深根性，萌芽力强。播种繁殖。是园林应用优质树种，可作庭荫树、风景树、行道树。

(2) 南岭黄檀 *Dalbergia balansae* Prain
[Balansa Rosewood]

落叶乔木，高15m。小叶13~17，长圆形或倒卵状长圆形，长2~4.5cm，先端圆或微凹，基部圆形，两面有毛。花白色，旗瓣近基部有2个小附属体，雄蕊二体(5+5)，子房密被锈色毛；圆锥花序腋生或腋下生。荚果椭圆形，长6~13cm，常含1种子。花期6月。产我国中亚热带南部至华南、西南；越南也有分布。喜光，喜温暖气候及肥沃湿润土壤。宜栽作城乡绿化及观赏树种。

3.3.69.7 紫檀属 Pterocarpus Jacq.

乔木;奇数羽状复叶;小叶互生,革质,无小托叶;花排成腋生的总状花序或圆锥花序;萼陀螺状,开展前内弯,齿短;花冠黄色,很少为白色而夹杂以紫色,伸出萼外,花瓣有长柄;雄蕊10,单体或二体(9+1或5+5);子房有胚珠2~6颗;荚果圆形或卵形,扁平,不开裂,围绕以阔翅,有种子1颗。约30种,分布于全球热带地区。我国有1种。

紫檀 Pterocarpus indicus Willd.
[Burmacoast Padauk]

乔木,高15~25m,径达40cm;树皮灰色。单数羽状复叶;小叶7~9,矩圆形,长6~11cm,宽4~5cm,先端渐尖,基部圆形,无毛;托叶早落。圆锥花序腋生或顶生,花梗及序轴有黄色短柔毛;小苞片早落;萼钟伏,微弯,长约5mm,萼齿5,宽三角形,长约1mm,有黄色疏柔毛;花冠黄色,花瓣边缘皱折,具长爪;雄蕊单体;子房具短柄,密生黄色柔毛。荚果圆形,偏斜,扁平,具宽翅,翅宽可达2cm;种子1~2。花期春季。分布于广东、云南南部;印度、印度尼西亚、菲律宾、缅甸也有。可栽培于庭园观赏。

3.3.69.8 水黄皮属 Pongamia Vent.

乔木;奇数羽状复叶;花排成腋生的总状花序;萼钟形或杯状,口部近截平;花冠伸出萼外,近白色或粉红色,旗瓣外面被丝毛,基部两侧有耳;雄蕊10,二体(9+1);子房有胚珠2颗;荚果椭圆形或长圆形,扁平,不开裂,有种子1颗,果瓣厚革质或近木质。1种,分布于亚洲南部、东南亚、大洋洲及太平洋热带。我国南部有产。

水黄皮 Pongamia pinnata (L.) Pierre
[Waterwampee]

常绿乔木。奇数羽状复叶;小叶对生;无小托叶。花组成腋生的总状花序;苞片小,早落,小苞片微小;花萼钟状或杯状,顶端截平;花冠白色或淡红色。花冠伸出萼外,旗瓣近圆形,基部两侧具耳,在瓣柄上有2枚附属物,翼瓣偏斜,长椭圆形,

具耳,龙骨瓣镰形,先端钝,并在上部连合;雄蕊10,通常9枚合生成雄蕊管,对旗瓣的1枚离生,花药基着;子房近无柄,有胚珠2粒,花柱上弯,无毛,柱头头状,顶生。荚果椭圆形或长椭圆形,扁平,果瓣厚革质或近木质,有种子1粒。我国台湾和华南地区有分布。喜高温、湿润,喜光;以富含有机质的沙壤土最佳。生性强健,萌芽力强。可作行道路树、庭阴树、观赏树,也是良好的护堤和防风树种。

3.3.69.9 栗豆树属 Castanospermum

1种,原产澳大利亚,我国有栽培。

栗豆树(澳洲栗,绿宝石,元宝树)
Castanospermum austral A.Cunn. et C.Fraser.
[Moretan Bay Chestnus]

常绿乔木,高可达30m,奇数羽状复叶,小叶5~9,长椭圆形,互生,长约8~15mm,全缘,革质有光泽。花腋生,花冠蝶形,橙黄色;总状花序。花期春夏。荚果长达25cm;种子大,椭球形,径4~5cm,黑色。原产澳大利亚,热带地区多有栽培。喜光,幼株耐阴,喜温暖湿润气候及肥沃疏松的沙壤土。我国华南有栽培。播种繁殖。树冠开展,枝叶茂密,叶色翠绿,是暖地优良的园林风景树种。北方可盆栽。

3.3.69.10 紫藤属 Wisteria Nutt.

木质、落叶藤本;奇数羽状复叶互生,有早落的托叶;小叶9~19枚,互生,全缘,有小托叶;花组成顶生、下垂的长总状花序;萼钟状,短5齿裂,下面裂齿较长;花冠伸出萼外,蓝色或淡紫色,很少为白色,旗瓣镰状,基部有耳,龙骨瓣钝;雄蕊10,二体(9+1);子房具柄,有胚珠多数,花柱内弯,无毛;荚果具柄,扁平,延长,念珠状,2瓣裂,有种子数颗。10种,分布于东亚、澳大利亚和美洲东北部。

分种检索表

1 茎右旋,花序长30~90cm;小叶6~9对;花自下而上顺序

开放,长1.5~2cm,淡紫色至蓝紫色;栽培⋯⋯⋯⋯
⋯⋯⋯⋯⋯⋯⋯⋯多花紫藤 Wisteria floribunda
1 茎左旋;花序长10~35cm;小叶4~6对。
  2 老叶秃净或稀被毛;花紫色。
    3 花上下几同时开放,长2~2.5cm,花梗长2~3cm,旗瓣
      先端截形,无毛,最下1枚萼齿长于两侧萼齿⋯⋯⋯
      ⋯⋯⋯⋯⋯⋯⋯⋯⋯⋯紫藤 Wistaria sinensis
    3 花自下而上顺序开放,长约1.5cm,花梗长0.6~1.2cm,
      旗瓣先端凹缺,基部有毛,最下1枚萼齿三角形,与两
      侧萼齿等长⋯⋯⋯短梗紫藤 Wisteria brevidentata
  2 老叶两面均有毛,下面尤明显;花堇青色或白色。
    4 花堇青色,花序长约30cm,花序轴密被暗灰色长柔
      毛;叶被长柔毛,下面尤密⋯⋯⋯藤萝 Wisteria villosa
    4 花白色,花序短,长10~20cm,花序轴密被黄色绒毛;
      叶被平伏短毛,下面或被绢毛⋯⋯⋯⋯⋯⋯⋯⋯⋯
      ⋯⋯⋯⋯⋯⋯⋯⋯⋯白花藤萝 Wisteria villosa

(1) 紫藤(朱藤,黄环) *Wistaria sinensis* Sweet [Purplevine]

攀援灌木。羽状复叶;小叶7~13,卵形或卵状披针形,长4.5~11cm,宽2~5cm,先端渐尖,基部圆形或宽楔形,幼时两面有白色疏柔毛;叶轴疏生毛;小叶柄密生短柔毛。总状花序侧生,下垂,长15~30cm。花大,长2.5~4cm;萼钟状,疏生柔毛;花冠紫色或深紫色,长达2cm,旗瓣内面近基部有2个胼胝体状附属物。荚果扁,长条形,长10~20cm,密生黄色绒毛;种子扁圆形。花期4~5月。分布于辽宁、内蒙古、河北、河南、山西、山东、江苏、浙江、湖北、湖南、陕西、甘肃、四川、广东。对气候和土壤的适应性强,较耐寒,能耐水湿及瘠薄土壤,喜光,较耐阴。以土层深厚,排水良好,向阳避风的地方栽培最适宜。播种、扦插、压条、嫁接繁殖。可栽培作庭园棚架植物,先叶开花,紫穗满垂缀以稀疏嫩叶,十分优美,是优良的观花藤木植物,可应用于园林棚架,春季紫花烂漫,别有情趣,适栽于湖畔、池边、假山、石坊等处,具独特风格,盆景也常用。

变型:白花紫藤(变型)f. *alba*(Lindl.) Rehd. et Wils.,花白色。产湖北。南北各地常见栽培。

(2) 多花紫藤(朱藤) *Wisteria floribunda* DC. [Flowery Purplevine]

攀援灌木,幼枝生短柔毛。羽状复叶,小叶13~19,卵形或卵状椭圆形,长4~8cm,宽2cm,先端渐尖,基部圆形,两面有白色细毛。花紫色,多数,排成侧生总状花序,长30~50cm,下垂;序轴有短柔毛;花梗长1~2cm,有毛;花萼浅杯状,有柔毛,萼齿不整齐;花冠淡青色,长约1.5cm,旗瓣基部有耳,内面近基部有2个胼胝体状附属物;子房沿背腹缝线有黄褐色绢毛。荚果大而扁平,密生细毛。种子圆形,扁平。原产日本;我国长江以南普遍栽培。喜光,喜排水良好的土壤。极耐寒。扦插、压条、分蘖、嫁接或播种繁殖。在庭院中用其攀绕棚架,制成花廊,或用其攀绕枯木,有枯木逢生之意。还可做成姿态优美的悬崖式盆景,置于高几架、书柜顶上,繁花满树,老桩横斜,别有韵致。

3.3.69.11 锦鸡儿属 *Caragana* Fabr.

落叶灌木,有时为小乔木,有刺或无刺。偶数羽状复叶;总轴顶常有一刺或刺毛;花单生,很少为2~3朵组成小伞形花序,着生于老枝的节上或腋生于幼枝的基部;萼背部稍偏肿,裂齿近相等或上面2枚较小;花冠黄色,稀白带红色,旗瓣卵形或近圆形,直展,边微卷,基部渐狭为长柄,翼瓣斜长圆形,龙骨瓣直,钝头;雄蕊10,二体(9+1);子房近无柄,花柱直或稍内弯,无髯毛;荚果线形,成熟时圆柱状,2瓣裂;种子横长圆形或近球形,无种阜。80种以上,分布于东欧和亚洲,我国约50种,产西南、西北、东北和东部。

分种检索表

1 小叶2对,全部假掌状⋯⋯⋯⋯红花锦鸡儿 Caragana rosea
1 小叶2~10对,全为羽状或在长枝上的羽状,而在腋生短
  枝的为假掌状。
  2 小叶全部2对⋯⋯⋯⋯⋯⋯⋯锦鸡儿 Caragana sinica
  2 小叶2~10对。
    3 萼筒钟状,长宽近相等,萼齿短钝;小叶长通常在10
      mm以上⋯⋯⋯⋯⋯⋯树锦鸡儿 Caragana arborescens
    3 萼筒管状钟形或管状,长显著大于宽,萼齿尖;小叶长
      通常在10mm以下⋯小叶锦鸡儿 Caragana microphylla

(1)锦鸡儿 Caragana sinica(Buchoz)Rehd.
[China Peashrub]

灌木;高1~2m。小枝有棱,无毛。托叶三角形,硬化成针刺状;叶轴脱落或宿存变成针刺状;小叶4,羽状排列,上面一对小叶通常较大,倒卵形或矩圆状倒卵形,长1~3.5cm,宽5~15mm,先端圆或微凹,有针尖,无毛。花单生,长2.8~3.1cm;花梗长约1cm,中部有关节;花萼钟状,长约12~14mm,基部偏斜;花冠黄色带红色,旗瓣狭长倒卵形。荚果长约3~3.5cm,宽约5mm,无毛,稍扁。花期4~5月,果期7~8月。分布于河北、河南、陕西、湖北、湖南、华东、西南。喜光,喜温暖。根系发达,具根瘤,抗旱耐瘠,忌湿涝,在深厚肥沃湿润的沙壤土中生长更佳。播种、扦插、分株繁殖。萌芽力、萌蘖力均强,能在山石缝隙处生长,栽培于山坡或庭园,供观赏用或为绿篱。

(2)红花锦鸡儿 Caragana rosea Turcz.
[Red Peashrub]

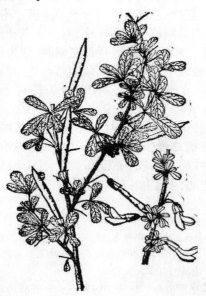

多枝直立灌木;高约1m。小枝有棱,无毛。托叶硬化成细针刺伏;叶轴短,长5~10mm,脱落或宿存变成针刺状;羽状复叶互生,小叶4,呈掌状排列,上面一对通常较大,长椭圆状倒卵形,长1~3cm,宽4~12mm,先端圆或微凹,有刺尖,基部楔形,无毛。花单生,长2.5~2.8cm;花梗长1cm,中部有关节;花萼近筒状,无毛,长约1~1.4cm,宽约4mm,基部偏斜;花冠黄色,龙骨瓣白色,或全为粉红色,凋时变红色,旗瓣狭,长椭圆状倒卵形;子房条形,无毛。荚果近圆筒形,无毛,长达6cm。花期5~6月,果期6~7月。分布于东北、河北、山西、河南、陕西、甘肃、山东、江苏、浙江、四川。喜光,耐寒,耐干旱瘠薄。播种繁殖。花炫丽,可植于庭园观赏。

3.3.69.12 紫穗槐属 Amorpha L.

灌木或亚灌木,有腺点;奇数羽状复叶互生,小叶多数,小,全缘;花小,组成顶生、密集的穗状花序;萼钟形,5齿裂;花冠退化,仅存旗瓣叠抱着雄蕊,翼瓣和龙骨瓣缺;雄蕊10,单体,花药同型;子房有胚珠2颗;荚果短,长圆形、镰刀状或新月形,不开裂,果瓣密布腺状小疣点,有种子2~1颗。约25种,产北美至墨西哥,我国引入栽培1种。

紫穗槐(穗花槐) Amorphafruticosa L.
[Amorpha, Indigobush Amorpha, Falseindigo]

灌木,高1~4m。羽状复叶互生;小叶11~25,卵形、椭圆形或披针状椭圆形,长1.5~4cm,宽0.6~1.5cm,先端圆或微凹,有短尖,基部圆形,两面有白色短柔毛。穗状花序集生于枝条上部,长7~15cm;花冠紫色,旗瓣心形,没有翼瓣和龙骨瓣;雄蕊10,每5个一组,包于旗瓣之中,伸出花冠外。荚果下垂,弯曲,棕褐色,有瘤状腺点,长约7~9mm,宽约3mm。原产美国。我国东北长春以南至长江流域各地广泛栽培,以华北平原生长最好。喜光,耐寒、耐旱、耐湿、耐盐碱、抗风沙、抗逆性极强的灌木,在荒山坡、道路旁、河岸、盐碱地均可生长。扦插、分株或播种繁殖。可作园林绿化植物栽培。

3.3.69.13 刺桐属 ErythrinaL.

乔木或灌木,常有刺;叶互生,有羽状小叶3片;小托叶腺体状;花通常大,排成总状花序,在花序轴上数朵簇生或成对着生;萼常偏斜或2唇形;花瓣鲜红色,极不相等,旗瓣阔或狭,翼瓣短,有时极小或缺,龙骨瓣远较旗瓣短小;雄蕊10,单体或二体(9+1)子房具柄,胚珠多数;荚果具长柄,于种子间收缩成念珠状。约200种,分布于全球的热带和亚热带地区,我国有6种,产西南至南部。

分种检索表

1 小乔木;小叶宽菱状卵形,长5~12.5cm;荚果长约10cm,有喙;种子红色,通常有黑斑……………………………………………龙牙花 Erythrina corallodendron

1 灌木或小乔木;小叶卵形、卵状长圆形至长圆状披针形,长10~15cm;荚果长10~15cm,宽约1.3cm;种子灰色或亮褐色…………………鸡冠刺桐 Erythrina crista-galli

(1) 龙牙花 Erythrina corallodendron L.
[Dragontooth Coralbean]

灌木,高达4m。小叶3,菱状卵形,长4~10cm,宽2.5~7cm,先端渐尖而钝,基部宽楔形,两面无毛,有时下面中脉上有刺;叶柄及小叶柄无毛,有刺。总状花序腋生;萼钟状,萼齿不明显,仅下面一枚萼齿较突出,无毛;花冠红色,长可达6cm,旗瓣椭圆形,先端微缺,较翼瓣、龙骨瓣长得多,均无爪;雄蕊二组,不整齐;子房有长子房柄,有白色短柔毛;花柱无毛。荚果长约10cm,有数个种子,在种子间收缢;种子深红色,有黑斑。原产

美洲热带地区。我国华南一些城市庭园有栽培;长江流域及其以北地区则温室栽培。喜光,抗风力弱,不耐寒,稍耐阴,宜在排水良好、肥沃的沙壤土中生长。播种繁殖。为一美丽的观赏植物,红叶扶疏,初夏开花,深红色的总状花序好似一串红色月牙,艳丽夺目,适用于公园和庭院栽植,若盆栽可用来点缀室内环境。

(2) 鹦哥花(红嘴绿鹦哥,刺木通,乔木刺桐)
Erythrina arborescens Roxb.
[Himalayas Coralbean, Parrot Coralbean]

乔木,高7~8m,树皮有刺。小叶3,肾状扁圆形,长10~20cm,宽8~19cm,先端急尖,基部近截形,两面无毛;小叶柄粗壮。总状花序腋生,花密集于总花梗上部,花序轴及花梗无毛;萼二唇形,无毛;花冠红色,长达4cm,翼瓣短,为旗瓣的1/4长,龙骨瓣菱形,较翼瓣长,均无爪;雄蕊10,5长,

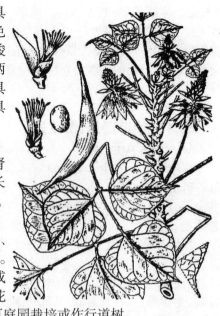

5短;子房具柄,有黄色毛。荚果梭状,稍弯,两端尖,先端具喙,基部具柄,长10cm,宽约2cm;种子1,黑色,肾形,光亮,长2cm,宽1cm。花期8~9月。分布于四川、云南、贵州。生山沟中或草坡上。花大而美丽,可庭园栽培或作行道树。

3.3.69.14 葛属 Pueraria DC.

缠绕植物;羽状小叶3片,大,卵形或菱形,有时波状3浅裂,有小托叶;托叶基部着生或盾状着生;花排成腋生的总状花序,常数朵簇生于花序轴稍凸起的节上;苞片早落;萼钟状,裂片不相等,上面2枚多少合生;花冠蓝色或紫色,伸出萼外,旗瓣圆形或倒卵形,具柄,有耳,翼瓣狭,在中部与龙骨瓣贴生;雄蕊10,二体(9+1);子房有胚珠多颗,花柱无毛;荚果长而狭,多少扁平,有种子多颗。约20种以上,分布于亚洲热带地区至日本,我国有12种,广布于各省。

葛藤(野葛,藤) Pueraria lobata (Willd.) Ohwi
[Kudzuvine]

藤本;块根肥厚;各部有黄色长硬毛。小叶3,顶生小叶菱状卵形,长5.5~19cm,宽4.5~18cm,先端渐尖,基部圆形,有时浅裂,下面有粉霜,两面有毛,侧生小叶宽卵形,有时有裂片,基部斜形;托叶盾形,小托叶针状。总状花序腋生,花密;小苞片卵形或披针形;萼钟形,萼齿5,披针形,上面2齿合生,下面一齿较长,内外面均有黄色柔毛;花冠紫红色,长约

1.5cm。荚果条形，长5~10cm，扁平，密生黄色长硬毛。除新疆、西藏外分布几遍全国；朝鲜，日本也有。耐酸性强，耐旱，耐寒，对土壤适应性广，以湿润和排水通畅的土壤为宜。播种繁殖。可作园林垂直绿化植物栽培。

3.3.69.15 油麻藤属（黎豆属）
***Mucuna* Adans.**

多年生或一年生木质或草质藤本。托叶常脱落。叶为羽状复叶，具3小叶，小叶大，侧生小叶多少不对称，有小托叶，常脱落。花序腋生或生于老茎上，近聚伞状，或为假总状或紧缩的圆锥花序；花大而美丽，苞片小或脱落；花萼钟状，4~5裂，2唇形，上面2齿合生；花冠伸出萼外，深紫色、红色、浅绿色或近白色，干后常黑色；旗瓣通常比翼瓣、龙骨瓣为短，具瓣柄，基部两侧具耳，翼瓣长圆形或卵形，内弯，常附着于龙骨瓣上，龙骨瓣比翼瓣稍长或等长，先端内弯，有喙；雄蕊二体。荚果膨胀或扁。约100~160种，多分布于热带和亚热带地区。我国约15种，广布于西南部经中南部至东南部。

分种检索表

1 荚果腹背缝线各有1对宽3~5mm的木质翅，种子间明显缢缩，每节的轮廓近圆形；种子肾形；花冠灰白色············
·········白花油麻藤 *Mucuna birdwoodiana*
1 荚果两缝线不具翅；种子间缢缩或不缢缩；花冠紫色·······
·········常春油麻藤 *Mucuna sempervirens*

（1）常春油麻藤（常绿黎豆）
***Mucuna sempervirens* Hemsl.**
[Evergreen Mucuna]

常绿藤木。小叶3，坚纸质，卵状椭圆形或卵状矩圆形，长7~12cm，宽4~5.5cm，先端渐尖，基部圆楔形，侧生小叶基部斜形，无毛。总状花序生于老茎；萼宽钟形，萼齿5，上面2齿连合，外面有稀

疏锈色长硬毛，里面密生绢质茸毛；花冠深紫色，长约6.5cm；雄蕊二组，药二型；子房无柄，有锈色长硬毛，花柱无毛。荚果木质，条状，长可达60cm，边缘无翅，种子间缢缩；种子10余粒，扁矩圆形，长约2.2cm，棕色，种脐半包种子。花期4月。分布于云南、四川、贵州、湖北、江西、浙江、福建。播种或扦插繁殖。耐阴，喷头温暖湿润气候。花大蝶形，适于攀附建筑物、围墙、陡坡、岩壁等处生长，是棚架和垂直绿化的优良藤本植物。

（2）白花油麻藤（禾雀花，血枫藤，鸡血藤）
***Mucuna birdwoodiana* Tutch. [White Mucuna]**

常绿木质藤本。小叶3，革质，椭圆形或卵状椭圆形，长8~13cm，宽4~6cm，先端短尾状渐尖，基部圆形，两面无毛，侧生小叶较小，基部斜形；叶柄无毛，小叶柄有疏长硬毛；托叶早落。总状花序腋

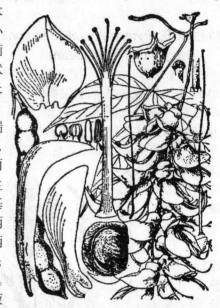

生，长30~38cm；萼钟状，萼齿5，上面两萼齿合生，有稀疏棕色长硬毛；花冠灰白色，长7.5~8.5cm，伸出萼外；雄蕊(9+1)二组，花药二型；子房密生锈色短柔毛，花柱丝形，长而内弯。荚果木质，长矩形，长可达40cm，沿背腹缝线有锐翅，种子间稍紧缩；种子肾形，黑色。花期4~6月。分布于广东、广西。花美丽而繁密，成串下垂，形如被捕捉成串的小雀，颇为奇特。在暖地可供庭园棚架绿化之用。

3.3.69.16 胡枝子属 *Lespedeza* Michx.

多年生草本至灌木；羽状3小叶；托叶小，宿存；无小托叶；花小，组成腋生的总状花序或花束；苞片小，宿存；小苞片2，着生于花梗先端；花常2型，一种有花冠，结实或不结实，另一种无花冠，结实；萼钟状，5裂，裂片近相等；花瓣白、黄、红或紫色，龙骨瓣先端钝，无耳；雄蕊10，二体(9+1)；子房有胚珠1颗；荚果扁平，卵形或圆形，不开裂，果瓣常有网纹。约90种以上，分布于亚洲、澳大利亚和北美，我国有约60余种，广布于全国。

分种检索表

1 有闭锁花············多花胡枝子 *Lespedeza floribunda*
1 无闭锁花。
　2 小叶先端通常钝圆或凹·········胡枝子 *Lespedeza bicolor*
　2 小叶先端急尖至长渐尖或稍尖，稀稍钝··············
　············美丽胡枝子 *Lespedeza formosa*

(1) 胡枝子(胡枝子萩,胡枝条,扫皮)
Lespedeza bicolor Turcz. [Bushclover]

落叶灌木,高0.5~2m。三出复叶互生,顶生小叶宽椭圆形或卵状椭圆形,长2~6cm,宽1~4cm,先端圆钝,有小刺尖,基部圆形,上面疏生平伏短毛,下面毛较密,侧生小叶较小。总状花序腋生,较叶长;花梗无关节;萼杯状,萼齿4,披针形,与萼筒近等长,有白色短柔毛;花冠紫色;旗瓣长约1.2cm,无爪,翼瓣长约1cm,有爪,龙骨瓣与旗瓣等长,基部有长爪。荚果斜卵形,网脉明显,有密柔毛。花期7~9月,果期9~10月。分布于东北、内蒙古、河北、山西、陕西、河南;朝鲜、俄罗斯、日本也有。耐旱、耐瘠薄、耐酸性、耐盐碱。对土壤适应性强,但最适于壤土和腐殖土。耐寒性很强。播种或扦插繁殖。可作为园林观花灌木栽培。

(2) 多花胡枝子 *Lespedeza floribunda* Bunge

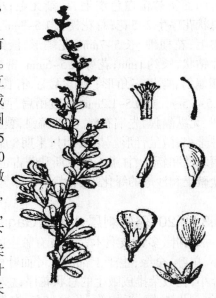

小灌木,高60~100cm;分枝有白色柔毛。三出复叶互生,倒卵形或倒卵状矩圆形,长10~25mm,宽4~10mm,先端微凹,有短尖,基部宽楔形,上面无毛,下面有白色柔毛,侧生小叶较小;叶柄长约7mm;托叶条形,长约5mm。总状花序腋生,花梗无关节;无瓣花簇生叶腋,无花梗;小苞片与萼筒贴生,卵形;花萼宽钟状,萼齿5,披针形,疏生白色柔毛;花冠紫色,旗瓣长约8mm,翼瓣略短,龙骨瓣长于旗瓣。荚果卵状菱形,有柔毛。花期6~9月,果期9~10月。分布于东北、华北、华东及四川、陕西、甘肃、青海。适应性强,耐寒,耐旱。是良好的水土保持及改良土壤树种。

3.3.69.17 杭子梢属 *Campylotropis* Bunge

与胡枝子属植物相近,但杭子梢的花单生一处,花脱落时,从与花梗相连处脱落,花梗不脱落。约45种,分布于缅甸、老挝、泰国、越南、印度北部、尼泊尔、不丹,最南达印度尼西亚爪哇,西达克什米尔,北至中国的华北北部;中国有29种,6变种,6变型,多数种则集中于中国的西南部。

杭子梢(多花杭子梢)
Campylotropis macrocarpa (Bge.) Rehd.

灌木,高达2.5m;幼枝密生白色短柔毛。三出复叶互生,顶生小叶矩圆形或椭圆形,长3~6.5cm,宽1.5~4cm,先端圆或微凹,有短尖,基部圆形,上面无毛,脉网明显,下面有淡黄色柔毛,侧生小叶较小。总状花序腋生;花梗细长,长可达1cm,有关节,有绢毛;花萼宽钟状,萼齿4,有疏柔毛;花冠紫色。6~8月开花。荚果斜椭圆形,膜质,长约1.2cm,具明显脉网。主产我国北部,华东及四川也有分布。播种、扦插或分株繁殖。可植于庭园观赏或作水土保持树种。

3.3.69.18 木蓝属 *Indigofera* L.

灌木或草本,稀小乔木;多少被白色或褐色平贴丁字毛,少数具二歧或距状开展毛及多节毛,有时被腺毛或腺体。奇数羽状复叶,偶为掌状复叶、三小叶或单叶;托叶脱落或留存,小托叶有或无;小叶通常对生,稀互生,全缘。总状花序腋生,少数成头状、穗状或圆锥状;苞片常早落;花萼钟状或斜杯状,萼齿5,近等长或下萼齿常稍长;花冠紫红色至淡红色,偶为白色或黄色;雄蕊二体,花药同型。荚果线形或圆柱形;种子肾形、长圆形或近方形。700余种,广布亚热带与热带地区,以非洲占多数。我国有81种,9变种。

(1)花木蓝（花蓝槐，吉氏木蓝）
Indigofera kirilowii Maxim.　　[Kirilow Indigo]

落叶灌木，高约1m。幼枝灰绿色，被白色丁字形毛，老枝灰褐色无毛，略有棱角。奇数羽状复叶互生，小叶7~11，阔卵形至椭圆形，先端圆具小尖，基部圆形或宽楔形，表面

疏生丁字毛，背面毛较密，叶柄及小叶柄均密生丁字毛。总状花序腋生，较叶短，花冠淡红色。花期5~6月，果期8~9月。分布于东北、华北和华东，日本也有分布。强阳性树种，喜光，抗寒，耐干燥瘠薄，适应性强。枝叶茂密，初夏开花，花色淡红，极为美丽，在园林绿化中可作为点缀树种穿插于乔木树种之间增添景色。

(2)庭藤木蓝 *Indigofera decora* Lindl.

灌木，高可达40~100cm，枝无毛。羽状复叶互生，小叶7~11，卵状披针形或矩圆状披针形，长2~6cm，宽1~3cm，先端渐尖，有长约1mm的短尖头，基部圆楔形或圆形，上面无

毛，下面有白色丁字毛；叶柄与叶轴上面有槽；小叶柄长约2mm，几无毛；小托叶披针形，与小叶柄几等长。总状花序腋生，长约15cm，直立；萼杯状，萼齿宽三角形，有白色疏柔毛；花冠粉红色，长1.2~1.5cm。荚果圆柱形，棕黑色，种子多数。花期5~6月，果期8~9月。分布于江苏、浙江、福建、广东；日本也有。是美丽的观赏灌木。可栽植于庭园观赏。

3.3.69.19 铃铛刺属（盐豆木属）
Halimodendron Fisch. ex DC.

落叶灌木；偶数羽状复叶有2~4片小叶，叶轴在小叶脱落后延伸并硬化成针刺状；托叶宿存并为针刺状。总状花序生于短枝上，具少数花；总花梗细长；花萼钟状，基部偏斜，萼齿极短；花冠淡紫色至紫红色；雄蕊二体；旗瓣圆形，边缘微卷，翼瓣的瓣柄与耳几等长，龙骨瓣近半圆形，先端钝，稍弯；子房膨大，1室，有长柄，具多颗胚珠；花柱向内弯，柱头小。荚果膨胀，果瓣较厚；种子多颗。1种。分布于高加索、西伯利亚西部、中亚至天山。我国主产新疆和内蒙古，西北也多栽培。

铃铛刺（盐豆木，耐碱树）
Halimodendron halodendron (Pall.) Voss

灌木，高0.5~2m。树皮暗灰褐色；分枝密，具短枝；长枝褐色至灰黄色，有棱，无毛；当年生小枝密被白色短柔毛。叶轴宿存，呈针刺状；小叶倒披针形，长1.2~3cm，宽6~10mm，顶端圆或微凹，有凸尖，基部楔形，初

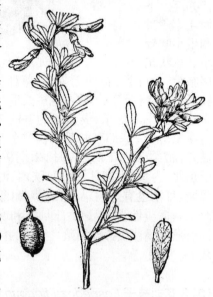

时两面密被银白色绢毛，后渐无毛；小叶柄极短。总状花序生2~5花；总花梗长1.5~3cm，密被绢质长柔毛；花梗细，长5~7mm；花蝶形，淡红紫色；小苞片钻状，长约1mm；花萼长5~6mm，密被长柔毛，基部偏斜，萼齿三角形；子房无毛，有长柄。荚果长1.5~2.5cm，宽0.5~1.2cm，背腹稍扁，两侧缝线稍下凹，无纵隔膜，先端有喙，基部偏斜，裂瓣通常扭曲；种子小，微呈肾形。花期7月，果期8月。产内蒙古西北部和新疆、甘肃。俄罗斯和蒙古也有。可用于盐碱土和沙地的绿化，也可栽培作绿篱。

3.3.69.20 骆驼刺属 *Alhagi* Gagnebin.，

落叶、多分枝灌木；茎、技有腋生的长针刺；叶小，单叶，全缘；生于上部的无叶而叶柄变为刺；托叶小；花数朵排成腋生的总状花序，总轴有刺；萼钟形，裂齿5，短，近相等；花冠红色，各瓣近等长，旗瓣倒卵形，具短柄，翼瓣镰状长圆形，龙骨瓣内弯，钝头；雄蕊10，二体(9+1)，花药同型；子房近无柄，有胚珠多颗，花柱丝状，内弯；荚果线形，厚或近

圆柱状,不开裂,常于种子间缢缩而内面具隔膜,但荚节不断离;种子肾形,无种阜。本属约5种。主要分布于北非、地中海、西亚、哈萨克斯坦、乌兹别克斯坦、土库曼斯坦、吉尔吉斯斯坦、塔吉克斯坦和乌克兰。1种。

骆驼刺 Alhagi sparsifolia Shap.

半灌木,高25~40cm。茎直立,具细条纹,无毛或幼茎具短柔毛,从基部开始分枝,枝条平行上升。叶互生,卵形、倒卵形或倒圆卵形,长8~15mm,宽5~10mm,先端圆形,具短硬尖,基部楔形,全缘,无毛,具短柄。总状花序,腋生,花序轴变成坚硬的锐刺,刺长为叶的2~3倍,无毛,当年生枝条的刺上具花3~6(~8)朵,老茎的刺上无花;花长8~10mm;苞片钻状,长约1mm;花梗长1~3mm;花萼钟状,长4~5mm,被短柔毛,萼齿三角状或钻状三角形,长为萼筒的1/3至1/4;花冠深紫红色,旗瓣倒长卵形,长8~9mm,先端钝圆或截平,基部楔形,具短瓣柄,冀瓣长圆形,长为旗瓣的四分之三,龙骨瓣与旗瓣约等长;子房线形,无毛。荚果线形,常弯曲,几无毛。产内蒙古、甘肃、青海和新疆。可植为固沙、护堤和绿篱树种。

3.3.69.21 沙冬青属 *Ammopiptanthus* Cheng f.

常绿灌木,小枝叉分。单叶或掌状三出复叶,革质;托叶小,钻形或线形,与叶柄合生,先端分离;小叶全缘,被银白色绒毛。总状花序短,顶生于短枝上;苞片小,脱落,具小苞片;花萼钟形,近无毛,萼齿5,短三角形,上方2齿合生;花冠黄色,旗瓣和翼瓣近等长,龙骨瓣背部分离;雄蕊10枚,花丝分离,花药圆形,同型,近基部背着;子房具柄,胚珠少数,花柱细长,柱头小,点状顶生。荚果扁平,瓣裂,长圆形,具果颈。种子圆肾形,无光泽,有种阜。2种,产我国内蒙古、宁夏、甘肃、新疆。蒙古、中亚地区也有分布。

沙冬青 Ammopiptanthus mongolicus (Maxim. ex Kom.) Cheng f.

常绿多分枝灌木,高达1~2m;幼枝密被灰白色绒毛。三出复叶或单叶互生,叶卵状椭圆形。长2~4cm,先端钝或微凹,全缘,两面密被银白色短绒毛;托叶小,与叶柄合生抱茎。花蝶形,黄色;顶生总状花序。荚果长椭圆形。产我国内蒙古、甘肃及宁夏;蒙古也有分布。耐旱性极强。可种植沙丘、河滩边,为良好的固沙植物。

3.3.69.22 黄花木属 *Piptanthus* Sweet

灌木;掌状复叶互生,具3小叶,小叶全缘,无柄;托叶合生,与叶对生;总状花序顶生,有苞片;花数朵轮生于花序轴的节上;萼钟形,5齿裂,裂齿披针形;花冠黄色,花瓣具长柄;雄蕊分离;子房线形,具柄,有胚珠多数;荚果阔线形,扁平,有柄。3种,分布喜马拉雅山南北坡的我国至尼泊尔、不丹和印度。我国有3种,2变型。

黄花木 Piptanthus concolor Harrow ex Craib

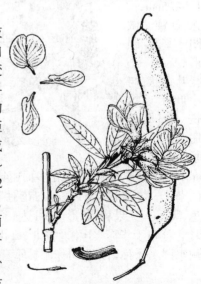

灌木,高1.5~4m。幼枝密生黄色或白色短柔毛,后变无毛。托叶早落;叶柄长约2cm;小叶3,矩圆状披针形或矩圆形,长4~10cm,宽1.2~2cm,先端渐尖,基部楔形,上面无毛,下面有平伏短柔毛。总状花序顶生,具花3~7轮,每轮有花3~7朵;苞片轮生,卵形或近圆形,先端急尖或骤急尖,下面密生白色平伏长柔毛,脱落;萼筒状,长约1.3cm,密生平伏长柔毛;花冠黄色;子房条形,密生长柔毛。荚果扁平,条形,长可达12cm,宽约1~1.5cm,密生短柔毛。分布于陕西、甘肃、四川、云南、西藏。供观赏用。

3.3.69.23 崖豆藤属 *Millettia* Wight et Arn.

乔木或灌木,常攀援状;奇数羽状复叶;小叶对生,全缘;小托叶具存或缺;花美丽,组成顶生的圆锥花序;萼钟状或管状,4~5齿裂,很少近截平;花冠紫色、玫瑰红色或白色,旗瓣阔,外面秃净或被毛,基部内面有时具小痂体,翼瓣镰状长圆形,龙骨瓣内弯、钝;雄蕊10,单体或二体(9+1);子房无柄或很少具柄,线形,有胚珠多数,花柱长或短,直或内弯;荚果扁平或肿胀,开裂、迟裂或不裂,有种子1至数颗。约200种,分布热带和亚热带的非洲、亚洲和大洋洲。我国有35种,11变种。

分种检索表
1 旗瓣背面密被绢毛……………………
………………香花崖豆藤 *Millettia dielsiana*
1 花瓣无毛;叶轴有小托叶。
　2 花萼密被绒毛,子房密被绢毛…………
…………美丽崖豆藤 *Millettia speciosa*
　2 花萼被稀疏细毛,子房无毛……………
…………网络崖豆藤 *Millettia reticulata*

(1) 网络鸡血藤(网脉崖豆藤,昆明鸡血藤)
Millettia reticulata Benth.　　[Net Cliffbean]

攀援灌木。羽伏复叶;小叶片7~9,卵状椭圆形、长椭圆形或卵形,长4~12cm,宽1.5~5.5cm,先端钝,微凹,基部圆形,无毛;小托叶锥状,与小叶柄近等长。圆锥花序顶生,下垂,长5~10cm,序轴有黄色疏柔毛;花多而密集,单生于序轴的节上;萼钟状,长约3mm;花冠紫色或玫瑰红色,无毛。荚果扁,条形,长可达15cm。花期5~11月。分布于华东、华南及湖北、云南。稍耐阴,稍耐水湿。播种繁殖。可作园林垂直绿化植物。

(2) 美丽崖豆藤(美丽鸡血藤,山莲藕,牛大力藤)
Millettia speciosa Champ.

攀援灌木,长1.5~3m;幼枝有褐色绒毛。羽状复叶;小叶7~17,长椭圆形或长椭圆状披针形,长3~8cm,宽1~3cm,先端钝或急尖,基部圆,上面光亮,疏生白色短柔毛,下面密生白色短柔毛;叶柄、叶轴有短柔毛;小托叶锥形,较叶柄短。总状花序腋生,长约30cm;总花梗、花梗和萼密生褐色绒毛;花大,单生于序轴的节上;花冠白色,旗瓣无毛,

基部有两枚胼胝体状附属物。荚果条形,长可达15cm,宽约1.5cm,密生褐色绒毛,果瓣木质,裂后扭曲;种子3~6,卵形。分布于广东、广西;越南也有。可作棚架绿化。

3.3.69.24 田菁属 *Sesbania* Scop.

亚灌木状草本或灌木,稀乔木状;偶数羽状复叶;小叶小,极多数;花数朵排成腋生的总状花序;萼阔钟状,浅二唇形或5齿裂;花冠伸出萼外甚多,通常黄色而带有紫色斑点或条纹,很少紫色或白色,各瓣具长柄,旗瓣阔,龙骨瓣钝头,直或弯而具短喙;雄蕊10,二体(9+1),花药同型,子房具柄,有胚珠多颗,花柱内弯;荚果极细长,开裂,内面于种子间有隔膜,有种子多颗。约50种,分布于全世界热带至亚热带地区。我国5种,1变种,其中2种系引进栽培。

大花田菁(落皆,红蝴蝶,木田菁)
Sesbania grandiflora (L.) Pers.

乔木,高4~10m。羽状复叶,长20~40cm;叶柄长15~30cm,无毛;小叶16~60,长椭圆形,长20~25mm,宽8~10mm,先端钝,有小突尖,基部近圆形或宽楔形,两面无毛;小托叶极小,有微毛。花大,长7~10cm,花芽镰状弯曲,2~4朵排成

长约4~7cm的总状花序;花萼绿色,钟状,先端呈浅二唇形;花冠白色或粉红色,有时玫瑰红色。荚果条形,长20~60cm,下垂,开裂;种子多数。在云南、广东有栽培;印度、马来西亚、大洋洲也有分布。可作行道树或作庭荫树。

3.3.70 胡颓子科 Elaeagnaceae

灌木,稀乔木,全体被银白色或褐色至锈盾形鳞片或星状绒毛。单叶互生,稀对生全缘,羽状脉,无托叶。花两性或单性。单生或伞形总状花序;花萼常连合成筒,顶端4裂;无花瓣;雄蕊4或8;子房上位,1室,1胚珠。瘦果或坚果,为增厚的萼管所包围,核果状。3属80余种,分布于北半球温带至亚热带。我国有2属,约60种,各地均有。

分属检索表
1 花两性或杂性,花萼4裂,雄蕊4,与花萼裂片互生…………
……………………………………………………胡颓子属 Elaeagnus
1 花单性,雌雄异株,花萼2裂,雄蕊4,2枚与花萼裂片互生,2枚与花萼裂片对生……………沙棘属 Hippophae

3.3.70.1 胡颓子属 Elaeagnus L.

常绿或落叶灌木或小乔木,通常具刺,全体被银白色或褐色鳞片或星状绒毛。单叶互生,叶柄短。花两性,稀杂性,单生或簇生于叶腋,成伞形总状花序;花萼筒状,4裂,雄蕊4,有蜜腺,虫媒传粉。坚果核果状,外包肉质萼筒;果核椭圆形,具8肋。约80种,分布于亚洲、欧洲南部和北美洲。我国约有55种,广布全国,主产长江流域及以南地区。

分种检索表
1 常绿直立或攀援灌木。
　2 直立灌木,稀蔓状…………胡颓子 Elaeagnus pungens
　2 攀援灌木或藤本…………蔓胡颓子 Elaeagnus glabra
1 落叶或半常绿直立灌木或乔木。
　3 乔木或大灌木;果实无汁,粉质或干棉质;1~3花簇生新枝叶腋…………翅果油树 Elaeagnus mollis
　3 小灌木;果实多汁,1~2花簇生新枝基部叶腋或1~5花簇生叶腋短小枝上。
　　4 叶片下面或多或少具星状绒毛或柔毛,侧脉在上面通常凹下…………佘山羊奶子 Elaeagnus argyi
　　4 叶片下面无毛、侧脉在上面通常不凹下
　　　5 果实卵圆形,长5~7mm;萼筒漏斗形或圆筒状漏斗形…………牛奶子 Elaeagnus umbellata
　　　5 果实椭圆形或长椭圆形,长12~16mm;萼筒圆筒形或钟形…………木半夏 Elaeagnus multiflora

(1)胡颓子 Elaeagnus pungens Thunb.
[Thorny Elaeagnus]
常绿直立灌木,高3~4m,具刺,幼枝微扁棱

形,密被锈色鳞片,老枝鳞片脱落,黑色,具光泽。叶革质,椭圆形或阔椭圆形,长5~10cm,边缘微反卷或皱波状,上面幼时具银白色和少数褐色鳞片,成熟后脱落,具光泽,干燥后褐绿色或褐色,下面密被银白色和少数褐色鳞片。花白色或淡白色,下垂,芳香,1~3花生于叶腋锈色短小枝上;萼筒较裂片长。果实椭圆形,长12~14mm,幼时被褐色鳞片,成熟时红色。花期9~12月,果期次年4~6月。产长江以南各省,日本也有分布。喜光,耐阴。对土壤要求不严。播种或扦插繁殖。株形自然,花香果红,适于庭园观赏、草地丛植,林缘自然式花篱,亦可点缀于水边。品种:①金边胡颓子'Aurea',叶缘深黄色,其他部分绿色。②金心胡颓子'Fredericii',叶片稍小而狭,边缘暗绿色,中央深黄色。③玉边胡颓子'Variegata',叶缘黄白色,中央部分绿色。④圆叶胡颓子'Simonii',叶片椭圆形,较为圆阔。

(2)沙枣(桂香柳) Elaeagnus angustifolia L.
[Russia olive]

落叶灌木或小乔木,高5~10m,幼枝银白色,老枝红棕色。叶薄纸质,矩圆状披针形至线状披针形,长3~7cm,顶端钝尖或钝形,基部楔形,全缘。花被筒钟状,外面银白色,里面黄色,芳香,常1-3花簇生于小枝下部叶腋,花梗甚短。果实椭圆形,熟时黄色,果肉粉质。花期5~6月,果期9月。产于

东北、华北至西北。俄罗斯、印度、地中海沿岸也有。喜光、耐寒、耐干旱,也耐水湿、盐碱,抗风沙。适应力强;对土壤、气温、湿度要求不甚严格。播种繁殖。叶形似柳而色灰绿,叶被有银白色光泽,可植于庭院观赏,宜丛植,也可培养成乔木状,用于列植或孤植,或经整形修剪用作绿篱。

3.3.70.2 沙棘属 *Hippophae* L.

落叶灌木或小乔木,幼嫩部被银色的鳞片或星状毛;枝有刺;叶互生,狭窄;花单性异株,排成短总状花序生于枝腋内;雄花无柄;萼片2,大;雄蕊4;雌花具短柄;花萼管长椭圆形,包围着子房,顶有微小的裂片2;子房上位,1室,有直立的胚珠1颗;花柱丝状,有圆柱状的柱头;坚果为肉质的花萼管所包围。4种,分布于亚洲和欧洲的温带地区。我国均产,产于北部、西部和西南地区。

沙棘 *Hippophae rhamnoides* L.
[Sandthorn]

落叶灌木或乔木,高1-5m,高山沟谷可达18m,棘刺较多;嫩枝褐绿色,密被银白色鳞片,老枝灰黑色,粗糙。单叶近对生,狭披针形,长30~80mm,宽4~10(~13)mm,表面绿色,背面银白色,被鳞片;叶柄极短。花小,淡黄色,短总状花序,先叶开放。果实圆球形,直径4~6mm,橙黄色或橘红色。花期4~5月,果期9~10月。分布于华北、西北及西南。我国黄土高原极为普遍。适应性极强,喜光,耐寒,抗风沙;耐干旱瘠薄;适应性强;喜透气性良好的土壤。根系发达,萌蘖性强。播种、扦插、压条、分蘖繁殖。枝叶繁茂而有刺,宜作为刺篱、果篱。又是极好的防风固沙、水土保持、改良土壤的优良树种,是干旱风沙地区绿化的先锋树种。

3.3.71 山龙眼科 Proteaceae

乔木或灌木,稀草本。单叶互生,稀对生或轮生;无托叶。总状、伞形、穗状或头状花序;苞片小,早落,稀宿存;花两性,稀单性异株,辐射对称或两侧对称,单被花;花被管4裂,花瓣状,镊合状排列,裂片外卷;雄蕊4,花丝贴生花被片上,花药2室,药隔常伸长;花盘环状或半环状,或为4腺体;子房上位,1室,花柱细长,胚珠1~2或多数。蓇葖果、坚果、稀核果。种子无胚乳。约60属,1300种;主产于大洋洲和非洲南部,亚洲和南美洲也有分布。我国有4属(其中2属为引种),24种、2变种,分布于西南部、南部和东南部各省区。

分属检索表
1 叶轮生或近对生,不分裂,花两性,坚果,种子球形或半球形·····················澳洲坚果属 *Macadamia*
1 叶互生。
  2 叶二次羽状分裂,花两性,蓇葖果,种子盘状,边缘具翅·····················银桦属 *Grevillea*
  2 叶不分裂或具多裂至羽状分裂,坚果或核果,种子球形或半球形,无翅·····················山龙眼属 *Helicia*

3.3.71.1 银桦属 *Grevillea* R. Br.

乔木或灌木;叶互生,全缘或二回羽状深裂,裂片披针形;花两性,橙黄色,具柄,通常成对着生于花序轴上,排成顶生或腋生的总状花序;苞片小,早落;萼管细长,稍弯曲,裂片4,线形或线状匙形,初时顶端常粘合,盛开时反卷;花药生于萼片的凹陷处,卵形或长圆形,药隔不伸出;无花丝;蓇葖果木质。约160种,分布于新喀里多尼亚、澳大利亚、苏拉威西岛。

分种检索表
1 二回羽状深裂,叶背面密被棕色绒毛和银灰色绢状毛,橙黄色·····················银桦 *Grevillea robusta*
1 一回羽状裂叶,叶背面密生白色毛茸,花色橙红至鲜红色·····················红花银桦 *Grevillea banksii*

银桦 *Grevillea robusta* A. Cunn. ex R. Br.
[Robust Silver-oak]

大乔木,高达20m;幼枝被锈色绒毛。叶互生,二回羽状深裂;裂片5~12对,近披针形,长5~10cm,宽1.5~2.5cm,上面中脉被棕色毛,下面密被棕色绒毛和银灰色绢状毛,边缘反卷。总状花序1或数

个聚生于无叶的枝上,长7~16cm;花两性,无花瓣;萼片4,花瓣状,橙黄色,未开放时为弯曲的管状,开放后向外卷,长约2cm;雄蕊4,无花丝。蓇葖果卵状矩圆形,稍压扁状而偏斜,长约1.6cm,宽7mm,顶端具宿存花柱;种子具翅。花期3~5月,果期6~8月。原产大洋洲;我国南部和西南栽培作行道树。喜光,喜温暖、湿润气候、根系发达,较耐旱。不耐寒。播种繁殖。树干笔直,树形美观,尤其在开花季节,万绿丛中衬以橙黄色的花朵,为风景树和行道树。

3.3.71.2 山龙眼属 *Helicia* Lour.

乔木或灌木;叶互生,少有近对生或轮生,全缘或有齿缺;花两性,排成腋生的总状花序,辐射对称;苞片小,凿形或有时呈叶状,宿存或早落;萼管细长而直,花蕾时檐部稍胀大呈卵形或长圆形,裂片4,线形,开放时反卷;花药生于萼片的扩大部,长圆形,药隔延长而突出,无花丝;下位腺体4枚,离生或合生成环状或杯状;子房上位,无柄,1室,胚珠2颗,基生或侧生,侧生的上举,花柱顶部棒状;坚果近球形或长圆形;种子1颗。约90种,分布于亚洲,大洋洲热带和亚热带地区。我国产18种、2变种,分布于西南至东南各省区。

小果山龙眼 *Helicia cochinchinensis* Lour.
[Smallfruit Helicia]

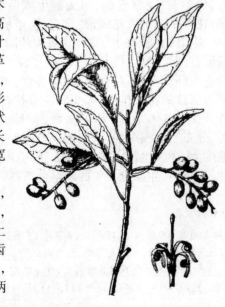

乔木或灌木,高4~15m。叶互生,薄革质或纸质,狭椭圆形至倒卵状披针形,长5~11cm,宽1.5~4cm,顶端渐尖,基部渐狭,中部以上具疏锯齿或近全缘,无毛;叶柄长达7~15mm。总状花序腋生,稀顶生,长约10cm;花两性,无花瓣;萼片4,花瓣状,绿黄色,长约1cm,开放后向外卷;雄蕊4,近无柄,药隔突出;子房无毛,花柱细长;花盘4裂,裂片离生或合生。坚果成熟后深蓝色,椭圆状球形,长1.2~1.8cm,直径约1cm。花期6~10月,果期11月至翌年3月。分布于长江以南各省区;越南、日本也有。喜温忌冻,较耐旱,对土壤适应性强。播种繁殖。可作园林绿化观赏树种栽培。

3.3.71.3 澳洲坚果属 *Macadamia* F. Muell.

乔木或灌木;叶3~4片轮生,全缘或有锯齿;花小,两性,成对,排成顶生或腋生的总状花序;苞片小,早落;花近辐射对称,萼管直或略向内弯曲,开放时裂片反卷;雄蕊4,着生于萼裂片的稍下部,花丝短,花药长圆形,药隔延伸;子房1室,无柄,有胚珠2颗;花柱长而直,顶部卵形或棒状,柱头小,顶生;核果近球形,不开裂,外果皮肉质,内果皮厚而坚硬;种子1颗,球形或2颗则呈半球形,子叶厚而不等;种子可食。约14种。分布于澳大利亚、新喀里多尼亚、苏拉威西岛、马达加斯加的热带雨林中。我国栽培2种。

分种检索表

1 叶3枚轮生或近对生,边缘具疏生牙齿或全缘,叶柄长4~15mm;花序疏被短柔毛;种皮光滑······
····················澳洲坚果 *Macadamia ternifolia*
1 叶4枚轮生,边缘具牙齿,叶柄长2mm或几无;花序密被短柔毛;种皮具皱纹或稍凹的网纹···········
·················四叶澳洲坚果 *Macadamia tetraphylla*

澳洲坚果 *Macadamia ternifolia* F. Muell.
[Australnut]

乔木,高5~15m。叶革质,通常3枚轮生或近对生,长圆形至倒披针形,长5~15cm,宽2~3cm,顶端急尖至圆钝,有时微凹,基部渐狭;侧脉7~12对;每侧边缘具疏生牙齿约10个,成龄树的叶近全缘;叶柄长4~15mm。总状花序,腋生或近顶生,长8~15cm,疏被短柔毛;花淡黄色或白色;花梗长3~4mm;苞片近卵形,小;花被管长8~11mm;花丝短;花盘环状,具齿缺。果球形,直径约2.5cm。花期4~5月,果期7~8月。原产于澳大利亚的东南部热带雨林中,现世界热带地区有栽种。云南、广东、台湾有栽培。喜温暖。播种繁殖。著名干果,可作园林绿化观赏树种栽培。

3.3.71.4 哈克木属 *Hakea*

约140种,产澳大利亚;中国引入栽培1种。

哈克木(针叶哈克木) *Hakea acicularis* R. Br.
[Needle-bush, Silky Hakea]

常绿灌木,高1~3m;树冠开展,枝略下垂。叶互生,圆柱状针形,长达5~7cm,先端成尖刺。花小,白色(有红色品种),无柄,1~5朵簇生叶腋。蒴果木质,卵形,长约2.5cm,先端细尖呈鸟嘴状,2瓣裂,含2种子;种子顶端有翅。花期冬季和春季。原产澳大利亚东部;上海植物园有引种。能耐长期干旱,不耐寒,常于温室栽培。可供制作盆景,或与山石配置。

3.3.72 海桑科 Sonneratiaceae

乔木或灌木。单叶对生,革质,全缘;无托叶。花两性,辐射对称,具花梗,单生或2~3朵聚生枝顶排成伞房花序;萼厚革质,4~8裂,裂片宿存,芽时镊合状排列,短尖,内面常有色泽;花瓣4~8,与萼裂片互生,或缺;雄蕊多数,着生于萼筒上部,排成1至数轮;子房近上位。浆果或蒴果瓣裂。种子多数。2属,约10种,分布于热带非洲和亚洲。我国2属6种,产于广东、福建、云南等省。

八宝树属 *Duabanga* Buch.-Ham.

大乔木;枝四角形,下垂;叶对生,大,长椭圆形,全缘,基部心形或浑圆;花枝大,为顶生的大型伞房花序;萼管开阔,与子房的基部合生,裂片4~8;花瓣4~8,具柄,倒卵形,白色,有波纹;雄蕊极多数;子房4~8室,有胚珠多颗;蒴果球形,生于厚革质的萼上,4~8瓣裂;种子小,两端有尾。3种,分布马来西亚、印度尼西亚至新西兰。我国有2种,分布于云南,广东海南岛引种1种。

八宝树 *Duabanga grandiflora* (Roxb.) Walp. [Bigflower Duabanga]

高大乔木,树皮灰褐色,有皱褶的裂纹;板状根不发达;枝条下垂,螺旋状或轮生于树干上,幼时钝四棱柱形。叶宽椭圆形,长圆形或卵状长圆形,长12~25cm,宽5~7cm,顶端短渐尖,基部深裂成心形,侧脉每边20~24条,粗壮,明显;叶柄短而粗厚,红色。花5~6基数;雄蕊极多数,2行排列,花丝长达4~5cm;子房半下位,胚珠多数。蒴果高3~4cm。花期春季。产于云南南部。分布于印度、缅甸、泰国、老挝、柬埔寨、越南、马来西亚、印度尼西亚。喜光、喜深厚湿润的沙壤土、红壤、砖红壤土。扦插或播种繁殖。可作园林绿化观赏树种栽培。

3.3.73 千屈菜科 Lythraceae

草本、灌木或乔木;枝通常四棱形,有时具棘状短枝。叶对生,稀轮生或互生,全缘,叶片下面有时具黑色腺点;托叶细小或无托叶。花两性,通常辐射对称,单生或簇生,或组成顶生或腋生的穗状花序、总状花序或圆锥花序;花萼筒状或钟状,平滑或有棱,有时有距,与子房分离而包围子房,3~6裂,镊合状排列;花瓣与萼裂片同数或无花瓣,花瓣如存在,则着生萼筒边缘,在花芽时成皱褶状,雄蕊通常为花瓣的倍数,花药2室,纵裂;子房上位,通常无柄,2~16室。蒴果;种子多数。约25属,550种,广布于全世界,但主要分布于热带和亚热带地区。我国有1属,约47种,南北均有。

分属检索表

1 草本或亚灌木 ·· 萼距花属 *Cuphea*
1 乔木或灌木。
 2 叶片下面具黑色小腺点;花不整齐,萼筒长圆筒状,稍弯曲,近基部成紧缩状,花瓣微小或缺;蒴果2裂,种子无翅
 ·· 虾子花属 *Woodfordia*
 2 叶片下面无黑色腺点。
  3 花单生叶腋;叶较小,长不超过5mm ················ 黄薇属 *Heimia*
  3 花多数组成顶生的圆锥花序。
   4 植物体无刺;花瓣通常为6,雄蕊多数;蒴果通常3~6裂,种子顶端有翅 ··············· 紫薇属 *Lagerstroemia*
   4 植物体有刺;花瓣4,雄蕊8;果不规则开裂或不裂,种子无翅 ··············· 散沫花属 *Lawsonia*

3.3.73.1 紫薇属 *Lagerstroemia* L.

灌木或乔木;叶对生或上部的互生,全缘;花两性,辐射对称,常艳丽,组成腋生或顶生的圆锥花序;花萼半球形或陀螺形,常有棱,或棱增宽成翅,5~9裂;花瓣通常6片,或和花萼裂片同数,常具皱,基部有细长的爪;雄蕊6枚至极多数;子房3~6室,每室有胚珠多颗;花柱长,柱头头状;蒴果木质,基部为宿存的花萼包围,多少和花萼粘合,成熟时室背开裂为3~6果瓣;种子多数,顶端有翅。约55种,分布于亚洲东部、东南部、南部的热带、亚热带地区,大洋洲也产。我国有16种,引入栽培的有2种,共18种,主要分布于西南至台湾省。

分种检索表

1 雄蕊通常100枚以上,近等长;蒴果大,直径达2cm。
 2 花芽顶端圆形,无细尖突起,无棱而仅有不明显的槽纹12条,中部有6个不明显的圆齿;叶厚纸质,下面微带白色,长7~18cm,宽4~8cm,侧脉10~11对,叶柄长1.2~1.5cm ··············· 云南紫薇 *Lagerstroemia intermedia*
 2 花芽顶端有细尖突起,有明显突起棱12条,中部有圆齿12个;叶革质,微具白粉,长10~25cm,宽6~12cm,侧脉9~17对,叶柄长0.6~1.5cm ···············
 ··············· 大花紫薇 *Lagerstroemia speciosa*
1 雄蕊通常6~40,其中有5~6枚花丝较粗较长;蒴果较小,直径不超过1cm。
 3 花芽外面密被柔毛,有棱12条,花萼裂片间有明显的附属体;叶片椭圆形至长椭圆形,长6~16cm,宽2.5~7

cm,下面密被宿存的柔毛或绒毛,侧脉10~17对,叶柄长2~5mm……………………福建紫薇 Lagerstroemia limii
3 花萼外面无毛或有微小柔毛,无棱或具不明显脉纹,萼裂片间无附属物或附属体不明显;叶无毛或下面稍被毛而后脱落。

4 花萼无棱或脉纹,花较大,花萼长7~10mm;蒴果长1~1.2cm;小枝4棱,常有狭翅;叶椭圆形、阔矩圆形或倒卵形,长2.5~7cm,宽1.5~4cm,无柄或极短……………………………………………紫薇 Lagerstroemia indica

4 花萼具10~12条脉纹,花较小,花萼长不及5mm;蒴果长6~8mm;小枝圆柱形或具不明显的4棱;叶柄长2~5mm……………………南紫薇 Lagerstroemia subcostata

(1)紫薇(百日红) *Lagerstroemia indica* L.
[Common Carpemyrtle]

落叶小乔木或灌木,高3~6m;树皮褐色,平滑;小枝略呈四棱形,通常具有狭翅。叶对生或近对生,上部的互生,椭圆形至倒卵形,长3~7cm,宽2.5~4cm,近无毛或沿背面中脉有毛,具短柄。圆锥花序顶生,无毛;花淡红色、紫色或白色,直径约2.5~3cm;花萼半球形,长8~10mm,绿色,平滑,无毛,顶端6浅裂;花瓣6,近圆形,呈皱缩状,边缘有不规则缺刻,基部具长爪;雄蕊多数,生于萼筒基部,通常外轮6枚较长;子房上位。蒴果近球形,6瓣裂,直径约1.2cm,基部具宿存花萼;种子有翅。花期6~9月,果期9~12月。分布于华东、华中、华南与西南。现各地普遍栽培。喜暖湿气候,喜光,略耐阴,喜肥,尤喜深厚肥沃的沙壤土,亦耐干旱,忌涝,而能抗寒。播种繁殖。花色鲜艳美丽,花期长,寿命长,广泛栽培为庭园观赏树,有时亦作盆景。

(2)大花紫薇(鹭鸶花,五里香)
Lagerstroemia speciosa (L.) Pers.
[Queen Crapemyrtle]

落叶大乔木,高可达25m。叶椭圆形或卵状椭圆形,长10~25cm,宽6~12cm,两面无毛。圆锥花序长15~25cm或更长,花序轴、花梗和花萼外面密被黄褐色毡毛;花萼长约13mm,有棱12条,6裂,裂片三角形;花瓣6,近圆形至长圆状倒卵形,长2.5~3.5cm,几不皱缩,爪长约5mm;雄蕊多数。蒴果球形至倒卵状长椭圆形,长2~3cm,6裂。花期5~7月,果期10~11月。原产于印度、中国的广东、广西、福建。喜光,较耐寒。耐旱,怕涝。压条繁殖。花大而美丽,常栽培于庭园;秋日叶脉变红,冬日球形蒴果累累,常栽培庭园供观赏。

3.3.73.2 黄薇属 *Heimia* Link

落叶灌木,有多数细而直的分枝。叶对生,少互生或轮生,近无柄,无托叶。花单生叶腋,具短梗;苞片线形或倒卵形;花5~7基数,萼筒钟形或半球形,草质,裂片为萼筒长的1/3或1/2倍,裂片间有角状附属体,开展;花瓣5~7,黄色;雄蕊10~18,等长,约为花瓣之半;子房球形或倒卵形,3~6室,花柱细长,较雄蕊长,柱头头状。蒴果球形或近球形,近革质,3~6瓣裂,室背开裂;种子细小,多数。3种,分布于美国得克萨斯西部、墨西哥至阿根廷。我国引种1种。

黄薇 *Heimia myrtifolia* Cham. et Schlechtend.
[Myrtleleaf Heimia]

灌木,全部无毛;枝圆柱形而略有棱,分枝细长。叶椭圆形、披针形或线形,长1.5~5cm,宽3~14mm,顶端渐尖,基部渐窄狭,几无柄,叶脉不明显,侧脉在上面凸起,近边缘处分叉而互相连接。花单生,黄色,具短梗;花萼基部有2枚线状披针形苞片,长约4mm;花萼半球形,长3~5mm,裂片阔三角形,结实时互相靠拢而包围蒴果,附属体角状,较裂片长,长1.5mm;花药圆形;子房球形,6室,具长5~6mm的花柱,柱头头状。蒴果球形,直径约4mm。花果期7月。原产巴西。我国上海、桂林等地有引种。喜温暖。播种繁殖。花美丽,常栽培供观赏。

3.3.73.3 散沫花属 *Lawsonia* L.

灌木,有时乔木状,成熟小枝坚硬,刺状。叶典型交互对生,极稀为稍互生,全缘,具短柄。顶生塔状圆锥花序,花4基数;萼筒极短或无,四角盘状,4裂,裂片开展,裂片间无附属体;花瓣4,具短爪,皱缩;雄蕊通常8,有时4~12,常成对,位于花瓣之间,着生于萼筒基部,伸出花冠外;子房2~4室,有长花柱。蒴果不完全包于萼内,不规则开裂或不裂,种子多数，无翅，有角，平滑，种皮顶端厚海绵质。1种，广植于世界各热带地方。

散沫花 Lawsonia inermis L. [Henna]

无毛大灌木，高可达6m；小枝略呈4棱形。叶交互对生，薄革质，椭圆形或椭圆状披针形，长1.5~5cm，宽1~2cm，顶端短尖，基部楔形或渐狭成叶柄，侧脉5对，纤细，在两面微凸起。花序长可达40cm；花极香，白色或玫瑰红色至朱红色，直径约6mm，盛开时达8~10mm；花萼长2~5mm，4深裂，裂片阔卵状三角形；花瓣4，略长于萼裂，边缘内卷，有齿；雄蕊通常8，花丝丝状，长为花萼裂片的2倍；子房近球形，花柱丝状，略长于雄蕊，柱头钻状。蒴果扁球形，直径6~7mm，通常有4条凹痕；种子多数，肥厚，三角状尖塔形。花期6~10月，果期12月。广东、广西、云南、福建、江苏、浙江等省区有栽培。原产于东非和东南亚。播种繁殖。花极香，栽于庭园供观赏。

3.3.73.4 虾子花属 Woodfordia Salisb.

灌木。叶对生，近无柄，全缘，下面有黑色腺点。花组成短聚伞状圆锥花序，腋生；有总花梗，稀单生，紫红色；花梗基部有小苞片2枚；花6基数，极少为5，基数；萼长圆筒状，稍弯曲，近基部紧缢状，口部偏斜，裂片短，附属体微小；花瓣小而狭，着生于萼筒的顶部；雄蕊12，着生于萼筒中部以下；子房生于萼筒基部，无柄，长椭圆形，2室，花柱线形，柱头小；胚珠多数。蒴果椭圆形，包藏于萼筒内，室背开裂；种子多数，狭楔状倒卵形，平滑。2种，1种产埃塞俄比亚，1种产我国和越南、缅甸、印度、斯里兰卡、印度尼西亚、马达加斯加。

虾子花 Woodfordia fruticosa (L.)Kurz.
[Shrubby Shrimpflower]

灌木，高3~5m，有长而披散的分枝；幼枝有短柔毛，后脱落。叶对生，近革质，披针形或卵状披针形，长3~14cm，宽1~4cm，顶端渐尖，基部圆形或心形，上面通常无毛，下面被灰白色短柔毛，且具黑色腺点，有时全部无毛；无柄或近无柄。1~15花组成短聚伞状圆锥花序，长约3cm，被短柔毛；花梗长3~5mm；萼筒花瓶状，鲜红色，长9~15mm，裂片矩圆状卵形，长约2mm；花瓣小而薄，淡黄色，线状披针形，与花萼裂片等长，稀过；雄蕊12，突出萼外；子房矩圆形，2室，花柱细长，超过

雄蕊。蒴果膜质，线状长椭圆形，长约7mm，开裂成2果瓣；种子甚小，卵状或圆锥形，红棕色。花期春季。产广东、广西及云南。越南、缅甸、印度、斯里兰卡、印度尼西亚及马达加斯加也有分布。喜温暖。播种繁殖。可作园林绿化观赏树种。

3.3.73.5 萼距花属
Cuphea Adans. ex P. Br.

草本或灌木，多数有黏质的腺毛；叶对生或轮生；花左右对称，单生或排成总状花序；花萼延长而呈花冠状，有棱，基部有距，顶端6齿裂并常有同数的附属体；花瓣6，不相等，很少2片或全缺；雄蕊11枚，稀9、6或4枚；子房通常上位，不等的2室，每室有胚珠数颗至多颗；蒴果长椭圆形，包藏于萼内。约300种，原产美洲和夏威夷群岛。花美丽，多栽培于温室供观赏。现我国引种栽培的有7种。

分种检索表

1 花萼细小，长1cm以下，花瓣6，近等长；叶卵状披针形或披针状矩圆形，长1.5~5cm；幼枝被短硬毛，后变无毛…………………………………香膏萼距花 Cuphea alsamona
1 花萼大，长1cm以上，花瓣6，稀2枚，通常不等大，或无花瓣。
  2 花瓣深紫色，不等大，上方两枚特大，其余4枚极小，锥形；仅小枝被柔毛……………萼距花 Cuphea hookeriana
  2 花瓣玫瑰色或紫色，大小不等；上方两枚稍大；全株密被极黏质柔毛及硬毛…披针叶萼距花 Cuphea lanceolata

萼距花 Cuphea hookeriana Walp.
[Hooker Cuphea]

直立小灌木，植株高30~60cm。茎具黏质柔毛或硬毛。叶对生，长卵形或椭圆形，顶端渐尖，中脉在下面凸起，有叶柄。花顶生或腋生，花梗长2~6(~15)mm；花萼长16~24mm，被黏质柔毛或粗毛，基部上方具短距；花瓣6，紫红色，背面2枚较大，近

圆形,其余4枚较小,倒卵形或倒卵状圆形;雌蕊稍突出萼外。花期春季至秋季。原产墨西哥。我国北京等地有引种。喜高温。稍耐阴。不耐寒,耐贫瘠土壤。扦插或播种繁殖。可作园林绿化观赏灌木。

3.3.74 瑞香科 Thymelaeaceae

灌木或乔木,稀草本。单叶互生,对生或近对生,全缘,羽状脉;无托叶。花辐射对称,两性、杂性或单性异株,穗状、总状或头状花序,稀花单生,常具总苞;花萼常花瓣状;萼筒状,4~5裂,裂片覆瓦状排列;花瓣常鳞片状,与萼裂片同数,稀为其倍数,或无花瓣;雄蕊与萼裂片同数或为其倍数,2轮,分离,花药2室,内向,纵裂;花盘环状、杯状或鳞片状,稀缺;子房上位,常无柄,1室,花柱常偏生或近侧生,柱头头状或近盘状;倒生胚珠1,悬垂或侧生。果坚果状、浆果状或核果状,稀为蒴果。种子1,有或无胚乳;胚直伸,子叶肉质。48属,约650种,广布于热带和温带地区。我国10属,约100种,主产长江流域及以南地区。

分属检索表
1 乔木;萼筒喉部有鳞片状退化花瓣,子房2室;蒴果室背开裂 ················沉香属 Aquilaria
1 灌木或亚灌木,稀草本;萼筒喉部无鳞片状退化花瓣,子房1室;浆果、核果或坚果,不开裂
  2 下位花盘鳞片状或狭舌状,花序总状、圆锥或穗状,稀头状;叶多为对生,少互生 ···········荛花属 Wikstroemia
  2 下位花盘环状偏斜或杯状,边缘全缘或浅裂至深裂,或一侧发达,花序为头状花序或数花簇生,稀穗状或总状花序;叶多为互生,稀对生。
    3 花柱长,柱头圆柱状线形,其上密被疣状突起 ···········结香属 Edgeworthia
    3 花柱及花丝极短或近于无,柱头头状,较大 ···········瑞香属 Daphne

3.3.74.1 瑞香属 *Daphne* L.

灌木或亚灌木;叶互生,有时近对生或群集于分枝的上部;花芳香,聚集成头状花序、聚伞花序或短总状花序,腋生或顶生;花萼管状或钟状,檐4裂,少有5裂;无花瓣;雄蕊8,少有10,2列,着生于萼管的近顶部;下位花盘环状或杯状,全缘或有波状缺刻;子房1室,有下垂的胚珠1颗;核果,外果皮肉质或干燥。约95种,主要分布于欧洲经地中海、中亚到中国、日本,南到印度至印度尼西亚。我国44种,主产于西南和西北部,其余全国均有分布。

分种检索表
1 花序腋生或侧生,2~7花簇生或组成聚伞花序或头状花序 ···········荛花 Daphne genkwa
1 花序顶生或有时顶生与腋生共存。
 2 花序下面无苞片 ···········黄瑞香 Daphne giraldii
 2 花序下面具苞片。
  3 花萼筒外面无毛 ···········瑞香 Daphne odora
  3 花萼筒外面被毛 ···········白瑞香 Daphne papyracea

(1) 瑞香(毛瑞香) *Daphne odora* Thunb. [Winter Daphne, Frangrant Daphne]

常绿灌木,高0.5~1m;幼枝与老枝均系深紫色或紫褐色,无毛。叶厚纸质,椭圆形至倒披针形,长5~10cm,宽1.5~3.5cm。花白色,有芳香,常5~13朵组成顶生头状花序,无总花梗,基部具数枚早落苞片;花被筒状,长约10mm,外侧被灰黄色绢状毛,裂片4,卵形,长约5mm;雄蕊8,2轮,着生花被筒上部及中部;花盘环状,边缘波状,外被淡黄色短柔毛;子房长椭圆状,无毛。核果卵状椭圆状,红色。花期3~5月,果期7~8月。分布于浙江、安徽、江西、湖北、湖南、四川、台湾、广东、广西。性喜阴,不耐寒,喜排水良好的酸性土壤;不耐移植。播种、扦插或压条繁殖。在暖地可植于庭园观赏;北方多用于温室盆栽观赏。变型和变种:①金边瑞香 f. *marginata* Makino,叶片边缘淡黄色,中部绿色;我国各大城市都有栽培;日本花园里也有栽培。②毛瑞香 var. *atrocaulia* Rehd.,幼枝与老枝均系深紫色或紫褐色;花被筒状,长约10mm,外侧被灰黄色绢状毛。

(2) 荛花 *Daphne genkwa* Sieb. et Zucc. [Lilac Daphne]

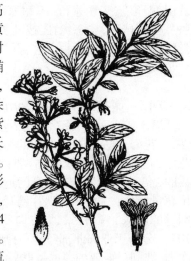

落叶灌木,高1m;幼枝密被淡黄色丝状毛。叶对生或偶互生,长椭圆形,长3~4cm,全缘。花3~7朵簇生于叶腋,淡紫红或紫色,花被长1.5~2cm,端4裂。3~6朵成腋生伞形花序。核果肉质,白色。花期3~4月,果期5~6月。产于我国长江流

域以南各省,山东、河南、陕西也产。喜光,不耐庇荫,耐寒性较强。春天叶前开花,颇似紫丁香,适宜栽植于庭园观赏。

3.3.74.2 结香属 *Edgeworthia* Meisn.

落叶或常绿灌木;叶薄,散生,通常聚集于分枝顶部;花两性,排成无柄或具柄、腋生的头状花序;苞片总苞状或缺;萼管圆柱形,内弯,檐4裂,扩展,喉部无鳞片;雄蕊8,2列;花盘环状;子房1室,被毛。有倒垂的胚珠1颗,柱头圆柱状线形,其上密被疣状突起;果包藏于宿存的萼管基部。共5种,主产亚洲,我国有4种,自印度、尼泊尔、不丹、缅甸、中国、日本至美洲东南部。

结香 *Edgeworthia chrysantha* Lindl.
[Oriental Paperbush]

落叶灌木,高1~2m;小枝粗壮,棕红色,具皮孔,被淡黄色或灰色绢状长柔毛。叶互生而簇生于枝顶,椭圆状矩圆形至矩圆状倒披针形,长6~20cm,宽2~5cm,顶端急尖,基部楔形,下延,全缘,上面被疏柔毛,下面被长硬毛。头状花序;总苞片披针形,长可达3cm;总花梗粗,短,花黄色,芳香;花被筒状,长10~12mm,外面有绢状长柔毛,裂片4,花瓣状,平展;核果卵形。花期3~4月叶前开放。产我国长江流域以南诸省区。喜半阴及湿润环境,较耐水湿,不耐寒。分株或扦插繁殖。树冠球形,姿态优雅,枝叶美丽,十分惹人喜爱,适植于庭前、路旁、水边、石间、墙隅。北方多盆栽观赏。

3.3.74.3 荛花属 *Wikstroemia* Endl.

灌木或小乔木;叶对生或稀互生;花两性或单性,无花瓣,排成顶生或腋生的短总状花序或穗状花序;花萼管状,顶端4(~5)裂;雄蕊为花萼裂片数的2倍,2轮排列于花萼管的近顶部,无花丝;下位花盘膜质,2~4深裂,裂片鳞片状;子房1室,有倒垂的胚珠1颗;核果,果皮肉质或膜质。约50~70种,分布于亚洲北部经喜马拉雅、马来西亚、大洋洲、波利尼西亚到夏威夷群岛。我国约44种及5变种,全国几均有分布,主产长江流域以南,西南及华南分布最多。

了哥王 *Wikstroemia indica* (L.) C. A. Mey
[Mynaking]

灌木,高0.6~2m;枝红褐色,无毛。叶对生,卵形或椭圆状矩圆形,长1.5~5cm,宽0.8~1.8cm,无毛。花黄绿色,数朵组成顶生的短总状花序,总花梗长达1cm,无毛;花被筒状,长6~8mm,几无毛,裂片4,宽卵形至矩圆形,顶端钝尖;雄蕊8,2轮;花盘通常深裂成2或4鳞片;子房倒卵形或长椭圆形,顶端被淡黄色茸毛或无毛。果实椭圆形,无毛,熟时鲜红色至暗紫黑色。花果期6~7月。产广东、海南、广西、福建、台湾、湖南、贵州、云南、浙江等省区。越南、印度、菲律宾也有分布。喜温暖,喜光,喜湿润、深厚、富含腐殖质、排水良好的沙壤土。播种繁殖。可作园林绿化观赏树种栽培。

3.3.74.4 沉香属 *Aquilaria* Lam.

乔木;叶互生,卵形至长椭圆形,秃净而亮,全缘;花黄绿色,排成腋生和顶生的伞形花序;花萼管状或钟状,常被柔毛,檐5裂,喉部有10片连合成一环的鳞片状花瓣;雄蕊10,着生于萼管喉部;下位花盘缺;子房2室,蒴果木质,压扁,倒卵形,密被灰毛;种子有长于本身2倍的角状附属体。约15种。分布于缅甸、泰国、越南、老挝、柬埔寨、印度东北部及不丹、马来半岛、苏门答腊、加里曼丹等地。我国有2种。

土沉香 *Aquilaria sinensis* (Lour.) Spreng.
[China Eaglewood]

常绿乔木;幼枝有疏柔毛。叶互生,革质有光泽,卵形、倒卵形至椭圆形,长5~11cm,宽3~9cm,顶端短渐尖,基部宽楔形,侧脉14~24对,疏密不等。伞形花序顶生或腋生;花黄绿色,有芳香;花萼浅钟状,裂片5,近卵形,两面均有短柔毛;花瓣10,鳞片状,有毛;雄蕊10,1轮;子房卵状,2室,每室胚珠1颗。蒴果木质,倒卵形,被灰黄色短柔毛,基部狭,有宿存萼,2瓣裂开。种子1或2颗,基部有长约2cm的尾状附属物。花期5月，果期7~8月。产广东、海南、广西、福建。喜半荫，不耐寒，喜湿润、肥沃而排水良好的土壤。播种繁殖。可作园林绿化观赏树种栽培。

3.3.75 桃金娘科 Myrtaceae

常绿乔木或灌木。具芳香油。单叶对生或互生，全缘，常有油腺点，无托叶。花两性，有时杂性，单生或排成各式花序；萼片4~5裂，花瓣4~5；雄蕊多数，花丝分离或多少连成短管或成束而与花瓣对生，花药2室；子房下位或半下位，1~10室，胚珠每室1至多颗，中轴胎座，花柱1，柱头1，有时2裂。果为蒴果、浆果、核果或坚果；种子多有棱，无胚乳或有稀薄胚乳，胚直或弯曲。约100属3000种以上，主要分布于美洲热带、大洋洲及亚洲热带。我国原产及驯化的有9属，126种。

分属检索表
1 果为浆果或核果；子房2~5室；周位花；叶对生。
　2 叶宽大，羽状脉，对生，稀互生；花有梗，排成聚伞花序式圆锥花序，稀单生；雄蕊多数，离生，排成多列。
　　3 花瓣基部狭窄，分离，雄蕊基部连成5束，与花瓣对生 ……………………………………………红胶木属 Tristania
　　3 花瓣基部广阔，常连合成帽状体，萼片与花瓣连合成帽状体 ………………………… 桉属 Eucalyptus
　2 叶细小，具1~5条直脉，互生，稀对生；花无梗，单生于叶腋或苞腋内，稀有短梗，数朵排成歧伞花序；雄蕊多数或定数。
　　4 雄蕊离生，多列 ……………………… 红千层属 Callistemon
　　4 雄蕊连成5束与花瓣对生 ……… 白千层属 Melaleuca
1 果为蒴果或干果；上位花或周位花；叶对生或互生。
　5 胚有丰富胚乳，球形或卵圆形，稀为弯棒形；子叶藏于下胚轴内；种皮膜质、角质或屑状。
　　6 胚不分化，呈单子叶状 ………………… 番樱桃属 Eugenia
　　6 胚起分化，有明显的肉质子叶；种皮粗糙、疏松或紧贴在果皮上；花药平行，纵裂。
　　　7 萼片不连成帽状体，萼齿分离 …… 蒲桃属 Syzygium
　　　7 萼片连成帽状体，花开放时呈盖状脱落 ………………………………………………………… 水翁属 Cleistocalyx
　5 胚缺乏胚乳或有少量胚乳，肾形或马蹄形，稀直生，有长形、简单或环状弯曲的下胚轴。
　　8 胚有大形叶状而皱褶的子叶，并有等长的下胚轴，子房4室，胚珠少数，胎座2爿，2列排列，胚直，子叶叶状 ………………………………………………………… 南美梫属 Feijoa

　　8 胚具细小子叶。
　　　9 子房各室有假隔膜 ………… 桃金娘属 Rhodomyrtus
　　　9 子房各室无假隔膜。
　　　　10 萼片在花芽时连合，花开放时不规则开裂 ………………………………………………………… 番石榴属 Psidium
　　　　10 萼片在花芽时分离 …………… 香桃木属 Myrtus

3.3.75.1 桃金娘属
Rhodomyrtus(DC.)Reich.

灌木或乔木。叶对生，离基三出脉。花较大，1~3朵腋生；萼管卵形或近球形，萼裂片4~5片，革质，宿存；花瓣4~5片，比萼片大；雄蕊多数，分离，排成多列，通常比花瓣短，花药背部及近基部着生，纵裂；子房下位，与萼管合生，1~3室，每室有胚珠2列或于2列胚珠间出现假隔膜而成2~6室，有时假隔膜横列，花柱线形，柱头扩大为头状或盾状。浆果卵状壶形或球形，有多数种子。约18种，分布于亚洲热带及大洋洲。中国有1种，见于华南各地。

桃金娘 *Rhodomyrtus tomentosa* (Ait.)Hassk. [Downy Rosemyrtle, Rosemyrtle]

灌木，嫩枝有灰白色柔毛。叶对生，革质，叶片椭圆形或倒卵形，长3~8cm，宽1~4cm，先端圆或钝，常微凹入，有时稍尖，基部阔楔形，上面初时有毛，以后变无毛，发亮，下面有灰色茸毛，离基三出脉，直达先端且相结合，网脉明显；花有长梗，常单生，紫红色；萼管倒卵形，有灰茸毛，萼裂片5，近圆形，宿存；花瓣5，倒卵形；雄蕊红色；子房下位，3室。浆果卵状壶形，熟时紫黑色。花期4~5月。产我国南部至东南亚各国。喜光，喜暖热湿润的气候及酸性土，耐干旱瘠薄。播种或扦插繁殖。株形紧凑，四季常青，花先白后红，红白相映，十分艳丽，均可观赏。园林绿化中可用其丛植、片植或孤植点缀绿地。

3.3.75.2 桉属 *Eucalyptus* L. Herit

常绿乔木或灌木，常有含鞣质的树脂。成熟叶片常为革质，互生，全缘，具柄，阔卵形或狭披针形，羽状侧脉在近叶缘处连成边脉。花数朵排成伞形花序,腋生或多枝集成顶生或腋生圆锥花序,白色,少数为红色或黄色;雄蕊多数,多列,常分离;子房3~6室,每室具多数胚珠,花柱不分裂。蒴果顶端3~6裂;种子多数,大部分发育不全,发育种子卵形或有角,种皮坚硬,细小,有时扩大成翅。约700种,主产澳大利亚与邻近岛屿,少数种类产印度尼西亚和菲律宾,热带和亚热带广泛引种。我国引入110余种,以华南和西南常见。

分种检索表
1 花药长圆形或长倒卵形,长度大于宽度;花丝着生在腺体以下的中部或稍下。
　2 树皮宿存,粗糙 …………………………… 桉 Eucalyptus robusta
　2 树皮光滑,逐年脱落。
　　3 花排成圆锥花序 ………… 柠檬桉 Eucalyptus citriodora
　　3 花排成单伞形花序 ………… 柳叶桉 Eucalyptus saligna
1 花药倒卵形,中等大,背部着生,药室纵缝裂或阔耳状裂,花丝渐尖,近腺体基部着生;腺体位于药隔上半部。
　4 花药阔耳状纵裂;花丝着生于花药中部。
　　5 花及果单生,宽于1cm,有棱 ……………………
　　　　　　　　　　　　…… 蓝桉 Eucalyptus globulus
　　5 花及果排成伞形,小于1cm,无棱 ………………
　　　　　　　　　　　…… 直杆蓝桉 Eucalyptus maideni
　4 花药纵向缝裂;花丝着生于药隔上半部。
　　6 树皮宿存,粗糙 …… 窿缘桉 Eucalyptus exserta
　　6 树皮光滑。
　　　7 幼态叶阔披针形;帽状体长为萼管的1~3倍 ………
　　　　　　…… 赤桉 Eucalyptus camaldulensis
　　　7 幼态叶卵形至圆形,稀为阔披针形;帽状体长为萼管的3~4倍 …………… 细叶桉 Eucalyptus tereticornis

(1)桉(大叶桉)Eucalyptus robusta Smith
[Swamp Eucalyptus]

乔木,高达30m;树皮粗厚,纵裂,不剥落。叶互生,卵状长椭圆形或广披针形,长8~18cm,全缘,革质,背面有白粉,叶柄扁。伞形花序腋生,花梗及花序轴扁平;萼管无棱。蒴果碗状,径0.8~1cm。花期4~9月。原产澳大利亚;我国南部及西南地区有栽培。树干高大挺直,树冠庞大,树姿优美。生长迅速,在华南地区可栽作行道树及庭荫树,沿海地区防风林树种。

(2)柠檬桉 Eucalyptus citriodora Hook. f.
[Lemon Eucalyptus]

乔木,高可达40m;树皮平滑,通常灰白色,片状脱落后呈斑驳状;小枝及幼叶有腺毛.具强烈柠檬香味。叶互生,幼苗及萌枝之叶卵状披针形,叶柄盾状着生;成熟叶狭披针形,稍呈镰状,长10~20cm,背面发白,无毛。伞形花序再排成圆锥状。蒴果罐状.长约1cm。花期4~9月。原产澳大利亚东部及东北部;我国南部地区有栽培。适应性较强。耐干旱。树干洁净,树姿优美,枝叶有浓郁的柠檬香味,是优良的园林风景树和行道树。

3.3.75.3 白千层属 Melaleuca L.

常绿乔木或灌木。叶互生,少数对生,叶片革质,披针形或线形,具油腺点,具1~7条平等纵脉;花无梗,排成穗状或头状花序,有时单生于叶腋内,呈头状或穗状,花枝顶能继续生长枝叶。萼管近球形或钟形,萼片5,脱落或宿存;花瓣5;雄蕊多数,绿白色,花丝基部稍连合成5束,并与花瓣对生;子房有毛,3~5室。蒴果,顶端3~5裂;种子近三角形,小而多,皮薄,胚直。200余种,主要分布于大洋洲,也产于印度尼西亚等地。我国引入栽培3种,其中白千层普遍栽培。

白千层 Melaleuca leucadendron L.
[Cajeputtree]

常绿乔木,高达20m,树皮灰白色,厚而松软,呈薄层状剥落。单叶互生,叶革质,披针形或狭长圆形,长4~10cm,先端尖,基部狭楔形,多油腺点,香气浓郁。花白色,密集于枝顶成穗状花序,形如试管刷。蒴果近球形,直径3~7mm。花期每年3~4次,通常1~

2月,4~6月和10~12月。原产澳大利亚。我国广东、台湾、福建、广西等地均有栽种。喜光,喜暖热气候,很不耐寒,喜土层肥厚湿润地,也能生于较干燥的沙地和水边低湿地。播种繁殖。常植于道旁作行道树及庭园观赏树。

3.3.75.4 红千层属 Callistemon R. Br.

乔木或灌木,树皮坚实,不易剥落。叶互生,有油腺点,线状或披针形,全缘,有柄或无柄。花单生于苞片腋内,常排成穗状或头状花序,生于枝顶,花开后花序轴能继续生长;苞片脱落性;无花梗;花瓣5,圆形;雄蕊多数,红色或黄色,分离或基部稍合生,常比花瓣长数倍,花药背部着生,药室平行,纵裂;子房下位,与萼管合生,3~4室,胚珠多数,花柱线形,柱头不扩大。蒴果全部藏于萼管内,球形或半球形,先端平截,果瓣不伸出萼管,顶部开裂;种子长条状,种皮薄,胚直。约20种,产澳大利亚,我国引入约10种。

分种检索表

1 枝条细长,下垂·······垂枝红千层 Callistemon viminalis
1 枝条不下垂。
　2 叶片线状披针形,宽7mm;雄蕊长13mm,黄色·······
　　·······柳叶红千层 Callistemon salignus
　2 叶条形,宽3~6mm;雄蕊长25mm,红色·······
　　·······红千层 Callistemon rigidus

(1) 红千层 Callistemon rigidus R. Br.
[Stiff Bottlebrush]

常绿灌木,高1~2m;树皮暗灰色,不易剥离;幼枝和幼叶有白色柔毛。叶互生,条形,长3~8cm,宽2~5mm,坚硬,无毛,有透明腺点,中脉明显,无叶柄。穗状花序,生近枝顶,长10cm,有多数密生的花,花序轴继续生长成一有叶的正常枝;花红色,无梗;萼筒钟形,长3~4mm,外面被小柔毛,基部与子房贴生,裂片5,脱落;花瓣5,近圆形,扩展,脱落;雄蕊多数,红色,长2~2.5cm,明显长于花瓣。蒴果顶部开裂,半球形,直径达7mm,顶端截平。花期6~8月。原产澳

大利亚。我国华南有栽培。喜暖热气候,能耐烈日酷暑,不很耐寒、不耐阴,喜肥沃潮湿的酸性土壤,耐瘠薄干旱的土壤。生长缓慢,萌芽力强,耐修剪,抗风。播种、扦插繁殖。适合庭院美化,为高级庭院美化观花树、行道树、风景树,还可作防风林、切花或大型盆栽,修剪整枝后可成为珍贵的盆景。

(2) 垂枝红千层(串钱柳) Callistemon viminalis (Soland.) G. Don. ex Loud.
[Weeping Bottlebrush]

常绿灌木或小乔木,高1~5m。枝条细长,下垂。叶互生,披针形或狭线形,长达10cm,全缘。花冠小,雄蕊多而细长,红色,长达2.5cm;花生于枝梢,成下垂的圆柱形穗状花序,长达7.6cm。花期5~10月。原产于大洋洲。我国华南有栽培。喜温暖至高温的气候。以排水良好且肥沃的沙壤土最佳。播种或扦插繁殖。为庭园美化的高级观花树。可作行道树。也作大型盆栽观赏。有不同花色(亮红、深红、粉红、白花)矮生及长穗等品种。

3.3.75.5 蒲桃属 Syzygium Gaertn.

常绿乔木或灌木;叶对生,少数轮生,革质;花3朵至多数,顶生或腋生,排成圆锥花序、伞房花序;萼管倒圆锥形,有时棒状,萼片4~5;花瓣4~5,稀更多,分离或连合成帽状,早落;雄蕊多数,分离;子房下位,2室或3室,每室有胚珠多数。浆果或核果状,顶部有残存萼痕,种子通常1~2颗,种皮多少与果皮粘合。约500余种,主要分布于亚洲热带,少数在大洋洲和非洲。我国约72种,多见于广东、广西和云南。

分种检索表

1 花大;萼齿肉质,长3~10mm,宿存;果实大,果皮肉质;种子大,具丰富胚乳;侧脉疏远。
　2 叶片披针形或长圆形,宽3~4.5cm·······
　　·······蒲桃 Syzygium jambos
　2 叶片基部圆形;萼管长7~8mm;浆果梨形或圆锥形·······
　　·······洋蒲桃 Syzygium samarangense
1 花小;萼齿不明显,长1~2mm,花后脱落;果实较小,果皮薄;种子中等大或较小;胚乳较薄。
　3 嫩枝圆形·······乌墨 Syzygium cumini
　3 嫩枝有棱。
　　4 叶片椭圆形,长1.5~3cm,宽1~2cm·······
　　　·······赤楠 Syzygium buxifolium
　　4 叶常轮生,叶片狭披针形,先端尖·······
　　　·······轮叶蒲桃 Syzygium grijsii

(1) 洋蒲桃(莲雾) Syzygium samarangense Merr. et Perry [Samalanga Syzygium]

乔木,高12m;嫩枝压扁。叶片薄革质,椭圆形至长圆形,长10~22cm,宽5~8cm,先端钝或稍尖,

基部变狭,圆形或微心形,上面干后变黄褐色,下面多细小腺点,侧脉14~19对;叶柄极短,长3~4mm。花白色;聚伞花序顶生或腋生,长5~6cm,有花数朵;萼管倒圆锥形,密被腺点。浆果梨形或圆锥形,肉质,洋红色,有光泽。花期3~4月,果实5~6月成熟。原产马来西亚至印度尼西亚。我国华南、台湾和云南等地栽培。喜温怕寒,最适生长温度25~30℃。播种或扦插繁殖。枝叶葱翠,树形优美,满树红果,是优良之园林风景树、行道树和观果树种。

(2)赤楠(小叶赤楠,假黄杨)
Syzygium buxifolium Hook. et Arn. [Boxleaf Syzygium]

灌木或小乔木,高1~6m。嫩枝有棱,干后黑褐色。叶革质,椭圆形,叶形似黄杨叶;嫩叶红色。在阳光下可看到明亮的腺点。花数朵组成聚伞花序生于枝顶;花较小,长约4mm,白色。果球形,直径约6mm,熟时紫黑色。花期6~8月。产于我国长江以南各省区。多生长于低山疏林和灌丛。喜光;喜高温、多湿的气候,不耐寒,不耐干旱。喜肥沃湿润和排水良好之壤土。播种繁殖。枝叶浓密,经久不凋,适于大型盆栽;或作绿篱、地被植物。

3.3.75.6 水翁属 *Cleistocalyx* Blume

乔木。叶对生,羽状脉较疏,腺点明显;有叶柄。圆锥花序由多数聚伞花序组成,花数朵,有柄或无柄,簇生成歧伞花序;苞片小,早落;萼管倒圆锥形,萼片连合成帽状体,花开放时整块脱落;花瓣4~5,分离,覆瓦状排列,常附于帽状萼上一并脱落;雄蕊多数,分离,排成多列,花药卵形,背部着生,纵裂;花柱比雄蕊短,柱头稍扩大,子房下位,通常2室,胚珠少数。果为浆果,顶端有残存环状的萼檐;种子1颗,子叶厚,种皮薄,胚直。约20余种,分布于亚洲热带地区及大洋洲。我国有2种,产广东、广西及云南等地。

水翁 *Cleistocalyx operculatus* (Roxb.) Merr. et Perry [Operculate Waterfig]

乔木,高15m;树皮灰褐色,颇厚,树干多分枝;嫩枝压扁,有沟。叶片薄革质,长圆形至椭圆形,长11~17cm,宽4.5~7cm,先端急尖或渐尖,基部阔楔形或略圆,两面多透明腺点,侧脉9~13对,脉间相隔8~9mm,以45°~65°开角斜向上,网脉明显,边脉离边缘2mm;叶柄长1~2cm。圆锥花序生于无叶的老枝上,长6~12cm;花无梗,2~3朵簇生;花蕾卵形;萼管半球形,先端有短喙;雄蕊长5~8mm;花柱长3~5mm。浆果阔卵圆形,长10~12mm,成熟时紫黑色。花期5~6月。产广东、广西及云南等省区。分布于亚洲南部和东南部至澳大利亚。喜温暖

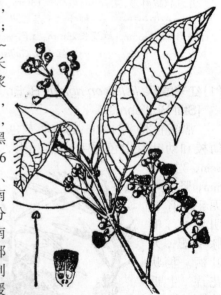

和湿润气候。耐湿性强。对土壤要求不严,忌干旱。播种繁殖。可作风景树,多植于湖堤边,根系发达,能净化水源,为优良的水边绿化植物。

3.3.75.7 红胶木属 *Tristania* R. Br.

乔木或灌木。叶互生或聚于枝顶近似轮生,很少对生。花排成腋生聚伞花序;苞片脱落或缺;萼管卵形或倒圆锥形,萼裂片5,覆瓦状排列,宿存;花瓣5,白色或黄色,与萼管均有毛;雄蕊多数,花丝基部常合生成5束,与花瓣对生,花药背部着生,药室平行,纵裂;子房下位或半下位,3室,花柱比雄蕊短,柱头稍扩大,胚珠多数。蒴果半球形或杯状,先端平截,果瓣藏于萼管内,3裂开;种子少

数,带形,有时有翅。约20余种,分布于太平洋西南部及大洋洲各地。我国南部栽培1种。

红胶木 Tristania conferta R. Br.
[Brushbox, Brisbanebox Tristania]

常绿乔木,高达20m,胸径约50cm;树皮黑褐色;嫩枝初时扁而有棱,后变圆形,有短毛。叶片革质,聚生于枝顶,假轮生,长圆形或卵状披针形,长7~15cm,宽3~7cm,先端渐尖或尖锐,基部楔形,上面多突起腺点,下面有时带灰色,侧脉12~18对,相隔3~6mm,以50°~60°开角斜向上,在下面稍突起,网脉明显;叶柄长1~2cm,扁平。花白色,聚伞花序腋生,长2~3cm,有花3~7朵,总梗长6~15mm;萼管倒圆锥形,长4~5mm,被灰白色长丝毛,萼三角形,长4~5mm,先端尖锐;花瓣倒卵状圆形,长6mm,外面有毛;雄蕊束长10~12mm,花丝部分游离,花药长0.5mm。蒴果半球形,直径8~10mm,先端平截,果瓣内藏。花期5~7月。原产于澳洲。我国广东及广西等地栽培。喜光,喜高温多湿气候及深厚、肥沃的沙壤土,耐干旱;生长快。为良好的园林风景、行道树和造林树种。

3.3.75.8 南美梣属 Feijoa Berg.

常绿乔木或灌木。叶对生,羽状脉,上面亮绿色,下面有白色绒毛。花单生于叶腋,有长梗;萼管延长,顶端4裂;花瓣4,开展;雄蕊多数,排成多列,伸出甚长,花药广椭圆形,药室平行,纵裂;子房4室,每室有胚珠数个,花柱粗厚,柱头小。浆果长圆形,顶部有宿存萼片;种子有棱,具胚乳;胚直,子叶扁平,叶状,下胚轴伸长。1种,产南美洲。我国云南有栽培。

南美梣(菲油果)Feijoa sellowiana Berg.
[South America Feijoa]

常绿小乔木,高约5m;枝圆柱形,灰褐色。叶片革质,椭圆形或倒卵状椭圆形,长6~8.5cm,宽3.4~3.7cm,顶端圆形或有时稍微凹或有小尖头,上面干时橄榄绿色,下面灰白色,初时上面有灰白色绒毛,以后变无毛,下面密被灰白色短绒毛,侧脉在下面显著,凸起,每边有7~8条;叶柄长5~7mm。花直径2.5~5cm;花瓣外面有灰白色绒毛,内面带紫色;雄蕊与花柱略红色。浆果卵圆形或长圆形,直径约1.5cm。原产南美。我国云南有栽培。喜光,喜温暖湿润气候。播种繁殖。可作庭园观赏植物,或作园路树。

3.3.75.9 番樱桃属 Eugenia L.

常绿乔木或灌木。叶对生,羽状脉。花单生或数朵簇生于叶腋;萼管短,萼齿4;花瓣4;雄蕊多数,于花蕾时不很弯曲,药室平行,纵裂;子房2~3室,每室有多数横列胚珠。果为浆果,顶部有宿存萼片,果皮薄,易碎,与种子分离;种皮平滑而亮,有时骨质;胚直,肉质,不分裂。约100种,绝大部分产美洲,少数产东半球,我国引入栽培的有2种。

红果仔 Eugenia uniflora L. [Pitanga]

灌木或小乔木,高可达5m,全株无毛。叶片纸质,卵形至卵状披针形,长3.2~4.2cm,宽2.3~3cm,先端渐尖或短尖,钝头,基部圆形或微心形,上面绿色发亮,下面颜色较浅,两面无毛,有无数透明腺点,侧脉每边约5条,稍明显,以近45°开角斜出,离边缘约2mm处汇成边脉;叶柄极短,长约1.5mm。花白色,稍芳香,单生或数朵聚生于叶腋,短于叶;萼片4,长椭圆形,外反。浆果球形,直径1~2cm,有8棱,熟时深红色,有种子1~2颗。花期2~4月,果期8~9月。原产巴西。在我国南部有少量栽培。喜温暖湿润的环境,在阳光充足处和半阴处都能正常生长,不耐干旱,不耐寒。播种、扦插繁殖。在热带地区可作园林绿化树种。可栽植于盆中,结实时红果累累,极为美观。

3.3.75.10 番石榴属 Psidium L.

乔木或灌木。叶对生,羽状脉,全缘;花较大,通常1~3朵腋生;萼管钟形或壶形,在花蕾时萼片连结而闭合,开花时萼片不规则裂为4~5,花瓣4~5;雄蕊多数,分离,排成多列,着生于花盘上;子房下位,4~5室或更多,胚珠多数。浆果多肉,球形或梨形,顶端有宿存萼片。约150种,产美洲热带和亚热带。我国引入2种。

番石榴 Psidium guajava L.
[Guava, Common Guava]

常绿灌木或小乔木,高2~13m,树皮平滑,灰色,片状剥落,嫩枝四棱形,被毛,老枝变圆。叶对生,全缘,革质,长圆形至椭圆形,长6~13cm,宽3.5~6cm,上面稍粗糙,下面有毛,侧脉12~15对,常下陷,羽状脉显著。花单生或2~3朵排成聚伞花序;萼绿色,裂片4~5;花瓣4~5,白色,芳香,比萼片长;雄蕊多数;子房下位,3室,与萼合生。浆果球形、卵圆形或梨形,长3~8cm。4~5月开花,7~8月果实成熟;8~9月又有少量开花,能2次结果。原产南美洲。我国华南各地栽培。喜暖热气候,不耐霜冻;对土壤要求不严,耐瘠薄;较耐干旱和水湿。根系分布较浅,不抗风。播

种、扦插或压条繁殖。在园林中可孤植、丛植,更宜在华南地区的自然风景区中配植,即可绿化又可生产果实。

3.3.75.11 香桃木属 Myrtus L.

常绿灌木,少为乔木,秃净或被柔毛。叶对生,羽状脉。花单生于叶腋或数朵排成聚伞花序;萼管陀螺形,几与子房贴生,裂片4~5;花瓣4~5,开裂;雄蕊多数,分离,排成多轮,较花瓣为长,花药背部着生或基部着生,药室纵裂;子房2~3室,每室有胚珠多数,花柱丝状,柱头小,近头状。浆果球形,顶端有宿存的萼片;种子1至数颗,肾形,有弯曲或螺旋状的胚。约100种,分布于热带和亚热带地区。我国引入1种。

香桃木 Myrtus communis L.
[Common Myrtus]

常绿灌木,或有时为高达5m的小乔木;枝四棱,幼嫩部分稍被腺毛。叶芳香,革质,交互对生或3叶轮生,卵形至披针形,长1~3cm,宽0.5~1cm,顶端渐尖,基部楔形,上面深绿色,下面暗灰色,除中脉和边缘有柔毛外,余皆无毛;叶柄极短,长不及3mm。花芳香,中等大,被腺毛,通常单生于叶腋,稀2朵丛生;花梗细长;萼片5,细小,三角状卵形,短尖或渐尖,扩展,外弯;花瓣5,白色或淡红色,较大,倒卵形,顶端钝或圆,被腺毛,边缘毛较密;雄蕊多数(达50枚),离生,与花瓣等长,花药黄色,短椭圆形。浆果圆形或椭圆形,大如豌豆,蓝黑色或白色,顶部有宿萼。花期5月~6月,果期11月~12月。原产地中海地区至西亚。上海早有栽培。喜温暖、湿润气候,喜光,亦耐半阴,不耐寒。适应中性至偏碱性土壤。播种、扦插繁殖。宜庭园栽种,花境背景树,篱垣树木。

3.3.76 石榴科 Punicaceae

灌木或乔木。小枝先端常成刺尖。芽小,具2对鳞片。单叶,通常对生或近簇生,无托叶。花两性,单生或几朵簇生成聚伞花序。花瓣5~9,覆瓦状排列;花丝分离,子房下位或半下位;浆果,顶端有宿存花萼裂片。种子多数,无胚乳。1属。

石榴属 Punica L.

2种,产地中海至亚洲西部地区。我国引入栽培的有1种。

石榴(安石榴,海榴) Punica granatum L.
[Pomegranate]

落叶灌木或小乔木,高5~7m。幼枝常呈四棱棱形,顶端多为刺状。叶对生或近簇生,倒卵状长椭圆形,长2~8cm,无毛而有光泽,在长枝上对生,在短枝上簇生。花朱红色,单生枝端,径约3cm;花萼钟形,紫红色,质厚。浆果近球形,径6~8cm,古铜黄色或古铜红色,具宿存花萼;种子多数,有肉质外种皮。花期5~7月,果期9~10月成熟。原产伊朗和阿富汗;汉代张骞通西域时引入我国,黄河流域及其以南地区均有栽培,已有2000余年的栽培历史。喜光,喜温暖气候,有一定耐寒能力;喜肥沃湿润而排水良好之石灰质土壤,有一定的耐旱能力,在平地和山坡均可生长。可用播种、扦插、压条、分株繁殖。石榴树姿优美,叶碧绿而有光泽,花色艳丽如火而花期极长,又正值花少的夏季,所以更加引人注目,古人曾有"春花落尽海榴开,阶前栏外遍植栽,红艳满枝染夜月,晚风轻送暗香来"的诗句。最宜成丛配植于茶室、露天舞池、剧场及游廊外或民族形式建筑所形成的庭院中。又可大量配植于自然风景区,如南京燕子矶附近即依山屏水,随着山路的曲折而形成石榴丛林,每当花开时游人络绎不绝;在秋季则果实变红黄色,点点朱金悬于碧枝之间,衬着青

山绿水,真是一片大好景色。石榴又宜盆栽观赏,亦作成各种桩景和供瓶养插花观赏。变种:①重瓣红石榴(千瓣红石榴)var. pleniflora Hayne. 花红色,重瓣。②白石榴 var. albescens DC. 花白色,单瓣。

③重瓣白石榴(千瓣白石榴)var. *multiplex* Sweet. 花白色,重瓣。④月季石榴 var. *nana* Pers. 植株矮小,枝条细密而上升,叶、花皆小,重瓣或单瓣,花期长,5~7月陆续开花不绝,故又称'四季石榴'。⑤重瓣月季石榴 var. *plena* Voss. 株矮,叶小,花红色,重瓣。⑥黄石榴 var. *flavescens* Sweet. 花黄色。⑦玛瑙石榴 var. *legrellgi* Vanh. 花重瓣,红色,有黄白色条纹。⑧墨石榴 var. *nigra* Hort. 枝细柔,叶狭小;花也小,多单瓣;果熟时呈紫黑色,果皮薄;外种皮味酸不堪食。

3.3.77 野牡丹科 Melastomataceae

草本、灌木或小乔木,直立或攀援,陆生或少数附生,枝条对生。单叶,对生或轮生,叶片全缘或具锯齿,通常为3~5(~7)基出脉,稀9条,侧脉通常平行,多数,极少为羽状脉;具叶柄或无,无托叶。花两性,辐射对称,通常为4~5数,稀3或6数;常呈聚伞花序、伞形花序、伞房花序;花萼漏斗形、钟形或杯形,常四棱,与子房基部合生,常具隔片;花瓣通常具鲜艳的颜色,着生于萼管喉部,与萼片互生;雄蕊为花被片的1倍或同数,与萼片及花瓣两两对生,或与萼片对生。蒴果或浆果。约240属,3000余种,分布于各大洲热带及亚热带地区,以美洲最多。我国有25属,160种,25变种,产西藏至台湾、长江流域以南各省区。

分属检索表
1 种子马蹄形(或称半圆形)弯曲;叶片通常密被紧贴的糙伏毛或刚毛····················野牡丹属 *Melastoma*
1 种子不弯曲,呈长圆形、倒卵形、楔形或倒三角形;叶片被毛通常较疏或无····················酸脚杆属 *Medinilla*

3.3.77.1 野牡丹属 *Melastoma* L.

灌木或亚灌木;叶对生,有基出脉3~9条;花5数,大而美丽,单生或数朵组成圆锥花序生于枝顶;萼坛状球形,外面被粗毛或鳞片,檐5(6)裂,常有等数的附属体;花瓣红色或紫红色,倒卵形;雄蕊10,花药长,顶孔开裂,其中5枚较大,药隔下延成一个弯曲、末端2裂的附属体;子房半下位,5(6)室;蒴果卵形,包于宿萼中,顶孔开裂或横裂。约100种,分布于亚洲南部至大洋洲北部以及太平洋诸岛。我国有9种,1变种。

分种检索表
1 植株矮小,茎匍匐上升,逐节生根,高10~60cm以下,小枝披散;叶片长4cm,宽2cm以下。
  2 叶面通常仅边缘被糙伏毛,有时基出脉行间具1~2行疏糙伏毛;小枝被疏糙伏毛;花瓣长1.2~2cm,花萼被糙伏毛;植株高10~30cm····················地菍 *Melastoma dodecandrum*
  2 叶面、小枝密被糙伏毛;花瓣长2~2.5cm,花萼密被略扁的糙伏毛;植株高30~60cm
  ····················细叶野牡丹 *Melastoma intermedium*
1 植株直立,高0.5~3(~7)m,小枝斜上;叶片长4~15(~22)mm,宽1.4~5(~13.5)cm。
  3 花大,花瓣长3~5cm,果直径1.2cm以上····················
  ····················毛菍 *Melastoma sanguineum*
  3 花小,花瓣长2~2.5cm,果直径1cm以下;茎上毛被,毛长5mm以下。
    4 茎被平展的长粗毛及短柔毛····················
    ····················展毛野牡丹 *Melastoma normale*
    4 茎密被紧贴的鳞片状糙伏毛····················
    ····················野牡丹 *Melastoma candidum*

(1) 野牡丹 *Melastoma candidum* D. Don
[Common Melastoma]

常绿灌木,高1.5m;枝密被紧贴的鳞片状糙伏毛。单叶对生,卵形,长4~10cm,先端急尖,基部浅心形,基出7平行脉,在表面不下凹,两面被糙伏毛。花紫粉红色,径7.5~10cm。花瓣5,倒卵形,雄蕊10,5长5短;花1至几朵生于枝顶。蒴果肉质,坛状球形,径8~12mm。花期5~7月,果期10~12月。产我国台湾、华南及中南半岛。喜酸性土。播种或扦插繁殖。有白花品种'Albiflorum'。花美丽,五片花瓣组成,花色为玫瑰红色或粉红色,在阳光下闪闪动人,令人惊艳。花期长,可于庭园栽培观赏,孤植、片植、或丛植。

(2) 毛菍 (毛稔,毛棯,豺狗舌)
Melastoma sanguineum Sims
[Bloodred Melastoma, Red Melastome]

大灌木,高1.5~3m;茎、小枝、叶柄、花梗及花萼均被平展的长粗毛,毛基部膨大。叶片坚纸质,卵状披针形至披针形,顶端长渐尖或渐尖,基部钝或圆形,长8~15cm,宽2.5~8cm,全缘,基出脉5;叶柄长1.5~2.5cm。伞房花序,顶生,常仅有花1朵,有时3朵;花萼管长1~2cm,裂片5,三角形至三角状披针形,长约1.2cm;花瓣粉红色或紫红色,宽倒卵形,上部略偏斜,长3~5cm;雄蕊5长5短。果杯状球形,胎座肉质多汁。花果期8~10月,甚至全年。分布于广西、广东;印度、马来西亚至印度尼西亚亦有。喜光,喜温暖湿润的气候,对土壤要求不严，以疏松而肥沃的沙壤土栽培为宜。播种繁殖。花朵大而艳丽，可作为庭院盆栽植物观赏，也可种植于山脚下、沟边草丛或矮灌丛中。

3.3.77.2 酸脚杆属 *Medinilla* Gaud.

直立或攀援灌木或小乔木，陆生或附生；叶对生或轮生，3~5(~9)基出脉；花4数，稀5或6数，组成聚伞花序或复再排成圆锥花序，常有明显的苞片；萼杯状、钟状、漏斗形或圆柱形，檐部4~5裂或截平；花瓣倒卵形、卵形或近圆形；雄蕊8~10(~12)，近相等，花药顶具喙，单孔开裂，基部具小疣或线状凸起，药隔下延为短距；子房下位，4(~5)室，顶截平或冠以与子房室同数的裂片；浆果坛状、球形或卵形，顶冠以宿存檐部；种子小，多数。大约400种，分布于非洲热带、马达加斯加、印度至太平洋诸岛及澳大利亚北部。我国约产16种和1变种。

粉苞酸脚杆(宝莲灯) *Medinilla magnifica* Lindl. [Rose Grape, Showy Medinilla]

常绿小灌木，高30~40cm。茎四棱或有四翅，分枝扁平，节上有疣状突起。叶对生，卵形或卵状长圆形，无柄，革质，叶表的叶脉内陷。穗状花序下垂，长45cm，花冠直径2.5cm，红色；花药顶具喙；花瓣4，倒卵形至圆形；外苞片长3~10cm，粉红色。浆果球形，粉红色，萼片宿存。分布于热带非洲及东南亚的热带雨林中。喜温暖潮湿和具有散射光的环境，忌讳光照过强和曝晒。扦插繁殖。美丽的观花植物，可作园林绿化观赏灌木或盆栽观赏。

3.3.77.3 蒂杜花属 *Tibouchina*

约350种，主产热带美洲；我国有引入。

蒂杜花(巴西野牡丹) *Tibouchina urvilleana* (DC.) Cogn.　[Glory Bush]

常绿灌木，高0.3~1m；茎4棱，有毛。叶对生，卵状长椭圆形至披针形，长6~10cm，基出3(5)主脉，先端尖，深绿色，两面密被短毛。花鲜蓝紫色，径5~7cm，花瓣5，雄蕊5长5短；短聚伞花序顶生。夏至秋季开花。原产巴西，世界热带地区普遍栽培；华南有引种。喜光，喜排水良好的酸性土壤，不耐寒。扦插或高压繁殖。花美丽而花期长，宜植于庭园或盆栽观赏。

3.3.78 使君子科 Combretaceae

乔木、灌木、稀木质藤本；稀具刺。单叶对生或互生，稀轮生，全缘，稀具锯齿；无托叶。穗状、总状、头状或圆锥花序；花两性，稀单性；萼管状、稀杯状或钟状，裂片4~5(8)，镊合状排列；花瓣4~5，离生，或无花瓣；雄蕊(2)4~10，生于萼管内，花药丁字着生，纵裂；常具花盘；子房下位，1室，倒生胚珠2~6，珠柄细长。坚果、核果或翅果，常具翅或棱脊。种子1，无胚乳，子叶席卷、折扇状或旋卷。约18属，600种，分布于热带，亚热带。我国6属，25种，7变种。

分属检索表

1 花瓣5~4叶对生，常具明显的鳞片状毛被……………………………………………………………………使君子属 *Quisqualis*
1 花瓣不存在；叶通常互生或近对生，互生时叶常聚生枝顶，对生时叶散生；叶两面无明显的鳞片状毛被……………………………………………………………………诃子属 *Terminalia*

3.3.78.1 使君子属 *Quisqualis* L.

半藤状灌木；叶对生，花两性，美丽，组成腋生或顶生的短穗状花序；萼管脱落，延伸于子房上成一纤细的长管，裂片5；花瓣5，短而向外开展；雄蕊10，2轮排列；子房下位，1室，有胚珠3~4颗，垂悬于室壁顶端，花柱细长，大部分与萼管贴合；果革质，干燥，有角或有翅，通常在顶部开裂，有种子1颗。约17种。产于亚洲南部及非洲热带。我国产2种。

分种检索表

1 花序较疏，花初为白色后转淡红色；萼管长5cm以上；花瓣达1.8~2.4cm；叶柄长，无关节……………………………………………………………………使君子 *Quisqualis indica*
1 花序极密，花红色或淡红色；萼管长不超过2.5cm；花瓣长约5mm；叶柄短，有关节……………………………………………………………………小花使君子 *Quisqualis caudata*

使君子 *Quisqualis indica* L. [Rangooncreeper]

落叶攀援状藤木，长3~8m；幼嫩部分有锈色柔毛。单叶对生，椭圆形至长椭圆形，长7~17cm，全缘，表面光滑．背面有时疏生锈色柔毛；叶柄下部宿存而成一硬刺状物。花两性。萼管延伸成一细长筒，端5裂；花瓣5，长1.2~1.5cm. 由白变红，雄蕊10；成顶生下垂短穗状花序；夏季开花。果干燥，有5棱。花期初夏，果期秋末。产马来西亚、菲律宾、印度、缅甸至我国华南

地区。不耐寒。喜温暖。分株、扦插、压条或播种繁殖。花美丽,可植于庭园观赏。

3.3.78.2 诃子属(榄仁树属)*Terminalia* L.

大乔木,具板根,稀为灌木。叶通常互生,常成假轮状聚生枝顶,稀对生或近对生,全缘或稍有锯齿,无毛或被毛,间或具细瘤点及透明点,稀具管状粘腺腔;叶柄上或叶基部常具2枚以上腺体。穗状花序或总状花序腋生或顶生,有时排成圆锥花序状;花小,5数,稀为4数,两性;苞片早落,萼管杯状,延伸于子房之上,萼齿5或4,镊合状排列;花瓣缺;雄蕊10或8,2轮;子房下位,1室,悬垂。假核果,大小形状悬殊,通常肉质。约200种,两半球热带广泛分布。我国产8种。

分种检索表
1 果具明显的膜质翅……千果榄仁 *Terminalia myriocarpa*
1 果无翅,具2~5条纵棱。
　2 叶互生,常螺旋状排列于枝顶;穗状花序腋生………
　　………………………榄仁树 *Terminalia catappa*
　2 叶对生或近对生,非螺旋状;圆锥花序腋生…………
　　………………………………诃子 *Terminalia chebula*

(1) 榄仁树 *Terminalia catappa* L.
[Sea Almond, India Almond, Tropical Almond]

落叶或半常绿乔木,高达20m。单叶互生,常集生枝端,倒卵形,长15~30cm。全缘,先端钝,基部渐狭成耳形或圆形。花杂性,无花瓣;穗状花序,雄花在花序上部,雌花或两性花在花序下部。核果椭球形,长2~5cm。花期3~6月,果期7~9月。原产亚洲热带至澳大利亚北部;华南有分布和栽培。是

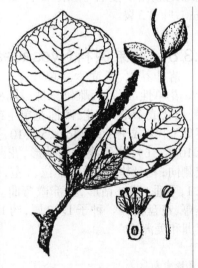

热带海滩树种,生长快,深根性,抗风力强。分株、扦插、嫁接或播种繁殖。旱季落叶前红叶美丽,可作庭荫树、行道树,也可作防风林树种。

(2) 非洲榄仁(小叶榄仁)
Terminalia mantaly H.Perrier
[Madagascar Almond, Umbrella Tree]

落叶乔木,高达15m;侧枝近轮生,层次明显。叶倒披针形,长3~4cm,先端圆,基部楔形,亮绿色。花极小,红色,小苞片三角形,宿存;大型圆锥花序。瘦果,有3膜质翅。原产热带非洲,热带地区多有栽培;我国台湾及华南地区引种。喜光,耐半荫,喜暖热多湿气候及深厚肥沃而排水良好的土壤;生长快。树冠圆锥形,分枝层次明显,冬季落叶前叶色变红,是优良的园林风景树及行道树种。品种有三色非洲榄仁 'Tricolor',叶淡绿色,有白色或淡黄色的斑纹;新叶粉红色。

3.3.79 红树科 Rhizophoraceae

常绿乔木或灌木,具各种类型的根,并为合轴分枝;小枝常有膨大的节,实心而具髓或中空而无髓。单叶交互对生,具托叶,稀互生而无托叶,羽状叶脉;托叶在叶柄间,早落。花两性,稀单性或杂性同株,单生或簇生于叶腋或排成疏花或密花的聚伞花序,萼筒与子房合生或分离,裂片4~16,镊合状排列,宿存;花瓣与萼裂片同数,全缘,2裂,撕裂状、流苏状或顶部有附属体,常具柄,早落或花后脱落,稀宿存;雄蕊与花瓣同数或2倍或无定数,常成对或单个与花瓣对生,并为花瓣所抱持;花药4室,纵裂,稀多室而瓣裂;子房下位或半下位,稀上位。果实革质或肉质,不开裂,稀为蒴果。约16属120余种,分布全世界的热带地区。我国有6属13种1变种,产于西南至东南部,而以南部海滩为多。

秋茄树属 *Kandelia* Wight et Arn.

1种,分布于亚洲热带海岸,我国由钦州湾起至台湾都有分布,为红树林中重要的树种之一,种子在母树上发芽。

秋茄树 *Kandelia candel* (L.)Druce
[Kandelia]

灌木或小乔木;叶对生,革质,倒卵形,先端浑圆;花白色,3~5朵组成腋生的短聚伞花序;萼5~6裂,裂片线形,长1.2cm以上;花瓣5~6,狭窄,早落,白色,分裂成线状的裂片数枚;雄蕊多数,分离或基部多少合生;花药4室,纵裂;子房1室,或幼时3室,下位,有胚珠6颗;果长椭圆形,中部为苞片所围绕。分布于广东、福建与台湾;亚洲东南部也有。生于海滩红树林中。

3.3.80 八角枫科 Alangiaceae

落叶乔木或灌木,稀攀援灌木。枝圆柱形,有时略呈'之'字形单叶互生,全缘或有缺裂;无托叶。聚伞花序腋生,花梗常有关节,苞片早落。花两性,萼4~10裂,花瓣4~10,条形,镊合状排列,初靠合成管状,后分离,反曲,雄蕊4~40,花丝分离或基部稍连合,花药线形,2室,纵裂;花盘垫状,近球形,子房下位,1(2)室,倒生胚珠1,下垂,花柱柱状,柱头头状或棒状,2~5浅裂。核果,萼齿及花盘宿存。种子1,有胚乳,直伸。1属。

八角枫属 *Alangium* Lam.

乔木或灌木;叶互生,单叶;花两性,排成腋生的聚伞花序;萼片和花瓣4~10;花瓣线形,常外卷;雄蕊8~20或更多;子房下位,1~2室,每室有胚珠1颗;核果。约20余种。分布于亚洲、大洋洲、非洲。我国9种。

分种检索表
1 雄蕊的药隔有毛··················毛八角枫 *Alangium kurzii*
1 雄蕊的药隔无毛。
　2 每花序有7~30(~50)朵花,花瓣长1~1.5cm;叶片近圆形、椭圆形或卵形;核果卵圆形,长5~7mm················
　　·····························八角枫 *Alangium chinense*
　2 序仅有少数几朵花,花瓣长1.8cm以上··················
　　·····························瓜木 *Alangium platanifolium*

(1) 八角枫 *Alangium chinense* (Lour.) Harms [China Alangium]

落叶乔木,高达15m,常成灌木状;树皮淡灰色,平滑。单叶互生,卵圆形,长13~20cm,基部歪斜,全缘或有浅裂,叶柄红色。花瓣6~8,狭带状,黄白色,长1~2cm,花丝基部及花柱有毛;3~15(30)朵组成腋生聚伞花序。花期5~7月和9~10月,果期7~11月。产我国黄河中上游、长江流域至华南、西南各地均有分布。阳性树,稍耐阴,对土壤要求不严,喜肥沃疏松湿润的土壤,具一定耐寒性,萌芽力强,耐修剪,根系发达,适应性强。播种或分株繁殖。叶形美丽,花期较长,可栽植在建筑物的四周,是良好的园林绿化树种。

(2) 瓜木(枢木) *Alangium platanifolium* (Sieb. et Zucc.) Harms [Planeleaf Alangium]

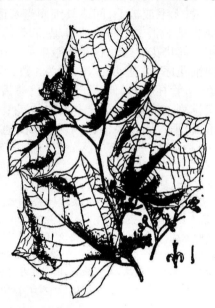

落叶灌木或小乔木,高达7m;小枝绿色,有短柔毛。叶互生,近圆形,全缘或3~5(7)浅裂,基部广楔形或近心形,幼时两面有毛。花瓣,线形,紫红色,花丝基部及花柱无毛,聚伞花序生叶腋。核果卵形。花期3~7月,果期7~9月。产我国东北南部、华北、西北及长江流域地区;朝鲜、日本也有分布。喜光,喜肥沃疏松的土壤。播种繁殖。叶片形状较美,花期较长,是良好的观赏树种;适合庭院或绿地栽培。变种:三裂瓜木 var. *trilobum* (Miq.) Ohwi,叶常3裂。

3.3.81 蓝果树科 Nyssaceae

落叶乔木,稀灌木。单叶互生,羽状脉,无托叶。花单性或杂性,雌雄异株或同株,雄花序为头状、总状或伞形,雌花、两性花单生或为头状花序;萼具5小齿或全缘;花瓣小,5或10,覆瓦状排列;雄蕊10(8~16),花丝线形或钻形,花药椭圆形,内向或侧向;花盘垫状,子房下位,1室,稀2室,倒生胚珠1,下垂;花柱钻形,上部微弯曲。核果或坚果,花萼、花盘宿存。种子1。3属,约10余种,分布于亚洲和美洲。

分属检索表
1 果实为翅果,常多数聚集成头状果序··················
　·····························喜树属 *Camptotheca*
1 果实为核果;常单生或几个簇生。
　2 核果大,长3~4cm,直径1.5~2cm,常单生;子房6~10室,花下有2~3枚白色大形苞片··············珙桐属 *Davidia*
　2 核果小,长1~2cm,直径5~10mm,常几个簇生;子房1~2室,花下有小苞片··················蓝果树属 *Nyssa*

3.3.81.1 蓝果树属 *Nyssa* Gronov. ex L.

乔木,叶全缘或疏生锯齿。花单性或杂性,雌雄异株;雄花序伞形或总状,具总梗,雄花萼盘状或杯状,具5齿,花瓣5~8,小,雄蕊5~10,花丝长;雌花无柄,花序头状,具总梗,萼具5齿,花瓣小,雄蕊5~10,花丝短,花药不孕,花盘不甚发育,全缘或具圆齿,花柱反曲。核果,果核扁,有沟纹。约10余种。产东亚、北美。我国7种。

蓝果树 *Nyssa sinensis* Oliv. [China Tupelo]

落叶乔木.高达30m;树干分枝处具眼状纹;小枝有毛。单叶互生,卵状椭圆形,长8~16cm,全缘,基部楔形.先端渐尖或突渐尖,叶柄及背脉有毛。花小,单性异株;

雄花序伞形,雌花序头状。核果椭球形,长1~1.5cm,熟时深蓝色,后变紫褐色。花期4月下旬,果期9月。产长江以南地区。喜光,喜温暖湿润气候及深厚、肥沃而排水良好的酸性土壤,耐干旱瘠薄;生长快。播种繁殖。秋叶红色,颇艳丽,宜作庭荫树及行道树。

3.3.81.2 喜树属 *Camptotheca* Decne.

落叶乔木。叶互生,卵形,顶端锐尖,基部近圆形,叶脉羽状。头状花序近球形,苞片肉质;花杂性;花萼杯状,上部裂成5齿状的裂片;花瓣5,卵形,覆瓦状排列;雄蕊10,不等长,着生于花盘外侧,排列成2轮,花药4室;子房下位,在雄花中不发育,在雌花及两性花中发育良好,1室,胚珠1颗,下垂,花柱的上部常分2枝。果实为矩圆形翅果,顶端截形,有宿存的花盘,1室1种子,无果梗,着生成头状果序;子叶很薄,胚根圆筒形。1种,我国特产

喜树 *Camptotheca acuminata* Decne [Common Camptotheca]

落叶乔木,高达25~30m。树干通直,树皮灰色或浅灰色,纵裂成浅沟状。单叶互生,椭圆形至长卵形,先端突渐尖,基部广楔形,表面亮绿色,背面淡绿色,疏生短毛,嫩叶红色,叶柄具红色。花杂性同株;头状花序球形,具长总梗,常数个组成

总状复花序,花淡绿色。坚果矩圆形,熟时淡褐色。花期5~7月;果熟期11月。长江以南各省及部分长江以北地区均有分布。喜光,不耐严寒干燥。适宜生长在土层深厚,湿润而肥沃的土壤,不耐贫瘠。播种繁殖。主干通直,树冠宽展;生长迅速,为优良的庭园树和行道树,可作为庭园的优良树种。

3.3.81.3 珙桐属 *Davidia* Baih.

落叶乔木;叶互生,无托叶;花杂性,排成顶生的圆头状花序,花序下承以白色、叶状苞片2~3枚;头状花序由一朵两性花和许多雄花组成或全由雄花组成;雄花无花被,有雄蕊1~7;两性花;子房下位,6~10室,每室有胚珠1颗;核果。1种,我国西南部特产。

珙桐(鸽子树) *Davidia involucrata* Baill. [Dovetree]

落叶乔木,高20m。树皮深灰褐色,呈不规则薄片状脱落,树冠呈圆锥形。单叶互生,广卵形,先端渐长尖,基部心形,缘有粗尖锯齿。由多数雄花和1朵两性花组成顶生头状花序,花序下有2片大型白色卵状椭圆形苞片。核果椭球形,紫绿色。花期4~5月;果10月成熟。产于湖北、湖南、四川、云南和贵州等地。喜半阴和温凉湿润气候及肥沃土壤。不耐寒。播种繁殖。为世界著名的珍贵观赏树,为国家一级保护

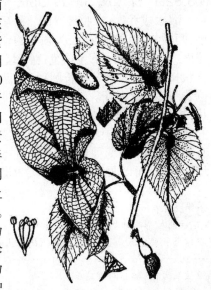

树种。树形高大端整,开花时白色的苞片远观似许多白色的鸽子栖息树端,有象征和平的含义。变

种:光叶珙桐 var. *vilmoriniana*(Dode)Wanger.,叶背仅脉上及脉腋有毛,余光滑毛无。

3.3.82 山茱萸科 Cornaceae

落叶乔木或灌本,稀常绿或草木。单叶对生,稀互生或近于轮生,通常叶脉羽状,稀为掌状叶脉,边缘全缘或有锯齿;无托叶或托叶纤毛状。花两性或单性异株,为圆锥、聚伞、伞形或头状等花序,有苞片或总苞片;花萼管状与子房合生,先端有齿状裂片3~5;花瓣3~5,通常白色,稀黄色、绿色及紫红色,镊合状或覆瓦状排列;雄蕊与花瓣同数而与之互生,生于花盘的基部;子房下位,1~4(~5)室,每室有1枚下垂的倒生胚珠,花柱短或稍长,柱头头状或截形,有时有2~3(~5)裂片。果为核果或浆果状核果;核骨质,稀木质;种子1~4(~5)枚。15属,约119种,分布于全球各大洲的热带至温带以及北半球环极地区,而以东亚为最多。我国有9属,约60种,除新疆外,其余各省区均有分布。

分属检索表
1叶互生或对生;伞房状聚伞花序无总苞片;核果球形或近于球形。
　2叶互生;核果球形;核顶端有一个方形孔穴⋯⋯⋯⋯
　⋯⋯⋯⋯⋯⋯⋯⋯⋯⋯⋯灯台树属 Bothrocaryum
　2叶对生;核果球形或近于卵圆形,稀椭圆形;核的顶端无孔穴⋯⋯⋯⋯⋯⋯⋯⋯⋯⋯⋯⋯⋯梾木属 Swida
1叶对生;伞形花序或头状花序有芽鳞状或花瓣状的总苞片。
　3伞形花序上有绿色芽鳞状总苞片;核果长椭圆形⋯⋯⋯
　⋯⋯⋯⋯⋯⋯⋯⋯⋯⋯⋯山茱萸属 Macrocarpium
　3头状花序上有白色花瓣状的总苞片;果实为聚合状核果⋯⋯⋯⋯⋯⋯⋯⋯⋯⋯⋯四照花属 Dendrobenthamia

3.3.82.1 梾木属 *Swida* Opiz

灌木或乔木;叶脱落,对生、稀互生或轮生;花小,两性,白色或白绿色,为顶生的伞形花序、聚伞花序或圆锥花序,下无总苞;萼4齿裂;花瓣4,镊合状排列;雄蕊4,花药长圆形;花盘垫状;子房下位,2室,每室有胚珠1颗,花柱短圆柱伏,柱头头状;核果,有种子2颗。约42种,多分布于两半球的北温带至北亚热带,少数达于热带山区。我国有25种和20个变种,全国除新疆外,其余各省区均有分布,而以西南地区的种类为多。

分种检索表
1花柱圆柱形而非棍棒形。
　2核果乳白色或浅蓝白色;核两侧压扁状⋯⋯⋯⋯⋯
　⋯⋯⋯⋯⋯⋯⋯⋯⋯⋯⋯⋯红瑞木 *Swida alba*
　2核果黑色;核非两侧扁压。
　　3叶草质,长圆形,上面绿色,无毛,下面灰白色,疏被贴生白色短柔毛;柱头点状;核长椭圆形,长6mm⋯⋯⋯⋯⋯⋯⋯⋯⋯⋯长圆叶梾木 *Swida oblonga*

　　3叶纸质或厚纸质,常为椭圆形或卵圆形;柱头头状或略呈盘状;核常为球形。
　　　4老枝淡黄色;叶卵圆形至长圆形,下面淡白色;花序具灰色短柔毛⋯⋯⋯⋯⋯沙梾 *Swida bretschneideri*
　　　4叶卵圆形至阔卵形、卵状椭圆形至长椭圆形⋯⋯⋯⋯⋯⋯⋯⋯⋯⋯⋯⋯光皮梾木 *Swida wilsoniana*
1花柱呈棍棒形。
　5叶较大,长6~16cm,宽3.5~9cm,叶下面有贴生白色短柔毛,有或无乳状突起⋯⋯⋯⋯梾木 *Swida macrophylla*
　5叶较小或中等大小,有侧脉(2~)3~5对,下面几无乳头状突起。
　　6灌木;叶椭圆状披针形、披针形、稀长圆卵形,长4~7(~10)cm,宽1~2.3cm,侧脉(2~)3(~4)对,下面有贴生短柔毛⋯⋯⋯⋯⋯⋯⋯⋯小梾木 *Swida paucinervis*
　　6乔木或灌木状小乔木,叶有侧脉4~5对,下面有淡白色贴生短柔毛或卷曲毛。
　　　7灌木状小乔木;叶椭圆形或倒卵形,长4.5~7cm,宽2.3~3.6cm,侧脉4对,下面具稀疏的卷曲毛⋯⋯⋯⋯⋯⋯⋯⋯⋯⋯⋯⋯欧洲红瑞木 *Swida sanguinea*
　　　7乔木或小乔木;叶有侧脉4~5对,下面有较粗或细小的贴生短柔毛。
　　　　8叶长椭圆形至椭圆形,下面有较粗的贴生短柔毛,侧脉4(~5)对;叶柄长3.5cm;花萼裂片三角形,与花盘近于等长⋯⋯⋯⋯⋯⋯⋯⋯⋯毛梾 *Swida walteri*
　　　　8叶卵状椭圆形,下面有淡白色细小的贴生短柔毛;叶柄较短;花萼裂片长于花盘⋯⋯⋯⋯⋯⋯⋯⋯⋯⋯⋯⋯⋯⋯⋯朝鲜梾木 *Swida coreana*

(1)红瑞木(红梗木,凉子木) *Swida alba* Opiz [Tatarian Dogwood]

落叶灌木,高3m,干直立丛生。幼枝橙黄色或绿色,常被白粉;老枝暗红色,入冬变成鲜红色;髓大而白色,单叶对生,卵形或椭圆形,叶端尖,基部圆形或广楔形,全缘,侧脉弧形,5~6对,叶表暗绿色,叶背灰绿色,两面疏生柔毛。顶生伞房状聚伞花序,花小,白色。核果,成熟时白色或稍带蓝色。花期5~6月,果期8~9月。分布于东北、内蒙古、河北、陕西、山东等地。朝鲜、俄罗斯也有分布。喜光,耐寒、耐旱、耐水湿;耐修剪;根系发达。播种繁殖。枝干终年红艳,秋冬季节尤甚;夏

季白花繁茂,秋季白果掩映与变色的红叶中,美丽可观。最宜丛植于庭园草坪、建筑物前或常绿树间,又可栽作自然式绿篱。如与棣棠、梧桐等绿枝树种及松柏类常绿树配植,在冬季衬以白雪,可相映成趣,色彩更为显著。品种:①珊瑚红瑞木'Sibirica'茎亮珊瑚红色,冬季尤为美丽;②紫枝红瑞木'Kesselringii',枝条紫色;③金叶红瑞木'Aurea'春夏叶片呈金黄色,入秋后叶片转为鲜红色;④斑叶红瑞木'Gouchaultii',叶有黄白色和粉红色斑;⑤银边红瑞木'Argenteo-marginata';⑥金边红瑞木'Spaethii'等。

(2) 毛梾(小六谷,毛梾木,车梁木)
Swida walteri (Wanger.) Sojak
[Hair Dogwood, Walter Dogwood]

落叶乔木,高6~14m。叶对生,椭圆形至长椭圆形,长4~10cm,宽2.7~4.4cm,顶端渐尖,基部楔形,上面具贴伏的柔毛,下面密生贴伏的短柔毛,淡绿色,侧脉4~5对;叶柄长0.9~3cm。伞房状聚伞花序顶生,长5cm;花白色,直径1.2cm;萼齿三角形;花瓣披针形;雄蕊4。核果球形,黑色,直径6mm。花期5月,果期9~10月。分布于山东、河北、河南、江苏、安徽、浙江、湖北、湖南、山西、陕西、甘肃、贵州、四川、云南等地。喜光,耐寒,耐旱,能耐-23℃的低温。播种繁殖。树体雄伟,枝叶茂密,夏季白花繁盛,蔚为壮观。适宜栽作行道树、庭荫树或园景树。

3.3.82.2 灯台树属
Bothrocaryum (Koehne) Pojark.

落叶乔木或灌木。冬芽顶生或腋生,卵圆形或圆锥形,无毛。叶互生,纸质或厚纸质,阔卵形至椭圆状卵形,边缘全缘,下面有贴生的短柔毛。伞房状聚伞花序,顶生,无花瓣状总苞片;花小,两性;花萼管状,顶端有齿状裂片4;花瓣4,白色,长圆披针形,镊合状排列;雄蕊4,着生于花盘外侧,花丝线形,花药椭圆形,2室;花盘褥状;花柱圆柱形,柱头小,头状,子房下位,2室。核果球形,有种子2枚;核骨质,顶端有一个方形孔穴。2种,分布于东亚及北美的亚热带及北温带地区。我国有1种。

灯台树(瑞木)*Bothrocaryum controversum* (Hemsl.) Pojark. [Lampstandtree]

落叶小乔木,高达15~20m。树枝层层平展,形如灯台,小枝暗紫红色,无毛。叶互生,常簇生于枝梢,卵状椭圆形至广卵形,叶端突渐尖,基部圆形,侧脉6~8对,叶表深绿,叶背灰绿色,疏生贴伏短柔毛。伞房状聚伞花序,顶生,花小,白色。核果由紫红变蓝黑色。花期5~6月,果期9~10月。喜温暖气候及半阴环境,适应性强,耐寒、耐热、生长快。产于长江流域及西南各省,北达东北南部,南至两广及台湾,朝鲜和日本也有分布。以树姿优美奇特,叶形秀丽、白花素雅,被称之为园林绿化珍品。可作庭荫树、行道树。

3.3.82.3 山茱萸属
Macrocarpium (Spach) Nakai

乔木或灌木;树皮脱落;叶对生,具柄,全缘;花小,两性,黄色,伞形花序式排列;苞片鳞片状,覆瓦状,脱落;萼管陀螺形,全缘;花瓣4枚,长椭圆状卵形;花盘垫状;核果长椭圆形,有长形的种子。4种,分布于欧洲中部及南部、亚洲东部及北美东部。我国有2种。

(1) 山茱萸(蜀枣,鼠矢)*Macrocarpium officinale* (Sieb. et Zucc.) Nakai [Medical Dogwood]

落叶灌木或小乔木,高4~10m。叶对生,卵状椭圆形或卵形,顶端尖,基部浑圆或楔形,表面疏生柔毛,背面毛较密,弧形侧脉6~8对,脉腋有黄褐色短柔毛。先花后叶,伞房花序腋生,花瓣4,卵形,黄色。核果,熟时红色。花期3~4月,果期9~10月。分布于山东、山西、河南、陕西、甘肃、浙江、安徽、湖南等省,北京、大连、熊岳等地有栽培。喜温暖气候,在自然界生于山沟、溪旁。耐寒、耐旱,也稍耐水湿。播种、嫁接、压条繁殖。枝干丛生,早春开花金黄一片,入秋红果晶莹剔透,叶色红艳可爱,适于在自然风景区中成丛种植,庭前、池畔、角隅、石边均适宜。

(2) 欧洲山茱萸 *Macrocarpium mas* (L.) Nakai [Cornelian Cherry]

落叶灌木或小乔木,高3~8m。叶对生,卵圆形,先端渐尖,基部圆形,侧脉5~6对,背面脉腋有白色簇毛,叶柄短;秋叶紫红色。花黄色,数朵簇生于老枝叶腋;早春开花前开花。核果长椭球形至近球形,长1.5~2cm,熟时紫红色,有光泽。原产欧洲南部;北京、上海等地有少量栽培。喜光,耐寒,耐干旱,抗病虫。花、果均美丽,宜植于庭园观赏。品种有①金叶'Aurea'、②金边'Aureo-elegantissima'、③银边'Variegata'、④斑叶'Elegantissima'(叶有黄斑,或呈粉红色)、⑤大果'Macrocarpa'、⑥塔形'Pyramidalis'等。

3.3.82.4 四照花属 *Dendrobenthamia* Hutch.

灌木或小乔木;叶对生;花两性,小型,多数集合成一圆球状的头状花序,有大形、白色的总苞片4枚;萼管状,檐4裂;花瓣4枚,镊合状排列,倒卵形;雄蕊4;花盘垫状或环状,4裂;子房下位,2室,每室有倒垂的胚珠1颗,花柱圆柱状,柱头头状;果核果状。10种,分布于喜马拉雅至东亚各地区。我国全有(包括1种引种栽培的在内),变种12(原变种亦计算在内)。产于内蒙古、山西、陕西、甘肃、河南以及长江以南各省区。

(1) 四照花(石枣,山荔枝)
Dendrobenthamia japonica (DC.) Fang var. *chinensis* (Osb.) Fang
[Four-involucre, Chinese Dogwood]

落叶灌木或小乔木,高达9m。叶对生,卵状椭圆形或卵形,叶端渐尖,基部圆形或广楔形,侧脉弧形3~5对,叶表面疏生柔毛,叶背粉绿色,有白柔毛并在脉腋簇生黄色或白色毛。球形头状花序,由40~50朵小花组成,花序基部有4枚白

色花瓣状的总苞片。核果为球形聚合果,成熟后变紫红色。花期5~6月,果期9~10月。产于长江流域及河南、山西、陕西、甘肃等省,北京、大连、熊岳等地有栽培。喜光,耐半荫,较耐寒。播种、分株或扦插繁殖。树形美观圆整呈伞状,叶片光亮,入秋变红,且留存树上达1月有余。秋季红果满树,硕果累累,一派丰收景象。春赏亮叶,夏观玉花,秋看红果红叶,是一种极其美丽的庭园观花、观叶观果园林绿化佳品。

(2) 头状四照花(鸡藤子,野荔枝,山荔枝)
Dendrobenthamia capitata (Wall.) Hutch.
[Evergreen Four-involucre]

常绿小乔木;嫩枝密被白色柔毛。叶对生,革质或薄革质,矩圆形或矩圆状披针形,长5~11cm,宽2~4cm,顶端锐尖,基部楔形,两面均被贴生白色柔毛,下面极为稠密;中脉及侧脉均在上面微显,下面凸出,脉腋常

有凹穴;叶柄被柔毛。头状花序近球形,直径约1.2cm,具4白色花瓣状总苞片,总苞片倒卵形,顶端尖,长3~4cm,宽2~3cm;花萼筒状,4裂,裂片圆而钝;花瓣4,黄色;雄蕊4。果序扁球形,紫红色;总果柄粗壮,长4~7cm。花期5月。分布于四川、云南和西藏;尼泊尔,印度也有。喜光。播种繁殖。可作庭荫树。

3.3.83 桃叶珊瑚科 Aucubaceae

常绿灌木;叶对生,全缘或有粗齿;花4数,单性异株,排成圆锥花序生于上部叶腋内;萼4齿裂;花瓣4枚,卵形或披针形,镊合状排列,先端常尾尖;雄花有雄蕊4枚和一个四角形的大花盘;子房下位,1室,有下垂的胚珠1颗,花柱短而粗,柱头头状;浆果状核果,有种子1颗。1属。

桃叶珊瑚属 *Aucuba* Thunb.

约11种,分布于中国、不丹、印度、缅甸、越南及日本等国。我国均有分布,产于黄河流域以南各省区,东南至台湾,南至海南,西达西藏南部。

(1)桃叶珊瑚 *Aucuba chinensis* Benth.
[China Aucuba]

常绿灌木。小枝被柔毛,老枝具白色皮孔。叶薄革质,长椭圆形至倒卵状披针形,长10~20cm,先端尾尖,基部楔形,全缘或中上部有疏齿,有硬毛。花紫色,组成总状圆锥花序,长13~15cm。浆果状核果,深红色。产我国湖北、四川、云南、广西、广东、台湾等省。耐阴;喜温暖、湿润气候,不耐寒;在肥沃湿润、排水良好的壤土上生长良好。扦插繁殖。良好的耐阴观叶、观果树种,宜配植于阴处。在北方地区可盆栽供室内观赏。

(2)东瀛珊瑚(青木) *Aucuba japonica* Thunb.
[Japan Aucuba]

常绿灌木,高达5m。小枝粗壮,绿色,无毛。叶革质椭圆状卵形至椭圆状披针形,长8~20cm,先端尖而钝头,基部阔楔形,叶缘疏生粗齿,叶两面有光泽。花小,紫色,圆锥花序密生刚毛。核果浆果状,鲜红色,球形至卵形。花期4月,果期12月至翌年2月。产我国台湾、福建。日本也有分布。喜温暖气候,不耐寒,夏季怕日灼,喜湿润,耐半阴。耐修剪,生长强健,对烟尘和大气污染抗性强。播种或扦插繁殖。枝繁叶茂,四季常青,是珍贵的耐阴观叶树种,在南方常配植于林缘树下或丛植于庭园一角,效果极佳,也可作绿篱观赏。北方多盆栽室内观赏。品种有洒金东瀛珊瑚'Variegata',其叶面有许多黄色斑点。栽培较普遍。

3.3.84 青荚叶科 Helwingiaceae

落叶或常绿灌木,稀小乔木;冬芽卵圆形,鳞片4,外面2枚较厚。单叶互生,纸质、亚革质或革质,卵形、椭圆形、披针形、倒披针形或线状披针形,边缘具腺状锯齿,叶脉羽状;托叶2,分裂或不分裂。花小,绿色或紫绿色,单性,3~4(~5)基数,雌雄异株;花萼小;花瓣镊合状排列;花盘肉质;雄花4~20枚呈伞形或密伞花序,生于叶上面中脉上或幼枝上部及苞叶上,雄蕊3~4(~5);雌花1~4枚呈伞形花序,着生于叶上面中脉上,稀着生于叶柄上。浆果状核果,幼时绿色,成熟时红或黑色,常具纵沟,具1~4(~5)种子。1属。

青荚叶属 *Helwingia* Willd.

约5种,分布于亚洲东部的尼泊尔、不丹、印度北部、缅甸北部、越南北部、中国、日本等国。我国有5种,除新疆、青海、宁夏、内蒙古及东北各省区外,其余各省区均有分布。

分种检索表
1 常绿小乔木或落叶灌木;叶革质或近于革质,稀厚纸质,侧脉在上面不显著,下面微显著。
  2 落叶灌木;叶革质或近于革质,稀纸质;线状披针形或披针形,长4~15cm,宽4~20mm,边缘具稀疏腺状细齿
    ·····················中华青荚叶 *Helwingia chinensis*
  2 常绿小乔木或灌木;叶革质,倒卵状长圆形,长圆形,稀倒卵状披针形,长9~15cm,宽3~5cm,边缘具腺状细齿
    ·····················峨眉青荚叶 *Helwingia omeiensis*
1 落叶灌木,稀小乔木;叶纸质、厚纸质、羊皮纸质,侧脉在上面微凹陷,下面微突出。
  3 托叶常不分裂;叶羊皮纸质,长卵形或卵状披针形,长7~15cm,宽3~3.5cm
    ·····················浙江青荚叶 *Helwingia zhejiangensis*
  3 托叶常分裂;叶纸质或厚纸质。
    4 叶纸质,卵形、卵圆形或阔椭圆形,长3.5~9(~18)cm,宽2~6(~8.5)cm,先端渐尖;托叶线状分裂或撕裂状
      ·····················青荚叶 *Helwingia japonica*
    4 叶厚纸质,长椭圆形或长圆披针形,长5~11(~18)cm,宽2.5~4(~5)cm,先端尾状渐尖;托叶常2(~3)裂,稀不裂
      ·····················西域青荚叶 *Helwingia himalaica*

(1)青荚叶(大叶通草,叶上珠,日本青荚叶)
Helwingia japonica (Thunb.) Dietr.
[Japan Helwingia]

落叶灌木;幼枝绿色、枝上叶痕显著;叶纸质,卵形或宽卵形,稀椭圆形,长3.5~9(~18)cm,宽2~8.5cm,先端渐尖,基部宽楔形或近圆形,边缘具刺状细锯齿,中脉及侧脉在上面微凹陷,下面微突出;叶柄长1~5(6)cm,

托叶长约4~6mm,线状分裂。花小,淡绿色,3~5基数;花萼小;花瓣长1~2mm。雄花4~12,呈伞形或密伞花序,常着生于叶上面中脉上,稀着生于幼枝上部;雄蕊3~5,生于花盘内侧;雌花1~3枚,着生于叶上面中脉上;浆果幼时绿色,成熟时黑色,具3~5种子。花期4~5月,果期7~9月。分布于我国黄河流域以南各省区。喜阴湿凉爽环境,忌高温、干燥气候。播种或扦插繁殖。绿色花瓣、果实由绿色变成黑色,景象奇特,可观花观果,种植于庭园,也可盆栽。

(2)西域青荚叶(拉雅青荚叶)
Helwingia himalaica Hook.f.et Thoms.
ex C.B.Clarke [Himalayas Helwingia]

常绿灌木,高2~3m;幼枝细瘦,黄褐色。叶厚纸质,长圆状披针形,长圆形,稀倒披针形,长5~18cm,宽2.5~5cm,先端尾状渐尖,基部阔楔形,边

缘具腺状细锯齿,侧脉5~9对,上面微凹陷,下面微突出;叶柄长3.5~7cm;托叶长约2mm,常2~3裂,稀不裂。雄花绿色带紫,常14枚呈密伞花序,4数,稀3数,花梗细瘦,长5~8mm;雌花3~4数,柱头3~4裂,向外反卷。果实常1~3枚生于叶面中脉上,果实近于球形,长6~9mm,直径6~8mm;果梗长1~2mm。花期4~5月;果期8~10月。产于湖南、湖北、四川、云南、贵州及西藏南部。尼泊尔、不丹、印度北部、缅甸北部及越南北部也有。喜光。播种繁殖。可作园林观花观果灌木。

3.3.85 铁青树科 Olacaceae

常绿或落叶乔木、灌木或藤本。单叶、互生,稀对生(我国不产),全缘,稀叶退化为鳞片状(我国不产);羽状脉,稀3或5出脉;无托叶。花小、通常两性,辐射对称,排成总状花序状、穗状花序状、圆锥花序状、头状花序状或伞形花序状的聚伞花序,或二歧聚伞花序,稀花单生;花萼筒小、杯状或碟状,花后不增大或增大,顶端具(3~)4~5(~6)枚小裂齿,或顶端截平,下部无副萼或有副萼;花瓣4~5片,稀3或6片,离生或部分花瓣合生或合生成花冠管,花蕾时通常成镊合状排列;花盘环状;雄蕊为花瓣数的2~3倍或与花瓣同数并与其对生;子房上位,基部与花盘合生或子房半埋在花盘内并与花盘合生而成半下位。核果、坚果或浆果状。约26属260余种。主产热带地区,少数种分布到亚热带地区。我国产5属、9种、1变种。分布南方各省区。

分属检索表
1 发育雄蕊3~4(~5)枚,退化雄蕊5~6枚;果实成熟时下部或大部分为增大成浅杯状、碗状、钟状或近壶状的花萼筒所包围................................铁青树属 *Olax*
1 雄蕊4~6枚,全发育;果实成熟时几全部为增大成壶状的花萼筒所包围................................青皮木属 *Schoepfia*

3.3.85.1 铁青树属 *Olax* L.

灌木、乔木或藤状灌木;叶互生;总状花序或圆锥花序,腋生;萼小,近截平形,结果时扩大;花瓣3~6;发育雄蕊3,退化雄蕊5~6,2裂;子房上位,下部3室,上部1室;胚珠3;果核果状,为肉质、扩大的萼筒所包藏。约55种,分布非洲、亚洲、大洋洲热带地区,少数种分布到亚洲的亚热带南部地区。我国3种,分布广西、广东、云南等省区的南部或西南部及台湾。

铁青树 *Olax wightiana* Wall. ex Wight et Arn.

攀援状灌木;茎长2~6m。叶近革质,矩圆形或卵状矩圆形,长5~9cm,宽2.5~3.5cm,顶端钝或锐尖,基部近圆形,无毛;叶柄长5~10mm。总状花序单个或2~3个腋生,长1~2.5cm;花梗长1~2mm;花长约8~9mm;花萼杯状,果期宿存且增大;花瓣5,白色,矩圆状披针形;能育雄蕊3;退化雄蕊5,长于能育雄蕊,先端二叉;子房上位,下部3室,上部1室,花柱长,柱头3裂。核果阔卵形,长1.5~2cm,为宿存花萼所包围。花期3~10月,果期4~10月。产广东;马来西亚也有。

3.3.85.2 青皮木属 *Schoepfia* Schreb.

小乔木或灌木。叶互生,叶脉羽状。花排成腋生的蝎尾状或螺旋状的聚伞花序,稀花单生;花萼筒与子房贴生,结实时增大,顶端有(4~)5(~6)枚小萼齿或截平;花冠管状,冠檐具(4~)5(~6)裂片,雄蕊与花冠裂片同数,着生于花冠管上,且与花冠裂片对生;花丝极短,不明显,花药小,2室,纵裂;子房半下位,半埋在肉质隆起的花盘中,下部3室,上部1室,每室具胚珠1枚,自特立中央胎座顶端向下悬垂,柱头3浅裂。坚果,成熟时几全部被增大成壶状的花萼筒所包围。约40种,分布热带、亚热带地区。我国3种、1变种,主产南方各省区,青皮木可分布到甘肃、陕西、河南三省的南部。

青皮木 *Schoepfia jasminodora* Sieb.et Zucc. [Common Greentwig]

小乔木,高3~10m。叶纸质,卵形或卵状披针形,长4~7cm,宽2~4cm,顶端渐尖或近尾尖,基部圆形或截形,全缘,无毛;具短叶柄。聚伞状总状花序腋生,长2.5~5cm,通常具2~4朵花;花无柄;花萼杯状,贴生于子房,宿存;花冠白色或淡黄色,钟形,长5~7mm,宽3~4mm,顶端4~5裂,裂片小,向外折,内面近花药处生一束丝状体;雄蕊与花冠裂片同数,无退化雄蕊;子房半下位,柱头3裂,常伸出于花冠外。核果椭圆形,长约1cm,直径6mm,成熟时紫黑色。花期3~5月,果期4~6月。产长江以南各省区。可作观果树种栽培观赏。

3.3.86 檀香科 Santalaceae

乔木、灌木或草本,有时寄生于他树上或根上;叶互生或对生,全缘,有时退化为鳞片;花常淡绿色,两性或单性,辐射对称,单生或排成各式花序;萼花瓣状,常肉质,裂片3~6;无花瓣,有花盘;雄蕊3~6,与萼片对生;子房下位或半下位,1室,有胚珠1~3颗;果为核果或坚果。约30属400种,分布于热带和温带地区,我国有7属,21种,南北均有分布。

米面翁属 Buckleya Torr.,

灌木;叶对生,全缘,无柄或具短柄;花单性异株,雄花排成顶生或腋生的伞形花序;雄蕊4;雌花单生,萼管有宿存的小苞片4,裂片4;椭圆形的核果。5种,分布于北美和东亚,我国有3种,产中部和西北部。

分种检索表

1 叶片两面被短刺毛,长椭圆形或倒卵状长圆形,边缘有微锯齿;核果椭圆状球形,被短柔毛,宿存苞片线状倒披针形····················秦岭米面翁 Buckleya graebneriana
1 叶片无毛或嫩时疏被短柔毛,卵形,披针形或披针状长圆形,边缘全缘;核果椭圆状或倒圆锥状,宿存苞片披针形,倒披针形····················米面翁 Buckleya henryi

(1) 秦岭米面翁 Buckleya graebneriana Diels

落叶半寄生灌木,高达2m;幼枝被短柔毛。叶对生,矩圆形至倒卵状矩圆形,长2~8cm,宽1~3cm,顶端尖或具蜡黄色的、鳞片状的骤凸尖,两面脉上具柔毛,近无柄。花雌雄异株;雄花序为顶生伞状聚伞花序,花被裂片4;雄蕊4,生于花被裂片基部;雌花单生于枝顶,叶状苞片4,位于子房上端,与花被裂片互生,宿存;花被裂片4,小,脱落;子房下位,被短柔毛。核果椭圆形或倒卵状球形,长1.5cm,橘黄色,被微柔毛,顶端叶状苞片长达1cm。分布在陕西、甘肃和河南。

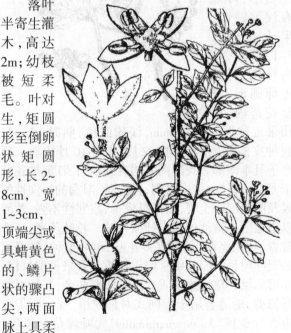

(2) 米面翁(九层皮,六黄子,禄旺子)
Buckleya henryi Diels   [Henry Piratebush]

落叶半寄生灌木,高1~2.5m。多分枝,枝多少被微柔毛,幼嫩时有棱或有条纹。叶对生,薄膜质,近无柄;下部枝的叶呈阔卵形,上部枝的叶呈披针形,长3~9cm,宽1.5~2.5cm,先端尾状渐尖,基部楔形,全缘,嫩时两面被疏毛。雄花序顶生和腋生;花梗纤细,长3~6mm;花被裂片卵状长圆形,长约2mm,被稀疏短柔毛;雄蕊4,内藏;雌花单一,顶生或腋生;花梗细长或很短;花被漏斗形,长7~8mm,外面被微柔毛或近无毛,裂片小,三角状卵形或卵形,先端锐尖;苞片4枚,披针形;花柱黄色。核果椭圆形或倒圆锥形,无毛,干膜质,羽脉明显;果柄细长,棒状,先端有节。花期6月,果期9~10月。我国特有植物,分布于山西、陕西、甘肃、安徽、河南、湖北、四川等地。

3.3.87 卫矛科 Celastraceae

常绿或落叶乔木、灌木或藤本灌木及匍匐小灌木。单叶对生或互生,少为三叶轮生并类似互生;托叶细小,早落或无,稀明显而与叶俱存。花两性或退化为功能性不育的单性花,杂性同株,较少异株;聚伞花序1至多次分枝,具有较小的苞片和小苞片;花4~5数,花部同数或心皮减数,花萼花冠分化明显,极少萼冠相似或花冠退化,花萼基部通常与花盘合生,花萼分为4~5萼片,花冠具4~5分离花瓣,少为基部贴合,常具明显肥厚花盘,雄蕊与花瓣同数,着生花盘之上或花盘之下,花药2室或1室,心皮2~5,合生。多为蒴果,亦有核果、翅果或浆果;种子多少被肉质具色假种皮包围。约60属,850种。主要分布于热带、亚热带及温暖地区,少数进入寒温带。我国有12属201种,全国均产,其中引进栽培有1属1种。

分属检索表

1 翅果、核果、浆果或1室蒴果,果时子房室数由于败育,一般较心皮数少····················雷公藤属 Tripterygium
1 蒴果或具翅蒴果,胞背裂,少为胞间裂或半裂。
  2 花部等数;花盘肥厚;心皮不减数;种子被具色肉质假种皮····················卫矛属 Euonymus
  2 花部减数;花盘薄或近缺;心皮2~3;种子有假种皮,稀无。
    3 叶对生;花盘浅杯状或近缺;蒴果2裂,无宿存中轴;种子无假种皮····················假卫矛属 Microtropis
    3 叶互生,稀对生;花盘杯状;蒴果3裂或2裂,有或无宿存中轴;种子具假种皮。
      4 子房3心皮,3室,稀1室,柱头3裂再2裂呈6裂状;蒴果开裂后留有宿存中轴;假种皮肉质红色,包围种子全部····················南蛇藤属 Celastrus
      4 子房3或2心皮,3室或2室,柱头2~3微裂;蒴果开裂后无宿存中轴;假种皮淡黄色或白色,仅包围种子基部,极稀包围大部····················美登木属 Maytenus

3.3.87.1 卫矛属 *Euonymus* L.

灌木或乔木,很少以小根攀附于它物上;枝常方柱形;叶对生,很少互生或轮生;花两性,淡绿或紫色在成腋生、具柄的聚伞花序;萼片和花瓣4~5;雄蕊4~5,花丝极短,着生于花盘上;花盘扁平,肥厚,4~5裂;子房3~5室,藏于花盘内;胚珠每室1~2颗;柱头3~5裂;蒴果,常有浅裂或深裂或延展成翅;种子有红色的假种皮。约220种,分布东西两半球的亚热带和温暖地区,仅少数种类北伸至寒温带。我国有111种,10变种,4变型。

分种检索表
1 蒴果心皮背部向外延伸成翅状,极少无明显翅,仅呈肋状;花药1室,无花丝;冬芽一般细长尖锐,长多在1cm左右。
　2 常绿灌木;冬芽稍窄小……角翅卫矛 *Euonymus cornutus*
　2 落叶灌木;冬芽显著长大。
　　3 蒴果无明显果翅,仅中肋突起;果序梗细长下垂;花5数,淡绿色……垂丝卫矛 *Euonymus oxyphyllus*
　　3 蒴果有明显果翅;果序梗不下垂;花4数或5数。
　　　4 花深紫色或紫绿色……紫花卫矛 *Euonymus porphyreus*
　　　4 花白绿色、黄绿色或黄色。
　　　　5 叶缘锯齿齿端成纤毛状;匍匐状灌木…………纤齿卫矛 *Euonymus giraldii*
　　　　5 叶缘锯齿不为纤毛状;直立灌木。
　　　　　6 叶片披针形、窄卵形或卵状披针形,最宽在2cm以下……陕西卫矛 *Euonymus schensianus*
　　　　　6 叶非上述形状,最宽在2.5cm以上。
　　　　　　7 叶多为倒卵形,基部楔形,叶柄长约5mm;果翅长1cm以上……黄心卫矛 *Euonymus macropterus*
　　　　　　7 叶多为长方椭圆形或卵状椭圆形,基部平截或阔楔形;叶柄长8~10mm;果翅长1cm以下……石枣子 *Euonymus sanguineus*
1 蒴果无翅状延展物;花药2室,有花丝或无花丝;冬芽一般较圆阔而短,长多在4~8mm之间,较少达到10mm。
　8 果实发育时,心皮各部等量生长;蒴果近球状,仅在心皮腹缝线处稍有凹入,果裂时果皮内层常突起成假轴,假种皮包围种子全部;小枝外皮常有细密瘤点。
　8 果实发育时心皮顶端生长迟缓,其余部分生长超过顶端,便果实呈现浅裂至深裂状;果裂时果皮内外层一般不分离,果内无假轴;假种皮包围种子全部或一部,小枝外皮一般平滑无瘤突。
　　9 茎枝具随生根(气生根)。
　　　10 花黄绿色,直径7~8mm;果皮有深色细点;半常绿灌木………胶州卫矛 *Euonymus kiautschovicus*
　　　10 花白绿色,直径6mm;果皮光滑无细点;常绿藤本灌木……扶芳藤 *Euonymus fortunei*
　　9 茎枝无随生根(气生根)…………大叶黄杨 *Euonymus japonicus*
　　11 蒴果全体呈深裂状,仅基部连合;假种皮包围种子全部或仅一部,呈盔状或舟状……卫矛 *Euonymus alatus*
　　11 蒴果上端呈浅裂至半裂状;假种皮包围种子全部,少为仅包围部分呈杯状或盔状。
　　　12 胚珠每室4~12。
　　　　13 雄蕊有明显花丝,长1~3mm……大花卫矛 *Euonymus grandiflorus*
　　　　13 雄蕊无花丝或极短花丝……大果卫矛 *Euonymus myrianthus*
　　　12 胚珠每室2。
　　　　14 茎枝有4条纵向栓翅……栓翅卫矛 *Euonymus phellomanus*
　　　　14 茎枝通常无栓翅。
　　　　　15 叶片卵状椭圆形、卵圆形或窄椭圆形,长4~8cm,宽2~5cm;叶柄长15~35mm;蒴果长不超过1cm……白杜 *Euonymus maackii*
　　　　　15 叶片长方椭圆形、卵状椭圆形或椭圆状披针形,长7~12cm,宽7cm;叶柄长达50mm;蒴果长1~1.5cm……西南卫矛 *Euonymus hamiltoniana*

(1) 大叶黄杨(正木,冬青卫矛)
***Euonymus japonicus* Thunb.**
[Japan Euonymus]

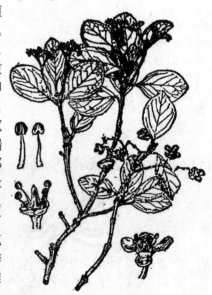

常绿灌木,高达3m。小枝四棱形,绿色。叶革质有光泽,倒卵形或椭圆形,长3~5cm,宽2~3cm,先端尖或钝,基部广楔形,叶缘有浅细钝齿。聚伞花序有5~12朵花,花白绿色,花瓣近卵圆形,雄蕊花药内向。蒴果近球形,径8~10mm,淡粉红色,熟时4瓣裂。假种皮橘红色。花期6~7月,果9~10月成熟。原产于日本南部。我国南北均有栽培,长江流域各城市尤多。喜光,但也耐阴;喜温暖、湿润的海洋性气候及肥沃湿润土壤,耐干旱瘠薄,耐寒性不强,黄河以南地区可露地种植。扦插繁殖。枝叶茂密,四季常青,叶色亮绿,且有许多花叶、斑叶变种,是美丽的观叶树种。园林中常用作绿篱及背景种植材料,亦可丛植于草地边缘或列植于园路两旁,若加以整形修剪,更适合用于规则式对称配植。品种:①金边大叶黄杨'Aureo-marginatus'),叶缘呈金黄色;②金心大叶黄杨'Aureo-variegatus',叶中脉附近金黄色,偶尔叶柄及枝端也变为黄色;③银边大叶黄杨'Albo-marginatus',叶缘有白条边。

(2) 丝棉木(白杜,明开夜合) *Euonymus maackii* Rupr. [Maack Euonymus]

落叶灌木或小乔木,高达8m。树皮具纵条纹。

叶对生,椭圆形,先端渐尖,基部楔形,缘具细齿。聚伞花序,腋生;花淡绿色,4数,花药紫色,花盘肥大。蒴果,上部4裂。种子具橙红色假种皮。花期5~6月,果期9月。产华北各山区;

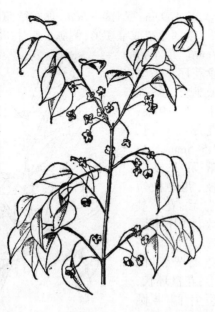

华中、华东也有。喜光,耐寒,耐旱,耐水湿。深根性树种。对二氧化硫和氯气等有害气体抗性较强。播种繁殖。树形优雅,枝叶秀丽,红果密集,可长久悬挂枝头,是园林绿地的优美观赏树种,宜作庭荫树、园路树。适宜在水边、林缘、路旁栽种,较耐水湿。

3.3.87.2 南蛇藤属 Celastrus L.

藤状灌木;小枝具极明显的皮孔;叶互生;花小,杂性,绿白色,排成腋生或顶生的圆锥花序或总状花序;萼5裂;花瓣5,广展;花盘阔,凹陷;雄蕊5,着生于花盘的边缘;子房2~4室,每室有胚珠2颗;柱头3裂;蒴果室背开裂为3果瓣,开裂后轴状胎座宿存;种子有红色的假种皮。30余种,分布于亚洲、大洋洲、南北美洲及马达加斯加的热带及亚热带地区。我国约24种和2变种,除青海、新疆尚未见记载外,各省区均有分布,而长江以南为最多。

分种检索表

1 花序通常仅顶生,如在枝的最上部有腋生花序时,则花序分枝的腋部无营养芽………苦皮藤 Celastrus angulatus
1 花序腋生或腋生与顶生并存,花序分枝的腋部具营养芽。
　2 花序通常明显腋生;种子一般为新月形或弓弯半环状,如为椭圆形,则枝有刺状芽鳞(刺苞南蛇藤)……………………………………刺苞南蛇藤 Celastrus flagellaris
　2 花序顶生及腋生;种子通常椭圆形。
　　3 冬芽大,长5~12mm;果较大,直径10~12mm;雄蕊的花丝上有时具乳突状毛…哥兰叶 Celastrus gemmatus
　　3 冬芽小,长1~3mm;果实较小,直径5.5~10mm;雄蕊的花丝上无乳突状毛………南蛇藤 Celastrus orbiculatus

(1)南蛇藤(过山龙,穿山龙,黄果藤)
Celastrus orbiculatus Thunb.
[Oriental Bittersweet]

落叶缠绕藤本,长达12m。叶近圆形、阔椭圆形或倒卵形,长6~10cm,宽5~7cm,先端钝或有突尖,基部楔形或近圆形,疏钝锯齿,上面绿色,下面淡绿色,光滑;叶柄长8~25mm。花杂性,常异株,聚伞花序顶生或

腋生,有花3~7,小花梗与总梗近等长;花黄绿色,雄花萼片5,花瓣5,雄蕊5,着生于杯状花盘边缘。蒴果橙黄色,球形,直径8~10mm,3瓣裂,各具1~2白色种子,假种皮红色。花期5~6月,果期9~10月。产华北各地山区,东北、西北、华中也有。喜光耐寒,耐半阴。生长快,耐修剪。播种繁殖。为大型木质缠绕藤本,适宜做垂直绿化,注意选用结实的棚架材料;入秋叶色变红,秋季蒴果开裂的假种皮鲜艳可爱,有一定观赏价值。也可通过修剪,形成灌丛状。

(2)苦皮藤 *Celastrus angulatus* Maxim.
[Bitterhullvine, Angle Bittersweet]

藤状灌木;小枝常有4~6锐棱,皮孔明显。叶大形,革质,矩圆状宽卵形或近圆形,长9~16cm,宽6~11cm,先端常短尖尾;叶柄粗壮,长达3cm。聚伞状圆锥花序顶生,下部分枝较上部的长;花梗粗壮有棱;花黄绿色,直径约5mm,5数。果序长达20cm,果梗粗短;蒴果黄色,近球形,直径达1.2cm;种子每室2粒,有红色假种皮。分布于甘肃、陕西、河南、山东、安徽、江苏、江西、湖北、湖南、四川、贵州、云南、广西、广东。可作为垂直绿化植物来栽培观赏。

3.3.87.3 雷公藤属 *Tripterygium* Hook. f.

落叶、攀援状灌木;叶大,互生;托叶锥尖,早落;花小,杂性,排成顶生的圆锥花序;萼片5;花瓣5;雄蕊5,着生于花盘的边缘;子房上位,三棱形,3室,每室有胚珠2颗;翅果,有3翅。3种,分布东亚,我国皆有。

分种检索表

1 叶较小,椭圆形、倒卵椭圆形、长方椭圆形或卵形,通常长8cm以下;叶片两面被毛,渐脱落;花序多较短小,长多在5~7cm之间;翅果较小,长1.5cm以下,中央果体较宽大,

中脉5条长而显著,果翅较果体窄··················雷公藤 Tripterygium wilfordii
1 叶较大,长方卵形,窄卵形或阔椭圆形,长多在10~16cm之间;花序较长大,分枝多开扩,长通常8cm以上,宽5~8cm,翅果较大,长1.2~2cm,中央果体较短窄,中脉3条明显,翅较果体宽阔。
2 叶背通常被白粉,无毛,叶片薄革质;果翅边缘平坦···············昆明山海棠 Tripterygium hypoglaucum
2 叶背无白粉,脉上有毛,老时部分脱落,叶片纸质;果翅边缘常波状··········东北雷公藤 Tripterygium regelii

雷公藤 *Tripterygium wilfordii* Hook. f.
[Thundergodvine]

藤状灌木,高达3m;小枝棕红色,有4~6棱,密生瘤状皮孔及锈色短毛。叶椭圆形至宽卵形,长4~7cm,宽3~4cm;叶柄长达8mm。聚伞圆锥花序顶生及腋生,长5~7cm,被锈毛;花杂性,白绿色,直径达5mm,5数;花盘5浅裂;雄蕊生浅裂内凹处;子房三角形,不完全3室,每室胚珠2,通常仅1胚珠发育,柱头6浅裂。蒴果具三片膜质翅,矩圆形,长1.5cm,宽1.2cm,翅上有斜生侧脉;种子1,黑色,细柱状。分布于长江流域以南各省区至西南。喜阴湿。可作垂直绿化植物,杭州植物园有栽培观赏。

3.3.87.4 假卫矛属
Microtropis Wall. ex Meissn

乔木或灌木;叶对生,有柄或近无柄,全缘,无托叶;花两性或单性,排成腋生或腋上生、无柄的花束,或排成有柄的聚伞花序;萼片5(~4);花瓣5~4,基部合生,很少没有;雄蕊5(~4);花盘环状或无;子房卵形,完全或不完全的2~3室,每室有胚珠2颗;蒴果长椭圆形,革质,2瓣裂,基部有宿萼。约60余种,分布于东亚、东南亚及美洲和非洲的温暖地区。我国约24种1变种。

福建假卫矛 *Microtropis fokienensis* Dunn
[Fujian Microtropis]

灌木,高1.5~4m;小枝略四棱形。叶坚纸质,窄倒卵形或宽倒披针形,稀倒卵椭圆形或宽椭圆形,长4~9cm,宽1.3~3.5cm,顶端窄急尖,稀近短渐尖,基部渐窄或窄楔形,侧脉4~5对;叶柄长2~7mm。短小密伞花序多腋生或侧生,稀顶生,花3~9朵,花序梗短,长1.5~5mm,通常无明显分枝,花梗极短或无;花5基数;萼片半圆形,覆瓦排列;花瓣宽椭圆形;花盘环状,裂片阔半圆形;雄蕊短于花冠;子房卵

球形,花柱极明显,柱头四浅裂。蒴果椭圆形或倒卵椭圆形,长约1.4cm。分布于福建、浙江、江西。杭州植物园有栽培观赏。

3.3.87.5 美登木属 *Maytenus* Molina

有刺或无刺灌木或小乔木,有时攀援状;叶互生,通常螺旋排列;无托叶;花小,两性,排成腋生的聚伞花序;花萼5(~4)裂,花瓣5(~4),雄蕊5,着生于花盘上;子房为完全或不完全的3(或2)室,基部和花盘合生,每室有胚珠2颗;蒴果室背开裂为2~3个果瓣;种子有假种皮。约300种,产于热带及亚热带,极少进入暖温带,以南美洲分布最多。中国约20种和1变种,多分布在云南,其他长江以南各省区及西藏也有分布。

分种检索表
1 叶较大,通常7~25cm;小枝通常只有疏少针刺或无刺,老枝常有刺,稀不见刺···············美登木 Maytenus hookeri
1 叶较小,小型者长多在5cm以下,中型可大至7cm;植株通常多刺,小枝刺状,着生花或小枝非刺状而多具针状刺,极少小枝不见有刺··················刺茶美登木 Maytenus variabilis

(1) 美登木(云南美登木)
Maytenus hookeri Loes. [Mayten]

无刺灌木,高达4m;小枝无长、短枝的区别。叶宽椭圆形或倒卵形,长10~20cm,先端短渐尖或急尖,基部渐窄,边缘有极浅疏齿,叶脉两面突起;叶柄长5~10mm。圆锥聚伞花序2~7枝丛生,常无明显总花梗,每花序有3至多花;花白绿色,5数,径3~4mm;雄蕊5,生于花盘之下。蒴果倒卵形,长约1cm,直径约8mm,2~3室;种子每室1~2,长卵形,棕色,基部有浅杯状淡黄色假种皮。产于云南西南

部西双版纳、双江等地。分布于缅甸、印度。喜温暖、荫湿的环境，播种繁殖。作庭园绿化观赏。

(2)刺茶美登木(刺茶裸实)Maytenus variablis (Hemsl.)C. Y. Cheng [Variable Mayten]

灌木，高达5m；小枝先端常粗壮刺状，腋生刺较细。叶纸质，椭圆形、窄椭圆形或椭圆披针形，长3~12cm，宽1~4cm，先端急尖或钝，基部楔形，边缘有明显的密浅锯齿，侧脉较细弱，小脉也细弱不明显；叶柄长3~6mm。聚伞花序着生于刺状小枝上及非刺状长枝上，1~3次二歧分枝；花序梗长3~13mm；小苞片长约1mm；花淡黄色，直径5~6mm，萼片卵形，有细微齿缘；花瓣长圆形；雄蕊较花瓣稍短。蒴果三角宽倒卵状，长1.2~1.5cm，红紫色。花期6~10月，果期7~12月。产于湖北、四川东部、贵州及云南南部。武汉植物园有栽培。

3.3.88 冬青科 Aquifoliaceae

乔木或灌木，常绿或落叶；单叶，互生，稀对生或假轮生，叶片通常革质、纸质，稀膜质，具锯齿、腺状锯齿或具刺齿，或全缘，具柄；托叶无或小，早落。花小，辐射对称，单性，稀两性或杂性，雌雄异株，排列成腋生、腋外生或近顶生的聚伞花序、假伞形花序、总状花序、圆锥花序或簇生，稀单生；花萼4~6片，覆瓦状排列，宿存或早落；花瓣4~6，分离或基部合生，通常圆形，或先端具1内折的小尖头，常覆瓦状排列；雄蕊与花瓣同数，且与之互生，花丝短；花盘缺；子房上位。果常为浆果状核果，具2至多数分核。4属，约400~500种，分布中心为热带美洲和热带至暖带亚洲。我国产1属，约204种，分布于秦岭南坡、长江流域及其以南地区，以西南地区最盛。

冬青属 Ilex L.

乔木或灌木；叶互生，少数对生 常绿或脱落，有齿缺或有刺状锯齿；花单性异株，有时杂性，为腋生的聚伞花序或伞形花序；花萼裂片、花瓣和雄蕊通常4；子房上位，3至多室，每室有下垂的胚珠1~2颗，生于中轴胎座上；球形、浆果状由核果。400种以上，分布于两半球的热带、亚热带至温带地区，主产中南美洲和亚洲热带。我国约200余种，分布于秦岭南坡、长江流域及其以南广大地区，而以西南和华南最多。

分种检索表
1 落叶，具长短枝，一年生枝皮孔明显；叶纸质、膜质或薄革质。
 2 果红色，分核平滑，革质。
  3 雌花为二至三回聚伞花序，具10花以上；果径3~4mm ……………………小果冬青 Ilex micrococca
  3 雌花为2~3花的聚伞花序或单花；果径5mm ………………………………………落霜红 Ilex serrata
 2 果黑色，分核不平滑，骨质。
  4 果径大于1.2cm；柱头柱状；分核7~9，侧扁 …………………………………大果冬青 Ilex macrocarpa
  4 果径小于1cm；柱头不为柱状；分核4~6，长圆形或椭圆形 …………………………秤星树 Ilea asprella
1 常绿，无短枝，一年生枝皮孔不明显。
 5 雄花序和雌花序均单生叶腋；分核背具单沟或3线纹和2槽。
  6 叶缘具齿 ……………………………………………………冬青 Ilex chinensis
  6 叶全缘 ………………………………………………………铁冬青 Ilex rotunda
 5 雄花序簇生，稀单生；雌花序簇生或雌花单生。
  7 雄花序簇生；雌花序单生 ………………………波缘冬青 Ilex crenata
  7 雄花序和雌花序均簇生于二年生枝叶腋或老枝上；分核具皱纹及洼点或具隆起线纹。
   8 雌花序每枝具1~5花；分核4~6，稀更多，革质或木质。
    9 小枝密被长柔毛或粗毛 ………………毛冬青 Ilex pubescens
    9 小枝疏被微柔毛 ……谷木叶冬青 Ilex memecylifolia
   8 雌花序每枝常为单花；分核4，稀更少。
    10 叶具锯齿，锯齿不为刺状 …… 大叶冬青 Ilex latifolia
    10 叶缘具刺状锯齿。
     11 果梗长0.4~1.5cm ………………… 枸骨 Ilex cornuta
     11 果梗长0.3cm以下 ………………… 猫儿刺 Ilex pernyi

(1)冬青(红果冬青) Ilex chinensis Sims [Holly, Ilex, Kashi Holly, Purple Holly]

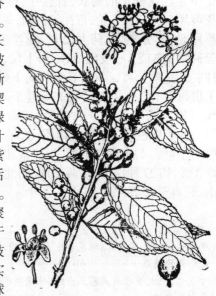

常绿乔木，高13m。叶薄革质，长椭圆形至披针形，先端渐尖，基部楔形，表面深绿而有光泽，叶柄常为淡紫红色，叶干后呈红褐色。雌雄异株，聚伞花序生于当年生嫩枝叶腋。果实深红色，椭球形。花期5~6月，果期9~11月。产长江流域及其以南各省区；日本也有分布。喜光，稍耐阴；喜温暖气候及肥沃之酸性土壤，较耐潮湿，不耐寒。播种繁殖。四季常青，入秋红果累累，经冬不落，十分美观，宜作园景树及绿篱，也可盆栽。

(2)枸骨 Ilex cornuta Lindl. et Paxt. [Horny Holly]

常绿灌木或小乔木，高达10m。叶硬革质，矩圆形，顶端扩大并有3枚大尖硬刺齿；叶有时全缘，基部圆形。花小,黄绿色。核果球形,鲜红色。花期4~5月;果9~10月。产我国长江中下游各地。喜光,稍耐阴;喜温暖气候及肥沃而排水良好之微酸性土壤,不耐寒,生长缓慢,耐修剪。播种或扦插繁殖。宜作基础种植及岩石园材料,也可孤植于花坛中心、对植于前庭、路口,或丛植于草坪边缘,同时又是很好的绿篱(兼有果篱、刺篱的效果)及盆栽材料。变种:全缘枸骨(无刺枸骨)var. fortunei,叶全缘,无刺。

3.3.89 黄杨科 Buxaceae

常绿灌木、小乔木或草本。单叶,互生或对生,全缘或有齿牙,羽状脉或离基三出脉,无托叶。花小,整齐,无花瓣;单性,雌雄同株或异株;花序总状或密集的穗状,有苞片;雄花萼片4,雌花萼片6或4,均二轮,覆瓦状排列,雄蕊4或6,与萼片对生,分离,花药大,2室,花丝多少扁阔;雌蕊通常由3或2心皮组成,子房上位,3或2室,花柱3或2,常分离,宿存,具多少向下延伸的柱头,子房每室有2枚并生、下垂的倒生胚珠,脊向背缝线。果实为室背裂开的蒴果,或肉质的核果状果。种子黑色、光亮,胚乳肉质,胚直,有扁薄或肥厚的子叶。4属,约100种,生热带和温带。我国产3属,约27种,分布于西南部、西北部、中部、东南部,直至台湾省。

分属检索表

1叶对生,全缘,羽状脉;雌花单生于花序顶端;果实为室背裂开的蒴果··黄杨属 Buxus
1叶互生,绝大多数具离基三出脉;雌花生花序下方;果实多少带肉质。
 2叶全缘;果上宿存的花柱极短,长2mm左右,约为果实长度的1/5··野扇花属 Sarcococca
 2叶绝大多数上半部有齿牙;果上宿存的花柱长而挺出呈角状,长8~15mm,和果实约略等长··板凳果属 Pachysandra

3.3.89.1 黄杨属 Buxus L.

灌木;叶对生,革质;花簇生叶腋或枝顶;雄花生于花序之侧,有萼片4;雌花顶生,有萼片6;子房3室,每室有胚珠2颗;蒴果,3瓣裂;果瓣的顶部有2角。约70余种。分布于亚洲、欧洲、非洲。我国已知约17种,主要分布于我国西部和西南部。

分种检索表

1叶不为倒披针形··黄杨 Buxus sinica
1叶为倒披针形。
 2小枝较粗,叶侧脉与中脉交角约45°,下面中脉密被白色钟乳体;雄花无梗··雀舌黄杨 Buxus bodinieri
 2小枝较细,叶侧脉与中脉交角约30°,下面中脉无钟乳体。雄花具短梗··华南黄杨 Buxus harlandii

(1) 黄杨 Buxus sinica (Rehd. et Wils.) Cheng [Chinese Box]

常绿灌木或小乔木,高达7m;枝叶较疏散,小枝及冬芽外鳞均有短柔毛。叶倒卵形、倒卵状椭圆形至广卵形,长1.3~3.5cm,先端圆钝或微凹,仅表面侧脉明显,背面中脉基部及叶柄有毛。花簇生叶腋或枝端。花期3~4月,果期5~6月。产我国中部及

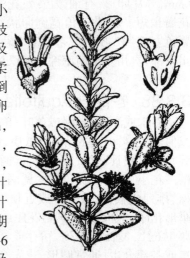

东部地区。较耐阴,有一定的耐寒性,北京可露地栽培,抗烟尘;浅根性,生长极慢,耐修剪。各地栽培于庭园观赏或作绿篱,也是盆栽或制作盆景的好材料。亚种和变种:①尖叶黄杨 subsp. aemulans,②中间黄杨 var. intermedia,③矮生黄杨 var. pumila,④越橘叶黄杨 var. vacciniifolia,⑤小叶黄杨 var. parvifolia,⑥朝鲜黄杨 var. insularis。

(2) 雀舌黄杨 Buxus bodinieri Lévl. [Bodinier Box]

常绿矮小灌木,分枝多而密集,成丛。叶对生,革质,叶形较长,倒披针形或倒卵状椭圆形,顶端钝圆而微凹,表面绿色、光亮,叶柄极短。花小,黄绿色,呈密集短穗花序,其顶部生一雌花,其余为雄花。蒴果卵圆形,3瓣室背开裂。种子黑色,光亮。花期4月。果期7月。产我国长江流域及华南、西南

地区。喜光亦耐阴,喜温暖湿润气候,耐寒性不强。播种繁殖。植株低矮,枝叶繁茂,可作绿篱,也可点缀草地、山石、做盆景。

3.3.89.2 野扇花属 Sarcococca Lindl.

常绿灌木;叶互生,全缘,革质,具柄,常为三出脉;花白色,无花瓣,排成腋生的总状花序或头状花序;雌花生于基部;萼片4~6;雄蕊4~6;子房2~3室,花柱短;果肉质或革质,核果状,有种子1~2颗。约20种以上。分布于亚洲东部和南部。我国约8种。

野扇花 Sarcococca ruscifolia Stapf
[Fragrant Sarcococca]

常绿灌木,高达3m;小枝绿色,幼时有短柔毛。单叶互生,卵状椭圆形至卵状披针形,长3~6cm,全缘,离基三主脉,侧脉不显,革质,无毛,表面深绿色而有光泽,背面绿白色。花小。单性同株,白色;成腋生短总状花序。核果球形,径达9mm,熟时暗红色。花果期10~12月。产我国中西部及西南部。耐阴,喜温暖湿润;生长慢。扦插或播种繁殖。花芳香,果红艳,宜植于庭园或盆栽观赏。变种:狭叶野扇花 var. *chinensis* Rehd. et Wils. 叶较狭,长4~5cm,宽9~10mm,基部楔形,离基三主脉有时不明显。花期1月;果期5月。产我国西南部。

3.3.89.3 板凳果属 Pachysandra Michx.

匍匐或斜上的常绿亚灌木,下部生不定根。叶互生,薄革质或坚纸质,中部以上边缘有粗齿牙,稀全缘,侧脉2~3对,最下一对和中脉成基生或离基三出脉;有叶柄。雌雄同株;花序顶生或腋生,穗状,具苞片;雌花约2~12,生花序下方,余均雄花,稀有雌雄花各成花序;花小,白色或蔷薇色;雄花:萼片4,分内外两列,雄蕊4,和萼片对生,花丝伸出,稍扁阔,不育雌蕊1,具4棱,顶端截形;苞片、萼片边缘均有纤毛。果实近核果状,宿存花柱长角状。有3种。美国东南部产1种;我国产2种,其中1种亦见于日本。

顶花板凳果(宝贵草,粉蕊黄杨,顶蕊三角咪)
Pachysandra terminalis Sieb. et Zucc.
[Japan Benchfruit]

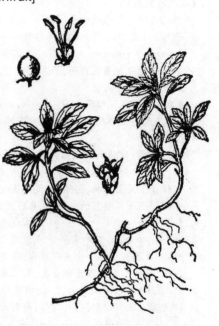

亚灌木,茎稍粗壮。叶薄革质,在茎上每间隔2~4cm,有4~6叶接近着生,似簇生状,叶片菱状倒卵形,长为2.5~5cm,宽1.5~3cm;上部边缘有齿牙,基部楔形,渐狭成长1~3cm的叶柄,叶面脉上有微毛。花序顶生,长2~4cm,直立,花序轴及苞片均无毛,花白色,雄花数超过15,几乎占花序轴的全部,无花梗,雌花1~2,生花序轴基部。果卵形,长5~6mm。花期4~5月。产甘肃、陕西、四州、湖北、浙江等省,日本也有。耐寒,耐旱,耐盐碱,极耐阴,喜水湿。扦插繁殖。叶片翠绿,生长健壮,强光下叶色变黄,可作观叶地被植物,可种植于林下或背阴面阴湿地。

3.3.90 大戟科 Euphorbiaceae

乔木、灌木、草本,稀藤本,有乳液或无。叶互生。稀对生,单叶或复叶,稀退化为鳞片状,有时具腺体,常有托叶。花小,单性,雌雄同株或异株;花序各式,常为聚伞花序,或圆锥花序;稀杯状花序;萼片离生或连合有时退化或无;无花瓣,稀有花瓣,稀有花瓣;雄蕊多数,离生或连合柱状,或大部分退化,仅存1枚,花药2(3~4)室,药室纵裂,稀顶孔开裂或横裂;子房上位,3(1~2)或更多室,每室1~2胚珠,花柱与子室同数,分离或部分连和;常有花盘,环状或分裂为腺体。蒴果或核果,稀浆果状。种子常有种阜胚乳肉质。约300属,5000多种,广布于全世界,以热带地区为多。我国包括引入共72属,450种,产于全国各地。

分属检索表

1 无乳液,子房每室2颗胚珠;植株无内生韧皮部;叶柄和叶片均无腺体。叶下珠亚科
2 植物体具有红色或淡红色液汁,无花瓣和花盘;三出复叶⋯⋯⋯⋯⋯⋯⋯⋯⋯⋯⋯⋯⋯⋯秋枫属 *Bischofia*

2 植物体无白色或红色液汁；有花瓣和花盘，或只有花瓣或花盘；单叶。
　3 花具有花瓣和花盘；雄蕊通常5；退化雌蕊通常存在
　　　　　　　　　　　　　　　　　雀舌木属 Leptopus
　3 花无花瓣。
　　4 花具有花盘。
　　　5 雄蕊着生于花盘边缘或凹缺处，或花盘裂片之间；子房2~1室，稀3室；核果，稀蒴果
　　　　　　　　　　　　　　　　　五月茶属 Antidesma
　　　5 雄蕊着生在花盘的内面；子房15~3室；果实为蒴果或浆果状或核果状。
　　　　6 雄花具有退化雌蕊 ………… 白饭树属 Flueggea
　　　　6 雄花无退化雌蕊 ………… 叶下珠属 Phyllanthus
　　4 花无花盘。
　　　7 萼片分离；雄蕊3~8，花丝和花药全部合生成圆柱状，顶端稍分离，药隔突起成圆锥状；子房15~3室，花柱合生呈圆柱状、圆锥状、棍棒状或卵状；果具有多条明显或不明显的纵沟，成熟后开裂为15~3个分果爿 …………………………… 算盘子属 Glochidion
　　　7 雄花花萼盘状、壶状、漏斗状或陀螺状，顶端全缘或6裂，雄蕊3，仅丝合生成圆柱状，药隔不突起；子房3室，花柱3，分离或基部合生；果不具纵沟。
　　　　8 雄花有花盘，分成6~12裂片；雌花萼片6深裂，裂片组成2轮，果期时有时增厚；蒴果开裂……
　　　　　　　　　　　　　　　　　守宫木属 Sauropus
　　　　8 雄花无花盘；雌花花萼陀螺状、钟状或辐射状，果期时不增厚而呈盘状，蒴果浆果状，不开裂。
　　　　　　　　　　　　　　　　　黑面神属 Breynia
1 有乳液，子房每室1颗胚珠；植株通常存在内生韧皮部；叶柄上部或叶片基部通常具有腺体。
　9 植株无乳汁管组织；单叶，稀复叶；花瓣存在或退化；花粉粒双核，多数具三沟孔，外层具网状到细皱的穿孔。
　　10 叶对生 …………………………… 野桐属 Mallotus
　　10 叶互生。
　　　11 叶具散生颗粒状腺体，无小托叶。
　　　　12 花序顶生，稀腋生，花药2室，花柱粗壮
　　　　　　　　　　　　　　　　　野桐属 Mallotus
　　　　12 花序腋生，花药3~4室，花柱短或细长………
　　　　　　　　　　　　　　　　　血桐属 Macaranga
　　　11 叶无颗粒状腺体。
　　　　13 嫩枝、叶被星状毛 ………… 蝴蝶果属 Cleidiocarpon
　　　　13 嫩枝、叶被柔毛，稀无毛。
　　　　　14 花丝合生成多个雄蕊束 ………… 蓖麻属 Ricinus
　　　　　14 花丝离生或仅基部合生，雄花在苞腋多朵簇生或排成团伞花序。
　　　　　　15 圆锥花序。
　　　　　　　16 叶柄顶端具小托叶，雄花具雄蕊25~60枚，药室离生，花柱2裂 … 假参包叶属 Discocleidion
　　　　　　　16 叶基部或叶柄顶端均无小托叶，雄花的雄蕊通常8枚，药室合生，花柱不分裂
　　　　　　　　　　　　　　　　　山麻杆属 Alchornea
　　　　　　15 穗状花序或总状花序。
　　　　　　　17 药室彼此分离，花序穗状，两性的或单性的…
　　　　　　　　　　　　　　　　　铁苋菜属 Acalypha
　　　　　　　17 药室合生，花序单性的，雄花序穗状，雌花序排成总状花序或圆锥花序。
　　　　　　　　18 叶片基部具小托叶，雄花具雄蕊7~8枚，花柱线状 ………………………… 山麻杆属 Alchornea
　　　　　　　　18 叶片基部无小托叶，雄花具雄蕊10枚以上，花柱较粗，柱头具羽毛状或乳头状突起………
　　　　　　　　　　　　　　　　　野桐属 Mallotus
　9 植株具有乳汁管组织；单叶全缘至掌状分裂，或复叶；花瓣大多数存在；花粉粒双核或三核。
　　19 乳汁白色；总状花序、穗状花序或大戟花序；苞片基部通常具2枚腺体；萼片覆瓦状排列或无萼片而由4~5枚苞片联合成花萼状总苞；雄蕊在花蕾中通常直立；无花瓣；花盘中间通常无退化雄蕊；花粉粒具三孔沟，沟通常有边，表面具有网纹和孔。
　　　20 杯状聚伞花序（即大戟花序）；雄花无花萼，雄蕊1枚 ………………………………… 大戟属 Euphorbia
　　　20 穗状花序，稀总状花序；雄花萼片2~5枚，分离或合生，雄蕊2~3枚，稀多数。
　　　　21 雄花萼片离生，通常3片，罕为2片
　　　　　　　　　　　　　　　　　海漆属 Excoecaria
　　　　21 雄花花萼杯状或管状2~3浅裂或为2~3细齿
　　　　　　　　　　　　　　　　　乌桕属 Sapium
　　19 液汁透明至淡红色或乳白色；二歧圆锥花序至穗状花序；苞片基部通常无腺体；萼片覆瓦状或镊合状排列；雄蕊在花蕾中内向弯曲；花瓣通常存在；花盘中间具有退化雄蕊；花粉粒通常具孔或无孔，具"巴豆亚科"型多角排列的外层突起。
　　　22 花丝在花蕾时内弯的，通常基部被绵毛，离生，雄花萼片覆瓦状或镊合状排列，具花瓣；雌花有或无花瓣
　　　　　　　　　　　　　　　　　巴豆属 Croton
　　　22 花丝在花蕾时直立的。
　　　　23 雄花花萼裂片镊合状排列；花排成聚伞圆锥花序。
　　　　　24 花无花瓣，蒴果，叶为指状复叶（栽培）…………
　　　　　　　　　　　　　　　　　橡胶树属 Hevea
　　　　　24 花具花瓣，果为核果状，叶为单叶。
　　　　　　25 嫩枝被柔毛；花长于1.5cm，花萼2~3裂，呈佛焰苞状，雄蕊8~12枚，果皮壳质…油桐属 Vernicia
　　　　　　25 嫩枝被星状毛；花较小，长不及1cm ………
　　　　　　　　　　　　　　　　　石栗属 Aleurites
　　　　23 雄花花萼裂片或萼片覆瓦状排列。
　　　　　26 雄花无花瓣（栽培）………… 木薯属 Manihot
　　　　　26 雄花具花瓣。
　　　　　　27 总状花序，两性的 ………… 变叶木属 Codiaeum
　　　　　　27 聚伞状花序或聚伞圆锥花序；若为总状花序，则为单性的 ………………… 麻疯树属 Jatropha

3.3.90.1 乌桕属 Sapium P. Br.

灌木或乔木，有乳状汁液；叶互生，全缘，叶柄顶有腺体2个；花单性同株，无花瓣和花盘，组成顶生或侧生的穗状花序，雄花数朵着生于每一苞片内，雌花单生于花序基部的苞腋内；雄花：萼2~5浅裂；雄蕊2~3；花丝分离，无退化雌蕊；雌花：萼3浅裂至近深裂；子房2~3室，每室1胚珠；花柱3，分离或基部合生，柱头外卷；蒴果球形、梨形或三棱球形，很少为浆果状，通常3室，室背开裂，中轴宿存；种子常有蜡质的假种皮。约120种，广布于全球，但主产热带地区，尤以南美洲为最多。我国有9种，多分布于东南至西南部丘陵地区。

分种检索表
1 种子有雅致的棕褐色斑纹,但无蜡质层..................
..................................白木乌桕 Sapium japonicum
1 种子被厚薄不等的蜡质层,无棕褐色斑纹。
　2 叶菱形、阔卵形或近圆形,长和宽近相等..............
....乌桕 Sapium sebiferum
　2 叶卵形、长卵形或椭圆形,长为宽的2倍或2倍以上
....山乌桕 Sapium discolor

(1) 白木乌桕(白乳木) *Sapium japonicu* (Sieb. et Zucc.) Pax et Hoffm.
[Japan Tallowtree]

落叶小乔木；树干平滑,幼枝及叶含白乳汁。叶长卵形至长椭圆状倒卵形,长6~16cm,全缘,背面绿色,近边缘有散生腺体。雄蕊3。种子无蜡层。广布于山东、安徽、江苏、浙江、福建、江西、湖北、湖南、广东、广西、贵州和四川。日本和朝鲜也有。秋叶红色美丽,可作庭园观赏,种植于湿润处或溪涧边。

(2) 乌桕(腊子树,桕子树,木子树) *Sapium sebiferum* (L.) Roxb.
[Chinese Tallowtree]

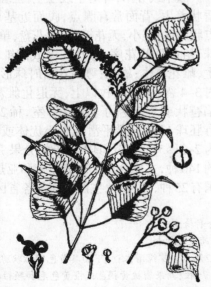

落叶乔木,高15m。树皮暗灰色,浅纵裂；小枝纤细；叶互生,菱状广卵形,先端尾状,基部广楔形,全缘。花单性,无花瓣；成顶生穗状花序,基部为雌花,上部为雄花,花小,黄绿色。蒴果三菱状球形,熟时黑色,3裂,果皮脱落。花期5~7月。果10~11月成熟。产秦岭、淮河流域及其以南,至华南、西南各地。日本、越南、印度也有分布。喜光,喜温暖气候及深厚肥沃且水分丰富的土壤。耐旱、耐水湿及抗风能力强。对二氧化硫及氯化氢抗性强。播种或扦插繁殖。植于水边、池畔、坡谷、草坪都很合适。若与亭廊、花墙、山石等相配,也甚协调。可作护堤树、庭阴树及行道树。

3.3.90.2 石栗属 *Aleurites* J. R. et G. Forst.

常绿大乔木；叶互生,全缘或8~5裂,叶柄长,顶端有腺体2枚；花单性同株,组成顶生的圆锥花序；萼2深裂；花瓣5；雄花:雄蕊8~20,花丝分离；花盘腺体5,无退化雌蕊；雌花:子房2室,每室有胚珠1颗；花柱2裂；核果近圆球形或阔卵形,有种子1~2颗。2种；分布于亚洲和大洋洲热带、亚热带地区。我国产1种。

石栗 *Aleurites moluccana* (L.) Willd.
[Stonechestnut, Belgaum Walnut]

常绿乔木,高达13m；幼枝密被星状短柔毛。叶卵形至阔披针形或近圆形,长10~20cm,宽5~17cm,两面被锈色星状短柔毛,后渐脱毛,不分裂或3~5浅裂；叶柄长6~12cm,顶端有2枚小腺体。花小,白色,单性,雌雄同株；圆锥花序顶生,长10~15cm,花序分枝及花梗均被稠密的短柔毛及混杂的锈色星状毛；花萼不规则3裂,裂片镊合状；花瓣5；雄花有雄蕊15~20；花丝在芽内弯曲；雌花子房2室。核果卵形或球形,直径5cm,被锈色星状毛。花期4~10月,果期10~11月。分布于广东、广西、云南；越南、泰国、马来西亚、印度。喜光,喜暖热气候,很不耐寒；深根性,生长快。华南地区多作行道树及风景树。

3.3.90.3 油桐属 *Vernicia* Lour.

落叶乔木；叶互生,全缘或3~5裂,裂片弯缺底部有时具杯状腺体；叶柄顶端近叶基处有具柄或无柄的腺体2枚；花大,单性同株或异株,组成圆锥花序；萼2~3裂；花瓣5,白色或基部略带红色；雄花有

雄蕊8~20枚,花丝基部合生;雌花子房3~5(~8)室,每室1胚珠,花柱2裂;核果近球形或卵形;种子具厚壳状种皮。3种;分布于亚洲东部地区。我国有2种;分布于秦岭以南各省区。

分种检索表
1叶全缘,稀1~3浅裂;叶柄顶端的腺体扁球形;果无棱,平滑…………………………………… 油桐 Vernicia fordii
1叶全缘或2~5浅裂;叶柄顶端的腺体,杯状,具柄;果具三棱,果皮有皱纹……………… 木油桐 Vernicia montana

(1) 木油桐（千年桐） Vernicia montana Lour.
[Muyou Oiltung]

落叶乔木,高达20m。枝条无毛,散生突起皮孔。叶宽卵圆形,3~5深裂,裂隙底部有腺体;叶柄顶端具2杯状有柄的腺体。花大,白色,雌雄异株,稀同株;子房3~5室果卵形,果皮有3(4)纵棱和网状皱纹。花期3~5月,果实成熟期10月。

产浙江、江西、湖南,南至广东、广西,西南至四川、贵州和云南。喜光,喜暖热多雨气候;抗病性强,生长快。树体高大,寿命长,可作行道树。

(2) 油桐（桐油树,桐子树,光桐） Vernicia fordii (Hemsl.) Airy Shaw [Oiltung, Tung-oil Tree]

落叶乔木,高3~8m。叶互生,卵形或宽卵形,长20~30cm,宽4~15cm,先端尖或渐尖,叶基心形,全缘或三浅裂。圆锥状聚伞花序顶生,花单性同株;花先叶开放,花瓣白,有淡红色条纹,5枚。花期4~5月,果期7~10月。分布于我国黄河

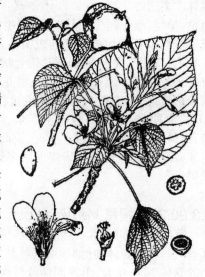

以南各省,南方地区多有栽培。喜光,喜温暖,忌严寒,适生于缓坡及向阳谷地,盆地及河床两岸台地,喜富含腐殖质、土层深厚、排水良好、中性至微酸性沙壤土。播种繁殖。株形高大,枝叶浓密,开花时满树白花,美观高洁,可种植为园景树、行道树的优良树种。

3.3.90.4 蝴蝶果属
Cleidiocarpon Airy Shaw

乔木;嫩枝被微星状毛。叶互生,全缘,羽状脉;叶柄具叶枕;托叶小。圆锥状花序,顶生,花雌雄同株,无花瓣,花盘缺,雄花多朵在苞腋排成团伞花序,稀疏地排列在花序轴上,雌花1~6朵,生于花序下部;雄花:花萼花蕾时近球形,萼裂片3~5枚,镊合状排列;雄蕊3~5枚,花丝离生,花药背着,4室,药隔不突出;不育雌蕊柱状,短,无毛;雌花:萼片5~8枚,覆瓦状排列,宿存;子房2室,每室具胚珠1颗,花柱下部合生,顶部3~5裂,裂片短并叉裂。果核果状,近球形或双球形;种子近球形。2种,分布于缅甸北部、泰国西南部、越南北部。我国产1种,分布于贵州、广西和云南。

蝴蝶果 *Cleidiocarpon cavaleriei* (Levl.) Airy Shaw [Butterflyfruit]

常绿乔木,高达30m;树皮灰色,光滑;各部常被星状毛。单叶互生,叶长椭圆形至披针形,两端尖,长10~25cm,全缘;叶柄顶端有2小腺体。花单性同序,无花瓣,淡黄色,雄蕊4~5,子房2室;顶生圆锥花序,长10~15cm。核果斜卵形,淡黄色。产于我国贵州、广西、云南。华南一些城市有栽培。喜光,喜温暖多湿气候,耐寒,但抗风较差。树形美观,枝叶浓绿,是华南城市绿化的好树种。

3.3.90.5 野桐属 *Mallotus* Lour.

灌木或乔木;叶对生或互生,全缘或分裂,有时盾状着生,背面常有腺点,腹面近基部常有2个斑点状腺体;花小,无花瓣,亦无花盘,单性异株,稀同株,组成穗状花序、总状花序或圆锥花序,雄花簇生,雌花单生;雄花;萼在花蕾时球形或卵形,开花时3~4裂;雄蕊16枚以上;无退化雌蕊;雌花:萼佛焰苞状或3~5裂;子房通常3室,稀2或4室,每室有胚珠1颗;蒴果平滑或有小疣体或有软刺,开裂为2~3(~5)个2裂、具1种子的分果爿,中轴宿存。约140种,主要分布于亚洲热带和亚热带地区。我国有25种,11变种,主产于南部各省区。

分种检索表
1蒴果无软刺。
　2藤本或攀缘灌木;叶下面具黄色颗粒状腺体;雄蕊40~75枚;蒴果密被黄褐色或橙黄色毛和颗粒状腺体………………………………………… 石岩枫 *Mallotus repandus*

2 乔木或直立灌木;叶下面具红色或橙黄色颗粒状腺体;雄蕊18~30枚;蒴果密被红色或橙黄色颗粒状腺体和粉末状毛……………………粗糠柴 Mallotus philippensis
1 蒴果具软刺。
　3 蒴果具密生线形的软刺…………白背叶 Mallotus apelta
　3 蒴果具稀疏、粗短的软刺……………………………
　……………………野桐 Mallotus japonicus var. floccosus

(1) 野桐(野梧桐)
Mallotus japonicus (Thunb.) Muell. Arg. var. *floccosus* (Muell. Arg.) S. M. Hwang
[Japan Wildtung]

小乔木或灌木,高5m。叶互生,宽卵形或三角状圆形,背面密被星状粗毛。花单性,雌雄异株,雌花序总状,不分枝。果球形,表面有软刺及星状毛;种子黑色。花期7~11月,果期9~10月。产于我国湖北、湖南、河南、陕西南部、安徽、江苏、四川等。喜光,喜温暖湿润,也较耐旱,耐寒。适应性强。叶大色绿,花序较长,可植于山坡、水边等处,以呈野生景观之趣。

(2) 白背叶(叶下白,白背木,白背娘)
Mallotus apelta (Lour.) Muell. Arg.
[Whitebackleaf]

小乔木或灌木,高2~3m,小枝,叶柄均被白色密毛。叶互生,宽卵形,长5~10cm,宽3~9cm,先端渐尖,基部宽楔形。圆形穗状花序生枝顶,雄花在上,雌花在下。蒴果球形,密生软刺,星状柔毛,白色。花期4~7月,果期8~11月。产于云南、广西、湖南、江西、福建、广东和海南。越南也有。喜光;喜高温、湿润的气候,耐干旱。耐贫瘠。播种或扦插繁殖。用于坡面和林缘绿化。

3.3.90.6 血桐属 *Macaranga* Thou.

灌木或乔木;叶大,互生,常盾状着生,全缘或分裂,背面有腺点,掌状脉或羽状脉;花小,无花瓣及花盘,单性异株,稀同株,组成腋生的总状花序或圆锥花序;苞片大,全缘或有齿;雄花:萼在花蕾时近球形或近棒状,开花时2~4裂;雄蕊通常多数,花丝短,无退化雌蕊;雌花:萼杯状、佛焰苞状或不规则分裂;子房1~6室,每室有1胚珠,花柱不分枝;蒴果分裂为1~5个2裂的分果爿,平滑或具皮刺,常有腺体。约280种,分布于非洲、亚洲和大洋洲的热带地区。我国产16种,分布于台湾、福建、广东、海南、广西、贵州、四川、云南、西藏。

血桐 *Macaranga tanarius* (L.) Muell. Arg.
[Common Macaranga]

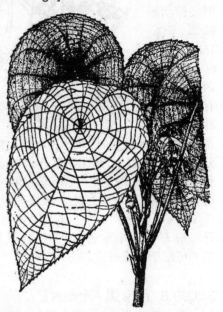

乔木,高5~10m;嫩枝、嫩叶、托叶均被黄褐色柔毛或有时嫩叶无毛;小枝粗壮,无毛,被白霜。叶纸质或薄纸质,近圆形或卵圆形,长17~30cm,宽14~24cm,顶端渐尖,基部钝圆,盾状着生,全缘或叶缘具浅波状小齿,上面无毛。下面密生颗粒状腺体,沿脉序被柔毛;掌状脉9~11条,侧脉8~9对;叶柄长14~30cm。花单性异株,黄绿色,无花瓣;雄花序圆锥状,长5~14cm,花序轴无毛或被柔毛;苞片卵圆形;雌花集生成簇,长5~15cm,花序轴疏生柔毛;苞片卵形、叶状,长1~1.5cm,顶端渐尖,基部骤狭呈柄状,边缘篦齿状条裂,被柔毛。蒴果具2~3个分果爿,长8mm;果梗长5~7mm。种子近球形,直径约5mm。花期4~5月,果期6月。产东南亚至大洋洲。我国台湾、广东和福建有分布。喜光,喜暖热湿润气候,不耐寒,耐盐碱,抗风,抗大气污染。是暖地良好的园林绿化和水土保持树种。

3.3.90.7 五月茶属 *Antidesma* L.

乔木或灌木;叶互生,全缘;花小,无花瓣,单性异株,排成穗状花序、总状花序或圆锥花序;雄花:萼杯状,3~5(~8)裂,裂片覆瓦状排列;花盘垫状;雄蕊2~5;雌花:萼与雄花同;花盘环状或杯状。子房1室,每室有胚珠2颗;花柱3~2,常2裂;核果常稍压扁,干后有网状小窝孔,有种子1颗。约170种,广布于东半球热带及亚热带地区。我国产17种,1变种,分布于西南、中南及华东。

五月茶 *Antidesma bunius* (L.)Spreng.
[Bignay Maytea]

常绿小乔木，通常高4~10m；树皮灰褐色；小枝被稠密的锈色短柔毛或稀毛至无毛。叶矩圆形或倒披针状矩圆形，长6~16cm，宽2~6cm，革质，两面无毛，有光泽；侧脉7~11对。花小，单性，雌雄异株；花序穗状或几总状，单一或分枝，顶生或侧生，雄花花萼杯状半球形，雄蕊3，花盘肥厚，位于雄蕊之外；雌花花盘杯状，肥厚，子房无毛，1室，花柱3，顶生。核果近球形，深红色，长5~6mm，直径约7mm。花期3~5月，果期6~11月。分布于广东至云南；亚洲热带其它地区也有。可植于庭园观赏。

3.3.90.8 蓖麻属 *Ricinus* L

灌木或小乔木，栽于温带地区则为一年生草本；叶互生，大，盾状，掌状5~11深裂，叶柄有腺体；花单性同株并同序，无花瓣及花盘，组成密伞花序再排成顶生的圆锥花序，雌花在上，雄花在下；雄花：萼在花蕾时球形，开花时3~5裂；雄蕊极多数，花丝分枝，无退化雌蕊；子房3室；雌花：萼片5，早落，子房3室，每室有1胚珠，花柱3，2裂；蒴果。单种属。广泛栽培于世界热带地区。我国大部分省区均有栽培。果球形，有软刺，分裂为3个2瓣裂的分果爿。

蓖麻 *Ricinus communis* L.
[Castorbean, Castor-oilplant, Palma Christi]

高大一年生草本或在南方地区常成小乔木，幼嫩部分被白粉。叶互生，圆形，盾状着生，直径15~60cm，有时大至90cm，掌状中裂，裂片5~11，卵状披针形至矩圆形，顶端渐尖，边缘有锯齿；叶柄长。花单性，同株，无花瓣，圆锥花序与叶对生，长10~30cm或更长，下部雄花，上部雌花；雄花4~5裂；雄蕊多数，花丝多分枝；雌花萼3~5裂；子房3室，每室1胚珠；花柱3，深红色，2裂。蒴果球形，长1~2cm，有软刺。种子矩圆形，光滑有斑纹。原产非洲；我国各地均有栽培观赏。品种：红蓖麻'Sanguineus'，株植和叶全为红色，可植于庭园观赏。

3.3.90.9 铁苋菜属 *Acalypha* L.

草本、灌木或乔木；叶互生，常有锯齿；花小，单性同株，稀异株，无花瓣及花盘，组成穗状花序或圆锥花序；雄花生于小苞片的腋内；萼4室，雄蕊通常8枚，花丝分离，花药4室，长圆形或线形，蜿蜒状，无退化雌蕊；雌花常1~3朵生于叶状苞片内；萼片3~4；子房3室，每室有1胚珠，花柱3，分离，常羽状分裂；蒴果开裂为3个2裂的分果爿。约450种，广布于世界热带、亚热带地区。我国约17种，其中栽培2种，除西北部外，各省区均有分布。

分种检索表
1 雌雄异株，雌花序长且下垂，雌花苞片小，长约1mm，全缘……………………红穗铁苋菜 *Acalypha hispida*
1 雌雄同株，异序，雌花苞片长3~5mm，边缘具齿…………
………………………………………红桑 *Acalypha wilkesiana*

(1)红桑 *Acalypha wilkesiana* Muell.-Arg.
[Red Mulberry]

常绿灌木，高达2.5m。单叶互生。卵圆形，长6~12cm，缘有锯齿，红色或绿口上有红色、黄色斑纹。花小，单性，无花瓣；穗状花序，长10~20cm；蒴果。原产于太平洋岛屿（波利尼西亚或斐济）；现广泛栽培于热带、亚热带地区，为庭园赏叶植物；我国台湾、福建、广东、海南、广西和云南的公园和庭园有栽培，北方常作为温室盆栽观叶植物。品种：金边红桑'Marginata'红叶有黄边，栽培较普遍。

(2)猫尾红（红尾铁苋，红运铁苋，穗穗红）
Acalypha reptans Sw.
[Red Cat's tail, Dwarf Cat Tail]

常绿灌木，枝条呈半蔓性，株高10~25cm，能匍匐地面生长，若用吊盆栽培呈悬垂状。叶互生，卵形，先端尖，叶缘具细齿，两面被毛。葇荑花序，顶生，自然花期为春季至秋季，而在人工栽培的环境中一年四季都可开花，雌花短穗状，具绒毛光泽，鲜红色，形似猫尾。原产新几内亚等中美洲及西印度群岛，现世界各地广为栽培。喜温暖、湿润和阳光充足的环境。但不耐寒冷，在中国北方通常作为温室盆花栽培。喜肥沃的土壤。越冬温度应在18℃以上，12℃以下叶片下垂，长时间低温，会引起叶片脱落。扦插繁殖。花序色泽鲜艳，十分喜人。适合花坛美化，吊盆栽植或地被。宜植于公园、植物园和庭院内。

3.3.90.10 山麻杆属 Alchornea Sw.

乔木或灌木；叶互生，全缘或有齿，基部常有腺体和3~5基出脉；花小，单性同株或异株，无花瓣；组成穗状花序、总状花序或圆锥花序；雄花：萼小，花蕾时球形，开花时2~3深裂；雄蕊通常8枚，无退化雌蕊；雌花：萼片3~6；子房2~3(~4)室，每室有胚珠1颗；蒴果分裂成2~3个分果爿，中轴宿存。约70种，分布于全世界热带、亚热带地区。我国产7种，2变种，分布于西南部和秦岭以南热带和温暖带地区。

分种检索表
1 雄花序长不及4cm，葇荑花序状，苞片卵形，长2mm；子房被绒毛，果密生柔毛·················山麻杆 Alchornea davidii
1 雄花序细长，长5cm以上························
······················红背山麻杆 Alchornea trewioides

(1) 红背山麻杆 Alchornea trewioides (Benth.) Muell. Arg. [Redback Xmas bush]

灌木或小乔木，幼枝被短柔毛。叶互生，卵状圆形或阔三角状卵形或阔心形，长6~15cm，宽4~12cm，顶端长渐尖，基部近平截或浅心形，在叶柄相连处有红色腺体和2枚线状附属体，上面近无毛，下面沿叶脉被疏柔毛，边缘有不规则的细锯齿。雄花序腋生，总状，苞片腋内有花4~8朵聚生，萼片2~3，雄蕊8；雌花序顶生，花密集，萼片6~8，子房卵形，花柱3。蒴果被灰白色毛。产我国长江以南至东南亚地区。

(2) 山麻杆 Alchornea davidii Franch [David Xmas bush]

落叶小灌木，高1~2m；茎皮常呈紫红色，幼枝密被绒毛。单叶互生，宽卵形至圆形，先端短尖，基部圆形，叶表面绿色，有短毛疏生，背面紫色，叶缘有锯齿，主脉由基部三出。花小，单性，雌雄同株，雄花密生成短穗状花序，雌花疏生，排成总状花序，位于雄花序的下面。花期4~6月，果期6~7月。阳性树种，喜光照，稍耐阴，喜温暖湿润的气候环境，对土壤的要求不严，喜深厚肥沃的沙壤土。萌蘖

性强，抗旱能力低。广布于长江流域及陕西。茎干丛生，茎皮紫红，早春嫩叶紫红，后转红褐，是一个良好的观茎、观叶树种，丛植于庭院、路边、山石之旁，具有丰富的色彩效果，但因畏寒怕冷，北方地区宜选向阳温暖之地定植。

3.3.90.11 木薯属 Manihot P. Mill.

灌木或乔木，很少为草本，有乳状汁液；叶互生，全缘或3~11深裂；花单性同株，大，无花瓣，排成顶生或腋生的总状花序或圆锥花序；萼钟状，5裂，常有颜色；花盘分裂成腺体；雄蕊10，2列；着生于花盘的裂片或腺体之间；子房3室，每室1胚珠，花柱3，基部合生，上部展开；蒴果开裂为3个2瓣裂的分果爿。约170种。分布北美洲西南部及南美洲热带地区。我国栽培2种。

木薯 Manihot esculenta Crantz [Cassave]

直立亚灌木，高1.5~3m；块根圆柱状，肉质。叶互生，长10~20cm，掌状3~7深裂或全裂，裂片披针形至矩圆状披针形，全缘，渐尖；叶柄长约30cm。花单性，雌雄同株，无花瓣；圆锥花序顶生及腋生；花萼钟状，5裂，黄白而带紫色；花盘腺体5枚；雄花具雄蕊10，2轮；雌花子房3室；花柱3，下部合生。蒴果椭圆形，长1.5cm，有纵棱6条。原产巴西，世界热带地区广泛栽种；我国南方也有栽培。品种：斑叶木薯'Variegata'，叶片基部及裂片近中脉附近有大片黄白色斑，叶柄带红色。常盆栽观赏。

3.3.90.12 大戟属 Euphorbia L.

草本或亚灌木,有白色乳汁;茎草质或木质成肉质而无叶;叶互生或对生,或有时轮生,全缘或有锯齿;花无花被,组成杯状聚伞花序,又称大戟花序(此花序由1朵雌花居中,周围环绕以数朵或多朵仅有1枚雄蕊的雄花所组成),总苞萼状,辐射对称,通常4~5裂,裂片弯缺处常有大的腺体,常具花瓣状附片;雄花多数生于一总苞内,每一花由单一的雄蕊组成;雌花单生于总苞的中央,具长的子房柄伸出总苞之外;子房3室,每室1胚珠,花柱3,离生或多少合生,顶常2裂或不裂;蒴果成熟时开裂为3个2瓣裂的分果爿。约2000种,是被子植物中特大属之一,遍布世界各地,其中非洲和中南美洲较多;我国原产约66种,另有栽培和归化14种,计80种,南北均产,但以西南的横断山区和西北干旱地区较多。

分种检索表
1总苞的腺体具花瓣状附属物⋯⋯⋯⋯⋯⋯⋯⋯
⋯⋯⋯⋯⋯⋯⋯⋯⋯⋯紫锦木 Euphorbia cotinifolia
1总苞的腺体无附属物。
　2常为草本,少数茎基具有木质化;叶不早落⋯⋯⋯
　⋯⋯⋯⋯⋯⋯⋯⋯一品红 Euphorbia pulcherrima
　2灌木或乔木,常肉质化或叶早落或叶仅存于枝的顶部;腺体5枚。
　　3乔木,茎与分枝均为绿色,无棱无刺;叶早落,常呈无叶状⋯⋯⋯⋯⋯绿玉树 Euphorbia tirucalli
　　3灌木或蔓生灌木,茎与分枝绿色或褐色,刺状或肉质化并刺状,有棱;叶仅存于分枝的顶部。
　　　4蔓生灌木,茎与分枝均为褐色,刺锥状;总苞叶2枚,红色⋯⋯⋯⋯⋯铁海棠 Euphorbia milii
　　　4灌木,茎与分枝均为绿色,刺芒状;总苞叶绿色。
　　　　5茎圆柱状,具5棱,棱角无脊,常扭转呈螺旋状;托叶刺2枚,生于棱上⋯⋯金刚纂 Euphorbia neriifolia
　　　　5茎3~7棱,棱角具脊,翅状;托叶刺生于脊上。
　　　　　6茎常3棱,偶有4棱;瘠薄且边缘具不规则齿,宽达1~2cm⋯⋯火殃勒 Euphorbia antiquorum
　　　　　6茎5~7棱;棱脊扁平面又肥厚,边缘具不规则的波状齿⋯⋯⋯⋯霸王鞭 Euphorbia royleana

(1)一品红(圣诞树,象牙红,猩猩木)
Euphorbia pulcherrima Willd.　　[Poinsettia]

落叶灌木,高1~3m。茎光滑,含乳汁。叶互生,卵状椭圆形至披针形,具大的缺刻,背面有软毛。茎顶部花序下的叶较狭,苞片状,通常全缘,开花时呈朱红色,为主要观赏部分。顶生杯状花序,聚伞状排列。蒴果。花期12月至翌年2

月。原产墨西哥和中美洲。喜温暖,湿润及阳光充足的环境。怕低温,更怕霜冻。对土壤要求不严,以微酸性的肥沃沙壤土最好。播种繁殖。常用于盆花观赏或室外花坛布置。

(2)铁海棠 *Euphorbia milii* Ch. des Moulins
[Croqn-of-thorns, Christ Plant, Iron crabapple]

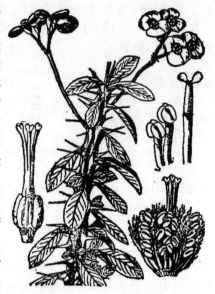

多刺直立或稍攀援性灌木,高可达1m;刺硬而锥状,长1~2.5cm。叶通常生于嫩枝上,倒卵形至矩圆状匙形,黄绿色,长2~5cm,早落,顶端圆而具凸尖,基部渐狭,楔形,无柄。杯状花序每2~4个生于枝端,排列成具长花序梗的二歧聚伞花序;总苞钟形,顶端5裂,腺体4,无花瓣状附属物;总苞基部具2苞片,苞片鲜红色,倒卵状圆形,直径约10~12mm。子房3室,花柱3,中部以下合生,顶端2浅裂。花期全年。原产非洲(马达加斯加),广泛栽培于旧大陆热带和温带;我国南北方均有栽培,常见于公园、植物园和庭院中。

3.3.90.13 麻疯树属 Jatropha L.

乔木、灌木、亚灌木或为具根状茎的多年生草本。叶互生,掌状或羽状分裂,稀不分裂,被毛或无毛;具叶柄或无柄;托叶全缘或分裂为刚毛状或为有柄的一列腺体,或托叶小。花雌雄同株,稀异株,伞房状聚伞圆锥花序,顶生或腋生,在二歧聚伞花序中央的花为雌花。其余花为雄花;萼片5枚,覆瓦状排列,基部多少连合;花瓣5枚,覆瓦状排列,离生或基部合生;腺体5枚,离生或合生成环状花盘;雄花:雄蕊8~12枚,有时较多,排成2~6轮,花丝多少合生。蒴果;种子有种阜。约175种;主产于美洲热带、亚热带地区,少数产于非洲。我国常见栽培或逸为野生的有5种。

分种检索表
1花瓣合生几达中部黄绿色;叶不分裂或3~5浅裂,非盾状着生⋯⋯⋯⋯⋯⋯⋯⋯麻疯树 Jatropha curcas
1花瓣离生或近离生,红色;叶浅裂至深裂。
　2叶盾状着生,全缘或2~5浅裂;托叶分裂成刺状⋯⋯
　⋯⋯⋯⋯⋯⋯⋯⋯⋯佛肚树 Jatropha podagrica

2 叶非盾状着生,掌状9~11深裂,裂片线状披针形,托叶细裂成分叉的刚毛状 ……… 珊瑚花 *Jatropha multifida* (L.) Poit. [Bird Cactus, Ribbon Cactus]

(1) 麻疯树 *Jatropha curcas* L. [Leprous tree]

灌木或小乔木,高2~5m;幼枝粗壮,绿色,无毛。叶互生,近圆形至卵状圆形,长宽略相等,约8~18cm,基部心形,不分裂或3~5浅裂,幼时背面脉上被柔毛;叶柄长达16cm。花单性,雌雄同株;聚伞花序腋生,总花梗长,无毛或稍被白色短柔毛;雄花萼片及花瓣各5枚;花瓣披针状椭圆形,长于萼片1倍;雄蕊10,二轮,内轮花丝合生;花盘腺体5;雌花无花瓣;子房无毛,2~3室;花柱3,柱头2裂。蒴果卵形,长3~4cm,直径2.5~3cm;种子椭圆形,长18~20mm,直径11mm。栽培或半野生于云南、贵州、四川、广东及广西;世界热带地区广布。

(2) 琴叶珊瑚 (日日樱) *Jatropha pandurifolia* Andre.

灌木,高1~2m。叶互生,倒卵状长椭圆形,全缘,近基两侧各具1尖齿。花红色,花瓣5,卵形;聚伞花序顶生;几乎全年开花。果球形,有纵棱。原产西印度群岛;华南地区有栽培。喜光,喜高温,不耐寒。播种或扦插繁殖。品种:粉花琴叶珊瑚'Rosea'花粉红色。

3.3.90.14 红雀珊瑚属 *Pedilanthus* Neck. ex Poit.

直立灌木或亚灌木;茎带肉质,具丰富的乳状汁液。叶互生,全缘,具羽状脉;托叶小,腺体状或不存在。花单性,雌雄同株,聚集成顶生或腋生杯状聚伞花序,此花序由一鞋状或舟状的总苞所包围;总苞歪斜,两侧对称,基部具长短不等的柄,且盾状着生,顶端唇状2裂,内侧的裂片比外侧的狭而短;腺体2~6,着生于总苞的底部或有时无腺体;雄花多数,着生于总苞内,无花被,每花仅有1雄蕊;雌花单生于总苞中央;子房3室,每室具1胚珠。蒴果干燥,分果爿3;种子无珠柄。约15种,产美洲。我国南部常见栽培的有1种。

红雀珊珊 (龙凤木) *Pedilanthus tithymaloides* (L.) Poit. [Bird Cactus, Ribbon Cactus]

直立亚灌木,高40~70cm;茎、枝粗壮,带肉质,作"之"字状扭曲,无毛或嫩时被短柔毛。叶肉质,近无柄或具短柄,叶片卵形或长卵形,长3.5~8cm,宽2.5~5cm,顶端短尖至渐尖,基部钝圆,两面被短柔毛,毛随叶变老而逐渐脱落;中脉在背面强壮凸起,侧脉7~9对,远离边缘网结,网脉略明显。聚伞花序丛生于枝顶或上部叶腋内,每一聚伞花序为一鞋状的总苞所包围,内含多数雄花和1朵雌花;总苞鲜红或紫红色,仰卧,无毛,两侧对称,长约1cm,顶端近唇状2裂,一裂片小,长圆形,长约6mm,顶端具3细齿,另一裂片大,舟状,约1cm,顶端2深裂。雄花:每朵仅具1雄蕊;花梗纤细;花梗远粗于雄花者。花期12月至翌年6月。原产美洲。我国云南、广西、广东南部常见栽培,北方温室亦有栽培,供观赏,亦可入药。

3.3.90.15 海漆属 *Excoecaria* L.

灌木或乔木,有乳汁;叶互生或对生,全缘或有细齿,常革质;花小,无花瓣,单性同株或异株,组成腋生或顶生的穗状花序或总状花序;雄花1~3朵生于每一苞片内;萼片(2~)3;雄蕊3,花丝分离,无退化雌蕊;雌花生于雄花序的基部或生于另一个花序上;萼片3;子房3室,每室1胚珠;花柱3,粗壮,开展而外弯,基部多少连合;蒴果开裂成3个具2裂瓣的分果爿,中轴宿存。约40种,分布于亚洲、非洲和大洋洲热带地区。我国有6种和1变种,产西南部经南部至台湾。

分种检索表

1 花雌雄异株;叶背面紫红或血红色 ………………
……… 红背桂花 *Excoecaria cochinchinensis*
1 花雌雄同株,异序或同序而雌花生于花序轴基部,雄花生花序轴上部;叶有时除幼者外,背面均淡绿色 ………………
……… 绿背桂花 *Excoecaria formosana*

红背桂花 *Excoecaria cochinchinensis* Lour. [Redback Osmanthus]

常绿灌木,高1~2m;全体无毛。单叶对生,狭长椭圆形,长6~13cm,先端尖,基部楔形,缘有细浅齿。表面深绿色,背面紫红色,有短柄。花单性异株。蒴果球形,红色。径约1cm。产广西龙州,东南亚各国也有。台湾、广东、广西、云南等地普遍栽培。耐阴,很不耐寒。

3.3.90.16 变叶木属 *Codiaeum* A. Juss.

灌木或小乔木;叶互生,全缘或稀分裂;花小,单性同株,排成长的总状花序,雄花簇生于苞腋内,雌花单生于花序轴上;雄花:萼5裂,稀3~4或6裂;花瓣小,5~6;花盘裂为5~15个分离的腺体;雄蕊

15~30或更多,无退化雌蕊;雌花:萼5裂,无花瓣;花盘近全缘或分裂;子房3室,每室有1胚珠,花柱3,顶端不裂或有时2裂;蒴果成熟时裂成3个2瓣裂的分果爿。约15种,分布于亚洲东南部至大洋洲北部。我国栽培1种。

变叶木 *Codiaeum variegatum* (L.) A. Juss.
[Changingleaf tree]

常绿灌木,高1~2m。植物体具乳汁。叶形变化多样,有线形、线状、椭圆形、宽卵形、提琴形、戟形或波状、螺旋状等,在绿色和紫红色的叶面上,常有白色、黄色、红色或紫色等斑点或线条。总状花序腋生;花小,单性,雌雄同株异序,黄绿色。蒴果近似球形。花期夏季。原产于印度、马来西亚、菲律宾和大洋洲;现广泛栽培于热带地区。我国南部各省区常见栽培。生长力强,喜光,喜高温、多湿的气候,不耐

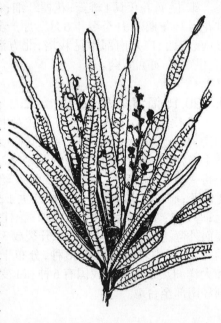

严寒,不耐瘠薄,喜富含有机质土壤。扦插繁殖,春至夏季均可进行。叶形变异大,叶色丰富,在庭院中丛植、列植或盆栽。变型:①长叶变叶木 f. *ambiguum*,叶片长披形;其品种有黑皇后 'Black-Queen',深绿色叶片上有褐色斑纹;绯红 'Revolutum',绿色叶片上具鲜红色斑纹;白云 'White-Cloud',深绿色叶片上具有乳白色斑纹。②复叶变叶木 f. *appendiculatum*,叶片细长,前端有1条主脉,主脉先端有匙状小叶;飞燕 'Interruptum',小叶披针形,深绿色;鸳鸯 'Mulabile',小叶红色或绿色,散生不规则的金黄色斑点。③角叶变叶木 f. *cornutum*,叶片细长,有规则的旋卷,先端有一翘起的小角;其品种有百合叶变叶木 'Lily Leaves',叶片螺旋3~4回,叶缘波状,浓绿色,中脉及叶缘黄色;罗汉叶变木 'Podorcarp Leaves',叶狭窄而密集,二至三回旋卷。④螺旋叶变叶木 f. *crispum*,叶片波浪起伏,呈不规则的扭曲与旋卷,叶先端无角状物;其品种有织女绫变叶木 'Warrenii',叶阔披针形,叶缘皮状旋卷,叶脉黄色,叶缘有时黄色,常嵌有彩色斑纹。⑤戟叶变叶木 f. *lobatum*,叶宽大,3裂,似戟形;其品种有鸿爪变叶木 'Craigii',叶3裂,如鸟足,中裂片最长,绿色,中脉淡白色,背面淡绿色;晚霞变叶木 'ShowGirl',叶宽3裂,深绿色或黄色带红,中脉和侧脉金黄色。⑥阔叶变叶木 f. *platyp* Hyllum,叶卵形;其品种有金皇后变叶木 'Golden Queen',叶阔倒卵形,绿色,密布金黄色小斑点或全叶金黄色;鹰羽变叶木 'Ovalifolium',叶3裂,浓绿色,叶主脉带白色。⑦细叶变叶木 f. *taeniosum*,叶带状;其品种有柳叶变叶木 'Graciosum',叶狭披针形,浓绿色,中脉黄色较宽,有时疏生小黄色斑点;虎尾变叶木 'Majesticum',叶细长,浓绿色,有明显的散生黄色斑点。

3.3.90.17 白饭树属 *Flueggea* Willd.

直立灌木或小乔木;叶互生,2列,全缘;花小,具花梗,单性异株,腋生,无花瓣;雄花多数,簇生;雌花单生或数朵簇生;雄花:萼片5,近花瓣状,覆瓦状排列;雄蕊3~5,与花盘的腺体互生,花丝分离;退化雌蕊大,2~3裂;雌花:萼片与雄花的同;花盘环状,有齿缺;子房1~3室,每室有胚珠2颗;蒴果浆果状,球形,果皮革质或具肉质的外果皮,成熟时白色,不规则炸裂或开裂成2裂的分果爿,有种子3~6颗。约12种,分布于亚洲、美洲、欧洲及非洲的热带至温带地区。我国产4种,除西北外,全国各省区均有分布。

分种检索表

1 叶片全缘或间中有不整齐的波状齿或细锯齿、下面浅绿色;蒴果三棱状扁球形,淡红褐色,果皮开裂⋯⋯⋯⋯
⋯⋯⋯⋯⋯⋯⋯⋯⋯⋯一叶萩 *Flueggea suffruticosa*
1 叶片全缘,下面色白绿色;蒴果浆果状,近圆球形,淡白色,果皮不开裂⋯⋯⋯⋯白饭树 *Flueggea virosa*

一叶萩(叶底珠,山嵩树,狗梢条)
Flueggea suffruticosa (Pall.) Baill.
[Halfshrub Securinega]

灌木,高1~3m;小枝浅绿色。叶椭圆形、矩圆形或卵状矩圆形,长1.5~5cm,宽1~2cm,两面无毛,全缘或有不整齐波状齿或细钝齿,叶柄短。花小,单性,雌雄异株,无花瓣,3~12簇生于叶腋;萼片5,

卵形;雄花花盘腺体5,分离,2裂,与萼片互生;退化子房小,圆柱状,长1mm,2裂;雌花花盘几不分裂;子房3室,花柱3裂。蒴果三棱状扁球形,直径约5mm,红褐色,无毛,三瓣裂。分布于东北、华北、华东及河南、陕西、四川。喜光。播种繁殖。可于庭园观赏。

3.3.90.18 雀舌木属(黑钩叶属)
Leptopus Decne.

灌木,稀多年生草本;茎直立,有时茎和枝具棱。单叶互生,全缘,羽状脉;叶柄通常较短;托叶2,小,通常膜质,着生于叶柄基部的两侧。花雌雄同株,稀异株,单生或簇生于叶腋;花梗纤细,稍长;花瓣通常比萼片短小,并与之互生,多数膜质;萼片、花瓣、雄蕊和花盘腺体均为5,稀6;雄花:萼片覆瓦状排列,离生或基部合生;花盘腺体扁平,离生或与花瓣贴生,顶端全缘或2裂;花丝离生,花药内向,纵裂;退化雌蕊小或无;雌花:萼片较雄花的大,花瓣小,有时不明显;花盘腺体与雄花的相同。蒴果,成熟时开裂为3个2裂的分果爿。约21种,分布自喜马拉雅山北部至亚洲东南部,经马来西亚至澳大利亚。我国产9种,3变种,除新疆、内蒙古、福建和台湾外,全国各省区均有分布。

雀儿舌头(黑钩叶)*Leptopus chinensis* (Bunge) Pojark. [China Leptopus]

落叶小灌木,高1m。小枝细弱,幼时有短毛。单叶互生,全缘,卵形至披针形。花小,单性,雌雄同株,簇生或单生叶腋,花梗细长。蒴果球形或扁球形。花期6~8月,果期9~10月。产东北、华北及山东、河南、陕西、甘肃、湖北、四川等地。株型紧凑,是良好的地被材料。

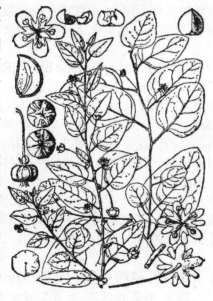

3.3.90.19 叶下珠属 *Phyllanthus* L.

草本、灌木或乔木;叶互生,小,全缘,通常二列,宛如羽状复叶;托叶2;花小,单性同株或异株,无花瓣,单生叶腋或排成聚伞花序或密伞花序;雄花:萼片4~6,覆瓦状排列;花盘通常分裂为离生、与萼片互生的腺体;雄蕊2~5,稀6至多数,花丝分离或基部稍合生;无退化雌蕊;雌花:萼片与雄花的同数或较多;花盘形状不一;子房3室,稀4~6或多室,每室有胚珠2颗;花柱与子房室同数;蒴果或果皮肉质而为浆果状,通常扁球形;种子三棱形。约600种,主要分布于世界热带及亚热带地区,少数为北温带地区。我国产33种,4变种,主要分布于长江以南各省区。

分种检索表
1 果实呈浆果状或核果状,干后不开裂,成熟后黑色┄┄
┄┄┄┄┄┄┄┄┄┄┄┄余甘子 *Phyllanthus emblica*
1 果实为蒴果,干后开裂,成熟后褐色或淡棕色┄┄┄┄┄
┄┄┄┄┄┄┄┄瘤腺叶下珠 *Phyllanthus myrtifolius*

(1)瘤腺叶下珠(锡兰桃金娘)
Phyllanthus myrtifolius (Wight) Muell. Arg. [Mouse-tail Shrub]

灌木,高约50cm;枝条圆柱形,上部被微柔毛。叶片革质,倒披针形,长12~16mm,宽3.5~4.5mm,顶端钝或急尖,基部浅心形;侧脉近水平升出;叶柄极短;托叶小,卵形。花雌雄同株,直径约3mm,数朵簇生于叶腋;花梗丝状,不等长,长3~5mm;雄花:萼片5,长圆形;雄蕊3,花丝中部以下合生,花药2室;花盘裂片5,裂片呈瘤状腺体;花:萼片6,比雄花的略宽大;花盘杯状,顶端全缘;子房圆球状,3室,花柱3,短,顶端2裂,裂片外弯。蒴果扁球形,长2mm,直径约3mm,3瓣裂,裂瓣壳质;种子表面具网纹。原产斯里兰卡。我国台湾和海南有栽培。喜光,耐半阴,喜暖热气候及肥沃而排水良好的土壤。适合庭园美化,也可栽作绿篱或盆栽观赏。

(2)余甘子 *Phyllanthus emblica* L. [Emblic Underleaf Pearl]

落叶灌木或小乔木,高1~3(8)m;小枝细,被锈色短柔毛,落叶时整个小枝脱落。单叶互生,狭长矩圆形,长1~2cm,全缘,无毛,近无柄,在枝上明显二列状。花小,单性同株;3~6朵簇生叶腋。蒴

果球形,径1~1.3cm,外果皮肉质,干时开裂。产于江西、福建、台湾、广东、海南、广西、四川、贵州和云南等省区。喜光,喜温暖湿润气候。

3.3.90.20 黑面神属 Breynia J. R. et G. Forst

灌木或小乔木;叶互生,全缘,干时常变黑色;花小,单性同株,单生或数朵簇生于叶腋;花瓣和花盘缺;雄花:萼陀螺形或半球形,顶6浅裂或细齿裂;雄蕊3,花丝合生成柱状,无退化雌蕊;雌花萼半球形至辐射状,结果时增大而呈盘状;子房3室,每室有2胚珠,花柱3,有时顶2裂;蒴果常呈浆果状,不开裂,外果皮多少肉质,干后变硬,有宿萼;种子三棱形。约26种,主要分布于亚洲东南部,少数在澳大利亚及太平洋诸岛。我国产5种,分布于西南部、南部和东南部。

黑面神 Breynia fruticosa(L.)Hook. f. [Fruticose Breynia]

灌木,高1~2m;小枝浅绿色,无毛。叶卵形至卵状披针形,长2.5~4cm,宽2~3cm,革质,两面光滑无毛,叶柄长2~4mm。花极小,单性,雌雄同株,无花瓣,单生或2~4簇生于叶腋。花萼顶端6浅裂;雄花花萼陀螺状或半球形,雄蕊3,花丝合生;雌花花萼果期扩大呈盘状,变褐色,子房3室,每室2胚珠。果肉质,近球形,直径约6mm,位于扩大的宿存的萼上,深红色。分布于广东、广西、贵州、云南、福建、浙江;中南半岛,菲律宾也有。

3.3.90.21 秋枫属(重阳木属)Bischofia Bl.

大乔木,有乳管组织,汁液呈红色或淡红色。叶互生,三出复叶,稀5小叶,具长柄,小纤片边缘具有细锯齿;托叶小,早落。花单性,雌雄异株,稀同株,组成腋生圆锥花序或总状花序;花序通常下垂;无花瓣及花盘;萼片5,离生;雄花:萼片镊合状排列,初时包围着雄蕊,后外弯;雄蕊5,分离,与萼片对生,花丝短,花药大,药室2,平行,内向,纵裂;退化雌.蕊短而宽,有短柄;雌花:萼片覆瓦状排列,形状和大小与雄花的相同;子房上位,3室,稀4室,每室有胚珠2颗,花柱2~4,长而肥厚,顶端伸长,直立或外弯。果实小,浆果状,圆球形。2种,分布于亚洲南部及东南部至澳大利亚和波利尼西亚。我国全产,分布于西南、华中、华东和华南等省区。

分种检索表
1 常绿或半常绿乔木;小叶片基部宽楔形或钝,叶缘锯齿较疏,每1cm长有细锯齿2~3个;圆锥花序;木材导管管孔较疏,11~12个/mm²,管孔直径115~250um ………………………………………………秋枫 Bischofia javanica
1 落叶乔木;小叶片基部圆或浅心形,叶缘锯齿较密,每1cm长有细锯齿4~5个;总状花序;木材导管管孔较密,64~113个/mm²,管孔直径50~53um ………………………………………………重阳木 Bischofia polycarpa

(1)重阳木 Bischofia polycarpa (Levl.) Airy Shaw [Java Bishopwood]

乔木,高达15m。树皮灰褐色至棕褐色。三小叶,小叶卵形至椭圆形卵形,基部圆形或近心形,边缘有细锯齿。花小,绿色,总状花序腋生。浆果球形,熟时红褐色。

花期4~5月;果9~11月成熟。产秦岭、淮河流域以南至两广北部,在长江中下游平原习见。喜光,稍耐阴;喜温暖气候,耐寒力弱;对土壤要求不严,能耐水湿,对二氧化硫有一定抗性。播种繁殖。宜做庭荫树及行道树,也可作堤岸绿化树种。在草坪、湖畔、溪边丛植也很适合,也可造成美丽的秋景。

(2)秋枫 Bischofia javanica Bl. [Bishop Wood]

常绿或半常绿乔木,高可达40m;树皮褐红色,光滑。三出复叶互生,小叶卵形或长椭圆形,长7~15cm,先端渐尖,基部楔形,缘具粗钝锯齿(2~3个/mm²)。圆锥花序下垂,雌花具3~4花柱;果球形,熟时蓝黑色。花期3~4月,果期9~10月。产于陕西、江苏、安徽、浙江、江西、福建、台湾、河南、湖北、湖南、广东、海南、广西、四川、贵州、云南等省区。喜光,耐水湿,不耐寒。为热带和亚热带常绿季雨林中的主要树种。可种植于河边堤岸或作行道树。

3.3.90.22 橡胶树属 Hevea Aubl.

乔木,有乳状汁液;叶互生或生于枝顶的近对生,三出复叶;叶柄顶有腺体;小叶全缘;花小,单性同株并同序,无花瓣,组成聚伞花序,再排成圆锥花序,生于聚伞花序中央的为雌花,余为雄花;萼5裂;腺体5枚,或不分裂或浅裂;雄花有雄蕊5~10,花丝合生成柱状;雌花子房3室,每室有胚珠1颗,柱头粗壮,通常无花柱;蒴果分裂为3个2裂的分果片;种子大,近球形至长圆形,常有斑块。约12种;分布于美洲热带地区。我国南部栽培1种。

橡胶树 *Hevea brasiliensis* (Willd. ex A. Juss.) Muell. Arg. [Brazil Rubbertree, Para Rubber]

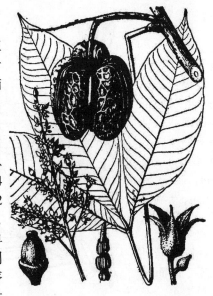

大乔木,高20~30m,有乳汁。三出复叶,小叶椭圆形至椭圆状披针形,长10~30cm,宽5~12cm,两面无毛;总叶柄长5~14cm,顶端有2腺体。花小,无花瓣,单性,雌雄同株;圆锥花序腋生,长达25cm,密被白色茸毛;萼钟状,5~6裂,裂片镊合状排列;花盘腺体5;雄蕊10,花丝合生;子房3室,几无花柱,柱头3,短而厚。蒴果球形,成熟后分裂成3果瓣;种子长椭圆形,长2.5~3cm,有斑纹。原产巴西。我国华南有栽培。播种繁殖。

3.3.90.23 守宫木属 *Sauropus* Bl.

灌木或亚灌木;叶互生,全缘;花小,单性同株,无花瓣,单生或簇生于叶腋;雄花:萼盘状、壶状或陀螺形,6裂,口部极小;雄蕊3,花丝合生成一短柱状;花盘6裂,裂片大小不等,很少无花盘;退化雌蕊缺;雌花:萼6深裂,裂片2轮,覆瓦状排列,宿存,结果时增大;子房3室,每室2胚珠;花柱3,极短,分离或基部合生,顶2裂;蒴果扁球形,外果皮肉质或革质,分裂为3个2裂的分果爿。约53种,分布于印度、缅甸、泰国、斯里兰卡、马来半岛、印度尼西亚、菲律宾、澳大利亚和马达加斯加等。我国产14种,2变种,分布于华南至西南。

守宫木 *Sauropus androgynus* (L.) Merr. [Geckowood]

灌木,高1~1.5m;小枝绿色,无毛。叶2列,互生,披针形、卵形或卵状披针形,长3~10cm,宽1.5~3.5cm,薄纸质,光滑无毛;叶柄长2~4mm。花单性,雌雄同株,无花瓣,数朵簇生于叶腋;雄花花萼浅盆形,顶端6浅裂,直径0.5~1cm,无退化子房,雄蕊3;雌花花萼6深裂,裂片果期增大,无花盘;子房3室,每室2胚珠;花柱3,2裂。蒴果扁球形,长1.2cm,直径达1.7cm,无毛;种子三棱形,长约7mm。分布于四川、云南;越南至印度、印度尼西亚、菲律宾也有。喜温,怕霜冻。喜光,耐强光,又耐弱光,长时间光照不足时,枝叶细弱。对土壤要求不严。因其根系发达,故耐旱耐湿能力都特强。扦插或播种繁殖。可作为绿篱植物栽培。东南亚国家将守宫木作为绿篱栽培,既美化了环境,又通过修剪嫩枝控制株高而得到了新鲜、美味的蔬菜。

3.3.90.24 假奓包叶属 *Discocleidion* (Muell.-Arg.) Pax et Hoffm.

乔木或灌木;叶互生,具柄,基出脉3~5,有腺体2,边缘有锯齿;花单性异株,无花瓣,组成顶生的总状花序或圆锥花序;雄花:萼3~5裂;雄蕊35~60,花药4室;雌花:萼片5;子房3室,每室1胚珠,花柱3,平展,2裂达中部;蒴果小,近球形,2瓣裂。3种;分布于我国和日本(琉球群岛)。我国产2种。

假奓包叶(艾桐,老虎麻) *Discocleidion rufescens* (Franch.) Pax et Hoffm. [Discocleidion]

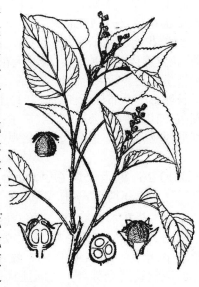

灌木或乔木;小枝被柔毛。叶互生,通常卵形,长约3~7cm,宽约1.4~4cm,顶端渐尖,基部近圆形或近截平状,边缘有锯齿;基出脉3~5;叶柄长1~4cm。花单性,雌雄异株,无花瓣;总状花序或圆锥花序,顶生;雄花花萼3~5裂;雄蕊35~60,花药4室;雌花萼片5,外密被柔毛;子房3室,花柱3,平展,2中裂,内面多乳头状凸起。蒴果小,近球形。产于甘肃、陕西、四川、湖北、湖南、贵州、广西、广东。喜光,稍耐阴。播种繁殖。可用于园林绿化。

3.3.90.25 巴豆属 Croton L.

灌木或乔木,少为草本,通常被星状毛或星状鳞片;叶互生,很少对生或近轮生,叶片基部或叶柄顶端有2腺体;花单性同株,稀异株,排成总状花序或穗状花序;雄花:萼在花蕾时呈球形,开放时5裂;花瓣5;花盘5裂呈腺体状;雄蕊10~20,分离;无退化雌蕊;雌花:萼5裂,宿存;花瓣退化为丝状或无花瓣;花盘环状或裂为小鳞片状;子房3室,每室1胚珠,花柱3,离生,顶2~4裂;蒴果开裂为3个2瓣裂的分果爿。约800种;广布于全世界热带、亚热带地区。我国约21种,主要分布于南部各省区。

巴豆 *Croton tiglium* L.　　[Croton]

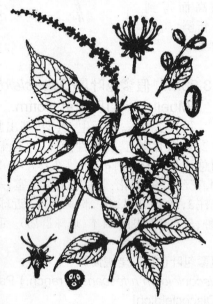

灌木或小乔木,高2~7m;幼枝绿色,被稀疏的星状毛。叶卵形至矩圆状卵形,顶端渐尖,长5~13cm,宽2.5~6cm,掌状三出脉,两面被稀疏的星状毛,基部两侧近叶柄各有1无柄的腺体;叶柄长2~6cm。花小,单性,雌雄同株;顶生总状花序,长8~14cm,雌花在下,雄花在上;萼片5;雄花无退化子房;雄蕊多数,花丝在芽内弯曲;花盘腺体与萼片对生;雌花无花瓣,子房3室,密被星状毛。蒴果矩圆状,长2cm,宽1~1.5cm;种子长卵形。分布于浙江、江苏、福建、台湾、湖北、湖南、四川、贵州、云南、广西、广东;越南、印度、印度尼西亚、菲律宾也有。可栽培观赏。

3.3.90.26 算盘子属 Glochidion J. R. et G. Forst.

灌木至乔木;叶互生,全缘;托叶宿存;花小,单性同株,稀异株,无花瓣,簇生或组成短小的聚伞花序;雄花:萼片6,很少6片,覆瓦状排列,雄蕊3~8,花丝花药全部合生成圆柱状;雌花:萼片与雄花的相似但稍厚;子房球形,3~15室,每室有胚珠2颗;花柱合生;蒴果球形或扁球形,具多条纵沟,成熟时开裂为3~15个分果爿。约300种,主要分布于热带亚洲至波利尼西亚,少数在热带美洲和非洲。我国产28种,2变种。

算盘子 *Glochidion puberum* (L.) Hutch.
[Puberulous Glochidion]

落叶灌木,高1~2m。茎多分枝,小枝灰褐色,密被黄褐色短柔毛。叶长圆形至长圆状披针形或倒卵状长圆形,长3~5cm,宽1.5~2.3cm,先端急尖,基部楔形,叶缘稍反卷,表面除中脉外无毛,背面密被短柔毛。花小,单性,雌雄同株或异株,无花瓣;萼片背面被柔毛;雌花子房被绒毛,通常5室。蒴果被柔毛,扁球形,有明显的纵沟。花期4~9月,果熟期7~10月。产河南、陕西、甘肃、江苏、安徽、浙江、江西、湖北、湖南、广东、广西、福建、台湾、海南、四川、贵州、云南和西藏等地。可作观果树种。

3.3.91 鼠李科 Rhamnaceae

乔木或灌木,稀藤本和草本。叶脉显著,单叶,常互生或对生,边缘具齿或全缘,托叶大多数宿存,有时脱落;本科植物有一致的花部结构,花小,大多两性,稀少单性异株或杂性,大多数排列成聚伞花序,花萼筒状,4~6浅裂,镊合状排列,花瓣5~4,或缺;雄蕊5,稀4,雄蕊离生,与花瓣对生,且常为花瓣所包藏。花盘明显发育;子房上位或一部埋藏于花盘内,3或2室稀4室,每室各具有一胚珠,果实大多为核果、翅果、坚果,少数属为蒴果,浆果状或蒴果状核果,具稀翅。58属,约900种,广布全球,我国有14属,约130种,主要分布于西南和华南地区。

分属检索表

1 浆果状核果或蒴果状核果,具软的或革质的外果皮,无翅,内果皮薄革质或纸质,具2~4分核。
　2 花序轴在结果时膨大成肉质;叶具基生三出脉………………………………枳椇属 Hovenia
　2 花序轴在结果时不膨大成肉质;叶具羽伏脉。
　　3 花无梗(稀具短梗),排成穗状花序或穗状圆锥花序,顶生或兼腋生……………雀梅藤属 Sageretia
　　3 花具明显的梗,排成腋生聚伞花序
　　　　　　　　　　　　　　　　　　　　鼠李属 Rhamnus
1 核果,无翅,或有翅;内果皮坚硬,厚骨质或木质,1~3室,无分核;种皮膜质或纸质。
　4 叶具羽状脉,无托叶刺;核果圆柱形。

5 叶边缘具锯齿或近全缘;腋生聚伞花序;萼片内面中肋中部具喙状突起;花盘薄或稍厚,浅杯状,结果时不增大·················· 猫乳属 Rhamnella

5 叶全缘;花通常排成顶生聚伞总伏或聚伞圆锥花序;萼片内面中肋有或无喙状突起;花盘肥厚,壳斗状,包围子房之半,结果时增大或不增大············ 勾儿茶属 Berchemia

4 叶具基生三出脉,稀五出脉,通常具托叶刺;核果非圆柱形。

6 果实周围具平展的杯状或草帽状的翅·············· 马甲子属 Paliurus

6 果实无翅,为肉质核果·············· 枣属 Ziziphus

3.3.91.1 枳椇属 Hovenia Thunb.

落叶灌木或乔木;叶互生,具长柄,基部3脉;花两性,组成腋生或顶生的聚伞花序;萼片、花瓣和雄蕊均5枚;花盘下部与萼管合生,上部分离;子房上位,3室;果球形,不开裂,生于肉质、扭曲的花序柄上,其大如豆,有种子3颗,外果皮革质,与膜质的内果皮分离。3种,2变种,分布于中国、朝鲜、日本和印度。我国除东北、内蒙古、新疆、宁夏、青海和台湾外,各省区均有分布。在世界各国也常有栽培。

分种检索表

1 花排成对称的二歧式聚伞圆锥花序,顶生和腋生;花柱半裂或深裂;果实成熟时黄色,直径5~6.5mm;叶具浅而钝的细锯齿·············· 枳椇 Hovenia acerba

1 花排成不对称的聚伞圆锥花序,生于枝和侧枝顶端,或少有兼腋生;花柱浅裂;果实成熟时黑色,直径6.5~7.5mm;叶具不整齐的锯齿或粗锯齿·············· 北枳椇 Hovenia dulcis

(1) 枳椇(拐枣) Hovenia acerba Lindl.
[Raisin Tree]

落叶乔木,高达15~25m。树皮灰黑色,深纵裂。小枝红褐色。叶广卵形至卵状椭圆形,缘有粗钝锯齿,基部三出脉,背面无毛或仅脉上有毛。聚伞花序常顶生二歧分枝常不对称。果梗肥大肉质。花期6月;果9~10月成熟。我国华北南部至长江流域及其以南地区普遍分布。喜光,耐寒,对土壤要求不严。播种繁殖。是良好的庭荫树、行道树。

(2) 北枳椇(北拐枣) Hovenia dulcis Thunb.
[Japan Turnjujube]

与枳椇的主要区别点是:高达10m;叶具不整齐锯齿或粗锯齿;聚伞圆锥花序不对称,生于枝和侧枝顶端,罕兼腋生;花柱浅裂;果熟时黑色。产我国河北、山西、陕西至长江流域;日本和朝鲜也有分布。

3.3.91.2 枣属 Ziziphus Mill.

落叶或常绿灌木或乔木;叶互生,全缘或有锯齿,基部3~5脉;托叶常变为刺;花小,组成腋生的聚伞花序或有时呈圆锥花序式排列;萼片、花瓣和雄蕊均5枚;子房埋藏于花盘内,2(~4)室,每室有胚珠1颗,花柱2裂;果为球形或长椭圆形、肉质的核果。约100种,主要分布于亚洲和美洲的热带和亚热带地区,少数种在非洲和两半球温带也有分布。我国有12种,3变种,主要产于西南和华南。

分种检索表

1 叶下面无毛或近无毛,或仅基部脉腋被毛;具2刺,长刺常在1cm以上,稀达3cm;核果大,直径1.2~3cm(除酸枣和龙爪枣外)·············· 枣 Ziziphus jujuba

1 叶下面或至少沿脉裤毛,枝具长不超过6mm的短刺;核果小,直径不超过1.2cm·············· 滇刺枣 Ziziphus mauritiana

(1) 枣树(枣,大枣,红枣) Zizyphus jujuba Mill.
[Common Jujube]

落叶乔木或小乔木。有长枝;短枝和无芽小枝光滑,紫红色或灰褐色,"之"字形弯曲。单叶互生,卵形至卵状披针形,叶缘有细钝齿,基部3脉,叶片较厚,近革质,具光泽。花小,

两性,淡黄色或微带绿色,有香气,2~3朵簇生叶腋。核果大,卵形至矩圆形,熟后暗红色或淡栗褐色,具光泽,味甜,核坚硬,两端尖。花期5~6月,果期8~9月。在我国分布很广,自东北南部至华南、西南、西北到新疆均有分布,以黄河中下游、华北平原栽培最为普遍。伊朗、俄罗斯中亚地区、蒙古、日本也有分布。强喜光,对气候、土壤适应性很强,喜

干冷气候及中性或微碱性的沙壤土。播种繁殖。枝干苍劲，翠叶垂荫，红果累累，花期长，开花时香气飘逸，宜于作庭荫树及行道树，或丛植、群植于庭院、四旁、路边及矿区，是园林结合生产的良好树种，幼树也可作刺篱材料。变种、变型与品种：①无刺枣 var. *inemmis*(Bunge)Rehd.，长枝无皮刺；幼枝无托叶刺。②酸枣 var. *spinosa*(Bunge)Hu ex H. F. Chow.，灌木，叶较小，核果小，近球形或短矩圆形，直径0.7~1.2mm，具薄的中果皮，味酸，核两端钝，与上述的变种显然不同。枝具锐刺，常用作绿篱。③龙爪枣（龙枣、蟠龙爪）'Tortuosa'，小枝常扭曲上伸，无刺；果柄长，核果较小，直径5mm，与原变种不同。河北、河南、山东、北京、天津及江苏栽培于公园庭院，供观赏。④葫芦枣 f. *lageniformis*(Nakai)Kitag.，小乔木，果实中部以上缢细而呈葫芦状。产河北，北京有少量栽培。

(2) 滇刺枣（毛叶枣，缅枣，印度枣）
Ziziphus mauritiana Lam.
[Indian jujube, Bedara]

常绿乔木或灌木，高达15m；主根与侧根非常发达，主干的树皮粗糙，褐色或红灰色，枝条上具托刺；叶互生，椭圆形至长卵形，叶面深绿至浅绿，光泽，叶背则披白色柔毛；花为聚繖花序，腋出，有8~30朵小花，黄色至黄绿色；果实为卵形至椭圆形，绿色至浅绿色。原产印度、缅甸和中国云南一带，在巴基斯坦、孟加拉、澳洲与非洲等地也有野生种分布。

3.3.91.3 马甲子属 *Paliurus* Tourn ex Mill.

灌木或小乔木，常有利刺（由托叶变成）；叶互生，单叶，全缘或有锯齿，基部3脉；花两性，组成腋生或有时顶生的聚伞花序；萼片5；花瓣5，多少2裂；雄蕊5；子房一部分藏于花盘内，2~3室，每室有胚珠1颗；果干燥，平压状，有一平坦、圆形、平生的翅。6种，分布于欧洲南部和亚洲东部及南部。我国有5种和1栽培，分布于西南、中南、华东等省区。

分种检索表
1 花序被毛；核果小，杯状，周围有木栓质3浅裂的厚翅，直径10~17mm，果梗长6~10mm，被毛··················
·················· 马甲子 *Paliurus ramosissimus*
1 花序无毛或仅总花梗被短柔毛；核果大，草帽状，周围具革质的薄翅，直径15~38mm，果梗长10~17mm，无毛。
　2 叶柄基部有2个托叶刺，1个较长，直立，另1个较短，钩状下弯·················· 滨枣 *Paliurus spina-christi*
　2 无托叶刺，或仅幼树叶柄基部有2个近等长的直立针刺
·················· 铜钱树 *Paliurus hemsleyanus*

(1) 铜钱树（鸟不宿，金钱树，摇钱树）
Paliurus hemsleyanus Rehd.

[Chinese Paliurus]

乔木，高达15m。小枝紫褐色，无毛。叶宽卵形，卵状椭圆形或近圆形，基部稍偏斜，具细钝齿或圆齿，无毛，基生三出脉；花序顶生或兼腋生，无毛；花瓣匙形；果草帽状，周围具革质宽翅，形似铜钱。红褐或紫红色，无毛，径2~3.8cm。花期4~6月；果期7~10月。我国黄河流域及以南地区有分布。播种繁殖。庭园观赏或作庭阴树。

(2) 马甲子 *Paliurus ramosissimus*(Lour.)Poir.
[Branchy Cointree]

落叶灌木。多分枝，高2~3m；枝有对生托叶刺。单叶互生，卵圆形至卵状椭圆形，长3~5cm，缘有细圆齿，先端钝或微凹，基部3主脉，两面无毛或背脉稍有毛。聚伞花序腋生，密生锈褐色短绒毛。核果周围有不明显三裂的木质狭翅，盘状，径1~1.8cm，密生褐色短绒毛。产亚洲东南部；我国华东、中南、西南及陕西有分布。也常栽作刺篱。

3.3.91.4 鼠李属 *Rhamnus* L.

落叶或常绿灌木或乔木；叶互生，稀近对生，羽状脉，全缘或有齿缺；花小，淡绿色或淡黄色，两性或单性，组成腋生的聚伞花序、伞形花序或总状花序；萼4~5裂；花瓣4~5枚或无；雄蕊4~5；子房2~4室，与花盘离生；花柱不裂或3~4裂；浆果状的核果，有核3~4个，基部为宿存的萼管所围绕。约200种分布于温带至热带，主要集中于亚洲东部和北美

洲的西南部,少数也分布于欧洲和非洲。我国有57种和14变种,分布于全国各省区,其中以西南和华南种类最多。

分种检索表
1 顶芽裸露,无芽鳞,被锈色或棕褐色;花两性,5数;种子无沟┈┈┈┈┈┈┈┈┈┈┈长叶冻绿 Rhamnus crenata
1 芽具芽鳞;花单性,雌雄异株,稀杂性,4(5)数;种子具沟。
　2 叶长不及3cm,宽常不及1.5cm,侧脉2~3(4)对。
　　3 叶不为卵状心形,叶柄长0.4~1.5cm┈┈┈┈┈
　　┈┈┈┈┈┈┈┈┈┈小叶鼠李 Rhamnus parvifolia
　　3 叶卵状心形或卵圆形,叶柄长1~3cm┈┈┈┈┈
　　┈┈┈┈┈┈┈┈┈┈锐齿鼠李 Rhamnus arguta
　2 叶长3cm以上,宽1.5cm以上,侧脉(3)4~7对:
　　4 叶卵状心形或卵圆形,基部心形或圆,具密锐锯齿;果梗长0.2~1.2cm┈┈锐齿鼠李 Rhamnus arguta
　　4 叶不为卵状心形,叶柄长0.4~1.5cm。
　　　5 叶柄长不及1cm,种子背面或侧背纵沟长超过种子1/2(刺鼠李列外)┈┈┈┈圆叶鼠李 Rhamnus globosa
　　　5 叶柄长1~1.5cm以上,种子背面或侧背纵沟长超过种子1/3(鼠李列外)。
　　　　6 叶下面干时浅绿色;叶柄长1.5~3cm┈┈┈┈┈
　　　　┈┈┈┈┈┈┈┈┈┈鼠李 Rhamnus davurica
　　　　6 叶下面干时黄色或金黄色,沿脉或脉腋被金黄色柔毛;叶柄长0.5~1.5cm┈┈冻绿 Rhamnus utilis

(1)鼠李(乌槎树,冻绿柴,老鹳眼)
Rhamnus davurica Pall. [Davurian Buckthorn]

灌木或小乔木。分枝常具刺。叶近对生,椭圆形或长圆形,边缘具圆锯齿,背面黄绿色,老时脉上具毛。花小,黄绿色,常数朵簇生。雄花无萼片;雌花具4个萼片。核果球形,熟时黑色。花期5~7月,果期9~10月。产我国东北、华北地区;朝鲜、蒙古、俄罗斯也有分布。适应性强,耐寒,耐阴,耐干旱、贫瘠。播种繁殖。枝叶茂密,入秋累累黑果,可置于庭院观赏。

(2)冻绿(红冻 黑狗丹) *Rhamnus utilis* Decne.
[Chinese Buckthorn]

落叶灌木或小乔木,高达4m。叶互生或近对

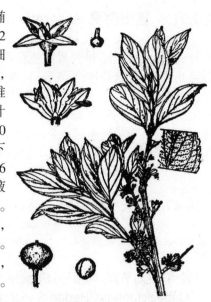

生,纸质,长椭圆形,长5~12cm,缘具细齿。花单性,雌雄异株,雄花数个簇生叶腋,或10~30聚生于小枝下部,雌花2~6个簇生于叶腋或小枝下部。核果圆球形,成熟紫黑色。花期4~6月,果期5~8月。产我国华北、华东、华中及西南地区,多生杂木林中;朝鲜、日本也有分布。适应性强,耐寒,耐阴,耐干旱、瘠薄。枝叶繁密,秋季果实黑色,叶片变为黄绿色,植于林缘、路边颇富野趣。也适宜植为绿篱。

3.3.91.5 猫乳属 *Rhamnella* Miq.

落叶乔木或灌木;叶互生,常有明显的狭齿,侧脉5~10对,近平行,在稍近边缘处弯拱;叶柄极短;花5数,排成腋生、稠密的聚伞花序;花瓣周位,倒卵形,有短柄,顶全缘或明显的凹入;花盘薄,肉质,贴附于萼管内;子房不完全的2室,1/3下位;花柱2裂;核果长椭圆形,黑色,有一硬骨质的分核,分核1~2室,通常有种子1颗,基部有宿存的萼管。7种,分布于中国、朝鲜和日本。我国均产。

猫乳 *Rhamnella franguloides* (Maxim.)Weberb.
[Forrest Rhamnella]

落叶灌木或小乔木,高2~3(10)m。单叶互生,长椭圆形至倒卵状椭圆形,长4~11cm,缘有细锯齿。羽状脉,背面或背脉有短柔毛。花小,两性.淡绿或黄白色;成腋生聚伞花序;5~6月开花。核果柱状椭球形,长6~9mm,由黄变红,最后变黑色,内具一核。产我国华北、华中及华东各地;朝鲜、日本也有分布。可作观果树种栽培观赏。

3.3.91.6 雀梅藤属 Sageretia Brongn.

灌木,无刺或有刺,枝常攀援状;叶近对生,羽状脉;花极小,无柄,排列成腋生的聚穗状或穗状圆锥花序,稀总状花序;萼5裂;花瓣5,风帽状;雄蕊5,与花瓣近等长;花盘厚,填充于萼管内;子房2~3室,藏于花盘内;果球形,革质,不开裂。约39种,主要分布于亚洲南部和东部,少数种在美洲和非洲也有分布。我国有16种及3变种。

分种检索表
1 花序轴无毛,稀被疏柔毛···少脉雀梅藤 Sageretia paucicostata
1 花序轴被绒毛或密被短柔毛··········雀梅藤 Sageretia thea

(1) 雀梅藤（对节刺,碎米子）Sageretia thea (Osbeck)Johnst.[Hedge Sageretia]

攀援灌木。叶近对生,革质,卵形或卵状椭圆形,长为1~4cm,宽1~1.5cm,先端钝,有小尖,基部圆形或近心形,边缘有细锯齿,上面有光泽,无毛,下面生疏短毛,后近无毛;侧脉3~4对,下面明显;叶柄短。花小,淡白色,无梗,排成穗状圆锥花序,花序密生灰白色短毛;萼裂片5;花瓣5;雄蕊5,花盘杯状。核果近球形,成熟时紫黑色。花期7~11月,果期翌年3~5月。分布于江苏、浙江、安徽、江西、福建、台湾、湖北、广东、四川、云南;印度、日本也有。喜温暖、湿润、阳光充足的环境和疏松、排水良好之土壤,寒冷地区须温室越冬。播种或扦插繁殖。可作绿篱及制作盆景,或种植于山坡、路旁。

(2) 少脉雀梅藤（对节木）Sageretia paucicostata Maxim. [Fewvein Sageretia]

攀援灌木,高达4m;通常有近对生的刺。叶互生或近对生,近革质,倒卵形、卵状椭圆形或椭圆形,长2~4.2cm,宽1~2cm,先端钝或短尖,基部宽楔形,边缘有细锯齿,上面暗绿色,下面亮绿色,无毛,侧脉2~3对;叶柄3~5mm,上面有微毛。花小,无梗,排成腋生穗状花序,或顶生穗状圆锥花序,黄绿色;花萼5裂,裂片三角形;花瓣5,匙形;雄蕊5。核果球形,直径4~5mm,成熟时红黑色。花期5~9月,果期7~10月。产河北、河南、山西、陕西、甘肃、四川、云南、西藏东部。喜温暖湿润气候,耐瘠薄。播种、扦插及分株繁殖。枝条虬曲,是制作盆景的材料,也可种植山脊和向阳山坡。

3.3.91.7 勾儿茶属 Berchemia Neck.

直立或攀援灌木;叶互生,全缘,背脉明显;花两性或杂性,簇生或组成聚伞花序,再排成顶生的总状花序或圆锥花序式;花萼、花瓣和雄蕊5;子房半藏于花盘内,2室,每室有胚珠1颗;球形或长椭圆形的核果,基部为宿存的萼管所包围。约31种,除北美洲和新喀里多尼亚各有1种外,主要分布于亚洲东部至东南部温带和热带地区。我国有18种,6变种,主要集中分布于西南、华南、中南及华东地区。

分种检索表
1 叶仅下面脉腋被柔毛,干时下面灰白色,侧脉每边8~10条·····························勾儿茶 Berchemia sinica
1 叶下面无毛或仅沿脉基部被疏短柔毛,干时非灰白色,侧脉每边9~12条·······多花勾儿茶 Berchemia floribunda

(1) 勾儿茶 Berchemia sinica Schneid. [China Hooktea]

落叶攀援灌木,茎延伸,长达5m。叶互生,卵形或卵圆形,长1.5~5cm,宽1.3~3cm,先端钝或近圆形,基部圆形或心形,全缘,侧脉8~10对,叶柄长1~2cm,带红色,无毛。圆锥花序或总状圆锥花序顶生,花黄绿色,3~8朵束生,花芽球形,顶端钝;花萼5裂;花瓣5,短于萼裂片,倒卵形;雄蕊5,与花瓣对生。核果圆柱形,长

5~6mm，核果浆果状，成熟时黑色。花期6~8月，果熟期翌年5~6月。产我国山西中条山、河南太行山、伏牛山；陕西、甘肃、湖北、四川等省亦有。可作垂直绿化用。

(2) 多花勾儿茶 Berchemia floribunda (Wall.) Brongn. [Manyflower Hooktea]

落叶攀援灌木，高达6m；幼枝黄绿色，无毛。叶互生，卵形、卵状椭圆形或椭圆形，长4~7cm，宽2.5~3.5cm，顶端短渐尖，基部圆形或近心形，全缘，侧脉两侧8~12对，上面深绿色，下面灰白。宽圆锥

花序，下部花序侧枝长过5cm；花芽卵球形，顶端突尖；花萼5裂；花瓣5，小，白色；雄蕊5，与花瓣对生。核果近圆柱状，红色，花柱宿存或脱落。分布于我国华东、中南、西南和陕西；印度、尼泊尔、缅甸也有。耐阴，耐水湿。叶秀花繁，红果累累，是叶花果均可观赏的藤本植物。

3.3.92 火筒树科 Leeaceae

直立灌木或小乔木。无卷须。一至三回奇数羽状复叶，稀单叶，小叶边缘有齿，叶柄基部有鞘。聚伞花序与叶对生或近顶生，数回分枝，有苞片。花杂性；花萼杯状，5浅裂；花瓣5，基部合生，与雄蕊管粘合；雄蕊5，下部合生成管，与花瓣连合，顶端5裂，花药与花瓣对生；子房陷入花盘中。浆果扁球形，有5~6条纵槽。种子3~6，种皮坚硬。1属，

火筒树属 Leea L.

约40余种，主产亚洲热带，少数产非洲和大洋洲。我国有10种，分布于云南、贵州、广东、广西和海南等省区。

火筒树（台湾火筒树）Leea guineensis G. Don [Manila Leea]

灌木或小乔木。小枝圆柱形，近无毛。叶为2~4回羽状复叶，小叶卵椭圆形至长圆披针形，长5~15cm，宽2.5~8cm，顶端渐尖，基部阔楔形，稀近圆形，边缘有急尖锯齿，上面绿色，下面浅绿色，两面无毛；侧脉6~11对，网脉在叶片下面明显，但不突出；叶柄长6~13cm，中央小叶柄长1.5~4cm，侧生小叶柄长0.5~1.5cm，无毛；大型伞房状复二歧聚伞花序，直径达50cm；花梗极短或几无梗，微被乳突状毛；花蕾高约3mm；萼杯形，花瓣5，红色或橙色，花瓣裂片椭圆形，长约5mm；雄蕊5。果实暗红色，扁球形，直径约8cm。产非洲、中南半岛及东南亚地区，我国台湾有分布，华南地区有栽培。喜光，喜高温多湿气候及肥沃而排水良好的土壤。生长快，是良好的园林观赏植物。

3.3.93 葡萄科 Vitaceae

攀援木质藤本，稀草质藤本，具有卷须，或直立灌木，无卷须。单叶、羽状或掌状复叶，互生；托叶通常小而脱落，稀大而宿存。花小，两性或杂性同株或异株，排列成伞房状多歧聚伞花序、复二歧聚伞花序或圆锥状多歧聚伞花序，4~5基数；萼呈碟形或浅杯状，萼片细小；花瓣与萼片同数，分离或凋谢时呈帽状粘合脱落；雄蕊与花瓣对生，在两性花中雄蕊发育良好，在单性花雌花中雄蕊常较小或极不发达，败育；花盘呈环状或分裂，稀极不明显；子房上位，通常2室，每室有2颗胚珠，或多室而每室有1颗胚珠，果实为浆果，有种子1至数颗。16属，约700余种，主要分布于热带和亚热带，少数种类分布于温带。我国有9属150余种，南北各省均产。

分属检索表

1 花瓣粘合，凋谢时呈帽状脱落；花序呈典型的聚伞圆锥花序························葡萄属 Vitis
1 花瓣分离，凋谢时不粘合呈帽状脱落。
  2 花通常5数。
    3 卷须为4~7总状分枝，顶端遇附着物扩大成吸盘；花盘发育不明显；花序顶生或假顶生；果梗顶端增粗，多少有瘤状突起；种子腹面两侧洼穴达种子顶端················地锦属 Parthenocissus
    3 卷须多为2(~3)叉状分枝或不分枝，通常顶端不扩大为吸盘；花序与叶对生；果梗不增粗，无瘤状突起；种子腹面两侧洼穴不达种子顶部······蛇葡萄属 Ampelopsis
  2 花通常4数。
    4 花序与叶对生，种子腹侧极短，仅处于种子基部························白粉藤属 Cissus
    4 花序通常腋生或假腋生，稀对生；种子腹侧明显，与种子近等长················崖爬藤属 Tetrastigma

3.3.93.1 葡萄属 Vitis L.

藤本，有卷须；叶为单叶，多少掌状分裂，很少为掌状复叶；花5数，通常杂性异株，常为与叶对生的圆锥花序而有时有卷须；萼微小；花瓣粘合而不张开，成帽状脱落；下位花盘明显；雄蕊与花瓣对生；子房2室，每室有胚株2颗，花柱短圆锥状；肉质浆果，种子2~4颗。60余种，分布于世界温带或亚热带。我国约38种，世界各地栽培历史悠久。

分种检索表

1 叶为3~5出复叶。
 2 小枝和花轴或多或少被有柔毛；叶成熟时下面被疏柔毛，或初时被蛛丝状绒毛，以后脱落变稀疏……………………………………………变叶葡萄 Vitis piasezkii
 2 小枝和花轴或多或少被蛛丝状绒毛，但绝不被直毛；叶下面被褐色蛛丝状绒毛所遮盖，绒毛永不脱落…………………………………………鸡足葡萄 Vitis lanceolatifoliosa
1 叶为单叶。
 3 小枝有皮刺，老茎上皮刺变成瘤状突起………………………………………………刺葡萄 Vitis davidii
 3 小枝无皮刺，老茎上也无瘤状突起。
  4 小枝和叶柄被刚毛、有柄或无柄腺体………………………………………………秋葡萄 Vitis romanetii
  4 小枝和叶柄被柔毛或蛛丝状绒毛，不被刚毛和腺毛。
   5 叶下面为密集的白色或锈色蛛丝状或毡状绒毛所遮盖。
    6 叶3~5裂或为两型叶者同时混生有不裂叶…………………………桑叶葡萄 Vitis heyneana subsp. ficifolia
    6 叶不分裂或不明显3~5浅裂…………………………………………毛葡萄 Vitis quinquangulari
   5 叶下面绿色或淡绿色，稀带红色或淡紫红色，无毛或被柔毛，抑或被稀疏蛛丝状绒毛，但决不为绒毛所遮盖。
    7 叶下面完全无毛或仅脉腋有簇毛，若幼时被绒毛者老后脱落…………葛藟葡萄 Vitis flexuosa
    7 叶下面或多或少被柔毛或至少在脉上被短柔毛或蛛丝状绒毛。
     8 叶不分裂，稀不明显3~5浅裂……………………………华东葡萄 Vitis pseudoreticulata
     8 叶显著3~5裂或混生有不明显分裂叶。
      9 叶基部深心形，基部狭窄，两侧靠近或部分重叠，叶缘有粗牙齿，较深，裂缺凹成锐角，稀钝角，栽培种…………葡萄 Vitis vinifera
      9 叶基部心形，基缺凹成钝角或圆形，叶缘锯齿较浅。野生种…………山葡萄 Vitis amurensis

（1）葡萄（提子，蒲桃，草龙珠）Vitis vinifera L.
[Grape, Europe Grape]

落叶攀援藤本，长30m。单叶互生，近圆形，3~5掌状裂，基部心形，缘有粗齿，两面无毛或背面稍有短柔毛。圆锥花序大而长，花小，黄绿色。浆果球形或圆球形，熟时黄绿色或紫

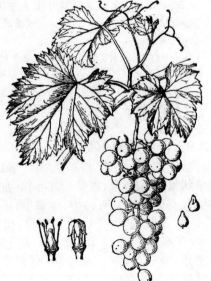

红色，有白粉。花期5~6月，果期8~9月。原产亚洲西部至欧洲东南部；世界温带地区广为栽培。我国栽培历史久，在黄河流域栽培较集中。喜阳光，喜干燥及夏季高温的大陆性气候；冬季需要一定的低温，但严寒时又必须埋土防寒，耐干旱，怕涝。嫁接繁殖。葡萄是很好的园林棚架植物，既可观赏、遮荫，又可结合果实生产。庭院、公园、疗养院及居民区均可栽植。

（2）山葡萄（阿穆尔葡萄）
Vitis amurensis Rupr.　　[Amur Grape]

藤本，长15m；幼枝初具细毛后无毛。叶宽卵形，长4~17 cm，宽3~18 cm，顶端尖锐，基部宽心形，3~5裂或不裂，边缘具粗锯齿，上面无毛，下面叶脉有短毛；叶柄长4~12cm，有疏毛。圆锥花序与叶对生，长8~13cm，花序轴具白色丝状毛；

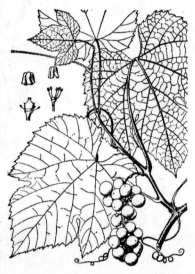

花小，雌雄异株，直径约2mm；雌花内5个雄蕊退化，雄花内雌蕊退化，花萼盘形，无毛。浆果球形，直径约1cm，黑色。分布于东北、山西、河北、山东；朝鲜，俄罗斯也有。喜光。播种繁殖。可作园林垂直绿化植物，种植于山坡或林缘。

3.3.93.2 蛇葡萄属 Ampelopsis Michaux

藤本；卷须分叉，顶端不扩大；叶互生，单叶或复叶；花两性，排成与叶对生的聚伞花序；花杂性；花萼不明显；花瓣4~5，分离而扩展，逐片脱落；雄蕊短而与花瓣同数；花盘隆起，与子房合生；子房2室，有柔弱的花柱；小浆果，有种子1~4颗。约30余种，分布亚洲、北美洲和中美洲。我国有17种，南北均产。

分种检索表

1 叶为单叶，叶片不裂或不同程度3~5裂，但不深裂至基部成全裂片………………葎叶蛇葡萄 Ampelopsis humulifolia
1 叶为掌状复叶或羽状复叶。
 2 小枝、叶柄或叶片下面被疏柔毛；叶有3或5小叶。
  3 叶为3小叶，小叶不分裂或仅小叶基部分裂…………………………三裂蛇葡萄 Ampelopsis delavayana
  3 小叶为5小叶，小叶羽状分裂或边缘呈粗锯齿状……………………乌头叶蛇葡萄 Ampelopsis aconitifolia
 2 小枝、叶柄和叶片下面无毛；叶为3~5小叶。
  4 小叶片羽状深裂，且中部以下渐狭成窄翅…………

································白蔹 Ampelopsis japonica
4小叶片边缘呈锯齿状或浅裂·······································
················掌裂蛇葡萄 Ampelopsis delavayana var. glabra

(1) 葎叶蛇葡萄 Ampelopsis humulifolia Bunge [Hopleaf Snakegrape]

落叶攀援藤本。叶硬纸质，近圆形至阔卵形，3~5掌状中裂或近深裂，先端渐尖，基部心形或近截形，边缘有粗齿，上面鲜绿色，有光泽，下面苍白色，无毛或脉上微有毛。聚伞花序与叶对生，疏散，有细长总花梗；花小，淡黄色。浆果球形，淡黄色或蓝色。花期5~6月，果期7~8月。产我国东北南部、华北至华东、华南地区。喜光，喜干燥及夏季高温的大陆性气候；耐干旱，怕涝。很好的园林棚架植物，可供观赏、遮荫。

(2) 乌头叶蛇葡萄 Ampelopsis aconitifolia Bunge [Monkshoodvine]

落叶攀援藤本。叶互生，广卵形，3~5掌状复叶；小叶片全部羽裂或不裂，披针形或菱状披针形，边缘有大圆钝锯齿，无毛，或幼叶下面脉上稍有毛。聚伞花序与叶对生，无毛；花小，淡黄色。浆果近球形，成熟时橙黄色。花期6~7月，果期9~10月。主产我国北部，河北、山西、山东、河南、陕西、甘肃及内蒙古均有分布。喜光，喜干燥及夏季高温的大陆性气候；耐干旱，怕涝。可应用于棚架，可观赏、遮荫。

3.3.93.3 地锦属 Parthenocissus Planch.

木质藤本。卷须总状多分枝，嫩时顶端膨大或细尖微卷曲而不膨大，后遇附着物扩大成吸盘。叶为单叶、3小叶或掌状5小叶，互生。花5数，两性，组成圆锥状或伞房状疏散多歧聚伞花序；花瓣展开，各自分离脱落；雄蕊5；花盘不明显或偶有5个蜜腺状的花盘；花柱明显；子房2室，每室有2个胚珠。浆果球形，有种子1~4颗。种子倒卵圆形，种脐在背面中部呈圆形，腹部中棱脊突出，两侧洼穴呈沟状从基部向上斜展达种子顶端，胚乳横切面呈W形。约13个种，分布于亚洲和北美。我国有10种，其中1种由北美引入栽培。

分种检索表

1叶为单叶，仅在植株基部2~4个短枝上着生有三出复叶
··················爬山虎 Parthenocissus tricuspidata
1叶为掌状复叶，或长枝上为单叶，但叶型明显较小。
  2叶为3小叶或长枝上着生有小型单叶；花序为圆锥状或伞房状多歧聚伞花序。
    3植株有显著的两型叶，主枝或短枝上集生有三小叶组成的复叶，侧出较小的长枝上常散生有较小的单叶；卷须嫩时顶端膨大成圆珠状··················
    ··················异叶地锦 Parthenocissus dalzielii
    3植株叶主要为单型，通长由3小叶组成的复叶，稀偶混生有较小的3裂叶；卷须嫩时顶端细尖并微卷曲···
    ··················三叶地锦 Parthenocissus semicordata
  2叶为掌状5小叶；花序主轴明显，为典型的圆锥状多歧聚伞花序。
    4卷须嫩时顶端细尖且微卷曲；嫩芽为红色或淡红色
    ··················五叶地锦 Parthenocissus quinquefolia
    4卷须嫩时顶端膨大成块状，嫩芽绿色或绿褐色。
      5茎干扁圆或明显有6~7棱，但不呈四方形；叶表面显著呈泡状隆起··········绿叶地锦 Parthenocissus laetevirens
      5茎干有4棱，横切面显著呈四方形；叶表面不呈泡状隆起··················花叶地锦 Parthenocissus henryana

(1) 地锦(爬山虎) Parthenocissus tricuspidata (Sieb. et Zucc.) Planch. [Boston Ivy]

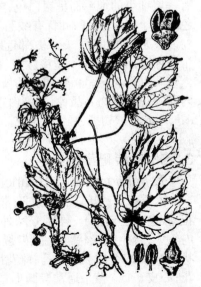

落叶灌木；卷须短且多分枝。叶广卵形，通常3裂，缘有粗齿，表面无毛，背面脉上常有柔毛；下部枝的叶有分裂成3小叶者。聚伞花序，花淡黄绿色。浆果球形，熟时蓝黑色，有白粉。花期6月；果10月成熟。我国分布

很广,北起吉林,南到广东均有。喜阴,耐寒,对土壤及气候适应能力很强;生长快。对氯气抗性强。用播种或扦插、压条繁殖。是优美的攀援植物,能借助吸盘爬上墙壁或山石,枝繁叶茂,入秋叶色变红,格外美观。常用作垂直绿化建筑物的墙壁、围墙、假山、老树干等,短期内能收到良好的绿化、美化效果。夏季对墙面的降温效果显著。

(2)美国地锦(五叶地锦)
Parthenocissus quinquefolia(L.)Planch.
[Virginia Creeper]

落叶灌木;幼枝带紫红色。卷须与叶对生,顶端吸盘大。掌状复叶,具长柄,小叶5,质较厚,卵状长椭圆形至倒长卵形,缘具大齿,表面暗绿色,背面稍具白粉并有毛。聚伞花序集成圆锥状。浆果近球形。花期7~8月;果9~10月成熟。原产美国东部。我国华北及东北地区有栽培。喜温暖气候,耐寒,耐阴。生长势旺盛,但攀缘较差。扦插繁殖。秋季叶色红艳,常用作垂直绿化建筑墙面、山石及老树干等,也可用作地面覆盖材料。

3.3.93.4 白粉藤属 Cissus L.

落叶或常绿、攀援灌木,有与叶对生的卷须;叶互生,单叶或复叶;聚伞花序与叶对生或顶生;花两性或杂性同株,4数;萼杯状;花瓣4枚,张开;雄蕊4;花盘杯状,波状或浅4裂;子房2室,每室有胚珠2颗,花柱锥尖;肉质的浆果,有种子1~2颗。约160余种,主要分布于泛热带。我国有15种,主要分布南部各省区。

菱叶白粉藤(白粉藤)Cissus rhombifolia Vahl [Grape Ivy,Oak-leaf Ivy]

常绿木质藤本,枝条柔软下垂,攀缘或爬藤。掌状复叶,小叶3枚,长约5cm,呈长菱形;两边2枚小叶相等,中间小叶较大。新生的叶片表面生有一层细小的绒毛而呈银白色;成熟的叶片嫩绿色或深绿色,有光泽;叶背有绒毛。卷须末端分叉卷曲。原产西印度群岛及其邻近地区。喜温暖和半阴环境,不耐干旱。适应性强,容易栽培。扦插繁殖。可作为悬吊植物或爬藤植物,是较好的室内藤本观叶植物。品种:羽裂白粉藤'Ellen Danica',小叶羽状切裂,观赏价值高。

3.3.93.5 崖爬藤属
Tetrastigma(Miq.)Planch.

木质藤本。叶具羽状脉,通常革质;雄花序少花,腋生或生老枝上;萼片3轮,外轮和中轮微小,内轮大,合生或坛状,顶端3齿裂;聚药雄蕊圆锥状,约18~27个横裂的花药;雌花序通常只有1朵花;心皮6个。核果通常椭圆形,常被毛。约100

余种,分布亚洲至大洋洲。我国有45种,主要分布在我国长江流域以南各区,大多集中在广东、广西和云南等省区。

扁担藤(扁带藤)Tetrastigma planicaule (Hook.) Gagnep. [Carrying pole Rockvine]

落叶大藤木;茎扁,基部宽达40cm,分枝圆柱形;卷须粗壮,不分枝。叶为掌状复叶;小叶5,具柄,革质,矩圆状披针形,长9~15cm,顶端渐尖,边缘有稀疏的钝锯齿,无毛或近无毛;叶柄长8~10cm,粗壮。复伞形聚伞花序腋生;花小,绿色,4数;花萼全缘;花瓣宽卵状三角形,早落;雄蕊比子房短;花盘不显著;浆果较大,直径约1.5cm,球形,熟时黄色,具两粒种子。花期6~7月,果期9~11月。分布于华南及西南地区;越南、印度也有。机时半荫,喜暖热湿润气候及肥沃湿润而排水良好土壤,不耐干旱和寒冷。在南方宜作攀援绿化植物。

3.3.94 亚麻科 Linaceae

草本或灌木。单叶互生,稀对生;托叶小或无。花两性,辐射对称;萼片4~5,分离或基部合生,覆瓦状排列;花瓣4~5,覆瓦状或旋转状排列,分离,有爪;雄蕊5、10或更多,有时有互生的退化雄蕊,花丝基部连合,花药2室,内向纵裂隙;子房上位,2~5室,中轴胎座,每室常有假隔膜而呈4~10室,每室1~2胚珠,花柱3~5,丝状,柱头头状。蒴果,稀核果,花萼宿存。种子扁平,有光泽,胚直生,子叶扁平。约14属,150余种,分布于全世界。我国4属,约10种。

分属检索表
1 花黄色,簇生或单生于叶腋或枝顶;蒴果裂为6~8个分果瓣··········石海椒属 Reinwardtia
1 花白色,花集为腋生或顶生的聚伞花序;蒴果4~5瓣裂···青篱柴属 Tirpitzia

3.3.94.1 石海椒属 Reinwardtia Dum.

灌木;托叶小,早落;花黄色,排成腋生和顶生的丛生花序,少有单生;萼片5,全缘;花瓣5,黄色,旋转排列,早萎;雄蕊5,下部合生成鞘状,互生的退化雄蕊5;腺体2~3个,与雄蕊鞘合生;子房3~5室,室有2小室,每室有胚珠1颗;花柱3~4;

蒴果球形,有完全的假隔膜,裂成6或8瓣;种子肾形。2种,分布于印度北部至我国。

石海椒 *Reinwardtia indica* Dum.
[India Stonecayenne]

常绿小灌木,高0.5~1m;全株无毛。单叶互生,倒卵状椭圆形或椭圆形,长2.5~7cm,基部楔形,全缘或有细钝齿。花单生或数朵聚生于叶腋或枝端;花瓣5,黄色,基部合生成管状,雄蕊10,有5枚退化,花丝下部合生。蒴果球形,较宿存萼片短。花果期4~12月,直至翌年1月。分布于我国西南地区。印度、越南和印度尼西亚。不耐寒。喜生于石灰岩土壤上。扦插繁殖。暖地宜植于庭园观赏,北方可温室盆栽观赏。

3.3.94.2 青篱柴属 *Tirpitzia* Hallier

灌木至小乔木;叶互生,具短柄,长椭圆形至倒卵状长椭圆形,全缘,先端浑圆,基部楔尖;花白色;具短柄,数朵排成顶生或近顶生的聚伞花序;萼片狭披针形,钝头,覆瓦状排列;花瓣有长达2mm内外的瓣柄,扩大部圆形;雄蕊5,花丝基部合生;有互生、齿状的退化雄蕊5个;子房秃净,4室,花柱约与雄蕊等长;蒴果卵状或长椭圆形,有不完全的隔膜,裂成4瓣;种子上端有翅。2种,分布于越南至我国两广、贵州和云南。

青篱柴 *Tirpitzia sinensis* (Hemsl.) Hallier
[Hedgebavin]

常绿灌木,高1~4m。叶互生,叶片纸质,倒卵状椭圆形或椭圆形,长2~7cm,宽2~3.4cm,顶端圆形,基部宽楔形,全缘,脉稍隆起或近平,脉网不明显;叶柄长0.7~1.6cm。聚伞花序在茎和分枝上部腋生,长达4cm;苞片小,宽卵形;花有短梗,有香味;萼片5,披针形,长6~8cm,果期宿存;花瓣5,白色,瓣片圆倒卵形或倒卵形,宽0.6~1.5cm,爪细,长2.5~3cm;雄蕊5。蒴果卵形,4瓣裂。花期5~8月,果期8~12月或至翌年3月。分布于云南、广西西部和北部、贵州南部。花洁白美丽,花期长,是美丽的观赏灌木。

3.3.95 金虎尾科 Malpighiaceae

藤本、灌木或乔木;常被丁字毛。单叶,对生,稀近对生或轮生,全缘,稀有锯齿,基部和叶柄常有腺体;托叶小或无。花常两性,组成花序,花梗有关节,小苞片2;花萼5裂,裂片覆瓦状排列,稀镊合状,具腺体或无;花瓣5,旋转排列,常具瓣爪;雄蕊10,花丝基部合生,稀分离;子房上位,3(2~4)室,每室1胚珠,花柱3(1~4)。果核果状、翅果状或蒴果状。种子无胚乳。60属,约800种。主产热带美洲。我国4属,约18种,引入2属1种1变种。

分属检索表
1 叶具齿缺或全缘;花左右对称,花萼外面具6~10枚大而无柄腺体,雌蕊之柱头膨大果为核果··金虎尾属 *Malpighia*
1 叶全缘;花辐射对称,花萼外面无腺体,雌蕊之柱头不膨大,果为蒴果························金英属 *Thryallis*

3.3.95.1 金英属 *Thryallis* L.

灌木;叶对生,全缘;基部或边缘有腺体2枚;花两性,辐射对称,组成顶生的总状花序;萼片5,通常无腺体;花瓣5,全缘或齿状;雄蕊10;子房3裂,每室有胚珠1颗;花柱分离;蒴果3裂。约20种,分布于美洲;我国引入栽培1种。

金英 *Thryallis gracilis* Kuntze
[Slender Thryallis]

常绿灌木,高1~2m。叶对生,膜质,长圆形或椭圆状长圆形,长1.5~5cm,宽8~20mm,先端纯或圆形,具短尖,基部楔形,有2枚腺体,侧脉每边4~5条,不明显;叶柄长约1cm;托叶针状,长2~3mm。总状花序顶生,花序轴被红褐色柔毛;苞片长约3mm,宿存;花梗长7~13mm,被红褐色毛,中间具关节,有小苞片2枚;花直径1.5~2cm,全部无毛;萼片卵形,长2~2.5mm,宽1~1.5mm;花瓣黄色,长圆状椭圆形,长7~8mm,中脉明显。蒴果球形,直径约5mm,3瓣裂。花期8~9月,果期10~11月。原产美洲热带地区,现广泛栽培于世界热带地区。我国广州、西双版纳植物园有栽培。喜光,耐半荫,喜暖热多湿气候,不耐寒。扦插繁殖。是良好的观花植物。

3.3.95.2 金虎尾属 *Malpighia* Plum. ex L.

乔木或灌木;叶对生,全缘或有齿缺;花两性,左右对称,组成腋生的聚伞花序或少有单生的;萼5深裂,有大腺体6~10个;花瓣5,具柄,檐有小齿,有时有龙骨;雄蕊10,花丝下部合生;核果。约30种,主产热带美洲。我国广州和海南引种了1种。

金虎尾 *Malpighia coccigera* L.
[Malpighia]

常绿直立灌木,高约1m。叶小,对生,革质,卵圆形至倒卵形,长6~15mm,宽5~12mm,先端圆形或截头状微凹,基部圆形或钝,叶面绿色,无毛,背面苍白色或淡褐色,边缘有刺状疏齿,或有时全缘;叶柄长0.5~1mm;托叶针状,长约1mm。花组成腋生的聚伞花序,或仅单花生于叶腋;花直径约1cm,花梗纤细,四棱形,长于叶,中部以下具关节,有小苞片2;萼片5,卵状长圆形,外有大的腺体2枚,基部与花梗相接处被疏毛;花瓣5,初时淡红色,后变白色;雄蕊10。核果鲜红色,近球形,直径约8mm。花期夏秋。原产美洲热带地区,我国广东、海南有栽培。

3.3.96 省沽油科 Stapyleaceae

乔木或灌木。叶对生或互生,奇数羽状复叶或稀为单叶,有托叶或稀无托叶;叶有锯齿。花整齐,两性或杂性,稀为雌雄异株,在圆锥花序上花少(但有时花极多);萼片5,分离或连合,覆瓦状排列;花瓣5,覆瓦状排列;雄蕊5,互生,花丝有时多扁平,花药背着,内向;花盘通常明显,且多少有裂片,有时缺;子房上位。果实为蒴果状,常为多少分离的蓇葖果或不裂的核果或浆果;种子数枚。5属,约60种,产热带亚洲和美洲及北温带。我国有4属22种,主产南方各省。

分属检索表
1叶互生,为奇数羽状复叶;花萼多少联合成管状;花盘小或缺;子房每室内仅1~2枚胚珠;果为浆果状;果皮肉质或革质;胚乳角质··················椒树属 *Tapiscia*
1叶对生,常为三小叶,稀为单叶,有托叶;花萼多少分离,从不联合为管状;花盘明显;子房3室,胚珠多数。
　2果为膜质、肿胀的蒴果,果皮薄,沿复缝线开裂;雄蕊与花瓣互生,生于花盘边缘··········省沽油属 *Staphylea*
　2果为浆果、核果或为蓇葖··········野鸦椿属 *Euscaphis*

3.3.96.1 野鸦椿属
Euscaphis Sieb. et Zucc.

落叶灌木,叶为奇数羽状复叶,小叶2~5对,有细锯齿;花两性,辐射对称,排成圆锥花序;萼片5,宿存;花瓣5;雄蕊5,着生于花盘基部外缘;心皮3(~2)枚,仅在基部稍合生;蓇葖果;种子黑色,1~3颗,有假种皮。3种,产日本至中南半岛。我国产2种。

野鸦椿 *Euscaphis japonica* (Thunb.) Dippel
[Common Euscaphis]

落叶灌木或小乔木,高3~8m;小枝及芽红紫色。羽状复叶对生,小叶7~11,长卵形,长5~11cm。缘有细齿。花小而绿色,成顶生圆锥花序;蓇葖果红色,有直皱纹,状如鸟类沙囊,内有黑亮种子1~3,种子有薄肉质假种皮。花期5~6月,果期8~9月。产长江流域及其以南各省。日本、朝鲜也有。喜阴凉潮湿环境,不耐寒。秋季红果满树,十分艳丽,宜植于庭园观赏。

3.3.96.2 省沽油属 *Staphylea* L.

落叶灌木或乔木;叶对生,3~7小叶,小叶有锯齿;花两性,白色,排成顶生的圆锥花序;萼片5;花瓣5;雄蕊5,与花瓣互生,着生于花盘的边缘;心皮2或3,基部合生,有胚珠多数,花柱2~3;膜质、肿胀的蒴果,每室有种子1~4颗。约11种,产欧洲、印度、尼泊尔至我国及日本、北美洲。我国有4种。

(1)省沽油 *Staphylea bumalda* DC.
[Bumalda Bladderfruit]

落叶灌木,高达3~5m;枝细长而开展。三出复叶对生,小叶卵状椭圆形,长5~8cm,缘有细尖齿,背面青白色,脉上有毛;顶生小叶之叶柄长约1cm。花白色,芳香;成顶生圆锥花序;蒴果膀胱状,扁形,2裂。花期4~5月,果期8~9月。产黑龙江、吉林、辽宁、河北、山西、陕西、浙江、湖北、安徽、江苏、四川。适宜在林缘、路旁、角隅及池边种植。

(2) 膀胱果 *Staphylea holocarpa* Hemsl.
[Bladderfruit]

落叶灌木。高达4m。复叶对生，具3小叶；小叶椭圆形或卵圆形，长4.5~8cm，宽2.5~5cm，基部楔形或圆形，顶生小叶有较长的柄，长2~4cm，边缘有细锯齿，上面绿色，下面青白色，脉上有短毛。圆锥花序直立；萼片带黄白色；花瓣白色，较萼片稍大。蒴果近椭圆形或狭倒卵形，上部比下部稍宽。花期4~5月，果熟期8~9月。产黄河以南至长江流域地区。生于山坡疏林中。花果美丽，可作园林绿化树种。

3.3.96.3 瘿椒树属 *Tapiscia* Oliv.

落叶乔木；叶互生，奇数羽状复叶，无托叶，小叶常3~10对，具短柄，有锯齿，有小托叶。花极小，黄色，两性或雌雄异株，辐射对称，为腋生的圆锥花序，雄花序由长而纤弱的总状花序组成，花密聚，花单生于苞腋内；萼管状，5裂，花瓣5，雄蕊5，突出，花盘小或缺，子房1室，有胚珠1颗，雄花较小，有退化子房。果实不开裂，为核果状的浆果或浆果。3种，均产于我国江南各省。

瘿椒树（银鹊树，瘿漆树，银雀树）
Tapiscia sinensis Oliv. [Falsepistache]

落叶乔木，高达30m；树皮具清香。羽状复叶互生，小叶5~9，卵状椭圆形至椭圆状披针形，长6~12cm，先端渐尖，基部圆形或心形，缘有粗齿，无毛，背面有白粉。花小，黄色，杂性异株，萼齿、花瓣、雄蕊各为5；雄花为葇荑花序，两性花为腋生圆锥花序。核果近球形，径4.5~6mm。7月开花；9月果熟。我国特产，分布于长江以南地区。中性树种，较耐阴，喜肥沃湿润环境，不耐高温和干旱；生长较快。树姿美观，秋叶黄色，可作园林绿化树种栽培观赏。

3.3.97 伯乐树科（钟萼木科）
Bretschneideraceae

乔木。叶互生，奇数羽状复叶；小叶对生或下部的互生，有小叶柄，全缘，羽状脉；无托叶。花大，两性，两侧对称，组成顶生、直立的总状花序；花萼阔钟状，5浅裂；花瓣5片，分离，覆瓦状排列，不相等，后面的2片较小，着生在花萼上部；雄蕊8枚，基部连合，着生在花萼下部，较花瓣略短，花丝丝状，花药背着；雌蕊1枚，子房无柄，上位，3~5室，中轴胎座，每室有悬垂的胚珠2颗，花柱较雄蕊稍长，柱头头状，小。果为蒴果，3~5瓣裂，果瓣厚，木质；种子大。1属1种。

伯乐树属 *Bretschneidera* Hemsl.

1种，分布于我国和越南。

伯乐树 *Bretschneidera sinensis* Hemsl.
[China Bretschneidera]

落叶乔木，高20m。羽状复叶互生，小叶7~13，狭椭圆形至长圆状披针形，长10~25cm，全缘，先端尖，基部钝圆。花两性，两侧对称，径约4cm；花萼阔钟状，5浅裂；花瓣5。粉红或近白色；雄蕊8，基部合生；子房3~5室，每室2胚珠；顶生总状花序直立，长20~30cm。蒴果椭球形或近球形，长3~5cm，棕色，3~5瓣裂；种子椭球形，长约1.8cm，橙红色。花期3~9月，果期5月至翌年4月。分布于长江以南地区性；越南也有。中性偏阴树种，深根性，抗风力较强，稍能耐寒，但不耐高温。播种繁殖。树姿挺拔，雄伟高大，绿荫如盖，树干通直，树冠开展，是珍贵的观赏树种，可作行道树和园林绿化树种。

3.3.98 无患子科 Sapindaceae

乔木或灌木，稀攀缘状草本。羽状复叶，互生，稀掌状复叶或单叶；无托叶。花单性或杂性，圆锥、总状或伞房花序，辐射对称或左右对称；萼4~5裂，花瓣4~5，或缺；雄蕊8~10；花盘发达；子房上位，多3室；中轴胎座或侧模胎座。蒴果，或核果和浆果状。约120属2000余种，广布于热带或亚热带。我国25属56种,各地均产,主产西南和南部。

分属检索表
1 蒴果;奇数羽状复叶。
　2 果皮膜质而膨胀;一至二回羽状复叶⋯⋯⋯⋯⋯⋯
　　⋯⋯⋯⋯⋯⋯⋯⋯⋯⋯⋯⋯栾树属 *Koelreuteria*
　2 果皮木质;一回羽状复叶⋯⋯文冠果属 *Xanthoceras*
1 核果;偶数羽状复叶。
　3 果皮肉质,种子无假种皮⋯⋯⋯无患子属 *Sapindus*
　3 果皮革质或脆壳质,种子有假种皮,并彼此分离。
　　4 有花瓣;果皮平滑,黄褐色⋯⋯龙眼属 *Dimocarpus*
　　4 无花瓣;果皮具瘤状突起,绿色或红色⋯⋯⋯⋯
　　　⋯⋯⋯⋯⋯⋯⋯⋯⋯⋯⋯⋯⋯荔枝属 *Litchi*

3.3.98.1 栾树属 *Koelreuteria* Laxm.

落叶乔木。芽鳞2枚。一至二回奇数羽状复叶,互生,小叶有齿或全缘。大型圆锥花序通常顶生;果皮,膨大如膀胱状,熟时3瓣裂;种子球形,黑色。3种,分布于我国、日本至斐济群岛。我国3种均产,广布。

分种检索表
1 一回或不完全二回羽状复叶,小叶有不规则粗齿,近基
　部常有深裂片;果先端尖⋯栾树 *Koelreuteria paniculata*
1 二回羽状复叶,小叶有锯齿或全缘;果先端钝圆。
　2 小叶有锯齿⋯⋯⋯复羽叶栾树 *Koelreuteria bipinnata*
　2 小叶全缘,偶有疏钝齿⋯⋯⋯⋯⋯⋯⋯⋯⋯⋯
　　⋯⋯全缘叶栾树 *Koelreuteria bipinnata* var. *integrifoliola*

(1) 栾树 *Koelreuteria paniculata* Laxm.
[Paniculed Goldraintree]

落叶乔木。高达20m,树冠近球形。树皮灰褐色,细纵裂;无顶芽,皮孔明显。奇数羽状复叶,有时部分小叶深裂而为不完全二回;小叶卵形或卵状椭圆形,长3~8cm,有不规则粗齿,近基部常有深裂片,背面沿脉有毛。花黄色,中心紫色,小而不整齐。蒴果三角状卵形,长4~5cm,顶端尖,熟时红褐色或橘红色。花期6~7月,果9~10月成熟。分布于东亚,我国自东北南部、华北、长江流域至华南均产。华北平原及低山常见。喜光,耐寒;耐干旱瘠薄;不择土壤,喜生于石灰质土壤,也能耐盐碱和短期水涝。深根性,萌蘖力强。有较强的抗烟尘和二氧化硫能力。播种或根插繁殖。枝叶茂密秀丽,夏季黄花满树,入秋叶色变黄,是优良观赏树种。宜作庭荫树、行道树和园景树。也可用作防护林、水土保持及荒山绿化树种。

(2) 复羽叶栾树 *Koelreuteria bipinnata* Franch.
[Bougainvillea Goldraintree]

落叶乔木,高达20m;树冠广卵形。树皮暗灰色,片状剥落;小枝暗棕红色,密生皮孔。二回羽状复叶,长45~70cm;各羽片有小叶7~17,互生,稀对生,斜卵形,长3.5~7cm;宽2~3.5cm,缘有锯齿。花序开展,长达35~70cm;金黄色,花萼5裂,花瓣4,稀5。蒴果椭球形,长4~7cm,顶端钝而有短尖,嫩时紫色,熟时红褐色。花期7~9月;果期9~11月。产我国东部、中南及西南地区。喜光,幼年耐阴;播种繁殖。喜温暖湿润气候,耐寒性稍差,但黄河以南可露地生长。对土壤要求不严,微酸性、中性土上均能生长。深根性,不耐修剪。播种繁殖。枝叶繁茂,夏秋花色金黄,黄花红果,交相辉映,甚是美丽。宜作庭荫树、行道树及园景树栽植,也可用于居民区、工厂区及农村"四旁"绿化。变种:黄山栾(全缘叶栾树,山膀胱)*Koelreuteria bipinnata* Franch. var. *integrifoliola*(Merr.)T. Chen,高达17m;树冠广卵形。小叶全缘,仅萌蘖枝上的小叶有锯齿或缺刻。花期8~9月;果期10~11月。长江以南地区,多生于丘陵、山麓及谷地。喜光,喜温暖湿润气候,不耐寒。深根性。

3.3.98.2 文冠果属 *Xanthoceras* Bunge

落叶灌木或小乔木;叶互生,奇数羽状复叶;小叶有锯齿,无柄,狭椭圆形至披针形;花辐射对称,杂性,排成顶生或腋生的总状花序,先叶或与叶同时开放;萼片5;花瓣5,长约为萼的3倍;花盘有直立、圆柱形的角5;雄蕊8,花丝长而分离;子房3室,每室有胚珠7~8颗;有硬壳的蒴果,室裂为3果瓣。1种,产我国北部、东北部和朝鲜。

文冠果(文官果)*Xanthoceras sorbifolium* Bunge
[Shinyleaf Yellowhorn]

落叶灌木或小乔木,高达7m。小枝粗壮,紫褐色。奇数羽状复叶,互生;小叶9~19枚,对生或近

对生,狭椭圆形至披针形,长3~5cm,缘有锐锯齿,先端尖。总状花序顶生,长15~25cm;萼片5;花瓣5,白色,内侧有黄紫色斑纹;花盘5裂,裂片背面各有一橙黄色的角状附属物;雄蕊8;子房3室,每室7~8胚珠。蒴果椭球形,径4~6cm,果皮木质,室背3裂。

种子球形,黑色。花期4~5月;果期7~8月。产我国北部,甘肃、内蒙古、辽宁、陕西、山西、河北等地常见栽培。朝鲜也有分布。喜光,也耐半阴;耐严寒;对土壤要求不严,以中性沙壤土最佳;耐干旱瘠薄及轻度盐碱。根系发达,生长迅速,萌芽力强。播种或根插繁殖。枝叶光洁秀丽,白花繁密而活泼,花序硕大,是华北地区春季优良的观花树种。也有红花、紫花品种。可配植于草坪、路边、山坡或建筑前均美丽可爱,也可用于荒山绿化。

3.3.98.3 无患子属 *Sapindus* L.

乔木或灌木。无顶芽。偶数羽状复叶,互生,小叶全缘。花杂性异株,圆锥花序;萼片、花瓣各4~5;雄蕊8~10;子房3室,每室1胚珠,通常仅1室发育。核果球形,中果皮肉质,内果皮革质;种子黑色,无假种皮。约13种,分布于亚洲、美洲和大洋洲温暖地带。我国4种,产长江流域及其以南地区。

(1) 无患子 *Sapindus mukorossi* Gaertn. [China Soapberry]

落叶或半常绿乔木,高达20m;树冠广卵形或扁球形;树皮灰褐色至深褐色,平滑不裂。小枝无毛,皮孔多而明显;芽叠生。小叶8~16,互生或近对生,狭椭圆状披针形或近镰状,长7~15cm,全缘,基部不对称,无毛。

圆锥花序顶生,长15~30cm,花黄白色或带淡紫色,花萼、花瓣5,雄蕊8。核果球形,肉质,径2~2.5cm,熟时黄色或橙黄色;种子球形,黑色。花期5~6月;果期9~10月。产我国长江流域及其以南各省区。日本、越南、印度也有分布。喜光,稍耐阴;喜温暖湿润气候,耐寒性不强;对土壤要求不严,酸性、微碱性至钙质土均可。深根性,抗风力强,萌芽力较弱,不耐修剪。对二氧化硫抗性强。生长速度中等,寿命长。播种繁殖。树干通直,树姿宽广,绿荫浓密,秋叶金黄,颇为美丽,是优良的庭荫树、行道树或园景树。常常孤植、丛植于草坪、路旁、建筑物附近。

(2) 川滇无患子 *Sapindus delavayi* (Franch.) Radlk [Chuandian Soapberry]

落叶乔木,10~15m。小叶8~14,对生或近对生,卵形至卵状长圆形,长6~14cm,两面脉上疏生短柔毛。花瓣常为4,无爪,内侧基部有一大鳞片;顶生圆锥花序。核果球形,径1.5~1.8cm。产云南、四川、贵州、湖北及陕西西南部。

3.3.98.4 龙眼属 *Dimocarpus* Lour.

常绿乔木;偶数羽状复叶,互生,小叶全缘,叶上面侧脉明显。花杂色同株,圆锥花序;萼5,深裂;花瓣5或缺;雄蕊8;子房2~3室,每室1胚珠。核果黄褐色,熟时较平滑;假种皮肉质、乳白色、半透明而多汁。约7种,产亚洲南部和东南部、澳大利亚。我国4种。

龙眼(桂圆) *Dimocarpus longan* Lour. [Longan]

常绿乔木,高达20m,具板状根;树皮粗糙,薄片状剥落;幼枝和花序密生星状毛。偶数羽状复叶互生,长15~30cm;小叶3~6对,长椭圆状披针形,长6~15cm,全缘,基部稍歪斜,表面侧脉明显。圆锥花序顶生和腋生,长12~15cm,花黄白色。果球形,径1.2~2.5cm;种子黑褐色。花期4~5月;果期7~8月。产我国福建、台湾、海南、广东、广西、云南等地;华南各地常见栽培。弱阳性,稍耐阴;喜暖热湿润气候,0℃左右时枝叶受冻。不择土壤,酸性土和石灰性土壤上均可生长;深根性,耐旱、耐瘠薄,忌积水。播种

或嫁接繁殖。是华南地区重要的果树,栽培品种甚多。也常植于庭园观赏,孤植、丛植、片植均可。

3.3.98.5 荔枝属 Litchi Sonn.

乔木;叶为偶数羽状复叶;花单性,辐射对称,排成顶生的圆锥花序;萼小;花瓣缺;花盘肉质;雄蕊8,花丝有毛;子房2~3裂;果核果状,果皮有凸瘤;种子有肉质、多汁、白色的假种皮。1种。

荔枝 Litchi chinensis Sonn.
[Lychee]

常绿乔木,高8~20m。树皮灰褐色,不裂。小枝粗壮,棕红色,密生白色皮孔。偶数羽状复叶,互生,无托叶;小叶2~4对,长椭圆状披针形,长6~15cm,薄革质或革质,全缘,表面侧脉

不甚明显,中脉在叶面凹下,背面粉绿色。圆锥花序顶生,大而多分枝,被黄色毛;花小,无花瓣。核果球形或卵形,径2~3.5cm,熟时红色,外皮有显著突起小瘤体;种子棕褐色,具白色、肉质、半透明、多汁的假种皮。花期3~4月;果期5~8月。原产我国华南,广东西南部和海南有天然林,广泛栽培,品种众多。亚洲东南部有栽培。喜光,喜暖热湿润气候及土层深厚、富含腐殖质的酸性土,怕霜冻。播种或嫁接繁殖。树形广阔,枝叶茂密,四季常绿,既是华南著名的水果,也是园林中常用的造景材料。除适于庭院、草地、建筑物周围作庭荫树外,还可结合生产、采摘成片种植成荔枝林。

3.3.98.6 韶子属 Nephelium L.

乔木;叶为偶数羽状复叶;小叶全缘,背面多少粉绿;花小,单性,辐射对称,密集成一圆锥花序;萼钟状,4~6裂;花瓣缺(国产种);雄蕊5~8,着生于肉质、环状花盘之内;子房2~3裂,2~3室,每室有胚珠1颗;果2~3裂或退化为单心皮,核果状,有软刺;种子球形,包藏于肉质假种皮内。约38种,分布于亚洲东南部。我国有3种,产云南、广西和广东三省区之南部。

红毛丹 Nephelium lappaceum L.
[Rambutan]

常绿乔木,高约10m;小枝圆柱形,有皱纹,灰褐色,仅嫩部被锈色微柔毛。叶连柄长15~45cm,叶轴稍粗壮,干时有皱纹;小叶2或3对,很少1或4对,薄革质,椭圆形或倒卵形,长6~18cm,宽4~7.5cm,顶端钝或微圆,有时近短尖,基部楔形,全缘,两面无毛;侧脉7~9对,干时褐红色,仅在背面凸起,网状小脉略呈蜂巢状,干时两面可见;小叶柄长约5mm。花序常多分枝,与叶近等长或更长,被锈色短绒毛;花梗短;萼革质,长约2mm,裂片卵形,被绒毛;无花瓣;雄蕊长约3mm。果阔椭圆形,红黄色,连刺长约5cm,宽约4.5cm,刺长约1cm。花期夏初,果期秋初。原产地在亚洲热带。马来群岛一带种植较多。我国广东南部(海南和湛江)和台湾有少量栽培。喜光,喜暖热气候及肥沃、深厚的酸性土壤。可用于园林观赏。

3.3.99 七叶树科 Hippocastanaceae

常为落叶乔木。顶芽大。掌状复叶,对生,无托叶,小叶3~9枚。聚伞圆锥花序,侧生小花序为蝎尾状聚伞花序或二歧聚伞花序;花杂性,雄花常与两性花同株;不整齐或近整齐。花萼4~5裂,或离生;花瓣4~5,大小不等,基部窄细呈爪状;雄蕊5~9,长短不等;外生花盘环状或偏斜,不裂或微裂;子房上位,3(2~1)室,每室2胚珠,花柱细长。蒴果,室背3裂,种子1~3。种子大,种脐大,无胚乳,子叶肥厚,发芽时不出土。2属,30余种,分布于北温带。我国1属9种。

3.3.99.1 七叶树属 Aesculus L.

乔木,有肥大的冬芽被数对鳞片所覆盖;叶为掌状复叶;小叶5~9枚,有锯齿;花杂性,排成顶生、大型的圆锥花序;萼钟形,4~5裂;花瓣4~5;雄蕊5~

9;子房3室,每室有胚珠2颗;蒴果,有大的种子1~3颗。约25种,分布于北温带,我国8种。

分种检索表
1 小叶无柄或近无柄;蒴果有刺或有疣状凸起。
 2 小叶下面绿色,边缘有钝重锯齿;蒴果近于球形,有刺
  ·················· 欧洲七叶树 Aesculus hippocastanum
 2 小叶下面略有白粉,边缘有圆齿;蒴果阔倒卵圆形,有疣状突起·············· 日本七叶树 Aesculus turbinata
1 小叶有显著的小叶柄;花序窄小,近于圆柱形;蒴果平滑。
 3 聚伞圆锥花序窄小,基部径常4~5(3~6)cm;小花序较短,基部小花序长2~3cm
  ······················· 七叶树 Aesculus chinensis
 3 聚伞圆锥花序粗大,基部径常8~10(~12)cm;小花序较长,基部小花序长4~5(~7)cm。
  4 掌状复叶较大,径常40~60cm,每一复叶中的各小叶显著地大小不等,中间小叶常大于两侧小叶的2~3倍
   ················· 大叶七叶树 Aesculus megaphylla
  4 掌状复叶较小,径常30cm左右(稀更大),每一复叶中的各小叶大小近于相等或中间小叶片略大于两侧小叶。
   5 蒴果较小,径3~3.5cm····天师栗 Aesculus wilsonii
   5 蒴果较大,径6~7cm···云南七叶树 Aesculus wangii

(1)七叶树 *Aesculus chinensis* Bunge
[China Buckeye]

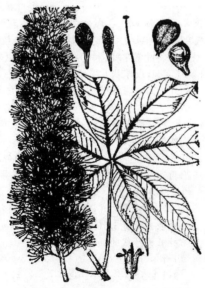

落叶乔木,高达25m。小枝粗壮,无毛。掌状复叶对生;叶柄长6~10cm;小叶5~7,纸质,长倒披针形或矩圆形,长9~16cm,宽3~5.5cm,边缘具钝尖的细锯齿,背面仅基部幼时有疏柔毛,侧脉13~17对;小叶柄长5~10mm。圆锥花序,连总花梗长25cm,有微柔毛;花杂性,白色;花萼5裂;花瓣4,不等大,长8~10mm;雄蕊6;子房在雄花中不发育。蒴果球形,顶端扁平略凹下,直径3~4cm,密生疣点;种子近球形,种脐淡白色,约占种子的1/2,花期4~5月,果期10月。分布于陕西、河北等省。秦岭有野生。喜光,也耐半阴,喜温和湿润气候,不耐严寒,喜肥沃深厚土壤。可作行道树及庭荫树。变种:浙江七叶树 var. *chekiangeasis*(Hu et Fang)Fang,小叶较薄,背面绿色,微有白粉,侧脉18~22对,小叶柄常无毛,较长,中间小叶的小叶柄长1.5~2cm,旁边的长0.5~1cm,圆锥花序较长而狭窄,常长30~36cm,基部直径2.4~3cm,花萼无白色短柔毛,蒴果的果壳较薄,干后仅厚1~2mm,种脐较小,仅占种子面积的1/3以下。花期6月,果期10月。产浙江北部和江苏南部。常栽培观赏。

(2)日本七叶树 *Aesculus turbinata* Bl.
[Japan Buckeye,Japan Horsechestnut]

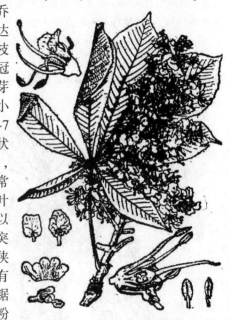

落叶乔木,高达30m,大枝伸展,树冠伞形;冬芽富黏胶。小叶无柄,5~7枚,倒卵状长椭圆形,中间小叶常较两侧小叶大2倍以上,先端突尖,基部狭楔形,缘有不整齐重锯齿,背面粉绿色,脉腋有褐色簇毛。花瓣4~5,白色,带红斑;圆锥花序粗大,尖塔形。蒴果近洋梨形。原产日本;我国青岛、南京和上海等地有栽培。喜光,性强健,较耐寒;生长较快。宜植于庭园观赏。

3.3.100 槭树科 Aceraceae

乔木或灌木;鳞芽,稀裸芽;叶对生,无托叶,单叶,全缘或掌状分裂,或羽状复叶;花单性或两性,排成伞房、伞形、圆锥或总状花序,花辐射对称5~4数,稀无花瓣;花盘肉质,环状或分裂或无花盘;雄蕊4~10,通常8;子房上位,2室,每室有胚珠2颗,花柱2;翅果或翅果状坚果。2属,200余种,主要产亚、欧、美三洲的北温带地区,中国约140余种。

分属检索表
1 果实的周围具圆形的翅;叶系羽状复叶,有7~15小叶;冬芽裸露····················金钱槭属 Dipteronia
1 果实仅一侧具长翅;叶常系单叶稀复叶,如系复叶仅有3~7小叶;冬芽有鳞片·············· 槭属 Acer

3.3.100.1 金钱槭属 *Dipteronia* Oliv.

落叶乔木;冬芽小,裸露;叶对生,奇数羽状复叶,小叶有锯齿;雄花和两性花同株,排成顶生的大圆锥花序;萼片5,长于花瓣;雄花有雄蕊8和1个退化子房;两性花有1个压扁的子房;胚珠每室2

颗;小坚果全为阔翅所围绕。2种,产我国西南、西北和河南、湖北等地。

分种检索表
1 圆锥花序无毛;果实较小,小坚果连同圆形的翅直径2~2.5cm;奇数的羽状复叶长20~40cm,有小叶7~13枚,小叶长圆卵形或长圆披针形,长7~10cm,宽2~4cm······················金钱槭 Dipteronia sinensis
1 圆锥花序有很密的黄绿色短柔毛;果实较大,小坚果连同圆形的翅直径4.5~6cm;奇数羽状复叶长30~40cm,有小叶9~15枚,小叶披针形或长圆披针形,长9~14cm,宽2~4cm··················云南金钱槭 Dipteronia dyerana

(1) 金钱槭 Dipteronia sinensis Oliv.
[China Coinmaple]

落叶乔木,高16m。裸芽。羽状复叶对生,小叶7~11(~15),长椭圆状披针形,缘有齿。花小,白色,杂性;圆锥花序。双翅果,果翅分别在两果核周围,由浅绿变红。产河南、陕西、甘肃、湖北、四川、贵州。喜湿润的沙壤土。果形奇特,宜植于庭园观赏。

(2) 云南金钱槭 Dipteronia dyerana Henry
[Yunnan Coinmaple]

乔木,高7~13m。树皮平滑,灰色。小枝圆柱形,灰绿色或灰色。叶为奇数羽状复叶,长30~40cm;小叶纸质,9~15,枚,着生于长10~20cm的叶轴上;顶生的小叶片基部楔形,具长2~3cm的小叶柄,侧生的小叶片基部斜形,近于无小叶柄;小叶片披针形或长圆披针形,长9~14cm,宽2~4cm,先端锐尖或尾状锐尖,边缘具很稀疏粗锯齿;侧脉13~14对。果序圆锥状,顶生,长30cm,密被黄绿色的短柔毛,每果梗上着生两个扁形的果实,圆形的翅环绕于其周围,直径4.5~6cm,嫩时绿色,成熟时黄褐色。花期不明,果期9月。产云南东南部和贵州西南部。具有特殊的观赏价值,可作绿化树种。

3.3.100.2 槭属 Acer L.

乔木或灌木,落叶或常绿。冬芽具多数覆瓦状排列的鳞片,或仅具2或4枚对生的鳞片。叶对生,单叶或复叶(小叶最多达11枚),不裂或分裂。花序由着叶小枝的顶芽生出,下部具叶,或由小枝旁边的侧芽生出,下部无叶;花小,整齐,雄花与两性花同株或异株,稀单性,雌雄异株;萼片与花瓣均5或4,稀缺花瓣;花盘环状或微裂,稀不发育;雄蕊4~12,通常8,生于花盘内侧、外侧,稀生于花盘上;子房2室,花柱2裂稀不裂,柱头通常反卷。果实系2枚相连的小坚果,凸起或扁平,侧面有长翅,张开成各种大小不同的角度。200余种,分布于亚洲、欧洲及美洲。中国约140余种。

分种检索表
1 叶背面为亮银色··················银后槭(银后银白槭)Acer saccharinum 'Silver Queen'
1 叶背面不为亮银色。
  2 花单性,雌雄异株,花常4数,花盘和花瓣不发育或微发育,常生于无叶的小枝旁边。羽状复叶有小叶3~5(~9)。
    3 雌花和雄花均成下垂的长穗状花序,由无叶的小枝旁边生出(稀雌花序由小枝顶端生出),花梗很短至无花梗,花盘和花瓣微发育;羽状复叶有小叶3枚··················建始槭 Acer henryi
    3 雌花成下垂的总状花序,雄花成下垂的聚伞花序,均由无叶的小枝旁边生出,花缺花瓣和花盘和,花梗较长,约1.5~3cm;羽状复叶有小叶3~5(~9)枚··················复叶槭 Acer negundo
  2 花常5数,稀4数,各部分发育良好,有花瓣和花盘,两性或杂性,稀单性,同株或异株,常生于小枝顶端,稀生于小枝旁边。叶常单叶,稀羽状或掌状复叶(有小叶3~7)。
    4 复叶(羽状或掌状),有3~7小叶。
      5 小叶下面有密毛··················血皮槭 Acer griseum
      5 小叶下面仅叶脉有毛··················三花槭 Acer triflorum
    4 单叶,不分裂或分裂,裂片全缘或边缘有各种锯齿。
      6 花单性,稀杂性,常生于小枝旁边··················秦岭槭 Acer tsinglingense
      6 花两性或杂性,雄花与两性花同株或异株,生于有叶的小枝顶端。
        7 冬芽有柄,鳞片常2对,镊合状排列;花序总状。
          8 叶长为叶宽3/10以下···马氏槭 Acer maximowiczii
          8 叶长为叶宽的1/3以上。
            9 叶不分裂··················青榨槭 Acer davidii
            9 叶3~5裂··················葛萝槭 Acer grosseri
        7 冬芽常无柄,鳞片较多,常覆瓦状排列;花序伞房状或圆锥状。
          10 叶草质或纸质,多系常绿,长圆形、披针形或卵形,常不分裂,稀3裂。
            11 叶常3裂,裂片全缘···三角枫 Acer buergerlanum
            11 叶常不分裂。
              12 叶基部生出的一对侧脉和由中脉生出的侧脉近等长,彼此平行而成羽状··················缙云槭 Acer wangchii subsp. tsinyunense
              12 叶基部生出的一对侧脉较长于由中脉生出的侧脉,常达于叶片的中段。
                13 小枝、叶柄和叶下面均有显著的黄色绒毛··················

..................樟叶槭 Acer cinnamomifolium
13 小枝、叶柄无毛,叶下面常有白粉,但无毛。
14 叶披针形..........剑叶槭 Acer lanceolatum
14 叶长圆形、长圆卵形或卵形..................
..................飞蛾槭 Acer oblongum
10 叶纸质,常3~5(~11)裂,冬季脱落。
15 翅果扁平或压扁状,叶裂片全缘或浅波状,叶柄有乳汁。
16 叶3~5裂,裂片钝形,边缘浅波状,常有纤毛;翅果扁平,脉纹显著。
17 小枝无毛;果序长5cm,无毛;翅果较小,长2.5cm..........庙台槭 Acer miaotaiense
17 小枝有短柔毛;果序长3.5cm,有长柔毛;翅果较大,长3~3.2cm...羊角槭 Acer yangjuechi
16 叶3~7裂,裂片先端锐尖或钝尖;翅果常压扁状,脉纹不显著。
18 叶下面有宿存的毛......长柄槭 Acer longipes
18 叶下面无毛。
19 小枝绿色,叶较大,长和宽均14cm以上,常5~7裂......挪威槭 Acer platanoides
19 小枝灰色或灰褐色,叶宽7~14cm,长5~10;翅果长2~4cm,张开成各种大小不同的角度。
20 叶宽8~12cm,长5~10,掌状5~7裂,裂片有时会再分裂,基部截形稀近心形。小坚果长1.3~1.8cm,宽1~1.2cm,翅和小坚果近等长..........元宝枫 Acer truncatum
20 叶宽9~11cm,长6~8cm,掌状5裂,裂片全缘,基部近心形或截形;小坚果长1~1.3cm,宽5~8mm,翅较小坚果长2~3倍......
..................五角枫(色木槭) Acer mono
15 翅果凸起,叶裂片的边缘锯齿状或细锯齿状,叶柄有乳汁。
21 叶常7~13裂;花序伞房状,每花序只有少数几杂花。
22 翅果较小,长3cm以下,张开成钝角..........
..................鸡爪槭 Acer palmatum
22 翅果较大,长3.5~4cm,张开近水平;叶短而宽,7~9裂,长6~8cm,宽7~12cm,裂片长圆形或近卵形......杈叶槭 Acer robustum
21 叶常3~7裂;花序伞房状、圆锥状或总状圆锥状,每花序只有多数花。
23 小坚果基常1侧较宽,别1侧较窄致成倾斜状。
24 叶3~5裂;翅果黄绿色或黄褐色..........
..................茶条槭 Acer ginnala
24 叶掌状3裂;翅果红色..........
..................鞑靼槭 Acer tataricum
23 小坚凸起成卵圆形、长圆卵圆形或近球菜,基部不倾斜。
25 花常成总状圆锥花序;翅果较大,长2~2.8cm,张开近于直立或成锐角..........
陕甘长尾槭 Acer caudatum var. multiserratum
25 花常成总状圆锥花序或伞房花序;翅果较小,长1~3cm,张开近于水平或钝角。
26 叶下面沿叶脉和叶柄有毛..........
..................毛脉槭 Acer pubinerve

26 叶下面沿叶脉和叶柄无毛或近无毛。
27 翅果较大,长2.8~3.5cm..........
..................五裂槭 Acer oliveranum
27 翅果较小,长2~2.5cm..........
..................秀丽槭 Acer elegantulum

(1)元宝枫(华北五角枫,元宝槭)
Acer truncatum Bunge.
[Truncate-leaved Maple, Purpleblow Maple]

落叶小乔木,高达10~13m。干皮灰黄色,浅纵裂。叶掌状5裂,有时中裂片又3裂,裂片先端渐尖。花黄绿色,成顶生伞房花序。翅果扁平,两翅展开约成直角,翅较宽。花期4月;果10月成熟。主产黄河

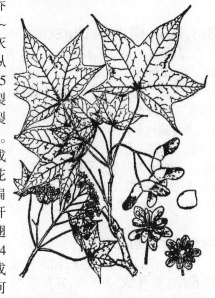

中下游各省及东北南部、江苏北部和安徽。弱喜光,耐半荫,喜温凉气候及肥沃、湿润而排水良好土壤,耐旱,但不耐涝,耐烟尘及有害气体。播种或扦插繁殖。是北方重要之秋色叶树种。华北各地广泛栽作庭荫树和行道树,在堤岸、湖边、草地及建筑附近配置皆甚雅致;也可在荒山造林或营造风景林中作伴生树种。

(2)三角枫(三角槭) *Acer buergerianum* Miq.
[Buerger Maple]

落叶乔木,高5~10(~20)米。单叶,对生,纸质,卵形或倒卵形,长6~10cm,顶部常3浅裂至叶片的1/4或1/3处,先端短渐尖,基部圆形,全缘或上部疏具锯齿,幼时下面及叶柄都密生柔毛,下面有

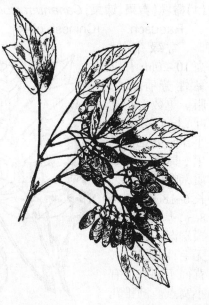

白粉,微有柔毛,有掌状三出脉。伞房花序顶生,有短柔毛;萼片5,卵形;花瓣5,黄绿色,较萼片窄。翅果长2.5~3cm;小坚果凸出,翅张开成锐角或直立。花期4月,果期9月。广布于我国长江流域各省,北达山东,南至广东,东南至台湾;日本也有。弱喜光,稍耐阴,喜温暖湿润气候及酸性、中性土壤,较耐水湿,耐寒,耐修剪。播种繁殖。宜作庭阴树、行道树及护岸树栽植,在湖岸、溪边、谷地、草坪配植,或点缀与亭廊、山石间都很合适。

3.3.101 橄榄科 Burseraceae

常绿或落叶,乔木或灌木,具芳香树脂或油脂。奇数羽状复叶,稀单叶,互生,常集生枝顶,托叶有或无。花小,两性或杂性同株;花萼3~5裂,花瓣3~5,分离或基部连合;雄蕊与花瓣同数或为其2倍,花丝分离或基部连合;具花盘;子房上位,3~5室,每室2胚珠,中轴胎座。核果,不裂或2~4瓣裂。种子无胚乳,子叶多为肉质,稀膜质,旋卷状、卷摺或折叠。16属,约550种,分布于热带。我国4属14种,产于东南部、南部及西南部。

橄榄属 Canarium L.

乔木;叶为羽状复叶;花两性或杂性,排成圆锥花序;萼杯状,3~5裂;花瓣3~5;雄蕊6,稀10枚;子房上位,2~3室;核果。约75种,分布于非洲热带、马达加斯加、毛里求斯、斯里兰卡、东南亚、马来西亚、大洋洲东北部、美拉尼西亚,向东远至萨摩亚群岛。我国有7种,产广东、广西、海南、福建、台湾及云南,多见于季雨林、常绿阔叶林及其次生林中,也有栽培的。

分种检索表
1 无托叶···乌榄 Canarium pimela
1 有托叶(常早落,但痕迹可见)······橄榄 Canarium album

(1)橄榄(青果、谏果)Canarium album(Lour.) Raeusch. [Chinese olive]

常绿乔木,高10~20m;有胶黏性芳香的树脂。单数羽状复叶,长15~30cm;小叶9~15,对生,具短柄,革质,卵状矩圆形,长6~18cm,宽3~8cm,基部偏斜,顶端渐尖,全缘,无毛,网脉显明,背面于网脉上有小窝点。圆锥花

序顶生或腋生,略短于复叶;花白色;萼杯状,3浅裂,稀5浅裂;花瓣3~5;雄蕊6,插生于环状花盘外侧。核果卵状矩圆形,长约3cm,青黄色,两端锐尖。花期4~5月,果10~12月成熟。产福建、台湾、广东、广西、云南。分布于越南。强阴性树,喜生长在排水良好的地块,耐旱,对土壤适应性较强,在微碱性的沙壤土和富含石灰质的粘土中均能生长,不耐寒,是生长能力很强的长寿树种。播种繁殖。树姿优美,四季常青,是华南地区良好的防风林和行道树种。

(2)乌榄(黑橄榄,木威子)

Canarium pimela Leenh. [Black Olive]

常绿乔木,高10~16m。单数羽状复叶,长30~60cm;小叶15~21,矩圆形或卵状椭圆形,长5~15cm,宽3.5~7cm,基部偏斜,先端渐尖或锐尖,全缘,上面网脉明显,下面平滑。圆锥花序顶生或腋生,长于复叶;萼杯状,3~5浅裂;花瓣3~5,分离,长约为萼的3倍;雄蕊着生于花盘边缘。核果卵形至椭圆形,两端钝,成熟时紫黑色。分布于我国南部;越南也有。

3.3.102 漆树科 Anacardiaceae

乔木或灌木。叶互生,稀对生,多为羽状复叶,稀单叶,无托叶。花小,单性异株、杂性同株或两性,辐射对称,常为圆锥花序;花萼3~5深裂,花瓣与萼片同数,稀无花瓣。雄蕊与花萼同数或为其2倍;子房上位,1室,稀2~5室,每室1倒生胚珠。核果,或坚果。约60属600余种,分布全球热带、亚热带,少数延伸到北温带。我国有16属,59种,另引入2属4种。

分属检索表
1 单叶全缘;心皮5,分离或只有1个。
 2 雄蕊8~10,仅1个发育;花柱侧生;核果为鸡腰状,果期下部花托肉质膨大而成陀螺形或梨形的假果···························
 ··腰果属 Anacardium
 2 雄蕊1~5,1或少有2~5个发育;花柱顶生或近顶生;果形多样,花托不膨大······················杧果属 Mangifera
1 叶多为羽状复叶,少有掌状3小叶或单叶;心皮通常3~5,合生。
 3 心皮通常4~5,子房4~5室(少有仅1室)
  4 花瓣在芽中镊合状排列;子房4~5室,花柱1···············
  ···槟榔青属 Spondias
  4 花瓣覆瓦状排列(有时基部近镊合状);花柱4~5。
   5 花两性;花瓣在芽中先端覆瓦状排列,基部镊合状;花柱5,上半部连合成尖塔形,下半部分离;果蒂球形,果核压扁···························人面子属 Dracontomelon
   5 花杂性;花瓣覆瓦状排列;花柱5,分离;果椭圆形,果核与果同形,不压扁········南酸枣属 Choerospondias
 3 心皮3,子房1室。
  6 单叶;花托膨大,子房埋人下凹的杯状或管状的花托内···························肉托果属 Semecarpus

6 叶多为羽状复叶,少有掌状3小叶和单叶;花托不下凹,不膨大。
 7 花为单被花·················黄连木属 Pistacia
 7 花有花萼和花瓣。
  8 单叶;果期不孕花的花梗伸长,被长柔毛·················
   ·················黄栌属 Cotinus
  8 羽状复叶或掌状3小叶;花梗不如上述。
   9 圆锥花序顶生;果被腺毛和具节柔毛或单毛,成熟后红色,外果皮与中果皮连合,内果皮分离·················
    ·················盐肤木属 Rhus
   9 圆锥花序腋生;果无毛或疏被微柔毛或刺毛,但无腺毛,成熟后黄绿色,外果皮薄,与中果皮分离,中果皮厚蜡质,与内果皮连合·················
    ·················漆属 Toxicodendron

3.3.102.1 黄栌属 Cotinus(Tourn.)Mill

落叶灌木或小乔木。单叶互生,无托叶,全缘。聚伞圆锥花序顶生;花萼、花瓣、雄蕊各5;子房1室,1胚珠,花柱3,侧生。核果小,暗红色至褐色,肾形,极压扁。约5种,分布于南欧、亚洲东部和北美温带地区。我国有3种,除东北外其余省区均有。

分种检索表
1 叶背显著被灰色柔毛·················黄栌 Cotinus coggygria
1 叶背显著被白粉·················
·················粉背黄栌 Cotinus coggygria var. glaucophylla

(1)黄栌 Cotinus coggygria Scop. [Common Smoketree]

落叶灌木或小乔木,高3~5m,树冠近圆形。叶倒卵形或卵圆形,长3~8cm,宽3~6cm,先端圆形或微凹,基部圆形或阔楔形,全缘,两面或尤其叶背显著被灰色柔毛,侧脉6~11对。圆锥花序被柔毛;花梗长7~10mm;花杂性,黄绿色,径约3mm;花萼无毛,裂片卵状三角形;花瓣卵形或卵状披针形。花盘5裂,紫褐色;子房近球形,花柱3,分离,不等长。不孕花的花梗在花后伸长,密被紫色羽状毛,远观如紫烟缭绕。核果小,肾形。花期2~8月,果期5~11月。产我国北部、中部至西南。喜光,耐半阴,耐寒,耐干旱瘠薄,不耐水湿。萌芽力和萌蘖性强。对SO₂抗性强。播种、分株或根插繁殖。我国北方著名的秋色叶树种。适于大型公园、山地风景区内群植成林,纯林或与其它色叶树成混交林。变种:粉背黄栌 var. *glaucophylla* C. Y. Wu,叶卵圆形,较大,长3.5~10cm,宽2.5~7.5cm,无毛,但叶背显著被白粉;叶柄较长,1.5~3.3cm,与欧洲产的原变种显著不同。产云南、四川、甘肃、陕西。

(2)美国红栌(红叶树,美国黄栌,烟树) Cotinus coggygria Scop. var. purpureus Rehd. [Purpleleaf Smoke Tree]

落叶灌木或小乔木,树冠圆形。叶色美丽,一年三季有变化,春季其叶片为鲜嫩的红色或紫红色,妖艳欲滴;夏季其上部新生叶片始终为红色或紫红色,下部叶片渐变为绿色,远看色彩缤纷;而入秋之后随着天气转凉,整体叶色又逐渐转变为深红色,秋霜过后,叶色更加红艳美丽。花序如烟似雾,十分美丽。原产美国。我国河南、河北及北京等地有栽培。喜光,也耐半阴,稍耐寒,不耐水湿,耐干旱、瘠薄和碱性土。抗旱、抗病虫能力强。嫁接或组培繁殖。是常用的庭园观赏色叶树种。

3.3.102.2 杧果属 Mangifera L.

常绿乔木。单叶互生,全缘。圆锥花序顶生,花小,杂性,4~5基数萼片4~5;花瓣4~5,分离或与花盘合生;雄蕊1~5,通常仅1个发育;子房1室,偏斜,1胚珠,花柱1,顶生或近顶生。核果大,肉质;种子压扁平,有纤维。约50余种,产热带亚洲。我国有5种。

分种检索表
1 花序被毛·················杧果 Mangifera indica
1 花序无毛·················扁桃 Mangifera persiciformis

杧果 Mangifera indica L. [Mango]

常绿大乔木,高达10~20m。叶薄革质,常集生枝顶,长圆状披针形,长12~30cm,宽3.5~6.5cm,先端渐尖,基部圆形,边缘皱波状,表面暗绿色;嫩叶红色。圆锥花序长20~35cm,多花密集,黄色或淡黄色;雄蕊仅1个发育。核果大,肾形,压扁,橙黄色至粉红色。花期2~4月,果期6~7月。原产热带亚洲,我国华南常见栽培。喜阳光充足和温暖湿润的气候,适生于年均温度22℃以上的地区;喜深厚肥沃而排水良好的酸性沙壤土,不耐水湿。播种或嫁接繁殖。树冠球形,高大宽阔,郁闭度大,为热带良好的庭园和行道树种,在风景区内可结合生产大量栽培。

3.3.102.3 腰果属
Anacardium (L.) Rottboell

灌木或乔木。单叶互生,革质,全缘。圆锥花序顶生,多分枝,略呈伞房状;具苞片;花小,杂性或雌雄异株;花萼5深裂;花瓣5,开花时外卷;雄蕊8~10,不等长,通常仅1个发育;子房无柄,略不对称,压扁,1室,1胚珠。核果肾形,侧向压扁,种脐于内弯处,果期花托肉质膨大而成棒状或梨形假果;种子肾形,直立。约15种,主产热带美洲,我国华南有少量引种。

腰果 *Anacardium occidentale* L.
[Cashew, Brazilian Cashew]

灌木或小乔木,高4~10m。叶革质,倒卵形,长8~14cm,宽6~8.5cm,两面无毛,侧脉约12对。圆锥花序宽大,多分枝,排成伞房状,长10~20cm,多花密集,密被锈色微柔毛;花黄色,杂性;花萼和花瓣外面被锈色微柔毛;雄蕊7~10,通常仅1个发育;子房倒卵圆形。核果肾形,两侧压扁,成熟时紫红色;种子肾形。原产热带美洲,现全球热带广为栽培。我国华南均有引种,适于低海拔的干热地区栽培。

3.3.102.4 肉托果属 *Semecarpus* L. f.

乔木。单叶互生,常集生枝顶,全缘;叶柄圆柱形,基部膨大。圆锥花序顶生或生于上部叶腋;花小,杂性或雌雄异株;花5(稀3)基数;花萼杯状;花瓣5,稀3;雄蕊5,着生于花盘基部;子房半下位或上位,1室,1胚珠,花柱3。核果卵圆形。约50种,分布热带亚洲至大洋洲。我国有3种,分布于云南和台湾。

大叶肉托果
Semecarpus gigantifolia Vidal
[Largeleaf Markingnut]

常绿乔木;小枝灰色,无毛,具长圆形棕色皮孔。叶互生,常集生于小枝顶端,革质,椭圆状披针形或卵状披针形,长25~50cm,宽5.5~12cm,先端急尖,基部钝,两面无毛;叶面略具光泽,叶背苍白色。圆锥花序顶生,长约17cm;花白色,花梗短,长约2mm,苞片三角形,边缘具细睫毛;花萼钟状,长约2.5mm;花瓣卵状披针形,先端钝,基部截形;雄蕊与花瓣互生,比花瓣短;子房阔卵形。核果扁球形,先端偏斜,急尖,果肉多树脂,内果皮骨质。产我国台湾。分布于菲律宾。

3.3.102.5 黄连木属 *Pistacia* L.

乔木或灌木;叶常绿或脱落,互生,3小叶或羽状复叶;小叶全缘;花小,单性异株,无花瓣,为腋生的总状花序或圆锥花序;雄花萼1~5裂;雄蕊3~5枚;雌花萼2~5裂;子房无柄,1室,有胚珠1颗;果为核果。约10种,分布地中海沿岸、亚洲东部至东南部和北美洲南部。我国有3种,除东北和内蒙古外均有分布。

分种检索表

1 羽状复叶通常具3小叶,稀5小叶;果长圆形,较大,长达 2cm,径约1cm··················阿月浑子 *Pistacia vera*
1 羽伏复叶有小叶4~9对;果球形,较小,径约5mm。
  2 小叶纸质,披针形或卵状披针形,先端渐尖或长渐尖;先花后叶,雄花无不育雌蕊·········黄连木 *Pistacia chinensis*
  2 小叶革质,长圆形或倒卵状长圆形,先端微凹,具芒刺伏硬尖头;花序与叶同出,雄花有不育雌蕊存在···········
··················清香木 *Pistacia weinmannifolia*

(1) 黄连木 *Pistacia chinensis* Bunge
[China Pistachio]

落叶乔木,高达20余米;树干扭曲,树皮暗褐色,呈鳞片状剥落。枝叶有特殊气味。奇数羽状复叶互生,有小叶5~6对,先端渐尖,基部偏斜,全缘。花单性异株,先花后叶,圆锥花序腋生,雄花序淡绿色,排列紧密,雌花序紫红色,疏松。核果倒卵状球形,略压扁,成熟时紫红色,干后具纵向细条纹。花期3~4月,先叶开放,果期9~11月。我国黄河流域至华南、西南均有分布。喜光,幼树耐阴,对土壤要求不严,尤喜肥沃湿润而排水良好的石灰性土。耐干旱瘠薄,不耐水湿。萌芽力强。抗烟尘和SO_2。播种或扦插繁殖。树冠浑圆,枝繁叶茂,春叶及花序紫红,秋叶深红或橙黄色,宜作庭荫树、行道树,也是山地风景林、公园秋景林的造林树种。

(2) 清香木 Pistacia weinmannifolia J. Poisson ex Franch. [Yunnan Pistachio]

灌木或小乔木,高2~8m,稀达10~15m;树皮灰色,小枝具棕色皮孔,幼枝被灰黄色微柔毛。偶数羽状复叶互生,有小叶4~9对,叶轴具狭翅,上面具槽,被灰色微柔毛,叶柄被微柔毛;小叶革质,长圆形或倒卵状长圆形,较小,长1.3~3.5cm,宽0.8~1.5cm,先端微缺,具芒刺状硬尖头,基部略不对称,阔楔形,全缘,略背卷,两面中脉上被极细微柔毛,侧脉在叶面微凹,在叶背明显突起;小叶柄极短。花序腋生,与叶同出,被黄棕色柔毛和红色腺毛;花小,紫红色,无梗,苞片1,卵圆形,内凹,径约1.5mm,外面被棕色柔毛,边缘具细睫毛;雄花:花被片5~8;雄蕊5,稀7;雌花花被片7~10。核果球形,长约5mm,径约6mm,成熟时红色,先端细尖。产云南、西藏、四川、贵州、广西。可作庭园观赏。

3.3.102.6 盐肤木属 Rhus (Tourn.) L.

落叶灌木或乔木。奇数羽状复叶互生,有时3小叶或单叶,边缘具齿或全缘,叶轴具翅或无翅。花杂性或单性异株,顶生聚伞圆锥花序或复穗状花序;花萼5裂;花瓣5;雄蕊5,着生在花盘基部;子房上位,1室,1胚珠,花柱3。核果球形,略压扁,被毛。约250种,分布于亚热带和暖温带,我国有6种,广布。

分种检索表
1小枝无毛……………………………青麸杨 Rhus potaninii
1小枝有毛。
　2叶轴有翅……………………………盐肤木 Rhus chinensis
　2叶轴无翅……………………………火炬树 Rhus typhina

(1) 盐肤木 Rhus chinensis Mill. [China Sumac]

落叶小乔木或灌木,高2~10m;小枝棕褐色,被锈色柔毛,具圆形小皮孔。奇数羽状复叶,小叶3~6对,叶轴具宽的叶状翅,小叶自下而上逐渐增大,叶轴和叶柄密被锈色柔毛,近无柄。圆锥花序

宽大,多分枝,密生柔毛;花小,乳白色。核果球形,略压扁,被具节柔毛和腺毛,成熟时红色。花期8~9月,果期10月。我国除东北、内蒙古和新疆外,其余省区均有。分布于印度、马来西亚、印度尼西亚、日本和朝鲜。喜光,喜温暖湿润气候,也能耐寒冷干旱,不择土壤,不耐水湿。深根性,萌蘖性强,生长快,寿命短。播种或分蘖繁殖。秋叶鲜红,果实成熟橘红色,颇为美观。可植于园林绿地观赏或用于点缀山林风景。

(2) 火炬树(鹿角漆) Rhus typhina Nutt [Staghorn Sumae]

落叶小乔木,高达8m左右。小枝密生长柔毛。羽状复叶,小叶19~23,长椭圆状披针形,缘有锯齿,先端长渐尖,背面有白粉。雌雄异株,顶生圆锥花序,密生有毛。核果深红色,密集成火炬形。花期6~7月;果8~9月成熟。原产北美洲。喜光,适应性强,抗寒、抗旱、耐盐碱。根系发达、生长快,寿命短。播种或分蘖繁殖。宜植于园林观赏,或点缀山林秋色,也可用于做水土保持及固沙树种。品种:裂叶火炬树 'Dissecta' 小叶羽状深裂。

3.3.102.7 漆属 Toxicodendron (Tourn.) Mill.

落叶乔木或灌木,稀为木质藤本,具白色乳汁,干后变黑,有臭气。叶互生,奇数羽状复叶或掌状3小叶;小叶对生,叶轴通常无翅。花序腋生,聚伞圆锥状或聚伞总状;花小,单性异株;花萼5裂,宿存;花瓣5,雄蕊5,子房上位,1室,1胚珠,花柱3。核果小,果肉蜡质,种子扁平。约20余种,分布亚洲东部和北美至中美,我国有15种,主要分布于长江以南各省区。

分种检索表
1植物体各部无毛(稀花序被毛)……………………
　………………………野漆 Toxicodendron succedaneum
1小枝、叶轴、叶柄及花序均被毛。
　2枝内有漆液…………漆 Toxicodendron vernicifluum
　2枝内无漆液…………木蜡树 Toxicodendron sylvestre

(1) 漆 *Toxicodendron verniciluum* (Stokes) F. A. Barkl. [True Lacquertree]

落叶乔木，高20m。树皮灰白色，呈不规则纵裂；小枝粗壮，枝内有漆液，被棕黄色柔毛，后变无毛。奇数羽状复叶互生，常螺旋状排列，有小叶4~6对，长6~13cm，宽3~6cm，全缘，叶面通常无毛或仅沿中脉疏被微柔毛。圆锥花序疏散下垂，长15~30cm，花小，黄绿色。果序下垂，核果肾形或椭圆形，略压扁，无毛，具光泽。花期5~6月，果期7~10月。产我国华北南部至长江流域。印度和日本也有分布。喜光，不耐庇荫；喜温暖湿润气候，适生于钙质土壤，酸性土中生长缓慢。不耐水湿。播种繁殖。著名的特用经济树种。秋叶红色，可用于山地风景林营造秋色林。漆液有刺激性，易引起过敏，园林中慎用。

(2) 木蜡树 *Toxicodendron sylvestre* (Sieb. et Zucc.) O. Kuntze [Hairyfruit Lacquertree]

落叶乔木，高达10m；枝内无漆液。小叶7~13，卵状长椭圆形.长4~10cm，全缘，侧脉18~25对，背面密生黄色短柔毛。花黄色；圆锥花序腋生，花序梗密生棕黄色毛。核果淡棕黄色。我国长江中下游及其以南地区均产。朝鲜和日本亦有分布。秋叶红色，可供观赏。

3.3.102.8 南酸枣属
Choerospondias Burtt et Hill

落叶乔木。奇数羽状复叶，互生，常集生于小枝顶端；小叶对生，具柄。花单性或杂性异株，雄花和假两性花排列成腋生或近顶生的聚伞圆锥花序，雌花通常单生于上部叶腋；花萼浅杯状，5裂；花瓣5；雄蕊10；花盘10裂；子房上位，5室，每室具1胚珠。核果卵圆形或长圆形。为一单种属，分布于印度东北部、中南半岛、我国至日本。

南酸枣 *Choerospondias axillaris* (Roxb.) Burtt et Hill. [Axillary Southern Wildjujube]

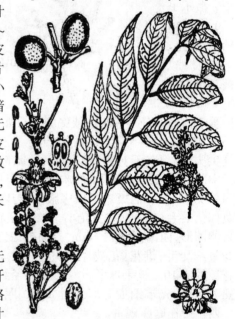

落叶乔木，高8~20m；树皮灰褐色，片状剥落，小枝粗壮，暗紫褐色，无毛，具皮孔。奇数羽状复叶，互生，长25~40cm，小叶3~6对，叶轴无毛，叶柄纤细，基部略膨大；小叶对生，卵状披针形，长4~12cm，宽2~4.5cm，稀叶背脉腋被毛。花杂性异株，雄花和假两性花淡紫红色，雌花单生于上部叶腋；花萼、花瓣5；雄蕊10；花盘10裂；子房上位，5室，每室具1胚珠。核果卵圆形或长圆形，成熟时黄色，长2.5~3cm，核骨质，顶端具5个小孔。花期4月，果期8~10月。产我国西南、华南至长江流域南部。喜光，稍耐阴；喜温暖湿润气候，不耐寒；喜土层深厚而排水良好的酸性和中性土壤，不耐水淹和盐碱。浅根性；萌芽力强。生长速度较快。播种繁殖。树干通直，冠大荫浓，是良好的庭荫树和行道树。

3.3.102.9 槟榔青属 *Spondias* L.

乔木。单叶或一至二回奇数羽状复叶，互生；小叶对生或互生，全缘或具齿。花序顶生而复出或侧生单出，先叶开放或与叶同出，花小，杂性，排列成圆锥花序或总状花序；花萼4~5裂；花瓣4~5；雄蕊8~10；子房4~5室，每室1胚珠。肉质核果，内果皮木质，具坚硬的角状或刺状突起或无。10~12种，分布于美洲和亚洲的热带，我国有3种，产华南地区。

岭南酸枣 *Spondias lakonensis* Pierre
[Canton Mombin]

落叶乔木,高8~15m;小枝灰褐色,疏被微柔毛。奇数羽状复叶互生,长25~35cm,小叶5~11对;长圆状披针形,长6~10cm,宽1.5~3cm,先端渐尖,基部明显偏斜,阔楔形至圆形,全缘。圆锥花序腋生,长15~25cm,被灰褐色微柔毛,分枝疏散;花小,白色,密集于花枝顶端;子房4(~5)室,花柱1,无毛。核果倒卵状或卵状正方形,成熟时带红色。产我国海南、广东、广西和福建等地。越南、老挝、泰国也有分布。果酸甜可食,有酒香。可作庭园绿化树种。

3.3.102.10 人面子属 *Dracontomelon* Bl.

乔木;小枝具三角形叶痕。奇数羽状复叶互生,叶大,有小叶多对。圆锥花序腋生或近顶生;花小,两性,具花梗;花萼5裂;花瓣5;雄蕊10;心皮5,合生,子房5室,每室具1胚珠。核果近球形,果核压扁,近5角形,上面具5个卵形凹点,边缘具小孔,通常5室。约8种,分布于中南半岛、马来西亚至斐济岛。我国西南和南部有2种。

人面子 *Dracontomelon duperreanum* Pierr
[Indochina Dragonplum]

常绿大乔木,高达20余米;幼枝具条纹,被灰色绒毛。奇数羽状复叶长30~45cm,小叶5~7对互生,近革质,长圆形,自下而上逐渐增大,长5~14.5cm,宽3~4.5cm,先端渐尖,基部常偏斜,全缘,两面沿中脉疏被微柔毛,叶背脉腋具灰白色髯毛。圆锥花序顶生或腋生,比叶短,长10~23cm,疏被灰色微柔毛;花白色,花梗长2~3mm,被微柔毛。核果扁球形,成熟时黄色,果核压扁,上面盾状凹入,5室,通常1~2室不育;种子3~4颗。产我国云南、广西、广东;生于海拔(93~)120~350m的林中。广西和广东亦有引种栽培。分布于越南。喜阳光充足及高温多湿环境,不耐寒,抗风,抗大气污染,适深厚肥沃的酸性土生长。播种繁殖。树冠宽广浓绿,甚为美观,是庭园绿化的优良树种,也适合作行道树。

3.3.103 苦木科 Simaroubaceae

乔木或灌木,叶互生,稀对生,羽状复叶。花序腋生,总状花序或圆锥花序,花小,单性异株或杂性,稀为两性,萼3~5裂,花瓣3~5,花盘球状或杯状,雄蕊与花瓣同数或2倍,子房上位,2~5室,每室有1(中国产的种)胚珠,稀或更多。核果或蒴果状,或翅果状。约20属,120种,主产热带和亚热带地区;我国有5属,11种,3变种。

分属检索表
1 果为翅果,扁平,长椭圆形·················· 臭椿属 *Ailanthus*
1 果为核果,卵形、长卵形或卵珠形········ 苦树属 *Picrasma*

3.3.103.1 臭椿属 *Ailanthus* Desf.

落叶乔木;叶为羽状复叶或单叶,揉之有臭味;花小,杂性或单性异株,排成顶生的圆锥花序;花萼和花瓣5枚;花盘10裂;雄蕊10枚,着生于花盘基部;子房2~5深裂;果为1~5个长椭圆形的翅果;种子1颗,生于翅的中央。约10种,分布于亚洲至大洋洲北部;我国有5种,2变种,主产西南部、南部、东南部、中部和北部各省区。

臭椿(樗,椿树) *Ailanthus altissima* (Mill.) Swingle
[Tree of Heaven]

落叶乔木,高达30m,胸径达1m。具有粗壮、低矮枝条。树冠宽卵形。一回羽状复叶互生;小叶13~25,卵状披针形,顶端长渐尖,叶缘具1~2,稀3腺齿,上部全缘,叶背面无毛或沿中脉有毛。杂性或单性异株,圆锥花

序;花萼和花瓣5,有味道,黄绿色,花瓣中下部内卷,近管状;雄蕊10;子房5深裂。翅果熟时淡褐黄色或红褐色,翅扭曲,脉纹显著,冬天宿存。花期5~6月,果期9~10月。产我国辽宁、华北、西北至长江流域各地;朝鲜、日本也有分布。喜光,不耐阴,耐寒,耐旱,耐盐碱。对氟化氢及二氧化硫抗性强。是良好的观赏树和行道树或工矿绿化树。品种:①红叶臭椿'Hongyechun',叶常年红色,炎热夏季红色变淡,观赏价值极高。②红果臭椿'Hongguochun',果实红色。③千头椿'Qiantouchun',树冠圆球形,分枝密而多,腺齿不明显。

3.3.103.2 苦木属 *Picrasma* Bl.

乔木,全株有苦味;枝条有髓部,无毛。叶为奇数羽状复叶,小叶柄基部和叶柄基部常膨大成节,干后多少萎缩;小叶对生或近对生,全缘或有锯齿,托叶早落或宿存。花序腋生,由聚伞花序再组成圆锥花序;花单性或杂性,4~5基数,苞片小或早落,花梗下半部具关节;萼片小,分离或仅下半部结合,宿存;花瓣于芽中镊合状排列或近镊合状排列,先端具内弯的短尖,比萼片长,在雌花中的宿存;雄蕊4~5,着生于花盘的基部,花盘稍厚,全缘或4~5浅裂,有时在果中膨大;心皮2~5,分离,在雄花中的退化或仅有痕迹,花柱基部合生,上部分离,柱头分离,每心皮有胚珠1颗,基生。果为核果,外果皮薄,肉质,干后具皱纹,内果皮骨质;种子有宽的种脐,膜质种皮稍厚而硬,无胚乳。约9种,多分布于美洲和亚洲的热带和亚热带地区;我国产2种1变种,分布于南部、西南部、中部和北部各省区。

苦木(苦树)
Picrasma quassioides (D. Don) Benn.
[Quassia]

落叶小乔木,高达10 m;小枝青褐色.皮孔明显;裸芽,密生锈色毛。羽状复叶互生,小叶9~15,卵状椭圆形,长4~10 cm,缘有不齐钝齿。花小,单性或杂性;腋生聚伞花序。核果红色,常3个聚生。花期4~5月,果期6~9月。产我国黄河流域及其以南各省区;朝鲜、日本、印度也有分布。喜温暖、湿润的环境,耐寒,耐干旱。喜土层深厚且排水良好的土壤。播种繁殖。为优良的园林观赏植物。可单植、群植栽于庭园作庭阴树或列植作行道树。

3.3.104 楝科 Meliaceae

乔木或灌木,稀为亚灌木。羽状复叶,互生,稀单叶、对生,无托叶。花两性,辐射对称,圆锥或聚伞花序;通常5基数;萼小4~5裂;花瓣4~5,分离或基部合生;雄蕊4~12,花丝分离或合生;子房上位,2~5室,胚珠1~2颗。蒴果、浆果或核果,开裂或不开裂;种子有翅或无翅。约50属,1400种,分布于热带和亚热带地区,少数至温带地区,我国产15属,62种,另引入3属,3种,主产长江以南各省区,少数分布至长江以北。

分属检索表
1 果为蒴果;种子具翅。
 2 雄蕊花丝全部分离,花盘短柱状,肉质或长柄状··········
  ·······································香椿属 *Toona*
 2 雄蕊花丝合生成管,花盘杯状、浅杯状或不发育。
  3 花药着生于雄蕊管顶部的边缘,全部突出············
   ·····································麻楝属 *Chukrasia*
  3 花药着生于雄蕊管内的上部,内藏。
   4 蒴果熟后由基部起胞间开裂;种子上端有长而阔的翅
    ································桃花心木属 *Swietenia*
   4 蒴果熟后由顶端4~5瓣裂;种子边缘有圆形膜质的翅
    ····································非洲楝属 *Khaya*
1 果为核果或浆果,或蒴果但种子无翅。
 5 雄蕊管圆筒形或圆柱形,花柱延长··········楝属 *Melia*
 5 雄蕊管球形或陀螺形,花柱极短或缺。
  6 浆果·····························米仔兰属 *Aglaia*
  6 蒴果························山楝属 *Aphanamixis*

3.3.104.1 香椿属 *Toona* Roem.

乔木,树干上树皮粗糙,鳞块状脱落。羽状复叶,互生;小叶全缘,少有稀疏的小锯齿。花小,两性,组成聚伞花序,再排列成顶生或腋生的大圆锥花序;花白色或黄绿色,花瓣、萼裂片、雄蕊各5,花丝分离;子房5室。蒴果5裂,革质或木质,种子有长翅。约15种,分布于亚洲至大洋洲。我国产4种,分布于南部、西南部和华北各地。

分种检索表
1. 雄蕊10,其中5枚不育或变成假雄蕊;子房及花盘无毛;蒴果具苍白色小皮孔;种子仅上端具膜质翅;小叶全缘或具小锯齿··························香椿 *Toona sinensis*
1. 雄蕊5;子房与花盘被毛;蒴果具大而明显的皮孔;种子两端均具膜质翅;小叶通常全缘。
 2. 蒴果小,长通常不超过2cm···紫椿 *Toona microcarpa*
 2. 蒴果较大,长2~4.5cm··········红椿 *Toona ciliata*

(1) 香椿 Toona sinensis (A. Juss.) Roem.
[China Toona]

落叶乔木,高达25m;树皮深褐色,片状脱落。小枝粗壮,被白粉;叶痕大。叶具长柄,偶数(稀奇数)羽状复叶,小叶16~20,对生或互生,基部不对称,边全缘或有疏离的小锯齿。圆锥花序与叶等长或更长,下垂,芳香,花盘、子房无毛;蒴果狭椭圆形,长2~3.5cm;种子上端有长翅。花期5~6月,果期10~11月。产我国中部,生于山地杂木林或疏林中,各地广泛栽培。喜光,不耐阴,有一定的耐寒力;对土壤要求不严;耐轻度盐碱,较耐水湿。深根性,萌芽力和萌蘖力均强;生长速度中等偏快。对有毒气体抗性强。播种、分蘖或扦插繁殖。幼芽嫩叶芳香可口,供疏食。树干耸直,树冠庞大,枝叶茂密,嫩叶鲜红,是良好的庭荫树和行道树,适于庭院、草坪、路旁、水畔种植。

(2) 红椿 Toona ciliata Roem. [Red Toona]

落叶乔木。高可达35m。小叶14~16。对生或近对生,椭圆状披针形,长8~17cm,全缘,背面仅脉腋有簇生毛。子房和花盘有毛,雄蕊5。蒴果具大皮孔,长2.5~3.5cm;种子上端有长翅,下端有短翅。花期3~4月,果期10~11月。产我国华南和西南部;印度、中南半岛、马来西亚及印度尼西亚也有分布。喜光,喜温暖气候及深厚肥沃湿润而排水良好的土壤;生长较快。播种或分株繁殖。可作园林绿化树种。

3.3.104.2 楝属 Melia L.

落叶乔木或灌木;小枝有明显的叶痕和皮孔。一至三回羽状复叶,互生;小叶具柄,有锯齿或全缘。圆锥花序腋生,多分枝;花两性;花萼5~6深裂;花瓣白色或紫色,5~6片,分离,线状匙形;雄蕊10~12,花丝连合成筒状,顶端有10~12齿裂;花盘环状。核果,近肉质,核骨质。约3种,产东半球热带和亚热带。我国产2种,黄河以南各省区普遍分布。

分种检索表
1 子房5~6室;果较小,长通常不超过2cm,小叶具钝齿;花序常与叶等长·················棟 Melia azedarach
1 子房6~8室;果较大,长约3cm;小叶近全缘或具不明显的钝齿;花序长约为叶的一半·········川楝 Melia toosendan

(1) 楝 Melia azedarach L.
[Melia, Chinaberry-tree]

落叶乔木,高达10~15m;树皮灰褐色,纵裂。枝条广展,树冠广卵形,近于平顶。二至三回奇数羽状复叶;小叶对生,卵形、椭圆形至披针形,先端短渐尖,边缘有钝锯齿。圆锥花序约与叶等长,花芳香,淡紫色。核果球形至椭圆形,熟时黄色,宿存。花期4~5月,果期10~12月。我国黄河以南各省区较常见;生于低海拔旷野、路旁或疏林中。广布于亚洲热带和亚热带地区,温带地区也有栽培。喜光,喜温暖湿润气候;对土壤要求不严,在酸性土、中性土与石灰岩地区均能生长;耐盐碱;较耐水湿。萌芽力强。浅根性,侧根发达。生长快,30~40年即衰老。播种或扦插繁殖。树形优美,适于工厂、矿区绿化。宜作庭荫树、行道树,也适于孤植或丛植于草坪、坡地、池边。

(2) 川楝(土仙丹)
Melia toosendan Sieb. et Zucc.
[Sichuan Melia, Tuxiandan Melia]

乔木,高达10m;树皮灰褐色;幼嫩部分密被星状鳞片。叶二回单数羽状复叶,长约35cm;羽片4~5对;小叶卵形或窄卵形,长4~10cm,宽2~4cm,全缘或少有疏锯齿。圆锥花序腋生;花萼灰绿色,萼片5~6;花瓣5~6,淡紫色;雄蕊10或12,花丝合生成筒。核果大,椭圆形或近球形,长约3cm,黄色或栗棕色,内果皮为坚硬木质,有棱,6至8室;种子长椭圆形,扁平。产我国西南部及中部。喜光,不耐寒;生长快,对烟尘及有毒气体抗性较强。是优良的速生用材及城乡绿化树种。

3.3.104.3 山楝属 Aphanamixis Bl.

乔木或灌木。奇数羽状复叶;小叶对生,全缘,基部常偏斜。花杂性异株,球形,无花梗,雄花排成圆锥花序,雌花或两性花排成总状花序;萼片5,分离或基部合生,覆瓦状排列;花瓣3,凹陷;子房3,每室有胚珠1~2颗,花柱缺,柱头大,尖塔状或圆锥状。蒴果3裂。约25种,分布于印度、中南半岛、马来西亚。我国产4种,分布于广东、广西和云南及台湾等省区。

山楝 Aphanamixis polystachya (Wall.) R. N. Parker　　[Common Wildmelia]

乔木,高20~30m。奇数羽状复叶,长30~50cm,小叶9~11(~15)片对生,初时膜质,后变亚革质,在强光下可见很小的透明斑点,两面无毛,全缘。花序腋上生,短于叶,长不及30cm,雄花组成穗状花序复排列成广展的圆锥花序,雌花组成穗状花序;花球形,无花梗,花瓣3,圆形;子房被粗毛,3室,几无花柱。蒴果近卵形,熟后橙黄色,开裂为3果瓣;种子有假种皮。花期5~9月,果期10月至翌年4月。产广东、广西、云南等省区的南部地区;生于低海拔地区的杂木林中,目前已广为栽培。分布于印度、中南半岛、马来半岛、印度尼西亚等。作行道树或庭园绿化用树种。

3.3.104.4 麻楝属 Chukrasia A. Juss.

乔木;叶互生或对生,偶数羽状复叶;小叶全缘,偏斜;花4~5数,排成顶生的圆锥花序;萼短;花瓣长椭圆形,旋转排列;雄蕊管圆柱形,10钝齿裂,花药10,着生于齿的内面;花盘退废;子房3~5室,每室有胚珠多颗,花柱粗厚;蒴果木质,膜裂为3果瓣;种子下部有翅。1种,广泛分布于亚洲热带地区。我国分布于广东、广西、云南和西藏等。

麻楝 Chukrasia tabularis A. Juss.　[Chittagong Chickrassy]

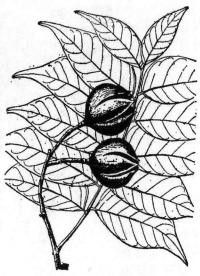

落叶大乔木,高达25m;老茎树皮纵裂,幼枝赤褐色,无毛,具苍白色的皮孔。偶数羽状复叶,长30~50cm,无毛,小叶10~16枚;互生,卵形至长圆状披针形,全缘。圆锥花序顶生,长约为叶的一半,疏散,花黄色或略带紫色,有香味;花瓣及花萼4~5,外面被极短的微柔毛;雄蕊管圆筒形,顶端近截平,花药10,着生于管的近顶部;花盘不发育;子房具柄,略被紧贴的短硬毛,花柱圆柱形,被毛,柱头头状。蒴果灰黄色或褐色,近球形或椭圆形,表面粗糙而有淡褐色的小疣点;室间开裂为3~4个果爿;种子有膜质的翅。花期4~5月,果期7月至翌年1月。产广东、广西、云南和西藏。喜光,较耐阴,喜温暖湿润肥沃土壤,抗风,生长快。播种繁殖。树形卵球形,花黄色、芳香,花朵密集,早春新叶嫩红,春色叶树种,是优良的行道树和庭荫树。

3.3.104.5 桃花心木属 Swietenia Jacq.

高大乔木。偶数羽状复叶,互生;小叶对生或近对生,有柄,偏斜。花小,两性,排成腋生或顶生的圆锥花序;萼小,5裂;花瓣5,分离;雄蕊管壶形,顶端10齿裂,花药10;子房无柄,卵形,5室。木质蒴果,卵状,由基部起胞间开裂为5果爿,果爿与具5棱而宿存的中轴分离;种子上端有长而阔的翅。7~8种,分布于美洲、非洲的热带和亚热带地区。我国引种栽培1种。

分种检索表

1 偶数羽状复叶,长38cm,小叶4~6对··············
·················大叶桃花心木 Swietenia macrophylla
1 羽状复叶长10~20cm,小叶2~5对·················
·································桃花心木 Swietenia mahagoni

大叶桃花心木 Swietenia macrophylla King [Central America Mahogany]

常绿乔木,高达20m;树皮淡红褐色。偶数羽状复叶互生,小叶4~6对,披针形,长10~20cm,先端长渐尖,基部偏斜,全缘,革质而有光泽,背面网脉细致明显。花小,两性,白色,雄蕊10,花丝合生成坛状,端10齿裂,花药内藏;圆锥花序腋生。蒴果木质,卵形,长12~15cm,5瓣裂;种子顶端有翅,长达8cm。花期3~4月,果期翌年3~4月。原产南美洲,现各热带地区均有栽培。我国台湾及华南地区有引种。喜光,喜暖热气候,适生于肥沃深厚土壤,不耐霜冻。播种繁殖。枝叶茂密,树形美丽,是园林绿化的优良树种。

3.3.104.6 非洲楝属 *Khaya* A. Juss.

乔木。偶数羽状复叶;小叶全缘,无毛。圆锥花序腋上生或近顶生;花两性,4~5基数;花萼4~5裂,裂片几达基部;雄蕊管坛状或杯状;花药8~10,着生于雄蕊管内面近顶端;花盘杯状;子房4~5室,胚珠12~16(18);柱头圆盘状。木质蒴果,成熟时顶端4~5瓣裂;种子宽,横生,椭圆形至近圆形,边缘有圆形膜质的翅。8种,分布于非洲热带地区和马达加斯加;我国广东引种栽培1种。

非洲楝 *Khaya senegalensis* (Desr.) A. Juss.
[Afromelia]

常绿乔木,高达20m或更高;幼枝具暗褐色皮孔,树皮呈鳞片状开裂。偶数羽状复叶,长15~60cm或更长,互生;小叶6~16,长圆形或长圆状椭圆形,近对生或互生,顶端2对小叶对生,下部小叶卵形。圆锥花序顶生或腋生,短于叶,无毛;花瓣4,黄白色,分离,椭圆形或长圆形,无毛;雄蕊管坛状;子房卵形,通常4室。蒴果球形,成熟时自顶端室轴开裂,果壳厚;种子宽,横生,边缘具膜质翅。原产非洲热带地区和马达加斯加;我国华南各地有栽培。树形优美,用作庭园树和行道树。

3.3.104.7 米仔兰属 *Aglaia* Lour.

乔木或灌木;常被鳞片或星状的短柔毛。羽状复叶或3小叶;小叶全缘。腋生或顶生的圆锥花序,花小,杂性异株;花萼和花瓣4~5;雄蕊管稍较花瓣为短,花丝合生为坛状;子房1~2室或3~5室,每室胚珠1~2。浆果,种子1至数颗,果皮革质;常具肉质假种皮。250~300种,分布于印度、马来西亚和大洋洲;我国7种,分布于华南。

分种检索表
1 总状花序 ················· 四季米兰 *Aglaia duperreana*
1 圆锥花序腋生。
　2 小叶两面无毛,倒卵状椭圆形,长2~7(12)cm ············
　　　　　　　　　············ 米仔兰 *Aglaia odorata*
　2 小叶表面无毛,背面密被褐色鳞片,长椭圆形,长9~12(20)cm ············ 椭圆叶米仔兰 *Aglaia elliptifolia*

(1) 米仔兰 *Aglaia odorata* Lour.
[Maizailan, Chulan tree]

常绿灌木或小乔木;茎多小枝,幼枝顶部被星

状锈色的鳞片。羽状复叶互生,长5~12(~16)cm,叶轴和叶柄具狭翅,有小叶3~5片;小叶对生,厚纸质,长2~7(~11)cm,顶端1片最大。圆锥花序腋生,长5~10cm;花黄色,芳香,径约2mm。浆果卵形或近球形,初时被散生的星状鳞片,后脱落;种子有肉质假种皮。花期5~12月,果期7月至翌年3月。分布于东南亚各国。华南习见栽培。长江流域及以北地区常盆栽。喜光,耐阴,但向阳处开花更繁密;喜疏松、深厚、肥沃而富含腐殖质的微酸性土,不耐旱。压条或扦插繁殖。树冠圆球,枝叶繁茂,花香馥郁,著名的香花树种。华南地区用于庭园造景,可植于窗前、石间、亭际。长江流域及以北地区常盆栽于室内观赏。

(2) 四季米兰 *Aglaia duperreana* Pierre.

常绿小乔木,树冠圆形。羽状复叶互生,小叶5~7,倒卵形,长2~3(5)cm,先端浑圆,叶柄及叶轴有窄翅。花小,黄色;总状花序,其下部有2~3个分枝。原产越南南部。枝叶茂密,花极香,花期长;我国南方普遍栽培观赏。在南方几乎全年开花,故有四季米兰之称。

3.3.105 芸香科 Rutaceae

灌木或乔木,有时具刺,稀为草本。叶互生或对生,单叶或复叶,常有透明的腺点,无托叶;花两性,有时单性,辐射对称,排成聚伞花序等各式花序;萼片(3)4~5,常合生;花瓣(3)4~5,分离;雄蕊3~5或6~10,稀15枚以上,着生于花盘的基部;雌蕊由2~5个合生或分离的心皮组成,或单生而子房常4~5室;胚珠每室1至多颗;肉质的浆果或核果,或蒴果状,稀翅果状。约150属,1600种。全世界分布,主产热带和亚热带,少数分布至温带。我国连引进栽培的共28属。约151种28变种,分布于全国各地,主产西南和南部。

分属检索表
1 心皮离生或彼此靠合,成熟时彼此分离,果为开裂的蓇葖,蓇葖由数个分果瓣组成,分果瓣沿心皮的背、腹缝线

或腹缝线开裂,内外果皮通常分离,种子贴生于果期增大的珠柄上。
    2叶对生···吴茱萸属 Evodia
    2叶互生。
      3奇数羽状复叶,稀3小叶或单小叶;茎枝有皮刺;每心皮有2胚珠;花序直立·············花椒属 Zanthoxylum
      3单叶;茎枝无刺;每心皮有1胚珠;雄花序下垂,整序脱落;雌花常单生·············臭常山属 Orixa
1心皮合生;果为核果,翅果或浆果,若为蒴果,则室间或室背开裂。
  4含黏液或水液的核果,5或4室,有小核5~8个,稀10个,或为近圆形、有2~3膜质翅的翅果。
    5单叶;核果;雄蕊与花瓣同数;花单性或杂性;常绿灌木或小乔木·············茵芋属 Skimmia
    5单叶小或叶具3~7小叶。
      6翅果;花单性;雄蕊与花瓣同数;落叶乔木;叶具3小叶·············榆橘属 Ptelea
      6核果。
        7雄蕊为花瓣数的2倍;花两性或单性;常绿乔木;单小叶·············山油柑属 Acronychia
        7雄蕊与花瓣同数·············黄檗属 Phellodendron
  4浆果;花两性;种子无胚乳。
    8茎枝无刺;羽状复叶,若单叶或单小叶,则幼芽及花梗均被红或褐锈色微柔毛;有黏液的浆果,无汁胞。
      9花蕾短筒状或椭圆形;花柱远比子房纤细且长,柱头增粗,头状·············九里香属 Murraya
      9花蕾圆球形,稀阔卵形;花柱短而粗,比子房短,很少等长,柱头与花柱约等宽或稍宽。
        10子房每室有悬垂的胚珠1颗;幼芽、嫩枝顶部或花芽通常被红色或褐锈色微柔毛·············山小橘属 Glycosmis
        10子房每室有并列或叠置的胚珠2颗;幼芽、嫩枝等各部无红或褐锈色微柔毛·············黄皮属 Clausena
    8茎枝有刺;单叶,单小叶,3小叶,稀羽状复叶(则叶轴常有翼叶);浆果有汁胞,果无汁胞则为藤本植物或为落叶乔木,其果皮硬木质或厚革质且种子有绵毛。
      11雄蕊为花瓣数的2倍;花直径约1cm以内;单叶或单小叶·············酒饼簕属 Atalantia
      11雄蕊为花瓣数的4倍或更多;花直径约1cm以上;复叶,极少单叶。
        12落叶小乔木;叶具3小叶;子房及果均被毛或至少子房被毛·············枳属 Poncirus
        12常绿乔木或灌木;单小叶,稀单叶;子房与果极少被毛。
          13子房2~5(~6)室,每室有胚珠2颗·············金橘属 Fortunella
          13子房7~15室或更多,每室有胚珠多颗·············柑橘属 Citrus

3.3.105.1 柑橘属 Citrus L.

小乔木。枝有刺,新枝扁而具棱。单身复叶,翼叶通常明显,很少甚窄至仅具痕迹,单叶的仅1种(香橼。但香橼的杂交种常具翼叶),叶缘有细钝裂齿,很少全缘,密生有芳香气味的透明油点。花两性,或因发育不全而趋于单性,单花腋生或数花簇生,或为少花的总状花序;花萼杯状,5~3浅裂,很少被毛;花瓣5片,覆瓦状排列,盛花时常向背卷,白色或背面紫红色,芳香;雄蕊20~25枚,很少多达60枚,子房7~15室或更多,每室有胚珠4~8或更多,柱头大,花盘明显,有密腺。柑果。约20种,原产亚洲东南部及南部。我国连引进栽培的约15种,其中多数为栽培种,主产于热带及亚热带。

分种检索表
1叶为单叶(杂交种偶有具关节),无翼叶;果皮比果肉厚,或横切面果皮的厚度约为果厚度的一半。若果皮甚薄,则果顶部有封闭型的附生心皮群。
  2果不分裂·············香橼 Citrus medica
  2果顶部分裂成手指状肉条·············佛手 Citrus medica var. sarcodactylis
1单身复叶,翼叶甚狭窄或宽阔;果肉比果皮厚。
  3子叶绿色,通常多胚,果皮稍易剥离或甚易剥离;腋生单花或少花簇生。
    4果肉甚酸且有柠檬气味,花瓣背面淡紫红色·············黎檬 Citrus limonia
    4果肉甜或酸,无柠檬气味,花瓣白色(极少半野生状态时为淡紫红色);单花腋生或数花簇生·············柑橘 Citrus reticulata
  3子叶乳白色。
    5果径10cm以上,可育种子常呈不定形的多面体,顶部扁平而宽阔且截平·············柚 Citrus grandis
    5果径10cm以内,可育种子的种皮圆滑,或有细肋纹,顶端尖或兼有稍宽阔而截平的种子。
      6果皮蜡黄色或淡绿黄色,果顶端有长或短的乳头状突尖,果肉甚酸·············柠檬 Citrus limon
      6果皮橙红,果顶通常无乳头状突,果肉味酸或甜。
        7果肉味酸,有时带苦味或特异气味·············酸橙 Citrus aurantium
        7果肉味甜或酸甜适度,稀带苦味·············甜橙 Citrus sinensis

(1)柑橘 *Citrus reticulata* Blanco.
[Mandarin, Mandarin Orange]

常绿小乔木,高3~5m;小枝无毛,通常有刺。叶长卵状披针形,全缘或有细钝齿;叶柄无翅或近无翅。花白色,1~3朵簇生叶腋;果扁球形,橙黄色或橙红色。原产我国东南部,长江以南各地广泛栽培。喜光,喜温暖湿润气候及肥沃微酸

性土壤,不耐寒。枝叶茂密,四季常青,植于庭园及风景区观赏。

(2)柚 *Citrus grandis* (L.) Osbeck.
[Mandarin, Mandarin Orange]

常绿小乔木,高达10m,幼嫩部分密被柔毛。小枝扁,常有刺。叶卵状椭圆形或阔卵形,长6~17cm,有钝齿;叶柄具宽大倒心形之翼,宽可达3cm。蓓蕾淡紫红色或白色,花白色,单生或簇生叶腋。果实极大,球形或梨形,径约15~25cm,果皮平滑,淡黄色。花期4~5月;果期9~12月。原产亚洲南部;我国长江流域以南各地常见栽培。喜温暖湿润气候,耐寒性差;喜深厚肥沃而排水良好的中性和微酸性沙质或黏质壤土,但在过分酸性和黏土地区生长不良。常用高空压条和嫁接繁殖。著名水果和观果树种,江南庭园中常见栽培。

3.3.105.2 金橘属(金柑属)
Fortunella Swingle

灌木或小乔木,嫩枝青绿,略呈压扁状而具棱,刺位于叶腋间或无刺。单小叶,稀单叶,油点多,芳香,侧脉常不显,叶背面干后常显亮黄色且稍有光泽,翼叶明显或仅有痕迹。花单朵腋生或数朵簇生于叶腋,两性;花萼5或4裂;花瓣5片,覆瓦状排列;雄蕊为花瓣数的3~4倍,花丝不同程度地合生成4或5束,间有个别离生;花盘稍隆起,子房圆或椭圆形,3~6(~8)室,每室有1~2胚珠,花柱长,柱头大。果圆球形、卵形、椭圆形或梨形。约6种,产亚洲东南部。我国有5种及少数杂交种,见于长江以南各地。

分种检索表
1 单叶,叶柄长不超过5mm;果径不及1cm;小灌木,高稀超过1m……………………金豆 *Fortunella venosa*
1 单小叶,稀兼有少数单叶。
　2 小叶顶端圆或有时狭而钝;叶柄长不超过1cm;果横径8~10mm,稀较大;高2m以下的灌木……………………
　　……………………………山橘 *Fortunella hindsii*
　2 小叶顶端尖或有时狭而钝;叶柄长1cm以上;果横径1cm以上;树高达4m。

　　3 果圆球形或宽卵形,果皮甜,果肉酸或个别栽培品种的味甜,野生及栽培…………金柑 *Fortunella japonica*
　　3 果椭圆形或卵状椭圆形,果皮甜,果肉酸………………
　　……………………………金橘 *Fortunella margarita*

(1)金橘(洋奶橘,金弹,金橘)
Fortunella margarita (Lour.) Swingle [Kumquat]

常绿灌木或小乔木,高3m,通常无刺,分枝多。叶片披针形至矩圆形,长5~9cm,宽2~3cm,全缘或具不明显的细锯齿,表面深绿色,光亮,背面青绿色,有散生腺点;叶柄有狭翅,与叶片连接处有关节。单花或2~3花集生于叶腋,具短柄;花两性,整齐,白色,芳香;萼片5;花瓣5,长约7mm;雄蕊20~25,长短不一,不同程度的合生成若干束;雌蕊生于略升起的花盘上。果矩圆形或卵形,长2.5~3.5cm,金黄色,果皮肉质而厚,平滑,有许多腺点,有香味,肉瓣4~5;种子卵状球形。花期3~5月;果期10~12月。原产我国南部。喜阳光和温暖、湿润的环境,不耐寒,稍耐阴,耐旱,要求排水良好的肥沃、疏松的微酸性沙壤土。嫁接繁殖。宜作盆栽观赏及盆景。

(2)山橘(山金柑) *Fortunella hindsii* (Champ. ex Benth.) Swingle [Hinds Kumquat]

有刺灌木,枝细小,嫩时起棱。叶为单叶复叶,卵状椭圆形,长可达4~9cm,通常长4~6cm,宽1.5~4cm,顶端钝或圆而微凹缺,少有钝而尖,基部宽楔形至圆形,全缘或有时具不明显的细锯齿,上面深绿色,有光泽,叶柄几无

翅。单花腋生，少为2~3花集生；花细小；萼片5，细小；花瓣5，宽矩圆形，长不超过5mm；雄蕊20，不同程度的合生成若干束，较花瓣短；花柱约与子房等长或稍短，柱头头状，子房近球形，3~4室。果球形或扁球形，直径1~1.5cm，暗黄色而微带朱红色，果皮平滑，通常为3室；种子矩圆形。花期4~5月；果期10~12月。原产我国南部。宜于庭园栽培或盆栽观赏。

3.3.105.3 山小橘属 Glycosmis Correa

灌木或小乔木。幼嫩部分常被红或褐锈色微柔毛。叶互生，单小叶或有小叶2~7片，稀单叶；小叶互生，油点甚多，通常无毛。聚伞花序，腋生或兼有顶生，通常有花少数，或有花颇多的聚伞圆锥花序；花两性，细小，花梗短，常被毛；萼片及花瓣均5片，稀4片，萼片基部合生；花瓣覆瓦状排列；雄蕊10枚，很少8枚或更少，等长或长短相间，着生于隆起的花盘基部四周，比花瓣短或与花瓣等长，花丝在药隔稍下增宽而扁平，稀线形，药隔顶部常有1油点；子房5室，少有4或3室，每室有自室顶悬垂的胚珠1颗。浆果半干质或富水液，含粘胶质液，有种子1~2、很少3粒；种皮薄膜质，子叶厚，肉质，平凸，油点多，胚根短。约50余种，分布于亚洲南部及东南部、澳大利亚东北部。我国有11种1变种，见于南岭以南地区、云南南部及西藏。

小花山小橘 Glycosmis parviflora (Sims) Kurz [Littleflower Glycosmis]

灌木或小乔木，高1~3m。叶有小叶2~4片，稀5片或兼有单小叶，小叶柄长1~5mm；小叶片椭圆形，长圆形或披针形，有时倒卵状椭圆形，长5~19cm，宽2.5~8cm，顶部短尖至渐尖，有时钝，基部楔尖。圆锥花序腋生及顶生，通常3~5cm，很少较短，但顶生的长可达14cm；花序轴、花梗及萼片常被早脱落的褐锈色微柔毛；萼裂片卵形；花瓣白色，长约4mm，长椭圆形，较迟脱落，干后变淡褐色，边缘淡黄色；雄蕊10枚，极少8枚。果圆球形或椭圆形，径10~15mm，淡黄白色转淡红色或暗朱红色。花期3~5月，果期7~9月。产我国台湾、福建、广东、广西、贵州、云南及海南。越南东北部也有。百余年来先后被引种至欧洲及美洲各地。宜植于庭园或盆栽观赏。

3.3.105.4 枳属（榆橘属）Poncirus Raf.

落叶小乔木，有粗刺；叶为3小叶；小叶无柄，有透明的腺点；叶柄有翅；花白色，近无柄，生于老枝上，春季先叶开放；花瓣5，长椭圆状倒卵形，长于萼片；雄蕊8~10，全部分离；子房7(6~8)室，被毛，每室有胚珠数颗；果密被柔毛，肉瓣有油点；种子极多数。1种，产我国长江中游各省。

枳（枸橘，臭鸡蛋，铁篱赛） Poncirus trifoliata (L.) Raf. [Trifoliate Orange]

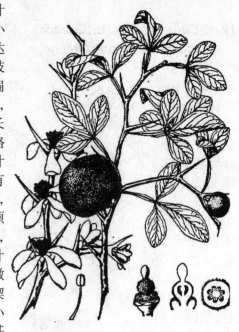

落叶灌木或小乔木，高达7m。小枝绿色，稍扁而有棱角，枝刺粗长而基部略扁。小叶3，叶缘有波状浅齿，近革质；顶生小叶大，倒卵形，叶端钝或微凹，叶基楔形；侧生小叶较小，基部稍歪斜。花白色，雌蕊绿色，有毛。果球形，黄绿色。有芳香。原产我国中部，在黄河流域以南地区多有栽培。喜光，喜温暖湿润气候异常，较耐寒，喜微酸不耐碱。枝条绿色而多刺，春季叶前开花，秋季黄果累累十分美丽；在园林中多栽作绿篱或屏障树用。

3.3.105.5 榆橘属 Ptelea L.

落叶小乔木或灌木。叶互生，很少对生，指状3~5小叶，有透明油点，小叶无柄。聚伞花序，花单性或杂性；萼片及花瓣均5或4片；萼片基部合生；花瓣覆瓦状排列，外面有短细毛；雄花的雄蕊5或4枚，与花瓣互生，着生于花盘基部四周，花丝分离，退化雌蕊细小；雌花有退化雄蕊5或4枚，子房3或2室，每室有3胚珠，胚珠上下叠生，花柱短，纤细，柱头2或3浅裂，花盘明显。翅果扁圆形，有2~3宽阔、具明显脉纹的膜质翅，内果皮坚韧，通常每室有1种子；种皮革质，胚乳肉质，子叶长圆形，胚短小。6~10种，产北美东部至加拿大南部。我国引进1种。

榆橘（翅果三叶椒）Ptelea trifoliata L. [Common Hop Tree]

落叶灌木或小乔木，高3~7.5m。三出复叶互生，小叶卵形至卵状长椭圆形，长6~12cm，全缘，有透明腺点及强烈气味，两侧小叶基部偏斜。花单性或杂性，绿白色；聚伞花序；初夏开花。翅果扁圆形，形似榆果，径1.5~2cm。原产美国东部和中部；杭州、大连、熊岳等地有少量栽培。喜光。播种繁殖。可栽培庭院观赏。品种有金叶榆橘'Aurea'，灰叶榆橘'Glauca'等。

3.3.105.6 黄檗属 *Phellodendron* Rupr.

落叶乔木。成年树的树皮较厚,纵裂,且有发达的木栓层,内皮黄色,枝散生小皮孔,无顶芽,侧芽为叶柄基部包盖,位于马蹄形的叶痕之内,叶痕上有明显的兰堆维管束痕。叶对生,奇数羽状复叶,叶缘常有锯齿,仅齿缝处有较明显的油点。花单性,雌雄异株,圆锥状聚伞花序,顶生;萼片、花瓣、雄蕊及心皮均为5数;萼片基部合生,背面常被柔毛;花瓣覆瓦状排列,腹面脉上常被长柔毛;雄蕊插生于细小的花盘基部四周;雌花的退化雄蕊鳞片状,子房5室,每室有胚珠2颗。有黏胶质液的核果,蓝黑色,近圆球形,有小核4~10个;种子卵状椭圆形。约4种,主产亚洲东部。我国有2种及1变种。

分种检索表

1 叶轴和叶柄无毛或几无毛;小叶背面无毛或沿中脉两侧或中脉的基部两侧有毛;果序上的果通常不密集………………………………黄檗 *Phellodendron amurense*
1 叶轴和叶柄密被褐色短柔毛;小叶背面密被毛或至少在叶脉上有长柔毛;果序上的果密集成团…………………………………川黄檗 *Phellodendron chinense*

(1) 黄檗(黄波罗,黄柏)
Phellodendron amurense Rupr.
[Amur Cork-tree]

落叶乔木,高达15~22m;树皮木栓层发达,有弹性,纵深裂;内皮鲜黄色,味苦;冬芽为叶柄基部所包。羽状复叶对生,小叶5~13,卵状披针形,缘有不显小齿及透明油

点,仅背面中脉基部及叶缘有毛,撕裂后有臭味。花小,单性异株;顶生圆锥花序。核果黑色,径约1cm。花期5~6月,果熟期9~10月。产于我国东北、内蒙古东部、华北至山东、河南及安徽;朝鲜、俄罗斯、日本也有分布。喜光,不耐阴,耐寒。喜湿润、肥沃而排水良好的中性或微酸性壤土。为孑遗植物,是我国的珍贵用材树种。树冠宽阔,叶形秀丽,秋叶变黄,很美丽。可作庭荫树或片植。

(2) 川黄檗(黄皮树) *Phellodendron chinense* Schneid. [China Corktree, Chuan Corktree]

乔木,高10~12m。树皮开裂,无木栓层,内层黄色,有黏性,小枝粗大,光滑无毛。单数羽状复叶对生,小叶7~15,矩圆状披针形至矩圆状卵形,长9~15cm,宽3~5cm。花单性,雌雄异株,排成顶生圆锥花序。浆果状核果球形,直径1~1.5cm,密集,黑色,有核5~6枚。产湖北、湖南和四川东部。喜湿润的沙壤土。

3.3.105.7 吴茱萸属
Evodia J. R. et G. Forst.

灌木或乔木;叶对生,单叶、3小叶或羽状复叶;小叶全缘,有油腺斑点;花小,单性异株,排成腋生或顶生的伞房花序或圆锥花序;萼片和花瓣4(5);雄蕊4~5,着生于花盘的基部;子房深4裂;果由4个、革质、开裂的成熟心皮组成。约150种,分布于亚洲、非洲东部及大洋洲。我国有约20种5变种,除东北北部及西北部少数省区外,各地有分布。

分种检索表

1 每分果瓣有成熟种子2粒;分果瓣顶部有或无喙状芒尖……………………………臭檀吴萸 *Evodia daniellii*
1 每分果瓣有成熟种子1粒。
  2 嫩枝及鲜叶揉之有腥臭气味;当年生枝、小叶两面及花序轴均被长毛;小叶片的油点对光透视时肉眼可见……………………………吴茱萸 *Evodia rutaecarpa*
  2 嫩枝、鲜叶揉之无腥臭气味;当年生枝无毛或被短柔毛。
    3 小叶无毛………………………………楝叶吴萸 *Evodia glabrifolia*
    3 小叶背面有毛………………………臭辣吴萸 *Evodia fargesii*

(1) 臭檀吴萸(臭檀,北吴茱萸)
Evodia daniellii (Benn.) Hemsl.
[Daniell Evodia, Korea Evodia]

落叶乔木,高达15m;树皮暗灰色,平滑;裸芽。羽状复叶对生,小叶7~11,卵状椭圆形,缘有较明显的钝齿,表面无毛,背面主脉常有长毛。花小,单性异株,白色,有臭味;顶生聚伞圆锥花序。聚合蓇葖果,紫红色。产

我国辽宁、华北至湖北、西至四川、甘肃。喜光,深根性,多生于疏林或沟边。果红色美丽,秋叶鲜黄,可作园林观赏树栽培。

(2) 吴茱萸 *Evodia rutaecarpa* (Juss.) Benth.
  [Medicinal Evodia]

灌木或小乔木；小枝紫褐色，有毛；裸芽密被褐紫色长柔毛。羽状复叶对生，小叶5~9，长圆形至卵状披针形，长3~15cm，两面被柔毛，具粗大油腺点。花白色，5基数。萼片和花瓣被柔毛；顶生聚伞状圆锥花序。蓇葖果红色，每果瓣含1种子。产于我国长江流域及其以南各省区；日本也有分布。喜湿润的沙壤土。作为园林观赏树。

3.3.105.8 黄皮属 *Clausena* Burm. f.

灌木或小乔木；叶为奇数羽状复叶；花小，排成顶生或腋生的圆锥花序；萼4~5裂；花瓣4~5；花盘短；雄蕊8~10，插生于花盘基部四周，花丝下部常增粗；子房4~5室，每室有胚珠2颗；浆果。约30种，见于亚、非及大洋洲。我国约10种及2变种，其中1种为引进栽培。分布于长江以南各地，以云南、广西及广东的种类最多。

黄皮 *Clausena lansium* (Lour.) Skeels
[Wampee]

常绿小乔木，高可达12m；幼枝、叶柄及花序均有小腺体。羽状复叶互生，小叶5~13，卵状椭圆形至披针形，先端尖，基部常偏斜，长7~12cm. 叶缘波状。花瓣4~5，白色，叶黄色短柔毛，子房密被毛；花蕾有5条脊棱；顶生聚伞状圆锥花序，花枝广散，多花；春季开花。浆果近球形，长1.5~2cm，果皮具腺体并有柔毛。产于华南及西南地区。喜半阴，喜暖热湿润气候及深厚肥沃的沙壤土，不耐寒。常栽培观赏。

3.3.105.9 花椒属 *Zanthoxylum* L.

有刺灌木或小乔木，直立或攀援状；叶互生，奇数羽状复叶，很少3小叶；小叶对生，无柄或近无柄，全缘或有锯齿，有透明的腺点；花小，单性异株或杂性，排成圆锥花序或丛生；萼片、花瓣和雄蕊均3~8；花丝锥尖；雄花有退化雌蕊；雌花的心皮5~1，通常有明显的柄，有胚珠2颗；果由5~1个成熟心皮组成，每一心皮2瓣裂，有黑色而亮的种子1颗。250种，广布于亚洲、非洲、大洋洲、北美洲的热带和亚热带地区，温带较少。是本科分布最广的一属。我国有39种14变种，自辽东半岛至海南岛，东南部自台湾至西藏均有分布。

分种检索表

1 花被片两轮排列，外轮为萼片，内轮为花瓣，二者颜色不同，均4或5片；雄蕊与花瓣同数；雌花的花柱为挺直的柱状················椿叶花椒 *Zanthoxylum ailanthoides*
1 花被片一轮排列，颜色相同，与雄花的雄蕊均为4~8数；心皮背部顶侧有较大油腺点1颗，花柱分离，各自向背弯；小叶整齐对生；落叶小乔木或灌木。
  2 分果瓣基部突然缢窄并稍延长呈短柄状；小叶密布油点················野花椒 *Zanthoxylum simulans*
  2 分果瓣基部浑圆，无突然缢窄而稍延长呈短柄状部分。
    3 叶轴有翼叶或至少有狭窄，绿色的叶质边缘················竹叶花椒 *Zanthoxylum armatum*
    3 叶轴无翼叶或仅有甚狭窄的叶质边缘，则叶轴腹面有浅的纵沟。
      4 小叶通常长超过3cm，宽1.5cm················花椒 *Zanthoxylum bungeanum*
      4 小叶长不超过3cm，宽不超过1.5cm。
        5 小叶顶端圆或钝，除顶端一片例外，很少短尖，干后红褐色至褐黑色，侧脉不显，若隐约可见则每边有3~5条················川陕花椒 *Zanthoxylum piasezkii*
        5 小叶顶端短尖，很少钝，干后背面灰绿或黄色，侧脉每边5~8条······微柔毛花椒 *Zanthoxylum pilosulum*

(1) 花椒（麻椒，香椒）
Zanthoxylum bungeanum Maxim.
[Chinese Prickly-ash, Flatspine Prickly-ash]

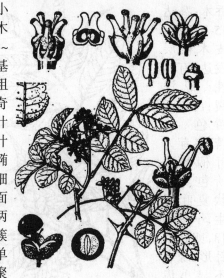

落叶小乔木或灌木状，高达3~7m；枝具基部宽扁的粗大皮刺。奇数羽状复叶互生，小叶5~11，卵状椭圆形，缘有细钝齿，仅背面中脉基部两侧有褐色簇毛。花小，单性；成顶生聚伞状圆锥花序。蓇葖果红色或紫红色，密生疣状腺体。辽宁、华北、西北至长江流域及西南各地均有分布；华北栽培最多。喜光，喜温暖湿润气候，耐旱，短期积水可致死亡。不耐严寒，喜肥沃湿润的钙质土、沙壤土，酸性及中性土上也能生长。萌蘖性强，抗病能力强，隐芽寿命长，故耐强修剪。皮刺十分明显，老时不断增生，十分奇特，可观叶、观果，植于庭院作刺篱材料。

(2)胡椒木 *Zanthoxylum piperitum* DC.
[Japanese Pepper]

常绿灌木,高达1m;枝有刺,全株有浓烈的胡椒香味。小叶11~17,倒卵形,长7~10mm,先端圆,基部楔形,全缘,绿色有光泽,有细密油点,叶轴有狭翅,基部有1对短刺。花单性异株,雄花黄色,雌花橙红色;春天开花。果椭球形,红褐色。原产日本和朝鲜;我国台湾及华南地区有栽培。喜光,喜暖热气候及肥沃和排水良好的土壤。扦插繁殖。宜于暖地栽作绿篱或盆栽观赏。

3.3.105.10 九里香属
Murraya Koenig ex L.

灌木至小乔木;叶互生,奇数羽状复叶;花排成聚伞花序;萼极小,5~4深齿裂;花瓣5~4片;雄蕊10~8,花药细小;子房2~5室,每室有胚珠1~2颗;小浆果,常含黏胶质物。约12种,分布于亚洲热带、亚热带地区,我国有6种,产西南部至台湾。

分种检索表
1 小叶卵形至长椭圆形,最宽处在中部以下,顶部短尖至渐尖··················千里香 *Murraya paniculata*
1 小叶倒卵形至倒披针形,中部以上最宽,顶端圆或钝,稀急尖··················九里香 *Murraya exotica*

九里香(石辣椒,九秋香,九树香)
Murraya exotica L.
[Paniculate Jasminorange]

常绿灌木或小乔木,高3~4m;多分枝,小枝无毛。羽状复叶,小叶5~7,互生,卵形或倒卵形,长2~8cm,全缘,表面深绿有光泽。花瓣5,白色;径达4cm,极芳香;聚伞花序腋

生或顶生;浆果朱红色,近球形。花期4~8月,也有秋后开花,果期9~12月。播种或扦插繁殖。产亚洲热带,我国华南及西南地区有分布。喜温暖,最适宜生长的温度为20~32℃,不耐寒。树姿秀雅,枝干苍劲,四季常青,开花洁白而芳香,朱果耀目,是优良的盆景材料。一年四季均宜观赏,初夏新叶展放时效果最佳。

3.3.105.11 茵芋属 *Skimmia* Thunb.

常绿灌木;叶互生,单叶,全缘,有腺点;花单性、两性或杂性,小,白色,排成圆锥花序,4~5数;花瓣长椭圆形,各瓣常不等大,镊合状或稍覆瓦状排列,长于萼片3~4倍;雄花有雄蕊4或5,退化心皮仅于基部合生;雌花的子房4~5室,每室有胚珠1颗;柱头2~5裂;退化雄蕊4~5;果为浆果状小核果,有核2~5颗。约6种,分布于亚洲东南部。我国有5种,见于长江北岸以南各地,南至海南,东南至台湾,西南至西藏。

分种检索表
1 叶片中脉被微柔毛,在扩大镜下可见··················茵芋 *Skimmia reevesiana*
1 叶片中脉无毛,花单性或杂性··················乔木茵芋 *Skimmia arborescens*

茵芋(黄山桂) *Skimmia reevesiana* Fort.
[Skimmi]

常绿灌木,高约1m,有芳香。单叶互生,常集生于枝顶,革质,狭矩圆形或矩圆形,长7~11cm,宽2~3cm,顶端短渐尖,基部楔形,边全缘或有时中部以上有疏而浅的锯齿,上面中脉密被微柔毛,有腺点;叶柄长4~

7mm,有时为淡红色。聚伞状圆锥花序,顶生;花常为两性,白色,极芳香,5数;萼片宽卵形,边缘被短缘毛;花瓣卵状矩圆形,长3~5mm,花蕾时各瓣大小略不等;雄蕊与花瓣等长或较长;子房4~5室。浆果状核果矩圆形至卵状矩圆形,长10~15mm,红色。花期3~5月,果期9~10月。产我国南部及菲律宾。叶绿果红,十分美丽,宜植于庭园观赏。

3.3.105.12 臭常山属 *Orixa* Thunb.

落叶灌木或小乔木;叶互生,单叶,有透明的腺点;花小,4数,淡黄色,单性异株;雄花排成总状花序,成串脱落;萼片卵形,下部合生;花瓣4;雄蕊4;花盘4裂;雌花单生于叶腋内;退化雄蕊4;心皮4,顶部为短花柱所连结;子房每室有胚珠1颗;果为4个压扁、2瓣裂的小干果组成,每个小干果有黑色的种子1颗。1种,产日本、朝鲜和我国。

臭常山 *Orixa japonica* Thunb. [Japan Orixa]

落叶灌木，高2~3m；枝有臭味。单叶互生，倒卵形至椭圆形，先端渐尖，基部楔形，具透明腺点，全缘，表面有光泽。花小，单性异株，黄绿色；雄花成总状花序，雌花单生。果由4个2瓣裂的干果组成。花期4~5月，果期8~9月。产我国东南部经中部至四川。喜光，稍耐阴；能耐-15℃低温。作为园林观赏树。

3.3.105.13 山油柑属 *Acronychia* J. R. et G. Forst.

乔木；叶对生或互生，单小叶或罕有3小叶，全缘；花杂性，黄色，排成胶生或顶生、具柄的聚伞花序；萼4裂；花瓣4，广展而稍外卷，镊合状排列；雄蕊8，着生于被毛、八角的花盘下，花丝中部以下两侧常被毛；雌蕊由4枚合生心皮组成；子房4室，每室有胚珠1~2颗；核果近球形。约42种，分布于亚洲热带、亚热带及大洋洲各岛屿，主产澳大利亚。我国有2种，分布于北纬约25°以南地区。

山油柑（降真香） *Acronychia pedunculata* (L.) Miq. [Acronychia]

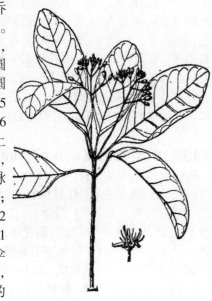

常绿乔木，高10m。单叶对生，纸质，矩圆形至长椭圆形，长6~15cm，宽2.5~6cm，全缘，上面青绿色，光亮，网脉两面浮凸；叶柄长1~2cm，顶端有1结节。聚伞花序腋生，常生于枝的近顶部，花两性，青白色，花柄长4~8mm，近无毛；萼片4，长0.6~0.8mm；花瓣4，条形或狭矩圆形，两侧边缘内卷，长约6mm，内面密被毛；雄蕊8，花丝中部以下两侧边缘被毛。核果黄色，平滑，半透明，直径8~10mm，果柄长5~8mm。分布于广东、广西、云南；印度、缅甸、印度、马来西亚和菲律宾。

3.3.105.14 酒饼簕属 *Atalantia* Correa

灌木或小乔木，有刺或无刺；叶互生，单小叶，革质，全缘或有小钝齿；花腋生，稀顶生，簇生或排成伞房花序或圆锥花序，很少单生；萼4~5裂；花瓣4~5，分离或与雄蕊合生；雄蕊10或8枚，稀6枚，分离或合生成筒状或合生成数束，通常长短不相等，着生于环状花盘的周围；子房2~5室，每室有胚珠1~2颗；球形的浆果，有很厚的瓤。约17种，产亚洲热带、亚热带地区。我国约6~8种，分布于台湾、福建、广东、广西、云南、海南等约北回归线以南各地。

酒饼簕 *Atalantia buxifolia* (Poir.) Oliv. [Boxleaf Atalantia]

常绿灌木，高达2.5m。分枝多，下部枝条披垂，小枝绿色，老枝灰褐色，节间稍扁平，刺多，劲直，长达4cm，顶端红褐色，很少近于无刺。叶硬革质，有柑橘叶香气，叶面暗绿，叶背线绿色、卵形、倒卵形、椭圆形或近圆形，长2~6cm，宽1~5cm，顶端圆或钝，微或明显凹入，侧脉多，彼此近于平行，叶缘有弧形边脉，油点多；叶柄长1~7mm，粗壮。花多朵簇生，稀单朵腋生，几无花梗；萼片及花瓣均5片；花瓣白色，长3~4mm有油点；雄蕊10枚。果圆球形，略扁圆形或近椭圆形，径8~12mm，果皮平滑。花期5~12月，果期9~12月。产于海南及台湾、福建、广东、广西四省区南部。菲律宾、越南也有。可栽培于庭园观赏。

3.3.106 酢浆草科 Oxalidaceae

草本，稀木本。指状或羽状复叶或小叶萎缩而成单叶，基生或茎生；无托叶或有而细小。花两性，辐射对称，单花或组成近伞形花序或伞房花序，少有总状花序或聚伞花序；萼片5，花瓣5，离生或基部合生；雄蕊10枚，基部合生，有时5枚无花药；子房上位，5室，每室有1至数颗胚珠，中轴胎座。蒴果或肉质浆果。7~10属，1000余种，主产于南美洲，次非洲，亚洲极少。我国3属，约10种，分布于南北各地。

阳桃属 *Averrhoa* L.

小乔木；叶为奇数羽状复叶，有小叶5~11枚；花小，白色或淡紫色，排成腋生的聚伞花序；萼片5；花瓣5；雄蕊10，基部合生，全部发育或5个无药；子房5室，每室有胚珠多颗；浆果卵形或长椭圆形，有3~5棱。2种,原产亚洲热带地区,现多栽培。我国记载甚早。福建、广东、广西、云南四省区的南部常栽种1种,台湾则2种均有栽培。

分种检索表
1 叶互生,小叶3~7对;花小,花瓣长5~8.5mm··············
·······················阳桃 Averrhoa carambola
1 叶聚生于枝顶,小叶10~20对;花大,花瓣长15mm······
·······················三敛 Averrhoa bilimbi

(1) 阳桃 Averrhoa carambola L.
[Carambola, Averrhoa]

半常绿乔木,高可达12m,分枝甚多,枝条柔软下垂。奇数羽状复叶,互生,长10~20cm;小叶数5~13,全缘,卵形或椭圆形,长3~7cm,宽2~3.5cm,不对称。花小,微香,数朵至多朵组成聚伞花序或圆锥花序,自叶腋出或着生于枝干上,花枝和花蕾深红色;萼片基部合成细杯状,花粉红色或白色。浆果肉质,下垂,常5棱,少6或3棱,横切面呈星芒状,长5~8cm,淡绿色或蜡黄色。花期4~12月,果期7~12月。原产亚洲东南部;我国华南各地常见栽培。耐阴,喜高温多湿气候,幼树不耐0℃低温;适生于富含腐殖质的酸性土壤;对有毒气体抗性差。播种、压条或嫁接繁殖。著名的热带水果,花果期极长,园林中可结合生产,食用与观赏兼用,可丛植、群植。

(2) 三敛 Averrhoa bilimbi L.
[Bilimb Carambola]

小乔木,高5~6m。叶聚生于枝顶,小叶10~20对;小叶片长圆形,长3~5cm,宽约2cm,先端渐尖,基部圆形,多少偏斜,两面多少被毛,边缘全缘;叶柄长2~4mm,被柔毛。圆锥花序生于分枝或树干上;萼片4mm长,卵状披针形,急尖,被柔毛,花瓣长圆状匙形,长于萼片2倍以上。果实长圆形,具钝棱。花期4~12月,果期7~12月。原产于亚洲热带。我国广东、广西偶有栽培,台湾较多栽培。

3.3.107 五加科 Araliaceae

乔木、灌木或藤本,稀草本。枝髓较粗大,常有皮刺。单叶、掌状或羽状复叶,互生,常集生枝顶,托叶常附着于叶柄而成鞘状,有时不显或无。花两性或杂性,伞形、头状或穗状花序,或再组成复花序;萼小;花瓣5~10,分离;雄蕊与花瓣同数或更多,生于花盘外缘;子房下位,2~15室,侧生胚珠1。浆果或核果,形小。种子形扁,有胚乳。约50属1350种,分布于南北两半球热带至温带。我国23属,约180种,广布。

分属检索表
1 藤本植物。
　2 叶为单叶;茎借气生根攀援············常春藤属 Hedera
　2 叶为掌状复叶。
　　3 植物体有刺···················五加属 Acanthopanax
　　3 植物体无刺··················鹅掌柴属 Schefflera
1 直立植物,稀蔓生状灌木。
　4 叶为羽状复叶。
　　5 植物体无刺;木本植物;小叶片边缘全缘···········
　　　······················幌伞枫属 Heteropanax
　　5 植物体通常有刺;木本或草本植物;小叶片边缘有整齐或不整齐锯齿、细锯齿、重锯齿,稀波状或深缺刻······
　　　····························楤木属 Aralia
　4 叶为单叶或掌状复叶。
　　6 叶为单叶,叶片不分裂,或在同一株上有不分裂与掌状分裂(稀掌状复叶)两种叶片。
　　　7 不分裂叶片阔圆形或心形,长度与宽度几相等·······
　　　　·····················通脱木属 Tetrapanax
　　　7 不分裂叶片非圆形或心形,长度大于宽度。
　　　　8 叶除单叶(有不分裂和掌状分裂两种叶片)外,尚有掌状复叶···············梁王茶属 Nothopanax
　　　　8 叶全为单叶,无掌状复叶······树参属 Dendropanax
　　6 叶为掌状复叶,或单叶但叶片全为掌状分裂。
　　　9 叶片掌状分裂。
　　　　10 植物体有刺。
　　　　　11 常绿植物··················刺通草 Trevesia
　　　　　11 落叶植物·················刺楸属 Kalopanax
　　　　10 植物体无刺。
　　　　　12 托叶与叶柄合生,锥状;子房2室···········
　　　　　　·····················通脱木属 Tetrapanax
　　　　　12 无托叶;子房5或10室·······八角金盘属 Fatsia
　　　9 叶为掌状复叶,稀在同一株上有单叶。
　　　　13 植物体无刺;子房5~11室;总状、伞形、头状等花序组成圆锥花序··········鹅掌柴属 Schefflera
　　　　13 植物体有刺,稀无刺;子房2~5室;如植物体无刺,子房5室,则其花序为单生伞形花序·········
　　　　　·····················五加属 Acanthopanax

3.3.107.1 常春藤属 Hedera L.

常绿攀缘灌木,借气生根攀缘。单叶,互生,全缘或浅裂。花两性,伞形花序或复合成圆锥或总状花序,顶生;花部5数,子房下位,5室,花柱合生。浆果状核果。约15种,分布于亚洲、欧洲和非洲北部。我国2变种，引入1种。

分种检索表
1 营养枝上的叶全缘或3浅裂；果橙红或橙黄色··············
·············中华常春藤 Hedera nepalensis var. sinensis
1 营养枝上的叶3~5浅裂；果黑色···洋常春藤 Hedera helix

(1) 中华常春藤（常春藤）Hedera nepalensis K. Koch var. sinensis (Tobl.) Rehd. [China Hvy]

常绿藤木，长达30m。嫩枝、叶柄有锈色鳞片。叶革质，深绿色，有长柄；营养枝上的叶三角状卵形或戟形，全缘或3浅裂；花枝上的叶椭圆状卵形或卵状披针形，全缘。伞形花序单生或2~7叶簇生，花黄色或绿白色，芳香。核果球形，径约1cm，熟时橙红或橙黄色。花期8~9月；果期翌年3月。产于我国中部至南部、西南部，长江流域及以南地区常见栽培。越南、老挝也有分布。喜阴，喜温暖和湿润气候，不耐寒。对土壤要求不严，喜湿润肥沃土壤。生长快，萌芽力强，对烟尘有一定的抗性。扦插或压条繁殖，易生根。四季常青，叶形秀美，是优良的垂直绿化材料。园林中可用作攀附假山、岩石、枯树、墙垣等。由于枝叶浓密，耐阴性强，也是较好的林下地被材料。也可植于屋顶、阳台等高处，或盆栽置于室内，绿叶垂悬，轻盈柔美。

(2) 洋常春藤（常春藤）Hedera helix L. [English Ivy]

常绿藤木，借气生根攀援；幼枝上有星状毛。单叶互生，全缘，营养枝上的叶3~5浅裂；花果枝上的叶片不裂而为卵状菱形。伞形花序，具细长总梗；花白色，各部有灰白色星状毛。核果球形，径约6mm，熟时黑色。花期8~9月；果期翌年4~5月。原产欧洲，我国黄河流域以南地区已普遍栽培。性极耐阴；喜温暖湿润，耐寒性不强。对土壤和水分要求不严，但以中性或酸性土壤为好。萌芽力强。扦插或压条繁殖。品种：① 金边 'Aureo-variegata'，叶缘黄色。② 彩叶 'Discolor'，叶片较小，具乳白色斑块并带红晕。③ 金心 'Goldheart'，叶片较小，中心黄色。④ 三色 'Tricolor'，叶片灰绿色，边缘白色，秋后变深玫瑰红色，春季复为白色。⑤ 银边 'Silves Queen' ('Marginata')，叶片灰绿色，具乳白色边缘，入冬后变为粉红色。⑥ 斑叶 'Argenteo-variegata'，叶具色斑。⑦ 尖裂 'Pittsburph'，叶片为掌状5深裂，裂片披针形，先端渐尖。

3.3.107.2 八角金盘属 Fatsia Decne. Planch.

常绿灌木或小乔木，无刺。单叶，掌状分裂，叶柄基部膨大。花两性或杂性，具梗；伞形花序再集成大圆锥花序，顶生，花部5数；子房5或10室。浆果近球形，肉质，熟时黑色。2种，分布于东亚。我国1种，产台湾，引入1种。

八角金盘 Fatsia japonica (Thunb.) Decne. et Planch. [Japan Fatsia]

常绿灌木，高达5m，常呈丛生状。幼嫩枝叶具易脱落的褐色毛。单叶互生，近圆形，掌状7~9裂，径20~40cm，基部心形或截形；裂片卵状长椭圆形，缘有锯齿，表面有光泽；叶柄长10~30cm。花小，白色，球状伞形花序聚生成顶生圆锥状复花序。浆果紫黑色，径约8mm。花期7~9月；果期翌年5月。原产日本，我国长江流域及其以南各地常见栽培。喜阴；喜温暖湿润气候，不耐干旱，耐寒性不强，在淮河流域以南可露地越冬；适生于湿润肥沃土壤。扦插繁殖，也可播种或分株繁殖。植株扶疏，叶大而光亮，是优良的观叶植物，最适于林下、山石间、水边、桥头、建筑附近丛植，也可于阴处栽培为绿篱或地被，在日本有"庭树下木之王"的美誉。品种：①银边八角金盘 'Albo-marginata'：叶片有白色斑点。②银斑八角金盘 'Variegata'：叶片有白色斑纹。③黄网纹八角金盘 'Aureo-reticulata'：叶脉黄色。④黄斑八角金盘 'Aureo-variegata'：叶片有黄色斑纹。⑤裂叶八角金盘 'Lobulata'，叶片掌状深裂，各裂片又再分裂。

3.3.107.3 刺楸属 Kalopanax Miq.

落叶乔木；小枝红褐色，有粗刺；叶掌状分裂，裂片有锯齿；花两性，排成伞形花序，此等花序复结成顶生、阔大的圆锥花序；萼5齿裂；花瓣5，镊合状排列；子房下位，2室，花柱合生成一柱；核果，近球形，有种子2颗。1种，产东亚。

刺楸 Kalopanax septemlobus (Thunb.) Koidz. [Septemlobate Kalopanax]

落叶乔木，高达30m。树皮灰黑色，纵裂。树干及大枝具鼓钉状刺。小枝粗壮，淡黄棕色，具扁皮刺。单叶，长枝上互生，短枝上簇生；叶近圆形，径9~25cm，掌状5~7裂，基部心形或圆形，裂片三角状卵形，缘有细齿；叶柄长于叶片。花两性，复伞形花序顶生,花小,白色。核果熟时黑色,近球形,花柱宿存。花期7~8月,果期9~10月。我国广布,自东北至长江流域、华南、西南均有分布,多生于山地疏林中。日本、朝鲜也有分布。喜光,对气候适应性强,喜湿润肥沃的酸性或中性土,在阳坡、干瘠条件下也能生长,生长快,少病虫害。抗烟尘。播种或根插繁殖。树形宽广,枝干端直,叶片硕大,颇富野趣,适于低山和自然风景区绿化的良好树种,园林中可用作园景树或庭荫树。变种:深裂刺楸 var. *maximowiczi* (V. Houtte) Hand.-Mazz.,叶片分裂较深,长达全叶片的3/4,裂片长圆状披针形,先端长渐尖,下面密生长柔毛,脉上更密。

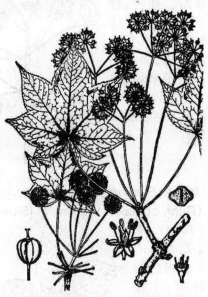

3.3.107.4 鹅掌柴属
Schefflera J. R. G. Forst.

常绿灌木或乔木,有时攀缘状。无刺。掌状复叶,托叶与叶柄基部合生。伞形、头状或穗状花序,再组成大型圆锥状复花序;萼全缘或5齿裂;花瓣5~7,镊合状排列;雄蕊与花瓣同数;子房5~7(11);核果球形或卵状。约200种,广布于两半球的热带地区。我国有37种,分布于西南部和东南部的热带和亚热带地区,主要产地在云南。

分种检索表
1 小叶片9~12枚,最多可达16枚··················
················澳洲鸭脚木 *Scheffera actinophylla*
1 小叶片9枚以下。
　2 总状花序(稀穗状花序)组成圆锥花序;花柱全部合生成柱状。
　　3 穗状花序组成圆锥花序;小叶片下面密生星状绒毛,将网脉掩盖·············穗序鹅掌柴 *Schefflera delavayi*
　　3 总状花序组成圆锥花序;小叶片下面无毛或疏生星状绒毛,网脉明显······台湾鹅掌柴 *Schefflera taiwaniana*
　2 伞形花序或头状花序组成圆锥花序;花柱离生或合生成柱状,或无花柱。
　　4 雌蕊有花柱···············鹅掌柴 *Schefflera octophylla*
　　4 雌蕊无花柱,柱头直接生于子房上。
　　　5 圆锥花序较小,长10cm以下,主轴长仅1~2cm,分枝伞房状排列;果实通常有红色或黄红色腺点;小叶片宽3cm以下;叶柄纤细,长2~8cm············
················白花鹅掌柴 *Scheffter leacantha*
　　　5 圆锥花序较大,长12cm以上,主轴长3~12cm或长,分枝总状排列;果实无腺点;小叶片宽3cm以上;叶柄较粗壮,长8~20cm。
　　　　6 花无梗或近无梗,5~8朵成簇··················
················球序鹅掌柴 *Schefflera glomerulata*
　　　　6 花有花梗···············鹅藤 *Scheffera arboricola*

(1) 鹅掌柴 *Schefflera octophylla*(Lour.)Harm
[Ivy tree, Schefflera]

常绿乔木或灌木,高达15m。小枝粗,掌状复叶互生,小叶6~9(11)枚,椭圆形至倒卵状椭圆形,长6.5~18cm,全缘;叶柄长10~30cm。雄花与两性花同株;花芳香,伞形花序组成长达25~30cm的大型圆锥花序,顶生;花萼5~6裂,花瓣5~6,白色,肉质。果实球形。花期9~12月;果期翌年2月。原产我国东南至西南部,是热带、亚热带地区常绿阔叶林习见树种。日本、印度、泰国和越南也有分布。喜光,耐半阴,喜暖热湿润气候和肥沃的酸性土,稍耐瘠薄,生长快。扦插或播种繁殖。枝叶紧密,树形整齐优美,掌状复叶形似鸭脚,是优良的观叶树种,而且秋冬开花,花序洁白,具芳香。园林中可丛植观赏,或用作树丛之下木,并常见盆栽。品种:①矮生鹅掌柴 'Compacta':株形小,分枝密集。②黄绿鹅掌柴 'Green Gold':叶片黄绿色。③亨利鹅掌柴 'Henriette':叶片大而杂有黄色斑点。

(2) 澳洲鸭脚木(辐叶鹅掌柴)
Scheffera actinophylla (Endl.)Harms
[Queensland Umbrella Tree]

乔木,高达12m。叶色浓绿,掌状复叶丛生于枝条顶端,具长柄,小叶3~16片,长椭圆形,长10~30cm,先端尖,全缘,有光泽。小叶在总叶柄端呈辐状伸展。花小,红色;由密集的伞形花序排成伸长而分枝的总状花序,长达45cm。核果近球形,紫红色。原产大洋洲昆士兰、新几内亚及印尼爪哇。喜光,耐半阴,喜暖热多湿气候,不耐寒。是很好的盆栽观叶树种。

3.3.107.5 孔雀木属(假楤木属)
Dizygotheca N.E.Br.

约15种。主产澳大利亚和太平洋群岛。

孔雀木(手树)
Dizygotheca elegantissima R.Vig.et Guillaumin
[False Aralia, Finger Aralia]

常绿小乔木或灌木,高可达8m,茎、叶柄具乳白色斑纹。掌状复叶互生,小叶7~11,紫红色,线形,先端渐尖,基部渐狭,形似指状,叶缘有粗锯齿,中脉明显,叶面暗绿色。花小,5基数,花柱离生;成顶生大型伞形花序。原产澳大利亚和太平洋群岛。喜温暖湿润和阳光充足环境。不耐寒,怕强光暴晒和干旱。以肥沃、疏松的沙壤土为宜。扦插和播种繁殖。是很好的观叶植物。各地常盆栽观赏,适用居室、厅堂和宾馆布置。在南方成年植株配置于小庭园,与水池、小品、堆石等组景,十分潇洒自然。品种:①宽叶孔雀木'Castor',小叶3~5,较宽短,长约10cm;②镶边宽叶孔雀木'Castor Variegata',小叶宽短,边缘乳白色。

3.3.107.6 五加属 *Acanthopanax* Miq.

灌木,直立或蔓生,稀小乔木,常具皮刺。掌状或三出复叶。花两性,稀单性异株或杂性;伞形花序单生或排成顶生的大圆锥花序;萼5齿裂;花瓣5(4);雄蕊与花瓣同数;子房2~5室,花柱离生或合生,宿存。果近球形,核果状,2~5棱。种子扁平。约40种,分布于亚洲。中国18种,广布于南北各地。

分种检索表
1 枝刺细长,直而不弯…刺五加 *Eleutherococcus senticosus*
1 枝刺粗壮,通常弯曲。
　2 花柱合生成柱状,仅柱头裂片离生……………
　………………无梗五加 *Acanthopanax sessiliflorus*
　2 花柱离生或基部至中部以下合生。
　　3 伞形花序腋生或生于短枝顶端…………………
　　………………………五加 *Acanthopanax gracilistylus*
　　3 伞形花序顶生…………白簕 *Acanthopanax trifoliatus*

(1)五加(细柱五加) *Acanthopanax gracilistylus* W.W.Smith [Slenderstyle Acanthopanax]

落叶灌木,有时蔓生状。小枝常下垂,节上疏被扁钩刺。掌状复叶,在长枝上互生,在短枝上簇生;小叶(3)5,倒卵形或倒披针形,长3~8cm,背面脉腋有时被淡黄棕色簇生毛,边缘有细钝齿;小叶近无柄。伞形花序单生或2~3簇生于短枝之叶腋,花黄绿色,花柱2或3,离生,子房2(3)室。果扁球形,径约6mm,熟时紫黑色。花期4~7月;果期10月。分布于我国华北南部、华中、西南、华东各地,常见于林内、灌丛中、林缘或路旁。适应性强,喜温暖湿润的环境及深厚肥沃的土壤,具有一定的耐阴性,较耐寒,不耐水涝。播种、扦插、分株繁殖。株丛自然、茂密,秋季紫果满树,园林中可丛植于草坪、坡地、山石间,也可用作疏林下层灌木。

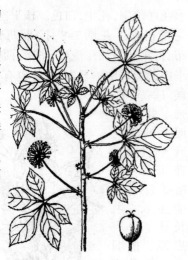

(2)刺五加 *Eleutherococcus senticosus* (Rupr. et Maxm.) Maxim. [Siberian inseng]

落叶灌木,高1~6m。茎干黄褐色密布针刺;小枝密被下弯针刺,尤其萌条和幼枝明显;在老枝上有时脱落后留下圆形刺痕。掌状复叶,互生,小叶5(3),椭圆状倒卵形或长圆形,长5~13cm。表面脉

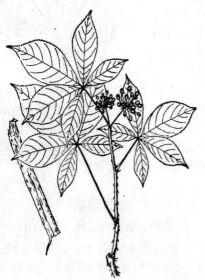

上被粗毛,背面脉上被淡黄褐色柔毛;侧脉6~7对,网脉不明显;叶柄长3~12cm;小叶柄长0.5~2cm。伞形花序单生枝顶或2~6簇生,径2~4cm;花紫黄色,萼无毛,花梗长1~2cm。浆果状核果近球形或卵形,长约8mm,具5棱,成熟时紫黑色。花期6~7月,果期8~10月。产于我国东北及华北地区。朝鲜,日本及俄罗斯也有分布。性强健,常生于林缘路旁,耐干旱瘠薄,耐寒。适宜丛植,观赏其掌状复叶。做刺篱。

3.3.107.7 幌伞枫属 *Heteropanax* Seem.

常绿乔木或灌木,无刺。(2)3~5回羽状复叶。花杂性,伞形花序复结成广阔、大型的圆锥花序;萼近全缘;花瓣5,镊合状排列;雄蕊5;子房下位,2室,每室1胚珠。果球形、卵形或扁球形。8种,分布于亚洲南部和东南部。我国6种。

幌伞枫 *Heteropanax fragrans* (Roxb.) Seem. [Fragrant Heteropanax]

常绿乔木,高达30m,树皮灰棕色。单干直立,

很少分枝；小枝粗壮。叶大型，常聚生于顶部；3~5回羽状复叶互生，长达1m；小叶椭圆形，长5.5~13cm，两端尖，全缘，侧脉6~10对。花序长30~40cm，密被锈色星状绒毛；花杂性，伞形花序，小而黄色。果形扁，长约7mm，径3~5mm。种子2，扁平。花期10~12月；果期翌年3~4月。产于我国云南东南部及广东和广西南部。印度、缅甸、印度尼西亚也有分布。喜高温高湿环境，忌干旱和寒冷，喜弱光，幼树更喜阴；喜肥沃湿润的酸性土。播种繁殖。植株挺拔，四季常绿，羽叶巨大，望如幌伞，是华南地区优美的庭园观赏树种，可用作行道树和庭荫树。广州园林常见栽培。

3.3.107.8 通脱木属 Tetrapanax K. Koch

无刺灌木，有地下匍匐茎；叶极大，具长柄，掌状分裂，裂片有锯齿；花排成伞形花序并再组成顶生、宽大的圆锥花序；花瓣4~5，镊合状排列；雄蕊4~5；子房下位，2室，花柱2；核果状的浆果。2种，分布于我国中部以南。

通脱木 *Tetrapanax papyrifera* (Hook.) K. Koch.
[Ricepaperplant]

灌木或为小乔木，高1~3.5m。有明显的叶痕和大型皮孔。叶柄粗壮且长，托叶膜质，锥形，基部与叶柄合生，有星状厚绒毛；叶大，互生，集生茎顶，

掌状5~11裂，全缘或有粗齿。伞形花序聚生成顶生大型复圆锥花序，花小，黄白色。果球形，熟时紫黑色。花期10~12月；果期翌年1~2月。产于秦岭、黄河以南地区。喜光，喜温暖，在湿润、肥沃的土壤上生长良好。播种或分蘖繁殖，能形成大量根蘖。树形优雅，成长迅速，可孤植、列植作庭院树、行道树或盆栽观赏。

3.3.107.9 刺通草属 Trevesia Vis.

灌木或小乔木。叶为单叶，叶片掌状分裂，或类似掌状复叶；托叶和叶柄基部合生或不明显。花两性，聚生成伞形花序，再组成大圆锥花序；苞片宿存或早落；花梗无关节；萼筒全缘或有不明显小齿；花瓣6~12，在花芽中镊合状排列，通常合生成帽状体，早落；雄蕊和花瓣同数；子房6~12室，花柱合生成柱状。果实卵球形。种子扁平。2种，分布于印度东部至马来西亚和波利尼西亚。我国仅西南产1种。

刺通草 *Trevesia palmata* (Roxb.) Vis.
[Himalayan Trevesia]

常绿小乔木，高3~8m；枝密生绒毛，疏生短刺。叶大，直径60~90cm，掌状5~9深裂；裂片披针形，常又有小裂片，先端长渐尖，边缘有粗锯齿，两面疏生星状毛，或上面无毛；叶柄长60~90cm，通常疏生短刺；托叶与叶柄基部合

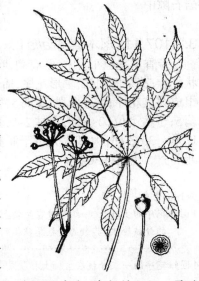

生成二裂的鞘状。伞形花序大，直径约4.5cm，聚生成长达50cm的大型圆锥花序；苞片矩圆形，长约2.5cm；花淡黄绿色；萼有锈色绒毛，边缘有10个不明显的齿；花瓣6~10；雄蕊6~10。果卵球形，直径1~1.8cm。分布于我国西南部；印度也有。耐半阴，喜暖热湿润气候及肥沃和排水良好的壤土，不耐干旱和寒冷。叶形奇特，可供庭园和盆栽观赏。

3.3.107.10 梁王茶属 Nothopanax Miq.

常绿、无刺灌木或乔木；叶为掌状复叶或单叶而常分裂；花排成伞形花序，梗有节，此等花序单生或再排成圆锥花序；萼近全缘或5齿裂；花瓣5，镊合状排列；雄蕊5；子房下位，2室，稀3~4室，花柱2~4；核果侧扁，球形。15种，主要分布于大洋洲，我国仅有2种。

异叶梁王茶 *Nothopanax davidii* (Franch.) Harms ex Diels [David Falsepanax]

无刺灌木或乔木,高 2~12m。叶革质,二型,单叶和掌状复叶可同生一株上,单叶长椭圆状卵形或长椭圆状披针形,有时为三角形或卵状三角形而有 2~3 裂片,长 6~20cm,宽 2.5~7cm,先端渐尖或长渐尖,基部圆形或宽楔形,边缘疏生细锯齿,无毛,有光泽,掌状复叶具 3 片狭披针形小叶,几无柄。伞形花序聚生为圆锥花序,顶生,长达 20cm;花白色或淡黄色,芳香,与花梗间有关节;萼边缘有 5 齿;花瓣 5;雄蕊 5;子房下位,2 室,花柱 2,合生至中部,上部分离。果侧扁,球形,熟时黑色,直径 5~6mm。分布于西南和陕西、湖北。阳性树种。可作园林观赏树种栽培,种植于路边、岩石隙中。

3.3.107.11 楤木属 *Aralia* L.

芳香草本至小乔木,常有刺;叶为一至三回羽状复叶;花杂性同株,伞形花序,稀头状花序,常再组成圆锥花序;萼 5 齿裂;花瓣 5,覆瓦状排列;雄蕊 5;子房下位,2~5 室,花柱 2~5;浆果或核果状,球形。30 多种,大多数分布于亚洲,少数分布于北美洲。我国有 30 种。

分种检索表
1 圆锥花序的主轴长,一级分枝在主轴上总状排列,或顶端 的分枝轮生,其余的分枝总状排列……………………
………………………………………楤木 *Aralia chinensis*
1 圆锥花序的一级分枝在主轴上指状或伞房状排列………
………………………………………辽东楤木 *Aralia elata*

(1)楤木 *Aralia chinensis* L. [China Aralia]

落叶灌木或小乔木,高达 8m;茎有刺,小枝被黄棕色绒毛。叶大,二至三回奇数羽状复叶互生,长达 1m,叶柄及叶轴通常有刺;小叶卵形,长 5~12cm,缘有锯齿,背面有灰白色或灰色短柔毛,近无柄。花小,白色;小伞形花序集成圆锥状复花序,顶生。浆果球形,黑色,具 5 棱。花期 7~8 月,果期 9~10 月。华北、华中、华东、华南和西南地区均有分布。可作园林观赏树种。

(2)辽东楤木(刺老鸦,刺龙牙,龙牙楤木)
Aralia elata(Miq.)Seem. [Japanese Aralia]

落叶乔木,高可达 15m;或成灌木状,高 2~3m。茎、枝有刺,小枝淡黄色。二至三回羽状复叶,长达 80cm,叶轴及羽片基部有短刺;小叶两面无毛或脉上有疏毛。花小,白色;由小伞形花序先集成圆锥花序再聚成伞房状;浆果黑色,鸟爱食。花期 7~8 月,果期 9~10 月。主产我国东北地区,长白山及小兴安岭常见;俄罗斯、朝鲜、日本也有分布。不择土壤,能适应城市环境。全身是刺,大型羽叶张开如伞,花序大而显著;宜植于园林绿地观赏。欧美庭园中常栽培。品种:①金边'Aureo-variegata'、②银边'Alboa-ginata'、③银斑'Variegata'、④塔形'Pyramidalis'。

3.3.107.12 熊掌木属 *Fatshedera*

1 种,1912 年法国一位苗圃专家用八角金盘 *Fatsia japonica* 与常春藤 *Hedera helix* 杂交而成。

熊掌木(五角金盘,常春金盘)
Fatshedera lizei (Cochet) Guill.
[Fatshedera lizei, Tree Ivy]

常绿性藤蔓植物,高达 1m。初生时茎呈草质,后渐转木质化。单叶互生,掌状五裂,叶端渐尖,叶基心形,叶宽 12~16cm,全缘,波状有扭曲,新叶密被毛茸,老叶浓绿而光滑。叶柄长 8~10cm,柄基呈鞘状与茎枝连接。花黄绿色,由多数伞形花序组成顶生圆锥花序。不结果。喜半阴环境,忌强烈日光直射,耐阴性好,喜湿润和冷凉环境,忌高温。春秋季扦插繁殖。我国有引种。为观叶木本植物,四季青翠碧绿,耐阴能力极强,适宜在林下群植或盆栽观赏。品种:斑叶熊掌木'Variegata',叶有不规则的乳白色镶边。

3.3.107.13 南洋参属
Polyscias J. R. et G. Forst.

灌木或乔木;叶变化大,多型,一至五回羽状复叶;花极小,4数或5数,为伞形花序或头状花序,有时为穗状花序,此等花序复排成圆锥花序或他种花序;花梗有节;萼有齿或截平形;花瓣镊合状排列;子房4~8室,花柱与室同数;浆果圆球形或椭圆形,有棱。约75种,分布于马达加斯加至太平洋群岛,我国引入栽培数种,南部常见栽培供观赏用。

分种检索表
1叶变化大,多型,一至五回羽状复叶⋯⋯⋯⋯⋯⋯⋯⋯⋯⋯⋯⋯⋯⋯⋯⋯⋯⋯⋯⋯⋯⋯⋯⋯⋯⋯⋯南洋参 *Polyscias fruticosa*
1叶为一回羽状复叶。
　2小叶阔圆肾形⋯⋯⋯⋯⋯⋯圆叶南洋参 *Polyscias balfouriana*
　2小叶窄而尖,细长似蕨类植物的叶片质⋯⋯⋯⋯⋯⋯⋯⋯⋯⋯⋯⋯蕨叶南洋参 *Polyscias filicifolia*

(1)南洋参(福禄桐) ***Polyscias fruticosa*** (L.) Harms [Polyscias]

常绿灌木或小乔木,高5~8m。叶变化大,多型,羽状复叶互生,小叶5~9,卵状椭圆形至近转型,长达7~10cm,先端钝,基部圆形,缘有疏齿,边缘有黄白色斑及条纹;花极小,4数或5数,绿色;为伞形花序或头状花序,有时为穗状花序,此等花序复排成圆锥花序;花梗有节;萼有齿或截平形;花瓣镊合状排列;子房4~8室,花柱与室同数;浆果圆球形或椭圆形,有棱。原产印度至太平洋地区;我国台湾及华南地区有栽培。耐阴,喜高温多湿气候,也耐干旱。不耐寒,生长适宜温度20℃左右,越冬最低温度10℃。宜疏松肥沃的湿润土壤。扦插繁殖。株形丰满,叶形、叶色富于变化,是良好的室内观叶植物。

(2)圆叶南洋参 ***Polyscias balfouriana*** Bailey [Roundleaf Polyscias]

常绿灌木,高1~3m。茎带同色,茎枝表面有明显的皮孔。3出复叶,小叶近圆肾形,宽5~8cm,先端圆,基部心形,缘有粗圆齿或缺刻,叶面绿色,无白边。花黄绿色;伞形花序再组成圆锥花序,多花。原产新喀里多尼亚;热带地区多有栽培。耐半阴,喜高温多湿气候及湿润和排水良好的土壤,耐干旱,极不耐寒。扦插繁殖。宜植于庭园或盆栽观赏。

3.3.107.14 树参属
Dendropanax Decne. et Planch.

灌木至乔木;叶全缘或分裂,常有红色腺点(照于光下始见);花两性或杂性,伞形花序单生或排成复伞形花序;萼5齿裂或全缘;花瓣5,镊合状排列;雄蕊5;子房5室,稀4~2室,花柱(2~)5,基部合生或有时达顶部;果球形或长圆形。约有80种,分布于热带美洲及亚洲东部。我国有16种,分布于西南至东南各省。

树参(枫荷桂,木五加,小荷枫)
Dendropanax dentiger (Harms) Merr. [Treerenshen]

乔木或灌木,高2~8m。叶片厚纸质或革质,密生粗大半透明红棕色腺点(在较薄的叶片才可以见到),叶形变异很大,不分裂叶片通常为椭圆形,稀长圆状椭圆形、椭圆状披针形、披针形或线状披针形,长7~10cm,宽1.5~4.5cm,有时更大,先端渐尖,基部钝形或楔形,分裂叶片倒三角形,掌状2~3深裂或浅裂,稀5裂,两面均无毛,边缘全缘,或近先端处有不明显细齿一至数个,或有明显疏离的牙齿,基脉三出,侧脉4~6对,网脉两面显著且隆起,有时上面稍下陷,有时下面较不明显;叶柄长0.5~5cm,无毛。伞形花序顶生,单生或2~5个聚生成复伞形花序,有花20朵以上,有时较少。总花梗粗壮,长1~3.5cm;花梗长5~7mm;花瓣5;雄蕊5。果实长圆状球形;果梗长1~3cm。花期8~10月,果期10~12月。广布于我国长江以南至华南北部及西南地区;越南、老挝、柬埔寨也有分布。可植于庭园观赏。

3.3.108 马钱科 Loganiaceae

乔木、灌木、藤本或草本。单叶对生或轮生,稀互生,托叶存在或缺。花两性,辐射对称,单生或聚伞花序排成圆锥、总状、头状或穗状花序;花萼4~5裂,花冠4~5(8~16)裂;雄蕊与花冠裂片同数互生;子房上位,常2室。蒴果、浆果或核果。约28属,550种,分布于热带至温带地区。我国8属54种9变种,分布于西南部至东部,少数西北部,分布中心在云南。

分属检索表
1蒴果,室间开裂成2果瓣⋯⋯⋯⋯钩吻属 *Gelsemium*
1浆果,果皮不开裂。
　2花冠裂片在花蕾时覆瓦状排列;托叶着生在叶腋内,合

生成鞘状……………………………………灰莉属 Fagraea
2 花冠裂片在花蕾时镊合状排列;托叶着生在两个叶柄之间,连接成一托叶线……………………蓬莱葛属 Gardneria

3.3.108.1 灰莉属 Fagraea Thunb.

乔木或灌木,常附生,稀攀援状。叶对生;叶柄通常膨大。花单生或组成聚伞花序;花萼宽钟状,5裂;花冠漏斗状或近高脚碟状;雄蕊5;子房具柄,椭圆状长圆形,1室。肉质浆果不开裂,通常顶端具尖喙。约37种,分布于亚洲东南部、大洋洲及太平洋岛屿。我国产1种。

灰莉 Fagraea ceilanica Thunb.
[Common Fagraea]

乔木,高达15m,有时附生于其他树上呈攀援状灌木。老枝上有托叶痕;全株无毛。叶片稍肉质,长5~25cm,宽2~10cm,顶端渐尖或圆而有小尖头,基部楔形或宽楔形,叶面深绿色,干后绿黄色。花单生或组成顶生二歧聚伞花序;花序梗短而粗;花萼绿色,肉质;花冠漏斗状,长约5cm,白色,芳香;雄蕊内藏,花丝丝状;子房椭圆状或卵状,2室。浆果卵状或近圆球状,长3~5cm,直径2~4cm,顶端有尖喙,淡绿色,有光泽,基部有宿萼。花期4~8月,果期7月至翌年3月。分布于亚洲南部热带地区,我国华南各地产。花大形,芳香,枝叶深绿色,为庭园观赏植物。

3.3.108.2 蓬莱葛属 Gardneria Wall.

木质藤本,枝条通常圆柱形,稀四棱。单叶对生,全缘,羽状脉,具叶柄。花单生、簇生或组成二至三歧聚伞花序,具长花梗;花4~5数;苞片小;花萼4~5深裂;花冠辐状,4~5裂;雄蕊4~5;子房卵形或圆球形,2室。浆果圆球状。约6种,分布于亚洲东部及东南部,我国全产,分布于长江以南。

蓬莱葛 Gardneria multiflora Makino
[Manyflower Gardneria]

木质藤本,长达8m。枝条圆柱形,有明显的叶痕。叶片纸质至薄革质,长5~15cm,宽2~6cm,顶端渐尖或短渐尖,基部宽楔形、钝或圆;叶柄间托叶线明显;叶腋内有钻状腺体。腋生二至三歧聚伞花序,花序长2~

4cm;花冠辐状,黄色或黄白色;子房卵形或近圆球形,2室,每室胚珠1颗。浆果圆球状,直径约7mm,有时顶端有宿存的花柱,果成熟时红色;种子圆球形,黑色。花期3~7月,果期7~11月。产于我国秦岭淮河以南,南岭以北。日本和朝鲜也有。

3.3.108.3 钩吻属 Gelsemium Juss.

木质藤本。冬芽具鳞片数对。叶对生或有时轮生,全缘,羽状脉,具短柄;叶柄间有一连结托叶线或托叶退化。花单生(外国种)或组成三歧聚伞花序,顶生或腋生;花萼5深裂,裂片覆瓦状排列;花冠漏斗状或窄钟状,花冠管圆筒状,上部稍扩大,花冠裂片5,在花蕾时覆瓦状排列,开放后边缘向右覆盖;雄蕊5,着生于花冠管内壁上,花丝丝状,花药卵状长圆形,通常伸出花冠管之外,内向,2室;子房2室,每室有胚珠多颗,花柱细长,柱头上部2裂,裂片顶端再2裂或凹入,内侧为柱头面。蒴果,2室,室间开裂为2个2裂的果瓣,内有种子多颗;种子扁压状椭圆形或肾形,边缘具有不规则齿裂状膜质翅。约2种,1种产于亚洲东南部,另1种产于美洲。我国产1种。

金钩吻(南卡罗纳茉莉,北美钩吻,黄金茉莉)
Gelsemium sempervirens (L.) St. Hil.
[South Carolina Gelsemium]

常绿木质藤本。叶对生,全缘,羽状脉,具短柄。花顶生或腋生,花冠漏斗状,花萼裂片5枚,蕾期覆瓦状排列,开放后边缘向右覆盖,具芳香。蒴果。花期10月至翌年4月。原产美洲。性强健,喜湿润,喜全日照或半日照,喜疏松、排水良好的沙壤土。扦插或播种繁殖。开花繁茂,具芳香,多作盆栽,可修剪成灌木状,也适合小型棚架或墙垣边栽培观赏;全株有毒,忌误食。

3.3.109 夹竹桃科 Apocynaceae

乔木,直立灌木或木质藤木,稀多年生草本;具乳汁或水液;无刺,稀有刺。单叶对生、轮生,稀互生,全缘,稀有细齿,羽状脉;托叶缺或退化成腺体,稀有假托叶。花两性,辐射对称,单生或多朵组成聚伞花序,顶生或腋生;花萼裂片5枚,稀4枚,基部合生成筒状或钟状,裂片通常为双盖覆瓦状排列,基部内面通常有腺体;花冠合瓣,高脚碟状、漏斗状、坛状、钟状、盆状,稀辐状,裂片5枚,稀4枚,覆瓦状排列;雄蕊5枚,着生在花冠筒上或花冠喉部;花盘环状、杯状或舌状,稀无花盘。浆果、核果、蒴果或蓇葖果。种子通常一端被毛。约250属2000余种,主要分布于热带和亚热带地区,少数在温带地区;中国46属176种33变种,主要分布于长江以南各省区及台湾等,少数分布于北部及西北部。

分属检索表

1 雄蕊彼此互相粘合并粘生在柱头上；花药箭头状，顶端渐尖，基部具耳，稀非箭头状；果为蓇葖；种子顶端具长种毛；花冠裂片通常向右覆盖，稀向左覆盖。
 2 花药顶端伸出花冠筒喉部之外…………倒吊笔属 Wrightia
 2 花药顶端内藏不伸出花冠筒喉部之外（除络石属有些种除外）。
  3 小乔木、灌木或半灌木；花冠筒喉部有副花冠………
   ………………………………………………夹竹桃属 Nerium
  3 木质藤本；花冠筒喉部无副花冠…………………………
   ………………………………………络石属 Trachelospermum
1 雄蕊离生或松弛地靠着在柱头上；花药长圆形或长圆状披针形，顶端钝，基部圆形；花冠裂片通常向左覆盖，稀向右覆盖。
 4 假托叶呈针状或三角状，基部扩大而合生；蓇葖果；种子无种毛……………………………狗牙花属 Ervatamia
 4 无托叶；果为浆果、核果、蒴果或蓇葖。
  5 浆果或核果。
   6 浆果………………………………………假虎刺属 Carissa
   6 核果。
    7 叶互生。
     8 乔木；片内面无腺体；花冠高脚碟状…………
      ………………………………………海杧果属 Cerbera
     8 灌木；萼片内面有腺体；花冠漏斗状…………
      ……………………………黄花夹竹桃属 Thevetia
    7 叶对生或轮生。
     9 乔木；花冠裂片向右覆盖……玫瑰树属 Ochrosia
     9 直立灌木或木质藤本；花冠裂片向左覆盖………
      ………………………………………萝芙木属 Rauvolfia
  5 蒴果或蓇葖。
   10 蒴果，外果皮具长刺；子房由单生心皮组成，1室…
    …………………………………………………黄蝉属 Allemanda
   10 蓇葖，外果皮无刺；子房由2枚离生心皮组成，2室。
    11 种子无毛或具有膜翅。
     12 叶互生…………………………鸡蛋花属 Plumeria
     12 叶对生…………………………蔓长春花属 Vinca
    11 种子两端被长缘毛，而另两侧只有一侧被短微毛或一端被疏短缘毛。
     13 子房上位；蓇葖离生………鸡骨常山属 Alstonia
     13 子房半下位；蓇葖合生………盆架树属 Winchia

3.3.109.1 夹竹桃属 Nerium L.

常绿灌木，含水液；叶革质，对生或3~4枚轮生，羽状脉，侧脉密生而平行；花美丽，排成顶生伞房花序式的聚伞花序；花萼5裂，裂片基部内面有腺体；花冠漏斗状，喉部有撕裂状的附属体5；雄蕊内藏，花药粘合，顶有长的附属体；心皮2，离生，长圆形，有被短柔毛、顶端具种毛的种子。4种，分布于地中海沿岸及亚洲热带、亚热带地区；中国引入2种1栽培类型，各地常见栽培。

夹竹桃 Nerium indicum Mill.
[Sweetscented Oleander]

常绿灌木；枝含水液。3叶轮生，在枝条下部为对生，窄披针形，长11~15cm，宽2~2.5cm，顶端极尖，基部楔形，边缘反卷，叶背有洼点，侧脉密生而平行；叶柄扁平，长5~8mm，具腺体。聚伞花序顶生；总花梗长约3cm，花梗长7~10mm；花芳香，深红色或粉红色，稀白色或黄色；苞片披针形；花萼5深裂，披针形，内面基部具腺体；花冠筒内面被长柔毛，花冠漏斗状、钟状或辐状，单瓣、半重瓣至重瓣，基部具鳞片；雄蕊5枚，内藏，花丝被长柔毛，花药箭头状；无花盘；心皮2枚，离生，被柔毛，胚珠多数。蓇葖果2枚，离生，长圆形，长10~23cm，绿色，具纵条纹。种子长圆形，褐色，被锈色短柔毛，顶端具黄褐色绢质种毛。花期6~10月，夏秋最盛；果期冬春季，栽培者少结果。分布于伊朗、印度、尼泊尔等国家和地区，现广植于亚热带及热带地区；我国引种始于十五世纪，各省区均有栽培。喜温暖湿润气候，不

耐寒，喜光，忌水渍，耐一定程度空气干燥。扦插繁殖为主，也可分株和压条。叶片如柳似竹，花冠粉红至白色，灼灼似桃，有香气，具有抗烟雾、抗灰尘、抗毒物和净化空气、保护环境的能力，抗海风，耐盐碱。著名观赏花卉，长江流域以南地区可植于公园、庭院、街头、绿地、路边、海边等处。北方常盆栽观赏。品种：白花夹竹桃'Paihua'，花为白色。花期几乎全年。我国常见栽培。

3.3.109.2 黄花夹竹桃属 Thevetia L.

灌木或小乔木，具乳汁；叶互生，羽状脉；花大，黄色，排成顶生或腋生的聚伞花序；花萼5深裂，裂片三角状披针形，内面基部有腺体；花冠漏斗状，裂片阔，花冠筒短，喉部有被毛的鳞片5枚；雄蕊5，着生于花冠筒的喉部，花药与花柱分离；无花盘；子房2室，2裂，每室有胚珠2枚；核果，坚硬。15种，分布于热带美洲和热带非洲，热带及亚热带地区均有栽培；中国引入2种1变种。

黄花夹竹桃
Thevetia peruviana (Pers.)K. Schum.
[Yellow Oleander, Luckynut Thevetia]

常绿乔木，高达5m，全株无毛；树皮棕褐色，皮孔明显；小枝下垂；全株具丰富乳汁。叶互生，近革质，线形或线状披针形，长10~15cm，宽5~12mm，光

亮,全缘而反卷;无柄。聚伞花序顶生,长5~9cm;花梗长2~4cm;花大,黄色,具香味;花萼绿色,5裂,裂片三角形;花冠漏斗状,喉部具5个被毛的鳞片,花冠裂片向左覆盖;雄蕊着生于花冠筒的喉部;子房无毛,2裂,胚珠每室2枚,柱头顶部2裂。核果扁三角状球形,径 2.5~4cm,成熟前绿色而亮,干时黑色。种子2~4枚。花期5~12月,果期8月-翌年春季。分布于美洲热带、西印度群岛及墨西哥;我国台湾、福建、云南、广西和广东均

有栽培,长江流域及其以北温室有栽培。喜高温多湿气候,耐半阴,耐寒力不强,不耐水湿,喜光好肥,喜干燥和排水良好的地方。萌芽力强,树体受害后容易恢复。扦插繁殖为主,也可用压条等法繁殖。树形美观,枝叶下垂,花色素雅,花期长,常在园林、庭院、草地中孤植、片植,或盆栽观赏。

3.3.109.3 黄蝉属 Allemanda L.

直立或藤状灌木;叶生或轮生;花大而美丽,黄色,数朵排成总状花序,萼5深裂,基部里面无腺体,花冠钟状或漏斗状,喉部有被毛的鳞片;花药与花柱分离;花盘环状,全缘或5裂;子房1室,具两个侧膜胎座,有胚珠多颗;有刺的蒴果,开裂为2果瓣;种子有翅。约15种;原产南美洲,现广植于世界热带及亚热带地区。我国引入栽培有2种,2变种,在南方各省区可栽培于的庭园内或道路旁。

分种检索表
1 直立灌木;花冠筒长不超过2cm,其基部膨大 ··············
 ··················· 黄蝉 Allemanda neriifolia
1 藤状灌木;花冠筒长3~4cm,其基部圆筒状。
 2 花长7~11cm,直径9~11cm ·····················
  ············ 软枝黄蝉 Allemanda cathartica
 2 花长10~14cm,直径9~14cm ····················
  ······ 大花软枝黄蝉 Allemanda cathartica var. hendersonii

(1) 黄蝉 Allemanda neriifolia Hook.
[Oleanderleaf Allemanda]

直立灌木,高达2m,具乳汁。叶3~5枚轮生,椭圆形或倒披针状矩圆形,长5~12cm,宽1.5~4cm,被短柔毛;叶脉在下面隆起。聚伞花序顶生,花梗被秕糠状短柔毛;花冠黄色,漏斗状,长4~6cm,花冠筒基部膨大,长不超过2cm,喉部被毛,花冠裂片5枚,向左覆盖,圆形或卵圆形,顶端钝;雄蕊5枚,着生冠筒

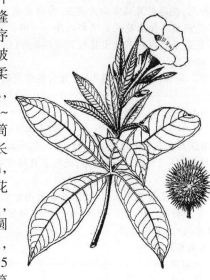

喉部,花药与柱头分离。蒴果球形,直径2~3cm,具长刺。花期5~8月,果期10~12月。原产巴西;我国南方各省区有栽培观赏。喜高温、多湿,阳光充足环境。喜生于肥沃、排水良好的土壤。多用扦插繁殖。植株浓密,叶色碧绿,花大鲜艳,晶莹美观,花姿明媚耀目。适于公园、工矿区、绿地、阶前、山坡、池畔、路旁群植或做花篱。植株有毒,应用时应注意。

(2) 软枝黄蝉 Allemanda cathartica L.
[Common Allemanda]

藤状灌木,长达4m;枝条软,弯垂,有白色乳汁。叶3~4枚轮生或有时对生,矩圆形或倒卵状矩圆形,长6~12cm,宽2~4cm,除下面脉上被微毛外,其余均无毛;侧脉每边6~12条,在叶下面稍明显。花冠黄色,漏

斗状,长7~11cm,筒长3~4cm,基部不膨大,上部膨大,直径5~7cm,喉部有白色斑点,裂片5枚,向左覆盖,卵形,顶端圆,广展。蒴果球形,被长刺;种子黑色,扁平,长1~1.3cm。原产巴西;现在我国广西、广东、福建、台湾等地有栽培观赏。喜温暖湿润和阳光充足的气候环境,耐半阴,不耐寒,怕旱,畏烈日。不择土壤,喜肥沃、排水良好、富含腐殖质之

壤土或沙壤土。扦插繁殖。花橙黄色,大而美丽,供观赏用。可用于庭园美化、路旁、公园、村边、围篱美化、花棚、花廊、花架、绿篱等攀爬栽培。变种:大花软枝黄蝉 var. *hendersonii*(Bull. ex Dombr.)Bail. et Raff.,叶纸质,椭圆形、卵圆形或倒卵形。花序着花4~5朵;花萼裂片叶片状,椭圆形至卵圆形,长1~2cm,宽0.3~1cm;花冠比原变种较大,橙黄色,长10~14cm,直径9~14cm,花冠喉部具5个发亮的斑点。花期春夏两季为盛,有时秋季亦能开花;果期冬季至翌年春季。原产南美洲的乌拉圭,现广植于热带和亚热带地区。我国广东、福建和台湾有栽培。花橙黄色,大而美丽,供观赏用。

3.3.109.4 鸡蛋花属 Plumeria L.

灌木或小乔木,枝粗厚而带肉质,具乳汁,有明显叶痕。叶互生,大形,羽状脉,侧脉先端在叶缘连成边脉;具长叶柄。花大,排成顶生聚伞花序;苞片大,早落;花萼小,5深裂,双盖覆瓦状排列,内面无腺体;花冠漏斗状,红色或白色黄心,花冠筒圆形,喉部无鳞片亦无毛,花冠裂片5,左旋;雄蕊着生于花冠筒基部,花丝短,花药内藏;花盘缺;心皮2,分离,胚珠多枚。蓇葖果双生,顶端渐尖。种子多数,长圆形,顶端具膜质的翅,无种毛。约7种,分布于西印度群岛和美洲;中国引入栽培1种及1栽培品种。

分种检索表
1 常叶性,叶先端钝……钝叶鸡蛋花 Plumeria obtusa
1 落叶性,叶先端尖。
　2 花瓣以红色为主……红鸡蛋花 Plumeria rubra
　2 花瓣以黄色或白色为主。
　　3 花瓣纯黄色……黄鸡蛋花 Plumeria rubra 'Lutea'
　　3 花瓣非纯黄色。
　　　4 花冠白色,基部黄色
　　　　………鸡蛋花 Plumeria rubra var. acutifolia
　　　4 花白色,喉部黄色,裂片外周缘桃色,裂片外侧有桃色筋条……三色鸡蛋花 Plumeria rubra 'Tricolor'

(1)红鸡蛋花 Plumeria rubra L.
[Red Frangipani]

落叶小乔木;枝条粗壮,肉质,无毛,具乳汁。叶厚纸质,长圆状倒披针形,长14~30cm,宽6~8cm,顶端急尖,基部狭楔形,叶面深绿色;侧脉每边30~40条,近水平横出,未达叶缘网结;叶柄长4~7cm,被短柔毛。聚伞花序顶生,长22~32cm;总花梗三歧,长13~28cm,肉质,被短柔毛;花梗被短柔毛,长约2cm;花萼裂片小,阔卵形,紧贴花冠筒;花冠深红色,花冠筒圆筒形,花冠裂片狭倒卵圆形或椭圆形;雄蕊着生在花冠筒基部,花药内藏;心皮2,离生,胚珠多数。蓇葖果双生,广歧,长圆形,长约20cm,淡绿色。种子长圆形,扁平,长约1.5cm,浅棕色,顶端具长圆形膜质的翅,翅的边缘具不规则的凹缺。花期3~9月,果期7~12月。分布于美洲热带地区;我国南部有栽培,但数量较少。喜湿热气候,耐干旱,喜生于石灰岩石地。扦插繁殖。树形美观,枝叶青绿色,花鲜红色,可栽培观赏。品种:①黄鸡蛋花'Lutea',花冠黄色;②三色鸡蛋花'Tricolor',花白色,喉部黄色,裂片外周缘桃色,裂片外侧有桃色筋条。

变种:鸡蛋花(缅栀子,印度素馨,大季花)*Plumeria rubra* L. var. *acutifolia* L. [Mexican frangipani, Pagoda Tree]

落叶小乔木或灌木,高约5~8m。茎多分枝,枝条肥厚,肉质,绿色,全株有乳汁。叶大,互生,厚纸质,矩圆状椭圆形或矩圆状倒卵形,长20~40cm,宽7~11cm,多聚生于枝顶,叶脉在近叶缘处连成一边脉。聚伞花序顶生,花冠筒状,径约5~6cm,5裂,裂片狭倒卵形,极芳香,呈螺旋状散开,瓣边白色,瓣心金黄色,如蛋白把蛋花包裹起来;雄蕊5枚。蓇葖果双生,条状披针形,长10~20cm,直径1.5cm。花期5~10月。果期7~12月。原产美洲热带地区墨西哥;现广植于亚洲热带及亚热带地区。我国南部各省区均有栽培,在云南南部山中有逸为野生的。喜高温、高湿、阳光充足、排水良好的环境。生性强健,能耐干旱,但畏寒冷、忌涝渍,喜酸性土壤,但也抗碱性。可插条或压条繁殖。树形美观,花冠外白内黄,奇形怪状,千姿百态,叶似枇杷,冬季落去后,枝头上便留下半圆形的叶痕,颇像缀有美丽斑点的鹿角,可谓热带地区园林绿化、庭院布置、盆栽观赏的首选小乔木佳品。

(2)钝叶鸡蛋花(钝头缅栀) Plumeria obtusa L.
[Obtuseleaf Frangipani]

常绿半落叶性小乔木,高可达8m。叶片长卵圆形,先端圆钝或微凹,基部无毛,有清晰的边脉。花序斜伸或下垂,白色花朵圆整,花冠喉部黄色斑纹小,花径为同属中最大者,可达7~8cm。花芳香。花期2~11月。原产于墨西哥,现广植于热带及亚热带地区,我国华南偶见栽培。

3.3.109.5 鸡骨常山属 Alstonia R. Br.

常绿乔木或灌木,具乳汁,枝条轮生。叶轮生,稀对生,侧脉多数,密集而平行。花白色、黄色或红色,排成顶生或近顶生的伞房花序式聚伞花序;花萼短,5裂,双盖覆瓦状排列,内面无腺体;花冠高脚碟状,冠筒中部以上膨大,喉部无副花冠,无毛或有倒生毛,裂片短,向左覆盖;花药与柱头分离,内藏;花盘由2枚舌状鳞片组成,与心皮互生;心皮2,离生,每心皮有胚珠多枚;蓇葖果2枚,长而纤弱。种子两端被长毛。约50种,分布于热带非洲和亚洲至波利尼西亚;中国6种,产西南部和南部。

分种检索表
1 乔木;花盘环状;子房密被柔毛··························
··························糖胶树 Alstonia scholaris
1 直立灌木;花盘由2枚舌状鳞片组成;子房无毛···········
··························鸡骨常山 lstonia yunnanensis

(1) 糖胶树 Alstonia scholaris (L.) R. Br.
 [Common Alstonia]

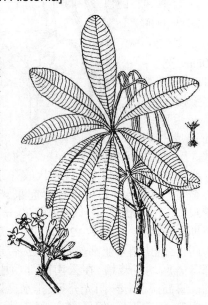

乔木,高约10m,有白色乳汁;树皮灰白色,条状纵裂。叶3~8枚轮生,革质,倒卵状矩圆形、倒披针形或匙形,长7~28cm,宽2~11cm,无毛;侧脉每边40~50条,近平行。聚伞花序顶生,被柔毛;花白色;花冠高脚碟状,筒中部以上膨大,内面被柔毛;花盘环状;子房为2枚离生心皮组成,被柔毛。蓇葖果2枚,离生,细长如豆角,下垂,长25cm;种子两端被红棕色柔毛。花期6~11月,果期10月-翌年4月。产亚洲热带至大洋洲,我国华南有分布。喜高温多湿气候,喜光,喜湿润肥沃土壤,抗风、抗大气污染能力强。播种或扦插繁殖。树形美观,枝叶常绿,树冠如塔状,有层次感,果实细长如面条,可作南方的行道树,同是也是点缀庭园的好树种。

(2) 鸡骨常山 Alstonia yunnanensis Diels
 [Yunnan Alstonia]

直立灌木,高1~3m,多分枝,有乳汁;枝条灰

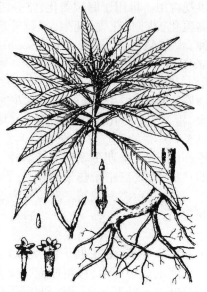

绿色,具白色突起的皮孔,嫩枝被柔毛。叶无柄,3~5枚轮生,薄纸质,倒卵状披针形或矩圆状披针形,长6~18.5cm,宽1.3~4.8cm,两面被短柔毛;侧脉整齐密生;叶腋内外密生腺体。花紫红色;花冠高脚碟状,筒中部膨大;雄蕊5枚;花盘为2枚舌状鳞片组成,比子房长或等长。蓇葖果2枚,离生,披针形;种子两端被短柔毛。花期3~6月,果期7~11月。我国特有种,分布于云南、贵州和广西。喜高温多湿气候,喜光。喜湿润肥沃土壤。播种繁殖。花紫红色,芳香,可栽培观赏。

3.3.109.6 盆架树属 Winchia A. DC.

常绿乔木;枝轮生;叶对生至轮生;花组成顶生聚伞花序;花萼5裂;花冠高脚碟状;雄蕊与柱头离生,内藏;雌蕊由2个合生心皮组成;子房半下位,胚珠多数;蓇葖果合生,有两端被缘毛的种子。2种,分布于印度、缅甸、越南和印度尼西亚及中国;中国1种,分布于云南和海南岛。

盆架树 Winchia calophylla A. DC.
 [Washatand tree]

常绿乔木,高达30m;枝轮生;树皮灰黄色,具纵裂条纹,具乳汁,有腥甜味。叶3~4枚轮生,间有对生,薄革质,矩圆状椭圆形,长7~20cm,宽2.5~4.5cm,顶端渐尖呈尾状或急尖,基部楔形或钝,全缘而边略卷,上面亮绿色,下面浅绿稍带灰白色,无毛;侧脉每边20~50条,横出近平行,在两面隆起。花白色;花萼

5裂;花冠高脚碟状;雄蕊5枚;子房由2枚心皮合生。蓇葖果2个合生,长18~35cm,直径1~1.2cm;种子两端被黄色柔毛。花期4~7月,果期8~12月。分布于我国云南及海南;印度、缅甸、印度尼西亚也有分布。喜生长在空气湿度大、土壤肥沃、潮湿的环境,在水边、沟边生长良好,但忌土壤长期积水。有一定的抗风和耐污染能力。播种或扦插繁殖。树干挺拔高大,树形美观,是华南地区城市绿化的良好树种,常用于公园观赏或行道树用。

3.3.109.7 倒吊笔属 *Wrightia* R. Br.

乔木,有丰富的乳状液汁;叶对生;花中等大,排成顶生和腋生的聚伞花序;萼5裂,里面有鳞片状腺体;花冠高脚碟状、漏斗状或辐射状,喉部有1或2列、通常具睫毛的鳞片;无花盘;雄蕊突出,环绕着柱头;心皮2,分离或合生,有胚珠多数;蓇葖果粗厚,分离或合生;种子线状纺锤形,顶端具种毛。23种,分布于东半球热带地区;中国6种,分布于西南部和南部。

倒吊笔 *Wrightia pubescens* R. Br.　　[Wrightia]

落叶乔木,高20m,具乳汁,树皮黄灰色,浅裂;枝条密生皮孔。叶对生,坚纸质,卵状矩圆形,长2~6.5cm,宽1.5~2.5cm,上面被微柔毛,下面密被柔毛。聚伞花序顶生;花萼5裂,比花冠筒短;花冠粉红色,漏斗状,花冠裂片5枚,向左覆盖,副花冠由10枚鳞片组成,离生,比花药长或等长,顶端浅裂;雄蕊5枚,花药伸出花冠喉部之外;心皮粘生。蓇葖果2个粘生,条状披针形,长15~30cm,直径1~2cm;种子条状纺锤形,顶端具黄绢质长达3cm的种毛。花期4~8月,果期8月-翌年2月。产我国西南部和南部;东南亚及澳大利亚也有分布。阳性树。适生于土壤深厚、肥沃、湿润而无风的低谷地或平坦地。播种或扦插繁殖苗。树形美观,可在庭园中栽培观赏。

3.3.109.8 海杧果属 *Cerbera* L.

乔木,有乳汁;叶互生;花白色,中等大,排成聚伞花序;萼5深裂,无腺体;花冠高脚碟状,喉部具被短柔毛的鳞片5枚,裂片5,蕾时向左覆盖;雄蕊5,花药内藏,与柱头分离;无花盘;心皮2,离生,每心皮有胚珠4颗;核果2,离生或单个,外果皮纤维质或木质,内有种子1~2颗。约9种,分布于亚洲热带和亚热带地区及澳大利亚、马达加斯加和亚洲太平洋沿岸;中国1种,分布于南部海岸。

海杧果 *Cerbera manghas* L.
[Common Cerberustree]

常绿小乔木,高4~8m;树皮灰褐色;枝轮生,无毛;全株有白色乳汁。叶互生,集生枝端,倒卵状矩圆形或倒卵状披针形,长6~37cm,宽2.3~7.8cm,全缘,有光泽。聚伞花序顶生;花冠白色,喉部红色,高脚碟状,花冠裂片5枚,倒卵状镰刀形,向左覆盖;雄蕊5枚,着生在花冠筒喉部。核果单生或双生,球形或阔卵形,长5~7.5cm,直径4~5.6cm,外果皮纤维木质,成熟时橙黄色;种子通常1颗。花期3~10月,果期7月~翌年4月。分布于我国广东、广西和台湾;亚洲和澳大利亚热带地区也有分布。喜光,稍耐荫,喜温暖湿润气候,对土壤要求不严,抗风力强。扦插或播种繁殖。树冠美观,叶深绿色,花多美丽而芳香,可作庭园、公园、道路绿化、湖旁周围栽植观赏,还可作海岸防潮树种。果及种子有毒,应用时应注意。

3.3.109.9 假虎刺属 *Carissa* L.

直立灌木,具刺。叶对生,革质,羽状脉。聚伞花序顶生或腋生,具总花梗,通常多花;花萼5深裂,裂片基部内面具有离生腺体或无腺体;花冠高脚碟状,花冠筒圆筒状,通常在雄蕊着生处膨大,花冠喉部无鳞片,裂片5枚,向右或向左覆盖;雄蕊5枚,离生。浆果球形或椭圆形。种子通常2个。约36种,分布于亚洲、大洋洲及非洲热带、亚热带地区;中国2种,引入栽培2种。

分种检索表
1 花冠裂片向左覆盖,裂片比花冠筒长2倍⋯⋯⋯⋯⋯⋯
⋯⋯⋯⋯⋯⋯⋯⋯⋯⋯⋯大花假虎刺 *Carissa macrocarpa*
1 花冠裂片向右覆盖,裂片比花冠筒为短。

2 枝条无毛；叶广卵形至近圆形；子房每室有胚珠多颗……
……………………………… 刺黄果 Carissa carandas
2 枝条被柔毛；叶卵形至椭圆形；子房每室有胚珠1颗
……………………………… 假虎刺 Carissa spinarum

(1) 刺黄果 Carissa carandas L. [Karanda]

常绿灌木，干枝上有分叉的刺，刺长达2.5cm；枝条灰色，无毛。叶对生，革质，宽卵形至近圆形，长3~4cm，宽2~2.5cm，顶端具短尖头，基部圆形或钝，两面无毛；叶脉两面扁平。花白色或稍带玫瑰红色；花萼5裂，内面基部有腺体；花冠筒长2cm，内面被柔毛，花冠裂片5枚，向右覆盖，比花冠筒短；雄蕊5枚，着生在花冠筒上；子房2室，每室有胚珠多颗。浆果球形或椭圆形，长1.5~2.5cm，直径1~2cm，黑色。花期3~6月，果期7~12月。分布于印度、斯里兰卡、缅甸和印度尼西亚；我国广东、贵州和台湾等省有栽培。喜高温，耐旱，喜阳光及稍干燥的环境。喜排水良好、疏松肥沃土壤。播种或扦插繁殖。植株刺长而锐利，叶色浓绿而光亮，花与果均具芳香。常栽作刺篱、花篱，盆栽可装饰庭院、厅堂。

(2) 大花假虎刺 Carissa macrocarpa (Eckl.) DC. [Bigfruit Carissa]

直立灌木，枝干有分叉的刺，刺长2~4cm，枝近无毛。叶对生，革质，宽卵形，长3~7cm，宽2.5~4.5cm，顶端急尖而有小尖头，基部圆形或钝，两面无毛；侧脉两面扁平而不明显。花白色，芳香，长2.7cm；花萼5裂，内面基部有腺体；花冠裂片5枚，倒卵状矩圆形，向左覆盖，长为花冠筒的2倍，花冠筒外面无毛，内面密被柔毛；雄蕊5枚，着生在花冠筒中部稍上处；子房2室，每室有胚珠10颗，柱头被毛，顶端2裂。浆果卵圆形至椭圆形，长2~5cm，亮红色；种子红色。花期8月，果期10月~翌年3月。分布于非洲南部，现广泛种植于热带和亚热带地区；我国广东南部、上海有栽培。生性强健，喜温暖湿润和阳光充足的环境，喜高温干旱，不耐寒，耐水涝。播种、扦插、压条繁殖。株形美观，四季常绿，花大芳香，花、叶、果俱佳，有野趣。可栽培供庭园观赏，北方可盆栽，装饰阳台、居室、客厅、酒楼、商场等处。

3.3.109.10 萝芙木属 Rauvolfia L.

乔木或灌木；叶3~4枚轮生，稀对生，侧脉纤细；花排成二歧聚伞花序，有时呈伞形或伞房式；花序柄与顶叶互生；萼5裂，里面无腺体；花冠高脚碟状，管圆柱状，喉部收缩，里面常有毛；雄蕊内藏；花盘大，杯状或环状；心皮2，分离或合生。每心皮有胚珠1~2颗；核果，二个离生或合生，有种子1颗。约135种，分布于热带地区；中国9种4变种和3栽培种，分布于西南、华南和台湾等地区。

萝芙木 Rauvolfia verticillata (Lour.) Baill. [Devilpepper]

直立灌木，高为0.5~3m，具乳汁，无毛；枝有皮孔。单叶对生或3~5叶轮生，长椭圆状披针形，长5.5~16cm，宽1~3cm，顶端渐尖，基部楔形；侧脉弧曲上升，每边6~15条。聚伞花序顶生；花白色；花萼5裂；花冠高脚碟状，花冠筒中部膨大，花冠裂片5枚，向左覆盖；雄蕊5枚，着生于花冠筒中部；心皮离生。核果卵形或椭圆形，离生，未熟时绿色，后渐变红色，成熟时为紫黑色。花期2~10月，果期4月~翌春。原产亚洲热带；我国西南、华南及台湾有分布。喜温暖湿润气候，适生于土层深厚的阳坡地。播种和扦插繁殖。可植于庭园观赏。

3.3.109.11 狗牙花属
Ervatamia (A. DC.) Stapf

灌木或乔木;假托叶针状,基部扩大而合生;叶对生,卵圆形至长圆形;花白色,排成腋生的聚伞花序;萼5裂;花冠筒状,裂片向左覆盖而向右旋转;雄蕊6,花药长圆形;心皮2,部分合生;胚珠多数;蓇葖叉开;种子被假种皮。共约120种,主要分布于印度、中国西南部、越南、缅甸、泰国、马来西亚、印度尼西亚、菲律宾和澳大利亚;中国15种5变种,主要分布于西南到华南至台湾等省区。

单瓣狗牙花 *Ervatamia divaricata* (L.) Burk. [Crepe Jasmine]

灌木,高达3m,除萼片有缘毛外,其余无毛;枝和小枝灰绿色,有皮孔;假托叶卵圆形,基部扩大而合生。叶坚纸质,椭圆形或椭圆状长圆形,长5.5~11.5cm,宽1.5~3.5cm,侧脉每边9~12条;叶柄长5~10mm。聚伞花序腋生,通常双生,着花6~10朵;总花梗长2.5~6cm,花梗长5~10mm;萼片长圆形;花冠筒长达2cm,花冠白色;雄蕊着生于花冠筒中部以下;花柱长11mm。蓇葖果极叉开或外弯,长圆状,长2.5~7cm。种子长圆形。花期6~11月,果期秋季。分布于我国云南南部,现广泛栽培于亚洲热带和亚热带地区,我国广西、广东和台湾等地有栽培;印度也有分布。喜温暖湿润环境。喜肥沃而排水良好的酸性土壤。扦插繁殖。夏季开素雅白花,形同栀子花,具有芳香。可作花镜和园景树,宜丛植或孤植公园池畔、草坪边缘、建筑物四周、广场或花境中,同时亦是良好的绿篱植物。品种:重瓣狗牙花'Pleniflora',花重瓣,边缘有皱褶。

3.3.109.12 玫瑰树属 *Ochrosia* Juss.

乔木;叶对生或轮生;花排成聚伞花序,生于顶枝的叶腋;花萼5深裂,内有腺体或无;花冠高脚碟状,管筒形,裂片5,向右覆盖;雄蕊着生于花冠管的中部以上,花药分离;花盘缺;心皮2,离生,有胚珠2列;坚硬的核果,有种子1至数颗。约39种,分布于马达加斯加到大洋洲的波利尼西亚;中国南部引入栽培2种。

玫瑰树 *Ochrosia borbonica* Gmelin [Bourbon Ochrosia]

小乔木,具乳汁,无毛。叶在枝的上部为轮生,下部为对生,近革质,倒卵形,稀矩圆形,长8~15cm,宽3~5cm,顶端钝或圆形,基部楔形;侧脉密生,几乎平行。聚伞花序伞房状,长约3cm;花萼裂片5枚,卵圆形;花冠白色,高脚碟形,花冠裂片5枚,矩圆形,向右覆盖;雄蕊5枚,着生于花冠筒中部之上,背面花冠筒上被柔毛;无花盘;子房由2枚离生心皮组成。核果椭圆形,肉质,红色,无毛,长约4.5cm,直径3.5cm。花期6月,果期6~9月。原产亚洲东南部及马达加斯加地;我国广东南部有栽培。喜光,耐半阴,喜高温多湿气候,不耐干旱和寒冷。播种繁殖。树形、花朵美观,常植于庭园观赏。

3.3.109.13 蔓长春花属 *Vinca* L.

蔓性亚灌木,有水液;叶对生;花单生、很少2朵,生于叶腋;花萼5裂;花冠漏斗状;雄蕊内藏,花丝扁平;花药顶端有一丛毛的膜,贴着柱头;花盘为2至数个舌状片所组成,与心皮互生而略短;心皮2,离生;花柱顶部有毛,基部有环状的盘;果为2个蓇葖果。约10种,分布于欧洲;中国东部栽培2种1变种。

分种检索表

1 叶的边缘及萼片均有柔毛;花梗长4~5cm ·················· 蔓长春花 *Vinca major*
1 叶的边缘及萼片无毛;花梗长1.5cm ·················· 小蔓长春花 *Vinca minor*

(1) 蔓长春花 *Vinca major* L. [Periwinkle]

蔓性亚灌木,茎匍卧,花茎直立;除叶缘、叶柄、花萼及花冠喉部有毛外,其余均无毛。叶对生,椭圆形,长2~6cm,宽1~4cm,先端急尖,基部下延,侧脉每边约4条;叶柄长1cm。花单生于叶腋;花梗长4~5cm;花萼裂片狭披针形;花冠蓝色,花冠筒漏斗状,花冠5裂,裂片倒卵形;雄蕊着生于

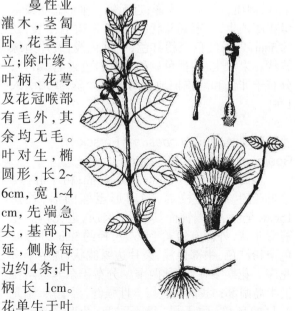

花冠筒中部之下，花药顶端有毛；子房2心皮。蓇葖果长约5cm。花期3~5月，果期9~10月。分布于欧洲；我国江苏、浙江和台湾等省有栽培。喜温暖湿润，喜阳光，也较耐阴，稍耐寒，喜深厚肥沃湿润的土壤。播种和扦插繁殖。植株终年常绿，生长繁茂，枝叶青翠，富于光泽。可用于垂直绿化和地被，将其种于高处，让茎蔓自然下垂、柔顺的枝条看上去轻盈飘逸，绿意盎然，别有韵味。春末夏初，绿叶丛中会悄无声息地绽放出梦幻般的蓝色花朵，淡雅怡人，宁静祥和，给人一种清幽朦胧的静态美。品种：花叶蔓长春花'Variegata'，叶的边缘白色，有黄白色斑点。

(2) 小蔓长春花 Vinca minor L.
[Small Periwinkle]

蔓性亚灌木，花茎直立，全株无毛。叶长圆形至卵圆形，长1~3.5cm，宽0.7~1.7cm。花梗长1~1.5cm；花径约1.5cm；花萼5裂；花冠漏斗状，花冠裂片斜倒卵形；雄蕊5枚，着生于花冠筒的中部之下，花丝扁平，长于花药，花药顶端具有一丛毛膜；花盘舌状；子房2心皮，花柱端部膨大，柱头有毛，基部有一增厚的环状圆盘。蓇葖果2枚，直立。花期5月，果期10~11月。分布于欧洲东南部、中部和中亚地区；我国北京、浙江温州及山东潍坊等地引种栽培。喜温暖湿润气候。不耐寒。分根和扦插繁殖。适合盆栽或作吊盆，用于室内观赏，也是良好的垂直绿化材料。

3.3.109.14 沙漠玫瑰属
Adenium Roem. et Schult.

多肉灌木或小乔木；树干下部肿胀。单叶互生，集生枝顶，倒卵形至椭圆形，先端钝而具短尖，全缘，肉质，绿色，有光泽；近无柄。伞形总状或伞房花序顶生；花冠漏斗状，外面有短柔毛，5裂，径约5cm，外缘红色至粉红色，中部色浅，裂片边缘波状。果双生，浅褐色。种子有白色柔毛。6种，分布于非洲和阿拉伯地区的热带沙漠；我国引入1种。

沙漠玫瑰 *Adenium obesum* (Forssk.) Roem. et Schult. [Desert Rose]

多肉灌木或小乔木，高达4.5m；树干肿胀。单叶互生，集生枝端，倒卵形至椭圆形，长达15cm，全缘，先端钝而具短尖，肉质，近无柄。花冠漏斗状，外面有短柔毛，5裂，径约5cm，外缘红色至粉红色，中部色浅，裂片边缘波状；顶生伞房花序。花期多在春、秋两季。分布于东非至阿拉伯半岛南部；我国有栽培。性强健，喜干热、阳光充足的环境，耐干旱，很不耐寒，生长适温25~30℃。喜富含钙质、疏松透气、排水良好的沙壤土。嫁接、扦插或压条繁殖。树形古朴苍劲，植株矮小，根茎肥大如酒瓶，花常鲜红妍丽，形似喇叭，极为别致，夏日时红花绿叶再加肥硕的茎枝，十分有趣，深受人们喜爱，除适宜温室布置外，也很适合家庭栽培，盆栽观赏，装饰室内阳台别具一格。南方地栽布置小庭院，古朴端庄，自然大方。

3.3.109.15 络石属
Trachelospermum Lem.

木质藤本；叶对生；花排成顶生或腋生的聚伞花序；萼小，5裂，里面有鳞片5~10；花冠高脚碟状，管圆柱状，喉部无鳞片，裂片左向旋转排列；雄蕊着生于冠管的中部以上膨大处，花丝短，花药连合，围绕着柱头；花盘环状，截平或5裂；心皮2，离生，有胚珠多颗，花柱丝状；蓇葖双生，长柱形，延长；种子线形，有种毛。约30种，分布于亚洲热带和亚热带地区，稀温带地区；中国10种6变种，分布几乎全国各省区。

络石
Trachelospermum jasminoides (Lindl.) Lem.
[China Starjasmine, Confederate-Jasmine]

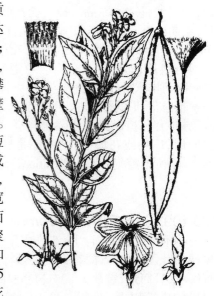

常绿木质藤本，长达10m，具乳汁；嫩枝被柔毛，枝条和节上攀援树上或墙壁上不生气根。叶对生，具短柄，椭圆形或卵状披针形，长2~10cm，宽1~4.5cm，下面被短柔毛。聚伞花序腋生和顶生；花萼5深裂，反卷；花蕾顶端钝形；花冠白色，高脚碟状，花冠筒中部膨大，花冠裂片5枚，向右覆盖；雄蕊5枚，着生于花冠筒中部，花药顶端不伸出花冠喉部外；花盘环状5裂，与子房等长。蓇葖果叉生，无毛；种子顶端具种毛。花期3~7月，果期7~12月。我国分布很广，主产长江流域及东南各省；日本、朝鲜和越南也有分布。喜温暖湿润环境，耐寒性不强，喜弱光，稍耐阴，对土壤要求不严。压条和扦插繁殖。叶色浓绿，四季常青，花白色芳香，匍匐性、攀爬性较强，耐践踏，耐阴性较强，长江流域及华南等暖地，多作地被，可搭配作色带、色块绿化用或作林下和孤立树下的常青地被。多植于枯树、假山、墙垣之旁，令其攀援而上，优美自然。攀附墙壁，阳面及阴面均可。北方常作盆景观赏。变种与品种：①石血 var.

heterophyllum Tsiang,叶柄短,异形叶,通常披针形,长4~8cm,宽0.5~3cm,叶面深绿色,叶背浅绿色,叶面无毛,叶背被疏短柔毛;侧脉两面扁平。②变色络石'Variegatum',叶圆形,杂色,具有绿色和白色,以后变成淡红色。花期春末至夏中。我国有栽培。叶的颜色多种,美丽,供观赏用。

3.3.109.16 棒槌树属 *Pachypodium* Lindl.

多刺肉质小乔木或矮生灌木;有块茎;茎干常半埋于地下,扁平或圆形,基部膨大,壶状或卵状,上部有分枝或无分枝,气孔明显,刺外伸,成对或3条1簇,在树干上排成环状。叶簇生茎端,常早落。花着生在叶腋部,高脚碟状,通常黄色。26种,分布于马达加斯加、安哥拉、博茨瓦纳、莫桑比克、纳米比亚、南非、斯威士兰及津巴布韦等地;我国引入1种。

非洲霸王树 *Pachypodium lamerei* Drake.
[Madagascar Palm]

常绿肉质小乔木,株高4~6m;茎干通常不分枝,圆柱形,挺拔肥大,褐绿色;树身通体密生3枚1簇的硬刺,2根短刺呈八字形分开,中间夹1根长刺,极像中国古代的一种兵器狼牙棒。叶片集生于茎干顶部,生在3根刺下面,线形至披针形,深绿色,长25~40cm,边缘平整或呈波浪状,中脉明显,在叶背面突出;有叶柄;旱季脱落。花着生在叶腋部,高脚碟状,径11cm左右,乳白色,喉部黄色,芳香。种子寿命短。夏季开花。分布于马达加斯加岛西南部;我国有栽培。喜温暖、阳光充足的环境,耐旱、耐高温,不耐寒。播种、分株、扦插繁殖。外观奇特,观赏性强,珍品。多肉植物爱好者可以收藏,亦可以用来布置植物园中的专类园。盆栽观赏。

3.3.109.17 双腺花属 *Mandevilla* Lindl.

常绿藤本或蔓性灌木。叶对生,革质,全缘,叶面有皱褶,叶色浓绿并富有光泽。花腋生,花冠漏斗形,红色、桃红色、粉红等色。约170余种,分布于中、南美洲;我国栽培1种。

双腺花(红蝉花,飘香藤,红花文藤)
Mandevilla sanderi (Hemsl.) Woodsom.
[Brazilian jasmine]

常绿蔓性灌木,环绕茎柔软而有韧性。叶革质,长卵圆形或椭圆形,长达7.5cm,先端钝或微尖,基部圆或近心形,全缘,叶面有皱褶,两面光滑,叶色浓绿并富有光泽。总状花序有花3~5朵;花腋生,大而直挺,径6~8cm;花冠筒外白内黄,花冠漏斗形,5裂,裂片玫瑰粉色、红色、桃红色、粉红等。花期主要为夏、秋两季,如养护得当,其它季节也可开花。分布于美洲热带巴西等地,热带地区常栽培;我国华南地区有栽培。喜高温多湿气候,喜光,耐半阴,可置于稍荫蔽的地方,但光照不足开花减少,不耐寒。对土壤的适应性较强。扦插或组织培养繁殖。株形美观,花大色艳,花姿娇美,花期长,被誉为热带藤本植物的皇后。宜作花架或盆栽观赏。可置于阳台做成球形及吊盆观赏。栽培几株,使庭院及阳台充满异国情调。

3.3.110 萝藦科 Asclepiadaceae

草木、藤本或灌木,有乳汁。叶对生,有时轮生或互生,常无托叶;叶柄顶端通常具有丛生的腺体,罕无叶;花序为各式的聚伞花序,稀为总状花序;花两性,整齐,5数;花萼筒短,5裂,裂片双盖覆瓦状或镊合状排列,内面通常有腺体;花冠合瓣,各种形状,顶端5裂,裂片覆瓦状或镊合状排列;副花冠通常存在,为5枚离生或基部合生的裂片或鳞片所组成,有时两轮,生于花冠筒上或雄蕊背部或合蕊冠上;雄蕊5,与雌蕊粘生成合蕊柱;花丝合生成一个有密腺的筒,称合蕊冠,或花丝离生;花粉粒联合;无花盘;雌蕊由2个分离的心皮所组成;花柱2;胚珠多数;果为2个蓇葖;种子有种毛。约180属,2200种,分布于全球,但主产热带地区,我国约45属,245种,全国均产之,西南和东南部最盛。

分属检索表
1 四合花粉,承载在匙形的载粉器上,载粉器的基部有一粘盘;花丝离生················杠柳属 *Periploca*
1 花粉粒联结成块状,藏在1层软韧的薄膜内,通常通过花粉块柄系结于着粉腺上;花丝合生成筒状。
  2 花粉块下垂················钉头果属 *Gomphocarpus*
  2 花粉块直立或平展。
    3 花冠高脚碟状················夜来香属 *Telosma*
    3 花冠辐状或坛状················球兰属 *Hoya*

3.3.110.1 钉头果属 *Gomphocarpus* R. Br.

灌木或半灌木;叶对生或轮生,具柄;聚伞花序生于枝顶的叶腋,有花多朵;花萼裂片内面基部有腺体;花冠辐状或反折,裂片镊合状排列;副花冠兜状或舟状或凹形;花药顶端有薄膜片;花粉块每室1个,下垂;雌蕊由2个离生心皮组成;柱头顶端五角形,肉质;蓇葖肥大,外果皮有软刺;种子顶端有白色绢质种毛。约50种,产热带非洲。

钉头果(气球花,气球果,棒头果,风船唐绵)
Gomphocarpus fruticosus (L.) R. Br.
[Fruticose Nailheadfruit]

常绿灌木,具乳汁,茎被微毛。叶对生或轮生,条形,长6~10cm,宽5~8mm,顶端渐尖,基部渐狭,无毛,叶缘反卷;侧脉不明显。聚伞花序生于枝的顶端叶腋间,长4~6cm,有花3~7朵;花萼5深裂;花冠5深裂,反折;副花冠红色,兜状;花药顶端有薄膜。蓇葖果肿胀,圆形或卵圆状,长5~6cm,直径约3cm;种子卵形。花期夏季,果期秋季。原产非洲;我国有栽培。生性强健,对环境适应性强,喜高温湿润气候。耐寒力弱,越冬温度5℃以上。喜

阳光充足,稍耐阴。对土壤要求不严,耐贫瘠。耐干旱,忌涝。播种和扦插繁殖。树姿舒展、干枝飘逸、花期持久、果形奇特、花果并茂,是优良的既可观花、又可观果的景观绿化树种。

3.3.110.2 杠柳属 *Periploca* L.

木质、缠绕植物;叶对生,全缘;花排成顶生或腋生的聚伞花序;萼内有腺体;花冠辐状;副花冠异形,环状,着生于花冠基部,5~10裂,其中5裂片延伸成丝状,被毛;雄蕊5,花丝短,离生,背部与副花冠合生,花药顶端互相连接,背部被长柔毛,相连围绕柱头,并与柱头粘连;花粉器匙形,四合花粉藏在载粉器内;雌蕊由2枚离生心皮组成;蓇葖圆柱状,秃净;种子顶部有白色绢质种毛。10~12种,分布于亚洲温带地区、欧洲南部和热带非洲,我国有4种,产西南部、西北部至东北部。

杠柳 *Periploca sepium* Bunge [China Silkvine]

落叶藤木;枝和叶内含有白乳汁,光滑。单叶对生,全缘,披针形,长为4~10cm。羽状侧脉在近叶缘处相连,叶面光亮。花紫红色,径约2cm,花冠裂片5,中间加厚,反折,内侧有长柔毛,副花冠环状,端5裂,被柔毛;成腋生聚伞花序;5~

6月开花。蓇葖果双生,细长;种子顶端具长毛。7~9月果熟。产我国东北南部、华北、西北、华东及河南、贵州、四川等地。喜光,适应性强,耐寒、耐旱;播种或扦插繁殖。宜作垂直绿化及地被植物。

3.3.110.3 球兰属 *Hoya* R. Br.

藤本;叶对生,肉质而厚;花无柄或具柄,组成腋生的聚伞花序;萼小,基部里面有腺体;花冠肉质,辐状,5裂,裂片广展或外弯;副花冠为5个肉质的鳞片,着生于雄蕊背部而呈星状开展,上部扁平,两侧反折而背面中空,其内角常常成1小齿靠着花药上;雄蕊柱短,花药粘合于柱头之上,顶有一直立或内弯的膜;花粉块在每个药室内1个,直立,长圆形,边缘有透明的薄膜;蓇葖细长,先端渐尖,平滑;种子顶端具白色绢质种毛。约200种以上,分布于亚洲东南部至大洋洲各岛,我国有22种,产西南部至东南部。

球兰 *Hoya carnosa* (L. f.) R. Br. [Waxplant]

攀援灌木,附生于树上或石上,茎节上有气生根。叶对生,肉质,卵形至卵状矩圆形,长3.5~12cm,宽3~5cm,顶端钝,基部圆形;侧脉不明显,每边有4条。聚伞花序伞

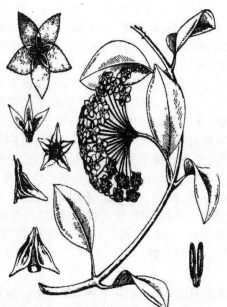

形状,腋生,有花约30朵;花白色,直径2cm;花萼5深裂;花冠辐状,花冠筒短,裂片外面无毛;副花冠星状。蓇葖果条形,长7.5~10cm;种子顶端具种毛。花期4~11月,果期7~12月。产我国东南部、华南、云南及台湾;印度、越南、马来西亚及日本也有分布。喜温暖,耐干燥,喜高温、高湿、半阴环境。扦插和压条繁殖。花序美丽,是很好的垂直绿化材料,也宜盆栽观赏。

3.3.110.4 夜来香属 *Telosma* Coville

藤本;叶对生,基部有腺体;花绿黄色,具柄,排成腋生、伞房花序式的聚伞花序;萼5裂,内面基部具5个小腺体;花冠稍显高脚碟状,喉部有时收缩,裂片长椭圆形,右向旋转排列;副花冠的鳞片与花药背部合生,直立,侧向压扁,顶端稍有缺刻;雄蕊

着生于花冠的基部,腹部粘生于雌蕊上,花丝短,合生成筒状,花药顶端有内弯的膜片;花粉块每室1个,直立;雌蕊由2枚离生心皮组成,花柱短,柱状、头状或短圆锥状;蓇葖圆柱形,肿胀;种子有丰富的种毛。约10种,分布于亚洲、大洋洲及非洲热带地区,我国产4种。

夜来香 *Telosma cordata* (Burm. f.) Merr. [Telosma]

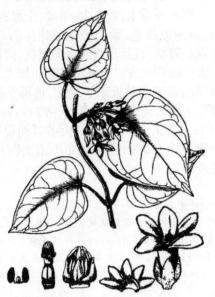

藤状灌木。叶对生,宽卵形至矩圆状卵形,长6.5~9.5cm,宽4~8cm,顶端短渐尖,基部深心形,仅脉上具微毛。伞形状聚伞花序腋生,有花多至30朵;花冠黄绿色,有清香味,夜间更盛;副花冠5裂,肉质,着生于合蕊冠上,顶端渐尖。蓇葖果披针形,长7.5cm,外果皮厚,无毛;种子宽卵形。花期5~9月。原产亚洲热带;我国华南地区有分布和栽培。喜温暖、湿润、阳光充足、通风良好、土壤疏松肥沃的环境,耐旱、耐瘠,不耐涝,不耐寒。扦插、压条、分株或播种繁殖。枝条细长,夏秋开花,黄绿色花朵傍晚开放,飘出阵阵扑鼻浓香,在南方多用来布置庭院、窗前、塘边和亭畔。

3.3.110.5 黑鳗藤属 *Stephanotis* Thou.

藤本;叶对生,革质;花大,排成腋生、具柄的聚伞花序;萼大,叶状,内面基部通常无腺体;花冠漏斗状或高脚碟状,冠筒内面基部有5行两列柔毛,裂片向右覆盖;副花冠的鳞片5,背部与花药合生,比花药短或无副花冠;雄蕊与雌蕊粘生,花丝合生成短筒,花药顶有一直立或内弯的膜片;花粉块每室1个,直立;雌蕊由2枚离生心皮组成,花柱短,柱头圆锥状或头状;蓇葖粗厚,钝头或渐尖;种子顶端具白色绢质种毛。15种,分布于泰国、印度尼西亚、马来西亚、古巴和马达加斯加等地,我国有4种,产南部至东部。

黑鳗藤 *Stephanotis mucronata* (Blanco) Merr. [Stephanotis]

藤状灌木,长达10m。叶对生,纸质,卵形或矩圆形,长7~12cm,宽4.5~8cm,顶端渐尖,基部心形,幼叶被微毛,老时脱落;侧脉扁平,每边约7条;叶柄长1.5~3cm,被短柔毛,顶端具丛生腺体。假伞形花序腋生或腋外生,有花2~4朵,稀多朵;总花梗被短柔毛;花萼5裂,裂片矩圆形;花冠白色,高脚碟状,花冠筒长2cm,裂片5枚,长3cm,含有紫色液汁;副花冠贴生于合蕊冠上。蓇葖果长披针形,长12cm,直径1cm,无毛;种子矩圆形,长约1cm。花期5~6月,果期9~10月。分布于广西、广东、福建、台湾、浙江。扦插繁殖。喜暖热潮湿环境。宜植于庭园或盆栽观赏。

3.3.111 茄科 Solanaceae

草本、灌木或小乔木,直立或攀援。茎有时具皮刺,稀具棘刺。叶互生,单叶或羽状复叶,全缘,具齿、浅裂或深裂;无托叶。花序顶生或腋生,总状、圆锥状或伞形,或单花腋生或簇生。花两性,稀杂性,(4)5(6~9)数;花萼(2~4)5(~10)裂,稀平截,花后不增大或增大,宿存,稀基部宿存;花冠筒辐状、漏斗状、高脚碟状、钟状或坛状;雄蕊与花冠裂片同数互生,伸出或内藏,生于花冠筒上部或基部,花药2,药室纵裂或孔裂;子房2室,稀1室或具不完全假隔膜在下部成(3)4(5~6)室,中轴胎座,胚珠多数,稀少数至1枚,倒生、弯生或横生。浆果或蒴果。种子盘状或肾形。约30属3000种,广泛分布于全世界温带及热带地区,美洲热带种类最为丰富。我国产24属105种,35变种。

分属检索表
1 一年生或多年生草本,极稀半灌木…………茄属 Solanum
1 灌木或小乔木。
　2 花单生或簇生,花冠漏斗状。
　　3 多棘刺灌木;花单生于叶腋或二至数朵同叶簇生,花和果均小型…………………………………………枸杞属 Lycium
　　3 无刺小乔木;花常单生于枝杈间,花和果均较大型……
　　…………………………………………曼陀罗属 Datura
　2 花生于聚伞花序上;花冠辐状或狭长筒状。
　　4 花冠狭长筒状;果实仅具一至少数种子…………………
　　…………………………………………夜香树属 Cestrum
　　4 花冠辐状;果实具多数种子…树番茄属 Cyphomandra

3.3.111.1 枸杞属 *Lycium* L.

落叶或常绿灌木,有刺或无刺;叶互生,常成丛,小而狭;花淡绿色至青紫色,腋生,单生或成束;萼钟状,2~5齿裂,裂片花后不甚增大;花冠漏斗状,稀筒状或近钟状,檐5裂,很少4裂,裂片基部常有显著的耳片,冠筒喉部扩大,雄蕊5,着生于冠筒的中部或中部以下,花丝基部常有毛环,药室纵裂;子房2室,柱头2浅裂,胚珠多数或少数;浆果,有种子数至多颗,通常大红色。约80种,主要分布在南美洲,少数种类分布于欧亚大陆温带;我国产7种3变种,主要分布于北部。

分种检索表

1 花萼通常3中裂或4~5齿裂；花冠裂片边缘有缘毛，筒部稍短于裂片，或长于裂片但成圆柱状……………………………………………………枸杞 Lycium chinense

1 花萼通常2中裂；花冠裂片边缘无缘毛，筒部明显较裂片长但成漏斗伏……………宁夏枸杞 Lycium barbarum

(1) 枸杞 Lycium chinensis Mill.
[Chinese Wolfberry]

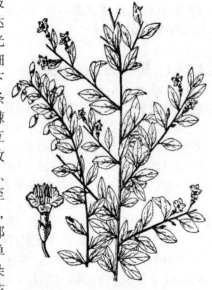

多分枝灌木，高达1m。全株光滑无毛，枝细长，常弯曲下垂，有纵条棱，具针状棘刺。单叶互生，或2~4枚簇生，卵形、卵状菱形至卵状披针形，端急尖，基部楔形。花单生或2~4朵簇生叶腋，花冠漏斗状，淡紫色。浆果红色、卵状。花果期6~11月。广布全国各地。稍耐阴，喜温暖，耐寒，对土壤要求不严，耐干旱、耐碱性都很强，忌黏质土及低湿条件。播种、压条、扦插、分株繁殖。可作庭园秋季观果灌木，也可供池畔、河岸、山坡、径旁、悬崖石隙以及林下、井边栽植。

(2) 宁夏枸杞（中宁枸杞，西枸杞，枸蹄子）
Lycium barbarum L.　　[Barbary Wolfberry]

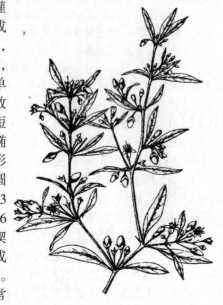

落叶灌木，有时成小乔木状，高达2.5m，有棘刺。单叶互生或数片丛生于短枝上，长椭圆形披针形或卵状矩圆形，长2~3cm，宽2~6mm，基部楔形并下延成柄，全缘。花腋生，常1~数朵簇生于短枝上；花萼杯状；花冠漏斗状，粉红色或紫红色。浆果椭圆形，红色，长10~20mm，直径5~10mm。花期5~10月，果期6~11月。分布于华北、西北等地；全国各地普遍栽培。喜光，稍耐阴，喜凉爽气候，喜水肥，耐寒、耐旱、耐盐碱；萌蘖性强。喜沙质土壤，不宜在低洼积水的地方栽培。播种、扦插、压条、分株繁殖。观花也观果，园林作绿篱栽植、树桩盆栽以及用作水土保持的灌木等。

3.3.111.2 夜香树属 Cestrum L.

灌木或乔木；叶互生，单叶，全缘；花淡绿色、白色、黄色或红色，聚为腋生或顶生的花束；萼齿5；花冠长筒状、近漏斗状或高脚碟状，筒部伸长，上部扩大呈棍棒状或向喉部常缢缩而膨大，基部在子房柄周围紧缩或贴近于子房柄，檐部5浅裂；雄蕊5，着生于花冠筒中部，内藏；子房2室，每室有胚珠3~6颗；小浆果；种子少数或因败育而仅1枚，种皮近平滑。约160种，主要分布于南美洲；我国南部通常栽培2种。

分种检索表

1 叶矩圆状卵形或矩圆状披针形；花绿白色或黄绿色；花冠裂片直立或稍张开……………夜香树 Cestrum nocturnum

1 叶卵形或椭圆形；花金黄色；花冠裂片开展或常向外反折………………………黄花夜香树 Cestrum aurantiacum

(1) 夜香树（夜丁香，洋素馨，夜来香）
Cestrum nocturnum L.
[Nightblooming Cestrum]

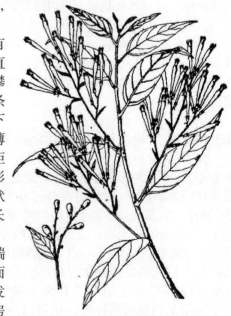

灌木，高2~3m。全体没有毛。茎直立或近攀缘状，枝条细长而下垂。叶薄而互生，矩圆状卵形或矩圆状披针形，长6~15cm，全缘，顶端渐尖，两面秃净而发亮。伞房式聚伞花序腋生或顶生，疏散，长7~10cm，有极多花，花绿白色至黄绿色，晚间极香。浆果矩圆状，长6~7mm。花期5~10月；果期冬季。原产于美洲热带。我国广东、福建、四川等省普遍栽培。喜光；喜温暖的气候。扦插繁殖。常作露地栽培，布置庭园、亭畔、塘边和窗前；也可盆栽供观赏。

(2) 黄花夜香树 *Cestrum aurantiacum* Lindl.
[Orange Cestrum]

灌木,全体近无毛或在嫩枝上有短柔毛。叶有柄,柄长1~1.4cm;叶片卵形或椭圆形,长4~7cm,宽2~4cm,上面深绿色,下面淡绿,顶端急尖,基部近圆形或阔楔形,全缘,有侧脉5~6对。总状式聚伞花序,顶生或腋生;苞片叶状,早落;花近无梗。花萼钟状,有5条纵肋,长约6mm,萼齿5,长不及1mm;花冠筒状漏斗形,金黄色,筒在基部紧缩,向檐部渐渐扩大成棒状,长2cm左右,裂片卵状三角形,开展或向外反折,长约3.5mm;雄蕊及花柱伸达花冠喉部,花丝基部有分离的附属物。浆果梨状。原产南美洲。我国广东有栽培。可作园林绿化树种。

3.3.111.3 树番茄属 *Cyphomandra* Sendt.

小乔木或灌木;叶全缘、三裂或羽状深裂;花组成总状、蝎尾状或伞房状的聚伞花序;花萼辐状,5中裂,果时稍增大;花冠辐状,5深裂;雄蕊5,着生于花冠喉部,花丝极短,花药纵裂;花盘环状,全缘或有缺刻状齿;子房2室,有多数胚珠,花柱粗壮,锥形或伸长而成丝状;浆果多汁;种子扁。约25种,主要分布于南美洲。我国栽培1种。

(1) 树番茄 *Cyphomandra betacea* Sendt.
[Treetomato]

常绿灌木或小乔木。幼树冠直立。枝稀疏。全株有短柔毛。叶大,互生,卵状心形,长15~25cm,先端渐尖,基部深心形,全缘,浅绿色,质软,有臭味。聚伞花序腋生,花冠粉白色、粉红色至紫红色,喇叭形,比花萼长2倍。浆果,红色、橙红色或黄色,卵形或椭圆形,长6cm。春季为盛花期,夏季至冬季结果。原产南美洲;我国云南和西藏南部有栽培。喜深厚、肥沃的土壤。

(2) 木番茄(裂叶树番茄)
Cyphomandra crassicaulis (Ortega) Kuntze
[Lobeleaf Treetomato]

常绿小乔木;叶互生,长25~35cm,二回羽状裂。花径约5cm,由蓝紫色渐变为白色;聚伞花序顶生。浆果熟时红色。花期冬季。原产南美安第斯地区;我国华南有栽培。适应性强,生长快。四季常青,花大而美丽,花期长久;在暖地宜植于庭园观赏。

3.3.111.4 曼陀罗属 *Datura* L.

粗壮植物;叶大,互生,单叶;花大,单生于叶腋内;萼长管状,5齿裂或佛焰苞状;花冠喇叭状或高脚碟状,檐部具折襞5浅裂,裂片顶端常渐失或在2裂片间有一长尖头;雄蕊5,花丝下部贴于花冠筒内而上部分离,花药纵裂;子房2室,或因有假隔膜则分成不完全4室,柱头膨大,2浅裂;蒴果大,常有刺。约16种,多数分布于热带和亚热带地区,少数分布于温带。我国4种,南北各省(区)分布,野生或栽培。

曼陀罗 *Datura stramonium* L.
[Purple Flower Jimsonweed]

直立草本,高1~2m。叶宽卵形,长8~12cm,宽4~12cm,顶端渐尖,基部不对称楔形,缘有不规则波状浅裂,裂片三角形,有时有疏齿,脉上有疏短柔毛;叶柄长3~5cm。花常单生于枝分叉处或叶腋,直立;花萼筒状,有5棱角,长4~5cm;花冠漏斗状,长6~10cm,径3~5cm,下部淡绿色,上部白色或紫色;雄蕊5;子房卵形,不完全4室。蒴果直立,卵状,长3~4cm,径2~3.5cm,表面生有坚硬的针刺,或稀仅粗糙而无针刺,成熟后4瓣裂。广布于全世界温带至热带地区;我国各省区均产。适应性强。喜温暖的气候。播种繁殖。园林上可作为观花植物,适合于花境、花坛或盆栽观赏。

3.3.111.5 曼陀罗木属(木曼陀罗属) *Brugmansia* Pers.

木本,花大,下垂。5种,产南美安第斯山脉;我国引进栽培3种。

分种检索表

1 花白色·····················南美曼陀罗木 *Brugmansia candida*
1 花黄色或粉红色。
 2 花黄色················黄花曼陀罗木 *Brugmansia aurea*
 2 花粉红色··········粉花曼陀罗木 *Brugmansia suaveolens*

(1) 南美木曼陀罗(杂种曼陀罗木)
Brugmansia candida Pers.
[Angel's Trumpet]

常绿小乔木,高达5m;嫩枝及叶有柔毛。叶互生,卵形至长椭圆形,长25~30cm,全缘或有粗齿,叶揉碎后有臭味。花下垂,花冠喇叭形,端5裂,长20~25(30)cm,通常为白色,花萼长约为花冠长之半;芳香,夜晚更甚;花单生叶腋。蒴果浆果状,绿色,长12~15cm。几乎全年开花,而以夏、秋季最盛。是黄花曼陀罗木 *Brugmansia aurea* 与变色曼陀罗木 *Brugmansia versicolor* 的杂交种。我国南方有栽培。适宜阳光充足,亦稍荫蔽的生长环境;耐轻霜冻。喜排水良好的土壤。扦插繁殖。枝叶密集,叶绿色,花大、下垂,花形漂亮,具较高的观赏价值。

(2) 黄花曼陀罗木
Brugmansia aurea Lagerh.'Goldens Kornett'
[Golden Angle's Trumpet]

灌木,高达2.5m。叶卵形至椭圆形,顶端渐尖,中脉下凹。花萼长,萼端裂片披针形,花冠黄色,脉纹浅绿色。喜阳光充足,喜温暖、湿润的环境,要求土层深厚和排水良好的土壤。播种或扦插繁殖。可作庭园美化。

3.3.111.6 茄属 *Solanum* L.

草本或灌木,有时攀援状,有些种类有刺,常被星状毛;叶互生,单叶或复叶;花组成顶生或侧生的各种聚伞花序或总状花序,很少单生,两性,全部能孕或仅生花序下部的为能孕花,上部的雌蕊退化而趋于雄性;萼4~5(~10),很少在果时增大,但不包被果实,齿裂;花冠辐状或浅钟状,白色、黄色、蓝色或紫色,开放前常折叠,(4)~5裂或几不裂;雄蕊5,很少4,着生于花冠筒喉部,花丝短,间有一枚较长,花药粘合成一圆锥体,顶孔开裂;子房2室,有胚珠多数;浆果。约2000余种,分布于全世界热带及亚热带,少数达到温带地区,主要产南美洲的热带。我国有39种,14变种。

分种检索表
1 植株有刺;药长并在顶端延长,顶孔细小,向外或向上。
　2 毛被为星状绒毛;茎上皮刺多种多样;聚伞花序通常多花,有时花序有两种并生,能孕花单生而不孕花较多
　　················大花茄 *Solanum wrightii*
　2 毛被简单,丝状或纤毛状;茎上的皮刺直而尖锐;聚伞花序短而少花。
　　3 茎、枝无毛,具细而直的皮刺;叶上面及边缘多纤毛,下面无毛或在近边缘处被少数分散的纤毛;果实较大,扁球形,成熟后橙红色···牛茄子 *Solanum surattense*
　　3 茎枝上多混生具节长硬毛、短硬毛及腺毛或全部为柔毛状腺毛,具基部宽扁的皮刺或钻状皮刺;果实较小,圆球形,成熟后淡黄色或殊红色················
　　　··············喀西茄 *Solanum khasianum*
1 植物体无刺;花药较短而厚;顶孔向内或向上,大多数与药室直径相等,常初时顶生,而后裂成侧缝。
　4 小乔木,密被白色头状簇绒毛;聚伞花序多花,形成近顶生的聚伞式圆锥状平顶花序·············
　　　··············假烟叶树 *Solanum verbascifolium*
　4 灌木,无毛或幼枝被树枝状簇绒毛;聚伞花序侧生、腋外生或近于对叶生或蝎尾状花序顶生、腋生或近腋生。
　　5 花序及果序蝎尾状;植株完全无毛。
　　　6 花序蝎尾状顶生、腋生或近腋生;花冠辐形,蓝紫色;果椭圆状长椭圆形;叶自基部3~5裂(栽培种)
　　　　··············澳洲茄 *Solanum aviculare*
　　　6 花序螺旋状,对叶生或腋外生;花冠深5裂,白色;果圆形;叶狭椭圆状披针形,决不分裂··············
　　　　··············旋花茄 *Solanum spirale*
　　5 花多单生,很少成蝎尾状,果单生;无毛或幼枝及叶下面沿脉常有树枝状簇绒毛。
　　　7 全株光滑无毛···珊瑚樱 *Solanum pseudocapsicum*
　　　7 幼枝及叶下面沿脉常被树枝状簇绒毛··············
　　　　······珊瑚豆 *Solanum pseudocapsicum* var. *diflorum*

(1) 旋花茄(倒提壶,白条花,山烟木)
Solanum spirale Roxb.
[Coiledflower Nightshade]

直立灌木,高0.5~3m。叶大,椭圆状披针形,长9~20cm,宽4~8cm,先端锐尖或渐尖,基部楔形下延成叶柄,全缘或略波状,侧脉5~8对;叶柄长2~3cm。聚伞花序螺旋状,对叶生或腋外生,总花梗长3~12mm;萼杯状;花冠白色,筒部长约1mm,隐于萼内,冠檐长约6~7mm,5深裂,裂片长圆形,长5~6mm,宽3~4mm;花丝长约1mm。浆果球形,橘黄色,直径约7~8mm。花期夏秋,果期冬春。产我国云南、广西、湖南。分布于印度、孟加拉、缅甸及越南。喜光,耐阴。播种繁殖。

(2) 大花茄 *Solanum wrightii* Benth.
[Wright Nightshade]

常绿大灌木或小乔木。小枝及叶柄具刚毛及星状分枝的硬毛或刚毛以及粗而直的皮刺。大叶片长约30cm,宽约15~20cm,常羽状半裂,裂片为不规则的卵形或披针形,上面粗糙,具刚毛状的单毛,下面被粗糙的星状毛。花大,组成二歧侧生的聚伞花序。花梗长约1.2cm,密被刚毛,萼长1.5~1.7cm,密被刚毛,5深裂,裂片披针形,具有长钻状的尖;花冠直径约6.5cm,宽5裂,每个裂片外面中部披针形部分被毛,内面中间部分宽而光滑;花药长约1.5cm,向上渐狭而微弯。原产南美玻利维亚至巴西,现热带、亚热带地区广泛栽培。我国广东有栽培。喜光,喜温暖湿润环境。播种繁殖。可作园林地被植物,或作观花观果植物。

3.3.112 旋花科 Convolvulaceae

草本、亚灌木、灌木或藤本;植物体常有乳液;有些种类具肉质的块根。茎缠绕或攀援,有时平卧或匍匐,稀直立。单叶互生,螺旋状排列,全缘,掌状或羽状分裂,至全裂;无托叶。花单生或组成腋生聚伞花序,有时总状、圆锥状、伞形或头状。花整齐,两性,5数;花萼离生或基部连合,宿存,有时果期增大;花冠合瓣,漏斗状、钟状、高脚碟状或坛状;花冠常有5条被毛或无毛的瓣中带;雄蕊与花冠裂片同数互生。蒴果,或为不裂肉质浆果,或果皮干燥坚硬呈坚果状。约56属,1800种以上,广泛分布于热带、亚热带和温带,主产美洲和亚洲的热带、亚热带。我国有22属,大约125种,南北均有,大部分属种则产西南和华南。

分属检索表
1 柱头1,头状或2裂,稀柱头2头状·········番薯属 *Ipomoea*
1 柱头2,丝状、线形、长圆形或棒状······旋花属 *Convolvulus*

3.3.112.1 番薯属 *Ipomoea* L.

草本或灌木,通常缠绕;叶全缘或分裂;花单生

或组成聚伞花序或伞形至头状花序,腋生;苞片各式;萼片5,宿存,常于结果时多少增大;花冠通常钟状或漏斗形,冠檐5浅裂,稀5深裂;雄蕊5,内藏,花粉粒具刺;子房2~4室,具胚珠4~6颗;蒴果,种子无毛或有毛。约300种,广泛分布于热带、亚热带和温带地区。我国约20种,南北均产,但大部分产于华南和西南。

树牵牛 Ipomoea fistulosa Mart. ex Choisy
[Tree Morningglory]

灌木,高1~3m。叶宽卵形或卵状长圆形,长6~25cm,宽4~17cm,顶端渐尖,具小短尖头,基部心形或截形,全缘,背面近基部中脉两侧各有1枚腺体,侧脉7~9对;叶柄长2.5~15cm。聚伞花序腋生或顶生,有花数朵或多朵,花序长5~10cm;花梗长1~1.5cm;萼片近相等或内萼片稍长;花冠漏斗状,淡红色,长7~9cm,内面至基部深紫色,花冠管基部缢缩,花冠管和瓣中带外部被微柔毛;雄蕊和花柱内藏;雄蕊花丝不等长。蒴果卵形或球形,具小短尖头。我国台湾、广东海南岛、广西南宁有栽培。原产热带美洲。喜阳光充足及高温多湿气候,也耐干旱瘠薄土壤,不耐寒。花大,素雅清丽,常作观赏植物栽培。

3.3.112.2 旋花属 Convolvulus L.

直立或缠绕草本;或亚灌木;叶全缘,稀分裂,常心形或箭形;花腋生,1至少数花组成聚伞花序或密集成具总苞的头状花序;萼片5;花冠钟状或漏斗状,冠檐浅裂或近全缘;子房2室,胚珠4颗,花柱1,柱头2;蒴果,4瓣裂或不规则开裂;种子1~4,通常具小疣突。约250种,广布于两半球温带及亚热带,极少数在热带。我国8种。

鹰爪柴(铁猫刺,鹰爪)
***Convolvulus gortschakovii* Schrenk**
[Gortschakov Glorybind]

亚灌木或近于垫状小灌木,高10~20(~30)cm,具或多或少成直角开展而密集的分枝,小枝具短而坚硬的刺;枝条,小枝和叶均密被贴生银色绢毛;叶倒披针形,披针形,或线状披针形,先端锐尖或钝,基部渐狭。花单生于短的侧枝上,常在末端具两个小刺,花梗短,长1~2mm;花冠漏斗状,长17~22mm,玫瑰色;雄蕊5;雌蕊稍长过雄蕊。蒴果阔椭圆形,长约6mm,顶端具不密集的毛。花期5~6月。产我国西北部及北部。苏联及蒙古亦有。喜光,耐干旱,耐瘠薄土壤。播种繁殖。

3.3.113 紫草科 Boraginaceae

多数为草本,较少为灌木或乔木,常被有硬毛或刚毛。叶为单叶,互生,极少对生,全缘或有锯齿,不具托叶。花序为聚伞花序或镰状聚伞花序,极少花单生,有苞片或无苞片。花两性,辐射对称,很少左右对称;花萼具5个基部至中部合生的萼片,大多宿存;花冠筒状、钟状、漏斗状或高脚碟状,一般可分筒部、喉部、檐部三部分,檐部具5裂片;雄蕊5,着生花冠筒部;雌蕊由2心皮组成。果实为含1~4粒种子的核果,或为子房4(~2)裂瓣形成的4(~2)个小坚果,果皮多汁或大多干燥,常具各种附属物。约100属,2000种,分布于世界的温带和热带地区,地中海区为其分布中心。我国有48属,269种,遍布全国,但以西南部最为丰富。

分属检索表
1 花柱2裂不达中部;内果皮分裂为2个具2粒种子或4个具1粒种子的分核;叶上面无白色斑点……………………………………厚壳树属 *Ehretia*
1 花柱2裂至中部以下;内果皮不分裂,卵球形;叶上面密生白色斑点…………………………………………基及树属 *Carmona*

3.3.113.1 厚壳树属 *Ehretia* L.

灌木或乔木;叶互生;花单生于叶腋内或排成顶生或腋生的伞房花序或圆锥花序;萼5裂;花冠管短,圆筒状或钟状,5裂,裂片扩展或外弯;雄蕊5,着生于冠管上;子房2室,每室有胚珠2颗,花柱2枚,合生至中部以上,柱头2枚;果为核果,内果皮分裂成具1或2种子的核。50种,多产于东半球热带地区,我国11种,产于西南部经中南部至东部。

(1)厚壳树 *Ehretia thyrsiflora* (Sieb. et. Zucc.) Nakai. [Heliotrope Ehretia]

落叶乔木,高达15m。枝条黄褐色至赤褐色,无毛。叶椭圆形、狭倒卵形或长椭圆形,有浅细锯齿,上面沿脉散生白色短伏毛,下面疏生黄褐色毛。圆锥花序顶生和腋生;花无梗,密集,有香味;花冠白色;雄蕊伸出花冠外。核果近球形,橘红色。4~5月开花,7月果熟。产我国华东、中南及西南地区。喜温暖湿润气候,也较耐寒;适生于湿润肥沃土壤。播种或分株繁殖。枝叶郁茂,满树繁花,适于庭院中植为庭荫树。

(2) 粗糠树（破布子）Ehretia macrophylla Wall. [Dickson Ehretia]

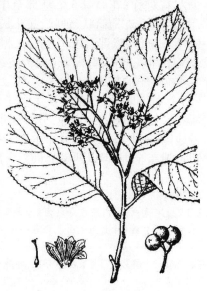

落叶乔木，高达10m。叶互生，狭倒卵形或椭圆形，长9~18cm，宽5~10cm，顶端通常短渐尖，基部钝或圆形，偶然浅心形，边缘有小牙齿，上面粗糙，有糙伏毛，下面密生短柔毛。圆锥花序伞房状，有短毛；花萼长约4mm，5裂近中部，有短毛；花冠白色，裂片5，长约3.5mm，筒长约6.5mm；雄蕊5。核果黄色，近球形，直径约1.5cm。花果期5~9月。分布于长江流域及以南地区；日本也有。喜光，稍耐水湿。播种繁殖。可植为庭荫树。变种：光叶粗糠树 var. glabrescens Nakai 叶下面近无毛；分布于云南、四川、贵州、湖北、河南。相近种：西南粗糠树 Ehretia corylifolia C. H. Wright，叶基部多为浅心形，果直径6~8mm；分布于云南、四川、贵州。

3.3.113.2 基及树属 Carmona Cav.

灌木或小乔木；叶小，具短柄，常有粗齿，两面均粗糙，上面有白色小斑点；花通常2~6朵，排成疏松的团伞花序；花冠白色，具短管和广展的裂片；花丝纤细，花药突出；花柱顶生，分枝几达基部，柱头2，微小；核果红色，内果皮骨质，近球形，顶有短喙，有种子4颗，全缘。1种，产亚洲南部和我国广东、台湾。

基及树（福建茶）Carmona microphylla (Lam.) G. Don   [Smallleaf Carmona]

常绿灌木，高1~3m，多分枝；幼枝圆柱形，有微硬毛。叶在长枝上互生，在短枝上簇生，革质，倒卵形或匙状倒卵形，长0.9~5cm，宽0.6~2.3cm，基部渐狭成短柄，边缘上部有少数牙齿，两面疏生短硬毛，上面常有白色点，脉在叶上面下陷，在下面稍隆起。聚伞花序腋生或生短枝上，具细梗，有数朵密集或稀疏排列的花；花萼长约4mm，裂片5，比萼筒长，匙状条形；花冠白色，钟状，长约6mm，裂片5，披针形；雄蕊5。核果球形，直径约5mm，成熟时红色或黄色。分布于我国广东、海南和台湾；亚洲热带其他地区也有。喜光和温暖、湿润的气候，不耐寒，适生于疏松肥沃及排水良好的微酸性土壤。萌芽力强，耐修剪。扦插繁殖。树形较矮，枝繁叶密，绿叶白花，千姿百态，用老桩经艺术加工制成的盆景古雅奇特，四季均可观赏。

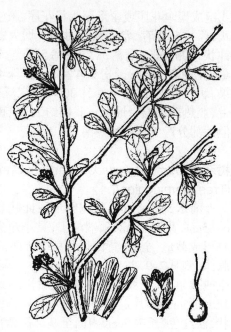

3.3.114 马鞭草科 Verbenaceae

灌木或乔木，有时为藤本，稀草本。小枝常四棱形。单叶或掌状复叶，稀羽状复叶，对生，稀轮生或互生；无托叶。花两性，稀杂性，两侧对称，稀辐射对称；花序顶生或腋生，多为聚伞、总状、穗状圆锥花序或伞房状聚伞花序。花萼4~5(6~8)齿裂或深裂，宿存；花冠筒圆柱形，冠檐二唇形或稍不等4~5裂，稀多裂，裂片外展，全缘或下唇中裂片边缘流苏状；雄蕊4，2强，稀2或5，着生花冠筒上，花药基着或背着，药室内向纵裂或顶端孔裂；花盘不发达；子房上位，2~5室，每室2胚珠，或每室具隔膜成4~10室，每室1胚珠，花柱顶生。核果、浆果、蒴果或离果（裂成2或4个小果）。种子无胚乳或具少量胚乳。约80属，3000种，分布于热带和亚热带地区，少数至温带。我国21属，约180种。

分属检索表

1 花由花序下面或外围向顶端开放，形成穗状、总状花序或短缩近头状的无限花序。
  2 花序头状···················马缨丹属 Lantana
  2 花序总状。
    3 无刺木质藤本；花序腋生；萼齿深裂，结果时向外扩展
      ···················蓝花藤属 Petrea
    3 有刺或无刺灌木；花序顶生；萼齿短小，结果时互相聚合将果实包藏···················假连翘属 Duranta
1 花由花序顶端或中心向外围开放形成聚伞花序（有限花序），或由聚伞花序再排成其它花序或有时为单花。
  4 果实为干燥开裂的蒴果···················莸属 Caryopteris
  4 果实不为干燥的蒴果，而中果皮多少肉质。
    5 花辐射对称；4~6枚雄蕊近等长。
      6 花通常4数，常排成腋生聚伞花序；花萼在结果时不增大···················紫珠属 Callicarpa
      6 花通常5~6数，组成大型圆锥花序；花萼在结果时显

著增大而将果实包藏⋯⋯⋯⋯柚木属 Tectona
5 花多少两侧对称或偏斜;雄蕊4,多少二强。
　7 花萼绿色,结果时不增大或稍增大;果实为2~4室的核果。
　　8 掌状复叶(单叶蔓荆及异叶蔓荆例外);花冠5裂成二唇形,下唇中央1裂片特别大⋯⋯⋯牡荆属 Vitex
　　8 单叶;花冠下唇中央1裂片不特别大,或仅稍大。
　　　9 花大(长2.5cm以上),美丽,花萼上腺点大;叶片基部有大腺体⋯⋯⋯⋯⋯⋯石梓属 Gmelina
　　　9 花小(长不超过1.5cm),不美丽,花萼上腺点小;叶片基部无大腺点⋯⋯⋯⋯豆腐柴属 Premna
　7 花萼在结果时增大,常有各种美丽的颜色;果实常有4分核。
　　10 花冠管通常不弯曲;花萼钟状或杯状⋯⋯⋯⋯
　　⋯⋯⋯⋯⋯⋯⋯⋯⋯⋯⋯⋯大青属 Clerodendrum
　　10 花冠管显著弯曲;花萼由基部向上扩展成喇叭状或碟状;我国引种栽培⋯⋯冬红属 Holmskioldia

3.3.114.1 紫珠属 Callicarpa L.

灌木,稀为乔木,除被各种毛茸外,常有黄色或红色腺点;叶通常对生;花小,多为4数,排成聚伞花序;苞片尖细或是叶状;萼宿存,杯状或钟状,深裂或浅裂或截平;花冠形状各式,颜色多种,顶部4裂;雄蕊4,着生于花冠管内近基部,花丝与花冠等长或长突出,花药纵裂;果为肉质核果,内果皮骨质,形成4个分核。约190余种,主要分布于热带和亚热带亚洲和大洋洲,少数种分布于美洲。我国约46种,主产长江以南,少数种可延伸到华北至东北和西北的边缘。

分种检索表
1 花丝通常短于花冠,稀少等于或略长于花冠,花药长圆形,长1.5~2mm,药室顶端先开裂,裂缝扩大呈孔伏;花冠白色,稀少紫色或红色。
　2 叶片及花的各部分密生红色或暗红色腺点⋯⋯⋯⋯
　⋯⋯⋯⋯⋯⋯⋯⋯⋯⋯华紫珠 Callicarpa cathayana
　2 叶片及花的各部分有黄色腺点或无腺点⋯⋯⋯⋯⋯
　⋯⋯⋯⋯⋯⋯⋯⋯⋯⋯日本紫珠 Callicarpa japonica
1 花丝通常长于花冠,多至花冠的2倍或更长;花药卵形或椭圆形,较细小(长0.8~1.5mm);药室纵裂;花冠紫色至红色,稀白色。
　3 叶片或花的各部分有粒状红色或暗红色腺点,不脱落或脱落后不下陷⋯⋯⋯⋯紫珠 Callicarpa bodinieri
　3 叶片或花的各部分通常有黄色腺点,或因脱落而下陷成小窝状。
　　4 花萼无毛;叶片背面无毛,稀少仅脉上疏生星状毛⋯⋯
　　⋯⋯⋯⋯⋯⋯⋯⋯⋯白棠子树 Callicarpa dichotoma
　　4 花萼有毛;叶片背面被疏密不等的星状毛。
　　　5 子房无毛;花序梗长于叶柄的2倍或更多⋯⋯⋯
　　　⋯⋯⋯⋯⋯⋯⋯⋯⋯杜虹花 Callicarpa formosana
　　　5 子房有毛;花序梗短于或近等长于叶柄⋯⋯⋯⋯
　　　⋯⋯⋯⋯⋯⋯⋯⋯⋯老鸦糊 Callicarpa giraldii

(1) 紫珠(珍珠枫)Callicarpa bodinieri Levl. [Purplepearl]

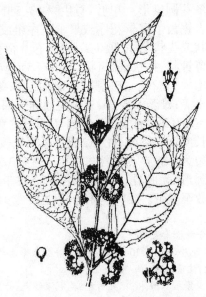

落叶直立灌木,高达1~2m;小枝幼时有绒毛,很快变光滑。单叶对生,叶倒卵形或椭圆形,顶端急尖或长尾尖,基部楔形,叶缘自基部起有细锯齿,无毛也无腺点。聚伞花序生于叶腋上部,花冠白色或紫红色。花期6~7月,果期8~10月。喜温暖湿润和阳光充足的环境,不太耐寒,北方地区可选择背风向阳处栽种。避免土壤长期干旱。产于我国东北南部,华北、华东、华中等地,朝鲜和日本有分布。株形秀丽,花色绚丽,果实色彩鲜艳,珠圆玉润,犹如一颗颗紫色的珍珠,是一种既可观花又能赏果的优良花卉品种,常用于园林绿化或庭院栽种,也可盆栽观赏。其果穗还可剪下瓶插或作切花材料。

(2) 白棠子树(小紫珠) Callicarpa dichotoma (Lour.) K. Koch　[Purple Purplepearl]

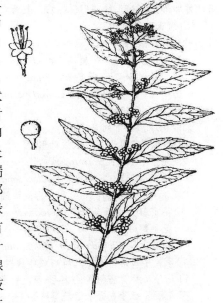

落叶直立灌木,高达1~2m;小枝纤细,带紫红色,幼时具星状毛。单叶对生,叶倒卵形或卵状长圆形,顶端急尖,基部楔形,叶缘中部以上有疏锯齿,叶背有黄色腺点。2~3歧聚伞花序生于叶腋上部,花冠紫红色。核果球形,亮紫色。花期5~6月,果期7~11月。产于我国东部及中南部,华北有栽培。喜光,耐寒,耐干旱瘠薄。喜肥沃湿润土壤,生长势强。入秋紫果缀满枝头,色美有光泽,似粒粒珍珠,是美丽的秋季观果树种,果枝可作切花,经冬不落,是值得在园林中应用和推广的观果树种。

3.3.114.2 大青属 *Clerodendrum* L.

落叶或半常绿灌木或乔木,稀藤本或草本。冬芽圆锥形。单叶,对生,稀3~5叶轮生,全缘或有锯齿。聚伞花序或聚伞花序组成伞房状、圆锥状或头状花序,顶生或腋生;苞片宿存或早落。花萼钟状、杯状,稀筒状,顶端有5齿或近平截,花后增大,宿存。花冠筒状,冠檐5裂,裂片近等或稍不等;雄蕊4(5~6),着生花冠筒上部;子房4室,每室1胚珠,通常1~3室内胚珠不发育,花柱条形,长或短于雄蕊,柱头2裂。浆果状核果,成熟后分裂为4小坚果或因发育不全为1~3分核。种子长圆形,无胚乳。约400种,分布热带和亚热带,少数至温带。我国34种6变种。

分种检索表
1 花序具花3~10朵,由聚伞花序组成伞房状,腋生或生于枝顶叶腋。
　2 攀援状灌木;花萼白色;花冠深红色;叶片狭卵形、卵状椭圆形……………龙吐珠 *Clerodendrum thomsonae*
　2 直立灌木;花萼红紫色;花冠淡红色或白色;叶长圆形或倒卵状披针形…白花灯笼 *Clerodendrum fortunatum*
1 花序具花10朵以上,由聚伞花序组成头状、伞房状或圆锥状,顶生或生于枝顶叶腋,若腋生,则花序密集成头状。
　3 叶片长圆形或卵状披针形,长为宽的4倍以上。
　　4 花序主轴延伸,聚伞花序在主轴上排列成圆锥花序……………………垂茉莉 *Clerodendrum wallichii*
　　4 花序主轴短缩,由多数聚伞花序排列成伞房状………………………………大青 *Clerodendrum cyrtophyllum*
　3 叶片卵形、宽卵形、椭圆形、心脏形,长为宽的2倍以下。
　　5 叶片背面有盾状腺体。
　　　6 叶缘无浅裂的角,花萼长1~1.5cm………赪桐 *Clerodendrum japonicum*
　　　6 叶缘浅裂呈3~7角;花萼长约7mm……………圆锥大青 *Clerodendrum paniculatum*
　　5 叶片背面无盾状腺体。
　　　7 聚伞花序紧密排列呈头状。
　　　　8 花萼裂片披针形或线状披针形。
　　　　　9 花冠小,裂片长5~7mm,倒卵形……………尖齿臭茉莉 *Clerodendrum lindleyi*
　　　　　9 花冠大,裂片长约1cm,卵圆形或椭圆形。
　　　　　　10 花重瓣…重瓣臭茉莉 *Clerodendrum philippinum*
　　　　　　10 花单瓣………………臭茉莉 *Clerodendrum philippinum* var. *simplex*
　　　　8 花萼裂片三角形或狭三角形或卵状披针形。
　　　　　11 花序及叶密被黄色柔毛;花冠白色或淡红色,花冠管短于或等长于花萼………………滇常山 *Clerodendrum yunnanense*
　　　　　11 花序及叶背疏具柔毛;花冠红色,花冠管显著长于花萼………臭牡丹 *Clerodendrum bungei*
　　　7 聚伞花序疏展排列不呈头状。
　　　　12 伞房花序梗粗壮,4~6枝生于枝顶,无花序主轴………………腺茉莉 *Clerodendrum colebrookianum*
　　　　12 伞房花序梗不粗壮,排列在花序主轴上。
　　　　　13 花萼小,长3~6mm,裂片狭三角形或线形…………………海通 *Clerodendrum mandarinorum*
　　　　　13 花萼大,长11~15mm,裂片卵形或卵状椭圆形……………海州常山 *Clerodendrum trichotomum*

(1) 海州常山 *Clerodendrum trichotomum* Thunb.
[Harlequin Glorybower]

落叶灌木或小乔木,高3~8m;嫩枝有棕色短柔毛。单叶对生,有臭味,卵圆形或三角状卵形,先端渐尖,基部多截形,全缘或有波状齿。伞房状聚伞花序着生顶部或腋间,花萼紫红色,花冠白色或带粉红色,整个花序可同时出现红色花萼,白色花冠和蓝紫色果实的丰富色彩。核果蓝紫色。花期8~9月,果期10月。喜光、稍耐阴、喜湿润肥沃壤土,较耐旱,适应性强,有一定耐寒性,忌低洼积水,耐盐碱性较强。原产于我国华北、华东、中南及西南地区;朝鲜、菲律宾和日本有分布;沈阳有栽培。花序大,花果美丽,植株繁茂,为良好的观赏花木,丛植、孤植均宜,是布置园林景色的良好材料。

(2) 臭牡丹(矮桐子,大红袍,臭八宝)
Clerodendrum bungei Steud.
[Rose Glorybower]

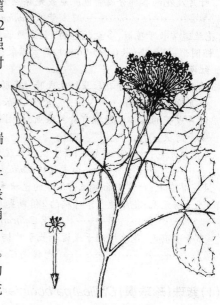

落叶灌木,高1~2m。叶具强烈臭味,对生,广卵形,长约10~20cm,宽8.5~18cm,先端尖,基部心形,或近于截形,边缘有锯齿而稍带波状。叶柄约8cm。顶生密集的头状聚伞花序,径10cm;

花蔷薇红色,花冠径约1.5cm,下部合生成细管状,先端5裂,裂片线形以至长圆形;雄蕊4。核果,倒卵形或卵形,核果直径0.8~1.2cm,成熟后蓝紫色,外围有宿存的花萼。花期7~8月。果期9~10月。分布于我国华北、西北及西南各省。喜阳光充足和湿润环境,适应性强,耐寒耐旱,也较耐阴,宜在肥沃、疏松的腐叶土中生长。分株繁殖,也可用根插和播种繁殖。叶色浓绿,顶生紧密头状红花,花朵优美,花期亦长,适宜栽植于坡地、林下或树丛旁,也可作地被植物。

3.3.114.3 马缨丹属 Lantana L.

直立或披散灌木,有强烈气味;茎四棱柱形,常有刺,单叶对生,有皱纹和钝齿;花小,颜色各种,组成一稠密的穗状花序或头状花序,腋生或顶生;苞片明显,较花萼长;萼小,膜质,顶端截平或具小齿;花冠管纤细,上部4~5裂,裂片近相等或略呈二唇形;雄蕊4,着生于冠管中部,2枚在上,2枚在下,内藏;子房2室,有胚珠2颗;果为肉质核果,外果皮多汁,内果皮硬,2室或裂成2个1室的核。约150种,主产热带美洲。

(1)马缨丹(五色梅,臭花簕,如意花)
Lantana camara L. [Common Lantana]

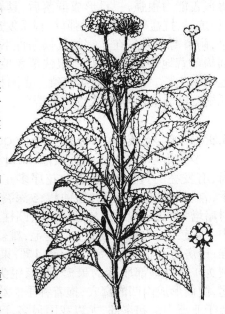

常绿灌木,株高1~2m。枝长,下垂而平卧。茎枝呈四方形,有短柔毛,通常有下弯钩刺。叶对生,卵形椭圆形或倒卵形,先端渐尖,基部圆形,两面粗糙有毛,边缘中部以上具锯齿,揉烂有强烈的气味。顶生头状伞形花序,小花密生,花冠筒细长,花冠初开时常为黄、粉红色,继而变成橘黄或橘红色,最后呈红色。花期7~9月。原产墨西哥、巴西、印度群岛。我国南方有栽培。喜温暖、湿润、阳光充足,不耐寒,喜疏松肥沃沙质土壤,耐干旱。播种繁殖。盆栽观赏或布置花坛、花境、庭院等。变种与品种:①雪白马缨丹 var. *nivea* (Vent.) l. H. Bailey,植株挺立生长,叶卵形,先端渐尖,花雪白色;②黄花马缨丹 'Flava',花金黄色;③白花铺地马缨丹(雪白皇后)'Snow Queen',植株铺地生长,叶卵形,先端长渐尖至尾尖,花色洁白。

(2)蔓马缨丹(蔓五色梅) *Lantana montevidensis* Briq. [Trailing Lantana]

常绿蔓性灌木。细小无刺,具长蔓。枝被毛。叶对生,粗糙,卵形,边缘有锯齿。花细小,玫瑰紫色,有黄色眼状斑;头状花序,径达2cm以上。几乎全年开花。原产于南美洲。我国南方常栽作地被植物。喜阳光充足;喜温暖、潮湿的环境。以肥沃且排水良好的沙壤土最佳。扦插或播种繁殖。适应性强,常植于小花坛、花台、花径,是很好的地被绿化植物。

3.3.114.4 豆腐柴属 Premna L.

灌木或乔木,有时藤本,很少匍匐地上而近草本;枝圆柱形,有腺状皮孔;叶对生,单叶,大部全缘;花小,排成顶生的圆锥花序或对生的聚伞花序或形成一穗状花序式的密锥花序,有苞片;萼多少杯状、截平或有波状钝齿,花后略增大且宿存;花冠管短,喉部有毛,上部通常4裂,裂片略呈二唇形,上唇1片全缘或稍下凹,下唇3片近等长,有时中间1片较长;雄蕊4,2长2短,药室平行或基部叉开;子房4室,有胚珠4颗;小核果,核硬,骨质。约200种,主要分布在亚洲与非洲的热带,少数种类向北延至亚热带。我国有44种5变种,主产我国南部。

豆腐柴 *Premna microphylla* Turcz. [Japan Prema]

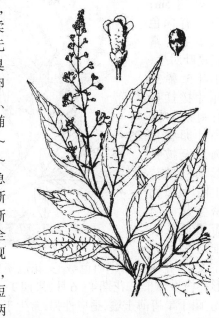

灌木,幼枝有柔毛,老枝无毛。叶有臭味,卵形、卵状披针形、倒卵形或椭圆形,长3~13cm,宽1~6cm,顶端急尖至长渐尖,基部渐狭下延,全缘以至不规则的粗齿,无毛或有短柔毛;叶柄长0.5~2cm。聚伞圆锥花序顶生;花萼绿色,有时带紫色,杯状,有腺点,几无毛,边缘有睫毛,5浅裂,近2唇形;花冠淡黄色,外有柔毛和腺点。核果紫色,球形至倒卵形。分布于我国华东、中南、西南各省区。上海等地常栽作盆景材料。

3.3.114.5 牡荆属 *Vitex* L.

灌木或乔木；小枝通常四棱柱形；叶对生，掌状复叶，有小叶3~8枚，很少单小叶；花白色至浅蓝色，组成顶生或腋生的圆锥花序；萼钟状或管状，顶端截平或5齿裂，有时2唇形；花冠小，二唇形，下唇的中间裂片最长；雄蕊4，2长2短；子房2~4室，有胚珠4颗；球形或卵状的核果，下承托以扩大的宿萼，内果皮骨质；种子无胚乳。约250种，主要分布于热带和温带地区。我国有14种，7变种，3变型。主产长江以南。

分种检索表
1 小叶两面除中脉有疏柔毛外，其余均无毛……………………
………………………………… 山牡荆 *Vitex quinata*
1 小叶两面有柔毛，尤其背面的毛更密。
　2 小叶1，稀在同一枝条上间有3，全缘；果萼明显短于果实…………… 单叶蔓荆 *Vitex trifolia* var. *simplicifolia*
　2 小叶3~5，全缘或有锯齿，浅裂以至羽状深裂；果萼与果实近等长。
　　3 小叶全缘，偶有少数锯齿………… 黄荆 *Vitex negundo*
　　3 小叶边缘有锯齿，浅裂以至深裂。
　　　4 小叶边缘有锯齿，背面疏生柔毛…………………
………………… 牡荆 *Vitex negundo* var. *cannabifolia*
　　　4 小叶边缘有缺刻状锯齿，浅裂以至深裂，背面密生灰白色绒毛……… 荆条 *Vitex negundo* var. *heterophylla*

(1) 黄荆 (五指枫) *Vitex negundo* L.
[Negundo Chastetree]

落叶灌木或小乔木，高可达5m；嫩枝有棕色短柔毛。掌状复叶对生，小叶5，稀3，叶片搓揉后有刺鼻气味，小叶卵状长圆形至披针形，全缘或疏生锯齿，背面密生灰白色短柔毛。圆锥形聚伞花序顶生，花序梗密生白色绒毛，花冠淡紫色，二唇形。核果球形。花期4~6月，果期9~10月。喜光，耐干旱瘠薄土壤，适应性强，常生于山坡路旁、石隙林边。播种、分株繁殖。分布几乎遍及全国。叶秀丽，花清雅，是装点风景区的极好材料，植于山坡、路旁，增添无限生机；也是树桩盆景的优良材料。变种：① 牡荆 var. *cannabifolia* (Sieb. et Zucc.) Hand.-Mazz.，落叶灌木或小乔木；小枝四棱形。叶对生，掌状复叶，小叶5，少有3；小叶片披针形或椭圆状披针形，顶端渐尖，基部楔形，边缘有粗锯齿，表面绿色，背面淡绿色，通常被柔毛。圆锥花序顶生，长10~20cm；花冠淡紫色。果实近球形，黑色。花期6~7月，果期8~11月。产于华东各省及河北、湖南、湖北、广东、广西、四川、贵州、云南。日本也有分布。② 荆条 (五指风，五指柑，土常山) var. *heterophylla* (Franch.) Rehd.，灌木或小乔木，小枝常四棱形。叶对生，掌状复叶，小叶边缘有缺刻状锯齿，背面淡绿色，通常被茸毛；核果，外有宿存花萼。聚伞花序，花白色。产于我国东北、华北、西北、华东及西南各地。耐干旱瘠薄土壤，适应性强。播种、分株繁殖。常生长在山坡、路边、石隙、林边，用于装点风景，增添无限生机。

(2) 单叶蔓荆 (沙荆子，灰枣) *Vitex trifolia* (Kuntze) Moldenke var. *simplicifolia* Cham.
[Simpleleaf Shrub Chastetree]

落叶小灌木。茎匍匐，节处常生不定根。单叶对生，叶片卵形或近圆形，顶端通常钝圆或有短尖头，基部楔形，全缘，长2.5~5cm，宽1.5~3cm。圆锥花序顶生，唇形花冠4裂，淡紫色，雄蕊4枚，伸出花冠外。核果圆形。花期6~7月，9~10月成熟。分布于山东、浙江、福建、广东等沿海沙地，自然植物群落覆盖能力很强，一旦形成群落后，具有很强的抗风、抗旱、抗盐碱能力。性强健，根系发达，耐寒，耐旱，耐瘠薄，喜光，在适宜的气候条件下生长极快，匍匐茎着地部分生须根，能很快覆盖地面，抑制其他杂草生长。播种与扦插繁殖。在园林绿化上可孤植也可群植，形成庞大的植物群落。

3.3.114.6 莸属 *Caryopteris* Bunge

多年生草本、直立或披散灌木；叶对生，具锯齿，有发亮的黄色腺点；聚伞花序多花，腋生或顶生，常排成圆锥花序式；萼钟状，5深裂，裂片结果时略增大；花冠左右对称，冠管短，圆柱形，5裂，其中一片较大，边缘有皱纹或有睫毛；雄蕊4，突出，2强；子房为不完全的4室，有胚珠4颗；果为蒴果，分裂为4个自基部脱落的果瓣，瓣缘锐尖或内弯如翅，腹面形成内凹的窝穴，抱着种子。约15种。分布于亚洲中部和东部，尤以我国最多，已知有13种2变种及1变型。

分种检索表
1 花序无苞片和小苞片；花冠下唇的中裂片边缘流苏状或齿状。
　2 叶片全缘………………… 蒙古莸 *Caryopteris mongholica*
　2 叶缘有锯齿。
　　3 子房顶端被短毛；果实倒卵状球形，上部宽度大于长度…………………………… 兰香草 *Caryopteris incana*
　　3 子房无毛；果实长圆球形，长度大于宽度……………
………………………… 毛球莸 *Caryopteris trichosphaera*

1 花序有苞片和小苞片;花冠下唇的中裂片全缘;叶背常为绿色。
　　4 花序有5至多朵花,花序梗长2~11cm…………
　　　　……………………… 莸 Caryopteris divaricata
　　4 花序有花1~5朵;花序梗长0.1~3cm。
　　　　5 单花腋生,淡蓝色;花萼裂片卵圆形;叶片宽卵形至近圆形………… 单花莸 Caryopteris nepetaefolia
　　　　5 花2~3~(5)朵组成腋生聚伞花序;花萼裂片披针形,卵状三角形或卵形…… 三花莸 Caryopteris terniflora

(1) 莸 Caryopteris divaricata (S. et Z.) Maxim.
[Divaricate Bluebeard]

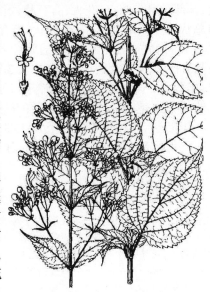

小灌木,高约80cm;茎四方形,幼枝有毛。叶卵圆形至卵状矩圆形,长4~14cm,宽2~8cm,顶端渐尖至尾尖,基部近圆形或楔形,下延成翼,边缘有锯齿,两面有透明腺点。二歧聚伞花序通常腋生,开展,总花梗长于叶柄数倍;花萼顶端5裂,裂齿三角形;花冠红色,5裂,2唇形,裂片全缘;雄蕊4。蒴果成熟时裂为4个小坚果。花期7~8月,果期8~9月。分布于华东及中南各省区。喜光,喜温暖气候及湿润的钙质土。花美丽,作庭园观赏。

(2) 蒙古莸(白沙蒿,山狼毒,兰花茶)
Caryopteris mongholica Bunge
[Mongol Bluebeard]

落叶小灌木,常自基部即分枝,高0.3~1.5m,嫩枝紫褐色,圆柱形,有毛,老枝毛渐脱落。叶片厚纸质,线状披针形或线状长圆形,全缘,很少有稀齿,长0.8~4cm,宽2~7mm,表面深绿色,稍被细毛,背面密生灰白色绒毛;叶柄长约3mm。聚伞花序腋生,无苞片和小苞片;花萼钟状,长约3mm,外面密生灰白色绒毛,深5裂,裂片阔线形至线状披针形,长约1.5mm;花冠蓝紫色,长约1cm,外面被短毛,5裂,下唇中裂片较长大,边缘流苏状;雄蕊4枚。蒴果椭圆状球形,无毛,果瓣具翅。花果期8~10月。产我国河北、山西、陕西、内蒙古、甘肃。蒙古也有分布。喜光,耐寒,耐干旱,耐碱质土壤。播种繁殖。花和叶芳香,可庭园栽培供观赏,也可种植于干旱坡地或沙丘。

3.3.114.7 假连翘属 Duranta L.

灌木或小乔木;枝有刺或无刺,常下垂;叶对生或轮生,全缘或有齿;总状花序常顶生,长而疏散;萼有短齿,宿存;花冠高脚碟状,管稍弯曲,顶端5裂,裂片不相等,向外开展;雄蕊4,2长2短,着生于冠管中部,内藏;子房8室,每室有胚珠1颗;核果肉质,有种子8颗,包藏于扩大的萼内。约36种,分布于热带美洲和中美洲热带;我国引入1种。

假连翘(番仔刺,篱笆树,甘露花)
Duranta repens L.
[Golden Dewdrop, Creeping Skyflower]

常绿灌木。茎长2~3m,最长可达6m。多分枝,不直立,呈半攀援状,枝有刺或无刺。叶对生,叶片卵状椭圆形或卵状披针形,顶端短尖或钝,基部楔形,全缘或中部以上有锯齿。总状花序顶生或腋生,常排成圆锥状;花小,高脚碟状,蓝紫色。核果球形,顶端喙尖,全年有果,花果期5~10月。原产热带美洲;我国南部常见栽培。喜光,耐半阴,喜温暖湿润气候,耐修剪。播种或扦插繁殖。适于作绿篱、绿墙、花廊,或攀附于花架上,或悬垂于石壁、砌墙上,均很美丽。枝条柔软,耐修剪,可卷曲为多种形态,作盆景栽植,或修剪培育作桩景,效果尤佳。品种:①矮生假连翘'Dwarftype',植株矮小,高0.5~2m。节间短,枝叶密集,花深紫色;②花叶假连翘'Variegata',叶有黄色或黄白色斑,夏秋冬开淡紫色花,边开花边结果;③金叶假连翘'Golden Leaf',新叶金黄色,老叶黄绿色;④金边假连翘'Marginata',叶边边缘金黄色。

3.3.114.8 冬红属 Holmskioldia Retz.

灌木,小枝被毛。叶对生,全缘或有锯齿,具叶柄。聚伞花序腋生或聚生于枝顶;花萼膜质,由基部向上扩大成碟状,近全缘,有颜色;花冠管弯曲,顶端5浅裂;雄蕊4,二强,着生于花冠管基部,与花柱同伸出花冠外,花药纵裂;花柱细长,柱头顶端浅2裂;子房稍压扁,有4胚珠。果实4裂几达基部。约3种,分布于印度、马达加斯加和热带非洲。我国引种栽培。

冬红 Holmskioldia sanguinea Retz.
[Chinese-hat-plant]

常绿灌木。高达3~7m。单叶对生,卵形,长5~10cm,全缘或有锯齿,两面有腺点。聚伞花序腋生或聚生于枝端;花萼砖红色或橙红色,由基部向上扩张成一阔倒圆锥形杯,径达2cm;花冠筒状。弯曲,端部5浅裂,砖红色或橙红色,长约2.5cm;花期冬末春初。核果倒卵形,4裂,包藏于扩大的萼内。原产喜马拉雅山脉地区。广州等华南城市有栽培。喜光,喜暖热多湿气候,不耐寒。扦插繁殖。花色鲜艳,是一种美丽的观花灌木。品种:黄花冬红'Aurea'('Lutea'),花黄色。现我国广东、广西、台湾等地有栽培,供观赏。

3.3.114.9 柚木属 Tectona L. f.

落叶乔木;叶大,对生或轮生,全缘,有叶柄。花序由二歧状聚伞花序组成顶生圆锥花序;苞片小,狭窄,早落;花萼钟状,5~6齿裂,果时扩大,卵形或壶形;花冠小,冠管短,上部5~6裂;雄蕊5~6,着生于冠管上;子房4室,每室有胚珠1颗;核果包藏于扩大的花萼内,内果皮骨质,有直立的种子。约3种,分布于印度、缅甸、马来西亚及菲律宾;我国引入栽培1种。

柚木 Tectona grandis L. f. [Teak]

落叶大乔木,高10~50m;枝条淡灰色或淡褐色,四方形。叶对生,宽卵形或倒卵状椭圆形,长15~70cm,顶端钝或渐尖,基部楔形,上面粗糙,下面密生黄棕色毛;叶柄较粗壮,长2~

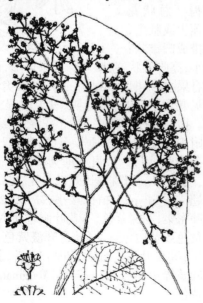

4cm。圆锥花序顶生,长25~40cm;花萼顶端5~6浅裂,有白色星状绒毛;花冠白色,有芳香;雄蕊与花冠裂片同数。核果宽约1.8cm,外果皮茶褐色,内果皮骨质。花期8月,果期10月。分布于我国云南南部,广东有栽培;缅甸、印度、印度尼西亚也有。强阳性,适生于暖热气候及干湿季分明的地区,喜深厚肥沃土壤;生长快,根浅,不抗风。可用作城市园林绿化树种。

3.3.114.10 石梓属 Gmelina L.

灌木或乔木,无刺或有刺;叶对生,全缘或分裂,基部常具大腺点;花大,有苞片,黄色,组成顶生的总状花序或聚伞花序;萼钟状,宿存,具大腺点,顶端5短齿裂或近截平形;花冠管纤弱,上部膨大,略是2唇形,上唇2裂或全缘,下唇3裂,中裂片较大;雄蕊4,2长2短,着生于冠管内下部,多少伸出管外;子房4室,有胚珠4颗;肉质的核果,有宿存的萼。约35种,主产热带亚洲至大洋洲,少数产热带非洲。我国有7种,产于福建、江西、广东、广西、贵州、四川、云南等地。

分种检索表

1 嫩枝圆柱形;花萼裂片大,阔三角形;子房有毛············
···苦梓 Gmelina hainanensis
1 嫩枝扁平;花萼裂片尖三角形;子房无毛················
···云南石梓 Gmelina arborea

苦梓(海南石梓) Gmelina hainanensis Oliv.
[Hainan Bushbeech]

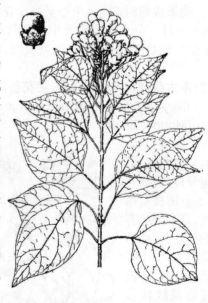

乔木,高4~12m,树皮粗糙,暗灰色;小枝粗壮,幼时被黄褐色绒毛,以后脱落近于无毛。叶对生,厚纸质或纸质,卵形或卵状椭圆形,长为5~15cm,宽3~7(~9)cm,全缘,顶端渐尖,基部宽楔形至截形,表面无毛,背面灰白色,被微柔毛和腺点,基生脉三出,侧脉3~5对,在背面隆起;叶柄长2~5.5cm,具纵沟。聚伞花序组成顶生的圆锥花序,总花梗长5~10cm,被毛;花萼钟状;花冠漏斗状,白色稍带粉红色,长3~3.5cm,顶端通常4裂,有时5裂,裂片广卵形,近于等大;雄蕊4,二强。核果倒卵形。花期5~6月,果期6~8月。产我国福建、广东、广西、贵州。喜光，生长快。冠荫浓密，花色艳丽，是优良的观赏植物。可用作园景树及庭荫树。

3.3.114.11 蓝花藤属 *Petrea* L.

木质藤本，小枝向上开展。叶对生，革质，全缘，稍粗糙。花蓝色或淡紫色，组成顶生总状花序；萼管短，陀螺状，5裂，裂片花后增大且宿存，膜质，具明显的脉纹，喉部有5个鳞片与裂片互生；花冠管短，圆柱状，喉部有毛，上部稍扩大而偏斜，近二唇形，5深裂，裂片直立而开展，稍不等大；雄蕊4，等长或近二强，内藏，着生于花冠管喉部。果不开裂，藏于宿存的萼管内。约25种，主要分布于热带美洲，我国广东引入1种。

蓝花藤 *Petrea volubilis* L.
[Twisting Blueflowervine]

常绿缠绕藤木，长可达5m以上。单叶对生，卵形至椭圆形，长5~14(20)cm，先端尖，基部狭，全缘，两面粗糙，革质。花冠管状，端偏斜5裂，浅蓝至紫色，二强雄蕊；花萼管有毛。具5大裂片，通常蓝紫色。果期萼片扩大变绿；顶生总状花序，长7~20cm；核果包藏于花萼内。花期3~4月。原产中美洲；我国广州有栽培。很不耐寒，最低温度13°~15℃。花紫蓝色，长串下垂，为一美丽的观赏植物。

3.3.115 唇形科 Lamiaceae

草本、亚灌木或灌木，极稀乔木或藤木，通常含芳香油；茎常四棱柱形；叶对生或轮生，极少互生；花常两性，两侧对称，很少近辐射对称，单生或成对，或于叶腋内丛生；或为轮伞花序或聚伞花序，再排成穗状、总状、圆锥花序式或头状花序式；花萼合生，常5裂，常二唇形，宿存；花冠合瓣，冠檐常5，常二唇形；雄蕊常4枚，二强；花盘发达；子房上位；果通常裂成4枚小坚果，稀核果状；每坚果有1种子。世界性分布的大科，有10个亚科，约220余属，3500余种，其中单种属和寡种属，约占三分之二。我国有99属800余种。

香薷属 *Elsholtzia* Willd.

草本、亚灌木或灌木；叶具齿，无柄或具柄；轮伞花序组成穗状或球状花序，密接或有时在下部间断，穗状花序有时疏散纤细，圆柱形或偏向一侧，有时成紧密的覆瓦状，有时组成圆锥花序；上部苞叶呈苞片状，有时较大，连合，覆瓦状排列，有时极细小；花萼钟形、管形或圆柱形，喉部无毛，萼齿5，近等长或前2齿较长；花冠白、淡黄、淡紫至玫瑰红色，内具毛环或无毛环，冠筒等长或稍长于花萼，直立或微弯，向上渐扩展，冠檐二唇形，上唇直立，先端微缺或全缘，下唇开展，3裂，中裂片较大；雄蕊4，前对较长；小坚果卵球形或长圆形。约40种，主产亚洲东部，1种延至欧洲及北美，3种产非洲。我国约33种，15变种及5变型。

木香薷（华北香薷） *Elsholtzia stauntoni* Benth.
[Chinese Mint Shrub]

落叶亚灌木，高约1m。茎上部钝圆四棱形，常带紫红色。单叶对生，菱状披针形，长10~15cm。先端长尖，基部楔形，缘有整齐疏圆齿；揉碎后有强烈的薄荷香味。顶生总状花序穗状，长10~15cm，苞片披针形。具5~10枚花，花略偏向一侧，小而密，花冠淡紫色，外面密被紫毛。二强雄蕊直而长，紫色。小坚果椭圆形，光滑。花期8~10月。产辽宁、华北至陕西、甘肃。喜光，也耐阴，宜生于肥沃湿润而排水良好的壤土。株丛舒展，夏秋开花，适宜栽种林下、林缘，或草坪散植，点缀夏秋景观。

3.3.116 醉鱼草科 Buddlejaceae

乔木、灌木或亚灌木；植株无内生韧皮部，常被星状毛、腺毛或鳞片。单叶对生、轮生，稀互生，全缘或有锯齿，羽状脉；叶柄短；托叶着生于两个叶柄基部之间呈叶状或缢缩成一连线。花单生或多朵组成聚伞花序，再排列成总状、穗状或圆锥状花序；花两性，辐射对称，4数；花萼裂片和花冠裂片覆瓦状排列；雄蕊着生于花冠管内壁上，花丝短，花药2室，稀4室，纵裂；子房上位，2室，稀4室，合生，每室有胚珠多颗。蒴果，2瓣裂，稀浆果，不开裂；种子多颗，通常有翅。约7属，150种，分布于热带至温带地区。我国产1族，1属，29种。

醉鱼草属 *Buddleja* L.

灌木，常被星状毛；叶对生，稀互生；花排成头状花序、总状花序、穗状花序或圆锥花序；萼4裂；花冠漏斗状或高脚碟状，4裂；雄蕊4；子房2室，每室有胚珠多颗；蒴果，2瓣裂，稀浆果。约100种，产于热带及亚热带；中国约25种，产于西北、西南和东部。

分种检索表
1 叶在长枝上互生或互生兼对生，在短枝上为簇生…………
　…………………………互叶醉鱼草 *Buddleja alternifolia*
1 叶对生。
　2 花冠管弯曲…………………醉鱼草 *Buddleja lindleyana*
　2 花冠管直立。
　　3 叶片全缘或边缘不明显波状，稀兼有小锯齿。
　　　4 雄蕊着生于花冠管喉部……白背枫 *Buddleja asiatica*
　　　4 雄蕊着生于花冠管中部…密蒙花 *Buddleja officinalis*
　　3 叶片边缘具明显锯齿。
　　　5 子房被星状毛…………皱叶醉鱼草 *Buddleja crispa*
　　　5 子房光滑无毛…………大叶醉鱼草 *Buddleja davidii*

(1) 醉鱼草（闹鱼花）Buddleja lindleyana Fort.
[Lindley Summerlilic]

落叶灌木，高2m；小枝四棱形，有狭翅。单叶对生，卵形至卵状长椭圆形，长3~8cm，全缘或疏生波状齿。花序穗状顶生，长达20cm，扭向一侧。花冠细长管状，稍弯曲，紫色。蒴果矩圆形。花期6~8月；果期10月。产我国长江流域及其以南各省区。日本也产。喜温暖湿润的气候及肥沃而排水良好的土壤，耐旱，但不耐水湿，较耐阴。扦插繁殖。枝叶婆娑，花朵繁茂，幽雅芳香，适宜栽植于坡地、桥头、墙边，或作中型绿篱。

(2) 大叶醉鱼草 Buddleja davidii Franch.
[Orangeeye Summerliliic]

落叶灌木，高1~3m；嫩枝、叶背、花序均密被白色星状绵毛，小枝略呈四棱形。叶对生，卵状披针形至披针形，长5~20cm；宽1~5cm，顶端渐尖，基部圆渐狭，边缘疏生细锯齿，上面无毛，下面密被白色星状绒毛。花有柄，淡紫色，芳香，长约1cm，由多数小聚伞花序集成穗状的圆锥花枝；花萼4裂，密被星状绒毛；花冠筒细而直，长约7~10mm，外面疏生星状绒毛及鳞毛，喉部橙黄色；雄蕊着生于花冠筒中部；子房无毛。蒴果条状矩圆形，长6~8mm，无毛或稍有鳞毛；种子多数，两端有长尖翅。花期6~9月；果期9~12月。分布于我国湖北、湖南、江苏、浙江、贵州、云南、四川、陕西、甘肃；日本也有分布。性强

健，较耐寒，华北可露地栽培。常植于庭园观赏；也是很好的插花材料。

3.3.117 木犀科 Oleaceae

乔木，直立或藤状灌木。叶对生，稀互生或轮生，单叶、三出复叶或羽状复叶，稀羽状分裂，全缘或具齿；具叶柄，无托叶。花辐射对称，两性，稀单性或杂性，雌雄同株、异株或杂性异株，通常聚伞花序排列成圆锥花序，或为总状、伞状、头状花序，顶生或腋生，或聚伞花序簇生于叶腋，稀花单生；花萼4裂，有时多达12裂，稀无花萼；花冠4裂，有时多达12裂，浅裂、深裂至近离生，或有时在基部成对合生，稀无花冠，花蕾时呈覆瓦状或镊合状排列；雄蕊2枚，稀4枚，着生于花冠管上或花冠裂片基部，花药纵裂，花粉通常具3沟；子房上位，由2心皮组成2室。果为翅果、蒴果、核果、浆果或浆果状核果。约27属，400余种，广布于两半球的热带和温带地区，亚洲地区种类尤为丰富。我国产12属，178种，6亚种，25变种，15变型，其中14种，1亚种，7变型系栽培，南北各地均有分布。

分属检索表
1 子房每室具向上胚珠1~2枚，胚珠着生子房基部或近基部；果为浆果或为扁圆形蒴果⋯⋯⋯⋯素馨属 Jasminum
1 子房每室具下垂胚珠2枚或多枚，胚珠着生子房上部；果为翅果、核果或浆果状核果，若为蒴果，则决不呈扁圆形。
  2 果为翅果或蒴果。
    3 翅果。
      4 翅生于果四周；单叶⋯⋯⋯⋯雪柳属 Fontanesia
      4 翅生于果顶端；叶为奇数羽状复叶
        ⋯⋯⋯⋯⋯⋯⋯⋯⋯⋯⋯⋯白蜡树属 Fraxinus
    3 蒴果；种子有翅。
      5 花黄色，花冠裂片明显长于花冠管；枝中空或具片状髓
        ⋯⋯⋯⋯⋯⋯⋯⋯⋯⋯⋯⋯连翘属 Forsythia
      5 花紫色、红色、粉红色或白色，花冠裂片明显短于花冠管或近等长；枝实心⋯⋯⋯⋯丁香属 Syringa
  2 果为核果或浆果状核果。
    6 浆果状核果或核果状而开裂；花序顶生，稀腋生⋯⋯
      ⋯⋯⋯⋯⋯⋯⋯⋯⋯⋯⋯⋯⋯⋯⋯女贞属 Ligustrum
    6 核果；花序多腋生，少数顶生。
      7 花冠裂片在花蕾时呈覆瓦状排列；花多簇生，稀为短小圆锥花序⋯⋯⋯⋯⋯⋯⋯⋯木犀属 Osmanthus
      7 花冠裂片在花蕾时呈镊合状排列；花常排列成圆锥花序。
        8 花冠多浅裂，常较花冠管短，花冠管明显，稀无花冠
          ⋯⋯⋯⋯⋯⋯⋯⋯⋯⋯⋯⋯⋯⋯木犀榄属 Olea
        8 花冠深裂至近基部，或在基部成对合生或合生成一极短的管⋯⋯⋯⋯⋯⋯⋯⋯流苏树属 Chionanthus

3.3.117.1 木犀属 Osmanthus Lour.

常绿灌木或小乔木；叶对生，全缘或有锯齿；花芳香，两性或单性，雌雄异株或雄花、两性花异株，

簇生于叶腋或组成聚伞花序,有时成总状花序或圆锥花序;萼杯状,顶4齿裂;花冠白色、黄色至橙黄色,钟形或管状钟形,4浅裂或深裂至近基部而冠管极短,裂片花蕾时覆瓦状排列;雄蕊2,很少4枚,花丝短,花药近外向开裂;子房2室,每室有胚珠2颗;核果的内果皮坚硬或骨质;种子通常1颗,种皮薄。约30种,分布于亚洲东南部和美洲。我国产25种及3变种,其中1种系栽培,主产南部和西南地区。

分种检索表
1 小枝、叶柄和叶片上面的中脉常无毛··················
···················桂花 Osmanthus fragrans
1 小枝、叶柄和叶片上面的中脉多少被毛
　2 雄蕊着生于花冠管基部;叶缘具3~4对长而坚硬的刺状牙齿(栽培)··············柊树 Osmanthus heterophyllus
　2 雄蕊着生于花冠管的上部;叶缘具8~9对大而尖锐锯齿(仅栽培)·············齿叶木犀 Osmanthus × fortunei

(1) 桂花(木犀) *Osmanthus fragrans* (Thunb.) Lour.　　[Sweet Osmanthus]

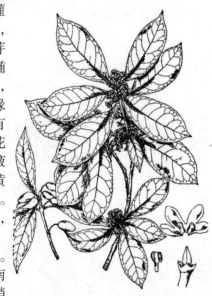

常绿灌木至小乔木,高12m。芽叠生;叶长椭圆形,革质,两端尖,全缘或上半部有细锯齿。花小,簇生叶腋或聚伞状,黄白色,浓香。核果椭圆形,紫黑色。花期9~10月。原产我国南部。喜光,稍耐阴;喜温暖和通风良好的环境,不耐寒;喜湿润排水良好的沙质土;忌涝地、碱地和黏重土壤。嫁接、压条繁殖。常于庭前对植,即"两桂当庭";植于道路两侧;可大面积栽植,形成"桂花山"、"桂花岭";与秋色叶树种同植,有色有香,是点缀秋景的极好树种;淮河以北地区桶栽、盆栽。品种:①金桂'Thunbergii',花金黄色;②银桂'Latifolius',花白色;③丹桂'Aurantiacus',花橙黄色;④四季桂'Semperflorens',花期长,在2、4、6、8和11月各开一次花。

(2) 柊树(刺桂) *Osmanthus heterophyllus* (G.Don) P.S.Green　　[Diver Sifolious Osmanthus]

常绿灌木或小乔木,高1~6m。幼枝有短柔毛。叶对生,硬革质,叶片较厚,卵形至长椭圆形,先端针刺状,基部楔形。边缘每边有1~4对刺状牙齿或少有全缘;叶柄有短柔毛可近光滑。花序簇生叶腋,花冠芳香,白色。核果卵形,蓝黑色。花期6~7月。原产我国台湾及日本。阳性树种,喜光,稍耐寒,喜温暖湿润气候。播种繁殖。常用作庭园绿化观赏树

种。变种:异叶柊树 var. *bibracteatis* (Hayata) P.S. Green 叶片较大,多缘;花较大;苞片被更密的毛。

3.3.117.2 木犀榄属 *Olea* L.

常绿灌木或小乔木;叶对生,全缘或有疏齿;花两性或单性,排成腋生的圆锥花序或丛生花序;萼短,4齿裂;花冠白色或很少粉红色,4裂几达中部或缺;雄蕊2;子房2室,每室有胚珠2颗;果为核果。约40多种,分布于亚洲南部、大洋洲、南太平洋岛屿以及热带非洲和地中海地区。我国产15种,1亚种,1变种,分布于华南、西南至西藏,其中1种及1亚种系栽培。

油橄榄(木犀榄,齐墩果) *Olea europaea* L.
[Common Olive]

常绿小乔木,高达6.5m。树皮粗糙,老时深纵裂,常生有树瘤;小枝四棱形;叶近革质,披针形或长椭圆形,顶端稍钝而有小凸尖,背面密被银白色皮屑状鳞片,中脉在两面隆起。圆锥花序长;花萼钟状;花小,白色,芳香。核果椭圆状至近球形,形如橄榄,黑色光亮。花期4~5月。果熟期10~12月。原产南欧

地中海一带。我国有栽培,多栽培于长江流域及其以南地区。喜光,宜土层深厚,排水良好的沙壤土,稍耐干旱,对盐分有较强的抵抗力,不耐水湿。嫁接、扦插、压条繁殖。枝叶繁茂,叶双色,花芳香,可丛植于草坪、墙隅,在小庭院中栽植也很适宜。

3.3.117.3 流苏树属 Chionanthus L.

落叶灌木或乔木;叶对生,全缘;花两性或单性而雌雄异株,组成顶生的聚伞状圆锥花序;萼4裂;花冠白色,4深裂几达基部,裂片线状匙形;雄蕊2,藏于花冠管内或稍伸出,药隔突出呈凸头状;子房上位,2室,花柱短,柱头凹缺或近2裂,胚珠每室2颗;核果卵形或椭圆形,有种子1颗。2种,1种产北美,1种产我国及日本和朝鲜。

流苏树 Chionanthus retusus Lindl. et Paxt.
[Tasseltree]

落叶灌木或乔木,高可达20m。叶对生,革质,矩圆形、椭圆形、卵形或倒卵形,长3~10cm,顶端钝圆,凹下,有时锐尖,全缘,少数有小锯齿(有时在一枝上同时出现)。聚伞状圆锥花序,长

5~12cm,着生在枝顶;花单性,白色,雌雄异株;花萼4裂;花冠4深裂,裂片条状倒披针形,长10~20mm,花冠筒短,长2~3mm;雄蕊2,藏于筒内或稍伸出,药隔突出。果实椭圆状,长10~15mm,变为黑色。花期3~6月,果期6~11月。分布于我国黄河中下游及其以南地区;朝鲜、日本也有。喜光,也较耐阴。喜温暖气候,也颇耐寒。喜中性及微酸性土壤,耐干旱瘠薄,不耐水涝。播种、扦插或嫁接繁殖。枝叶繁茂,花期如雪压树,大而美丽,花细小密集,是优美的园林绿化理想树种,不论作为行道树,还是点缀,群植都具有很好的观赏效果。

3.3.117.4 女贞属 Ligustrum L.

灌木或小乔木;叶对生,全缘;花小,两性,组成聚伞花序再排成顶生的圆锥花序;萼钟形,不规则齿裂或4齿裂;花冠白色,近漏斗状,裂片4,花蕾时内向镊合状排列;雄蕊2,着生于花冠管上端接近裂片之罅口处,花丝长或短,花药伸出或内藏;子房球形,2室,每室有悬垂的倒生胚珠2颗,柱头近2裂;果为浆果状核果,内果皮膜质或纸质,有种子1~4颗。约45种,主要分布于亚洲温暖地;东亚约35种。我国产29种,1亚种,9变种,1变型,其中2种系栽培,尤以西南地区种类最多,约占东亚总数的1/2。

分属检索表
1 花冠管约为裂片长的2倍或更长。
　2 圆锥花序短缩,长1~6.5cm,宽1~3(~4.5)cm………
　　…………………………………蜡子树 Ligustrum molliculum
　2 圆锥花序开展,长5~18cm,宽3~16cm………………
　　…………………………………卵叶女贞 Ligustrum ovalifolium
1 花冠管与裂片近等长。
　3 叶薄革质,下面无毛………小叶女贞 Ligustrum quihoui
　3 叶常为纸质,下面多少被毛。
　　4 果近球形………………………小蜡 Ligustrum sinense
　　4 果非球形。
　　　5 果不弯曲,长圆形或椭圆形……………………
　　　　……………………………日本女贞 Ligustrun japonicum
　　　5 果多少弯曲,肾形或倒卵状长圆形………………
　　　　……………………………女贞 Ligustrum lucidum

(1) 女贞 (大叶女贞,女桢,蜡树)
Ligustrum lucidum Ait.　　[Glossy Privet]

常绿乔木,高10m。枝开展,无毛,具皮孔;叶革质,宽卵形至卵状披针形,先端尖,全缘,无毛。圆锥花序顶生,花小,白色;核果长圆形,蓝黑色,被白粉。花期6~7月。果期10~12月。原产我国长江流域及以南地

区。喜光,稍耐阴;喜温暖湿润气候,有一定耐寒性;抗多种有害气体。播种或扦插繁殖。常栽植于庭园观赏,广泛栽植于街道、宅院,或作园路树,或修剪作绿篱用。变型:落叶女贞 f. *latifolium* (Cheng) Hsu,叶片纸质,椭圆形、长卵形至披针形,侧脉7~11对,相互平行,常与主脉几近垂直。产于江苏。

(2) 小蜡 Ligustrum sinense Lour.
[Chinese Privet]

半常绿灌木或小乔木，高2~7m。小枝密生短柔毛。叶薄革质，椭圆形，长3~5cm，背面沿中脉有短柔毛。花白色，芳香，花梗细而明显，花萼钟形，被绒毛；圆锥花序，长4~10cm。核果近圆形。花期4~5月。分布于长江以南各地。喜光，稍耐阴；较耐寒，抗二氧化硫等有毒气体，耐修剪。播种或扦插繁殖。常植于庭园观赏，丛植于林缘、池边、石旁，规则式园林中可修剪成长、方、圆等几何形体。

3.3.117.5 素馨属 Jasminum L.

直立或攀援状灌木；叶对生，很少互生，单叶、三出复叶或奇数羽状复叶，无托叶；叶柄常有关节；花两性，排成聚伞花序或伞房花序，很少单生；萼钟状或杯状，顶部4~10裂，裂片线形，有时三角形，长或极短；花冠高脚碟状，冠管长，圆筒形，裂片4~10，广展，花蕾时覆瓦状排列；雄蕊2，内藏，花丝极短，花药近基部背着，药室内外侧裂；子房2室，胚珠通常每室2颗；浆果常双生或其中一个不发育而为单生，有宿萼。约200余种，分布于非洲、亚洲、澳大利亚以及太平洋南部诸岛屿；南美洲仅有1种。我国产47种，1亚种，4变种，4变型，其中2种系栽培，分布于秦岭山脉以南各省区。

分种检索表
1叶互生或对生，三出复叶或羽状复叶，稀为单叶，叶柄无关节；小枝四棱形或具棱角和条纹；花冠黄色、红色或外红内白，少数为白色，漏斗状或近漏斗状，稀为高脚碟状；子房每室具胚珠2枚。
 2叶互生。
  3花萼裂片锥状线形，与萼管等长或较长；花冠裂片先端锐尖⋯⋯⋯⋯迎夏 Jasminum floridum
  3花萼裂片先端钝或锥状线形，短于萼管或稀与萼管等长；花冠裂片先端圆或钝⋯⋯小黄馨 Jasminum humile
 2叶对生。
  4叶为单叶或复叶（小叶3，极少为5），有时单叶与复叶混生。
   5花萼裂片非叶状；花冠白色、红色、粉红色或紫色⋯⋯⋯⋯红素馨 Jasminum beesianum
   5花萼裂片叶状；花冠黄色。
    6叶常绿，花和叶同时开放；花冠直径2~4.5cm⋯⋯⋯⋯⋯⋯野迎春 Jasminum mesnyi
    6叶脱落，花先叶开放；花冠直径2~2.5cm⋯⋯⋯⋯迎春花 Jasminum nudiflorum
  4叶羽状深裂或为羽状复叶。
   7花萼裂片三角形，稀为锥状线形，长不超过2mm⋯⋯⋯⋯多花素馨 Jasminum polyanthum
   7花萼裂片锥状线形或小叶状，长（2~）3~10mm。
    8聚伞花序近伞状；花冠裂片长0.6~1.2cm，宽3~8mm⋯⋯⋯⋯素方花 Jasminum officinale var. officinale
    8聚伞花序，后生花梗明显长于最先的或中心花的梗；花冠裂片长1.3~2.2cm，宽0.8~1.4cm⋯⋯⋯⋯素馨花 Jasminum grandiflorum
1叶对生或轮生，多数为单叶，少数为三出复叶，叶柄多数具关节；小枝圆柱形；花冠全为白色，高脚碟状；子房每室具胚珠1枚。
 9叶为三出复叶⋯⋯⋯⋯清香藤 Jasminum lanceolarium
 9叶为单叶。
  10小枝、花序及花萼疏被短柔毛至无毛，稀小枝密被灰色短柔毛⋯⋯⋯⋯茉莉花 Jasminum sambac
  10小枝、花序及花萼密被黄色、黄褐色或锈色毛。
   11花冠管短粗，长1~1.7cm，径2~3mm⋯⋯⋯⋯毛茉莉 Jasminum multiflorum
   11花冠管细长，长2~3cm，径1~2mm⋯⋯⋯⋯扭肚藤 Jasminum elongatum

(1) 茉莉花 Jasminum sambac (L) Ait.
[Arab Jasmine]

常绿灌木，枝条细长呈藤状。单叶对生，椭圆形或宽卵形，长3~8cm，薄纸质，仅下面脉腋有簇毛。聚伞花序顶生或腋生，通常有3~9朵花；花萼8~9裂，线形；花冠白色，浓香。花期5~11月，以7~8月开花最盛。

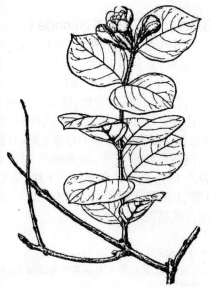

原产印度等地。我国华南习见栽培，长江流域及以北地区盆栽观赏。喜光，稍耐阴。喜高温潮湿环境，不耐寒，适宜在25~35℃温度下生长；不耐干旱，喜肥沃、疏松的沙壤土。扦插、分株、压条繁殖。枝叶繁茂，叶色碧如翡翠，花朵白似玉铃，香气清雅而持久，浓郁而不浊，可谓花木之珍品，元朝诗人江奎在品赏茉莉后吟曰："他年我若修花史，列入人间第一香。"华南可露地栽培，用作树丛、树群之下木，或作花篱植于路旁，花朵用于制作襟花。

(2) 迎春花 Jasminum nudiflorum Lindl.
[Winter Jasmine]

落叶灌木。枝条绿色，细长，直出或拱形下垂，明显四棱形。三出复叶对生，小叶卵状椭圆形，长1~3cm，叶缘有短睫毛，表面有基部突起的短刺毛。花单生于去年生枝叶腋，叶前开放，有叶状狭窄的绿色苞片；萼裂片5~6；花冠黄色，裂片6，长仅为花冠筒的1/2。通常不结实。花期(1)2~3月。产华北、西北至西南各地，现广泛栽培。喜光，稍耐阴，耐寒，喜湿润，也耐干旱瘠薄，怕涝；不择土壤，耐盐碱。扦插、压条或分株繁殖。绿枝黄花，早报春光，与梅花、山茶、水仙并称"雪中四友"。由于枝条拱垂，植株铺散，迎春适植于坡地、花台、堤岸、池畔、悬崖、假山，均柔条拂垂、金花照眼；也适合植为花篱，或点缀于岩石园中。我国古代民间传统宅院配植中讲究"玉棠春富贵"，以喻吉祥如意和富有，其中"春"即迎春。

3.3.117.6 丁香属 Syringa L.

落叶灌木或小乔木；叶对生，全缘，稀羽状深裂；花两性，组成顶生或侧生的圆锥花序；萼钟状4裂，宿存；花冠紫色、淡红色或白色，漏斗状，裂片4，广展，比花冠管短；镊合状排列；雄蕊2，着生于花冠管口部；蒴果长圆形或近圆柱形，室背开裂为2瓣，果瓣革质；种子每室2颗，有翅。约19种，不包括自然杂交种，东南欧产2种，日本、阿富汗各产1种，喜马拉雅地区产1种，朝鲜和我国共具1种、1亚种、1变种，其余均产我国，主要分布于西南及黄河流域以北各省区。

分种检索表
1 花冠白色，花冠管几与花萼等长或略长；花丝伸出花冠管外。
　2 叶片厚纸质，叶脉在叶面明显凹入；果端常钝，或锐尖、凸尖⋯⋯暴马丁香 Syringa reticulata var. amurensis
　2 叶片纸质，叶脉在叶面平；果端锐尖至长渐尖⋯⋯
　　⋯⋯北京丁香 Syringa pekinensis
1 花冠紫色、红色、粉红色或白色，花冠管远比花萼长；花药全部或部分藏于花冠管内，稀全部伸出。
　3 圆锥花序由顶芽抽生，基部常有叶。
　　4 叶片下面无毛，椭圆形、椭圆状披针形至倒披针形，长2~8(~13)cm，宽1~3.5(~5.5)cm；花冠漏斗状⋯⋯
　　　⋯⋯云南丁香 Syringa yunnanensis
　　4 叶片下面多少被毛。
　　　5 花冠管近圆柱形，裂片展开，若花冠管稍呈漏斗状，则裂片不直立⋯⋯四川丁香 Syringa sweginzowii
　　　5 花冠管中部以上稍扩大呈漏斗状，裂片常近直立。
　　　　6 果熟时不反折；花序直立⋯⋯辽东丁香 Syringa wolfii
　　　　6 果熟时反折；花序微下垂或下垂⋯⋯
　　　　　⋯⋯西蜀丁香 Syringa komarowii
　3 圆锥花序由侧芽抽生，基部常无叶，稀由顶芽抽生。
　　7 羽状复叶，具7~11(~13)小叶⋯⋯
　　　⋯⋯羽叶丁香 Syringa pinnatifolia
　　7 单叶。
　　　8 叶片为3~9羽状深裂至全裂，兼有全缘叶；果略呈四棱形⋯⋯华丁香 Syringa protolaciniata
　　　8 叶片全缘，稀具1~2小裂片。
　　　　9 叶背至少沿中脉被毛；花直径约6mm；果较狭，长卵形、长椭圆形至披针形。
　　　　　10 叶片下方2对侧脉汇合；花蓝紫色⋯⋯
　　　　　　⋯⋯蓝丁香 Syringa meyeri
　　　　　10 叶片下方2对侧脉不汇合⋯⋯
　　　　　　⋯⋯巧玲花 Syringa pubescens
　　　　9 叶背无毛，若有毛，则叶片基部为宽楔形至截形或近心形；花直径1~1.5cm；果较宽，倒卵状椭圆形、卵形至长椭圆形。
　　　　　11 叶基心形、截形、近圆形至宽楔形，叶片为长卵形至卵圆形或肾形。
　　　　　　12 叶片卵圆形至肾形，通常宽大于长⋯⋯
　　　　　　　⋯⋯紫丁香 Syringa oblata
　　　　　　12 叶片卵形、宽卵形或长卵形，通常长大于宽⋯⋯
　　　　　　　⋯⋯欧丁香 Syringa vulgaris
　　　　　11 叶基楔形至近圆形，叶片为披针形、卵状披针形至卵形。
　　　　　　13 叶片卵状披针形至卵形，全缘⋯⋯
　　　　　　　⋯⋯什锦丁香 Syringa × chinensis
　　　　　　13 叶片披针形至卵状披针形，稀具1~2小裂片⋯⋯
　　　　　　　⋯⋯波斯丁香 Syringa presica

(1) 紫丁香(华北丁香) Syringa oblata Lindl.
[Early Lilac]

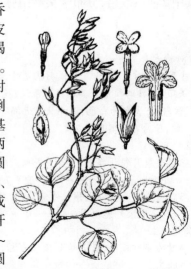

灌木或小乔木，高4m。树皮灰褐色，小枝黄褐色，初被短柔毛。嫩叶簇生，后对生，叶广卵形、倒卵形或披针形，基部心形，全缘，两面无毛。花序圆锥状，花冠紫色、紫红色、堇紫色或蓝色，端4裂开展，花冠筒长10~15mm。蒴果长圆形。花期4月，果期6~10月。产我国东北南部、华北、内蒙古、西北及四川；朝鲜也有分布。喜光，稍耐阴、耐寒、耐干旱，忌低湿，喜湿润、肥沃、排水良好的土壤。播种、扦插、嫁接繁殖，常用小叶女贞作砧木。常丛植于建筑前、茶室凉亭周围；散植于道路两旁、草坪之中。变种：①白丁香 var. *affinis* Lingelsh(White Early Lilac)，花白色。②毛紫丁香（紫萼丁香）var. *giraldii*(Lemoine)Rehd.，小枝、花序和花梗除具腺毛外，被微柔毛或短柔毛，或无毛；叶片基部通常为宽楔形、近圆形至截形，或近心形，上面除有腺毛外，被短柔毛或无毛，下面被短柔毛或柔毛，有时老时脱落；叶柄被短柔毛、柔毛或无毛。花期5月，果期7~9月。产于甘肃、陕西、湖北以至东北。

(2)暴马丁香（暴马子，荷花丁香，阿穆尔丁香）
Syringa reticulata(Blume)Hara
var. *amurensis* (Rupr.)Pringle
[Amur Lilac]

落叶小乔木，高达6m。树皮紫灰色，粗糙，通常不开裂。单叶对生，叶片卵形至阔卵形，先端渐尖，基部圆形或近心形，全缘。圆锥花序大型，侧生；花冠4裂，白色，雄蕊2，长为花冠管的2倍。蒴果长圆形。花期6月，果期8~9月。产

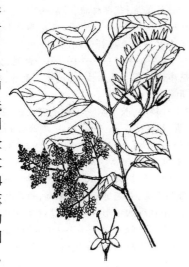

我国东北及内蒙古南部；朝鲜、俄罗斯的远东地区，日本也有分布。喜温暖湿润气候，耐严寒，对土壤要求不严，喜湿润的冲积土。播种繁殖。华北地区常栽培观赏。花序大，花期长，香味浓，是优美的绿化观赏树种。

3.3.117.7 连翘属 *Forsythia* Vahl

灌木，枝髓部中空或呈薄片状；叶对生，单叶或羽状三出复叶，全缘或3裂；先叶开花，花具梗，1~3(5)朵生于叶腋；萼4深裂；花冠黄色，深4裂，裂片狭长圆形或椭圆形；雄蕊2，着生于花冠管基部；子房2室，柱头2裂，胚珠每室4~10颗，悬垂于室顶；果卵球形或长圆形，室背开裂为2片木质或革质的果瓣；种子有狭翅。约11种，除1种产欧洲东南部外，其余均产亚洲东部，尤以我国种类最多，现有7种、1变型，其中1种系栽培。

分种检索表
1 节间中空；花萼裂片长(5~)6~7mm；果梗长0.7~2cm⋯⋯
⋯⋯⋯⋯⋯⋯⋯⋯⋯连翘 *Forsythia suspensa*
1 节间具片状髓；花萼裂片长在5mm以下；果梗长在7mm以下。
 2 叶片长椭圆形至披针形，或倒卵状长椭圆形，两面无毛
⋯⋯⋯⋯⋯⋯⋯⋯⋯金钟花 *Forsythia viridissima*
 2 叶片卵形、宽卵形至近圆形。
  3 叶片两面无毛⋯⋯⋯⋯卵叶连翘 *Forsythia ovata*
  3 叶片背面被毛⋯⋯⋯东北连翘 *Forsythia mandshurica*

(1)连翘 *Forsythia suspensa* (Thunb.)Vahl.
[Weeping Forsythia]

落叶丛生灌木，高3m。枝开展，拱形下垂，小枝髓中空。单叶或有时为3小叶，对生，缘有粗锯齿。花先叶开放，通常单生，花冠黄色。蒴果卵圆形。花期4~5月。原产我国北部、中部及东北各地。喜光，耐寒，耐干旱贫瘠，怕涝，不择土壤，抗病虫能力

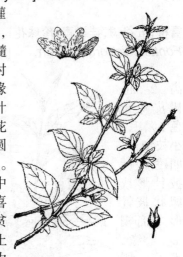

强。扦插繁殖。宜丛植于草坪、角隅、岩石假山下，路缘、转角处、阶前、篱下作基础种植，或作花篱等用。以常绿树作背景，与榆叶梅、绣线菊等配植更能显示金黄夺目之色彩。变种、变型与品种：①金叶连翘'Golden Leaves'；②蔓生连翘 f. *flagellarris* S. X.Yan 茎细长，长达8m；③花叶连翘 var. *variegata* Butz. 叶面有黄色斑点，花深黄色；④金脉连翘'Goldvein' 叶脉金黄色；⑤金叶连翘'Aurea' 叶金黄色。

(2)金钟花 *Forsythia viridissima* Lindl.
[Goldenbell Flower]

落叶灌木，枝直立，绿色，小枝具片状髓。叶长椭圆形，全为单叶，不裂，基部楔形，中下部全缘，中部或中上部最宽，表面深绿色。花金黄色，裂片较狭长。3~4月叶前开放；8~11果熟。产我国长江流域，有一定

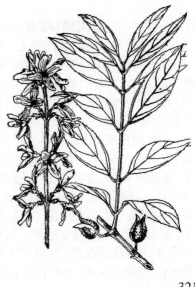

的耐寒性,南北各地常见栽培。

3.3.117.8 雪柳属 Fontanesia Labill.

落叶灌木;叶对生,全缘;花小,两性,组成具叶的圆锥花序;萼小,4裂;花瓣4,白色;仅于基部稍合生,花蕾时内向镊合状排列;雄蕊2,着生于花冠基部,花丝伸出花冠外很多;子房上位,2室,柱头2裂;胚珠每室2颗,悬垂于室顶;翅果阔椭圆形或卵形,扁平,周围有狭翅;种子每室1颗。2种。我国和地中海地区各产1种。

雪柳(五谷树,挂梁青,珍珠花)
Fontanesia fortunei Carr.　　[Snow Willow]

灌木,高2~5m。树皮灰黄色,无毛;小枝细长,四棱形;叶披针形或卵状披针形,基部楔形,全缘,无毛。圆锥花序顶生或腋生,花白绿色或带淡红色,微香。翅果黄棕色,扁平,倒卵形。花期5~6月,果期6~10月。产于河北、陕西、山东、江苏、安徽、浙江、河南及湖北东部、辽宁、广东等地。喜光,稍耐阴,喜温暖、耐寒,喜肥沃、排水良好的土壤。播种、扦插繁殖。可丛植于庭园观赏,群植于森林公园,散植于溪谷沟边,现多栽培作自然式绿篱或防风林。

3.3.117.9 白蜡树属(梣属)Fraxinus L.

落叶乔木,稀灌木。芽大,多数具芽鳞2~4对,稀为裸芽。嫩枝在上下节间交互呈两侧扁平状。叶对生,奇数羽状复叶,稀在枝梢呈3枚轮生状,有小叶3至多枚;叶柄基部常增厚或扩大;小叶叶缘具锯齿或近全缘。花小,单性、两性或杂性,雌雄同株或异株;圆锥花序顶生或腋生于枝端,或着生于去年生枝上;花梗细;花芳香,花萼小、钟状或杯状,萼齿4枚;花冠4裂至基部,白色至淡黄色;雄蕊通常2枚。果为含1枚或偶有2枚种子的坚果,扁平或凸起,先端迅速发育伸长成翅,翅长于坚果,故称单翅果。约60余种,大多数分布在北半球暖温带,少数伸展至热带森林中。我国产27种,1变种,其中栽培1种,遍及各省区。

分种检索表

1 花序顶生枝端或出自当年生枝的叶腋,叶后开花或与叶同时开放。
　2 花具花冠,先叶后花。
　　3 花序具苞片,常于花期宿存;果翅下延至坚果中部或基部;冬芽裸露(除斑叶梣有芽鳞)
　　　　…………………………光蜡树 Fraxinus griffithi
　　3 苞片早落或缺如;果翅下延至坚果中部(除云南梣、小叶梣);冬芽被鳞片。
　　　4 小叶明显具柄。
　　　　5 小叶7~9枚,下面常疏被柔毛和淡黄色毡毛,并散生红色糠秕状毛,渐秃净;果翅表面被红色糠秕状毛…
　　　　　　…………………………多花梣 Fraxinus floribunda
　　　　5 小叶3~5(~7)枚,两面光滑无毛;果翅表面无红色糠秕状毛
　　　　　　…………………………苦枥木 Fraxinus insularis
　　　4 小叶无柄或近无柄,除小叶梣外,通常不过0.5cm……
　　　　　…………………………小叶梣 Fraxinus bungeana
　2 花无花冠,与叶同时开放。
　　6 小叶阔卵形、倒卵形或卵状披针形,上面有时沿叶脉疏被柔毛;花萼杯状,开展
　　　…………………………花曲柳 Fraxinus rhynchophylla
　　6 小叶卵形至披针形或倒卵状披针形,上面无毛…
　　　…………………………白蜡树 Fraxinus chinensis
1 花序侧生于去年生枝上,花序下无叶,先花后叶或同时开放。
　7 小叶较小,长3~4(~5.5)cm,宽0.5~1.8cm;花序短,花密集,簇生…………湖北梣 Fraxinus hupehensis
　7 小叶较大,长(2.5~)4~13(~20)cm,宽(1~)2~8cm;花序长或短,花稍疏离。
　　8 具花萼;翅果不扭曲…美国红梣 Fraxinus pennsylvanica
　　8 无花萼,果翅延至坚果基部,翅果明显扭曲。
　　　9 小枝近四棱形;叶在枝梢对生,小叶近无柄;圆锥花序长15~20cm…………水曲柳 Fraxinus mandschurica
　　　9 小枝圆柱形;叶在枝梢螺旋状轮生,小叶具柄;聚伞圆锥花序长约5cm…………天山梣 Fraxinus sogdiana

(1) 白蜡树 ***Fraxinus chinensis*** Roxb.
[China Ash]

乔木,高达15m。小枝光滑无毛。小叶通常7枚,卵圆形或卵状椭圆形,基部不对称,缘有齿及波状齿。圆锥状花序侧生或顶生当年生枝上,大而疏松,花萼钟状,不规则分裂。

翅果倒披针形。花期3~5月；果期10月。我国东北南部、华北、西北经长江流域至华南北部均有分布。喜光，耐侧方庇阴，颇耐寒，喜温暖湿润气候，喜湿，耐涝，耐干旱，对土壤要求不严。播种或扦插繁殖。因其抗性强，秋叶橙黄，常作行道树或庭荫树，亦可用于湖岸绿化或工矿区绿化。

(2) 美国白蜡 *Fraxinus americana* L.
[White Ash]

落叶乔木，高达25~40m；小枝无毛，冬芽褐色，叶痕上缘明显下凹。小叶7~9，卵形至卵状披针形，长8~15cm，全缘或端部略有齿，表面暗绿色，背面常无毛，而有乳头状突起；小叶柄长4.5~15mm。花萼小而宿存，无花瓣；花序生于去年生枝侧，叶前开花。果翅顶生，不下延或稍下延。原产北美。我国北方地区及新疆有引种栽培。宜作城市行道树及防护林树种。品种：秋紫'Autum Purple'，秋叶紫红色，北京植物园已有引种。

3.3.118 玄参科 Scrophulariaceae

草本、灌木或乔木。单叶互生、对生或轮生；无托叶。花两性，常两侧对称；花序总状、穗状或聚伞状，常组成圆锥花序。花萼(2)4~5齿裂，宿存；花冠合瓣，轮状、漏斗状、钟状或圆柱状，4~5裂，裂片覆瓦状排列，二唇形或广展；雄蕊4，2强，有时2或5枚发育，或第5枚退化，花药2室纵裂；具花盘或退化；子房上位，2心皮，2室，每室多数胚珠，中轴胎座，花柱单生，柱头2裂或不裂。蒴果或浆果。种子多数，有胚乳。约200属3000种，广布全球各地。我国60属，634种，分布遍全国。

分属检索表
1 落叶乔木·································泡桐属 *Paulownia*
1 常绿灌木·····························炮仗竹属 *Russelia*

3.3.118.1 泡桐属
Paulownia Sieb. et Zucc.

落叶乔木，但在热带则为常绿乔木；枝对生，通常无顶芽，除老枝外全部被各种类型的毛；叶对生，全缘或3裂；花大，排成顶生的圆锥花序；萼5深裂，裂片稍不等，后方一枚较大；花冠管长，上部扩大，裂片5，稍不等，斜展；雄蕊4，二强，花丝在近基部处扭卷，药叉分；子房上位，2室，有胚珠极多数；蒴果木质，2瓣裂；种子极小，有翅。7种，均产我国，除东北北部、内蒙古、新疆北部、西藏等地区外全国均有分布，栽培或野生，有些地区正在引种。

分种检索表
1 小聚伞花序都有明显的总花梗，总花梗几与花梗近等长；花序枝的侧枝较短，长不超过中央主枝之半，故花序较狭而成金字塔形，狭圆锥形或圆柱形，长在50cm以下。
  2 果实长圆形或长圆状椭圆形，长6~10cm；果皮厚而木质化，厚约3~6mm；花序圆柱形；花冠管状漏斗形，白色或浅紫色，长8~12cm，基部仅稍稍向前弓曲，曲处以上逐渐向上扩大，腹部无明显纵褶；花萼长2~2.5cm，开花后迅速脱毛；叶片长卵状心脏形，长大于宽很多···················白花泡桐 *Paulownia fortunei*
  2 果实卵圆形、卵状椭圆形或椭圆形，长3~5.5cm；果皮较薄，厚不到3mm；花序金字塔形或狭圆锥形；花冠漏斗状钟形或管状漏斗形，紫色或浅紫色，长5~9.5cm，基部强烈向前弓曲，曲处以上突然膨大，腹部有两条明显纵褶；花萼长在2cm以下，开花后脱毛或不脱毛；叶片卵状心脏形至长卵状心脏形。
    3 果实卵圆形，幼时被黏质腺毛；萼深裂过一半，萼齿较萼管长或最多等长，毛不脱落；花冠漏斗状钟形；叶片下面常具树枝状毛或黏质腺毛。
      4 叶片下面密被毛，毛有较长的柄和丝状分枝，成熟时不脱落···················毛泡桐 *Paulownia tomentosa*
      4 叶片下面幼时被稀疏毛，成熟时无毛或仅残留极稀疏的毛······光泡桐 *Paulownia tomentosa* var. *tsinlingensis*
    3 果实卵形或椭圆形，稀卵状椭圆形，幼时有绒毛；萼浅裂至1/3或2/5，萼齿较萼管短，部分脱落；叶片下面被星状毛或树枝状毛。
      5 果实卵形，稀卵状椭圆形；花冠紫色至粉白，较宽，漏斗状钟形，顶端直径4~5cm；叶片卵状心脏形，长宽几相等或长稍过于宽······兰考泡桐 *Paulownia elongata*
      5 果实椭圆形；花冠淡紫色，较细，管状漏斗形，顶端直径不超过3.5cm；叶片长卵状心脏形，长约为宽的2倍···················楸叶泡桐 *Paulownia catalpifolia*
1 小聚伞花序除位于下部者外无总花梗或仅有比花梗短得多的总花梗；花序枝的侧枝发达，稍短于中央主枝或至少超过中央主枝之半，故花序宽大成圆锥形，最长可达1m左右。
  6 小聚伞花序具比花梗短得多的总花梗，总花梗最长6~7mm，位于顶端的小聚伞也有很短而不明显的总花梗；萼浅裂达1/3至2/5处，逐渐脱落或稀不脱毛；果实椭圆形··················南方泡桐 *Paulownia australis*
  6 小聚伞花序无总花梗或仅位于下部者有极短总花梗；萼深裂一半或超过一半，毛不脱落。
    7 果实卵圆形；萼齿在果期常强烈反折；花冠浅紫色至蓝紫色，长3~5cm；叶片两面均有黏质腺毛，老时逐渐脱落而显现单条粗毛········台湾泡桐 *Paulownia kawakamii*
    7 果实椭圆形或卵状椭圆形；萼齿在果期贴伏于果基，常不反折；花冠白色有紫色条纹至紫色，长5.5~7.5cm；叶片幼时具星状绒毛,老时不脱落或脱落近无毛………
………………………川泡桐 Paulownia fargesii

(1) 白花泡桐(泡桐) Paulownia fortunei (Seem.) Hemsl. [Fortune Paulownia, Foxglove Tree]

落叶大乔木,高可达20m。叶心状卵圆形至心状长卵形,长达20cm,全缘。聚伞圆锥花序顶生,侧枝不发达,小聚伞花序有花3~8朵;总花梗与花梗近等长;花萼倒卵圆形,

长2cm,5裂达1/3,裂片卵形,果期变为三角形;花冠白色,内有紫斑,外被星状绒毛,长达10cm,筒直而向上逐渐扩大,上唇2裂,反卷,下唇3裂,开展。蒴果大,长达8cm,室背2裂,外果皮硬壳质。花期3~4月,果期9月。分布于安徽、浙江、福建、台湾、江西、湖北、湖南、四川、云南、贵州、广东、广西、野生或栽培,在山东、河北、河南、陕西等地有引种。喜光,耐寒性不强,适应性强,生长快。喜温暖、湿润的环境。须栽培于土层深厚且肥沃的土壤中。播种或扦播繁殖。适合作园林行道树和景观树。

(2) 毛泡桐(紫花泡桐) Paulownia tomentosa (Thunb.) Steud. [Royal Paulownia]

落叶乔木,高20m。树皮灰褐色。小枝被黏质腺毛。叶对生,大型,卵状心形,被毛,叶柄长。圆锥花序塔状,密生黄色绒毛;花冠紫色,漏斗状钟

形,檐部5裂,二唇形,外被腺毛,雄蕊4,2强。蒴果卵圆形,花萼宿存。花期4~5月,果期8~9月。华北除内蒙古外均产,以河南伏牛山区最多。西北、东北南部和长江流域也有。喜光,不耐庇荫,耐寒性强,耐旱,耐盐碱,耐风沙,对气候的适应范围很大。长速快,但寿命较短。播种繁殖。抗性很强,树干通直,树冠圆整,春季紫花一片,蔚然壮观,是优良的行道树及速生用材树种,适宜做庭荫树、行道树观赏。

3.3.118.2 炮仗竹属 Russelia Jacq.

约50种,产热带美洲,我国引种栽培1种。

炮仗竹(爆竹花,吉祥草)
Russelia equisetiformis Schlecht. et Cham. [Coral Plant]

常绿亚灌木,高达1.5m;茎轮状分枝,绿色,细长而拱形下垂,具4~12条纵棱。3~6叶轮生,卵形至椭圆形,长达1.5cm,有锯齿,早落;但大部叶退化为小鳞片。花冠长筒形,端部5裂,呈小喇叭形,长3~4cm,鲜红色;1~3朵聚生于枝上部。全年开花。原产墨西哥,我国广东和福建等地有栽培。喜温暖湿润和半阴环境,也耐日晒,不耐寒,越冬温度5℃以上。不怕水湿,耐修剪。分株和扦插繁殖。红色长筒状花朵成串吊于纤细下垂的枝条上,犹如细竹上挂的鞭炮。宜在花坛、树坛边种植,也可盆栽观赏。花红色美丽,我国各地常温室栽培观赏。

3.3.119 爵床科 Acanthaceae

草本、灌木或藤本,稀为小乔木。叶对生,稀互生,边缘极少羽裂;无托叶。花序总状、穗状、聚伞状伞形或头状,有时单生或簇生;花两性,左右对称,无梗或有梗;苞片通常大,有时有鲜艳色彩,或小;小苞片2枚或有时退化;花萼5或4裂,稀多裂或环状而平截,裂片镊合状或覆瓦状排列;花冠合瓣,具长或短的冠筒,直或不同程度扭弯,花冠筒喉部通常扩大,花冠高脚碟形、漏斗形、钟形,冠檐常5裂,近相等或2唇形,上唇2裂,有时全缘,稀退化成单唇,下唇3裂,稀全缘,冠檐裂片旋转状排列、双盖覆瓦状排列或覆瓦状排列;发育雄蕊4或2枚(稀5枚),通常为2强。种子扁或透镜形。250余属3000余种,主要分布在热带地区,但也见于地中海、美国及澳大利亚,有四个分布中心:印度-马来西亚、非洲、巴西及中美洲;我国约68属400余种,以云南省最多,四川、贵州、广西、广东和台湾等省区也很丰富,少数种类分布至长江流域。

分属检索表
1 花冠裂片为双盖覆瓦状排列,5裂,高脚碟形或漏斗形…
…………………………………………假杜鹃属 Barleria
1 花冠裂片为覆瓦状排列。
　2 花冠5裂,裂片近相等;雄蕊4或2,药室2,近相等,平行,

无芒;蒴果棒状,基部收缩成实心⋯⋯⋯⋯⋯⋯⋯⋯
⋯⋯⋯⋯⋯⋯⋯⋯⋯⋯⋯喜花草属 *Eranthemum*
2 花冠显著为 2 唇形;花药通常 2~1 室,药室基部有距,通常一个在另一个之上;柱头 2 裂或仅全缘。
　3 苞片大而鲜艳、棕红色,长 1.5~2cm (引种栽培)⋯⋯⋯
⋯⋯⋯⋯⋯⋯⋯⋯⋯黄脉爵床属 *Sanchezia*
　3 苞片较小,若宽大则不为棕红色。
　　4 花冠筒较细长,超过 1cm⋯⋯珊瑚花属 *Cyrtanthera*
　　4 花冠筒较短,通常长不超过 1cm。
　　　5 苞片宽大,长 1cm 以上;花药基部有细尖的距;花冠在雄蕊着生处有 1 圈毛⋯⋯鸭嘴花属 *Adhatoda*
　　　5 苞片较小,长不及 5mm;花冠里面无 1 圈毛⋯⋯
⋯⋯⋯⋯⋯⋯⋯⋯⋯⋯⋯驳骨草属 *Gendarussa*

3.3.119.1 黄脉爵床属
Sanchezia Ruiz et Pavon.

大型草本或灌木。叶对生,大型,全缘或多少具齿,羽状脉。穗状花序顶生或腋生,有时单生;花大而鲜艳、橙色、红色或紫色,具大型花萼状的苞片;花冠筒长,下部圆柱形,上部扩大,冠檐裂片 5 枚,短而宽;发育雄蕊 2 枚,着生于冠筒中部以下,不育雄蕊 2 枚,2 药室具短尖头;子房每室具 4 胚珠;花柱细长,顶端 2 裂。蒴果基部稍收缩,通常具 8 粒种子。约 12 种,分布于热带美洲,北美多温室栽培;中国南方有引种栽培。

黄脉爵床 *Sanchezia nobilis* Hook. f.
[Noble Sanchezia]

灌木,高达 2m。叶片矩圆形、倒卵形,长 9~15cm,宽 3.7~5.2cm,顶端渐尖或尾尖,基部楔形至宽楔形,下沿,边缘为波状圆齿,侧脉 7~12 条,干时常黄色;叶柄长 1~2.5cm。穗状花序顶生;苞片大,长 1.5cm;花萼长 2.2cm;花冠长 5cm,冠筒长 4.5cm,冠檐长 5~6mm;雄蕊 4,花丝细长,伸出冠外,疏被长柔毛,花药 2 室,密被白色毛,基部稍叉开;花柱细长,柱头伸出筒外,高于花药。花期 8~11 月,果期 10~11 月。分布于厄瓜多尔;我国广东、海南、香港、云南有栽培。喜高温多湿和半阴环境,忌阳光直射,不耐寒。要求疏松、肥沃、水湿环境良好的土壤。播种繁殖。适合庭园、花坛布置,也适合家庭、宾馆和窗橱摆饰。

3.3.119.2 假杜鹃属 *Barleria* L.

草本或亚灌木,有时具刺。叶对生,生于长枝的叶大,常早落,腋生短枝的叶小。花单生或穗状花序,通常腋生;花大,无梗或具短梗;苞片小或无,小苞片有时成为 2 叉开的硬刺;花萼裂片 4,相对着生,外方 2 裂片较大;花冠筒直立或内弯,喉部扩大,冠檐裂片 5,双盖覆瓦状排列,近等大,整齐或稍 2 唇形;能育雄蕊 4 或 2,不育雄蕊 1 或 3,内藏或稍外露,花药 2 室,常先端相连而背面稍分开;子房 2 室,每室 2 胚珠,花柱线状,柱头 2 裂或全缘。蒴果卵形或长圆形,有时先端具实心的喙,每室有种子 1 或 2。种子卵形或近圆形,两侧压扁,通常被贴伏长毛,并外被一层膜,遇水湿胀起。约 230~250 种,主要分布于非洲、亚洲热带至亚热带地区,少数分布于欧洲、美洲,大部分为旱生植物;中国 4 种 1 变种,分布于南部及西南部。

假杜鹃 *Barleria cristata* L.
[Bluebell Falsecuckoo]

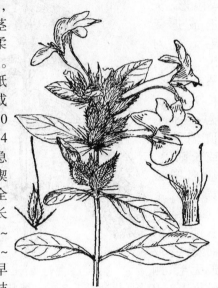

小灌木,高达 2m。茎圆柱状,被柔毛,有分枝。长枝叶片纸质,椭圆形或卵形,长 3~10cm,宽 1.3~4cm,先端急尖,基部楔形,下延,全缘,两面被长柔毛,侧脉 4~7 对;柄长 3~6mm;常早落;腋生短枝的叶片长 2~4cm,宽 1.5~2.3cm,具短柄。花密集于短枝叶腋,每腋 2 朵;苞片叶形,无柄;小苞片披针形或线形,3~7 脉,边缘被糙伏毛,有时有刺齿;外 2 萼片卵形至披针形,先端急尖,有刺齿,脉纹显著,内 2 萼片线形或披针形,1 脉,有缘毛;花冠蓝紫色或白色,2 唇形,花冠筒圆筒状,喉部渐大,冠檐 5 裂,裂片近相等,长圆形。蒴果长圆形,长 1.2~1.8cm。花期 11~12 月,果期冬春季。分布于我国台湾、福建、广东、海南、广西、四川、贵州、云南和西藏等省区;中南半岛、印度和印度洋一些岛屿也有分布,已在热带地区逸生,并栽培供观赏。喜阴湿、较耐旱,喜全日照至半日照。不择土壤,以疏松、排水良好的中性至微酸性壤土为佳。播种和扦插繁殖。宜在华南地区疏林下湿润地片植,盆栽可装饰阳台、窗台等处,也适合绿地、路边、庭院栽植观赏。

3.3.119.3 喜花草属 *Eranthemum* L.

小灌木或多年生草本。叶对生,椭圆形、卵形至披针形,全缘、浅波状或圆齿;具叶柄。穗状花序通常顶生;苞片大,长于花萼,具羽状脉;小苞片通常短于花萼;花萼 5 裂,通常狭三角形;花冠高脚碟状,花冠筒细长,喉部短,冠檐 5 裂,裂片近相等,近圆形或倒卵形,伸展;雄蕊 4,外方 2 雄蕊发育,着生于喉下部,花丝褶几延至花冠筒基部,内方的不育雄蕊棍棒状或线状,花药长圆形;子房每室有 2 胚珠,花柱无毛或有毛,柱头后裂片短于前裂片,背腹扁。蒴果棒状,每室2种子,具珠柄钩。种子两侧扁,被贴伏长毛,遇水伸展。约30种,分布于亚洲热带至亚热带地区的印度、斯里兰卡,东至小巽他群岛;我国4种1栽培种,分布于南部及西南部。

喜花草 *Eranthemum pulchellum* Andrews. [Lovableflower]

灌木,高达2m;枝4棱形,无毛或近无毛。叶对生,卵形,稀椭圆形,长9~20cm,宽4~8cm,顶端渐尖或长渐尖,基部圆或宽楔形,下延,全缘或有钝齿,两面无毛或近无毛,侧脉每边8~10条;叶柄长1~3cm。穗状花序顶生和腋生,长3~10cm,具覆瓦状排列的苞片;苞片大,叶状,白绿色,倒卵形或椭圆形,羽状脉,无缘毛;小苞片线状披针形,短于花萼;花萼白色;花冠蓝色或白色,高脚碟状,花冠筒外被微柔毛,冠檐裂片5,通常倒卵形,近相等。蒴果棒状,长1~1.6cm。花期冬春季。分布于印度及我国云南;我国华南部地区有栽培。喜温暖、湿润的环境,喜半荫,不耐寒。喜疏松、肥沃及排水良好的中性及微酸性土壤。扦插繁殖。花淡雅宜人,在暖地可用于庭院观赏,长江流域及其以北地区常盆栽观赏。

3.3.119.4 驳骨草属 *Gendarussa* Nees

亚灌木或多年生草本。叶对生,全缘。花近无梗,组成顶生穗状花序;苞片对生,每苞片中有花1至数朵;小苞片比花萼短;花萼近相等的5深裂,裂片三角状披针形;花冠2唇形,花冠筒圆柱状或基部稍阔,喉部稍扩大,上唇拱形,长圆状卵形,直立,内凹,下唇伸展,3裂,有喉凸,裂片覆瓦状排列;雄蕊2枚,花丝稍扁,向上渐细小,无毛,花药2室,具阔而斜的药隔,其中1室高于另一室的中部,较低的1室棒形,稍叉开且基部有尾状附属物;子房无毛,每室有胚珠2枚,花柱线形。蒴果狭棒状,具4种子,基部坚实。种子每室2粒。3种,分布在亚洲东南部印度至中国、菲律宾、马来西亚;我国2~3种,分布于广东、海南、台湾。

(1) 小驳骨(驳骨草) *Gendarussa vulgaris* Nees [Gendarussa]

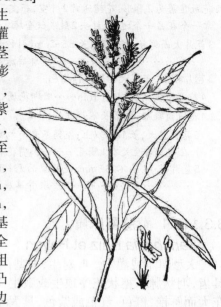

多年生草本或亚灌木,高1m;茎圆柱形,节膨大,枝对生,嫩枝常深紫色。叶纸质,狭披针形至披针状线形,长5~10cm,宽5~15mm,顶端渐尖,基部渐狭,全缘,中脉粗大,在背面凸起,侧脉每边6~8条;叶柄短于10mm。穗状花序顶生,下部间断,上部密花;苞片对生,花序下部的1或2对叶状,比花萼长,上部的小,比花萼短,内含花2至数朵;花萼裂片披针状线形,无毛或被疏柔毛;花冠白色或粉红色,上唇长圆状卵形,下唇浅3裂。蒴果长1.2cm,无毛。花期春季,夏季结果。亚洲热带地区广布;我国台湾、福建、广东、香港、海南、广西、云南有分布。喜高温高湿环境,要求生长环境的空气相对湿度在70~80%,湿度过低,下部叶片黄化、脱落,上部叶片无光泽。对冬季温度要求很严,当环境温度在10℃以下停止生长,在霜冻出现时无法安全越冬。扦插繁殖。我国南方常栽培为绿篱。

(2) 黑叶小驳骨 *Gendarussa ventricosa* (Wall. ex Sims.) Nees [Ventricose Gendarussa]

多年生粗壮草本或亚灌木,高约1m,除花序外全株无毛。叶纸质,椭圆形或倒卵形,长10~17cm,宽3~6cm,顶端短渐尖或急尖,基部渐狭,干时草黄色或绿黄色,常有颗粒状隆起,中脉粗大,两面凸起,侧脉每边6~7条,在背面半透明;叶柄长0.5~1.5cm。穗状花序顶生,密生;苞片大,覆瓦状重叠,阔卵形或近圆形,被微柔毛;花萼裂片披针状线形;花冠白色或粉红色,上唇长圆状卵形,下唇3浅裂。蒴果长约8mm,被柔毛。花期冬季,夏季结果。分布于我国广东、海南(东南部)、香港、广西、云南,野生或栽培;越南至泰国、缅甸也有分布。喜温暖湿润气候。扦插繁殖。在我国南方常植于花坛中。

3.3.119.5 鸭嘴花属 *Adhatoda* Mill.

大灌木或呈小乔木状。叶对生,全缘;有柄。穗状花序腋生、密花,每节2朵;总花梗粗壮而长;苞片大,边缘有时干膜质,交互对生,覆瓦状重叠;

无花梗；花萼小，深5裂，裂片披针状线形，等大；花冠大，白色或乳黄色，具卵形短冠筒，冠筒中部膨胀，两端收狭，喉部下侧扩大，冠檐2唇形，上唇直立，拱形，顶端浅2裂，下唇伸展，宽大，具喉凸，顶端深3裂，中裂片近圆形，侧裂片卵形，裂片覆瓦状排列；雄蕊2枚，花丝粗壮，基部被白色棉毛状毛，花药2室，相等或1大1小，稍叠生，1室稍高于另1室，基部无附属物或有球状附属物；子房每室有胚珠2枚，柱头单一。蒴果近木质，有毛或无毛，上部具4种子。种子压扁或稍压扁，圆形，具皱小瘤或蜂窝状，或平滑。约5种，分布于非洲、印度、马来西亚、中南半岛至我国（华南、西南）；我国1种，栽培或半野生。

鸭嘴花 *Adhatoda vasica* Nees　　[Malabarnut]

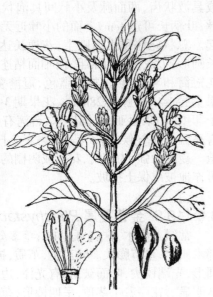

灌木，高达1~3m；枝圆柱状，灰色，有皮孔，嫩枝密被灰白色微柔毛；茎叶揉后有特殊臭气。叶纸质，矩圆状披针形或椭圆状卵形，长15~20cm，宽4~7.5cm，顶端渐尖，稀尾状，基部阔楔形，全缘，背面被微柔毛，中脉在上面具槽，侧脉每边约12条；叶柄长1.5~2cm。穗状花序稍伸长；花梗长5~10mm；苞片卵形或阔卵形，被微柔毛；小苞片披针形，稍短于苞片；萼裂片5枚，矩圆状披针形；花冠白色，有紫色条纹或粉红色，被柔毛，冠筒卵形；药室椭圆形，基部通常有球形附属物。蒴果近木质，长约0.5cm，上部具4粒种子，下部实心短柄状。几乎全年开花，但以夏季为盛花期。分布于我国海南、云南、广东、广西（南部），全国各地多有栽培；亚洲热带地区亦有分布。喜温暖湿润气候，不耐寒，较耐荫。播种或扦插繁殖。花形似鸭嘴，花瓣白色，内瓣着生紫红色条纹，是美丽的室内观赏花卉。南方可作绿篱地栽。

3.3.119.6 麒麟吐珠属 *Calliaspidia* Bremek.

草本。叶对生，等大，有柄。穗状花序顶生；苞片卵状心形，覆瓦状排列，仅2列生花，其余的无花；小苞片较苞片稍小，比花萼长1倍；花单生于苞腋；花萼深5裂，裂片狭窄，急尖；花冠白色，有红色糠秕状斑点，冠筒狭钟形，喉部短，冠檐2唇形，冠檐裂片近相等，覆瓦状排列，上唇直立，全缘或微缺，具柱槽，下唇3浅裂，具喉凸，不明显反折；雄蕊2枚，与上唇近等长，花药2室，药室一上一下，均具短尾；花盘马蹄形；子房每室有胚珠2枚，花柱无毛。蒴果棒状。种子两侧压扁状，无毛。1种，产墨西哥。我国有栽培。

虾衣花（虾衣草）*Calliaspidia guttata* (F. S. Brandegee) Bremek.　　[Shrimpplant]

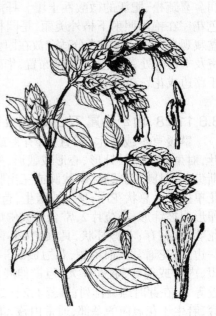

多分支的草本，高20~50cm；茎圆柱状，被短硬毛。叶卵形，长2.5~6cm，顶端短渐尖，基部渐狭而成细柄，全缘，两面被短硬毛。穗状花序紧密，稍弯垂，长6~9cm；苞片砖红色，被短柔毛；花萼白色，长为冠筒的1/4；花冠白色，在喉凸有红色斑点，伸出苞片之外，冠檐深裂至中部，被短柔毛。全年开花不断，但以春夏为盛。原产墨西哥。我国南方地区有栽培。喜阳光充足和暖热气候，不耐寒，较耐阴，忌暴晒。喜疏松、肥沃及排水良好的中性及微酸性土壤。扦插繁殖。常年开花，苞片宿存，重叠成串，似龙虾，十分奇特有趣。长江流域及其以北地区适宜盆栽，放在窗台、书房、阳台、室内高架上四季可观赏，南方可植于庭院的路边、墙垣边观赏。

3.3.119.7 珊瑚花属 *Cyrtanthera* Nees

灌木，茎粗壮。叶对生，宽大，具柄。聚伞圆锥花序顶生，极密，多花；苞片和小苞片比花萼长而宽，通常有色彩，柔软；花大而狭，深红色，美丽，在枝上偏向一侧；花萼不等5裂，裂片柔软，披针形；花冠张开，冠筒长，唇瓣不等深裂，上唇折叠成线状至镰刀形，下唇为伸长倒圆锥形，顶端3浅裂，裂片短，靠合，中央的通常较狭，顶端外弯折叠；雄蕊2，着生于冠筒基部，在上唇纵向贴生至中部，顶端弯曲，花药稍俯垂，通常半新月形，顶端外弯，2室，边缘膜质，龙骨状凸起的药隔分开使之偏向一侧，一室稍短，无芒。柱头钝。约10种，分布于美洲热带地区；我国常见栽培1种。

珊瑚花 *Cyrtanthera carnea* (Lindl.)Bremek.
[Fleshy Coraflower]

草本或半灌木，高约1m；茎4棱形，具叉状分枝。叶卵形、矩圆形至卵状披针形，长9~15cm，宽4.5~8.5cm，顶端渐尖，基部阔楔形，下延，全缘或微波状，侧脉每边6条；具叶柄。穗状花序组成圆锥花序状，顶生，长达8cm，整个花序一同脱落；苞片矩圆形，具柄，有缘毛；小苞片2枚，条形；花萼裂片5枚，条状披针形，近等大；花冠粉红紫色，具黏毛，2唇形，花冠筒稍短或与唇瓣等长，上唇顶端微凹，下唇反转，顶端3浅裂；雄蕊2，外露，着生于喉部，花丝丝状，2药室不等高，药隔宽。蒴果有4粒种子。几乎全年开花，但以夏末至初秋为盛花期。分布于巴西；我国温室或露地常有栽培。喜全日照或半日照，较耐阴，稍耐干燥或湿润。喜疏松、肥沃的微酸性土壤。扦插繁殖。红色花序在艳阳照射下格外美丽，是园林中常见的盆栽观赏花卉。盆栽十分适合放在阳台、客厅、卧室及书房等处，用于室内装饰布置，华南地区可用于路边或花坛栽培观赏。

3.3.119.8 山牵牛属 *Thunbergia* Retz.

攀援草本或灌木，稀直立，有毛或无毛。单叶，对生，卵形、披针形、心形或戟形，先端急尖或渐尖，有时圆，羽状脉、掌状脉或三出脉；具叶柄。花单生或为总状花序，顶生或腋生；苞片2，叶状，卵形或披针形；小苞片2，常合生或佛焰苞状包被花萼，常宿存；花萼杯状，具10~16小齿或退化成一边圈；花通常大而艳丽，花冠成漏斗状，花冠筒短，内弯或偏斜，喉部扩大，冠檐伸展，5裂，裂片近等大，在芽时螺旋排列；雄蕊4，2长2短，全部能育，着生于花冠筒的基部，通常内藏，花药2室，药室长圆形或卵球形，平行排列，近相等，基部常具有芒刺状附属物；花盘短环状或垫状；子房肉质，球形，2室，每室着生2并生胚珠，花柱线形，柱头2裂，全缘或流苏状。蒴果通常球形或稍背腹压扁，顶端具长喙，室背开裂，每室2种子。种子半球形至卵球形，无珠柄钩。约200种，产于中、南非洲及热带亚洲；我国9种2亚种，分布于东南、南部及西南部地区。

(1) **山牵牛** *Thunbergia grandiflora* (Rottl. ex Willd.)Roxb. [Bengal Clock-vine]

攀缘灌木。分枝多，小枝稍4棱形，老枝圆形，初密被柔毛，主节下有黑色巢状腺体及稀疏长毛。叶卵形、宽卵形至心形，长4~15cm，宽3~7.5cm，先端尖或钝，边缘2~8裂，上面被柔毛而粗糙，背面密被柔毛，通常5~7脉；叶柄长达8cm，被侧生柔毛。花单生叶腋或总状花序顶生；苞片小，卵形；花梗长2~4cm，被短柔毛，上部连同小苞片下部有巢状腺体；小苞片2，长圆卵形，先端被短柔毛，远轴面连合；花冠筒连同喉部白色，上部膨大，冠檐蓝紫色，裂片圆形或宽卵形，先端常微凹；雄蕊4。蒴果被短柔毛，径达13mm，喙长20mm。花期5~11月，果期12月。分布于我国广西、广东、海南、福建（鼓浪屿）；印度及中南半岛也有分布。喜阳光充足，土质湿润，排水良好的避风地。扦插繁殖。植株粗壮，覆盖面大，花繁密，花朵成串下垂，花期长。可供大型棚架、中层建筑、篱垣的垂直绿化用。

(2) **桂叶山牵牛** *Thunbergia laurifolia* Lindl. [Laurel Clock-vine]

常绿高大藤本，枝叶无毛；茎枝近4棱形，具沟状凸起。叶近革质，长圆形至长圆状披针形，长7~18cm，宽3~8cm，先端渐尖，基部圆或宽楔形，全缘或具波状齿，两面脉及小脉间具泡状凸起，三出主脉；叶柄长可达3cm，上面的小叶近无柄，具沟状凸起。总状花序顶生或腋生，花梗长达2cm；小苞片长圆形，边缘密被短柔毛，向轴面粘连成佛焰苞状；花冠筒和喉白色，冠檐淡蓝色，冠檐裂片圆形。蒴果直径14mm，喙长28mm。花果期3~11月。分布于印度、马来西亚；我国广东、台湾有栽培。喜光，喜高温多湿气候，耐干旱，不耐寒。扦插或分株繁殖。蔓延力强，为蔓篱、花廊或阴棚的绿化材料，亦可作地被或保土护坡。

3.3.119.9 金苞花属 *Phachystachys*

常绿亚灌木，株高可达1m；茎多分枝，直立，基部木质化，茎节膨大。叶对生，革质，披针形或长椭圆形，先端锐尖，叶面皱褶，有光泽，边缘波浪状，叶脉明显。花序着生茎顶，呈四棱形，苞片重叠整齐；花红色、乳白色，二唇形，从花序基部陆续向上绽开；雄蕊2枚。200余种，分布于美洲热带、亚热带地区；中国南部有栽培。

(1) **红珊瑚** *Phachystachys coccinea* (Aubl.)Nees
[Red Phachystachys, Cardinal's Guard]

常绿灌木，株高1~2.5m；枝直立或屈斜，嫩枝绿色，成熟枝深褐色。单叶对生，椭圆形或长卵形，长15~20cm，宽8~10cm，两端尖锐，有毛。穗状花序顶生；绿色心形苞片十字对生排列如麦穗，长可达15cm；花冠筒管状弯曲，鲜红色，花冠二唇状，下唇三裂；雄蕊2枚，突出。蒴果。花期春末至夏秋季。原产南美洲北部。我国常于温室盆栽观赏。喜半日照或全日照的温暖环境，夏季烈日曝晒叶片易失水凋萎，耐阴性强。播种或扦插繁殖。穗状花序十分优美，鲜红色的花朵亮丽，花序造型特殊，观赏性极高。

(2) **金苞花** *Phachystachys lutea* Nees
[Golden Phachystachys]

常绿草本或亚灌木,株高20~40cm,被毛,分枝多,茎节膨大。叶对生,长椭圆形,叶脉明显。穗状花序顶生;苞片重叠,金黄色;花聚生于茎端,由黄色苞片层叠而成,虾状;花冠白色,伸出苞片,二唇形。花期4~10月。分布于秘鲁和墨西哥。喜高温高湿和阳光充足的环境,比较耐阴,适宜生长温度18~25℃,冬季要保持5℃以上才能安全越冬。喜肥沃排水良好的轻壤土。扦插繁殖。株丛整齐,花色鲜黄,花期较长,观赏价值高。我国常于温室盆栽观赏。

3.3.119.10 单药花属 Aphelandra R.Br.

亚灌木状草本,茎肉质。单叶对生,长椭圆形,叶片墨绿色,中脉和侧脉淡黄色,对比明显。花序顶生,苞片金黄色,花期达2个月。分布于南美洲。

金脉单药花(单药爵床,单药花)
Aphelandra squarrosa Nees 'Dania'
[Zebra Plant]

常绿灌木状草本,株高25~30cm,冠径不足1m;枝叶密集。茎紫黑色,半肉质。单叶卵形,光滑,暗绿色,对生,革质,长椭圆形,长10~12cm,宽5~8cm,先端渐尖,基部楔形,全缘,微内卷,叶色浓绿,主脉及羽状侧脉呈明显的黄白色,具光泽。穗状花序,四面体形,顶生;花2唇形,金黄色,生于黄色苞片腋部,层层叠叠自下而上渐次开放。7~9月开花。分布于热带美洲(南美、墨西哥至巴西)。我国华南有栽培。喜温暖潮湿的气候,喜光照,忌直射阳光,炎夏宜放在半阴处。土壤以疏松、肥沃的腐叶土为好。扦插繁殖。叶色深绿,叶脉淡黄色,十分美丽,花穗金黄。适宜家庭、宾馆和橱窗布置,由于它基部叶片容易变黄脱落,用椒草、鸭跖草等矮生观叶植物配置周围,则具良好的观赏效果。品种:银脉单药花 'Louisae',中脉和侧脉白色。株高1m,冠径60cm。耐最低温度13℃。

3.3.119.11 鸡冠爵床属 Odontonema Nees

常绿灌木;单叶对生;穗状花序,花红色,花梗细长;花萼钟状,5裂;花冠长管形,二唇形,上唇2裂,下唇3裂;可孕雄蕊2,不孕雄蕊2;子房2室,上位,心皮2,合生,花柱1,柱头2裂。蒴果,背裂2瓣。约40种,分布于中美洲;我国南部地区引入1种。

鸡冠爵床(红苞花,鸡冠红,红楼花)
Odontonema strictum (Nees) O. Kuntze
[Mexican firespike, Scarlet Flame]

常绿小灌木,丛生,株高60~120cm;茎枝自地下伸长,圆柱形,茎节肿大,分枝少。叶对生,卵状披针形或卵圆形,先端渐尖,基部楔形,叶面有波皱。穗状花序;花红色,花梗细长;花萼钟状,5裂;花冠长管形,二唇形,上唇2裂,下唇3裂;可孕雄蕊2,不孕雄蕊2;2室2心皮,子房上位,花柱1,柱头2裂;蒴果,2瓣背裂。花期9~12月。分布于中美洲热带雨林地区;我国华南热带地区及武汉植物园有栽培。喜全日照,生长适宜温度18~28℃,喜湿润也耐旱。不择土壤,以肥沃的中性或微酸性壤土为佳。扦插繁殖。可植于公园、路边、林下、墙垣边观赏,盆栽可装饰阳台、卧室或书房。

3.3.120 紫葳科 Bignoniaceae

乔木、灌木或木质藤本,稀为草本;常具有各式卷须及气生根。叶对生、互生或轮生,单叶或羽叶复叶,稀掌状复叶;顶生小叶或叶轴有时呈卷须状,卷须顶端有时变为钩状或为吸盘而攀援它物;无托叶或具叶状假托叶;叶柄基部或脉腋处常有腺体。花两性,左右对称,通常大而美丽,组成顶生、腋生的聚伞花序、圆锥花序或总状花序或总状式簇生;苞片及小苞片存在或早落。花萼钟状、筒状、平截,或具2~5齿,或具钻状腺齿。花冠合瓣,钟状或漏斗状,常二唇形,5裂,裂片覆瓦状或镊合状排列。能育雄蕊通常4枚。种子通常具翅或两端有束毛。约120属,650种,广布于热带、亚热带,少数种类延伸到温带,但欧洲、新西兰不产。我国有12属,约35种,南北均产,但大部分种类集中于南方各省区;引进栽培的有16属,19种。

分属检索表
1子房1室,具侧膜胎座;果实不开裂;种子无翅;乔木或灌木。
  2叶具指状3小叶或为单叶;花簇生;果实生于老茎上,木瓜状··················葫芦树属 Crescentia
  2叶为奇数1回羽状复叶;花组成顶生、下垂的圆锥花序;果实悬挂在树梢顶端下垂的果序轴上,肥硕,粗棒状······
··吊灯树属 Kigelia
1子房2室; 蒴果开裂;种子具翅。
  3蒴果室间开裂。
    4一回羽状复叶;藤本或藤状灌木;蒴果线形、椭圆形,扁平;隔膜薄··················炮仗藤属 Pyrostegia
    4二至三回羽状复叶;乔木··········木蝴蝶属 Oroxylum
  3蒴果室背开裂。
    5单叶;能育雄蕊2枚;种子两端有束毛··················
··梓属 Catalpa
    5羽状复叶或掌状复叶;能育雄蕊4;种子具有膜质透明翅。
      6花萼佛焰苞状。
        7一回羽状复叶;顶生总状花序;蒴果长圆柱形,外密被褐色长棉毛,猫尾状······猫尾木属 Dolichandrone
        7二回羽状复叶;缩短的总状花序生于老茎上;蒴果线形,无毛··················火烧花属 Mayodendron
      6花萼钟状。
        8藤本或草本··················凌霄属 Campsis

8 乔木或灌木;一至三回羽状复叶。
9 蒴果不狭长,呈扁卵圆球形;叶为奇数二回羽状复叶,小叶多数,小,长6~12mm;花冠蓝色·················· 蓝花楹属 Jacaranda
9 蒴果狭长,圆柱形、线形或狭长圆形;叶为一回羽状复叶(菜豆树属有的种具二回羽状复叶),叶轴无翅。
10 花大型,花冠直径1.5~4cm;花萼亦大,宽1~2cm·················· 火焰树属 Spathodea
10 花小型,花冠喉部直径不足1cm;花萼小,直径不足1cm·················· 菜豆树属 Radermachera

3.3.120.1 梓树属 Catalpa Scop.

落叶乔木;叶对生,稀轮生,单叶,揉之后有气味;花两性,排成顶生的圆锥花序;萼二唇形或不规则的开裂;花冠钟形,二唇形,上唇2裂,下唇9裂;发育雄蕊2枚,内藏;子房2室,有胚珠多颗;长柱形的蒴果,2裂;种子两端有束毛。约13种,分布于美洲和东亚;中国连引入种共5种1变型,除南部外,各地均有分布。

分种检索表
1 聚伞花序或圆锥花序;花淡黄色或洁白色。
  2 花黄白色;蒴果果爿宽4~5mm;种子小·················· 梓 Catalpa ovata
  2 花纯白色;蒴果果爿宽10mm;种子大·················· 黄金树 Catalpa speciosa
1 伞房花序或总状花序;花淡红色或淡紫色。
  3 叶三角状卵心形;花序少花;第二次分枝简单;分布较北·················· 楸 Catalpa bungei
  3 叶卵形;花序多花;第二次分枝复杂;分布较南·················· 灰楸 Catalpa fargesii

(1)梓树 Catalpa ovata G. Don.
[Ovate Catalpa]

落叶乔木,高10~20m。树冠开展,树皮灰褐色,纵裂。叶对生或3叶轮生,广卵形或近圆形,先端突渐尖,基部浅心形,有毛,背面基部脉腋有紫斑。圆锥花序顶生,花冠淡黄色,内有黄色条纹及紫色斑纹。蒴果细长。花期5月;果熟期7~9月。原产我国,分布很广,东北、华北,南至华南北

部,以黄河下游为分布中心。喜光,稍耐阴,颇耐寒,喜深厚、肥沃、湿润土壤,不耐干旱贫瘠;对氯气、二氧化硫和烟尘的抗性均强。播种、扦插或分蘖繁殖。冠大荫浓,可做行道树、庭荫树,及村旁、宅旁绿化材料。

(2)楸树 Catalpa bungei C. A. Mey
[Manchurian Catalpa]

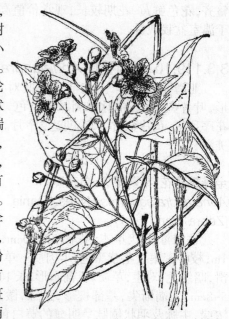

乔木,高30m。树干耸直。小枝灰绿色。叶对生或轮生,三角状卵形,顶端尾尖,全缘,两面无毛,背面叶脉有紫色腺斑。总状花序伞房状顶生,花冠浅粉色,内面有紫红色斑点。长蒴果。花期4~5月;果期7~8月。主产黄河流域和长江流域。喜光,喜温暖湿润气候,不耐严寒,不耐干旱和水湿,喜中性土,微酸性土及钙质土。对二氧化硫及氯气有抗性。播种、分蘖或嫁接繁殖。宜作庭荫树及行道树;孤植于草坪中也极适宜;于建筑配植更能显示古朴、苍劲之树势;也可与假山配置。变型:滇楸(光叶灰楸)f. duclouxii Dode,叶下面无毛。

3.3.120.2 葫芦树属 Crescentia L.

乔木或灌木,无卷须。掌状复叶或单叶,对生或互生。花簇生于叶丛中或老茎上。花萼在花期2~5深裂。花冠左右对称,筒状,喉部膨大,前端有深横皱,檐部裂片5,边缘具齿。雄蕊4,2强,内藏或略外露;花药叉开。花盘浅,环状。子房1室,侧膜胎座,胚珠多数。果实近球形,葫芦状,不开裂,果皮坚硬,内有纤维状组织。种子多数,不具长毛,无翅。5种,分布于美洲热带,现已在热带广为栽培;我国广东、福建、海南、台湾、云南南部等地栽培2种。

(1)十字架树(叉叶木)Crescentia alata H. B. K.
[Cross Tree]

常绿灌木,高3~6m。叶簇生,掌状复叶,小叶3枚,长倒披针形至倒匙形,侧生小叶2枚,长1.5~6cm,宽1.5~2cm,顶生小叶长5~8cm,宽1.5~2cm,

几无柄;叶柄长4~10cm,具阔翅。花1~2朵生于小枝或老茎上;花梗长约1cm;花萼2裂达基部,淡紫色;花冠褐色,具有紫褐色脉纹,近钟状,具褶皱,喉部常膨胀成浅囊状,檐部5角形;雄蕊4,插生于花冠筒下部,花药个字形着生,外露;花盘环状,淡黄色;子房淡黄色,花柱长6cm,柱头薄片状,2裂。浆果近球形,径5~7cm,光滑,不开裂,淡绿色。花期10~12月,观果期长达数月。分布于墨西哥至哥斯达黎加,现已在菲律宾、爪哇、印度尼西亚、大洋洲广泛栽培;我国广东、香港、福建、云南有栽培。喜高温湿润的气候,不耐干旱和寒冷,对土壤要求不严,抗性强,较少发生病虫害。播种、扦插或压条繁殖。可用来布置公园、庭院、风景区和高级别墅区等,孤植、列植或片植均可。

(2)葫芦树(炮弹果) *Crescentia cujete* L.

常绿乔木,高5~18m;枝条开展,分枝少。叶2~5枚丛生,大小不等,阔倒披针形,长10~16cm,宽4.5~6cm,顶端微尖,基部狭楔形,羽状脉,中脉被棉毛。花单生于小枝上,下垂;花萼2深裂,裂片圆形;花冠钟状,微弯,一侧膨胀,一侧收缩,淡绿黄色,具有褐色脉纹,裂片5,不等大,花冠夜间开放,发出一种恶臭气味,蝙蝠传粉。浆果卵圆球形,长18~20cm,径9~13cm,无毛,黄色至黑色,果壳坚硬。花期秋季,果熟期翌年4~6月。分布于热带美洲;我国广东(广州)、福建、台湾(竹头角)等地有栽培。喜光树种,稍耐阴。对土壤要求不严,以排水良好的沙壤土为佳,不耐干旱瘠薄。播种繁殖。主干通直而树枝广展,花形奇特,浆果大型。适于作行道树,花园角隅配植。

3.3.120.3 猫尾木属
Dolichandrone(Fenzl)Seem.

乔木。叶对生,为奇数一回羽状复叶。花大,黄色或黄白色,由数花排成顶生总状聚伞花序。花萼芽时封闭,开花时一边开裂至基部而成佛焰苞状,外面密被灰褐色棉毛。花冠筒短,钟状,裂片5,近相等,圆形,厚而具皱纹。雄蕊4,2强,两两成对。蒴果长柱形,扁,外面被灰黄褐绒毛,似猫尾状,隔膜木质,扁,中间有1中肋凸起。种子长椭圆形,每室2列,薄膜质,两端具白色透明膜质阔翅。约12种,分布于非洲和热带亚洲;我国2种2变种。

分种检索表
1 花大,黄色,直径10~15cm,花冠筒基部直径1.5~2cm;果粗而长,长50cm,粗4cm;种子连翅长5.5~6.5cm⋯⋯⋯⋯ 猫尾木 *Dolichandrone cauda-felina*
1 花较小,黄白色或微紫色,花冠筒红褐色,直径约10cm,基部直径1~1.5cm;果稍短小,长36cm,粗2~4cm;种子连翅长3.5~5cm⋯⋯⋯ 西南猫尾木 *Dolichandrone stipulata*

(1)猫尾木 *Dolichandrone cauda-felina* (Hance)Benth. et Hook. f. [Cattailtree]

常绿乔木,高达15m;树皮灰黄色,薄片状脱落。羽状复叶对生。小叶9~13,长椭圆形至卵形,长5~20cm,基部常歪斜,全缘或中上部有细齿,总叶柄基部常有托叶状退化单叶。花冠漏斗状,径10~12cm,基

部暗紫色,上部黄色,裂片5,发育雄蕊4,花萼一边开裂;顶生总状花序。蒴果下垂,长30~60cm,径2~3cm。密被绒毛,状如猫尾;种子两边有翅。秋冬开花,翌年8~9月果熟。分布于我国广东、海南、广西、云南、福建有栽植;泰国、老挝、越南也有分布。喜光,喜温暖湿润气候,适宜生长在肥沃疏松土壤。播种繁殖。花大美丽,果粗长、悬垂,可作庭园观赏树和行道树。

(2)西南猫尾木 *Dolichandrone stipulata*(Wall.) Benth. et Hook. f [SW China Cattailtree]

叶两面近无毛;花较小,筒部较细而红褐色,花冠黄白色,径达10cm;果也较短小,长达35cm,径1~1.5cm。产我国云南及东南亚地区。花期9~12月,果期2~3月。分布于我国云南(南部)、海南、广西;越南、泰国、老挝、柬埔寨、缅甸也有分布。耐阴,喜湿润、肥沃土壤。播种繁殖。可栽培于庭院观赏。

3.3.120.4 火焰树属 *Spathodea* Beauv.

常绿乔木。奇数羽状复叶大型,对生。伞房状总状花序顶生,密集。花萼大,佛焰苞状。花冠阔钟状,橘红色,基部急骤收缩为细筒状,裂片5,不等大,阔卵形,具纵皱褶。雄蕊4,2强,着生于花冠筒上,花丝无毛,花药大,个字形着生。子房狭卵球形,2室,柱头2裂,扁平。蒴果,细长圆形,扁平,室背开裂;果瓣与隔膜垂直,近木质。种子多数,具膜质翅。约20种,主要分布于热带非洲、巴西,稀分布于印度、澳大利亚;我国栽培1种。

火焰树 *Spathodea campanulata* Beauv. [Flamtree]

常绿乔木,高12~20m。羽状复叶对生,小叶

9~19，卵状长椭圆形至卵状披针形，长达10cm，全缘，近光滑。花萼佛焰苞状，革质，长约6cm，花冠钟状，略二唇形，长达12.5cm，猩红色。雄蕊4；顶生伞房状总状花序；2~3月开花。蒴果长椭球形，两端尖，长约20cm，径约5cm。原产热带非洲；我国云南西双版纳有引种栽培。热带速生树种，喜光、耐热、耐旱、耐湿、很不耐寒。枝脆不耐风，易移植，耐修剪，喜萌发。播种繁殖。树冠如伞，树姿婆娑，枝叶茂盛，花大鲜艳，又为红色，因此被誉为"冬天里的一把火"，具有极高的观赏性。可作绿篱、行道树或错落有致地栽植于草坪之上，点缀于庭园深处，也作为风景林地的配植，体现自然野趣，此外还可以作盆景和插花材料。

3.3.120.5 吊灯树属 *Kigelia* DC.

乔木。奇数羽状复叶，对生。圆锥花序，疏散，下垂，具长柄；花萼钟状，微2唇形，肉质，萼齿5，不等大；花冠钟状漏斗形，巨大，花冠裂片5，开展，二唇形；雄蕊4，2强；花盘环状；子房1室，胚珠多数。浆果长圆柱形，腊肠状，肿胀，坚硬，不开裂，悬挂于小枝之顶，具长柄。种子无翅，陷于木质果肉之中。约3~10种，分布于非洲；现广泛在热带作为观赏树种栽培；我国广东、云南（南部）栽培1种。

吊灯树（吊瓜树） *Kigelia africana* (Lam.) Benth. [Sausagetree]

乔木，高13~20m。奇数羽状复叶交互对生或轮生，叶轴长7.5~15cm；小叶7~9枚，近革质，长圆形或倒卵形，顶端急尖，基部楔形，全缘，被微柔毛，羽状脉。圆锥花序生于枝顶，花序轴下垂，长50~100cm，有花6~10朵；花萼钟状，革质，3~5齿裂；花冠二唇形，橘黄色或褐红色，裂片卵圆形，花冠筒外面具纵肋；雄蕊4，2强，外露，花药个字形；花盘环状；子房1室，胚珠多数，柱头2裂。浆果下垂，圆柱形，长约38cm，径12~15cm，坚硬，肥硕；果柄长约8cm。种子多数，镶于木质果肉内。花期秋季至春季，夜晚开花。分布于热带非洲、马达加斯加；我国广东（广州）、海南、福建（厦门）、台湾、云南（西双版纳）均有栽培。喜高温、湿润、阳光充足的环境。生长适温22~30℃。对土壤的要求不严，在土层深厚、肥沃、排水良好的沙质土壤中生长良好。播种繁殖。树姿优美，夏季开花成串下垂，花大艳丽，特别是其悬挂之果形似吊瓜，经久不落，新奇有趣。可用来布置公园、庭院、风景区和高级别墅等处，可孤植、列植或片植。

3.3.120.6 火烧花属 *Mayodendron* Kurz

乔木。三数二回羽状复叶，对生，小叶全缘。短总状花序着生于老茎上或短侧枝上。花萼佛焰苞状，一边开裂，外面密被细柔毛；花冠筒状，橙黄色，基部收缩，檐部裂片5，圆形，近相等，反折；雄蕊4，两两成对，近等长，着生于花冠筒近基部，花药个字形着生；花盘环状；子房2室，长圆柱形，柱头外露，舌状扁平，2裂。蒴果线形，细长，室间开裂，果爿2，薄革质。种子在胎座每边2列，多数，薄膜质，两侧具白色透明膜质翅。1种，分布于我国南部；越南、老挝、缅甸、印度也有分布。

火烧花 *Mayodendron igneum* (Kurz) Kurz [Brightred Fireflower]

落叶乔木，高达15m。叶对生，三出多回羽状；小叶椭圆形，长6~11cm，顶端尾尖，基部不等楔形，全缘，无毛。总状花序，生短侧枝顶或小枝干上；花萼佛焰苞状，一边开裂，被毛；花冠坛状，膨大，橙黄色，裂片小，半圆形；雄蕊4枚，退化雄蕊短而无花药。蒴果狭条形，细弱，长达35cm，2瓣裂，果瓣薄；种子多列，矩圆形，具膜质半透明的翅。花期2~5月，果期5~9月。产我国云南；缅甸也有。喜高温、高湿和阳光充足的环境，耐干热和半荫，不耐寒冷，忌霜冻。生长适温23~30℃，能耐0℃左右的温度。喜土层深厚、肥力中等、排水良好的中性至微酸性土壤，不耐盐碱。播种或扦插繁殖。优良的园林树种，可用于公园、庭院及风景区等作行道树或庭院观赏树。

3.3.120.7 菜豆树属 *Radermachera* Zoll. et Mor.

乔木，当年生嫩枝具黏液。一至三回羽状复叶，对生；小叶全缘，具柄。聚伞圆锥花序顶生或侧生，苞片及小苞片线状或叶状；花萼在芽时封闭，钟状，顶端5裂或平截；花冠漏斗状钟形或高脚碟状，有花冠筒，檐部微呈二唇形，裂片5，圆形，平展；雄蕊4，2强，退化雄蕊常存在；花盘环状，稍肉质；子房圆柱形，胚珠多数，花柱细长，内藏，柱头舌状，扁平，2裂。蒴果细长，圆柱形，有时旋扭状，有2棱；隔膜扁圆柱形，木栓质，每室有2列种子。种子微凹入隔膜中，扁平，两端具白色透明的膜质翅。16种，分布于亚洲热带地区的印度至中国、菲律宾、马来西亚、印度尼西亚。我国7种,分布于广东、广西、云南、台湾。

分种检索表
1花冠较大,白色至淡黄色,长6~8cm;蒴果大,长达85cm,粗约1cm;二回羽状复叶,小叶卵形至卵状披针形,长4~7cm,宽2~3.5cm·················菜豆树 Radermachera sinica
1花冠较小,淡黄色,钟状,长3.5~5cm,直径约15mm,最细部分直径5mm;蒴果长40cm,粗约5mm,一至二回羽状复叶··············海南菜豆树 Radermachera hainanensis

(1) 菜豆树 *Radermachera sinica*(Hance) Hemsl. [Asia Belltree]

落叶乔木,高达12m;树皮深纵裂。一至三回奇数羽状复叶对生,小叶卵形至椭圆状披针形,长3~7cm,先端尖,全缘。花冠漏斗状,端5裂,多少二唇形,黄白色,二强雄蕊;顶生圆锥花序。蒴果细长如豇豆,通常扭曲;种子两侧有膜质翅。花期5~9月,果期10~12月。分布于我国台湾、广东、海南、广西、贵州、云南等地;印度、菲律宾、不丹等国也有分布。喜高温多湿、阳光充足的环境,畏寒冷,宜湿润,忌干燥。适生于疏松肥沃、排水良好、富含有机质的壤土和沙壤土。播种和扦插繁殖。适合作中小型盆景,可摆放在阳台、卧室、门厅等处。在华南地区可栽作园林绿化树和行道树。

(2) 海南菜豆树 *Radermachera hainanensis* Merr. [Yunnan Belltree]

常绿乔木,高达20m。一至二回羽状复叶(或仅有小叶5片)对生,小叶卵形至卵状椭圆形,长4~10cm,先端渐尖,基部广楔形。花萼2~5裂,花冠漏斗状5裂,淡黄至黄绿色;2~4朵成腋生短总状花序。蒴果长40cm,径约5mm。花期4~7月和11月至翌年1月,果期秋季及春季。产广东、云南和海南。喜光,耐半阴,喜暖热湿润气候及肥沃湿润而排水良好的土壤,较耐干旱瘠薄土壤。播种繁殖。树形美观,树姿优雅,花香淡雅。可作为热带、南亚热带地区城镇、街道、公园、庭院等园林绿化的优良树种。

3.3.120.8 蓝花楹属 Jacaranda Juss.

乔木或灌木。二回羽状复叶,稀为一回羽状复叶,互生或对生;小叶多数,小。花蓝色或青紫色,组成顶生或腋生的圆锥花序;花萼小,截平或5齿裂,萼齿三角形;花冠漏斗状,檐部略呈2唇形,裂片5,外面密被细柔毛;雄蕊4,2强,退化雄蕊棒状;花盘厚,垫状;子房2室,上位,柱头棒状,胚珠多数,每室1~2列。蒴果木质,扁卵圆球形,迟裂。种子扁平,周围具透明的翅。约50种,分布于热带美洲。我国引入栽培2种,为美丽的庭园观赏树。

分种检索表
1叶被微柔毛,有小羽片16对以上,每1小羽片有小叶10对以上;花长15~18cm··············蓝花楹 Jacaranda mimosifolia
1叶无毛,有小羽片8~15对,每1小羽片有小叶8对以下;花长不超过5cm··············尖叶蓝花楹 Jacaranda cuspidifolia

(1) 蓝花楹 *Jacaranda mimosifolia* D. Don [Jacaranda]

落叶乔木,高达15m。二回羽状复叶,对生,羽片通常在16对以上,每1羽片有小叶16~24对;小叶椭圆状披针形至椭圆状菱形,长6~12mm,宽2~7mm,顶端急尖,基部楔形,全缘。花序长达30cm,径约18cm;花萼筒状,萼齿5;花冠筒细长,蓝色,下部微弯,上部膨大,花冠裂片圆形;雄蕊4,2强,花丝着生于花冠筒中部;子房圆柱形,无毛。蒴果木质,扁卵圆形,长宽均约5cm,中部较厚,四周逐渐变薄,不平展。花期5~6月。分布于南美洲的巴西、玻利维亚、阿根廷。我国广东(广州)、海南、广西、福建、云南南部(西双版纳)有栽培。喜温暖湿润、阳光充足的环境,不耐霜雪。对土壤条件要求不严,在一般中性和微酸性的土壤中都能生长良好。播种或扦插繁殖。树冠绿荫如伞,叶纤细似羽,蓝花朵朵,秀丽清雅,十分雅丽清秀。华南地区城市可栽作行道树、庭阴树和风景树,草坪上丛植数株,格外适宜。

(2) 尖叶蓝花楹 *Jacaranda cuspidifolia* Mart. [Sharpleaf Jacaranda]

落叶乔木,高达9m。二回羽状复叶具羽片8~10对,每羽片具小叶8~15对,小叶披针形,长约2.5cm,具凸尖头,无毛。花冠蓝紫色,长约4cm;春夏开花。蒴果长约7.5cm。原产巴西及阿根廷;我国广东、福建、云南有栽培。喜温暖湿润气候,不耐寒。对土壤要求不严,在疏松肥沃土壤生长良好。播种繁殖。树冠伞状,叶似蕨类,花蓝紫色,南方可栽植于庭院或作行道树,北方可盆栽,既可观花,又可观叶。

3.3.120.9 木蝴蝶属 *Oroxylum* Vent.

小乔木，少分枝。二至三回羽状复叶，对生，着生于茎的近顶端；小叶卵形，全缘。总状花序顶生，直立；花萼大，紫色，肉质，阔钟状，顶端近平截；花冠紫红色，钟状，檐部微二唇形，裂片5，开展，圆形，边缘波状；雄蕊4，微2强，退化雄蕊较短，插生于花冠管中部，花丝细长，扁平，花药椭圆形，2室；花柱丝状，柱头舌状扁平。蒴果长披针形，巨大，木质，扁平，长达1m，2瓣裂，隔膜木质扁平。种子多列，极薄，扁圆形，周围具白色透明的膜质翅。约2种，分布于越南、老挝、泰国、缅甸、印度、马来西亚、斯里兰卡。我国1种，分布于四川、贵州、云南、广西、广东、福建、台湾。

木蝴蝶 *Oroxylum indicum* (L.) Kurz
[India Trumpetflower]

小乔木，高达12m。叶大型，二至四回的羽状复叶对生，长60~130cm，小叶卵形，长12cm，全缘。花冠钟形，端5裂，淡紫色或橙红色，径达8.5cm，雄蕊5，花萼肉质；成顶生直立的总状花序。蒴果大，长而扁平，木质，长30~90cm；种子多数，薄而周围有膜质阔翅。花期7~10月，果期10~12月。产我国西南部至南部；印度及东南亚也有。喜高温高湿环境，对冬季的温度要求很严，在有霜冻出现的地区不能安全越冬，喜欢阳光充足，也耐半阴。播种和扦插繁殖。在华南可用于庭院观赏。

3.3.120.10 风铃木属（掌叶紫葳属） *Tabebuia* Gomes ex A. P. de Candolle

常绿或落叶，灌木或乔木；树干分枝多，树冠圆伞形，树皮有灰白斑点，平滑；小枝细长，圆柱形，直立或斜升。掌状复叶，对生；小叶纸质，全缘或有锯齿；小叶柄细长。圆锥花序顶生；花多数，紫红色至粉红色，有时呈白色或黄色，无香味，多同时开放；花萼小，钟形，先端截平，具腺毛状鳞片；花冠阔漏斗形或风铃状，先端5裂，裂片阔卵形；雄蕊4枚，着生于花冠下部；子房有腺状鳞片。蒴果线形或圆柱形。约100种，分布于美洲；我国南部引入2~3种。

(1) **黄花风铃木（掌叶紫葳）** *Tabebuia chrysantha* (Jacq.) Nichols. [Golden Trumpet Tree]

常绿灌木或小乔木，高3~12m；树冠圆伞形，树皮灰色，鳞片状开裂；小枝有毛。掌状复叶，对生，叶柄长3~5cm；小叶3~5枚，纸质，叶片卵形或倒卵形，长20~25cm，宽6~9cm，先端渐尖，基部钝或渐狭，边缘具疏锯齿，被细毛，黄绿至深绿色，侧脉每边6~9条，小叶柄长，被褐色细茸毛。圆锥花序顶生；花大型，多数；花萼小，钟形；花冠漏斗状或风铃状，鲜黄色，边缘皱曲。蒴果长可达30~35cm，开裂时多重反卷，向下开裂。种子带薄翅，有绒毛。花期3~4月，果期5~6月。分布于墨西哥、中美洲、南美洲；我国南方有栽培。性强健，阳性树种，喜光不耐阴。喜高温，耐热、耐旱、耐瘠，不耐寒。播种、扦插繁殖。巴西国花。树形整齐美观，春天枝叶扶疏，清明节前后满树绽放黄花，花团锦簇；夏天长叶结果；秋天枝叶繁盛，一片绿油油的景象；冬天枯枝落叶，呈现出凄凉之美，一年四季展现出不同的独特风景。

(2) **蔷薇风铃木** *Tabebuia rosea* (Bertol.) DC. [Pink Trumpet Tree]

常绿乔木；小叶5(3)，长10~13cm，全缘。花冠钟状5裂，径6~7cm，裂片曲皱，玫瑰红至淡紫色或白色，中心鲜黄色。花期春末至夏初。原产热带美洲。华南有栽培。播种或扦插繁殖。花大而美丽，花期长，宜作庭园观赏。

3.3.120.11 黄钟花属 *Stenolobium* D. Don

灌木或小乔木。小叶有锯齿。花美丽，排成顶生的总状花序或圆锥花序；萼钟形，5裂；花冠漏斗状或钟状，花筒基部收缩，内面有毛；雄蕊4，2长2短，内藏；子房2室，胚珠多数。蒴果，线形。种子有翅。约10种，分布于美洲；我国引入栽培1种，云南、广东等地有栽培。

黄钟花 *Stenolobium stans* (L.) Seem. [Yellow Bells]

常绿灌木或小乔木，高6~9m。羽状复叶对生，小叶5~13，披针形至卵状长椭圆形，长达10cm，有锯齿。顶生总状花序，花密集。花冠亮黄色，漏斗状钟形，长达5cm，端5裂，二强雄蕊，花萼5浅裂。蒴果细长，长达20cm；种子有2薄翅。花期冬末至夏季。原产美国南部、中美至南美，热带地区广泛栽培；我国华南有引种。喜光，喜暖热气候，不耐寒。播种或扦插繁殖。花黄色亮丽，花期长，在暖地宜植于庭园观赏。

3.3.120.12 硬骨凌霄属 *Tecomaria* Spach

半攀援状灌木。奇数羽状复叶，对生；小叶有锯齿。花黄色或橙红色，排成顶生的总状花序或圆锥花序;花萼钟状,5齿裂;花冠漏斗状,二唇形;雄蕊伸出花冠筒外;花盘杯状;子房2室。蒴果线形,略扁。2种,分布于非洲;我国引入栽培1种,广州常见栽培。

硬骨凌霄(南非凌霄) *Tecomaria capensis* (Thunb.) Spach　　[Cape Honeysuckle]

常绿半攀援性灌木,高达4.5m;羽状复叶对生,小叶5~9,广卵形,长1~2.5cm,有锯齿。顶生总状花序;花冠橙红色,长漏斗状,筒部稍弯,端部5裂,二唇形,雄蕊伸出筒外。蒴果扁线形。花期6~9月。原产南非好望角。我国华南有露地栽培,长江流域及北方城市多温室盆栽观赏。喜光,耐半阴,喜肥沃湿润土壤,耐干旱,不耐寒。播种繁殖。耐修剪,是美丽的观赏花木。品种:黄花硬骨凌霄'Aurea',花黄色。

3.3.120.13　凌霄属 *Campsis* Lour.

落叶攀援性木质藤本,有气生根。一回奇数羽状复叶,对生;小叶有粗锯齿。花大,红色或橙红色,组成顶生聚伞或短圆锥花序;花萼钟状,近革质,不等的5裂;花冠钟状漏斗形,在花萼以上膨大,檐部微呈二唇形,裂片5,大而开展,半圆形;雄蕊4,2强,弯曲,内藏;子房2室,基部围以花盘。蒴果长而具柄,室背开裂,由隔膜上分裂为2果瓣,果瓣革质。种子多数,扁平,有半透明的2膜质翅。共2种,1种分布于北美洲;另1种分布于中国、日本。

分种检索表
1 小叶7~9枚,叶下面无毛;花萼5裂至1/2处,裂片大,披针形·················凌霄 *Campsis grandiflora*
1 小叶9~11枚,叶下面被毛,至少沿中脉及侧脉及叶轴被短柔毛;花萼5裂至1/3处,裂片短,卵状三角形·················厚萼凌霄 *Campsis radicans*

(1) 凌霄 *Campsis grandiflora* (Thunb.) Schum.　　[Chinese Trumpet Creeper]

落叶藤木,达10m。树皮灰褐色。羽状复叶对生,小叶7~9,长卵形至卵状披针形,基部不对称,缘具粗锯齿。顶生圆锥花序,花萼钟状,花冠唇状漏斗形,鲜红色或橘红色。蒴果长如豆荚,2瓣裂。花期6~8月;果熟期7~9

月。原产我国中部、东部。喜光而稍耐阴,喜温暖湿润,颇耐寒,耐旱忌积水,喜微酸性、中性土壤。扦插和埋根繁殖。为庭园中棚架、花门之良好绿化材料;用以攀援墙垣、枯树、石壁、均极适宜;还可点缀于假山间隙,繁华艳彩;是垂直绿化的良好材料。

(2) 美国凌霄(厚萼凌霄) *Campsis radicans* (L.) Seem.　　[American Trumpet Creeper]

与凌霄相似,主要不同点是:小叶较多,9~13枚,背面至少脉上有毛;花冠较小,橘黄或深红色;花萼棕红色,质地厚,无纵棱,裂得较浅;蒴果先端尖。原产北美。喜温暖湿润,耐寒性比凌霄强,喜光,稍耐庇荫,耐干旱,也较耐水湿。对土壤要求不严,喜肥沃而排水良好的沙壤土。萌蘖性强。播种、扦插、压条、分株繁殖。我国各地普遍栽培。多用于园林、庭院、石壁、墙垣、假山及枯树下、花廊、棚架、花门等处垂直绿化。

3.3.120.14　粉花凌霄属 *Pandorea* Spach

半蔓性灌木。奇数羽状复叶,对生;小叶全缘或有锯齿。花白色或粉红色,排成顶生的圆锥花序;花萼小,钟状,5齿裂;花冠漏斗状钟形,裂片覆瓦状排列;雄蕊4,内藏;花盘环状。蒴果长椭圆形,木质。种子阔椭圆形,有翅。8种,分布于大洋洲和马来西亚;我国引入栽培1种。

粉花凌霄 *Pandorea jasminoides* (L.) Schum.　　[Jasmine Pandorea]

常绿半蔓性灌木。奇数羽状复叶,对生;小叶5~9枚,椭圆形至披针形,长2.5~5cm,全缘或有锯齿,深绿,光亮,无毛。圆锥花序顶生;花萼小,钟状,5齿裂;花冠漏斗状钟形,白色至粉红色,喉部桃红色,有时带有紫红色脉纹,裂片5枚,稍呈二唇形;雄蕊内藏;花盘环状。蒴果长椭圆形,木质。种子有翅。花期春末至秋季。分布于澳大利亚,我国北京、广州、上海等城市常盆栽观赏。喜温热和湿润气候,喜光,稍耐阴,能耐轻霜,不耐寒,喜肥沃湿润、排水良好、疏松的沙壤土。播种、扦插繁殖。花姿清雅宜人,在适宜生长的温暖地带,可用于棚架、墙垣绿化,寒地可盆栽,也适合庭园成簇栽培或垂吊盆栽。

3.3.120.15　非洲凌霄属 *Podranea* Sprague

半蔓性灌木。奇数羽状复叶,对生;小叶全缘或有锯齿。花白色或粉红色,排成顶生的圆锥花序;花萼小,钟状,肿胀,5齿裂;花冠漏斗状钟形,裂片覆瓦状排列;雄蕊4,内藏;花盘环状;子房长椭圆形。蒴果长线形,革质,果瓣全缘、柔韧。种子阔椭圆形,扁平,有翅。2种,分布于非洲;我国引入栽培1种。

非洲凌霄 *Podranea ricasoliana* (Tanf.) Sprague [Ricason Podranea]

与粉花凌霄很相似，主要不同点：花萼肿胀；蒴果长线形；小叶有齿。花期秋、冬两季，11月至翌年6月。分布于非洲南部；我国福建、广东（广州）有栽培。喜温热湿润气候，能耐酷暑高温，也耐霜冻，不耐干旱，不耐寒。播种、扦插繁殖。枝条柔软，叶片翠绿而密集，姿态婆娑优美，开花时节正值百花凋零之时，一串串粉红色的花朵随风摇曳，十分迷人，有较高观赏价值。可用于庭院、园林观赏。

3.3.120.16 炮仗藤属 *Pyrostegia* Presl

攀援木质藤本。叶对生；小叶2~3枚，顶生小叶常变3叉的丝状卷须。顶生圆锥花序。花橙红色，密集成簇。花萼钟状，平截或具5齿。花冠筒状，略弯曲，裂片5，镊合状排列，花期反折。雄蕊4枚，2强，药室平行。花盘环状。子房上位，线形，有胚珠多颗，排成2列或1~3列。蒴果线形，室间开裂，隔膜与果瓣平行，果瓣扁平、薄或稍厚，革质，平滑并有纵肋。种子在隔膜边缘1~3列成覆瓦状排列，具翅。约5种，产南美洲。我国南方引入栽培一种。

炮仗花（黄鳝藤） *Pyrostegia venusta* (Ker-Gawl.) Miers [Crackflower]

常绿藤木；小枝有棱6~8。复叶对生，小叶3枚，其中一枚常变为线形3裂的卷须，小叶卵状椭圆形，长4~10cm，全缘。花冠橙红色，管状，长约6cm，端5裂，外曲，雄蕊4；成顶生下垂圆锥花序。蒴果细，长达25 cm。花期1~5月。原产南美巴西和巴拉圭。我国广州等华南城市有栽培。喜暖热湿润气候，不耐寒；扦插繁殖。红花累累成串，形如炮仗，春季开放，花期颇长，是美丽的观赏植物。宜植于建筑物旁且设立棚架令其攀援而上。

3.3.120.17 连理藤属 *Clytostoma* Miers

常绿攀援状灌木。三出复叶，对生；基部小叶2枚，全缘，顶生1枚小叶常变为不分枝的卷须。花排成顶生或腋生的圆锥花序；花萼钟状，有尖齿5枚；花冠漏斗状钟形，裂片圆形，芽时覆瓦状排列；雄蕊内藏；花盘短；子房2室，有小瘤体，胚珠多数，2列。蒴果阔而有刺。种子扁平而有翅。12种，分布于南美洲；中国引入1种。

连理藤 *Clytostoma callistegioides* (Cham.) Bur. et Schum. [Trumpetvine]

常绿攀援灌木。三出复叶，对生；顶生小叶常成卷须，基部2小叶全缘，椭圆状长圆形，长5~9cm，先端尖，叶缘波状，光滑。圆锥花序顶生或腋生；花萼钟状，有锥尖小齿5枚；花冠漏斗状二唇形5裂，长约6~8cm，裂片圆形，淡红至淡紫色，芽时覆瓦状排列；雄蕊内藏；花盘短；子房2室，有小瘤体，胚珠多数，2列。蒴果长圆形，长8~14cm，表面有刺。种子扁平而有翅。分布于巴西、阿根廷。我国广东、福建庭园有栽培。喜湿润，喜热怕寒，生长适温22~30℃。对土壤要求不严，以富含腐殖质的肥沃土壤最佳。播种及扦插繁殖。盆栽可整形成灌木，用于阳台、天台、卧室及书房装饰，也适合棚架、花廊、绿篱、栅栏或枯木上立体栽培观赏。

3.3.120.18 蒜香藤属 Mansoa

常绿攀援性灌木，花、叶搓揉后有大蒜气味。三出复叶，对生。腋生或顶生聚伞圆锥花序；花冠筒状，花瓣先端5裂，紫色至白色；雄蕊5枚，通常4枚能育，1枚退化；花柱丝状，柱头2裂。蒴果扁平，长线形。2种，产南美洲，我国引入1种。

蒜香藤 *Mansoa alliacea* (Lam.) A. H. Gentry [Garlic Vine]

常绿攀援性灌木；植株蔓性，具有卷须和肿大的节，茎叶揉之有蒜香味。三出复叶，对生；顶生小叶常呈卷须状或脱落，其余2小叶椭圆形，长7~10cm，宽3~5cm，先端尖，全缘，具光泽。聚伞圆锥花序腋生或顶生；花多而密集；花冠漏斗形筒状，先端5裂，粉紫色、粉红色至白色；雄蕊5枚，通常4枚能育。蒴果扁平，长线形，长约15cm，有翅。花期全年，一般花期为春至秋季，盛花期8~12月。分布于热带美洲的圭亚那、巴西、西印度至阿根廷；我国华南至西南地区均有栽培。生性强健，喜温暖湿润气候和阳光充足的环境，不耐寒，亚热带地区除部分落叶外可安全越冬。播种、扦插或压条繁殖，一般以扦插繁殖为主。绿色的藤蔓间开满淡紫色筒状花，花大而优美，盛开时花团锦簇，令人叹为观止，是极具观赏价值的攀援植物。可露地栽或盆栽，适合种成花廊、凉亭、棚架装饰之用，或攀爬于花架、墙面、围篱之上或作垂吊花卉。

3.3.121 茜草科 Rubiaceae

草本、灌木或乔木,稀藤本。枝多带刺,有时攀援状;叶对生或轮生,单叶,常全叶缘;托叶各式,在叶柄间或在叶柄内,有时与普通叶一样,宿存或脱落;花两性或稀单性,辐射对称,有时稍左右对称,各式的排列;萼管与子房合生,萼檐截平形、齿裂或分裂,有时有些裂片扩大而成花瓣状;花冠合瓣,通常4~6裂,稀更多;雄蕊与花冠裂片同数,互生,很少2枚;子房下位,1至多室,但通常2室,每室有胚珠1至多颗;果为蒴果、浆果或核果;种子各式,很少具翅,多数有胚乳。约630余属10000余种,广布于热带和亚热带,少数分布至北温带;我国98属,约676种,主要分布在东南部、南部和西南部,少数分布于西北部和东北部。

分属检索表
1子房每室有多数胚珠。
 2果干燥。
  3花单生或组成聚伞花序、伞房花序、伞形花序或圆锥花序。
   4种子无翅 ······ 五星花属 Pentas
   4种子有翅,自下向上覆瓦状叠生。
    5萼裂片全部正常,绝不扩大成叶状,亦非白色 ······ 滇丁香属 Luculia
    5有些花的萼裂片中有1枚变态成叶状,色白而宿存 ······ 香果树属 Emmenopterys
  3花组成圆球形头状花序。
   6胎座"丫"形或"一丨"形,位于子房上部1/3处或位于隔膜的中部;柱头纺锤形 ··· 团花属 Neolamarckia
   6胎座小瘤状,倒卵形,位于子房隔膜上部1/3处;柱头球形或倒卵状棒形 ······ 水团花属 Adina
 2果肉质。
  7花冠裂片镊合状排列 ······ 玉叶金花属 Mussaenda
  7花冠裂片旋转状排列或覆瓦状排列。
   8花冠裂片覆瓦状排列 ······ 长隔木属 Hamelia
   8花冠裂片旋转状排列。
    9子房1室,具侧膜胎座 ······ 栀子属 Gardenia
    9子房通常2室或偶有多于2室 ······ 山石榴属 Catunaregam
1子房每室有1颗胚珠。
 10花冠裂片旋转状排列。
  11小苞片合生成杯状副萼;浆果核果状;花冠裂片通常5~9 ······ 咖啡属 Coffea
  11小苞片离生,绝不合生成杯状副萼;花冠裂片通常4 ······ 龙船花属 Ixora
 10花冠裂片镊合状排列。
  12胚珠着生在隔膜上 ······ 虎刺属 Damnacanthus
  12胚珠着生在子房室的基底,托叶离生。
   13雄蕊通常着生在花冠喉部 ··· 野丁香属 Leptodermis
   13雄蕊着生在花冠管的基部或近基部;托叶与叶柄合生成鞘 ······ 白马骨属 Serissa

3.3.121.1 栀子属 Gardenia Ellis

灌木至小乔木;叶对生或3枚轮生;托叶生于叶柄内,基部常合生;花大,白色或淡黄色,常芳香,单生或很少排成伞房花序;萼管卵形或倒圆锥形,有棱,萼檐管状或佛焰苞状,宿存;花冠高脚碟状或管状,5~11裂,裂片广展,芽时旋转排列;雄蕊5~11,着生于冠喉部,花丝极短或缺,花药背着,内藏;花盘环状或圆锥状;子房下位,1室,胚珠多数,生于2~6个侧膜胎座上;柱头棒状;果革质或肉质,圆柱状或有棱;种子多数,常与肉质的胎座胶结而成一球状体,种皮膜质至革质,有角质的胚乳。约250种,分布于东半球的热带和亚热带地区;我国5种1变种,分布于中部以南各省区。

分种检索表
1叶上面被短柔毛,下面密被绒毛;果顶端无宿存的萼裂片 ······ 大黄栀子 Gardenia sootepensis
1叶两面常无毛;果顶端有宿存的萼裂片。
 2叶小,倒卵形或匙形,长度在4cm以下,顶端钝圆 ······ 匙叶栀子 Gardenia angkorensis
 2叶较大,长度通常在4cm以上,顶端非钝圆。
  3叶狭披针形或线状披针形,宽0.4~2.3cm;果长圆形,长1.5~2.5cm,直径1~1.3cm,有纵棱,棱有时不明显 ······ 狭叶栀子 Gardenia stenophylla
  3叶非上述形状,宽通常在2.5cm以上。
   4乔木;萼裂片长4~5mm;果有纵棱,纵棱有时不明显 ······ 海南栀子 Gardenia hainanensis
   4灌木;萼裂片长10~30mm;果有翅状的纵棱5~9条 ······ 栀子 Gardenia jasminoides

(1)栀子(黄栀子,山栀,白蟾)
Gardenia jasminoides Ellis
[Gardenia, Cape Jasmine]

常绿灌木,高0.3~3m。叶对生或3叶轮生,革质,叶常椭圆状倒卵形或矩圆状倒卵形,长5~14cm,宽2~7cm,顶端渐尖;托叶鞘状。花大,单生于枝顶,白色或乳黄色,芳香,有短梗,花冠高脚碟状,筒长通常3~4cm,裂片倒卵形至倒披针形,伸展。果黄色,卵状至长椭圆状,长2~4cm,有5~9条翅状直棱。花期3~7月,果期5月至

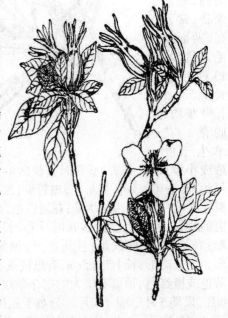

翌年2月。喜温暖、向阳、通风的环境。要求肥沃、疏松且排水好的酸性土壤。产于我国长江流域以南各地。越南、日本也有。世界各地广泛栽培。喜温暖湿润气候，但又不能经受强烈阳光照射，适宜生长在疏松、肥沃、排水良好、轻黏性酸性土壤中，抗有害气体能力强，萌芽力强，耐修剪。扦插、分株或播种繁殖。枝繁叶茂，花朵美丽，香气浓郁，为庭园中优良的美化材料。园林中常散栽于草地或空旷场所；还可供盆栽或制作盆景、切花。品种、变种及其变型：①斑叶水栀子'Aureo-variegata'，叶片上有黄色斑纹。②大花栀子'Grandiflora'，花较大，径达4~7cm，单瓣，叶也较大。③白蟾（玉荷花，重瓣栀子）var. *fortuniana* (Lindl.) Hara，花重瓣，较大，径达7~8cm；庭园栽培较普遍。④雀舌栀子（雀舌花，水栀子）var. *radicans* Mak. 植株矮小，枝常平展匍地；叶较小，倒披针形，长4~8cm；花也小，重瓣。宜作地被材料，也常盆栽观赏。花可熏茶，称雀舌茶。⑤斑叶雀舌栀子'Variegata'，叶有乳白色斑，花重瓣。⑥单瓣雀舌栀子 f. *simpliciflora* Mak.，花单瓣。

(2) 狭叶栀子 *Gardenia stenophylla* Merr.
[Narrowleaf Gardenia]

灌木；小枝纤弱。叶薄革质，狭披针形，长3~12cm，宽0.5~2.5cm，顶端渐尖而钝，基部渐狭，常下延，两面无毛，侧脉9~13对；叶柄长1~5mm；托叶膜质，脱落。花单生于叶

腋或小枝顶部，芳香，盛开时直径达4~5cm，花梗长约5mm；萼筒倒圆锥形，萼檐管形，顶部5~8裂，裂片狭披针形，结果时增长；花冠白色，高脚碟状，冠筒顶部5~8裂，裂片盛开时反卷，长圆状倒卵形；花丝短，花药线形，柱头棒形，顶部膨大，伸出。果长圆形，长1.5~2.5cm，有纵棱或不明显棱，黄色或橙红色，顶部有增大的宿存萼片。花期4~8月，果期5月至翌年1月。分布于我国安徽、浙江、广东、广西、海南；越南亦有分布。喜温暖湿润气候，喜疏松肥沃、排水良好的酸性土壤。扦插、压条、分株或播种繁殖。可作盆景栽植。

3.3.121.2 白马骨属
Serissa Comm. ex A. L. Jussieu

灌木，分枝多，无毛或小枝被微柔毛，揉之发出臭气。叶对生，通常聚生于短小枝上，近革质，卵形，近无柄；托叶与叶柄合生成短鞘，有3~8根刺毛，不脱落。花腋生或顶生，单朵或多朵丛生，无梗；萼筒倒圆锥形，萼檐4~6裂，裂片锥形，宿存；花冠漏斗形，顶部4~6裂，裂片短，直，扩展，内曲，镊合状排列；雄蕊4~6枚，生于冠筒上部，花丝线形，略与冠筒连生，花药背着，线状长圆形，内藏；花盘大；子房2室，花柱线形，2分枝，分枝线形或锥形，全部被粗毛，直立，外弯，突出，胚珠每室1颗，倒生。核果球形。2种，分布于我国和日本。

分种检索表

1 叶革质，卵形至倒披针形，长6~22mm，宽3~6mm，顶端短尖至长尖；花单生或数朵丛生；花冠筒比萼檐裂片长
　……………………六月雪 *Serissa japonica*
1 叶薄纸质，倒卵形或倒披针形，长1.5~4cm，宽0.7~1.3cm，顶端短尖或近短尖；花通常数朵丛生；花冠筒与萼檐裂片等长……………白马骨 *Serissa serissoides*

(1) 六月雪 *Serissa japonica* (Thunb.) Thunb.
[Snow-in-summer Bush]

常绿或半常绿小灌木，高60~90cm，有臭气。叶革质，卵形至倒披针形，长6~22mm，宽3~6mm，顶端短尖至长尖，边缘全缘，无毛，叶柄短。花单生或数朵丛生于小枝顶部或腋生；苞片有毛，边缘浅波状；萼檐裂片细小，锥形，被毛；花冠筒比萼檐裂片长，花冠淡红色或白色，长6~12mm，裂片扩展，顶端3裂；雄蕊突出冠筒喉部之外；花柱长，突出，柱头2，略分开。花期5~7月。分布于我国江苏、安徽、江西、浙江、福建、广东、香港、广西、四川、云南；日本、越南亦有分布。对温度要求不严，喜温暖气候，也稍能耐寒，喜阳，畏强光，亦较耐阴，耐旱力强。对土壤要求不严，喜排水良好、肥沃和湿润疏松的微酸性土壤。扦插或分株繁殖。树体矮小，枝叶扶疏，南方园林中常作露地栽植于林冠下、灌木丛中作绿篱或花灌木；北方多作盆栽观赏。花盛开时如同雪花散落，故名"六月雪"。

(2) 白马骨（山地六月雪） *Serissa serissoides* (DC.) Druce　[Junesnow]

常绿小灌木，高达1m；枝稍粗壮，分枝浓密，灰色，被短毛，后脱落，嫩枝被微柔毛。叶通常丛生，薄纸质，倒卵形或倒披针形，长1.5~4cm，宽0.7~1.3cm，顶端短尖，基部收狭成短柄，除下面被疏毛外，其余无毛；侧脉每边2~3条；托叶具锥形裂片，基部阔，膜质，被疏毛。苞片膜质，斜方状椭圆形，长渐尖，具疏散小缘毛；花白色，漏斗形，无梗，生于小枝顶部；花托无毛；萼檐裂片5，坚挺延伸，披针

状锥形，极尖锐，具缘毛；花冠筒与萼檐裂片等长，花冠筒外面无毛，喉部被毛，裂片5，长圆状披针形；花药内藏；花柱2裂。花期4~6月。我国江苏、安徽、浙江、江西、福建、台湾、湖北、广东、香港、广西等省区有分布；琉球群岛亦有分布。喜阳光，也较耐阴，耐旱力强。对土壤要求不严。扦插繁殖。花小而密，树型美观秀丽，适于盆栽或作盆景。

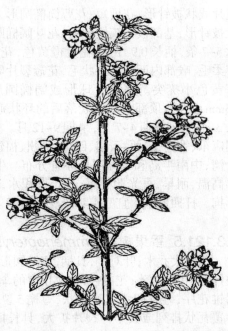

3.3.121.3 龙船花属 *Ixora* L.

常绿灌木至小乔木；叶对生或轮生；托叶在叶柄间，基部常合生成鞘，顶部延长或芒尖；花白色、红色或黄色，排成顶生或腋生的伞房花序；萼管卵形，萼檐短，4(~3)浅裂，裂片小，宿存；花冠高脚碟形，有长管，裂片4~5，短于冠管，旋转排列；雄蕊4~5，着生于花冠喉部，花丝极短或无，花药背着，突出或半突出；花盘肉质；子房下位，2室；胚珠单生；花柱突出，柱头2；果肉肉质或坚硬，有2纵槽；种子平凸或腹面下陷，种皮膜质，胚乳软骨质。300~400种，大部分分布于亚洲热带地区和非洲、大洋洲，热带美洲较少；我国19种，分布于西南部和东南部。

分种检索表

1 植株近无毛；花冠鲜时白色，干后变红色；花丝短，花药基部2深裂············白花龙船花 *Ixora henryi*
1 植株多少被毛······················龙船花 *Ixora chinensis*

(1)龙船花 *Ixora chinensis* Lam.
[China Ixora]

常绿灌木，高达1~2m；单叶对生，通常倒卵状长椭圆形，长6~13cm，全缘；托叶生于叶柄间。花冠红色，高脚碟状，花冠筒细长，裂片4，先端浑圆；成顶生多花的伞房花序，形似绣球；夏季开花。浆果近球形，熟时黑红色。花期3~12月，盛花期5~7月。原产亚洲热带。我国华南有野生。喜光，不耐寒，喜排水良好而富含有机质的沙壤土。播种、压条、扦插均可，以扦插繁殖为主。株

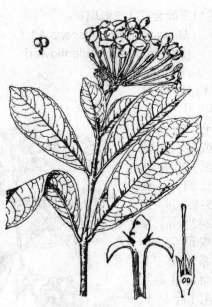

形美观，开花密集，花色丰富而鲜丽，终年有花可赏，重要的盆栽花卉。花红色美丽，花期长，几乎全年开放；热带地区常于庭园栽培观赏。有白花'Alba'、暗橙花'Dixiana'等品种。

(2)小花白龙船花 *Ixora parviflora* Vahl.
[Littleflower Ixora]

常绿大灌木。叶倒披针形至长椭圆形，长达15cm，深绿色。伞房式聚伞花序；花较小，花冠白色，筒部短，长约8mm，裂片椭圆形或倒卵状椭圆形，芳香。春至秋季均能开花，花期3~5月，或9~11月。原产印度、缅甸和斯里兰卡；我国台湾、香港及华南地区有栽培。喜温暖和阳光，生长适温23~32℃，冬季宜择温暖避风处，在生长期间保持微湿。扦插或高压法繁殖。树形高大，花姿清新，具香味，极具观赏价值。多栽植于庭园、公园及校园内，以供观赏，较少盆栽。

3.3.121.4 玉叶金花属 *Mussaenda* L.

直立或攀援状灌木；叶对生或3枚轮生；托叶在叶柄间，单生或成对，常脱落；花黄色，排成顶生、伞房花序式的聚伞花序；萼管椭圆形或陀螺形，萼檐5裂，有时其中1枚扩大而成一白色或其他颜色、有柄的花瓣状裂片；花冠漏斗状，管长，外面被丝毛，裂片5，短尖，内向镊合状排列；雄蕊5，着生于冠管喉部，花丝极短，花药背着，内藏；花盘肿胀，环状；子房下位，2室，每室有胚珠极多数；果为浆果；种子多数，极小，种皮有小窝孔。约120种，分布于热带亚洲、非洲和太平洋诸岛；我国约31种1变种1变型，分布于西南部至东部以及西藏和台湾。

分种检索表

1 正常的萼裂片近叶状，披针形·············
···················大叶白纸扇 *Mussaenda esquirolii*
1 正常的萼裂片决非叶状，为线形或三角形。
 2 正常的萼裂片在开花时与花萼管近等长或较短·········
···················楠藤 *Mussaenda erosa*
 2 正常萼的裂片在开花时比花萼管长···········
···················玉叶金花 *Mussaenda pubescens*

(1) 玉叶金花（白纸扇）
Mussaenda pubescens Ait. f.
[Jadeleaf and goldenflower]

攀援灌木，嫩枝被贴伏短柔毛。叶对生或轮生，薄纸质，卵状长圆形，长5~8.5cm，宽2~2.5cm，顶端渐尖，基部楔形，下面密被短柔毛；叶柄长3~8mm，被柔毛；托叶三角形，深2裂，裂片钻形。聚伞花序顶生，密花；苞片线形，有硬毛；花梗短或无梗；花萼筒陀螺形，被柔毛，萼裂片线形，基部密被柔毛；花叶阔椭圆形，有纵脉5~7条，柄长1~2.8cm，两面被柔毛；花冠黄色，花冠筒外面被贴伏短柔毛，内面喉部密被棒形毛，花冠裂片长圆状披针形，内面密生金黄色疣突；花柱短，内藏。浆果近球形，长8~10mm，径6~7.5mm，疏被柔毛，顶部有萼檐脱落后的环状疤痕，干时黑色，果柄长4~5mm，疏被毛。花期6~7月。分布于我国广东、香港、海南、广西、福建、湖南、江西、浙江和台湾。喜全日照或半日照的环境中。喜排水良好、富含腐殖质的壤土或沙壤土。扦插繁殖为主，也可播种繁殖。宜庭院栽培观赏。

(2) 楠藤 *Mussaenda erosa* Champ.
[Erose Jadeleaf and Goldenflower]

攀援灌木。叶纸质，长圆形、卵形至椭圆形，长6~12cm，宽3~5cm，顶端短尖，基部楔形，嫩叶下面有稀疏贴伏毛，老叶无毛，侧脉4~6对；叶柄长1~1.5cm；托叶长三角形，无毛或有短硬毛，深2裂。伞房状多歧聚伞花序顶生，花序梗较长，花疏生；苞片线状披针形；花梗短；花萼筒椭圆形，萼裂片线状披针形，基部被稀疏短硬毛；花叶阔椭圆形，有纵脉5~7条，柄长0.9~1cm；花冠橙黄色，花冠筒外面有柔毛，喉部内面密被棒状毛，花冠裂片卵形，内面有黄色小疣突。浆果近球形或阔椭圆形，长10~13mm，无毛，顶部有萼檐脱落后的环状疤痕，果柄长3~4mm。花期4~7月，果期9~12月。分布于我国广东、香港、广西、云南、四川、贵州、福建、海南和台湾；中南半岛和琉球群岛亦有分布。生性强健，喜高温，耐旱，喜光照充足，忌长期积水，栽培土质不拘。扦插繁殖。宜庭院栽培观赏。

3.3.121.5 香果树属 *Emmenopterys* Oliv.

落叶大乔木；叶对生，具柄，宽椭圆形或椭圆状披针形；托叶早落；花白色，排成顶生的伞房花序式圆锥花序；萼管卵状或陀螺状，萼檐5裂，脱落，裂片覆瓦状排列或其中一裂片扩大，具长柄，呈花瓣状，初白色，果时常变为粉红色而宿存；花冠漏斗形，5裂；雄蕊5，着生于冠管喉部稍下，花丝纤细，花药背着，内藏；花盘环状；子房下位，2室，每室有胚珠极多数；蒴果木质，长椭圆状卵形至圆柱形，长达4.5cm；种子多数，具翅。约2种，分布于中国、泰国和缅甸；我国1种，分布于西部至东部。

香果树 *Emmenopterys henryi* Oliv.
[Henry Emmenopterys]

落叶大乔木；树皮灰褐色，鳞片状；小枝粗壮，有皮孔。叶对生，纸质或革质，阔椭圆形或阔卵形，长达6~30cm，宽3.5~14.5cm，顶端短尖，基部阔楔形，全缘，下面被柔毛，或脉腋内有簇毛，侧脉5~9对，在下面凸起；叶柄长2~8cm，常带红色；托叶三角状卵形，早落。圆锥状聚伞花序顶生；花芳香，花梗长约4mm；萼筒裂片近圆形，脱落；变态的叶状萼裂片白色、淡红色或淡黄色，纸质，匙状卵形或广椭圆形，有纵平行脉，柄长1~3cm；花冠漏斗形，白色或黄色，被绒毛，裂片近圆形；花丝被绒毛。蒴果长圆状卵形或近纺锤形，长3~5cm，有细纵棱。种子多数，有阔翅。花期6~8月，果期8~11月。我国特有植物。分布于陕西、甘肃、江苏、安徽、浙江、江西、福建、河南、湖北、湖南、广西、四川、贵州、云南。喜光,喜温暖气候及湿润肥沃的土壤。偏阳性树种,但幼苗和幼树能耐阴。播种或扦插繁殖。古老子遗植物,美丽的庭园观赏树,可作庭园观赏树或固堤植物。

3.3.121.6 团花属 Neolamarckia Bosser

乔木;托叶大,生于叶柄间,早落;花小,5数,集成球形头状花序,有托叶状的苞片,无小苞片;萼檐管状,裂片覆瓦状排列;花冠漏斗形,冠管延长;雄蕊着生于冠管喉部,花丝短,花药顶部削尖,基部矢形;花盘不明显;子房上部4室,下部2室,有2个2裂的胎座从隔膜处向上伸进上部的室,在上部室内的胎座直立,在下部室内的倒垂;胚珠多数,花柱突出,柱头纺锤形;果聚合而成一球形头状体;种子多数,有棱,种皮粗糙,有肉质的胚乳。2种,分布于亚洲南部、太平洋地区和澳大利亚。我国1种,分布于广东、广西和云南。

团花(黄梁木)
Neolamarckia cadamba (Roxb.) Bosser [Groupflower]

落叶大乔木,高达30m;树干通直,基部略有板状根;树皮薄,灰褐色,老时有裂隙且粗糙;老枝圆柱形,平展,灰色。叶对生,薄革质,椭圆形,长15~25cm,宽7~12cm,顶端短尖,基部圆形或截形;萌蘖枝的幼叶更大,基部浅心形,上面有光泽,下面无毛或被密毛;叶柄长2~3cm,粗壮;托叶披针形,跨摺,脱落。头状花序单个顶生,直径4~5cm(不包括花冠),花序梗粗壮,长2~4cm;花萼裂片长圆形,被毛;花冠黄白色,漏斗状,花冠裂片披针形。果序直径3~4cm,成熟时黄绿色。种子近三棱形,无翅。花果期6~11月。分布于我国广东、广西和云南;越南、马来西亚、缅甸、印度和斯里兰卡亦有分布。喜光,喜高温多湿环境及深厚肥沃土壤。深根性树种,侧根发达。生长非常迅速,抗风能力较桉树强。播种繁殖。树型美观,树干挺拔秀丽,笔直而雄健,树冠呈圆形。是华南优良的速生用材树种,也可植为行道树和庭院树。

3.3.121.7 水团花属 Adina Salisb.

灌木或乔木;叶对生;托叶在叶柄间,全缘或2裂;花极多数,通常5数,很少4数,密集成一单生、球形头状花序或再排成总状花序式;萼管具棱,裂片短或延伸;花冠漏斗状,裂片镊合状排列;雄蕊着生于冠管的喉部,花药背着,纵裂;花盘杯状;子房2室,胚珠多数,生于倒垂的胎座上,花线形,长突出,柱头棒状或椭圆状;蒴室间开裂,有宿存的中轴;种子两端具翅。3种,分布于中国、日本至越南;我国2种,多分布于西南和南部。

分种检索表
1 叶有柄;头状花序明显腋生⋯⋯⋯⋯水团花 Adina pilulifera
1 叶无柄;头状花序顶生,或顶生占优势,也有腋生的⋯⋯⋯⋯⋯⋯⋯⋯⋯⋯细叶水团花 Adina rubella

(1) 水团花(水杨梅) *Adina pilulifera* (Lam.) Franch. ex Drake [Pilula Adina]

常绿灌木至小乔木,高达5m;顶芽不明显。叶厚纸质,椭圆形至披针形,稀倒卵形,长4~12cm,宽1.5~3cm,顶端短尖而有钝头,基部钝或楔形,通常无毛,侧脉6~12对,脉腋窝陷有疏毛;叶柄长2~6mm;托叶2裂,早落。头状花序腋生,稀顶生,径4~6mm(不计花冠),花序轴单一,不分枝;小苞片线形;总花梗长3~4.5cm,中部以下有轮生小苞片5枚;花萼筒基部有毛,萼裂片线状长圆形或匙形;花冠白色,窄漏斗状,花冠筒被微柔毛,花冠裂片卵状长圆形;雄蕊5枚,花丝短,着生花冠喉部;子房2室,每室有胚珠多数,花柱伸出。果序直径8~10mm;小蒴果楔形,长2~5mm。种子长圆形,两端有狭翅。花期6~7月。分布于我国陕西及长江以南各省区;日本和越南亦有分布。喜光,喜湿润,较耐寒。播种繁殖。根系发达,是很好的固堤植物,也可植于庭园观赏。

(2) 细叶水团花(木本水杨梅) *Adina rubella* Hance [Thinleaf dina]

落叶小灌木,高1~3m;小枝细长,具赤褐色微毛,后无毛;顶芽不明显,被开展的托叶包裹。叶对生,薄革质,近无柄,卵状披针形或卵状椭圆形,长2.5~4.5cm,宽8.5~12mm,顶端渐尖或短尖,基部阔楔形或近圆形,

全缘,光亮;侧脉5~7对,被稀疏或稠密短柔毛;托叶小,早落。头状花序直径4~5mm(不计花冠),单生,顶生或兼有腋生,总花梗略被柔毛;小苞片线形;花萼筒疏被短柔毛,萼裂片匙形;花冠筒5裂,花冠裂片三角状,紫红色。果序直径8~12mm;小蒴果长卵状楔形,长3mm。花期5~7月、果期8~12月。分布于我国陕西、江苏、安徽、浙江、江西、湖南、四川、福建、广东、广西、台湾、贵州、云南等地;朝鲜亦有分布。喜光,较耐寒,好湿润,耐水淹,耐冲击,畏炎热干旱。喜沙质、酸性至中性土壤。播

种或扦插繁殖。根深枝密,是优良的固堤护岸树种,也可植于庭园观赏。

3.3.121.8 虎刺属
Damnacanthus Gaertn. f.

灌木,有刺或无刺;叶对生;托叶在叶柄内,锐尖;花小,单生或成对生于叶胞内;萼管倒卵形,4~5裂;花冠漏斗状,喉部被毛,4~5裂,裂片镊合状排列;雄蕊与花冠裂片同数,着生在冠管喉部,花丝短,花药背着,有宽阔的药隔;子房下位,2~4室,每室有胚珠1颗,花柱丝状,柱头棒状,2~4裂;球形核果,有1~4颗平凸的分核。约13种2变种,分布于亚洲东部;我国11种,分布于南岭山脉至长江流域和台湾。

虎刺 *Damnacanthus indicus* Gaertn.
[India Tigerthorn]

常绿小灌木,多分枝,高30~50cm。单叶对生,卵形,长1~3cm,先端尖,基部圆形或亚心形,全缘,近无柄;叶柄间有针刺一对,长1~2cm。花小,白色,单生或成对腋生;花冠漏斗状,喉部有毛,端4~5裂。核果球形,径3~5mm,熟时红色。花期8~9月;10~11月果熟。产我国长江以南地区;日本和朝鲜南部也有。喜散射光,喜湿怕涝,忌温差过大,不耐寒.喜肥沃的沙质或黏质的微酸性土壤。扦插、播种和分株繁殖。绿叶红果,经冬不落,常盆栽或制成盆景观赏。

也可植于庭园观赏用。寿命长,庭院地栽和盆栽,都能活到百年之久,因此,又被赞誉为"寿庭木"。昔日人们常把虎刺用作祝寿礼品,敬奉寿翁寿婆,寓长寿之意。品种:斑叶虎刺'Variegatus'叶面有黄色斑纹。

3.3.121.9 滇丁香属 *Luculia* Sweet

灌木;叶对生;托叶在叶柄间,锐尖,脱落;花白色至玫瑰红色,组成顶生、伞房花序式的圆锥花序;萼5裂,裂片线状长圆形,叶状;花冠高脚碟状,裂片阔倒卵形,广展;雄蕊5,着生于冠管上,花丝极短,花药线形,背着,基部全缘;花盘环状;子房下位,2室,每室有胚珠多数;木质的蒴果;种子有翅。约5种,分布于亚洲南部至东南部;我国3种1变种,分布于广西、云南、西藏等地。

分种检索表
1 在花冠裂片间的内面基部无2个片状附属物;萼筒和果均被疏柔毛或果上的毛脱落·················
·····················馥郁滇丁香 *Luculia gratissima*
1 在花冠裂片间的内面基部有2个片状附属物。
 2 萼筒无毛,或有粃糠状疏毛或疏柔毛;果无毛或有疏短毛·······················滇丁香 *Luculia pinceana*
 2 萼筒密被绒毛;果被柔毛·······················
·····················鸡冠滇丁香 *Luculia yunnanensis*

(1)滇丁香 *Luculia pinceana* Hook.
[Yunnanclove]

灌木,高约5m;小枝有明显的皮孔。叶纸质,对生,矩圆形或矩圆状倒披针形,长10~15cm或较短,顶端短渐尖,基部楔尖,下面沿中脉和侧脉被柔毛;叶柄长1~1.5cm,被柔

毛;托叶早落,三角形。聚伞花序伞房花序式排列,顶生,有早落叶状苞片;花5数,无毛,具短梗;萼筒陀螺状,长5~6mm,裂片披针形,长1cm,有脉3条;花冠红色,高脚碟状,长4~5cm,裂片长椭圆形,近裂罅基部相连的每一边有一明显、边缘呈波浪形的片状物;雄蕊着生于喉部,内藏。蒴果陀螺形,长2~2.5cm,直径8~10mm,具10条纵棱。花果期3~11月。分布于我国云南、广西和西藏东南部。喜温暖湿润的气候,喜光,稍耐阴。对土壤要求不严,不耐积水,稍耐瘠薄。播种或扦插繁殖。株型优美,花很美丽,枝叶繁茂,四季苍翠,花序密集而繁茂,花色艳丽而芳香,盛开时满树飘香,花期长,可植于庭园观赏。在园林中适合多种配植方式:常孤植或丛植于园林中树丛之下,作为下木;可丛植或群植于路边、草坪边、水池边形成色彩绚丽的花带;可孤植或丛植于庭院或花坛形成美丽的造型。

(2) 馥郁滇丁香
Luculia gratissima(Wall.)Sweet
[Fragrant Yunnanclove]

小乔木,高达5m;树皮薄,浅褐色;枝对生,幼嫩时被柔毛。叶对生,椭圆形,长10~15cm,宽4~5cm,顶端渐尖,基部短尖,上面无毛,下面沿中脉上被疏柔毛;叶柄长0.8~2cm;托叶早落,披针形。聚伞花序伞房花序式排列,顶生,被毛,有早落的苞片;花5数,极芳香;萼筒陀螺状,长约5mm,有卷曲的柔毛,萼檐裂片披针形,长约1cm,具脉;花冠粉红色,高脚碟状,长5~5.5cm,盛开时,直径3~3.5cm,裂片圆形;雄蕊着生于花冠筒内,稍伸出。蒴果倒卵状矩圆形。花果期4~11月。分布于我国云南、西藏;印度、尼泊尔、不丹、缅甸、泰国、越南等地亦有分布。喜温暖湿润气候,喜光,稍耐阴。适生于疏松肥沃排水良好的土壤。播种或扦插繁殖。植株美观,枝叶繁茂,花序硕大,球形的花苞犹如手工雕琢,花色典雅而芳香。抗病虫害能力强。适宜种在园林绿地、庭园、居住区、医院、学校、幼儿园或其它风景区观赏,可孤植、丛植或在路边、草坪、角隅、林缘成片栽植,也可与其它乔、灌木尤其是常绿树种配植,个别种类可作花篱。

3.3.121.10 长隔木属 *Hamelia* Jacq.

灌木;叶对生或3~4枚轮生;托叶生于叶柄间,狭披针形,脱落;花组成2~3歧分枝、近蝎尾状的聚伞花序;萼管卵形或陀螺形,萼檐5裂,裂片短,直,宿存;花冠管状或近钟状,喉部无毛,上部5裂,裂片覆瓦状排列;雄蕊5,着生于冠管内基部,花丝短,花药基部2裂,药隔顶部有附属物;花盘肿胀;子房5室,每室有胚珠多数;花柱丝状,柱头狭纺锤形;浆果,细小;种子有角;微小,种皮膜质,有网纹;胚乳肉质。约40种,分布于拉丁美洲;我国栽培1种。

希茉莉(长隔木,醉娇花) *Hamelia patens* Jacq.
[Hamelia]

常绿灌木,高2~4m,植株常呈红色,幼嫩部分均被灰色短柔毛。叶通常3枚轮生,椭圆状卵形至长圆形,长7~20cm,顶端短尖或渐尖,侧脉6~7对,两面均明显。聚伞花序有3~5个放射状分枝;花无梗,沿着花序分枝的一侧着生;萼裂片短,三角形;花冠橙红色,冠筒狭圆筒状,长1.8~2cm;雄蕊稍伸出。浆果卵圆状,直径6~7mm,暗红色或紫色。花期几乎全年或5~10月。分布于巴拉圭等拉丁美洲各国;我国南部和西南部有栽培。喜高温、高湿、阳光充足的气候,耐阴蔽,耐干旱,忌瘠薄,畏寒冷,生长适温为18~30℃。喜土层深厚、肥沃的酸性土壤。扦插繁殖。树冠优美,花、叶俱佳,成形快,近年来在南方园林绿化中广受欢迎。可栽植庭院观赏,或布置花坛,亦可盆栽。华南植物园有栽培。

3.3.121.11 咖啡属 *Coffea* L.

灌木或小乔木;叶对生,稀3枝轮生;托叶在叶柄间,宿存;花单生或组成腋生的花束,白色;萼管短,管状或陀螺状,萼檐短,截平或4~5齿裂;花冠高脚碟状,4~8裂,裂片开展,旋转排列,喉部有时有毛;雄蕊着生于冠喉部或之下,花丝短或无,花药近基部背着;花盘肿胀;子房下位,2室,每室有胚珠1颗,花柱线形或略粗大,柱头2裂,线形或钻形;浆果;种子2,角质,商品咖啡即由此制成。约90余种,分布于亚洲热带和非洲;我国南部和西南部引入栽培约5种。

分种检索表

1 叶大型,通常长15~30cm,宽6~12cm。

  2 叶片下面脉腋内具小窝孔,窝孔内常具短丛毛;果阔椭圆形,长19~21mm,直径15~17mm·················大粒咖啡 *Coffea liberica*

  2 叶片下面脉腋内无小窝孔或小窝孔无毛;果卵状球形,长宽近相等,10~12mm·········中粒咖啡 *Coffea canephora*

1 叶略短小,通常长不超过14cm,宽不超过5cm,顶端渐尖或窄渐尖。

  3 聚伞花序单个腋生,有花2~4朵;果成熟时蓝黑色;叶狭长圆形,罕有近线形,长4~8cm,宽1.5~2.5cm·················狭叶咖啡 *Coffea stenophylla*

  3 聚伞花序2~4个腋生,每个花序有花2~5朵;果成熟时红色;叶长圆形,卵状披针形或披针形,宽常3cm以上。

    4 托叶顶端凸尖;侧脉每边6~8条················刚果咖啡 *Coffea congensis*

    4 托叶顶端钻形或芒尖;侧脉每边7~13条················小粒咖啡 *Coffea arabica*

(1) 小粒咖啡(小果咖啡,香咖啡)
Coffea arabica L. [Arab Coffeetree]

常绿小乔木;幼枝压扁形,老枝灰白色,节膨大。叶薄革质,卵状披针形,长6~14cm,宽3.5~5cm,顶端长渐尖,基部楔形,全缘或浅波状,下面脉腋内有或无小窝孔,侧脉每边7~13条;叶柄长8~15mm;托叶阔三角形。聚伞花序簇生于叶腋,有花2~5朵,总花梗缺或有,花芳香,花梗长0.5~1mm;苞片基部合生,二型,叶状;萼檐截平或具5齿;花冠白色,顶部常5裂,裂片长于花冠筒;花药伸出冠筒外;柱头2裂。浆果阔椭圆形,熟时红色,长12~16mm,外果皮硬膜质,中果皮肉质,有甜味。种子背面凸起,腹面平坦,有纵槽,长8~10mm。花期3~4月。分布于红海周边地区;我国福建、台湾、广东、海南、广西、四川、贵州和云南均有栽培。抗寒力强,不耐旱,不耐强风。播种、插条和芽接法繁殖。重要的热带作物,可用于园林绿化及观赏。

(2) 大粒咖啡(大果咖啡)

Coffea liberica Bull ex Hiern

[Liberia Coffee]

小乔木或大灌木；枝开展，幼时压扁状。叶薄革质，椭圆形、倒卵状椭圆形或披针形，长15~30cm，宽6~12cm，顶端急尖，基部阔楔形，全缘，下面脉腋有小窝孔，窝孔内具短丛毛，侧脉每边8~10条；叶柄粗壮，长8~20mm；托叶基部合生，阔三角形。聚伞花序短小，2至数个簇生于叶腋或老枝叶痕，有极短的总花梗；苞片合生，二型，有时呈叶状。花未见。浆果大，阔椭圆形，长19~21mm，熟时鲜红色，顶端冠以宽4~7mm、凸起的花盘；种子长圆形，长15mm，平滑。花期1~5月。分布于非洲西海岸的利比里亚，现广植各热带地区；我国广东、海南和云南均有栽培。抗寒，不耐旱。播种、插条和芽接法繁殖。可用于园林绿化。

3.3.121.12 五星花属 *Pentas* Benth.

草本或亚灌木，直立或平卧，被糙硬毛或绒毛。叶对生，有柄；托叶多裂或刚毛状。聚伞花序通常复合成伞房状；萼裂片4~6枚，不等大；花冠具长筒，喉部扩大，被长柔毛，裂片4~6枚，镊合状排列；雄蕊4~6枚，着生在喉部以下；花盘在花后延伸成一圆锥状体；花柱伸出。蒴果膜质或革质，2室，成熟时室背开裂。种子多数，细小。约50种，分布于非洲和马达加斯加；我国栽培1种。

五星花 *Pentas lanceolata* (Forsk.)K. Schum.

[Lanceolate Pentas]

半常绿直立或外倾的亚灌木，高30~70cm；幼茎和叶两面密被柔毛。叶对生，膜质，卵形、椭圆形或披针状长圆形，长3~15cm，宽1~5cm，顶端短尖，基部下延成楔形，渐狭成短柄；托叶多裂成刺毛状。聚伞花序密集，顶生；花径约1.2cm，无梗，二型；花冠细长高脚碟状，淡紫色、深红或桃红色，喉部被密毛，冠檐开展，5裂；花柱异长。全年都可开花，盛花期夏、秋季。分布于非洲热带和阿拉伯地区；我国南部有栽培。喜温暖湿润环境及肥沃的土壤，喜光，不耐寒，能自播。播种或扦插繁殖。可用作篱垣，棚架绿化材料，还可作地被植物，用于布置花坛、花境，或盆栽观赏。

3.3.121.13 山石榴属 *Catunaregam* Wolf

灌木或小乔木，通常具刺。叶对生或簇生于抑发的侧生短枝上；托叶在叶柄间，常脱落。花小或中等大，近无柄，单生或2~3朵簇生于具叶、抑发的侧生短枝顶部；萼筒钟形或卵球形，无毛或有毛，檐部稍扩大，顶端通常5裂，裂片宽；花冠钟状，外面通常被绢毛，冠筒短，稀延长，裂片通常5枚，宽，广展或外反，旋转排列；雄蕊通常5枚，与花冠裂片互生，生于花冠喉部，花丝极短，花药背着，稍伸出；子房2室，胚珠多数，胎座位于隔膜两边的中部，柱头常2裂，裂片粘合，常伸出。浆果大，球形、椭圆形或卵球形，径2~4cm，果皮厚，无毛或被柔毛，顶冠以宿存的萼裂片。种子多数，椭圆形或肾形。约10种，分布于亚洲(南部和东南部)至非洲；我国1种，分布于东南部至西南部。

山石榴 *Catunaregam spinosa* (Thunb.)Tirveng.

[Malabar Randia, Spiny Randia]

有刺灌木或小乔木，有时攀援状；枝粗壮，嫩枝有疏毛；刺对生于叶腋，粗壮。叶纸质或近革质，倒卵形，稀卵形至匙形，长1.8~11.5cm，宽1~5.7cm，顶端钝或短尖，基部楔形或下延，无毛或有糙伏毛，下面脉腋内常有短束毛，侧脉4~7对；叶柄长2~8mm；托叶卵形，脱落。花单生或2~3朵簇生于侧生短枝顶部；花梗长2~5mm，有毛；花萼两面有毛，萼筒钟形，檐部稍扩大，顶端5裂，裂片广椭圆形，具3脉；花冠白色至淡黄色，钟状，外面密被绢毛，冠筒较阔，喉部有疏长柔毛，花冠裂片5枚，卵形；花药伸出；子房2室，胚珠多数，柱头2裂。浆果大，

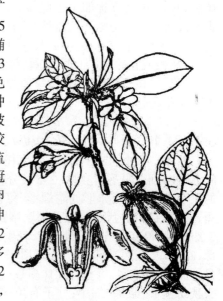

球形，径2~4cm，有宿萼，果皮厚。种子多数。花期3~6月，果期5月~翌年1月。分布于我国台湾、广东、香港、澳门、广西、海南、云南；南亚、东南亚及非洲东部亦有分布。喜温暖湿润气候，喜光，亦耐阴。不择土壤。播种繁殖。在我国华南常栽植作绿篱。

3.3.121.14 野丁香属 *Leptodermis* Wall.

灌木，揉之有臭味；叶对生或有时簇生于短枝上；托叶阔急尖，宿存；花二型，有苞片和小苞片，3朵聚生或排成顶生的花束；萼管倒卵形，5(4~6)裂；花冠漏斗状，5裂，裂片镊合状排列；雄蕊5(4~6)，着生于冠管喉部以下，花丝短，花药背着，内藏或突出；花盘平压状；子房下位，5室，每室有胚珠1颗；柱头5(3~4)，线形；蒴果；种子直立，种皮膜质，有肉质的胚乳。约40种，分布于喜马拉雅地区至日本；我国35种9变种1变型，主要分布在四川、云南、西藏等地区。

薄皮木 *Leptodermis oblonga* Bunge
[China Wildclove]

落叶灌木,高约1m;小枝具柔毛。单叶对生,椭圆状卵形至长圆形,长1~2cm,全缘,表面粗糙,背面疏生柔毛。花冠紫红色,漏斗状,筒部细,长1.5~1.8cm,端5裂,无花梗;数朵簇生于枝端叶腋。蒴果5瓣裂。花期6~8月,果期10月。产我国河北、山西、陕西、湖北、四川、云南等地;越南也有分布。喜温暖湿润气候,喜光,也耐半阴,亦较耐寒、耐旱。播种或扦插繁殖。株形矮小,可于草坪、路边、墙隅、假山旁及林缘丛植观赏,或于疏林下片植,也可植于庭园观赏或栽作盆景。

3.3.122 忍冬科 Caprifoliaceae

灌木、小乔木或木质藤本,叶对生,很少为奇数羽状复叶,无托叶或具叶柄间托叶,花序聚伞状,常具发达的小苞片。花两性,花冠合瓣,辐状、筒状、高脚碟状、漏斗状或钟状,有时花冠两唇形,子房下位,每室含胚珠。果实为肉质浆果、核果、蒴果、瘦果或坚果。约13属500余种,主要分布于北温带和热带高海拔山地,东亚和北美东部种类最多,个别属分布在大洋洲和南美洲;我国12属200余种,大多分布于华中和西南各省区。

分属检索表
1 花序由聚伞合成伞形式、伞房式或圆锥式;花柱短或近于无,柱头常2~3裂;花冠整齐,辐状、钟状或筒状,不具蜜腺;花药外向或内向;茎干有皮孔⋯⋯⋯⋯⋯⋯⋯⋯⋯⋯⋯⋯⋯⋯⋯⋯⋯⋯⋯⋯⋯⋯接骨木属 *Sambucus*
1 花序非上述情况,若为圆锥花序则花柱细长,柱头大多为头状,很少分裂;花冠整齐或不整齐,有蜜腺;花药内向;茎干不具皮孔,但常纵裂。
　2 子房由能育和败育的心皮所构成,能育心皮各内含1胚珠;果实不开裂,具1~3颗种子。
　　3 轮伞花序集合成小头状,再组成开展的圆锥花序;叶具三出脉⋯⋯⋯⋯七子花属 *Heptacodium*
　　3 花序非上述情况,叶具羽状脉。
　　　4 花序为顶生的穗状;萼檐浅齿裂;核果有2颗种子;子房4室⋯⋯⋯⋯⋯⋯毛核木属 *Symphoricarpos*
　　　4 花序聚伞状;萼檐深裂,裂片狭长;核果浆果状或瘦果状,有1~2颗种子。
　　　　5 果实肉质,具宿存、大形的膜质翅状小苞片;子房4室,仅2室发育,各有胚珠1颗⋯⋯双盾木属 *Dipelta*
　　　　5 果实革质,不具翅状小苞片;子房3室,仅1室发育,有胚珠1果颗。
　　　　　6 相邻两个果实合生,外被长刺刚毛;萼裂片5,花开后不增大;果实近圆形,萼筒超出子房部分缢缩而发育成细长的颈⋯⋯⋯⋯蝟实属 *Kolkwitzia*
　　　　　6 果实分离,外面无长刺刚毛;萼裂片5~2,花开后增大;果实圆柱形,稍扁,萼筒超出子房部分不发育成细长的颈⋯⋯⋯⋯六道木属 *Abelia*
　2 子房的心皮全部能育,各心皮内含多数胚珠;果实开裂或不开裂,具若干至多数种子。
　　7 子房2室,每室含多数胚珠;果实为两瓣裂开的蒴果,圆柱形,具多数种子;花冠稍不整齐或近整齐,蜜腺棍棒状;花序聚伞状;对生两叶基部不连合⋯⋯⋯⋯⋯⋯⋯⋯⋯⋯⋯⋯⋯⋯⋯⋯⋯⋯⋯⋯⋯锦带花属 *Weigela*
　　7 子房2~5(7~10)室,每室含若干至多数胚珠;果实为不开裂的浆果,圆形、近圆形或长卵圆形,具若干至多数种子;花冠整齐至不整齐或明显两唇形,蜜腺非棍棒状;花序总状,极少头状;对生两叶有时基部连合。
　　　8 子房5(7~10)室;相邻两花的萼筒不连合成对;花冠整齐,基部非一侧肿大或具囊⋯⋯⋯⋯⋯⋯⋯⋯⋯⋯⋯⋯⋯⋯⋯⋯⋯鬼吹箫属 *Leycesteria*
　　　8 子房(5~)3~2室;相邻两花的萼筒有时部分至全部连合,花冠整齐至不整齐或两唇形,基部常一侧肿大或具囊⋯⋯⋯⋯⋯⋯⋯⋯忍冬属 *Lonicera*

3.3.122.1 接骨木属 *Sambucus* L.

落叶乔木或灌木,稀为多年生高大草本。茎干常有皮孔,具发达的髓。单数羽状复叶,对生,小叶有锯齿;托叶叶状或退化成腺体。花序由聚伞花序合成复伞式或圆锥式,顶生;花小,白色或黄白色,整齐;萼筒短,萼齿5枚;花冠辐状,5裂;雄蕊5,开展,很少直立,花丝短,花药外向;子房3~5室,花柱短或几无,柱头2~3裂。浆果状核果红黄色或紫黑色,稀黄色或白色,具3~5核。种子三棱形或椭圆形;胚与胚乳等长。约20余种,广泛分布在南北半球的温带和亚热带地区,在北半球种类最多,在南半球仅限于南美洲和澳洲部分地区;我国4~5种,另引种栽培1~2种。

分种检索表
1 枝髓部白色;果实黑色⋯⋯⋯⋯西洋接骨木 *Sambucus nigra*
1 枝髓部浅褐色;果实红色。
　2 小叶片椭圆状披针形⋯⋯⋯⋯接骨木 *Sambucus williamsii*
　2 小叶片卵形至椭圆形⋯⋯欧红接骨木 *Sambucus racemosa*

(1) 接骨木 *Sambucus williamsii* Hance
[Williams Elder]

灌木至小乔木,高达6m。老枝有皮孔。奇数羽状复叶,小叶5~7片,椭圆状披针形,基部不对

3.3.122.2 六道木属 *Abelia* R. Br.

灌木；叶脱落或宿存，对生，全缘或有齿缺；花小而多数，由白色至粉红或紫色，1至数花排成聚伞花序，腋生或生于侧枝之顶，有时形成一圆锥花序；萼片5、4或2，狭长，宿存；花冠管状、钟状或高脚碟状，5等裂；雄蕊4，两两成对；子房3室，但仅1室发育；果为瘦果状，顶冠以宿萼。约20余种，分布于中国、日本、中亚及墨西哥；我国9种，分布于中部和西南部，东南和北部较少见。

分种检索表

1 叶柄基部扩大和连合；枝节膨大；花冠漏斗形……………
………………………………南方六道木 *Abelia dielsii*
1 叶柄基部不连合；枝节不膨大；花冠钟状或钟状漏斗形。
  2 叶边缘不反卷；总花梗具2~4花……………………
………………………………短枝六道木 *Abelia engleriana*
  2 叶边缘内卷；总花梗具1~2花………………………
………………………………小叶六道木 *Abelia parvifolia*

(1) 六道木 (交翅) *Abelia biflora* Turcz.
[Twinflower Abelia]

落叶灌木，高1~3 m。茎和枝具六条纵沟。单叶对生，卵状披针形，全缘或具缺刻状锯齿。花2朵并生于侧枝顶端；花萼4裂，叶状，花冠筒状，淡黄色，裂片4，雄蕊4，2强。瘦果状核果，弯曲，萼片宿存。早春开花。分布于我国东北、华北等省区。华东、西南及华北地区可露地栽培。喜温暖、湿润的环境，耐阴，耐寒，耐干旱；抗短期洪涝。耐

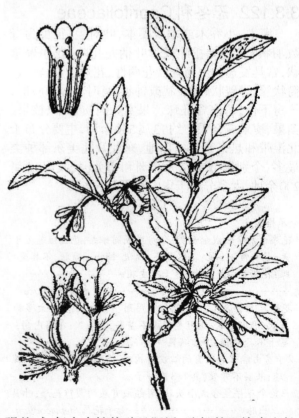

强盐碱，但在中性偏酸且肥沃、疏松的土壤中生长快速，要求土壤排水良好。扦插或播种繁殖。适

称，缘具锯齿，两面光滑无毛。圆锥状聚伞花序顶生，花冠辐状，白色至淡黄色。浆果状核果近球形，黑紫色或红色。花期4~5月；果期9~10月。我国各地广泛分布。喜光，耐寒，耐旱。常用扦插、分株、播种繁殖。因其春季白花满树，夏季红果累累，是良好的观赏灌木，宜植于草坪、林缘或水边。变种与品种：毛接骨木 var. *miquelii* (Nakai) Y. C. Tang，羽状复叶有小叶片(1~)2~3对，小叶片主脉及侧脉基部被明显的黄白色长硬毛，小叶柄、叶轴及幼枝亦被黄色长硬毛；花序轴除被短柔毛外还夹杂长硬毛。产黑龙江、吉林、辽宁和内蒙古。①金叶接骨木'Aurea'，叶金黄色。②金边接骨木'Aurea-marginata'，叶边缘黄色。③银边接骨木'Albo-marginatus'，叶边缘白色。

(2) 西洋接骨木 *Sambucus nigra* L.
[Common Elder, European Elder]

落叶灌木或小乔木，高4~8(10)m。老枝有皮孔，幼枝无毛，小枝髓心白色。奇数羽状复叶，对生，有尖锯齿，揉碎有异味。5叉分枝的扁平状聚伞花序，顶生，花小，白色至淡黄色。核果浆果状，亮黑色。花期5~6月，果期9~10月。产南欧、北非及西亚地区；我国山东、江苏、上海和北京有栽培。喜光，亦耐阴，较耐寒，又耐旱；根系发达，分蘖性强。扦插或分株繁殖。大型灌木，姿态开展，花朵洁白素雅，观赏性很强。适宜栽植林下、林缘，或庭院观赏。品种：①粉花'Roseiflora'，花粉色。②重瓣'Plena'，花白色，重瓣。③白果'Alba'：果实白色。④金叶'Aurea'，叶金黄色。

宜丛植、片植干空旷地、水边或建筑物旁。由于萌发力强、耐修剪，可修成球状或作花篱；也可栽种于岩石缝中、林下、山坡灌丛及沟边。

(2) 糯米条（茶树条）*Abelia chinensis* R. Br.
[China Abelia]

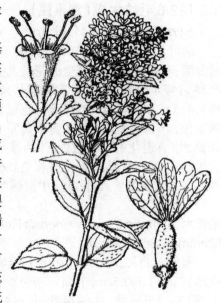

落叶灌木，高达2m。叶卵形或卵状椭圆形，对生，边缘具疏浅齿，叶背中脉基部密被柔毛。圆锥状聚伞花序顶生或腋生，花粉红色或白色，具香味，花萼被短柔毛，5裂片，花冠漏斗状，外有微毛，内有腺毛，雄蕊4，伸出花冠。瘦果状核果。花期7~8月，果期10月。喜阳，较耐阴，怕强光曝晒；耐干旱瘠薄。根系发达，萌芽性强。播种或扦插繁殖。分布于我国长江以南地区。适栽于庭园、路边、池畔、墙隅、篱边观赏。

3.3.122.3 双盾木属 *Dipelta* Maxim.

落叶灌木；叶对生，具短柄，全缘或有小齿；托叶缺；花单生于叶腋或由4-6朵花组成带叶的伞房状聚伞花序，生于侧枝顶端，基部有不等、明显的苞片4枚；萼裂片5，线形或披针形；花冠管状钟形，檐部2唇形；雄蕊4，内藏；子房下位，长形，4室，其中2室各有发育的胚珠1颗，其他2室有不发育的胚珠数颗；核果包藏于增大、通常盾状的苞片内。我国特有属，3种，分布于我国西南部，北至陕西、甘肃，东至湖北、湖南（西部）和广西（东部）。可栽培于庭园观赏。

分种检索表
1 花冠筒的狭长部分远伸出萼齿外；萼檐几裂至基部，萼齿条形，开花时全为苞片所遮盖；果期增大的苞片盾形
........................双盾木 *Dipelta floribunda*
1 花冠筒的狭长部分稍被包于萼齿中；萼檐裂至2/3处，萼齿披针形，开花时不为苞片所遮盖；果期增大的苞片肾形........................云南双盾木 *Dipelta yunnanensis*

(1) 双盾木 *Dipelta floribunda* Maxim.
[Rosy Dipelta]

落叶灌木或小乔木，高达6m。单叶对生，卵形至椭圆状披针形，长达10cm，全缘。花冠筒状钟形，长2.5cm，略二唇形，粉红色或白色，喉部橙黄色，花萼管具长柔毛，雄蕊4，芳香。核果包藏于宿存苞片和小苞片中，小苞片2，径达2.5cm，形如双盾，故名。花期4~7月，果熟期8~9月。分布于陕西、甘肃、河南、湖南、湖北、四川、云南、贵州等省。喜温暖湿润气候。播种、分蘖、扦插繁殖。花美丽，果形奇特，供庭园观赏用，常于公园、庭园的草坪、空旷地等处群植或孤植。

(2) 云南双盾木 *Dipelta yunnanensis* Franch
[Yunnan Dipelta]

与双盾木的主要区别是：花冠筒的狭长部分稍被包于萼齿中；萼檐裂至2/3处，萼齿披针形，开花时不为苞片所遮盖；果期增大的苞片肾形。分布于陕西、甘肃、湖北、四川、贵州和云南等地。喜温暖湿润气候，适宜生长在肥沃的土壤中。播种和扦插繁殖。果实美丽而奇特，可用于园林观赏。

3.3.122.4 七子花属 *Heptacodium* Rehd.

落叶灌木；叶对生，全缘，3脉，无托叶；花白色，无柄，7朵结成有总苞的头状花序，此等花序复排成直立、顶生的圆锥花序；萼5裂，裂片宿存；花冠管状漏斗形，檐部稍2唇形，5裂；雄蕊5，着生于冠喉部；子房下位，3室，其中2室有不发育的胚珠多数，其它1室有发育的胚珠1颗；果革质，长椭圆形，顶有宿存、扩大的萼。1种，我国特有单种属，分布于湖北、浙江和安徽。

七子花 *Heptacodium miconioides* Rehd.
[Common Sevenseedflower]

落叶灌木或小乔木，高可达7m。单叶对生，卵形至卵状长椭圆形，长7~16cm，先端尾尖，基部圆形，3主脉近于平行（两侧主脉之外侧又有近于平行的支脉），背脉有柔毛，全缘。花冠白色，管状漏斗形，5深裂，雄蕊5；花萼5裂，花后增大并宿存；聚伞花序对生，集成顶生圆锥状复花序，长达15cm；小花序常具7朵花。花期6~9月，果熟期9~

11月。分布于湖北兴山县,浙江及安徽径县和宣城,长江流域一带有栽培。喜雾多而凉爽,年平均温15.4~16.2℃,阳光少而湿度大,土壤由红壤逐步过渡到黄壤,呈酸性反应的地区。扦插或播种繁殖。树身洁白光滑,可与紫薇

媲美,花形奇特,花色红白相间,繁花密集于花序,远望酷似群蜂采蜜,蔚为壮观,为优良的观赏树木。可用于园林绿化。

3.3.122.5 蝟实属 *Kolkwitzia* Graebn.

1种。为我国特有的单种属。产山西、陕西、甘肃、河南、湖北及安徽等省。

蝟实 *Kolkwitzia amabilis* Graebn.
[Beatuy Bush]

落叶灌木;叶对生,具短柄,卵形,无托叶;花粉红色,成对生于叶腋内,排成顶生的伞房花序;萼5裂,外面密生长刚毛;花冠钟状,5裂;雄蕊4;子房椭圆状,顶端渐狭成一长

喙,被刚毛,3室,但只1室发育而有胚珠1颗;果为两个合生(有时1个不发育)、外被刺毛、具1种子的瘦果状核果。花期4~6月,果熟期8~10月。喜冬春干燥寒冷,夏秋炎热多雨的半湿润、半干旱气候,喜光,耐寒、耐旱,不耐水湿,耐瘠薄。欧美各国亦有栽培。播种、扦插、分株、压条繁殖。植株紧凑,树干丛生,花序紧凑,花色美丽,开花期正值初夏百花凋谢之时,盛开时繁花似锦,夏秋全树挂满形如刺猬的小果,甚为别致。园林中可群植、孤植、列植、丛植,既可作为孤植树栽植于房前屋后、庭院角隅、亭廊附近,也可三三两两呈组状栽植于草坪、山石旁、园路交叉口、水池边或坡地,使景观更加贴近自然,还可以与乔木、绿篱等一起配置于道路两侧、花带等形成一个立体空间,也可盆栽观赏或作切花。

3.3.122.6 毛核木属(雪果属)
Symphoricarpos Duhamel

落叶灌木;叶对生,单叶,全缘(国产种)或有时分裂;花排成顶生或腋生的花束或穗状花序(国产种);萼4~5齿裂;花冠高脚碟状或钟状(国产种),4~5裂,近辐射对称;雄蕊与花冠裂片同数;子房下位,4室,但只有2室发育而每室有胚珠1颗,其他2室有退化的胚珠数颗;果为浆果状的核果,有2分核,国产种的小分核被长毛。6种,其中15种产于北美洲至墨西哥;我国中南部产1种。

毛核木 *Symphoricarpos sinensis* Rehd.
[Common Snowberry]

灌木,高1~2.5m。叶菱状卵形至卵形,顶端尖或略钝,长1.5~2.5cm,下面带灰色。穗状花序单生(稀2~3)于枝端,具6~14花,长达1cm;花白色,单生于1苞片腋内;萼筒长约2.5mm,萼齿5,微小;花冠近钟状,长5~7mm,裂片稍短于花冠筒;雄蕊5,着生近花冠中部,等长或稍伸出花冠。核果卵状,长约7mm,顶有1小喙,蓝黑色,具白霜。花期7~9月,果熟期9~11月。分布于我国陕西、甘肃、湖北、四川、云南和广西。适应性强,喜光,耐寒、耐热、耐湿、耐瘠薄,萌枝能力强,病虫害极少。播种和扦插、压条繁殖。枝条下垂至地面后,节间即可生根。深秋后果实成串,挂果期长达4个月,观赏价值极高,尤其在色彩单调的秋冬季节更显可贵。适宜在庭院、公园、住宅小区、高架路桥绿化栽植,亦可盆栽观赏。

3.3.122.7 锦带花属 *Weigela* Thunb.

落叶灌木;冬芽有锐尖的鳞片数枚;叶对生,具柄,很少近无柄,有锯齿,无托叶;花稍大,白色、淡红色至紫色,1至数朵排成腋生的聚伞花序生于前年生的枝上;萼片5,分离或下部合生;花冠左右对称或近辐射对称,管状钟形或漏斗状,管远长于裂片,裂片5,阔;雄蕊5,短于花冠;子房下位,延长,2室,每室有胚珠多数,花柱有时突出;柱头头状;蒴果长椭圆形,有喙,开裂为2果瓣,遗留着一个中柱;种子多数,有角,微小,常有翅。约10余种,主要分布于东亚和美洲东北部;我国2种,分布于东北、华北、华东及西南等地,另有庭园栽培者1~2种,并有许多杂交品种,供观赏用。

分种检索表
1 花萼裂至中部或稍下，基部连合，裂片披针形；种子无翅
···锦带花 Weigela florida
1 花萼裂至基部，裂片线形；种子有翅···················
···海仙花 Weigela coraeensis

(1) 锦带花 Weigela florida (Bunge) A. DC.
[Brocadebeldflower]

落叶灌木，高达3m；小枝具两行柔毛。叶椭圆形或卵状椭圆形，长5~10cm，缘有锯齿，表面无毛或仅中脉有毛，背面脉上显具柔毛。花冠玫瑰红色，漏斗形，端5裂；花萼5裂，下半部合生，近无毛；通常3~4朵成聚伞花序；4~5(6)月开花。蒴果柱状；种子无翅。花期4~6月，果期7~10月。分布于我国黑龙江、吉林、辽宁、内蒙古、山西、陕西、山东、江苏、河南等省区；俄罗斯、朝鲜、日本也有分布。喜光，耐阴，耐寒。对土壤要求不严，能耐瘠薄土壤，但以深厚、湿润而腐殖质丰富的土壤生长最好，怕水涝。萌芽力强，生长迅速。播种、扦插或压条繁殖。枝叶茂密，花色艳丽而繁多，是东北、华北地区重要的观花灌木之一。在园林中适宜庭院墙隅、湖畔群植；也可在树丛林缘作花篱；丛植可点缀于假山、坡地；花枝可供瓶插。变种及品种：①白花锦带花 'Alba' 花近白色。②红花锦带花（'红王子'锦带花）'Red Prince' 花鲜红色，繁密而下垂。③深粉锦带花（'粉公主'锦带花）'Pink Princess' 花深粉红色，花期较一般的锦带花早约半个月。花繁密而色彩亮丽，整体效果好。④亮粉锦带花 'Abel Carriere' 花亮粉色，盛开时整株被花朵覆盖。⑤变色锦带花 'Versicolor' 花由奶油白渐变为红色。⑥紫叶锦带花 'Purpurea' 植株紧密，高达1.5m；叶带褐紫色，花紫粉色。⑦花叶锦带花 'Variegata' 叶边淡黄白色；花粉红色。⑧斑叶锦带花 'Goldrush' 叶金黄色，有绿斑；花粉紫色。⑨美丽锦带花 var. venusta (Rehd.) Nakai 高达1.8m；叶较小，花较大而多；花萼小，二唇形，花冠玫瑰紫色. 逐渐收缩成一细管，裂片短。产朝鲜，耐寒性强。

(2) 海仙花 Weigela coraeensis Thunb.
[Korean Weigela]

落叶灌木，高可达5m；小枝较粗，无毛或近无毛。叶广椭圆形至倒卵形，长8~12cm，表面中脉及背面脉上稍被平伏毛。花冠漏斗状钟形，长2.5~4cm，基部1/3骤狭，外面无毛或稍有疏毛，初开时黄白色，后渐变紫红色；花萼线形，裂达基部；花无梗；数朵组成腋生聚伞花序。蒴果2瓣裂，种子有翅。花期5~6月，果期9~10月。分布于朝鲜半岛、日本；我国华北、华东及华南有栽培。适应性强，喜光也耐阴，耐寒，北京地区可露地越冬。对土壤要求不严，耐瘠薄，在深厚湿润、富含腐殖质的土壤中生长最好，忌水涝。生长迅速强健，萌芽力强，病虫害很少。扦插、播种、压条及分株繁殖均可。枝叶茂密，花色美丽，可作庭园绿化和观赏树种。品种：①白海仙花 'Alba'，花浅黄白色，后变粉红色；②红海仙花 'Rubriflora'，花浓红色。

3.3.122.8 鬼吹箫属 Leycesteria Wall.

落叶灌木；小枝常中空。叶对生，全缘或有锯齿，很少浅裂；托叶存在或否。穗状花序顶生或腋生，由2~6朵花、对生的聚伞花序组成，有时紧缩成头状，常具显著的叶状苞片；萼裂片5枚；花冠白色、粉红色或带紫红色，有时橙黄色，漏斗状，整齐，裂片5枚；雄蕊5枚，花药丁字形背着。种子小，多数。约8种，分布于喜马拉雅地区、缅甸及中国；我国6种，分布于西南部的温带和亚热带山区。

鬼吹箫 Leycesteria formosa Wall.
[Ghostfluting]

落叶灌木。叶纸质，卵状披针形至矩圆形，长4~13cm，先端长尾尖，基部圆形至近心形；叶柄长5~15mm。穗状花序由3花的聚伞花序组成，中央1花无柄，侧生2花具短柄，总花梗长8~30mm；苞片叶状，绿色或紫红色，每轮6枚，最下面一对较大，阔卵形至披针形；萼筒深5裂；花冠白色或粉红色，稀紫红色，漏斗状，裂片5枚，卵圆形，筒外面基部具5个囊肿；雄蕊5枚。浆果先红后黑紫色。种子淡棕褐色。花期6~9月，果熟期8~10月。分布于我国四川、贵州、云南和西藏；印度、尼泊尔、缅甸亦有分布。喜光，稍耐阴，耐低温，耐贫瘠。喜疏松、湿润、肥沃土壤。播种、分株和扦插繁殖。果实成串，浑圆、红紫色，且晶莹剔透，十分招人喜爱。可栽培于各类公共绿地、林缘，也可以种植为绿篱。

变种：狭萼鬼吹箫（叉活活，梅竹叶）var. stenosepala Rehd.，叶通常卵形、卵状矩圆形或卵状披针形，全缘，有时有疏生齿牙或不整齐的浅或深的缺刻，或羽状分裂。穗状花序通常顶生，稀腋生；苞片常带紫色或深紫色。萼裂片较狭长，披针形、条状披针形至条形，常4长1短或近等长或3长

2短,短者1~2(3)mm,长者4~9mm;花白色至粉红色或带紫红色。果实由红色或紫红色变黑色或紫黑色。产四川西部,云南西北部、中部至东部及西藏东南部和南部。

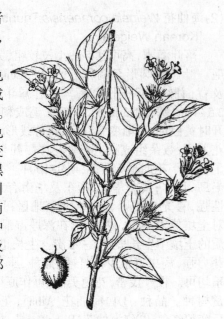

3.3.122.9
忍冬属 Lonicera L.

直立或攀援状灌木;叶脱落或常绿,对生,单叶,全缘或很少波状分裂;花左右对称或辐射对称,成对生于腋生的花序柄之顶,有苞片2和小苞片4,或为无柄的花轮生于枝顶;萼5齿裂;花冠管长或短,檐部2唇形或几乎5等裂;雄蕊5;子房下位,2~3室,很少5室,每室有胚珠极多数;果为浆果,有种子数颗。约200种,分布于北美洲、欧洲、亚洲和非洲北部的温带和亚热带地区,在亚洲南达菲律宾群岛和马来西亚南部;我国98种,广布于全国各省区,而以西南部种类最多。

分种检索表
1 花单生,每3~6朵成1轮,1至数轮生于小枝顶,有总花梗或无;花序下的1~2对叶基部相连成盘状,很少分离。
  2 花通常2至数轮生于小枝顶;雄蕊在花冠筒内的着生处远低于花冠裂片基部;花丝比花药长;花冠外面橘红色,内面黄色,长约5cm,筒比裂片长5~6倍⋯⋯⋯⋯⋯⋯⋯⋯贯月忍冬 Lonicera sempervirens
  2 花仅1轮生于小枝顶;雄蕊在花冠筒内的着生处稍低于花冠裂片基部;花丝长约等于花药;花冠外面黄色,长2~3.5cm,筒比裂片长3~4倍⋯⋯⋯⋯⋯⋯⋯⋯盘叶忍冬 Lonicera tragophylla
1 花双生于总花梗之顶,很少双花之一不发育而总花梗仅有1朵花;对生二叶的基部均不相连成盘状。
  3 缠绕藤木⋯⋯⋯⋯⋯⋯⋯⋯金银花 Lonicera japonica
  3 直立灌木,很少枝柔蔓,但决非缠绕。
    4 小枝具黑褐色的髓,后因髓消失而变中空。
      5 小苞片基部多少连合,长为萼筒的1/2至几相等,顶端多少截状;总花梗长不到1cm,很少超过叶柄⋯⋯⋯⋯⋯⋯⋯⋯金银木 Lonicera maackii
      5 小苞片分离,长为萼筒的1/4~1/2;总花梗通常长1cm以上,远超过叶柄。
        6 花冠筒长约与唇瓣相等或略较短⋯⋯⋯⋯⋯⋯⋯⋯鞑靼忍冬 Lonicera tatarica
        6 花冠筒极短,长约为唇瓣之半⋯⋯⋯⋯⋯⋯⋯⋯

⋯⋯⋯⋯⋯⋯金花忍冬 Lonicera chrysantha
    4 小枝具白色、密实的髓。
      7 冬芽有数对至多对外芽鳞;小苞片分离或连合,有时缺失,如合生成杯状,则外面不具腺毛。
        8 花冠具5枚近于相等的裂片;如花冠唇形,则冬芽不具4棱角,内芽鳞在幼枝伸长时亦不增大和反折⋯⋯⋯⋯⋯⋯⋯⋯唐古特忍冬 Lonicera tangutica
        8 花冠唇形;冬芽具4棱角,否则内芽鳞在幼枝伸长时增大且常反折⋯⋯⋯华北忍冬 Lonicera tatarinowii
      7 冬芽仅具1对外芽鳞;如有多对外芽鳞,则小苞片合成杯状,外面有多数腺毛。
        9 小苞片不如上述⋯郁香忍冬 Lonicera fragrantissima
        9 小苞片合生成坛状壳斗或杯状,完全或部分包围双花的相邻两萼筒。
          10 小苞片合生成坛状壳斗,无毛,果熟时变肉质而不开裂;花冠筒状漏斗形,整齐或近整齐⋯⋯⋯⋯⋯⋯⋯⋯蓝果忍冬 Lonicera caerulea
          10 小苞片合生成杯状或坛状壳斗,外面有毛,果熟时不变肉质,开裂而释出果实;花冠唇形⋯⋯⋯⋯⋯⋯⋯⋯葱皮忍冬 Lonicera ferdinandii

(1) 金银花(忍冬,金银藤,双花)
Lonicera japonica Thunb. [Japan Honeysuckle]

半常绿缠绕藤木。单叶对生,全缘,卵形至长卵形,长3~8cm,叶端短渐尖至钝,基部圆形至近心形,幼时两面具柔毛,老后光滑。花成对腋生,有总梗,苞片叶状,萼筒无毛,

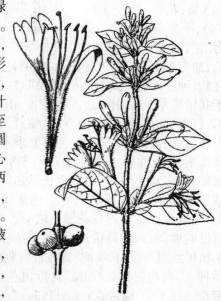

花梗及花均有短柔毛。花冠初开时白色,后变黄色,花冠筒细长;雄蕊5,伸出花冠外。浆果球形,离生,熟时黑色。花期5~7月,果期10~11月。分布于我国辽宁、陕西、山东、湖北、湖南、河南、云南、贵州。喜温暖湿润气候,较耐阴、耐寒、耐热、耐旱、耐涝、耐盐碱。播种繁殖。金银花体态轻盈,夏日开花不断,黄白花色淡雅芳香,是良好的垂直绿化的材料。适宜于作篱垣、阳台、绿廊、花架、凉棚等绿化。品种:① 红花金银花 var. *chinensis* Baker,茎及嫩叶带紫红色,叶面近光滑,背脉稍有毛;花冠外面淡紫红色,上唇的分裂大于1/2。② 紫脉金银花 var. *repens* Rehd.,叶近光滑,叶脉常带紫色,叶基部有时有裂;花冠白色或带淡紫

色,上唇的分裂约为1/3。③ 黄脉金银花'Aureo-reticulata'叶较小,叶脉黄色。④ 紫叶金银花'Purpurea',叶紫色。⑤ 斑叶金银花'Variegata',叶有黄斑。⑥ 四季金银花'Semperflorens',晚春至秋末开花不断。

(2)金银木(金银忍冬)
Lonicera maackii(Rupr.)Maxim.
[Amur Honeysuckle]

落叶小乔木或灌木,高可达6m。单叶对生,叶呈卵状椭圆形至披针形;先端渐尖,全缘,叶两面疏生柔毛。花成对腋生,总花梗短于叶柄,苞片线形;相邻两花的萼筒分离,唇形花冠,花先白后黄。浆果球形,红色,合生。花期5~6月,果期8~10月。产我国东北,分布于华北、华东、华中及西北东部、西南北部均有。耐阴性强,耐寒,耐旱,适应性强,管理粗放。播种繁殖。花清香秀雅,秋季红果累累,引人流连,是花果并美的园林植物。宜丛植于草坪、山坡、林缘、路边或建筑周围观赏。变种:红花金银

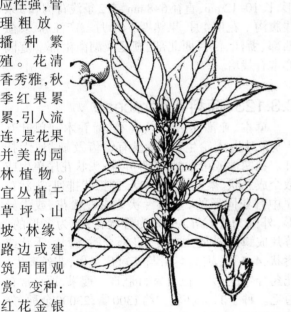

忍冬 var. *erubescens* Rehd.,花冠、小苞片和幼叶均带淡紫红色。产甘肃、江苏(南京、江浦、句容)、安徽(滁县琅琊山)和河南(鸡公山)。

3.3.122.10 荚蒾属 *Viburnum* L.

世界约200种,分布于温带和亚热带地区,主产亚洲和南美洲地区;我国约74种,分布于全国各省区,西南地区种类最多。

分种检索表
1 冬芽裸露;植物体被簇状毛而无鳞片;果实成熟时由红色转为黑色。
　2 叶大多常绿,全缘或有时具不明显的疏浅齿,侧脉通常近叶缘时互相网结而非直达齿端。
　　3 萼筒无毛;叶长2~6cm(烟管荚蒾有时达8.5cm),上面小脉不凹陷⋯⋯⋯⋯⋯⋯⋯烟管荚蒾 *Viburnum utile*
　　3 萼筒多少被簇状毛;叶长5~25cm⋯⋯⋯⋯⋯⋯⋯⋯
　　⋯⋯⋯⋯⋯⋯⋯⋯⋯⋯皱叶荚蒾 *Viburnum rhytidophyllum*
　2 叶临冬凋落,通常边缘有齿。
　　4 花序有大型的不孕花。
　　　5 花序全部由大型的不孕花组成⋯⋯⋯⋯⋯⋯⋯⋯⋯
　　　⋯⋯⋯⋯⋯⋯⋯⋯⋯绣球荚蒾 *Viburnum macrocephalum*
　　　5 花序仅周围有大型的不孕花⋯⋯⋯⋯⋯⋯⋯⋯⋯
　　　⋯⋯⋯⋯⋯⋯⋯琼花 *Viburnum macrocephalum* f. *keteleeri*
　　4 花序全由两性花组成,无大型的不孕花。
　　　6 花冠辐状,筒比裂片短⋯⋯⋯⋯⋯⋯⋯⋯⋯⋯⋯
　　　⋯⋯⋯⋯⋯⋯⋯⋯⋯修枝荚蒾 *Viburnum burejaeticum*
　　　6 花冠筒状钟形,筒远比裂片长⋯⋯⋯⋯⋯⋯⋯⋯
　　　⋯⋯⋯⋯⋯⋯⋯⋯⋯陕西荚蒾 *Viburnum schensianum*
1 冬芽有1~2对(很少3对或多对)鳞片1);如为裸露,则芽、幼枝、叶下面、花序、萼、花冠及果实均被鳞片状毛。
　7 果核圆形、卵圆形或椭圆形,有1条极细的线状浅腹沟或无沟,决不带压扁状;花序复伞形式;果实成熟时蓝黑色或由蓝色转为黑色;叶常绿,无毛或近无毛⋯⋯⋯
　⋯⋯⋯⋯⋯⋯⋯⋯⋯⋯黑果荚蒾 *Viburnum melanocarpum*
　7 果核不如上述;如为椭圆形则果核具1上宽下窄的深腹沟,或花序不如上述;果实成熟时红色,或由红色转为黑色或酱黑色,少有黄色。
　　8 冬芽为2对合生的鳞片所包围;叶3(2~4)裂;叶柄顶端或叶片基部有2~4个明显的腺体。
　　　9 树皮质薄而非木栓质;花药黄白色⋯⋯⋯⋯⋯⋯
　　　⋯⋯⋯⋯⋯⋯⋯⋯⋯⋯⋯⋯欧洲荚蒾 *Viburnum opulus*
　　　9 树皮厚,木栓质;花药紫红色。
　　　　10 小枝、叶柄和总花梗均无毛;叶下面仅脉腋有集聚簇状毛,或有时脉上亦有少数柔毛⋯⋯⋯⋯⋯
　　　　⋯⋯⋯⋯⋯⋯⋯天目琼花 *Viburnum opulus* var. *calvescens*
　　　　10 幼枝、叶下面和总花梗均被长柔毛⋯⋯毛叶鸡树条
　　　　Viburnum opulus var. *calvescens* f. *puberulum*
　　8 冬芽有1~2对分离的鳞片;叶柄顶端或叶片基部无腺体。
　　　11 花序复伞形或伞形式,有大型的不孕花;果核腹面有1上宽下窄的沟,沟上端及背面下半部中央各有1明显隆起的脊。
　　　　12 叶有5~7(~9)对侧脉,两面长方形格纹不明显;总花梗的第一级辐射枝通常5条⋯⋯⋯⋯⋯⋯⋯
　　　　⋯⋯⋯⋯⋯⋯⋯⋯⋯⋯蝶花荚蒾 *Viburnum hanceanum*
　　　　12 叶有10对以上侧脉,两面有明显的长方形格纹;总花梗的第一级辐射枝6~8条。
　　　　　13 花序全部由大型的不孕花组成⋯⋯⋯⋯⋯
　　　　　⋯⋯⋯⋯⋯⋯⋯⋯⋯⋯⋯粉团 *Viburnum plicatum*
　　　　　13 仅花序周围有4~6朵大型的不孕花⋯⋯⋯⋯
　　　　　⋯⋯蝴蝶戏珠花 *Viburnum plicatum* var. *tomentosum*
　　　11 花序种种,不具大型不孕花;果核通常不如上述。
　　　　14 花序为由穗状或总状花序组成的圆锥花序,或因圆锥花序的主轴缩短而近似伞房式,很少花序紧缩成近簇状;果核通常浑圆或稍扁,具1上宽下窄的深腹沟。
　　　　　15 雄蕊着生于花冠筒内的不同高度;花先于叶或与叶同时开放;叶纸质⋯⋯香荚蒾 *Viburnum farreri*
　　　　　15 雄蕊着生于花冠筒顶端;花于叶后(极少与叶同时)开放;叶纸质至革质⋯⋯⋯⋯⋯⋯⋯⋯⋯
　　　　　⋯⋯⋯⋯⋯⋯⋯⋯⋯珊瑚树 *Viburnum awabuki*
　　　　14 花序复伞形式或稀可为由伞形花序组成的尖塔形圆锥花序;果核通常扁,有浅的背、腹沟,有时沟退化而不明显,很少无沟或在腹面深陷如杓状。
　　　　　16 侧脉2~4对,基部1对作离基或近离基三出脉状;

如侧脉5~6对,则叶革质或亚革质;或叶纸质或厚纸质而下面在放大镜下同时可见具金黄色和红褐色至黑褐色两种腺点·················常绿荚蒾 Viburnum sempervirens
16 侧脉5对以上,羽状,很少类似离基三出脉;叶纸质、厚纸质或薄草质,下面无腺点或有颜色纯一的腺点。
17 外面无毛,极少蕾时有毛而花开后变秃净。
18 花序或果序下垂;幼枝多少有棱角;芽及叶干后变黑色或浅灰黑色
·················茶荚蒾 Viburnum setigerum
18 花序或果序不下垂
·················桦叶荚蒾 Viburnum betulifolium
17 外面被疏或密的簇状短毛。
19 叶下面在放大镜下有黄色或近无色的透亮腺点,或有时腺点呈鳞片状,或为不明显的暗色
·················荚蒾 Viburnum dilatatum
19 叶下面无腺点色·················
·················吕宋荚蒾 Viburnum luzonicum

(1) 荚蒾(椴蒾) Viburnum dilatatum Thunb. [Arrowwood]

落叶灌木,高3m。叶宽倒卵形至椭圆形,长为3~9cm,顶端渐尖至骤尖,边有牙齿,上面疏生柔毛,下面近基部两侧有少数腺体和无数细小腺点,脉上

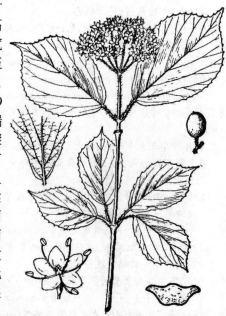

常生柔毛或星状毛;侧脉6~7对,伸达齿端;叶柄长1~1.5cm。花序复伞形状,直径4~8cm;花冠白色,辐状,长约2.5mm,无毛至生疏毛;雄蕊5,长于花冠。核果红色,椭圆状卵形,长约7~8mm。花期5~6月,果熟9~11月。广布于我国陕西、河南、河北三省南部及长江以南诸省区,但以华东地区为常见;日本也有。喜光,喜温暖湿润,也耐阴,耐寒,对气候因子及土壤条件要求不严,最好是微酸性肥沃土壤。播种繁殖。可植于庭园观赏。

(2) 绣球荚蒾(木本绣球,大绣球,斗球)
Viburnum macrocephalum Fortune
[Chinese Snowball Tree, China Arrowwood]

落叶或半常绿灌木,高达4m。枝广展,树冠半球形。芽、幼枝、叶柄均被灰白或黄白色星状毛。冬芽裸露。单叶对生,卵形或椭圆形,端钝,基部圆形,缘有细锯齿,下面疏生星状毛。聚伞花序大型球状,全部花都可变为白色、大型不孕花。花期4~5月。分布于我国山东、河南、江苏、浙江、江西、湖南、湖北、贵州、广西。喜光,略耐阴。生性强健,耐寒,耐旱。扦插、压条、分株繁殖。绣球花树姿舒展,开花时白花满树,犹如积雪压枝,十分美观。变型:琼花 f. keteleeri (Carr.) Rehd.,聚伞花序仅周围具大型的不孕花,花冠直径3~4.2cm,裂片倒卵形或近圆形,顶端常凹缺;可孕花的萼齿卵形,长约1mm,花冠白色,辐状,直径7~10mm,裂片宽卵形,长约2.5mm,筒部长约1.5mm,雄蕊稍高出花冠,花药近圆形,长约1mm。果实红色而后变黑色,椭圆形,长约12mm;核扁,矩圆形至宽椭圆形,长10~12mm,直径6~8mm,有2条浅背沟和3条浅腹沟。花期4月,果熟期9~10月。产江苏、安徽西部、浙江、江西西北部、湖北及湖南南部。庭园亦常有栽培。

3.3.123 菊科 Asteraceae

草本、亚灌木、灌木、藤本,稀乔木。单叶互生,稀对生或轮生,全缘或有锯齿及缺裂;无托叶。花两性或单性,稀单性异株;头状花序单生或数个成总状、聚伞状、伞房状、圆锥状排列;头状花序中有花同形的,全为舌状花或管状花;或为异形,外围为舌状花,中央为管状花;或为多形的。萼片成鳞片、刺毛或冠毛;花冠合瓣,管状、舌状或唇状,4~5裂;雄蕊4~5,与花冠片互生,花丝离生,花药合生;子房下位,1室,1胚珠。瘦果,顶端常有冠毛。种子1,无胚乳。约1300属,23000余种,分布于温带,热带较少。我国约200属,2000余种。

蚂蚱腿子属 Myripnois Bunge

灌木;叶互生,全缘;头状花序同性,雌花和两性花异株,有花4~9朵,无柄,单生于叶丛中;总苞长椭圆形,总苞片少数,覆瓦状;花序托小,裸露;雌花花冠舌状;两性花花冠管状,2唇形,外唇舌状,3~4短裂,内唇小,全缘或2裂;花药基部有短尾;瘦果在雌花中的稍呈圆柱状,被毛;冠毛多列;两性花的冠毛少数,通常2~4条。1种,产于我国北部地区。

蚂蚱腿子 Myripnois dioica Bunge [Locustleg]

落叶小灌木,高达50~80cm,光滑。单叶互生,卵形至广披针形,长2~4cm,全缘,3主脉;在短枝上之叶簇生,基部楔形。头状花序腋生,常有花5(~10)朵;雌花花冠舌状,淡紫色,两性花花冠筒状二唇形,白色;雌花与两性花异株,芳香;4月上、

中旬花与叶同放。产我国东北及华北地区。花期4月,果期5~6月。喜光,也耐阴;耐寒,耐干旱瘠薄。株形小巧,自然朴素,花型特别,粉白二色,芳香宜人,适宜林缘、草坪石旁、湖畔丛植。

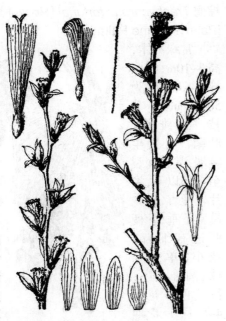

3.3.124 棕榈科 Palmae

常绿乔木或灌木、藤本,茎通常不分枝,单生或丛生,实心。叶大形,常聚生茎端,攀缘种类散生枝上,羽状或掌状分裂;叶柄基部常具纤维的鞘。花小,多辐射对称,单性或两性,雌雄同株或异株,或杂性花,组成佛焰花序或肉穗花序,花萼和花瓣各3片。雄蕊常6枚。子房上位,心皮3枚。核果或硬浆果。约210属2800种,分布于热带、亚热带地区,主产热带亚洲及美洲,少数产于非洲。我国约28属100余种,产西南至东南各省区。许多种类为热带亚热带的风景树种,是庭园绿化不可缺少的树种。

分属检索表
1 植株直立,或无茎呈匍匐状,单生或丛生;果皮无覆瓦状排列之鳞片。
  2 叶掌状分裂。
    3 叶柄两侧具有齿或刺。
      4 丛生灌木;叶形略似车轴,叶片楔形,先端平截或近平截,深裂几达基部……………轴榈属 Licuala
      4 乔木或大乔木,稀灌木;叶略近圆形,裂片条形,先端非平截,深裂、中裂至浅裂。
        5 大乔木;叶宽达3m以上,深裂;花序顶生,一次开花结果后全株枯死……………贝叶棕属 Corypha
        5 灌木、乔木至大乔木;叶宽度多3m以内,深裂、中裂或浅裂;花序腋生。
          6 乔木或灌木;叶柄两侧具齿;花杂性或单性,雌雄同株或异株。
            7 丛生灌木;叶下面被银色鳞秕,柄细长,两侧具微小锯齿;雌雄异株;花序及花部均密被鳞秕状毛………………石山棕属 Guihaia
            7 直立乔木或丛生灌木;叶柄两侧具细齿;叶下面与花序、花部均无鳞秕。
              8 多直立乔木,稀灌木,个别种无地上茎;花单性或杂性,雌雄同株或异株……棕榈属 Trachycarpus
              8 矮小丛生灌木,近干基常分支,少数分叉,根际多萌蘖;叶柄细,两侧具长软刺;雌雄异株或杂性异株……………………矮棕属 Chamaerops
          6 乔木至大乔木;叶柄两侧具刺;花两性,或单性雌雄异株:
            9 大乔木;叶裂至近中部。
              10 干粗大,柱状;枯叶宿存并悬垂干端;花两性………………………丝葵属 Washingtonia
              10 干粗,常在中部以上肿大,干端仅残存部分叶基;花单性,雌雄异株……………糖棕属 Borassus
            9 乔木或大乔木;叶浅裂、中裂至深裂;花两性………………………蒲葵属 Livistona
    3 叶柄两侧无齿、刺。
      11 丛生灌木或小乔木;叶柄腹面具深凹槽,顶端与叶片连接处有小戟突;花两性……琼棕属 Chuniophoenix
      11 丛生灌木或单干乔木;叶柄上面无深凹槽,顶端具小戟突与叶片相连;花两性或单性。
        12 丛生灌木;干细;叶掌状分裂,裂片30以内;花单性,雌雄异株……………………棕竹属 Rhapis
        12 多粗大单干乔木,稀丛生灌木;叶常鸡冠状掌裂,裂片30以上;花两性…………箬棕属 Sabal
  2 叶羽状分裂。
    13 叶裂片多菱形,边缘常具不整齐啮蚀状齿……………………………鱼尾葵属 Caryota
    13 叶裂片非菱形,边缘无或局部具啮蚀状齿。
      14 叶轴近基部裂片为针刺状。
        15 裂片在芽内向内折叠;雌雄异株;花序梗长,扁平……………………刺葵属 Phoenix
        15 裂片在芽内向外折叠;雌雄同株;花序梗短,圆柱状……………………油棕属 Elaeis
      14 叶轴、叶柄均无刺。
        16 海滩等地沼生植物;花序顶生………水椰属 Nypa
        16 陆生植物;花序生于叶丛中或叶鞘束下。
          17 叶裂片基部耳垂状………………桄榔属 Arenga
          17 叶裂片基部非耳垂状。
            18 中果皮常厚,纤维质;内果皮骨质,坚硬,近基部有萌发孔3。
              19 叶柄、叶轴密被鳞秕状毛;佛焰苞1;果小;胚乳小,内无空腔和汁液…………皇后葵属 Syagrus
              19 叶柄、叶轴均无鳞秕状毛;佛焰苞2~3;果大;胚乳大,内具大空腔和汁液………椰子属 Cocos
            18 中果皮常较薄,非纤维质;内果皮无萌发孔。
              20 叶鞘边缘纤维质,抱茎;花序生于叶丛中………………………瓦里棕属 Wallichia
              20 叶鞘光滑,苞状;具多数或少数分枝之佛焰苞花序生于叶鞘束下方。
                21 幼干基部膨大或呈酒瓶状膨大;叶裂片在叶轴上排成2列或4列。
                  22 干基部或中部膨大;叶裂片4列………………………王棕属 Roystonea
                  22 干基部常膨大,呈纺锤状;叶裂片2列………………酒瓶椰子属 Hyophorbe
                21 干基部不膨大或略大。
                  23 干丛生,细而光滑。
                    24 干绿色,无褐斑;叶裂片楔形或条形,先端常

平截,呈啮齿状;外果皮非纤维质;种子干后皱缩,具深槽⋯⋯⋯⋯皱子棕属 *Ptychosperma*

24 干常具褐斑;叶裂片常长方形;外果皮纤维质;种子干后不皱,无深槽⋯⋯⋯⋯⋯⋯⋯⋯⋯⋯⋯⋯⋯⋯⋯⋯山槟榔属 *Pinanga*

23 干单生或丛生,到较粗;叶裂片先端不斜截,非啮齿状。

25 单干乔木,较粗;叶下面、叶轴密被鳞秕状绒毛⋯⋯⋯⋯假槟榔属 *Archontophoen*

25 乔木或灌木,单干或丛生;叶下面光滑。

26 单干乔木,稀丛生灌木,干多较粗,不分叉;雄花生于花序枝上部,雌花生于下部;叶柄、叶轴均绿色⋯⋯⋯⋯槟榔属 *Areca*

26 丛生灌木;干甚细,常分叉,雄花生于花序外缘枝上;叶柄、叶轴常黄绿色⋯⋯⋯⋯⋯⋯⋯⋯⋯⋯⋯⋯散尾葵属 *Chrysalidocarpus*

1 植株多攀援,或丛生,而叶之羽片中脉及边缘或叶轴顶端或叶鞘有刺;果皮鳞片覆瓦排列。

27 植株丛生,无茎干;花杂性,密集;果为散展之鳞片所包被⋯⋯⋯⋯⋯⋯⋯⋯⋯蛇皮果属 *Salacca*

27 植株单生或丛生,无茎干或乔木状,或为攀援藤本。

28 植株开花结果一次后即枯死。

29 植株单生或丛生,无茎干或乔木状;叶之裂片中脉及边缘有刺;雌雄花同序;果为凸起之大型鳞片所包被⋯⋯⋯⋯酒椰属 *Raphia*

29 攀援藤本;叶之羽片无刺,叶轴顶端延伸为具爪状刺之纤鞭;花单性,雌雄异株;果被小鳞片⋯⋯⋯⋯⋯⋯⋯⋯⋯⋯⋯⋯⋯⋯钩叶藤属 *Plectocomia*

28 植株每年开花结果;小穗状花序不为宿存小苞片所包被。

30 花序总轴的佛焰苞舟状,早落;花序短,序轴无钩刺⋯⋯⋯⋯黄藤属 *Daemonorops*

30 花序总轴的佛焰苞管状,宿存;花序长,序轴有钩刺⋯⋯⋯⋯⋯⋯⋯⋯⋯⋯⋯⋯省藤属 *Calamus*

3.3.124.1 棕榈属 *Trachycarpus* H. Wendl.

常绿乔木或灌木,高达15m。茎圆柱形,直立,不分枝,有环纹节,节上残存有不易脱落的老叶柄基部。叶丛生于茎顶,向外开展,扇形或圆扇形,掌状深裂,裂片条形多数,坚硬,顶端2浅裂,不下垂,有多数纤细的纵脉纹;叶柄坚硬,叶柄两侧具细齿,基部有叶鞘,裂成纤维状的苞毛。肉穗花序排列成腋生圆锥花序;单性或杂性,雌雄异株或同株;佛焰苞多数,革质,有锈色茸毛;花萼与花冠均3裂。雄蕊6。子房3室,心皮基部合生。核果于形或近肾形,蓝黑色。种子1粒,灰蓝色。约8种,分布于东亚。我国有3种,分布于广西南部至东南部。

分种检索表

1 树干单生,乔木状;花序粗壮,多次分枝,从叶腋伸出⋯⋯⋯⋯⋯⋯⋯⋯⋯⋯棕榈 *Trachycarpus fortunei*

1 无茎,灌木状;花序从地面直立伸出,较细小,只二次分枝⋯⋯⋯⋯⋯⋯⋯⋯⋯⋯龙棕 *Trachycarpus nana*

棕榈 *Trachycarpus fortunei* (Hook.) H. Wendl. [Palm, Fortune Palm]

常绿乔木,高3~10m;茎圆柱形,直径为50~80cm,不分枝,具纤维网状叶鞘。叶簇生茎端,掌状深裂至中部以下,裂片较硬直,但先端常下垂;叶柄两边有细齿。花小,单性异株;圆锥花序,鲜黄色。花期4~6月,果期10~11月。原产我国,长江流域及其以南地区常见栽培。喜光,稍耐阴,喜温暖湿润气候;不耐寒,抗大气污染,喜排水良好、湿润肥沃的中性或微酸性黏质壤土。播种繁殖。北方常温室栽培。为著名的观赏植物,树姿优美,最适于列植为行道树。是南方特有的经济树种。

3.3.124.2 蒲葵属 *Livistona* R. Br.

常绿乔木。直立,单生,有环状叶痕。叶大,阔肾状扇形或几圆形,顶端2裂;叶柄长,两侧无刺或多少具刺或齿。叶鞘纤维棕色。花小,两性,肉穗花序自叶丛中抽出;佛焰苞管状,多数;花萼和花冠3裂。雄蕊6枚。房由3个离生心皮组成,花柱短。核果,球形至卵状椭圆形。种子1枚,腹面有凹穴。约30种,分布于亚洲及大洋洲热带地区。我国有4种,分布于西南部至东南部。

(1) 蒲葵 *Livistona chinensis* (Jacq.) R. Br. [Fanpalm]

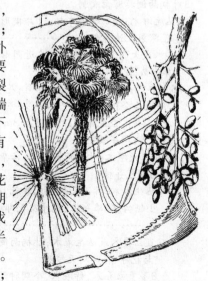

常绿乔木,高达 10~20m;茎不分枝。外形似棕榈,主要不同点是:叶裂较浅,裂片先端2裂并柔软下垂,叶柄两边有倒刺;花两性,肉穗花序。花果3~4月,果期9~10月。产我国南部,中南半岛亦有分布。喜光,略耐阴;

喜高温多湿气候；喜湿润、肥沃、富含腐殖质的壤土，能耐一定的水涝和短期浸泡。耐最低温度7℃。生长慢。播种繁殖。树形美观，树冠伞形，是热带地区优美的庭园树种，可作行道树、庭荫树之用。

(2)澳洲蒲葵 Livistona australis (R. Rr.) Mart.
[Australian Fan Palm, Cabbage-tree Palm]

高8~23m，干径40cm。叶大型，宽1~1.5(2.4)m，掌状40~50(70)裂，深达叶之中部以下，裂片细长，先端尖2裂并下垂；叶柄两侧常有刺齿。花序长达1.5m。核果球形，紫黑色，径1.6~2cm。原产澳大利亚东部；我国台湾、广东、广西及云南有引种栽培。主要用于城市街道、公园和庭园绿化。

3.3.124.3 丝葵属 Washingtonia H. Wendl.

高大乔木。叶掌状分裂为不整齐的单折裂片，裂片先端2裂，裂片边缘有丝状纤维。叶柄边缘具明显的弯齿，向上部齿变小而稀疏；叶柄顶端上面的戟突大，膜质，三角形，边缘不整齐和撕裂状。叶凋枯后不落，下垂覆于茎周。花两性，单生，螺旋状着生，具短梗，肉穗花序。雄蕊6，着生于花冠管口。核果。约2种，分布于美国西部及墨西哥的西部。我国南部热带及亚热带地区有引种栽培。

分种检索表
1 树干基部通常不膨大，去掉枯叶后呈灰色，具明显的纵向裂缝和不太明显的环状叶痕，叶基密集，不规则；叶较大（直径达1.8m），灰绿色，约分裂至中部，裂片边缘的丝状纤维存在于整个生命周期，叶柄绿色、较长（约1.8m），仅在下部边缘具小刺…………丝葵 Washingtonia filifera
1 树干基部膨大，其余部分较细而高，去掉枯叶后呈淡褐色，可见明显的环状叶痕和不明显的纵向裂缝；叶通常不及前种大，亮绿色，分裂至基部2/3处，裂片边缘的丝状纤维只存在于幼龄树的叶上，随年龄成长而消失，叶柄淡红褐色，边缘具粗壮的钩刺，通常幼树的刺更多…………………………………大丝葵 Washingtonia robusta

丝葵 Washingtonia filifera
(Lind. ex Andre) H. Wendl.
[Silkpalm]

常绿乔木，单干，高达25m以上，干近基部径可达1.3m。叶大型，掌状深裂，径达1.8m，裂片边缘有垂挂的纤维丝。花小，两性，乳白色，几无梗，生于细长肉穗花序的小分枝上。浆果状核果球形，熟时黑色。花期6~8月。原产美国及墨西哥。我国福建、台湾、广东及云南有引种栽培。喜温暖、肥沃的黏性土壤，也能耐一定的水湿和咸潮，在沿海地区生长良好。播种繁殖。树冠优美，四季常青，适宜稀植于庭院中或列植于大型建筑物前、池塘边及道路两旁。

3.3.124.4 棕竹属 Rhapis L. f. ex Ait.

灌木；茎细如竹，多数聚生，有网状的叶鞘；叶掌状深裂几达基部，芽时内摺；花常单性异株，生于短而分枝、有苞片的花束上由叶丛中抽出；花萼和花冠3齿裂；雄蕊6，在雌花中的为退化雄蕊；心皮3，离生；果为浆果，有种子1颗；胚乳均匀。约12种，分布于亚洲东部及东南部。我国约6种，分布于西南部至南部。

分种检索表
1 叶鞘具淡黑色、马尾状粗糙而硬的网状纤维；叶掌状深裂成4~10片，裂片宽线形或线状椭圆形，不均等，长20~32cm，宽1.5~5cm，具2~5条肋脉，先端截状，具多对稍深裂的小裂片，边缘及肋脉上具稍锐利的锯齿…………………………………………棕竹 Rhapis excelsa
1 叶鞘具褐色网状纤维；叶裂片的肋脉及边缘具细锯齿或仅边缘具细锯齿或小齿。
 2 叶鞘纤维较粗壮；叶掌状深裂成16~20(~30)裂片，线状披针形，长28~36cm，宽1.5~1.8cm，通常具2条明显的肋脉，先端变狭，具2~3(~4)短裂片，边缘及肋脉上具细锯齿………多裂棕竹 Rhapis multifida
 2 叶鞘纤维纤细。
  3 叶掌状深裂成7~10(~20)裂片，线形，长15~25cm，宽0.8~2cm，具1~2(~3)条肋脉，边缘及肋脉上具细锯齿，先端具2~3短裂，稍渐尖………矮棕竹 Rhapis humilis
  3 叶掌状深裂成(2~)3~4裂片，长圆状披针形至线状披针形或公中央的裂片为线形，具(2~)3~4条肋脉，先端渐狭或短渐尖，具尖齿或短齿……细棕竹 Rhapis gracilis

(1)棕竹（观音竹，筋头竹，棕榈竹）
Rhapis excelsa (Thunb.) Henry ex Rehd.
[Ladypalm]

常绿丛生灌木，高1~3m。茎干直立，不分枝，有节，圆柱形，上部具褐色网状粗纤维质叶鞘。叶集生于枝顶，掌状，3~10深裂，裂片条状披针形，光滑，暗绿色，长达30cm，叶缘与中脉具褐色小锐齿，横脉多而明显；叶柄细长，约8~20cm。肉穗花序腋生，多分枝，花小，淡黄色，极多。浆果球形，种子球形。花期6~7月，果期11~12月。产于我国华南与西南各地，日本也有分布。我国北方地区多盆栽。喜温暖阴湿及通风良好的环境。播种繁殖。室内盆栽或制作盆景,也可作切叶。品种:花叶棕竹'Variegata',叶裂片有纵向乳白和绿色相间的白条纹。

(2)矮棕竹(细叶棕竹) *Rhapis humilis* Bl.
[Dwarf Ladypalm]

常绿丛生灌木,高1~3m,栽培者高不及1m;茎圆柱形,有节,上部覆以褐色、网状纤维质的鞘。叶掌状深裂几达基部,叶形似棕榈,但裂片比棕榈少,通常10~20片,条形,长23~25cm,宽1~2cm,顶端渐尖并有数个紧靠的尖齿,边缘有细锯齿,横脉疏而不明显;叶柄两面拱凸,长约30cm,顶端的小戟突常呈三角形,其上无毛或仅于顶端被毛。肉穗花序较长且分枝多,腋生,花单性,雌雄异株。果球形,直径约7mm,单生或成对着生于宿存的花冠管上,且花冠管变成一实心的柱状体;种子1颗,球形,直径约4.5mm。产我国南部至西南部。喜荫,喜湿润的酸性土,不耐寒。我国南方常植于庭园观赏;长江流域及其以北城市常盆栽观赏,常作室内绿化树种。

3.3.124.5 霸王棕属 *Bismarekia*

1种,产非洲;我国引种栽培。

霸王棕 *Bismarckia nobilis* Hild. et H. Wendl.

茎单生,高15~30m,径达30~60cm,光滑,灰绿色,基部稍膨大。叶片巨大,径1.5~3m,掌状裂,裂片间有线状物,蜡质,蓝灰色;叶柄与叶片近等长,有刺状齿,基部开裂。雌雄异株,雄花序具4~7红褐色小花轴,长达21cm;雌花序较长而粗。果实卵球形,褐色,长达4cm,果柄长达1.9cm。原产非洲马达加斯加西部,热带及亚热带地区广泛栽培;我国华南有引种。喜阳光充足、气候温热与排水良好的环境,耐旱;生长快。

3.3.124.6 琼棕属 *Chuniophoe* Burret

丛生,茎直立,无刺,具环状叶痕。叶掌状深裂;叶柄上面具沟槽。花两性,多次开花结实。花序生于叶腋,一穗状或二回分枝;花序梗及序轴的苞片(一级佛焰苞)管状;小穗轴直立或平展,着生管状苞片(二级佛焰苞),花单生或由1~7朵花缩合成的蝎尾状聚伞花序;花萼管状;花冠基部长梗状,顶部2~3裂片;雄蕊6;雌蕊3心皮,花柱顶端3裂,胚珠倒生。果实近球形;种子为不整齐的球形。2种,分布于我国南部的海南及越南北方。

分种检索表

1 植株较高(高3m或更高),较粗,叶较大,裂片较多(达14~16片);花序较大,多分枝;果实较大(直径达1.5cm),胚乳嚼烂状·············琼棕 *Chuniophoenix hainanensis*
1 植株较矮小(高1.5~2m),叶较小,裂片较少(约4~7片);花序较小,不分枝或2~3个分枝;果实较小(直径约1.2cm),胚乳均匀············矮琼棕 *Chuniophoenix nana*

琼棕 *Chuniophoenix hainanensis* Burret
[Qiongpalm]

常绿灌木或小乔木;干较粗,有吸芽自叶鞘生出。叶掌状14~18深裂,长55~65cm,裂片线形,先端尖,叶柄腹面具深凹槽。花两性,紫红色;成圆锥状聚伞花序,佛焰苞管状。核果浆果状,球形,红黄色。花期4月,果期9~10月。产我国海南及越南北部。喜暖热气候,不耐寒,较耐阴。播种繁殖。树形优美,适于庭园栽培观赏也可作室内绿化树种。

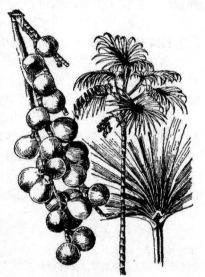

3.3.124.7 轴榈属 *Licuala* Thunb.

灌木,茎丛生或单生,具环状叶痕。叶片多少呈圆形或扇形,掌状深裂或不分裂;叶柄边缘具刺,叶鞘纤维质。花序生于叶腋,分枝或不分枝,宿存的佛焰苞;花两性,苞片或小苞片很小或不明显;花萼杯状或管状;花冠3深裂;雄蕊6枚;子房由3个分离心皮组成。核果,球形至椭圆形,罕为狭长形。种子球形。约100种,分布于亚洲热带地区、澳大利亚和太平洋群岛。我国有3种,产南部及西南部。

分种检索表

1 花序具二次分枝,第二次分枝(小穗状花序)一般长10(~15)cm················刺轴榈 *Licuala spinosa*
1 花序不具二次分枝,第一次分枝(小穗状花序)长3~14~20cm。
  2 小穗状花序长15~20cm,被丛卷毛状鳞秕,花每2~3朵聚生于小穗轴周围的近梗状的小瘤突上·····················
    ···············穗花轴榈 *Licuala fordiana*

2 小穗状花序长8~14cm,较粗壮,穗轴及花均密被深褐色的鳞毛,花成8~10直列着生于小穗轴周围的短的小瘤突上……………………………………毛花轴桐 *Licuala dasyantha*

穗花轴桐 *Licuala fordiana* Becc.
[Spikeflower Axispalm]

丛生灌木,高1.5~3m。叶片半圆形,裂片楔形,裂至基部,16~18片,长25~42cm,近顶部宽2.5~4cm,先端具钝的小齿裂;叶柄长85cm或更长,下部两侧具刺。花序长50~100cm,具2~3个不分枝的或基部分叉的长15~20cm的小穗状花序,小穗轴密被丛卷毛状鳞秕花,花2~3朵聚生于小穗轴周围的近梗状的小瘤突上,花近纺锤形,长6~8mm,宽2.5mm,花萼管状钟形,基部收缩成近梗状,3齿裂,顶端具淡褐色的丛卷毛,基部亦具稀疏的丛卷毛,花冠长于花萼1/3或稍长。果实球形,直径8mm。花期5月,果期9~10月。喜半阴、温暖湿润的环境,对土壤要求不严。播种或分株繁殖。产我国海南及广东东南部。叶形优美,具较高观赏价值,常盆栽或植于庭院、办公楼前。

3.3.124.8 糖棕属 *Borassus* L.

乔木,叶生于茎顶,掌状分裂,近圆形至扇形,叶柄粗壮。花雌雄异株,花序梗被几个张开的佛焰苞包着;雄花序具二级分枝,小穗轴粗壮;雄花小,萼片3;花瓣3,短于萼片;雄蕊6,花药中着,退化雌蕊小;雌花序不分枝或具一级分枝,小穗轴粗壮,上面着生少数星散单生的雌花,雌花较大,每朵花有2个小苞片,萼片3,花瓣3;退化雄蕊6~9;雌蕊近球形,3心皮。果实近球形。约8种,产亚洲热带地区和非洲。我国栽培1种。

糖棕 *Borassus flabellifer* L.
[Sugar Palm, Toddy Palm]

植株粗壮高大,一般高13~20m,可高达33m。叶大型,掌状分裂,近圆形,有裂片60~80;叶柄粗壮,边缘具齿状刺。花单性,雌雄异株,多分枝的肉穗状花序,佛焰苞显著;雄花序较长,可长达1.5m,具3~5个分枝,每分枝掌状分裂为1~3个小穗轴;雄花小,多数,黄色,萼片3,下部合生,花瓣较短,匙形,雄蕊6,花药大,长圆形;雌花序较短粗,约4个分枝,粗壮,雌花较大,球形,每小穗轴约8~16朵花,螺旋状排列,退化雄蕊6~9。果实大,果实多产,数十个围聚于树颈,大小如皮球。种子通常3颗。花期5~7月,果期5~10月。喜阳光充足、气候温暖的生长环境,较怕寒冷,对土壤的要求不严,但以疏松肥沃的壤土为最好。播种繁殖。原产印度至东南亚,我国华南及西南地区有栽培。为庭院观赏植物,可孤植作为主景植物,或列植用于广场、公园的绿化。

3.3.124.9 菜棕属 *Sabal* Adans.

植株矮小或高大,单生,近无茎或直立,叶多数为具肋掌状叶,向内折叠,叶片扁平至多数为弓形,叶柄较长,叶鞘在叶柄下面有明显的半裂,边缘具纤维。花序较短,生于叶间,花梗上有数个管状佛焰苞,花序轴及各级分枝上的佛焰苞为管状;小穗轴细长,花两性,对称;花丝稍肉质、扁平。果实由心皮发育而成,球形至梨形。种子亮褐色,球形。约14种,分布于哥伦比亚至墨西哥东北部和美国东南部。我国南方常见栽培的有2种。

分种检索表
1 矮灌木状,高约1m或更高,无茎或具短茎;叶掌状分裂,呈3/4圆形,裂片较少,约20~38片,裂片弯缺处具早落的丝状纤维;花序直立,较狭长…………矮菜棕 *Sabal minus*
1 乔木状,干高9~18m或更高,常被交叉状叶基;叶为明显的具肋掌状叶,较大,裂片多达80片,裂片弯缺处具宿存的丝状纤维;花序开花时下垂,较大………………………………………………………菜棕 *Sabal palmetto*

(1) 菜棕(箬棕) *Sabal palmetto* (Walt.) Lodd. ex Rome. et Schult.f. [Vegetablepalm]

乔木状,单生,高9~18m甚至更高,常常被覆交叉状的叶基,茎基常被密集的根所包围。叶为明显的具肋掌状叶;叶柄长于叶片。花序形成大的复合圆锥花序,开花时下垂;花螺旋状排列,每小花枝上约30~40朵花,每朵花基部有一个大的苞片和一个较小的小苞片;花萼短钟状;花冠2倍长于花萼,下部管状;雄蕊与花瓣等长或略长;子房连花柱约长3mm,柱头细头状。果实近球形或梨形,黑色。种子近球形。花期6月,果期秋季。喜阳光直射,较耐寒。喜肥沃土壤,也耐瘠薄,在砖红壤、粉沙壤土中均可生长良好,沙漠干旱地区常有栽培。播种繁殖。原产美国东南部北卡罗来纳至佛罗里达。我国福建、台湾、广东、广西及云南有栽培。常作庭院观赏植物。

(2) 矮菜棕(小箬棕) *Sabal minus* (Jacq.)Pers.
[Dwarf Vegetablepalm]

灌木,高3~4m。常有老叶柄残基。叶大型,圆扇形,直径0.6~1.4m,基部楔形,掌状深裂;裂片16~40对,先端长尖,2裂。果球形,熟时亮黑色。果期10月。花序结实后下弯。原产于美国东南部。我国广东有栽培。较耐寒;耐旱。宜排水良好、肥沃的土壤。播种繁殖。宜植于庭园中的草坪边或庭园门前。

3.3.124.10 贝叶棕属 *Corypha* L.

植株高大,乔木状,一次开花结实后死去。叶很大,圆形或半圆形,扇状分裂;叶柄边缘具刺。花序顶生大型,半球形或圆锥形或金字塔形,佛焰苞多数；花小，两性，成团集聚伞状着生于小花枝上，花无梗；花萼杯状，花瓣3，雄蕊6，花丝基部邻接；子房3室，花柱短，钻状，柱头3。果实球形。种子球形或长圆形。约8种，分布于亚洲热带地区至大洋洲北部。我国栽培1种。

贝叶棕 *Corypha umbraculifera* L.
[Cowryleafpalm]

植株高大粗壮，乔木状，具较密的环状叶痕。叶大型，呈扇状深裂，形成近半月形。雌雄同株，花序顶生、大型、直立、圆锥形，高4~5m或更高，序轴上由多数佛焰苞所包被，分枝花序即从裂缝中抽出；花小，两性，乳白色，有臭味。果实球形，干时果皮产生龟裂纹，内有种子1粒；种子近球形或卵球形；胚顶生。只开花结果一次后即死去，其生命周期约35~60年。花期2~4月，果期翌年5~6月。喜光照的阳性植物，需土层深厚，肥沃的沙质土壤。播种繁殖。产于缅甸，印度及斯里兰卡。我国西双版纳早年引种，现我国华南、东南及西南省区有引种。植株高大、雄伟，树干笔直、浑圆，没有枝丫，树冠像一把巨伞，给人一种庄重、充满活力的感觉，是热带地区绿化环境的优良树种。

3.3.124.11 刺葵属 *Phoenix* L.

灌木或乔木。茎单生或丛生，有时很短，直立或倾斜。叶羽状全裂，羽片狭披针形或线形，芽时内向折叠，基部的退化成刺状。花序生于叶间，直立或结果时下垂；佛焰苞鞘状，革质或软革质。花单性，雌雄异株；雄花花萼杯状，顶端具3齿，花瓣3；雄蕊6枚，花丝极短或几无。雌花球形；花萼碟状，且开花后增长；花瓣3，扁圆形或圆形，覆瓦状排列；退化雄蕊6，心皮3，离生，每室具1枚直立胚珠，通常1枚成熟，无花柱。果实长圆形或近球形，种子1颗，腹面具纵沟。约17种，分布于亚洲与非洲的热带及亚热带地区。我国有2种，产台湾、广东、海南、广西、云南等省区。

分种检索表
1 果大，长达6.5cm，肉厚··········海枣 *Phoenix dactylifera*
1 果小，不超过3cm，肉薄。
　2 叶长达6m··················长叶刺葵 *Phoenix canariensis*
　2 叶长1~2m
　　3 佛焰苞开裂成2舟状瓣······林刺葵 *Phoenix sylvestris*
　　3 佛焰苞不裂成2舟状瓣。
　　　4 羽片呈2列排列，背面叶脉被灰白色糠秕状鳞秕；雌分枝花序长而纤细，呈不明显的之字形曲折；花萼顶端具明显的短尖头；果熟时枣红色，具枣味············
　　　　·················江边刺葵 *Phoenix roebelenii*
　　　4 羽片呈4列排列，背面叶脉不具灰白色糠秕状鳞秕；雌分枝花序短而粗壮，呈明显的之字形曲折；花萼顶端不具短尖头；果熟时紫黑色，非枣味··········
　　　　·················刺葵 *Phoenix hanceana*

(1)软叶刺葵(江边刺葵，美丽针葵)
Phoenix roebelenii O´Brien
[Pygamy Datepalm, Softleaf Datepalm]

常绿灌木，高1~3m，单干或丛生，干上有残存的三角状叶柄基。羽状复叶长1~2m，常拱垂；小叶较柔软，2列，近对生，长20~30cm，宽约1cm，先端长尖，基部内折；基生小叶成刺状。花小，黄色。果黑色，鸡蛋状，簇生，下垂。原产印度、缅甸、泰国及我国云南西双版纳等地，广东有栽培。喜光，亦能耐阴；不耐寒；喜湿润、肥沃土壤。播种繁殖。树形美丽，枝叶拱垂似伞，叶片分布均匀且青翠亮泽，是优良的盆栽观叶植物。

(2)刺葵 *Phoenix hanceana* Naud.
[Hance Datepalm]

丛生灌木，高达1~2m。叶羽状全裂，长达2m；裂片条形，4列排列，芽时内向折叠，长15~30cm，宽10~15mm或较宽，下部的退化为针刺。肉穗花序生于叶丛中，多分枝，长达60cm，花序轴扁平；花雌雄异株，雄花花萼杯状，顶端3齿裂；花瓣3片，矩圆形，长4~5mm；雄蕊6枚；雌花球形，长约2mm，心皮3，卵形，分离。果矩圆形，长1~1.5cm，紫黑色，基部有宿存的花被片。分布于我国广东、广西、云南。植于庭园观赏。

3.3.124.12 散尾葵属
Chrysalidocarpus H. Wendl.

丛生灌木。干具环状叶痕,无刺。叶长而柔弱,有多数狭的羽裂片;叶柄上面具沟槽,背面圆,叶轴上面具棱角,背面圆。穗状花序,花序生于叶间或叶鞘下,花单性同株;雌花花萼和花瓣各3片,离生。雄蕊6,花丝离生。子房1,球状卵形。果实略为陀螺形或长圆形。约20种,主产于马达加斯加。我国常见栽培1种。

散尾葵 *Chrysalidocarpus lutescens* H. Wendl. [Madagascarpalm]

丛生灌木至小乔木,高3~8m;茎基部略膨大。叶羽状全裂,扩展而稍弯;裂片40~60对,2列排列,较坚硬,通常不下垂,披针形,长40~60cm,顶端长尾状渐尖并呈不等长的短2裂;叶轴光滑而呈黄绿色,近基部有凹槽;叶鞘长而略膨大,通常黄绿色,初时上部被白粉。肉穗花序生于叶鞘束下,多分枝,排成圆锥花序式,花雌雄同株,小而呈金黄色,雄花萼片和花瓣各3片,雄蕊6枚;雌花花被与雄花同。果稍呈陀螺形,紫黑色,无内果皮。花期5月,果期8月。原产马达加斯加;广东、广西有栽培。极耐阴,喜高温。树形优美,很好的庭园绿化树种。

3.3.124.13 石山棕属
Guihaia J.Dransf.,S.K.Lee et F.N.Wei

植株矮,丛生,茎短,叶鞘被针刺状或网状纤维。叶掌状分裂,扇形或近圆形;叶柄无刺。雌雄异株,多次开花结实;花序单生于叶腋间,雄花序和雌花序相似;雄花特别小,无退化雌蕊;雌花具有退化雄蕊,胚珠基部着生。果实球形至椭圆形,蓝黑色,被一层薄的白蜡;外果皮无毛;中果皮极薄,肉质;内果皮纸质。种子在一侧稍扁平,具侧生种脐和明显的圆形的珠被侵入物。2种,产我国广东、广西及云南。越南亦产。

石山棕 *Guihaia argyrata* (S.K.Lee et F.N.Wei) S.K.Lee,F.N.Wei et J.Dransf. [Torpalm]

植株矮,丛生,高0.5~1m,茎具密集的叶痕,茎通常为老叶鞘所包被而不明显。叶掌状深裂,扇形或近圆形;叶柄长达1m或更长。雌雄异株,花序具2~5个分枝花序;小穗轴很细,雌小穗轴长50mm,雄小穗轴通常较短,甚至更细。雄花萼片3,基部合生,花冠略长于花萼,3裂;雄蕊6,无退化雌蕊;雌花的花萼与花冠同雄花的相似。果实近球形,外果皮蓝黑色。花期5~6月,果期10~11月。播种或分株繁殖。喜温暖、湿润、向阳的环境,耐阴性强。能经受轻度霜冻。耐干旱。产广东北部、广西东北部和西南部及云南南部。植株矮小,树形美观,极适宜做盆景观赏。在南方温暖地区,可植于园林中点缀山石。

3.3.124.14 椰子属 *Cocos* L.

直立乔木,茎有明显的环状叶痕,无刺。叶基长,羽状全裂,簇生于茎顶。花序生于叶丛中,分枝圆锥花序式,佛焰苞2个。花单性,雌雄同株。雄花小,多数,聚生于花序分枝的上部。雌花大,少数,生于分枝下部或有时雌雄花混生。雄花的花萼3片,花瓣3片,雄蕊6枚。雌花的萼片和花瓣各3片,子房3室。坚果极大,倒卵形或近球形。外果皮薄,革质,中果皮厚而纤维质,内果皮骨质而坚硬,即椰壳,果内藏丰富的椰水。1种,广布热带沿海地区。我国福建、台湾、广东沿海岛屿、海南及云南有分布或栽培。

椰子(椰树) *Cocos nucifera* L. [Coconut]

常绿乔木,高15~35m;树干具环状叶痕。羽状复叶集生于干端,长3~7m,柔中具刚,小叶条状披针形,先端渐尖,基部外折。花单性同序,花序生于叶丛之中。核果大,径约25cm。花果期主要在秋季。主产于我国广东南部诸岛及雷州半岛、海南、台湾及云南南部热带地区。喜高温,不耐干旱,喜排水良好的深厚沙壤土。播种繁殖。树形优美,是热带地区绿化美化环境的优良树种,可作行道树,或丛植、群植,尤适于热带海滨造景。

3.3.124.15 王棕属（大王椰子属）
Roystonea O. F. Cook

乔木，干单生，茎直立，圆柱状，近基部或中膨大。叶极大，叶羽状全裂，裂片线状披针形，叶鞘极延长，苞茎。花序生于叶束之下，大，分枝，花序梗短，具2个大的佛焰苞，外面1枚早落，里面1枚全包花序，于开花时纵裂。花小，单性同株，生于下部的常3朵聚生，生于上部的成对或单生。花被裂片6；雄蕊6~12。子房3室。子房近球形，1室，1胚珠。果实倒卵形至长圆状椭圆形或近球形。种子1颗。约17种，产中美洲、西印度群岛及南美洲。我国的南部诸省区及台湾常见引进栽培的有2种。

分种检索表
1 树干近基部膨大，而后几为直的圆柱形，较高大；叶的羽片成2列排列·················· 菜王棕 Roystonea oleracea
1 树干不规则地膨大，基部不膨大或膨大，近中部膨大，向上部渐狭，中等高；叶的羽片成4列排列··················
··················王棕 Roystonea regia

王棕（大王椰子）
Roystonea regia (H. B. K) O. F. Cook
[Royualpalm, Cuba Royalpalm]

常绿乔木，高达20（30）m；干灰色，光滑．幼时基部膨大，后渐中下部膨大。羽状复叶聚生干端，长达3.5m，小叶互生，条状披针形，长60~90cm，宽2.5~3.5cm，通常排成4列，基部外折；叶鞘包干，绿色光滑。花单性同株，圆锥花序长达60cm。花期3~4月，果期10月。原产于古巴，现广植于世界各热带地区，我国广东、广西、台湾、云南及福建均有栽培。成树喜光，幼树稍耐阴；喜温暖，根系发达，抗风力强；喜土层深厚肥沃的酸性土，不耐瘠薄，较耐干旱和水湿。播种繁殖。树形优美，在华南地区广泛作行道树及园林风景树。

3.3.124.16 金山葵属 Syagrus Mart.

植株矮小或高大，单生或丛生，无刺或有刺，茎具叶痕。叶羽状，凋零后宿存或完全脱落。花序单生于叶腋；花序梗上的大佛焰苞宿存；花序轴通常短于花序梗，小穗轴螺旋状排列，近基部每3朵花聚生，向顶部为成对或单生的雄花；雄花离生；雌花的花瓣离生。果实小或大，种子1，球形，卵球形或椭圆形。约32种，主产于南美洲，从委内瑞拉向南至阿根廷，其中巴西种类最多，1种产于小安的列斯群岛。我国南方常见栽培1种，即金山葵，又称皇后葵。

金山葵
Syagrus romanzoffiana (Cham.) Glassm.
[Jinshanpalm]

乔木状，干高10~15m。叶羽状全裂，叶围绕轴心生出，分布较为凌乱。叶柄及叶轴被易脱落的褐色鳞秕状绒毛，叶柄呈灰褐色。花序生于叶腋间，长达1m以上，一回分枝，分枝多达80个或更多，基部至中部着生雌花，顶部着生雄花；花序梗上的大苞片（大佛焰苞）舟状，木质化，顶端呈长喙状，背面具纵沟槽；花雌雄同株、异花，雌花着生于基部。果实近球形或倒卵球形，稍具喙，外果皮光滑，新鲜时橙黄色，干后褐色，中果皮肉质具纤维，内果皮厚，骨质，坚硬，内果皮腔形状不规则。花期2月，果期11月至翌年3月。分株繁殖或播种繁殖。喜温暖、潮湿、阳光充足的环境，不耐寒。要求土层深厚、土质疏松、排水良好的土壤。原产巴西。广泛栽培于热带和亚热带地区。我国华南地区一些城市有栽培。可作庭园观赏树或行道树，亦可作海岸绿化材料。

3.3.124.17 槟榔属 Areca L.

直立乔木或丛生灌木，茎有环状叶痕。叶簇生于茎顶，羽状全裂。花单性，雌雄同序。花序生于叶丛之下，分枝多，佛焰苞早落。雄花多，单生或2朵聚生，生于花序分枝上部或整个分枝上，雄蕊3、6、9或多达30枚或更多。雌花生于下部，子房1室，柱头3枚，无柄，胚珠1枚。核果球形、卵形或纺锤形，顶端具宿存柱头，有种子1颗。约60种，分布于亚洲热带地区和澳大利亚。我国有2种，1种产台湾、海南及云南等省，另1种引进栽培于上述热带地区。

分种检索表
1 乔木，单干型；雄蕊6枚·················· 槟榔 Areca catechu
1 丛生灌木至小乔木；雄蕊3枚······ 三药槟榔 Areca triandra

(1) 槟榔（槟榔子，橄榄子，青仔）Areca catechu L.

茎直立，乔木状，高10多米，最高可达30m，有明显的环状叶痕。叶簇生于茎顶，长1.3~2m，羽片多数，两面无毛，狭长披针形，长30~60cm，宽2.5~4cm，上部的羽片合生，顶端有不规则齿裂。雌雄同株，花序多分枝，花序轴粗壮压扁，分枝曲折，长

25~30cm,上部纤细,着生1列或2列的雄花,而雌花单生于分枝的基部;雄花小,无梗,通常单生,很少成对着生,萼片卵形,长不到1mm,花瓣长圆形,长4~6mm,雄蕊6枚,花丝短,退化雌蕊3枚,线形;雌花较大,萼片卵形,花瓣近圆形,长1.2~1.5cm,退化雄蕊6枚,合生;子房长圆形。果实长圆形或卵球形,长3~5cm,橙黄色,中果皮厚,纤维质。种子卵形。花果期3~4月。产我国云南、海南及台湾等热带地区。亚洲热带地区广泛栽培观赏。喜高温多雨气候及富含腐殖质的土壤。树姿挺拔优雅,在华南常栽作园林绿化树种。

(2) 三药槟榔 *Areca triandra* Roxb.
[Trianther Areca]

常绿丛生灌木,高达2~3.5m;茎干细长如竹,绿色,有环状叶痕。羽状复叶,长1~1.7m,小叶长约40~50cm,宽约5cm,先端有齿或浅裂,背面绿色,光滑。花序和花与槟榔相似,雄花小,雄蕊3。果小,长椭球形,熟时红色或橙红色。果期8~9月。产印度、中南半岛及马来半岛等亚洲热带地区。我国台湾、广东(广州)、云南等省区有栽培。喜高温、湿润环境,不耐寒,耐阴性强;喜疏松肥沃的土壤。播种、分株繁殖。树形优美,具浓厚的热带风光气息,是庭园、别墅绿化的良好树种,也是优美的盆栽观叶植物。

3.3.124.18 山槟榔属 *Pinanga* Bl.

茎直立,灌木状,有环状叶痕。叶羽状全裂,上部的羽片合生,或罕为单叶。花序生于叶丛之下,佛焰苞单生,花雌雄同序,每3朵沿着花序轴上聚生,排成2~4或6纵列;雄花斜三棱形,萼片急尖,具龙骨突起,镊合状排列,花瓣卵形或披针形,镊合状排列,雄蕊6枚或更多,花药近无柄;雌花远比雄花小,卵形或球形,萼片和花瓣同形,子房1室,柱头3,胚珠1颗,基生,直立。果实卵形、椭圆形或近纺锤形,外果皮纤维质。约120种,分布亚洲热带地区。我国产8种,分布于西部(西藏)至南部及海南和台湾。

变色山槟榔 *Pinanga discolor* Burret
[Changecolor Pinangapalm]

丛生灌木,高3m或更高,密被深褐色头屑状斑点,间有浅色斑纹。叶鞘、叶柄及叶轴上均被褐色鳞秕。叶羽状,长65~100cm,约有7~10对对生的羽片,顶端一对或二对羽片较宽,先端截形,具不等的锐齿裂,具9~10条叶脉,以下的羽片稍S字形弯曲,向上镰刀状渐尖,向基部变狭,具4~5条叶脉,上面深绿色,背面灰白色,大小叶脉之间及叶脉上具苍白色鳞毛和褐色点状鳞片,叶脉上散布着淡褐色的线状鳞片。肉穗花序下垂,生于叶鞘束下,常有2~4个分枝,长15~18cm,花雌雄同

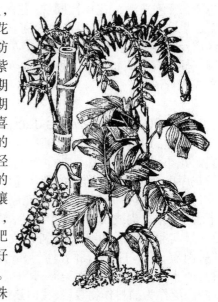

株,3朵聚生,雄花大,雌花小,核果近纺缍形,熟时紫红色。花期4~5月,果期11~12月。喜温暖湿润的气候,能耐轻霜,忌过强的光照,对土壤的要求不严,但以疏松肥沃、排水良好的壤土为好。播种或分株繁殖。产我国广东南部、海南、广西南部及云南南部等省区。树姿优美,四季常青,盆栽供室内绿化装饰。

3.3.124.19 假槟榔属
Archontophoenix H. Wendl. et Drude

乔木状,干单生,茎高而细,无刺,具明显环状叶痕。叶茎顶,整齐的羽状全裂,中脉及细中脉均极显著,叶背及中轴背面有鳞秕状绒毛被覆物。肉穗花序生于叶鞘下方之干上,下垂、分枝;佛焰苞2;花序梗,单性同株;雄花不对称,萼片3,离生,覆瓦状排列,雄蕊9~24,花丝近基部合生;雌蕊为不整齐的卵状,1室,1胚珠;柱头3,外弯。果实球形至椭圆形,淡红色至红色。种子具嚼烂状胚乳。约14种,分布于澳大利亚东部。我国常见栽培1种。

假槟榔(亚历山大椰子)
Archontophoenix alexandrae (F. Muell.) H. Wendl. et Drude [Falseareca]

常绿乔木,高达20(30)m;干幼时绿色,老则灰白色,光滑而有梯形环纹,基部略膨大。羽状复叶簇生干端,长2~3m,小叶排成二列,条状披针形,长30~35 cm,宽5 cm,背面有灰白色鳞秕状覆被物,侧脉及中脉明显;叶鞘筒状

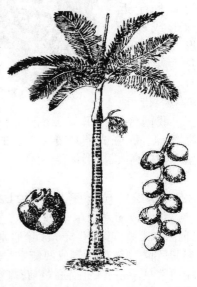

包干,绿色光滑。花单性同株,花序生于叶丛之下。果卵球形,红色。原产澳大利亚;亚洲热带地区广泛栽培。我国南方有栽培。喜光,喜高温多湿气候,不耐寒,抗风。播种繁殖。可植于庭园观赏或作行道树。

3.3.124.20 油棕属 *Elaeis* Jacq.

直立,通常乔木状。叶簇生于茎顶,羽状全裂。花单性,雌雄同株。花序腋生,分枝短而密。雄花序由几个呈指状排列的穗状花序组成。雄花萼片3片,离生。雄蕊6枚。雌花序近头状,雌花下着生2个急尖或具刺尖的小苞片,萼片和花瓣各3。果实卵球形或倒卵球形,外果皮光滑,中果皮厚,肉质,种子1~3颗,胚乳均匀,胚近顶侧生。2种,产非洲热带地区和南美洲;其中原产非洲的油棕,广泛作为油料作物栽培,我国热带地区有引种栽培。

油棕 *Elaeis guineensis* Jacq.
[Oilpalm, African Oilpalm]

直立乔木,高达10m或更高。叶多,羽状全裂,簇生于茎顶,长3~4.5m,羽片外向折叠,线状披针形,长70~80cm,宽2~4cm,下部的退化成针刺状;叶柄宽。花雌雄同株异序。雄花小,雄花序由多个指状的穗状花序组成,雄蕊6,花丝合生成一管;雌花较雄花大,雌花序近头状,密集,长20~30cm,子房3室。果实卵球形或倒卵球形,属核果,长4~5cm,聚生成密果束;外果皮光滑,中果皮肉质,具纤维,内果皮坚硬。种子近球形或卵球形。花期6月,果期9月。原产非洲热带地区。

我国台湾、海南及云南热带地区有栽培。喜高温、湿润、强光照环境和肥沃的土壤。播种繁殖。植株高大,树形优美,可作园景树及行道树。

3.3.124.21 桄榔属 *Arenga* Labill.

乔木或灌木。单干或丛生,茎上密被黑色的纤维状叶鞘;叶聚生干顶,叶通常为奇数羽状全裂,基部楔形,在一侧或两侧常呈耳垂状,裂片顶端通常具不整齐的啮蚀状。花雌雄同株或极罕见为雌雄异株,肉穗花序生于叶腋,总梗短,多分枝,下垂,由上向下抽穗开花,当最下部花序结果后,全株便死亡。花单生或3朵聚生,雌花居中,雄花花萼3片,圆形,覆瓦状排列。雌花通常球形,花萼与花冠在花后膨大,萼片3片,圆形,覆瓦状排列。子房3室。果实球形至椭圆形,常具三棱,顶端具柱头残留物。种子1~3颗,阔椭圆形。约18种,分布于亚洲南部、东南部至大洋洲热带地区。我国产4种,分布于福建、台湾、广东、海南、广西、云南及西藏等省区。

分种检索表

1 灌木状,高2~3m;叶长2~3m,羽片长30~55cm,宽2~3cm,基部一侧有耳垂;雄花稍大,长约1.5cm,雄蕊40枚······
   ······山棕 *Arenga engleri*
1 乔木状······桄榔 *Arenga pinnata*

(1) 桄榔 *Arenga pinnata* (Wurmb.) Merr.
[Sugarpalm]

常绿乔木,高达12~20m;叶鞘宽大,留干,边缘纤维成粗长针状,黑色。羽状复叶,长6~8m,小叶条状,长0.8~1.5m,基部有1~2耳垂,叶缘上部有齿,叶端呈撕断状,背面灰白色。花单性,同株异序;花序生于叶丛中,下垂,长1.5m。果近球形,径约5cm。夏季开花,2~3年后果熟。产我国海南、广西及云南西部至东南部。中南半岛及东南亚

一带亦产。喜温暖阴湿环境。播种繁殖。叶片巨大,挺直,树姿优美,适宜庭园绿化及观赏。

(2) 山棕 *Arenga engleri* Becc.
[Wild Sugarpalm]

丛生、矮小灌木。叶全部基生,羽状全裂,长2~3m;裂片条形,长30~55cm,宽1.5~3.5cm,顶端长渐尖,中部以上边缘有不规则的啮蚀状齿,基部收狭,仅一侧有1耳垂,腹面深绿色,背面银灰色;叶轴近圆形,有银灰色鳞粃;叶鞘纤维质,黑褐色。肉穗花序生于叶丛中,多分枝,排成圆锥花序式;花雌雄同株,雄花花萼壳斗状;花瓣长椭圆形,长1.2~1.5cm,淡红黄色,芳香;雄蕊多数;雌花花

萼圆形;花瓣三角形,长和宽约5mm。果倒卵形或近球形,长约2cm,直径1.5cm,顶端具3棱,橘黄色。花期4~6月,果期6月至翌年3月。产我国福建、台湾;在广东顺德和广州以及广西龙州田林有栽培;日本也有。

3.3.124.22 鱼尾葵属 *Caryota* L.

灌木、小乔木至大乔木。茎单生或丛生,裸露或被叶鞘,具环状叶痕。叶大,聚生于茎顶,回羽状全裂;羽片菱形、楔形或披针形,阔或狭,先端极偏斜而有不规则的齿缺,状如鱼尾。佛焰花序生于叶腋内,有长而下垂的分枝花序;花单性,雌雄同株,通常3朵聚生;雄花萼片3片;花瓣3片;雄蕊6枚至多数。雌花萼片圆形,花瓣卵状三角形。子房3室,柱头2~3裂。果实近球形,有种子1~2颗。约12种,分布于亚洲南部与东南部至澳大利亚热带地区。我国有4种,产南部至西南部。

分种检索表
1 茎丛生,矮小;雄花的萼片顶端全缘;果熟时紫红色。
 2 茎表面不被微白色的毡状绒毛;花序常不分枝,偶从基部分出1短枝;雄花的萼片顶端不具睫毛;果实大,球形,直径2.5~3.5cm……单穗鱼尾葵 *Caryota monostachya*
 2 茎表面被微白色的毡状绒毛;花序分枝多而密集;雄花的萼片顶端具密集的睫毛;果实较小,球形,直径1.2~1.5cm……短穗鱼尾葵 *Caryota mitis*
1 茎单生,乔木状;雄花的萼片顶端非全缘;果熟时红色。
 3 茎绿色,表面被白色的毡状绒毛;雄花的萼片与花瓣不被脱落性的黑褐色的毡状绒毛,盖萼片小于被盖的侧萼片,表面具疣状凸起,边缘不具半圆齿……
  ……鱼尾葵 *Caryota ochlandra*
 3 茎黑褐色,表面不被白色的毡伏绒毛;雄花的萼片与花瓣被脱落性的黑褐色的毡状绒毛,盖萼片大于被盖的侧萼片,表面不具沈状凸起,边缘具半圆齿……
  ……董棕 *Caryota urens*

(1) 鱼尾葵 *Caryota ochlandra* Hance

常绿乔木,高20m;干单生,具环状叶痕。叶大型,二回羽状复叶,聚生干端,小叶鱼尾状半菱形,基部楔形,上部边缘有不规则缺刻。花单性同株;圆锥状肉穗花序,下垂,长1.5~3m。浆果近球形,熟时淡红色。花期5~7月,果期8~11月。产我国福建、广东、海南、广西、云南等省区。亚热带地区有分布。常生于低海拔石灰岩山地。喜光也较耐阴、喜湿润酸性土壤。播种繁殖。树形美丽,可绿化庭园,也可作行道树、庭阴树。

(2) 短穗鱼尾葵 *Caryota mitis* Lour. [Shortspike Fishtailpalm]

小乔木,高5~8m,茎有吸枝,故聚生成丛。叶为二回羽状全裂,长1~3m,裂片淡绿色,质薄而脆,长10~20cm,侧生的顶端近截平至斜截平,内侧边缘不及一半有齿缺,外侧边缘延伸成一短尖或尾尖尖头;叶柄和叶鞘被棕黑色鳞秕。总苞和花序有鳞秕,花序较短,长30~40cm,多分枝,下垂。果球形,直径1.2~1.8cm,紫黑色,中果皮有许多针刺状结晶体,内有种子1颗。分布于我国广东、广西;亚洲热带其它地区也有。生于山谷林中或植于庭园中。

3.3.125 露兜树科 Pandanaceae

乔木或灌木,或攀援藤本,稀为草本,常具气根。叶缘和背面脊状凸起的中脉上有锐刺。花序腋生或顶生,分枝或否,呈穗状、头状或圆锥状,有时呈肉穗状,常为数枚叶状佛焰苞所包围。叶状苞片常具颜色;花无花被。子房上位,1室,每室胚珠1至多粒。果实为卵球形或圆柱状聚花果,由多数核果或核果束组成,或为浆果状。种子极小。3属,约800种。我国有2属,10种,东起台湾、福建一带,南沿广东、海南、广西、云南和西藏等省区边境线,西达西藏南部热带季雨林、雨林带,北至云南、贵州、广西、福建等热带、亚热带地区均有分布;大多数为海岸或沼泽植物。

露兜树属 *Pandanus* L. f.

常绿乔木或灌木,直立,分枝或不分枝;茎常具气根;少数为地上茎极短的草本。叶常聚生于枝顶;叶片革质,狭长呈带状,边缘及背面沿中脉具锐刺,无柄,具鞘。花单性,雌雄异株,无花被;花序穗状、头状或圆锥状,具佛焰苞;雄花多数,每1花具雄蕊多数;雌花无退化雄蕊,心皮1至多数,子房上位,1至多室。果实为1或大或小、圆球形或椭圆形的聚花果,由多数木质、有棱角的核果或核果束组成。约600种,分布于东半球热带。我国8种,产福建、台湾、广东、海南、广西、贵州、云南、西藏(南部)等省。

露兜树(假菠萝)Pandanus tectorius Sol. [Screwpine]

常绿分枝灌木或小乔木,具多分枝或不分枝的气根。叶狭长,叶簇生于枝顶,叶缘和背面中脉均有粗壮的锐刺。雄花序由若干穗状花序组成,每一穗状花序长约5cm,穗状花序无总花梗。雌花序头状,单生于枝顶,圆球形。聚花果大,向下悬垂,由40~80个

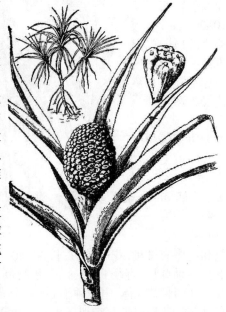

核果束组成,圆球形或长圆形,幼果绿色,成熟时橘红色。花期1~5月,夏季结果。产我国福建、台湾、广东、海南、广西、贵州和云南等省区。也分布于亚洲热带、澳大利亚南部。喜光,喜高温、多湿气候,适生于海岸沙地,常生于海边沙地。分株或播种繁殖。为很好的滩涂、海滨绿化树种,也可作绿篱和盆栽观赏。

3.3.126 禾本科 Poaceae

一年生或多年生草本,或植物体木本。茎多为直立,一般明显地具有节与节间两部分。茎在本科中常特称为秆。叶为单叶互生,常以1/2叶序交互排列为2行,由包于秆上的叶鞘及通常狭长、全缘的叶片组成;叶舌位于叶鞘顶端和叶片相连接处的近轴面,通常为低矮的膜质薄片;在叶鞘顶端的两边还可各伸出一突出体,即叶耳。花风媒,罕见虫媒传粉。花序顶生或腋生,由多数小穗排成穗状、总状、头状或圆锥花序;小穗有小花1至多朵,排列于小穗轴上,基部有1~2片或多片不孕苞片,称为颖;花两性、单性或中性,被外稃和内稃包被,每小花有2~3片透明的小鳞片称为鳞被;雄蕊3,稀1、2、4或6,花丝纤细,花药丁字着生;雄蕊1枚;子房1室,花柱通常2裂,柱头呈羽毛状。子室内仅含1粒倒生胚珠。果实通常多为颖果,少数为浆果。约700属,近10000种。我国产200余属,1500种以上,可归隶于7亚科,约45族。

分属检索表

1 地下茎合轴型,地面竹秆丛生,或秆柄延伸成假鞭,地面地面竹秆疏散。
　2 地下茎具由秆柄延伸成假鞭;地面竹秆较疏生或成多丛。 ……………………………… 箭竹属 Sinarundinaria
　2 地下茎秆柄不甚延伸,无明显假鞭;地面竹秆通常为较密的单丛。
　　3 植株具枝刺 ………………………… 箣竹属 Bambusa
　　3 植株无枝刺。
　　　4 箨鞘质薄,宿存,无箨耳;叶披针形或窄披针形,小横脉不明显 ……………… 泰竹属 Thyrsostachys
　　　4 箨鞘质坚韧,革质或软骨质,脱落 ……………… ……………………………… 牡竹属 Dendrocalamus
1 地下茎单轴型或复轴型,地面竹秆散生。
　5 秆每节具1主枝,上部每节有时分枝较多;枝基部与秆近贴生 ………………………… 矢竹属 Pseudosasa
　5 秆每节2分枝至多枝。
　　6 秆每节2分枝,分枝一侧扁平,具明显沟槽;雄蕊3 … ……………………………… 刚竹属 Phyllostachys
　　6 秆每节3分枝至多分枝。
　　　7 假小穗细长,苞片通常较小 ……… 唐竹属 Sinobambsa
　　　7 假小穗短,紧缩,苞片大,叶状 ……… ……………………………… 业平竹属 Semiarundinaria

3.3.126.1 刚竹属

Phyllostachys Sieb. et Zucc.

乔木或灌木状竹类。秆散生,圆筒形;节间在分枝的一侧扁平或具浅纵沟,秆每节分2枝,一粗一细。秆箨早落;箨鞘纸质或革质。叶片披针形至带状披针形,下表面(即离轴面)的基部常生有柔毛,小横脉明显。假花序由多数小穗组成,基部有叶片状佛焰苞;小穗轴逐节折断。颖片1~3或不发育;鳞片3;雄蕊;雌蕊花柱细长,柱头3裂,羽毛状。颖果长椭圆形,近内稃的一侧具纵向腹沟。笋期3~6月,相对地集中在5月。50余种,均产于我国,除东北、内蒙古、青海、新疆等地外,全国各地均有自然分布或有成片栽培的竹园,尤以长江流域至五岭山脉为其主要产地,仅有少数种系分布延伸至印度、越南。

分种检索表

1 秆箨或笋箨无斑点 ………………… 紫竹 Phyllostachys nigra
1 秆中下部秆箨多少具斑点,或笋箨具斑点(发育不良的小竹秆,其秆箨有时无斑点)。
　2 秆箨有箨耳和繸毛。
　　3 竹秆分枝以下秆环平,仅箨环隆起;秆箨箨耳发育微弱,繸毛发达 ………… 毛竹 Phyllostachys edulis

3 竹秆分枝以下秆环、箨环均隆起。
　　　4 新秆被毛;秆箨疏生细小斑点,有时近无斑点··········
　　　　·················黄槽竹 *Phyllostachys aureosulcata*
　　　4 新秆无毛;秆箨被毛,斑点较密或疏生。
　　　　5 秆箨箨耳较小,有时一侧发育,箨叶平直或微皱折
　　　　　·················桂竹 *Phyllostachys bambusoldes*
　　　　5 秆箨箨耳发达,箨叶皱折
　　　　　·················白哺鸡竹 *Phyllostachys duicis*
　2. 秆箨无箨耳和繸毛。
　　　6 秆箨底部及新秆箨环被细毛··················
　　　　·················人面竹 *Phyllostachys aurea*
　　　6 秆箨底部及新秆箨环无毛
　　　　7 竹秆分枝以下秆环平,箨环隆起;秆黄绿色,有绿色脉纹·················金竹 *Phyllostachys sulphuera*
　　　　7 竹秆分枝以下秆环平,箨环隆起。
　　　　　8 秆箨箨舌先端隆起,两侧下延成肩状,箨叶皱折
　　　　　　·················28. 乌哺鸡竹 *Phyllostachys vivax*
　　　　　8 箨舌先端平截或弧形拱起,两侧不下延或微下延。
　　　　　　9 箨舌先端被紫红色长纤毛··················
　　　　　　·················红哺鸡竹 *Phyllostachys iridescens*
　　　　　　9 箨舌先端被灰白色短纤毛
　　　　　　　10 新秆深绿色,无白粉;秆箨疏生细小斑点,近顶端密集成斑块,箨叶皱折···············
　　　　　　　·················花哺鸡竹 *Phyllostachys glabrata*
　　　　　　　10 新秆蓝绿或淡绿色,被白粉或节下有白粉;秆箨疏生细小斑点,有时近顶端形成斑块,箨叶平直。
　　　　　　　　11 秆箨淡红褐色(小笋带绿色),箨舌、叶舌均紫或紫褐色,箨舌先端平截,箨叶较短;新秆密被白粉,呈蓝绿色···淡竹 *Phyllostachys glauca*
　　　　　　　　11 秆箨淡褐色或绿褐色,箨舌、叶舌淡褐或绿色。
　　　　　　　　　12 新秆被白粉,呈蓝绿色;箨鞘微被白粉,箨舌弧形拱起,箨叶带状·············
　　　　　　　　　·················早园竹 *Phyllostachys propinqua*
　　　　　　　　　12 新秆绿色,节下有白粉;箨鞘无白粉,箨舌先端平截,箨叶较短
　　　　　　　　　·················曲竿竹 *Phyllostachys flexuosa*

(1) 桂竹(刚竹) *Phyllostachys bambusoides* Sieb. et Zucc. [Giant Timber Bamboo]

秆高可达15~20m,径8~16cm。新秆绿色无白粉,有时节下有白粉环,秆环与箨环均稍隆起;中部节间长达40cm。每小枝具叶3~6片,叶长8~20cm,宽1.3~3cm,背面有白粉;叶鞘鞘口有叶耳及放射状硬毛,

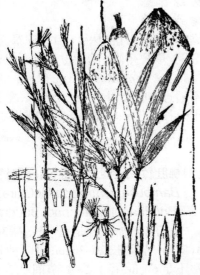

后脱落。笋期5~7月。产黄河流域及其以南各地。适应性强,较耐寒,并耐盐碱。喜深厚肥沃土壤。淮河流域至长江流域各地均有栽培。秆高叶翠,秀丽挺拔,雅俗共赏。变型:①斑竹 f. *lacrimadeae* Keng f. et Wen.(Giant Timber Bamboo),绿秆上布有大小不等的紫褐斑块与小点,分枝也有紫褐斑点,故名斑竹。分布长江流域各省。园林常作庭园观赏。②黄槽斑竹 f. *mixta* Z. P. Wang et N. X. Ma,节间具黄沟槽及褐色斑点。产河南博爱,浙江安吉竹种园有栽培。③寿竹 f. *shouzhu* Yi,新竿微被白粉,竿环较平坦,节间较长,箨鞘无毛,通常无箨耳和鞘口繸毛。产四川东部和湖南南部。

(2) 早园竹 *Phyllostachys propinqua* McCl. [Early Garden Bamboo]

秆高3~8m,径不及5cm。新秆具白粉;秆环与箨环均略隆起。箨鞘淡黄红褐色,被白粉,具褐色斑点和条纹,无箨耳,箨舌弧形;箨叶带状披针形,紫褐色,平直反曲。小枝具2~5叶,叶舌弧形隆起。笋期4~6月。主产华东。抗寒性强,能耐-20℃低温;适应性强,稍耐盐碱,在低洼地、沙土中均能生长。分株繁殖。秆高叶茂,是华北园林中栽培观赏的主要竹种之一。

3.3.126.2 箭竹属 *Fargesia* Franch.

灌木状或稀可乔木状竹类。地下茎合轴型;秆直立,每节具3至多分枝,琉丛生或近散生。箨鞘宿存或迟落,箨片三角状披针形或带状,箨耳无,或明显。花序呈圆锥状或总状,着生于具叶小枝的顶端,花序下方托以由叶鞘扩大而成或大或小的一组佛焰苞,小穗形细长,具长柄;颖2;内稃等长或略短于其外稃,背部具2脊,先端具2齿裂;鳞被3,边缘生纤毛;雄蕊3,花丝分离;子房无毛,椭圆形,花柱1或2,柱头2或3,羽毛状;颖果细长。约90种,分布于亚洲、非洲及南美洲。我国约70种,大都分布于华南及西南地区。

华西箭竹 *Fargesia nitida* (Mitford) Keng f. [Bright Arrowbamboo]

竿柄长10~13cm,粗1~2cm。竿丛生或近散生,高2~4m,直径1~2cm。节间长11~20cm。圆筒形,幼时被白粉,无毛,光滑,秆壁厚2~3mm,髓呈锯屑状;箨环隆起,较秆环为高;秆环微隆起;秆芽长卵形,近边缘粗糙,边缘具灰色纤毛。每节(5)15~18分枝,上举。笋紫色,被极稀疏的灰色小硬毛或无毛;箨鞘宿存,革质,紫色,三角状椭圆形,通常略长于其节间,先端三角形,背面无毛或初时被有稀疏的灰白色小硬毛;箨耳及鞘口繸毛均缺;箨舌圆拱形,紫色,高约1mm。小枝具2~3叶,叶片线状披针形,长3.8~7.5cm,宽6~10mm,基部楔形,下表面灰绿色,两面均无毛,小横脉明显。总

状花序顶生;笋期4~5月,花期5~8月,果期8~9月。分布于我国甘肃东北和南部、宁夏南部、青海东部及四川西部。耐寒冷和瘠薄土壤,耐阴,喜湿润气候。常用于风景区林下、河边片植点缀。

3.3.126.3 簕竹属(孝顺竹属)
Bambusa Retz. corr. Schreber

灌木或乔木状竹类,偶攀缘状,地下茎合轴型。秆丛生,节间圆筒形;秆每节分枝为数枝乃至多枝,簇生,主枝1~3,较为粗长,每节有枝条多数,有时不发育的枝常硬化成棘刺。箨鞘较迟落。箨耳发育,箨叶直立、宽大。叶片小型至中等,线状披针形至长圆状披针形。叶片小横脉不显著。鳞被3,雄蕊6枚。子房基部通常有柄,柱头羽毛状。颖果长圆形。100余种,分布于亚洲、非洲和大洋洲的热带及亚热带地区;我国有60余种,主产华东、华南及西南部。

分种检索表

1 秆壁较薄,厚度常不及1cm,节间一般甚长(例如亚属模式种:粉单竹 *Bambusa chungii* 可长达60cm甚至1m以上);主枝不甚显著,故同一竿节的各枝彼此几同粗;箨片基底之宽常仅为箨鞘顶端的一半或更窄,通常能外翻;假小穗 紫褐色或古铜色,外稃背部略肿胀,较其内稃为甚宽。
  2 幼秆节间有毛(如无毛则箨片直立),无白粉或被白粉⋯⋯⋯⋯⋯⋯⋯⋯⋯⋯⋯青皮竹 *Bambusa textilis*
  2 幼秆无毛,但显著有白粉。
    3 幼秆的箨环无毛;箨鞘背面遍布宿存性短硬毛;箨片腹面无毛⋯⋯⋯⋯单竹 *Bambusa cerosissima*
    3 幼秆箨环生有向下的刺毛;箨鞘背面除基部具有宿存性的长柔毛外,其余各处的毛均易脱落而变为无毛(尤以箨鞘上部者如此);箨片腹面被有小刺毛⋯⋯⋯⋯⋯⋯⋯⋯⋯⋯⋯⋯⋯⋯⋯⋯⋯粉单竹 *Bambusa chungii*
1 秆壁较厚,通常可达1cm或更厚,节间长度中等,一般长在30cm以下(个别种可较长),主枝明显较粗壮;箨片基底约与箨鞘顶端近相等,或较窄时亦为鞘顶端的2/5以上(个别种可窄至鞘顶端的1/3);箨片大都直立;假小穗黄绿色,孕性小花的外稃彼此近等长,仅稍宽于其内稃。
  4 秆的下部枝条于节处具有许多锐利的硬质枝刺,并能相互交织成网状,有如藩篱⋯车筒竹 *Bambusa sinospinosa*
  4 秆的下部枝条多少具有硬质或软质的枝刺,或其一或两者兼备,但枝刺不交织成网⋯⋯⋯⋯⋯⋯⋯⋯⋯⋯⋯⋯⋯⋯⋯⋯⋯⋯⋯⋯⋯佛肚竹 *Bambusa ventricosa*
    5 秆和大枝各节具枝刺(系小枝特化而成),其质地或软或硬,硬刺者尚可密集成为刺丛,箨鞘常为坚韧不脆裂的牛皮质或厚革质,背部纵肋显著,有如皱纹,内面大都不具光泽(个别种例外)。
    5 秆和枝条均不具枝刺;箨鞘硬纸质,其质地较脆,内面平滑而大都有光泽。
      6 箨耳中大的一枚宽不及1cm,如宽达1cm时,则箨片底宽常不足箨鞘顶宽的1/3⋯孝顺竹 *Bambusa multiplex*
      6 箨耳中较大的一枚宽1cm或更宽,如不及1cm时,则

竿的分枝习性很低(可在第1节就有分枝),或是叶片的下表面无毛,同时竿的节间较短(长20~30cm)。
  7 箨片基底约占箨鞘顶宽的一半或更窄⋯⋯⋯⋯⋯⋯⋯⋯⋯⋯⋯⋯⋯⋯⋯⋯⋯⋯⋯⋯龙头竹 *Bambusa vulgaris*
  7 箨片基底占箨鞘顶端宽度的一半以上。
    8 箨片基部与箨耳相接连部分为10~13mm⋯⋯⋯⋯⋯⋯⋯⋯⋯⋯⋯⋯⋯⋯⋯⋯大眼竹 *Bambusa eutuldoides*
    8 箨片基部与箨耳相接连部分仅为3~7mm⋯⋯⋯⋯⋯⋯⋯⋯⋯⋯⋯⋯⋯⋯⋯撑篙竹 *Bambusa pervariabilis*

(1)孝顺竹 *Bambusa multiplex* (Lour.) Raeusch. ex Schult.   [Hedge Bamboo]

秆高2~7m,粗5~25mm,节间长20~40cm或更长,微有白粉。箨鞘硬脆,厚纸质,背面淡棕色,无毛;箨叶直立,三角形或长三角形,下面无毛或其基部具极少的刺毛,上面于脉间生有小刺毛;枝条多数簇生于一节;叶常5~10枚生于一小枝上;叶鞘长1.5~4cm,无毛或鞘口生有数条暗色繸毛;叶片质薄,长4~14cm,宽5~20mm,次脉(2)4~8对。小穗单生或数枚簇生于花枝之每节,含3~5花或多至12花。分布于我国华南、西南。喜温暖湿润气候,能耐阴,要求排水良好、湿润的土壤。常采用移竹法(分蔸栽植)繁殖,也可埋蔸、埋秆、埋节或用枝条扦插繁殖。可栽在道路两旁或围墙边缘作绿篱或丛植

庭园观赏。竹秆丛生,四季青翠,姿态秀美,宜于宅院、草坪角隅、建筑物前或河岸种植。变种:凤尾竹 var. *nana* (Roxb) Keng f 秆高2.3m,稀可7m,径不超过10mm,叶片长1.7~5cm,宽3~8mm,通常以十多枚生于一小枝上,形似羽状复叶。分布于长江流域以南各省区。较正种更多栽培。

(2)佛肚竹(小佛肚竹,佛竹,密节竹)
Bambusa ventricosa McClure
[Buddhabelly Bamboo, Buddha Bamboo]

秆有两种:一种是正常秆,高3~7(15)m,径2~3(5)cm,节间长20~30cm;另一种是畸形秆,高通常不足60cm,径1~2cm,节间长2~5cm,中下部节

间膨大如花瓶。箨鞘光滑无毛。分枝1~3,小枝具叶7~13片,叶条状披针形,长10~20cm,次脉5~9对,背面具微毛。产我国广东。喜湿暖湿润气候,抗寒力较低,能耐轻霜及极端0℃左右低温,但遇长期4~6℃低温,植株受寒害。喜光,亦稍耐阴。喜肥沃湿润的酸性土,颇耐水湿,不耐干旱。分株或扦插法繁殖。姿态秀丽,四季翠绿。适于庭院、公园、水滨等处种植,

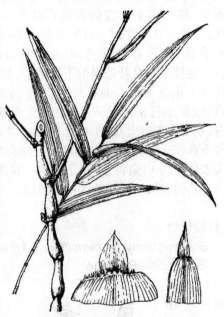

与假山、崖石等配置,更显优雅。也可盆栽观赏。畸形秆可制作工艺品。

3.3.126.4 泰竹属 Thyrsostachys Gamble

中型的乔木状竹类。地下茎合轴型。竿丛生,直立;竿每节分3枝乃至多枝,呈半轮生状。箨鞘宿存,质薄;箨耳缺;箨片形窄长,直立。叶耳缺,叶片披针形或窄披针形。花枝为多分枝的大型圆锥花序状,分枝各节在假小穗丛基部具显著苞片。小穗含3~4朵小花,最上方1小花退化或不孕;小穗轴具关节;外稃与颖相似,但较大;内稃膜质;雄蕊6;子房纺锤形,柱头1~3,羽毛状。颖果圆柱形。2种,产印度、缅甸至泰国。马来西亚有栽培。

分种检索表
1 竿高8~13m,直径在5cm以下,箨鞘先端呈"山"字形,叶片较小,宽0.7~1.5cm ……… 泰竹 Thyrsostachys siamensis
1 竿高10~25m,直径5cm以上,箨鞘先端截平,叶片较大,宽1.5~2cm ……… 大泰竹 Thyrsostachys oliveri

泰竹 *hyrsostachys siamensis* (Kurz ex Munro) Gamble [Taibamboo]

竿直立,形成极密的单一竹丛,高8~13m,梢头劲直或略弯曲;节间长15~30cm,幼时被白柔毛,竿壁甚厚,基部近实心;节下具一圈高约5mm之白色毛环;分枝习性甚高,主枝不甚发达。箨鞘宿存,质薄,柔软,与节间近等长或略长,背面贴生白色短刺毛,鞘口作"山"字形隆起;箨舌低矮;箨片直立。叶鞘具白色贴生刺毛,边缘生纤毛;叶耳很小或缺;叶片窄披针形。颖果圆柱形。不怕干旱,喜荫,抗寒能力较差。无性繁殖为主。我国台湾、福建(厦门)、广东(广州)及云南有栽培,并在云南西南部至南部较常见。竿笔直,竹片呈针形,郁郁葱葱,姿态优美,竹秆长年被竹壳包住,有山水田园的自然韵味。在泰国等国家,多设计于庭园、别墅和竹子园林。

3.3.126.5 牡竹属 *Dendrocalamus* Nees

乔木状竹,具短颈粗短型地下茎;秆丛生,节具多数分枝,无刺;秆箨的箨片常外反,箨耳不发达;假小穗簇生于花序轴各节上;小穗含1至多朵小花,顶生小花常不育或退化;外稃宽大,内稃于下部小花者具2脊,于最上完全小花或仅单一小花者则不具脊或稍具脊而脊上无毛;鳞被缺;雄蕊6;子房顶端被毛,花柱细长而被毛,柱头单一;果不长于稃片。笋期多在夏季。约40余种,分布在亚洲的热带和亚热带广大地区。我国已知有29种(包括确知引种栽培的3种在内),分布于福建南部、台湾、广东、香港、广西、海南、四川、贵州、云南和西藏南部等省区,其中尤以云南的种类最多。

麻竹 *Dendrocalamus latiflorus* Munro [Broadflower Dragonbamboo]

秆丛生,高20~25m,径10~25cm,节间圆筒形,长30~50cm,壁薄,顶端下垂,每节具多数分枝,主枝粗大。箨耳极小,箨叶小而外翻。叶宽大,长达15~35cm,宽4~7cm,次脉11~16对。具明显小横脉。笋期7~10月。产我国华南、台湾及黔南、滇东南。喜温暖湿润气候,不耐严寒。喜疏松、深厚、肥沃、湿润和排水良好土壤。主要以无性繁殖为主。可作园林绿化树种,庭园栽植,观赏价值高,华南普遍栽培观赏。品种:
①葫芦麻竹

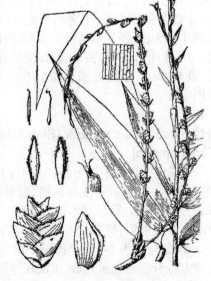

'Subconvex'秆节间缩短并膨胀呈葫芦状(介于大、小佛肚竹之间)。为珍贵观赏竹种。在我国台湾中部和南部有栽培。②花秆麻竹'Meinung'秆黄绿色而有深绿色纵条纹。

3.3.126.6 矢竹属
Pseudosasa Makino ex Nakai

多数呈乔木状,秆每节分1~3枝,中部以下常为1枝,中部以上可分3枝,枝基部贴秆且上举,一般二级分枝每节仅为1枝,且大多种类无二级分枝;外稃先端尖,不呈芒状;内稃舟状,背部具2脊,先端不呈叉状尖裂;花柱短,柱头3,颖果无宿存的花柱等特征。约30多种,分布于东亚(中国、朝鲜及日本),我国有23种5变种,分布于华南和华东地区南部,但也有一种(鸡公山茶秆竹)可向北分布至秦岭以南。

矢竹 *Pseudosasa japonica* (Sieb. et Zucc.) Makino [Japan Pseudosasa]

丛生竹,秆高2~5m,径0.5~1.5cm。箨鞘迟落,表面有粗毛。秆中上部每节1分枝。叶狭长,长8~30cm。宽1~4cm,表面深绿色,背面带白色。雄蕊3~4,柱头3。原产日本及朝鲜南部。能耐严寒喜温暖湿润气候和背风向阳环境,稍耐阴,忌水涝,土壤要求疏松、深厚、肥沃湿润并排水良好。采用移竹、埋蔸、埋竿、插枝等方法繁殖。竹冠较窄,竹秆挺直,姿态优美,适于公园,庭院,我国华东地区栽培观赏。品种:花瓶矢竹'Tsutsumiana',下部节间膨大似长花瓶状。

3.3.126.7 唐竹属
Sinobambusa Makino ex Nakai

乔木状竹,具细长型地下茎;秆散生或复丛生,直立,节间较长,常具3分枝;秆箨早落,脱落后箨痕上有毛,箨鞘基底部被毛,箨片细长,箨耳短小;假小穗细长,簇生于叶小枝下部各节;穗轴极短;小穗含多数小花;小穗轴具关节;颖常2片,先端具小尖头;外稃先端具尾状尖头,内稃具2脊,脊之上部被纤毛;鳞被3;雄蕊3,花丝分离;子房无毛,花柱单一,柱头3,细长而羽毛状。约8种,产我国南部。

唐竹 *Sinobambusa tootsik* (Sieb.) Makino [Tangbamboo]

秆散生,高5~8(12)m,径3~4(6)cm。节间长30~40(60)cm,分枝一侧有沟槽,髓部海绵状或屑状,秆环甚隆起,箨环具木栓质隆起,分枝3;秆箨早落。叶披针形,长10~20cm,宽2~3cm,背面有细毛。雄蕊3,柱头2~3。产我国华南低山丘陵,越南北方也有。喜光照充足、土层深厚肥沃、疏松透气、排水良好的乌沙土和沙壤土。主要移植母竹(分兜栽植)为主,亦可埋兜、埋秆、埋节繁殖。良好的园林绿化竹种,在日本广泛栽培。此竹生长密集、挺拔,姿态潇洒,常作庭园观赏。品种:花叶唐竹'Albostriata',绿叶上有白色纵条纹。

3.3.126.8 业平竹属
Semiarundinaria Makino ex Nakai

地下茎为复轴混生型。竿直立,中等高,节间较短,中空,圆筒形。竿箨为不完全的脱落;箨鞘革质;箨耳多不存在但有鞘口繸毛;箨舌显著存在;箨片通常为线形。叶鞘常被柔毛;叶耳微小或不明显;叶舌尚可见到;叶片窄长,叶缘具细锯齿。花枝生于具叶枝条的下部各节,基部有1先出叶及一组逐渐增大的苞片,苞片上方的叶呈佛焰苞状;假小穗常单独或2、3枚生于各佛焰苞之腋内,基部有1先出叶;小穗含(2)3~6(7)朵小花;颖常不存在;子房圆柱形或卵球形,柱头帚刷状。果实未见。约10余种,主产于日本。我国1种,在台湾及其他大城市的植物园中有栽培。

(1) 短穗竹
Brachystachyum densiflorum (Rendle) Keng [Shortspike Bamboo]

地下茎为单轴型。秆高可达1~3m,径约1cm,秆环隆起。箨鞘早落,淡黄色,无斑点亦无毛茸;箨耳显著,半月形,边缘具繸毛;箨叶细长形;秆之每节分枝常为3枚,小枝具叶2~5片;叶鞘长2.5~4cm,鞘口有繸毛;叶片披针形,宽10~25mm,下面有微毛,次脉4~8对。穗形总状花序,1~3枚生于叶枝之下部节上,含小穗2~5枚,基部托有一组逐渐增大之紫色苞片;小穗柄有微毛,长2~4mm;小穗含5~7花,长15~25mm。分布于我国华东太湖流域。喜光。可栽培于庭园观赏。

(2) 业平竹
Semiarundinaria fastuosa (Mitford) Makino [Semiarundinaria]

秆高3~9m,紫褐色;节间长10~30cm,直径1~4cm,无毛,圆筒形;秆壁薄,节处隆起;竿每节通常具3枝,以后可增至8枝簇生。箨鞘无毛,但在基底处生有向下的短柔毛;箨耳不发达;箨舌矮,先端截形;鞘口繸毛存在,其数少;箨片狭长披针形,先端锐尖。末级小叶具3~7(10)叶。叶鞘疏生短柔毛;叶耳不显著;鞘口繸毛多条;叶舌先端截形;叶片窄披针形,厚纸质,叶缘具粗糙的小锯齿;叶柄短。原产日本。我国的植物园中有栽培,供观赏。

3.3.126.9 慈竹 *Neosinocalamus* Keng f.

乔木型竹类,秆单丛。地下茎合轴型。梢端纤细而作弧形下垂,节间圆筒形。秆箨脱落性;箨鞘硬革质,大型,基部很宽,顶端截形而两肩宽圆。箨耳及鞘口繸毛俱缺。箨舌颇发达,边缘呈流苏状;箨叶小,三角形至卵状披针形,易外翻,极少直立。秆每节分多枝,丛生呈半轮状,主枝显着或不明显的较粗壮。叶片宽大;叶耳通常缺;叶舌显着。假圆锥花序无叶或具叶;小穗簇生或呈头状聚集于花枝每节上,每小穗有花多朵。颖1~3片,宽卵形。外稃较颖为大,内稃远较小和较窄于外稃。鳞被通常3,雄蕊6。子房被毛,花柱1,柱头常有长短不一的2~4分枝,羽毛状。果实呈纺锤形。

慈竹 *Neosinocalamus affinis* (Rendle) Keng f.
[Similia Neosinocalamus]

秆高5~10m,径4~8cm,顶梢细长、弧形下垂。箨鞘革质,背部密被棕黑色刺毛;箨耳缺;箨舌流苏状;箨叶先端尖,向外反倒,基部收缩略呈圆形,正面多脉,密生白色刺毛,边缘粗糙内卷。叶片数枚至10多枚着生在小枝先端;叶片薄,长10~30cm,表面暗绿色,背面灰绿色。笋期6~7月或12月至翌年3月。产于我国西南及华中。喜温暖、湿润气候及肥沃、疏松土壤。一般采用母竹移栽法繁殖。秆丛生,枝叶茂盛秀丽,适宜于庭院内池旁、窗前、宅后栽植。

3.3.126.10 大明竹属 *Pleioblastus* Nakai

灌木状或小乔木状。地下茎呈单轴型或呈复轴型。秆小型至大型,散生或丛生,直立,节间圆筒形;秆环隆起,高于箨环,每节分3~7枝。箨鞘宿存;箨环常具一圈箨鞘基部残留物,幼秆的箨环还常具一圈棕褐色小刺毛。叶舌截形或拱形;叶片长圆状披针形或狭长披针形;圆锥花序侧生或顶生于叶枝上;小穗具数朵乃至多朵小花,鳞被3,雄蕊3枚,花柱1,柱头3,羽毛状。颖果长圆形。笋期5~6月。约90种,分布于东亚,以日本为最多。我国现知约20种,分布较零星,以长江中下游域各地较多。

苦竹(伞柄竹) *Pleioblastus amarus* (Keng) Keng
[Bitterbamboo]

地下茎为复轴型。秆高达4m,粗15mm,节间长25~40cm,幼时有白粉,箨环常具箨鞘基部残留物。箨鞘细长三角形,厚纸革质,黄色或有细小紫色斑点及棕色或白色小刺毛,边缘密生金黄色纤毛;箨耳微小深褐色;箨舌截平头,边缘密生纤毛;箨叶细长披针形;主秆每分枝3~6枚,叶枝具叶2~4片,叶片宽10~28cm。总状花序较延长,由3~10枚小穗组成,着生在叶枝下部的各节上,小穗含8~12花。原产于我国,分布于长江流域及西南部。喜温暖湿润气候,适应性强,较耐寒,喜肥沃、湿润的沙质土壤。常于庭园栽植观赏或作地被绿化材料。

3.3.126.11 巴山木竹属
Bashania Keng f. et Yi

地下茎复轴型。秆圆筒形,节间中空。箨鞘迟落或宿存,无箨耳或不明显;箨片直立。秆的中上部每节起初具3分枝,以后成为粗细不等的多枝;小枝具叶仅数枚;叶耳不明显;叶舌发达,鞘口被繸毛;叶片质地坚韧,形体大小有变化。顶生圆锥花序或总状花序。小穗含数花,顶生花不孕;颖片2,不等长;内稃具2脊;鳞被3,不相等;雄蕊3,花丝分离;子房卵圆形,柱头2,羽毛状。4种,为我国四川盆地周围山区特产,分布于四川,湖南,云南,贵州。

巴山木竹 *Bashania fargesii* (E. G. Camus)
Keng f. et Yi　　[Farges Cane]

秆高3~10m,径2~5cm,中部节间长40~60cm,秆壁较厚。箨鞘迟落或宿存,革质,被棕色刚毛,鞘口截平;无箨耳及遂毛;箨舌微隆起,高约2cm;箨叶披针形,直立,平直或有波曲,易自鞘上脱落。每节分枝初为3枚,后为多枚,叶片质地坚韧,叶舌发达。花期3月下旬至4或5月,果熟期5月下旬。喜土壤和肥力较高、光照充足、湿度较大的立地条件。播种繁殖。产陕西、甘肃、湖北、四川等省的大巴山脉以及米仓山至秦岭一带。北京紫竹院栽培观赏。

3.3.126.12 赤竹属 *Sasa* Makino et Shibata

地下茎复轴型;秆高通常1m左右;节光滑无毛或少数种类可在节下具疏短毛;秆壁较厚;秆节隆起或平坦,秆箨宿存,牛皮纸质或近于革质;箨耳及繸毛可存在或否;箨片披针形。叶片带状披针形或宽椭圆形。圆锥花序,花序轴及小穗柄常可具毛;颖2,外稃近革质,卵形或长圆披针形;内稃纸质;鳞被3,卵形;雄蕊6;柱头3,羽状;颖果。有37种。多数种类产于日本,我国连同引入计有10种。

分种检索表
1 叶片长6~15cm,宽8~14mm,两面均具白色柔毛,尤以在下表面毛较密,此外叶片上还有明显的黄色至近于白色的纵条纹数道·················菲白竹 Sasa fortune
1 叶片长3~7cm,宽3~8mm,两面均无毛,亦无异色纵条纹。秆高20~40cm···············翠竹 Sasa pygmaea

(1) 菲白竹 Sasa fortune (Van Houtte) Fiori
[Fortune Sasa, Dwarf Striped Sasa Bamboo]

植株低矮,地下茎复轴混生,高不及1m。秆纤细,每节2至数分枝,下部常为1分枝。叶长8~15cm,宽0.8~2cm,叶片边缘有纤毛,两面近无毛,有明显的小横脉;叶鞘淡绿色,一侧边缘有明显纤毛,鞘口有数条白缝毛。笋期4~5月。原产日本,我国上海、杭州一带常见栽培。喜温暖湿润气候,较耐寒;宜半阴;喜肥沃疏松排水良好的沙质土壤。植株低矮,叶片秀美,叶面上有白色或淡黄色纵条纹,宜作地被、绿篱或与假石相配。

(2) 翠竹 Sasa pygmaea (Miq.) E.-G. Camus
[Jadegreen Sasa]

秆高20~40cm,直径1~2mm,秆箨及节间无毛,节处密被毛。叶密生、二行列排列;叶鞘有细毛;叶耳不发达,鞘口繸毛白色、平滑;叶片线状披针形,长4~7cm,宽7~10mm,纸状皮质,叶基近圆形,先端略突渐尖或为渐尖,上表面疏生短毛,下表面常在一侧具细毛。日本栽培作观赏竹类。原变种我国不产,仅栽培有下列一变种。变种:无毛翠竹 var. disticha (Mitf.) C. S. Chao et G. G. Tang,本变种与原变种不同在于秆节无毛,箨鞘、叶鞘和叶片等亦无毛。上海、南京等地有栽培,通常作庭园布置栽植于花坛或公园路边或坡地上,也可栽于花盆内作盆景观赏。

3.3.126.13 箬竹属 Indocalamus Nakai

灌木状或小灌木状竹,具细长型地下茎;秆散生或复丛生,直立,节不甚隆起,具一分枝,分枝粗度与主秆相若;秆箨宿存;圆锥花序生于秆顶;小穗具柄,有数至多朵小花;小穗轴具关节;颖常2片;外稃近革质,内稃具2脊,顶端常2齿裂;鳞被3片;雄蕊3,花丝分离;子房无毛,花柱2,其基部分离或稍有连合,柱头2,羽毛状。约23种,产于亚洲东部。

分种检索表
1 秆中部箨上的箨片为广三角形、长三角形或卵状披针形,直立而紧贴秆,基部向内收窄成为近圆弧形或近截平的圆形················箬叶竹 Indocalamus longiauritus
1 秆中部箨上的箨片为窄披针形、线状披针形或狭三角状锥形,基部不向内收窄。
  2 箨鞘近革质;叶片在下表面于中脉之一侧密生成1纵行的毛茸··················箬竹 Indocalamus tessellatus
  2 箨鞘近纸质;叶片在下表面沿中脉之两侧均无成为纵行的毛茸··················阔叶箬竹 Indocalamus latifolius

(1) 阔叶箬竹 Indocalamus latifolius (Keng) McClure [Broad-leaved Indocalamus]

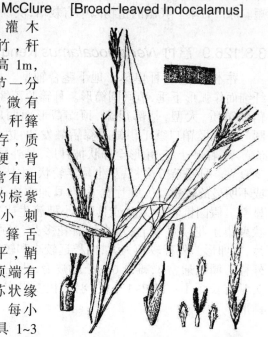

灌木状竹,秆约高1m,每节一分枝,微有毛。秆箨宿存,质坚硬,背部常有粗糙的棕紫色小刺毛;箨舌截平,鞘口顶端有流苏状缘毛。每小枝具1~3片叶,叶片巨大,长椭圆形,表面无毛,背面灰白色,略生微毛,叶缘粗糙。原产我国华东、华中等地。适应性强,较耐寒,喜湿,耐干旱,对土壤要求不严,喜光,耐半阴。作地被栽植的观赏竹类,常植于疏林下或与山石配置,也可植于庭园观赏或植于河边护岸。

(2) 箬竹 Indocalamus tessellatus (Munro) Keng f. [Chequer-shape Indocalamus]

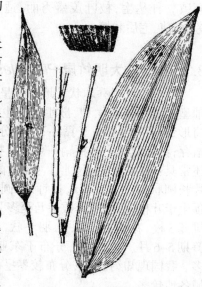

秆高约75cm,径4~5mm。节间长2.5~5cm,每节1(2)分枝。秆箨宿存,长20~25cm,背部无毛,仅边缘下部具纤毛,箨舌弧形。叶片巨大,长达45cm以上,宽10cm以上,小横脉极明显。笋期5月。喜光,耐半荫;较耐寒,喜湿耐旱;对土壤要求不严,在轻度盐碱土中也能正常生长。产我国长江流域各地,生于低山丘陵。园林中栽培观赏的主要竹种。

3.3.126.14 倭竹属
Shibataea Makino ex Nakai

小灌木状竹,具细长型地下茎;秆散生或复丛生,直立,节甚隆起,具3~5分枝;枝短细,每主枝常具二节,上部节生一叶,下部节则生一膜质线状之枝鞘;叶常1或2片生于小枝顶端,如为2叶时,则下部之叶鞘常长于上部者,上部叶鞘常作叶柄状;假小穗簇生于枝腋内,其基部托以数苞片;小穗含1~6小花,上部小花退化;颖2~3片;外稃膜质,背部圆形,内稃具2脊;鳞被3;雄蕊3,花丝分离;子房卵状长圆形,花柱单一,细长,柱头3,于中部以上被小刺毛。约5种,分布于东亚,我国华东。

(1) 倭竹 *Shibataea kumasasa* (Zoll. ex Steud.) Makino [Wobamboo]

秆高仅1m左右,直径3~4mm;节间光亮、无毛;秆环明显肿胀,枝箨膜质,迟落或宿存;箨鞘纸质,无箨耳,箨舌具柔毛,箨片小,斜披针形。每枝仅具1叶,叶卵形或长卵形,上表面深绿色,光滑无毛,下表面苍绿色,具均匀的斜立短毛。笋期5~6月。中性植物,耐寒、耐旱、耐瘠,稍耐阴,喜疏松肥沃的腐殖质土壤。产我国东南沿海各省。浙江、福建天然分布。上海、杭州、台湾、广州等地栽培供观赏。片植为地被竹观赏,带植路旁、水边为绿篱,盆栽用于室内观赏。

(2) 鹅毛竹(倭竹,小竹)
Shibataea chinensis Nakai
[Goosefeather Wobamboo]

地下茎为复轴型,匍匐部分蔓延甚长。秆高60~100cm,节间长7~15cm,直径2~3mm;秆环肿胀。箨鞘早落,膜质,长3~5cm,无毛,顶端有缩小叶,鞘口有繸毛,主秆每节分枝3~6枚;前叶细长形,长3~5cm,存在于秆与分枝之腋间,呈白色膜质而后细裂为纤维状;叶常单生于小枝顶端;叶鞘革质,长3~10mm,鞘口无繸毛,叶舌发达,膜质,偏于一侧,锥形,长4mm;叶片厚纸质,卵状披针形或宽披针形,两面

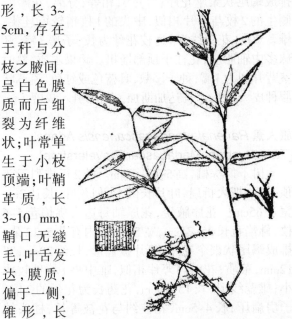

无毛,长约6.5~10.7cm,宽12~25mm,顶端渐尖,次脉5~8对。产江苏、浙江、安徽南部等地。生山地。

3.3.126.15 寒竹属
Chimonobambusa Makino

灌木或小乔木状,地下茎为复轴型。节间圆筒形或在秆基部者略呈四方形,当节具分枝时则节间在具分枝的一侧有2纵脊和3沟槽,中部以下或仅近基部数节的节内环生有刺状气生根;每节具3分枝。箨鞘薄纸质而宿存,或为纸质至厚纸质;箨耳不发达;箨舌不甚显著,截平或弧形突起;箨叶常极小,呈三角锥状或锥形。叶片较坚韧,长圆状披针形,基部楔形,先端长渐尖,中脉在上表面下陷,在下表面隆起,小横脉显著。花枝紧密簇生,重复分枝或有时不分枝;颖1~3片,与外稃相似;外稃纸质,卵状椭圆形,内稃薄纸质,与其外稃等长或稍短;鳞被3,披针形;雄蕊3,花丝分离;柱头2,分离,羽毛状;坚果状颖果,有坚厚的果皮。约20种,产东亚。我国是主产区,产华东、华南及西南。

分种检索表

1 秆表面较粗糙,叶片薄纸质··················
·············方竹 *Chimonobambusa quadrangularis*
1 秆表面光滑无毛,叶片质较坚韧··············
·············金佛山方竹 *Chimonobambusa utilis*

方竹 *Chimonobambusa quadrangularis* (Fenzi) Makino [Squarebamboo]

地下茎为单轴型。秆高3~8m,径1~4cm,节间略作四方形,表面具小疣而甚粗糙,秆环甚隆起,基部数节常各具一圈刺瘤。箨鞘厚纸质兼革质,无毛,背面具多数紫色小斑点;箨叶极小或退化;枝

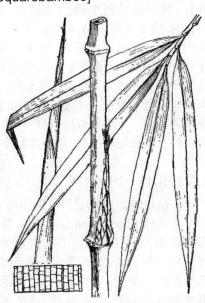

条在每节为3枚,以后为更多枝簇生;叶在每小枝约为2~5片,叶鞘革质,叶片薄纸质,窄披针形,宽10~27mm,次脉4~7对,有小横脉。笋期8月至次年1月,若条件适宜,四季可出笋,故有"四季竹"之称。喜温暖湿润气候,在肥沃而湿润的土壤中生长最好。移植母竹或鞭根埋植法繁殖。我国特

产,分布于华东、华南以及秦岭南坡。在自然环境适宜的旅游景点,可以片植。一般造园时,可选植于背风、朝东的墙边屋旁、水池小溪边。

3.3.126.16 筇竹属
Qiongzhuea Hsueh et Yi

中小型竹类。地下茎复轴混生型。竿直立,竿环脊处有环痕,容易自环痕脆断。竿每节3芽,竿各节常分3枝,或有时在以后成多枝,可再分枝,小枝纤细。箨鞘早落,箨耳缺,箨片退化。叶片披针形至狭披针形。圆锥状"花序";末级花枝的基部有一组向上逐渐增大的苞片。假小穗无柄(顶生者似具柄),基部有1片先出叶及(0~)2~5片苞片,小穗含3~8朵小花;颖(1)2或3片;外稃无毛;内稃通常短于其外稃;鳞被3;雄蕊3;子房倒卵形或椭圆形。果实呈坚果状。

筇竹 *Qiongzhuea tumidinoda* Hsueh et Yi
[Qiongzhu]

灌木状竹类,地下茎复轴型;秆高2~5m,径粗1~3cm;节间长15~25cm,秆壁甚厚,秆节膨大,略向一侧偏斜;秆箨早落,厚纸质,长约为节间之半,背面纵脉纹间具棕色疣状刺毛,两侧上部边缘密生淡棕色纤毛,鞘口两侧具长2~3mm棕色毛;箨片不发育,钻形,脱落性;每节分枝3,有时因次生枝发生而可为多枚;小枝纤细,具叶2~4。叶狭披针形,长5~14cm,宽6~12mm,侧脉2~4对,横脉清晰。花序轴各节具一大型苞片,并着生1至数枚短分枝,其顶端具一小穗,下部为一组小苞片所包被;小穗含3~8花,长3~4.5cm;雄蕊3;花柱1,柱头2,羽毛状。坚果厚皮质,长约10~12mm,顶端具宿存花柱。喜冬冷、夏暖和空气温度较大的气候条件。土壤为山地黄壤,pH值4.5~5.5。秋季采用分生竹丝或埋鞭繁殖。主要产于四川宜宾地区和云南昭通地区, 竿节奇特,枝叶纤细,为优良的观赏竹种。制作园林小品,盆栽或制作盆景。

3.3.126.17 少穗竹属
Oligostachyum Z. P. Wang et G. H. Ye

竿高达12m,直径6.2cm,幼时紫绿色,在节下方有白粉,老竿绿黄色;节间最长可达37.5cm,在有分枝一侧具沟槽,沟槽之长度可延至节间之中部乃至整个节间;节处微隆起,竿环略高于箨环;竿之每节具3枝。竿箨脱落;箨鞘革质,背部黄绿色,无斑点。约15种,全部产于我国,自武夷山脉及其以东,延至五岭山脉及其以南的广大地区均有分布,个别种可达长江流域中部。

四季竹 *Oligostachyum lubricum* (Wen)Keng f.
[Fourseasons Poorspikebamboo]

秆散生或复丛生,高7~8m,径达2~3cm,绿紫色,分枝一侧有沟槽,髓部片状;分枝3,子枝6~8。叶披针形,长10~13cm,无毛。秆箨迟落,且脱落不完全;无箨耳。雄蕊3,柱头3。春、秋开花,开花性强,数年回复。原产我国,浙江、江西、福建有分布。喜温暖湿润气候,背风向阳、光照充足、坡度平缓、土层深厚肥沃、疏松透气、排水良好的乌沙土和沙壤土。无性繁殖为主。此竹生长密集、挺拔,姿态潇洒,常作庭园观赏。

3.3.127 旅人蕉科 Strelitziaceae

多年生草本,具匍匐茎或无;茎或假茎高大,不分枝,有时木质,或无地上茎。叶通常较大,螺旋排列或两行排列,由叶片,叶柄及叶鞘组成;叶脉羽状。花两性或单性,两侧对称,常排成顶生或腋生的聚伞花序,生于一大型而有鲜艳颜色的苞片(佛焰苞)中,或1~2朵至多数直接生于由根茎生出的花葶上;花被片3基数,花瓣状或有花萼、花瓣之分,形状种种,分离或连合呈管状,而仅内轮中央的1枚花被片离生;雄蕊5~6,花药2室;子房下位,3室,胚珠多数,中轴胎座或单个基生;花柱1,柱头3,浅裂或头状。浆果或为室背或室间开裂的蒴果,或革质不开裂;种子坚硬,有假种皮或无。约140种,产热带、亚热带地区;我国有7属,19种,其中3属为引入属,主产南部及西南部。

旅人蕉属 *Ravenala* Adans.

乔木状。叶2列于茎顶,呈折扇状;叶柄长,具鞘。花序腋生,较叶柄为短,由10~12个呈二行排列于花序轴上的佛焰苞所组成,佛焰苞大型,舟状,内有花数至10余朵,花两性,白色,在佛焰苞内排成蝎尾状聚伞花序;萼片3,相等,分离;花瓣3,侧生的2枚与萼片相似,中央的1枚稍较短且狭;雄蕊6枚,花药线形,远较花丝为长;子房3室,胚珠多中轴胎座;花柱于顶部增粗。蒴果木质,熟时室背开裂为3瓣;种子多数,具蓝色或红色、流苏状假种皮。1种,产马达加斯加。我国引入栽培。

旅人蕉 *Ravenala madagascariensis* Adans.
[Travelerstree, Madagascar Travelerstree]

树干像棕榈,高5~6(~30)m。叶2行排列于茎顶,像一把大折扇,叶片长圆形,似蕉叶,长达2m,宽达65cm。花序腋生,花序轴每边有佛焰苞5~6枚,佛焰苞长25~35cm,宽5~8cm,内有花5~12朵,排成蝎尾状聚伞花序;萼片披针形,长约20cm,宽12mm,革质;花瓣与萼片相似,唯中央1枚稍较狭小;雄蕊线形,长15~16cm,花药长为花丝的2倍;子房扁压,长4~5cm,花柱约与花被等长,柱头纺锤状。蒴果开裂为3瓣;种子肾形,长10~12mm,宽

7~8mm；被碧蓝色、撕裂状假种皮。原产非洲马达加斯加，我国广东、台湾有少量栽培。喜光，喜高温多湿气候，夜间温度不能低于8℃。要求疏松、肥沃、排水良好的土壤，忌低洼积涝。树型别致，为庭园绿化树种，颇富热带风光，现各热带地区多栽培供观赏。旅人蕉叶硕大奇异，姿态优美，适宜在公园、风景区栽植观赏。叶柄内藏有许多清水，可解游人之渴。

3.3.128 假叶树科 Ruscaceae

直立或攀援灌木；叶退化成干膜质的小鳞片，腋内生变态成叶状的小枝，称叶状枝（Cladode）；叶状枝先端常具硬尖头；花小，两性或单性雌雄异株，簇生于叶状枝的边缘、上面或下面，极稀排成顶生的总状花序；花被片6，分离或部分连合，在合瓣花中常有肉质的副花冠；雄蕊6~3，花丝合生成短管或柱，花药外向；子房上位，3~1室，每室具2枚并生的直生或倒生胚珠；雄花中有时有退化雌蕊，雌花中有无药的雄蕊管；果为浆果；种子球形或半球形。3属，9种，分布于欧洲 地中海区域至俄罗斯。我国引入1种。

假叶树属 *Ruscus* L.

直立亚灌木；叶退化成干膜质小鳞片，从鳞片腋间发出的小枝，扁化成叶状，称叶状枝；叶状枝卵形至卵状披针形，坚硬，有时先端具硬尖；花单性，雌雄异株，单朵或几朵簇生于叶状枝上面或下面；花被片6，分离，内轮3片较小；雄花具3枚雄蕊，花丝合生成短管；雌花子房1室，具2个倒生胚珠；退化雄蕊合生成杯状体；浆果球形。约3种，产于马德拉群岛、欧洲南部、地中海区域至俄罗斯。

假叶树 *Ruscus aculeata* L. [Butchersbroom]

根状茎横走，粗厚。茎多分枝，有纵棱，深绿色，高20~80 cm。叶状枝卵形，长1.5~3.5 cm，宽1~2.5cm，先端渐尖而成为长1~2mm 的针刺，基部渐狭成短柄，且常扭转，全缘，有中脉和多条侧脉。花白色，1~2朵生于叶状枝上面中脉的下部；苞片干膜质，长约2mm；花被长1.5~3mm。浆果红色，直径约1cm。花期1~4月，果期9~11月。分株和播种繁殖。原产欧洲南部；我国各地偶见栽培。喜温暖湿润和光线充足的环境，不耐寒，耐干旱，忌强光照射，要求微酸性的沙壤土。枝叶浓绿，常作为观叶植物栽培，布置居室、厅堂等处，素雅大方，枝叶干燥后还可染色，作为装饰品使用，也可栽培作盆景。郑州可以露地越冬。

3.3.129 龙舌兰科 Agavaceae

多年生草本，灌木或乔木状。有根茎，地上茎短或发达，有时无。叶常聚生茎顶或基生，窄长，厚或肉质，富含纤维，全缘或有刺状锯齿。花两性，杂性或单性异株，辐射对称或稍两侧对称；穗状、总状或圆锥花序，分枝常具苞片。花被筒短或长，裂片不等或近相等；雄蕊6，着生花被筒上或花被裂片基部，花丝丝状或近基部肥厚，离生，花药线形，背部着生，2室，纵裂；子房上位或下位，3室，中轴胎座，每室胚珠1至多数，花柱细长，蒴果室背开裂或浆果。种子具肉质胚乳。20属，670余种，主产热带和亚热带地区，少数产澳大利亚，我国2属6种，引入栽培4属10种。

分属检索表

1 多年生大型肉质草本，近无茎；叶肉质；子房下位………
………………………………………龙舌兰属 *AgavaAgava*
1 木本，具木质茎；叶非肉质；子房上位：
  2 叶厚革质，坚挺，具刺尖，边缘常具刺或丝状纤维；花长3cm以上；花被离生……………………丝兰属 *Yucca*
  2 叶膜质或革质，边缘无刺及纤维；花长不及3cm；花被下部合生：
    3 叶窄长，剑形、长条形，具直出平行脉；子房每室1胚珠
…………………………………………龙血树属 *Dracaena*
    3 叶长圆形或长圆状披针形，侧脉斜出；子房每室2至多数胚珠……………………………………朱蕉属 *Cordyline*

3.3.129.1 丝兰属 *Yucca* L.

常绿木本，茎分枝或不分枝。叶片条状披针形至长条形，剑形，常厚实，多基生或集生于端。圆锥花序从叶丛抽出；花杯状或碟状，下垂；花被片6，离生；雄蕊6，短于花被片；花丝粗厚，上部常外弯；花药较小，箭形，丁字状着生；花柱短或不明显，柱头3裂；子房近矩圆形，3室。果实为不裂或开裂的蒴果，卵形，或为浆果。种子多数，扁平，薄，黑色。约30种，产美洲，现各国都有栽培，我国引入4种。

分种检索表

1 植株近无茎；叶近地面丛生，宽3.5~4cm，边缘具白色丝状纤维；蒴果开裂……………………… 丝兰 *Yucca smalliana*
1 植株具短茎或高达5m，常分枝；叶簇生茎顶，宽4~6cm，边缘无丝状纤维；果倒卵状长圆形，不裂…………………
…………………………………凤尾丝兰 *Yucca gloriosa*

(1) 丝兰 *Yucca smalliana* Fern. [Adam's Needle]

常绿灌木。植株低矮，茎很短或不明显。叶近莲座状簇生，坚硬，近剑形或长条状披针形，长25~60cm，宽2.5~3cm，顶端具一硬刺，边缘有许多稍弯曲的丝状纤维。圆锥花序宽大直立，高1~3m，花白色，花序轴有乳突状毛。蒴果3瓣裂。花期6~9月。原产北美东南部，热带植物。我国长江流域及以南栽培较多。喜阳光充足及通风良好的环境，耐寒性强。对土壤适应性很强。分株或扦插繁殖。抗性强，适应性广，四季常青，观赏价值高，是园林绿化的重要树种。适于庭园、公园、花坛中孤植或丛植，常栽在花坛中心、庭前、路边、岩石、台坡，也可和其它花卉配植。

(2) 凤尾兰 *Yucca gloriosa* L. [Spanish Dagger]

常绿灌木或小乔木。主干短，有时分枝，高可达5m。叶剑形，密集，螺旋排列茎端，质坚硬，有白粉，长40~75cm，宽约5cm，顶端硬尖，全缘，老叶有时具疏丝。圆锥花序高1m多，花杯状，花大而下垂，乳白色，常带红晕。蒴果干质，下垂，椭圆状卵形，不开裂。花期5~10月，2次开花。原产北美东部及东南部，我国长江流域普遍栽培。喜光，也耐阴。适应性强，耐水湿，较耐寒，耐干瘠薄，对多种有害气体的抗性强。常用切块

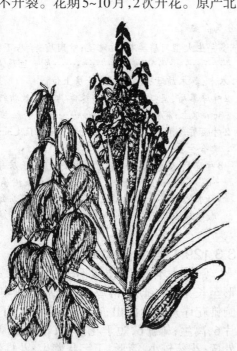

繁殖、扦插或分株繁殖。树形挺直，四季青翠，叶形似剑，花茎高耸，是良好的庭园观赏树木，常植于花坛中央、建筑前、草坪中、路旁及绿篱等栽植用。

3.3.129.2 龙血树属 *Dracaena* Vand. ex L.

乔木状或灌木状植物。茎多少木质，有髓和次生形成层，常具分枝。叶剑形、倒披针形或其他形状，有时较坚硬，常聚生于茎或枝的顶端或最上部，无柄或有柄，基部抱茎，中脉明显或不明显。总状花序、圆锥花序或头状花序生于茎或枝顶端；花被圆筒状、钟状或漏斗状；花被片6，不同程度的合生；花梗有关节；雄蕊6，花丝着生于裂片基部，下部贴生于花被筒，花药背着，常丁字状，内向开裂；子房3室，每室1~2枚胚珠；花柱丝状，柱头头状，3裂。浆果近球形，具1~3颗种子。约40种，分布于亚洲和非洲的热带与亚热带地区。我国5种，产南部。

分种检索表

1 叶簇生于茎或枝的顶端，互相套迭；叶片剑形或带形，向基部稍变窄，变窄部分的宽度至少达最宽部分的一半以上，无柄；花较短，长在1cm以下；花丝扁平，近条形。
  2 花序轴具乳突状短柔毛；花丝有红棕色疣点；叶基部和茎、枝顶端常带红棕色；生于石灰岩上··剑叶龙血树 *Dracaena cochinchinensis*
  2 花序轴无毛或近无毛；花丝无疣点；叶基部和茎、枝顶端不带红色；生于一般土壤··海南龙血树 *Dracaena cambodiana*
1 叶生于茎或枝的上部或近顶端，各叶之间有一定距离（即茎或枝生叶部分不完全为叶基部所覆盖）；叶片条状倒披针形至狭椭圆形，向基部明显变窄成柄或近柄状，后者宽度不到叶最宽部分的1/3；花较长，长在1.5cm以上；花丝丝状。
  3 小灌木状，高不到1m；花排成总状花序；花梗长3~4mm··矮龙血树 *Dracaena erniflora*
  3 大灌木或乔木状，高1~5m；花排成圆锥花序；花梗长7~10mm或更长。
    4 圆锥花序大型，长30~50cm；花通常2~3朵簇生，较少单生，叶条状倒披针形（最宽部分在上半部）··长花龙血树 *Dracaena angustifolia*
    4 圆锥花序较小，长不超过10cm；花通常单生，较少2朵簇生；叶披针形或狭椭圆状披针形（最宽部分在下半部）··细枝龙血树 *Dracaena gracilis*

长花龙血树 *Dracaena angustifolia* Roxb. [Narrowleaf Dragonblood]

灌木状，高1~3m。茎不分枝或稍分枝，有疏的环状叶痕，皮灰色。叶生于茎上部或近顶端，彼此有一定距离，条状倒披针形，长20~30(~45)cm，宽1.5~3(~5.5)cm，中脉在中部以下明显，基部渐窄成柄状，有时有明显的柄，柄长2~6cm。圆锥花序长30~50cm；花序轴无毛；花每2~3朵簇生或单生，绿白色；花梗长7~8mm，关节位于上部或近顶端；花被圆筒状，长19~23mm；花被片下部合生成筒，筒长7~8mm，裂片长11~16mm；花丝丝状，花药长2~3mm；花柱长为子房的5~8倍。浆果直径约8~12mm，橘黄色，具1~2颗种子。花期3~5月，果期6~8月。喜高温多湿，喜光，耐阴，不耐寒。喜疏松、排水良好、含腐殖质丰富的土壤。播种、扦插繁殖。产我国广东、台湾和云南。东南亚广泛分布。株形优美规整，叶形叶色多姿多彩，为室内优良观叶植物，适于盆栽可点缀宾馆、会场、客厅。

3.3.129.3 朱蕉属
Cordyline Comm. ex Juss.

乔木状或灌木状。呈棕榈状。圆锥花序生于上部叶腋,大型,多分枝;花被片6,下部合生而形成短筒;雄蕊6,着生于花被上;花药背着,内向或侧向开裂;子房3室,每室具4至多数胚珠;花柱丝状,柱头小。浆果具1至几颗种子。约15种,产于热带及亚热带,各国多栽培观赏。我国有1种。

分种检索表

1 干细,株高15~3m,单干或叉状分枝,叶剑形,绿色,无柄,先端尖,长约30~60cm,叶缘有不明显的齿牙,顶生或侧生总状花序················剑叶朱蕉 *Cordyline australis*
1 株高90~300cm,茎单干不分枝,圆锥花序,叶柄长10~16cm。
　2 叶披针形,先端尖,绿色或具各种色斑················
　　··················朱蕉 *Cordyline fruticosa*
　2 叶小,紫色,有红边··········细叶朱蕉 *Cordyline stricta*

朱蕉 *Cordyline fruticosa* (L.) A. Cheval. [Good-luck Plant]

灌木,直立,高1~3m。茎粗1~3cm,通常不分枝。叶聚生于茎或枝的上端,绿色或带紫红色,矩圆形至矩圆状披针形,长25~50cm,宽5~10cm,中脉明显,侧脉羽状平行,叶端渐尖,叶基狭楔形;叶柄长10~15cm,腹面有宽槽,基部抱茎。圆锥花序长30~60cm,侧枝基部有大的苞片,每朵花有3枚苞片;花淡红色、青紫色至黄色,花梗通常很短;外轮花被片下半部紧贴内轮而形成花被筒;雄蕊生于筒的喉部;花柱细长。花期11月至次年3月。原产亚洲热带及太平洋各岛屿,今广泛栽种于亚洲温暖地区。我国广东、广西、福建、台湾等省区常见栽培,供观赏。喜高温多湿气候,属半阴植物,干热地区宜植半阴处,不耐寒。喜富含腐殖质和排水良好的酸性土壤,不耐旱。性强健,栽培管理容易。常用扦插、压条和播种繁殖。株形美观,色彩华丽高雅,盆栽适用于室内装饰,是布置室内场所的常用植物,成片摆放会场、公共场所、厅室出入处,端庄整齐。

3.3.129.4 龙舌兰属 *Agave* L.

茎短;叶肉质而旋叠于茎基,边缘和尖端常有褐色利刺;十年或十余年才抽出高大的花茎(高达5m以上),顶生多数花朵,等到果子成熟后全株植物枯死;花被管短,裂片6,狭,相等;雄蕊6,花丝长突出,花药丁字着生;子房下位,有胚珠多颗;蒴果长椭圆形,3瓣裂;种子多数,薄而扁平,黑色。约300多种,原产西半球旱和半干旱的热带地区,尤以墨西哥的种类最多;我国引种栽培多种。

分种检索表

1 叶缘无刺或偶尔具刺,叶剑形,宽约10cm,挺直;花后通常不结实而产生大量珠芽···············剑麻 *Agave sisalana*
1 叶缘具刺。
　2 较老植株,具明显的茎,茎长25~50cm;叶较小,长45~60cm,宽6~7.5cm·········狭叶龙舌兰 *Agave angustifolia*
　2 茎短或近于无茎;叶较大,长1~2m。
　　3 叶长1~1.4m,宽6~9cm······马盖麻 *Agave cantula*
　　3 叶长1~2m,宽15~20cm·······龙舌兰 *Agave americana*

(1) 龙舌兰 *Agave americana* L. [Century Plant]

多年生植物。叶呈莲座式排列,通常30~40枚,有时50~60枚,大型,肉质,倒披针状线形,长1-2m,中部宽15~20cm,基部宽10~12cm,叶缘具有疏刺,顶端有1硬尖刺,刺暗褐色,长1.5~2.5cm。圆锥花序大型,长达6~12m,多分枝;花黄绿色;花被管长约1.2cm,花被裂片长2.5~3cm;雄蕊长约为花被的2倍。蒴果长圆形,长约5cm。开花后花序上生成的珠芽极少。原产美洲热带;我国华南及西南各省区常引种栽培,在云南已逸生多年,在红河、怒江、金沙江等的干热河谷地区以至昆明均能正常开花结实。北方地区常温室栽培供观赏。

(2) 剑麻(菠萝麻) *Agave sisalana* Perr. ex Engelm. [Sisal Agave, Sisal Hemp]

多年生植物。茎粗短。叶呈莲座式排列,开花之前,一株剑麻通常可产生叶约200~250枚,叶刚直,肉质,剑形,初被白霜,后渐脱落而呈深蓝绿色,通常长1~1.5m,最长可达2m,中部最宽10~15cm,表面凹,背面凸,叶缘无刺或偶而具刺,顶端有1硬尖刺,刺红褐色,长2~3cm。圆锥花序粗壮,高可达6m;花黄绿色,有浓烈的气味;花梗长5~10mm;花被管长1.5~2.5cm,花被裂片卵状披针形,长1.2~2cm,基部宽6~8mm;雄蕊6。蒴果长圆形。原产墨西哥;我国华南及西南各省区均有引种栽培。

3.3.130 菝葜科 Smilacaceae

攀援状灌木,偶尔草本,有刺或无刺;叶互生或对生,有掌状脉3~7条,叶柄两侧常有卷须;花单性异株(国产属),稀两性,排成伞形花序;花被裂片6,2列而分离,或外轮的合生成1管而内轮的缺;雄蕊6,花丝分离或合生成一柱。子房上位,3室,每室有下垂的胚珠1~2颗;雌花中有退化雄蕊;浆果。3属,375种;主要分布于热带地区,也见于东亚和北美的温带地区。我国2属,66种。

菝葜属 *Smilax* L.

攀援状灌木,有块状根茎;茎有刺;叶互生,有掌状脉和网状小脉,叶柄两侧常有卷须(常视为变态的托叶);花单性异株,排成腋生的伞形花序;花被片6,分离;雄蕊6或更多;子房3室,每室有胚珠1~2颗;果为浆果。约300种,分布于热带和亚热带地区,我国约60种,全国均产之,长江以南各地最盛,北部和西北稀少。

菝葜 *Smilax china* L.   [China Greenbrier]

攀援灌木,高达1~5m;根状茎粗厚,坚硬,粗2~3 cm。茎与枝条通常疏生刺。叶薄革质或纸质,通常宽卵形或圆形,长3~10 cm,宽1.5~8cm,下面淡绿色,有时具粉霜;叶柄长5~15mm,几乎全部有卷须。花单性,雌雄异株,绿黄色,多朵排成伞形花序,生于叶尚幼嫩的小枝上;总花梗长1~2cm;雄花外轮花被片3,矩圆形;内轮花被片3。雌花与雄花大小相似,具6枚退化雄蕊。浆果球形,直径6~15mm,成熟时红色。分布于我国华东、中南、西南;朝鲜,日本也有。郑州栽培观赏。

中文名称索引

A

阿月浑子(270)
矮菜棕(357)
矮合欢(181)
矮龙血树(374)
矮牡丹(113)
矮琼棕(356)
矮生北美风箱果(160)
矮生鹅掌柴(287)
矮生黄杨(236)
矮生假连翘(313)
矮生金叶北美风箱果(160)
矮生日本落叶松(027)
矮紫杉(043)
矮紫叶小檗(066)
矮棕竹(356)
桉(216)
暗橙花龙船花(339)
暗红丽果木(142)
暗罗(051)
凹叶木兰(046)
澳洲坚果(209)
澳洲蒲葵(355)
澳洲茄(306)
澳洲鸭脚木(287)

B

八宝树(210)
八角(062)
八角枫(224)
八角金盘(286)
巴豆(250)
巴婆树(泡泡,巴西玫瑰木)(054)
巴山木竹(369)
菝葜(376)
霸王鞭(244)
霸王棕(356)
白背枫(315)
白背叶(241)
白哺鸡竹(365)
白蟾(玉荷花,重瓣栀子)(338)
白刺花(194)
白丁香(321)

白豆杉(043)
白杜(232)
白饭树(246)
白果西洋接骨木(346)
白果朱砂根(151)
白海仙花(349)
白花丹(111)
白花灯笼(310)
白花杜鹃(139)
白花鹅掌柴(287)
白花夹竹桃(293)
白花锦带花(349)
白花龙(147)
白花龙船花(339)
白花龙船花(339)
白花轮叶欧石南(142)
白花泡桐(324)
白花铺地马缨丹(雪白皇后)(311)
白花山月桂(142)
白花藤萝(199)
白花悬钩子(165)
白花野牡丹(221)
白花油麻藤(202)
白花重瓣木槿(132)
白花紫荆(185)
白花紫藤(199)
白桦(105)
白鹃梅(158)
白蜡树(322)
白簕(288)
白梨(174)
白栎(103)
白蔹(256)
白柳(137)
白马骨(338)
白毛金露梅(165)
白玫瑰(163)
白木乌桕(239)
白皮松(029)
白千层(216)
白杄(025)
白瑞香(213)
白色丽果木(142)
白石榴(220)
白桫椤(019)
白檀(150)
白棠子树(309)
白辛树(148)
白云变叶木(246)

百合叶变叶木(246)
百两金(151)
百日青(040)
柏木(036)
斑叶八仙花(156)
斑叶稠李(179)
斑叶红瑞木(227)
斑叶虎刺(342)
斑叶金银花(351)
斑叶锦带花(349)
斑叶美国肥皂荚(189)
斑叶木薯(243)
斑叶欧洲山茱萸(228)
斑叶雀舌栀子(338)
斑叶水栀子(338)
斑叶熊掌木(290)
斑叶洋常春藤(286)
斑叶朱砂根(151)
斑竹(365)
板栗(101)
半枫荷(082)
薄皮木(345)
薄叶润楠(058)
薄叶山梅花(154)
宝华玉兰(046)
抱头毛白杨(136)
暴马丁香(321)
北非雪松(028)
北京丁香(320)
北京花楸(169)
北京杨×(136)
北美风箱果(160)
北美枫香(079)
北美红杉(032)
北美金缕梅(美国金缕梅)(078)
北美乔柏(034)
北美乔松(028)
北美香柏(034)
北美圆柏(038)
北枳椇(251)
贝壳杉(021)
贝叶棕(358)
笔筒树(019)
蓖麻(242)
薜荔(094)
篦齿苏铁(019)
篦子三尖杉(041)
蝙蝠葛(071)

扁担杆(124)
扁担藤(扁带藤)(258)
扁核木(180)
扁桃(269)
扁桃(177)
扁轴木(191)
变色锦带花(349)
变色络石(301)
变色山槟榔(361)
变色月季(163)
变叶木(246)
变叶葡萄(256)
滨枣(252)
槟榔(360)
波罗蜜(木波罗)(093)
波斯丁香(320)
波缘冬青(235)
伯乐树(261)
簸箕柳(137)

C

采木(191)
彩叶洋常春藤(286)
菜豆树(333)
菜王棕(360)
菜棕(357)
糙叶树(091)
草珊瑚(九节茶满山香)(062)
侧柏(035)
叉叶苏铁(019)
叉子圆柏(038)
权叶槭(267)
插田泡(165)
茶(114)
茶荚蒾(352)
茶条槭(267)
檫木(檫树)(059)
常春油麻藤(202)
常绿荚蒾(352)
常山(土常山,黄常山,白常山)(157)
朝鲜槐(怀槐,山槐,高丽槐)(195)
朝鲜黄杨(236)
朝鲜梾木(226)
朝鲜木姜子(059)
朝鲜崖柏(034)

车筒竹(366)
沉水樟(056)
柽柳(133)
赪桐(310)
撑篙竹(366)
橙花金缕梅(078)
橙桑(095)
秤锤树(148)
秤星树(235)
池杉(032)
齿臭茉莉(310)
齿叶白鹃梅(159)
齿叶木犀(317)
齿叶溲疏(155)
齿叶蕈树(080)
赤桉(216)
赤麻(线麻)(095)
赤楠(218)
赤松(028)
翅果油树(207)
翅荚决明(188)
翅荚香槐(196)
翅苹婆(海南苹婆)(127)
翅子树(127)
重瓣白海棠(174)
重瓣白玫瑰(163)
重瓣白石榴(千瓣白石榴)(221)
重瓣臭茉莉(310)
重瓣棣棠(164)
重瓣粉海棠(174)
重瓣狗牙花(299)
重瓣红石榴(千瓣红石榴)(220)
重瓣空心泡(佛见笑)(166)
重瓣西洋接骨木(346)
重瓣榆叶梅(178)
重瓣月季石榴(221)
重瓣紫玫瑰(163)
重阳木(248)
稠李(179)
臭常山(284)
臭椿(樗椿树)(273)
臭辣吴萸(281)
臭冷杉(023)
臭茉莉(310)
臭牡丹(310)
臭檀吴萸(281)
川滇蔷薇(162)

川滇无患子(263)
川桂(056)
川含笑(048)
川黄檗(281)
川楝(275)
川泡桐(324)
川陕花椒(282)
川西白刺花(194)
川榛(107)
串果藤(069)
垂花悬铃花(132)
垂柳(137)
垂茉莉(310)
垂丝海棠(173)
垂丝卫矛(232)
垂丝紫荆(186)
垂枝柏(037)
垂枝北非雪松(028)
垂枝红千层(217)
垂枝桦(105)
垂枝泡花树(073)
垂枝日本落叶松(027)
垂枝榕(094)
垂枝桑(092)
垂枝雪松(028)
垂枝银边榕(095)
垂枝银杏(021)
垂枝榆(089)
垂枝皂荚(186)
椿叶花椒(282)
慈竹(369)
刺柏(039)
刺苞南蛇藤(233)
刺茶美登木(235)
刺果茶藨子(153)
刺果番荔枝(053)
刺槐(洋槐,槐树,刺儿槐)(194)
刺黄果(298)
刺葵(358)
刺篱木(087)
刺玫蔷薇(163)
刺葡萄(256)
刺楸(286)
刺通草(289)
刺五加(288)
刺叶桂樱(179)
刺榆(089)
刺轴桐(356)
葱皮忍冬(350)
楤木(290)
粗榧(041)
粗糠柴(241)

粗糠树(破布子)(308)
粗枝木麻黄(108)
簇花茶藨子(153)
翠柏(034)
翠竹(370)

D

靰鞡槭(267)
靰鞡忍冬(350)
大瓣铁线莲(065)
大果冬青(235)
大果榉(090)
大果马蹄荷(081)
大果木莲(047)
大果欧洲山茱萸(228)
大果卫矛(232)
大果榆(088)
大花假虎刺(298)
大花茄(306)
大花软枝黄蝉(295)
大花溲疏(155)
大花田菁(落皆红,蝴蝶木,田菁)(206)
大花栀子(338)
大花卫矛(232)
大花五桠果(112)
大花野茉莉(147)
大花紫薇(211)
大黄栀子(337)
大理罗汉松(040)
大粒咖啡(344)
大青(310)
大青杨(136)
大丝葵(355)
大泰竹(367)
大头茶(114)
大血藤(068)
大眼竹(366)
大叶白纸扇(339)
大叶冬青(235)
大叶桂樱(180)
大叶黄杨(正木,冬青卫矛)(232)
大叶榉树(090)
大叶木莲(047)
大叶南洋杉(021)
大叶朴(090)
大叶七叶树(265)
大叶肉托果(270)
大叶桃花心木(276)
大叶铁线莲(064)

大叶相思(182)
大叶杨(136)
大叶玉兰(045)
大叶早樱(178)
大叶醉鱼草(316)
大籽猕猴桃(117)
丹桂(317)
单瓣狗牙花(299)
单瓣雀舌栀子(338)
单瓣榆叶梅(178)
单花荒(313)
单穗鱼尾葵(363)
单叶蔓荆(312)
单竹(366)
淡竹(365)
蛋黄果(鸡蛋果)(145)
倒吊笔(297)
倒卵叶石楠(170)
灯笼花(140)
灯台树(瑞木)(227)
地芩(221)
地中海柏木(036)
蒂杜花(巴西野牡丹)(222)
棣棠花(164)
滇藏木兰(046)
滇常山(310)
滇池海棠(173)
滇刺枣(252)
滇丁香(342)
滇牡丹(113)
滇青冈(104)
滇楸(光叶灰楸)(330)
滇润楠(058)
滇山茶(114)
滇杨(136)
吊灯扶桑(131)
吊灯树(吊瓜树)(332)
吊钟花(140)
蝶花荚蒾(351)
顶花板凳果(宝贵草,粉蕊黄杨,顶蕊三角咪)(237)
钉头果(气球花,气球果,棒头果,风船唐绵)(301)
东北扁核木(180)
东北茶藨子(153)
东北红豆杉(043)
东北雷公藤(234)
东北连翘(321)
东北山梅花(154)
东北杏(176)

东京樱花(178)
东陵绣球(156)
东亚唐棣(175)
东瀛珊瑚(青木)(229)
冬红(314)
冬青(235)
冬青叶鼠刺(158)
董棕(363)
冻绿(253)
豆腐柴(311)
豆梨(174)
独花萼树(080)
笃斯越桔(143)
杜虹花(309)
杜茎山(152)
杜鹃(139)
杜梨(175)
杜松(039)
杜英(122)
杜仲(084)
短萼仪花(191)
短梗紫藤(199)
短毛紫荆(185)
短穗鱼尾葵(363)
短穗竹(368)
短尾铁线莲(065)
短枝六道木(346)
对叶榕(094)
钝萼铁线莲(065)
钝叶鸡蛋花(295)
盾柱木(192)
多花梾(322)
多花柽柳(133)
多花勾儿茶(255)
多花含笑(048)
多花胡枝子(203)
多花泡花树(073)
多花素馨(319)
多花紫藤(199)
多裂棕竹(355)
多脉榆(089)
多毛樱桃(178)
多枝柽柳(134)

E

峨眉含笑(048)
峨眉蔷薇(163)
峨眉青荚叶(229)
鹅耳枥(108)
鹅毛竹
(倭竹小竹)(371)

鹅掌柴(287)
鹅掌楸(马褂木)(050)
鹅掌藤(287)
萼距花(212)
鳄梨(油梨,樟梨,
牛油果)(058)
二乔木兰(046)
二球悬铃木(075)

F

番荔枝(053)
番木瓜(135)
番石榴(219)
翻白叶树(127)
方竹(371)
飞蛾槭(267)
飞燕变叶木(246)
非洲霸王树(301)
非洲芙蓉
(吊芙蓉)(129)
非洲榄仁
(小叶榄仁)(223)
非洲楝(277)
非洲凌霄(336)
菲白竹(370)
菲岛福木(120)
绯红变叶木(246)
肥皂荚(190)
榧树(042)
芬芳安息香(147)
粉柏(翠柏,
翠兰松)(037)
粉苞酸脚杆(宝莲灯)
(222)
粉背黄栌(269)
粉单竹(366)
粉单竹(366)
粉椴(123)
粉果朱砂根(151)
粉花刺槐(195)
粉花凌霄(335)
粉花曼陀罗木(305)
粉花西洋接骨木(346)
粉花绣线菊(159)
粉绿叶北非雪松(028)
粉团(351)
粉叶决明(189)
粉叶柿(146)
粉叶小檗(066)
粉叶栒子(166)
粉紫重瓣木槿(132)
风箱果(160)

枫香(079)
枫杨(099)
凤丹牡丹(杨山牡丹)
(113)
凤凰木(凤凰花,
红花楹,火树)(187)
凤尾柏(037)
凤尾丝兰(374)
凤尾竹(366)
佛肚树(244)
佛肚竹(366)
佛手(278)
扶芳藤(232)
扶桑(朱槿)(132)
匍地龙柏(矮龙柏)
(038)
福建柏(035)
福建假卫矛(234)
福建紫薇(210)
福木(120)
复瓣榆叶梅(178)
复叶变叶木(246)
复叶槭(266)
复羽叶栾树(262)
馥郁滇丁香(343)

G

甘青铁线莲(064)
甘肃山楂(168)
柑橘(278)
橄榄(268)
干香柏(036)
刚果咖啡(343)
港柯(103)
杠柳(302)
高丛珍珠梅(161)
高梁泡(165)
高盆樱桃(178)
高山榕(094)
高山绣线菊(159)
高山锥(102)
哥兰叶(233)
格木(192)
葛藟葡萄(256)
葛萝槭(266)
葛藤(野葛)(201)
葛枣猕猴桃(117)
珙桐(鸽子树)(225)
勾儿茶(254)
钩锥(102)
狗枣猕猴桃(118)

狗爪蜡梅(054)
枸骨(235)
枸杞(304)
构树(楮树)(093)
谷木叶冬青(235)
牯岭山梅花(154)
瓜馥木(053)
瓜栗(130)
瓜木(224)
观光木(049)
贯月忍冬(350)
冠盖藤(青棉花)(157)
冠盖绣球(156)
光蜡树(322)
光泡桐(323)
光皮梾木(226)
光叶粗糠树(308)
光叶珙桐(226)
光叶海桐(152)
光叶红美国蜡梅(055)
光叶决明(188)
光叶蔷薇(162)
光叶石楠(170)
光叶子花(109)
广东木瓜红(149)
桄榔(362)
龟甲皮刺槐(195)
鬼吹箫(349)
桂花(317)
桂南木莲(047)
桂叶黄梅(118)
桂叶山牵牛(328)
桂竹(刚竹)(365)

H

哈克木(针叶哈克木)
(209)
海红豆(184)
海金子(152)
海杧果(297)
海南菜豆树(333)
海南大风子(087)
海南红豆(196)
海南龙血树(374)
海南木莲(047)
海南苏铁(019)
海南梧桐(125)
海南栀子(337)
海棠花(173)
海通(310)
海桐(152)

海仙花(349)
海枣(358)
海州常山(310)
含笑花(048)
旱柳(137)
杭子梢(多花杭子梢)(203)
蒿柳(137)
豪猪刺(066)
诃子(223)
合果木(049)
合欢(181)
河北杨(136)
荷花玉兰(047)
黑茶藨子(153)
黑弹树(090)
黑果荚蒾(351)
黑桦(105)
黑皇后变叶木(246)
黑荆(182)
黑壳楠(060)
黑老虎(064)
黑鳗藤(303)
黑面神(248)
黑皮油松(029)
黑松(029)
黑桫椤(018)
黑杨(136)
黑叶小驳骨(326)
黑榆(088)
亨利鹅掌柴(287)
红背桂花(245)
红背山麻杆(243)
红蓖麻(242)
红柄白鹃梅(158)
红哺鸡竹(365)
红柴枝(073)
红椿(275)
红豆杉(043)
红豆树(196)
红毒茴(063)
红萼苘麻(蔓性风铃花，红心吐金)(133)
红桧(036)
红果臭椿(274)
红果山胡椒(060)
红果树(171)
红果仔(219)
红海仙花(349)
红厚壳(琼崖海棠)(120)
红花刺槐(195)
红花荷(080)

红花檵木(078)
红花金银花(350)
红花金银忍冬(351)
红花锦带花(红王子锦带)(349)
红花锦鸡儿(200)
红花轮叶欧石南(142)
红花山月桂(142)
红花天料木(087)
红花羊蹄甲(187)
红花银桦(208)
红桦(106)
红茴香(062)
红鸡蛋花(295)
红胶木(219)
红柳(137)
红毛丹(264)
红玫瑰(163)
红楠(058)
红皮云杉(025)
红千层(217)
红雀珊珊(龙凤木)(245)
红瑞木(红梗木，凉子木)(226)
红桑(242)
红色木莲(047)
红杉(026)
红珊瑚(328)
红松(028)
红素馨(319)
红穗铁苋菜(242)
红叶北美风箱果(160)
红叶臭椿(274)
鸿爪变叶木(246)
猴耳环(184)
猴欢喜(122)
猴面包树(130)
猴樟(056)
厚萼凌霄(335)
厚壳树(307)
厚皮香(115)
厚皮香八角(062)
厚朴(045)
厚叶石斑木(173)
胡椒木(283)
胡桃(097)
胡桃楸(098)
胡颓子(207)
胡杨(135)
胡枝子(203)
葫芦麻竹(367)
葫芦树(炮弹果)(331)

葫芦枣(252)
湖北梣(322)
湖北枫杨(099)
湖北海棠(174)
湖北花楸(169)
湖北山楂(168)
湖北紫荆(185)
槲栎(103)
槲树(103)
蝴蝶果(240)
蝴蝶树(128)
蝴蝶戏珠花(351)
蝴蝶叶银杏(酒杯叶银杏)(020)
虎刺(342)
虎舌红(151)
虎尾变叶木(246)
互叶醉鱼草(315)
花哺鸡竹(365)
花秆麻竹(367)
花红(173)
花椒(282)
花榈木(196)
花木蓝(花蓝槐，吉氏木蓝)(204)
花楸树(169)
花曲柳(322)
花叶地锦(257)
花叶假连翘(313)
花叶锦带花(349)
花叶冷水花(冷水丹，百斑海棠)(096)
花叶连翘(321)
花叶蔓长春花(300)
花叶唐竹(368)
花叶棕竹(355)
华北落叶松(026)
华北忍冬(350)
华北绣线菊(160)
华北珍珠梅(161)
华丁香(320)
华东椴(123)
华东葡萄(256)
华空木(161)
华木荷(115)
华木槿(132)
华南黄杨(236)
华南苏铁(020)
华南五针松(028)
华桑(092)
华山矾(150)
华西箭竹(365)
华榛(107)

华中五味子(063)
华紫珠(309)
化香树(100)
桦叶荚蒾(352)
槐(194)
槐叶决明(188)
环纹榕(094)
黄斑八角金盘(286)
黄斑榕(095)
黄檗(281)
黄槽斑竹(365)
黄槽竹(364)
黄蝉(294)
黄刺玫(163)
黄果全缘火棘(168)
黄果朱砂根(151)
黄花冬红(314)
黄花风铃木(掌叶紫葳)(334)
黄花夹竹桃(293)
黄花柳(137)
黄花马缨丹(311)
黄花曼陀罗木(305)
黄花木(205)
黄花夜香树(305)
黄花硬骨凌霄(335)
黄槐决明(189)
黄鸡蛋花(295)
黄金榕(095)
黄金树(330)
黄槿(131)
黄荆(312)
黄兰(048)
黄连木(270)
黄芦木(066)
黄栌(269)
黄绿鹅掌柴(287)
黄脉金银花(350)
黄脉爵床(325)
黄牡丹(113)
黄牛木(121)
黄皮(282)
黄杞(100)
黄蔷薇(163)
黄瑞香(213)
黄山栾(全缘叶栾树，山膀胱)(262)
黄山木兰(046)
黄山松(029)
黄山溲疏(155)
黄杉(短片花旗松)(024)
黄石榴(221)

380

黄时钟花(134)
黄檀(197)
黄网纹八角金盘(286)
黄薇(211)
黄心卫矛(232)
黄心夜合(048)
黄杨(236)
黄药大头茶(115)
黄叶刺槐(195)
黄樟(056)
黄钟花(334)
幌伞枫(288)
灰胡杨(135)
灰莉(292)
灰木莲(047)
灰楸(330)
灰枸子(167)
火棘(167)
火炬树(271)
火炬松(029)
火烧花(332)
火筒树(台湾火筒树)(255)
火焰树(331)
火殃勒(244)

J

鸡蛋花(295)
鸡骨常山(296)
鸡冠刺桐(201)
鸡冠滇丁香(342)
鸡冠爵床(红苞花,鸡冠红,红楼花)(329)
鸡麻(164)
鸡毛松(040)
鸡爪槭(267)
鸡足葡萄(256)
基及树(福建茶)(308)
吉贝(爪哇木棉)(130)
戟叶变叶木(246)
檵木(078)
加利福尼亚柏木(036)
加拿大杨(136)
加拿大紫荆(185)
夹竹桃(293)
荚蒾(352)
假槟榔(亚历山大椰子)(361)
假杜鹃(325)
假虎刺(298)
假连翘(番仔刺,篱笆树,甘露花)(313)
假苹婆(126)
假柿木姜子(059)
假烟叶树(306)
假叶树(373)
假鹰爪(051)
假奓包叶(艾桐,老虎麻)(249)
尖裂洋常春藤(286)
尖叶黄杨(236)
尖叶蓝花楹(333)
坚桦(105)
建始槭(266)
剑麻(375)
剑叶龙血树(374)
剑叶槭(267)
剑叶朱蕉(375)
箭杆刺槐(195)
箭杆杨(136)
江边刺葵(358)
江南桤木(106)
江南油杉(022)
江南越桔(143)
降香(197)
交让木(水红朴,豆腐头,山黄树)(083)
胶州卫矛(232)
角翅卫矛(232)
角叶变叶木(246)
接骨木(345)
节果决明(189)
结香(214)
金斑叶日本落叶松(027)
金苞花(328)
金边大叶黄杨(232)
金边红瑞木(227)
金边胡颓子(207)
金边假连翘(313)
金边接骨木(346)
金边辽东楤木(290)
金边欧洲山茱萸(228)
金边瑞香(213)
金边洋常春藤(286)
金边紫叶小檗(066)
金豆(279)
金佛山方竹(371)
金柑(279)
金刚纂(244)
金钩吻(南卡罗纳茉莉,北美钩吻,黄金茉莉)(292)
金桂(317)
金合欢(182)
金虎尾(260)
金花茶(114)
金花忍冬(350)
金花小檗(066)
金皇后(246)
金橘(279)
金莲木(118)
金铃花(灯笼花)(133)
金露梅(金老梅)(164)
金缕梅(078)
金脉单药花(单药爵床,单药花)(329)
金脉连翘(321)
金钱槭(266)
金钱松(金松,水树)(027)
金球侧柏(金黄球柏,金叶千头柏)(035)
金山葵(360)
金丝垂柳(138)
金丝李(120)
金丝梅(119)
金丝桃(119)
金粟兰(鸡爪兰,珠兰,米子兰)(061)
金心大叶黄杨(232)
金心胡颓子(207)
金心洋常春藤(286)
金星球桧(038)
金叶北非雪松(028)
金叶北美风箱果(160)
金叶刺槐(195)
金叶含笑(048)
金叶红瑞木(227)
金叶假连翘(313)
金叶接骨木(346)
金叶连翘(321)
金叶连翘(321)
金叶欧洲山茱萸(228)
金叶西洋接骨木(346)
金叶小檗(066)
金叶雪松(028)
金叶银杏(021)
金叶皂荚(186)
金银花(忍冬,金银藤,双花)(350)
金银木(金银忍冬)(351)
金英(259)
金樱子(162)
金枝侧柏(金塔柏)(035)
金枝国槐(194)
金钟花(321)
堇花槐(194)
锦带花(349)
锦鸡儿(200)
锦绣杜鹃(139)
缙云槭(266)
荆条(312)
九里香(283)
酒饼簕(284)
榉树(090)
巨柏(036)
巨柏(036)
巨杉(033)
绢毛绣线菊(159)
蕨叶南洋参(291)
君迁子(146)

K

喀西茄(306)
栲(103)
珂楠树(073)
柯(103)
壳菜果(082)
可可树(可可)(128)
空心泡(166)
孔雀柏(037)
孔雀木(手树)(288)
苦枥木(322)
苦木(苦树)(274)
苦皮藤(233)
苦槠(102)
苦竹(伞柄竹)(369)
苦梓(314)
苦梓含笑(048)
宽叶孔雀木(288)
宽叶水柏枝(心叶水柏枝)(134)
筐柳(137)
昆兰士瓶干树(129)
昆栏树(074)
昆明柏(037)
昆明山海棠(234)
昆明小檗(066)
阔瓣含笑(048)
阔荚合欢(181)
阔叶变叶木(246)
阔叶箬竹(370)
阔叶十大功劳(067)

L

腊肠树(189)
蜡瓣花(077)
蜡莲绣球(156)
蜡梅(054)
蜡子树(318)
辣木(138)
梾木(226)
兰考泡桐(323)
兰香草(312)
兰屿肉桂(056)
蓝桉(216)
蓝丁香(320)
蓝果忍冬(350)
蓝果树(225)
蓝花丹(111)
蓝花藤(315)
蓝花楹(333)
榄绿红豆(196)
榄仁树(223)
榔榆(089)
老鸹铃(147)
老鼠矢(150)
老鸦糊(309)
老鸦柿(146)
乐昌含笑(048)
乐东拟单性木兰(050)
了哥王(214)
雷公藤(234)
棱角山矾(150)
冷杉(023)
黎巴嫩雪松(027)
黎檬(278)
李(176)
李叶绣线菊(159)
丽果木(142)
荔枝(264)
栗豆树(澳洲栗,
绿宝石,元宝树)(198)
连理藤(336)
连翘(321)
连香树(074)
楝(275)
楝叶吴萸(281)
凉山白刺花(194)
两广梭罗(128)
亮粉锦带花(349)
亮叶含笑(048)
亮叶猴耳环(184)
辽东楤木(290)
辽东丁香(320)

辽东冷杉(023)
辽东栎(104)
辽东桤木(106)
辽椴(123)
辽宁山楂(169)
辽杨(136)
裂叶八角金盘(286)
裂叶火炬树(271)
裂叶银杏(021)
裂叶榆(088)
林刺葵(358)
柃木(117)
铃铛刺(盐豆木,
耐碱树)(204)
凌霄(335)
菱叶白粉藤(白粉藤)
(258)
菱叶绣线菊(159)
岭南山竹子(120)
岭南酸枣(273)
领春木(075)
流苏树(318)
榴莲(131)
瘤腺叶下珠(247)
柳杉(030)
柳叶桉(216)
柳叶变叶木(246)
柳叶杜茎山(152)
柳叶红千层(217)
柳叶蜡梅(054)
柳叶润楠(058)
六道木(交翅)(346)
六月雪(338)
龙柏(038)
龙船花(339)
龙桑(092)
龙舌兰(375)
龙头竹(366)
龙吐珠(310)
龙牙花(201)
龙眼(桂圆)(263)
龙爪柳(龙须柳)(137)
龙爪榆(089)
龙爪枣(龙枣蟠龙爪)
(252)
龙棕(354)
窿缘桉(216)
庐山芙蓉(132)
庐山小檗(066)
陆均松(040)
鹿角柏(038)
露兜树(假菠萝)(364)
栾树(262)

鸾枝(178)
卵叶连翘(321)
卵叶女贞(318)
轮叶欧石南(142)
轮叶蒲桃(217)
罗浮柿(146)
罗汉柏(033)
罗汉松(040)
罗汉叶变木(246)
萝芙木(298)
椤木石楠(170)
螺旋叶变叶木(246)
络石(300)
骆驼刺(205)
落霜红(235)
落叶女贞(318)
落叶松(026)
落羽杉(032)
吕宋荚蒾(352)
旅人蕉(372)
绿背桂花(245)
绿干柏(036)
绿黄葛树(094)
绿叶地锦(257)
绿玉树(244)
绿月季(163)
葎叶蛇葡萄(257)

M

麻疯树(245)
麻栎(104)
麻楝(276)
麻叶绣线菊(160)
麻竹(367)
马盖麻(375)
马甲子(252)
马桑(千年红,
马鞍子,水马桑)(072)
马桑绣球(156)
马氏槭(266)
马蹄荷(081)
马尾树(096)
马尾松(029)
马银花(139)
马缨丹(五色梅,
臭花簕,如意花)(311)
马缨杜鹃(139)
马醉木(141)
玛瑙石榴(221)
蚂蚱腿子(352)
买麻藤(044)

麦李(178)
馒头柳(137)
满山红(140)
曼陀罗(305)
蔓胡颓子(207)
蔓马缨丹(蔓五色梅)
(311)
蔓生连翘(321)
蔓长春花(299)
杧果(269)
莽吉柿(120)
猫儿刺(235)
猫儿屎(070)
猫乳(253)
猫尾红(红尾铁苋,红运
铁苋,穗穗红)(242)
猫尾木(331)
毛花绣线菊(160)
毛八角枫(224)
毛白杨(136)
毛刺槐(195)
毛冬青(235)
毛萼太平花(155)
毛果绣线菊(159)
毛核木(348)
毛花轴桐(357)
毛接骨木(346)
毛梾(227)
毛脉槭(267)
毛茉莉(319)
毛梾(221)
毛糯米椴(123)
毛泡桐(324)
毛葡萄(256)
毛球莸(312)
毛瑞香(213)
毛山荆子(173)
毛山樱花(179)
毛山楂(168)
毛太平花(155)
毛桃木莲(047)
毛叶稠李(179)
毛叶槐(194)
毛叶鸡树条(351)
毛叶木瓜(172)
毛叶欧李(178)
毛叶山桐子(085)
毛樱桃(178)
毛榛(107)
毛竹(364)
毛紫丁香(紫萼丁香)
(321)
茅栗(101)

茅莓(165)
玫瑰(163)
玫瑰粉丽果木(142)
玫瑰树(299)
梅(177)
美登木(234)
美国白蜡(323)
美国扁柏0(036)
美国肥皂荚(189)
美国红栌(红叶树，美国黄栌，烟树)(269)
美国尖叶扁柏(036)
美国蜡梅(055)
美国山核桃(098)
美国榆(088)
美国皂荚(186)
美丽茶藨子(153)
美丽胡枝子(202)
美丽锦带花(349)
美丽决明(188)
美丽马醉木(141)
美丽崖豆藤(206)
美蔷薇(163)
美人树(美丽异木棉)(130)
美蕊花(183)
美洲茶藨子(153)
蒙椴(123)
蒙古栎(104)
蒙古莸(313)
米面蓊(231)
米仔兰(277)
米槠(102)
密蒙花(315)
棉团铁线莲(065)
缅甸树萝卜(144)
缅茄(190)
面包树(094)
庙台槭(267)
岷江柏木(036)
闽楠(057)
闽粤蚊母树(076)
茉莉花(319)
墨石榴(221)
墨西哥柏木(036)
墨西哥落羽杉(032)
牡丹(113)
牡荆(312)
木半夏(207)
木番茄(裂叶树番茄)(305)
木防己(071)

木芙蓉(132)
木瓜(172)
木瓜红(149)
木荷(115)
木蝴蝶(334)
木槿(132)
木蜡树(272)
木莲(047)
木麻黄(108)
木莓(165)
木棉(129)
木薯(243)
木藤蓼(山荞麦,花蓼)(110)
木通(068)
木香花(162)
木香薷(华北香薷)(315)
木油桐(240)
木贼麻黄(044)
木竹子(120)

N

南方红豆杉(043)
南方六道木(346)
南方泡桐(323)
南京椴(123)
南岭黄檀(197)
南美曼陀罗木(305)
南美梫(菲油果)(219)
南山茶(114)
南蛇藤(233)
南酸枣(272)
南五味子(064)
南洋参(291)
南洋杉(021)
南烛(143)
南紫薇(211)
楠木(058)
楠藤(340)
拟木香(163)
宁波溲疏(155)
宁夏枸杞(304)
柠檬(278)
柠檬桉(216)
牛鼻栓(081)
牛叠肚(165)
牛筋条(171)
牛奶子(207)
牛茄子(306)
牛蹄豆(184)

牛心番荔枝(053)
牛油果(145)
扭肚藤(319)
怒江红山茶(114)
暖木(073)
挪威槭(267)
糯米椴(123)
糯米条(茶树条)(347)
女贞(318)

O

欧丁香(320)
欧红接骨木(345)
欧李(178)
欧亚绣线菊(159)
欧洲白榆(088)
欧洲刺柏(039)
欧洲红瑞木(226)
欧洲荚蒾(351)
欧洲李(176)
欧洲七叶树(265)
欧洲山毛榉(105)
欧洲山茱萸(228)
欧洲酸樱桃(178)
欧洲甜樱桃(178)

P

爬山虎(257)
爬藤榕(094)
盘叶忍冬(350)
膀胱果(261)
刨花润楠(058)
泡花树(073)
炮仗花(黄鳝藤)(336)
炮仗竹(爆竹花,吉祥草)(324)
盆架树(296)
蓬莱葛(292)
蓬藁(165)
披针叶萼距花(212)
枇杷(169)
平卧日本落叶松(027)
平枝枸子(167)
苹果(173)
苹婆(126)
瓶兰花(146)
破布叶(124)
铺地柏(037)
匍匐枸子(167)

匍茎榕(094)
菩提树(094)
葡萄(256)
蒲葵(354)
蒲桃(217)
朴树(090)

Q

七叶树(265)
七子花(347)
桤木(106)
漆(272)
杞柳(137)
槭叶瓶干树(129)
槭叶铁线莲(064)
千果榄仁(223)
千金藤(071)
千金榆(穗子榆)(108)
千里香(283)
千头柏(子孙柏,扫帚柏)(035)
千头椿(274)
千头木麻黄(109)
蔷薇风铃木(334)
乔木茵芋(283)
乔松(028)
巧玲花(320)
秦岭米面蓊(231)
秦岭槭(266)
秦岭小檗(066)
琴叶榕(094)
琴叶珊瑚(日日樱)(245)
青麸杨(271)
青冈栎(104)
青海云杉(025)
青荚叶(229)
青篱柴(259)
青皮木(230)
青皮象耳豆(184)
青皮竹(366)
青杆(025)
青钱柳(摇钱树)(099)
青檀(091)
青杨(136)
青榨槭(266)
轻木(百色木)(131)
清风藤(寻风藤)(072)
清香木(271)
清香藤(319)

磐口蜡梅(054)
箣竹(372)
琼花(352)
琼棕(356)
秋枫(248)
秋葡萄(256)
秋茄树(223)
秋子梨(174)
秋紫美国白蜡(323)
楸树(330)
楸叶泡桐(323)
楸子(173)
球刺槐(195)
球冠刺槐(195)
球兰(302)
球序鹅掌柴(287)
曲竿竹(365)
曲枝刺槐(195)
全缘枸骨(无刺枸骨)(236)
全缘火棘(168)
缺萼枫香(079)
雀儿舌头(黑钩叶)(247)
雀梅藤(254)
雀舌黄杨(236)
雀舌栀子(雀舌花水栀子)(338)

R

人面竹(365)
人面子(273)
人心果(144)
任豆(翅荚木)(193)
日本扁柏(037)
日本扁枝越桔(143)
日本杜英(122)
日本梻树(042)
日本厚皮香(115)
日本厚朴(045)
日本花柏(037)
日本冷杉(024)
日本柳杉(030)
日本落叶松(027)
日本木瓜(171)
日本女贞(318)
日本七叶树(265)
日本桤木(106)
日本五针松(028)
日本香柏(034)
日本小檗(小檗)(066)

日本紫珠(309)
绒柏(037)
绒毛石楠(170)
榕树(小叶榕)(094)
柔毛绣线菊(159)
肉桂(056)
乳源木莲(047)
软枣猕猴桃(117)
软枝黄蝉(294)
蕤核(180)
锐齿鼠李(253)
瑞木(大果蜡瓣花)(077)
瑞香(213)
箬叶竹(370)
箬竹(370)

S

洒金柏(038)
洒金东瀛珊瑚(229)
洒金孔雀柏(037)
洒金千头柏(035)
洒金云片柏(037)
赛山梅(147)
三花槭(266)
三花莸(313)
三尖杉(041)
三角枫(267)
三敛(285)
三裂瓜木(224)
三裂蛇葡萄(256)
三裂绣线菊(159)
三球悬铃木(075)
三色非洲榄仁(223)
三色鸡蛋花(295)
三色洋常春藤(286)
三桠乌药(060)
三药槟榔(361)
三叶地锦(257)
三叶海棠(173)
三叶木通(069)
伞花蔷薇(162)
伞形洋槐(195)
散沫花(212)
散生枸子(167)
散尾葵(359)
桑树(家桑)(092)
桑叶葡萄(256)
缫丝花(162)
扫帚油松(029)
沙冬青(205)

沙拐枣(110)
沙棘(208)
沙梾(226)
沙梨(174)
沙漠玫瑰(300)
沙木蓼(110)
沙枣(桂香柳)(207)
山白树(082)
山茶(114)
山刺玫(163)
山杜英(121)
山拐枣(085)
山核桃(098)
山胡椒(061)
山槐(181)
山鸡椒(059)
山橿(060)
山荆子(173)
山橘(279)
山蜡梅(055)
山里红(169)
山楝(276)
山麻杆(243)
山莓(165)
山梅花(154)
山牡荆(312)
山葡萄(256)
山牵牛(328)
山石榴(344)
山桃(177)
山桐子(水冬瓜,椅桐,斗霜红)(085)
山乌桕(239)
山杏(176)
山杨(136)
山樱花(178)
山油柑(降真香)(284)
山玉兰(045)
山月桂(142)
山皂荚(186)
山楂(168)
山茱萸(蜀枣,鼠矢)(227)
山棕(362)
杉木(030)
珊瑚豆(306)
珊瑚红瑞木(227)
珊瑚花(328)
珊瑚花(245)
珊瑚朴(091)
珊瑚树(351)
珊瑚藤(紫苞藤,朝日蔓,旭日藤)(111)

珊瑚樱(306)
陕甘花楸(169)
陕甘长尾槭(267)
陕西莢蒾(351)
陕西卫矛(232)
少脉椴(123)
少脉雀梅藤(254)
佘山羊奶子(207)
深粉锦带花(粉公主锦带花)(349)
深裂刺楸(287)
深山含笑(049)
什锦丁香×(320)
省沽油(260)
湿地松(029)
十大功劳(066)
十字架树(叉叶木)(330)
石斑木(173)
石笔木(116)
石蚕叶绣线菊(159)
石海椒(259)
石灰花楸(169)
石栗(239)
石榴(安石榴,海榴)(220)
石碌含笑(048)
石楠(170)
石山棕(359)
石血(300)
石岩杜鹃(139)
石岩枫(240)
石枣子(232)
矢竹(368)
使君子(222)
柿(146)
匙叶栀子(337)
守宫木(249)
寿竹(365)
鼠刺(157)
鼠李(253)
树参(枫荷桂,木五加,小荷枫)(291)
树番茄(305)
树锦鸡儿(199)
树牵牛(307)
树头菜(138)
栓翅卫矛(232)
栓皮栎(104)
双盾木(347)
双花木(079)
双荚决明(189)
双喜铁线莲(064)

双腺花(红蝉花,飘香藤,红花文藤)(301)
水瓜栗(130)
水黄皮(198)
水青冈(105)
水青树(074)
水曲柳(322)
水杉(032)
水石榕(121)
水丝梨(083)
水松(031)
水团花(341)
水翁(218)
水栒子(167)
水榆花楸(170)
硕苞蔷薇(162)
丝葵(355)
丝兰(374)
丝叶南天竹(067)
四川丁香(320)
四川牡丹(112)
四川苏铁(019)
四川樱桃(178)
四季桂(317)
四季金银花(351)
四季米兰(277)
四季竹(372)
四蕊朴(090)
四叶澳洲坚果(209)
四照花(石枣,山荔枝)(228)
松毛翠(142)
苏木(188)
苏铁(020)
素方花(319)
素心蜡梅(054)
素馨花(319)
酸橙(278)
酸豆(190)
酸枣(252)
蒜香藤(336)
算盘子(250)
穗花杉(042)
穗花轴榈(357)
穗序鹅掌柴(287)
桫椤(018)
梭罗树(127)

T

塔柏(038)
塔形辽东楤木(290)
塔形欧洲山茱萸(228)
塔形洋槐(195)
塔枝圆柏(038)
台湾扁柏(037)
台湾翠柏(034)
台湾鹅掌柴(287)
台湾泡桐(323)
台湾杉(031)
台湾十大功劳(066)
台湾苏铁(020)
台湾蚊母树(076)
台湾相思(182)
太平花(154)
太平莓(165)
泰竹(367)
唐棣(175)
唐古特忍冬(350)
唐竹(368)
糖胶树(296)
糖棕(357)
绦柳(137)
桃(177)
桃红丽果木(142)
桃花心木(276)
桃金娘(215)
桃叶珊瑚(229)
桃叶石楠(170)
桃叶小檗(066)
腾冲红花油茶(114)
藤萝(199)
天目木姜子(060)
天目木兰(046)
天目琼花(351)
天女木兰(045)
天山梣(322)
天山花楸(169)
天师栗(265)
天仙果(094)
天竺桂(056)
甜橙(278)
甜槠(102)
铁刀木(189)
铁冬青(235)
铁海棠(244)
铁坚油杉(023)
铁力木(121)
铁青树(230)
铁杉(假花板,仙柏,铁林刺)(024)
铁线莲(065)
铁线子(144)
庭藤木蓝(204)
通脱木(289)

铜钱树(252)
头状沙拐枣(110)
头状四照花(鸡膝子,野荔枝,山荔枝)(228)
秃杉(031)
土沉香(214)
土庄绣线菊(159)
团花(黄梁木)(341)
脱皮榆(088)
陀螺果(149)
椭圆叶米仔兰(277)

W

晚霞变叶木(246)
王棕(360)
网络崖豆藤(206)
望春玉兰(046)
望江南(188)
蕫芝(093)
微柔毛花椒(282)
卫矛(232)
蝟实(348)
榅桲(木梨)(172)
文定果(125)
文冠果(文官果)(262)
蚊母树(076)
倭竹(371)
乌哺鸡竹(365)
乌冈栎(103)
乌桕(239)
乌榄(268)
乌墨(217)
乌柿(146)
乌头叶蛇葡萄(257)
乌药(060)
无刺刺槐(195)
无刺枣(252)
无刺皂荚(186)
无梗五加(288)
无花果(095)
无患子(263)
无毛翠竹(370)
吴茱萸(282)
梧桐(125)
五彩南天竹(067)
五加(288)
五角枫(色木槭)(267)
五裂槭(267)
五味子(063)
五星花(344)
五桠果(112)

五叶地锦(258)
五月茶(242)
武当木兰(046)

X

西北栒子(167)
西伯利亚刺柏(039)
西藏柏木(036)
西藏含笑(048)
西府海棠(174)
西康玉兰(045)
西南粗糠树(308)
西南红山茶(114)
西南猫尾木(331)
西南木荷(115)
西南卫矛(232)
西蜀丁香(320)
西洋接骨木(346)
西洋梨(174)
西洋山梅花(154)
西域青荚叶(229)
希茉莉(长隔木,醉娇花)(343)
锡兰肉桂(056)
喜花草(326)
喜树(225)
喜阴悬钩子(165)
细柄蕈树(080)
细齿叶柃(117)
细梗溲疏(155)
细叶桉(216)
细叶变叶木(246)
细叶楠(057)
细叶水团花(341)
细叶小檗(066)
细叶野牡丹(221)
细叶朱蕉(375)
细圆齿火棘(167)
细枝龙血树(374)
细枝木麻黄(108)
细柱柳(137)
细棕竹(355)
虾衣花(虾衣草)(327)
虾子花(212)
狭瓣山月桂(142)
狭萼鬼吹箫(叉活活,梅竹叶)(349)
狭叶含笑(048)
狭叶咖啡(343)
狭叶龙舌兰(375)
狭叶牡丹(113)

狭叶山胡椒(060)
狭叶栀子(338)
狭圆锥形北非雪松(028)
夏蜡梅(055)
纤齿卫矛(232)
鲜红丽果木(142)
蚬木(124)
线柏(037)
线叶金合欢(182)
腺柳(137)
腺茉莉(310)
香柏(038)
香茶藨子(153)
香椿(275)
香膏萼距花(212)
香果树(340)
香花槐(195)
香花崖豆藤(206)
香槐(197)
香荚蒾(351)
香水月季(162)
香桃木(220)
香杨(136)
香杨(136)
香叶树(060)
香橼(278)
镶边宽叶孔雀木(288)
响叶杨(136)
象耳豆(184)
橡胶树(249)
小驳骨(驳骨草)(326)
小齿钻地风(157)
小果垂枝柏(038)
小果冬青(235)
小果蔷薇(163)
小果山龙眼(209)
小果十大功劳(066)
小花白龙船花(339)
小花红花荷(080)
小花蜡梅(054)
小花山小橘(280)
小花使君子(222)
小花溲疏(155)
小花五桠果(112)
小花香槐(196)
小黄馨(319)
小蜡(318)
小栎木(226)
小粒咖啡(343)
小蔓长春花(300)
小米空木(161)
小青杨(136)
386

小悬铃花(133)
小叶白辛树(148)
小叶桲(322)
小叶刺槐(195)
小叶黄杨(236)
小叶金露梅(164)
小叶金缕梅(078)
小叶锦鸡儿(199)
小叶六道木(346)
小叶女贞(318)
小叶青冈(104)
小叶鼠李(253)
小叶蚊母树(076)
小叶栒子(167)
小叶杨(136)
小依兰(矮依兰)(052)
小月季(163)
孝顺竹(366)
斜叶榕(094)
新疆杨(135)
新木姜子(新木姜)(060)
新银合欢(183)
馨香玉兰(045)
星花木兰(046)
星萍果(145)
兴安圆柏(038)
杏(176)
熊掌木(五角金盘,常春金盘)(290)
修枝荚蒾(351)
秀瓣杜英(121)
秀丽莓(165)
秀丽槭(267)
绣球(八仙花)(156)
绣球荚蒾(352)
绣球藤(064)
绣球绣线菊(159)
绣线菊(159)
锈毛莓(165)
旋花茄(306)
雪白马缨丹(311)
雪柳(五谷树,挂梁青,珍珠花)(322)
雪松(028)
雪香兰(062)
血皮槭(266)
血桐(241)

Y

鸭嘴花(327)

崖花海桐(152)
胭脂树(红木)(084)
烟管荚蒾(351)
盐肤木(271)
偃柏(038)
羊角槭(267)
羊踯躅(139)
羊蹄甲(187)
阳桃(285)
杨梅(100)
杨梅叶蚊母树(076)
洋常春藤(286)
洋蒲桃(217)
腰果(270)
椰子(椰树)(359)
野核桃(097)
野花椒(282)
野茉莉(147)
野牡丹(221)
野木瓜(069)
野漆(271)
野蔷薇(162)
野山楂(168)
野扇花(237)
野柿(山柿)(146)
野桐(241)
野鸦椿(260)
野迎春(319)
业平竹(368)
叶子花(109)
夜来香(303)
夜香木兰(045)
夜香树(304)
一品红(244)
一球悬铃木(075)
一叶萩(246)
依兰(052)
仪花(191)
宜昌槐(194)
椅杨(136)
异叶地锦(257)
异叶梁王茶(290)
异叶南洋杉(021)
异叶天仙果(094)
异叶柊树(317)
阴香(056)
茵芋(283)
银白杨(135)
银白叶北非雪松(028)
银斑八角金盘(286)
银斑辽东楤木(290)
银边八角金盘(286)
银边八仙花(156)

银边大叶黄杨(232)
银边海桐152
银边红瑞木(227)
银边接骨木(346)
银边辽东楤木(290)
银边欧洲山茱萸(228)
银边洋常春藤(286)
银桂(317)
银合欢(白合欢,合欢)(183)
银后槭(银后,银白槭)(266)
银桦(208)
银荆(182)
银露梅(165)
银缕梅(083)
银脉单药花(329)
银木(056)
银木荷(116)
银杉(杉公子)(026)
银梢雪松(028)
银杏(020)
银叶树(128)
银叶雪松(028)
银钟花(149)
银珠(192)
印度黄檀(197)
印度胶榕(094)
樱草蔷薇(163)
樱桃(178)
樱桃李(176)
鹦哥花(红嘴绿鹦,哥刺木通,乔木刺桐)(201)
鹰羽变叶木(246)
鹰爪柴(铁猫刺,鹰爪)(307)
鹰爪枫(070)
鹰爪花(052)
迎春花(320)
迎红杜鹃(139)
迎夏(319)
楹树(181)
癞椒树(银鹊树,癞漆树,银雀树)(261)
硬骨凌霄(南非凌霄)(335)
油茶(114)
油橄榄(木犀榄,齐墩果)(317)
油杉(022)
油柿(146)
油松(029)
油桐(240)

油棕(362)
莸(313)
柚(279)
柚木(314)
余甘子(247)
鱼木(138)
鱼尾葵(363)
榆橘(翅果三叶椒)(280)
榆树(白榆,家榆)(089)
榆叶梅(177)
羽叶丁香(320)
羽叶花柏(037)
雨树(183)
玉边胡颓子(207)
玉果南天竹(067)
玉兰(046)
玉铃花(147)
玉叶金花(340)
郁香忍冬(350)
鸳鸯变叶木(246)
元宝枫(267)
芫花(213)
圆柏(038)
圆冠榆(089)
圆滑番荔枝(053)
圆头柳(137)
圆叶胡颓子(207)
圆叶南洋参(291)
圆叶鼠李(253)
圆枝侧柏(035)
圆锥大青(310)
圆锥铁线莲(065)
圆锥绣球(156)
月桂(057)
月季花(163)
月季石榴(221)
月月红月季(163)
越桔(143)
越橘叶黄杨(236)
云锦(139)
云南丁香(320)
云南含笑(048)
云南红豆杉(043)
云南假鹰爪(051)
云南金钱槭(266)
云南柳(137)
云南七叶树(265)
云南山梅花(154)
云南山楂(168)
云南石梓(314)

云南双盾木(347)
云南松(029)
云南苏铁(019)
云南穗花杉(042)
云南藤黄(120)
云南无忧花(192)
云南梧桐(125)
云南杨梅(101)
云南油杉(022)
云南樟(056)
云南紫薇(210)
云片柏(037)
云杉(025)
云实(188)

Z

杂种鹅掌楸(050)
早开槐(194)
早园竹(365)
枣(251)
皂荚(186)
皂柳(137)
柞木(086)
窄冠侧柏(035)
窄冠侧柏(035)
窄叶火棘(167)
展毛野牡丹(221)
樟树(056)
樟叶木防己(衡州乌药)(071)
樟叶槭(267)
樟子松(029)
长白茶藨子(153)
长柄槭(267)
长花龙血树(374)
长蕊含笑(048)
长穗决明(189)
长叶暗罗(052)
长叶变叶木(246)
长叶刺葵(358)
长叶冻绿(253)
长叶榧树(042)
长叶松(029)
长叶柞木(086)
长叶竹柏(040)
长圆叶梾木(226)
长柱小檗(066)

掌裂蛇葡萄(257)
沼生栎(104)
照山白(139)
柘(093)
浙江红山茶(114)
浙江楠(057)
浙江七叶树(265)
浙江青荚叶(229)
珍珠花(141)
珍珠梅(161)
珍珠绣线菊(159)
榛(107)
织女绫变叶木(246)
栀子(337)
栀子皮(伊桐,野厚朴,山枇杷)(086)
直杆刺槐(195)
直杆蓝桉(216)
直穗小檗(066)
枳(枸橘,臭橘,铁篱赛)(280)
枳椇(251)
中国黄花柳(137)
中国无忧花(192)
中国绣球(156)
中华常春藤(286)
中华杜英(121)
中华猕猴桃(117)
中华青荚叶(229)
中华石楠(170)
中华绣线菊(160)
中华绣线梅(162)
中间黄杨(236)
中粒咖啡(343)
中麻黄(044)
柊树(317)
钟花樱(178)
皱皮木瓜(172)
皱叶荚蒾(351)
皱叶木兰(046)
皱叶醉鱼草(315)
朱蕉(375)
朱槿(132)
朱砂根(151)
朱缨花(183)
竹柏(040)
竹节蓼(111)
竹叶花椒(282)
竹叶榕(094)

苎麻(苎根,野苎麻,苎麻茹)(096)
柱状刺槐(195)
转子莲(064)
锥栗(102)
梓(330)
紫斑牡丹(112)
紫椿(274)
紫弹树(090)
紫丁香(320)
紫椴(123)
紫红丽果木(142)
紫花丹(111)
紫花含笑(048)
紫花山月桂(142)
紫花溲疏(155)
紫花卫矛(232)
紫金牛(151)
紫锦木(244)
紫茎(116)
紫荆(185)
紫柳(137)
紫脉金银花(350)
紫玫瑰(163)
紫楠(057)
紫穗槐(穗花槐)(200)
紫檀(198)
紫藤(199)
紫薇(211)
紫羊蹄甲(187)
紫阳花(156)
紫叶合欢(181)
紫叶金银花(351)
紫叶锦带花(349)
紫叶小檗(066)
紫叶皂荚(186)
紫玉兰(046)
紫玉盘(051)
紫枝红瑞木(227)
紫珠(309)
紫竹(364)
棕榈(354)
棕竹(355)
钻地风(156)
钻天杨(136)
醉香含笑(048)
醉鱼草(316)

参考文献

[01]中国植物志编辑委员会. 中国植物志(第1~80卷)[M]. 北京:科学出版社,1959~2004.

[02]中国科学院植物研究所. 中国高等植物图鉴(第1~5册)[M]. 北京:科学出版社. 1972~1976.

[03]郑万钧. 中国树木志(第1~4卷)[M]. 北京:中国林业出版社,1983~2004.

[04]陈有民. 园林树木学(第2版). 北京:中国林业出版社. 2011.

[05]闫双喜,刘保国,李永华. 景观园林植物图鉴[M]. 郑州:河南科学技术出版社,2013.

[06]闫双喜,李永,王志勇等. 2000种观花植物图鉴[M]. 郑州:河南科学技术出版社,2016.

[07]张天麟. 园林树木1600种[M]. 北京:中国建筑工业出版社,2010.

[08]卓丽环,陈龙清. 园林树木学. 北京:中国农业出版社. 2004.

[09]臧德奎. 园林树木学. 北京:中国建筑出版社. 2007.

[10]周秀梅,李保印. 园林树木学. 北京:中国水利水电出版社. 2013.

[11]申晓辉. 园林树木学. 重庆:重庆大学出版社. 2013.

[12]关文灵,李叶芳. 风景园林树木学. 北京:化学工业出版社. 2015.

[13]庄雪影. 园林树木学(华南本,第3版). 广州:华南理工大学出版社. 2014.

[14]张志翔. 树木学(第二版)[M]. 北京:中国林业出版社,2008.

[15]臧德奎. 观赏植物学[M]. 北京:中国建筑工业出版社,2012.

[16]杨秋生,李振宇. 世界园林植物与花卉百科全书[M]. 郑州:河南科学技术出版社,2004.

[17]邢福武,曾庆文,陈红峰,等. 中国景观植物(上、下册)[M]. 武汉:华中科技大学出版社,2009.

[18]朱家柟. 拉汉英种子植物名称[M]. 北京:科学技术出版社,2006.

[19]臧德奎,徐晔春. 中国景观植物应用大全(木本卷)[M]. 北京:中国林业出版社,2014.

[20]徐晔春,臧德奎. 中国景观植物应用大全(草本卷)[M]. 北京:中国林业出版社,2014.

[21]周洪义,张清,袁东升,等. 园林景观植物图鉴(上、下册)[M]. 北京:中国林业出版社,2009.

[22]赵世伟,张佐双. 中国园林植物彩色应用图谱(乔木卷、灌木卷和花卉卷)[M]. 北京:中国城市出版社,2004.

[23]刘延江,李作文. 园林树木图鉴[M]. 沈阳:辽宁科学技术出版社,2005.

[24]李作文,汤天鹏. 中国园林树木[M]. 沈阳:辽宁科学技术出版社,2008.

[25]汪劲武. 常见树木(北方)[M]. 北京:中国林业出版社,2007.

[26]刘海桑. 观赏棕榈[M]. 北京:中国林业出版社,2005.

[27]王慷林. 观赏竹类[M]. 北京:中国建筑工业出版社,2004.

[28]徐来富. 贵州野生木本花卉[M]. 贵阳:贵州科技出版社,2006.

[29]王雁. 乔木与观赏棕榈(园林植物彩色图鉴)[M]. 北京:中国林业出版社,2011.

[30]王雁. 灌木与观赏竹(园林植物彩色图鉴)[M]. 北京:中国林业出版社,2011.

[31]薛聪贤. 木本花卉(景观植物实用图鉴-9)[M]. 广州:广东科技出版社,2001.

[32]黄宏文. 中国迁地栽培植物志名录[M]. 北京:科学出版社,2014.